대한민국 전력산업의 싱크탱크, **전력연구원**이 이야기하는

분산전원 배전계통 보호협조

조남훈 지음

홍릉과학출판사

추천사

현대사회에 들어오면서 다양한 정보화 기기와 디지털 장비 사용의 확대로 전기 소비는 지속적으로 늘어나고 있습니다. 전력 회사는 기술적 평가 지표로 사용자에게 안정적이면서 고품질의 전력 공급을 위해 다양한 배전계통 운영기술 및 보호기술을 확보해야 합니다. 한국전력은 가구별 정전시간 최소화와 공급되는 전력의 주파수 정격범위 유지 비율 등을 통해 배전계통의 전기품질을 세계 최고 수준으로 운영하고 있습니다.

그러나 최근 수용자 인근에 설치한 소규모 발전인 분산형 전원이 배전계통에 연계되는 일이 늘어 배전계통의 설계, 운영, 관리는 복잡해지고 있습니다. 분산형 전원의 급격한 증가는 기존보다 고장전류가 증가하여 보호기기의 오작동 등 다양한 문제를 일으킵니다. 이에 따라 배전계통의 신뢰도를 높게 설계하여 안정적으로 운영하는 것은 더욱 중요해지고 있습니다.

오랫동안 한국전력에 근무해오면서 이론으로 배운 지식과 현장의 오랜 경험을 바탕으로 저자는 후학들이 참고할 수 있도록 책을 준비하였습니다. 이 책은 배전계통 보호방식 개요, 보호협조 기초용어, 보호기기, 배전계통 보호협조, 보호협조 검토 사례를 수록하여 실무에 활용하고 학습할 수 있도록 하였습니다.

책을 통해 배전계통 보호협조 방식을 이해하고 운영하는 실무자는 물론 대학 교재로서도 좋은 참고자료가 될 것입니다. 또한 이 책은 배전계통 보호기초부터 인버터 기반 분산형 전원 해석 기술을 다루어 우리나라의 배전계통 보호기술 향상 및 엔지니어 양성에 큰 역할을 하리라 기대합니다.

한국전력공사 전력연구원 원장

공학박사 김숙철

머리말

최근 배전기술은 통신기술과 디지털 기술의 융복합으로 괄목할만한 발전을 거듭하고 있습니다. 이로 인해 배전자동화(전력설비 운용 원격 제어)와 분산형 전원의 연계에 따른 양방향 조류, 디지털 보호기기의 혁신적 발전, 통신기술을 기반으로 한 스마트 그리드의 발전 등은 배전계통에 새로운 패러다임을 창출하고 있습니다.

그러나 디지털 보호기기는 배전계통 보호기술에 많은 변화를 발생시키고 있어 이에 대한 기술이 반영된 배전계통 보호협조 서적이 시급하게 요구되고 있습니다. 필자는 배전계통 보호기술 실무활용 및 학습을 위해 이 책을 저술하였습니다. 배전계통 보호방식 개요, 보호협조 기초용어, 보호기기, 배전계통 보호협조, 보호협조 검토사례로 구분하여 내용 파악이 쉽도록 구성하였습니다.

또한, 최근 분산형 전원이 배전계통에 연계되면서 보호협조 검토에 어려움이 있어 보호협조 방법을 사례를 들었습니다. 보호협조에 연관된 모든 엔지니어들이 다양한 종류와 형식의 보호장치를 쉽게 이해하고, 이를 기반으로 해당 정확한 대응을 할 수 있도록 서술하였습니다.

필자는 이러한 내용을 바탕으로 보호 장치들이 본래대로 동작되어 배전계통의 일시고장을 순시고장, 선로 전체정전을 부분정전으로 피해를 최소화하여 국가 전체 생산활동 지원과 국민들의 문화생활 영위에 불편함이 없도록 하는데 본 서적이 큰 도움이 될 것으로 기대합니다.

이 책을 출간할 수 있도록 허락해주신 한국전력공사와 본 교재의 기본적인 틀을 잡아주신 박중신교수님, 교정에 노고를 아끼지 않으시고 도와주신 성균관대 김철환교수님과 박사과정 김지수연구원, 아주대 정재성교수님과 석사과정 윤상원연구원, 홍익대 김경철

교수님과 고훈박사, 이형찬연구원 마지막으르 임피던스 매트릭스 기반 배전계통 해석을 집필한 한국전력공사 이상호님께 감사드리며 실무 담당자는 물론 대학원학생들에게도 좋은 참고자료가 되기를 기대합니다. 마지막으로 출간 일정이 촉박하여 일부 중복된 내용을 정리하지 못한 점 양해바랍니다.

한국전력공사 전력연구원 책임연구원
공학박사 조남훈

차례

제1장 ❙ 배전계통 보호방식 개요

제2장 ❙ 보호협조 기초 용어

제3장 ▌ 보호기기

제4장 ▎ 배전계통 보호협조

부록 A ▌ IEC 커브기반 배전계통 보호협조 표준 운영기술

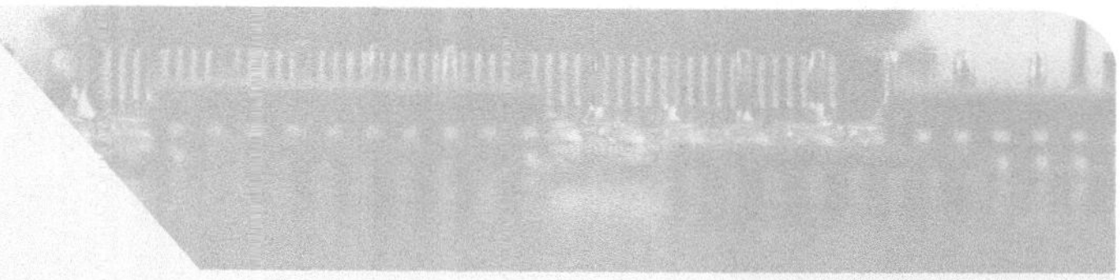

제 1 장

배전계통 보호방식 개요

1. 배전계통 구성설비와 보호장치
2. 배전설비 보호방식 개요

제1절

배전계통 구성설비와 보호장치

1 | 배전계통의 구성설비

배전계통은 발전소, 변전소 또는 송전선로로부터 다른 발전소 또는 변전소를 거치지 않고 전기수용장소에 이르는 전선로를 의미한다. 배전선로는 고객과 대면하는 위치에 있기 때문에 전력공급의 신뢰도 향상이 매우 중요하다. 배전선로는 전주, 전력선, 애자, 완철, 변압기, 각종 차단기 및 개폐기, 인입선, 고압고객, 저압고객 등으로 구성되어 있다. 이러한 설비의 신뢰도를 확보하기 위한 방법으로 보호장치를 설치 운영하고 있다. 변전소 구내에 설치한 배전선로용 차단기(CB : Circuit Breaker), 배전선로에 설치한 배전선로용 재폐로 차단기(R/C : Recloser 이하 R/C로 칭함), 각종 자동화용개폐기(Switch), 선로용퓨즈(Line Switch), 변압기 보호용 COS(COS : Cut Out Switch), 고압고객 계통에 설치한 자동부하전환개폐기(ALTS : Auto Load Transfer Switch), 고객 내 수전설비(High Voltage Customer)용 CB, 고객 설비의 고장으로 인한 파급사고 방지를 위한 고장구분개폐기(ASS : Auto Section Switch) 그리고 저압고객에는 인입선 보호용 전선퓨즈 등이 있다.

2 | 배전계통의 보호장치

배전선로용 차단기(CB : Circuit Breaker)

주로 고장시 단일 배전선로 전체부하의 On-Off 제어용

배전선로용 재폐로 차단기(R/C : Recloser) : 자동화형(R/A), 수동형(R/M)

주로 고장시 단일 배전선로 일부부하의 On-Off 제어용

개폐기(S/W : Switch) : 자동화형가스개폐기(G/A), 수동형가스개폐기(G/M)

작업(고장복구)시 배전선로 일부부하의 On-Off 제어용

선로용퓨즈(Line Switch : COS & Fuse Link in Holder)

작업(고장복구)시 분기선로 및 고압고객 부하의 On-Off 제어용

변압기(Transformer) : 가공용(P.Tr), 지상용(Pad Tr)

특고압을 저압으로 변환하는 전력변환 장치로 주상변압기는 COS, Pad. Tr은 이중소자퓨즈 및 한류퓨즈 내장

자동부하전환개폐기(ALTS : Auto Load Transfer Switch)

이중전원을 공급받아 주전원 정전시 예비전원으로 절환하여 전력 공급을 계속하도록 하는 중요부하의 전력공급용 부하절환기

수전설비(High Voltage Customer)용 CB

특고압고객의 구내설비(MOF, Tr 등) 고장시에 배전선로로 고장파급 방지

고장구분개폐기(ASS : Auto Section Switch)

- 특고압고객의 구내설비 고장 발생 때에 배전선로로 고장파급 방지
- 저압선로, 동력 또는 전등 설비 공급용 인입선 보호

[그림 1.1.1]은 배전계통의 간략한 구성도이다.

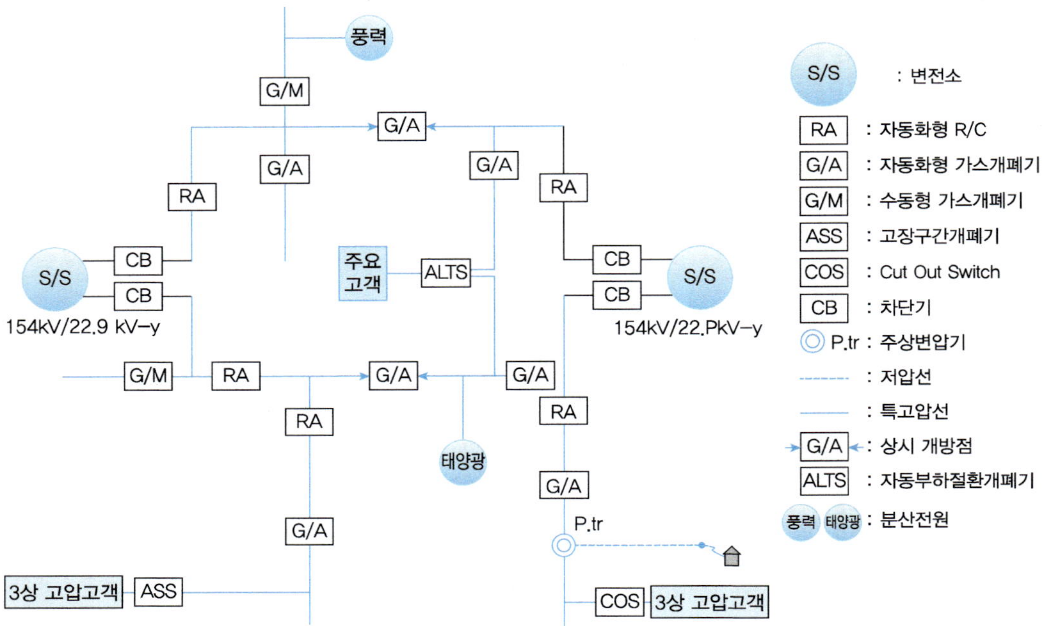

그림 1.1.1 배전선로 계통 구성도

제2절

배전설비 보호방식 개요

1 | 배전설비 보호방식 일반

배전선로의 보호는 지리, 환경 그리고 부하 등 다양한 특성을 고려하고 이에 적합한 최적의 보호협조 체계를 구축하여, 배전선로에서 발생하는 각종 고장을 효과적으로 예방하고 고장발생시 고장구간을 최소화시키는 것을 의미한다.

지리적 선로보호

지리적 선로보호란 배전선로가 시설된 인근의 지리적 특성에 의한 배전선로의 피해를 최소화하는 방안을 말하며 고려하야 할 주요대상은 도심지, 경작지, 야산지, 해안(강), 전철(철도) 등이 포함된다. 보호사유 및 보호방식은 [표 1.2.1]과 같다.

표 1.2.1 지리적 선로보호

지역	보호사유	보호방식
도심지	• 대단위 아파트 밀집지역의 광역정전 예방	• 일정구역 단지 마다 개폐기 설치로 분기화, 구분화 • 공급전원의 루프화
경작지	• 대단위 비닐하우스 재배지역의 정전예방 • 태풍, 강풍에 의한 비닐류의 비상(飛上)에 의한 정전 사고 예방	• 대단위 비닐하우스 재배지역 전단에 보호기기(R/C) 설치 • 대단위 비닐하우스 재배지역 후단에 자동화용개폐기 설치
야산지	• 태풍, 폭우 등에 의해 지형의 유실로 지지물 등의 도괴시 발생하는 정전 사고예방	• 야산 공급구간의 전단에 보호기기 설치 • 후단에 자동화용개폐기 설치
전철	• 전철 공급선로의 정전에 의한 대중교통 수단의 마비 예방	• 공급전원의 루프화 • 전철(철도) 횡단개소 전·후에 배전 자동화용개폐기 설치

환경적 선로보호

환경적 선로보호란 배전선로가 시설된 지역의 환경적 특성에 의한 배전선로의 피해를 최소화하는 방안을 말하며 고려해야 할 주요대상은 수목, 조류, 염·진해 등이 있다. 보호 사유와 보호방식은 [표 1.2.2]와 같다.

| 표 1.2.2 | 환경적 선로보호

지역	보호사유	보호방식
수목접촉	• 폭우, 태풍에 의해 수목 도괴로 인한 고장 발생 예방	• 도괴로 인한 고장 발생에 대한 선로 보호 고려
조류 서식지	• 조류(까치) 서식지에서 조류의 감전으로 발생하는 고장 예방	• 조류 둥지 제거 • 노출 개소의 충전부 보호
염·진해	• 염·진해로 인한 선로 고장 예방	• 수밀형전선 사용 • 접속부의 완벽한 절연(자기융착테이프로 접속부 충전부를 절연한 후 커버를 사용하여 부식을 방지)

부하특성을 고려한 선로보호

부하특성을 고려한 선로보호란 배전선로에서 전력을 공급받는 부하적 특성을 고려한 선로보호로써 특수고객(PC방, 병원, 양어장, 양계장, 비닐하우스 등)을 대상으로 한다.

2 | 배전설비 주요 보호장치

배전선로용 차단기(CB : Circuit Breaker)

배전선로에서 고장이 발생할 때 미리 정정된 정정조건(픽업전류, 탭, 레버, 시퀀스 등)에 따라 픽업전류 이상의 고장(전류)을 검출하여 차단하며, 발생된 고장의 고장전류가 순시정정값 이상의 큰 인출단 부근 고장인 경우에는 순시동작하여 차단하고, 발생된 고장에 의한 고장전류가 한시정정값 이상의 비교적 인출단에서 멀리 떨어진 고장인 경우에는 동작책무[O-2[초](0.5[초])-CO-15[초]-CO]에 따라 한시동작하여 차단하는 선로보호용 보호기기이다.

- 순간고장 : 1[회] 재폐로 또는 2[회] 재폐르 후에 고장원인이 제거되어 정상적으로 전력공급이 되는 고장이다.
- 일시고장 : 2[회] 재폐로 후에도 고장원인이 제거되지 않아 전력공급이 중단되는 고장이다.

배전선로용 재폐로 차단기가 배전선로에 설치된 경우에는 R/C와 협조하여 고장구간을 최소화 할 수 있다. 이 경우에 CB의 보호구간은 선로인출부에서부터 R/C 설치점까지이다.

배전선로용 재폐로 차단기(R/C : Recloser)

배전선로에서 고장이 발생할 때에 미리 정정된 정정조건(최소동작전류, 시퀀스 등)에 따라 최소동작전류이상의 고장을 검출하여 차단하며, 발생된 고장이 순간고장인 경우에는 일정시간 동안 개방 후 재투입되어 정상적으로 전력을 공급하고, 일시고장인 경우에는 정정된 시퀀스(예 : 2F2D)대로 동작된 후에 R/C를 차단하여 고장구간을 계통에서 분리함으로써 전체선로에 파급될 수 있는 정전범위를 최소화시킬 수 있는 대표적인 배전선로보호용 보호기기이다.

에폭시절연 고장구간 차단기(EFI : Epoxy Insulated Fault Interrupter)

배전선로의 고압 고객의 책임분기점에 설치하여 고객설비 구내에서 고장발생시 배전선로로의 파급을 방지하기 위한 보호기기이다. 고객설비 구내에서 고장이 발생할 때에 미리 정정된 정정조건(최소동작전류, 시퀀스 등)에 따라 최소동작전류이상의 고장을 검출하여 차단하거나, R/C 등의 후비보호기기와 협조하여 고장 구간을 축세개방함으로써 배전선로로의 고장 확대 및 파급을 방지하고 피해를 최소화한다.

고객설비용 보호기기

고객설비 구내에서 고장이 발생할 때에 신속히 동작하며 설비불량 고장으로 인한 고객설비의 피해를 최소화하기 위해 시설하는 보호기기이다.

1) 고객선로용 차단기(CB : Circuit Breaker)

고객설비 구내에서 고장발생시 미리 정정된 정정조건(픽업전류, 탭, 레버, 시퀀스 등)에 따라 픽업전류 이상의 고장(전류)을 검출하여 차단하며, 발생된 고장에 의한 고장전류가 순시정정값 이상의 큰 고장인 경우에는 순시동작하여 차단하고, 발생된 고장의 고장전류가 한시정정값 이상의 비교적 작은 고장인 경우에는 동작책무에 따라 한시동작하여 차단하는 고객설비보호용 보호기기로서, 계약전력 1,000[kW] 이상의 고객설비에 시설된다.

2) 고장구분개폐기(ASS : Auto Section Switch)

고객설비 구내에서 고장발생시 미리 정정된 정정조건(최소동작전류, 시퀀스 등)에 따라 최소동작전류 이상의 고장을 검출하여 차단하는 고객설비보호용 보호기기로, 계약전력 300[kW] 이상 1,000[kW] 미만의 고객설비에 시설된다.

3) 자동부하전환개폐기(ALTS : Auto Load Transfer Switch)

국가안보나 국민생활에 중대한 영향을 미치는 국가주요기관이나 공공기관, 병원, 언론사에 설치하며 두개의 전원계통으로 전력을 공급하는 신뢰도 높은 고객용 보호기기로, 다음과 같이 고객설비를 보호한다.

- 정전보호 : 당사의 주전원이 정전되면 예비전원으로 자동 절환(순간고장)되어 전력을 지속적으로 공급 받을 수 있는 기능이 내장되어 있다.
- 고장보호 : 고객설비 구내에서 고장발생 시 미리 정정된 정정조건(픽업전류, 탭, 레버 등)에 따라 픽업전류 이상시 고장(전류)을 검출하여 부하측 구내에서 고장이 발생하면 주전원에서 예비전원으로 절환하지 못하도록 막는 기능을 갖고 있다.

[주의사항] ALTS는 고장전류를 차단하는 기능이 없음에 유의해야 한다.

3 | 배전설비 보호방식의 특성 활용

❹ 배전선로용 차단기(CB : Circuit Breaker)

CB가 동작된 경우에는 배전사업소의 설비관리부서(배전센터, 배전운영실)에서는 CB의 동작사항을 반드시 확인하여 선로에서 발생한 고장유형을 판단하는 정보로 활용하여 신속한 고장복구가 되게 하여야 한다.

참고사항 **순시고장과 한시고장의 특성을 활용한 고장 위치 파악**

고장이 순시인지 한시인지를 확인한다. 순시고장인 경우에는 고장전류가 크고 선로 인출쪽에 가까운 곳에 고장이 발생한 것이다. 보다 정확히 예측하려면 선로별로 일정 간격으로 고장전류를 산출하여 순시정정값에 유사한 구간을 미리 파악하여 배전운영실 선로 순시자에게 제공하면 쉽게 고장구간을 찾을 수 있다. 그 이후의 구간은 자연히 한시고장 구간이 된다.

배전선로용 재폐로 차단기(R/C : Recloser)

R/C 이후 배전선로의 상 연가지점(예 : A ↔ C) 등을 파악하여 R/C 동작시 고장발생 상을 파악하여 배전운영실 선로 순시자에게 제공하면 쉽게 고장구간을 찾을 수 있다. 또한 변전소 CB 인출단의 상과도 일치시켜, CB가 동작할 경우에도 동작사항이 현장과 일치하도록 하여야 한다. 만일, 간선에서 분기된 단상 선로에서 고장이 발생하였는데, 간선에서 분기점의 상을 현장과 다르게(예 : A ↔ C) 파악하고 있다면 엉뚱한 곳에서 고장점을 찾느라 선로순시 시간이 길어져 고장복구가 지연될 수 있다. 중요고객이 있는 곳에서는 R/C를 중요고객 인입점 이후에 설치하여 고장에 의한 파급이 적도록 하고, 도심지의 도로양측 아파트밀집지에서는 좌, 우 아파트밀집지가 모두 정전되지 않도록 R/C를 설치하면 효과적이다.

제 2 장

보호협조 기초 용어

1. 배전용 변전소
2. 배전계통
3. 정정(Setting)
4. 고장해석 용어
5. 분산형 전원 및 전기품질

제1절

배전용 변전소

1 | 배전선로용 차단기(CB : Circuit Breaker)

배전용변전소의 주변압기 2차 모선에서 인출되는 배전선로의 인출점에 설치하는 차단장치로 배전선로에 고장이 발생하면 계전기의 도움을 받아 개방과 투입동작을 하여 배전선로를 보호하는 장치이다. 배전계통 보호용 차단장치는 가스차단기(GCB : Gas Circuit Breaker)와 진공차단기(VCB : Vacuum Circuit Breaker)가 주로 사용된다. 차단장치와 관련된 주요 용어는 다음과 같다.

정격전압

차단기에 인가할 수 있는 사용전압의 상한치(선간전압, 실효치)로 표시하는 전압이며, 차단기에 인가할 수 있는 사용회로의 최대공급전압, 계통최고전압을 의미한다. 우리나라 배전선로용 차단장치의 정격전압은 25.8[kV]이다.

정격전류

정격전압, 정격주파수 이내에서 규정한 온도 상승치(40[℃])를 초과하지 않는 상태에서 연속적으로 통과할 수 있는 전류의 한도를 의미한다. 차단기의 정격전류 선정은 최대부하전류 또는 배전선 허용전류 이상의 정격전류를 선정한다.

정격차단전류

차단기의 정격전류에 해당하는 회복전압 및 재기전압 등의 규정조건 이내에서 규정동작책무 및 동작상태를 수행할 수 있는 지상역률 차단전류의 한도를 의미한다.

정격투입전류

모든 정격 및 규정된 회로조건 이내에서 구정된 표준동작책무 및 동작상태에 따라 투입할 수 있는 투입전류의 한도를 의미한다.

정격단시간전류

차단기에 2[초]간 통전하여도 이상이 없는 전류의 한도를 의미한다.

정격차단시간

정격차단전류를 모든 정격 및 규정조건 이내에서 표준동작책무 및 동작상태에 따라 차단할 때 소요되는 차단시간의 한도를 의미한다. 정격 차단시간은 정격주파수를 기준으로 한 사이클 수로 표시한다.

트립프리(Trip Free)

최소한 접촉자의 접촉 또는 접촉자 사이의 아크에 의하여 주회로가 통전상태로 되었을 때, 또는 투입지령 중이라도 트립 장치의 동작에 의하여 차단기를 트립할 수 있으며, 또한 트립 완료 후라도 계속 투입지령에 재차 투입동작을 하지 않고, 일단 투입지령을 해제한 후 다시 투입 지령 시 투입동작을 행하는 것이다.

동작책무(Operate Duty, Duty Cycle)

차단기의 동작책무란 1~2[회] 이상의 투입, 차단 또는 투입차단을 일정한 시간 간격으로 행하는 일련의 동작을 말하고, 이것을 기준으로 그 차단기의 차단성능, 투입성능 등을 규정한 동작책무를 표준동작책무(Standard Duty Cycle)라 한다. [표 2.1.1]은 KSC 461에 규정된 표준동작책무이다.

[표 2.1.1] 표준동작책무(KSC 461)

동력조작	기호 A	O - (1분) - CO - (3분) - CO
	기호 B	CO - (15초) - CO
수동조작	기호 M	O - (2분) - O 및 (CO)

O : 차단동작
CO : 투입동작에 이어 즉시 차단동작

상기 [표 2.1.1]에서 기호 A, B는 고속도가 아닌 재투입할 때 사용되며, A가 가장 널리 사용되고 B는 이 보다 재투입시간이 짧은 것에 적용된다. 한국전력공사의 표준규격 ES 5925-0001에서는 [표 2.1.2]와 같이 표준동작책무를 규정하고 있다.

| 표 2.1.2 | 표준동작책무(KSC 461)

정격전압[kV]	표준동작책무
25.8	O - (0.3[초]) - CO - (15[초]) - CO
170, 362	O - (0.3[초]) - CO - (3[분]) - CO
800	O - (0.3[초]) - CO - (1[분]) - CO

※ 고속도 재폐로 미적용 차단기의 표준동작책무는 CO - (15[초]) - CO로 하고 있음.

또한, 시험동작책무란 차단기의 단락시험을 할 때 그 차단기에 주어지는 동작책무를 말하며, KS에 의하면 5[Cycle] 차단기의 백분율 직류분은 25[%] 이하 8[Cycle]차단기의 백분율 직류분은 10[%] 이하에서 행한다.

보충설명

VCB

고정접점과 이동접점의 동작을 높은 진공 상태에서 동작하도록 한 차단기이다. 높은 진공 중의 절연내력은 상당히 높고, 금속증기나 전하 입자의 확산에 의한 소호작용이 우수하기 때문에 이러한 특징을 살려 진공용기 내에서 전류의 개폐, 차단을 행하도록 한 것이다.

공기압을 10^{-4}[Torr] 이하로 되면 압력에 관계없이 거의 일정한 절연내력(텅스텐 전극 사용시 100[kV/mm])을 얻을 수 있으므로 진공차단기는 이 영역을 이용하고 있다.

진공차단기의 특성

- 소형으로 무게가 가볍고
- 불연성 무소음으로 수명이 길고
- 고속도 고빈도의 개폐 기능 및 차단성능 우수

GCB

고정접점과 이동접점의 동작이 6불화유황(SF_6 : Sulfur Hexa-fluoride)가스(불활성 Gas)를 매질로 하여 동작하는 차단기를 말한다.

가스차단기의 특징

- SF_6 가스의 물리적, 화학적, 전기적 성질이 우수하여 절연내력이 우수
- 소호능력이 뛰어나며 아크가 안정되고 회복이 빨라 고전압, 대전류 차단에 적합
- 차단과 투입과정에서 폭발음이 없어 소음공해가 적음
- 변압기 여자전류차단과 같은 소전류 차단에도 안정된 차단 가능
- 아크소호 후 절연회복이 우수하여 근거리 선로그장, 탈조차단, 이상지락 등의 가혹한 조건에 강함

2 | NGR(Neutral Grounding Resistor)

3상 전력계통에서 지락사고가 발생한 경우 지락전류를 제한하기 위한 장치이다.

3 | 계전기(Ry : Relay)

미리 규정한 전기량이나 물리량에 응동하여 조기회로를 제어하는 기능을 갖는 장치를 계전기라 한다.

4 | 보호계전기(Protective Relay)

전력선, 전력기기 등의 보호대상 설비에 발생한 이상상태에 대해 응동하여 피해 감소를 도모하고, 그 파급을 저지하기 위해 적절한 신호를 선로차단 장치에 주는 것을 목적으로 하는 계전기를 보호계전기라고 한다.

5 | 보조계전기(Auxiliary Relay)

접점 용량의 증가 또는 한시요소의 추가 등을 목적으로 하는 계전기로 다른 계전기의 동작에 의해 동작하며 다른 계전기나 보호장치의 동작을 원활하게 하는 계전기를 보조계전기라고 한다. Timer, Lock 계전기, Closing 계전기, Trip 계전기 등을 말한다.

6 | 과전류계전기(OCR : Over Current Relay)

전류의 크기가 일정치 이상으로 되었을 때 동작하는 계전기이며 특별히 지락고장의 경우에 발생하는 지락전류의 크기에 응동하도록 한 것을 지락과전류계전기라 한다. 일반 과전류계전기를 OCR(Over Current Relay), 지락과전류계전기를 OCGR (Over Current Ground Relay)이라 한다.

7 | 지락과전류계전기(OCGR : Over Current Ground Relay)

전류의 크기가 일정치 이상으로 되었을 때 동작하는 계전기로 특별히 지락고장의 경우에 발생하는 지락전류의 크기에 응동하도록 한 것을 지락과전류계전기라 한다.

8 | 요소부 과전류계전기

순시계전기가 부가된 것을 순시 요소부 과전류계전기라 한다.

9 | 한시계전기(Time Relay)

계전기에 입력을 가했을 때 또는 입력을 제거하였을 때 계전기의 동작시간을 지연(遲延)시키는 계전기를 말한다.

10 | 순시계전기(Instantaneous time limit Relay)

최소동작전류 이상의 전류가 흐르면 즉시 동작하는 계전기로, 일반적으로 변전소에서의 순시는 고장전류가 큰 지중선로의 배전보호기기와 협조를 위해 80[ms] 두고 있으며, 가공선로에서는 40[ms] 이하의 시간 안에 차단되도록 하고 있다.

11 | 정한시계전기(Definite time limit relay)

동작전류의 크기와는 아무 관련 없이 항상 정해진 일정한 시간에 동작하는 계전기를 정한시계전기라고 한다.

12 | 반한시계전기(Inverse time limit Relay)

동작전류가 클수록 빨리 동작하고 반대로 전류 값이 적을수록 느리게 동작하는 계전기를 반한기계전기라고 한다.

13 | 과전압계전기(OVR : Over Voltage Relay)

전압의 크기가 일정치 이상이 되었을 때 동작하는 계전기이며 지락사고 시 발생되는 영상전압의 크기에 응동하도록 한 것을 특히 지락과전압계전기라하고 각각 OVR(Over Voltage Relay) 및 OVGR(Over Voltage Ground Relay)이라 한다.

14 | 부족전압계전기(UVR : Under Voltage Relay)

전압의 크기가 일정치 이하로 되었을 때 동작하는 계전기이며 저전압계전기라 부르기도 한다.

15 | 방향계전기(Directional Relay)

전압 Vector를 기준으로 전류의 흐르는 방향이 일정범위 안에 있을 때 응동하는 계전기이며 일반적으로 전류의 방향이 동작범위 이내에서도 전압·전류의 벡터곱이 일정치 이상에 달했을 때 동작하도록 되어 있어 전력방향계전기라 부르기도 한다. 기준으로 하는 것을 전압 Vector가 아닌 일정방향의 전류 Vector로 사용하는 경우도 있으며 이러한 기준량을 극성량(極性量 : Polarizing voltage 또는 Polarizing Current)이라 하고 인가되는 극성량 및 전류의 종류에 따라 방향과전류계전기 및 지락방향과전류계전기가 있다.

16 | 방향과전류계전기(DOCR : Directional Over Current Relay)

선간전압을 기준으로 전류의 방향이 일정범위 안에 있을 때 응동하는 것으로 루프(Loop) 계통의 단락고장 보호용으로 사용된다

17 | 선택지락계전기(SGR : Selective Ground Relay)

비접지계의 지락보호 방식으로 1선지락 고장의 경우 영상전압과 영상전류를 감지하고 이의 벡터곱을 이용하여 동작하는 전력형 방향계전기로 고장회선을 선택하여 차단하는 계전기를 선택지락계전기라 한다.

18 | 지락방향과전류계전기(DOCGR : Directional Over Current Ground Relay)

영상전압(또는 일정 방향의 영상전류)을 기준으로 지락고장전류의 방향이 일정범위 안에 있을 때 동작하는 계전기이며, 분산형연계 배전계통 지락고장시 역방향 고장전류 및 Loop 계통의 지락사고 보호용으로 사용된다.

19 | 주파수계전기(Negative Sequence Relay)

교류의 주파수에 따라 응동하는 계전기이며 주파수가 일정치 보다 높을 경우 동작하는 것을 과주파수계전기(Over Frequency Relay)라 하며 낮을 때 동작하는 것을 저주파수계전기(Under Frequency Relay)라 한다. 전력계통보호용으로는 저주파수계전기가 많이 사용되고 과주파수계전기는 주로 회전기기의 과속도 운전에 대한 보호용으로 사용된다.

20 | 단락계전기(Phase-to-Phase Relay)

단락고장(3상 단락, 2상 단락 등) 검출을 목적으로 제작된 계전기를 말하며 일단의 과전류계전기 및 단락거리계전기 등이 있다. 계전기의 주된 기능을 표시하는 명칭이다.

21 | 지락계전기(地絡繼電器 : Phase-to-Ground Relay)

지락고장(1선지락, 2선지락 등) 검출을 주목적으로 하여 제작된 계전기로 보다 낮은 입력 Level에서 동작하며 지락과전류계전기, 지락과전압계전기, 선택지락(또는 접지)계전기, 지락거리계전기 등이 있다.

22 | 재폐로계전기(Reclosing Relay)

송전선 고장 시 보호계전기 동작으로 선로 차단기를 차단 후 재투입을 인위적으로 하려면 많은 시간이 소요되므로 자동적으로 차단기를 투입할 것이 요청된다. 이렇게 차단기가 동작되고 고장지점의 절연이 회복된 후 재폐로조건(회복조건)이 이루어지면 자동으로 차단기를 투입시키는 계전기이다.

23 | 아날로그형계전기

전자유도에 의해 기계적 동작을 유발시키는 원리를 이용한 전자기계형(Electro-Mechanical Relay)과 트랜지스터 회로에 의해 입력전기량의 크기의 비교, 또는 위상 비교를 수행하여 그 결과에 따라 동작하는 정지형계전기를 말한다.

유도형계전기

유도형계전기는 교류전용 계전기로 이동자계와 이동자계에 의해 비자성 도체에 발생하는 와류(Eddy Current)와의 상호작용으로 도체가 회전하는 것을 이용한 계전기다. 종류로는 유도원판형, 유도원통형, 유도원환형 등이 있다. 이들은 원판 또는 원통에 생기는 토크를 이용하여 접점을 개폐하는 구조로 송·배전계통에 많이 사용한다.

가동철심형계전기(可動鐵心形, Moving Iron Core Type)

가동철심형은 교류와 직류 양용으로 사용할 수 있는 계전기로 코일이 감긴 고정철심에 코일이 없는 가동철심이 자기흡인력 또는 자기반발력에 의해 가동부가 움직여 거기에 붙어있는 접점을 개폐한다. 그 구조상의 차이에 의해 가동철편형(Hinge형, 회전철심형 Balance Beam형), Plunger형과 유극형으로 나누어진다. 코일에 흐르는 전류에 의해서 발생한 자계로 고정철심과 회전철심에 구동력이 생겨서 동작한다.

가동코일형계전기(Moving Coil Type)

가동코일형은 영구자석에 의한 자계와 그 자계 내에 설치되어 있는 가동코일 전류와의 상호작용에 의해 가동코일이 회전하게 된다. 가동코일형은 코일에 흐르는 전류가 교류일 경우 구동력이 진동하므로 직류계전기용으로만 사용할 수 있다. 가동코일형의 장점은 물리량의 변화를 전기적인 값으로 바꾸었을 때 그 값이 아주 작아도 동작하므로 속도, 위치, 수위, 온도 등의 검출계전기로 적합하다. 단, 구동력이 작아 확실한 동작을 위해서는 보조계전기를 사용하여 Self holding 회로를 설치할 필요가 있다.

정지형계전기(Solid State Type Relay)

트랜지스터 회로를 이용하여 입력전기량의 크기 비교 또는 위상비교를 수행하고 그 비교 결과에 따라 기계적 움직임 없이 동작하는 계전기를 말한다.

전기기계식계전기

전류와 자속 사이의 전자기적 상호작용에 의해 발생하는 힘을 이용한 계전기를 말한다.

24 | 디지털계전기(Digital Relay)

전력계통의 아날로그 전압·전류를 일정한 시간간격으로 샘플링한 것을 디지털 수치로 변환하여 마이크로프로세서에 저장된 프로그램에 의해 보호계전 기능을 수행하는 장치를 디지털형 보호계전기라 한다. 보호계전기를 디지털화 하는 목적은 다음과 같다.

❶ 전력계통이 대형 복잡화됨에 따라 직류분, 저차고조파 발생 등 기존 아날로그 보호계전기의 한계성 극복
❷ 자기진단기능 및 다기능화됨으로써 유지보수의 고려 및 신뢰성 향상
❸ 고장기록기능으로 고장 데이터를 취득함으로써 신속, 정확한 고장분석이 가능
❹ 반도체 및 정보통신 기능의 이용 확대

디지털 계전기의 장·단점은 다음과 같다.

- 장점 : 고성능 다기능, 소형화, 고 신뢰성, 융통성, 표준화, 저 부담, 경제성 및 장래성
- 단점 : 서지, 노이즈 대책, 데이터 변환할 때의 오차, H/W 고장시 응급복구 및 원인규명 어려움(내부동작이 Program화) 등이 있다.

연산형 디지털 보호계전기는 일반적으로 16[Bit] 마이크로프로세서로 구성된다. DRP-111 계전기는 LS산전에서 만든 디지털 계전기로 GIPAM 시리즈에는 특성함수식 특성곡선이 포함되어 있다.

25 | 동작표시기(Target)

보호계전기의 보조요소로서 계전기의 동작상태를 표시하며 주요소에 의해 기계적으로 동작하거나 Trip 전류에 의해 동작하여 주요소가 복구하더라도 계전기의 동작상태를 계속 표시하는 장치이다.

26 | 시동(개시) 시간(Start Time)

규정된 조건 하에서, 복귀상태의 보호계전기 입력이 변하는 순간으로부터 시동(개시) 신호가 발생하는 순간까지의 시간이다.

27 | 동작 시간(Operate Time)

규정된 조건 하에서, 복귀상태의 보호계전기 입력이 변하는 순간으로부터 계전기가 동작하는 순간까지의 시간이다.

28 | 해제 시간(Disengaging Time)

계전기의 해제를 야기하는 입력 통전량이 발생하는 순간부터 계전기가 해제할 때까지의 시간이다.

29 | 복귀시간(Reset Time)

동작상태인 보호계전기의 특성량이 변하는 순간으로부터 계전기가 복귀되는 순간까지의 시간이다.

30 | 관성동작

동작행정의 도중에서 입력이 부동작하는 값으로 급변해도 가동부가 관성으로 계속해서 동작하는 것을 말한다.

31 | 순시(Instantaneous)

응동 시간에 대해 특히 고려하지 않은 경우의 응동을 말한다. 일반적으로 일정 입력(200[%])에서 0.2[초] 이내로 동작하는 경우이다. 변전소에서의 순시는 배전보호기기와의 협조를 하지 않고 있으며, 80[ms] 이하의 시간 안에 차단되도록 하고 있다.

32 | 고속도(High Speed)

응동 시간이 빨라지도록 특히 고려한 경우의 응동을 말한다. 일반적으로 일정 입력(200[%])에서 0.04[초] 이내로 동작하는 경우이다.

33 | 한시(Time Delay)

반응시간이 느려지도록 지연한 동작으로 동작특성에 따라 다음과 같이 구별된다.

정한시형

입력의 크기에 관계없이 정해진 시간에 동작하는 것을 말한다.

반한시

입력이 커질수록 짧은 시간에 동작하는 것을 말한다. 배전선로에 사용되고 있는 한시특성은 주로 강반한시를 사용하고 있으며, 초반한시 > 강반한시 > 반한시 순으로 더욱 짧은 시간에 동작한다.

반한시성 정한시

입력 값이 커질수록 짧은 시간에 동작하나 입력 값이 어떤 범위를 넘으면 일정 시한에 동작하는 것을 말한다.

계단한시

입력의 일정범위별로 일정시간에 계단식으로 동작한다.

34 | 변성기

고전압, 대전류의 주회로로부터 전압, 전류를 적당한 값으로 변성하여 전압, 전류, 전력을 측정하기 위한 계기용 또는 보호용으로 사용하는 변류기(CT), 변압기(PT) 등을 의미한다.

계기용(보호용) 변류기(CT : Current Transformer)

고압회로의 대전류를 저압의 소전류로 변성하기 위하여 회로에 직렬로 접속하여 배전반의 전류계, 전력계, 차단기 트립코일의 전원으로 사용할 뿐만 아니라 계전기와 연결하여 보호용으로도 사용한다.

보충설명

CT의 2차 정격 전류 : 5[A], 1[A], 0.1[A]

- 통상적으로 5[A]를 많이 사용
- CT의 2차 회로가 먼 경우(측정장치가 CT로부터 멀리 설치된 경우)에는 2차의 부담을 고려하여 정격전류 1[A], 0.1[A]를 사용

계기용(보호용) 변압기(PT : Potential Transformer)

고압회로의 전압을 이에 비례하는 낮은 전압으로 변성하는 것으로 회로에 병렬

로 접속하여 배전반의 전압계, 전력계, 주파수계, 역률계, 표시등, 부족전압 트립코일의 전원으로 사용할 뿐만 아니라 계전기와 연결하여 보호용으로도 사용한다.

보충설명

- 2차 정격전압 : $\frac{110}{\sqrt{3}}$[V]
- 2차측 정격부담 : 정격주파수의 2차 전류 하에서 부하로 소비되는 [VA]로 표기

부싱변류기(BCT : Bushing type Current Transformer)

변압기의 부싱에 CT를 설치한 경우에 BCT라고 한다. 주변압기, 차단장치의 부싱에 설치하고 있다.

영상변류기(ZCT : Zero phase sequence Current Transformer)

지락사고가 발생하였을 때 흐르는 영상전류를 검출하여 접지계전기에 의하여 차단기를 동작시켜 사고의 파급을 방지하기 위하여 사용한다. 영상변류기는 3상 선로의 불평형, 왕복선의 전류차, 접지선 등에서 전류를 검출하여 누전계전기, 접지계전기, 화재경보기 등의 전원으로 사용하고 있다.

35 | 정격부담

변류기의 2차 단자 간에 접속된 부하가 2차 전류에 의해 소비되는 피상전력을 의미한다. 식 (2.1.1)은 CT 2차 부담을 계산하는 식이다.

$$CT\ 2\text{차 부담[VA]}$$
$$= (\text{전선의 전기저항} \times (5[A])2 + (\text{계기, 계전기의 소비 부담}) \quad (2.1.1)$$

제 2 절

배전계통

1 | 배전선로용 재폐로 차단기(R/C : Recloser)

배전계통에서 가장 많이 사용하고 있는 보호장치로 계통에 고장이 발생하면 정정된 조건에 맞게 스스로 차단과 투입을 반복할 수 있는 구조를 갖고 있어 배전선로용 재폐로 차단기 또는 리클로저(R/C)라 칭한다. 현재 배전계통에 설치 운영되고 있는 R/C의 종류는 전자식 R/C와 자동화용 R/C가 있다.

전자식 R/C

Westing House社 제품인 ESV-2710, McGraw-Edison社 제품인 VWVE, 일진제품인 IJB-VE 및 건화 제품인 KH-ESV는 전자식 R/C로 제조되었으나, 배전자동화용 R/C로 사용하기 위해 차단 기능만 있는 본체는 그대로 두고, 전자식 제어함을 디지털 제어가 가능한 제어함으로 교체하여 배전자동화용 R/C로 사용하고 있다.

자동화용 R/C

배전자동화를 구현하기 위하여 제어함이 디지털방식으르 되어 있다. 배전선로에 설치 운용되고 있는 R/C는 일진 R/C, 건화 R/C, 인텍 R/C, 신성 R/C, 진광 R/C, 동남 R/C 등이 있다. 자동화용 R/C를 “RA”로 표기하기도 한다. [그림 2.2.1]은 R/C의 분류표이다.

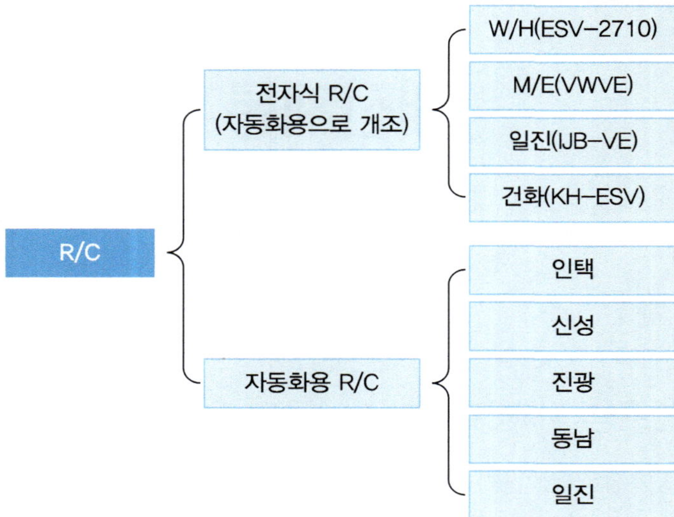

그림 2.2.1 R/C의 종류

2 | 자동구간개폐기(S/E : Sectionalizer)

S/E는 고장전류를 직접 차단할 능력이 없는 대신 가격이 R/C에 비해 저렴하고, T-C 특성이 없기 때문에 R/C 또는 S/E와의 협조에 대한 제약이 적다. S/E는 고장전류를 직접 차단할 수 있는 후비보호기기의 도움을 받아야 협조가 가능하다. S/E는 부하측에서 고장이 발생하면 그 사실을 기억하고 있다가 후비보호기기가 개방되어 무전압 상태가 되면 비로소 축세개방을 수행한다. 그러나 이 기기는 현재 사용하지 않고 있다.

보충설명

축세개방과 무전압 개방

축세란 뜻은 스프링을 당기거나 압축하여 스프링의 반발력을 이용할 수 있도록 힘을 축적한 상태를 의미한다. 따라서 "축세개방"이란 말은 전기적으로 힘을 얻을 수 없는 무전압 상태에서 스프링 등에 축적된 힘으로 개방하는 것을 의미한다. 무전압 상태에서 개방하는 것을 무전압 개방이라고 한다.

3 | FAS(Fault section Auto-section Switch)

FAS를 이용하여 통신과 컴퓨터에 의존하지 않고 수지상 및 루프 복합선로에서 기존의 보호기기와 원만한 협조를 이루며, 영구고장 시 고장구간 양단을 분리하고 건전구간의 회복 등을 자동으로 수행하여 정전구간 축소 및 단축할 수 있는 시스템이다. 현장도착 및 기기조작에 장시간이 소요되는 장거리 배전선로에 적합한 시스템으로 1980년경에 도입하여 운영을 하였으나 우리나라의 배전시스템과 여러 가지 여건이 맞지 않아 현재는 사용하지 않고 있는 방식이다.

4 | 선로보호용 퓨즈(COS : Cut Out Switch)

배전선로의 보호장치로 사용하고 있는 선로용 퓨즈의 구성은 기기장치인 Cut Out Switch(이후 COS로 표기)몸체와 용단부분인 퓨즈링크로 구성되어 있다. 배전선로에서 후비보호장치와 협조하여 단상 분기를 보호하는 용도로 사용하고 있다. 퓨즈링크(Fuse-Link)의 종류는 속도비에 따라 K형, T형 그리고 H형으로 분류하고 있다. 우리나라 배전선로에서는 빠른 시간에 고장을 제거하고 반한시성 보호기기와 협조가 용이해서 K형을 사용하고 있다. COS는 사용 장소에 따라 선로보호용 COS, 변압기보호용 COS로 구분하고 있다.

K형(Fast형)

속도비가 작은 것으로 속도비의 값이 6~8 정도의 값을 갖는다. 우리나라 배전선로 보호용으로 사용하고 있다. 속도비가 작다는 것은 용단특성이 빠르다는 것을 의미한다.

T형(Slow형)

속도비가 큰 것으로 속도비의 값이 10~13 정도의 값을 갖는다. 속도비가 크다는 것은 용단특성이 느리다는 것을 의미한다.

H형

소형변압기의 1차측 보호용으로 개발된 것이다.

전선퓨즈(Cartridge Fuses for the Protection of Service Lines)

저압 가공 인입선의 주상 측에 설치하여 과전류 등으로 부터 인입선을 보호하는데 사용되는 퓨즈를 말한다.

지상변압기 이중소자퓨즈(Dual Element Bay-o-net Fuse)

CL퓨즈와 1차권선 사이에 연결하며 퓨즈홀더(Fuse Holder)에 이중소자 퓨즈링크(Dual Element Bay-o-net Fuse)를 삽입하여 변압기 내부에 설치, 2차 선로(구내, 저압간선 등)의 단락고장 및 과부하로 인한 절연유 온도 상승(약 140[℃])에 의해 동작하며 변압기 2차측 고장 및 과부하 보호기능을 갖추고 있다.

지상변압기 스위치타입 보호장치

바이오넷 퓨즈 대용으로 개발된 장치로 퓨즈와 동일특성을 보유하고 있으며 차단이 가능하다. 부하상태 또는 고장상태에서 외부에서 투입과 개방 조작이 가능하며 저압측 고장발생시 외부 시그널에 의한 차단유무 식별이 가능한 장치이다.

지상변압기 후비보호용 한류퓨즈(CL퓨즈 : Current Limiting Back-up Fuse)

1차 부싱과 1차 권선에 연결되는 이중소자퓨즈 사이에 직렬로 연결하여 변압기

보충설명

속도비(Speed Ratio)

퓨즈를 단시간(0.1[초])에 용단시킬 수 있는 전류 값을 장시간(300[초], 600[초])에 용단시킬 수 있는 전류 값으로 나눈 비를 의미한다. 퓨즈의 용량에 따라 아래와 같이 구분한다.

1. 100[A] 이하의 퓨즈링크(300[초] 용융전류)

$$\frac{\text{0.1초에서의 용융전류}}{\text{300초에서의 용융전류}}$$

2. 100[A] 초과의 퓨즈링크(600[초] 용융전류)

$$\frac{\text{0.1초에서의 용융전류}}{\text{600초에서의 용융전류}}$$

내부고장(단락고장 등)시 동작하며, 변압기 1차 선로측으로 사고파급억제 기능을 갖추고 있다.

5 | 개폐기(S/W : Switch)

고장구간 자동개폐기(ASS : Auto Section Switch)

ASS는 주로 고객의 책임분계점에 설치하여 고객설비의 고장으로 인하여 전력공급선로인 배전계통으로 파급되는 고장(사고)을 방지하는데 그 목적이 있다. ASS의 정격전류는 200[A]이며, 800[A] 이상에서는 축세개방을 하고, 800[A] 이하의 고장전류에 대해서는 직접 차단할 수 있는 능력이 있다. 따라서 ASS는 T-C 특성을 내장하고 있으며, 1[회] 고장에 개방이 된다. ASS는 오일절연방식이며, 가스절연방식인 GASS(Gas insulated Automatic Sectionalizing Switch)의 정격전류는 400[A]이다.

> **보충설명**
>
> **고장구간 자동개폐기의 이름**
>
> 고장구간 자동개폐기의 이름은 제작사에 따라 달리 명명하고 있다.
>
> - 일진 제품 : ASBRS(Automatic Sectionalizing Ereaking Reclosing Switch)
> - 신아 제품 : ASS(Auto Section Switch)

부하개폐기(LBS : Load Break Switch)

부하개폐기는 22.9[kV] 배전선로에 설치되어 선로분기 및 선로 구분용으로 사용하고 있다. 부하개폐기는 정격전류 이상의 고장 전류는 차단할 수 없으나, 평상 운전 시의 정격 이하의 부하전류를 개폐 및 통전할 수 있다.

부하개폐기는 절연방식에 따라 가스절연부하개폐기 및 폴리머절연부하개폐기로 구분한다. 가스절연부하개폐기는 본체에 SF_6 가스를 넣어 절연시킨 부하개폐기이며, 폴리머절연부하개폐기는 환경 친화적인 에폭시 몰드 절연방식을 본체에 적용하고 있다. 최근 가스절연부하개폐기 보다 폴리머절연부하개폐기를 사용하는 추세이다. 또한, 조작방식에 따라 자동형 개폐기와 수동형 개폐기로 구분하다. 자동형 개폐기는 배전자동화 기능을 통한 개폐기의 원방제어 및 현장제어가 가능하며, 수동형 개폐기는 현장에서만 제어 가능하다.

자동부하전환개폐기(ALTS : Auto Load Transfer Switch)

22.9[kV] 가공배전선로에 설치하여 주전원 공급 선로의 고장으로 전력공급이 어려울 때 예비전원으로 자동 전환하여 고객설비에 지속적으로 전력공급을 할 수 있는 3상 일괄조작방식의 부하절환개폐장치이다. 따라서 국가안보나 국민생활에 영향을 미치는 국가주요기관, 공공기관, 병원, 언론사 등에 설치 운영하고 있다.

제3절

정정(Setting)

1 | 정정(Setting)

보호기기의 보호구간에서 어떤 이상상태가 발생하였을 때 이에 적절히 동작할 수 있도록 동작기준치를 정하는 행위를 의미한다

2 | 보호(Protection)

전력계통에 단락, 지락 등 이상상태가 발생한 경우, 계통고장에 의해 발생한 이상부분이 정상부분에 영향을 미치지 못하도록 이상부분을 분리하여 피해를 최소화하고 이상부분을 고립 및 정상회복시키는 등의 조치를 취하는 것을 보호라 한다.

3 | 보호협조(Protective Coordination)

피보호설비에 고장이 발생하였을 때 피보호설비의 주보호장치가 동작하여 고장을 제거하고, 피보호설비의 후비보호장치는 동작하지 않도록 주보호장치와 후비보호장치 간의 시간차를 두어 보호장치간의 시간협조가 되도록 정정한 것을 의미한다. 이와 같이 동작하였을 때 "협조된다."라고 한다.

보충설명

배전선로용 보호기기의 보호협조 방법

- 동작시간의 차이를 이용하는 방법

- 고장전류 크기의 차이를 이용하는 방법
- 동작횟수의 차이를 이용하는 방법 등이 있다.

4 | 보호구간(보호범위)

어떤 보호기기가 반드시 보호하도록 정해진 구간을 그 보호기기의 보호구간 또는 보호범위라고 한다.

보충설명

보호구간의 설정 방법

- 모든 보호기기의 보호구간을 첫 번째 부하측 보호기기까지로 한정하는 방법
- 모든 보호기기의 보호구간을 선로 말단까지로 정하는 방법
- 모든 보호기기의 보호구간을 두 번째 부하측 보호기기까지로 설정하는 방법
- 변전소 계전기와 첫 번째 R/C의 보호구간은 두 번째 R/C까지로 설정하고 두 번째 이후 R/C들의 보호구간은 선로말단까지 설정하는 방법 등이 있다.

5 | 전위보호(Protecting Device)와 후비보호(Backup or Protected Device)

[그림 2.3.1]과 같이 고장점을 중심으로 가장 가까이에 있는 보호기기를 전위보호장치(Protecting Device)라 하고 뒤에 있는 보호장치를 후비보호장치(Backup or Protected Device)라 한다.

그림 2.3.1 전위보호와 후비보호

6 | 최소동작전류

보호기기가 동작하는 최소 입력값을 말한다. 보호기기는 이 값 이상의 전류가 흐르

면 고장전류로 인식하고 동작하게 된다. 퓨즈의 경우에는 퓨즈가 용단되는 최소전류를 의미한다.

7 | Pick-up 전류

계전기 및 보호기기(R/C 등)에 정정된 최소동작전류를 의미한다.

8 | Pick-up 배수

고장전류 값을 최소동작전류 값으로 나눈 값으로 식 (2.3.1)과 같다.

$$\text{Pick-up 배수} = \frac{\text{고장전류 값}}{\text{최소동작전류 값}} \tag{2.3.1}$$

9 | 시간-전류특성곡선(T-C 곡선 : Time-Current Characteristic Curve)

계전기(또는 보호기기)의 입력전류와 동작시간과의 관계를 종축에는 시간[sec 또는 cycle], 횡축에는 전류[A]로 표시한 곡선으로 입력전류(고장전류)의 크기에 따라 동작시간이 달라지는 특성을 시간-전류특성곡선(혹은 T-C 특성곡선)이라 한다. 보호기기간 보호협조가 되기 위해서는 이 곡선이 필요하다. [그림 2.3.2]는 T-C 곡선의 한 예이다.

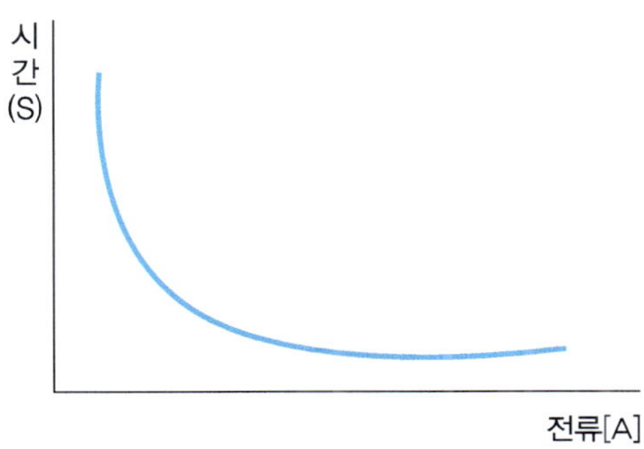

그림 2.3.2 T-C 곡선의 예

보충설명

T-C 곡선의 종류

- **표준 반한시(SI : Standard Inverse 또는 NI : Normal Inverse)**
- **강반한시(VI : Very Inverse)**
- **초반한시(EI : Extremely Inverse)**
- **한전 자체 곡선(N1~N4)**
  - N1곡선 : 순시곡선으로 P.U비 1000[%] 이하의 고장전류 및 돌입전류에 대하여 최소동작시간을 3.5[Cycle] 이상으로 하여 기존 A, 1번 곡선의 2.7[Cycle] 보다 1[Cycle] 늦게 동작하도록 하여 돌입전류에 의한 R/C의 개방을 방지하고, P.U 1000[%] 이상의 고장전류에서 퓨즈와 협조가 가능하도록 고려한 곡선임
  - N2곡선 : 순시곡선으로 N1곡선 보다 3.5[Cycle] 이상 지연시켜 R/C 2[대] 직렬협조가 가능하도록 설정한 곡선임.
  - N3곡선 : 지연곡선으로 R/C 2[대] 직렬 설치한 경우 N4곡선과 3.5[Cycle] 이상 먼저 동작하도록 설정된 곡선으로 2[대] 직렬 보호협조를 도모하기 위한 곡선임.
  - N4곡선 : 지연곡선으로 계전기 원판의 복귀시간을 고려하여 동일한 P.U에서 10[Cycle] 이상의 동작시간 차가 나도록 설정한 곡선임.
- **1, A, R 곡선** : 순시곡선으로 예전부터 사용하고 있는 곡선
- **2, 8, 14, B 곡선** : 지연곡선으로 예전부터 사용하고 있는 곡선
- **특성함수식** : 디지털형 계전기는 T-C 특성을 함수로 표현할 수 있어 아날로그형 계전기에 비해 오차를 줄일 수 있다. 특성함수는 Pick-up 배수와 Lever 값을 독립변수로 동작시간을 종속변수로 한 특성함수로 표현할 수 있다. PU는 Pick-up 배수이고, L은 Lever 값을 의미한다.

  이 특성함수식은 IEC 규격을 따른 것으로 우리나라에 제작되는 대부분의 계전기에서 채택하고 있다. GIPAM(LS), HIMAP-FI(현대), ELVIC(아시아계전), MRI-IED(우진기전) 등에서 사용되고 있으며, 자동화용 R/C에도 이 특성곡선이 포함되어 있다.

  - 표준반한시 : $T_{SI}(Sec) = \frac{0.14}{PU^{0.02}-1} \times L$
  - 강반한시 : $T_{VI}(Sec) = \frac{13.5}{PU^{1}-1} \times L$
  - 초반한시 : $T_{EI}(Sec) = \frac{80}{PU^{2}-1} \times L$

주1) 현재 배전계통 리클로저에서는 한전 자체 곡선을 사용하고 있으나, 변전소 계전기 및 고객 계전기의 특성곡선과 상이하고 특성곡선의 종류가 4개밖에 없어 리클로저가 3대인 경우에는 보호협조가 불가능하다. 따라서 IEC 특성곡선을 이용한 보호협조를 진행해야 한다.

10 | 순시동작(F : Fast)

전력계통(배전계통)의 고장으로 고장전류가 발생하면 이를 감지하여 고속으로 차단하여 고장전류를 제거하는 동작을 의미한다. R/C의 순시는 변전소의 순시와는 전혀 다르다. R/C의 순시곡선은 정한시가 아닌 동작시간이 짧은 반한시 곡선이다. 순시동작을 의미하는 기호는 "F"를 사용하고 있다. R/C1, R/C2, EFI 등 3대의 보호기기를 직렬 설치하는 경우 순시동작시간은 기기마다 각각 다른데, 단락고장시 IEC-VI 커브를 사용하는 경우 맨 말단의 EFI는 3cycle, R/C2는 6cycle, R/C1은 12cycle 정도 된다. 하지만 이 순시동작시간은 각 보호기기의 셋팅값(레버 설정값)과 고장전류의 크기에 따라 달라질 수 있다.

11 | 지연동작(D : Delay)

전력계통(배전계통)의 고장으로 고장전류가 발생하면 이를 감지하여 지연요소(스프링, 레지스터)에 의해 지연 차단하는 동작을 의미한다. 지연동작은 순시동작 이후에 동작하는 것이 일반적이다. 지연동작을 의미하는 기호는 "D"를 사용하고 있다. R/C1, R/C2, EFI 등 3대의 보호기기를 직렬 설치하는 경우 지연동작시간은 기기마다 각각 다른데, 단락고장시 IEC-VI 커브를 사용하는 경우 맨 말단의 EFI는 3cycle, R/C2는 9cycle, R/C1은 18cycle 정도 된다. 하지만 이 지연동작시간은 각 보호기기의 셋팅값(레버 설정값)과 고장전류의 크기에 따라 달라질 수 있다.

12 | 재폐로 동작(Reclose)

순시 및 지연동작 이후에 일정시간 지연 후 자동적으로 다시 투입되는 동작을 의미한다. 전자식 제어방식에서는 재폐로 시간을 임의로 조정할 수 있다.

13 | 완전개방 동작(Lock Out)

전력계통(배전계통)의 고장으로 고장전류가 발생하면 이를 감지하여 정정된 동작순서에 의해 순시, 지연, 재폐로 동작을 이행한 후, 최종적으로 개방된 상태를 완전

개방(Lock Out)이라 한다. 완전개방이 되면, 자동적으로 재투입되지 않는다.

14 | R/C의 복귀동작(Reset)

전력계통(배전계통)의 고장으로 보호기기가 동작하였으나, 재폐로의 성공으로 고장이 제거된 경우 보호기기의 상태가 최초의 상태로 복귀하여, 새로운 고장발생에 대비하는 동작을 의미한다. R/C의 경우 복귀에 걸리는 복귀시간은 30[초]로 정정하는 것이 일반적이며, 안전을 위해서는 복귀시간을 더욱 늘릴 수 있다(예: 180[초]).

15 | 차단동작(Trip)

순시 및 지연동작 등으로 보호기기가 차단하는 동작을 의미한다.

16 | 동작순서(Sequence)

전력계통(배전계통)의 고장으로 보호기기가 동작할 때 고장부분을 효과적으로 제거하기 위해 정정된 보호기기의 동작순서를 의미한다. 2F2D를 예로 들어 동작순서를 그림으로 나타내면 [그림 2.3.3]과 같다.

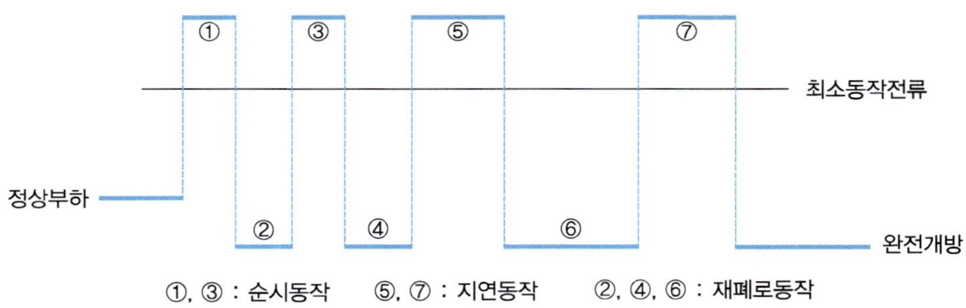

그림 2.3.3 동작순서

17 | 총 동작횟수

일반적으로 보호기기는 고장전류로 인해 개방된 후 일정시간이 경과하면 재투입되었다가 계속 고장상태가 유지되면 개방과 투입과정을 정해진 횟수만큼 반복하게 된다. 이때 정해진 개방동작의 횟수를 의미한다.

18 | 탭(Tap)

계전기 동작전류의 값을 조정하기 위하여 내장된 보조변류기나 변성기에 여러 개의 단자를 인출하는데 이 단자를 탭(Tap)이라 한다. 이 탭의 위치를 변경함에 따라 계전기의 구동부에 가해지는 입력량이 변화되어 계전기의 동작 값이 달라진다. 따라서 T-C 곡선 그래프 상에서는 곡선이 좌우로 움직이게 된다.

보충설명(아날로그 계전기)

한시 Tap

계전기의 최소동작전류 이상의 전류가 유입되면 계전기가 한시특성에 의해 적정시간을 지연하면서 동작할 수 있도록 입력량을 정정하는데 사용하는 탭이다.

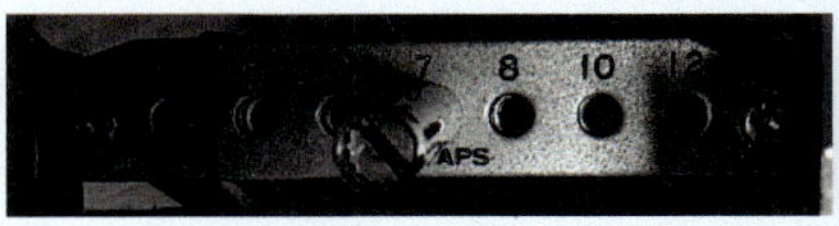

OCR 한시 TAP

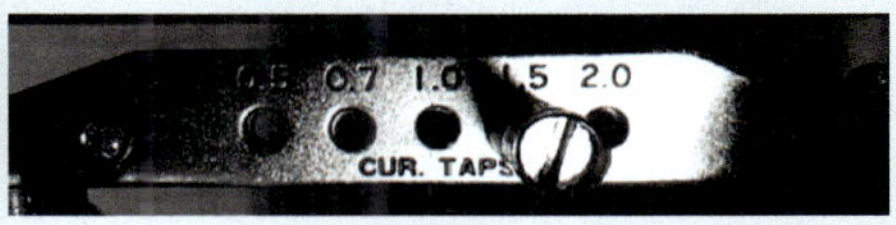

OCGR 한시 TAP

순시 Tap

변전소 인근 등과 같이 임피던스 값이 적으면, 고장전류의 양이 커서 정정된 한시동작 범위를 넘은 경우 순시동작할 수 있도록 입력량을 정정하는데 사용하는 탭이다. 계전기에는 IIT로 표시되어 있다.

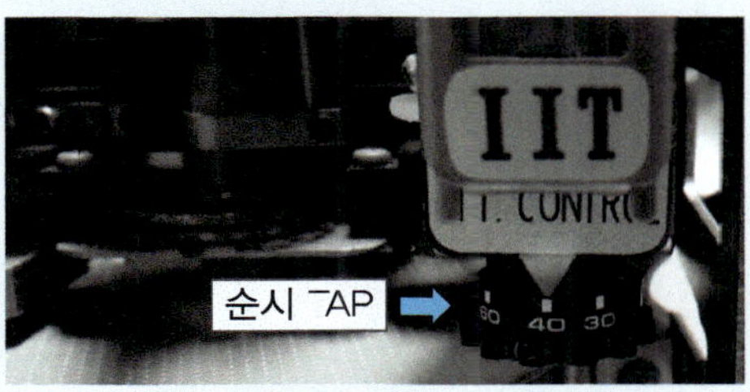

19 | 고정접점(Fixed contact)

전기회로의 접속을 바꾸기 위하여 움직이지 않도록 만들어진 접점으로 원판에 붙어 있는 가동접점이 움직여 고정 접점에 붙는다.

20 | 가동접점(Moving contact)

반한시계전기의 레버에 고정되어 있는 접점으로 레버의 위치에 따라 가동접점의 위치도 변하게 되는데, 고정접점과 가동접점의 간격이 변화되어 계전기의 동작시간이 변화된다.

21 | 레버(Time adjusting Lever)

반한시계전기의 동작시간 조정용 기구로서 유도원판의 축에 고정되어 있다. 레버를 조정하면 고정접점과 가동접점의 간격이 증가 또는 감소하여 계전기의 동작시간이 달라진다. 따라서 T-C 그래프 상에서 곡선이 상하로 움직여 계전기의 동작시간을 결정하게 된다.

보충설명(아날로그 계전기)

레버의 눈금

일반적으로 레버의 눈금은 0.5~10까지의 숫자로 표시되어 있다. 숫자가 작아지면 고정접점과 가동접점의 사이가 가까워져 동작시간이 짧게 되고 숫자가 커지면 두 접점사이의 간격이 멀어져 동작시간이 가장 길게 된다.

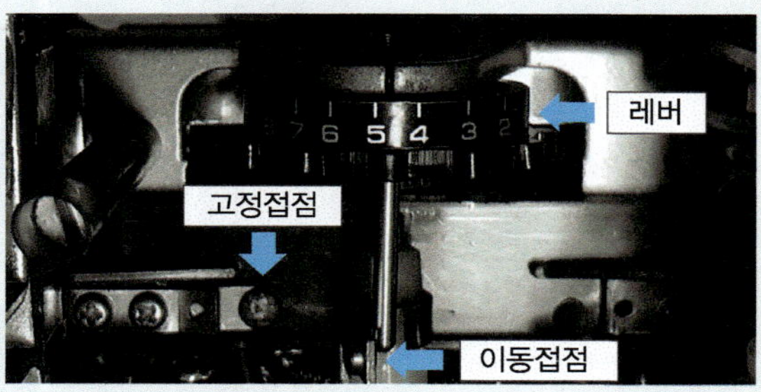

22 | 동작시간차와 협조시간차

보호기기가 직렬로 설치되어 있을 때 후비보호기기가 전위보호기기보다 동작시간이 길어야 협조가 가능하다. 후비보호기기의 동작시간에서 전위보호기기의 동작시간을 뺀 것을 두 기기간의 동작시간차라 한다. 이 동작시간 차가 보호기기간 협조되기 위해 필요한 최소한의 시간차를 협조시간차라 한다. 이 협조시간차는 보호기기의 종류에 따라 다르다. [표 2.3.1]은 각 기기별 협조시간차를 나타낸 것이다.

[표 2.3.1] 보호기기간의 협조시간차

후비보호기기	전위보호기기	협조시간차 [Cycle]	비고
OC(G)R	R/C	10	
OC(G)R	OC(G)R	17	
KH-ESV, ESV	R/C	3.5	
IJB-VE, VWVE, EVR-2	R/C	2.7	
자동화용R/C	R/C	2.7	인텍, 신성, 진광, 동남
R/C	OC(G)R	6	

23 | 동작

보호기기가 소정의 책무를 수행하는 것을 의미한다. 동작에 대한 용어는 정동작, 정부동작, 오동작 그리고 오부동작이 있다.

보충설명

동작에 대한 이해

- **정동작** : 계전기가 동작해야 할 경우에 동작하는 것
  아래 그림에서 A S/S와 B S/S의 중간인 "고장1 지점"에서 고장이 발생한 경우에 "계전기 a"와 "계전기 b"가 동작했다면 이 계전기들은 정동작한 것이다.
- **정부동작** : 계전기가 동작하지 말아야 할 경우에 동작하지 않는 것

아래 그림에서 "고장1 지점"에서 고장이 발생한 경우 "계전기 a"와 "계전기 b"를 제외한 다른 계전기(c, d, e, f, g, h)가 동작하지 않았다면 이 계전기들은 정부동작한 것이다.

- **오동작** : 계전기가 동작하지 말아야 할 경우에 동작한 것
  아래 그림에서 "고장1 지점"에서 고장이 발생한 경우 "계전기 a"와 "계전기 b"를 제외한 다른 계전기(c, d, e, f, g, h)가 동작했다면 이 계전기들은 오동작한 것이다.
- **오부동작** : 계전기가 동작하여야 할 경우 동작하지 않은 것
  아래 그림에서 "고장1 지점"에서 고장이 발생한 경우 "계전기 a"와 "계전기 b"가 동작하지 않았다면 이 계전기들은 오부동작한 것이다.

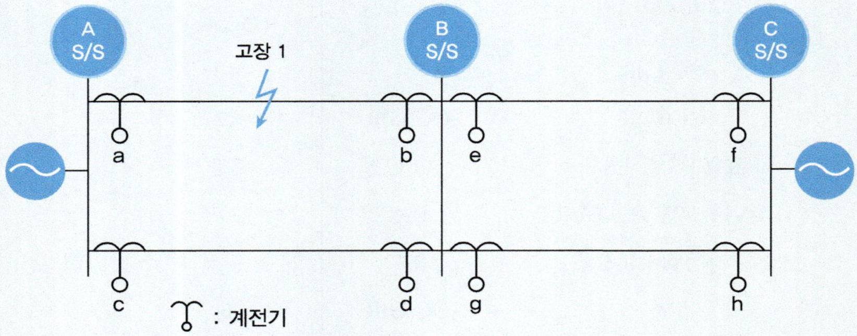

24 | 보호협조 프로그램(off-DAS)

off-DAS 프로그램은 한국전력공사의 보호협조, 고장처리, 손실최적화 및 전압강하를 계산하는 off-line용 배전기술계산 프로그램으로 기존 On-line 프로그램(DAS)을 기초하여 개발한 프로그램이다.

25 | 돌입전류(Inrush current)

전원스위치를 투입하거나 개방할 때 정상전류보다 많은 전류가 흐르는 과도현상을 의미한다. 이때 순간적으로 흐르는 전류의 양은 수 배 또는 몇 10[배]에 해당하는 전류가 흐른 후 서서히 감소하는 특징을 갖는다. 따라서 보호기기에 절대적 영향을 주기 때문에 대책을 마련하고 있다.

보충설명

돌입전류의 종류

돌입전류는 초기치가 대단히 높으나 지속시간이 짧은 Hot Load와 초기치가 비교적 낮지만 지속시간이 긴 Cold Load로 나눈다. Hot Load의 크기는 정전시간에 관계없이 일정한 특성을 갖고 있고, Cold Load는 정전시간의 장단에 따라 지속시간특성이 달라지는 특성을 갖는다.

- **백열전등, 전열기기**
  저항체 부하는 인가전압과 초기저항에 따라 최대전류가 결정되고 주위온도와 사용온도의 차에 의해 지속시간이 결정된다. 초대치는 5~6[배]로 높은 반면 지속시간은 4~5[Hz]로 대단히 짧다.

- **전동기 부하**
  정지상태에서 정상회전속도로 가속할 때까지 비교적 장시간을 요하고 정상전류의 3~6[배] 정도의 크기를 가지며 지속시간은 60~70[Hz] 정도이다.

- **변압기**
  변압기를 가압할 때 여자전류에 의해 발생하는데 특히 변압기 철심에 잔류자속이 있는 경우 철심 내 자속은 가압과 동시에 과포화 되어 여자전류가 급격히 증가하게 된다. 돌입전류의 크기는 부하전류의 25[배]까지 되며 초대치의 1/2감소시간이 5~ 6[Hz]이며 지속시간은 1[초] 정도 된다.

26 돌입전류 억제(CLPU : Cold Load Pick-up, X배수)

R/C를 투입할 때 정상전류 이상의 돌입전류가 순간적으로 흐르는데 이 돌입전류에 의해 R/C가 동작할 수 있다. 따라서 이에 따른 동작을 억제할 필요가 있다. 아날로그 R/C에서는 투입스위치를 투입한 상태를 2[초] 이상 유지하면 이미 정정되어 있는 최소동작전류 값의 X배 만큼 증가시켜 개방동작을 막는 방법을 사용하고 있다. 디지털 R/C는 이미 정정되어 있는 최소동작전류의 X[배] 만큼 증가한 CLUP 동작전류가 3[초]간 유지하도록 하여 개방동작을 닫는 방식을 적용하고 있다.

보충설명

돌입전류 억제 방법

- 아날로그 R/C

  돌입전류의 크기를 최대부하전류의 10[배] 정도로 보고 최소동작전류의 크기를 증가시키는 방식을 사용하고 있다. 즉, 최소동작전류 정정치를 I_s, 최대부하전류를 I_m이라 하면

$$X\text{배수}(X_s) > \frac{I_m \times 10}{I_s}$$

  의 조건을 만족하게 설정한다. X 배수 정정은 IJB-VE는 1, 2, 4, 6, 8, 10[배]이고 KH-ESV는 1, 2, 4, 5, 10[배]로 정정할 수 있도록 마련되어 있다.

- 디지털 R/C

  조작대상이 되는 R/C는 X 배수 정정으로 돌입전류에 의한 개방동작을 제어할 수 있지만, 후비에 있는 보호기기가 동작하게 되는 경우가 있다. 이 문제는 아날로그 R/C의 경우에는 불가피 했지만, 디지털 R/C는 X 배수와 같은 개념으로 CLPU(Cold Load Pick-up) 배수를 사용한다.

$$CLPU\ \text{동작전류}(I_p) = \text{최소동작전류}(I_s) \times CLPU\ \text{배수}$$

  의 조건을 만족하도록 설정한다.

27 | 승률 또는 선정계수

보호기기는 정상적인 부하전류에 대해서는 동작하지 않아야한다. 즉, 최소동작전류는 최대부하전류에 안전계수를 계상하는데, 최대부하전류의 1.5[배] 이상으로 정정하고 있다. 보통 승률, 선정계수라고 하며 보호기기마다 적용하는 값이 다르다. R/C는 원활한 보호협조를 위해 2.8~4.0[배]를 적용하고 있다.

28 | 완전협조(Trip Coordination)

건전구간에는 어떠한 고장도 파급되지 않고 보호협조가 이루어지는 것을 완전협조라 한다. R/C, 계전기, 선로용 퓨즈와 같이 고장전류를 직접 차단할 수 있는 보호기기에만 해당되는 내용이다.

29 | 불완전협조(Lock Out Coordination)

일시고장에 대해 건전구간이 순간고장을 경험하면서 보호협조가 이루어지는 것을 불완전협조라 한다. S/E는 항상 불완전협조를 하게 된다.

30 | 복귀율[%]

계전기의 복귀시간에 대한 R/C의 재폐로시간으로 수식으로 표현하면 식 (2.3.2)와 같다.

$$\text{복귀율}[\%] = \frac{R/C\ \text{재폐로시간}[\text{초}]}{Ry\ \text{복귀시간}[\text{초}]} \times 100 \tag{2.3.2}$$

31 | 진행률[%]

계전기의 동작시간에 대한 R/C의 동작시간으로 수식으로 표현하면 식 (2.3.3)과 같다.

$$\text{진행률}[\%] = \frac{R/C\ \text{동작시간}[cycle]}{Ry\ \text{동작시간}[cycle]} \times 100 \tag{2.3.3}$$

32 | 계전기의 복귀시간(Reset Time)

원판형 계전기에서 고장이 발생하여 계전기가 회전하는 도중에 고장이 제거되면 원판은 원래 위치로 복귀한다. 이때 완전히 복귀하는데 걸리는 시간은 원판이 돌아간 거리에 비례하게 되는데 원판의 접점이 고정접점과 닿은 상태에서 처음 위치로 완전히 복귀하는데 걸리는 시간을 복귀시간이라고 한다. 이러한 복귀시간은 R/C에도 존재한다. 그러나 디지털계전기의 경우에는 즉시복귀가 되어 0에 가깝다.

33 | 구간협조장치

[그림 2.3.4]와 같이 R/C가 2[대] 이상 직렬로 설치되어 있을 때 후비 R/C에 부착된 장치로 A3 구간에서 고장이 발생하면 순시동작에 한해 R/C1과 R/C2가 고장을

감지하였지만, R/C2는 실제로 동작하지만, 구간협조장치가 설치된 R/C1은 실제 동작은 하지 않고 시퀀스를 다음으로 넘겨 순시동작은 안했지만 동작한 것으로 간주하여 A2 구간에 순시정전을 막아 주는 장치를 말한다. 제작사마다 용어를 달리하는데, IJB-VE 및 VWVE는 SCA(Sequence Coordination Accessory)로, KH-ESV 및 ESV-2710는 ZSU(Zone Sequence Unit)라 한다.

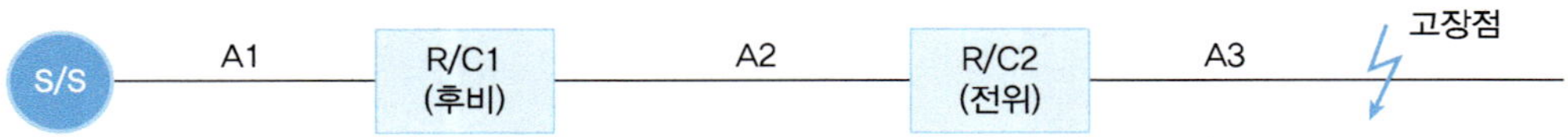

그림 2.3.4 구간협조장치 설명도

상기 내용을 표로 정리하면 [표 2.3.2]와 같다.

표 2.3.2 R/C 구간협조장치의 기능

구분	자동화용	IJB-VE(VWVE)	KH-ESV(ESV)
명칭	• 제어함 Setting 하부메뉴인 Sequence Coordination ON으로 설정	• SCA(Sequence Coordination Accessory) 설치	• ZSU(Zone Sequence Unit) 설치
기능	• 고장이 감지되고 전위기기에서 미리 동작하면 순시 시퀀스를 증가시킴	• 고장이 감지되면 동작하지 않더라도 시퀀스를 증가시킴	• 순시동작시간을 6cycle 증가시킴 • 고장이 감지되면 동작하지 않더라도 시퀀스를 증가시킴

34 | 소호(消弧)와 소호시간

소호의 사전적 의미는 아크방전을 없애는 것이다. 따라서 소호시간은 아크방전을 없애는데 걸리는 시간을 의미한다.

35 | 최대부하전류

선로에 연결되어 있는 부하에 의해 흐르는 전류 중 가장 많이 흐를 때의 전류를 최대부하전류라 한다. 최대부하전류는 기간을 어떻게 설정하느냐에 따라 값이 달라질 수 있다. 보호협조 검토를 위해 산출하는 경우, 각 보호기기 설치 점에서의 부하전류는 보호기기의 고장검출 한계를 산출하는 요소이므로 보호기기 설치점에 흐를 수 있는 최대부하전류를 뜻한다. 이를 산출하는 방법은 변전소 인출 최대부하전류를 구간별 부하분포에 따라 계산하는 방법과 변전소 운전실적관리시스템(SOMAS)의 연중 최대부하 전류값을 취득하는 방법이 있다.

36 | 토크(Torque)

물체에 작용하여 물체를 회전시키는 원인이 되는 벡터 물리량을 의미한다. 토크의 단위는 $N \cdot m$이다.

37 | 관성시간(IMT : Impulse Margin Time 또는 Casting Time)

관성은 물체가 외부의 힘을 받지 않는 한 정지 또는 등속도 운동의 상태를 지속하려고 하는 성질을 의미한다. 이러한 성질로 인해 계전기의 원판이 회전하는 도중에 고장이 제거되더라도 관성으로 인해 원판이 즉시 복귀하지 못하고 조금 더 회전하게 되는데 이때 관성에 의해 원판이 더 돌아가는 시간을 관성시간(IMT)이라 한다.

38 | 시상수 곱 기능(TM : Time Multiplier)

T-C 곡선에 일정한 시상수를 곱하여 원하는 T-C 곡선으로 변경할 수 있는 기능이다. 이 기능은 변전소 CB의 Lever와 같은 역할을 하며 CB와 R/C간의 원활한 협조가 잘 안 되는 경우 R/C 곡선에 이 기능을 적용하여 조정하면 협조가 될 수 있다. 기존 곡선에 일정한 Multiplier(시상수)를 곱하여 기존 곡선을 위 아래로 수평이동하는 구조로 하나의 곡선을 사용하면서도 마치 다른 곡선을 사용하는 효과를 낼 수 있다. [그림 2.3.5]는 시상수 곱 기능을 보인 T-C 곡선이다.

39 | 지연시간 부가기능(TA : Time Adder)

배전선로 R/C에 구비되어 있는 T-C 특성곡선을 선로특성에 가장 적합하도록 사용자가 변경하는 기능으로 T-C 곡선에 일정한 시간을 더하여 원하는 곡선으로 변경하게 되며, 곡선의 모양이 처음은 같이 진행되다가 PU값이 커질수록 일정시간씩 지연되는 구조를 가지고 있다. [그림 2.3.6]은 지연시간 부가기능 T-C 곡선이다.

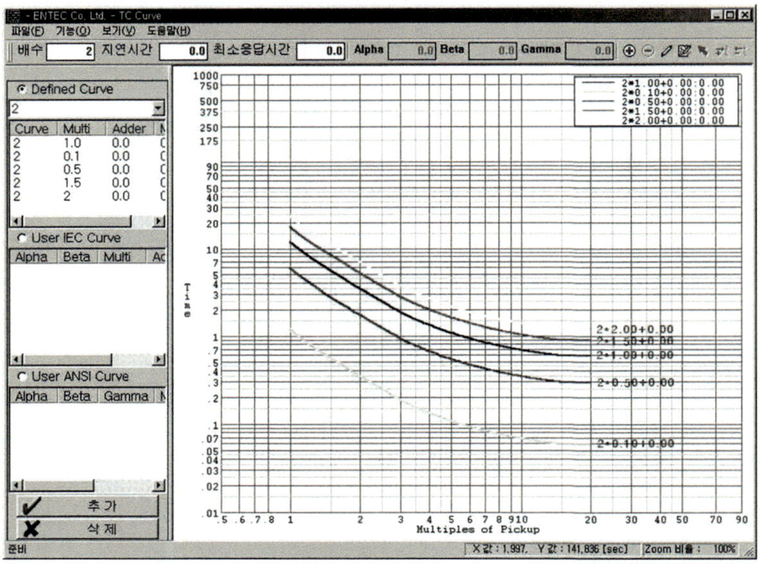

그림 2.3.5 시상수 곱 기능 T-C 곡선

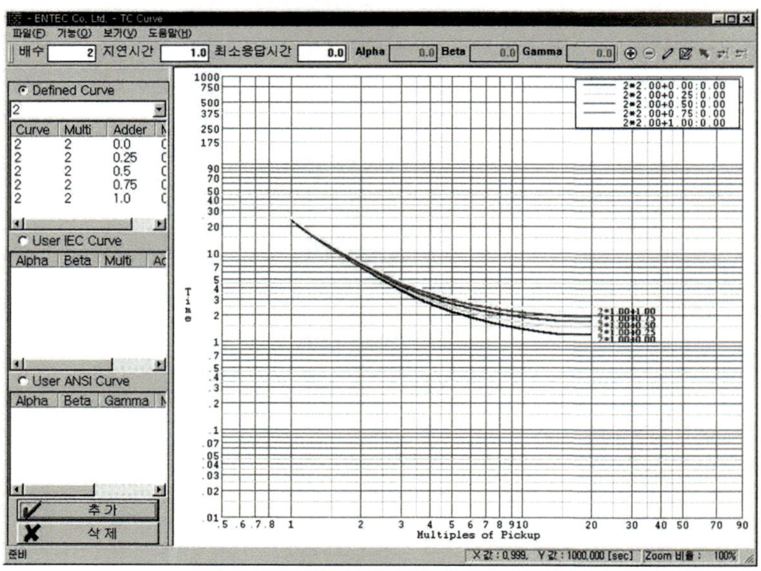

그림 2.3.6 지연시간 부가기능 T-C 곡선

40 | Offset

보호협조 검토 시 T-C 함수에 Multiplier(시상수)를 곱하거나 Adder(지연시간)를 더하는 것을 Offset이라 한다.

41 | 대전류(大電流, High Current) Lock Out

R/C의 재투입으로 인한 설비소손, 안전, 화재 등 고장의 파급을 막기 위한 기능이다. 대전류 Lock Out 기능이 On으로 정정된 경우 미리 설정된 대전류 Lock Out 동작전류 이상의 고장 전류 발생시 R/C는 다른 어떤 시퀀스보다 우선하여 대전류 Lock Out 시퀀스 동작한 후 Lock Out 된다. 고장전류 정정치는 R/C 설치점의 최대고장전류보다 작게 정정하거나, 특정 고장전류 값을 정하여 일괄 정정할 수 있다.

42 | 최소차단시간(Minimum Clearing Time)

선로에 고장이 발생하면 정정된 T-C특성에 의하여 트립지연시간을 계산한다. T-C 특성 변경에 의해 계산된 차단시간이 45[ms] 이하이더라도 R/C 차단부의 동작시간이 한정되어 있기 때문에 최소차단시간(고장판단시간 + 트립 지령시간 + 차단부동작시간 + 아크소멸시간 ≒ 45[ms])은 약 45[ms] 이내에 동작하게 된다.

43 | 최소응답시간 설정(MRT : Min Response Time)

T-C 곡선에 최소 동작 시간을 적용하여 R/C가 설정시간 보다 짧게 동작하는 것을 막는 역할을 한다. 주로 퓨즈와의 보호협조가 어려울 경우 사용하는 기능이다. 만약 최소응답시간을 1[sec]로 설정하였을 경우 T-C특성곡선에 의한 동작시간이 1[sec] 미만일지라도 동작시간은 1[sec]이며, 1[sec]를 초과한다면 T-C 특성곡선에 의한 계산시간이 R/C의 동작시간이다. [그림 2.3.7]은 최소응답시간 개념도이다.

44 | 연속정격전류

전력용 퓨즈의 경우 퓨즈를 용단시키지 않는 최대전류를 의미한다.

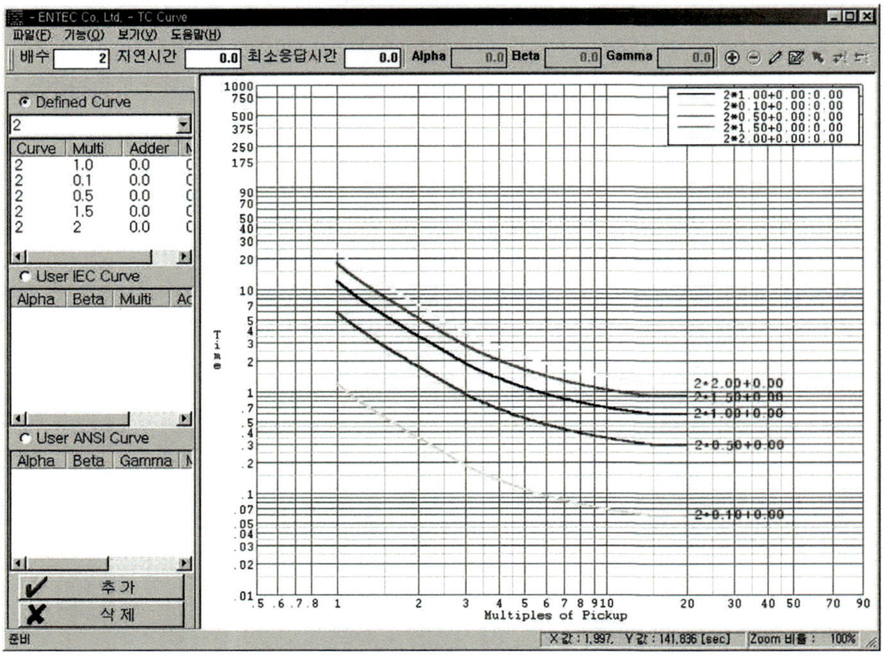

그림 2.3.7 최소응답시간 개념도

45 | 용융시간(MT : Melting Time)

전력용 퓨즈의 경우 퓨즈가 녹기 시작하여 아크가 발생할 때까지의 시간을 의미한다.

46 | 호광시간(AT : Arcing Time)

아크가 발생한때로부터 퓨즈가 완전히 절단될 때까지의 시간을 호광시간(Arcing Time)이라고 한다.

47 | 고장제거시간(CT : Clearing Time)

전력용 퓨즈에서 용융시간과 호광시간을 합친 것을 고장제거시간(Clearing Time)이라 한다.

48 | 최소용융곡선(Minimum Melting T-C 곡선)

전력용 퓨즈에서 정격전류 이상의 전류가 흘렀을 때 최초 녹기 시작하는 시간과 전류와의 관계를 종축은 시간 T, 횡축은 전류 A의 그래프 상에 반한시성 특성으로 나타나는 곡선을 의미한다.

49 | 최대고장제거곡선(Maximum Clearing T-C 곡선)

전력용 퓨즈에서 정격전류 이상의 전류가 흘렀을 때 최초 퓨즈가 녹아 끊어지는 최대의 시간과 전류와의 관계를 종축은 시간 T, 횡축은 전류 A의 그래프 상에 반한시성 특성으로 나타나는 곡선을 의미한다.

50 | 누적시간(TAT : Total Accumulated Time)

총 누적시간이란 고장이 발생(또는 후비보호기기에 의해 차단)된 순간부터 S/E가 동작한 순간까지의 시간을 말한다.

51 | 정격차단시간

정격전압, 조작기구의 정격조건과 표준동작책무를 수행하는 전제하에 정격차단전류를 차단하는 시간을 의미한다. 본 시간은 개극시간 및 아크 소호시간의 합이다.

52 | 개극시간

개로상태인 차단기의 트립기구가 여자되는 순간부터 아크접촉자(아크접촉자가 없는 경우에는 주접촉자)가 분리되는 시간을 의미한다.

53 | 아크 소호시간

차단기 아크가 접촉자(아크접촉자가 없는 경우에는 주접촉자)가 분리되는 순간에서부터 모든 극의 전류가 차단되어질 때까지의 시간을 의미한다.

54 | 순간고장(Instantaneous Fault)

동물의 접촉, 수목 접촉, 낙뢰 등으로 인하여 순간적으로 고장이 발생하였다가 자연 소멸되거나 재폐로 후 자연 복구되는 고장을 순간고장이라 한다.

55 | 일시고장(Permanent Fault)

전선의 단락, 변압기의 고장, 지지물의 넘어짐 등과 같이 즉시 복구하지 않으면 계속해서 고장이 지속되는 것을 일시고장이라 한다.

56 | 건전상

3상 전력계통에서 여러 원인에 의해 고장이 발생한 경우 고장난 상을 제외한 상을 말하다.

57 | 고장상

3상 전력계통에서 여러 원인에 의해 고장이 발생한 경우 고장난 상을 말하다.

58 | 역전력 차단

SNW에서 배전선 수전변압기 1차측의 사고 또는 전원측 정전에 의해 전원측으로 전력 유출시 차단기를 차단시키고, Network측의 사고에 대해서는 차단하지 않도록 한다.

59 | 무전압 투입

SNW에서 Network의 모선측이 무전압(정전상태)이고, Protector Tr의 1차측 전압이 확보되었을 때 Protector CB를 자동투입하는 것을 의미한다.

60 | 차전압 투입

SNW에서 차단기의 자동투입을 위한 전원측과 네트워크측의 차 전압을 검출하기 위한 3차권선이 있는데, 이 전압을 이용하여 트입하는 것을 의미한다.

61 | Pumping 현상

차단기가 전기적 회로 또는 기계적 이상으로 차단과 투입을 반복하는 현상을 의미한다. SNW에서 차단기를 차전압 투입시 전원전압이 네트워크전압보다 높고 위상이 지연되어 있으면 주계전기의 트립핑 영역에 들어가 차단기가 차단과 투입을 반복할 수 있다.

62 | 응답(Response)과 차단시간(Interrupt) 그리고 고장제거시간(Clearing Time)

선로에서 발생한 고장전류가 CT를 통해 감지되면 그 크기에 따라 T-C특성에 의해 동작시간이 결정되고 그때까지 고장이 제거되지 않으면 개방신호를 내보낸다. 그런데 개방신호가 나간 뒤 실제로 선로를 개방시키는 데는 기계적인 동작이 필요하기 때문에 약간의 시간이 더 소요된다. [그림 2.3.8]은 응답과 차단시간 그리고 고장제거시간에 대한 개념도이다.

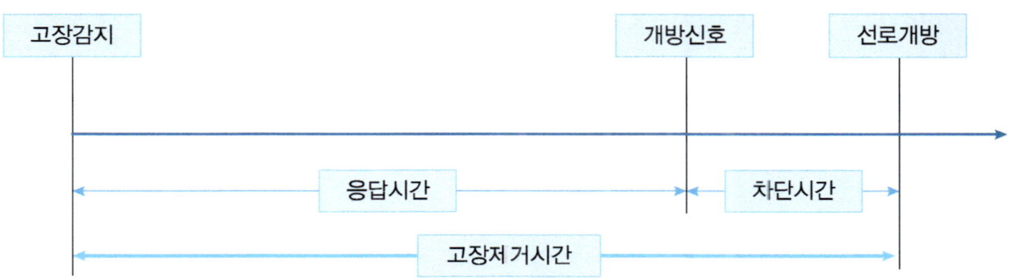

그림 2.3.8 응답과 차단시간 그리고 고장제거시간에 대한 개념도

[그림 2.3.8]에서 보듯이 고장을 감지한 때로부터 개방신호를 발생시킬 때까지의 시간을 응답시간(Response Time : T_r)이라 하고 개방신호를 받고 실제로 선로를 완전히 구분시킬 때까지의 시간을 차단시간(Interrupt Time : T_i)이라 한다. 대개 차단시간은 기기의 종류에 따라 거의 고정된 값이다. 그리고 고장을 감지한 때로부터 선로를 완전히 구분할 때까지의 시간을 고장제거시간(Clearing Time : T-C)이라고 하는데 식 (2.3.4)와 같다.

$$\text{T-C}(\text{고장제거시간}) = T_r(\text{응답시간}) + T_i(\text{차단시간}) \tag{2.3.4}$$

(개방신호, 응단시간(Response Time : T_r), 차단시간(Interrupt Time : T_i), (고장제거시간(Clearing Time : T-C) : 고장제거시간을 동작시간(Actuating Time)이라고 하지만 응답시간을 뜻하는 경우도 있어 분명히 그 뜻을 구분할 필요가 있을 때는 고장제거시간 혹은 응답시간이란 용어를 사용하는 것이 좋다.)

63 | 변전소운전실적관리시스템(SOMAS : Substation Operating results Management System)

변전소운전실적관리시스템(SOMAS)은 연중 최대부하 전류값을 취득하여 그 값을 기준으로 부하전류값을 상정하고 있다.

64 | STAP

off-DAS 프로그램에서 OCR 또는 OCGR 계전기에서 정정할 때 순시 탭을 의미하고 있다.

제 4 절

고장해석 용어

1 | 기준충격절연강도(BIL : Basic Impulse Insulation Level)

전력계통에는 변압기, 차단기, 기기의 Bushing, 애자, 결합 콘덴서, 계기용변성기 등 많은 기기가 있으므로 이들 사이에는 서로 균형 있는 절연강도를 유지해야 한다. 또, 계통전체의 절연설계를 보호장치와의 관계에서 합리화하고 최소의 절연비용으로 최대효과를 거두기 위해 절연협조(Insulation Coordination)를 해야 하며, BIL은 낙뢰에 의한 충격전압만을 대상으로 고려한다. 낙뢰에 의한 이상전압의 파고치는 회로전압과는 무관하여 10[MV] 이상이 될 때도 있어 피뢰기와 같은 보호기기 없이 기기 자체의 절연강도를 이에 견딜 수 있도록 높인다는 것은 불가능하다.

따라서 사용전압등급별로 피뢰기의 제한전압보다 높은 충격파전압을 기준충격절연강도(Basic Impulse Insulation Level)로 정하여 변압기와 기기의 절연강도 결정에 이용한다. 통계적 BIL이라 함은 표준 뇌임펄스에 대하여 90[%]는 견디고 10[%]는 실패할 확률을 말한다. 내뢰임펄스절연전압(LIWV : Lightning Impulse Withstand Voltage)이라는 용어를 사용하기도 한다. 충격파의 표준형은 $1.0 \times 40[\mu s]$, $1.2 \times 50[\mu s]$ 등 국가별로 다르나 우리나라는 $1.2 \times 50[\mu s]$를 표준 충격파로 사용하고 있다.

2 | 3상 단락고장

삼상 교류 회로에서 3상이 같은 점에서 일으킨 단락고장을 의미한다. 고장이 발생하면 대칭분회로는 정상분만 존재하기 때문에 전압 전류 모두 정상분만 나타난다.

3 | 2상 단락고장

삼상 교류 회로에서 2상이 같은 점에서 일으킨 단락고장을 의미한다. 고장이 발생하면 대칭분 회로는 정상분, 역상분이 병렬로 연결된 형태로 구성된다. 따라서 정상분 전압 및 전류가 나타나고, 같은 지점에서 3상과 2상 단락고장이 발생한 것으로 가정하면 2상 단락 전류는 3상 단락의 $\frac{\sqrt{3}}{2}$[배]가 된다.

4 | 2상 지락고장

삼상 교류 회로에서 2상이 같은 점에서 일으킨 지락고장을 의미한다. 고장이 발생하면 대칭분 회로는 정상분, 역상분, 영상분이 모두 병렬로 연결된 형태로 구성된다. 따라서 고장점의 정상분, 역상분 및 영상분 전압의 크기가 모두 같다. 전압의 크기와 위상은 중성점 방식에 따라 다르게 나타난다. 전류의 경우 역시 접지방식에 따라 전류의 크기도 달라진다.

5 | 1선 지락고장

삼상 교류 회로에서 1상이 대지와 단락된 고장을 1선 지락고장이라 한다. 고장이 발생하면 대칭분 회로는 정상분, 역상분, 영상분이 직렬로 연결된 형태로 구성된다. 따라서 정상분, 역상분 및 영상분 전류의 크기는 같다. 영상전류의 크기는 접지방식과 고장점의 접촉저항(지락점의 저항)의 크기에 따라 달라진다.

6 | 지락점 저항

전력선의 지락고장 시 지락점에는 고장점 저항(아크 저항 등)이 있는데 지락고장 시 지락점의 여러 가지 조건(날씨, 습지, 암반, 포장도로 등)에 따라서 지락고장전류의 값이 달라진다. 실제 고장전류는 어느 조건 한 가지를 택하여 적용하기가 어렵다. 배전선로에서는 30[Ω]을 적용하고 있다.

7 | HIF(High Impedance Fault)

전력계통에서 단선된 전선이 대지에 접촉되었을 때 어떤 이유로 지락점의 임피던스가 증가된 상태의 고장을 의미한다. 즉 도심지 등에서 충전된 전선이 아스팔트, 콘크리트, 보도블럭 또는 콘크리트 구조물 등에 닿아 지락점의 임피던스가 커 지락전류가 보호기기의 최소동작전류보다 작아져 보호기기가 부동작할 수 있다.

8 | 개폐서지

차단기를 개폐할 때 발생하는 과전압을 말하며 과도한 경우 전력계통 절연에 악영향을 준다. 개폐서지의 발생원인은 주로 진상소전류차단의 경우(무부하송전선, 전력용 콘덴서 등의 차단), 지상소전류차단의 경우(변압기 여자전류, 리액터와 전동기 전류 등의 차단) 그리고 무부하선로의 투입 및 재투입의 경우에 발생하게 된다.

9 | 단락전류(Short circuit current)

전력계통에서 단락고장이 발생하여 흐르는 전류를 의미한다. 이 단락전류의 크기는 고장점의 %임피던스에 의해 결정된다고 할 수 있다.

10 | 여자전류(Excitation current)

1차권선 및 기타의 권선을 개방한 상태에서 2차 단자에 정격 주파수의 정현파 전압을 인가할 때, 변류기의 2차 권선에 흐르는 실효 전류값을 말한다.

11 | 철공진(Ferro-resonance)

수배전계통의 변압기, 리액터 등의 철심이 어떤 원인에 의해 포화되어 계통의 커패시턴스와 공진을 일으켜 이상전압을 발생하는 일이 있는데 이를 철공진이라 한다.

12 | 과전류(Over Current) 계전요소

과전류는 상시 전류상태를 감시하여 고장발생 유무를 판정하기 위한 전류값으로 상(Phase) 및 지락(Ground)에 대해서 설정값을 초과한 전류가 일정시간 유지되면 발생한다. 설정값의 범위는 상인 경우 50~840[A]이고, 지락은 25~420[A]이다. 또한, 설정시간 범위는 상과 지락이 0~180.0[s]로 같다.

13 | 과전압(Over Voltage) 계전요소

과전압은 상시 전압상태를 감시하여 고장발생 전 상황을 감지하여 미리 대처하기 위한 전압으로 설정값 이상의 전압이 설정시간 이상 유지될 경우 발생한다. 설정값 범위는 0, 1.05~1.50[pu],이고 설정시간은 0~180.0[s]이다.

14 | 최소고장전류

보호기기가 설치된 보호구간 내에서 선로의 종단으로 갈수록 임피던스가 증가하여 고장발생시 적은 고장전류가 흐르게 되는데, 보호구간 내에서 가장 적은 고장전류를 의미한다. 따라서 보호기기가 동작하기 위해서는 이 전류값에 대하여 동작하도록 정정하여야 한다.

15 | 계통정수

전력계통을 구성하는 전력설비의 전기적 특성을 나타내는 제반정수를 통칭하여 계통정수라고 한다. 발전기의 용량에 따른 임피던스, 송전선의 선로정수, 변압기의 용량에 따른 임피던스 등 계통해석 및 고장계산에 필요한 제반정수 등을 말한다.

16 | 계통 또는 전원측 임피던스

배전선로의 모선에서 바라 본 전원측 임피던스를 의미하다. 즉, 발전단, 송전단 등에 의해 형성된 임피던스를 의미한다. [그림 2.4.1]은 계통 임피던스에 대한 개념도이다.

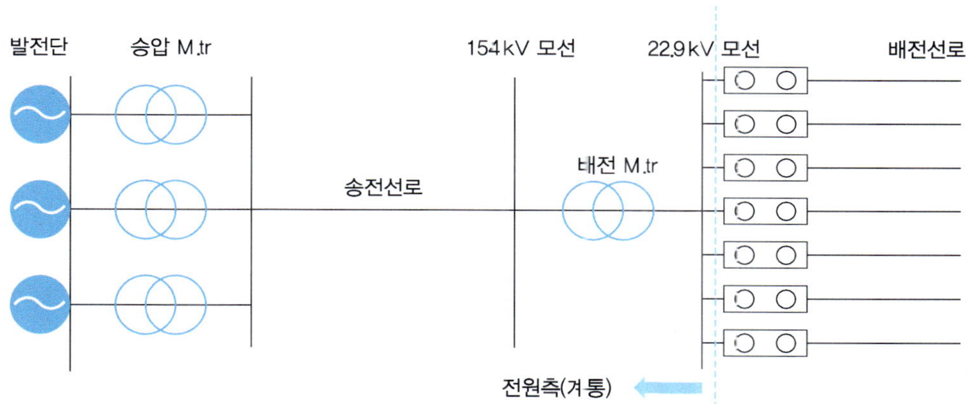

그림 2.4.1 계통임피던스 개념도

17 선로임피던스

선로임피던스는 자기임피던스(Self Impedance)와 상호임피던스(Mutual Impedance)로 구성되어 있다. 선로임피던스는 어떤 회로에 전류 I[A]가 흐르면 전류 주위에는 자계(Magnetic field)가 형성되어 그 회로에는 자신의 전류에 의해서 생긴 자속(Magnetic flux)과 항상 쇄교한다. 이런 경우 회로에 흐르는 전류를 변화시키면 자속과 회로와의 쇄교수에 변화가 생겨, 회로 내에는 자속의 변화를 방해하는 방향으로 기전력이 유도된다. 이때 자속 Ψ와 전류 I와의 비를 회로의 자기 임피던스라 한다. 식으로 표시하면 $L=\dfrac{d\phi}{dI}[H]$, 이것을 Impedance로 환산한 값을 Self Impedance라 한다. 또한, 상호(相互)임피던스(Mutual Impedance)는 2개의 독립된 폐회로 C_1, C_2가 근접하여 있고 회로 C_1에 전류 i_1를 흘리고 C_2에 흘리지 않는다면 i_1이 시간적으로 변화한다. 따라서 ϕ_1 중 폐회로 C_2와 쇄교하는 ϕ_{21}도 시간적으로 변화를 가지게 된다. 따라서 C_2 회로에 유도기전력이 유기된다. 여기서 전류 I_1과 자속 ϕ_{21}과의 비를 회로의 상호 inductance라 한다. 식으로 표시하면 $M=\dfrac{d\phi_{21}}{dI_1}[H]$, 이것을 Impedance로 환산한 값을 상호 Impedance(Mutual Impedance)라 한다. M은 전류와 무관하고 두 회로간의 상대거리 각 회로의 형태와 주위 매질에 의해 결정된다.

18 | 직접접지방식(Direct grounding system)

저항이 영(Zero)에 가까운 도체로 중성점을 접지하는 방식으로 1선 지락 시에 다른 2상의 전위상승은 비접지방식 또는 다른 접지방식에 비해 아주 적다. 그러나 지락 전류가 크므로 단시간의 사고도 설비에 손상을 주고 계통운용이 불안정하게 될 가능성이 있다.

19 | 비접지방식

중성점을 접지하지 않는 방식을 비접지방식이라 하며 1선 지락사고 시에 다른 건전한 두 상의 대지전압이 상전압에서 선간전압까지 상승하고 대지간 충전전류는 일반적으로 아크로 되어 지락점을 통한다. 전압이 낮고 긍장이 짧은 송전선로에서는 대지충전전류도 작고 계통의 동요도 적으며 송수전단의 변압기를 $\Delta - \Delta$ 결선할 수 있으므로 변압기 고장시 또는 수리 점검할 때 V결선으로 송전을 계속할 수 있는 특징이 있다.

20 | 저항접지방식(Resistance Grounding System)

중성점을 적당한 저항치로 접지시켜 접지 고장이 발생하였을 때 흐르는 접지전류를 제한하면서 아킹 접지현상의 발생을 방지하고 접지계전기를 작동시켜 고장회선을 선택차단하는 방식이다. 중성점 접지저항치는 너무 크면 비접지방식과 같고 너무 적으면 직접접지방식과 같으므로 저항치를 선정할 경우에는 다음 사항을 고려하여야 한다.

첫째, 저항치는 아킹 현상을 일으키는 한도 이하의 값이어야 한다.
둘째, 접지전류가 계전기를 확실하게 작동시킬 수 있는 값 이상이어야 한다.
셋째, 근접 약전선에 대하여 위험전압을 유기하지 않도록 접지전류를 제한하는 크기의 값이어야 한다.

21 | 리액터접지방식(Reactance Grounding System)

저항접지방식과 마찬가지로 고장전류를 제한시켜 과도안정도를 향상시킬 목적으로 채용되었던 방식이다. 저항접지방식은 지락전류 때문에 단상전력이 많이 소비되므로 이것을 피하기 위해서 뿐만 아니라 뇌(雷)로 인한 이상전압을 대지로 유도시키는 목적에서 이 방식이 사용되었다.

22 | 소호리액터접지(Arc Suppressing Reactor Grounding System)

중성점을 송전선로의 대지정전용량과 공진하는 리액터를 통하여 접지하는 방식으로, 이 접지리액터를 소호리액터(Arc Suppressing Reactor)라 한다. 이 방식은 1선 지락고장이 발생하여도 고장점에는 극히 적은 손실전류만 흐르고, 고장점 회복전압의 상승률이 작기 때문에, 지락 아크를 자연 소멸시키고 정전 없이 송전을 계속할 수 있는 장점이 있다. 소호리액터의 인덕턴스 L은 송전선의 삼상일괄대지 정전용량 $3C_0$와 회로주파수로 공진하는 값을 구하여 리액터의 용량을 결정한다. 소호리액터접지방식은 선택접지계전기의 작동이 약간 곤란해지고 탭(Tap)의 변경 등 조작 및 보수가 까다로우며, 단선고장의 경우 이상전압을 발생할 우려가 있고 뿐만 아니라 접지저항기에 비하여 고가인 단점이 있다.

23 | 제한전압(Discharge Voltage)

피뢰기의 제한전압이란 피뢰기가 방전 중 과전압이 제한되어 양 단자 사이에 잔류하는 충격전압이며 방전전류의 파고치 및 파형에 의해 정하며 제한전압의 규정치는 파고치로 표시한다.

24 | 다중접지방식(Multiple Grounding)

전력계통에 있어 각상의 대지전위를 낮추어 사용기기 및 선로의 절연 Level과 사용기기, 절연자재비의 경감을 기하고 고장의 경우에는 보호계전기를 확실하게 작동시켜 고장선로를 선택차단하며 지락 시 아크전류를 신속히 소멸시키는 등의 목적으로 중성점을 접지하고 있으나, 과대한 지락전류로 시설물에 손상을 주거나 인근 통신선에 큰 유도장해를 일으킬 수도 있으며, 차단기의 차단용량이 증대되는 등의 단점도 있다. 한국전력공사의 22.9[kV] 계통은 중성점에서 인출한 중성선을 다중으로 접지하고 있다.

25 | 과도안정도(Transient Stability)

발전력 상실, 선로고장 및 부하급변과 같은 큰 교란에 대해 시스템이 안정하게 송전을 지속할 수 있는 능력을 의미한다.

26 | 전절연(Full Insulation)

전력계통에 접속된 계통의 공칭회로[kV]를 1.1로 나눈값과 절연계급의 수치가 일치하는 경우 이를 전절연이라 하며, 일반적으로 비유효접지계통에 접속되는 권선에 채용된다.

27 | 저감절연(Reduced Insulation)

유효접지 계통에서는 1선 지락고장이 발생하면 건전상의 대지전압이 비접지계통 또는 비유효접지 계통에 비해 낮기 때문에 정격전압이 낮은 피뢰기를 채용할 수 있다. 따라서 충격방전개시전압 및 제한전압도 저하하고 그에 협조하여 변압기 및 기타 기기의 절연을 저감할 수 있다. 절연계층의 수치가 공칭회로전압[kV]을 1.1로 나눈 값 보다 낮은 경우를 저감절연이라 한다. 저감절연의 절연계급의 수치는 공칭회로전압의 약 80[%]로 되어 있고, 절연계급은 1단 혹은 2단 저감되어 있다.

28 | 단절연(Graded Insulation)

중성점 유효접지 방식의 송전계통에서는 변압기 권선의 경우 선로 단으로부터 중성점까지의 전위 분포를 계층적이 되도록 설계하면 권선의 절연도 이에 따라 중성점에 근접함에 따라 순차적으로 저감할 수 있다. 이러한 절연방식을 단절연이라 한다.

29 | 전력유도장해(電力誘導障害)

전기공작물(주로 송·배전 전력선) 또는 전철시설 등이 그 주위에 있는 전기통신설비에 영향을 주는 전자기적 현상이라 할 수 있으며, 기유도원(전압)에 의해 전기통신설비의 각종 통신소자의 소손, 통신선의 절연파괴 및 잡음발생 등의 유도장해가 발생한다. 전력유도 현상은 정전유도(Electrostatic induction)와 전자유도(Electromagnetic induction)로 구분할 수 있다.

30 | 접지변압기(GPT : Grounding Potential Transformer)

GPT는 지락고장이 발생하였을 때 영상전압을 얻기 위해 사용하는 PT이다. 결선은 [그림 2.4.2]와 같다.

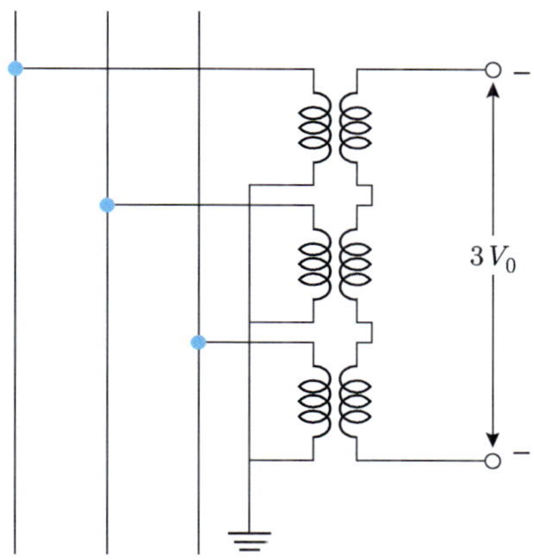

그림 2.4.2 오픈델타 접속

31 | 영상변류기(ZCT : Zero phase sequence Current Transformer)

[그림 2.4.3]과 같이 3상 회로의 3상을 1차 권선으로 구성하고 이를 절연한 후 변류기의 철심을 관통시키고, 2차 권선은 철심의 둘레에 균일하게 분포시켜 감은 것으로서, 1차 권선인 3상의 도체에 전류가 흐를 때, 3상 전류의 벡터 합(3배의 영상전류)에 대응하는 전류가 2차 권선에 출력되도록 구성한 변류기(CT)를 영상변류기라 한다.

영상전류를 얻는 방법으로 3개의 변류기를 이용한 잔류회로 방법에 비해 철심 한 개로 구성된 영상변류기를 사용하면 철심의 특성 차에 의한 오차 영상출력이 적어 고감도 지락보호용으로 자주 사용하고 있다. 영상변류기 1차 및 2차의 변류비는 200[mA]/1.5[mA]가 많이 사용되며 주로 비접지계통의 배전선지락사고 보호용으로 방향지락계전기와 조합하여 사용된다.

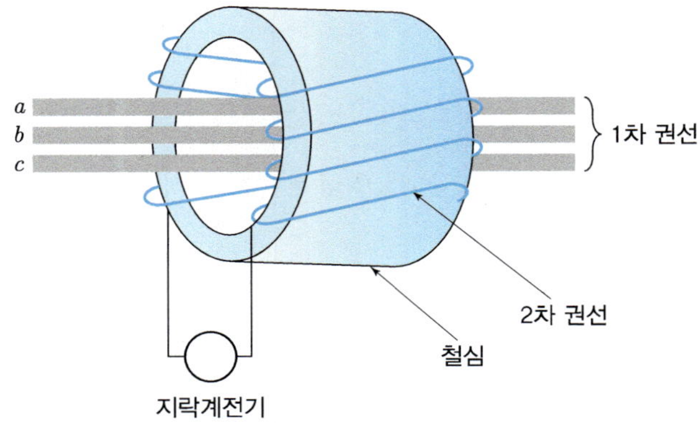

그림 2.4.3 영상변류기의 개념도

32 | 한류저항기(CLR : Current Limit Resistor)

GPT 각 상의 전압 중 제 3고조파 전압이 3차 개방 Delta에 나타나는 것을 최소화하고 방향지락계전기에 Dynamic 전류를 흐르게 할 목적으로 사용되며 일반적으로 저항치는 66[kV] 계통에서는 25[Ω], 3.3[kV] 계통에서는 50[Ω]을 사용한다.

33 | 유효접지(Effective Grounding)

1선 지락고장이 발생하였을 때 건전상의 전압상승이 인축이나 설비에 과도한 위험을 유발하지 않도록 기기, 선로 또는 계통에 대하여 설정된 한도를 초과하지 않을 만큼 충분히 낮은 임피던스를 갖는 접지를 말한다. 교류 계통이 "유효접지되었다." 함은 운전조건이나 연계된 발전기 용량의 규모에 관계없이 해당 계통(또는 계통의 일부분) 상의 모든 지점에 대하여 정상 임피던스에 대한 영상임피던스의 비가 $\frac{R_0}{X_1} \leq 1$, $\frac{X_0}{X_1} \leq 3$의 범위 내에 유지되고 있다는 것을 의미한다. 1선 지락이 발생한 경우 건전상의 전압상승이 계통전압(선간전압)의 75[%]를 초과하지 않는 접지계를 유효접지계라고 하며 사실상의 직접접지계를 의미한다.

34 | 접지계수

1선 지락고장이 발생하였을 경우에 고장점에서의 건전상 대지전압이 나타날 수 있는 최고의 실효치를 사고제거 후의 선간전압으로 나누어 [%]로 표시한 값을 접지계수라 한다. 접지계수가 계통의 일부에서 75[%]를 초과하지 않는 계통을 유효접지계라 하고 75[%]를 초과하는 계통을 비유효접지계라 한다. 수식으로 표현하면 식 (2.4.1)과 같다.

$$\text{접지계수} = \frac{\text{1선지락시 건전상 전위 상승치}}{\text{정상운전시 선간전압}} \times 100$$

$$= \frac{1.3}{\sqrt{3}} \times 100 = 75[\%] \tag{2.4.1}$$

35 | 대지정전용량(Self Capacitance)

반경 r[m]인 직선상 전선이 [그림 2.4.4]와 같이 지표면상 h[m]인 높이에 가설된 경우에 a선이 $+q$[C/m]인 전하를 갖고 있다고 하면 대지는 영전위이고 a와 대지 사이의 전기력선 분포는 그림과 같이 $-q$[C/m]인 전하를 갖는 a선의 영상 a'가 지표면하 h[m]인 깊이에 존재하고 있다고 생각할 수 있다. 이 a'를 영상전하(imaginary charge)라 한다.

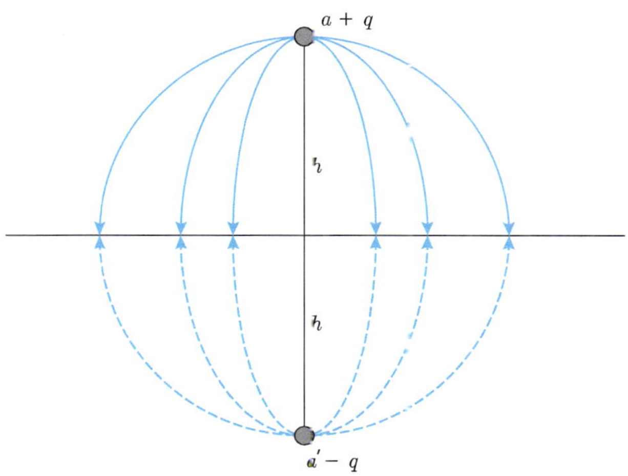

그림 2.4.4 대지를 귀로로 하는 1선의 전장

그러므로 a와 a'의 간격은 $2h$이므로 전선 a의 정전용량 C는 식 (2.4.2)와 같다.

$$C = \frac{1}{2\log_e \frac{2h}{r}} \times \frac{1}{9} = \frac{0.02413}{\log_{10} \frac{2h}{r}} [\mu\text{F/km}] \tag{2.4.2}$$

이를 대지정전용량이라고 한다.

36 | 아크저항

공기 중에서 전극사이에 불꽃방전이 일어날 때 불꽃의 저항은 시간에 대하여 일정하지 않다. 즉 불꽃방전이 일어나지 않는 동안 저항은 무한대라 생각할 수 있으나 불꽃이 일어나면 저항은 급격히 적어진다. 불꽃방전의 시간은 약 10^{-7}[초] 정도인데, 이 단시간 내에 저항이 어떻게 변화하는가에 대한 문제는 고전압 공학, 특히 충격전압발생장치 등에서 필요한 사항이 된다. Toepler는 많은 실험결과 불꽃저항을 식 (2.4.3)으로 표시하였다.

$$R = \frac{kF}{Q} \tag{2.4.3}$$

여기서 R은 시간 $[t]$에 있어서의 불꽃의 저항, Q는 시간 $[t]$까지에 불꽃간극을 흐른 전하, F는 불꽃간극의 거리, k는 불꽃정수이며, k는 전류, 전압 및 전극의 모양에 관계없이 Toepler에 의하면 $k = 0.482 \times 10^{-3}$이다.

37 | 계통분리

일부계통에 발생된 이상현상(고장포함)이 타 계통에 파급되는 것을 방지하기 위하여 일부계통을 서로 분리하는 것을 말한다. 이때 사용되는 계전기를 계통분리계전기라 한다.

38 | 중성점 이동

상-상간 전압을 사용하는 비접지계통은 대지정전용량에 의해 접지되어 있는 것과 같다. 만일 지락고장이 발생하면 접지임피던스가 거의 무한대이므로 [그림 2.4.5]의 벡터도와 같이 중성점(실제는 접지가 되어 있지 않아 가상 중성점이라고도 함)이 이동하는 현상이 발생하는데 이를 중성점 이동이라 한다.

그러나 [그림 2.4.5]와 같이 상-대지간 전위는 변동하였지만 상-상간 전위는 변동되지 않기 때문에 전기사용에 지장이 없어 전력을 지속적으로 공급할 수 있다.

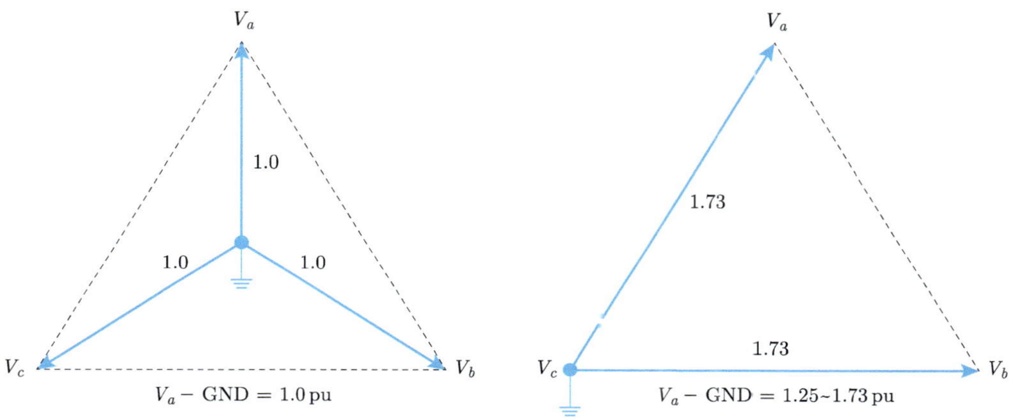

(a) 정상운전시 (b) 어떤 상의 지락시

그림 2.4.5 비접지계의 1선지락시 전위분포

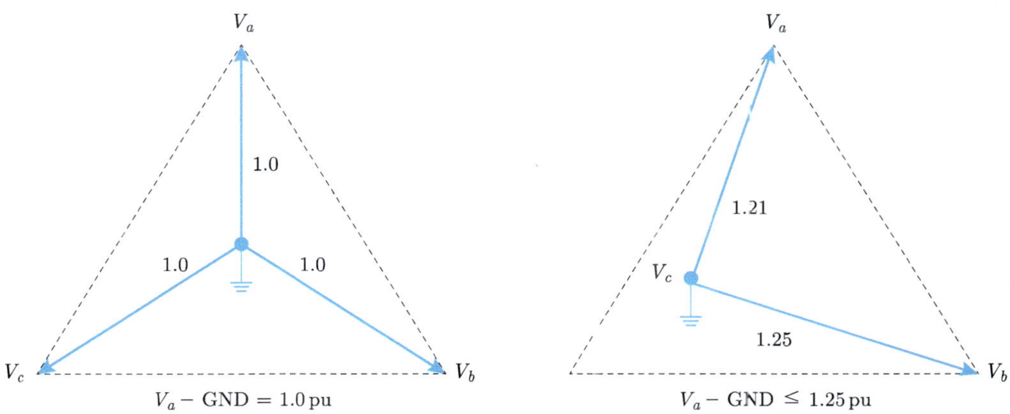

(a) 정상운전시 (b) 어떤 상의 지락시

그림 2.4.6 다중접지계의 1선지락시 전위분포

그러나 Y결선 후 중성점에서 중성선을 인출하고 직접접지를 시행한 후 다중접지 한 경우에는 [그림 2.4.6]과 같이 중성점이 고정되어 이동하지 않는다. 이 시스템에서 지락고장이 발생하면 [그림 2.4.6]의 벡터도와 같이 고장상은 급격하게 전압강하가 발생하고 건전상에서는 전압상승(1.3배 이하)이 발생하여 각 상의 전압이 달라져 단상부하에 악영향을 미친다. 또한, 고장전류는 급격하게 증가하여 전선, 기기 등 각 설비들에게 허용치 이상의 전류가 흐르게 되므로 수명, 기계적 강도 및 성능저하 등에 영향을 끼치게 되고 전원측 계통의 안정도를 저하시키므로 즉시 계통분리를 시행하여야 한다.

39 | 순시허용전류

전력계통에서 단락 또는 지락과 같은 고장발생시 그 고장전류에 대하여 단시간 허용전류를 의미한다. 전력계통에서 많아 사용하고 있는 알루미늄(Al) 및 경동선(HDCC)에 대한 순시허용전선를 계산하는 산출식은 식 (2.4.4)와 같다. [표 2.4.1]은 전선 종류 및 굵기에 따른 순시허용전류에 대한 것이다.

$$I_{Al} = \frac{S}{\sqrt{t}} \times 81\ [A] \tag{2.4.4}$$

$I_{HDCC} = \dfrac{S}{\sqrt{t}} \times 134[\mathrm{A}]$, 여기서 $t = 0.5[\mathrm{sec}]$, S는 전선의 단면적을 의미한다.

| 표 2.4.1 | 순시허용전류

단면적	ALOC 32㎟	ALOC 58㎟	ALOC 95㎟	ALOC 160㎟
순시허용전류[A]	3,600	6,600	10,800	18,300

40 | PU법

실제값을 기준값으로 나눈 결과 값(배수)으로 식 (2.4.5)와 같이 계산된다.

$$PU = \frac{\text{실제값}}{\text{기준값}} \tag{2.4.5}$$

전력계통의 전압, 전류, 전력임피던스 또는 어드미턴스에 대해서도 상기와 같이 적용할 수 있다. 실제값과 기준값이 같은 단위이기 때문에 결과값은 단위가 없는 배수로 계산된다.

41 | %임피던스

보통 전기적 계산에서는 ohm법을 이용하여 전압을 [V], 전류를 [A], 전력을 [kVA], 그리고 임피던스를 [Ω]의 단위로 표시하여 본래의 양대로 계산하고 있으나, 전력계통의 고장계산에는 %임피던스법이 일반적으로 사용되고 있다.

%임피던스란 [그림 2.4.7]과 같이 어떤 임피던스 Z[Ω]가 있을 때 선간전압 V[kV], 3상 용량 P[kVA]이고 전류($I=\frac{P}{\sqrt{3}\,V}$)가 Z에 흐를 때 전압강하 ZI[V]를 상전압의 백분율로 식 (2.4.6)과 같다.

$$\%Z=\frac{I[\mathrm{A}]\ Z[\Omega]}{\frac{V}{\sqrt{3}}\times 10^3}\times 100 \tag{2.4.6}$$

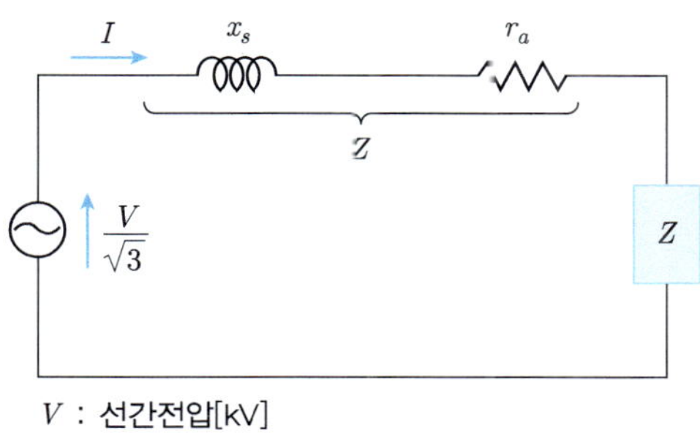

그림 2.4.7 %임피던스 설명도

42 | 대칭좌표법(Symmetrical Component Analysis)

1선 지락고장과 같은 불평형 고장은 각 상에 걸리는 전압과 임피던스를 각각 구하여야 한다. 이를 위해 전력계통의 정상, 역상, 영상의 대칭분 회로를 표현한 후, 각 회로에 대한 대칭분 전압 전류를 구한다. 이후 계산된 대칭분 전압 전류를 합성하여 계통 각부의 3상 전압 및 전류를 구하는데, 이를 대칭좌표법이라고 한다. 이를 개념도로 표현하면 [그림 2.4.8]과 같다.

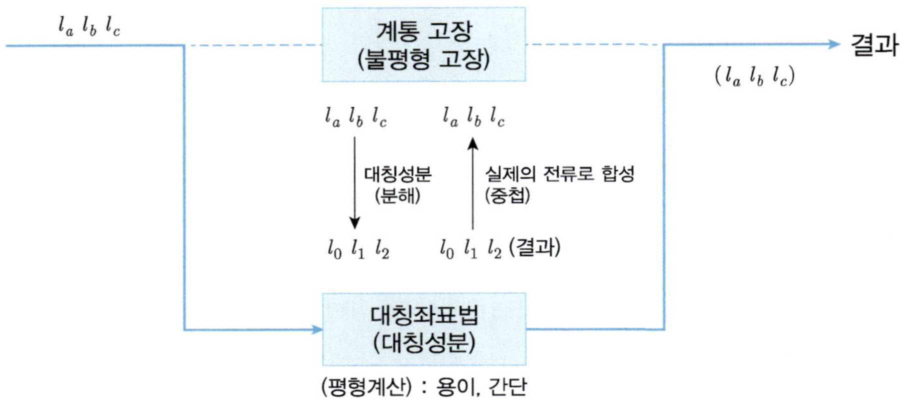

그림 2.4.8 대칭좌표법 개념도

43 | 불평형고장

전력계통에 고장이 발생하였을 때 각각의 상에 형성되는 임피던스 값이 불평형한 고장형태를 의미하는 것으로, 이때 3상의 전류의 크기는 다르게 나타난다.

44 | 평형고장

전력계통에서 3상 단락과 같은 고장이 발생하였을 때 각각의 상에 형성되는 임피던스 값이 동일한 고장형태를 평형고장이라 한다. 따라서 고장에 의해 형성된 회로에 역상분 또는 영상분이 나타나지 않는다.

45 | Vector 연산자

3상 전력계통에는 상 회전방향이 있는데 정상의 경우 시계방향을 회전방향으로 하고 있다. 벡터량들 사이에도 회전방향이 있는데 반시계방향을 정회전방향으로 하고 있다. 특히 3상 전력계통에서는 전압 전류 등의 전기량이 상별로 대칭일 경우가 많은데 이러한 대칭분의 벡터 해석에서는 식 (2.4.7)과 같은 성질을 가진 연산자가 많이 사용되고 있다. [그림 2.4.9]는 벡터도를 이용한 연산자에 대한 설명도이다.

$$1 = 1\angle 0^\circ = 1 + j0 \tag{2.4.7}$$

$$a = 1\angle 120^\circ = e^{j\frac{2}{3}\pi} = -\frac{1}{2} + j\frac{\sqrt{3}}{2}$$

$$a^2 = 1\angle 240^\circ = e^{j\frac{4}{3}\pi} = -\frac{1}{2} - j\frac{\sqrt{3}}{2}$$

$$a^3 = 1$$

$$1 + a + a^2 = 1 + \left(-\frac{1}{2} + j\frac{\sqrt{3}}{2}\right) + \left(-\frac{1}{2} - j\frac{\sqrt{3}}{2}\right) = 0$$

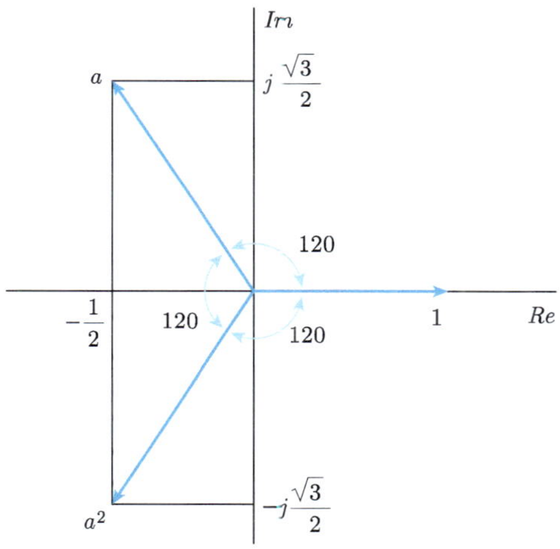

그림 2.4.9 연산자 벡터도

46 | 영상회로

[그림 2.4.10]과 같은 3상 1회선 배전선로에서 단자 a, b 그리고 c를 일괄한 후, 각 단자와 대지 사이에 단상전원의 인가 및 단상교류를 흘려주었을 때, 단상교류 전류가 흐르는 범위를 영상회로망이라 한다.

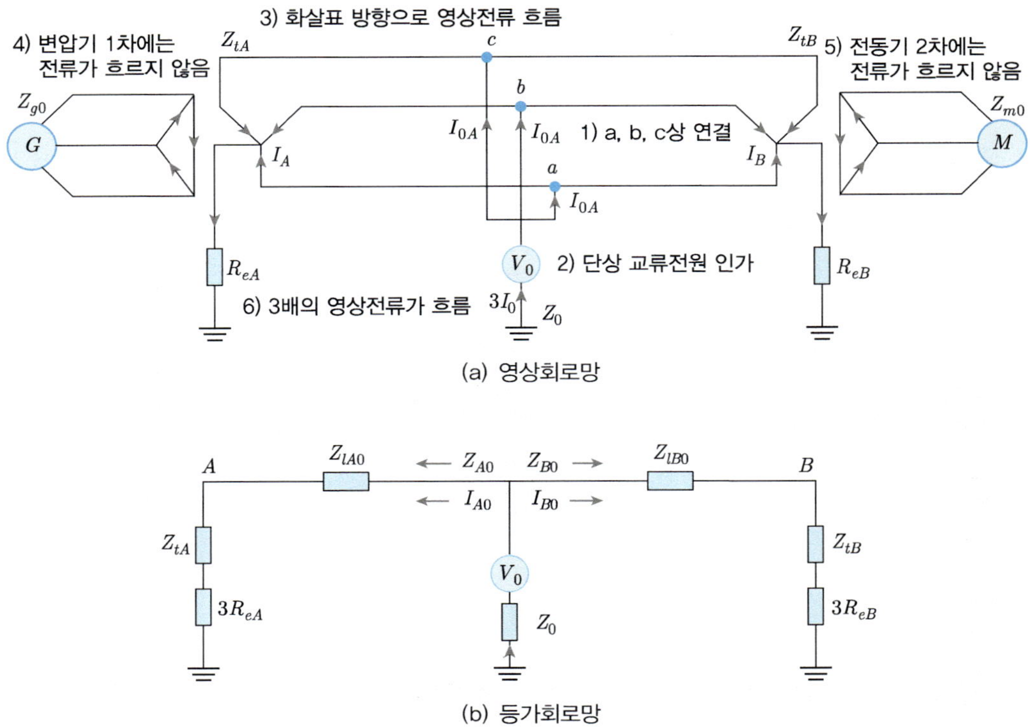

그림 2.4.10 영상망 회로도

영상전류는 변압기 저압측의 접속이 △ 결선이기 때문에 변압기 내부를 순환해서 흐를 뿐 외부로는 흘러나가지 않으므로, 영상회로망에서는 발전기라든가 부하의 정수는 포함되지 않고 변압기의 임피던스 Z_t까지만 구성된다. 이때 중성점의 접지 저항에는 1상 영상전류 3배($3I_0$)가 흐르므로, 1상분의 영상전류를 다루는 영상회로망에서는 이 저항값을 3[배]로 하여야 한다.

고장점에서 바라 본 전원측을 본 영상 임피던스를 Z_{A0}, 부하 측을 본 영상임피던스를 Z_{B0}라 하면 고장점에서 본 회로망 전체의 영상임피던스 Z_0는 식 (2.4.8)과 같다.

$$Z_0 = \frac{Z_{A0} Z_{B0}}{Z_{A0} + Z_{B0}} \tag{2.4.8}$$

단, $Z_{A0} = Z_{lA0} + Z_{tA} + 3R_{eA}$

$Z_{B0} = Z_{lB0} = Z_{tB} + 3Z_{eB}$

이때 각 부분에 흐르는 영상전류는 식 (2.4.9)와 같다.

$$I_{A0} = \frac{V_0}{Z_{A0}},\ I_{B0} = \frac{V_0}{Z_{B0}} \tag{2.4.9}$$

47 | 정상회로

고장점으로부터 본 회로망 전체의 정상 임피던스를 구하기 위해서는 [그림 2.4.11]과 같이 단자 a, b 및 c에 상회전 방향이 정상인 3상 평형전압을 인가해서 각각 I_1, a^2I_1, aI_1의 평형 3상 교류를 흘려주면 된다. 이때 3상 교류가 흐르는 범위를 정상 회로망이라 한다.

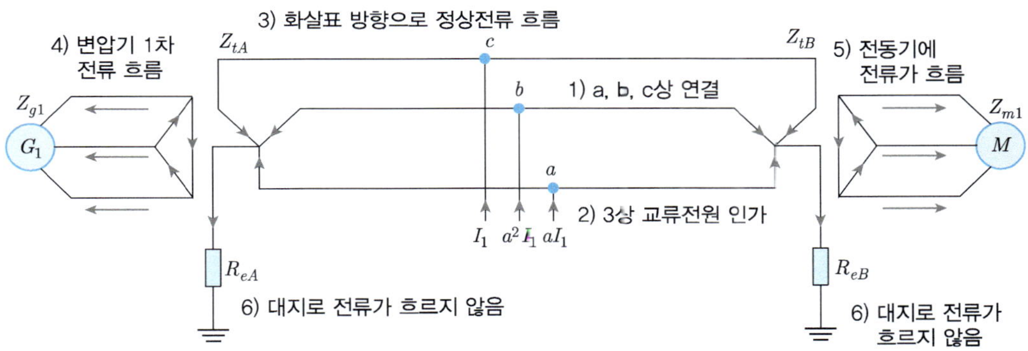

(a) 정상회로망

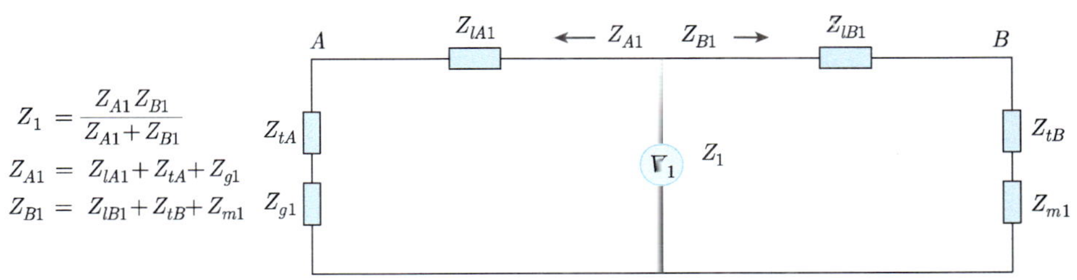

(b) 등가회로망

그림 2.4.11 정상망 회로도

이 전류는 대칭 3상 교류이기 때문에 중성점에는 전류가 흐르지 않으므로 정상회로망 모델에는 중성점의 접지저항이 포함되지 않는다. 그러나 발전기나 전동기에는 변압기의 △회로를 통해서 전류가 흐르기 때문에 발전기와 전동기의 정상 임피던스가 포함된다. 또한, 선로정수는 3상 전류가 흘렀을 경우의 값이므로 평상시의 작용 인덕턴스 및 작용 커패시턴스를 Z_{A1}, 부하측을 바라 본 정상 임피던스를 Z_{B1}이라 하면, 고장점에서 본 회로망 전체의 정상 임피던스 Z_1은 식 (2.4.10)과 같다.

$$Z_1 = \frac{Z_{A1} Z_{B1}}{Z_{A1} + Z_{B1}} \tag{2.4.10}$$

단, $Z_{A1} = Z_{lA1} + Z_{tA} + Z_{g1}$

$Z_{B1} = Z_{lB1} = Z_{tB} + Z_{m1}$

48 | 역상회로

[그림 2.4.11]에 상회전방향이 역상인 3상 평형전압을 인가해서 3상 전류를 흐르게 할 경우, 이 3상 전류가 흐르는 범위를 역상회로망이라 하며, 역상회로 모델은 정상회로 모델과 동일하다. 다만, 발전기나 전동기와 같은 회전기의 정수는 다르다.

49 | 대칭고장전류

대칭분 교류전류의 실효치로써 MCCB, ACB, 퓨즈 용량, 계전기 한시 정정에 사용한다.

50 | 최대비대칭고장전류

대칭단락전류에 직류분을 포함한 실효치로써 단락투입 위상에 따라 값이 변하며, 전선 및 CT 열적 강도, 계전기 순시 정정에 적용한다.

51 | 3상 평균 비대칭고장전류

각 상의 비대칭단락전류는 각 상의 투입위상이 다르기 때문에 직류분 함유율이 달라진다. 3상 평균 비대칭고장전류는 각 상의 비대칭 실효치를 평균한 값이다. 배선용차단기와 같은 3극 동시 개폐장치에 적용한다.

52 | 비대칭 계수(M.F : Multiplying Factor)

고장발생 초기, 임의 시간대의 비대칭 고장전류 값(r.m.s)은 고장전류 속에 포함되어 있는 직류분의 감쇄율과 회전기 리액턴스 변화율에 대한 정확한 값을 알아야 되기 때문에 쉽게 산출할 수 없다. 따라서 실제 계산을 하는 경우에는 간단한 계수를 곱하여 구하는 것이 일반적이다. M.F는 직류분이 포함된 비대칭파의 전류 실효치를 대칭 교류분의 교류 값으로 바꾸는 것이다. M.F를 계산하는 방법은 표를 이용하는 방법과 Y 측에 $\frac{X}{R}$ 비와 X축 차단기 접촉자 개리시간으로 표시된 그래프를 통해 M.F 값을 찾는 방법 등이 사용되고 있다.

53 | 대칭단락전류

단락전류 중에서 교류분을 대칭단락전류(식 (2.4.11))라 한다.

$$\text{대칭단락전류} = \frac{X}{\sqrt{2}} \tag{2.4.11}$$

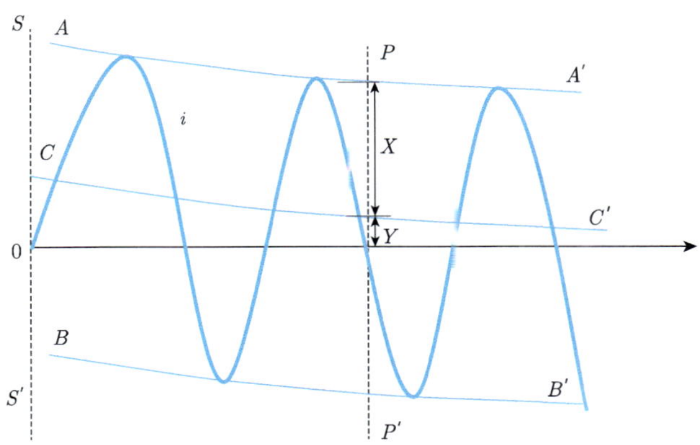

i : 단전류　　　　SS' : 단락시간

PP' : 아크발생 순간　　　　AA', BB : 전류파의 포락선

X : 단락전류의 교류분　　　　Y : 단락전류의 직류분

CC' : AA' 및 BB' 간의 종축평행한 거리의 2등분선

그림 2.4.12 단락전류

비대칭단락전류는 식 (2.4.12)에 의해 구해지는 전류를 말한다.

$$\text{비대칭단락전류} = \sqrt{\left(\frac{X}{\sqrt{2}}\right)^2 + Y^2} \tag{2.4.12}$$

[그림 2.4.12]와 같이 X, Y는 X : 단락전류 중 교류분의 진폭, Y : 단락전류 중 직류분의 진폭을 의미한다. 단락전류 중 직류분 진폭의 교류분 진폭에 대한 비 $(\frac{Y}{X})$를 백분율로 표시한 것을 백분율 직류분이라 한다.

54 | TRMS : True RMS

교류 값을 측정할 때 RMS(Root Mean Square)라고 알려진 등가의 값을 직류 신호로 변환해야 한다. 저가의 계측기 또는 변환기는 입력 값을 평균 정류된 값으로 필터링하고 보정계수를 적용하여 변환을 수행한다.

입력 값이 정현파인 경우 적용된 보정계수의 값만 정확하다. 실제 RMS 값은 실제로 곡선의 제곱 평균에 대한 제곱근에 비례하며 곡선 절대 값의 평균에 비례하지 않는다. 어떤 주어진 파형에 대해서도 이 두 평균의 비율은 일정하며, 대부분의 측정이 (명목상으로) 사인파에서 이루어지므로 보정계수가 이 파형을 가정한다. 그러나 왜곡이나 오프셋은 오류로 이어질 것이다. 대부분의 경우 적절한 결과가 나오지만 비정현파 값을 올바르게 변환하거나 측정하려면 true RMS 변환기라고 하는 보다 복잡하고 값 비싼 변환기가 필요하다.

55 | OA 기준용량

OA는 변압기의 냉각방식이 유입자냉식을 의미한다. 유입자냉식을 기준으로 한 용량을 말한다.

56 | FA 기준용량

FA는 변압기의 냉각방식이 유입풍냉식을 의미한다. 유입풍냉식을 기준으로 한 용량을 말한다.

57 | 중성점 접지 리액터(NGR : Neutral Ground Reactor)

154/23[kV] 변압기 운전시 배전선로 지락이 매우 빈번하고 이에 의해 발생하는 지락고장전류와 고장전류의 주변압기로의 유입은 변압기 권선에 큰 충격을 주게 되며 이는 변압기 권선고장으로 진행되는 경우가 많다. 배전선지락에 의한 변압기고장을 감소하기 위해 1988년부터 이에 대한 연구가 시작되어, 1992년부터 연구결과를 바탕으로 변압기 지락고장전류제한장치를 변압기 2차측 중성점에 설치 운전하게 되었다. 이에 따라 변압기로의 지락고장 유입전류는 20~30[%] 정도 감소하고 변압기 권선에 가해지는 충격을 저감함으로써 변압기 권선고장을 줄이게 되었다. 유입식과 건식 두 종류가 있으며 단시간 전류정격은 10[초]를 적용하고, 변압기 용량에 따라 전류정격이 비례하며 자체 임피던스는 변압기 1차측의 결선방식(△결선의 경우 0.4[Ω], Y결선의 경우 0.6[Ω])에 따라 달라진다. 지락고장전류를 너무 작게 하면 건전상전압이 상승함으로 유효접지기준을 고려하여 적절히 NGR 크기가 결정되었다.

NGR의 사용은 2차측 중성점에 임피던스를 가진 코일을 접속하는 것이므로 이를 비유효접지로 생각할 수 있으나 임피던스가 매우 작으므로 직접접지로 간주한다.

변압기 운전 시 NGR 단선은 중성점의 분리를 의미하므로 이에 대한 대비책으로서 중성점에 단극 단로기를 설치하여 NGR 고장 시 중성점을 직접접지로 운전하여 중성점비접지가 되지 않도록 하여야 하며 NGR 고장 시 변압기보호를 위해 영상전압검출계전기(59G)를 설치한다.

58 | 고장표시기(FI : Fault Indicator)

고장표시기는 배전선로에 설치되어 고장전류가 흐르는 경우 Target을 표시함으로써 고장구간을 신속하게 분리하고, 장시간 정전되는 것을 방지하는데 사용되며, 기능별로 3상용과 단상용, 수동복귀형과 자동복귀형이 있다.

59 | 테브난의 정리(Thevenin's Theorem)

[그림 2.4.13]의 (a)에서 단자 a, a' 및 b, b'로부터 본 2개회로의 등가임피던스를

각각 $\dot{Z}A$ 및 $\dot{Z}B$라 하면 단자 a, a'의 최초 전위차는 $V_{aa'}$, 단자 b, b'의 전위차가 0일 경우 [그림 2.4.13]의 (b)와 같이 단자 a와 b, a'와 b'를 접속할 때 이 단자를 통해 흐르는 전류 I는 식 (2.4.13)과 같다.

$$I = \frac{V_{aa'}}{Z_A + Z_B} \tag{2.4.13}$$

이를 Thevenin의 정리라 한다.

같은 [그림 2.4.13]의 (a)에서 단자 b, b'의 전위차가 0이 아닌 $V_{bb'}$일 경우 그림과 같이 단자를 접속한 후 흐르는 전류 $\dot{I}$와 최후에 생성되는 전위차 V는 각각 식 (2.4.14) 및 (2.4.15)와 같이 주어진다.

$$I = \frac{V_{aa'} - V_{bb'}}{Z_A + Z_B} \tag{2.4.14}$$

$$V = \frac{Z_B V_{aa'} + Z_A V_{bb'}}{Z_A + Z_B} \tag{2.4.15}$$

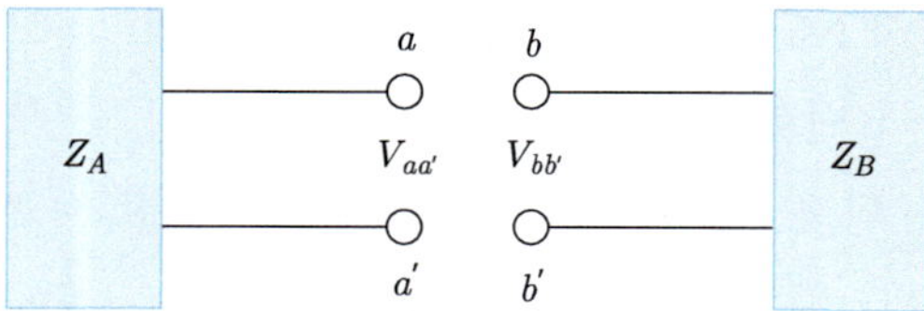

(a)

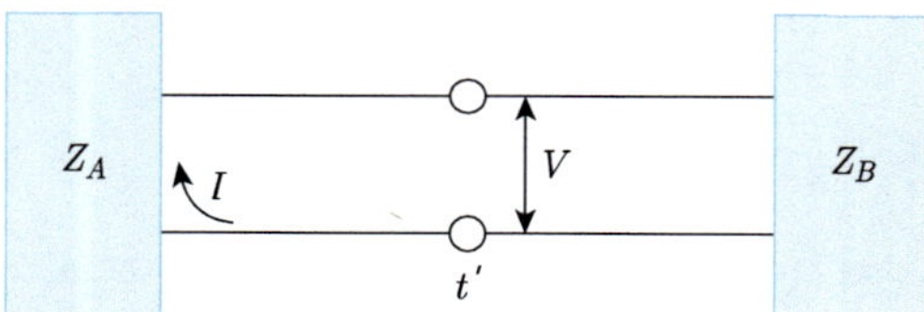

(b)

그림 2.4.13 테브난의 정리

60 | 부하각(Power Angle)

[그림 2.4.14]는 동기 발전기의 1상 회로도이다.

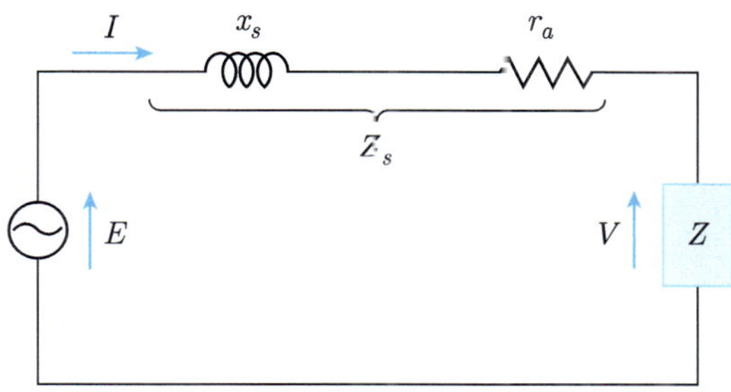

그림 2.4.14 부하각

[그림 2.4.14]에서 동기 임피던스 Z_s는 식 (2.4.16)과 같다.

$$Z_s = r_a + j x_s \tag{2.4.16}$$

동기 임피던스 강하 V_z는 식 (2.4.17)과 같다.

$$V_z = I(r_a + j x_s)[\mathrm{V}] \tag{2.4.17}$$

이때 동기 발전기의 단자 전압 V는 식 (2.4.18)과 같다.

$$V = E - V_z = E - I(r_a + j x_s) \tag{2.4.18}$$

동기임피던스 강하분을 그리면 [그림 2.4.15]와 같은 벡터도가 되고 이때 단자 전압(V)과 유기 전압(E)사이의 각을 부하각(θ)이라 한다.

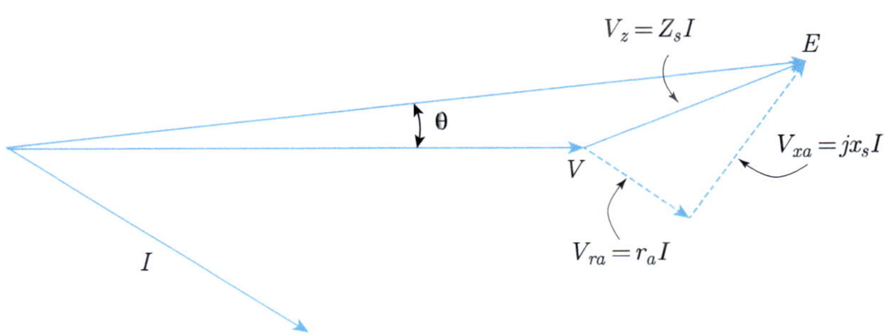

그림 2.4.15 부하각 벡터도

61 | 부족전압계전기(UVR : Under Voltage Relay)

전압의 크기가 일정치 이하로 되었을 때 동작하는 계전기이며 일반적으로 보호목적 보다는 제어목적으로 사용되는 경우가 많다.

제 5 절

분산형 전원 및 전기품질

1 | 분산형 전원(Dispersed Generation system)

원자력이나 대용량 화력 등과 같은 집중적이고 대용량이 아닌 소용량의 전력저장 시스템이나 발전시스템을 일컫는 말로서 수력, 태양광, 바이오, 풍력 등의 신·재생 에너지 전원, 소용량의 열병합발전시스템, 전기 등을 이용한 전력 저장시스템을 예로 들 수 있다. 기존의 전력회사의 대규모 집중형 전원과는 달리 소규모로서 전기 사용장소 주변에 분산배치가 가능하다.

2 | 단방향 조류

기존 배전계통의 경우 선로구성 형태가 변전소(전원)에서 고객측(부하)으로 조류가 흐르도록 구성되어 있다. 이러한 배전계통의 조류 형태를 단방향 조류라 한다.

3 | 양방향 조류

최근, 배전계통에 태양광, 풍력발전, 연료전지를 비롯하여 초전도 전력저장 장치, 소형열병합 등이 배전계통에 병입되면서 조류가 양방향으로 흐르는 구조로 구성되어 있다. 이러한 조류 형태를 양방향 조류라 한다.

4 | 단독운전(Islanding)

한전계통의 일부가 한전계통의 전원과 전기적으로 분리된 상태에서 분산형 전원에 의해서만 가압되어 있는 상태를 말한다.

5 | OLTC(On Load Tap Changer)

부하공급 상태에서 Tap 위치를 변화시켜 전압조정이 가능한 장치를 말한다.

6 | 분류효과(Apparent Effect)

다단자전원의 송전선에서 거리계전기가 보는 겉보기(Apparent) 임피던스가 실제 고장 지점까지의 임피던스 보다 크게 나타나서 고장점이 거리적으로는 동작범위인데도 부동작 되는 경우가 있다. 이러한 현상은 분류효과 때문에 발생된다. [그림 2.5.1]에서 F점 고장시 A 변전소 거리계전기(Ry)가 보는 $Z_{R'}$은 식 (2.5.1)과 같다.

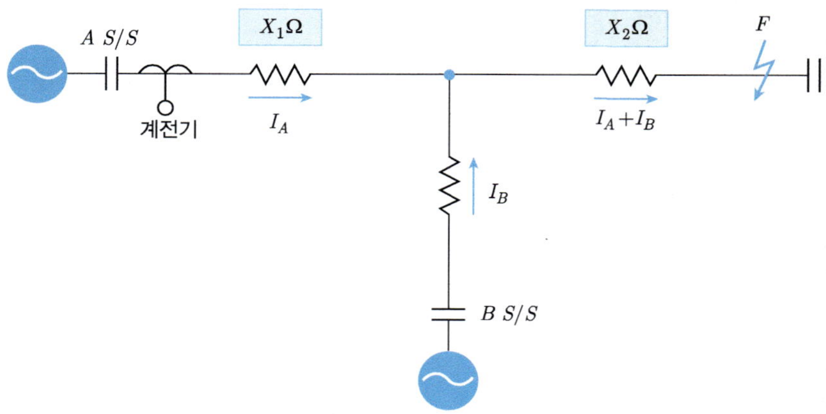

그림 2.5.1 분류효과 개념도

$$Z_{R'} = \frac{V}{I_A} = \frac{(I_A \; X_1) + (I_A + I_B)X_2}{I_A} \tag{2.5.1}$$

$$= (X_1 + X_2) + \frac{I_B}{I_A} X_2$$

그러나 실제 계전기의 정정 Z_R은 $Z = X_1 + X_2$로 되어 있으므로 $Z_{R'} - Z_R = \left(\frac{I_B}{I_A}\right) X_2$만큼 분류효과가 나타나 계전기는 Under-reach하게 된다. 즉, B 전원단에서 공급하는 전류와 임피던스 X_2에 의하여 A단의 전압이 커지게 되어 거리 측정치($Z_{R'}$)가 임피던스를 고려한 정정치($Z_R = X_1 + X_2$) 보다 커지는 현상이다. 만약 계전기 정정시 이러한 분류효과를 감안하여 정정 운전하는 중에 B S/S측의 전원이 없어지면, 분류효과가 없으므로 계전기는 Over-reach하게 되어 외부고장일 때 오동작하게 된다. 이러한 현상은 배전선로에서 분산형 전원 연계점의 부하측에서 고장이 발생하였을 때 전원측과 분산형 전원측으로 고장전류가 나누어짐으로 인하여 보호기기의 관점에서 보면 분산형 전원 연계 전의 고장전류에 비해 감소하는 현상을 보이게 된다.

7 | 열병합발전(Combined Heat and Power)

화력발전의 일종으로 발전과 더불어 증기터빈에서 배기한 증기를 일부 추출하여 열교환기를 통해 지역난방이나 산업용으로 열을 공급하는 발전방식을 말한다.

8 | 회전기

회전형 원동기는 축을 통해 회전형 발전기를 직접 구동하거나 감속 기어박스(Reduction gearbox)를 통해 간접적으로 구동한다. 또한, 정지형 전자식 변환장치를 통해 전력을 구동할 수도 있다. 회전형 원동기의 종류에는 내연기관, 연소터빈, 증기터빈, 풍력터빈, 수력터빈, 마이크로터빈 및 플라이휠과 같은 에너지저장장치 등이 있다.

9 | 정지기

정지형 원동기는 직류전력을 생산한다. 정지형 원동기의 종류에는 태양광전지, 연료전기 및 배터리, 초고용량 커패시터(Supercapacitor), 초전도전력저장장치(SMES : Superconducting Magnetic Energy Storage)와 같은 에너지저장장치 등이 있다.

10 | 공급신뢰도(Supply of Reliability)

공급신뢰도란 전력공급 Service 향상의 기본적인 관점에서 고려된 척도로서「전력 공급 전원이 어떠한 운전상태라도 항상 전력계통의 소요개소에 적정전압 및 주파수를 유지하고, 양질의 전력을 무정전으로 수용가에게 계속해서 공급할 수 있는 확률」이라고 말할 수 있다. 수배전설비의 공급신뢰도를 상정할 경우 설비를 구성하고 있는 각 요소의 사고확률 및 정전시간을 과거의 실적으로부터 구해야 하는데, 신뢰도의 검사대상으로 되는 것은 우발사고의 기본이 되는 고장정지이다. 지금 수배전설비의 각 데이터로서 각 구성 설비의 고장발생률(λ), 평균정전시간(S)라 하면 공급신뢰도는 [그림 2.5.2]와 같이 직렬접속인 경우에는 식 (2.5.2)와 같고 [그림 2.5.3]과 같이 병렬접속인 경우에는 식 (2.5.3)과 같이 구할 수 있다.

1) 각 설비가 직렬로 접속되어 있는 경우

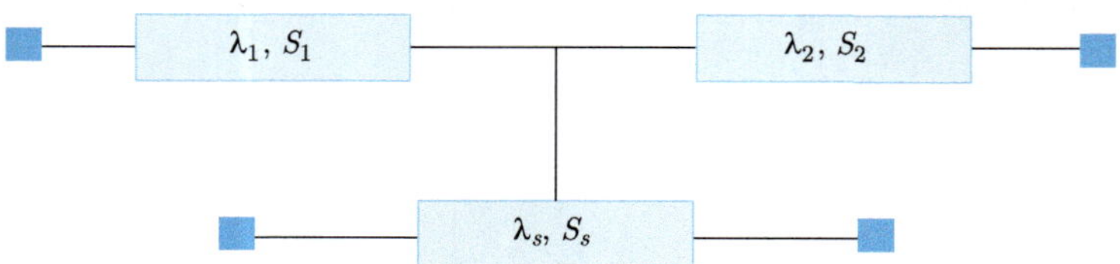

그림 2.5.2 직렬접속

$$\lambda_s = \lambda_1 + \lambda_2 \qquad (2.5.2)$$

$$\lambda_s S_s = \lambda_1 S_1 + \lambda_2 S_2$$

$$S_s = \frac{\lambda_1 S_1 + \lambda_2 S_2}{\lambda_1 + \lambda_2}$$

2) 각 설비가 병렬로 접속되어 있는 경우

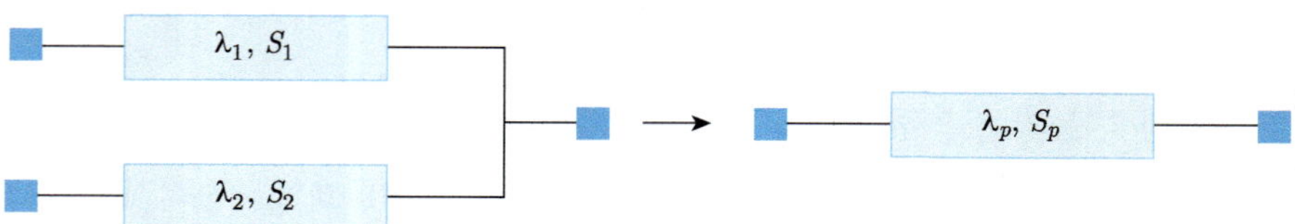

그림 2.5.3 병렬접속

$$\lambda_p = \lambda_1 \lambda_2 (S_1 + S_2) \tag{2.5.3}$$

$$\lambda_p S_p = (\lambda_1 S_1)(\lambda_2 S_2)$$

$$S_p = \frac{S_1 \ S_2}{S_1 + S_2}$$

$$S_1 = S_2$$

$$S_p = \frac{S_1}{2}$$

11 | 순조류

분산형 전원이 전력계통과 연계하여 운전하는 경우 전력계통 측에서 분산형 전원 측으로 전력이 흐르는 상태를 순조류라 한다.

12 | 역조류

분산형 전원이 전력계통과 연계하여 운전하는 경우 분산형 전원으로부터 전력계통 측으로 전력이 흐르는 상태를 역조류라 한다.

13 | 상시 전압변동

분산형 전원 연계 전 계통의 안정상태의 전압 실효값과 연계 후 분산형 전원 정격 출력을 기준으로 한 계통의 안정상태 전압 실효값 간의 차이(Steady-state voltage change)를 상시 전압변동이라 한다. 이를 계통의 공칭전압에 대한 백분율로 나타낸 것을 상시 전압변동률이라 한다.

14 | 순시 전압변동

분산형 전원의 기동, 탈락 혹은 빈번한 출력변동 등으로 인해 과도상태가 지속되는 동안 발생하는 기본파 계통전압 실효값의 급격한 변동(Rapid voltage change)을 순시 전압변동이라 한다. 이를 계통의 공칭전압에 대한 백분율로 나타낸 것을 순시 전압변동률이라 한다.

15 | 플리커(Flicker)

입력 전압의 요동(Fluctuation)에 기인한 전등 조명 강도의 인지 가능한 변화를 말한다.

16 | 연계대기시간

분산형 전원이 전력계통과 연계하여 운전하는 경우 어떤 이유로 전력계통과 분산형 전원이 분리되어 있다가 전력계통 복구 후 자동으로 분산형 전원이 전력계통과 연계하기 위해 대기하는 시간으로, 22.9[kV] 배전계통 연계 기준은 5[분] 이상으로 되어 있다.

17 | 단독운전(Islanding)

전력계통에 분산형 전원이 연계하여 운전하는 경우, 어떤 이유로 전력계통이 정전되었음에도 불구하고 분산형 전원에서 전력계통 측으로 전력공급이 지속되고 있는 상태를 의미한다. 이러한 상태는 인축과 전력설비에 악영향을 주기 때문에 단독운전 방지를 해야 한다.

18 | 직접연계

풍차, 수차 및 바이오메스 연료를 사용한 엔진과 가스터빈 등을 원동기로 사용하고 계통주파수에 동기하여 전력을 생산하는 분산형 전원은 특별한 연계장치 없이 전력계통과 연계하는 형태를 말한다.

19 | 인버터연계

태양광 및 연료전지 등과 같은 직류전원인 경우에는 직류로 생산되기 때문에 교류 계통과 연계하기 위해서는 인버터를 이용하여 교류로 변환하여 연계하게 된다. 즉, 분산형 전원과 계통 사이에 인버터를 사이에 두고 계통과 연계하는 형태를 말한다.

20 | 이중여자유도발전기(DFIG : Double Fed Induction Generator)

고정자의 3상 권선에서 여자전류를 공급하는 기존의 농형 유도기와는 달리, 고정자와 회전자 2쌍의 3상 권선에 여자전류를 공급할 수 있는 유도기기를 말한다. 일반적으로 고정자 권선의 정격용량이 회전자 권선에 비하여 크고 동기속도 부근에서는 전력의 대부분이 고정자에서 발생하기 때문에 발전기로 사용할 경우 고정자 권선은 계통에서 직접 연결하고 회전자의 권선은 전력변환장치에 연결하여 발전기의 제어를 담당한다. 현재 대부분의 대용량 풍력발전시스템에 적용되고 있다. 유도발전기는 3상 유도전동기의 입력·출력의 관계를 반대로 해서 사용한 것이며, 유도전동기의 원리는 [그림 2.5.4]와 같다.

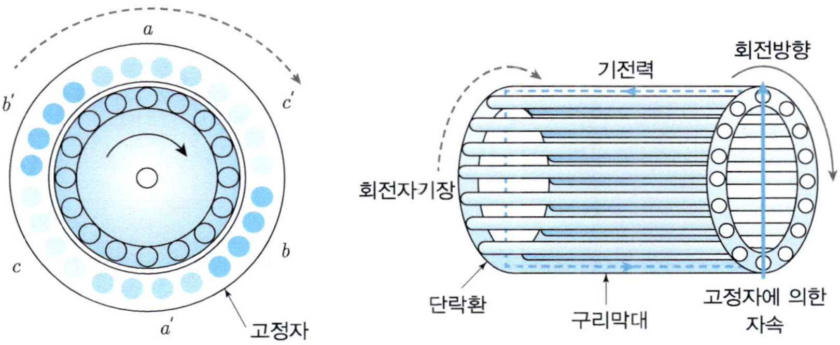

그림 2.5.4 유도전동기의 원리

위 금속 원통의 회전자 주위에 3상 전원을 인가하면 시계방향으로 회전자기장이 생기며 도체(회전자)는 반대방향으로 움직이는 것과 같으며 이 회전자기장에 의한 자속에 의해 플레밍의 오른손법칙에 다라 회전자에 기전력이 발생한다. 이 기전력은 다시 플레밍의 왼손법칙의 적용을 받아 회전자를 시계방향으로 회전하도록 하는 것이다. 이때 도체가 회전자기장을 쇄교해야 하므로 도체의 회전속도는 회전자기장의 속도보다 느리다.

21 | 전력변환시스템(PCS : Power Conditioning System)

직류전력을 교류전력으로 또는 교류전력을 직류전력으로 변환하는 장치로 직류를 교류전력으로 변환시켜 주는 기본 기능 외에 보호협조, 전력품질 기능 등을 갖는 장치로서 구성 및 용도에 따라 독립형/연계형, 단상/3상, 절연변압기/고주파변압기/무변압기 형태로 구분된다. [표 2.5.1]은 신재생 전원별 PCS 구성을 나타낸 것이다.

| 표 2.5.1 | 시스템 종류별 PCS 구성도

시스템 종류	시스템 의존도	구성 복잡성	제어 난이도	전력변환장치 구성
풍력 발전시스템	상	상	상	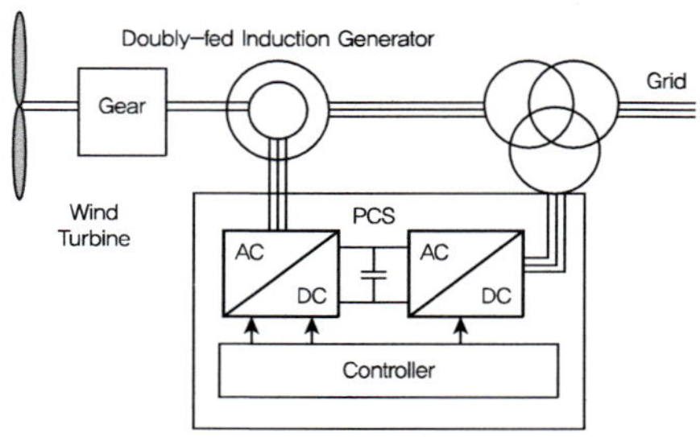
연료전지 발전시스템	중	중	하	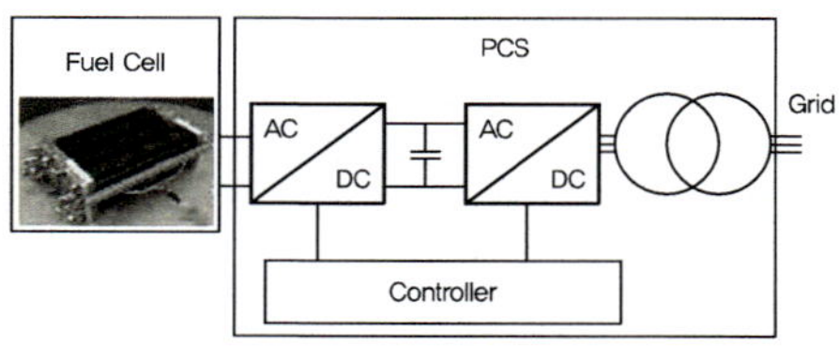
태양광 발전시스템	하	하	중	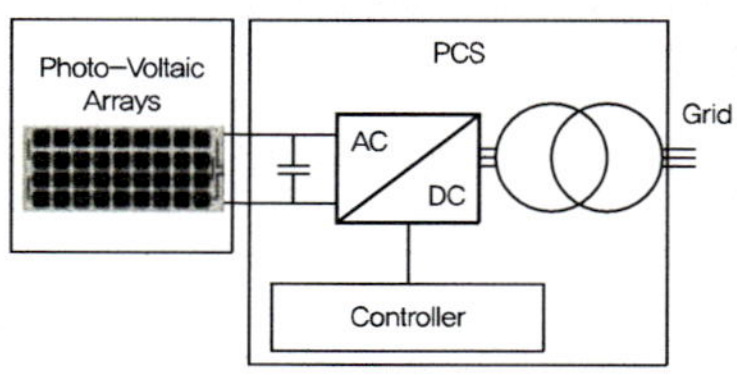

22 | 한류리액터(Current-Limiting Reactor)

단락고장이 발생 또는 기동, 동기화 등의 운전상태에서 선로에 흐르는 전류를 제한하여 단락용량을 경감하고 직렬기기의 손상을 방지하기 위해 상 도체와 직렬로 연결하는 리액터를 말한다. 송전 및 배전계통에서 단락, 지락 등과 같은 계통고장

이 발생하여 고장전류가 흐르면, 단락 및 지락고장에 의해 흐르는 전류를 제한하게 된다.

23 | 차수간 고조파(Inter Harmonics)

고조파(高調波, Harmonics)는 기본파에 대하여 정수배가 되는 주파수로서, 주기적 복합파의 각 성분 중 기본파 이외의 것으로 정의하며, n차 고조파는 기본파의 n배 주파수이며, 노이즈와는 구별되는 파형이다. 전력계통에서 측정되는 전압, 전류 파형은 [그림 2.5.5]와 같이 기본파에 고조파 파형이 합성되어 나타난다. 관리 대상의 고조파는 일반적으로 약 50차(약 3[kHz])까지이며, 특히 3, 5, 7차 고조파가 현실적으로 문제가 되며, 직류기기에서는 고차고조파(11차 이상 고조파)가 다수 나타나기도 한다. 일반적으로 왜형파는 무한개의 고조파를 포함하고 있고, 고차일수록 그 함유율은 감소한다.

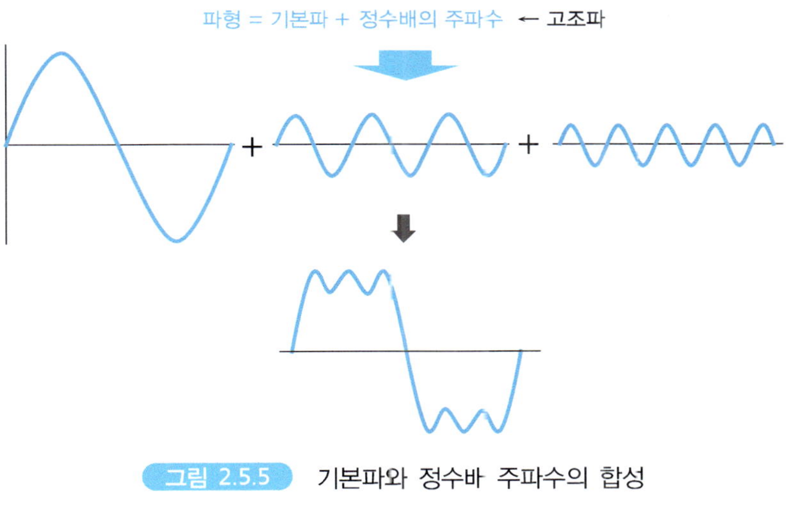

그림 2.5.5 기본파와 정수바 주파수의 합성

24 | 기본파와 고조파의 합성

[표 2.5.2]에서 2 고조파(120[Hz])와 3 고조파(180[Hz])사이의 주기적인 주파수(121~179[Hz])와 같이 기본파의 정배수가 아닌 고조파는 차수간 고조파(Inter Harmonics)로 구분한다.

| 표 2.5.2 | 고조파 차수

구 분	주파수[Hz]
기본파	60
2 고조파	120
차수간 고조파 (Inter Harmonic)	121~179
3 고조파	180
· · ·	-
n 고조파	n × 180

25 | 종합왜형률(THD : Total Harmonic Distortion)

고조파 왜형의 정도를 나타내는 일반적인 지수는 종합왜형률(THD : Total Harmonic Distortion) 및 각 차수별고조파 함유율이다. 고객의 고조파 관리기준 적용을 위해서는 측정이 가능한 전류왜형률을 적용하며, 전력사가 계통의 고조파수준을 관리하기 위해서는 전압고조파 왜형률이 사용된다. 전압고조파 종합왜형률은 전압의 기본파성분 실효치에 대한 전체 전압 고조파성분 실효치의 비율이다. 식 (2.5.4)는 전압고조파 종합왜형률이다.

$$\text{전압고조파 종합왜형률} = \frac{\sqrt{\sum_{n>2} V_n^2}}{V_1} \times 100[\%] \tag{2.5.4}$$

각 차수별 전압 고조파 함유율은 전압 기본파성분 실효치에 대한 특정 차수의 전압 고조파성분 실효치의 비율이다. 식 (2.5.5)는 이를 표현한 수식이다.

$$\frac{n[\text{차}]\ \text{고조파 전압}}{\text{기본파 전압}} = \frac{V_n}{V_1} \times 100[\%] \tag{2.5.5}$$

여기서, V_n : 제n[차] 고조파 전압의 실효치$(n \geq 2)$

V_1 : 기본파 전압의 실효치

26 | 총수요왜형율(TDD : Total Demand Distortion)

TDD는 IEEE 519에서 활용되는 용어로써 고조파의 최대부하전류에 대한 비율을 의미한다. TDD는 평균최대부하전류를 100[%]로 하였을 때 고조파 전류는 얼마인가? 라는 관점에서 본 것이다. 즉, 이는 각 차 고조파전류의 제곱의 합의 제곱근을 정격전류로 나눈 수치로 표현한 것이다.

제 3 장

보호기기

1. 변전설비
2. 배전설비

제1절

변전설비

변전소에 설치 운영하고 있는 보호장치는 [그림 3.1.1]과 같이 차단장치(CB), 변성기(CT, PT) 그리고 계전기(Relay)로 구성되어 있다. 배전선로에서 고장이 발생하면 변류기를 통해 고장정보(고장전류, 전압)를 취득하고 이를 계전기에 전달하며, 계전기는 정정된 값(Pick-up 전류, 레버, Tap, 시퀀스)에 의거하여 고장을 판단한 후, 차단장치(CB)에게 차단명령을 내려 고장구간을 계통으로부터 분리하게 된다.

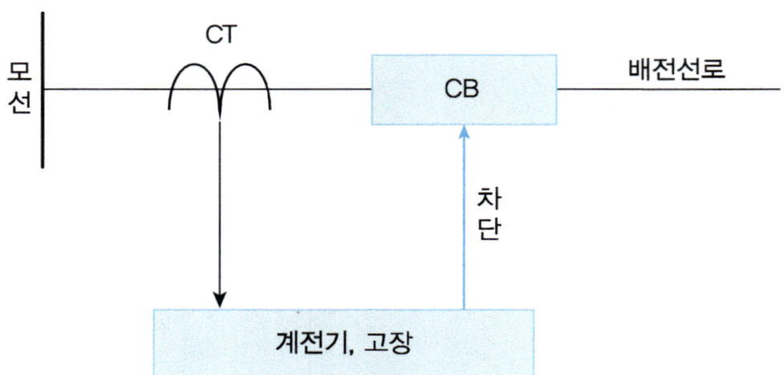

그림 3.1.1 변전에서의 보호장치의 개념도

1 | 배전선로용 차단기(CB : Circuit Breaker)

차단기는 정상상태의 선로뿐만 아니라 이상상태 특히, 단락상태의 선로까지 개폐할 수 있는 능력을 갖춘 개폐기를 말한다. 차단기가 구비해야 할 조건은 다음과 같다.

- 투입상태 : 양호한 도체와 같은 성능을 갖추어야 한다.
- 개방상태 : 양호한 절연체와 같은 성능을 갖추어야 한다.

- **차단기 투입** : 이상 전압 발생 없이 투입되어야 한다.
- **차단기 개방** : 접촉자의 손상 없이 신속하고, 안전하게 회로가 분리되어야 한다.

차단기는 분류 방법에 따라 [표 3.1.1]과 같이 지칭한다.

| 표 3.1.1 | 차단기의 분류

구 분	종 류					
사용회로	직류			교류		
소호방식	자력식			타력식		
소호매질	기중(ACB)	유입(OCB)	자기(MBB)	공기(ABB)	진공(VCB)	가스(GCB)
사용목적	발전기용	선로용	변압기용	콘덴서용	분로리액터용	

[그림 3.1.2]와 같이, 배전계통에는 VCB 및 GCB 차단기를 주로 사용하고 있다. 특히 최근에는 배전용 변전소가 GIS화 되면서 GIS에 포함되어 있는 VCB를 많이 사용하고 있다.

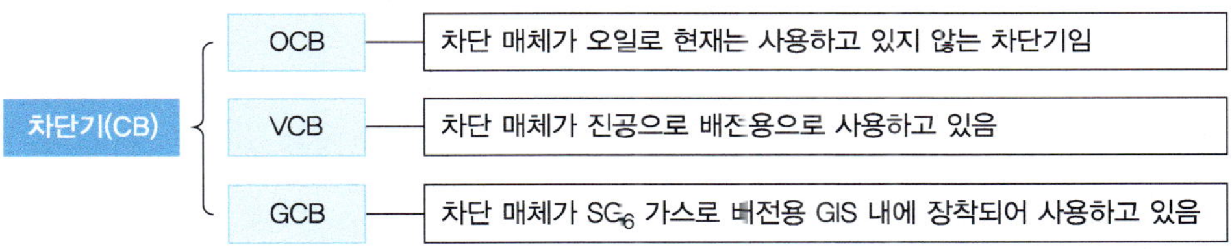

그림 3.1.2 배전계통에 사용하고 있는 차단장치의 종류

차단기 정격

1) 공칭전압(Nominal Voltage)

계통을 정의하거나 지칭하기 위하여 사용되는 선로 대표전압으로 선간전압으로 나타낸다.

2) 정격전압(Rated Voltage)

규정된 조건에 따라 기기에 인가될 수 있는 사용회로전압의 상한을 말하며 계통의 공칭전압에 따라 [표 3.1.2]와 같이 표현한다.

▎표 3.1.2 ▎ 공칭전압과 정격전압

공칭전압[kV]	정격전압[kV]	비고
22.9	25.8	
154	170	

3) 차단전류(Breaking Current)

차단기가 차단하는 순간에 각 극에 흐르는 전류를 차단전류라 한다. 차단전류를 세분하면 아크발생 순간의 대칭차단전류(교류분) 및 백분율 직류분으로 나타낸다. 3상의 경우에는 대칭차단전류는 3상의 평균치를, 백분율 직류분은 3상 중 최대치를 적용한다. 차단전류 중의 교류분을 대칭 차단전류라 한다. 비대칭 차단전류는 식 (3.1.1)로 구해지는 전류를 말한다.

$$\sqrt{\left(\frac{X}{\sqrt{2}}\right)^2 + Y^2} \tag{3.1.1}$$

X : 차단전류 중 교류분의 진폭
Y : 차단전류 중 직류분의 진폭

백분율 직류분은 차단전류 중의 교류분 진폭에 대한 직류분 진폭 비의 백분율을 의미한다.

▎표 3.1.3 ▎ 정격차단전류

정격전압[kV]	정격차단전류[kA]	정격전류[A]			
25.8	25	–	–	–	–
	30	600	1200 1250	2000	3000 3150
170	31.5	1250	1200 1250	2000	–
	50	–	–	2000	3000 3150
	63	–	–	2000	3000 3150

4) 정격차단전류

정격차단전류란 정격전압, 정격주파수 및 규정된 회로조건에서 표준동작책무와 동작상태에 따라 차단할 수 있는 지상역률 차단전류의 한도를 말하며, [표 3.1.3]과 같다. 교류분의 실효치로 표현한다.

5) 투입전류(Making Current)

투입전류란 차단기의 투입 순간에 각 극에 흐르는 전류를 말한다. 최대 주파수에서의 최대치를 표시하며, 3상 시험에 있어서는 각 상의 최대의 값을 말한다.

6) 단시간 전류(Short time withstand Current)

개폐장치의 단시간 전류란 규정조건에서 규정시간 동안 개폐장치의 통전부분에 흐를 수 있는 전류의 한도를 말한다.

7) 정격전류(Rated Current)

정격전류란 정격전압 및 정격주파수, 규정된 온도상승 한도를 초과하지 않은 상태에서 연속적으로 흐를 수 있는 전류의 한도를 말한다. 한국전력공사의 표준으로 적용하고 있는 차단기의 정격전류는 [표 3.1.4]와 같다.

표 3.1.4 차단기 정격전류

분류	정격전류[A]					
규격	600(630)	1200(1250)	2000	3000(3150)	4000	8000

8) 동작책무(Operate Duty, Duty Cycle)

차단기는 전력의 송·배전, 절체 및 정지 등의 계획적인 운용 외에 전력계통에 고장이 발생하였을 때 신속히 차단하며, 계통의 안정도를 위해 필요시는 재투입하는 책무를 가지고 있는 중요한 보호장치로서 차단동작의 보증을 필요로 한다. 차단기의 동작책무란 1~2[회] 이상의 투입, 차단 또는 투입차단을 일정한 시간간격으로 행하는 일련의 동작을 말하며, 이것을 기준으로 하여 차단기의 차단성능, 투입성능 등을 규정한 동작책무를 표준동작책무(Standard Duty Cycle)라 한다.

| 표 3.1.5 | 차단기 동작책무(KSC 4611)

동력조작	기호 A	O - (1분) - CO - (3분) - CO
	기호 B	CO - (15초) - CO
수동조작	기호 M	O - (2분) - O 및 (CO)

O : 차단동작
CO : 투입동작에 이어 즉시 차단동작

[표 3.1.5]에서 기호 A, B는 고속도가 아닌 재투입 시에 사용되며, A가 가장 널리 사용되고 B는 이보다 재투입시간이 짧은 것에 사용된다. 한국전력공사의 표준규격 ES5925-0001에서는 [표 3.1.6]과 같이 표준동작책무를 규정하고 있다.

| 표 3.1.6 | 표준동작책무(ES5925-0001)

정격전압[kV]	표준동작책무
25.8	O - (0.3초) - CO - (15초) - CO
170	O - (0.3초) - CO - (3분) - CO

고속도 재폐로 미적용 차단기의 표준동작책무는 CO - (15초) - CO이다.
또한 시험동작책무란 차단기의 단락시험을 할 때 차단기에 주어지는 동작책무를 말하며, KS에 의하면 5[Cycle] 차단기의 백분율 직류분은 25[%] 이하, 8[Cycle] 차단기의 백분율 직류분은 10[%] 이하에서 행한다.

2 | 계전기(Relay)

계전기는 전력계통에서 고장이 발생하면 고장상태를 감지하여 정정된 조건에 의거하여 고장을 판단한 후 차단기에 차단 명령을 내리는 역할을 한다. 계전기의 종류는 [그림 3.1.3]과 같이 아날로그형과 디지털형으로 구분할 수 있다. 현재는 디지털 계전기로 대부분 교체되어 운용 중이다.

22.9[kV]-y 배전계통에 사용되고 있는 계전기는 A, B, C상에는 단락보호용 계전기(OCR)를 사용하며, N상에는 지락 과전류계전기(OCGR)를 사용하고 있다.

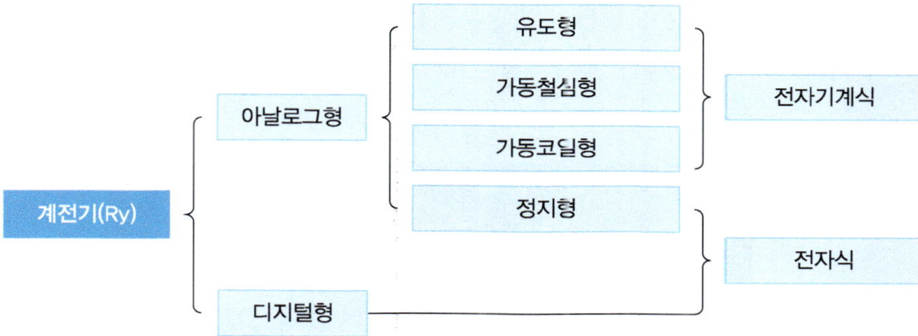

그림 3.1.3 계전기의 분류

보충설명

1. 변전소의 계전기는 OCG, OCGR 계전기와 재폐로계전기(2회 재폐로 가능)를 조합하여 운용하고 있다.
2. 순시계전기가 부가된 계전기를 순시요소부 과전류계전기라고 한다.

아날로그형 계전기(유도원판형)

아날로그형 과전류계전기의 구조는 Tap, 원판, 레버, 주접점, 동작표시기, 보조접촉기 그리고 제동장치(제동 스프링)로 구성되어 있다.

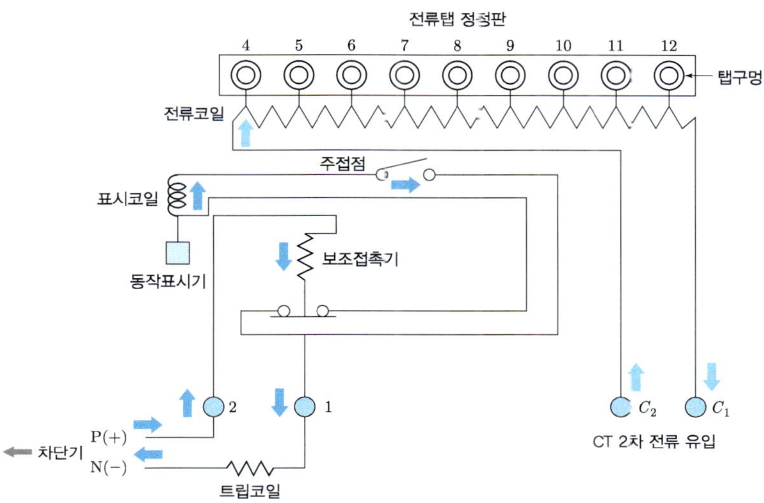

그림 3.1.4 유도원판형 과전류계전기의 내부접속도

[그림 3.1.4]는 유도원판형 과전류계전기의 내부접속도이다. 이를 이용하여 계전기의 전기적 흐름과 동작과정은 다음과 같다.

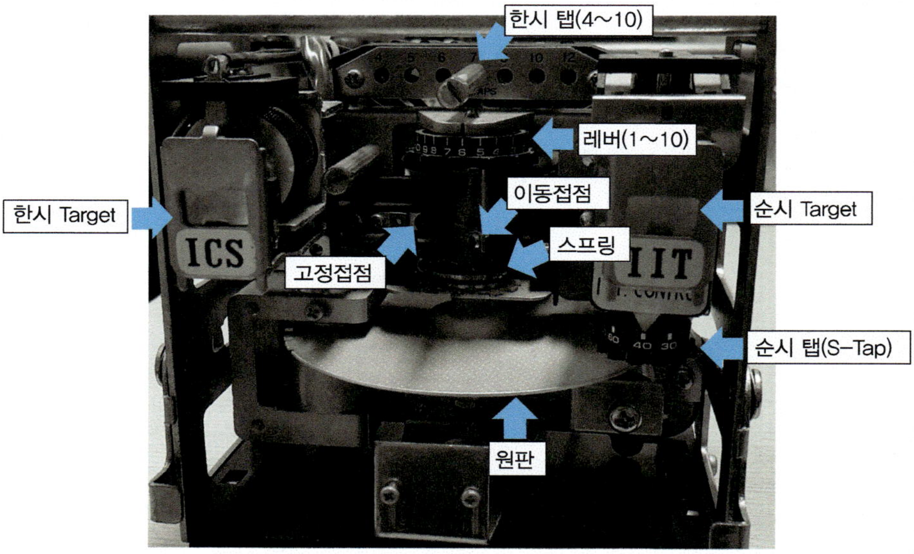

그림 3.1.5 아날로그 계전기(OCR)

전류 탭 정정판은 계전기가 동작할 수 있는 최소동작전류를 정정하는 곳이다. 만일, 단락고장이 발생하여 정정 Tap에 정정된 값보다 큰 전류가 C2(유입) → 전류코일 → Tap 나사 → 전류 탭 정정판 → C1로 흐르면 계전기의 원판이 동작하여 원판에 붙어 있는 이동접점이, 고정접점이 있는 방향으로 움직이기 시작한다. 이로 인해, 주접점이 붙으면 폐회로가 구성되어 직류전류가 P(+) → 단자 2번 → 보조접촉기 코일 여자 → 보조접촉기 ON → 표시기코일 → 주접점 → 단자 1번 → 트립코일 → N(−)에 흘려 차단기가 차단하게 된다.

[그림 3.1.5]는 실제 아날로그형 계전기의 내부 사진이다.

1) 정정과 관련된 요소

① 탭(Tap)

탭은 계전기의 동작 전류값을 조정하기 위해 계전기 내부에 설치된 변성기의 권선에서 탭(Tap)을 인출한 것이다. 이를 조정하면 입력전류의 입력

값이 조정되어 계전기의 동작시간이 달라진다. 만일 레버를 고정한 상태에서 탭 값만을 변화시키면 [그림 3.1.6]과 같이 특성곡선이 X측으로 움직이게 된다. 따라서 계전기를 정정하는데 중요한 요소가 된다.

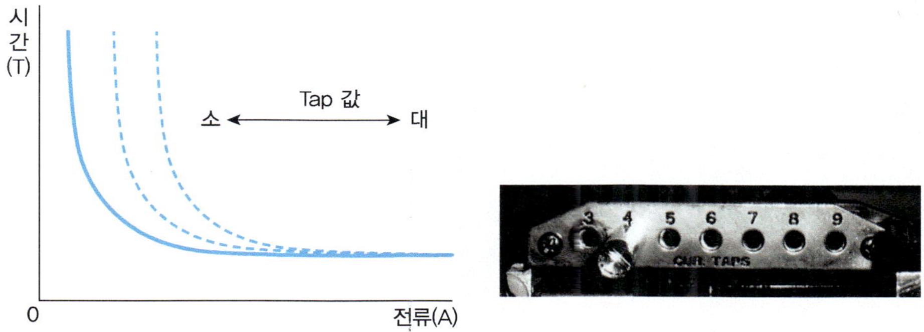

그림 3.1.6 탭과 T–C 곡선 특성

② 레버(Time adjusting Lever)

레버는 원판에 붙어 있는 이동접점의 간격을 조절하는 것으로 동작시간을 관여하고 있다. 따라서 탭을 일정하게 고정한 상태에서 레버 값을 변화시키면 [그림 3.1.7]과 같이 특성곡선이 Y측으로 움직이게 되어 동작시간이 달라진다. 레버 값(숫자)이 작아질수록 고정접점과 이동접점간의 간격이 좁아져 원판이 적게 회전하여도 양 접점이 붙어 동작시간이 짧아진다. 따라서 계전기를 정정하는데 중요한 요소가 된다.

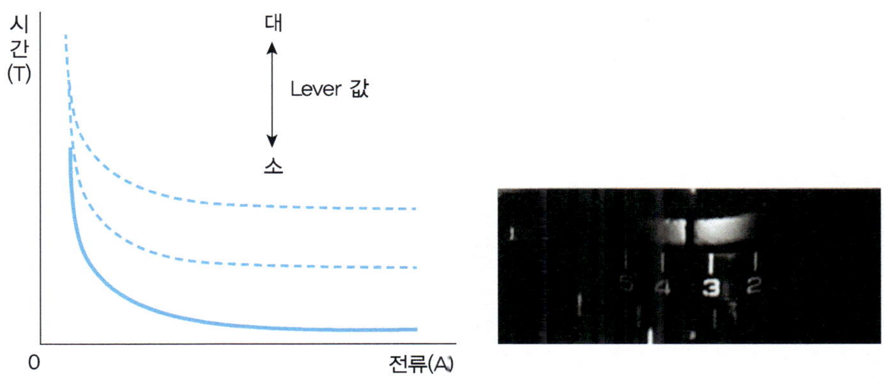

그림 3.1.7 레버와 T–C 곡선 특성

③ 복귀시간(Reset Time)과 관성시간(IMT)

정정 값(최소동작전류) 이상의 전류가 흘러 [그림 3.1.8]의 원판이 회전하는 도중에 고장이 제거되면 원판은 스프링의 복원력에 의해 원래의 위치로 돌아온다. 이때 원판이 원 위치로 돌아오는데 걸리는 시간을 복귀시간이라 한다. 복귀시간은 레버 값에 비례한다.

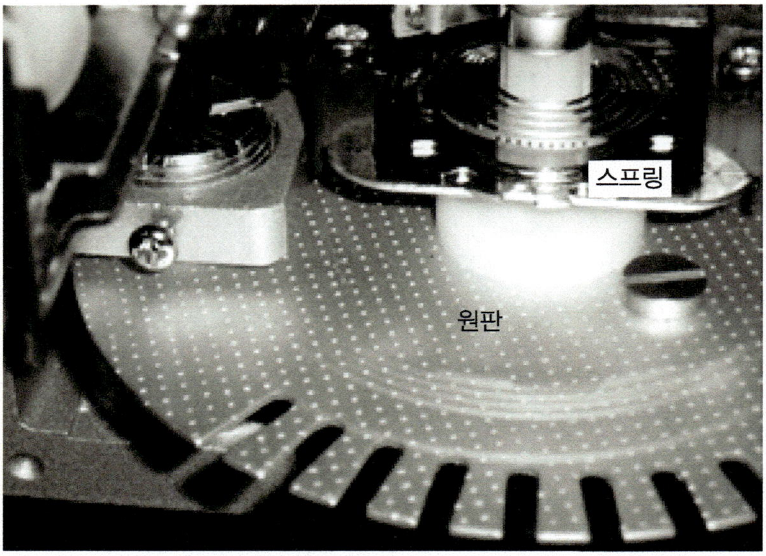

그림 3.1.8 원판과 스프링(회전력과 제동력)

또한, 회전체에는 관성이 존재하는데, 관성은 원판이 회전하는 도중에 고장이 제거되더라도 관성으로 인해 원판이 즉시 복귀하지 못하고 조금 더 회전하게 된다. 이로 인해 복귀하는데 발생한 시간을 관성시간(IMT)이라 한다. 관성은 원판의 무게 및 반지름의 길이에 의해 달라진다.

4 디지털계전기

트랜지스터를 이용한 정지형계전기를 더욱 발전시킨 계전기로 아날로그신호를 디지털신호로 변환(샘플링)한 뒤 마이크로프로세서에서 그 값을 해석하여 동작시간을 계산하는 방식의 계전기이다. 따라서 [표 3.1.7]과 같은 장점을 갖고 있다. [그림 3.1.9]는 디지털보호계전기의 한 예이다.

표 3.1.7 디지털 계전기의 장점과 특징

구 분	내 용
동작시간	동작시간에 오차가 없어 기기 간 협조가 수월하다.
샘플링 자료	샘플링한 자료를 이용하여 다양한 기능을 구현할 수 있다.
특성곡선	함수로 표현할 수 있어 여러 개의 특성곡선을 내장할 수 있다.
복귀시간	고장제거 후 즉시 복귀되어 복귀시간에 대한 개념이 없다.
관성시간	관성시간에 대한 개념이 없다.
진동	진동에 의해 오동작할 가능성이 없다.

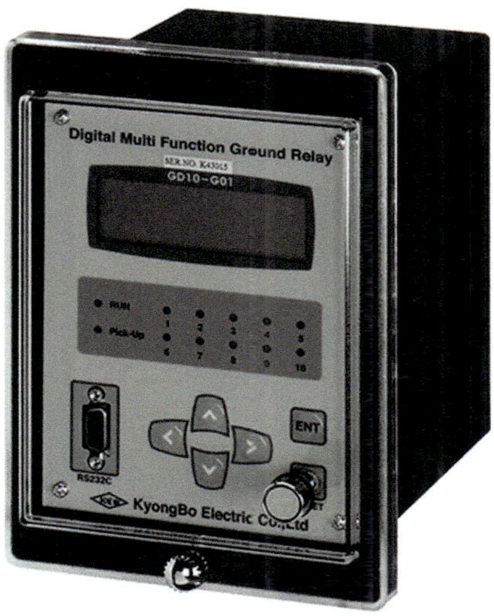

그림 3.1.9 디지털 보호계전기

3 변성기

변성기는 고전압을 저전압으로, 대전류를 소전류로 일정한 비율만큼 크기를 축소하여 계측장치 또는 보호장치에 제공할 수 있는 장치를 의미한다. 변성기는 [그림 3.1.10]과 같이 전압변성을 하는 PT와 전류를 변성하는 CT로 나누어진다. 배전계통에서는 과전류계전기(OCR)가 주로 사용하므로 CT를 중점으로 설명하고자 한다.

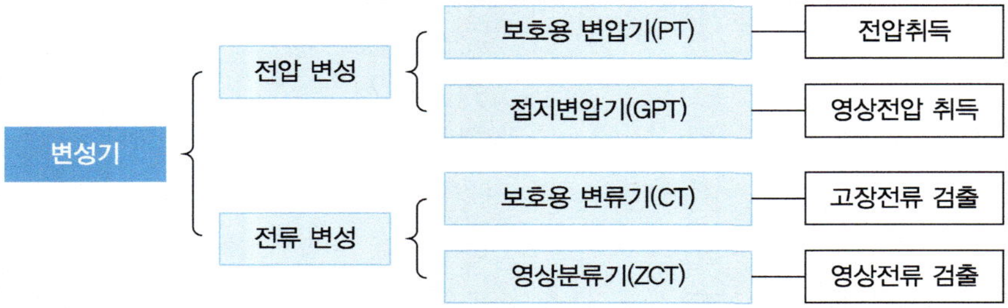

그림 3.1.10 변성기의 종류와 역할

보호용 변류기(CT : Current Transformer)

1) 원리

[그림 3.1.11]과 같이 동일 철심에 1차 권선과 2차 권선이 감겨져 있는 구조로 보통 1차 권선의 단면적이 크고 권선회수가 매우 적다. 1차 권선은 측정 또는 보호하고자 하는 대상의 회로가 접속되고 2차 권선에는 측정장치 또는 보호장치(계전기)가 접속된다.

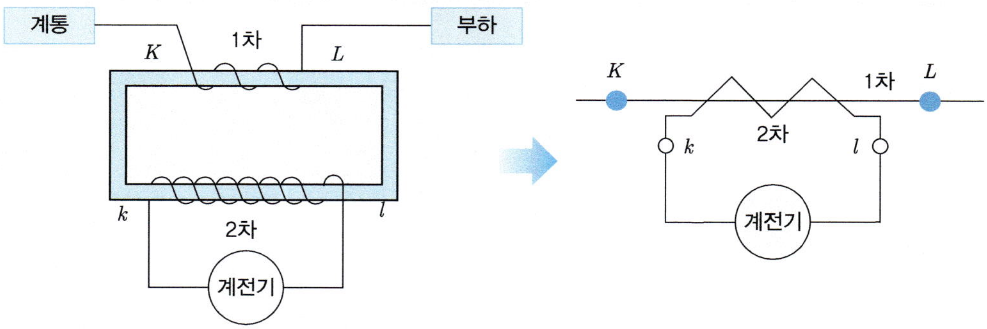

그림 3.1.11 변류기 등가회로

2) 변류비

변류비는 식 (3.1.2)와 같다.

$$1\text{차 전류}\,(I_1) = \frac{2\text{차 권선}}{1\text{차 권선}} \times 2\text{차 전류} = \frac{N_2}{N_1} \times I_2 \tag{3.1.2}$$

2차 정격전류는 5[A]가 표준이지만, 디지털 계전기 등이 사용되면서 1[A], 0.1[A] 등도 사용되고 있다.

보충설명

1[A] 정격 사용 이유

CT와 계전기간의 거리가 멀어지면 제어케이블이 길어져 Z_b의 증가로 소비부담($VA=(I_2)^2Z_b$)이 커지므로 2차 정격전류 I_2를 줄여 소비부담을 감소하기 위함이다.

3) 2차 부담

계전기용 변성기의 2차 회로에 접속되는 부하로 VA로 표시한다. 정격부담은 $VA=(I_2)^2Z_b$로 표현할 수 있다. 여기서, I_2 : 2차 정격전류, Z_b : 계전기, 계기부담 및 2차 케이블을 포함한 총 부하[Ω]를 의미한다.

④ 영상변류기(ZCT : Zero phase sequence Current Transformer)

영상변류기는 영상전류를 검출할 목적으로 사용하는 변류기이다. 변류기의 특수형으로 [그림 3.1.12]와 같이 1차가 3개의 도체로 되어 3상전류의 벡터 합, 즉 영상전류의 3배에 해당하는 2차 전류를 출력하여 지락계전기에 공급한다.

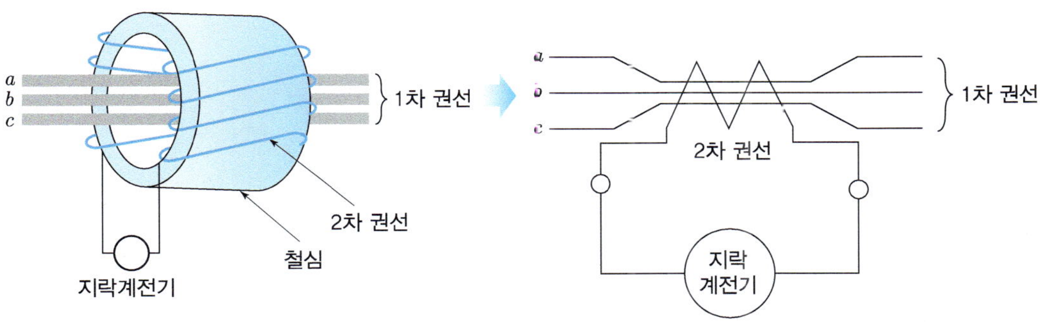

그림 3.1.12 영상변류기 개념도

이 방식은 3개의 CT로 잔류회로에서 영상전류를 얻는 방식에 비해 1개의 철심을 사용하기 때문에 철심에 의한 오차출력이 적어 고감도의 지락고장 보호에 사용하고 있다. ZCT의 정격 1차 전류는 200[mA], 2차 전류는 1.5[mA] 또는 3.0[mA]가 표준이다.

제 2 절

배전설비

1 | 자동재폐로 차단기(R/C : Recloser)

자동재폐로계전기(이후 R/C라 칭한다.)는 계통에 고장이 발생하면 정정된 횟수만큼 스스로 차단과 투입을 반복하는 계통 보호장치이다. 순간고장의 경우에는 투입상태를 유지하고, 일시고장의 경우에는 정정횟수 만큼 동작한 후 완전개방(Lock-out)되어 고장구간을 계통으로부터 분리한다.

R/C의 변천

22.9[kV]-y 배전계통의 보호기기인 R/C는 [그림 3.2.1]과 같이 맥그로우 에디슨社와 웨스팅하우스社에서 기계식 R/C를 도입하여 사용하였다.

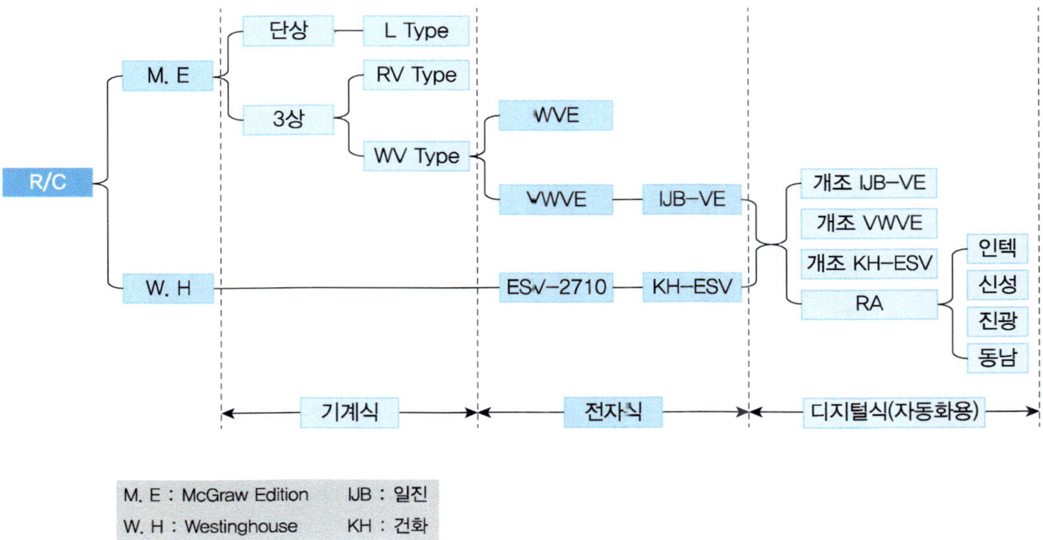

그림 3.2.1 R/C의 변천과정

그 후 아날로그방식의 제어함이 있는 전자식의 R/C로 발전하였고, 디지털방식의 제어함으로 바뀐 것이 디지털식(자동화용)의 R/C이다. 기존 아날로그 방식의 제어함을 디지털로 바꾼 R/C는 기존 이름 앞에 "개조"란 명칭을 붙여 구분하고 있다. 현재는 모두 디지털방식의 R/C를 사용하고 있다.

R/C의 종류

현재 한국전력공사에서 사용하고 있는 R/C의 종류는 건화제품([그림 3.2.2]), 일진제품([그림 3.2.3]), 인텍제품([그림 3.2.4]) 외에도 여러 제작사의 제품을 사용하고 있다.

(a) KH-ESV(본체)

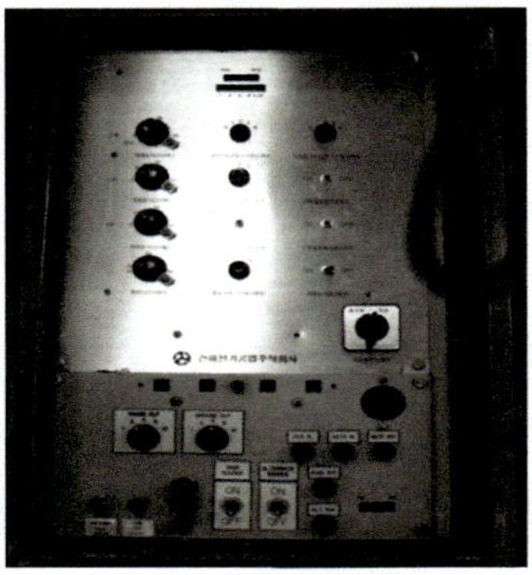

(b) 제어함

그림 3.2.2 건화제품

(a) 일진 전자식(본체)

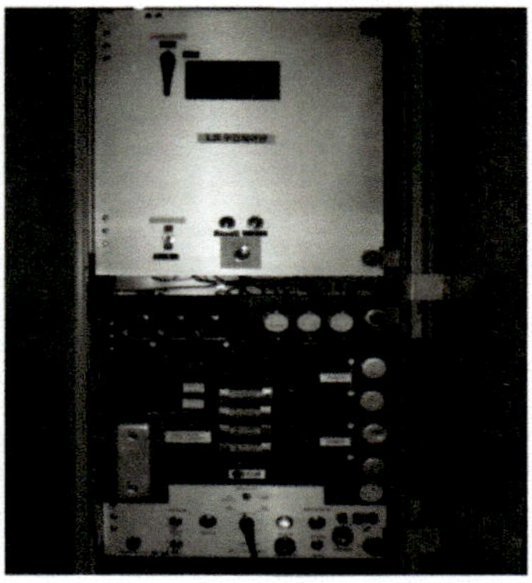

(b) 제어함

그림 3.2.3 일진제품

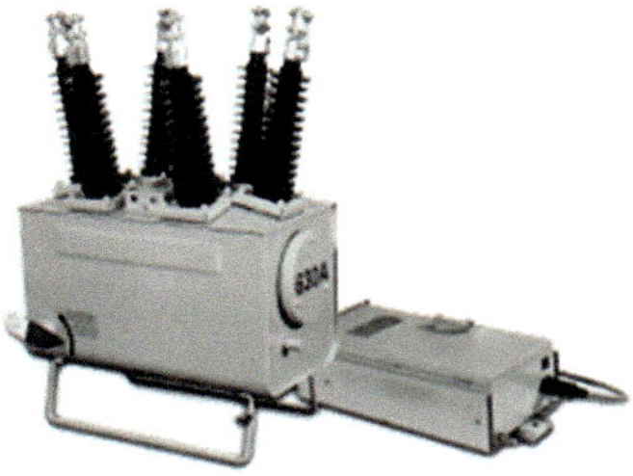

(a) EVR-2(가스절연 R/C)

(b) EPR-2(폴리머 R/C)

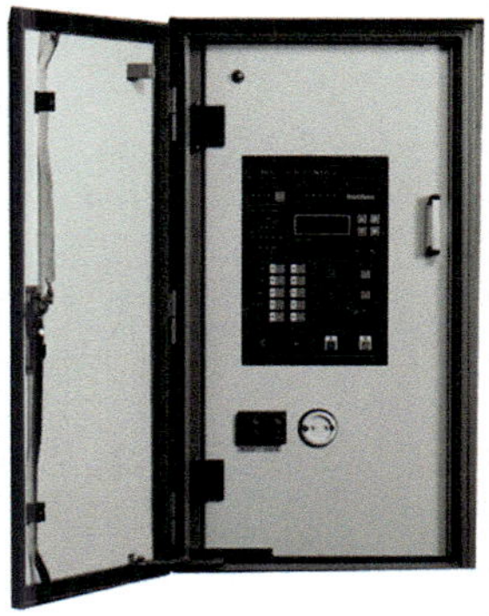

(c) 제어함

그림 3.2.4 인텍제품 : 디지털식(자동화용) R/C

정정에 필요한 기능

1) 순시(F)와 지연(D)

R/C는 상 또는 지락고장 각각에 대하여 2가지의 T-C 곡선을 순차적으로 수행할 수 있다. 즉, 동작시간이 짧은 순시동작(F : Fast)과 동작시간이 긴 지연동작(D : Delay)으로 구분하고 있다.

보충설명

순시동작과 지연동작을 이원화한 목적

1) 선로고장이 발생하면 동작시간이 짧은 순시동작의 선행으로 순시고장이 될 기회 제공
2) 순시동작 후의 재폐로 시간이 짧아 그 만큼 정전시간의 단축이 가능
3) 선로용 퓨즈와 협조가 가능하도록 하기 위함

2) 동작시퀀스

동작시퀀스는 순시(F)와 지연(D)의 조합을 의미한다. 조합에는 다음과 같은 원칙이 있다.

- 순시동작은 지연동작 보다 선행되어야 한다.
- 1회 이상의 지연동작을 반드시 포함시킨다. 이유는 돌입전류에 의한 R/C의 오동작을 방지하기 위함이다.

• 동작 횟수의 합은 4회 이하이다.

상기의 원칙에 입각하여 동작시퀀스를 나타내면 "2F2D"와 같이 표현할 수 있다. 만일 이 동작시퀀스를 그래프로 나타내면 [그림 3.2.5]와 같다.

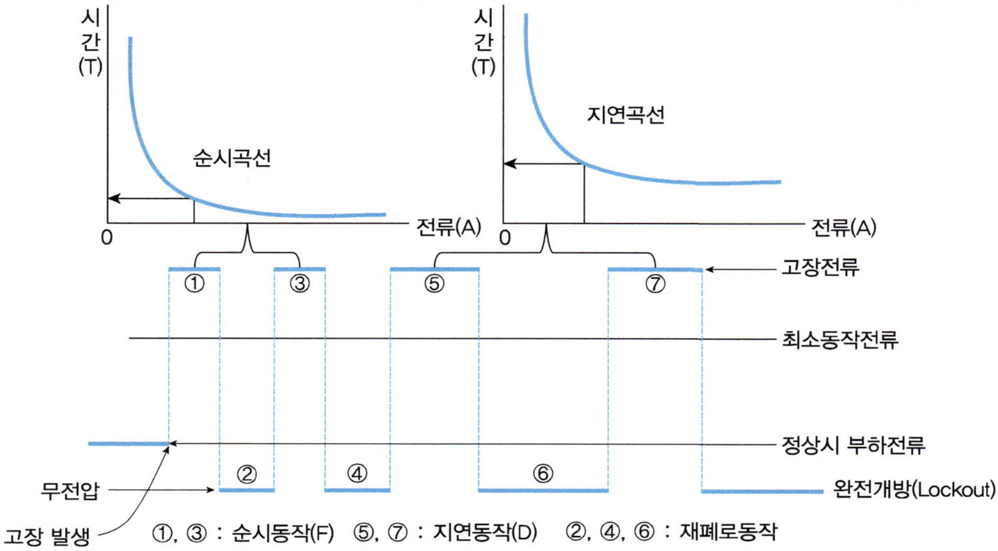

그림 3.2.5 R/C 동작시퀀스(예 : 2F2D)

R/C의 시퀀스 동작에는 4가지 동작이 있다. 개방동작(Trip), 재폐로동작(Reclosing), 완전개방동작(Lock Out) 그리고 복귀동작(Rest)이다.

보충설명

개방동작, 재폐로동작, 완전개방동작, 복귀동작

1) **개방동작** : 고장전류에 반응하여 접점을 개방하여 고장구간의 분리하는 동작
2) **재폐로동작** : 개방동작 후 정정된 시간 경과 후 재투입하는 동작
3) **완전개방동작** : 동작시퀀스가 완료될 때까지 고장이 제거되지 않아 완전 개방한 상태
4) **복귀동작** : R/C가 고장에 대비하여 초기상태로 돌아가는 동작
   • 완전개방된 경우에는 복귀동작은 초기화된다.
   • R/C가 복귀된 후 고장이 발생하면 동작 시퀀스는 처음부터 시작한다.

3) 구간협조장치

구간협조장치는 공급신뢰도를 높이기 위한 장치이다. [그림 3.2.6]과 같이 배전선로에 R1, R2 R/C가 직렬로 부설된 경우, 구간 A3에서 고장이 발생하면 순시동작에서는 두 R/C 간 협조시간차 확보가 어려워 구간 A2도 순간 정전을 경험할 수 있다. 또한, 두 R/C 간에 순시동작 협조시간차가 확보된 경우에도 보충설명과 같은 이유로 구간 A2도 순간 정전을 경험할 수 있다.

보충설명

A2 구간이 정전되는 이유(두 R/C 간 순시동작이 협조된 경우)

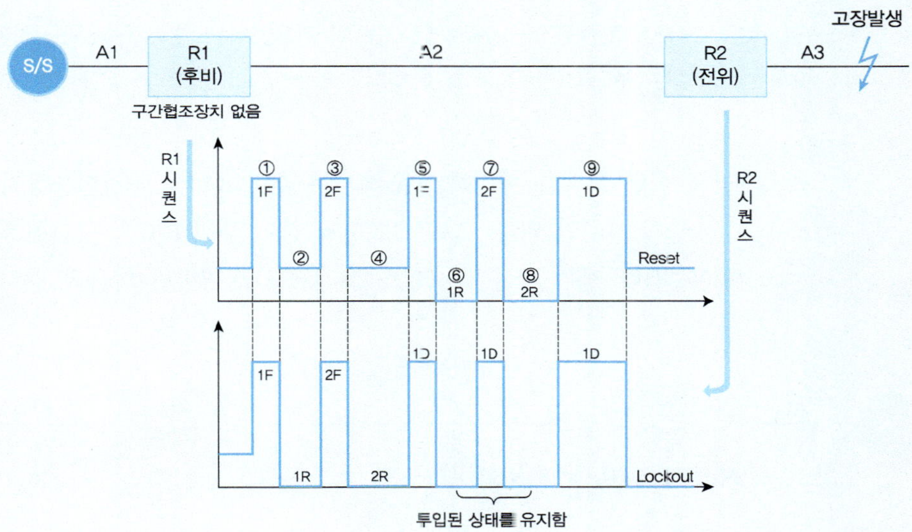

R1에 구간협조장치가 활성화(설치)되지 않은 상태에서 구간 A3에서 고장이 발생한 경우 R1과 R2의 시퀀스를 그래프로 설명하면 다음과 같다.

① 구간 A3에서 고장이 발생하면 R2의 순시동작 시간은 R1의 순시동작 시간보다 짧아 먼저 동작(1F)하고 R1은 고장은 감지하지만 동작하지 않아 R1은 투입된 상태를 유지한다.

② R2는 첫 번째 재폐로(1R) 시간 후 투입된다.

③ 구간 A3의 고장이 지속되면 R2는 순시동작(2F)하고, R1은 고장은 감지하지만 동작하지 않아 투입된 상태를 계속 유지한다.

④ R2가 두 번째 재폐로(2R) 시간 후 다시 투입된다.

⑤ R1은 한 번도 동작을 하지 안했기 때문에 첫 번째 순시(1F)가 동작할 차례이고 R2는 첫 번째 지연 동작(1D)을 할 차례가 된다. 그런데 R1의 순시동작 시간이 R2의 지연 동작시간보다 짧기 때문에 R1이 동작하고 R2는 투입된 상태를 그대로 유지한다.

⑥ R1이 첫 번째 재폐로(1R) 시간 후 투입된다.

⑦ R1이 두 번째 순시동작(2F)을 하고 R2는 계속 투입된 상태를 유지한다.

⑧ R1이 두 번째 재폐로(2R) 시간 후 투입된다.

⑨ R1도 순시동작을 2번 하였기 때문에 첫 번째 지연동작(1D)을 할 차례이고 R2도 지연동작(1D)을 할 차례다. 그런데 R2의 지연동작 시간이 R1의 지연동작 시간보다 짧으므로 R2가 동작하고 R1은 투입된 상태를 계속 유지한다. R2는 자기 시퀀스(2F1D)를 완료하였으므로 Lock Out 동작하여 구간 A3의 고장이 제거되었기 때문에 R1은 투입된 상태로 복귀시간을 진행한 후 복귀된다.

결과적으로 R2가 고장구간을 분리하였지만, 이 과정에서 구간 A2는 건전구간임에도 불구하고 두 번(⑥ 및 ⑧)의 순간고장을 경험하게 된다.

따라서 이런 문제를 해결하기 위해서는 후비 R/C의 구간협조장치를 활성화(또는 부착)시키면 된다. [그림 3.2.6]과 같이 후비 R/C의 구간협조장치를 활성화(부착)한 경우를 들어 시퀀스 그래프로 설명하면 다음과 같다.

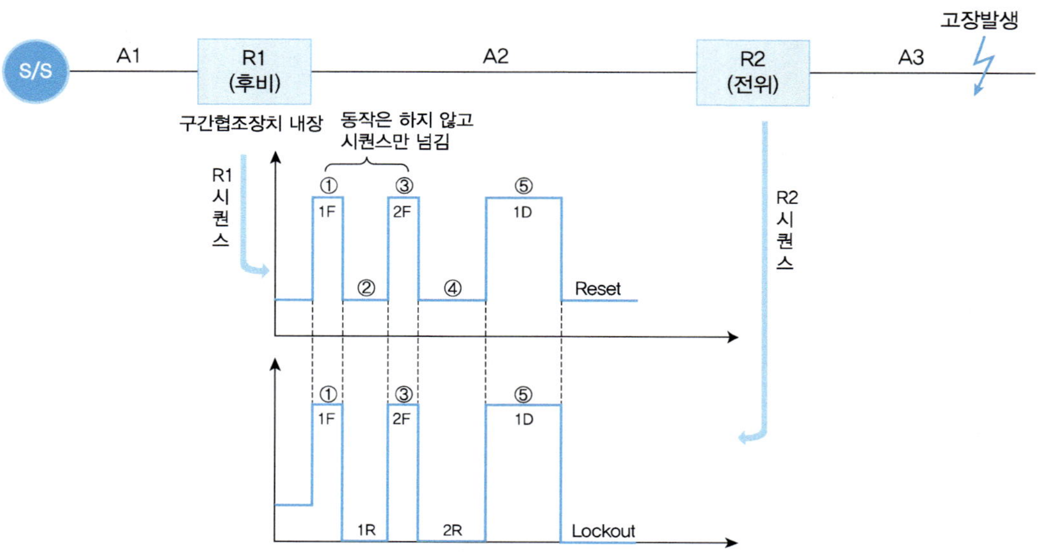

그림 3.2.6 구간협조장치와 R/C간 시퀀스

① 고장이 발생하면 R2의 순시동작 시간이 R1의 순시동작 시간보다 짧으므로 R2가 먼저 동작(1F)하고 R1은 고장은 감지하지만 동작하지 않아 투입된 상태를 유지한다. 이때 R1에 장착된 후비보호장치는 R1의 시퀀스를 다음으로 넘긴다. 즉, R1이 동작한 걸로 간주한다.

② R2가 첫 번째 재폐로 시간 후 투입된다.

③ R2가 두 번째 순시동작(2F)을 하고 R1은 투입된 상태로 시퀀스만 넘어간다.

④ R2가 두 번째 재폐로 시간 후 투입된다.

⑤ R2는 첫 번째 지연 동작을 할 차례이고 R1도 2번의 순시동작 시퀀스가 넘어갔으므로 첫 번째 지연동작을 할 차례다. R2의 지연동작 시간이 R1의 지연동작 시간보다 짧으므로 R2가 먼저 동작하고 R1은 투입된 상태를 유지한다. 이때 R2는 자기 시퀀스를 완료하였으므로 Lock Out 되면서 고장구간을 분리하며 R1은 투입된 상태로 복귀시간을 진행한 후 복귀된다.

결국, 구간 A2의 정전을 막아 공급신뢰도를 높이게 된다.
구간협조장치는

① 한 선로에 R/C가 직렬로 2대 이상 설치된 경우 후비보호 R/C에 필요하다.

② 전위 R/C의 총 동작 회수가 후비 R/C보다 작거나 같아야 한다.

③ 전위 R/C의 지연과 후비 R/C의 순시가 같은 시퀀스에 있으면 안 된다.

보충설명

전위 R/C의 지연과 후비 R/C의 순시가 같은 시퀀스에 있으면 안 되는 이유

2번 조건만 부연하여 설명하면, 후비 R/C의 동작 시퀀스가 2F2D라면 동작순서는 F → F → D → D다. 이때 전위 R/C의 동작 시퀀스 중 처음 두 번은 F(순시)이어야 한다. 즉 2F1D 또는 3F 이어야 R/C간의 협조가 가능하다. 실제 협조검토를 할 경우, 후비 R/C의 동작 시퀀스에서 마지막 시퀀스를 제외한 시퀀스는 전위 R/C의 동작 시퀀스를 고려하여 정정한다.

[표 3.2.1]과 같이 제작사 마다 명칭과 기능에 차이가 있다.

| 표 3.2.1 | R/C 구간협조장치의 기능

구분	자동화용	VWVE 및 IJB-VE	ESV 및 KH-ESV
명칭	SC (Sequence Coordination)	SCA (Sequence Coordination Accessory)	ZSU (Zone Sequence Unit)
적용	• 제어함에서 하부 메뉴인 SC을 ON으로 설정	• SCA 설치	• ZSU 설치
기능	• 고장이 감지되어 전위 R/C에서 미리 동작하면 순시 시퀀스를 증가시킴	• 고장이 감지되면, 동작하지 않더라도 시퀀스를 증가시킴	• 순시동작시간을 6[cyc] 증가시킴 • 고장이 감지되면 동작하지 않더라도 시퀀스를 증가시킴
주위사항	• IJB-VE형은 구간협조장치를 부착하여도 곡선을 변경하지 않으면 구간협조 기능이 제대로 동작하지 않는다. • 디지털 R/C은 IJB-VE와 비슷하게 동작한다.		

정리하면 [표 3.2.2]와 같다.

| 표 3.2.2 | 구간협조장치의 기능과 동작조건

구 분	내 용
기능	• 후비측 R/C에 구간협조장치를 설정하면, 전위측 R/C 보호구간 고장 내에서 고장 발생 시 순시동작에 한해 후비측 R/C가 고장을 경험한 경우 실제 동작은 하지 않고 동작한 것으로 간주하여 다음 시퀀스로 넘긴다. 지연동작은 최소동작전류 및 T-C 곡선 시간차에 의해 협조가 가능하다. • 후비측 R/C에 본 기능을 미설정하면 순시동작에서는 최소동작전류 및 T-C 곡선에 의한 시간차 협조가 가능하지만, 전위측 R/C가 지연동작을 하고 있는 경우에는 후비 R/C가 순시동작을 하게 되므로 협조가 불가능 하다. • R/C를 직렬 2대 이상 운전할 경우에는 후비측 R/C에 본 장치를 설정한다.
동작조건	• 전위 R/C 총 동작횟수가 후비 R/C보다 작거나 같아야 한다. • 전위 R/C의 지연과 후비 R/C의 순시가 같은 시퀀스에 있으면 안 된다. • 전위 R/C의 재폐로 시간이 후비 R/C와 같아야 한다.
설정방법	• 원격으로 설정이 불가능하며, 현장 제어함에서 설정하여야 한다.

4) 아날로그 R/C의 돌입전류 억제 기능(Cold Load Pick-up), X배수

R/C가 투입될 때 정상부하 전류 이상의 돌입전류가 순간적으로 흐르며, 이 돌입전류에 의해 R/C가 오동작할 수 있다. 이런 R/C의 오동작을 막기 위해 돌입전류 억제 기능을 가진다. 돌입전류에 의한 R/C의 동작을 억제하기 위해서는 최소동작전류를 돌입전류보다 크게 설정하거나 동작시간이 돌입전류의 지속시간보다 크게 설정해야 한다. 통상적으로 R/C의 지연곡선은 동작시간이 돌입전류의 지속시간보다 크므로 문제가 되지 않으나 순시곡선의 경우에는 동작시간이 짧아 돌입전류로 인해 동작하는 경우가 발생할 수 있으므로 순시곡선의 경우에는 최소동작전류를 증가시켜 돌입전류를 억제해야 한다.

돌입전류 억제 기능의 정정값 설정은 식 (3.2.1)에 의한다.

$$X_s > \frac{I_m \times 10}{I_s} \tag{3.2.1}$$

여기서, X_s : X 배수,

I_m : 최대부하전류,

I_s : 최소동작전류 정정치이다.

돌입전류의 크기는 I_m의 10배 정도이기 때문에 I_m에 10배를 곱한 후 I_s로 나눈 값보다 크도록 X_s를 정정한다. 돌입전류 소멸까지의 시간은 보통 2[초] 이상을 보고 있다.

■ 적용 방법

- 조작함에 있는 수동조작 스위치를 투입위치로 돌리고 R/C가 완전히 투입될 때 까지 유지한다.
- X 배수 적용방법

기기 종류	적용 배수	비고
IJB-VE	1, 2, 4, 5, 8, 10	
KH-ESV	1, 2, 4, 5, 10	

보충설명

X배 정정값 계산 예

1) 최소동작전류 정정치(I_s) : 400[A]

2) 최대부하전류(I_m) : 300[A]인 경우 X배수는?

$$X_s > \frac{I_m \times 10}{I_s} = \frac{300 \times 10[A]}{400[A]} = 7.5$$

따라서 IJB-VE의 경우는 8, KH-ESV의 경우에는 10으로 정정한다.

5) 디지털 R/C의 돌입전류억제(CLPU : Cold Load Pick-up)

아날로그 R/C에서 X배수 정정을 통해 돌입전류는 억제할 수 있지만 한 가지 문제점을 안고 있다. [그림 3.2.7]에서 R2에 X배수가 적용되고 있는(스위치를 잡고 있는) 동안, R/C의 최소동작전류에 X배수가 적용된 값 보다 적은 고장전류가 발생하면 R1은 동작하게 된다.

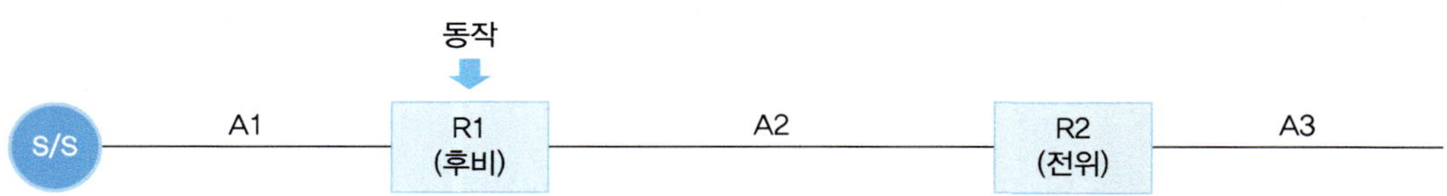

그림 3.2.7 아날로그 R/C의 돌입전류 억제 기능

보충설명

R/C의 최소동작전류에 X배수가 적용된 값 보다 적은 고장전류가 발생하면 R1은 동작하게 된다.

최소동작전류가 400[A]이고 X배수가 4배인 R2를 수동으로 투입할 때 1,000[A]의 고장전류가 흐른다면 R/C는 X배수가 적용되고 있으므로 동작하지 않을 것이고 결국 후비에 있는 보호기기가 동작하게 된다. 주로 고장구간을 찾기 위해 강송하는 경우에 발생하게 된다.

이런 문제는 아날로그 R/C의 경우에는 해결할 수 없지만, 디지털 R/C는 아날로그 R/C의 X 배수와 같은 개념으로 CLPU(Cold Load Pick-up) 배수를 적용하여 해결할 수 있다. CLPU 배수에 대한 개념을 설명하면, 디지털 R/C의 최소동작전류를 I_s라 하고, CLPU 동작전류를 $I_p(= I_s \times CLPU$ 배수)라 하면 현장 또는 원격으로 투입조작(CLPU 기능 유지 시간은 디폴트 3초)을 할 경우 [그림 3.2.8]의 왼쪽과 같이 동작영역이 변경된다.

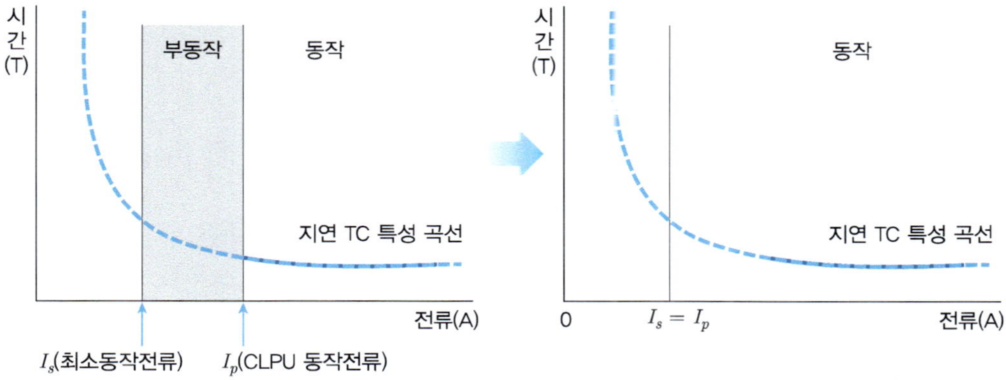

그림 3.2.8 CLPU의 부동작 및 동작 영역

R2 투입시 I_s보다 크고 I_p보다 적은 전류(녹색 영역)가 흐르면 R2는 동작하지 않는다. I_p보다 큰 전류가 흐르면 R2는 1회 지연동작 후 Lock Out된다(재폐로 없음). I_s 이하의 전류가 CLPU 기능 유지시간(3초)으로 유지되면 과도 상태가 사라졌다고 판단하여 동작전류는 정상상태로 되돌아온다.

그러나 CLPU 동작전류를 $I_p = I_s$가 되도록 설정을 해놓으면 R2의 부동작 영역(녹색 영역)이 없어져 항상 R2가 먼저 동작하여 후비보호기기 R1은 동작하지 않는다.

CLPU 동작전류를 최소동작전류와 같게 하는 방법은 CLPU 배수를 1로 정정하면 된다. 그렇지만, 배전선로 특성상 I_s와 I_p을 동일하게 하게 설정하기에는 현실적으로 어려우므로 R1의 보호기능을 일시적으로 억제 후 R2를 투입하여야 운용에 무리가 없다.

보충설명

1. 적용 시점

현장 또는 원격 투입할 경우 발생되는 최소동작전류 이상의 돌입전류에 의한 R/C 오동작을 방지하고자 CLPU 알고리즘이 적용된다.

2. 동작

가. 투입시 CLPU 배수 이상의 과전류가 통전하면 설정된 지연동작 T–C 곡선에 의해 상 및 지락 각각에 대하여 동작한다.

나. 투입할 때 최소동작전류 이상 CLPU 배수 미만의 과전류가 통전하면 투입하자마자 Restore P.C Time[0.3[초]이 동작하여 설정시간 이후에는 배수가 최소동작전류로 복귀되고 그때도 계속 과전류가 통전하면 설정된 지연동작 T–C 곡선에 의해 트립되어 1[회] Lock Out된다.

다. CLPU 유지시간(Holding Time : 3[초])동안 유지되면 정상적인 고장점출 시퀀스로 모드인 Home으로 전환된다.

1) 만일 Holding Time 유지시간 동안 과도상태가 아닌 고장전류가 지연동작 T–C 곡선(상 또는 지락) 동안에 통전된 경우에는 1회 트립 Lock Out된다.

2) Holding Time : CLPU 기능 유지시간

가) Holding Time 내에는 설정된 지연곡선 1회 Lock Out된다.

나) Holding Time 이후에는 설정된 순시곡선으로 시퀀스 진행한다.

6) 대전류 Lock Out 장치

대전류 Lock Out 기능은 배전선로의 안전이 필요한 경우 R/C의 재투입으로 인한 확대 파급을 막기 위한 기능이다. 대전류 Lock Out 기능이 On으로 정정된 경우 R/C 설치점의 고장전류 값보다 낮은 값으로 미리 설정된 대전류 Lock Out 동작전류 이상의 고장전류 발생시 R/C는 다른 어떤 시퀀스보다 우선하여 대전류 Lock Out 시퀀스를 동작한 후 Lock Out 한다.

정정할 때 고려사항은

- 총 동작 횟수 중 대전류 Lock Out 적용횟수, 동작전류 및 지연시간을 정정할 수 있다.
- 상, 지락 모두 동시에 적용할 수 있다.

보충설명

- 정정된 대전류 Lock Out 동작전류 이상의 고장전류가 발생하면 시퀀스 Lock Out 한다. 계전기(OCR, OCGR)의 순시 Tap과 같다.
- 총 동작시퀀스 중 원하는 적용시퀀스를 선택하여 적용한다(Off, 1, 2, 3, 4).
- 대전류 Lock Out 기능에 의해 동작하면 R/C의 최소차단시간으로 동작한다.
- 상, 지락고장 전류 각각 개별 적용이 가능하다.
- 순간고장이 아닌 영구고장일 때 재투입으로 인한 선로고장의 확대를 방지할 수 있는 효과가 있다.
- 적용 시퀀스가 1회로 정정되어 있다 하더라도 2회, 3회, 4회째 고장전류가 대전류 설정치 이상인 경우에는 Lock Out 기능이 적용된다(적용 시퀀스 이상의 시퀀스에서 적용된다).

7) T-C 곡선 변경 기능

디지털 R/C는 약 41종의 다양한 T-C 곡선이 구비되어 있다. 따라서 선로 특성에 맞도록 선택하여 보호협조가 원활히 될 수 있도록 한다. 또한, 선택한 T-C 곡선을 자유롭게 변형할 수 있는 기능도 있다. 즉, T-C 곡선에 Offset을 적용하는 방법이며, T-C 함수에 시상수(Time-Multiplier)를 곱하거나 지연시간(Time-Adder)을 더하여 새로운 T-C 함수를 식 (3.2.2)와 같이 만들 수 있다.

$$t_2 = (T_M \times t_1) + T_A \tag{3.2.2}$$

여기서, t_2 : offset 적용 후의 동작시간, T_M : 시상수(Multiplier), T_A : 지연시간(Adder), t_1 : Offset 적용 전의 동작시간을 의미한다.

시상수(Time-Multiplier)와 지연시간(Time-Adder)의 특성은 다음과 같다.

① 시상수 곱(Time-Multiplier)의 기능

[그림 3.2.9]와 같이 기존 T-C 함수에 일정한 Multiplier(시상수)를 곱하여 기존 T-C 곡선에서 위 아래로 수평이동 하는 구조로 하나의 T-C 곡선을 사용하면서 다른 곡선을 사용하는 효과를 낼 수 있다. 따라서 변전소 CB와 R/C 간의 원활한 협조가 잘 되지 않는 경우 이 기능을 이용하여 조정하면 협조가 가능하다.

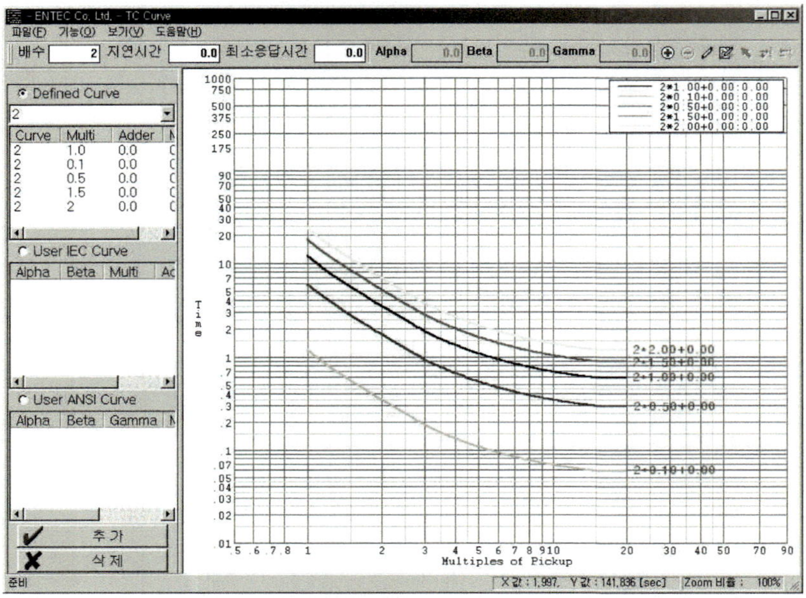

그림 3.2.9 시상수 곱에 의한 T-C 특성곡선 변경 예

② 지연시간(Time-Adder)의 기능

[그림 3.2.10]과 같이 배전선로 R/C에 구비되어 있는 T-C 곡선을 선로특성에 가장 적합하도록 사용자가 변경하는 기능으로 기존 T-C 곡선에 일정한 시간을 더하여 원하는 T-C 곡선으로 변경한다. 변경된 T-C 곡선의 모양은 처음에는 기존 T-C 곡선과 같이 진행되다가 PU값이 커질수록 일정 시간씩 지연되는 구조를 가지고 있다.

정정할 때 고려사항은 동일 배전선로에 R/C 2대를 직렬로 설치하고, 전위와 후비 R/C에 동일한 T-C 곡선을 사용하는 경우 후비 R/C에 지연시간(Time-Adder)을 0.05[sec] 이상(3[Cycle] 이상)으로 정정하면 항상 협조 시간차를 유지할 수 있다.

③ 최소응답시간 설정(MRT : Min Response Time) 기능

최소응답시간 설정 기능은 T-C 곡선에 최소 동작 시간을 적용하여 R/C가 설정시간 보다 짧게 동작하는 것을 막는 기능이다. 최소응답시간을 1[sec]로 설정한 경우 T-C 곡선에 의한 동작시간이 1[sec] 미만이더라도 R/C의 동작시간은 1[sec]가 된다. 만일, 1[sec]를 초과하였다면 T-C 곡선에 의한

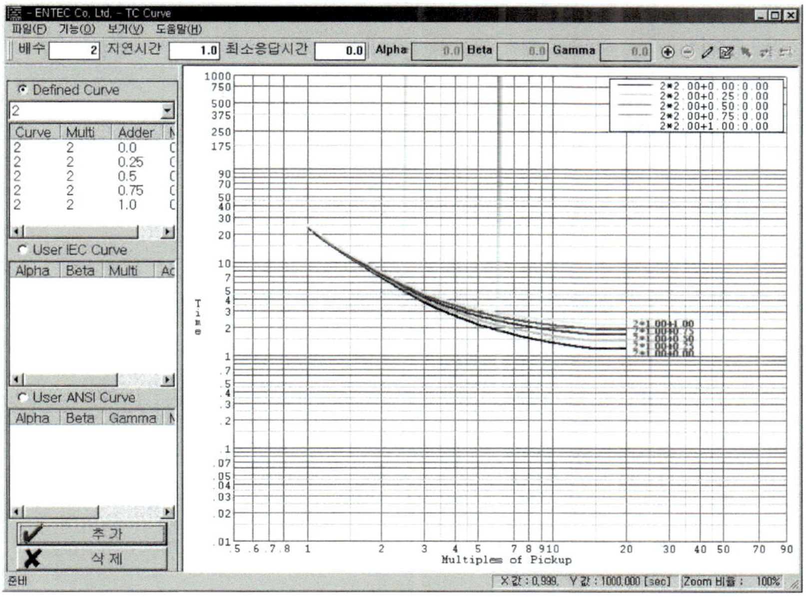

그림 3.2.10 지연시간 부가에 의한 T–C 곡선 변경

계산시간이 R/C의 동작시간이 된다. 이런 특성 때문에 주로 퓨즈와의 보호협조가 어려울 때 사용한다. [그림 3.2.11]은 T-C 특성곡선을 변경한 한 예를 나타낸 것이다.

보충설명

R/C의 최소차단시간 : 45[ms = 2.7[Cycle]

배전선로에서 고장이 발생하면 R/C의 차단과정은 그림과 같이 여러 단계를 거치기 때문에 최소차단시간이 필요하게 된다.

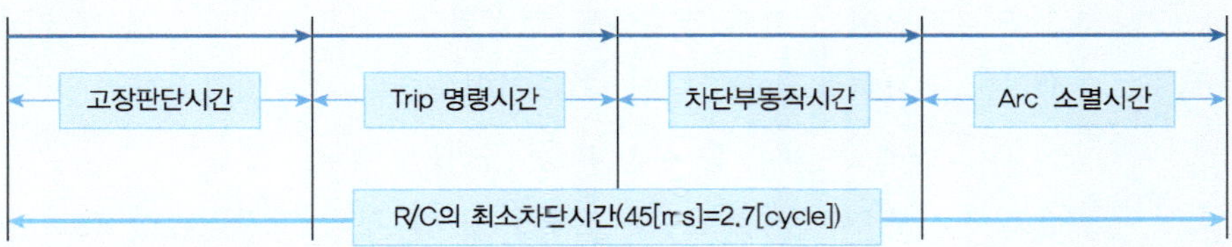

최소차단시간은 "고장 판단시간 + 트립 명령시간 + 차단부 동작시간 + 아크 소멸시간"으로 약 45[ms](2.7[cy])이 소요된다. R/C의 T-C 곡선에 의해 계산된 차단시간이 45[ms]이하라 하더라도 R/C는 약 45[ms] 이내에 동작할 수밖에 없다.

2 | 25.8[kV] 에폭시 절연 고장구간 차단기(가공용)
(Epoxy Insulated Fault Interrupters for 25.8[kV] Overhead Line)

25.8[kV] 에폭시 절연 고장 구간 차단기(이하 고장구간차단기)는 22.9[kV]-y 배전선로에서 후비보호장치(CB 또는 R/C) 부하 측으로부터 부하용량 8,000[kVA](단, 특수부하 4,000[kVA]) 이하인 지점에 설치하여 고장구간을 건전구간으로부터 분리하는 고장구간 차단기이다.

규격

정격전압 [kV]	정격차단전류 [kA]	정격전류 [A]	최소차단시간 [Cycle]	절연 및 차단방식
25.8	12.5	400	3 이하	에폭시절연, 진공차단

주요 특징

① 3상 중 1상 이상에 정정된 최소동작전류 이상의 과전류가 흐르면 이를 감지하여 자동차단 후 Lock Out한다.
② 운전 중 정정된 최소동작전류 이상의 전류가 흐르면 정정된 T-C곡선에 따라 자동 차단되며 후비보호장치가 먼저 개방되면 축세트립한다.
③ 외부전원이 상실된 경우에도 정정된 순시 또는 T-C 곡선에 따라 차단한다.
④ 최소동작전류 : 단락지연, 지락지연, 단락순시, 지락순시
⑤ T-C 곡선 : 순시 및 지연(44종 곡선)
⑥ 운전정보 저장기능 : 순시, 지연 및 각 상별 고장전류값 20회 이상
⑦ 제어부가 디지털형이다.

적용 개소

후비보호기기와 순시보호협조가 가능한 곳의 고객 책임한계점에 설치한다.

운영방식 검토

25.8[kV] 에폭시절연 고장구간 차단기의 선로적용 운영방식 검토는 후비보호장치와의 보호협조검토를 의미하며 [표 3.2.3]과 같이 두 가지 방법으로 운영할 수 있다.

| 표 3.2.3 | 운영 방식

운영 구분		내 용
순시 동작	동작 방식	• 후비보호기기(R/C)의 순시곡선과 협조하여 R/C 동작 전 고장구간 차단기가 먼저 동작한다.
	장점	• R/C 보다 빠른 동작으로 전체선로 정전 없이 고장구간만 분리(단, R/C의 T-C 곡선을 변경하여야 한다.) * R/C와 동시 동작되더라도 R/C의 재폐로에 의하여 건전구간이 복구된다.
	단점	• R/C의 T-C 곡선을 변경하지 않는다면 보호협조 거의 불가능하다. • 순간 부하불평형, 여자돌입전류 및 큰 부하 개폐에 의한 차단 발생 가능성이 존재한다.
지연 동작	동작 방식	• 후비보호기기(R/C)의 지연커브와 협조하여 R/C 순시동작 후 지연[Cycle] 중 고장구간 차단기가 동작한다.
	장점	• 후비보호장치와 전 영역 보호협조 가능하다. • 순간 부하불평형, 여자돌입전류 및 큰 부하 개폐에 의한 차단 발생 가능성 배제할 수 있다.
	단점	• R/C의 순시동작으로 배전선로 순간정전 경험하게 된다.

정정할 때 고려사항

고장구간차단기 설치할 때 다음 사항을 검토하여 정정해야 한다.

① 고장구간차단기 보호구간의 특성에 맞는 운영방식(순시, 지연)을 선택해야 한다.

② 후비보호기기와의 보호협조가 가능하도록 기기별 동작곡선을 선정하고 보호협조 가능한 동작 시간차를 검토해야 한다.

③ 동시동작 현상을 방지하기 위해서는 후비보호기기의 동작 설정치를 전위보호기기(EFI) 최소차단시간 차 이상이 되도록 설정하여 보호협조가 가능하도록 한다. 이로써 수용가의 정전구역을 최소화한다.

외형

그림 3.2.11 25.8[kV] 에폭시 절연 고장 구간 차단기(가공용)

보호협조 검토

1) 후비보호장치와 협조여유시간(고장 Pickup 오차 + 내부R/y 동작시간 = 3[Cycle])

최소 3[Cycle] 정도 차이가 나야 완전한 보호협조가 가능하다. 따라서 R/C 간의 직렬협조를 위한 N2 곡선을 R/C에 적용하고 고장구간 차단기는 N1 곡선을 적용하면 전 고장영역에서 보호협조가 가능하다.

2) 후비보호기기(R/C)의 지연곡선과 협조(지연동작특성으로 운영)

R/C간의 직렬협조를 위한 N4 곡선을 R/C에 적용하고 고장구간 차단기는 N3 곡선을 적용하면 전 고장영역에서 보호협조가 가능하다.

3) 변전소 CB, R/C와 고장구간차단기의 보호협조 예시

고장구간차단기(EFI : Epoxy Fault Interrupter) 및 후비 보호장치(R/C), 변전소용 차단기(SCB : Substation Circuit Breaker) 3가지 보호기기의 보호협조 가능한 전류 정정치의 예시

| 표 3.2.4 | 변전소차단기, R/C, 고장차단기 보호협조예시

보호기기	사고 및 과부하전류[A]	Pick-up Current [%]	동작시간 [ms]	협조	시간차 [ms]
EFI	540	400	75	가능	-
R/C		180	480	가능	405
SCB		108	-	-	-
EFI	1080	800	65	가능	-
R/C		360	230	가능	165
SCB		216	1200	가능	970
EFI	1350	1000	60	가능	-
R/C		450	190	가능	130
SCB		270	800	가능	610
EFI	2700	2000	55	가능	-
R/C		900	140	가능	85
SCB		540	280	가능	140

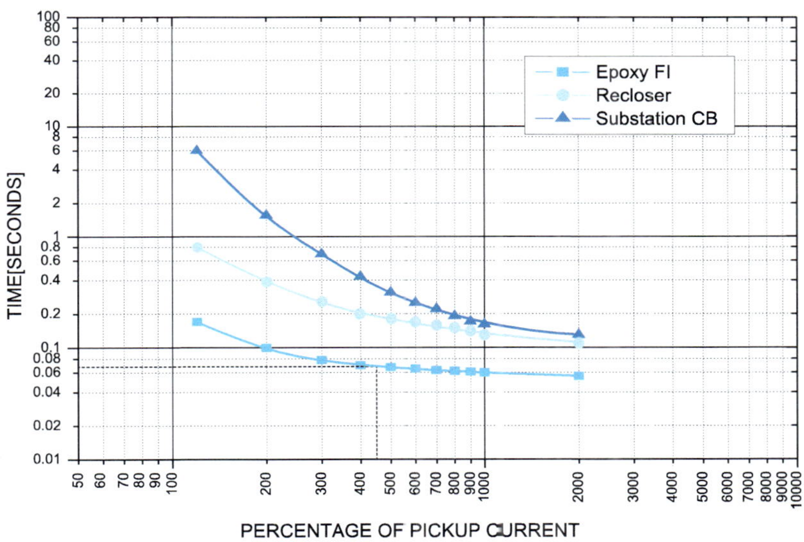

그림 3.2.12 SCB(강반한시), N4(R/C), N3(에폭시고장차단기) T-C 곡선

주) 1. 한국전력연구원 N1, N2 및 변전소용 곡선(강반한시)을 적용

2. 고장구간 차단기 최소동작전류의 2,000[%] 이하에서 보호협조가 되는 정정치 기준으로 2,000[%] 초과일 때는 후비보호장치와 고장구간 차단기간의 T-C 곡선이 순시영역으로 동시 동작할 수 있음

3. EFI와 REC는 60[ms] 이상 R/C와 변전소 CB 역시 60[ms] 이상 동작시간 차를 갖는 곡선으로 설정하는 경우 보호협조가 가능

4) 동작전류 정정 및 정정 곡선

SCB : 500[A], 강반한시, R/C : 300[A], N2, EFI : 135[A], N1

5) 변전소 CB와 고장구간차단기의 보호협조 예시

고장구간차단기(EFI : Epoxy Fault Interrupter)와 변전소용 차단기(SCB : Substation Circuit Breaker) 간의 보호협조의 경우, 두 기기의 동작 시간차가 60[ms] 이상인 곡선을 선택하면 보호협조가 가능하므로 R/C 설치 경우 보다 정전 구역을 축소화할 수 있다.

6) 동작전류 정정 및 정정 곡선

SCB : 500[A], 강반한시, EFI : 135[A], N1

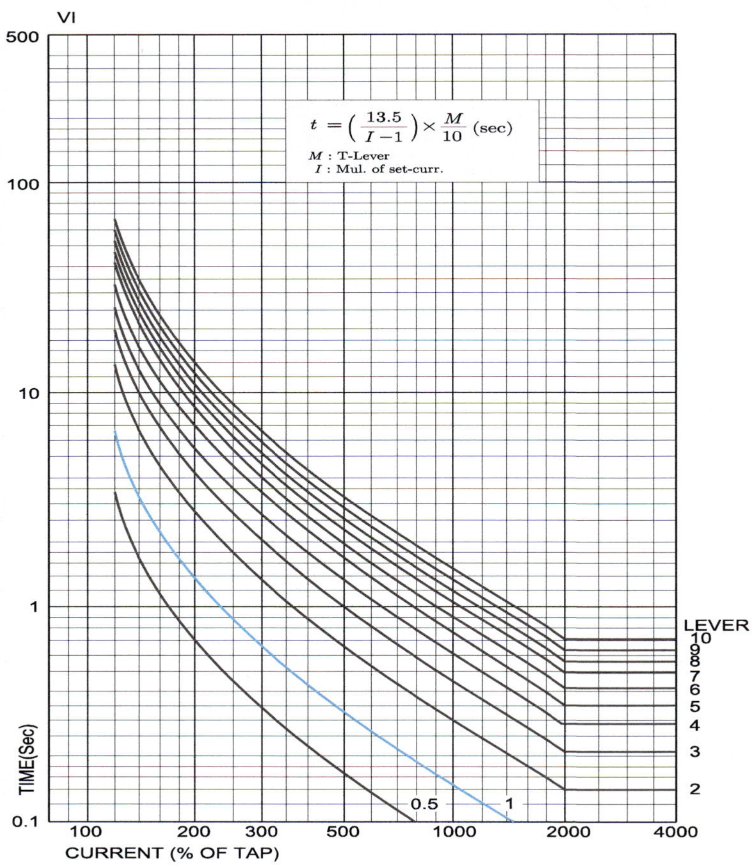

그림 3.2.13 변전소 디지털계전기 GD31-AB07용 강반한시 특성 곡선

표 3.2.5 변전소차단기, 고장차단기 브호협조 예시

보호기기	사고 및 과부하전류[A]	Pick-up Current[%]	동작시간 [ms]	시간차 [ms]	협조
EFI	1080	800	65	1135	가능
SCB		216	1200		가능
EFI	1350	1000	60	740	가능
SCB		270	800		가능
EFI	2700	2000	55	225	가능
SCB		540	280		가능

3 고장구간 자동개폐기(ASS : Auto Section Switch)

고장구간 자동개폐기는 가공선로의 고객 인입점(책임분계점)에 설치되어 고객설비에서 고장이 발생하였을 때 전원 측의 보호기기(CB 또는 R/C)와 협조하여 고장구간을 자동으로 구분, 분리함으로써 파급고장을 방지하는 기기이다.

800[A] 이하의 고장전류에서는 전원측 보호기기의 차단 전에 동작하고, 800[A] 초과할 때는 보호기기 동작 후 무전압 상태에서 동작한다. ASS는 [그림 3.2.14]와 같이 분류할 수 있다.

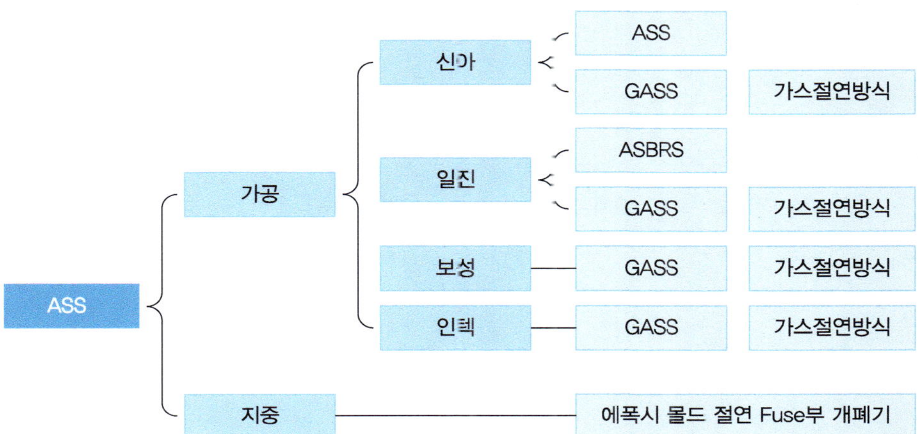

그림 3.2.14 고장구간 자동개폐기(ASS : Auto Section Switch)의 종류

ASS 또는 ASBRS

고장구간 자동개폐기(ASS)는 주로 고객의 책임분계점에 설치하여 고객설비의 고장으로 인한 계통으로의 파급사고를 방지하는데 그 목적이 있다. ASS의 정격전류는 200[A]이고, 800[A] 이상에서는 축세개방을 하고, 800[A] 이하의 고장전류에 대해서는 직접 차단할 수 있는 능력이 있다. 따라서 ASS는 T-C 특성을 내장하고 있으며, 1회 고장에 개방이 된다. ASS는 오일절연방식이다.

GASS

가스절연방식인 GASS(Gas insulated Automatic Sectionalizing Switch)의 정격전류는 400[A]이고, 2[회]까지 계수할 수 있는 기능을 보유하고 있다.

FRMU

FRMU는 Epoxy Insulated Ring Main Unit with fused-Switch for 25.8[kV] Underground Line의 약자로 25.8[kV] 에폭시몰드 절연 Fuse부 개폐기(지중용)를 의미한다. FRMU는 지중배전선로에서 부하용량 4000[kVA] 이하인 고객 인출 점의 지상에 설치(고객 고장파급 방지) 하거나 선로분기, 선로구분에 설치하는 에폭시몰드 절연 다회로 방식의 퓨즈-개폐부가 내장된 개폐기이다.

1) 규격

정격전압[kV]	정격전류[A]	조작형식	차단부의 절연
25.8	630	수동형	주회로 : 진공절연

2) 구조

기 호	설치상태	회 로 수	케이블 접속방식	조작 형식
3W1F-M-125-S	지상 설치형	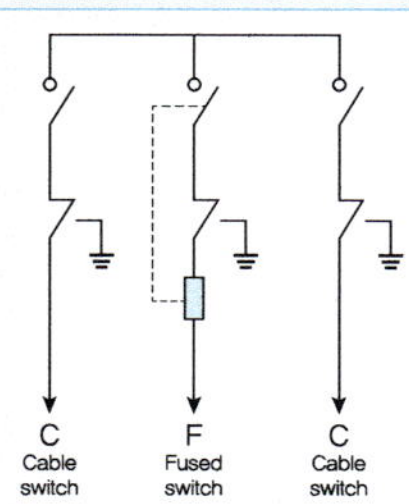	데드 브레이크형	수동형

3) 보호협조 관련 검토 사항

① 후비보호장치와의 보호협조 검트

22.9[kV] 배전선로에서 지중고압고객 인출점에 FRMU를 설치한 경우, 후비보호장치(지중용 다회로차단기 또는 R/C)와 보호협조정정기준을 확인하며, 고장전류의 크기에 따른 보호협조 구간을 검토한다.

보충설명

FRMU의 보호협조

1) 후비보호장치와의 협조 조건
후비보호장치의 응답시간 > FRMU의 Melting의 조건하에서 보호협조 시간차 2[Cycle] 필요
2) 적용 곡선 : 후비보호기기의 순시곡선 N1 적용
3) Pad 변압기 3000[kVA] 이하에서는 퓨즈와 협조가 원활
4) 이 이상 Pad 변압기에서는 퓨즈의 저전류 차단시간이 늦어져 보호협조가 불가능한 구간 발생 따라서 저전류 영역을 보호할 수 있는 Take over S/W가 필요

④ ASS의 동작 시퀀스

ASS에 계수기능이 지원하는 기기는 다음과 같은 기능을 수행한다.

1) 계수기능

① 1[회] 계수기능

- [그림 3.2.15]와 같이 ASS의 계수기능을 1[회]로 정정하면, 후비보호장치의 순시동작과 협조하여 고장구간 자동개폐기(ASS)의 최소동작전류 이상이고 후비보호장치(R/C1)의 동작전류 이하 범위의 고장전류는 직접 차단한다. 그 이상의 고장전류에 대해서는 후비보호장치(R/C1)가 동작한 후 무전압 상태에서 개방한다.
- 과도고장(낙뢰, 수목접촉 등)이 발생할 가능성이 적은 고객설비에게 사용한다.

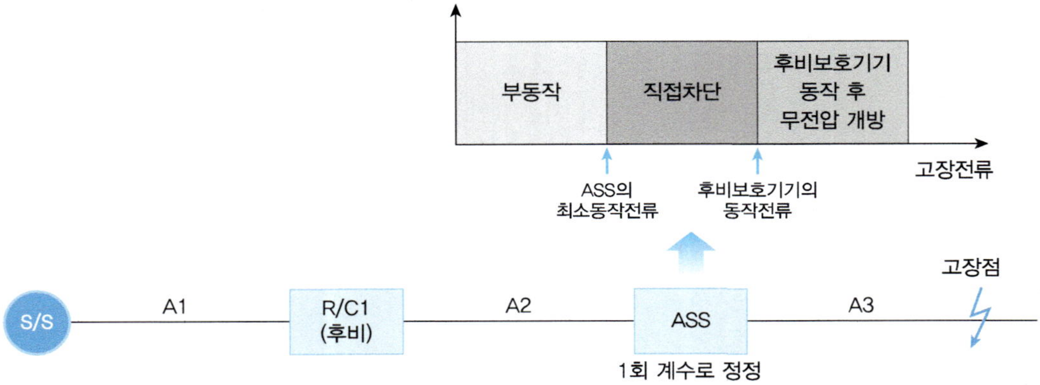

그림 3.2.15 ASS의 계수기능을 1회로 정정한 경우

② 2[회] 계수기능

□ [그림 3.2.16]과 같이 ASS의 계수기능을 2[회]로 정정하면, 후비보호장치(R/C1)의 순시동작과 협조하여 고장구간 자동개폐기(ASS)의 최소동작전류 이상이고, 후비보호장치(R/C1) 동작전류 이하 범위의 고장전류는 직접 차단하고, 그 이상의 고장전류에 대해서는 후비보호장치(R/C1)가 2[회] 동작한 후 무전압상태에서 개방되며, 지연동작과 협조하여 Lock 전류(800[A]) 이하는 직접차단하고 Lock 전류 이상은 축세개방한다.

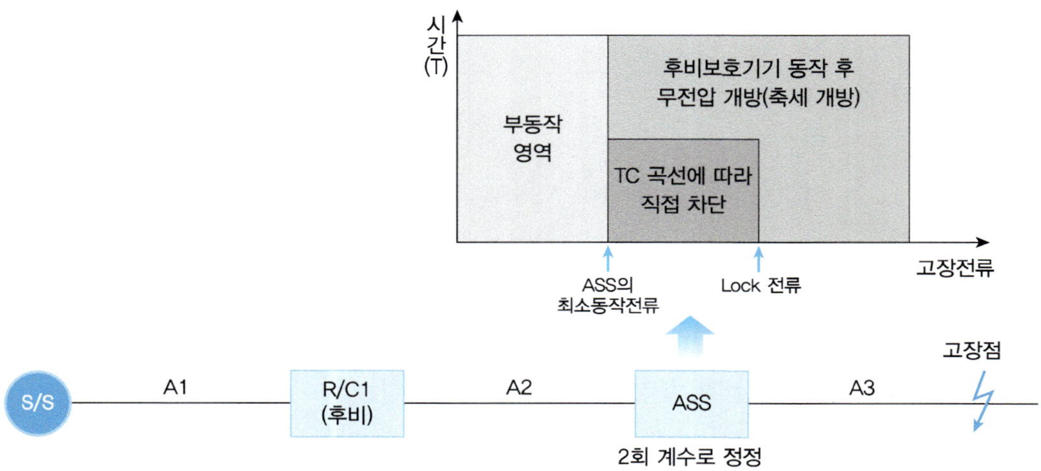

그림 3.2.16 ASS 동작 특성

- 1[회]에 정정되어 있어도 후비보호장치(R/C1)가 처음부터 지연동작을 하게 되면 Lock 전류 이하는 직접차단하고 Lock 전류 이상은 1[회]만에 축세개방하므로 후비보호장치(R/C1)가 CB일에 때도 CB의 불필요한 동작을 방지한다.
- 2[회] 계수정정은 과도고장이 발생할 가능성이 큰 고객 및 선로용 개폐기에 사용한다.

위 내용을 종합하면 [표 3.2.6]과 같다.

표 3.2.6 후비보호기기에 따른 ASS 동작유형

후비보호기기	ASS의 동작유형
R/C(첫 번째 시퀀스가 순시일 때)	축세개방(무전압 개방)
R/C(첫 번째 시퀀스가 지연일 때)	직접개방
변전소 계전기	직접개방

[그림 3.2.17]은 ASS의 본체와 제어함이다.

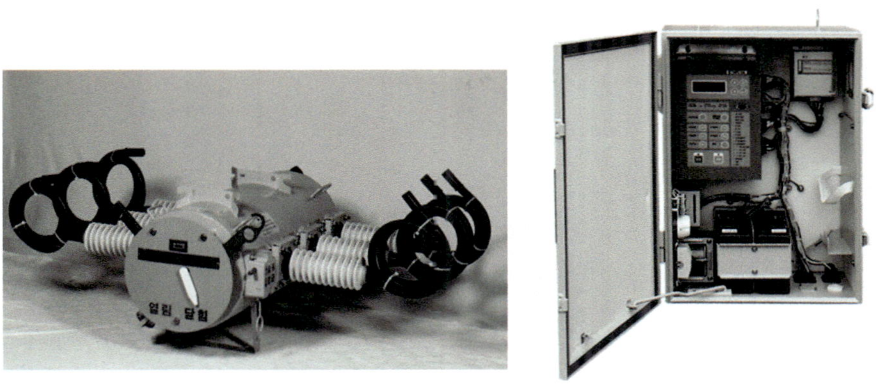

그림 3.2.17 ASS의 본체와 제어함

2) 돌입전류 억제

ASS는 돌입전류에 의한 오동작을 방지하기 위하여, 사선상태에서 활선상태로의 복전 시 일정시간 고장검출을 억제한다.

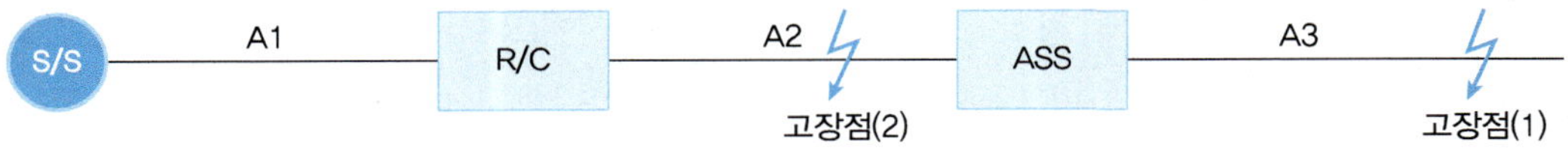

그림 3.2.18 돌입전류 억제 장치 설명도

[그림 3.2.18]과 같이 ASS의 부하측 A3 구간에서 고장이 발생하면 ASS는 고장전류가 발생한 것을 인지하고 있다가 R/C가 개방 동작하여 구간 A2 및 A3 구간이 무전압 상태로 되고 ASS는 축세개방(무전압 개방)을 한다.

만약 A2 구간에서 고장이 발생할 경우 ASS는 고장전류를 감지하지 못하므로 R/C가 개방하여 구간 A2 및 A3이 무전압 상태가 되어도 ASS는 개방 동작을 수행하지 않는다. 이때, ASS는 후비 R/C의 재폐로 과정에서 발생할 돌입전류에 대비하여 돌입전류 억제기능을 시작한다. 일반적으로 돌입전류는 0.5[초]면 충분히 소멸되므로 ASS의 돌입전류 억제장치의 동작시간을 0.5[초]로 설정하지만, 돌입전류로 인한 오동작이 있다고 판단되는 경우에는 1[초]에 정정하기도 한다.

보충설명

ASS의 T-C 곡선 특성

ASS의 T-C 곡선 특성은 R/C 순시 특성 보다는 느리고 R/C 지연 특성이나 변전소 한시 특성 보다는 빠른 아래와 같은 특성을 갖고 있다.

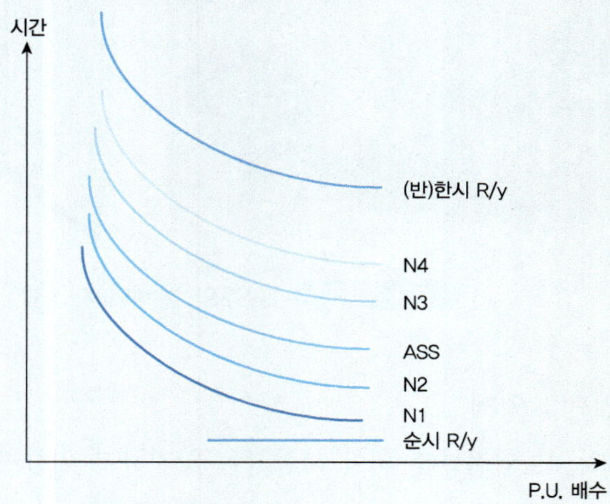

4 | 선로용 퓨즈(LF : Line Fuse)

외부기기장치인 COS(Cut Out Switch)의 홀더(Holder)에 용융체인 퓨즈링크(Fuse Link)를 넣어 사용한다. COS는 보호대상에 따라 변압기 보호용과 선로보호용으로 구분한다. 선로보호용 COS의 홀더에 내장된 퓨즈링크를 선로용 퓨즈라 한다. 선로용 퓨즈는 배전선로 단상 분기선에 적용할 수 있는 가장 기본적이고 경제적인 과전류 보호기기이다. 배전선로에 고장이 발생하면 전원측 보호기기와 협조하여 퓨즈링크가 용단되면서 단상분기를 보호하며, 2대까지 직렬로 설치가 가능하다.

[그림 3.2.19]와 같이 퓨즈의 동작시간 특성에 따라 3가지 유형으로 구분한다. K형은 동작속도가 빠르고, T형은 동작속도가 느리다. 또한 H형은 소형변압기의 보호용으로 사용되고 있다.

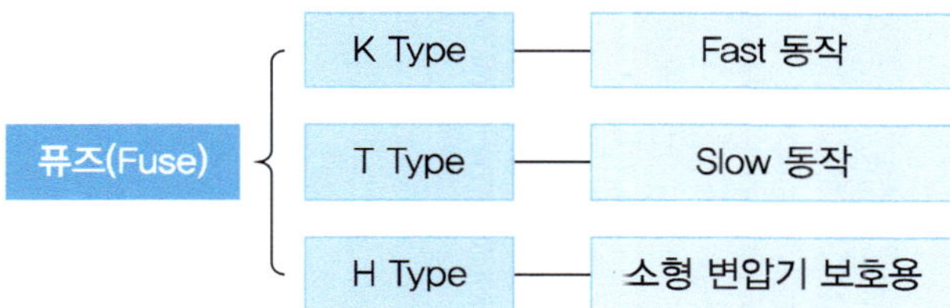

그림 3.2.19 퓨즈의 동작 속도에 따른 구분

보호협조 정정할 때 고려사항

1) 설치 위치의 선정

① 연속정격전류 = 정격전류 × 1.5배(150[%])

② 최소동작전류 = 정격전류 × 2.0배(200[%])

2) 설치 선로 및 설치 가능 대수

단상 분기선로에 직렬로 2대까지 설치 가능

3) T-C 곡선의 선택

퓨즈가 전위보호장치로 사용될 때는 최대고장제거곡선을 적용하고, 후비보호장치로 사용될 때는 최소용융곡선을 적용한다.

보충설명

최소용융시간과 최대고장제거시간의 뜻

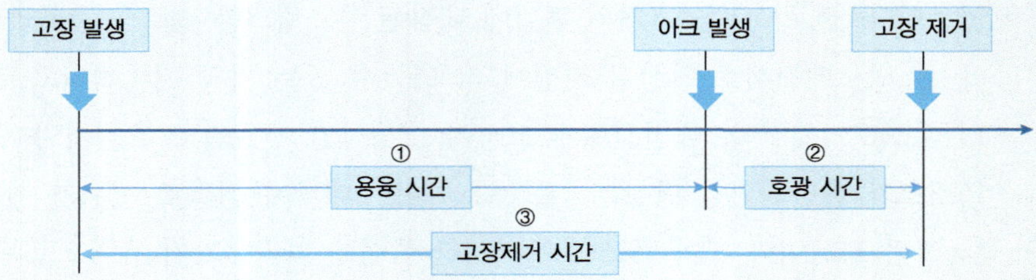

위 그림으로 "최소용융시간"과 "최대고장제거시간"을 설명하면

1) "최소용융시간"과 "최소용융곡선(Minimum Melting T–C 곡선)"

   고장이 발생하면 퓨즈가 녹기 시작하여 아크가 발생할 때까지의 시간을 용융시간이라 하는데, 이 시간을 고장전류의 크기에 따라 표현한 T–C 곡선을 최소용융곡선이라 한다.

2) "최대고장제거곡선(Maximum Clearing T–C 곡선)"

   아크가 발생한 때부터 퓨즈가 완전히 녹아 절단될 때까지의 시간을 호광시간이라 하는데, 여기에 최소용융시간을 포함(③ = ① + ②)하여 고장전류의 크기에 따라 표현한 T–C 곡선을 "최대고장제거곡선"이라 한다.

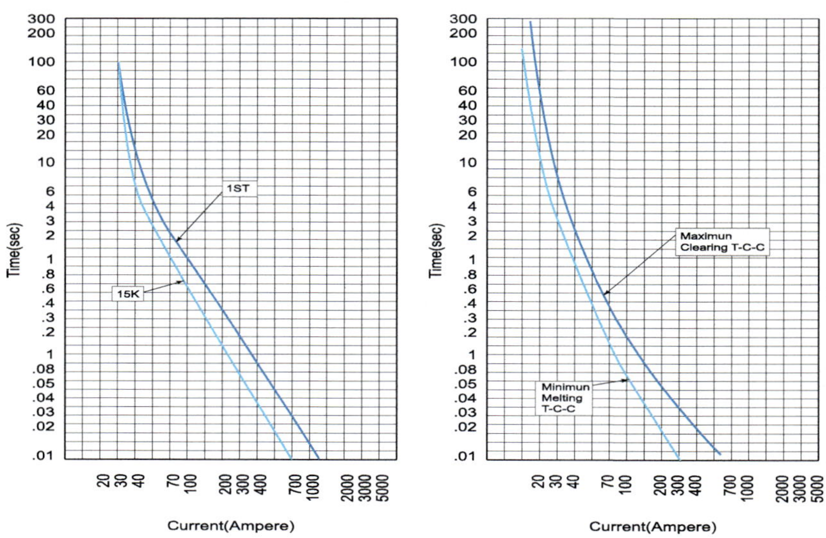

그림 3.2.20 K, T형의 최소용융곡선과 K형의 동작특성 곡선

| 표 3.2.7 | 퓨즈 링크의 용융특성

K-Type 기준

정격전류[A]	300[초] 또는 600[초] 용융전류[A][주1)]		10[초] 용융전류[A]		0.1[초] 용융전류[A]		속도비[주2)]
	최소	최대	최소	최대	최소	최대	
20	39	47	48.0	71	273	328	7.0
25	50	60	60	90	350	420	7.0
30	63	76	77.5	115	447	546	7.1
40	80	96	98	146	565	680	7.1
50	101	121	126	188	719	862	7.1
65	128	153	159	237	918	1,100	7.2
80	160	192	205	307	1,180	1,420	7.4
100	200	240	258	388	1,520	1,820	7.6
140	310	372	430	650	2,470	2,970	8.0
200	480	576	760	1,150	3,880	4,650	8.1

주 1) 100[A] 이하의 퓨즈링크는 300[초], 100A 넘는 퓨즈링크는 600[초]임.
주 2) 속도비는 0.1[초]와 300[초] 또는 600[초]와의 용단 전류비임.

5 | 다회로차단기(Multi-Way Fault Interrupter, 지중용)

다회로차단기는 지중배전선로에 설치한다. 고장이 발생하면 고장전류를 차단하는 기기로 4회로 3차단형, 4회로 2차단형, 3회로 1차단형 및 3회로 2차단형으로 운용된다. R/C와는 달리 재폐로 기능이 없고 1[회] 고장에 차단(Lock Out)된다. 종류는 절연방식에 따라 가스와 에폭시 절연방식 2종류가 있다. 다회로차단기의 주요 특성은 [표 3.2.8]과 같다.

| 표 3.2.8 | 다회로차단기의 주요 특성

정격전류	정격차단전류	최소차단시간	동작특성	DAS wkdcl
600[A]	12.5 [kA]	3.0 [Cycle] 이하	1회 Lock Out	자체 제어통신장치

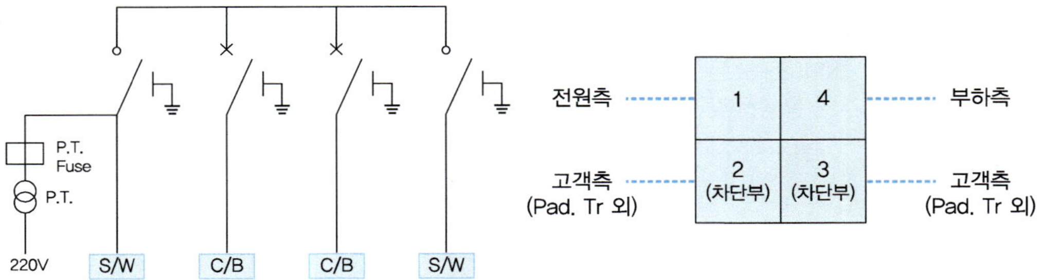

〈4회로 2차단형〉

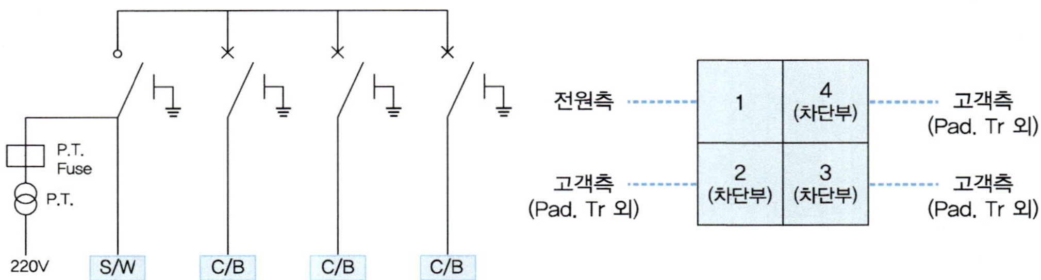

〈4회로 3차단형〉

〈3회로 1차단형〉

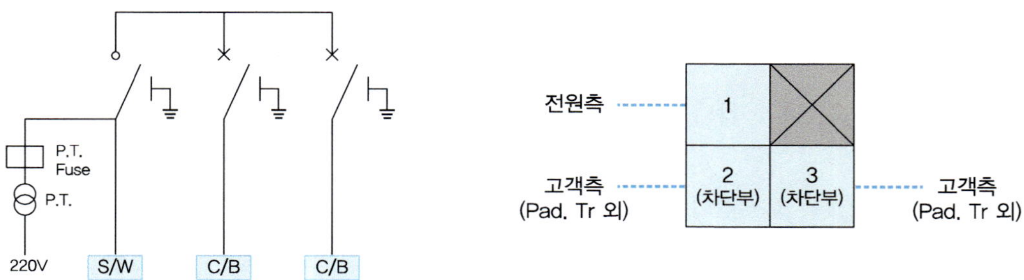

〈3회로 2차단형〉

그림 3.2.21 다회로차단기의 차단부 구성(예)

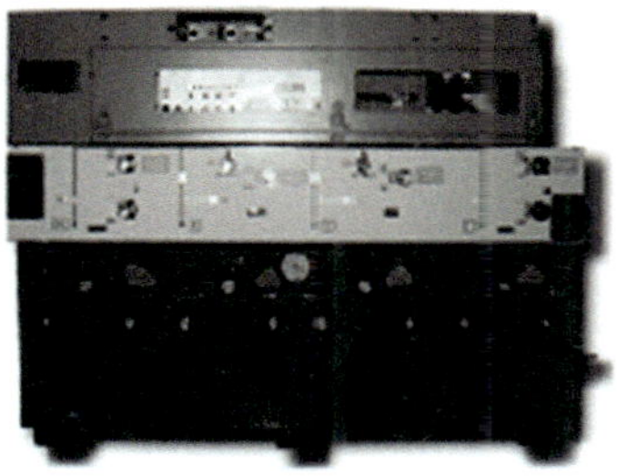

가스절연 다회로차단기

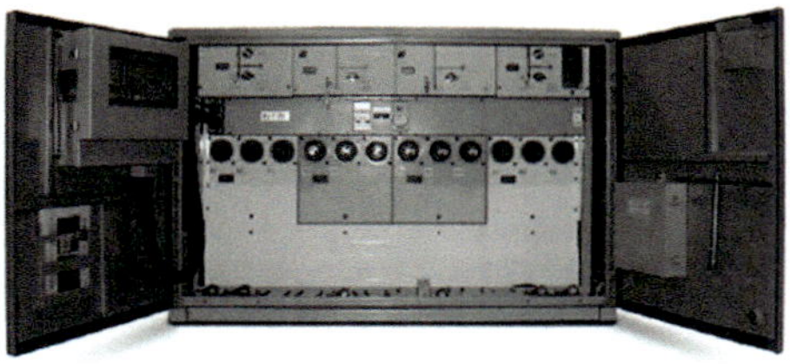

4회로 2차단형

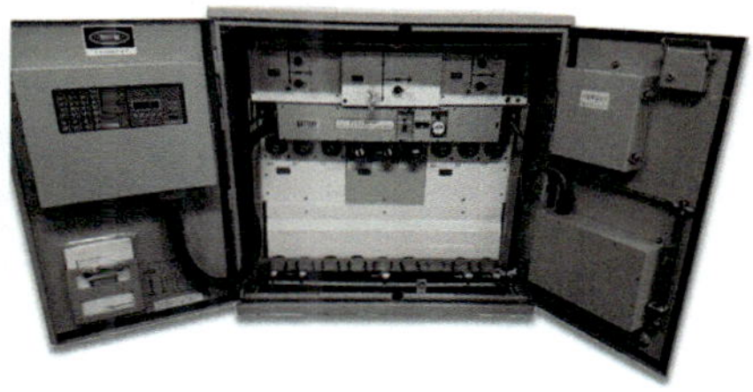

3회로 1차단형

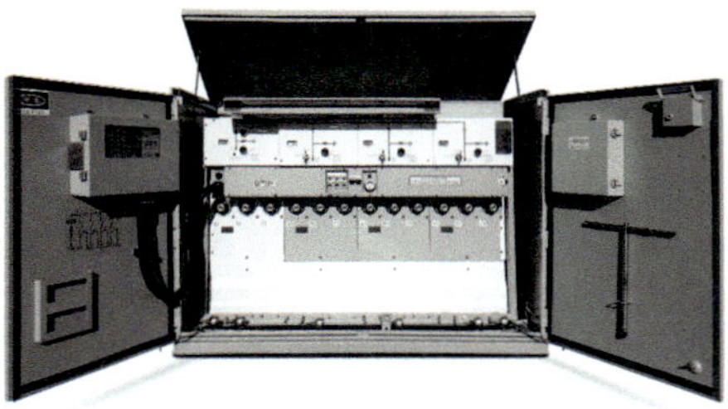

4회로 3차단형

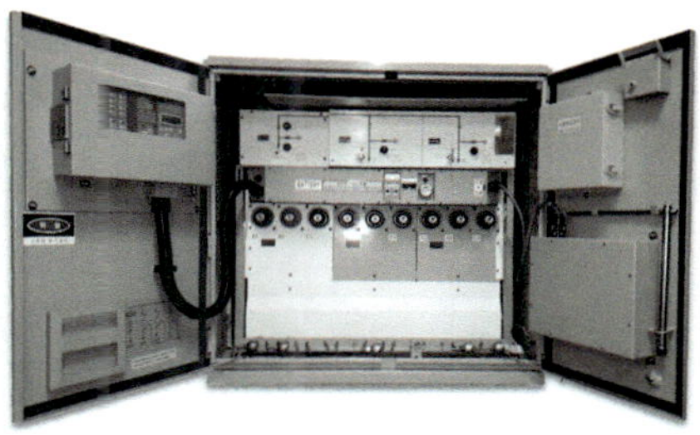

3회로 2차단형

에폭시절연 다회로차단기

(a) 인텍전기전자(주)

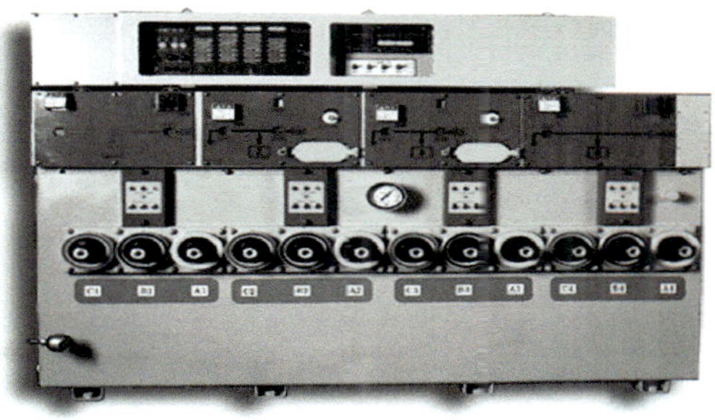

(b) 신성 산전

그림 3.2.22 제조사별 다회로차단기

4 정정기능(단말 정정)

1) 최소동작전류 정정

① 차단부

- 단락 : 50[A] ~ 630[A](단계 ; 5[A], Default : 400[A]
- 지락 : 25[A] ~ 315[A](단계 ; 5[A], Default : 70[A]
- 대전류 개방 : 50[A] ~ 10,000[A](단계 ; 50[A], Default : 3500[A]

② 개폐부

- 단락 : 120[A] ~ 840[A](단계 ; 5[A], Default : 400[A]
- 지락 : 60[A] ~ 420[A](단계 ; 5[A], Default : 70[A]

2) T-C특선곡선 정정

단락 및 지락고장 검출을 위한 순시동작과 지연동작 특성을 각각 별도로 정정할 수 있다.

① 순시동작

- 동작시간 : 0.00 ~ 1.00[초](단계 : 0.01초, Default : 0[초]

② 지연동작

- 곡선 : ANSI/IEEE, IEC, 당사 표준(N1, N2, N3, N4)
- Time dial(상수 곱) : 0.05 ~ 15.00(단계 : 0.01초, Default : 1.00)
- Time delay(시간 지연) : 0.00 ~ 10.00[초](단계 : 0.01초, Default : 0[초]
- Min response time(최소 응답) : 0.00 ~ 10.00[초](단계 : 0.01초, Default : 0[초]

③ 돌입전류 억제(CLPU)

- 단락 : 0 ~ 10[배](단계 ; 1, 0 : 사용정지, Default : 4[배]
- 지락 : 0 ~ 10[배](단계 ; 1, 0 : 사용정지, Default : 6[배]

④ 억제 시간

- 단락 : 0.1 ~ 3.0[초](단계 ; 0.1, 0 : 사용정지, Default : 2[초]
- 지락 : 0.1 ~ 3.0[초](단계 ; 0.1, 0 : 사용정지, Default : 2[초]

⑤ 억제배수 최소유지시간

- 단락 : 0.1 ~ 3.0[초](단계 ; 0.1, 0 : 사용정지, Default : 0.3[초]
- 지락 : 0.1 ~ 3.0[초](단계 ; 0.1, 0 : 사용정지, Default : 0.3[초]

⑥ FI Set Time 정정(개폐부)

- □ 순간 FI Set Time : 1 ~ 180[초](단계 : 1초, Default : 2[초]
- □ 일시 FI Set Time : 1 ~ 180[초](단계 : 1초, Default : 20[초]

보충설명

MCA의 특성

FI 발생 특성

- 개폐부 : 다회로 개폐기와 동일(FI 발생조건 및 Event Time 등)
- 차단부 : R/C와 동일(FI 발생조건 및 Event Time 등)
  단, R/C와 다르게 1회 Lock Out된다. 따라서 곡선은 상, 지락 각각 1개씩만 입력이 가능하다.

유의사항(차단부)

- 고장검출억제 시에는 미 동작으로 고장이 전원측 파급 및 FI가 미 발생할 수 있다.
- RA와 달리 한시 곡선(반한시)과 순시곡선(정한시)으로 입력
- 동작시간이 짧은 곡선(예 N1, A 곡선 등)으로 한시곡선을 설정하면 투입 시에 돌입전류에 의해 투입불가 상태가 발생할 가능성이 있다.
- 돌입억제배수(단락/지락)를 4/6으로 설정해야 한다.

6 | 자동부하전환개폐기(ALTS : Auto Load Transfer Switch, 가공용)

자동부하전환개폐기는 고객의 전력공급의 신뢰도를 높이기 위한 장치로 [그림 3.2.23]과 같이 가공용과 지중용이 있다.

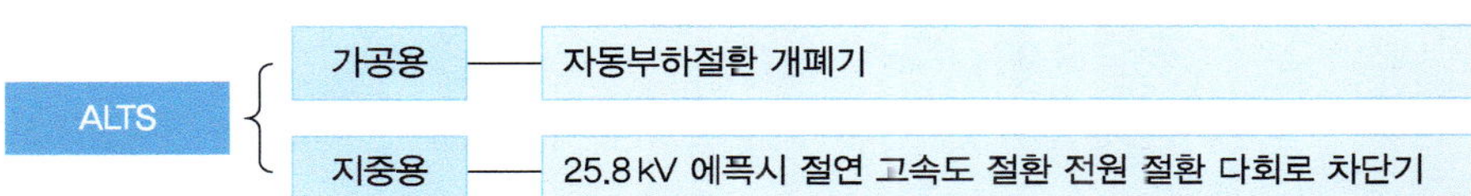

그림 3.2.23 자동부하전환개폐기의 종류

자동부하전환개폐기

22.9[kV]-y 가공 배전선로에서 주공급선로의 정전고장이 발생하면 예비선로로 자동전환되는 3상 일괄조작방식의 자동부하전환개폐기이다.

이 기기의 특징은

1) ALTS 전원측 정전 및 부하측 고장감지

   자체 내 양전원측 내부에 내장된 각상 VT(13.2[kV])에 의해 전원 전압을 감지하여 정전 및 저전압 발생시 즉시 다른 전원으로 전환동작을 수행한다.

   ※ VT 보호용 퓨즈 : 주, 예비전원 각상에 정격 10[A]의 밀폐형 통 퓨즈가 3개씩 6개의 퓨즈가 몸체의 VT 퓨즈함 속에 들어있다.

2) ALTS 부하측 고장감지

   자체내 부하측 부싱에 설치된 CT(400/5[A], 22.5[VA])에 의해 변류된 제어용 전류원이 컨트롤박스의 OCR, OCGR 회로와 연결되어 ALTS 부하측에 고장이 발생하면 상, 지락의 과전류를 감지한다. ALTS 정정치 이상의 전류가 유입되면 부하측 고장으로 판단하여 부하전환을 막는 Lock 회로를 동작시켜 다른 전원으로 전환되는 것을 막아 2개의 전원이 동시 정전되지 않도록 하는 기능을 갖고 있다.

   ※ ALTS는 그 자체가 고장을 차단하는 기능은 없다.

3) ALT-C 제어부의 정정

   ① 전환 Timer(TD1)

   주전원이 정전하면 예비전원으로 전환되는 시간으로, 당사 배전용 ALTS의 경우 20[초]로 정정하여 운영하였으나, 최근 중요설비의 안정적인 전력공급을 위해 0.1[초]로 정정하는 추세이다.

   ② 재전환 Timer(TD2)

   예비전원으로 전환 공급 중 주전원이 송전되면 ALTS가 주전원으로 복귀하는 시간으로, 주전원이 시송전 또는 송전 직후에 고장이 발생되면 불필요하게 전환·재전환 동작을 반복하므로 이 현상을 억제하기 위하여(Anti-

Pumping) 일정한 시간 지연이 필요하다. 일반적으로 30[초]로 정정하고 있다.

③ OCR Reset Timer(TD3)

ALTS의 부하측에 고장이 발생하면 ALTS의 과전류 감시장치가 Pick-up 되어 ALTS의 절환동작을 중지시킨다. 그러나 순간고장 등으로 후비보호장치에 의하여 송전상태가 지속될 경우 ALTS는 원상태로 회복되어야 하므로 이때의 자동복귀를 위한 일정한 시간 설정이 필요하다. 보통 30[초]로 정정하고 있다. 상기 내용을 정리하면 [표 3.2.9]와 같다.

표 3.2.9 ALTS 제어부 정정

제어부	정정치[초]
전환 Timer(TD1)	20 → 0.1
재전환 Timer(TD2)	30
OCR Reset Timer(TD3)	30

4) ALTS의 외형과 제어함

ALTS의 외형과 제어함은 [그림 3.2.24]과 같다.

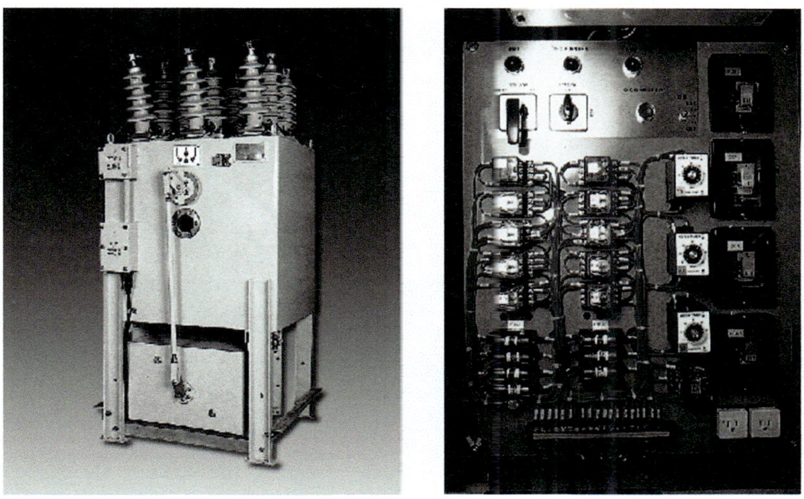

(a) ALTS 본체　　(b) ALTS 제어함

그림 3.2.24 ALTS의 외형과 제어함

25.8[kV] 에폭시 절연 고속도 절환 다회로차단기(지중용)

(Epoxy Insulated Hi-Speed Source Selection Breakers for 25.8[kV] Underground Line)

25.8[kV] 에폭시 절연 고속도 절환 다회로차단기는 25.8[kV] 지중배전선로에 설치하여 주선로와 예비선로의 고속자동전환 및 고장구간을 신속히 구분하여 고장파급을 방지하는 에폭시 절연 고속도 전원절환 차단기이다. 차단기는 3상 중 1상 이상에 정정된 최소동작전류 이상의 과전류가 흐를 때 이를 감지하여 자동차단 후 Lock Out 된다. 단상 이상의 전원측에 고장이 발생하면 설정된 Sag 감지 후 고속으로 절환되어 무정전(5[Cycle] 이내)으로 전원을 공급한다.

1) 규격

정격전압[kV]	연속정격전류[A]	정격차단전류[kA]	절환시간[Cycle]
25.8	600	12.5	고장 감지 후 5[Cycle] 이내에 고속도 절환전원측
	200		

2) 구조 및 외형

품목번호	정격	설치 상태	단선도	케이블 접속방식	조작 형식
121004	25.8[kV] 600[A]	지상 설치형	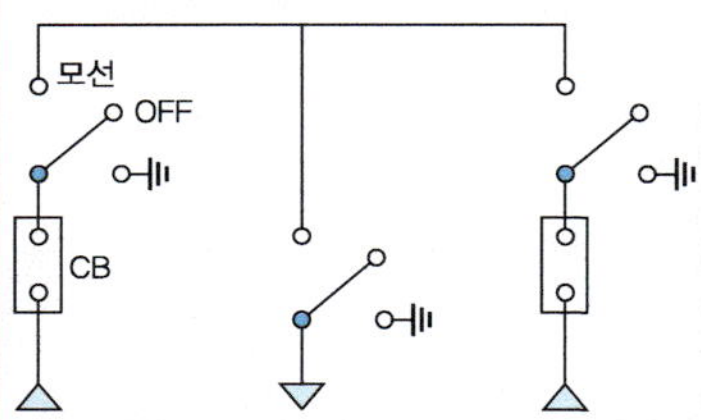	데드 브레이크형	수동 및 원격조작
121005	25.8[kV] 200[A]				

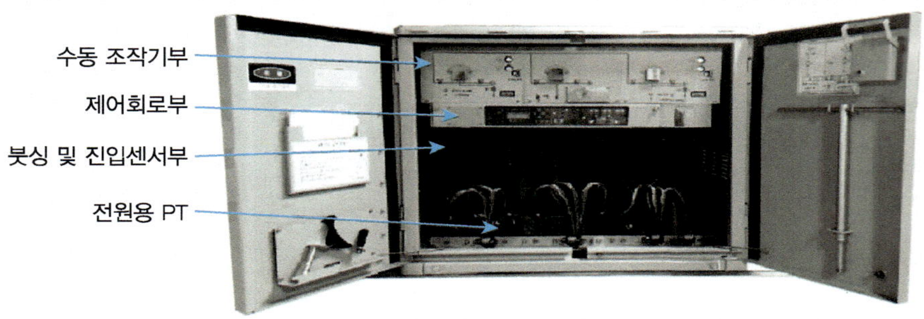

그림 3.2.25 HSSB의 외형

3) 동작 기능

차단기는 후비보호장치(CB 또는 R/C) 및 변압기 퓨즈와 그 기능이 협조될 수 있다.

① 차단능력

차단기는 정정된 동작전류에 제한 없이 정격차단전류까지 차단이 가능하여야 한다.

② 최소차단시간(Clearing Time)

차단기의 최소차단시간(Clearing Time)은 3[Cycle] 이하이다.

③ 차단기의 대전류 개방기능

단락고장 및 지락고장에 의한 동작특성 중 순시동작은 정정치가 정정전류의 배수에 해당하는 전류에 달했을 때 T-C 특성 지연 없이 순간트립을 한다.

④ 돌입전류 억제기능

차단기는 선로 가압 초기에 발생하는 돌입전류에 대해 오동작을 억제할 수 있는 T-C 곡선을 보유하고 있고 그 기능을 정지할 수 있다.

⑤ 축세트립

부하측 고장이 발생하면 타 고객에게 영향을 주지 않도록 신속하게 부하측을 계통으로부터 분리하고, 후비보호장치가 먼저 트립하는 경우에는 0.25[초] 이내에 축세트립 한다.

⑥ 정전시간

주전원의 전원측에 고장이 발생하면 예비전원으로 고속 전환하는 경우 Sag 시간을 제외한 정전시간은 1[Cycle] 이내에 전환한다.

4) 정정 기능

선로 운전용 설정 정보는 원격 및 현장에서 설정이 가능하며, 각 회로별로 별도 설정할 수 있다.

5) 최소동작전류 정정

① 단락

20[A] ~ 3200[A] (단계 : 1[A], Default : 400[A])

② 지락

10[A] ~ 800[A] (단계 : 1[A], Default : 70[A])

③ 대전류 개방

- □ 동작전류 - 단락 : 0(OFF), 1 ~ 50[배] (단계 : 1, Default : 8[배])
- □ 시간지연 - 단락 : 0 ~ 60[초] (단계 : 0.01초, Default : 0[초])
- □ 동작전류 - 지락 : 0(OFF), 1 ~ 50[배] (단계 : 1, Default : 8[배])
- □ 시간지연 - 지락 : 0 ~ 60[초] (단계 : 0.01[초], Default : 0[초])

6) T-C 특성곡선 정정

T-C 특성곡선은 단락 및 지락고장 검출을 위한 순시동작과 지연동작 특성을 각각 별도로 정정할 수 있다.

① 순시동작

- □ 지연시간 : 0 ~ 10[초] (단계 : 0.01[초], Default : 0[초])

② 지연동작

- □ 곡선 종류 : ANSI/IEEE, IEC, ESB 및 당사 표준(N1, N2, N3, N4 등) 41종
- □ Time dial(시상수 곱) : 0.05 ~ 15 (단계 : 0.01, Default : 1)
- □ Time delay(시간지연) : 0 ~ 10[초] (단계 : 0.01[초], Default : 0[초])
- □ Min response time(최소응답시간) : 0 ~ 10[초] (단계 : 0.01[초], Default : 0[초])

7 | 퓨즈부착개폐기(가공)

사용목적

자기차단 설비가 없는 고압고객(300[kW] 이하)의 구내 사고가 배전계통으로 파급되는 사고를 방지할 목적으로 고압고객의 인입구에 설치한다.

기기 구조와 특성

CB 또는 R/C의 순시동작과 협조가 가능한 한류퓨즈가 내장되어 있다.

- CB, R/C 순시동작시간(2 ~ 3[Cycle]에 비해 한류퓨즈의 동작 시간은 0.5 [Cycle]이기 때문에 협조가 가능하다.
- 한상의 퓨즈가 동작하면 3상 모두 동시 개방하는 구조이다. 이유는 결상에 의한 사고를 방지하기 위해서다.

퓨즈부착 부하개폐기 한류퓨즈 용융곡선(40[A])

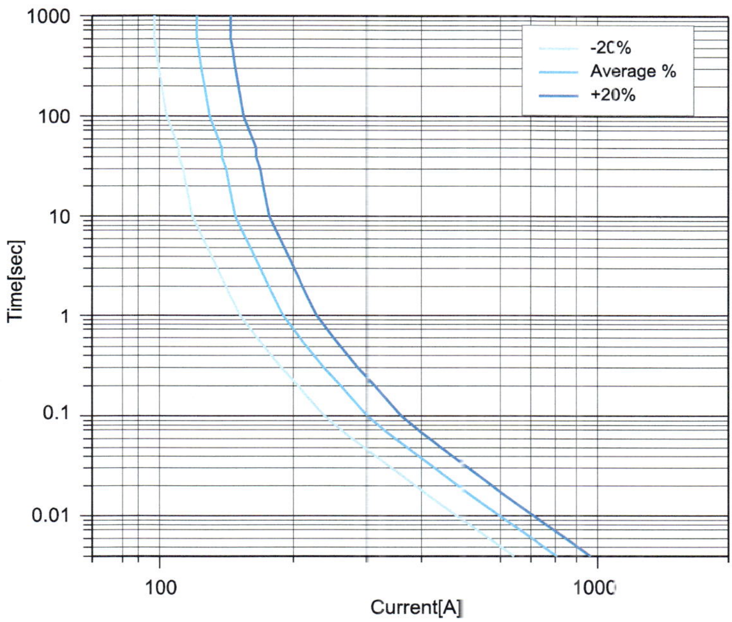

그림 3.2.26 한류퓨즈 용융곡선(40[A])

구조(외형)

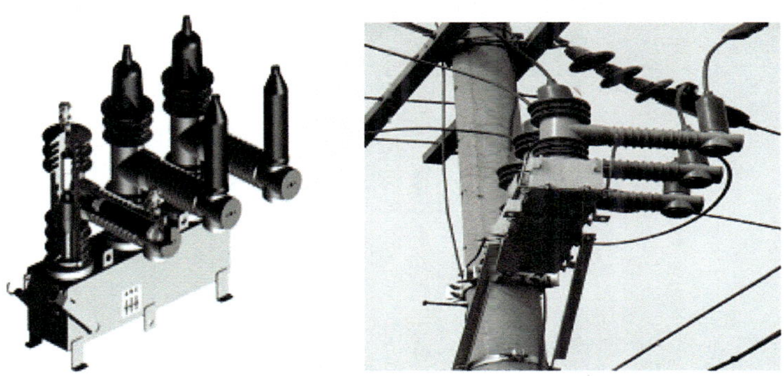

그림 3.2.27 퓨즈부착 부하개폐기(가공용)

보충설명

1. 가공선로

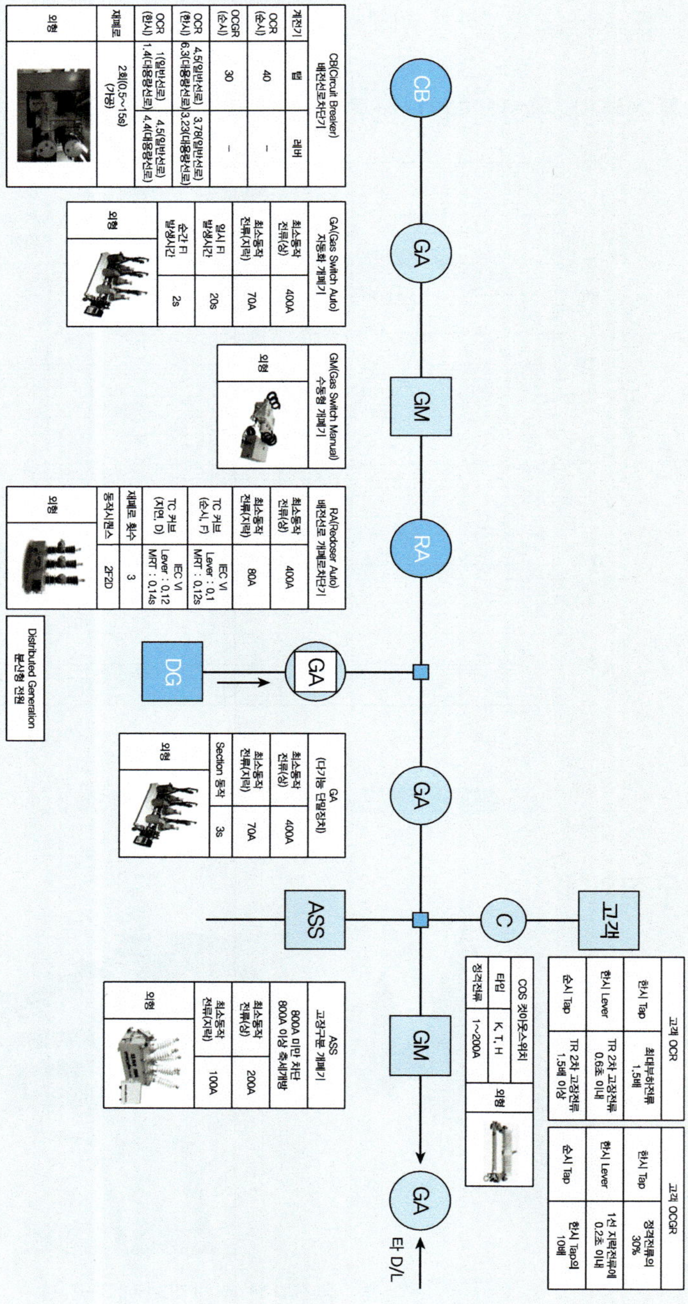

CB
GA
GM
RA
GA
DG
GA
GM
GA
타 D/L
ASS
C
고객
CB(Circuit Breaker) 배전선로차단기
계전기 | 탭 | 레버
OCR (순시) | 40 | –
OCGR (순시) | 30 | –
OCR (한시) | 4.5(일반선로) 6.3(대용량선로) | 3.78(일반선로) 3.23(대용량선로)
OCR (한시) | 1(일반선로) 1.4(대용량선로) | 4.5(일반선로) 4.4(대용량선로)
재폐로 | 2회(0.5~15s) (가공)
외형
GA(Gas Switch Auto) 자동화 개폐기
최소동작 전류(상) | 400A
최소동작 전류(지락) | 70A
일시 FI 발생시간 | 20s
순간 FI 발생시간 | 2s
외형
GM(Gas Switch Manual) 수동형 개폐기
외형
RA(Recloser Auto) 배전선로 개폐로차단기
최소동작 전류(상) | 400A
최소동작 전류(지락) | 80A
TC 커브 (순시, F) | IEC VI Lever : 0.1 MRT : 0.12s
TC 커브 (지연, D) | IEC VI Lever : 0.12 MRT : 0.14s
재폐로 횟수 | 3
동작시퀀스 | 2F2D
외형
Distributed Generation 분산형 전원
GA (다기능 단말장치)
최소동작 전류(상) | 400A
최소동작 전류(지락) | 70A
Section 동작 | 3s
외형
ASS 고장구분 개폐기
800A 미만 차단 800A 이상 축세개방
최소동작 전류(상) | 200A
최소동작 전류(지락) | 100A
외형
COS 컷아웃스위치
타입 | K, T, H
정격전류 | 1~200A
외형
고객 OCR
한시 Tap | 최대부하전류 1.5배
한시 Lever | TR 2차 고장전류 0.6초 이내
순시 Tap | TR 2차 고장전류 1.5배 이상
고객 OCGR
한시 Tap | 정격전류의 30%
한시 Lever | 1선 지락전류에 0.2초 이내
순시 Tap | 한시 Tap의 10배

2. 지중선로

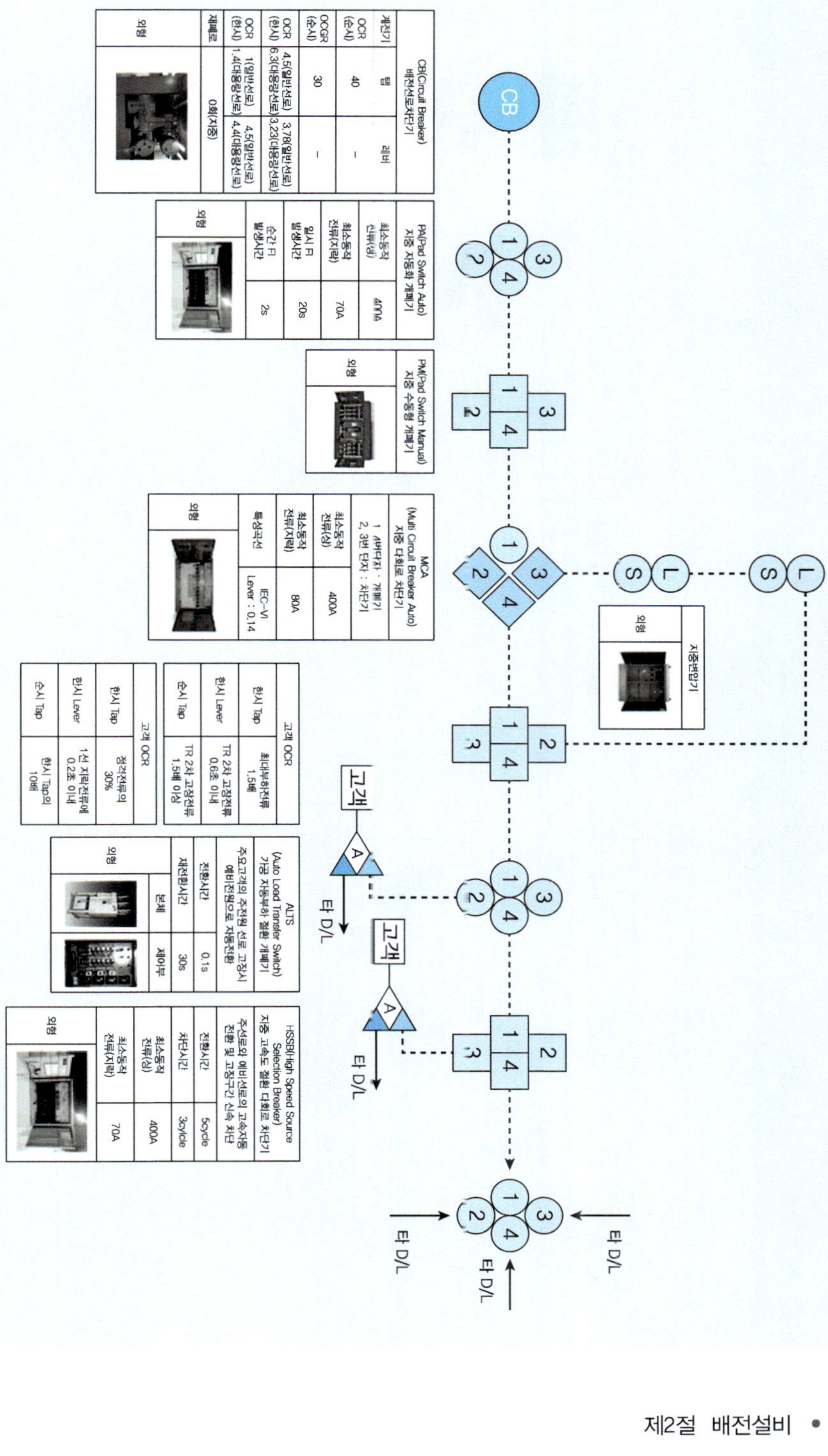

CB
CB(Circuit Breaker) 배전선로차단기
계전기 | 탭 | 레버
OCR (순시) | 40 | –
OCGR (순시) | 30 | –
OCR (한시) | 4.5(일반선로) 6.3(대용량선로) | 3.78(일반선로) 3.23(대용량선로)
OCR (한시) | 1(일반선로) 1.4(대용량선로) | 4.5(일반선로) 4.4(대용량선로)
재폐로 | 0회(지중)
외형
PA(Pad Switch Auto) 지중 자동화 개폐기
최소동작 전류(상) | 400A
최소동작 전류(지락) | 70A
일시 FI 발생시간 | 20s
순간 FI 발생시간 | 2s
외형
PM(Pad Switch Manual) 지중 수동형 개폐기
외형
MCA (Multi Circuit Breaker Auto) 지중 다회로 차단기
1, 4번단자 : 개폐기
2, 3번 단자 : 차단기
최소동작 전류(상) | 400A
최소동작 전류(지락) | 80A
특성곡선 | IEC–VI Lever : 0.14
외형
L
S
지중변압기
외형
고객 OCR
한시 Tap | 최대부하전류 1.5배
한시 Lever | TR 2차 고장전류 0.6초 이내
순시 Tap | TR 2차 고장전류 1.5배 이상
고객 OCR
한시 Tap | 정격전류의 30%
한시 Lever | 1선 지락전류에 0.2초 이내
순시 Tap | 한시 Tap의 10배
ALTS (Auto Load Transfer Switch) 가공 자동부하 절환 개폐기
주요고객의 주전원 선로 고장시 예비전원으로 자동전환
전환시간 | 0.1s
재전환시간 | 30s
외형 | 본체 | 제어부
HSSB(High Speed Source Selection Breaker) 지중 고속도 절환 다회로 차단기
주선로와 예비선로의 고속자동 전환 및 고장구간 신속 차단
전환시간 | 5cycle
차단시간 | 3cylcle
최소동작 전류(상) | 400A
최소동작 전류(지락) | 70A
외형
고객
A
타 D/L

3. 가공 + 지중선로

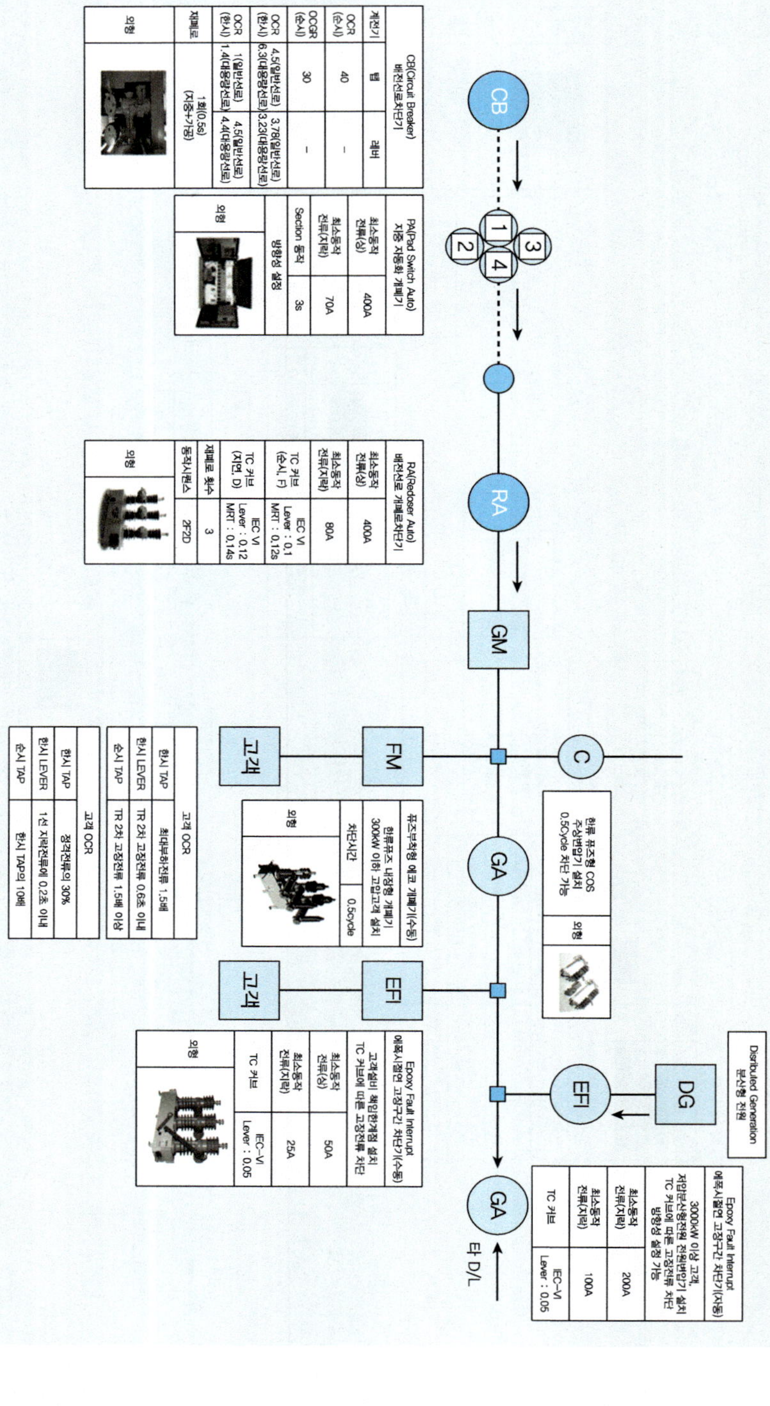
CB
1
2
3
4
RA
GM
C
GA
FM
고객
EFI
고객
DG
Disributed Generation
분산형 전원
EFI
GA
타 D/L
CB(Circuit Breaker)
배전선로차단기
계전기
탭
레버
OCR (순시)
40
-
OCGR (순시)
30
-
OCR (한시)
4.5(일반선로) 6.3(대용량선로)
3.78(일반선로) 3.23(대용량선로)
OCR (한시)
1(일반선로) 1.4(대용량선로)
4.5(일반선로) 4.4(대용량선로)
재폐로
1회(0.5s) (지중+가공)
외형
PA(Pad Switch Auto)
지중 자동화 개폐기
최소동작 전류(상)
400A
최소동작 전류(지락)
70A
Section 동작
3s
방향성 설정
외형
RA(Redoser Auto)
배전선로 개폐로차단기
최소동작 전류(상)
400A
최소동작 전류(지락)
80A
TC 커브 (순시, F)
IEC VI Lever : 0.1 MRT : 0.12s
TC 커브 (지연, D)
IEC VI Lever : 0.12 MRT : 0.14s
재폐로 횟수
3
동작시퀀스
2F2D
외형
한류 퓨즈형 COS
주상변압기 설치
0.5Cycle 차단 가능
외형
퓨즈부착형 에코 개폐기(수동)
한류퓨즈 내장형 개폐기
300kW 이하 고압고객 설치
차단시간
0.5cycle
외형
고객 OCR
한시 TAP
최대부하전류 1.5배
한시 LEVER
TR 2차 고장전류 0.6초 이내
순시 TAP
TR 2차 고장전류 1.5배 이상
고객 OCR
한시 TAP
정격전류의 30%
한시 LEVER
1선 지락전류에 0.2초 이내
순시 TAP
한시 TAP의 10배
Epoxy Fault Interrupt
에폭시절연 고장구간 차단기(수동)
고객설비 책임한계점 설치
TC 커브에 따른 고장전류 차단
최소동작 전류(상)
50A
최소동작 전류(지락)
25A
TC 커브
IEC-VI Lever : 0.05
외형
Epoxy Fault Interrupt
에폭시절연 고장구간 차단기(자동)
3000kW 이상 고객,
저압분산형전원 전원변압기 설치
TC 커브에 따른 고장전류 차단
방향성 설정 가능
최소동작 전류(지락)
200A
최소동작 전류(지락)
100A
TC 커브
IEC-VI Lever : 0.05

제 4 장

배전계통 보호협조

제1절

보호협조

1 | 정의

보호기기의 중요한 역할은 자기 보호구간에서 고장이 발생하면 스스로 개방하여 건전구간을 고장구간으로부터 분리시킴으로써 고장으로 인한 피해를 축소시키는 것이다. 예를 들면 [그림 4.1.1]과 같이 고장점으로부터 전원 측으로 2대 이상의 보호기기가 있다면 고장점으로부터 가장 가까운 보호기기만 개방되고 나머지 보호기기들은 투입된 상태를 유지해야만 보호기기가 정상적인 동작을 수행하였다고 볼 수 있다. 보호협조란 뜻은 보호기기가 최적의 동작을 수행할 수 있도록 정정하는 것을 말한다.

고장점을 기준으로 R/C2를 전위(측) 보호기기라 하고 전원 측에 위치한 기기(R/C1)를 후비(측) 보호기기라 한다.

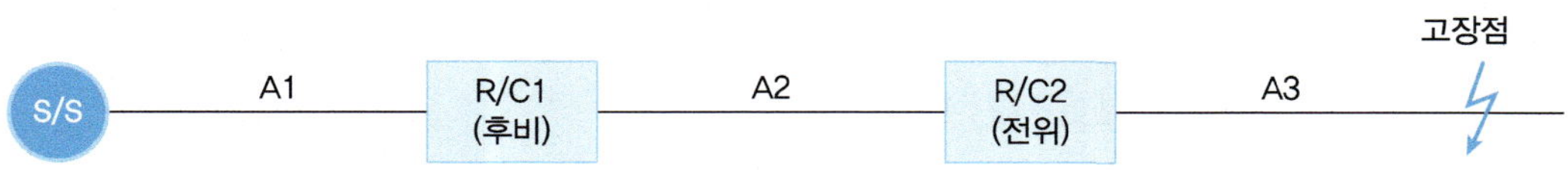

그림 4.1.1 전위보호기기와 후비보호기기

보충설명

보호구간과 피보호간의 의미

[그림 4.1.1]에서 A3 구간에서 고장이 발생하면 R/C2가 차단하여 고장의 영향이 A2 구간 쪽으로 파급되는 것을 방지한다. 이때 A3 구간을 R/C2의 "보호구간"이라 하고, A2 구간을 R/C2의 "피 보호구간"이라고 한다.

2 | 보호협조 목적

- 건전구간을 고장구간으로부터 분리(고장피해의 축소)
- 보호기기가 최적의 동작수행을 가능하도록 정정
- 자기구간에서 고장이 발생한 경우 스스로 개방 동작

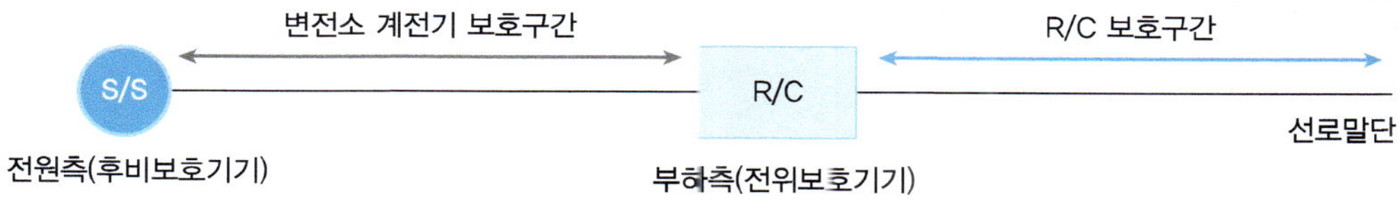

그림 4.1.2 보호협조의 자기 보호구간

제2절

보호협조 검토 시기

보호협조 검토 시기는 정정자료나 정정기준이 변경되었을 때라 할 수 있다. 좀 더 구체적으로 언급하면 다음과 같다.

- 보호기기(고객 계전기 포함)가 신설, 이설, 철거되는 경우
- 전원 측 계통(모선)이 바뀌는 경우
- 타 보호기기(변전소 계전기 포함)의 정정치가 바뀌는 경우
- 부하전환 등의 사유로 계통이 변경되는 경우
- 선종이나 긍장이 바뀌는 경우
- 부하가 크게 증감되는 경우
- 기존의 보호협조 검토가 잘못된 경우

보충설명

한국전력공사의 전원측 계통 변경 및 변전소 계전기 정정치 변경 확인 방법(i-pas)

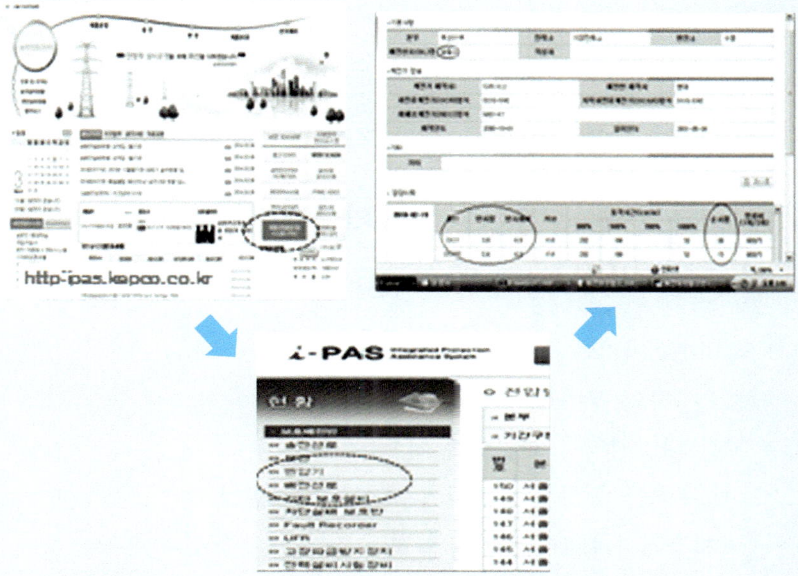

참고로 전력관리처에서 확인해야 할 자료는 다음과 같다.

- **변전소 Bank별 2차측 모선임피던스(22.9[kV]-y측)**

  22.9[kV]-y측 모선임피던스에 주변압기 NGR 값이 포함되어 있는지를 꼭 확인하여야 한다. 포함되어 있지 않다면 보호협조 검토할 때 별도로 환산해 포함시켜야 한다. 현재 대부분의 변전소는 주변압기 보호를 위해 NGR이 설치되어 있으며, 모선임피던스에 NGR값이 포함되어 있다.

- **OCR 및 OCGR의 Type명, 순시 탭 값, 한시 탭 값, 한시 레버 값**

※ NGR(Neutral Grounding(Earthing) Resistor)

3Φ 전력계통에 지락사고가 발생했을 경우, 지락전류를 제한하거나 전선로의 대지전위 상승억제 등을 위한 장치이다.

제3절

보호기기 설치 위치 결정

1 | 보호기기 설치 위치 선정시 유의사항

보호기기 설치 위치를 결정할 때는 아래와 같은 내용을 참고하여 결정한다.

- 후비보호기기와 협조가 가능한 위치
- 중요부하의 부하측에 설치
- 고장 다발지역의 전원측에 설치
- 선로부하를 등분하는 위치에 보호기기를 설치
  - 보호기기 1대 : 부하 중심점
  - 보호기기 2대 : 부하 1/3 분할점

보충설명

선로부하를 등분하는 위치에 보호기기를 설치해야 하는 이유

- 고장발생 확률은 부하 밀도와 비례한다고 전제하면, 아래 그림과 같이 선로의 전체 용량을 1로 하고, R/C의 전원측 용량을 X라 하면 R/C 부하측 용량은 $1-X$가 된다. 고장확률과 부하밀도가 비례한다고 전체하였기 때문에 전원측 정전확률 R_s는 식 1과 같다.

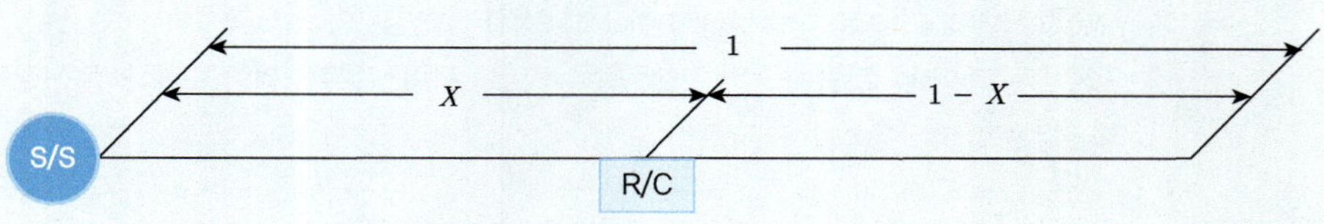

$$R_s = X \times 1 = X \qquad \text{식 1}$$

또한, 부하측 정전확률 R_l은 식 2와 같다.

$$R_l = (1-X) \times (1-X) = 1 - 2X - X^2 \qquad \text{식 2}$$

임의의 장소에서 고장이 발생할 확률을 R이라 하면 식 3과 같다.

$$R = R_s + R_l = X + 1 - 2X + X^2 = X^2 - X + 1 \qquad \text{식 3}$$

R의 최소값을 찾기 위하여 R을 미분하면 식 4와 같다.

$$2X - 1 = 0 \qquad \therefore X = \frac{1}{2} \qquad \text{식 4}$$

즉, X가 0.5일 때 고장발생 확률이 최소라는 의미이다. 따라서 R/C의 설치 위치가 전체 선로 부하의 반이 되는 위치에 설치할 때 가장 효과적이라는 의미가 된다.

2 | 보호기기 설비 위치 고려사항

- 광역 대단위 비닐하우 지역, 야산지 및 해안(강) 지역
  - 전원측 : 보호기기
  - 부하측 : 지능화 기기

- 전철, 지하철(역내 사무실 포함) 공급 선로는 루프화한다.
- 협소 전철(철도) 횡단 개소
  - 전원측 : 지능화 기기
  - 부하측 : 지능화 기기

- 대단위 아파트 밀집지역 : 구분화 + 루프화
- PC방 밀집지역(중성선 전류 과다 가능)
  - 인출점에 다기능 FRTU(PQ 측정)

그러나 위의 사항을 고려할 뿐 설치위치의 결정은 담당자의 몫이다.

제4절

보호구간

어떤 보호기기가 반드시 보호하도록 정해진 구간을 그 보호기기의 보호구간 또는 보호범위라 한다. 보호구간을 정하는 방법은 [표 4.4.1]과 같다.

| 표 4.4.1 | 보호구간의 설정 방법

<table>
<tr><th>구분과 이해도</th><th>장·단점</th></tr>
<tr><td>첫 번째 부하측 보호기기까지 설정
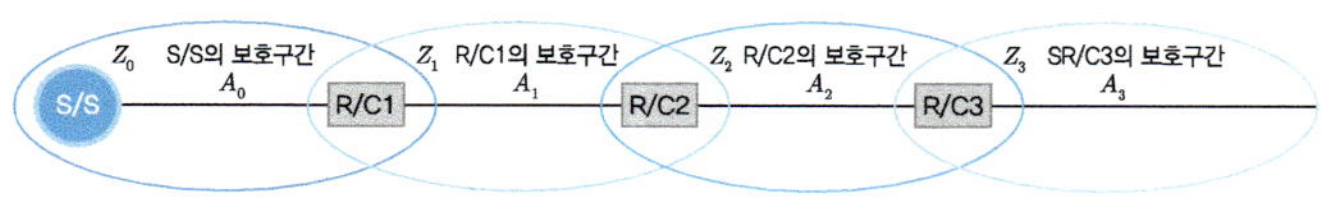
</td><td>• 보호기기 정정이 쉽다.
• 맹점이 있다(신뢰도가 낮다).
예: A2에서 고장이 발생한 경우, R/C2에 문제가 있어 동작을 하지 않으면 R/C1이 동작하지 않을 수 있다.</td></tr>
<tr><td>모든 보호기기의 보호구간을 선로 말단까지로 설정
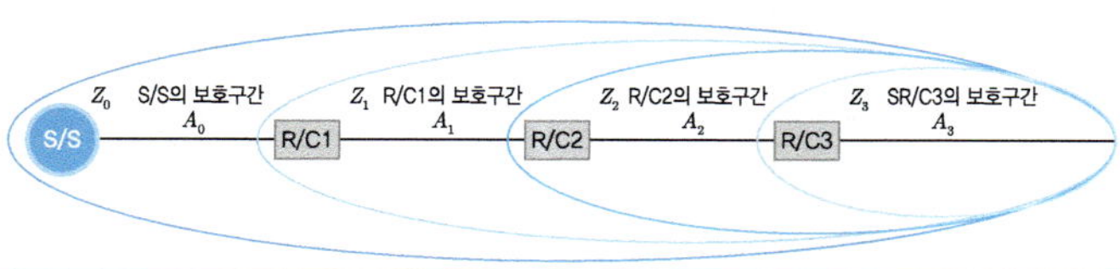
</td><td>• 맹점이 없다.
• 긍장이 긴 선로에서는 후비측(변전소계전기) 보호기기와 정정이 불가능한 경우가 생길 수 있다.</td></tr>
<tr><td>두 번째 부하측 보호기기까지 설정
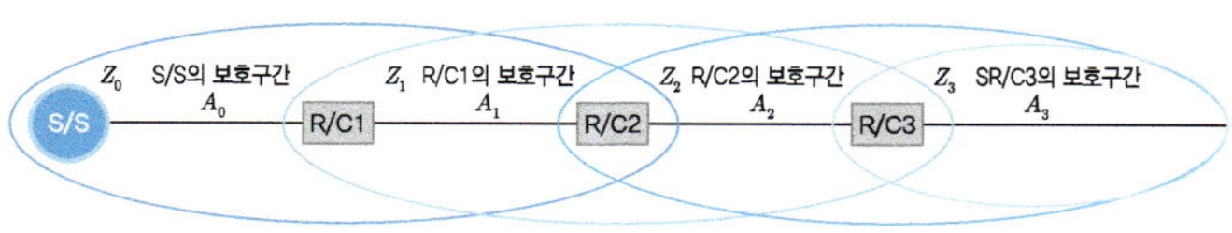
</td><td>• 맹점이 있을 가능성이 적다.
• 긍장이 긴 선로라 할지라도 대부분 정정이 가능하다.
• 한국전력공사에서 적용하고 있는 설정 방법이다.</td></tr>
<tr><td>변전소 계전기와 첫 번째 R/C는 두 번째 R/C까지, 두 번째 R/C들은 선로 말단까지
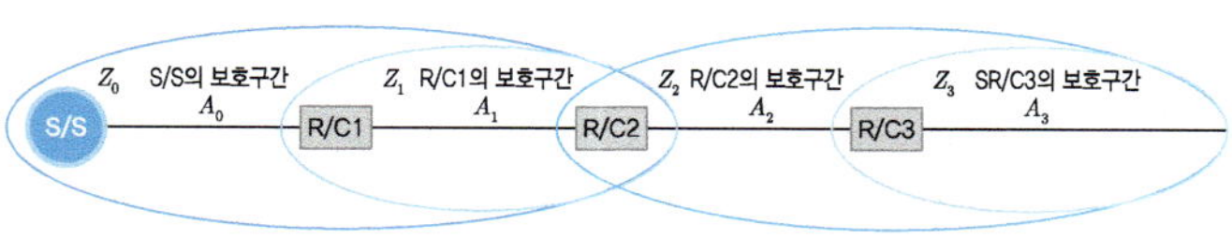
</td><td>• R/C2의 기능이 정지되면 A2 구간에서 맹점이 발생할 수 있다.
• 선로가 긴 경우에는 맹점이 발생할 수 있다.</td></tr>
</table>

제5절

보호협조 방법

배전선로에서 보호기기간 보호협조가 원활하게 이루어지기 위해서는 크게 3가지 방법이 있다. 보호기기간 동작시간 차를 이용하는 방법, 고장전류 크기 차에 의한 방법 그리고 동작횟수 차를 이용하는 방법이 있다.

1 | 동작시간차 이용법

배전용 변전소의 한시계전기와 R/C, 그리고 선로용 퓨즈가 바로 이 방법을 이용한다. 즉, 후비보호기기가 전위보호기기보다 동작시간이 길어야 협조가 가능하다. 후비보호기기의 동작시간에서 전위보호기기의 동작시간을 뺀 것을 두 기기 간의 "동작시간차"라 하는데, 동작시간차가 보호기기별로 정해진 협조시간 차보다 크면 협조가 된다고 판단한다.

[표 4.5.1]은 각 기기별 협조시간 차를 나타낸 것이며 아날로그 기기가 존재할 수 있다는 가정 하에 현행 협조시간차의 규정을 지키고 있으나 배전계통 내 존재하는 보호기기가 디지털 기기로 교체됨에 다라 개선된 협조시간차가 필요하다. 이에 따라 각 보호기기간 협조시간차가 단축되어 더 많은 보호기기들이 배전계통 내에서 원활하게 협조가 수행될 수 있다.

❙ 표 4.5.1 ❙ 보호기기간 협조시간차

후비보호기기	전위보호기기	현행 협조시간차 [Cycle]	개선 협조시간차 [Cycle]	비고
OC(G)R	R/C	10	3	
OC(G)R	OC(G)R	17	8	
KH-ESV, ESV	R/C	3.5	3.5	
IJB-VE, VWVE, EVR-2	R/C	2.7	2.7	
자동화용 R/C	R/C	2.7	2.7	인텍, 신성, 진광, 동남
R/C	OC(G)R	6	10	

※ 개선 협조시간차는 보호기기들이 각각 디지털 기기인 경우를 의미함

그러나 여러 대의 R/C가 한 선로에 직렬로 설치되어 있다면 후비보호기기 쪽으로 갈수록 동작시간이 길어져 실제 적용하는 데는 문제가 있다. 따라서 각각의 보호기기 별 정확한 동작시간을 수행해야만 보호협조를 원활하게 진행할 수 있다.

보충설명

동작시간 차의 뜻

가. 후비보호기기 동작시간 − 전위보호기기 동작시간 = 동작시간 차

후비보호기기의 동작시간을 전위보호기기의 동작시간 보다 길게 함으로써 전위보호기기가 먼저 동작하도록 설정하는 방법

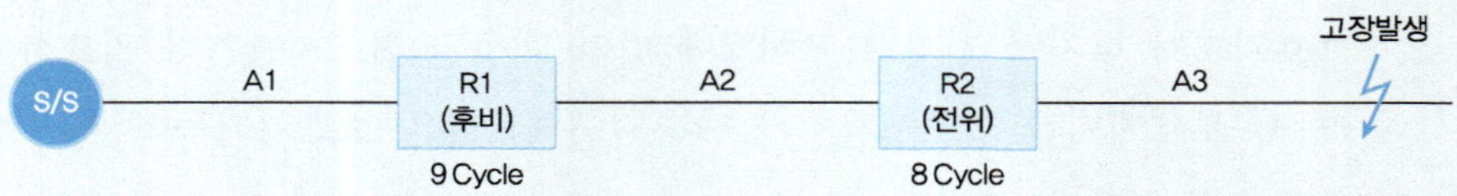

R1의 동작시간이 R2의 동작시간 보다 길어야 보호협조가 가능하다. 또한, 기기별 최소한의 협조시간 차가 필요하다.

나. 협조시간 차의 구성 개념

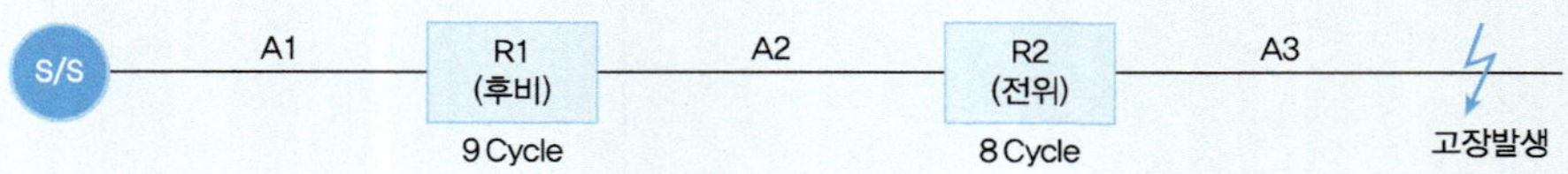

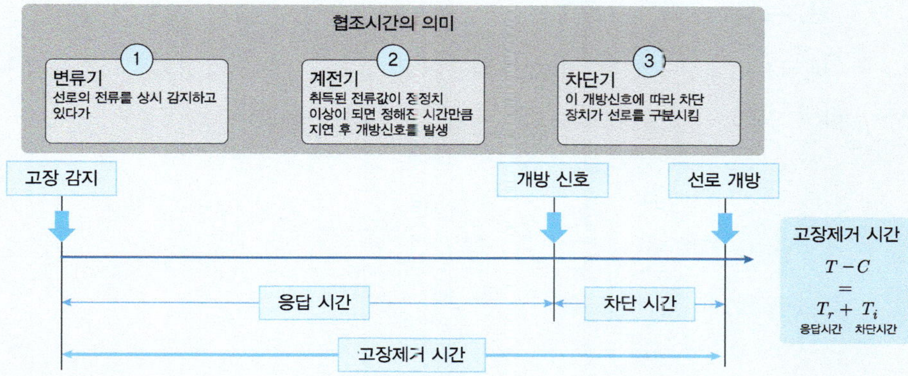

선로를 개방시키는데 기계적 동작이 필요해 약간의 시간이 더 소요된다.

2 | 고장전류 크기차 이용법

배전선로는 종단으로 갈수록 선로 임피던스가 증가하여 고장전류의 값이 작아진다. 이런 전기적 특성을 이용하여 보호협조를 맞추는 방법이다.

이 방법의 문제점은 같은 지점의 배전선로에서 고장이 발생하여도 고장유형 및 고장저항 값(접지저항 값, 접촉저항 값)의 변화에 의해 고장전류 값의 크기에 차이가 발생하면 협조가 어려울 수 있다.

보충설명

고장전류 크기 차 적용 예

아래 그림 하단에 기재된 값이 최소고장전류 값이다. 만약에 R/C1의 최소동작전류 값을 2,000[A]로 정정하면, R/C1은 2,000[A] 이상에서만 동작한다. 또한, R/C2의 최소동작전류 값은 선로의 종단에서 발생한 고장전류에 대해서도 동작하게 하기 위해서는 1,000[A]보다 작게 정정해야 한다. 따라서 R/C2 부하 측 A3에서 고장이 발생하면 고장전류 값은 항상 2,000[A]보다 작기 때문에 R/C1은 동작하지 않고 R/C2만 동작하게 된다.

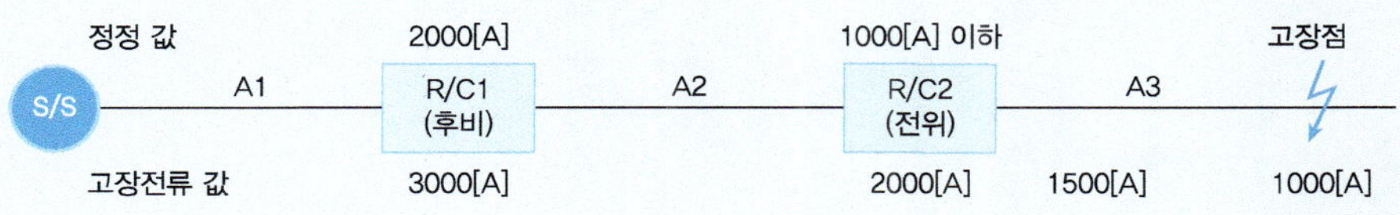

3 | 동작횟수차 이용법

배전선로에서 R/C를 직렬로 2대 이상 설치할 때 전위 R/C의 총 동작횟수를 후비 R/C의 총 동작횟수보다 1회 적게 정정하는 방법이다.

보충설명

동작회수 차 적용 예

아래 그림과 같이 보호기기 R/C1의 총 동작횟수를 3회, R/C2의 총 동작횟수를 2회로 정정한 경우, R/C2 부하 측 A3에서 고장이 발생하면

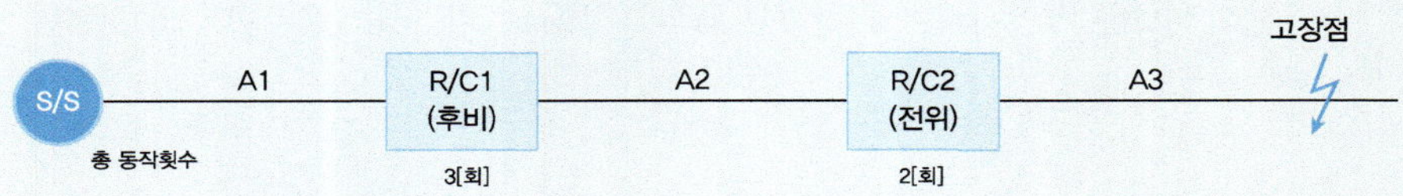

R/C1과 R/C2가 동시에 동작을 하더라도, 동작횟수가 적은 R/C2가 R/C1 보다 먼저 Lock Out되어 고장구간을 분리하기 때문에 R/C1은 투입 상태를 유지할 수 있다. 이러한 기능은 대부분의 보호기기들이 제공하고 있으며 보호기기의 T–C 특성과 무관하게 항상 협조를 이룰 수 있다.

제6절

보호협조를 위한 자료

보호기기의 보호협조를 위하여 일반적으로 필요한 데이터는 다음과 같다.

- 배전선로 단선도
- 기존 보호장치의 위치
- 보호장치의 T-C 곡선
- 정상상태 및 비정상상태의 부하전류
- 보호장치가 위치한 각 점에서의 고장전류 및 MVA

또한, 배전선로용 보호장치의 설치할 때 기본적인 고려사항은 다음과 같다.

- 보호장치의 정격전압 ≥ 배전계통전압
- 보호장치의 정격전류 > 보호장치 설치점 최대 부하전류
- 보호장치의 최대차단정격 > 보호장치 보호구간의 최대 고장전류
- 보호장치의 BIL > 배전계통의 BIL
- 보호장치의 최소동작전류 < 보호장치 보호구간의 최소 고장전류

제 7 절

T-C 곡선의 이해

1 | T-C 곡선과 종류

T-C 특성(Time-Current Characteristic) 곡선은 X축에는 입력전류를, Y축에는 동작시간을 표현한 곡선을 말한다. X, Y축 모두 Log 축척(Scale)을 사용한다. 또, Y축은 Sec 또는 Cycle을 단위로 사용하고 X축은 보통 PU(Pick-up) 배수를 단위로 사용한다.

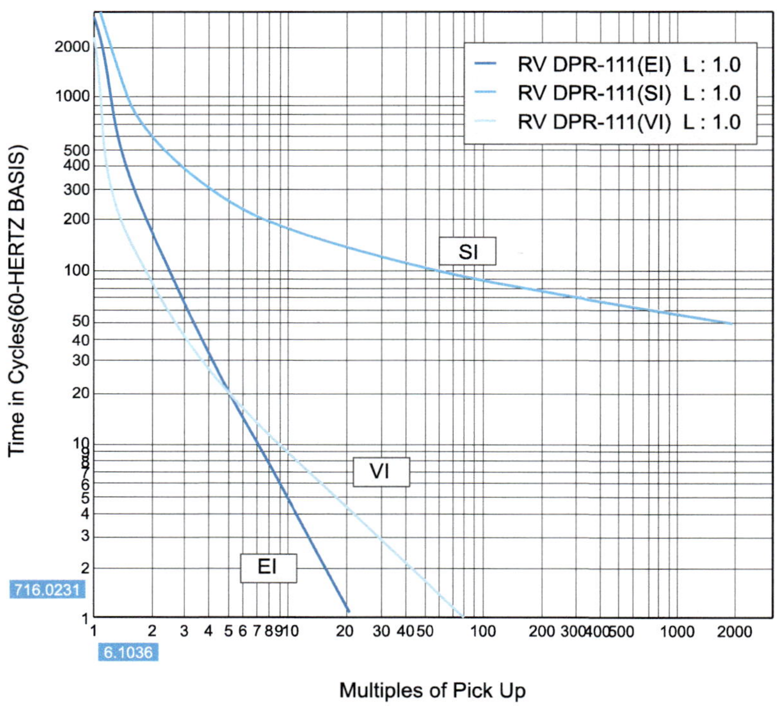

그림 4.7.1 디지털 계전기 DPR-111의 특성곡선(예)

[그림 4.7.1]은 LS산전에서 만들어진 디지털 계전기인 DPR-111의 특성곡선들이다. X-Y 좌표에 표현된 곡선을 T-C 특성곡선(또는 특성곡선)이라 한다. X축 값이 증가할수록 Y축 값은 감소하는 반한시성 곡선임을 알 수 있다. 이 곡선의 기울기의 정도에 따라 [표 4.7.1]과 같이 구분한다.

| 표 4.7.1 | T-C 곡선의 구분

구분	특성
표준 반한시(SI - Standard Inverse) 곡선	완만한 곡선
강 반한시(VI - Very Inverse) 곡선	표준 반한시 곡선보다 기울기가 더 급함
초 반한시(EI - Extremely Inverse) 곡선	가장 급한 기울기

디지털 타입의 계전기는 T-C 특성을 함수로 표현할 수 있어 아날로그 타입에 비해 오차를 줄일 수 있다. 특성함수는 Pick-up 배수와 Lever 값을 독립변수로 동작시간을 종속변수로 나타내는데 위의 곡선을 특성함수로 표현하면 식 (4.7.1)과 같다.

$$T_{SI}(\mathrm{Sec}) = \frac{0.14}{PU^{0.02}-1} \times L \text{ (표준 반한시)} \tag{4.7.1}$$

$$T_{VI}(\mathrm{Sec}) = \frac{13.5}{PU^{1}-1} \times L \text{ (강 반한시)}$$

$$T_{EI}(\mathrm{Sec}) = \frac{80}{PU^{2}-1} \times L \text{ (초 반한시)}$$

여기서, PU: Pick-up 배수, L : Lever 값을 의미한다.

위의 특성함수식은 IEC 규격을 따른 것으로 우리나라에 제작되는 대부분의 계전기에서 채택하고 있다. 예를 들면, GIPAM(LS산전), HIMAP-FI(현대), ELVIC(아시아계전), MRI-IED(우진기전) 등에서 사용되고 있으며 자동화용 R/C에도 이 특성곡선이 포함되어 있다. 특성함수로 표현된 곡선의 경우, 표준 반한시, 강 반한시 그리고 초 반한시라고 특별히 정해진 것은 없지만 [표 4.7.2]와 같이 구분하는 것이 일반적이다.

| 표 4.7.2 | 특성함수의 구분

구 분	PU 지수값
표준 반한시(SI : Standard Inverse) 곡선	1 미만
강 반한시(VI : Very Inverse) 곡선	2 미만
초 반한시(EI : Extremely Inverse)곡선	2 이상

2 | Pick-up 배수

Pick-up 배수는 식 (4.7.2)와 같이 고장전류 값을 최소동작전류 값으로 나눈 값을 말한다. 다시 말하면, 고장전류가 최소동작전류의 몇 배인가를 표시하는 것이다.

$$\text{Pick-up 배수} = \frac{\text{고장전류 값}}{\text{최소동작전류 값}} \tag{4.7.2}$$

여기서, 최소동작전류는 Pick-up 전류와 같은 의미이다.

예를 들면, 최소동작전류가 400[A]로 정정되어 있는 보호기기에 4,000[A]의 고장전류가 흐르면 식 (4.7.3)과 같다.

$$\text{Pick-up 배수} = \frac{4000[\text{A}]}{400[\text{A}]} = 10 \tag{4.7.3}$$

따라서 Pick-up 배수는 10[배](1,000[%])가 된다.

그러면 왜 고장전류를 그대로 사용하지 않고 Pick-up 배수로 환산하여 사용하는 것일까?

만약 T-C 특성에 Pick-up 배수가 아닌 고장전류를 사용한다면 같은 곡선을 사용하는 보호기기간에는 보호협조를 맞추기가 매우 곤란하다. [그림 4.7.2]와 같이 고장점에서 고장전류 1000[A]가 발생하였을 경우 고장점을 기준으로 전원측에 있는 보호기기 R/C1과 R/C2에 흐르는 전류의 크기는 같다. 따라서 두 보호기기간 동작시간이 같기 때문에 협조가 불가능하게 된다.

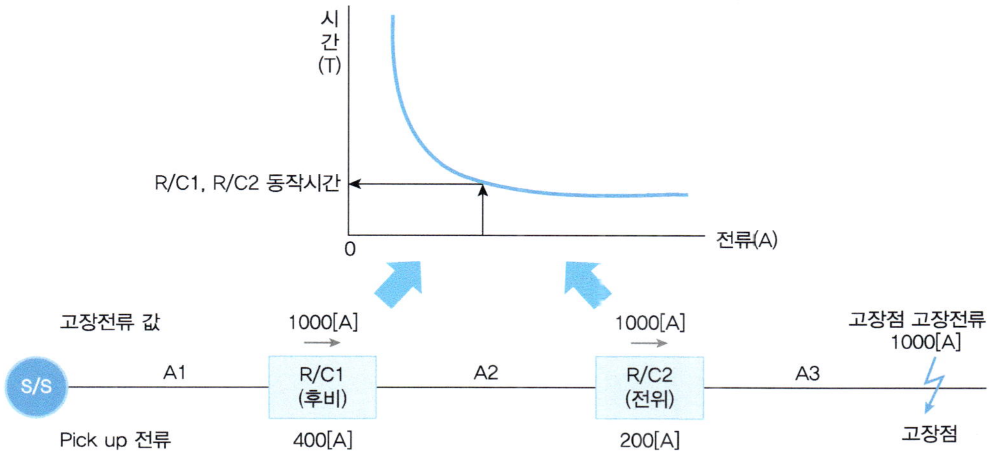

그림 4.7.2 고장전류 Base T-C 곡선을 사용한 경우

Pick-up 배수와 관련이 있는 최소동작전류(Pick-up 전류)는 정상적인 부하전류에 대해서는 동작하지 않아야 하기 때문에 최소동작전류는 최대부하전류보다 커야한다. 배전선로는 보통 선로의 종단으로 갈수록 부하전류가 작아지는 특성이 있다. 따라서 최소동작전류도 작아지게 된다 [그림 4.7.3]과 같이 Pick-up 배수를 적용하면 R/C 간 동작시간에 차이가 생겨 협조가 가능해 진다. 보통 최소동작전류를 결정할 때, 안전계수를 계상하여 최대부하전류의 1.5[배] 이상으로 정정하고 있다.

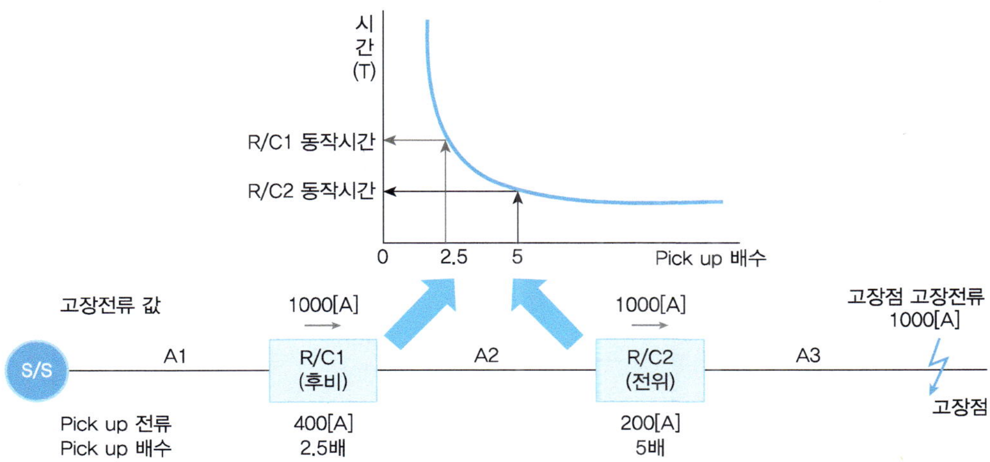

그림 4.7.3 Pick-up 배수 Base T-C 특성곡선을 사용한 경우

보통은 후비보호기기 최소동작전류가 전위보호기기의 최소동작전류보다 크므로 보호협조가 가능하게 된다. 물론 부하전류의 차이가 거의 없어 최소동작전류를 다르게 정정하지 못한다면 보호협조가 불가능할 것이다.

상기 내용을 이해하면, 전위보호기기의 설치 점을 선정할 때 후비보호기기보다 부하가 일정 정도 감소한 지점을 택하는 이유를 이해할 수 있다.

3 | T–C 특성곡선 사용법

[그림 4.7.4]와 같이 후비보호기기 R/C1의 최소동작전류 I_{s1}이 400[A]이고 전위보호기기 R/C2의 최소동작전류 I_{s2}가 280[A]이고 고장일 때 2,800[A]의 고장전류 I_f가 흘렀다고 가정하면

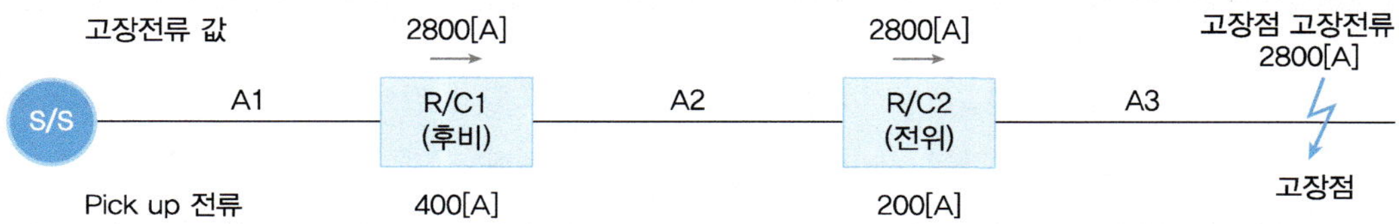

그림 4.7.4 T–C 특성곡선 사용법의 예

각 기기의 Pick-up 배수는 식 (4.7.4) 및 (4.7.5)와 같다.

$$P_1\text{의 Pick-up 배수}(PU_1) = \frac{I_{f1}}{I_{s1}} = \frac{2,800}{400} = 7 \tag{4.7.4}$$

$$P_2\text{의 Pick-up 배수}(PU_2) = \frac{I_{f2}}{I_{s2}} = \frac{2,800}{280} = 10 \tag{4.7.5}$$

[그림 4.7.5]의 특성곡선에서 Pick-up 배수를 적용하면 R/C의 동작시간은 R/C1은 11[Cycle], R/C2는 7[Cycle]이 된다.

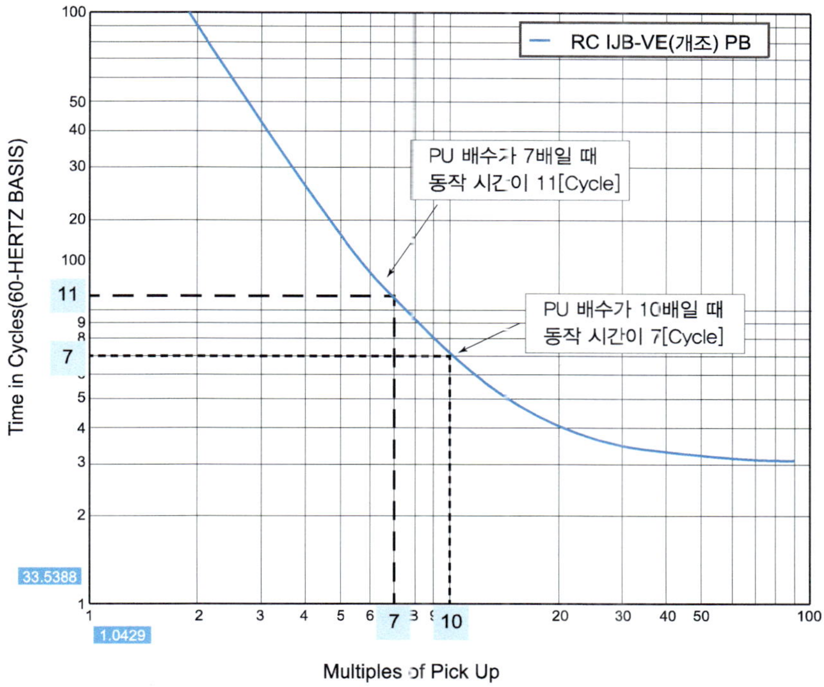

그림 4.7.5 T–C 특성곡선

위의 내용을 정리하면 [그림 4.7.6]과 같다.

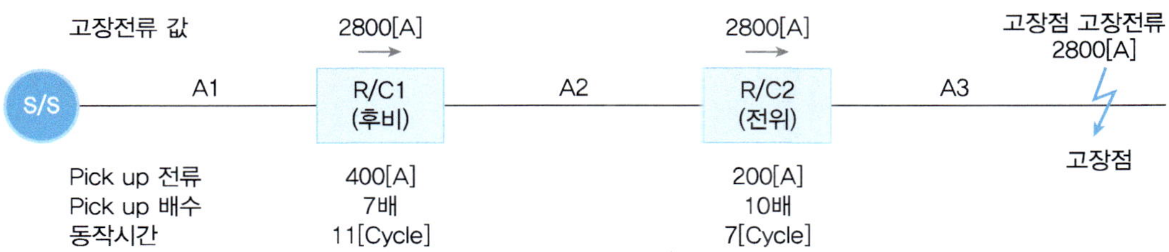

그림 4.7.6 T–C 특성곡선 사용법의 최종

2,800[A]의 고장전류가 흐를 때 후비보호기기 R/C1의 동작시간은 11[Cycle]이고 전위보호기기 R/C2의 동작시간은 7[Cycle]이므로 동작시간차는 4[Cycle]이 된다. 또 R/C1 및 R/C2가 IJB-VE형 R/C라고 가정하면 두 R/C간의 협조시간차는 2.7[Cycle]이 된다. 동작시간차(4[Cycle])가 협조시간차(2.7[Cycle])보다 크므로 2,800[A]의 고장에 대해서는 두 기기 간의 보호협조가 성립함을 알 수 있다.

4 | 배전선로 보호기기 T–C 특성곡선의 대표 종류

배전선로용 보호기기에 사용하고 있는 대표적인 T-C 특성곡선을 정리하면 [표 4.7.3]과 같이 총 41종이 된다.

[표 4.7.3] T–C 특성곡선의 종류(총 41종)

구 분		내 용
IEC 곡선 (특성함수식)	표준 반한시(SI)	$T_{SI}(Sec)=\dfrac{0.14}{PU^{0.02}-1}\times L$
	강 반한시(VI)	$T_{VI}(Sec)=\dfrac{13.5}{PU^{1}-1}\times L$
	초 반한시(EI)	$T_{EI}(Sec)=\dfrac{80}{PU^{2}-1}\times L$
	기타	D1(Definite time 1 S), D2(Definite time 10 S)
	디지털형 계전기에 적용하는 T-C 특성곡선은 함수로 표현하고 있다. 여기서, PU는 Pick-up 배수이고, L은 Lever 값을 의미한다.	
McGraw Edison 곡선 (기존 사용 곡선)	1, 2, 3, 4, 5, 6, 7, 8, 8, 9, 11, 13, 14, 15, 16, 18	순시곡선(1), 지연곡선(2, 8, 14)로, 예전부터 사용하고 있는 곡선
	A, B, C, D, E, K, L, M, N, P, R, T, V, W, Y, Z	순시곡선(A, R), 지연곡선(B)로, 예전부터 사용하고 있는 곡선
한전 자체 곡선[주1)]	N1곡선	순시곡선으로, P.U비 1000[%] 이하의 고장전류 및 돌입전류에 대하여 최소동작시간을 3.5[Cycle] 이상으로 하여 기존 A, 1번 곡선의 2.7[Cycle] 보다 1[Cycle] 늦게 동작하도록 하여 돌입전류에 의한 R/C의 개방을 방지하고, P.U 1000[%] 이상의 고장전류에서 퓨즈와 협조가 가능하도록 고려한 곡선
	N2곡선	순시곡선으로, N1곡선 보다 3.5[Cycle] 이상 지연시켜 R/C 2대 직렬협조가 가능하도록 설정한 곡선

| 표 4.7.3 | T–C 특성곡선의 종류(총 41종)(계속)

구 분		내 용
한전 자체 곡선[주1)]	N3곡선	지연곡선으로, R/C 2대를 직렬로 설치한 경우 N4 곡선과 3.5[Cycle] 이상 먼저 동작하도록 설정된 곡선으로 2대 직렬 보호협조를 도모하기 위한 곡선
	N4곡선	지연곡선으로, 계전기 원판의 복귀시간을 고려하여 동일한 P.U에서 10[Cycle] 이상의 동작시간 차가 나도록 설정한 곡선

주1) 과거 배전계통 리클로저에서는 한전 자체 곡선을 사용하고 있으나, 변전소 계전기 및 고객 계전기의 특성곡선과 상이하고 특성곡선의 종류가 4개밖에 없어 리클로저가 3대인 경우에는 보호협조가 불가능하다. 따라서 IEC 특성곡선을 이용한 보호협조를 진행하고 있다.

보충설명

기존곡선의 부족한 부분을 개선한 곡선이 N곡선이다. 개선 전 곡선과 개선 후의 곡선을 아래와 같이 비교하였다.

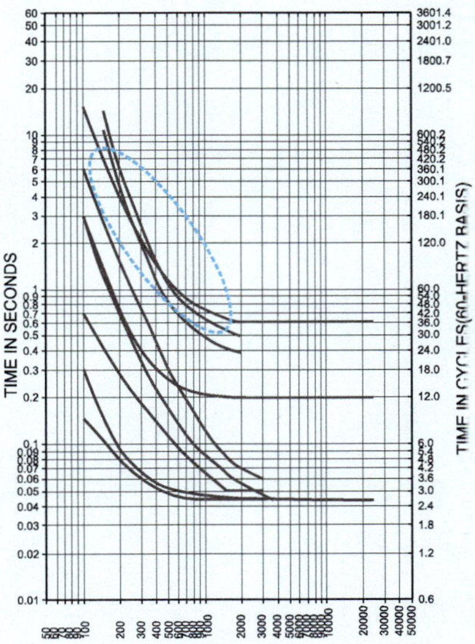

기존방식 문제점(N 커브)

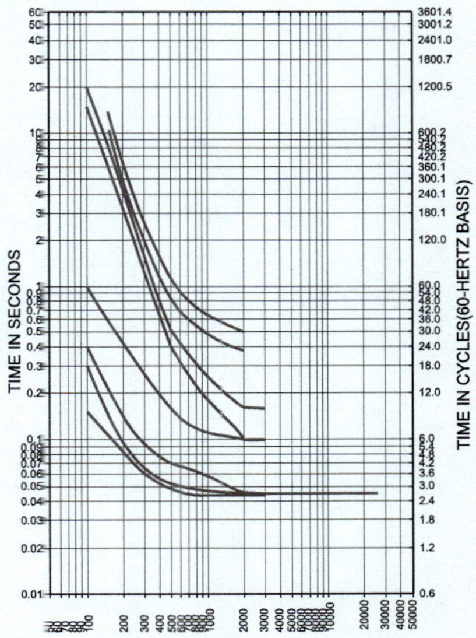

개선(IEC 커브)

5 | R/C 직렬설치의 경우 T-C 곡선 조합 방법

배전선로에서는 R/C가 직렬로 설치 운영되는 경우가 많다. 이러한 경우 T-C 특성곡선의 조합 방법은 [표 4.7.4]를 참조하도록 한다. 기존 R/C 직렬설치 시에는 아날로그 곡선의 문제점을 개선한 N1~N4커브를 사용하고 있으나 R/C가 3대까지 직렬로 연결되거나 EFI가 사용되는 경우는 N1~N4커브로 완전협조가 불가능하다는 단점을 갖고 있다. 또한 N1~N4커브는 변전소 계전기의 특성곡선과 IEC 강 반한시 곡선을 사용하는 고객 계전기의 사용 증가로 인하여 그 기울기가 상이해 협조가 힘들다는 단점을 갖고 있다. 따라서 R/C 또한 IEC 특성곡선을 사용하는 것이 바람직하며 R/C 2대가 직렬로 연결되는 경우를 [표 4.7.4]에 명시하였다.

[표 4.7.4] R/C 직렬부설시 곡선 조합

전위 / 후비주2)	IJB-VE	KH-ESV	디지털(기존)주1) N1~N4	디지털(개선)주3) IEC2-VI
디지털주1)	전위 : A-B-1-8 후비 : N2-N4-N2-N4	전위 : 2-1-1-8 후비 : N2-N4-N2-N4	전위 : N1-N3-N1-N3 후비 : N2-N4-N2-N4	전위 : L0.1-L0.16-L0.1-L0.16 후비 : L0.14-L0.2-L0.14-L0.2
IJB-VE	전위 : A-B-1-8 후비 : R-B-8*-2	전위 : 2-1-1-8 후비 : R-B-8*-2	전위 : A-B-1-8 후비 : R-B-8*-2	
KH-ESV	전위 : A-B-1-8 후비 : 2-1-1-2	전위 : 2-1-1-8 후비 : 2-1-1-2	전위 : A-B-1-8 후비 : 2-1-1-2	

주1) 디지털 : IJB-VE(자동화개조), KH-ESV(자동화개조), 자동화용 R/C
주2) 후비 R/C에는 구간협조장치 구비
주3) IEC2-VI 커브의 경우 커브종류는 단일커브라서 Lever를 다르게 설정하여 보호기기간 협조

보다 원활한 협조를 위해서는 다음 사항을 고려하여야 한다.

- 최소동작전류의 차이가 적은 경우 원활한 협조를 위해 반드시 T-C 특성곡선 상에서 시간차를 검토 후 보호협조 가능 여부를 판단한다.
- 디지털 R/C는 특성 곡선을 다르게 하거나 Offset가 가능하기 때문에 최소동작전류가 같은 경우 이런 기능을 이용하여 동작시간 차가 나도록 조정한다.
- 곡선의 정정 순서는 [표 4.7.5]와 같다.

표 4.7.5 곡선 순서

구 분		내용
전자식		상 순시-상 지연-지락 순시-지락 지연
디지털식		N1(전위 순시), N2(후비 순시), N3(전위 지연), N4(후비 지연)
디지털식 (IEC2-VI)	단락	Lever0.1(전위 순시), L0.14(후비 순시), L0.16(전위 지연), L0.2(후비 지연)
	지락	Lever0.1(전위 순시), L0.14(후비 순시), L0.16(전위 지연), L0.2(후비 지연)

※ N 곡선은 상과 지락 구분 없음
※ IEC-VI 커브는 단락과 지락을 구분하여 Lever 설정값을 다르게 설정함

- 디지털 R/C 단독운전 : N1-N4-N2-N4 곡선 적용
  ※ 곡선 순서 : 상 순시-상 지연-지락 순시-지락 지연
- 디지털 R/C 단독 운전할 때 곡선 적용 재검토
- 기존 디지털 R/C 단독운전 : N1-N4-N1-N4 곡선 적용
  ※ 관련근거 : 문서번호 배전(배)84308-1879('05.06.30) "배전선로 R/C 보호협조 검토할 때 고려사항 알림"
- 단독운전의 경우 T-C 특성곡선 적용 재검토 : 변압기용 퓨즈와 협조 검토 필요
- IEC-VI 커브의 특성과 설정방법은 보호기기 직렬 설치 사례별로 제2장 제2절 6. 보호기기 협조시간차 검토(317p-344p) 참조

제 8 절

보호기기별 정정지침

보호협조를 검토할 때 산출하는 부하전류는 보호장치들의 동작치 정정을 위해 필요한 값으로, 부하전류는 계전기에서는 한시요소 및 순시요소의 정정범위를 구하는 단서가 되고, R/C에서는 최소동작전류값을 결정하는 근거가 된다.

보호기기가 설치된 지점에 흐르는 부하전류는 보호기기의 고장검출 한계를 산출하는 요소이므로 설치점에 흐를 수 있는 최대부하전류를 뜻한다. 이를 산출하는 방법은 여러 가지가 있으나, 보호협조 검토할 때는 변전소 인출 최대부하전류를 구간별 부하분포에 따라 식 (4.8.1)과 같이 계산한다.

$$I_{\max} = I_{s/s} \times \frac{[\sum P_{sum} - (\sum P_{tr} + \sum P_{io})]}{\sum P_{sum}} \tag{4.8.1}$$

여기서, $I_{\max}$: 각 보호기기 설치점의 최대부하전류

$I_{s/s}$: 변전소 인출점에서의 최대부하전류

$\sum P_{sum}$: 선로 전체에 걸린 총부하의 합계

$\sum P_{tr}$: 보호기기 설치점 이후 전등부하의 합계

$\sum P_{io}$: 보호기기 설치점 이후 동력부하의 합계

식 (4.8.1)에 의한 산출방법 이외에 최근에는 SOMAS(Substation Operating results Management System, 변전소 운전실적관리시스템)의 연중 최대부하 전류값을 취득하여 그 값을 기준으로 부하 전류값을 상정하고 있으며, 선로운영 중에 발생하는 비상시 및 작업시 절환 부하는 포함되지 않도록 유의하여야 한다.

보충설명

식 (4.8.1)에 의한 I_{max} 구하기 예

아래 그림과 같이 보호기기 R/C1과 R/C2가 설치되어 있고 $I_{s/s}$가 300[A], A1 구간의 부하가 4,000[kVA], A2 구간의 부하가 3,000[kVA], A3 구간의 부하가 1,000[kVA]이라면 각 R/C에 흐르는 전류 I_{R/C_1} 및 I_{R/C_2}는 얼마인가?

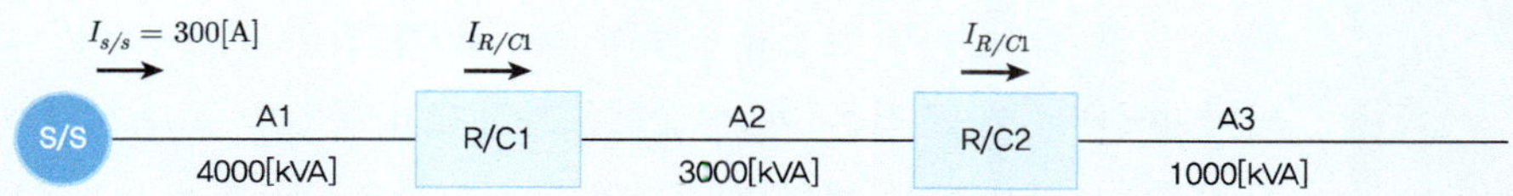

$$I_{R/C_1} = I_{s/s} \times \frac{A_2 + A_3}{A_1 + A_2 + A_3} = 300[A] \times \frac{(3,000 + 1,000)[kVA]}{(4,000 + 3\,000 + 1,000)[kVA]} = 150[A] \quad \text{식 1}$$

$$I_{R/C_2} = I_{s/s} \times \frac{A_2 + A_3}{A_1 + A_2 + A_3} = 300[A] \times \frac{1\,000[kVA]}{(4,000 + 3\,000 + 1,000)[kVA]} = 37.5[A] \quad \text{식 2}$$

따라서 $I_{R/C_1} = 150[A]$, $I_{R/C_2} = 37.5[A]$가 된다.

1 | 전위와 후비보호장치 간 보호협조 시간

❹ 계전기(한시요소)와 배전선로보호협조

1) 아날로그 계전기

변전소 계전기와 전위 R/C간의 보호협조는 식 (4.8.2)와 같이 계전기의 관성 동작시간 등을 감안해야 한다.

$$T_1 = T_2 + S \text{ and } S \geq B + O + \alpha \tag{4.8.2}$$

여기서, T_1 : 후비계전기의 동작시간[sec]

T_2 : 전위계전기의 동작시간[sec]

S : 보호협조 시간, 동일특성 유도원판형일 때

$S = 0.4 \sim 0.5[sec]$ 적용

B : 인접구간 차단기의 차단시간[sec]

O : 구하려는 계전기의 관성동작시간

(OCR : 0.1, OCGR : 0.2[sec])

식 (4.8.2)의 조건을 만족해야 한다. 즉 고장전류에 의해 유도형 원판의 진행률을 계산하고 R/C의 재폐로 시간에 의한 원판의 복귀율을 계산하여 누적된 원판의 현 위치(누적 진행률 - 누적 복귀율)가 잔여시간이 10[Cycle] 이상이 되어야 한다. 이 조건은 아날로그형 계전기의 특징인 복귀시간과 관성시간이 감안된 시간으로, 현재 배전사업소에서 사용하는 보호협조 프로그램(off-DAS, NDIS 보호협조프로그램)은 모두 이 시간을 전제로 운영되고 있다.

┃표 4.8.1┃ 아날로그형 계전기와 보호기기간의 협조시간차

후비보호기기	전위보호기기	협조시간차[Cycle]	비 고
아날로그 OC(G)R	R/C	10	
아날로그 OC(G)R	OC(G)R	17	

2) 디지털 계전기

보호협조 시간차는 전위측 보호계전기의 고장제거시간(T-C : Clearing Time)이 후비측 보호기기의 응답시간(Tr : Response Time)보다 적어야 한다. 이를 식으로 표현하면, 식 (4.8.3) 및 (4.8.4)와 같다.

$$\text{T-C(고장제거시간)} = \text{Tr(응답시간)} + \text{Ti(차단시간)} \quad (4.8.3)$$

$$\text{후비보호기기 Tr} > \text{전위보호기기 T-C} \quad (4.8.4)$$

R/C의 지연동작시간보다 순시동작시간이 적으므로 디지털형 계전기의 특성상 복귀율을 고려할 필요 없이 R/C의 순시동작시간과 계전기의 응답시간을 비교하면 된다. [표 4.8.1]에서 제공한 동작시간은 Tr이며 한전구매시방서에 의하면 25.8[kV]급 교류차단기의 정격차단시간은 5[Cycle]이므로 실제 계전기의 T-C는 Tr + 5[Cycle]의 시간을 갖는다. 따라서 계전기의 Tr과 R/C의 순시 T-C간 동작시간을 비교하여 조건을 만족하면 협조가 가능하게 된다. 참고

로 신형전자식 R/C(Gas 절연형, 유입절연형)의 동작시간과 차단기 조작시간은 [표 4.8.2] 및 [표 4.8.3]과 같다.

| 표 4.8.2 | 차단기의 정격 차단시간

정격전압[kV]	7.2	25.8	72.5	170	362
정격차단시간[Cycle]	5	5	5	3	3

| 표 4.8.3 | 디지털 R/C의 동작특성

동작구분	동작상태	동작시간	누적시간
고장발생	–	–	–
트립코일 여자	응답시간	10[ms]	10[ms]
기계적 접점 개방	개극시간	20[ms]	30[ms]
아크 소호	아크 소호시간	15[ms]	45[ms]

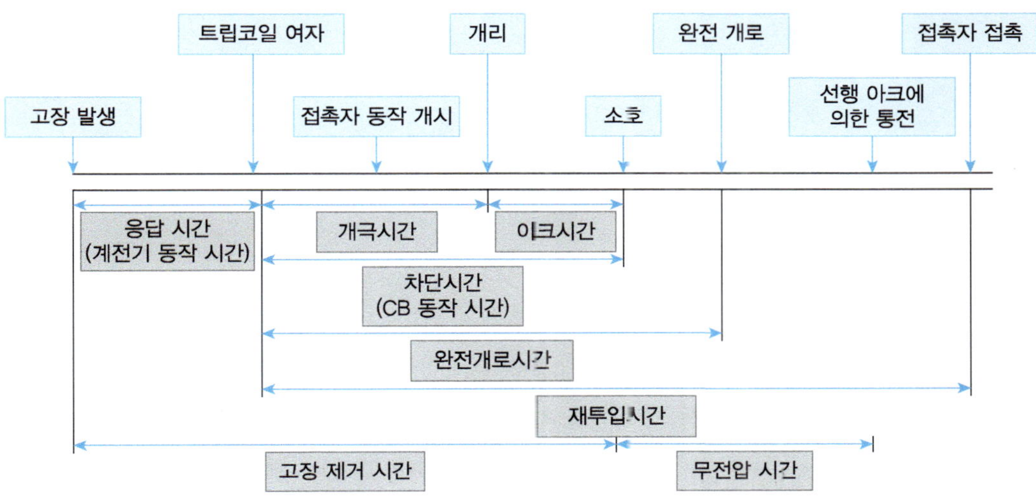

그림 4.8.1 차단기 조작시간

표 4.8.4 디지털계전기 동작시간특성(GD31-A2B2, 경보)

구분	정정치 [A]	동작시간 정정	입력전류 [%]	공칭동작 시간[S]	실측동작시간[S]		
					A	B	C
순시	최소(10)		200[%](20[A])	40[ms]	28[ms]	26[ms]	27[ms]
강반한시 (VI)	최소 (0.2)	최소 (0.1)	200	0.135	0.161	0.164	0.163
			700	0.023	0.045	0.045	0.045
			2000	0.007	0.028	0.028	0.029
		최대 (10)	200	13.50	13.60	13.61	13.53
			700	2.250	2.267	2.268	2.261
			2000	0.711	0.733	0.728	0.733

표 4.8.5 디지털계전기 복귀시간특성(GD31-A2B2, 경보제)

구분	시험조건	시험기준	실측동작시간[ms]		
			A	B	C
순시	최소(10)	40[ms] 이하	14	14	15
NI	동작치정정 : 최소(0.2) 동작시간정정 : 최대(10)	100[ms] 이하	22	21	21
VI			21	21	21
EI			21	21	21
LI			21	22	21

위 내용을 근거로 디지털계전기와 배전선로에서 사용되는 보호기기간의 협조시간차를 재검토하면 [표 4.8.6]과 같다. [표 4.8.6]의 개선(안)을 사용하게 된다면 CB와 배전선로 보호기기간의 협조가 보다 원활하게 진행될 수 있을 것이다.

[표 4.8.6] 보호기기간 협조시간차

후비보호기기	전위보호기기	협조시간차[Cycle]		비 고
		현행	개선(안)	
아날로그 OC(G)R	R/C	10	10	OCR = T_r R/C = T-C
디지털 OC(G)R	R/C	10	3	OCR = T_r R/C = T-C
아날로그 OC(G)R	OC(G)R	17	15	OCR = T_r
디지털 OC(G)R	OC(G)R	17	8	OCR = T_r
건화 R/C	R/C	3.5	3.5	R/C = T-C
일진 R/C	R/C	2.7	2.7	R/C = T-C
자동화용 R/C	OC(G)R	6	10	R/C = T-C OCR = T_r

2 | 변전소 계전기 정정

변전소 계전기의 정정은 배전사업소에서 하는 것은 아니지만 정정방법을 알고 있어야 잘못된 정정을 바로잡을 수 있다. 만약 변전소 계전기의 정정이 잘못되었다면 배전선로 보호기기의 정정도 원활할 수 없다. 배전선로의 과전류 보호계전기는 강반한시용 보호계전기를 사용하고 있으며 그 이유는

첫째, 설치점의 단락고장전류가 부하전류보다 상당히 커 고장검출이 확실하고,
둘째, 한국전력공사의 배전계통은 상시 개방형 환상(Loop)방식으로 단락 및 지락고장시 고장전류가 한쪽 방향으로만 흘러 방향검출이 불필요하고,
셋째, 과전류계전방식은 간편하고 저렴하기 때문이다.

배전사업소에서 변전소 계전기의 정정과 관련하여 알아야 할 기본 사항을 [표 4.8.7]에 요약하였다.

| 표 4.8.7 | 변전소 계전기의 정정 기본사항

구 분		정정 지침
순시 Tap	OCR	• 전위 R/C(또는 OCR) 설치점의 3상 단락전류 × 1.5 이상 ※ 단 R/C(또는 OCR)가 없는 경우에는 회선당 운전전류 × 6 이상
	OCGR	• 전위 R/C(또는 OCGR) 설치점의 최대 1선 지락전류 × 1.4 이상 ※ 단 R/C(또는 OCGR)가 없는 경우에는 회선당 운전전류 × 3 이상
한시 Tap	OCR	• 회선당 운전전류 × 1.5 (일반배전선로 : 10[MW] • 보호구간 최소고장전류치가 한시요소동작치의 1.5[배] 이상
	OCGR	• 회선당 운전전류 × 0.3 • 보호구간 최소 1선 지락전류 /1.5 이하
한시 Lever	OCR	• 변전소 인출점 3상 단락전류에서 0.5[초], [30Cycle] 이하로 동작 ※ 배전선로 보호협조가 곤란할 경우 0.6[초] 이하로 정정 가능
	OCGR	• 변전소 인출점 최대 1선 지락고장에서 0.5[초] 이하로 동작

여기서, 회선당 운전전류라 함은 다음의 배전 회선당 운전용량의 전류를 말한다.
① 일반 배전선로 : 10[MW] ② 대용량 배전선로 : 15[MW]
③ 기타 예상 최대부하 적용

[그림 4.8.2]는 일반적인 3분할 3연계에 해당하는 그림이다. 만약 고장점 F1과 차단기 CB1 사이에서 고장이 발생한다면 CB1은 차단되며 그에 따라 기존의 9000 kVA의 전력공급을 충족시키기 위하여 S3, S4, S5 스위치가 닫히게 된다. 따라서 비상시 운전용량으로 각각의 Feeder들이 3,000 kVA의 전력을 추가적으로 공급하게 된다. 이와 같은 방식으로 한전에서는 비상시 운전용량을 14,000 kVA까지 규정하고 있다. 기존의 변전소 계전기의 한시 Tap을 선정하기 위해서는 최대부하전류 수치를 계산해야 하는데 10,000 kVA인 상시 운전용량으로 최대부하전류 수치를 계산하면 252 A로 14,000 kVA인 경우 354 A보다 약 100 A가 작다. 252 A에 1.5배를 곱한 수치는 378 A이므로 14,000 kVA인 경우의 최대부하전류와 크게 수치가 차이나지 않는다. 그렇기 때문에 상시운전용량을 기준으로 최대부하전류를 산정하면 비상시 운전상황에서는 계전기의 오부작동을 야기할 수 있으므로 비상시 운전용량을 기준으로 최대부하전류를 산출해야 하며 또한 대용량 선로에서는 상시운전용량은 15,000 kVA, 비상시 운전용량은 20,000 kVA이므로 대용량 선로와 일반선로를 각각 구분하여 계전기를 설정해야 한다.

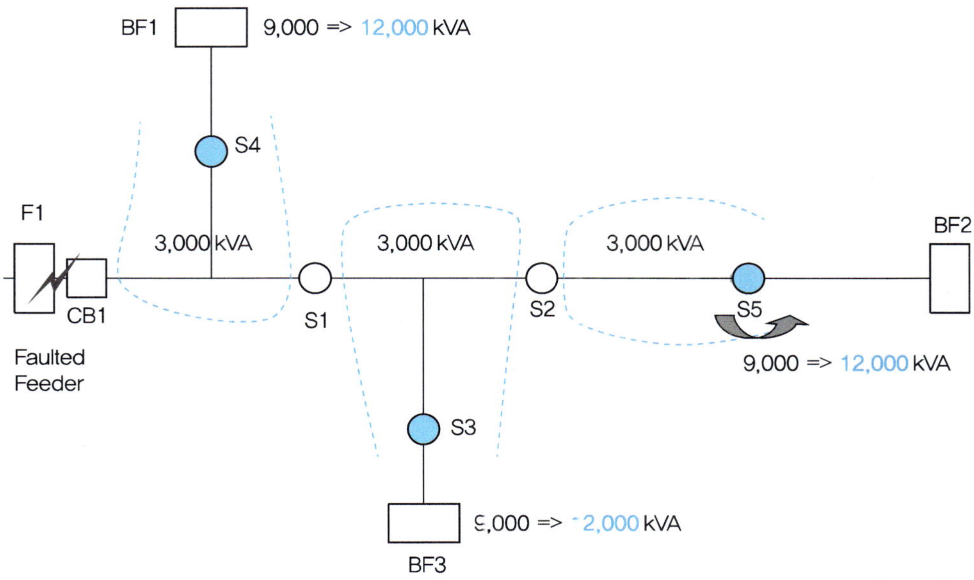

그림 4.8.2 3분할 3연계 모의계통

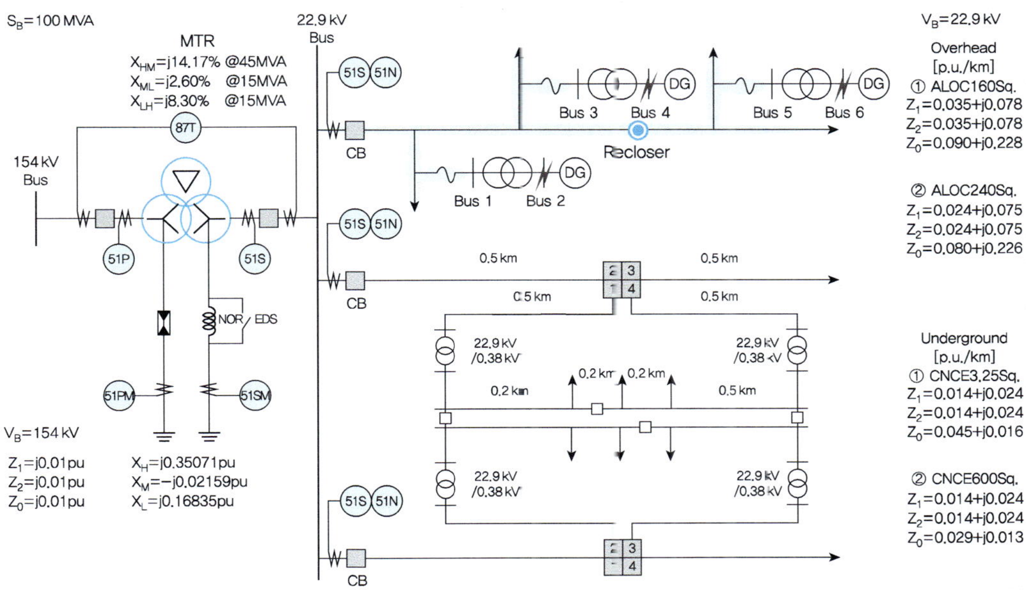

그림 4.8.3 표준 배전시스템

[그림 4.8.3]은 변전소 계전기의 한시 Lever 값을 선정함에 있어 고장전류를 계산하기 위한 변전소 모선 등가임피던스부터 가공선로 또는 지중선으로 구성된 배전 선로를 보여준다. 현재 국내 변전소는 [그림 4.8.3]과 같은 모선 등가임피던스로 표준화 되어 있기 때문에 모선에서 발생하는 고장에 대하여 일반적으로 유사한 고장전류 크기를 보여준다. 가공선로와 지중선 또한 정해진 선로를 사용하기 때문에 고장점까지의 임피던스를 통하여 쉽게 고장전류를 계산할 수 있다.

[그림 4.8.4]는 국내 100개 변전소 인출점에 대한 3상 단락 및 1선 지락고장 전류의 크기를 측정한 데이터이다. 단락고장은 일반적으로 7000~8000 A의 크기 안에서 발생하였으며 지락고장은 몇 개소의 예외를 제외하고는 6000~7000 A의 크기 안에서 발생하였다. 또한 변전소 모선임피던스를 이용하여 수식으로 계산된 가공선로와 지중선로의 대한 고장전류의 크기는 3상 단락인 경우 7500 A, 1선 지락의 경우 6500 A의 산출값을 보였다.

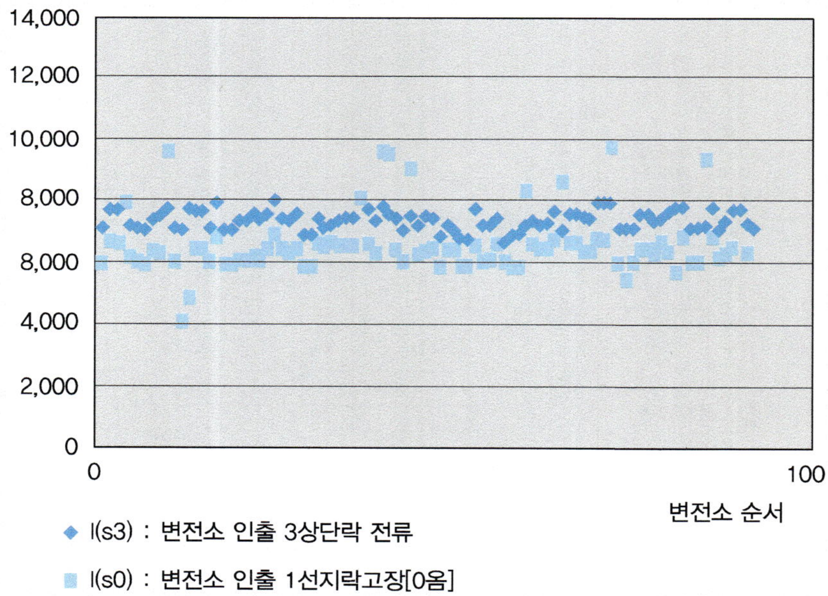

그림 4.8.4 국내 100개 변전소 인출점 고장전류

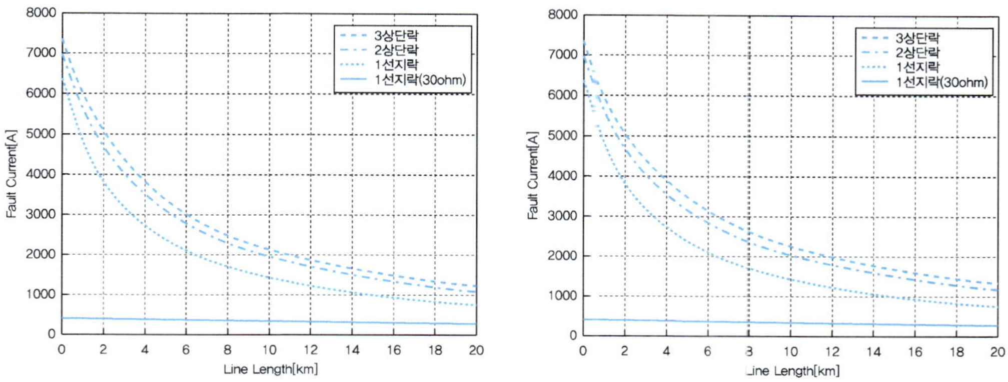

ALOC 160 mm²(일반) ALOC 240 mm²(대용량)

그림 4.8.5 가공선로인 경우의 거리에 따른 고장전류

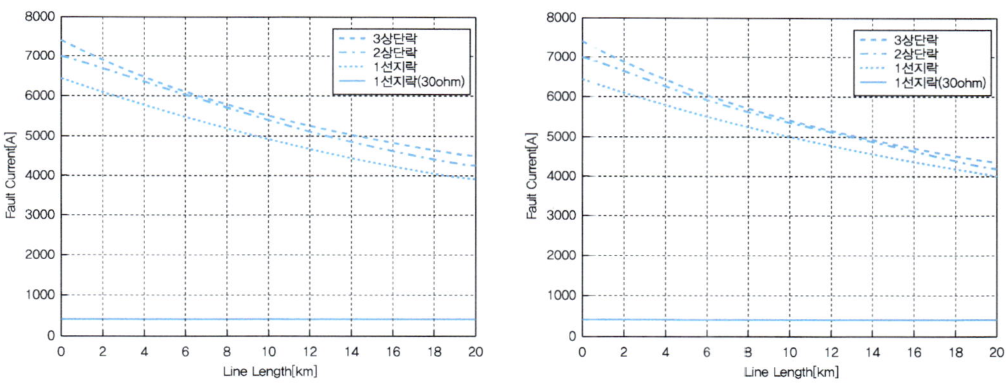

ALOC 160 mm²(일반) ALOC 240 mm²(대용량)

그림 4.8.6 지중선로

변전소 계전기는 배전계통에 존재하는 변전소에 설치가 되기 때문에 배전계통의 첫 번째 보호기기라고 할 수 있다. 그렇기 때문에 변전소 계전기의 설정을 정확히 수행해야만 하위 보호기기들의 설정을 원활하게 수행할 수 있다. 현재 변전소 계전기는 [표 4.8.7]과 같은 정정지침을 갖고 IEC 강 반한시와 비슷한 특성을 가진 KEPCO Very Inverse(KVI) 곡선을 사용하고 있다. 단락사고는 과전류 계전기(Overcurrent Relay, OCR)를 통하여 보호를 수행하며 지락사고에 대해서는 지락과전류 계전기(Overcurrent Ground Relay, OCGR)를 통하여 보호를 진행한다.

보충설명

변전소 계전기의 정정 예

[조건]

아래 그림과 같이 변전소에 설치된 계전기는 GCO–C I II D4, CT비는 600/5이다. 또한, 배전선로에 R/C 1대가 설치되어 있다.

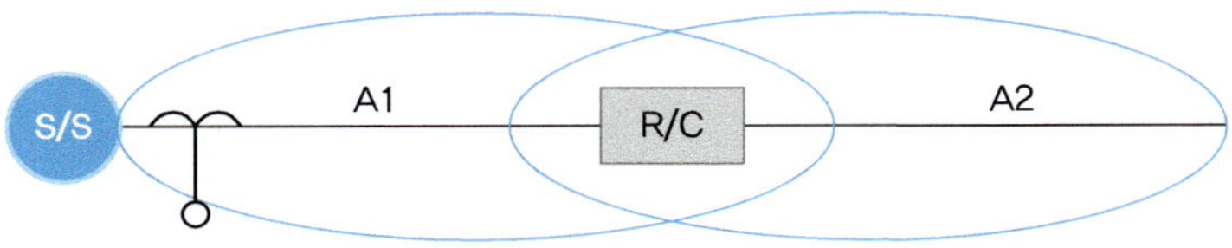

타입 : 경보제 GCO–C I II D4
CT 비 : 600/5

고장전류
I_{s3} : 7,853[A]
I_{s2} : 6,801[A]
I_{g0} : 7,106[A]
I_{g30} : 439[A]

고장전류
I_{s3} : 2,275[A]
I_{s2} : 1,970[A]
I_{g0} : 1,524[A]
I_{g30} : 388[A]

일반선로의 비상시 운전용량이 14,000[kW]이므로, θ=1일 때, 최대부하전류를 $P=\sqrt{3}\,IV\cos\theta$에 의거하여 구하면, 식 1과 같다.

$$I=\frac{P[\text{kVA}]}{\sqrt{3}\,V[\text{kV}]\cos\theta}=\frac{14{,}000[\text{kVA}]}{\sqrt{3}\times 22.9[\text{kV}]\times 1}=352.97[\text{A}] \qquad \text{식 1}$$

1. OCR 정정

[TAP 정정]

OCR의 TAP 정정은 과전류계전기의 동작전류를 결정하는 행위이다.

가. 한시 TAP 정정

OCR 한시 TAP 정정지침에 의거, 계전기의 최소동작전류를 구하면 식 2와 같다.

$$\text{계전기의 최소동작전류}=352.97[\text{A}]\times 1.5=529.46[\text{A}] \qquad \text{식 2}$$

TAP 비가 600/5이므로 TAP의 2차에 흐르는 전류는 식 3과 같다.

$$529.46[\text{A}]\times\frac{5}{600}=4.41[\text{A}] \qquad \text{식 3}$$

계전기의 동작전류는 4.41[A]를 넘어서면 한시동작하게 된다. 따라서 한시 TAP을 4.5에 설정한다.

나. 순시 TAP 정정 OCR 순시 TAP 정정지침에 의거, 전위보호장치 (R/C)점의 3상 단락고장전류의 150[%] 이상

OCR 순시 TAP 정정지침에 의거, 계전기의 순시 TAP 동작전류를 구하면 식 4와 같다.

$$\text{계전기의 순시 TAP 동작전류} = 2{,}275[A] \times 1.5 = 3{,}412[A] \quad \text{식 4}$$

TAP 비가 600/5이므로 TAP의 2차에 흐르는 전류는 식 5와 같다.

$$3{,}412[A] \times \frac{5}{600} = 28.4[A] \quad \text{식 5}$$

따라서 28.4[A] 이상의 전류가 흐르면 순시동작하게 된다. 따라서 순시 TAP을 29[A]에 설정한다.

종합하면 다음과 같다.
- OCR 한시 TAP : 4.5[A]
- OCR 순시 TAP : 29[A]

2. OCGR 정정

[TAP 정정]

OCGR의 TAP 정정은 지락과전류계전기의 동작전류를 결정하는 행위이다.

가. 한시 TAP 정정

OCR 한시 TAP 정정지침에 의거, 계전기의 최소동작전류를 구하면 식 6과 같다.

$$\text{계전기의 최소동작전류} = 352\ [A] \times 0.3 = 105.6\ [A] \quad \text{식 6}$$

TAP 비가 600/5이므로 TAP의 2차에 흐르는 전류는 식 7과 같다.

$$105.6[A] \times \frac{5}{600} = 0.88[A] \quad \text{식 7}$$

계전기의 동작전류는 0.88[A]를 넘어서면 한시동작하게 된다. 따라서 한시 TAP을 1에 설정한다.

나. 순시 TAP 정정 OCGR 순시 TAP 정정지침에 의거, 전위보호장치(R/C)점의 1선 지락고장전류(지락점 저항 값 0[Ω])의 최고치의 140[%] 이상

OCGR 순시 TAP 정정지침에 의거, 계전기의 순시 TAP 동작전류를 구하면 식 8과 같다.

$$\text{계전기의 순시 TAP 동작전류} = 1{,}524[A] \times 1.4 = 2{,}233[A] \quad \text{식 8}$$

TAP 비가 600/5이므로 TAP의 2차에 흐르는 전류는 식 9와 같다.

$$2{,}233[\mathrm{A}]\times\frac{5}{600}=17.78[\mathrm{A}] \qquad \text{식 9}$$

따라서 17.78[A] 이상의 전류가 흐르면 순시동작하게 된다. 따라서 순시 TAP을 18[A]에 설정한다.

종합하면 다음과 같다.

- OCR 한시 TAP : 1[A]
- OCR 순시 TAP : 18[A]

[Lever 정정]

Lever 정정은 계전기의 동작시간을 결정하는 행위이다.

가. OCR Lever 결정 변전소 인출점 3상 단락전류에 대해 0.5[초] (30[Cycle]) 이하로 동작

지침에 의거, 변전소 인출점 3상 단락 전류가 7,853[A]이므로 식 2에 의해 구해진 최소동작전류(529.46[A])로 OCR 한시 Lever는 식 10을 통하여 계산할 수 있다.

$$\left[\frac{3.985}{\left(\frac{7{,}853}{4.5\times120}\right)^{1.95}-1}+0.1084\right]\times Lever\leqq0.5 \qquad \text{식 10}$$

따라서 한시 Lever는 3.84로 산출할 수 있다.

나. OCGR Lever 결정 변전소 인출점 최대1선 지락전류에 대해 0.5[초] (30[Cycle]) 이하로 동작

지침에 의거, 변전소 인출점 1선 지락 전류가 7,106[A]이므로 식 2에 의해 구해진 최소동작전류(529.46[A])로 OCGR 한시 Lever는 식 11을 통하여 계산할 수 있다.

$$\left[\frac{3.985}{\left(\frac{7{,}106}{1.0\times120}\right)^{1.95}-1}+0.1084\right]\times Lever\leqq0.5 \qquad \text{식 11}$$

따라서 한시 Lever는 4.55로 산출할 수 있다.

위 예시와 같이 변전소 계전기는 최대부하전류와 변전소 인출점에서 발생하는 고장전류의 크기를 갖고 정정할 수 있다. 변전소 인출점의 3상 단락전류는 일반적으로 7,500 A의 크기를 갖고 1선 지락전류는 6,500 A의 크기를 갖기 때문에 다음 [표 4.8.8] 및 [표 4.8.9]를 통하여 정정할 수 있다.

❙표 4.8.8❙ 단락고장 시 변전소 계전기 정정치

구분			정 정 지 침
OCR	일반 [14MW]	한시 Tap	최대부하전류 × 1.5 / CT비(600/5) → 352 × 1.5 / 120 = 4.41A ∴한시 Tap : 4.5
		한시 Lever	변전소 인출점 3상 단락전류에서 0.5초 이하로 동작 $\rightarrow \left[\frac{3.985}{\left(\frac{7500}{4.5\times 120}\right)^{1.95}-1}+0.1084\right]\times Lever \leq 0.5$ ∴한시 Lever : 3.78
		순시 Tap	전위 리클로저 설치점의 3상 단락전류 × 1.5 / CT비
	대용량 [20MW]	한시 Tap	최대부하전류 × 1.5 / CT비 (600/5) → 504 × 1.5 / 120 = 6.3A ∴한시 Tap : 6.3
		한시 Lever	변전소 인출점 3상 단락전류에서 0.5초 이하로 동작 $\rightarrow \left[\frac{3.985}{\left(\frac{7500}{6.3\times 120}\right)^{1.95}-1}+0.1084\right]\times Lever \leq 0.5$ ∴한시 Lever : 3.23
		순시 Tap	전위 리클로저 설치점의 3상 단락전류 × 1.5 / CT비

❙표 4.8.9❙ 지락고장 시 변전소 계전기 정정치

구분			정 정 지 침
OCGR	일반 [14MW]	한시 Tap	최대부하전류 × 0.3 / CT비 (600/5) 보호구역 최소 1선 지락전류 / 1.5 이하 → Tap 가능 범위 : 0.88 ~ 2.2 ∴ 한시 Tap : 1
		한시 Lever	변전소 인출점 1선 지락전류에서 0.5초 이하로 동작 $\rightarrow \left[\frac{3.985}{\left(\frac{6500}{1.0\times 120}\right)^{1.95}-1}+0.1084\right]\times Lever \leq 0.5$ ∴한시 Lever : 4.5
		순시 Tap	전위 리클로저 설치점의 1선 지락전류 × 1.4 / CT비
	대용량 [20MW]	한시 Tap	최대부하전류 × 0.3 / CT비 (600/5) 보호구역 최소 1선 지락전류 / 1.5 이하 → Tap 가능 범위 : 1.26 ~ 2.2 ∴ 한시 Tap : 1.4
		한시 Lever	변전소 인출점 1선 지락전류에서 0.5초 이하로 동작 $\rightarrow \left[\frac{3.985}{\left(\frac{6500}{1.4\times 120}\right)^{1.95}-1}+0.1084\right]\times Lever \leq 0.5$ ∴한시 Lever : 4.4
		순시 Tap	전위 리클로저 설치점의 1선 지락전류 × 1.4 / CT비

[그림 4.8.4]를 통하여 단락고장은 일반적으로 7000~8000 A, 지락고장은 몇 개소의 예외를 제외하고는 6000~7000 A의 크기 안에서 발생하였기 때문에 각각의 고장전류 크기에 따른 Lever의 값 차이를 비교해보면 [그림 4.8.7]과 같다. 변전소 인출점에서 발생할 수 있는 고장전류에 대하여 그 Lever 값이 크게 변하지 않는 것을 확인할 수 있기 때문에 한시 Lever를 7,500 A와 6,500 A에 대한 고장전류로 고정하여 산출해도 무방하다고 판단할 수 있다.

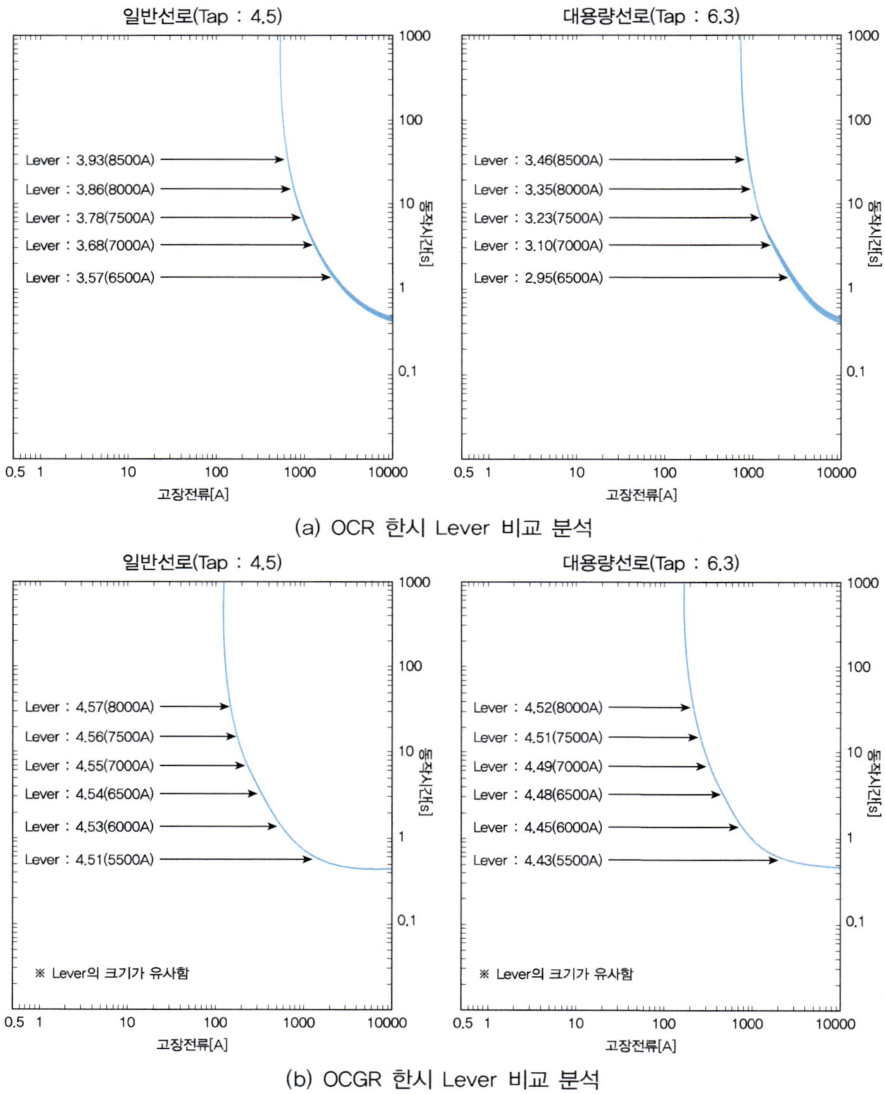

그림 4.8.7 고장전류 크기에 따른 한시 Lever 비교

3 | 선로 보호 기기간의 정정

R/C의 정정기준은 [표 4.8.10]과 같다. [표 4.8.10]의 조건을 모두 만족하도록 정정할 수 있는지 검토한다. 만약 정정이 불가능한 경우에는 'T-C 특성곡선 변경' 기능을 이용하여 정정할 수 있다.

| 표 4.8.10 | R/C 정정기준

구 분		정 정 지 침
최소 동작 전류	상	• 최대부하전류의 2.8[배] 이상, 4.0[배] 이하 • 후비보호기기의 상 최소동작전류 정정치 이하
	지락	• 최대부하전류 × 0.3 이상[1)] • R/C 부하 측 최대 단상분기의 최대부하전류 이상 • 보호구간 최소 1선 지락전류 / 2 이하 • 후비보호기기 지락 최소동작전류 정정치 이하
총 동작 회수		후비에 R/C가 있을 경우 : 후비 R/C의 총 동작회수 - 1 이하
순시동작 회수		• 총 동작회수 이하 • 상과 지락의 순시동작 회수 일치
재폐로 시간		• 변전소 계전기가 아날로그일 경우 : 계전기의 원판 복귀시간 이상 • R/C 몸체가 투입준비를 할 수 있는 시간 이상 • 상과 지락의 재폐로 시간 일치
복귀시간		30[초]
X 배수	상	(설치점 최대부하전류 × 10) / 상 최소동작전류 이상
	지락	(설치점 최대부하전류 × 10) / 지락 최소동작전류 이상

주 1) 30% 이하의 부하 불평형 전류로 인한 R/C 동작을 막기 위한 조건이다.

또한, R/C(후비보호기기)와 R/C(전위보호기기) 간 협조기준 시간은 [표 4.8.11]과 같다.

| 표 4.8.11 | R/C와 R/C간 협조기준시간

후비보호기기	전위보호기기	협조시간차[Cycle]	비 고
KH-ESV, ESV	R/C	3.5	
IJB-VE, VWVE, EVR-2	R/C	2.7	

R/C의 T-C 특성

R/C는 상 및 지락 T-C 특성을 동시에 적용할 수 있다.

- 상과 지락의 T-C 특성은 서로 달라야 의미가 있다.
- 순시곡선과 지연곡선으로 구분하고 있다.
- 순시곡선은 동작시간이 짧고, 지연곡선은 동작시간이 길다.
- 아날로그 R/C의 특성곡선은 많지 않지만 디지털 R/C은 40가지가 넘는 특성곡선이 있다.
- 순시와 지연곡선은 반드시 [표 4.8.12]의 조건을 충족하도록 선정해야 한다.

| 표 4.8.12 | R/C 순시 및 지연곡선 선정조건

순시곡선 동작시간	지연곡선 동작시간
순시동작시간 ≪ 지연동작시간	
① 선로용 퓨즈의 용융시간 이하	① 선로용 퓨즈의 고장제거시간 이상 ② 돌입전류 지속시간 이상 ※ 디지털 R/C는 돌입전류에 대해 내성이 없는 곡선을 지연으로 사용하면 순간고장이 일시고장으로 확대될 수 있다.

시퀀스 정정

R/C의 시퀀스 정정은 총 동작횟수와 순시동작 횟수로 정정한다. 따라서 지연동작횟수는 식 (4.8.5)와 같이 결정한다.

$$\text{지연 동작횟수} = \text{총 동작횟수} - \text{순시 동작횟수} \tag{4.8.5}$$

단, 총 동작횟수 : 4[회]

1) 시퀀스 정정할 때 유의 사항

- 이론상 정정이 가능한 시퀀스는 14가지가 있다.
  4F, 3F1D, 2F2D, 1F3D, 4D, 3F, 2F1D, 1F2D, 3D, 2F, 1F1D, 2D, 1F, 1D
- 1F나 1D로 정정하면 재폐로 과정이 없어 R/C의 장점을 살릴 수 없다.
- 시퀀스를 모두 순시 정정하면 돌입전류로 인해 R/C가 Lock Out될 수 있다.

- 직렬로 R/C 3[대]를 설치하면 후비 측부터 2F2D - 2F1D - 2F로 정정하는 경우가 많은데, 돌입전류로 인해 문제가 생긴다면 1F3D - 1F2D - 1F1D로 정정하는 방안을 검토할 필요가 있다.
- 순시로만 정정하는 것은 여러 면에서 문제가 있어 피하는 것이 좋다.
- R/C의 전위에 선로용 퓨즈가 있는 경우, R/C의 모든 시퀀스를 지연으로 정정하면 R/C의 첫 번째 동작에서 퓨즈가 용단되어 순간고장을 제거할 기회가 없어진다.

2) R/C와 R/C간 시퀀스 검토방법

① 두 R/C 간 시퀀스를 동일하게 하고 최소동작전류치를 다르게 정정한다.
② 두 R/C 간 시퀀스를 다르게 하고 최소동작전류치를 동일하게 정정한다.
③ R/C 간 시퀀스와 최소동작정류치를 모두 다르게 정정한다.

보호협조 상, 융통성이 많은 ③권을 많이 적용하고 있다.

3) Phase와 Ground 간 시퀀스

Phase와 Ground 시퀀스는 동일하게 검토하는 것이 좋으나 Ground 고장시 전원측 OCGR과 지연시간(Delay Time)과의 협조가 불가능한 경우가 종종 발생한다. 이를 해결하는 방법은

- Ground 시퀀스의 지연 동작횟수를 축소하여 상호 진행사항을 검토한다.
- 총 동작횟수는 Phase와 동일하게 하는 것이 좋다.

4) 시퀀스 정정이 곤란한 경우

시퀀스의 정정으로도 보호협조가 곤란할 때 해결방법은

- R/C의 최소동작전류치를 조정한다.
- 새로운 특성 곡선을 택하여 보호협조를 검토한다.
- 그럼에도 협조를 얻지 못할 경우에는 R/C의 설치점을 변경하거나, 전원측 보호계전기 Tap값이나 Lever 값을 조정할 수 있는지를 검토한다.

4 | R/C의 정정범위

R/C의 동작 특성

R/C는 전위와 후비보호장치 간 보호협조가 가능한 보호기기이다.

- 선로에 순간고장이 발생하면 순시동작 선로를 차단한 후 곧 바로 자동 재폐로하여 전력공급의 신뢰도를 향상시키고 있다.
- 또한, 일시고장이 발생하면 정정된 동작을 수행한 후 고장구간을 선로로부터 분리시키는 기능을 갖는다.
- 따라서 R/C는 순간고장과 일시고장을 구별하는 기능이 있으며, 순시동작 곡선과 지연동작 곡선을 갖고 있다.
- 전자식 R/C는 선로에 고장전류가 흐르면 BCT(Bushing CT)를 통해 고장전류를 검출하여 R/C를 Trip시킨다.

R/C의 총 동작횟수의 정정범위

R/C가 Lock Out될 때까지 총 동작횟수는 4[회]까지 정정이 가능하다.

- 총 동작횟수를 4[회]로 정정한 경우, 3[회] 재폐로 후 4[회]째에 선로를 개방한다.
- 순시동작과 지연동작 횟수는 필요에 따라 임의로 조합할 수 있다.
- 순시동작은 반드시 지연동작에 선행하도록 한다.
- 일반적인 권장 사항은 다음과 같다.

> – Phase trip 순시 동작횟수 : 1[회] 또는 2[회]로 정정한다.
> – Ground trip 순시 동작횟수 : 1[회] 또는 2[회]로 한다.
> – 지연동작횟수는 총 동작횟수에서 순시 동작횟수를 뺀 나머지 횟수로 한다.

R/C의 최소동작전류의 정정범위

R/C의 제어장치에 일정한 값을 초과한 전류값이 감지되면 R/C는 개방동작을 한다.

- 이 전류 값은 상간 최소동작전류(Phase Trip Resistor)와 지락 최소동작전류(Ground Trip Resistor)로 결정한다.
- R/C(전자식)의 최소동작전류는 Trip Resistor의 정격과 같으며 상 최소동작전류는 설치점의 최대부하전류가 Phase Trip Resistor의 정격보다 클 때 동작하며 Phase Trip Resistor의 정격 범위는 다음 기준에 의한다.

> – Phase Trip Resistor 정격 = 설치점 최대부하전류 × 2.8~4.0[배]
> – Ground Trip Resistor = 보호구간의 최소고장전류 × 0.5 이하 및 부하측 단상선로 중 가장 큰 최대 부하전류 이상

R/C의 재폐로 시간

재폐로 시간의 의미는 회로가 개방된 후 자동적으로 폐로될 때까지의 시간을 말한다. 이 시간은 순시고장이 제거될 수 있는 여유를 준다.

- 재폐로 시간은 진행상태를 파악할 때 적용하는 중요한 요소로 40[Cycle] ~ 60[초]까지 임의로 조정할 수 있다.
- 한국전력공사는 보호협조의 원활한 검토를 위해 [표 4.8.13]과 같이 운영하고 있다.

[표 4.8.13] 재폐로 시간의 장·단점 분석

재폐로시간	장점	단점	비고
순시 (30~40[Cycle])	• 전동기부하 유지에 최적	• 순시고장 제거곤란	• 공단부하에 적합 • 최초 재폐로 시간에 적합
2[초]	• 순시고장 제거에 충분 • 선로용 퓨즈에 충분한 냉각시간 제공	• 전동기 부하의 drop off	• 통상적용
15[초]	• 변전소 아날로그 계전기의 복귀시간 보장	• 고장지속시간이 지나치게 길어 후속조치 지연	• 계전기와 협조시 적절

R/C의 Type별 재폐로 시간은 [표 4.8.14]와 같다.

| 표 4.8.14 | R/C Type별 재폐로 시간

R/C 종류	순시(1F) 후	순시(2F) 후	지연(D) 후
IJB-VE형	2[초][1)]	2[초]	15[초]
KH-ESV형	2[초]	6[초]	15[초]
자동화형	0.5[초]~2[초]	2[초]	15[초]

주 1) 표시는 Inst(Instantaneous)로 바꿀 수 있고, 이 시간은 30~40[Cycle]이다.

재폐로 시간을 선택할 때 고려사항

1) 순시재폐로

재폐로 시간이 매우 짧아, 부하 및 전동기의 가동이 계속될 수 있는 장점이 있지만, 과도고장이 제거되기에는 부족한 시간이라 아크에 의한 도전성 가스가 방출되지 못해 고장이 지속될 위험이 있다.

2) 2[초]

이 재폐로 시간을 가장 많이 쓰고 있다. 과도고장 제거 및 도전성 가스를 방출시키기에 적합하지만, 전동기부하가 정지되거나 퓨즈가 냉각할 시간을 더 준다.

3) 5[초]

이 재폐로 시간은 주로 지연동작 사이에서 사용하며 1차 보다 많은 냉각 시간을 주게 되며, 퓨즈의 최소용융시간에 근접하도록 R/C를 정정할 수 있다.

4) 5[초] 이상

이 재폐로 시간은 일반적으로 후비보호장치가 계전기에 의해 조절되는 차단기에 적용되며, 이는 과전류 계전기의 유도원판형 원판이 복귀하는데 충분한 여유를 제공한다.

R/C 복귀시간의 정정범위

복귀시간은 R/C가 투입된 후 선로에 고장전류가 흐르지 않는 상태에서 진행한 시간을 의미한다.

- 부하측에 순간고장이 발생하면 R/C의 재폐로 동작으로 고장이 제거되므로 R/C는 Lock Out 되지 않고 재투입되어 정정된 복귀시간 후 R/C가 정상적으로 회복되어야 한다.
- 후비측 R/C의 복귀시간은 전위측 R/C의 가장 큰 재폐로 시간보다 길게 정정되어야 한다. 이것은 전위측 R/C의 재폐르 시간 동안 후비측 R/C가 복귀하는 것을 막기 위한 것이다.
- 만약 전위측 R/C의 재폐로 시간 이내에 후비측 R/C가 미리 복귀하게 되면 부하측 고장이 재발생시 후비측 R/C의 재폐로 동작이 반복될 우려가 있다.
- 실제 복귀시간은 3~180[초]까지 여러 가지가 있으나 일반적으로 한국전력공사는 30[초]로 정정하며, 고장이 빈번하여 확실한 Lock out을 통한 안전확보를 위해서는 180[초]로 둘 수 있다.

구간협조 기능장치

구간협조장치는 선로에 2대 이상의 R/C가 직렬로 설치된 경우에 필요한 것으로 순시동작은 동작시간이 매우 짧아 보호협조를 위한 시간차를 내기가 어려워, 순시동작에서는 두 R/C가 동시에 동작하게 되어 후비 R/C와 전위 R/C 사이에 있는 구간은 건전 구간임에도 불구하고 순간정전을 경험하게 된다. 이를 해결하기 위해 후비 R/C에 구간협조 장치를 부착하면 순시동작에 한해 전위 보호구간에서 발생한 고장에 대해서 후비 R/C는 실제 동작은 되지 않고 동작을 한 것으로 간주하여 다음 시퀀스로 넘어가게 하는 기능을 하는 장치이다.

따라서 구간협조 기능장치는

- 한 선로에 R/C가 직렬로 2대 이상 설치된 경우 후비보호 R/C에 필요하다.
- 전위 R/C의 총 동작 횟수는 후비 R/C보다 작거나 같아야 한다.
- 전위 R/C의 지연과 후비 R/C의 순시가 같은 시퀀스에 있으면 안 된다.

또한, R/C 제작사에 따라 다음과 같이 이름을 달리하고 있다.

- IJB-VE(VWVE)형 R/C : S.C.A[Sequence Coordination Accessory]
- KH-ESV(ESV)형 R/C : Z.S.U[Zone Sequence Unit]
- 자동화 R/C : 제어함에 Sequence Coordination 항목이 있어 간단하게 설정

❹ R/C의 T-C 특성곡선

R/C의 T-C 특성곡선은 제작사별, Type별에 따라 협조조건, 즉 Phase 고장시 순시와 지연, Ground 고장시 순시 및 지연에 따라 적용 곡선이 다르다. 두 대 이상의 R/C가 직렬로 설치될 때 후비 R/C는 별도의 시간을 더 지연시킨 곡선을 적용한다. 이를 한국전력공사에서는 [표 4.8.15]와 같이 적용하고 있다. R/C가 직렬로 3대가 연결된 경우에는 IEC Very Inverse 곡선을 사용해야만 협조가 원활히 수행된다.

| 표 4.8.15 | R/C 직렬 설치와 T–C 특성곡선 적용

R/C 직렬 대수	R/C 위치	R/C 종류	T–C 특성곡선			
			단락		지락	
			순시	지연	순시	지연
2대	후비	IJB-VE, 디지털 R/C	Ⓡ	Ⓑ	⑧*	②
	전위	IJB-VE, 디지털 R/C	Ⓐ	Ⓑ	①	⑧, ⑭
	후비	IJB-VE, 디지털 R/C	Ⓡ	Ⓑ	⑧*	②
	전위	KH-ESV	②	①	①	⑧
	후비	KH-ESV	②	①	①	②
	전위	IJB-VE, 디지털 R/C	Ⓐ	Ⓑ	①	⑧, ⑭
	후비	KH-ESV	②	①	①	②
	전위	KH-ESV	②	①	①	⑧
	후비	디지털 R/C	N2	N4	N2	N4
	전위	디지털 R/C	N1	N3	N1	N3
	후비	디지털 R/C	IEC-VI L0.16	IEC-VI L0.2	IEC-VI L0.16	IEC-VI L0.2
	전위	디지털 R/C	IEC-VI L0.1	IEC-VI L0.14	IEC-VI L0.1	IEC-VI L0.14
3대	RC1 (후비)	디지털 R/C	IEC-VI L0.18	IEC-VI L0.24	IEC-VI L0.18	IEC-VI L0.24
	RC2	디지털 R/C	IEC-VI L0.16	IEC-VI L0.2	IEC-VI L0.16	IEC-VI L0.2
	RC3 (전위)	디지털 R/C	IEC-VI L0.1	IEC-VI L0.14	IEC-VI L0.1	IEC-VI L0.14

⑧*는 ⑧을 지락순시에 사용한 경우이며, 이때 반드시 지락 지연에는 ②를 사용해야 한다.

보충설명

같은 배전선로에 2 및 3대의 R/C를 설치할 경우 가능한 시퀀스는 아래 표와 같이 할 수 있다.

구분 \ 대수	R/C가 두 대일 때		R/C가 세 대일 때		
	후비 R/C	전위 R/C	후비 R/C	중간 R/C	전위 R/C
협조 가능 시퀀스	1F3D	1F2D	1F3D	1F2D	1F1D
	1F2D	1F1D	2F2D	2F1D	2F
	2F2D	2F1D	4D	3D	2D
	4D	3D			
	3D	2D			

❹ R/C의 시퀀스 선정

R/C의 시퀀스 선정 요소는

- 최대 및 최소 고장전류 그리고 최대부하전류에 의거하여 보호계전기 또는 R/C간 협조를 검토한다. 특별한 고려사항이 없는 경우에 참고할 수 있는 시퀀스의 모형은 [표 4.8.16]과 같다.

┃표 4.8.16┃ R/C의 시퀀스와 특징

시퀀스	설 명
2F1D	• 제일 많이 적용하는 시퀀스 형태 • 변전소에 가까운 지역에 부하가 밀집되어 있는 선로에 적합
2F2D	• 타 보호장치와 협조가 양호하여 많이 적용 • R/C와 R/C간 협조시 동시 동작할 우려가 있어 구간 협조장치 필요 – 2F : 외물접촉(나뭇가지, 조류 등)에 의한 순간고장 제거에 여유시간을 부여하며, 2회 연속되는 과도고장(강풍 등)에 의한 고장제거에 적합 – 2D : 전위퓨즈와 여유 있는 협조를 제공
1F 3D	• 전위 퓨즈와 여유 있는 협조를 제공 • 후비 퓨즈나 R/C와 협조가 어려운 있음 • 큰 고장전류로 선로를 소손시킬 우려가 있음
1F 2D	• 후비 R/C와 협소할 경우 전위 R/C에 적용
3F 또는 4F (모두 순시)	• 변전소로부터 매우 짧은 긍장의 선로에 적용
3D 또는 4D (모두 지연)	• 잘 쓰이지는 않으나 정전이 없어야 하는 동력부하를 담당하는 선로에 적용 • R/C가 불필요하게 동작하는 것을 방지하기 위한 것으로 R/C의 보호영역 내의 순간고장이 제거되지 못하는 단점이 있음 • 분기선로에 설치하여 이후에 고장발생시 확실히 고장구간을 분리해 주어야할 경우에 적합 • R/C와 R/C간 보호협조를 확실히 얻을 수 있음

5 | 고객 계전기의 정정

배전선로의 보호기기와는 달리 협조에 문제가 있더라도 부설 위치를 옮기거나 다른 기기로 바꿀 수가 없다. 특히 후비보호기기가 변전소 계전기인 경우에는 협조시간차가 17[Cycle]이나 되기 때문에 Pick-up 배수가 많이 차이나지 않으면 협조가 쉽지 않다는 어려움이 있다. 고객 계전기 정정지침은 [표 4.8.17]과 같다. 계통보호업무 편람의 고객 계전기 정정지침도 참고자료로 제시하였다.

[표 4.8.17] 고객 계전기 정정지침

구분		정 정 지 침
순시 Tap	OCR	• 수전변압기 2차 측 3상 단락전류 × 1.5[배] 이상
	OCGR	• 최소 Tap
한시 Tap	OCR	• 최대부하전류 × 1.5[배] 이상 – 변동부하인 경우 : 최대부하전류 × 2[배] 이상 • 수전설비 최소 단락전류 / 1.5 이하
	OCGR	• 최대부하전류 × 0.3 이하 • 부하 불평형 전류 × 1.5[배] 이상
한시 Lever	OCR	• 수전변압기 2차 측 3상 단락전류에서 0.6[초] 이내에 동작 • 수전변압기 1차 측 3상 단락전류에서 후비보호기기와 협조
	OCGR	• 수전변압기 1차 측 최대 1선 지락전류에서 0.2[초] 이내에 동작 • 수전변압기 1차 측 최소 1선 지락전류에서 후비보호기기와 협조

❹ 순시 Tap

[그림 4.8.8]에서 수전 변압기 2차 계전기(A)의 부하 측에서 고장이 발생하여 수전 변압기 1차 계전기가 순시로 동작한다면 고객 전체 설비가 정전을 경험하게 된다. 즉, 부하(1)만 정전되어야 하는데 부하(2), (3)도 정전을 경험하게 된다.

이를 방지하기 위해서는 다음 사항을 고려한다.

- 1차 계전기의 순시 Tap 값은 주변압기 2차 측 고장에 동작하지 않도록 정정
- 1차 계전기의 최소동작전류는 수전 주변압기 2차 측 최대 상 고장전류(3상 단락고장)보다 커야 함.
- 고객 구내에서 보호기기간의 협조가 없는 경우에는 이 지침의 적용이 필요 없음

보충설명

계통보호업무 편람의 고객 계전기 정정지침(참고)

구분		정 정 지 침
순시 Tap	OCR	• 수전변압기 2차 측 3상 단락전류 ×1.5[배] 이상 – 2차측 단락고장 및 여자돌입전류에는 동작치 않도록 정정 이 경우 수전변압기 2차 3상 단락 고자전류의 150[%]~250[%] 정정
	OCGR	• 최소 Tap(불평형 부하전류에 의한 순시요소동작을 방지하기 위해서 최대부하전류 × 3배 이상에 정정)
한시 Tap	OCR	• 계약최대전력 × 1.5[배]~1.7배 – 변동부하인 경우 : 계약최대전력 × 2[배]~2.5[배] 이상 • 수전설비 최소 단락전류 / 1.5 이하
	OCGR	• 최대부하전류 × 0.3[배] 이하 • 부하 불평형 전류 × 1.5[배] 이상 • 수전설비 최소 1선 지락전류 / 1.5 이하
한시 Lever	OCR	• 수전변압기 2차 측 3상 단락전류에서 0.6[초] 이내에 동작(자기한계)
	OCGR	• 수전변압기 1차 측 최대 1선 지락전류에서 0.2[초] 이하에 동작 • 한국전력공사 지락보호장치와 보호협조가 가능하고, 오동작하지 않는 범위에서 최소 Lecer에 정정

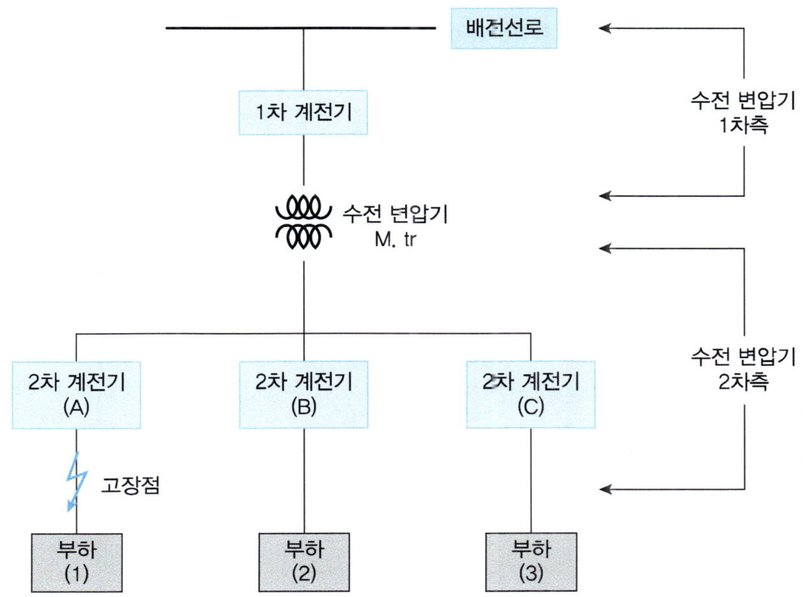

그림 4.8.8 고객 수전설비의 예

1) OCGR의 경우, 수전설비가 접지방식이면

순시 Tap 값을 주변압기 2차 측 최대 지락고장전류보다 크게 정정한다. 이때 안전계수(1.4[배])도 적용한다.

2) OCR 및 OCGR 모두 최소값으로 정정할 경우 주의사항

디지털 계전기의 경우 정정 가능한 최소 순시 Tap이 너무 낮은 경우에는 최소값으로 정정하면 돌입전류에 계전기가 동작할 수 있다. 따라서 가급적 OCR은 20[A], OCGR은 10[A] 이상으로 정정하는 것이 좋다.

❹ 한시 Lever

고객 계전기의 한시 Lever의 정정 값이 너무 작게 되면 다음과 같은 내용을 검토하여야 한다.

– 아날로그 계전기는 Lever 값이 적으면 고정접점과 가동접점 간 간격이 좁아

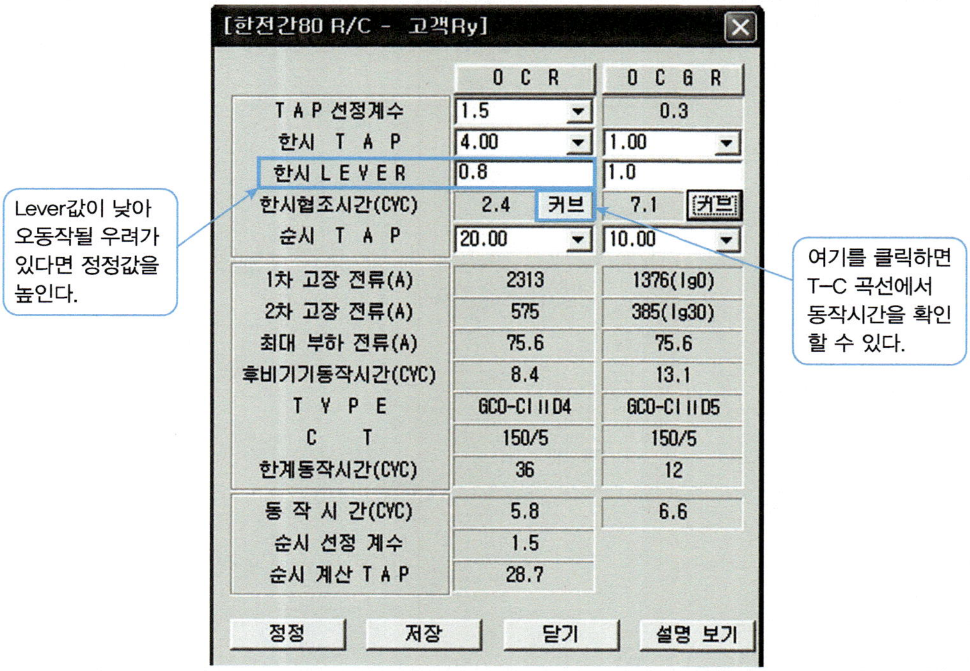

그림 4.8.9 off–DAS의 수전설비 정정화면

외부충격(진동)에 의한 오동작의 가능성이다. 따라서 Lever 값이 1 이하이면 Lever 값을 높인다.

- 돌입전류에 의한 오동작을 고려한다. 다날로그 및 디지털 계전기 모두 해당된다. 최대부하전류 × 10[배]의 전류에서 동작시간이 10[Cycle] 이하이면 돌입전류에 의한 오동작의 가능성이 있으므로 Lever 값을 높여주는 것이 좋다.
- 고객 계전기의 한시 Lever 값을 높이게 되면 배전선로 보호기기와의 협조에 문제가 생기므로 꼭 필요한 만큼만 높인다.

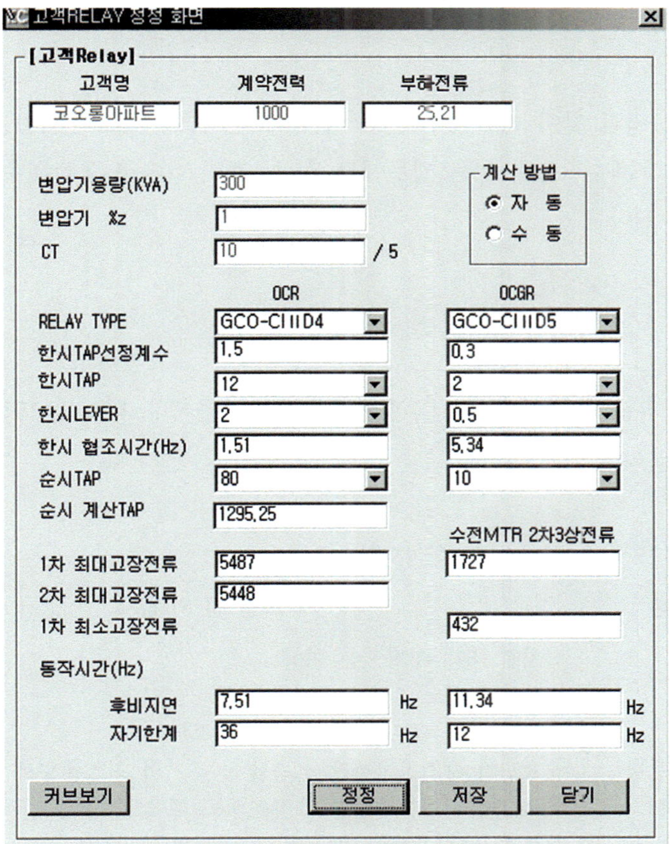

그림 4.8.10 NDIS 보호협조프로그램의 수전설비 정정화면

6 | ASS의 정정

ASS는 배전선로 보호용으로 사용되었는지 고객설비 보호용으로 사용되었는지에 따라 그 정정방법이 조금 다르지만 정정요소가 간단하므로 쉽다. ASS의 정정지침은 [표 4.8.18]과 같다.

| 표 4.8.18 | ASS 정정지침

구분		정 정 지 침
최소 동작 전류	상	• 선로용 : 설치점 최대부하전류 × 1.5[배] 이상 • 고객용 : 설치점 최대부하전류 × 2.5[배] 이상
	지락	• 상 최소동작전류 × 0.5
돌입전류 억제시간		• 30[Cycle] – 돌입전류 지속시간이 긴 경우에는 60[Cycle]로 정정

[표 4.8.18]과 같이 ASS의 최소동작전류가 후비보호기기의 최소동작전류보다 적게 정정되고 계수기능이 있는 경우에는 후비보호기기의 총 동작횟수보다 1회 적게 정정되면 된다.

7 | 선로용 퓨즈의 정정

선로용 퓨즈의 정정요소는 퓨즈 정격 한 가지뿐이다. [표 4.8.19]는 선로용 퓨즈의 정정지침이다.

| 표 4.8.19 | 선로용 퓨즈 정정지침

구분	정 정 지 침
퓨즈 용량	• 설치점 최대 부하전류 이상 • 보호구간 최소 1선 지락전류 이하 • R/C(후비) - 선로용 퓨즈(전위)인 경우 – R/C의 순시동작시간 × 승율 < 퓨즈의 최소용융시간 – R/C의 지연동작시간 > 퓨즈의 최대 고장제거시간 • 선로용 퓨즈(후비) - 선로용 퓨즈(전위)인 경우 – 후비 퓨즈의 최소용융시간 × 0.75 > 전위 퓨즈의 최대 고장제거시간

8 | 다회로차단기(MCA)의 보호협조

다회로차단기는 지중선로에 적용하는 차단장치 이다. 이 장치는 지중선로와 가공선로의 혼재 정도에 따라 보호협조 시퀀스 적용이 달라진다.

100[%] 지중선로의 보호협조 시퀀스

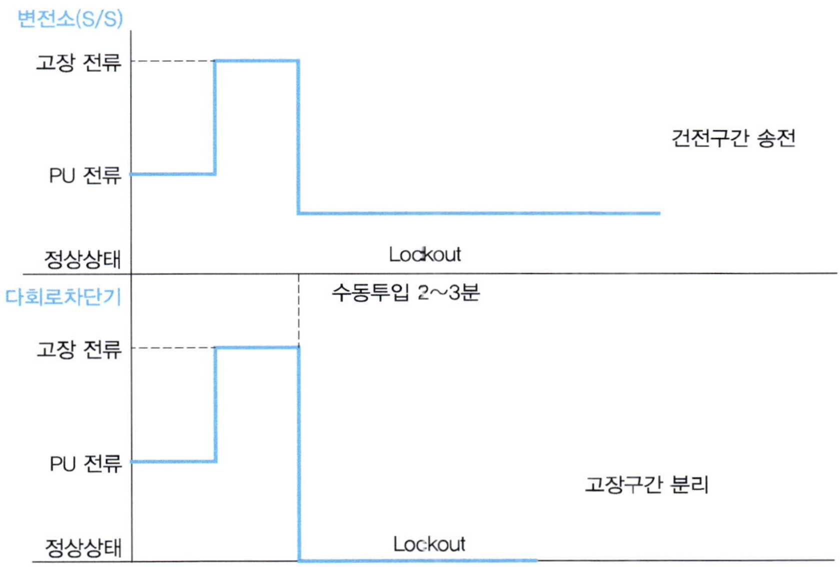

그림 4.8.11 지중선로의 보호협조 시퀀스

선로구분	MCA 미부설의 경우		MCA 부설의 경우	
	재투입	소요시간	재투입	소요시간
100[%] 지중선로	고장구간 분리 후 CB 재투입	3~4[분] (또는 일시정전)	CB만 재투입	2~3[분]

4 지중 및 가공 선로가 혼재된 경우 보호협조 시퀀스

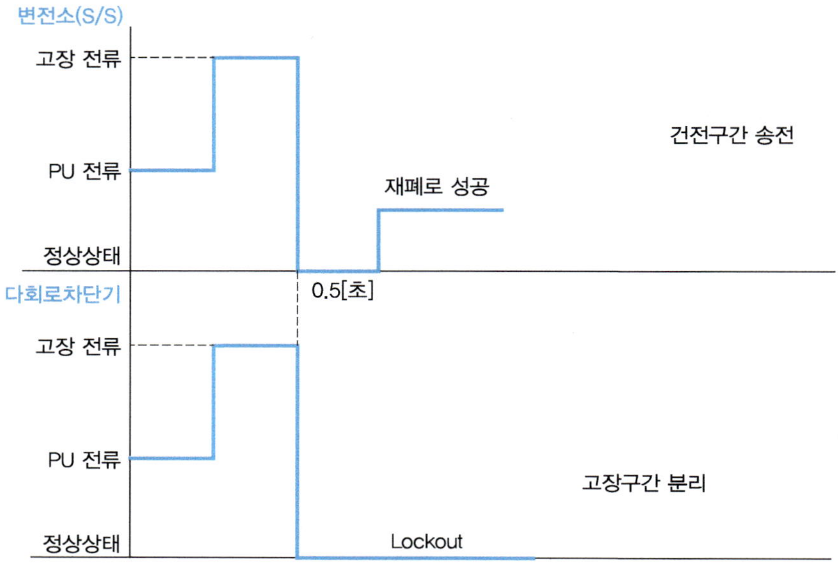

그림 4.8.12 지중 및 가공선로 혼재 시 보호협조 시퀀스

선로구분	MCA 미부설의 경우		MCA 부설의 경우	
	재투입	소요시간	재투입	소요시간
지중 가공선로 혼재선로	고강구간 분리 후 CB 재투입	4~5[분] (또는 일시정전)	1회 재폐로	0.5[초]

제9절

보호기기간(CB, RA, 퓨즈, 고객) 보호협조

1 | 변전소 – R/C간 협조

변전소 계전기와 R/C간의 보호협조를 검토할 때 고려사항은 다음과 같다.

- 변전소 계전기의 재폐로 횟수를 확인한다.

재폐로 횟수를 확인해야할 이유(현재 기준)
– 배전선로의 지중비율이 30[%] 이하이면 변전소 계전기의 재폐로 횟수를 2[회]
– 30[%] 초과이면 1[회]로 정정
– 완전 지중선로의 경우는 재폐로를 넣지 않는다.

- R/C간의 변전소 계전기의 한시동작과 R/C의 지연동작간의 협조 확인한다(불완전협조 가능).
- R/C 설치점 부하 측 고장에 변전소의 순시계전기가 동작하지 않도록 한다(완전협조 가능).
- 변전소 재폐로 운전기준 잠정 변경

변전소 재폐로 운전기준 변경
– 과거

구 분	전체 가공	지중 30[%] 미만	지중 30[%] 이상	전체 지중
재폐로 횟수	한시 2회	한시 2회	한시 1회	없음

– 변전소 재폐로 운전기준 변경(2009. 4. 23)
  • 지상기기가 없거나, 지상기기의 보강이 완료된 선로에는 재폐로시 기기 폭발위험이 없으므로 재폐로 잠정기준을 완화하여 한시 1회로 변경하여 운영

함이 타당할 것으로 판단됨

- 단, 연계된 배전선로에 지상기기를 보강하지 않은 경우에는 부하절체 등으로 수시로 배전선로 계통이 바뀔 수 있으므로, 모든 연계선로의 기기보강이 완료된 경우에만 허용함이 타당할 것으로 사료됨

① 지상기기 미 보강 선로

구 분	전체 가공	지중 30[%] 미만	지중 30[%] 이상	전체 지중
재폐로 횟수	한시 2회	순시 1회[1]	순시 1회[1]	없음

② 지상기기 보강[2] 및 지상기기가 없는 선로

구 분	전체 가공	지중 30[%] 미만	지중 30[%] 이상	전체 지중
재폐로 횟수	한시 2회	한시 2회	한시 1회[3]	없음

※ 1) 순시트립 블록[4] 해제 후 재폐로 시행

2) 순간압력저감장치가 부설되지 않은 기기를 개조하여 장치를 부착한 것으로, 연차사업으로 기기보강을 시행하여 '09년 4월 현재 진행률은 82.7% 정도가 완료된 상황이며, 신설기기의 경우 순간압력저감장치가 부착되어 출고됨

3) 단, 모든 연계선로의 기기보강이 완료되지 않은 경우는 순시 1회로 현행 유지

4) 순시고장의 경우 순시트립 블록을 제거하지 않는 경우 재폐로를 순서커브에 의거 시행함

변전소 OCR과 R/C간의 협조

대부분의 경우 R/C의 최소동작전류의 정정과 관련하여 이해해야 할 사항이 있다.

- R/C는 후비보호기기보다 부하전류가 충분히 감소한 지점에 설치해야 원활한 협조를 얻을 수 있다.

부하전류가 충분히 감소한 위치에 R/C를 설치해야 할 이유

다음 그림과 같은 경우

변전소 OCR 최소동작 전류 : $I_L \times 1.5$ 식 1

R/C 상 최소동작 전류 : $r \times I_L \times 2.8$ 식 2

식 1과 식 2를 연립하면 식 3과 같다.

$$r \times I_L \times 2.8 < I_L \times 1.5 \qquad \text{식 3}$$

[표 4.8.7]의 변전소 계전기 정정지침과 [표 4.8.8]의 R/C 정정지침의 조건을 만족하기 위한 r은 식 4와 같다.

$$r < \frac{I_L \times 1.5}{I_L \times 2.8} = \frac{1.5}{2.8} = 5.4 \qquad \text{식 4}$$

식 4는 R/C의 설치점 부하가 배전선로 부하의 54[%] 이하가 되어야 함을 의미한다. 즉, 부하전류가 46[%] 이상 감소한 지점에 R/C를 설치해야 한다는 것이다.

여기서, I_L : 배전선로 최대부하 전류

r : 배전선로 부하에 대한 R/C 설치점 부하의 비율

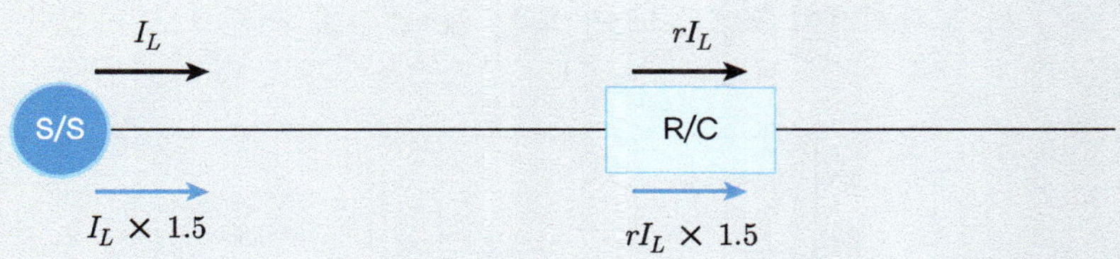

r : 배전선로 부하에 대한 R/C 설치점 부하의 비율
I_L : 배전선로 최대부하전류

변전소 OCGR과 R/C간의 협조

변전소 계전기와 R/C간 보호협조 상에 문제가 되는 것은 대부분 R/C의 지락 지연(②번 곡선)동작과 변전소 OCGR의 한시동작간의 협조가 원활하지 않아 발생하는 경우가 많다. 이에 대한 대책은 다음과 같다.

- R/C, IJB-VE형은 ⑧번 및 ⑭번을, KH-ESV형은 ⑧번인 지락 지연곡선을 추가하였다.

- 그러나 R/C를 한 대만 설치 운영하면 ⑧번(또는 ⑭번) 곡선으로 협조가 가능하지만
- R/C를 직렬로 두 대 이상 설치하려면 결국 ②번 곡선을 사용할 수밖에 없다.
- R/C의 지락지연 동작이 빨라지면 변전소 계전기(후비보호기기)와의 협조에는 유리하지만, 전위보호기기(선로용 퓨즈 또는 고객 계전기)가 동작하지 않거나 고객 계전기와 협조가 불가능할 수도 있다.
- 따라서 R/C의 동작시간은 후비보호기기와 협조하는 범위에서 가능한 길게 정정하는 것이 좋다.
- 이에 대한 대책으로 먼저 ②번 곡선을 검토하고, 협조가 안 되면 ⑭번 곡선으로, 그래도 안 되면 ⑧번 곡선의 순서로 검토한다. 즉, ② → ⑭ → ⑧ 순으로 검토한다.

[그림 4.9.1]은 T-C 특성곡선은 아날로그 계전기인 CO-9C와 IJB-VE R/C의 ②번 및 ⑧번 곡선을 나타낸 것이다. CO-9C의 Lever 값은 Pick-up 배수 20[배]에서 동작시간이 30[Cycle]이 되는 Lever 4를 기준으로 하였다.

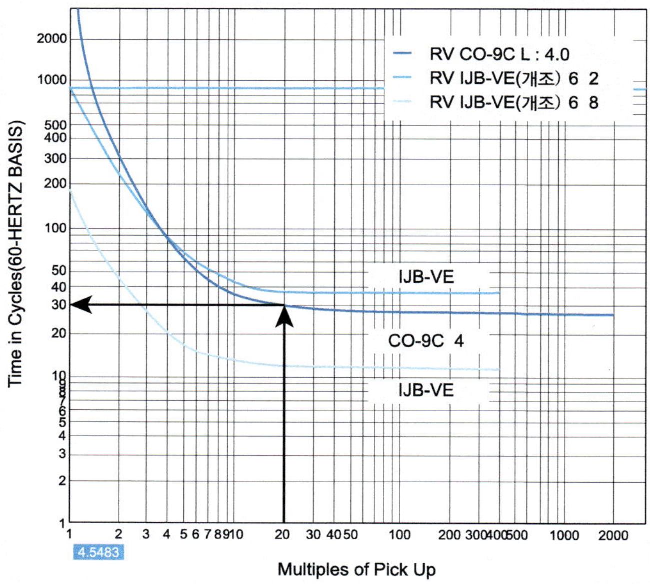

그림 4.9.1 아날로그 계전기인 CO-9C와 IJB-VE R/C의 ②번 및 ⑧번 곡선

②번 곡선의 경우 CO-9C와의 협조가 쉽지 않음을 알 수 있으며 ⑧번 곡선의 경우 변전소 OCR과 Pick-up 배수가 같더라도 협조가 용이함을 알 수 있다.

변전소 순시계전기와 R/C간의 협조

R/C 보호구간에서 발생한 고장으로 변전소의 순시계전기가 동작하지 않으려면 식 (4.9.1)과 같이 R/C 설치점 최대고장전류에 적용계수를 곱한 값보다 변전소 순시계전기의 최소동작전류 값이 커야 한다.

$$R/C \text{ 설치점 최대고장전류} \times \text{적용계수} < \text{변전소 순시계전기의 최소동작전류} \quad (4.9.1)$$

만약 이것이 여의치 않더라도 가급적 변전소 순시계전기의 최소동작전류를 높이는 것이 좋다. 그런데, 왜 변전소에서는 순시 Tap 값을 정정지침([표 4.8.7])만큼 높여주지 않을까?

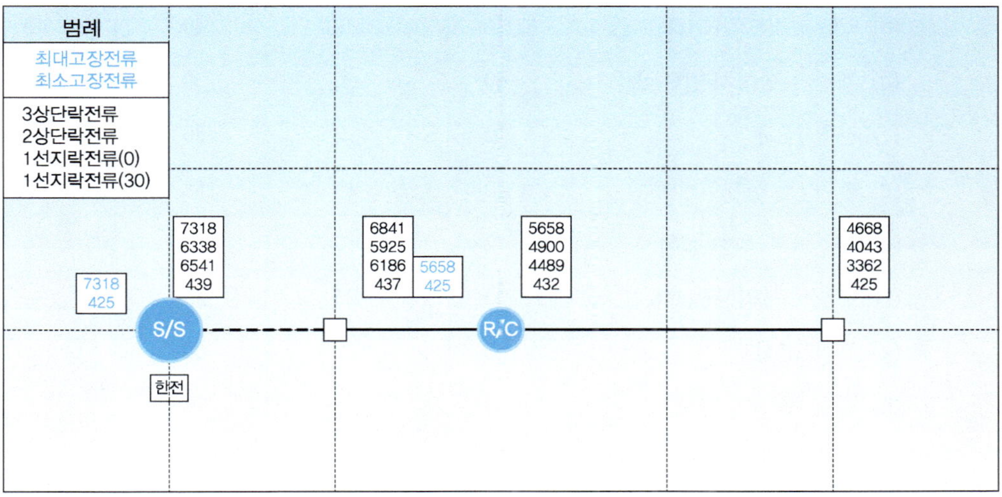

그림 4.9.2 변전소 순시 계전기와 R/C 간의 협조 예

[그림 4.9.2]의 계통도에서 R/C 설치점의 상 최대고장전류는 5,658[A]이므로 여기에 적용계수 1.5를 곱한 8,487[A]가 변전소 순시계전기 상 최소동작전류가 된

다. 그런데 이 선로의 상 최대고장전류는 7,318[A]이므로 위와 같이 정정하면 결국 변전소 순시계전기는 어떠한 고장에도 동작하지 않게 된다.

따라서 변전소에서 순시계전기를 이와 같이 정정하지는 않을 것이다. 정정지침은 있지만 현실적으로 적용하기 어려운 부분이므로 이럴 경우에는 적용계수에 너무 얽매이지 말고 합리적인 해결책을 찾아야 한다. 물론 배전선로의 보호협조라는 측면에서 보면 순시계전기의 Tap값은 높을수록 좋지만 적용계수가 1 이상만 된다면 대개의 경우 협조를 이룰 수 있다.

4 계전기의 복귀시간

아날로그 계전기의 경우 고장이 제거되더라도 계전기의 원판이 복귀되는데 일정 시간이 필요하다. 따라서 계전기가 완전히 복귀되기 전에 다시 고장이 발생하면 동작시간이 짧아지게 된다. 즉 계전기와 R/C간의 동작시간차가 협조시간

표 4.9.1 계전기의 복귀시간과 R/C의 동작시퀀스와의 계산 예

구 분	① 1F	② 2F	③ 1D	④ 2D
(a) R/C 동작시간[Cycle]	6	6	40	40
(b) 계전기 동작시간[Cycle]	50	50	50	50
(c) 진행률[%]	12	12	80	80
(d) 복귀 전 현재위치[%]	12	16	88	108
(e) R/C 재폐로시간[초]	2	2	15	
(f) 계전기 복귀시간[초]	25	25	25	
(g) 복귀율[%]	8	8	60	
(h) 복귀 후 현재위치[%]	4	8	28	

(c) 진행률[%] $= \dfrac{(a)\,R/C\ 동작시간}{(b)\,계전기\ 동작시간} \times 100$

(d) 복귀 전 현재위치[%] = 이전 시퀀스의 (h)복귀 후 현재위치−(c)진행률

※ 이 값이 100 이상이면 변전소 계전기가 동작하게 된다.

(g) 복귀율[%]$= \dfrac{(e)\,R/C\ 재폐로시간}{(f)\,계전기\ 복귀시간} \times 100$

(h) 복귀 후 현재위치[%] = (d)복귀 전 현재위치−(g)복귀율

※ 이 값이 0 미만이면 0으로 한다. 이유는 계전기가 완전히 복귀되었다는 의미이기 때문이다.

차 이상이 되더라도 협조가 되지 않을 수 있다는 뜻이다. 따라서 아날로그 계전기와 R/C간의 협조를 검토할 경우에는 반드시 이를 감안해야 한다. 그러나 만약 계전기의 복귀시간이 R/C의 지연동작 후 재폐로시간(보통 15[초])보다 작다면 복귀시간에 대한 검토를 생략하여도 된다. R/C의 동작시퀀스는 2F2D로 재폐로시간은 2[초] - 2[초] - 15[초]로 정정되었으며 어떤 고장에서 R/C의 순시동작시간이 6[Cycle], 지연동작 시간이 40[Cycle]이고 계전기의 동작시간은 50 [Cycle]이며 계전기의 복귀시간은 25[초]라고 가정하고 [표 4.9.1]과 같이 예를 들어보았다.

위의 예에서 보면 변전소 계전기가 R/C의 4번째 동작(2번째 지연동작)에서 동작되어 협조가 원활하지 않음을 알 수 있다.

식 (4.9.2)에 따라 모든 계전기의 복귀시간을 동일하게 산정한다. 따라서 실제와 차이가 많을 수도 있으므로 주의하시기 바란다.

$$RT(\text{복귀시간}) = 0.0405L^2 + 4.5046L - 0.9901 \qquad (4.9.2)$$

2 | R/C－R/C간 협조

R/C와 R/C간의 협조에 있어서 가장 중요한 사항은 두 R/C 간의 시퀀스를 맞추는 것과 동작시간차가 협조시간차 이상이 되도록 하는 것이다.

R/C간의 시퀀스 정정

R/C간의 시퀀스를 맞추는 가장 간단한 방법은 식 (4.9.3)과 같이 후비 R/C의 동작시퀀스에서 마지막 동작을 뺀 것을 전위 R/C의 동작시퀀스로 하는 것이다.

전위 R/C 동작시퀀스
= 후비 R/C의 동작시퀀스－후비 R/C의 마지막 동작시퀀스 (4.9.3)

그리고 가급적 한번 이상은 지연이 들어가도록 R/C를 정정하는 것이 좋다. 위의 내용을 정리하면 [표 4.9.2]와 같다.

[표 4.9.2] R/C 대수별 시퀀스 정정방법

구분 \ R/C 대수	R/C가 2[대]일 때		R/C가 3[대]일 때		
	후비 R/C	전위 R/C	후비 R/C	중간 R/C	전위 R/C
협조 가능한 시퀀스	1F3D	1F2D	1F3D	1F2D	1F1D
	1F2D	1F1D	2F2D	2F1D	2F
	2F2D	2F1D	4D	3D	2D
	4D	3D			
	3D	2D			

- [표 4.9.2]에서 □ 부분은 우리가 사용해왔던 시퀀스이다.
- 2[회]의 순시동작이 필요하지 않으면 가급적 □ 부분을 사용한다.
- R/C가 3[대]일 경우 최종 전위 R/C에는 지연동작이 없어 문제가 생길 수 있다.
- 순시동작을 넣을 수 없다면 □ 부분을 사용하면 된다.

R/C간의 동작시간 정정

순시동작은 동작시간이 매우 짧아(보통 3[Cycle] 정도) R/C간 협조시간차를 내기가 어렵다. 따라서 R/C 순시동작 간의 협조를 위해 후비 R/C에 구간협조장치를 사용하면 두 R/C의 순시동작 간의 협조에는 큰 문제가 없다.

- 지연동작의 경우 두 R/C 간의 동작시간차를 확보하기 위해 최소동작전류를 다르게 정정한다. 다만, 지락의 경우는 여러 특성곡선이 있으므로 이를 이용하여 동작시간차를 확보한다.
- 두 R/C의 최소동작전류를 다르게 정정하려면 전위 R/C 설치점의 부하전류가 후비 R/C보다 충분히(30[%] 이상) 적어야 한다.
- 디지털 R/C는 최소동작전류가 같아도 특성곡선을 다르게 하거나 Offset 기능으로 동작시간 차를 확보한다.
- 2[대]의 R/C 간 협조할 때 최소동작전류를 다르게 정정할 수 있다면 그렇게 어렵지 않다.

상기의 내용을 바탕으로 [표 4.9.3]에 R/C가 2[대]일 경우 사용할 수 있는 T-C 특성곡선의 조합을 나타내었다.

표 4.9.3 R/C 2대 협조시 T-C 특성

R/C 직렬 대수	R/C 위치	R/C 종류	T-C 특성곡선			
			단락		지락	
			순시	지연	순시	지연
2[대]	후비	IJB-VE, 디지털 R/C	Ⓕ	Ⓑ	⑧*	②
	전위	IJB-VE, 디지털 R/C	Ⓐ	Ⓑ	①	⑧, ⑭
	후비	IJB-VE, 디지털 R/C	Ⓕ	Ⓑ	⑧*	②
	전위	KH-ESV	②	①	①	⑧
	후비	KH-ESV	②	①	①	②
	전위	IJB-VE, 디지털 R/C	Ⓐ	Ⓑ	①	⑧, ⑭
	후비	KH-ESV	②	①	①	②
	전위	KH-ESV	②	①	①	⑧
	후비	디지털 R/C	N2	N4	N2	N4
	전위	디지털 R/C	N1	N3	N1	N3
	후비	디지털 R/C	IEC-VI L0.16	IEC-VI L0.2	IEC-VI L0.16	IEC-VI L0.2
	전위	디지털 R/C	IEC-VI L0.1	IEC-VI L0.14	IEC-VI L0.1	IEC-VI L0.14

⑧*는 ⑧을 지락 순시에 사용한 경우이며, 이때 반드시 지락 지연에는 ②를 사용해야 한다.

직렬로 3[대]의 R/C를 설치한 경우의 구간협조 장치의 정정

[그림 4.9.3]은 R/C가 3[대]일 때 보호협조 방법에 대해 알아보도록 한다. 먼저 순시협조와 관련된 내용이다.

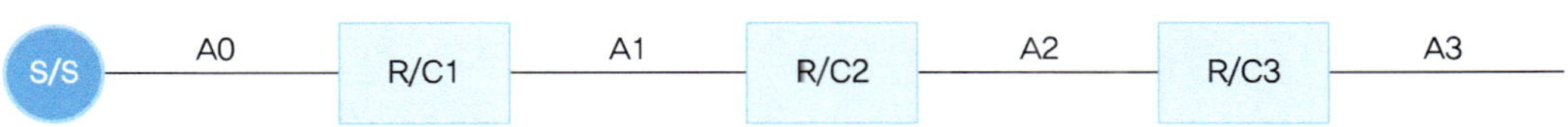

그림 4.9.3 R/C가 3[대]일 경우 브호협조 방법의 예시

- R/C가 2[대]인 경우에는 후비 R/C에 구간협조 장치를 사용하면 된다.
- R/C가 3[대]인 경우의 구간협조 장치 적용 방법은 다음과 같다.

1) 구간협조 장치를 R/C1에만 적용한 경우

① A3 구간에서 고장이 발생하면 : R/C2와 R/C3가 순시동작을 동시에 한다. 따라서 A2 구간은 불필요한 순간고장을 경험하게 된다.

② A2 구간에서 고장이 발생하면 : R/C2만 동작하여 R/C1과 R/C2간의 협조는 가능하다.

2) R/C1과 R/C2 모두에 적용한 경우

① A2 구간에서 고장이 발생하면 : R/C1과 R/C2가 순시동작을 동시에 한다. 따라서 A1 구간이 불필요한 순간고장을 경험하게 된다.

② A3 구간에서 고장이 발생하면 : R/C1, R/C2, R/C3간의 협조가 가능하다.

위의 내용을 정리하면 [표 4.9.4]와 같다.

❙표 4.9.4❙ R/C가 3[대]인 경우 구간협조 장치 적용방법

구간협조 장치	R/C1에만 적용	R/C1 및 R/C2 모두 적용
문제점	A3 구간에서 고장 발생시 A2 구간 순간고장	A2 구간에서 고장 발생시 A1 구간 순간고장
고장빈도에 따른 적용	A2 구간이 A3 구간보다 고장빈도가 높은 경우 적용	A3 구간이 A2 구간보다 고장빈도가 높은 경우 적용
주요부하에 따른 적용	부하의 중요도가 A1 구간이 A2 구간보다 큰 경우 적용	부하의 중요도가 A2 구간이 A1 구간보다 큰 경우 적용

- R/C1에만 구간협조 장치를 적용해야할 특별한 이유가 없다면 R/C1, R/C2 모두에 적용할 것을 권한다. 이유는 R/C1 및 R/C2가 IJB-VE(또는 디지털) R/C라면 조건에 따라 순시동작 협조가 가능할 수 있기 때문이다.
- IJB-VE는 구간협조를 위해 Ⓡ 또는 ⑧* 곡선을 적용하기 때문에 Pick-up 배수가 많이 차이가 나면 협조시간 차를 확보할 수 있다.
- 다만, 지락순시에 ⑧*번 곡선을 사용하려면 지락지연에는 반드시 ②번 곡선을 사용해야 한다. 이유는 R/C1과 R/C2에 ②번 곡선을 적용한 상태에서 Pick-up 배수의 차이만으로 서로 협조가 되어야 하기 때문이다.

- 지연동작은 R/C1에 가장 느린 곡선을 적용하고 R/C2에는 중간 것을 R/C3에는 가장 빠른 것을 적용하면 된다.
- 다만, 3[개]의 다른 곡선을 사용할 수 없다면 최소동작전류의 차이만으로도 협조가 가능한 곳은 같은 곡선을 사용하면 된다.
- 아날로그 R/C 3[대]가 직렬로 설치된 경우 협조를 맞추기가 매우 어려울 뿐만 아니라 정전감소 효과도 크지 않으므로 특별한 경우가 아니라면 2[대] 이상은 직렬로 설치하지 않는 것이 좋다.
- 디지털 R/C는 다양한 T-C 특성곡선을 사용하거나 지연시간 부가(Time Adder)기능을 사용하여 순시 및 지연동작간의 협조를 쉽게 맞출 수 있다.

3) IEC-VI 커브를 사용한 경우

① IEC-VI를 사용하는 경우에는 Lever 값을 조정하여 쉽게 보호협조를 수행할 수 있다.

② 순시협조를 위하여 기본 커브에서 최소 동작시간을 제한함으로써 커브간 협조를 용이하게 하는 Minimum Response Time(MRT) 개념을 이용하여 쉽게 순시보호협조를 수행할 수 있다.

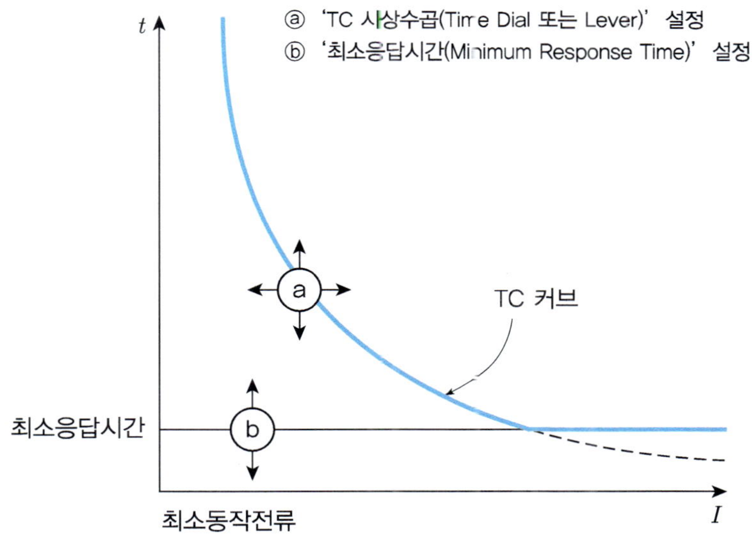

③ R/C가 3대인 경우의 각각의 Lever 값과 MRT 값은 [표 4.9.5]와 같다.

표 4.9.5 R/C가 3[대]인 경우 Lever 값 및 MRT

리클로저	구 분	Lever	MRT
R1(후비)	Delay	0.24	0.26s
	Fast	0.18	0.24s
R2	Delay	0.2	0.2s
	Fast	0.14	0.18s
R3(전위)	Delay	0.16	0.12s
	Fast	0.1	0.1s

3 | R/C – 선로용 퓨즈간 협조

R/C와 선로용 퓨즈가 협조되기 위해서는 퓨즈가 R/C의 순시동작에서는 용단되지 않고 지연동작에서는 반드시 용단되도록 정정해야 한다. 이렇게 되기 위해서는 다음 세 가지 조건을 만족하면 된다.

조건 1) 퓨즈 설치점 최대부하전류 < 퓨즈의 정격
조건 2) R/C의 순시동작시간 × 승률 < 퓨즈의 최소용융시간
조건 3) R/C의 지연동작시간 > 퓨즈의 최대 고장제거시간

부연설명을 하면

- 조건 1)의 의미는 퓨즈가 최대부하전류에 동작하지 않을 조건을 제시한 것이다.
- 조건 2)의 의미는 R/C의 순시동작에 퓨즈가 용단되지 않을 조건을 제시한 것이다.

이 조건은 퓨즈 보호구간 최대고장전류에서 만족 조건을 찾아야 한다.

- 조건 3)의 의미는 R/C의 지연 동작에서 퓨즈가 용단될 조건을 제시한 것이다.

이 조건은 퓨즈 보호구간의 최대 및 최소고장전류에 대해 만족한 조건을 찾아야 한다. 따라서 조건 2)와 조건 3)을 만족하면 완벽한 협조를 기대할 수 있다.

- 그런데 조건 2)에 문제가 있다. 고장전류가 클 경우 선로용 퓨즈의 최소용융시간이 R/C의 순시동작시간과 비슷해지거나 작아지기 때문이다. 따라서 [표 4.9.6]에 고장전류 크기와 퓨즈 용량에 따른 최소용융시간을 나타내었다. 이 표를 참고하여 R/C와 협조 가능 여부를 찾으면 된다.

표 4.9.6 퓨즈 용량별 고장전류에 따른 최소용융시간

단위 : [Cycle]

퓨즈 용량 \ 고장전류	200[A]	300[A]	500[A]	1,000[A]
20K	11.4	4.9	1.8	–
30K	32.4	13.8	4.8	1.2

[표 4.9.7]은 배전선로에서 가장 많이 사용되는 30K 퓨즈와 R/C 순시동작과의 협조여부를 알아보기 위해 140[A]로 정정된 R/C의 순시동작시간을 산출한 표이다.

표 4.9.7 R/C 곡선별 고장전류에 따른 동작시간

단위 : [Cycle]

곡선종류 \ 고장전류	200[A]	300[A]	500[A]	1,000[A]
IJB-VE ①	9.3	5.1	3.3	2.8
KH-ESV ①	16.6	11.1	7.0	4.2
IJB-VE ⑧*	67.6	36.3	16.3	6.7

- □ 부분은 협조가 가능한 영역이다.
- ■ 부분은 협조가 불가능한 영역이다.
- 협조가 되지 않는다는 것은 조건 2)를 만족하지 않는다는 것이다. 즉, R/C가 순시동작을 할 때 퓨즈가 용단되어 버린다. 고장전류가 크거나 R/C에 구간협조 장치를 사용하면 조건 2)는 거의 만족하지 않음을 알 수 있다.
- 조건 2)를 만족하지 않아도 퓨즈를 설치할 수는 있다. 다만 순간고장에도 퓨즈가 용단되는 점은 감수해야 한다.
- 그러나 조건 3)은 반드시 만족해야 한다. 조건 3)을 만족하지 않으면 퓨즈는 동작하지 않고 R/C가 동작하기 때문에 보호협조의 의미가 없다.
- R/C와 퓨즈 간의 협조검토를 간단히 하려면 퓨즈의 보호구간 최소 및 최대고장전류에서 조건 3)을 만족하는 가장 큰 용량의 퓨즈를 선정하면 된다. 현재 사용하고 있는 보호협조 프로그램도 이런 방식으로 협조검토를 하고 있다.
- [표 4.9.8]은 N1, N4 T-C 특성곡선뿐만 아니라 기존에 사용하던 순시 1번, 지연 8번, 순시 1, 지연 2 T-C 특성곡선에 적합한 퓨즈용량을 제시한 표이다.

| 표 4.9.8 | 적정 퓨즈 용량 제시

구 분	기존 T-C 곡선 (순시 1번, 지연 8번)	기존 T-C 곡선 (순시 1번, 지연 2번)	신설 T-C 곡선 (순시 N1, 지연 N4)
지락 Tap 50[A]	12K	12K	15K
지락 Tap 70[A]	15K	20K	20K

[그림 4.9.4]와 [그림 4.9.5]는 퓨즈의 최소용융곡선과 퓨즈의 최대고장제거곡선을 제시하고 있다.

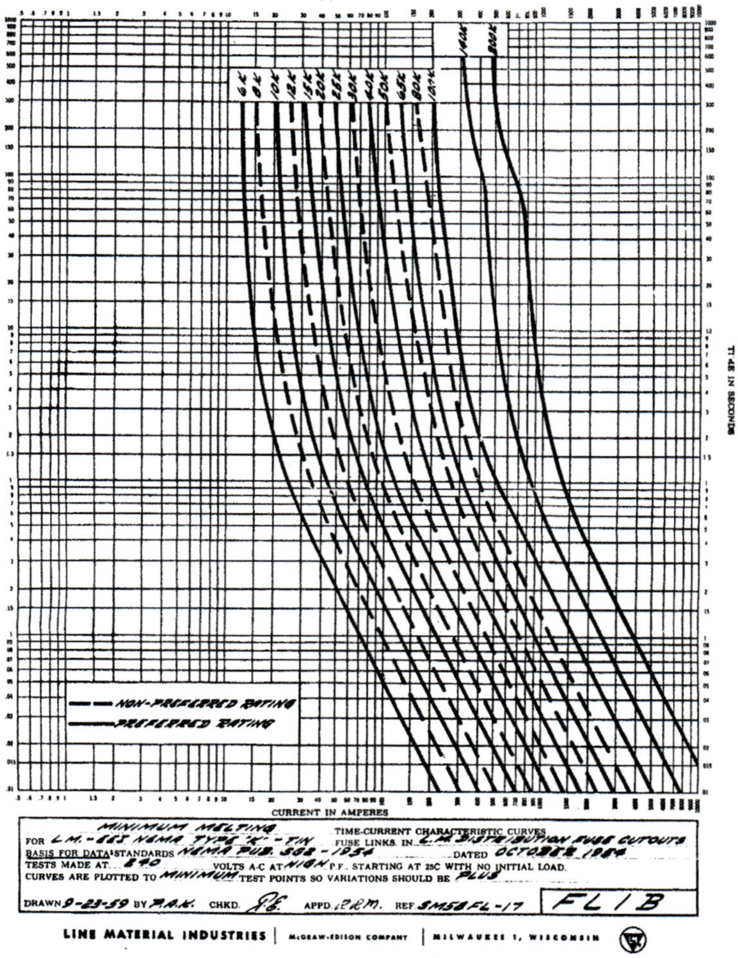

그림 4.9.4 퓨즈의 최소용융곡선

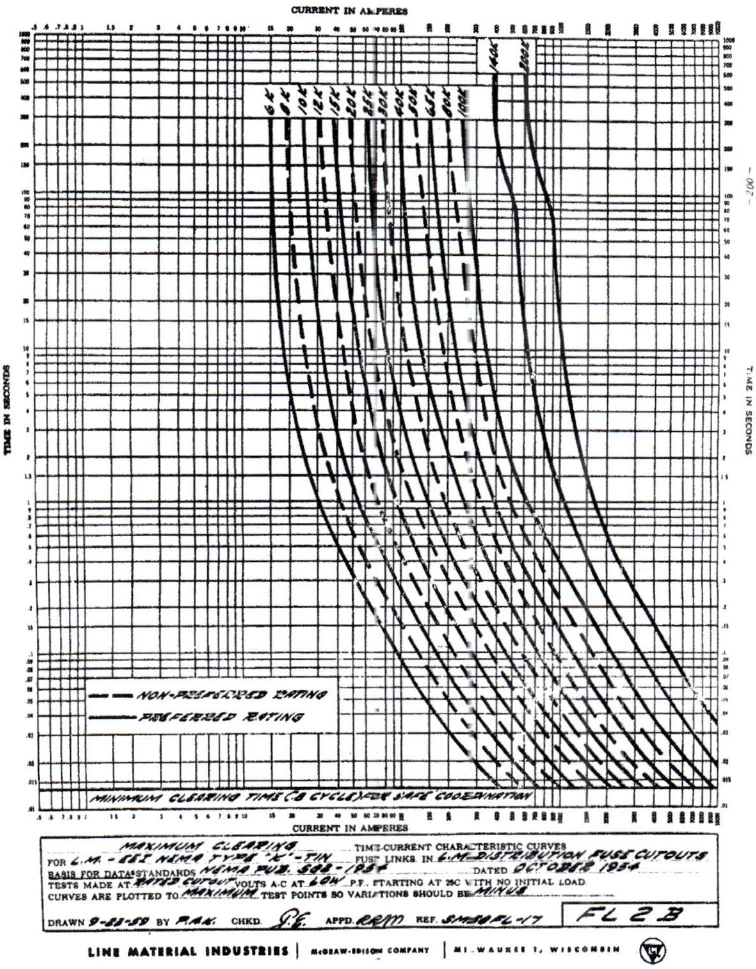

그림 4.9.5 퓨즈의 최대고장제거곡선

4 | 변전소–고압 고객간 협조

순시계전기간의 정정

[표 4.8.17]의 고객 계전기 정정지침에 따라 순시계전기의 최소동작전류를 정정한다. 그리고 변전소 순시계전기의 최소동작전류가 이보다 크게 정정되었는지를 확인한다.

한시 계전기 간의 정정

변전소 한시 계전기와 고객 한시 계전기 간의 동작시간 차가 충분하지 않으면 고객 계전기의 Lever 값이 너무 적게 정정되거나 정정이 불가능할 수도 있다. 여건상, 고객 계전기의 Lever 값을 최소값으로 정정할 수밖에 없는 경우에는 두 가지 사항을 먼저 검토해야 한다.

- 진동에 의한 오동작을 방지할 수 있을 것
- 돌입전류에 의한 오동작을 방지할 수 있을 것 등이다.

5 | R/C-고객 계전기간 협조

- 일반적으로 R/C의 순시동작시간은 고객 계전기의 한시동작시간보다 짧기 때문에 R/C의 순시가 먼저 동작하거나 동시에 동작한다. 따라서 모든 시퀀스가 지연으로 정정되지 않은 R/C와 고객 계전기는 불완전협조를 하게 된다.
- R/C에 구간협조 장치가 사용되고 R/C와 고객 계전기 간의 최소동작전류가 많이 차이가 있다면 R/C와 고객 계전기간에 완전협조가 될 수도 있다.
- 일반적으로 R/C와 고객 계전기와의 협조는 R/C의 지연동작과 고객 계전기의 한시동작간의 협조를 말한다. 협조방법은 변전소 계전기와 고객 계전기 간의 한시 협조 방법과 동일하다.

제10절

지중배전선로 다회로차단기 (1S3B, 1S2B) 보호협조

1 | 적용선로

간선 기준 지중화율 90% 이상 지중배전선로에 설치한다.

2 | 설치개소

보호협조 구간의 부하 중심점에 설치하며 설치방법은 다음과 같다.

- 다회로차단기간 보호협조 곤란으로 직렬은 1대만 설치한다.
- 다회로차단기간 보호협조 관계가 없는 병렬은 2대 이상 설치가 가능하다.

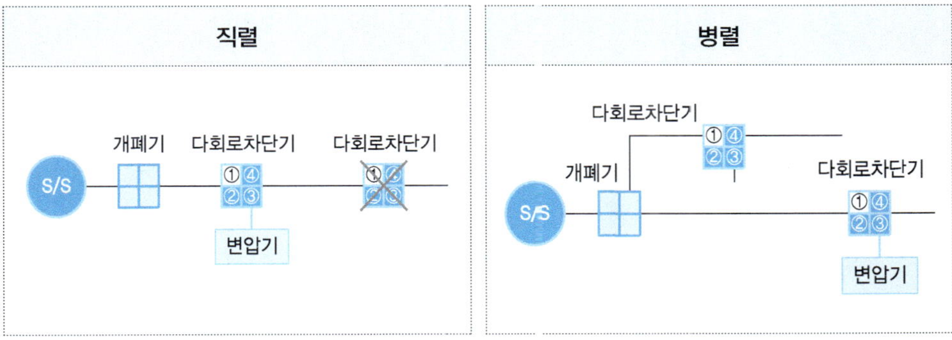

※ 2S2B, 2S1B형 다회로차단기는 지선 또는 고객 고장구간 분리용으로 기존 동일하게 사용한다.

3 | 변전소 과전류계전기의 순시동작 정한시 부여

다회로차단기 설치 후 전력관리처 담당부서로 정한시 80 ms를 요청한다.

구분	기존	개선(안)
동작곡선(T-C)	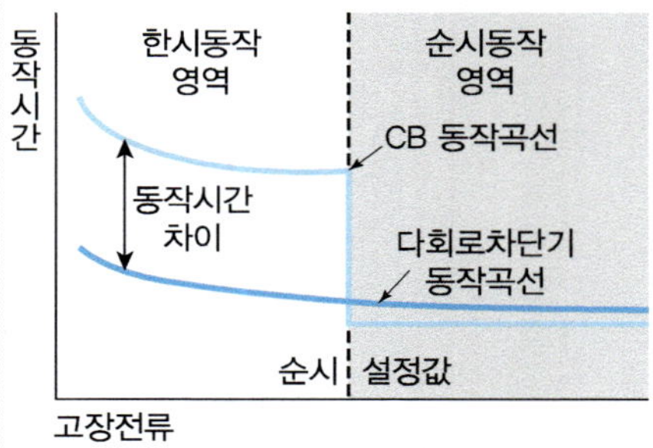	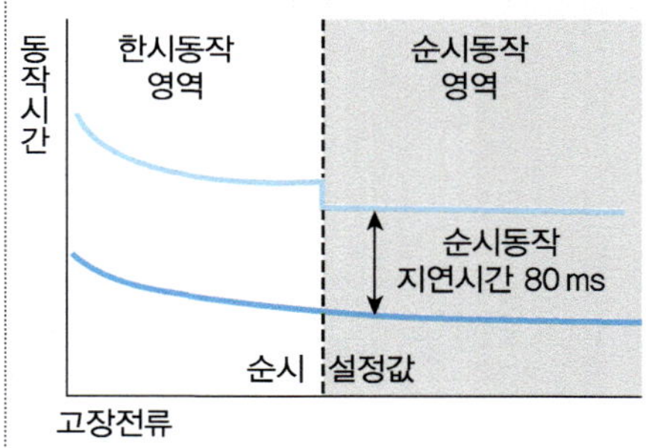

※ 송변전운영처 합의 완료 : 배계(기술)-1021('17.5.30)

4 | 지중배전선로 보호협조 향상방안

현행 보호협조 기준

1) 현행 보호기기간 최소 협조시간차 기준

현재 사용하고 있는 아날로그 계전기와 디지털 계전기의 보호기기 간 협조시간차는 [표 4.10.1]과 [표 4.10.2]와 같다. 이러한 보호기기 간의 협조시간차는 보호기기의 정격차단시간을 고려하여 선정된다. 일반적으로 변전소 릴레이의 정격차단시간은 5[cycle]이고, R/C와 다회로차단기는 약 3[cycle] 정도이다. 여기서, 동작시간은 보통 트립 코일 여자시간(10[msec])과 기계적 접점 개방시간(20[msec]), 아크소호시간(15[msec]) 등이 포함된 시간을 의미한다. 한편, 디지털 계전기의 공칭 동작시간은 일반적으로 40[msec] 정도로 알려져 있으나, 실측결과를 보면 약 27[msec] 정도에 동작하는 것이 확인되었다.

❙ 표 4.10.1 ❙ 아날로그 계전기의 보호기기간 협조시간차

후비보호기기	전위보호기기	협조시간차(Cyc)	비 고
아날로그 계전기	R/C	10	
아날로그 계전기	계전기	17	

| 표 4.10.2 | 디지털 계전기의 보호기기간 협조시간차

후비보호기기	전위보호기기	협조시간차(Cyc)		비 고
		기존	개선(안)	
디지털 계전기	R/C	10	3	
디지털 계전기	계전기	17	8	
R/C (KH-ESV, ESV)	R/C	3.5	3.5	
R/C (IJB-VE, VWVE EVR-2)	R/C	2.7	2.7	
R/C	계전기	6	10	

2) 현행 보호기기 정정기준

가) 변전소 계전기

현재 사용하고 있는 변전소 계전기의 정정기준은 [표 4.10.3]과 같다.

| 표 4.10.3 | 변전소 계전기의 정정기준

구 분		정 정 지 침
순시 Tap	OCR	• 전위 Recloser(또는 OCR) 설치점의 3상 단락전류 × 1.5 이상 – 단, Recloser(또는 OCR)가 없는 경우에는 회선당 운전전류 × 6 이상
	OCGR	• 전위 Recloser(또는 OCGR) 설치점의 최대 1선 지락전류 × 1.4 이상 – 단, Recloser(또는 OCGR)가 없는 경우에는 회선당 운전전류 × 3 이상
한시 Tap	OCR	• 회선당 운전전류 × 1.5 • 보호구간 최소고장전류치가 한시요소 동작치의 1.5배 이상
	OCGR	• 회선당 운전전류 × 0.3 • 보호구간 최소 1선 지락전류 / 1.5 이하
한시 Lever	OCR	• 변전소 인출점 3상 단락전류에서 0.5초(30 Cycle) 이하로 동작 – 배전선로 보호협조가 곤란할 경우 0.6초 이하로 정정 가능
	OCGR	• 변전소 인출점 최대 1선 지락고장에서 0.5초 이하로 동작

주) 회선당 운전전류라 함은 배전회선당 운전용량의 전류를 말하며, 회선당 운전용량은 다음과 같이 적용한다.

- 일반 배전선로 : 10 MW(전류 252 A)
- 대용량 배전선로 : 15 MW(전류 380 A)
- 기타 예상 최대부하 적용

나) 다회로차단기(R/C)

R/C의 현행 정정기준은 [표 4.10.4]와 같은데, 지중배전선로의 다회로차단기도 R/C의 정정기준을 따르고 있다.

| 표 4.10.4 | 다회로차단기(Recloser)의 정정기준

구분		정 정 지 침
최소 동작 전류	상	• 최대부하전류의 2.8배 이상, 4.0배 이하 • 후비보호기기의 상 최소동작전류 정정치 이하
	지락	• 최대부하전류 × 0.3 이상 • Recloser 부하 측 최대 단상분기의 최대부하전류 이상 • 보호구간 최소 1선 지락전류 × 0.5 이하 • 후비보호기기 지락 최소동작전류 정정치 이하
총 동작 횟수		• 후비에 Recloser가 있을 경우 : 후비 Recloser의 총 동작횟수 −1 이하
순시동작 횟수		• 총 동작 횟수 이하 • 상과 지락의 순시동작 횟수 일치
재폐로 시간		• 변전소 계전기가 아날로그일 경우 : 계전기 원판 복귀시간 이상 • Recloser 몸체가 투입준비를 할 수 있는 시간 이상 • 상과 지락의 재폐로 시간 일치
복귀시간		• 30초
X 배수	상	• (설치점 최대부하전류 × 10) / 상 최소동작전류 이상
	지락	• (설치점 최대부하전류 × 10) / 지락 최소동작전류 이상

4 현행 지중배전선로 보호협조 운용사례

1) 다회로차단기 특성분석

현재 지중배전선로에 많이 사용되고 있는 다회로차단기의 종류별 특성은 [표 4.10.5]와 같다. 특히, CLS 에폭시절연 다회로차단기는 4회로 차단부를 가지고 개폐부가 없는 것이 특징이다.

| 표 4.10.5 | 다회로차단기의 특성

구분	CLS 에폭시절연 다회로차단기	에폭시절연 다회로차단기	비고
형상	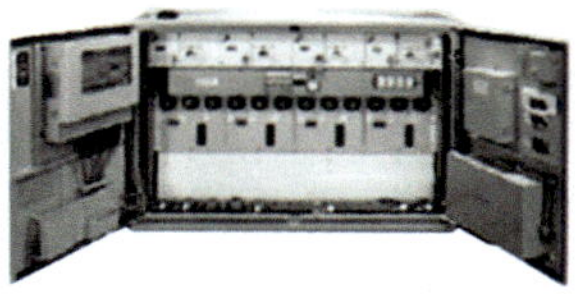	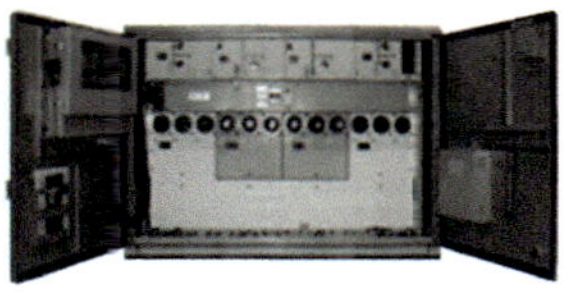	
구조	• 각상 분리형 몰드붓싱 • 방수형 구조	• 좌동	
차단방식	• 진공차단부 • 4회로 차단부	• 진공차단부 • 2회로 차단부, 2회로 개폐부	4회로 차단부
조작방식	• Magnetic Actuator	• 차단부 : Magnetic Actuator • 개폐부 : Spring Charge 방식	개폐부 없음
제어부	• FRTU 분리형 Digital 제어	• FRTU 일체형 Digital 제어	FRTU 분리형
절연	• 에폭시 몰드 고체절연	• 좌동	
동작수명	• 10,000회	• 차단부 : 10,000회 • 개폐부 : 5,000회	개폐부 없음
부싱배열	• 수평	• 좌동	
유지보수	• 무보수형 구조	• 좌동	
치수 및 형상	• 1600(W)×800(D)×1200(H)	• 1600(W) × 800(D) × 1200(H) • 차단부(노랑), 개폐부(흰색)	

2) 다회로차단기와 계전기의 정정사례

[표 4.10.6]은 다회로차단기가 설치된 실계통의 지중배전선로에 있어서 계전기와 다회로차단기의 정정 예를 나타낸 것이다. 이 표에서와 같이, 단락과 지락의 순시 정정값을 대부분 최소값으로 정정하고 있어, 변전소 차단기와 다회로차단기가 동시에 트립하는 현상이 발생할 수 있음을 알 수 있다. 따라서 신형 디지털계전기를 도입한 일부 선로에서는 변전소 계전기에 정한시(Definite time) 특성을 사용하여 계전기가 현재보다 40 msec 정도 지연시켜 80 ms가 되었을 때 Trip 신호를 내보냄으로서 다회로차단기와의 동시 트립을 피하고 있다.

표 4.10.6 다회로차단기와 계전기의 정정 사례

S/S	D/L	계전기										다회로차단기				
		계전기		단락순시		단락한시		지락순시		지락한시		전주번호	단락	지락	단락	지락
		형식	CT비	Tap	정한시	Tap	정한시	Tap	정한시	Tap	정한시		Min PU	Min PU	커브	커브
덕진	자운#1	GD31-A2B2	5/400	20	0	5	3.2	10	0	1	3.4	11	400	70	N4	N4
유성	중앙	M31-A2B5	5/400	20	0	5	3.2	10	0	1	3.3	20	400	70	N4	N4
둔산	갑천	GD311ABK02	5/600	13	40ms	3.2	3.4	7	40ms	0.7	3.4	7	400	70	N4	N4
둔산	도산	GD311ABK02	5/600	70	40ms	3.2	3.3	40	40ms	0.7	3.3	9,17, 서북2	400	70	N4	N4

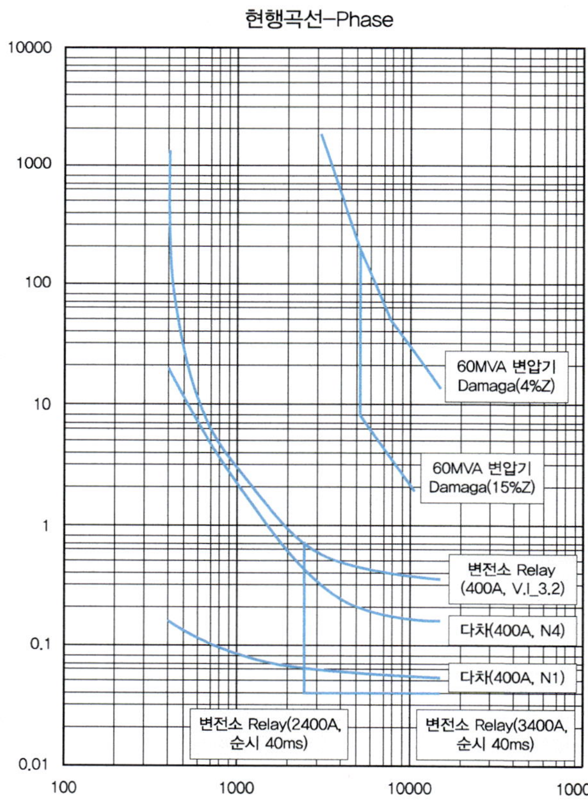

그림 4.10.1 다회로차단기와 계전기의 T–C 곡선(상)

현행 정정기준을 그대로 준용하면, [그림 4.10.1], [그림 4.10.2]와 같이 상과 지락에서 모두 변전소 계전기와 다회로차단기가 동시에 트립될 수 있음을 T-C곡선 상에서 확인할 수 있다. 즉, [그림 4.10.1]과 같이 변전소 계전기의 단락 순시특성곡선은 2,400 A 이상이 되면 40 msec 이내에 동작하게 되어, 다회로차단기(400 A, N1 곡선)와 동시에 동작하여 보호협조가 불가능함을 알 수 있다. 한편, [그림 4.10.2]와 같이 변전소 계전기의 지락 순시특성곡선은 1,200 A 이상이 되면 40 msec이 동작하게 되어, 다회로차단기(70A, N1 곡선)와 동시에 동작하여 보호협조가 불가능함을 알 수 있다.

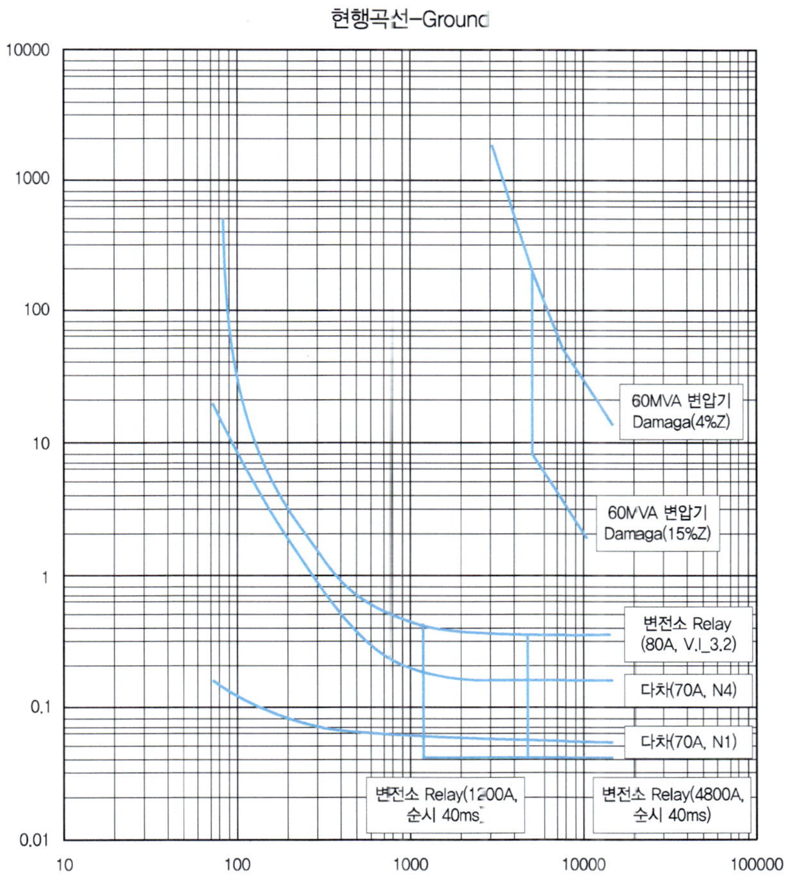

그림 4.10.2 다회로차단기와 계전기의 T-C 곡선(지락)

지중배전선로의 보호협조 향상방안

지중배전선로의 특성상 [그림 4.10.3]과 같이 선로 긍장이 7[km] 이내로 비교적 짧고 선로저항이 작기 때문에 고장전류가 4~9[kA]로 크고, 직하와 말단의 전류차가 작기 때문에 보호기기 간의 협조를 구하기가 어려운 실정이다. 따라서 변전소 계전기와 다회로차단기가 동시에 동작해 버리는 보호협조의 문제점이 발생하고 있다. 이러한 문제점을 개선하기 위하여, 가장 일반적인 방법으로 변전소 계전기의 순시동작 시에 지연시간(정한시, Definite time)을 두어 최소 협조 시간차를 확보하여 다회로차단기와 동시에 동작하는 것을 피하는 방법이 있고, 미국의 전력회사에서처럼 순시동작 기능을 사용하지 않고 지연동작만 사용하되, 곡선의 레벨을 하향 조정하여 순시에 준하는 동작특성을 확보하는 방법, 국제표준(ANSI)의 T-C 특성곡선을 사용하는 방법 등이 제시되고 있다. 본 항에서는 각각의 특성에 대하여 분석하고자 한다.

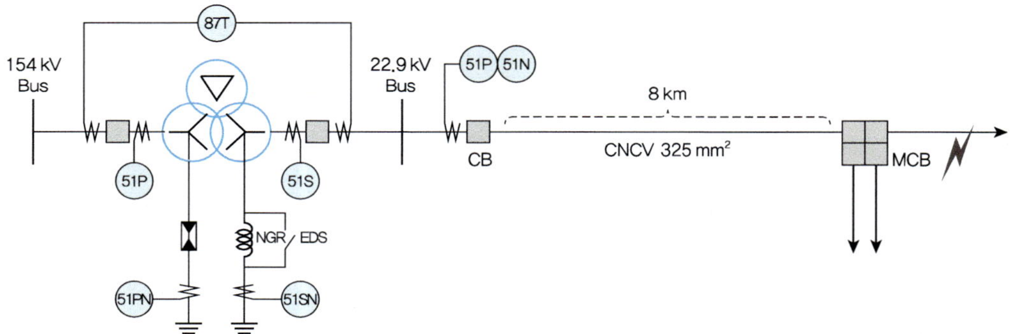

그림 4.10.3 지중배전선로의 보호협조 구성

1) 순시동작에 정한시 기능 적용방안

가) 정한시의 정의

디지털식 변전소 계전기의 순시동작은 계전기가 순시 정정값을 초과하는 고장전류를 감지하면 약 40[msec] 이내에 Trip Signal을 전송하게 된다. 여기서 순시동작시간은 Pickup time(10~16[msec])과 Noise Filter 시간(8[msec]), 계전기 내부 지연시간(12[msec])을 포함하여 약 40[msec]가 걸리게 된다. 그런데, 지중배전선로에서는 다회로차단기와 변전소 계전기의 동시 동작을 피하기 위하여, 변전소 계전기가 사고를 감지한 후 바로 Trip Signal을 내보내지 않고, 일정한 정한시 이후에 Trip Signal을 전송하는 방법을 사용한다. 이러한 전송 대기시간을 정한시(Definite Time : DT)라고 부른다. 한편, 디지털 계전기의 제작사가 제안하는 최소 DT는 [표 4.10.7]과 같이 70[msec] 정도이다.

표 4.10.7 디지털 계전기의 최소 정한시 특성

제작사	동작시간	복귀시간	DT for REC/MCA (50ms) 협조
경보전기	30~35ms	20ms	70ms
유성계전	-	-	-
피앤씨테크	35ms	30ms	80ms
비츠로테크	20ms	20ms	70ms
새니온	5ms	5ms	55ms

한편, 대만의 Taiwan Power 전력회사에서도 지중 배전선로에서는 고장전류가 크기 때문에 순시협조가 곤란하여 순시에 정한시 기능을 사용한 방법을 사용하여, 보호기기의 동시동작 문제점을 해결하고 있는 상황이다.

나) 최소 보호협조 시간차

일반적으로 보호기기의 동작시간 개념은 [그림 4.10.4]와 같이 나타낼 수 있다. 따라서 변전소 계전기와 다회로차단기의 순시동작에서 최소 보호협조 시간차는 다음과 같이 구할 수 있다.

- 변전소 계전기 순시(+정한시) 시간 = 다회로차단기 Clearing time(50[msec]) + 협조시간(45[msec]) = 80[msec] 이상
- 협조시간 = 다회로차단기 Clearing time 오차(0.5[cycle]) + 변전소 계전기 동작시간 오차(20[msec]) + 변전소계전기 복귀 동작시간(1[cycle]) = 45[msec]

따라서 변전소 계전기의 순시동작시간은 최소 80[msec]를 확보해야 성공적으로 보호협조를 수행할 수 있다.

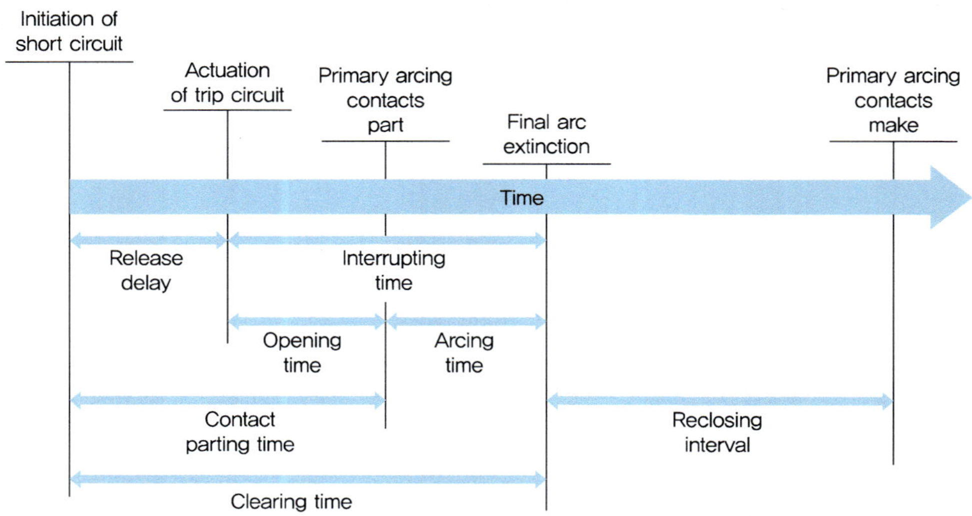

그림 4.10.4 보호기기의 동작시간 개념도

다) 정한시를 사용하는 경우 차단기 Damage 검토

IEC 62271-1 규격에서 특고압 차단기의 단시간 내력은 0.3[초](300[ms]) 이상으로 제시되어 있고, 국내에서는 [표 4.10.8]과 같이 ES-6110-0002 규격에서 1[초] 이상 단시간 전류를 견디도록 제작되고 있다. 일반적으로 정격 단시간 전류의 최대 파고치는 정격 단시간 전류의 2.6[배]이며, 전류 통전시간은 1[초]이다. 따라서 변전소 계전기에 정한시 특성을 부가하여 100[ms] 정도에 지연 트립되어도 성능에 큰 문제가 없음을 알 수 있다.

표 4.10.8 변전소 인출 차단기의 규격(GS-5925-0128)

정격전압 [kV]	정격단시간전류 [kArms]	정격전류 [Arms]				정격투입전류 [kApeak]	정격차단시간 [60Hz]
25.8	25	630	1250	2000	3150	65	5

라) 정한시를 사용하는 경우 보호협조 특성 분석

① 변전소 계전기와 고객 계전기의 협조특성

[그림 4.10.5]와 같이, 변전소 계전기와 고객 계전기 간의 협조특성을 분석하면 다음과 같다. 먼저, 정한시를 사용하지 않은 현행의 정정기준

에 따른 협조곡선은 [그림 4.10.6]과 같이 단락에 대하여 1.5[kA] 이상이면 협조 불가임을 알 수 있고, [그림 4.10.7]과 같이 지락에 대하여 850[A] 이상이면 협조 불가임을 알 수 있다. 하지만, 정한시(전체 동작시간을 0.1[초]로 상향)를 사용하는 경우, [그림 4.10.8], [그림 4.10.9]와 같이, 단락과 지락에 대하여 보호협조가 개선됨을 알 수 있다.

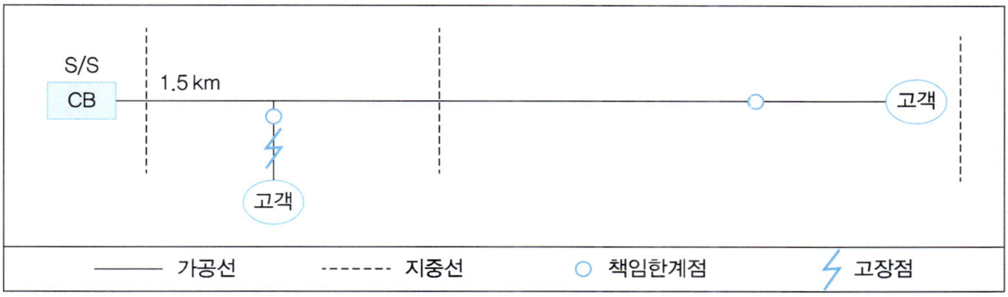

그림 4.10.5 변전소 계전기와 고객 계전기의 협조 개념도

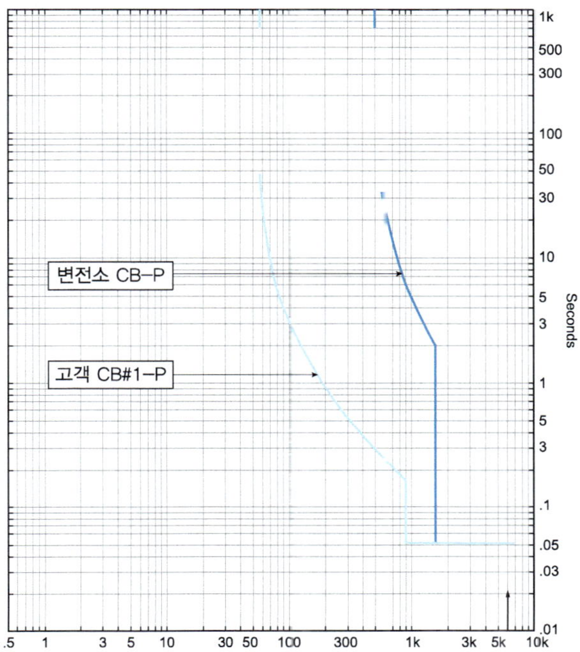

그림 4.10.6 현행의 변전소 계전기와 고객 계전기의 협조특성(단락)

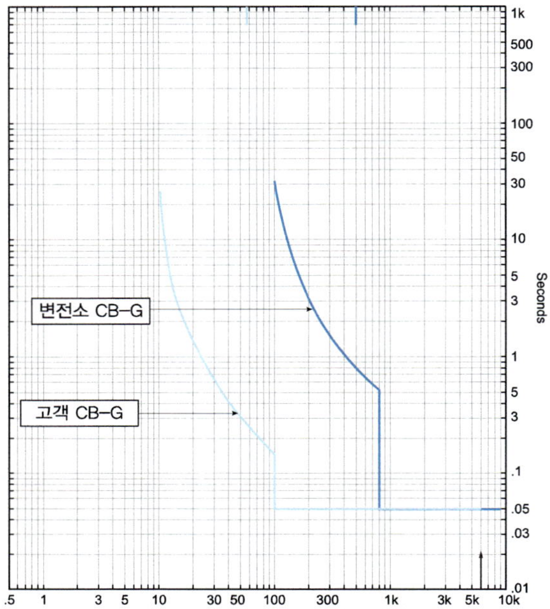

그림 4.10.7 현행의 변전소 계전기와 고객 계전기의 협조특성(지락)

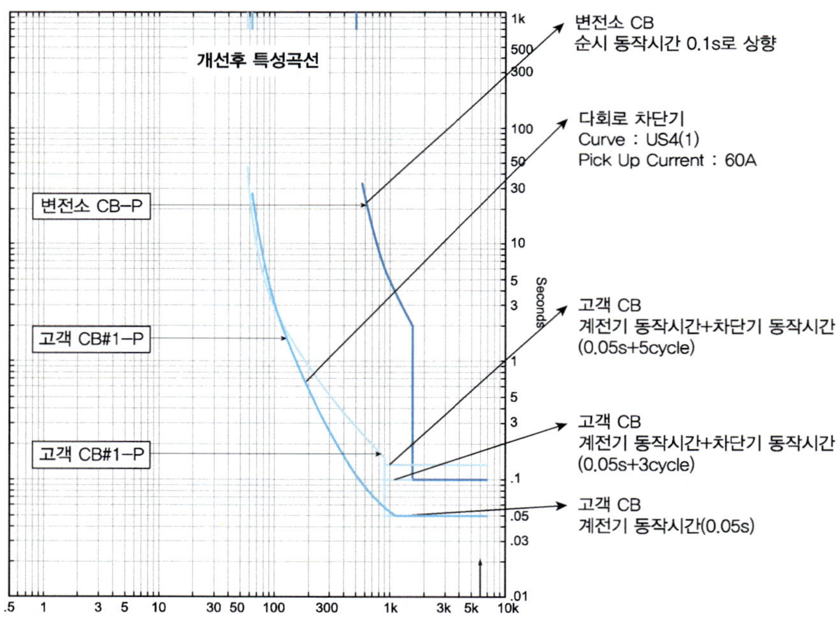

* 고객 CB 0.05초는 계전기의 동작시간이며, 계전기 Trip 신호를 받아 CB가 개방되게 됨. 따라서 차단기의 최종 개방시간은 0.05초 + 5cycle임. 이하 상동.

그림 4.10.8 정한시를 부가한 경우의 변전소 계전기와 고객 계전기의 협조특성(단락)

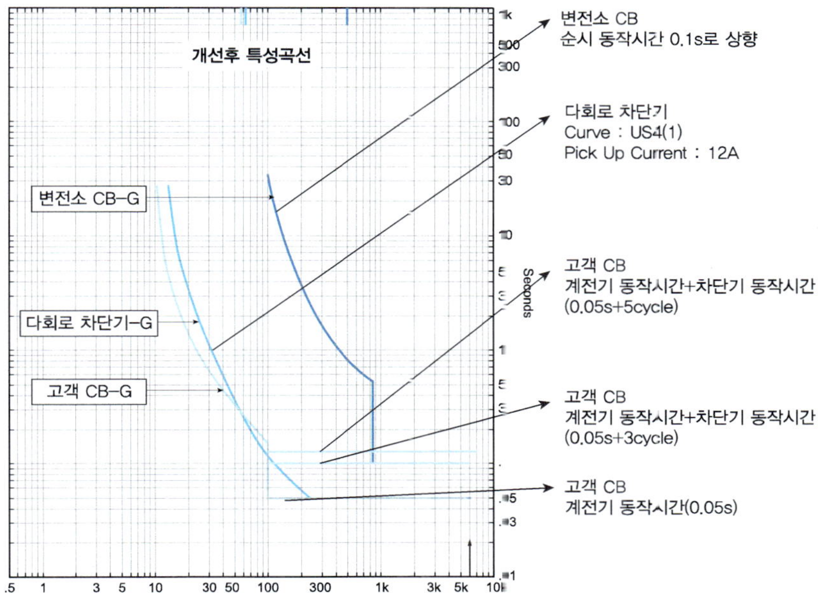

그림 4.10.9 정한시를 부가한 경우의 변전소 계전기와 고객 계전기의 협조특성(지락)

② 변전소 계전기와 다회로차단기의 협조특성

[그림 4.10.10]과 같이, 변전소 계전기와 다회로차단기 간의 협조특성을 분석하면 다음과 같다. 먼저, 정한시를 사용하지 않은 현행의 정정 기준에 따른 협조곡선은 [그림 4.10.11]과 같이 단락에 대하여 4.8[kA] 이상이면 협조 불가임을 알 수 있고, [그림 4.10.12]와 같이 지락에 대하여 4.8[kA] 이상이면 협조 불가임을 알 수 있다. 하지만, 정한시(전체 동작시간을 0.1[초]로 상향)를 사용하는 경우, [그림 4.10.13], [그림 4.10.14]와 같이, 단락과 지락에 대하여 보호협조가 개선됨을 알 수 있다.

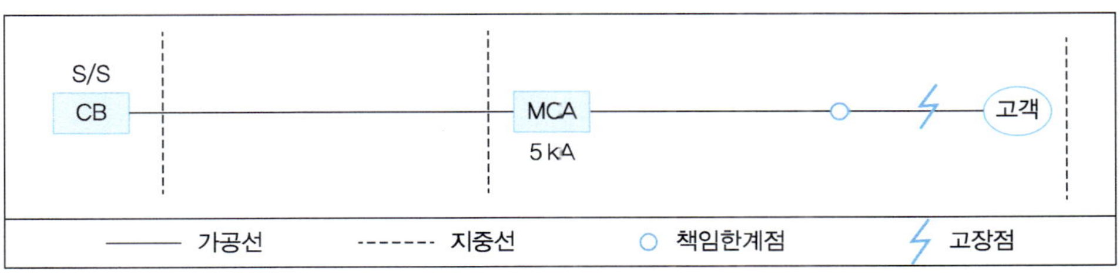

그림 4.10.10 변전소 계전기와 다회로차단기의 협조 개념도

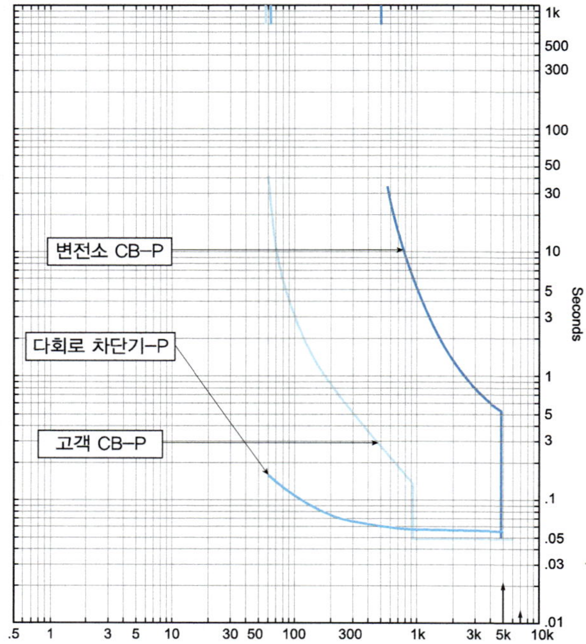

그림 4.10.11 현행의 변전소계전기와 다회로차단기의 협조특성(단락)

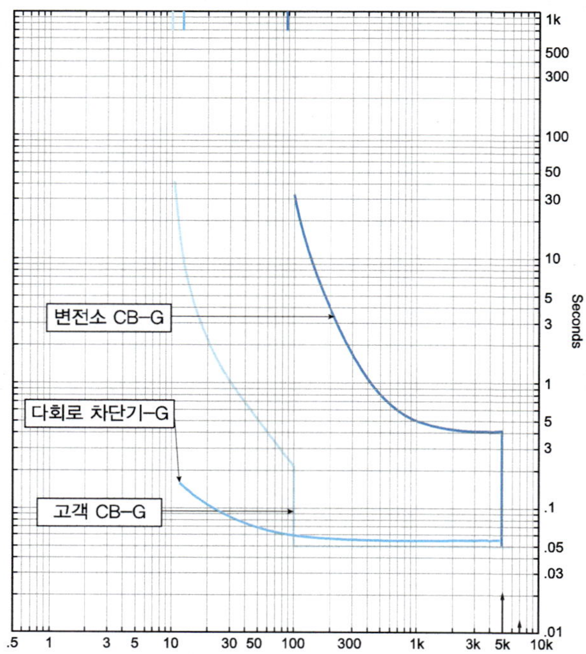

그림 4.10.12 현행의 변전소계전기와 다회로차단기의 협조특성(지락)

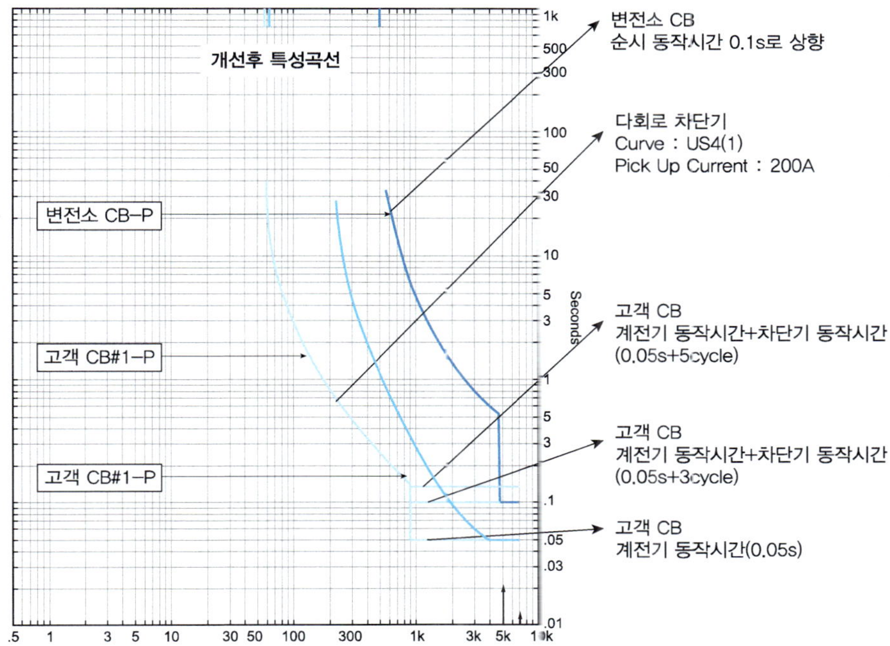

그림 4.10.13 정한시를 부가한 경우 변전소계전기 와 다회로차단기의 협조특성(단락)

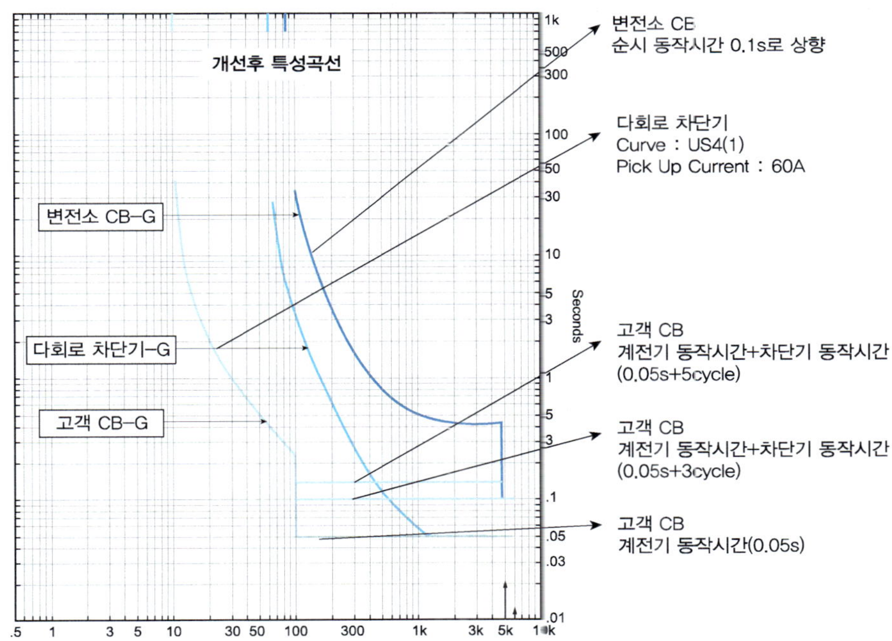

그림 4.10.14 정한시를 부가한 경우 변전소계전기 와 다회로차단기의 협조특성(지락)

③ 변전소 계전기와 EFI의 협조특성

[그림 4.10.15]와 같이, 변전소 계전기와 EFI 간의 협조특성을 분석하면 다음과 같다. 먼저, 정한시를 사용하지 않은 현행의 정정기준에 따른 협조곡선은 [그림 4.10.16]과 같이 단락에 대하여 4.8[kA] 이상이면 협조 불가임을 알 수 있고, [그림 4.10.17]과 같이 지락에 대하여 4.8[kA] 이상이면 협조 불가임을 알 수 있다. 하지만, 정한시(전체 동작시간을 0.1[초]로 상향)를 사용하는 경우, [그림 4.10.18], [그림 4.10.19]와 같이, 단락과 지락에 대하여 보호협조가 개선됨을 알 수 있다.

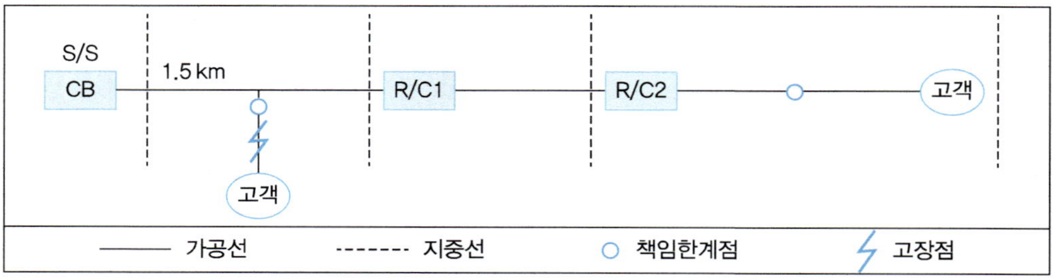

그림 4.10.15 변전소 계전기와 EFI의 협조 개념도

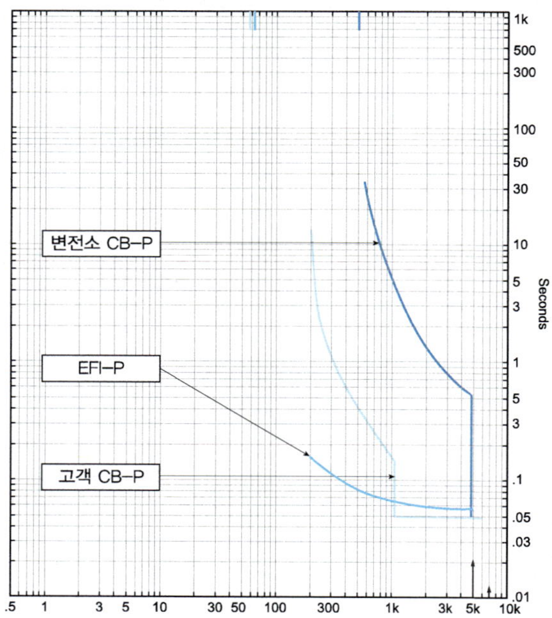

그림 4.10.16 현행의 변전소 계전기와 EFI의 협조특성(단락)

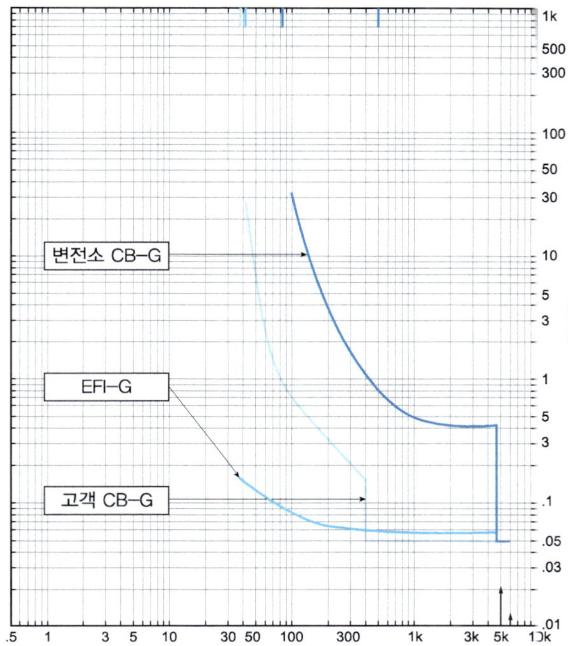

그림 4.10.17 현행의 변전소 계전기와 EFI의 협조특성(지락)

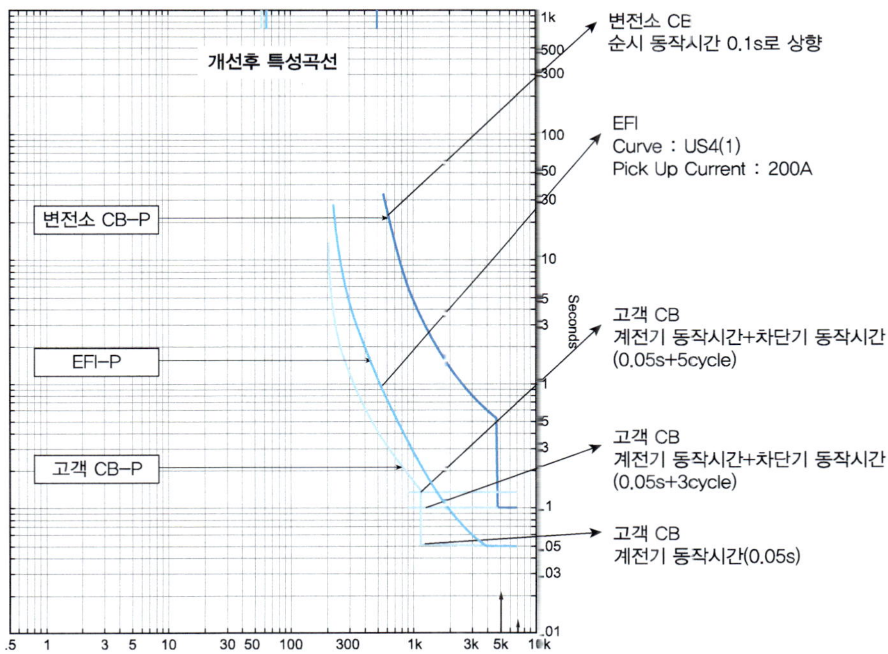

그림 4.10.18 정한시를 부가한 경우의 변전소 계전기와 EFI의 협조특성(단락)

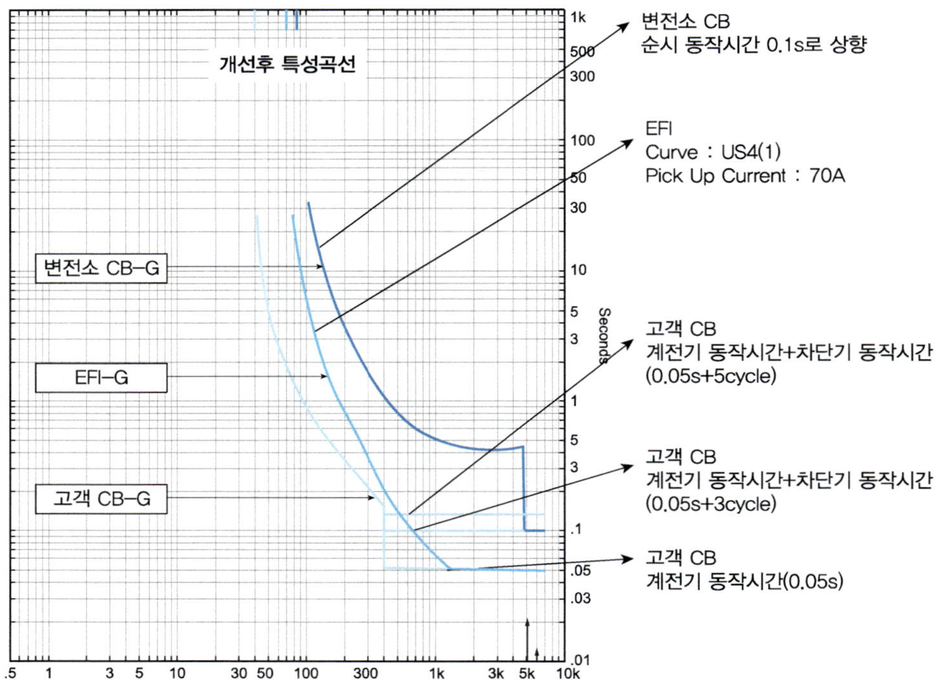

그림 4.10.19 정한시를 부가한 경우의 변전소 계전기와 EFI의 협조특성(지락)

2) 국제표준 특성곡선 적용방안

현행 R/C와 다회로차단기에 적용하고 있는 N1~N4 커브는 우리나라 실정에 맞게 변형한 비표준 커브로서, OCGR Lever를 낮게 설정할 경우 N4 커브는 협조가 안 되는 영역이 존재하고, N1 커브는 돌입전류에 오동작할 가능성이 있다. 즉, [그림 4.10.20]과 같이 R/C가 두 대인 배전선로에서, N4 커브를 사용하는 경우 단락과 지락고장에 대하여 [그림 4.10.21], [그림 4.10.22]와 같이 협조가 안 되는 영역이 존재한다. 하지만, 최근에는 신형 보호기기에 국제표준인 ESB와 ANSI 등의 T-C 커브가 탑재되어, [그림 4.10.23], [그림 4.10.24]와 같이 US3 T-C 특성곡선을 사용하면 협조가 안 되는 영역이 개선됨을 알 수 있다. 따라서 기존에 R/C와 다회로차단기에 표준으로 적용하고 있는 N1~N4 커브를 국제표준으로 전환하여 사용하면, 지연동작에서 보호협조가 안 되는 영역을 개선할 수 있다. 가능하면 변전소계전기와 R/C(다회로

차단기), 고객 계전기의 T-C 곡선을 동일한 것으로 사용하고 설치지점에 따라 레버만 조정하여 협조를 하는 방법이 가장 바람직한 방법으로 판단된다.

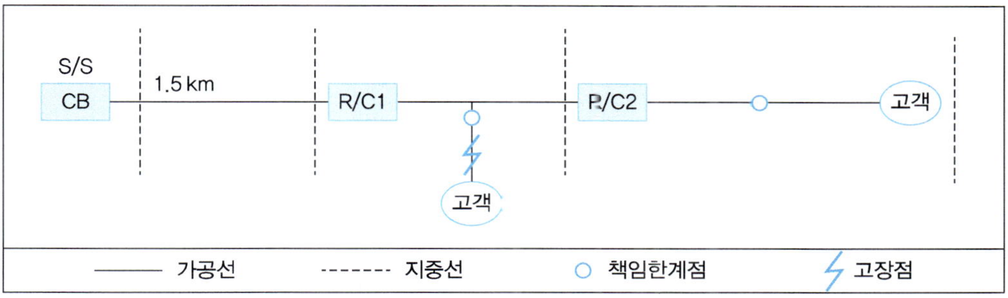

그림 4.10.20 R/C 두 대인 경우의 보호협조 개념도

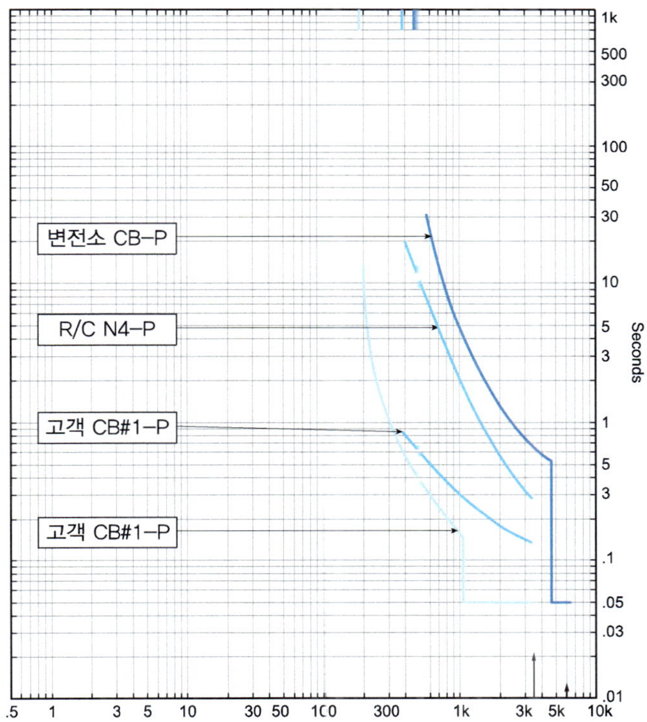

그림 4.10.21 기존의 보호협조 T–C 곡선에 의한 특성(단락)

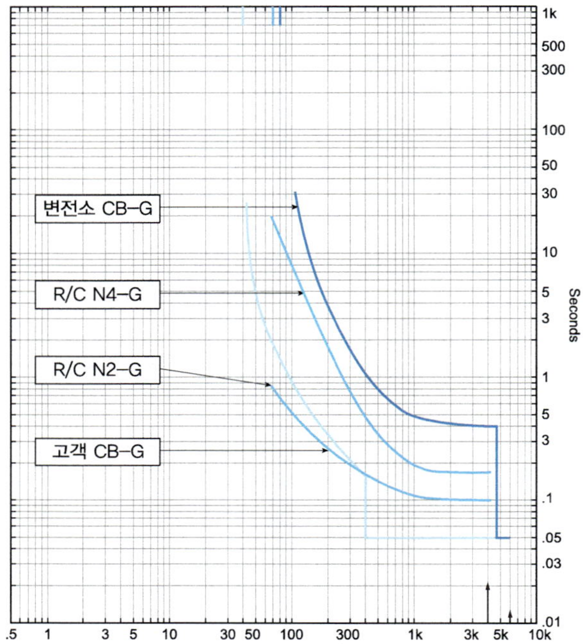

그림 4.10.22 기존의 보호협조 T-C 곡선에 의한 특성(지락)

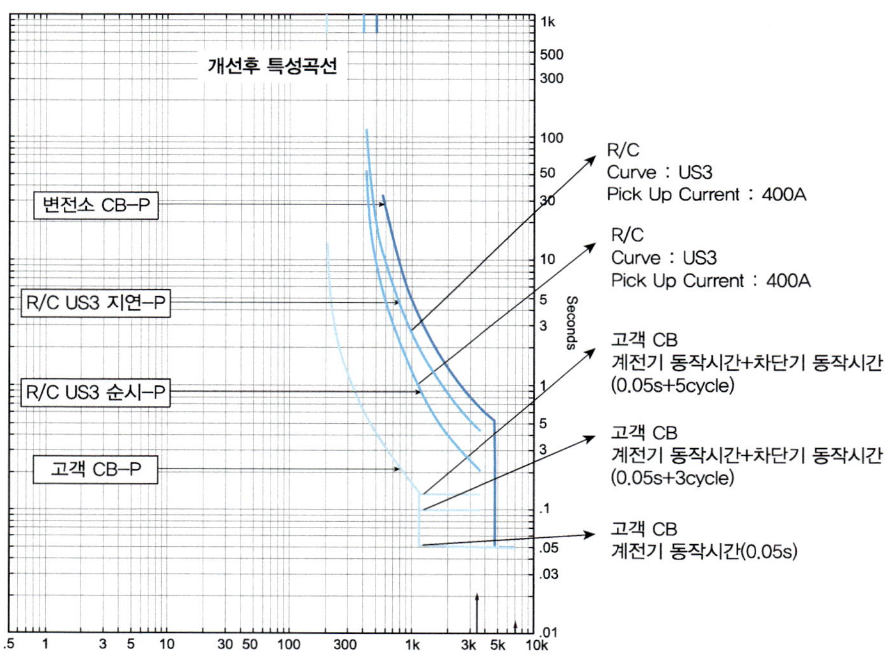

그림 4.10.23 국제표준의 보호협조 T-C 곡선에 의한 특성(단락)

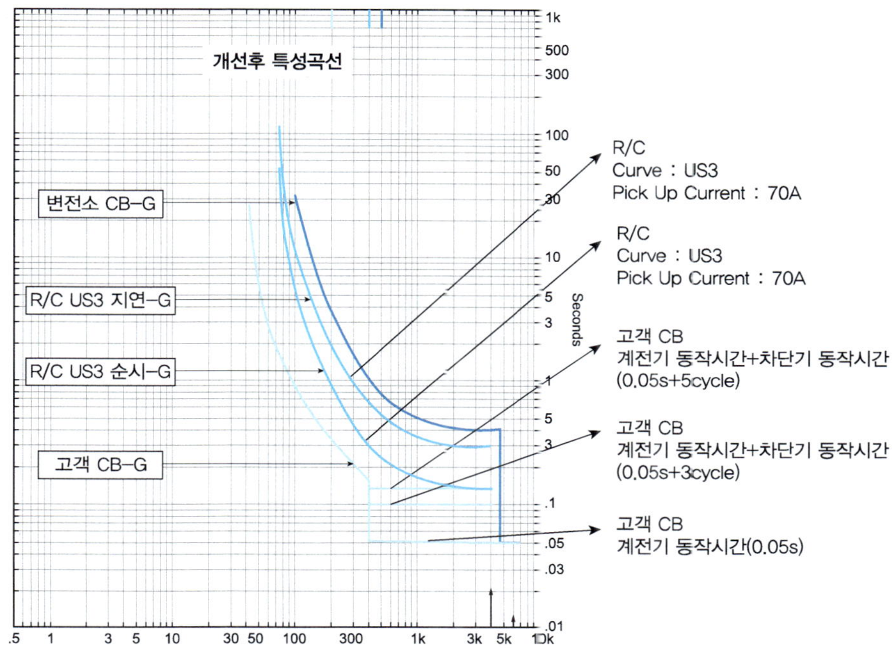

그림 4.10.24 국제표준의 보호협조 T-C 곡선에 의한 특성(지락)

지중배전선로의 보호협조 운용방안

상기에서 언급한 지중배전선로의 브호기기 동시동작에 대한 국내외 보호기기의 정정기준 및 문제점 분석을 통하여 제시한 개선방법은 다음과 같다.

1) 현재 지중배전선로에서는 변전소 계전기의 순시 정정값을 대부분 최소값으로 정정하고 있어서, 다회로차단기와 변전소 계전기가 동시 동작하는 문제점이 발생하고 있는데, 이를 개선하기 위허 변전소 계전기의 순시동작 시에 지연시간(정한시, Definite time)을 두어 초소 협조시간차를 확보하여 다회로차단기와 동시에 동작하는 것을 피하는 방법이 있고, 미국의 전력회사에서처럼 순시동작 기능을 사용하지 않고 지연동작만 사용하되, 곡선의 레벨을 하향 조정하여 순시에 준하는 동작특성을 확보하는 방법, 국제표준(ANSI)의 T-C 특성곡선을 사용하는 방법 등이 제시되고 있다.

2) 상기에서 제시한 방법 중에 가장 효과적인 것은 변전소 계전기가 사고를 감

지한 후 바로 Trip Signal을 내보내지 않고, 일정한 정한시 이후에 Trip Signal을 전송하는 방법이다. 변전소 계전기와 다회로차단기의 순시동작에서 최소 보호협조 시간차는 다음과 같이 구할 수 있다.

- 변전소 계전기 순시(+정한시) 시간 = 다회로차단기 Clearing time(50[msec]) + 협조시간(45[msec]) = 80[msec] 이상
- 협조시간 = 다회로차단기 Clearing time 오차(0.5[cycle]) + 변전소 계전기 동작시간 오차(20[msec]) + 변전소계전기 복귀 동작시간(1[cycle]) = 45 [msec]

따라서 변전소 계전기의 순시동작시간은 최소 80[msec]를 확보해야 성공적인 보호협조를 거둘 수 있다고 판단된다.

3) 미국의 일부 전력회사에서처럼 변전소 계전기의 단락과 지락고장에 대하여 순시동작 기능을 사용하지 않고 지연동작만 사용하되, T-C 곡선의 레벨을 하향 조정하여 순시에 준하는 빠른 동작특성을 확보하는 방법을 사용하면, 지중배전선로에서 변전소 계전기와 다회로차단기의 순시동작에 대한 협조의 문제점을 간접적으로 해결할 수 있다.

4) R/C와 다회로차단기에 현재 표준으로 적용하고 있는 N1~N4 커브를 국제표준을 사용하면, 지연동작에서 보호협조가 안 되는 영역을 개선할 수 있다. 가능하면 변전소계전기와 R/C(다회로차단기), 고객 계전기의 T-C 곡선을 동일한 곡선으로 사용하고, 설치지점에 따라 레버만 조정하여 협조를 하는 방법이 가장 효과적인 방법으로 판단된다.

제11절

Close Loop System(CLS) 보호협조 기준

1 용어의 정의

Closed Loop System

동일 M.tr에서 인출된 배전선로 2회선을 상시 Loop하여 운영하며, 고장발생시 고장발생지점 양단의 차단기에서 고장을 감지하고 원격조작 없이 고장구간을 자동차단하여, 이후 건전구간은 정전을 경험하지 않은 상태로 Open-Loop로 운전되는 방식을 말한다.

CCD(Closed Loop Control Device) : Closed-Loop 시스템용 제어 단말장치

22.9kV-Y Closed-Loop 배전선로의 전용차단기 제어함에 설치되어 선로 및 기기의 고장을 검출하고 인접 차단기와 통신을 통하여 고장 구간만 자동 분리 차단할 수 있으며 배전자동화 주장치와 연계하여 자동화 운전을 수행하는 IED*이다.

> IED(Intelligent Electronic Device) : 차단기, 변압기, 케이스터 뱅크 등 현장 전력설비의 각종정보를 현장에서 제공받아 디지털화된 DATA로 변환하고 내부의 Software(Algorithm 포함)를 이용하여 감시, 제어, 계측, 보호계전, 인터록, HMI 기능 등을 수행하며 통신을 이용하여 원격으로 정보를 제공하는 장치

Closed-Loop용 과전류계전기

Close-Loop로에 적용되는 과전류계전기로서 선로의 과부하, 단락 및 지락고장전류를 검출하여 CCD와 1:1 보호통신을 수행하여 회로를 차단하는 계전기이다.

Closed-Loop용 시스템용 에폭시 절연 다회로차단기

22.9kV-Y 지중 배전선로에서 지상에 설치되어 Closed loop system에 사용하는 에폭시 절연 4회로4차단형 다회로 방식의 자동화용 차단기이다.

2 | Close Loop System 구성

시스템 구성

1) 주장치

DAS 주장치를 활용하여 현장 기기의 원격 감시, 제어, 계측 등 기능을 수행한다.

2) CCD

- 단말장치 : 고장검출과 주장치의 원격 감시, 제어, 계측 등 업무를 수행한다.
- 보호계전기 : Pilot통신계전, 방향비교과전류계전, 전류차동방식 계전 기능 등을 수행한다.
- P2P 모뎀 : CCD간에 상호통신을 수행하는 모뎀을 말한다.

3) 기기(차단기 몸체)

간선 및 분기선의 고장시 차단업무를 수행한다.

4) Peer to Peer 통신망

단말장치 상호간 P2P 통신을 위하여 광통신망을 말한다.

- P2P 통신망은 주장치와 CCD간 통신망과 별도로 구성한다.

Closed-Loop 배전계통 운전

1) 정상운전시 배전계통

- 배전선로는 2회선을 상시 병렬운전 시행
- ①, ②, ③, ④ 회로별 CLS 차단기로 구성되며 ①, ④ 회로는 간선에 ②, ③ 회로는 분기선에 시설한다.

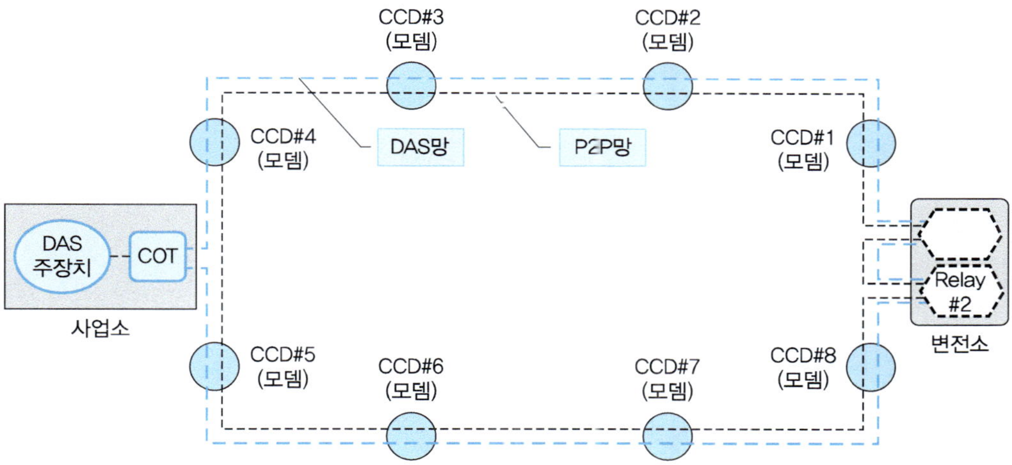

그림 4.11.1 정상운전시 배전계통도

- ②, ③ 회로의 분기선에는 특고압고객 연결 및 변압기라인을 구성하여 전력 공급한다.
- 간선내부 고장구간판단을 위하여 방향비교방식을 도입하고, 기기 내부보호를 위하여 전류차동방식의 보호계전시스템을 적용한다.

2) 고장발생시 배전계통구성

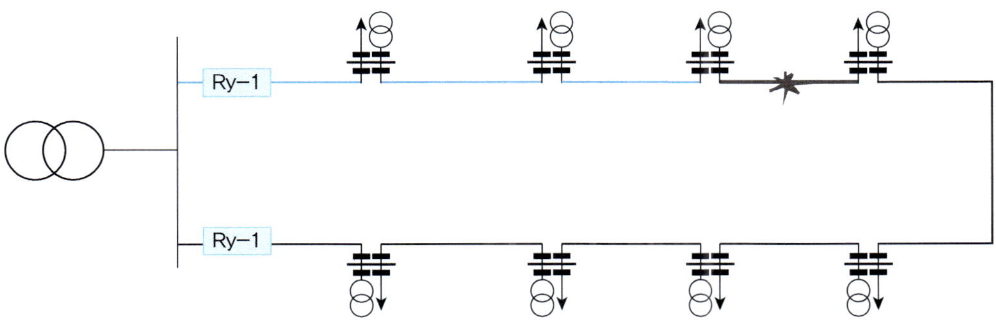

그림 4.11.2 고장운전시 배전계통도

- 간선구간에 고장발생시에는 고장구간을 차단하고 수지상으로 전환하여 운전한다.

- ②, ③ 회로의 분기선에는 전력공급이 차단되지 않으므로 무정전으로 전력 공급이 가능하다.
- 현행처럼 Open-Loop로 전환하더라도 Close-Loop의 보호알고리즘으로 DAS이 운전가능하며, 분기선 고장에 대해서는 기존 다회로차단기처럼 과전류계전방식으로 배전선로 계통보호를 시행한다.

④ 전원구성

1) 전원변전소의 선정

Closed-Loop 배전선의 인출은 ① 방식(동일변전소, 동일변압기 인출)에 한하여 시행한다.

① 변전소와 Mtr이 동일한 개소에서 공급하는 경우
② 변전소는 같으나 다른 Mtr에서 공급하는 경우
③ 변전소가 다른 개소에서 공급하는 경우

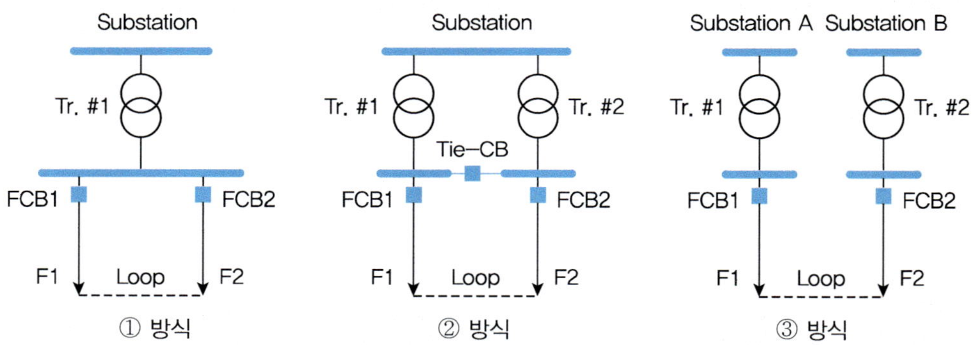

그림 4.11.3 전원변전소의 선정방식

2) 변전소 모선 전환

Closed-Loop 배전선 공급용 주변압기가 정전되면 건전한 주변압기로 Closed-Loop 배전선 전체를 모선 전환할 수 있도록 변전소를 선정한다.

3 | 보호협조 기준

일반사항

Closed-Loop 배전선로에는 아래와 같은 보호계전방식이 적용된다.

1) 주보호 계전

- POTT(Permissive Overreaching Transfer Trip)
- Echo PT(Echo Permissive Trip)
- DCB(Direction Comparison Blocking)
- DTT(Direct Transfer Trip)
- 모선고장(Bus-Bar Fault)
- 차단기고장(Trip Falure)
- 방향 과전류 보호(51P, 51G, 50P, 50G), 67P, 67G

2) 후비보호 계전

- 정한시 방향과전류 보호(67P, 67G)
- S/S 정한시 및 반한시 과전류 보호

CLS 고장검출 및 동작 Flow

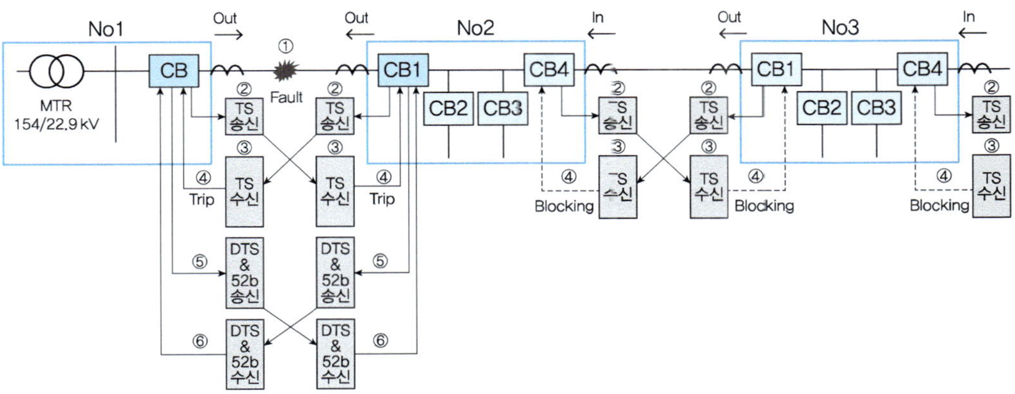

그림 4.11.4 변전소~인출 차단기 구간 고장상정

1) No.1 변전소 CLS 계전기(Relay)

① 고장발생 ⇒ ② 상대단으로 TS(Trip Signal) 송신 ⇒ ③ 상대단에서 TS (Trip Signal) 수신 ⇒ ④ CB Trip ⇒ ⑤ 상대단에 DTS(Direct Trip Signal)와 52b 송신

2) No.2 CLS CB1

① 고장발생 ⇒ ② 고장방향 판정후 상대단으로 TS 송신 ⇒ ③ 상대단에서 TS 수신 ⇒ ④ CB1 Trip ⇒ ⑤ 상대단에 DTS와 52b 송신

고장구간 판단조건

- 고장개소를 기준으로 양단의 차단기에서 검출된 고장전류 방향이 역방향(Out)이다.

  ※ 건전구간의 양단 차단기의 고장전류 방향 : 정방향(In), 역방향(Out)
- 자단 및 상대단 차단기에서 TS 정보를 송·수신한다.

3) No.2 CLS CB4

① 고장발생 ⇒ ② 고장방향 판정후 상대단으로 BS(Blocking Signal) 송신 ⇒ ③ 상대단에서 TS 수신 ⇒ ④ CB4 Trip Blocking 한다.

4) No.3 CLS CB1

① 고장발생 ⇒ ② 고장방향 판정후 상대단으로 TS 송신 ⇒ ③ 상대단에서 BS 수신 ⇒ ④ CB1 Trip Blocking 한다.

항목별 세부사항

1) 간선보호(Feeder Protection) : 주보호(POTT+DCB) + 후비보호(OCR)

① POTT(Permissive Overreaching Transfer Trip)

- 동작개요 : 자단에서 방향비교 과전류방식에 의하여 고장전류 및 방향에 의거 픽업되고 상대단에서 PT(Permissive Trip)을 수신하는 경우 차단한다.
- 동작개념도

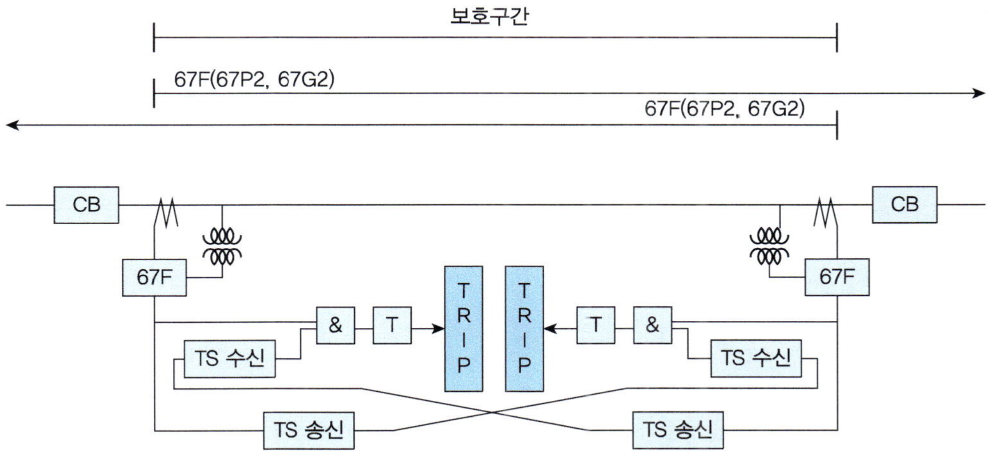

그림 4.11.5 POTT 동작 개념도

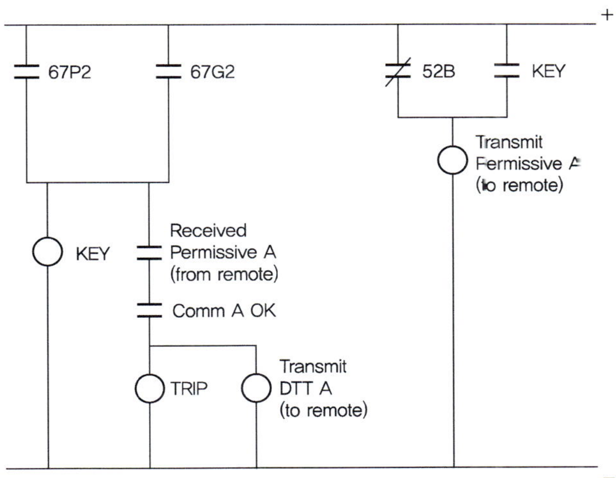

- 자단에서 방향비교 과전류방식에 의하여 고장전류 및 방향에 의거 픽업되고 상대단에서 PT(Permissive Trip)을 수신하며,
- 통신망이 이상이 없는 경우 자단에 Trip을 시행하고 DTT(Direct Transfer Trip)을 상대단에 전송함
- 또한 상대단에 PT를 송신함

그림 4.11.6 POTT 기본동작 논리도

② Echo PT(Echo Permissive Trip)

- 동작개요 : POTT 기능 중 트립제어신호를 상대단으로부터 수령하고 트립제어신호(PT) 또는 트립잠금신호(BT)도 아닌 정상상태가 지연시간 이상 지속될 경우 상대단에 트립지어신호(PT)를 전송하여 차단한다.
- 동작개념도

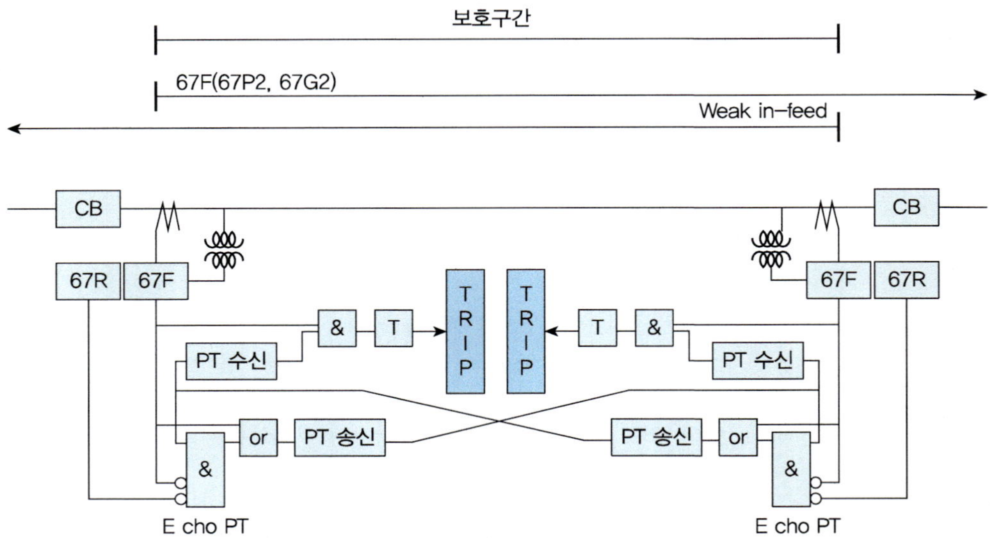

그림 4.11.7 POTT 동작 개념도

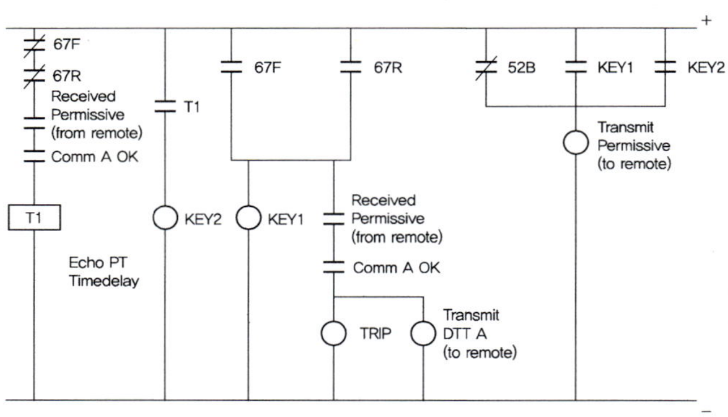

- 자단에서 방향비교 과전류방식에 의하여 고장전류 및 방향에 의거 픽업되고 상대단이 Weak in-feed인 경우 상대단은 T1 시간지연후 Echo PT(Permissive Trip)을 송신,
- 통신망이 이상이 없는 경우 자단에 Trip을 시행하고 DTT(Direct Transfer Trip)을 상대단에 전송함

그림 4.11.8 POTT 기본동작 논리도

③ DCB(Direction Comparison Blocking)

- 동작개요 : 자단에서 방향비교 과전류방식에 의하여 고장전류 및 방향에 의거 픽업되고 상대단에서 BT(Blocking Trip)을 수신하지 않는 경우 차단한다.
- 동작개념도

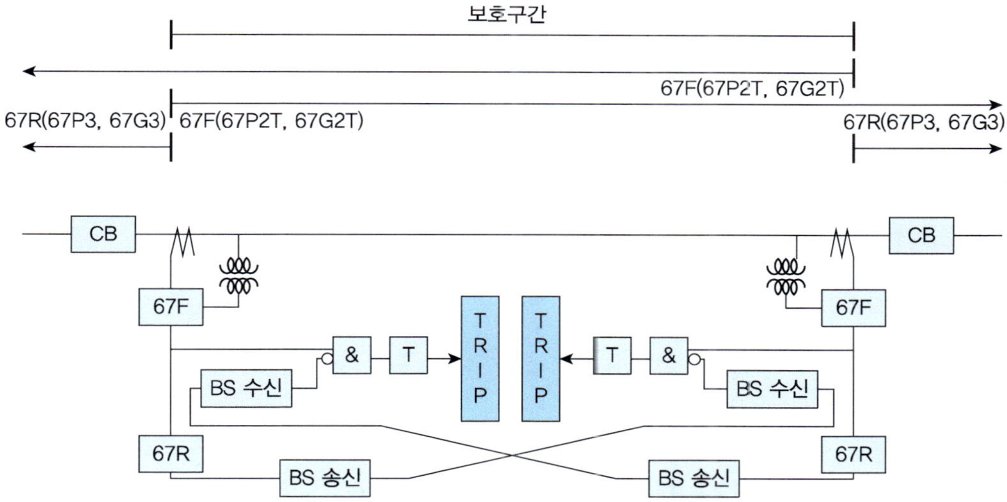

그림 4.11.9 DCB 기본동작 개념도

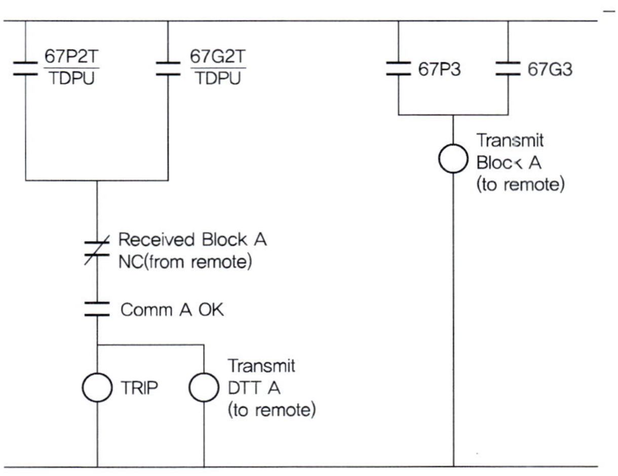

- 자단에서 방향비교 과전류방식에 의하여 고장전류 및 방향에 의거 픽업되고 상대단에서 BT(Blocking Trip)을 수신하지 않으며,
- 통신망이 이상이 없는 경우 자단에 Trip을 시행하고 DTT(Direct Transfer Trip)을 상대단에 전송함
- 자단에서 역방향 고장전류를 픽업한 경우 즉 67R(67P3, 67G3)이 동작한 경우 상대단에 BS를 송신
- POTT와 상호 협조를 위하여 3Cycle ~5Cycle 정도의 시간 delay를 부여함

그림 4.11.10 DCB 기본동작 논리도

④ 과전류계전방식(OC(G)R, Over Current (Ground) Relay)

- 동작개요 : 과전류방식에 의하여 전원측 변전소(또는 CLS 차단기) 및 부하측 CLS 차단기와 보호협조를 시행한다.
- 동작개념도 : 현행과 같으므로 생략

T1 : 변전소 종합 OCR 동작커브

T2 : 회선별 OCR 동작커브

T3 : CLS 차단기 OCR 동작커브

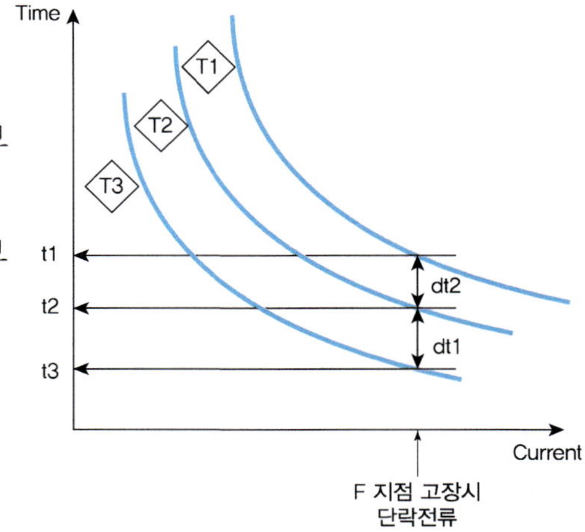

2) 내부(기기)보호(Bus Protection)

① 전류차동 모선보호 방식(87B)

- 동작개요 : 외부선로 고장 및 기기정상 상태에서는 각 회로별 전류의 합은 0이 되지만, 차단기 내부고장시에는 0이 아니고 고장전류가 흐르게 되므로, 각 회로별 전류의 합이 일정수준 이상일 경우 차단을 시행한다.

② 전류위상비교방식

- 동작개요 : 외부고장과 기기정상상태와 기기내부 고장상태시에 전류의 위상이 다른 점을 활용하여 기기 내부고장시에만 차단을 시행한다.

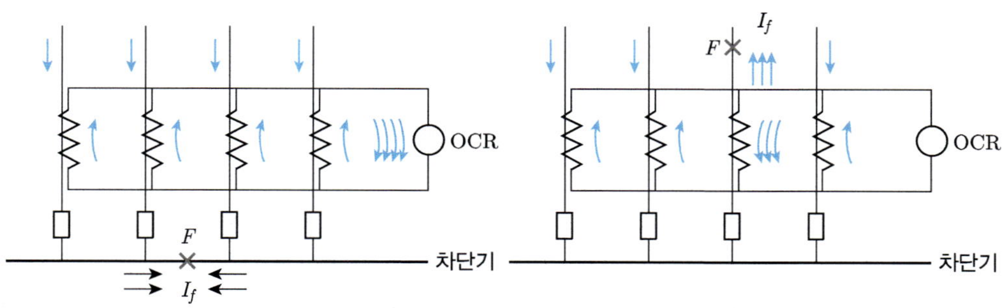

(a) 내부고장 발생시 (b) 외부고장 발생시

그림 4.11.11 전류위상 비교방식 동작개념도

3) 분기선 보호(Lateral Protection)

- 동작개요 : 과전류방식에 의하여 전원측 변전소(또는 CLS 차단기) 및 분기선측 CLS 차단기와 보호협조를 시행한다.
- 동작개념도 : 간선 후비보호 방식과 동일함

T1 : 변전소 OCR 동작시간
T2 : 전원측 CLS 차단기 동작시간(CCD 1회로)
T3 : 분기선측 CLS 차단기 동작시간(CCD 3회로)

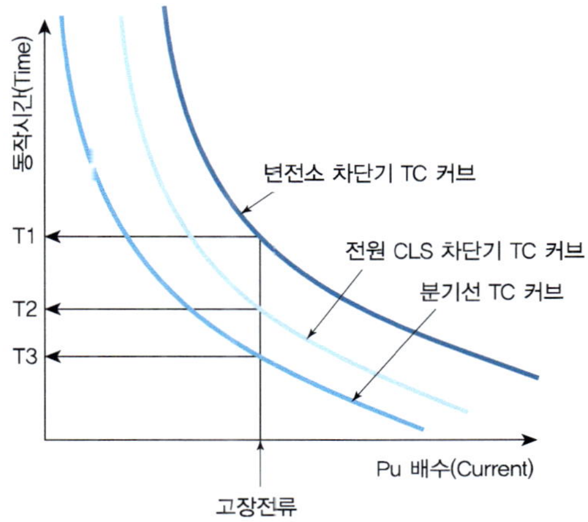

① 동작치 및 동작시간 정정기준

- 변전소 Closed-Loop용 릴레이

구분	동작치 정정		동작시간
과전류 계전기	한시	1.5 × 최대부하전류	0.5초 이내
	순시	전위보호장치(유) 1.5 × I_3 max	순시, CLS협조지연[1)*]
지락과전류 계전기	한시	0.3 × 최대부하전류 이하	0.5초 이내
	순시	전위보호장치(유) 1.4 × I_g max	순시, CLS협조지연[1)*]

- I_3 max : 전위보호기기 설치점의 최대 3상 단락전류
- I_g max : 전위보호기기 설치점의 최대 1선 지락전류
- CLS협조지연1)* : 최근단 CCD(CLS 제어단말장치)에서 Blocking Signal이 있을 경우에 변전소 계전기는 지연을 하며, 계전기의 지연시간 설정은 다음과 같다.
  - 통신협조 Timer(BS 수신시 지연시간) 130 ms
  - 통신협조 Timer(BS 미수신 및 통신실패 지연시간) 50 ms

- Closed-Loop 차단기

구분	동작치 정정		동작시간
상 동작전류	한시	• 보호구간2)* 최소 상 고장전류 이하 • 보호구간 최대부하전류 이상	후비보호기기 동작시간 이하
	순시	후비보호기기 정정치 이하	상동
지락 동작전류	한시	• 보호구간2)* 최소 지락 고장전류 이하 • 보호구간 불평형 전류 이상	상동
	순시	후비보호기기 정정치 이하	상동

• 보호구간2)* : 2회선이 루프운전 중에 1개회선의 CB가 차단되어 2개 회선을 1개 회선으로 전체 공급하고 있을 때의 공급구간

4) 차단실패보호(Breaker Failure Protection)

- 동작개요 : 자단에서 방향비교 과전류방식에 의하여 고장전류 및 방향에 의거 픽업되어, 자단이 Trip 조건인데 자단이 Trip 안될 때 자단의 나머지 회로 Trip하고, 인접차단기에 Trip 명령을 내려 보호협조를 시행한다.

5) 직접전송차단(Direct Transfer Trip)

- 동작개요 : 자단이 고장전류 픽업을 못했거나, 후비보호 대기시간 중에 상대단으로부터 직접전송차단명령을 받아 자단을 즉시 Trip하여 보호협조를 시행한다.

6) 시간순차협조(Time Sequence Coordination)

시간순차협조는 최근단 차단기가 차단에 실패할 경우 및 P2P 통신망에 이상이 생길 경우 등 이상 시에 후비보호를 통하여 동작신뢰도를 보증할 수 있도록 동작시간의 차이를 두는 것을 말하며, 변전소의 CLS 계전기의 동작 지연시간은 변전소 Closed-Loop용 릴레이 정정기준에 따른다.

7) 단계별 보호협조 체계

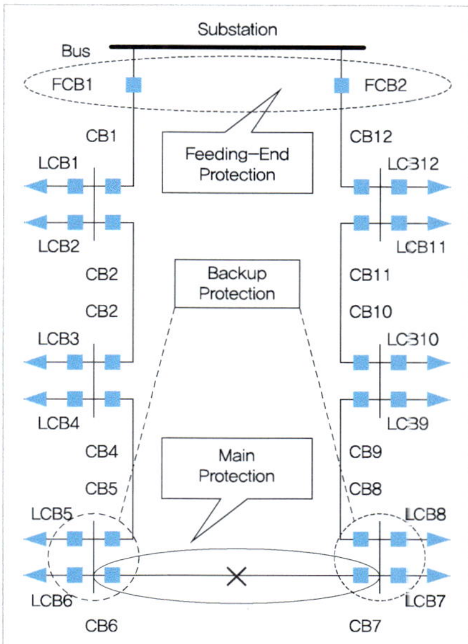

[간선 고장시]

① 주보호로서 간선 최근단 차단기가 동작하여 고장구간을 차단

② 1차 후비보호로서 간선 최근단 차단기 옆 차단기가 고장을 차단

③ 2차 후비보호로서 변전소 인출 CLS용 CB가 전체회선을 차단

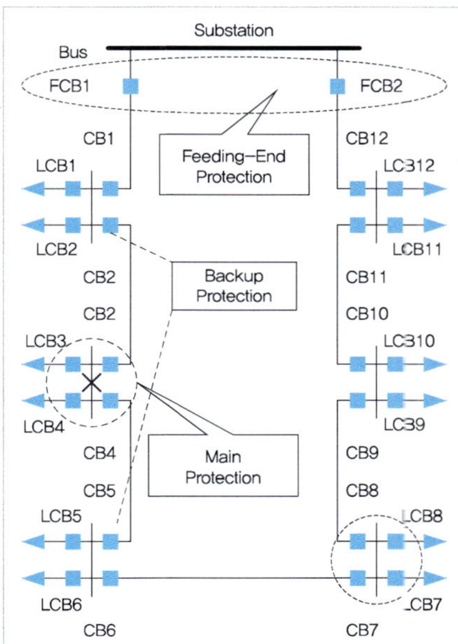

[기기내부 고장시]

① 주보호로서 기기 내부 차단기가 동작하여 고장을 차단

② 1차 후비보호로서 간선 최근단 옆 차단기가 고장을 차단

③ 2차 후비보호로서 변전소 인출 CLS용 CB가 전체회선을 차단

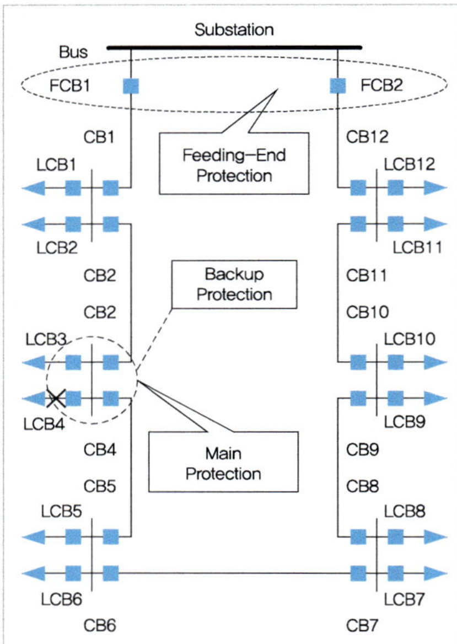

[분기선 고장시]

① 주보호로서 분기선 인출 차단기가 동작하여 고장구간을 차단

② 1차 후비보호로서 기기 내부 차단기가 고장을 차단

③ 2차 후비보호로서 변전소 인출 CLS용 CB가 전체회선을 차단

8) 순환전류에 의한 오동작 방지 보호협조

선로고장 시 분산형 전원에 의해 발생되는 순환전류* 검출

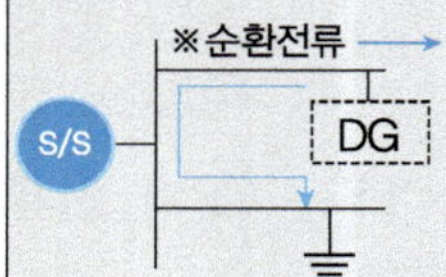

→ ① 영상전압을 설정값 이상 검출시 방향 판정
※ 영상전압 설정값* : 1.3 kV
→ CB, CLS 차단기 Trip 방지

→ ② 영상전압을 설정값 미만 검출시 방향 미 판정
→ CB, CLS 차단기 Trip 발생(안전을 위해 Trip을 default 설정)

ⓐ 고장 시 CB, CLS 차단기 순환전류 검출 → ⓑ 영상전압 미 검출 → ⓒ 순환전류 방향 미 판정 → ⓓ CB, CLS 차단기 Trip

※ 순환전류 방향 미 판정 시 변전소 CB, CLS 차단기 Trip으로 정전발생

- **순환전류** : 지락고장 시 분산형 전원의 영상분 전류에 의해 N상에 발생되는 전류로 변전소를 통해 고장점으로 귀로
- **영상전압 설정값** : 영상전압은 영상전류의 위상측정을 위한 기본값으로 전압 계측의 신뢰성을 위해 상전압의 10%를 최소값으로 설정

9) 기타사항

- CLS 선로에 분산형 전원 연계 금지

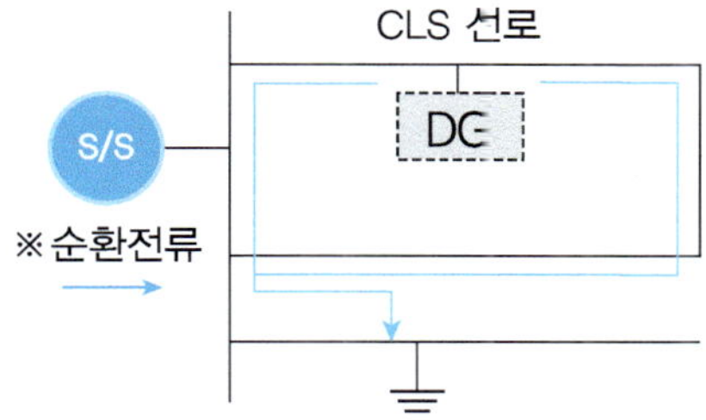

① 분산형 전원(DG)이 연계된 CLS 선로와 동일 M.tr에 연결된 일반 배전선로에서 고장발생

② CLS 선로의 DG에 의해 발생된 영상전압이 설정값 이하로 검출되어 순환전류의 방향 미 판정 시 발생되는 CB, CLS 차단기 오동작 방지

- CLS 선로와 분산형 전원이 연계된 일반 배전선로는 동일 M.tr(Bus Bar) 운전 금지

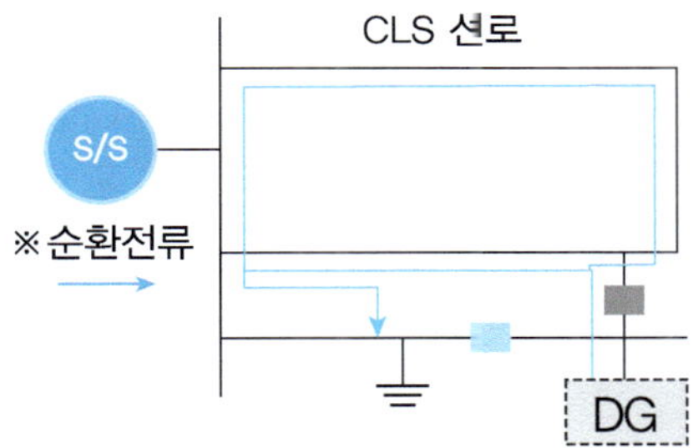

① 분산형 전원(DG)이 연계된 일반 배전선로 고장 발생 시 DG를 포함한 배전선로 건전구간을 CLS 선로로 절체

② 일반 배전선로 CB 강송 시 CLS 선로에 연계된 DG에 의해 발생된 영상전압이 설정값 이하로 검출되어 순환전류의 방향 미 판정 시 발생되는 CB, CLS 차단기 오동작 방지

제12절

Spot Network 보호협조

1 | SNW 배전방식의 구성

SNW 배전방식의 개요

1) Spot Network 배전

하나의 전기사용 장소에 대하여 3회선 이상의 22.9[kV]-y 배전선로로 공급하고, 각각의 배전선로에 시설된 수전용 Network 변압기의 2차측을 상시 병렬 운전하는 배전방식을 말한다.

① 시스템 구성도

SNW의 구성도는 [그림 4.12.1]과 같이 Network 변압기의 2차측을 상시 병렬로 운전할 수 있도록 구성되어 있다.

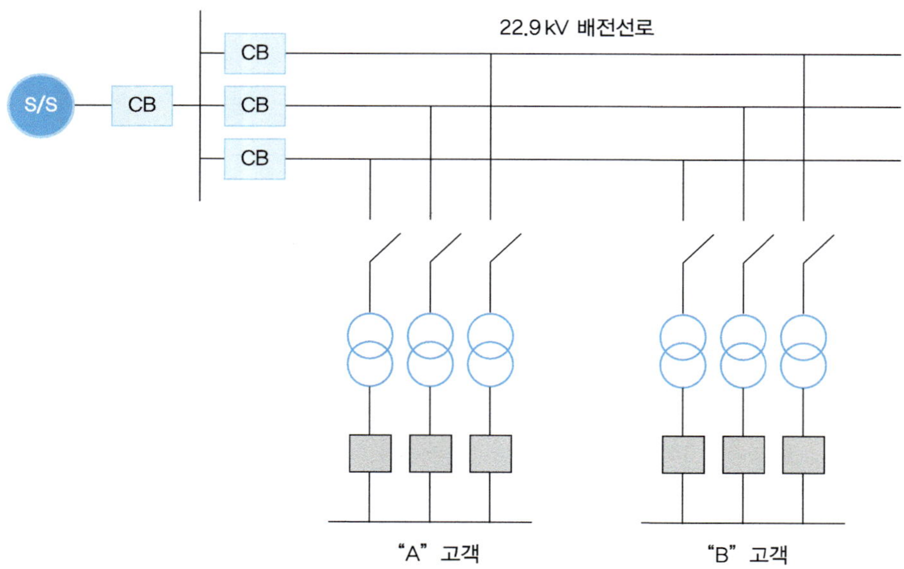

그림 4.12.1 SNW 시스템 구성도

2) SNW 배전방식의 종류

① 저압 SNW 배전

Network 변압기의 2차측 전압이 저압인 경우(220[V], 380[V])

② 고압 SNW 배전

Network 변압기의 2차측 전압이 고압인 경우(3.3[kV], 6.6[kV])

배전방식의 비교

1) 공급신뢰도 비교

[표 4.12.1]은 배전방식에 따른 공급방식, 정전범위 및 공급신뢰도의 정도를 비교한 것이다.

[표 4.12.1] 배전방식별 공급신뢰도 비교

배전방식	공급방식	정전범위	고장발생시 공급신뢰도
스포트네트워크방식	여러 회선을 병렬운전	무정전 공급	아주 높음
예비선방식	공급선로와 예비선로를 ALTS로 연결하여 운전	절환시간 : 20초간 정전	높음
루프방식	공급선로를 π 개폐장치로 타선로와 연계	부하절환시까지 정전	중간
수지상방식	1개 선로에서 공급	고장복구시까지 정전	낮음

2) 경제성 비교

① 수전설비 비용

[표 4.12.2]는 계약전력별 수전설비의 비용을 표현한 것이다.

[표 4.12.2] 계약전력별 수전설비 비용

단위 : [천원]

배전방식 \ 계약전력	1950[kVA] (750×3)	2600[kVA] (1,000×3)	5200[kVA] (2,000×3)
스포트네트워크 배전	118,735	136,735	324,834
예비선방식	103,811	127,811	350,177
루프방식	95,171	119,171	341,537

※ 예비선방식과 루프방식의 경우 예비용변압기 포함

② 수전실 면적

[표 4.12.3]은 계약전력에 따른 수전실 소요 면적을 표현한 것이다.

| 표 4.12.3 | 계약전력에 따른 수전실 소요 면적

단위 : [m^2]

배전방식 \ 계약전력	500 [kVA]	1500 [kVA]	2000 [kVA]	3000 [kVA]	4000 [kVA]	6000 [kVA]
스포트네트워크방식	70	75	90	100	120	145
예비선방식	130	155	180	200	230	265
루프방식	130	155	180	200	230	265

4 SNW 배전선로 구성

1) 전원변전소

① SNW 배전선의 인출

SNW 배전선의 개별 회선은 다음과 같이 3가지 방식으로 인출할 수 있다.

㉮ 동일변전소 동일 주변압기로부터 인출

㉯ 동일변전소 타 주변압기로부터 인출

㉰ 타 변전소 타 주변압기로부터 인출

SNW 배전선의 인출은 ㉮ 방식을 원칙으로 한다. 단, 신뢰도 향상을 위하여 ㉯ 및 ㉰ 방식으로 SNW 계통을 구성하고자 할 때에는 계통의 조류해석을 시행하여 주변압기 및 변전소간 역조류가 발생하지 않는 경우에 한하여 계통을 구성할 수 있다.

② 변전소 모선 전환

SNW 배전선 공급용 주변압기가 정전되면 건전한 주변압기로 SNW배전선 전체를 모선 전환할 수 있도록 변전소를 선정

※ 외국의 경우 타 뱅크 인출 선로로 구성하고 타변전소에서 인출된 SNW 배전선로와 Tie Line 구성 운영

2) SNW 공급선로

① SNW 배전선의 구성 : 지중배전선 3회선 이상으로 구성

② 일반부하 공급억제 : SNW 배전선에서는 SNW 수전수용만 공급

③ SNW 배전선의 시설 : 선로특성이 등일하게 유지

※ 동일한 긍장과 동일한 선종 사용

④ SNW 배전선의 기준용량

SNW 배전선의 기준용량 산출은 식 (4.12.1)에 의한다.

$$(\text{SNW 배전선을 구성하는 회선수}-1)\times 14{,}000[\text{kVA}] \tag{4.12.1}$$

예) 3회선 SNW 배전선의 경우 : $(3-1)\times 14{,}000 = 28{,}000[\text{kVA}]$

3) SNW 표준도면

① 표준도면

[그림 4.12.2]는 SNW의 표준도면으로 구성요소를 보면 1차 개폐기, Network 변압기, Protector Fuse, Protector C B, Take-off Fuse 그리고 Take-off C.B로 구성되어 있다.

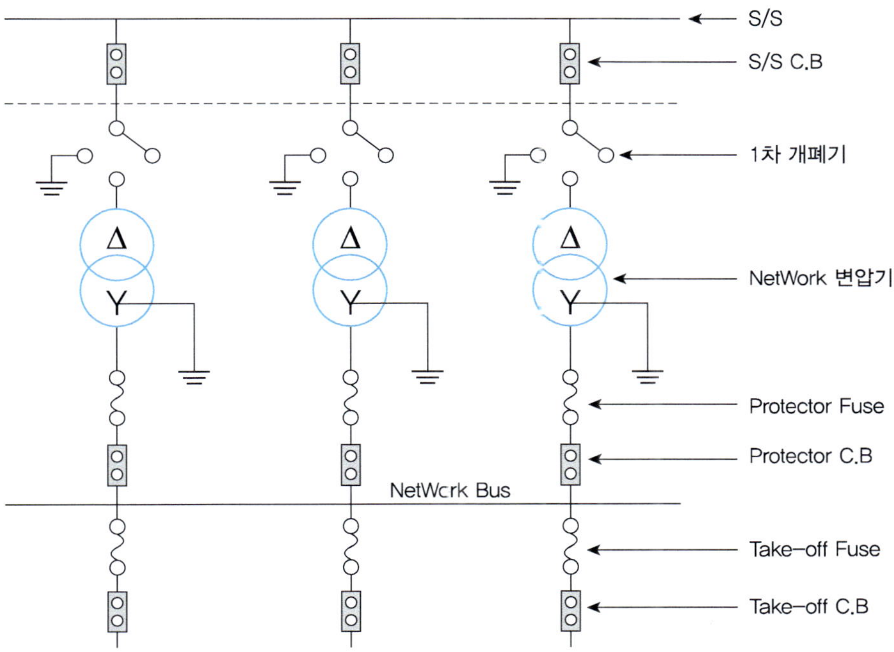

그림 4.12.2 SNW의 표준도면

설계도서는 사전에 당사에 제출하여 설계검토를 받아야 한다.

② 고압이상의 기자재와 계전기 등은 공인기관의 시험

- Network Protector
  - * 전원측에서 전력이 공급될 때는 자동투입
  - * 부하측에서 전원측으로 역전력이 공급될 때 자동개방
- Network 퓨즈
  - * Protector가 트립되지 않을 경우, 퓨즈가 용단될 것

4 SNW 수용의 공급

1) SNW 배전지역

- SNW 배전방식으로 전기를 공급하고자 선정 공고한 지역

2) SNW 수용의 공급 필수조건

- SNW 배전지역에 소재
- 계약전력 500[kW] 이상 14,000[kW] 이하
- 고객이 SNW 배전방식을 희망하는 경우

3) SNW 수용의 고객부담 공사비 적용

- 지중배전 공급에 준하여 적용(설계조정공사비)

4) 책임한계점

- 당사에서 고객구내에 시설하는 분기접속장치의 부하측 접속점
- 케이블 분기접속장치는 지중선로 공급고객과 동등

5) 인입 케이블의 시설

- 케이블의 분기접속은 3상 분기장치에 의한 접속
- 당사 선로와의 접속은 고객의 관로공사시 당사와 협의하여 시공

※ 고객부담 공사비 계산 예시

■ 총공사비 : 30억[원]

- 전선가액 : 5억[원](CNCV $325^c \times 30$[km])
- 관로공사비 : 20억[원](Φ 175mm 6공 × 10[km])
- 지중개폐기 : 없음
- 기타 부대공사 : 5억[원]

■ 고객부담 공사비 ⇒ 설계조정 공사비 적용

- 설계조정 공사비 = 설계공사비 − (전선가액 + 관로공사비 + 개폐기가액) + (적정전선가액 + 관로공사비 조정액 + 개폐기가액 조정액)
- 적정전선가액 : 2억원(CNCV 100° × 30[km])

* 적정전선 규격산정시의 공급능력 = 계약전력 / (회선수 − 1) = 13,500 /2 = 6,750[kW]로 계산하여 전기공급

규정 별표 6에 의하여 산정함

- 관로공사비 조정액 : 10억원
  = 관로공사비 × (사용공수 × 조정률) / 시설공수 = 20 × 3 ×1 ÷ 6
- 고객부담 공사비 = 17억[원]
  30억[원] − (5 + 20)억[원] + (2 + 10)억[원] = 17억[원]

2 | 저압 Spot Network 배전

저압 SNW의 구성

1) 수전설비의 구성

- 1차 개폐기
- Network 변압기
- Network Protector
- Network 변압기 - Network Protector간 연락모선
- Network 모선
- 저압간선보호장치

2) 단선 결선도

[그림 4.12.3]은 저압 SNW 단선 결선도이다. 도면에 표시된 기호는 범례로 표기하였다.

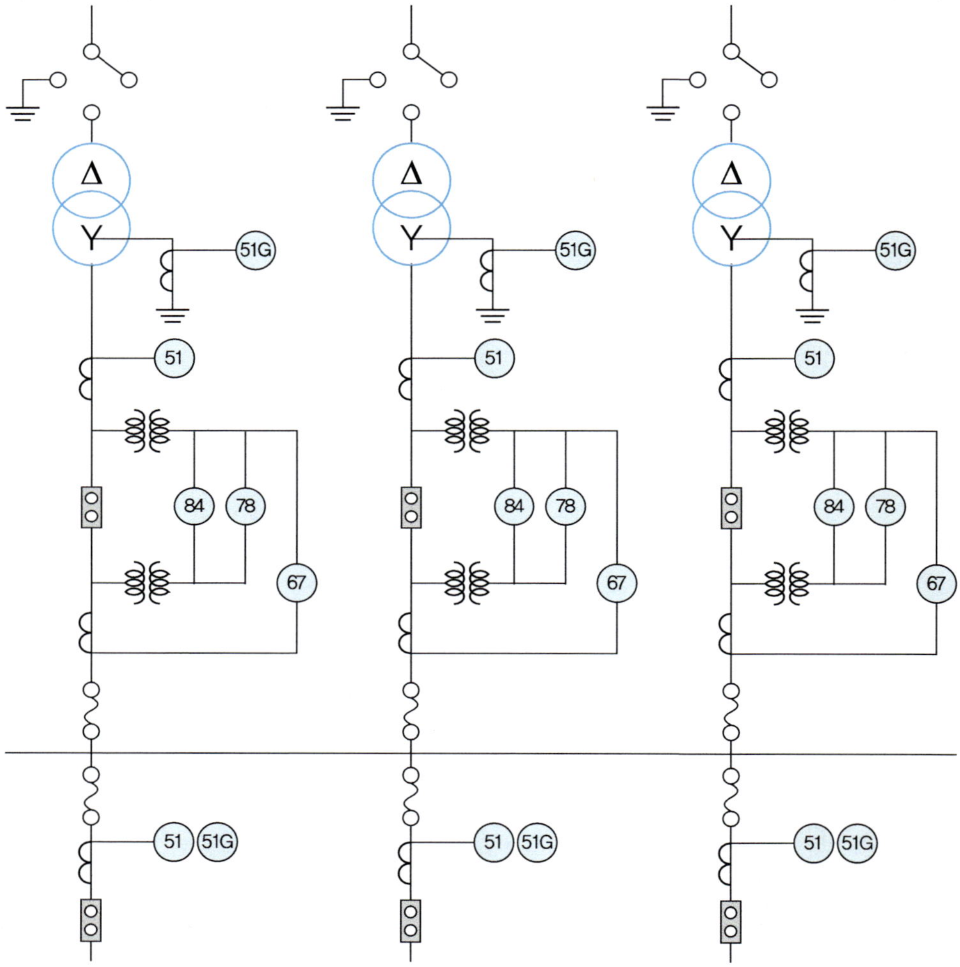

※ 범 례
51 : 과전류계전기, 51G : 지락과전류계전기, 67 : 전력방향계전기, 78 : 위상계전기, 84 : 전압계전기

그림 4.12.3 저압 SNW 단선 결선도

3) 보호협조

[표 4.12.4]는 저압 SNW 계통 각 부분에서의 고장점, 고장 종류 및 방향에 따라 동작하는 보호기기에 대한 내용을 표기한 것이다.

| 표 4.12.4 | 고장점 및 고장 종류에 따른 보호장치

고장점		단락고장		처리 결과	지락고장		처리 결과
		주보호	후비보호		주보호	후비보호	
배전 선로	순	배전선 OCR	BANK OCR	양호	배전선 OCGR	BANK OCR	양호
	역	Protector (67)	퓨즈		Protector (67)	–	
TR-CB	순	배전선 OCR	BANK OCR	양호	1차 개폐기 (51G)	–	양호
	역	퓨즈	타회선 Pro.(51)			타회선 Pro.(51G)	
CB - FUSE	순	Protector (51)	배전선 OCR	양호	Protector (67)	1차 개폐기 (51G)	양호
	역	퓨즈	타회선 Pro.(51)		Protector (51G)	타회선 Pro.(51G)	
모선		Protector (51)	퓨즈 또는 배전선 OCR	정전	Protector (67)	퓨즈 또는 1차 개폐기	양호
저압간선		간선휴즈	Protector (51)	양호	간선퓨즈	Protector (51G)	양호

❹ SNW수전설비의 시설

1) 1차 개폐기

- 정격전류 : 200[A] 이상(변압기의 정격전류 이상)
- 정격부하개폐 : 변압기용량에 적절한 부하개폐 가능할 것
- 고장전류개폐 : 변압기 2차 지락고장시 고장전류 개폐가 가능
- Network 변압기와 동일반 또는 인접반에 설치
- 변압기와의 거리는 최대한 짧게
- Protector 차단기와의 인터록 장치

2) Network 변압기

① Network 변압기 용량(3상기준)

500, 750, 1000, 1500, 2000, 2500[kVA]

② 변압기 구성 및 최대허용용량

변압기의 용량 산출은 식 (4.12.2)에 의한다.

$$Ntwork\text{변압기 용량} = \frac{\text{최대수용전력}[\text{kVA}]}{(\text{수전회선수}-1)} \times \frac{1}{1.4} \qquad (4.12.2)$$

③ 변압기 종류

난연성 혹은 건식변압기 등을 사용

3) Network Protector

① Network Relay

- 역전력차단 특성
  - SNW 배전선 고장시 배전선으로 흐르는 역전력을 검출하여 자동적으로 Protector 차단기를 차단할 것
  - SNW 배전선 정전 또는 변전소 차단기 개방시 해당 Network 변압기의 역여자전류와 케이블 충전 전류를 검출하여 Protector 차단기를 차단할 것
- 투입특성
  - 무전압투입 특성 : Network 모선이 무전압 상태에서 SNW 배전선중의 1회선이 송전되어 Network 변압기가 충전되면 해당 Protector 차단기를 자동투입할 것
  - 차전압투입 특성(과전압 투입) : Protector 차단기가 개방상태로 계통이 운전되고 있을 때, 고장선로가 재송전되어 Network 모선전압보다 높고, 위상이 앞서는 조건에서 Protector 차단기를 자동투입할 것
- 역전력 차단억제장치
  - 과도적인 역전력 발생에 따른 차단을 적절하게 지연 또는 억제할 수 있는 장치를 부가설치하여 Pumping 현상을 방지토록 할 것

② Protector 차단기

- 정격정압 : 500[V]
- 정격전류 : 1000[A], 1600[A], 2000[A], 4000[A], 5000[A]
- Protector 차단기는 Protector 퓨즈와 동일용량을 사용한다.
- Protector 차단기의 정격전류

Protector 차단기의 정격전류의 산출은 식 (4.12.3)에 의한다.

$$\text{차단기의 정격전류} = \frac{\text{M.tr}[\text{kVA}] \times \text{과부하율}[\%]}{\sqrt{3} \times \text{2차 정격전압}[\text{kV}] \times 100[\%]} \qquad (4.12.3)$$

※ 과부하율[%] = 130[%]

③ Protector - 퓨즈

- 정격전압 : 500[V]
- 퓨즈의 특성
  - 0.1[초] 불용단 특성 : 22.9[kV]-y측의 단락시 Protector 퓨즈에 흐를 수 있는 역전류를 0.1[초] 동안 통전할 때 열화되지 말아야 한다.
  - 용단특성 : 정격전류의 300[%]의 부하에서 200[초] 이내에 용단
  - 통전용량 : 정격전류의 110[%]에서 4[시간]
  - 한류특성을 만족할 것
- 설치위치
  - Protector 퓨즈는 Network Relay와 인접하여 설치, 중간에는 어떠한 장치도 설치를 금지한다.
- 인터록 장치
  - 퓨즈가 용단되면 Protector 차단기가 자동차단되는 장치이다.
  - 연결모선이 정전없이 퓨즈를 교체할 수 있는 구조이다.

4) Network 변압기 2차 - Network Protector간 연락모선

내화 절연 구조로서 단락강도에 견디는 재질을 사용한 Bus Duct IBD 구조로 함, 모선은 최대한 짧게 한다.

5) Network 모선

이 부분의 신뢰도를 특히 높게 해야 한다. 모선 자체의 사고방지 및 사고가 파급되는 것을 방지하기 위하여 모선을 절연한다.

6) 저압간선 보호장치

간선 보호장치는 배전용차단기(MCB), 기중차단기(ACB) 또는 배선용차단기와 퓨즈의 조합으로 선정한다.

Network 변압기 1대당 간선 수는 4[회]로 이내로 한다.

계량위치

1) 계량위치

① 계량점

SNW계통의 계량점은 Network 변압기 1차측 계량을 위치한다.

② 변성기의 시설

변성기 설치위치는 1차측 개폐기와 변압기사이의 SNW 모선이다.

2) 계량방식

각 회선별로 전자식계량기를 사용하여 계량한다.

각 회선별 계량치를 합산하여 사용량 및 최대전력 등을 산정한다.

3) 계기용 변성기

① 변성기의 특성

변성기는 건식절연 방식의 관통형을 표준으로 하고 있다.

② 변성기의 설치

설치위치 및 구조는 해당선로 정전시 점검이 가능토록 시설한다.

- 전력량계용 전선은 다른 제어용 전선과 구별하여 미리 큐비클 내의 적당한 장소의 단자블럭까지 배선전선의 굵기는 전류용 및 전압용 공히 5.5[mm^2]의 내열전선 사용한다.

3 | 고압 Spot Network 배전

고압 SNW의 구성

1) 전기방식

- 1차전압 : 22.9[kV]-y (3상 4선식)
- 2차전압 : 3.3[kV] 또는 6.6[kV](3상 3선식)

2) 단선 결선도

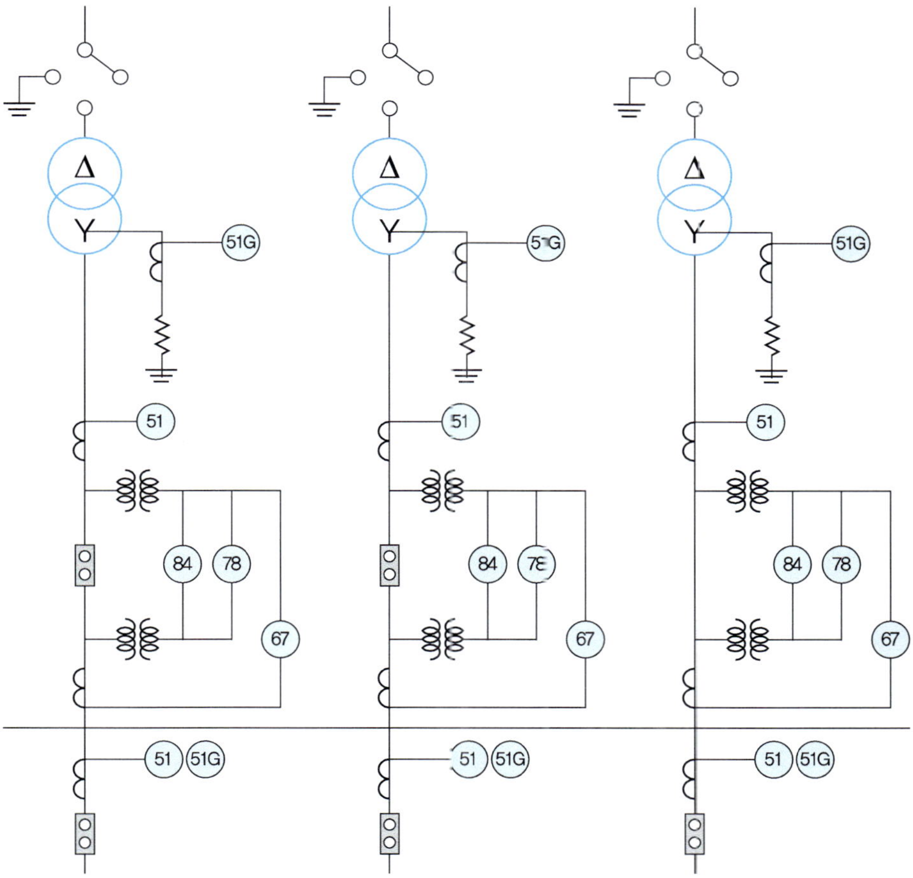

※ 범 례
51 : 과전류계전기, 51G : 지락과전류계전기, 67 : 전력방향계전기, 78 : 위상계전기,
84 : 전압계전기

그림 4.12.4 고압 SNW 단선 결선도

3) 보호협조

[표 4.12.5]는 고압 SNW 계통 각 부분에서의 고장점, 고장 종류 및 방향에 따라 동작하는 보호기기에 대한 내용을 표기한 것이다.

|표 4.12.5| 고장점 및 고장 종류에 따른 보호장치

고장점		단락고장		처리 결과	지락고장		처리 결과
		주보호	후비보호		주보호	후비보호	
배전선로	순	배전선 OCR	BANK OCR	양호	배전선 OCGR	BANK OCR	양호
	역	Protector (67)	타회선 Pro.(51)		Protector (67)	–	
TR-CB	순	배전선 OCR	BANK OCR	양호	1차 개폐기 (51G)	–	양호
	역	Protector (67)	타회선 Pro.(51)		Protector (67)	타회선 Pro.(51G)	
모선		Protector (51)	배전선 OCR	정전	Protector (51)	1차 개폐기 (51G)	정전
저압간선		간선차단기 (51)	Pro.(51)	양호	간선차단기 (51G)	Pro. (51G)	양호

4 고압 SNW 수전설비와 저압 SNW 수전설비 비교

|표 4.12.6| 고압 SNW 수전설비와 저압 SNW 수전설비 비교

항 목		고압 SNW	저압 SNW
Network 변압기	정격전압	22.9/3.3, 6.6[kV]	22900/220, 380[V]
	접지방식	저항접지	직접접지
	용량	100~4500[MVA]	500~2,500[kVA]
Network Protector 차단기	정격전압	3.3[kV], 7.2[kV]	500[V]
	정격전류	630~2,000[A]	1,000~5,000[A]
	FUSE	–	1,000~5,000[A]
변압기 연결모선 (Network모선)	정격전압	3.45[kV], 6.9[kV]	600[V]
	정격전류	150~1200[A]	1,000~5,000[A]
	단기간 정격	6~24[kA]	35~100[kA]

제13절

DAS 다기능단말장치 Sectionalizer 보호협조

1 | 적용개소

가공선로의 DAS 리클로저 후단에 설치된 다기능단말장치에 적용한다.

- DAS 개폐기의 투입·개방 동작시간(최대 3초), 변전소 CB의 재폐로 횟수(최대 2회)와 시간(최대 15초), 휴즈 융단시간을 고려하여 가공선로의 리클로저 후단에 설치한다.

2 | 운영수량

휴즈와의 보호협조를 고려하여 1대만 운영한다.

- 휴즈는 대부분 리크로져의 지연동작 시 융단된다. 다기능단말장치를 2대 이상 Sectionalizer로 운영 시 리크로져의 지연동작 이전 즉 순시동작 후 재폐로 시간에 개폐기가 개방되어 휴즈는 융단이 되지 않는 경우가 발생한다.

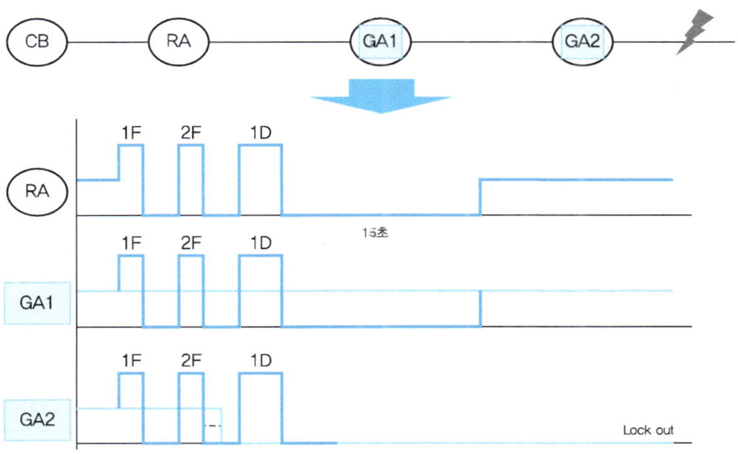

3 | 운영설정

리크로져의 1회 지연동작(1D) 실패 후 2회 지연동작(2D) 전의 재폐로 시간에 개방되도록 설정한다.

1) 휴즈 용단을 위해 반드시 1D 지연동작을 수행토록 한다.
2) 리크로져의 재폐로 시간은 아래와 같이 설정한다.

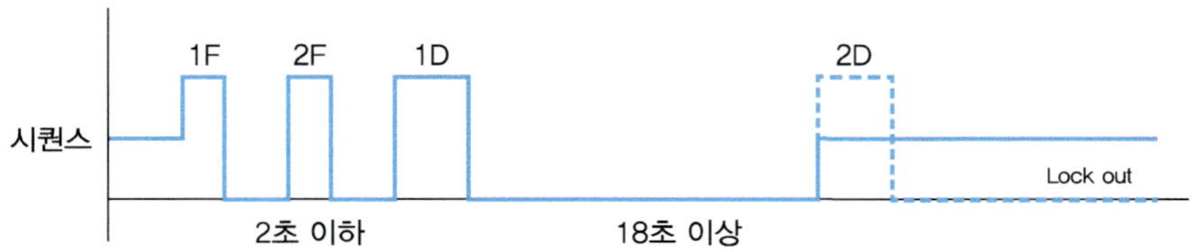

3) 다기능단말장치의 Section 기능은 아래와 같이 설정한다.

구 분	범 위	설정값
최소 동작전류(상)	50~630A	계산값 적용
최소 동작전류(지락)	25~315A	계산값 적용
Section 사용여부	Disable, Enable	Enable
Section Type	V-T, O-T	V-T
자동투입 여부	Disable, Enable	Disable
개방지연시간 (ODT : Open Delay Time)	0.1~25.5 sec	5 sec
투입대기시간 (CWT : Close Wait Time)	1~255 sec	18 sec
투입지연시간 (CDT : Close Delay Time)	1~255 sec	3 sec
락아웃시간 (LT : Lock Out Time)	1~255 sec	1

① Section 사용여부는 Enable로 설정한다.

② 자동투입은 반드시 Disable로 설정한다.

- Disable : Section 기능을 Enable 설정 후 자동투입을 Disable로 설정한 경우, 고장 경험 후 무전압이 되면 ODT 이후 개방되고 Lock Out 됨

- Enable : Section 기능을 Enable 설정 후 자동투입을 Enable로 설정한 경우, 고장 경험 후 무전압이 되면 ODT(3초) 이후 개방되고, CWT(18초)를 경험하며 CWT 완료시점까지 무전압이 유지되면 Lock Out 된다. 그러나 개방 후 CWT 이내에 활선이 되면 CDT(3초) 후 투입되고 LT(1초) 동안 활선이 유지되면 투입상태로 시퀀스가 종료된다. 그러나 투입 후 LT(1초) 이전에 무전압이 되면 ODT(5초) 이후 개방되고 Lock Out 된다.

③ 개방지연시간은 5초로 설정한다.

④ 투입대기시간과 투입지연시간은 자동투입 기능을 사용하지 않으므로 설정값은 큰 의미가 없으나, 각각 18초와 3초로 설정한다.

제14절

분산형 전원 연계 배전선로 보호협조

1 | 보호협조 기본원칙

- 연계선로는 분산형 전원 연계 전이나 연계 후 모두 수지상 선로로 운영됨을 전제로 한다.
- 연계선로의 보호협조 검토는 분산형 전원 연계 전의 상태를 기준으로 기술서에서 정한 바에 따라 수행한다.
- 연계선로 회선 단위 보호협조 검토와 별도로, 해당 회선이 인출된 변전소 주변압기 단위로 분산형 전원의 연계가 연계선로의 보호협조에 어떤 영향을 미치는지를 검토하고 이를 완화하기 위해 요구되는 분산형 전원 및 한전계통 측 조치사항을 도출한다.

2 | 검토방법

- 이 검토요령에 대한 기술적인 설명, 적용방법, 사례 등은 제5장 보호협조 검토 사례를 참조한다.
- 이 검토요령에 의한 고장전류 산출, 보호기기 오·부동작 가능성 검토 등 실무는 연계선로 보호협조 검토 프로그램(off-DAS)을 활용하여 수행한다.

3 | 보호기기의 차단용량 상회 여부 검토

- 분산형 전원 연계에 따른 고장전류 증가로 인해 계통의 단락용량이 보호기기의 차단용량을 초과하는지 여부를 최악 조건에서 검토한다.
- 계통의 단락용량이 보호기기의 차단용량을 초과하는지 여부를 검토하기 위해 연계선로의 검토대상 보호기기(CB, R/C 또는 다회로차단기)에 대하여 다음과 같이

검토조건을 상정하고 고장전류를 산출한다.

1) 선로구성

① 검토대상 보호기기의 한전계통 전원 측(이하 "전원측"이라 한다)의 모든 분산형 전원 투입 및 정격출력으로 발전하는 것으로 한다.

② 검토대상 보호기기의 한전계통 전원을 기준으로 한 부하 측(이하 "부하측"이라 한다)의 모든 분산형 전원 투입 및 정격출력으로 발전하고 있는 것으로 한다.

③ 동일 주변압기에서 인출된 타 선로의 모든 분산형 전원 투입 및 정격출력으로 발전하고 있는 것으로 한다.

2) 고장

검토대상 보호기기의 직하에 3상 단락고장, 1선 지락고장(지락저항 0[Ω])으로 상정한다.

- 검토대상 보호기기의 직하에 3상 단락고장, 1선 지락고장(지락저항 0[Ω]) 상정하에 산출된 고장전류는 해당 보호기기의 정격차단전류 이하이어야 한다.
- 검토대상 보호기기의 직하에 3상 단락고장, 1선 지락고장(지락저항 0[Ω]) 상정하에 산출된 고장전류가 보호기기의 정격차단전류를 초과할 경우에는 분산형 전원 측에 다음과 같이 고장전류를 제한할 수 있는 장치를 시설하도록 한다.

① 단락고장의 경우 : 한류 리액터

② 지락고장의 경우 : 중성점 접지 리액터(이하 "NGR"이라 한다)

- NGR은 분산형 전원 연계 변압기 1차측 접지에 시설하며, 그 용량은 유효접지 기준에 따라 산출한다.

4 | 보호기기의 부동작 여부 검토

- 연계선로에서 고장이 발생할 경우, 고장점에서 바라본 등가 임피던스는 한전계통과 분산형 전원 임피던스의 병렬 합으로 나타난다. 이로 인해, [그림 4.14.1]과 같

이 고저항 지락고장이 발생하면 고장전류가 분류하여 감소됨으로써 후비보호기기에서 고장전류를 인식하지 못하여 부동작할 수 있으므로 그 여부를 최악조건에서 검토한다.

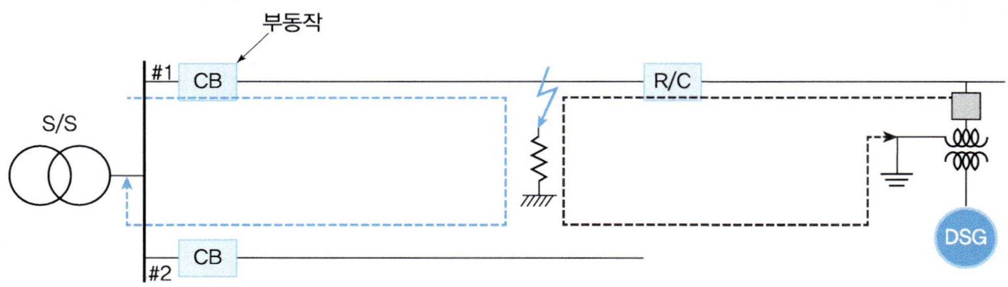

그림 4.14.1 고저항 지락고장시 보호기기 부동작 사례

- 부동작할 수 있는지에 대한 검토를 위해 검토대상 보호기기에 대하여 다음과 같이 검토조건을 상정하고 지락 고장전류를 산출한다.

1) 선로구성

① 검토대상 보호기기 전원측의 모든 분산형 전원 투입 및 정격출력으로 발전하고 있는 것으로 한다.

② 검토대상 보호기기 부하측의 모든 분산형 전원 투입 및 정격출력으로 발전하고 있는 것으로 한다.

③ 동일 주변압기에서 인출된 타 선로의 모든 분산형 전원 및 연계 변압기는 개방한 것으로 한다.

2) 고장

해당 연계선로 말단에 1선 지락고장(지락저항 30[Ω])이 발생한 것으로 상정한다.

- 해당 연계선로 말단에 1선 지락고장(지락저항 30[Ω]) 상정에 의해 산출된 지락고장전류가 해당 보호기기의 지락 최소동작전류 미만일 경우, 분산형 전원 측에 NGR을 시설하여 고장전류 분류에 따른 감소 효과를 저감하도록 한다.

• NGR은 분산형 전원 연계 변압기 1차측 접지에 시설하며, 그 용량은 유효접지 기준에 따라 산출한다.

5 | 보호기기의 오동작 여부 검토

• [그림 4.14.2]와 같이 동일 주변압기에서 인출된 인근 타 선로 측 또는 해당 연계 선로 보호기기의 전원측에서 지락고장 발생한 경우 분산형 전원 연계 변압기의 접지를 통해 건전선로 또는 보호기기의 부하측으로 역방향 고장전류가 유입되어 보호기기가 오동작할 수 있으므로 다음과 같이 각각의 경우에 대하여 그 여부를 최악조건에서 검토한다.

- 분산형 전원 연계 변압기의 결선방식이 Yg-Δ(한전계통-분산형 전원)인 경우
- 분산형 전원 연계 변압기의 결선방식이 Yg-Yg(한전계통-분산형 전원)인 경우

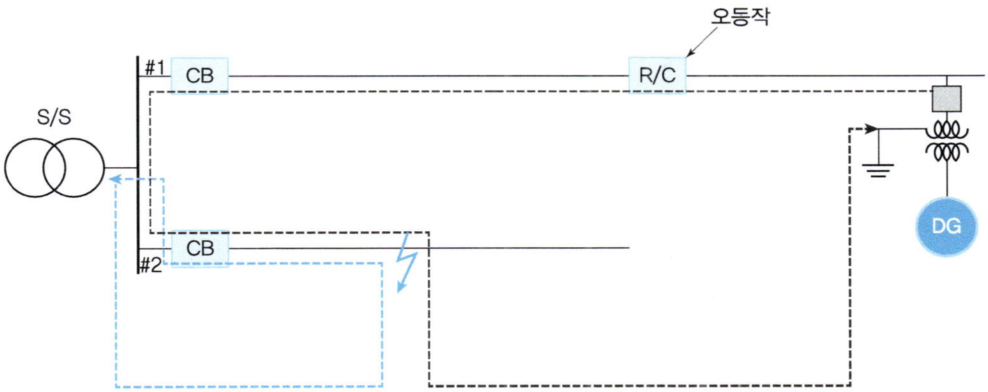

그림 4.14.2 인근선로 지락고장시 보호기기 오동작 사례

• [그림 4.14.1]과 같은 현상으로 보호기기의 오동작에 대한 검토를 위해 검토대상 보호기기에 대하여 다음의 각호와 같이 검토조건을 상정하고 해당 보호기기에 흐르는 역방향 고장전류를 산출한다.

1) 선로구성

① 검토대상 보호기기 전원측의 모든 분산형 전원 투입 및 정격출력으로 발전하는 것으로 한다.

② 검토대상 보호기기 부하측의 모든 분산형 전원 투입 및 정격출력으로 발전하는 것으로 한다.

③ 동일 주변압기에서 인출된 타 선로의 모든 분산형 전원 투입 및 정격출력으로 발전하는 것으로 한다.

2) 고장

타 선로 CB의 직하 또는 해당 연계선로 검토대상 보호기기의 전원측에 1선 지락고장(지락저항 0[Ω]) 상정한다.

- 산출된 역방향 지락 고장전류가 검토대상 보호기기의 지락 최소동작전류 이상일 경우, 분산형 전원 측에 NGR을 시설하여 역방향 지락 고장전류를 제한하도록 한다.
- NGR은 분산형 전원 연계 변압기 1차측 접지에 시설하며, 그 용량은 유효접지 기준에 따라 산출한다.

6 보호협조 시간차 검토

- 분산형 전원에 의한 고장전류의 증가 또는 감소로 보호기기들의 동작 시간에도 변화가 있을 수 있으므로 보호기기간 협조 시간차를 검토한다.
- 검토를 위해 동일 주변압기에서 인출된 모든 선로의 분산형 전원 투입 및 정격출력 조건을 상정하고 분산형 전원 연계 후 고장전류를 산출한다. 단, 보호기기는 분산형 전원이 연계되기 전 상태를 기준으로 적절히 정정되어 있어야 하며, 단락용량, 부동작, 오동작 관련 검토 및 조치가 선행되어 있어야 한다.
- 보호기기의 T-C 특성곡선을 활용하여 분산형 전원 연계 전의 동작점(상, 지락)과 연계 후의 동작점을 비교하여 시간차를 검토한다. 이때, 상 요소의 경우에는 보호구간 최대 고장전류를 기준으로 연계 전후의 동작시간을 검토하며, 지락요소의 경우에는 최소 고장전류에 대해 동작시간차를 비교한다.
- 동작시간차는 기술서에서 정한 바에 따르며, 적정 시간차 확보가 곤란할 경우에는 특성곡선의 종류, 배수 및 레벨을 조정한다.

7 | NGR의 적정용량 산정

분산형 전원 연계 변압기의 1차측 접지에 시설되는 NGR의 적정용량은 유효접지를 만족하는 범위 이내로서 다음 식 (4.14.1)에 따라 산정한다.

$$X_N \leq X_{T1} + X_{G1} - \frac{X_{T0}}{3} \tag{4.14.1}$$

여기서, X_N은 NGR의 용량, X_{T0}, X_{T1}, X_{G1}은 각각 연계 변압기의 영상분, 정상분 및 분산형 전원의 정상분 리액턴스를 나타낸다.

분산형 전원 연계 변압기에 시설되는 NGR의 용량 선정은 다음과 같이 상반되는 목표를 적정 수준에서 균형 있게 달성할 수 있어야 한다.

- 분산형 전원 연계로 인한 지락 과전류 계전방식에 지장을 주지 않을 만큼, GY-△ 결선방식의 연계 변압기 자체에 의한 ground source 효과를 방지할 수 있을 만큼 또는 상시 불평형에 따른 과도한 역송전류를 제한할 수 있을 만큼 충분히 커야 한다.
- 한전계통 측 선로 고장시 건전상에 전압상승이 발생하지 않도록 유효접지 기준을 만족할 만큼 충분히 작아야 한다.

유효접지 기준($X_N \leq X_{T1} + X_{G1} - \frac{X_{T0}}{3}$) 이내의 적정 NGR 설치를 통하여 지락 고장시 과도한 영상분 고장전류를 억제할 수 있다. 참고로, 캐나다 BC-Hydro 전력회사의 경우, 분산형 전원 연계 변압기 영상 임피던스의 1.0~1.5배 이내의 NGR을 시설할 것을 권고하고 있으며, 지락고장시 약 5% 정도의 고장전류 감소 효과와 약 22% 정도의 건전상 전압상승을 예상하고 있다.

8 | 방향성 보호기기의 시설

- NGR의 시설에도 불구하고, 역방향 고장전류가 보호기기의 최소동작전류 이상일 경우에는 해당 연계선로에 양방향 보호(선택적 보호차단) 기능을 구비한 방향성

보호기기를 시설한다. 이 경우, 해당 분산형 전원으로부터 전원측에 위치하는 모든 보호기기(변전소측 인출 CB 포함)의 과전류 계전요소(OCR, OCGR)에 방향성을 부여한다.

- 방향성 보호기기는 전원측으로부터 공급되는 과전류 계전요소 최소동작전류 이상의 정방향 고장전류에만 동작하고, 부하측(분산형 전원 측)으로부터 기여되는 최소동작전류 이상의 역방향 고장전류에는 동작하지 않도록 설정한다.
- 방향성 보호기기의 정방향 고장에 대한 세부항목 정정은 규정에 의해 기술서의 정정지침 등 관련내용에 따라 시행한다.
- 방향성 보호기기 설치시 CT의 방향은 전원측으로부터 부하측으로 향하는 방향을 "정방향"으로 인식하도록 하여야 하며, CT 방향 오류로 인한 보호기기의 오·부동작을 방지하기 위하여 모든 방향성 보호기기의 CT 방향을 일관성 있게 관리할 수 있도록 특히 유의하여야 한다.
- 연계선로의 고장, 작업 등에 따른 임시 부하절체로 방향성 보호기기의 전원측과 부하측 방향 간에 변동이 발생할 경우에는 해당 보호기기에 대하여 고장검출 억제, 방향요소(선택적 보호차단 기능) 해제 등 적절한 조치를 취하여야 한다.

9 | 현행 양방향 보호기기 방향판단 알고리즘의 신뢰도 개선

과거의 방향판단 알고리즘은 상전압과 상전류 간의 위상차를 이용하여 방향판정을 하여 각 상별로 해당 알고리즘의 탑재를 요구할 뿐만 아니라, 지락고장시 잘못된 방향판정을 내리는 문제점을 발생시킨다. 현재 경제성 및 계통운영의 신뢰도를 모두 고려한 시퀀스 요소(Sequence Component) 기반 방향판단 알고리즘을 운영하고 있다. 그러나 현행 방향판단 알고리즘은 지락고장시, 방향판정 민감도로 인해 영상전압이 매우 작게 발생하는 경우, 방향판정이 불가하다. 따라서 본 항에서는 먼저 시퀀스 요소를 기반으로 한 현행 방향판단 알고리즘을 소개한다. 다음으로 현행 배전계통 보호협조 운영기준을 바탕으로 현행 방향판단 알고리즘의 신뢰도를 검토한다. 이 검토를 통해 현행 방향판단 알고리즘의 신뢰도를 개선시키는 방안을 도출한다.

- 현행 양방향 보호기기 방향판단 알고리즘은 방향판정을 위해 극성성분(Polarizing Quantity), 작동성분(Operating Quantity), 최대감도위상각(MTA, Maximum Torque Angle)을 사용한다. 단락과 지락고장시, 최대감도위상각을 기준으로 극성성분과 작동성분 간의 위상이 범위에 있으면 정방향, 그렇지 않으면 역방향으로 방향판정을 한다. 다음 각 호에서는 현행 방향판단 알고리즘의 운영방안에 대해서 소개한다.

1) 최대감도위상각

현행 양방향 보호기기 방향판단 알고리즘은 신뢰성있는 방향판정을 위해 최대감도위상각을 설정한다. 최대감도위상각은 극성성분인 전압의 위상을 계통임피던스만큼 천이시켜 극성성분과 작동성분인 전류 간의 위상을 보정해주는 역할을 하는 위상각을 의미한다. 이 위상각은 국내 배전계통에 고장시 발생되는 전압과 전류간의 위상차이를 고려하여 60°로 도출된다.

2) 단락고장시 방향판단 알고리즘

현행 양방향 보호기기 방향판단 알고리즘은 단락고장시 방향판정을 위해 [그림 4.14.3]과 같이 정상전압, 정상전류, 최대감도위상각을 이용한다. 여기서, 정상전압은 극성성분, 정상전류는 작동성분으로 설정된다. 이를 바탕으로 단락고장시 방향판정은 식 (4.14.2)-(4.14.4)와 같이 결정된다. 이로 인해 식 (4.14.2) 및 (4.14.3)과 같이 정상전압 및 전류가 모두 최소 문턱값(Thres, Threshold Value)을 초과하면서, 정상전압의 위상에서 최대감도위상각을 뺀 값이 정상전류의 위상의 ±90° 범위에 있으면 정방향으로, 그렇지 않으면 역방향으로 방향판정을 내린다. 그러나 식 (4.14.4)와 같이 정상전압 또는 정상전류가 최소 문턱값 미만인 경우 방향판정이 불가하다.

$$|V_1| > V_1\,Thres \ \& \ |I_1| > I_1\,Thres \ \& \ \cos\phi_1 > 0 \text{이면 정방향} \quad (4.14.2)$$

$$|V_1| > V_1\,Thres \ \& \ |I_1| > I_1\,Thres \ \& \ \cos\phi_1 < 0 \text{이면 역방향} \quad (4.14.3)$$

$$|V_1| < V_1\,Thres \ \text{or} \ |I_1| < I_1\,Thres \text{이면 방향판정 불가능} \quad (4.14.4)$$

여기서, $\phi_1 = (\angle V_1 - MTA_1) - \angle I_1$

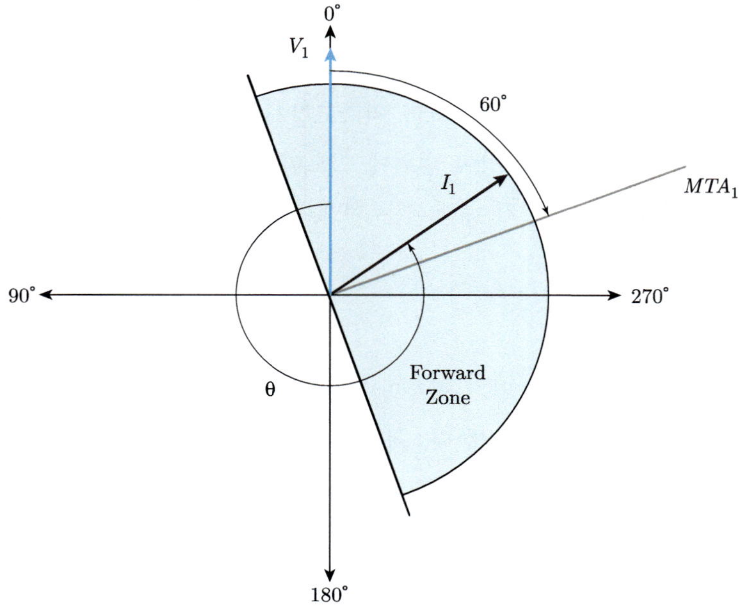

그림 4.14.3 단락고장시 방향판정을 위한 벡터도

3) 지락고장시 방향판단 알고리즘

현행 양방향 보호기기 방향판단 알고리즘은 지락고장시 방향판정을 위해 [그림 4.14.4]와 같이 영상전압, 영상전류, 최대감도위상각을 이용한다. 여기서, 극성성분은 영상전압에 180도를 더한 값으로 설정된다. 이는 지락고장시 방향판정을 위해 계기용 변압기(Potential Transformer)와 계기용 변성기(Current Transformer)는 서로 반대되는 극성(Polarity)으로 운영되어 잘못된 방향 판정이 발생할 수 있기 때문이다.

영상전류는 작동성분으로 설정된다. 이를 바탕으로 지락고장시 방향판정은 식 (4.14.5)-(4.14.7)과 같이 결정된다. 이로 인해 식 (4.14.5) 및 (4.14.6)과 같이 극성성분과 작동성분이 모두 최소 문턱값(Thres, Threshold Value)을 초과하는 동시에, 극성성분의 위상에서 최대감도위상각을 뺀 값이 작동성분의 위상의 ±90도 범위에 있으면 정방향으로, 그렇지 않으면 역방향으로 방향판정을 내린다. 그러나 식 (4.14.7)과 같이 극성성분 또는 작동성분이 최소 문턱값 미만인 경우 방향판정이 불가하다.

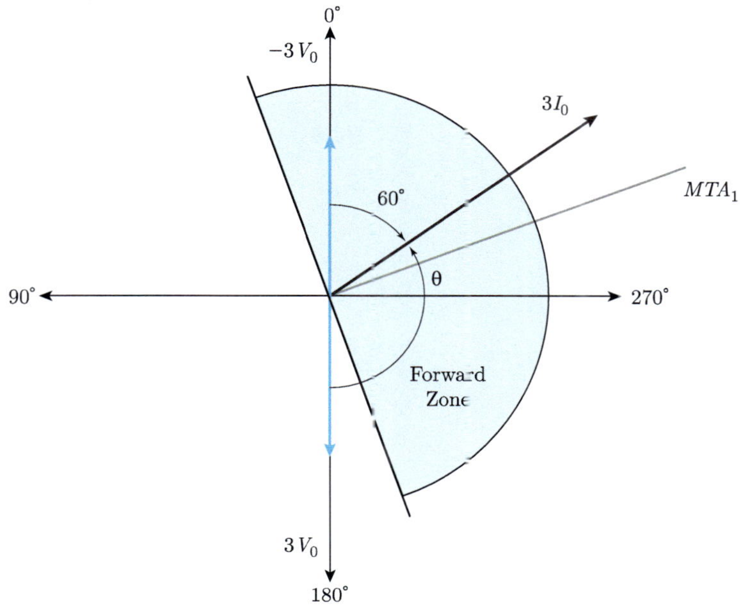

그림 4.14.4 지락고장시 방향판정을 위한 벡터도

$$|3V_0| > 3V_0\,Thres\ \&\ |3I_0| > 3I_0\,Thres\ \&\ \cos\phi_0 > 0 \text{ 이면 정방향} \tag{4.14.5}$$

$$|3V_0| > 3V_0\,Thres\ \&\ |3I_0| > 3I_0\,Thres\ \&\ \cos\phi_0 < 0 \text{ 이면 역방향} \tag{4.14.6}$$

$$|3V_0| < 3V_0\,Thres \text{ or } |3I_0| < 3I_0\,Thres \text{ 이면 방향판정 불가능} \tag{4.14.7}$$

여기서, $\phi_0 = (\angle -3V_0 - MTA_0) - \angle 3I_0$

- 도출된 현행 방향판단 알고리즘은 [그림 4.14.5]와 같이 구성되어 방향판정을 내린다. 단락고장과 지락고장시, 극성성분과 작동성분이 모두 최소 문턱값을 초과하는 경우에는 방향판정이 가능하다. 그러나 지락고장시 극성성분이 최소 문턱값 미만으로 발생하는 경우 방향판정을 할 수 없다. 이 경우에 대해서 현행 방향판단 알고리즘에서는 양방향 보호기기의 트립여부가 배전계통 운영원의 사전설정 여부에 따라 결정되도록 운영한다.
- 현행 방향판단 알고리즘은 단락, 지락고장시 방향판정의 신뢰도와 민감도를 고려

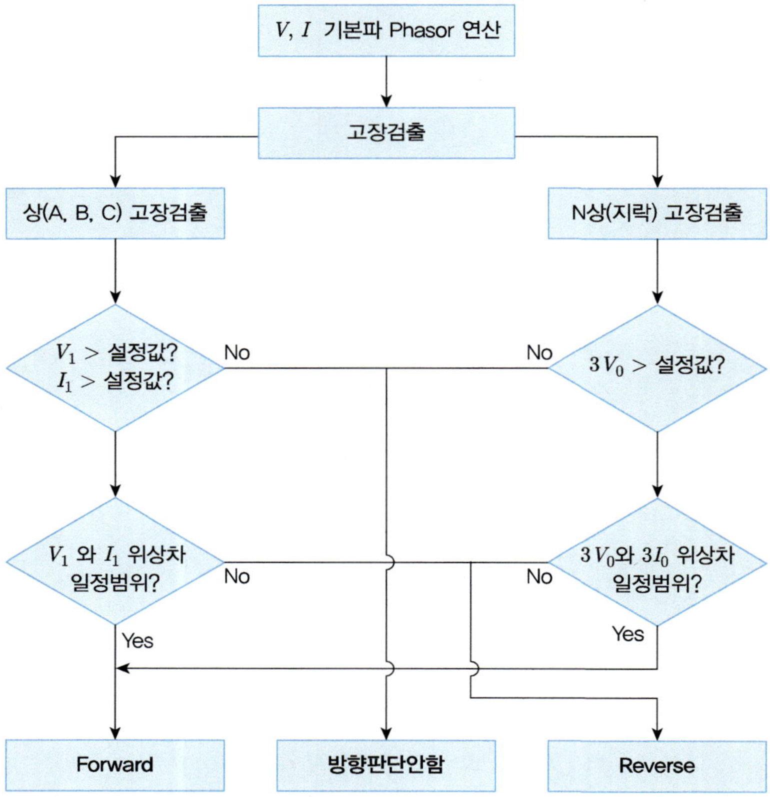

그림 4.14.5 현행 양방향 보호기기 방향판단 알고리즘

하여 정상전압, 영상전압의 최소 문턱값을 10[%]로 운영하고 있다. 그러나 고저항 지락고장으로 인해 영상전압이 최소 문턱값 미만으로 발생하는 경우, 다음 각 호와 같이 보호협조 상의 문제가 발생한다.

1) 양방향 보호기기 오동작 가능성

[그림 4.14.6]과 같이 신재생에너지원 연계 배전계통의 타선로에 지락고장시, 양방향 리클로저는 동작하지 않아야 한다. 그러나 양방향 리클로저에서 측정된 영상전압이 10[%] 미만인 경우, 해당 리클로저는 방향판단을 할 수 없다. 이 경우에 대해 배전계통 운영원이 사전에 양방향 리클로저가 트립되도록 설정하였다면, 해당 리클로저는 동작하지 말아야 하지만 동작하게 되는 문제점이 발생하게 된다.

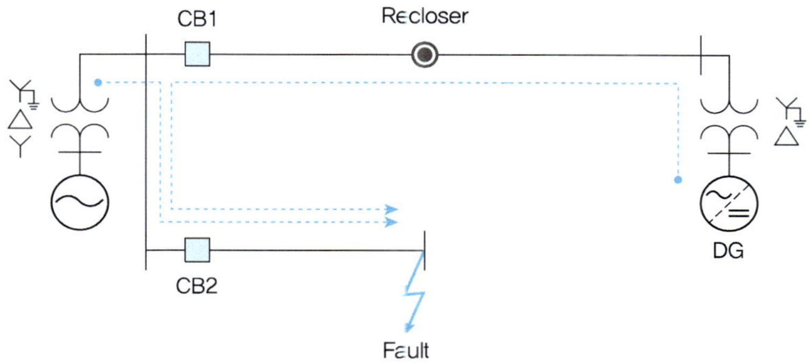

그림 4.14.6 양방향 보호기기 오동작 가능성

2) 양방향 보호기기 오부동작 가능성

[그림 4.14.7]과 같이 신재생에너지원 연계 배전계통의 동일선로에 지락고장 시, 정전구간 확대를 최소화하기 위해서 양방향 리클로저는 동작해야만 한다. 그러나 영상전압이 10[%] 미만인 경우에 대해서 배전계통 운영원이 사전에 양방향 리클로저의 트립여부를 설정하지 않았다면, 해당 리클로저는 동작해야 하지만 동작하지 않게 되는 문제점이 발생하게 된다.

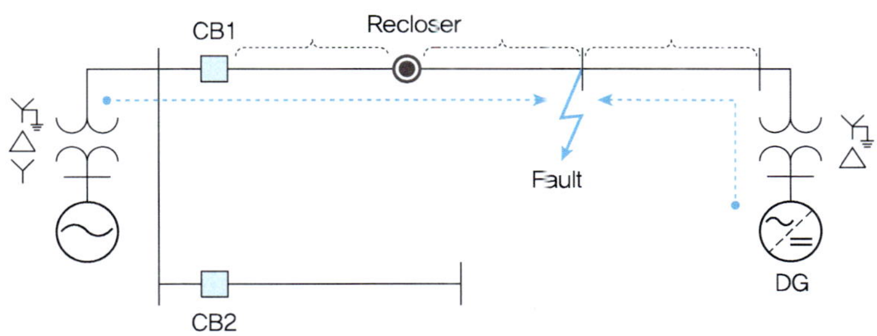

그림 4.14.7 양방향 보호기기 오부동작 가능성

- 지락고장시 보호협조 상의 문제점을 해결하기 위해서 현행 배전계통 보호협조 운영기준을 바탕으로 다음 각 항과 같이 고장상황을 상정한 후, 이에 대한 검토를 통해 개선방안을 도출한다.

1) 신재생에너지원 연계 배전계통 타선로 지락고장시

[그림 4.14.8]과 같은 상황에서 양방향 리클로저의 방향판정 여부를 [표

4.14.1]과 같이 검토한다. 검토결과, 현행 운영기준에서는 양방향 리클로저의 방향판정이 불가하다. 이를 개선시키기 위해서는 영상전압이 최소 문턱값 이상일 경우, 최소동작전류가 도출되어야 한다. 최소동작전류가 144.97[A]으로 상향될 경우, 양방향 리클로저의 방향판정이 가능해진다.

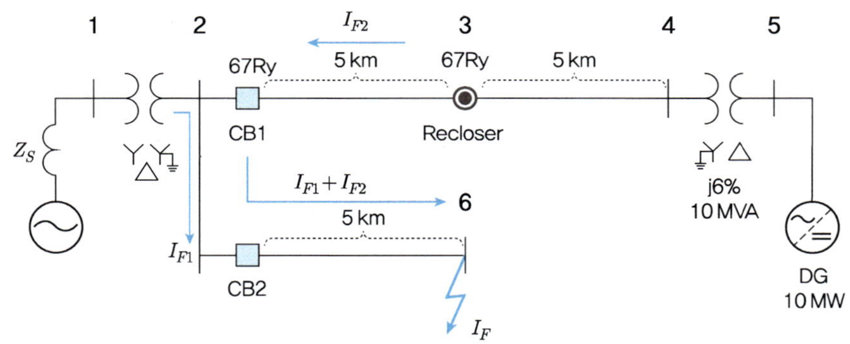

Source	T1	Line	T2	DG
Rated Power 100 MVA	Rated Power 45/15/15 MVA	Rated Power 100 MVA	Rated Power 10 MVA	Rated Power 10 MVA
Rated Voltage 154 kV	Rated Voltage 154/22.9/6.6 kV	Rated Voltage 22.9 kV	Rated Voltage 22.9/0.38 kV	Rated Voltage 0.38 kV
Impedances X_1=j1.088% X_2=j1.088% X_0=j0.976%	Impedances X_{HM}=j14.81%@45MVA X_{ML}=j2.20%@15MVA X_{LH}=j7.79%@15MVA	Impedances X_1=0.184+j0.407Ω/km X_2=0.184+j0.407Ω/km X_0=0.472+j1.196Ω/km	Impedances X=j6%	Impedances $Z_{NORT}=10^4$

그림 4.14.8 양방향 리클로저 오동작 사례

표 4.14.1 오동작 사례 검토결과

Bus		V(P.U)			I[A]		
Fault	No.	$3V_0$	V_1	V_2	$3I_0$	I_1	I_2
6 25.04578Ω	2	0.0822 ∠-101.81	0.9965 ∠0.71	0.0220 ∠-99.32	70.00 ∠-174.11	252.11 ∠180.00	0.00 ∠0.00
	3	0.0483 ∠-99.10	1.0152 ∠2.88	0.0220 ∠-99.32	<Fault Current> Bus 2 → Bus 3		
	4	0.0150 ∠-84.11	1.0352 ∠4.97	0.0220 ∠-99.32			
6 10.49Ω	2	0.1702 ∠-114.41	0.9830 ∠-0.49	0.0456 ∠-111.92	144.97 ∠173.29	252.11 ∠180.00	0.00 ∠0.00
	3	0.1000 ∠-111.71	1.0009 ∠1.74	0.0456 ∠-111.92	<Fault Current> Bus 2 → Bus 3		
	4	0.0311 ∠-96.71	1.0203 ∠3.89	0.0456 ∠-111.92			

2) 신재생에너지원 연계 배전계통 동일선로 지락고장시

[그림 4.14.9]와 같은 상황에서의 양방향 리클로저의 방향판정 여부를 [표 4.14.2]와 같이 검토한다. 이를 통해 상기 오동작 사례와 마찬가지로 현행 지락고장시 보호협조 운영기준을 적용하면 양방향 리클로저는 방향판정이 불가함을 알 수 있다. 그러나 상기 타선로 고장과 마찬가지로 최소동작전류가 150[A] 이상으로 상향된다면, 보호협조 상의 문제가 해결된다.

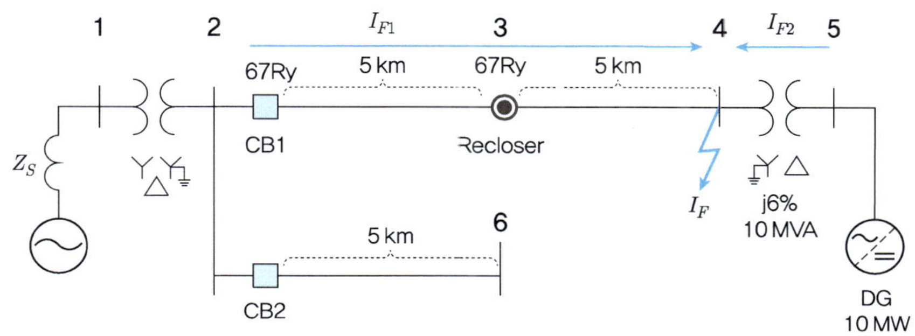

Source	T1	Line	T2	DG
Rated Power 100 MVA	Rated Power 45/15/15 MVA	Rated Power 100 MVA	Rated Power 10 MVA	Rated Power 10 MVA
Rated Voltage 154 kV	Rated Voltage 154/22.9/6.6 kV	Rated Voltage 22.9 kV	Rated Voltage 22.9/0.38 kV	Rated Voltage 0.38 kV
Impedances X_1=j1.088% X_2=j1.088% X_0=j0.976%	Impedances X_{HM}=j14.81%@45MVA X_{ML}=j2.20%@15MVA X_{LH}=j7.79%@15MVA	Impedances X_1=0.184+j0.407Ω/km X_2=0.184+j0.407Ω/km X_0=0.472+j1.196Ω/km	Impedances X=j6%	Impedances $Z_{NORT}=10^4$

그림 4.14.9 양방향 리클로저 오부동작 사례

| 표 4.14.2 | 오부동작 사례 검토결과

Bus		V(P.U)			I[A]		
Fault	No.	$3V_0$	V_1	V_2	$3I_0$	I_1	I_2
4 29.3315Ω	2	0.0136 ∠-77.37	0.9992 ∠0.80	0.020[illegible] ∠-92.58	70.00 ∠12.63	104.26 ∠-176.33	148.21 ∠-2.58
	3	0.0469 ∠-92.80	1.0058 ∠1.74	0.044[illegible] ∠-106.[illegible]1	<Fault Current> Bus 2 → Bus 3		
	4	0.0809 ∠-95.37	1.0126 ∠2.66	0.068[illegible] ∠-110.01			
4 12.49Ω	2	0.0290 ∠-87.50	0.9907 ∠-0.44	0.042[illegible] ∠-102.71	149.08 ∠2.50	89.12 ∠-51.22	315.67 ∠-12.71
	3	0.1000 ∠-102.94	0.9761 ∠-0.66	0.093[illegible] ∠-116.24	<Fault Current> Bus 2 → Bus 3		
	4	0.1722 ∠-105.50	0.9616 ∠-0.90	0.146[illegible] ∠-120.[illegible]4			

- 현행 최소동작전류의 상향은 현행 보호협조 상의 문제점을 해결한다. 그러나 현행 최소동작전류의 상향은 양방향 보호기기의 민감도 저하, 현행 최소동작전류가 적용된 양방향 보호기기의 전면적인 교체를 요구하여 상당한 경제적 비용을 요구한다. 경제적 비용이 최소화되는 동시에 현행 방향판단 알고리즘의 신뢰도를 향상시킬 수 있는 개선방안이 요구된다. 따라서 검토를 통해 타선로 고장시에는 정방향 역상전류는 정방향 영상전류에 비해 상대적으로 작게 형성되나, 동일선로 고장시에는 정방향 역상전류가 정방향 영상전류에 비해 비교적으로 크게 형성됨을 알 수 있다. 이를 바탕으로 경제성 및 방향판정의 신뢰성을 모두 충족시키기 위해서는 정방향 역상전류 및 영상전류 간의 비를 활용하는 개선 방향판단 알고리즘이 운영되어야 한다.
- [그림 4.14.10]은 정방향 역상전류 및 영상전류 간의 비를 활용하는 개선 방향판

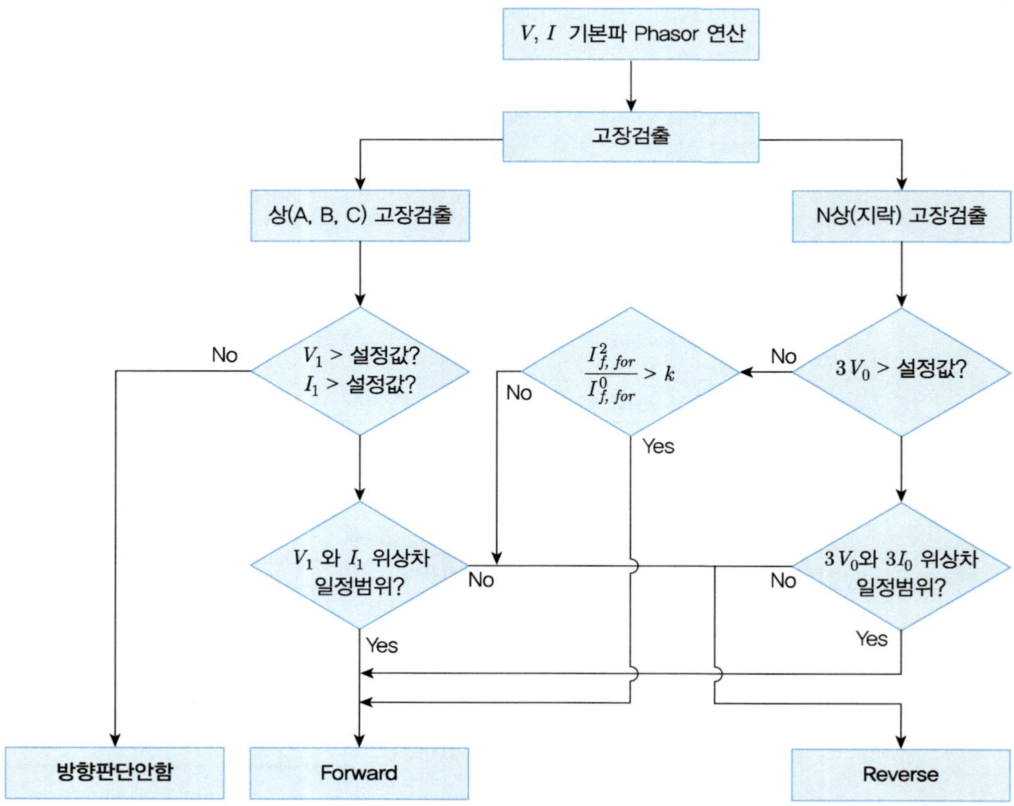

그림 4.14.10 개선 방향판단 알고리즘

단 알고리즘을 나타낸 것이다. 이 알고리즘은 양방향 보호기기에서 측정되는 전압과 전류의 페이저 연산을 통해 고장의 유형을 판단한다. 이후 극성성분과 작동성분을 이용하여 단락, 지락고장에 방향판정을 내린다. 그러나 지락고장시 극성성분이 최소 문턱값 미만인 경우, 식 (4.14.8)-(4.14.9)와 같이 정방향 역상전류와 영상전류 간의 비를 이용한다. 오부동작 사례와 같이 정방향 역상전류가 영상전류에 비해 크게 발생하면, 개선 방향판단 알고리즘은 정방향으로 방향판정을 한다. 오동작 사례와 같이 정방향 영상전류가 역상전류에 비해 크게 발생하면, 개선 방향판단 알고리즘은 역방향으로 방향판정을 한다.

$$\frac{I^2_{f,\,\mathrm{for}}}{I^0_{f,\,\mathrm{for}}} > k \text{ 이면 정방향} \tag{4.14.8}$$

$$\frac{I^2_{f,\,\mathrm{for}}}{I^0_{f,\,\mathrm{for}}} > k \text{ 이면 역방향} \tag{4.14.9}$$

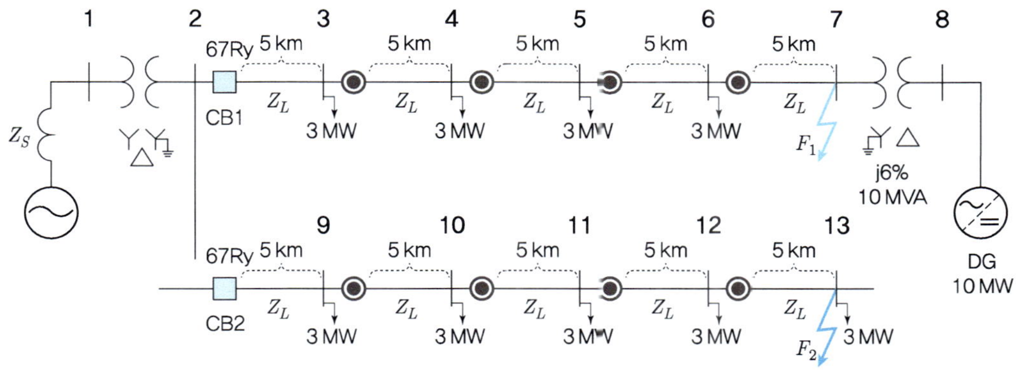

Source	T1	Line	T2	DG
Rated Power 100 MVA	Rated Power 45/15/15 MVA	Rated Power 100 MVA	Rated Power 10 MVA	Rated Power 10 MVA
Rated Voltage 154 kV	Rated Voltage 154/22.9/6.6 kV	Rated Voltage 22.9 kV	Rated Voltage 22.9/0.38 kV	Rated Voltage 0.38 kV
Impedances X_1=j1.088% X_2=j1.088% X_0=j0.976%	Impedances X_{HM}=j14.81%@45MVA X_{ML}=j2.20%@15MVA X_{LH}=j7.79%@15MVA	Impedances X_1=0.184+j0.407Ω/km X_2=0.184+j0.407Ω/km X_0=0.472+j1.196Ω/km	Impedances X=j6%	Impedances $Z_{NORT}=10^4$

그림 4.14.11 지락고장 방향판단 설정값 도출을 위한 배전계통

- 개선 방향판단 알고리즘의 설정값 k를 도출하기 위해서 [그림 4.14.11]의 상이한 위치에 1선 지락고장 상황을 다음 각 호와 같이 상정한 후, 검토대상이 되는 양방향 리클로져와 고장점에서의 정방향 영상전류 및 역상전류를 산출한다.

1) F1 지점의 1선 지락고장시

[표 4.14.3]은 F1 지점에 1선 지락고장 상정시, 모선 3번의 양방향 리클로져와 고장점에 정방향 영상전류, 역상전류를 나타낸 것이다. 고장점의 정방향 역상전류와 영상전류의 비는 11.9158로 산출된다. 양방향 리클로져에서 역방향 역상전류와 영상전류의 비는 1로 산출된다.

┃표 4.14.3┃ F1 지점의 1선 지락고장시 검토결과

<table>
<tr><th colspan="2">Bus</th><th colspan="3">V(P.U)</th><th colspan="3">I[A]</th></tr>
<tr><th>Fault</th><th>No.</th><th>$3V_0$</th><th>V_1</th><th>V_2</th><th>$3I_0$</th><th>I_1</th><th>I_2</th></tr>
<tr><td rowspan="4">7</td><td rowspan="4">3</td><td rowspan="4">0.0241
∠-90.38</td><td rowspan="4">1.0058
∠1.83</td><td rowspan="4">0.0424
∠-106.81</td><td>35.96
∠15.05</td><td>109.76
∠-175.76</td><td>142.87
∠-3.28</td></tr>
<tr><td colspan="3"><Fault Current>
Bus 2 → Bus 3</td></tr>
<tr><td>428.66
∠176.73</td><td>142.89
∠176.73</td><td>142.89
∠176.73</td></tr>
<tr><td colspan="3"><Fault Current>
Bus 8 → Bus 7</td></tr>
</table>

2) F2 지점의 1선 지락고장시

[표 4.14.4]은 F2 지점에 1선 지락고장 상정시, 모선 6번의 양방향 리클로져와 고장점에 정방향 영상전류, 역상전류를 나타낸 것이다. 고장점의 정방향 역상전류와 영상전류의 비는 1로 산출된다. 양방향 리클로져에 역방향 역상전류와 영상전류의 비는 0으로 산출된다.

표 4.14.4 F2 지점의 1선 지락고장시 검토결과

<table>
<tr><th colspan="2">Bus</th><th colspan="3">V(P.U)</th><th colspan="3">I[A]</th></tr>
<tr><th>Fault</th><th>No.</th><th>$3V_0$</th><th>V_1</th><th>V_2</th><th>$3I_0$</th><th>I_1</th><th>I_2</th></tr>
<tr><td rowspan="4">13</td><td rowspan="4">6</td><td rowspan="4">0.0323
∠-153.70</td><td rowspan="4">1.0576
∠9.67</td><td rowspan="4">0.0297
∠-157.54</td><td>661.58
∠-67.53</td><td>220.53
∠-67.53</td><td>220.53
∠-67.53</td></tr>
<tr><td colspan="3"><Fault Current>
Bus 12 → Bus 13</td></tr>
<tr><td>45.32
∠-49.19</td><td>252.10
∠-0.02</td><td>0.01
∠-22.45</td></tr>
<tr><td colspan="3"><Fault Current>
Bus 7 → Bus 6</td></tr>
</table>

상기 검토결과를 통해 고장점에 상관없이 정방향 역상전류와 영상전류의 비가 1을 초과하면 정방향, 0~1 미만이 되면 역방향으로 방향판정이 가능해짐을 알 수 있다. 따라서 개선 방향판단 알고리즘의 설정값 k는 1로 설정된다.

제 5 장

보호협조 검토 사례 및 해석

1. 분산형 전원 미연계 배전계통 보호협조
2. 분산형 전원이 연계된 배전계통 고장전류 해석
3. 고장시 분산형 전원의 기여도 해석
4. 회전기형 분산형 전원이 연계된 배전선로 검토 사례

제1절

분산형 전원 미연계 배전계통 보호협조

1 | 배전선로 자료

배전선로 개요(분산형 전원 미연계)

1) 선로명 : 여주 S/S 북내 D/L

- OCR : K2CG-C, 600/5, Tap 4, Lever 0.5, 순시 Tap 40
- OCGR : K2CG-C, 600/5, Tap 0.75, Lever 0.8, 순시 Tap 20

2) 배전선로 보호기기 Type 및 대수

- R/C : IJB-VE(개조) 3대

전원 및 선로 임피던스

1) 변전소 임피던스(최대 조건)

변전소명	주변압기		2차측 모선 임피던스	
	Bank	용량	정상($Z_{s1}+Z_{t1}$)	영상($Z_{s0}+Z_{t0}$)
여주 S/S	2	45/60	0.4+j35.74165	0.0716+j17.333

2) 사용된 전선 규격별 임피던스(100MVA 기준, %Ω/km)

전선규격	정상 임피던스(Z_{l1})	영상 임피던스(Z_{l0})	비고
FR CNCO-W 325	1.4325+j2.3741	4.4678+j1.5617	−
FS 22 AL-AW/OC 160 AL 95	3.4999+j7.7498	9.1004+j22.8411	CP 16M 보통장주 200Ω
AL-AW/OC 160 AL 95	3.4999+j7.7498	8.7059+j23.1761	

전선규격	정상 임피던스(Z_{l1})	영상 임피던스(Z_{l0})	비고
FS 22 AL-AW/OC 95 AL 95	5.7642 + j8.0850	11.3647 + j23.1763	CP 16M 보통장주 200Ω
AL-AW/OC 95 AL 95	5.7642 + j8.0850	10.9702 + j23.5114	
FS 22 AL-AW/OC 58 AL 58	9.2325 − j8.3683	16.7140 + j25.0478	CP 14M 보통장주 200Ω
AL-AW/OC 58 AL 58	9.2325 − j8.3684	16.2703 + j25.5338	

보호장치 설치개요 및 선로 부하전류 현황

구간 지점	보호장치		부하전류
	종류	Type	
①	S/S 계전기	K2CG-C	최대부하전류 : 252A
북내간 77호	RA	IJB-VE(개조)	최대부하전류 : 139A
도전지 12H1호	RA	IJB-VE(개조)	최대부하전류 : 111A
가야지 67호	RA	IJB-VE(개조)	최대부하전류 : 97A

특고압 고객 현황

수전점	고객명	계약전력	계전기Type		최대TR (KVA)	CT비	전압 (kV)	%Z
			OCR	OCGR				
⑩	태성관광개발	2,200kW	GCO- CI III D4	GCO- CI III D5	−	75	22.9	−

북내 D/L 단선도

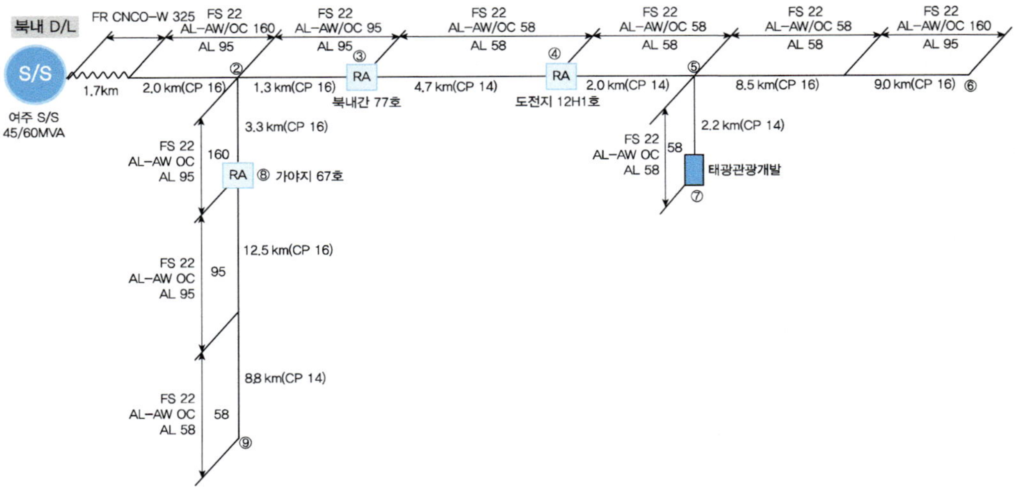

그림 5.1.1 북내 D/L 단선도

2 | 배전선로 고장전류 계산

종류별 고장전류 계산

1) 3상 단락전류 : I_{s3}

$$I_{s3} = \frac{100}{Z_1} \times \text{기준전류(A)}$$

여기서, 기준전류$= \dfrac{100,000}{\sqrt{3} \cdot V} = 2,521$[A] ($V$: 선간전압 22.9[kV])

Z_1 = 고장회로의 정상 %임피던스(100 MVA 기준) (%) = $Z_{s1} + Z_{t1} + Z_{l1}$

Z_{s1} : 1차측 모선 정상 %임피던스(100 MVA 기준) (%)

Z_{t1} : 주변압기 정상 %임피던스(100 MVA 기준) (%)

$Z_{s1} + Z_{t1}$: 계통 정상 %임피던스(100 MVA 기준) (%)

☞ 2차측 모선 임피던스라고도 하며 송변전부서에서 제공하는 계통 임피던스는 1차측 모선임피던스와 주변압기 임피던스를 합한 값을 의미한다.

Z_{l1} : 배전선로의 정상 %임피던스(100 MVA 기준) (%)

2) 선간 단락전류 : I_{s2}

$$I_{s2} = \frac{\sqrt{3}}{2} \times \frac{100}{Z_1} \times \text{기준전류[A]} = \frac{\sqrt{3}}{2} \times I_{s3}\text{[A]}$$

$$= 0.866 \times I_{s3}\text{[A]}$$

3) 1선 지락 고장전류 : I_g

$$I_g = 3 \times \frac{100}{Z_1 + Z_2 + Z_0 + Z_f} \times \text{기준전류[A]}$$

$$= \frac{3 \times 100}{Z_1 + Z_2 + Z_0 + 3R_f} \times \frac{100,000}{\sqrt{3} \times V}\text{[A]}$$

여기서, $Z_1 = Z_{s1} + Z_{t1} + Z_{l1}$

$Z_1 = Z_2$

$Z_0 = Z_{s0} + Z_{t0} + Z_{l0}$

Z_{s1} : 1차측 모선 정상 %임피던스(100 MVA 기준) (%)

Z_{S0} : 1차측 모선 영상 %임피던스(100 MVA 기준) (%)

Z_{t1} : 주변압기의 정상 %임피던스(100 MVA 기준) (%)

Z_{t0} : 주변압기의 영상 %임피던스(100 MVA 기준) (%)

Z_{l1} : 배전선로의 정상 %임피던스(100 MVA 기준) (%)

Z_{l0} : 배전선로의 영상 %임피던스(100 MVA 기준) (%)

$Z_{s0} + Z_{t0}$: 계통 영상 %임피던스(100 MVA 기준) (%)

☞ 2차측 모선 임피던스라고도 하며 송변전부서에서 제공하는 계통 임피던스는 1차측 모선 임피던스와 주변압기 임피던스를 합한 값을 의미한다.

R_f = 고장점 고장저항치로서 100 MVA 기준으로 환산한 %임피던스

$$= \text{고장점의 고장저항치} \times \frac{100,000}{10 \times V^2}$$

$$R_f = 0[\Omega] \times \frac{100,000}{10 \times 22.9^2} = 0[\Omega] \times 19.1 = 0(\%)\text{(고장저항 0[Ω]일 경우)}$$

$$R_f = 30[\Omega] \times \frac{100,000}{10 \times 22.9^2} = 30[\Omega] \times 19.1 = 573(\%)\text{(고장저항 30[Ω]일 경우)}$$

각 구간별 고장전류 계산

- off-DAS 기능/계산단선도에서 일괄계산("고장전류" 아이콘)
- 각 구간점에서의 3상 단락, 선간단락, 1선 지락(0[Ω]), 1선 지락(30[Ω]) 계산
- 각 보호기기에는 자기 보호구간 최대고장전류와 최소고장전류가 표시됨

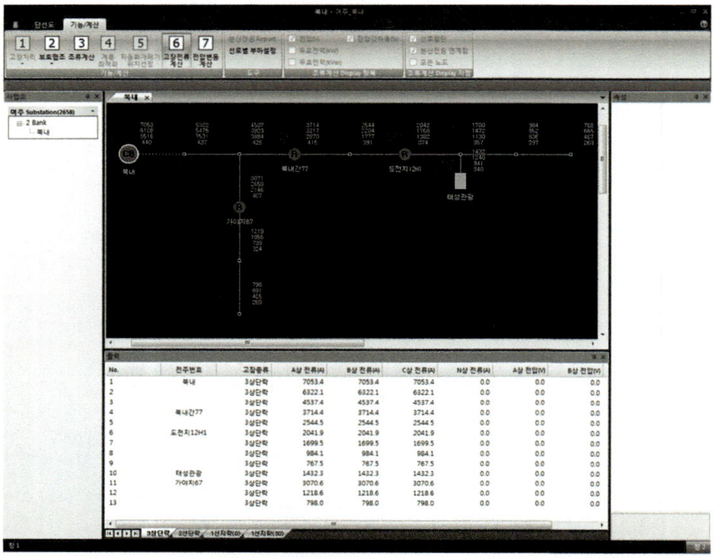

그림 5.1.2 off-DAS 계통구성

1) S/S 인출점(①)

가) 3상 단락전류 : I_{g3}

$$I_{g3} = \frac{100}{Z_1} \times 2,521(\text{기준 전류}) = \frac{252,100}{0.4 + j35.74165}$$

$$= \frac{252,100}{36,74} = 7,053[A]$$

☞ $Z_1 = Z_2 = Z_{s1} + Z_{t1} + Z_{l1} = 0.4 + j35.74165 + 0 = 0.4 + j35.74165$

나) 선간 단락전류 : I_{s2}

$$I_{s2} = I_{s3} \times \frac{\sqrt{3}}{2} = I_{s3} \times 0.866 = 7,053 \times 0.866 = 6,108[A]$$

다) 1선 지락 고장전류 : I_g

$$I_g = 3 \times \frac{100}{Z_1 + Z_2 + Z_0 + 3R_f} \times 기준전류[A]$$

$$I_g(0\Omega) = \frac{3 \times 100 \times 2,521}{2 \times (0.4 + j35.74165) + 0.0716 + j17.333 + 3 \times 0 \times 19.1}$$
$$= 8,516[A]$$

☞ S/S 계전기 최대 고장전류

☞ $Z_0 = Z_{s0} + Z_{t0} + Z_{l0} = 0.0716 + j17.333 + 0 = 0.0716 + j17.333$

$$I_g(30\Omega) = \frac{3 \times 100 \times 2,521}{2 \times (0.4 + j35.74165) + 0.0716 + j17.333 + 3 \times 30 \times 19.1}$$
$$= 440$$

2) ② 지점

가) 3상 단락전류 : I_{g3}

$$I_{g3} = \frac{100 \times 2,521}{Z_1} = \frac{252,100}{57.46} = 4.387[A]$$

☞ Z_1 = ① 지점의 정상 %임피던스 − 이하 배전선로 정상 %임피던스

$= 0.4 + j35.74165 + (1.4325 + j2.3741) \times 1.7 + (3.4999 + j7.7498)$

$\times 2.0 = 57.46$

☞ 배전선로 정상 %임피던스= Z_{l1}(전선 규격별)×긍장(km)

나) 선간 단락전류 : I_{s2}

$$I_{s2} = I_{s3} \times \frac{\sqrt{3}}{2} = I_{s3} \times 0.866 = 4,387 \times 0.866 = 3,799[A]$$

다) 1선 지락 고장전류 : I_g

$$I_g(30\Omega) = \frac{3 \times 252,100}{2 \times 57.46 + 74.55 + 3 \times 573} = 396[A]$$

☞ Z_0=① 지점의 영상 %임피던스+이하 배전선로 영상 %임피던스

$= 0.0716 + j17.333 + 1.7 \times (4.4678 + j1.5617) + 2.0 \times (9.1004 + j22.8411) = 74.55$

※ 이하 고장전류값 중 필요로 하는 것은 최대고장전류와 최소고장전류이므로 선간 단락전류(I_{s2})와 1선 지락 고장전류($I_g(0[\Omega])$) 계산은 불요함. 단, 변전소 계전기 OCGR 순시 Tap 선정을 위하여 변전소와 가장 근접한 R/C 설치점은 1선 지락 고장전류($I_g(0[\Omega])$) 계산이 필요함

3) ③ 지점 : 북내간 77호 RA

가) 3상 단락전류 : I_{s3}

$$I_{s3} = \frac{252,100}{Z_1} = \frac{252,100}{70.37} = 3,582[A]$$

☞ 북내간 77호 R/C 최대고장전류

☞ Z_1=② 지점의 정상 %임피던스+이하 배전선로 정상 %임피던스

$= 57.46 + 1.3 \times (5.7642 + j8.0850)$

$= 70.37$

나) 1선 지락 고장전류 : I_g

$$I_g(0\,\Omega) = \frac{3 \times 252,100}{2 \times 70.37 + 108.11 + 3 \times 0} = 3,039[A]$$

$$I_g(30\,\Omega) = \frac{3 \times 252,100}{2 \times 70.37 + 108.11 + 3 \times 573} = 384[A]$$

☞ Z_0=② 지점의 영상 %임피던스+이하 배전선로 영상 %임피던스

$= 74.55 + 1.3 \times (11.3647 + j23.1763) = 108.11$

4) ④ 지점 : 도전지 12H1호 RA

가) 3상 단락전류 : I_{s3}

$$I_{s3} = \frac{252,100}{Z_1} = \frac{252,100}{128.93} = 1,955[A]$$

☞ 도전지 12H1호 R/C 최대고장전류

☞ Z_1=③ 지점의 정상 %임피던스 - 이하 배전선로 정상 %임피던스

$= 70.37 + 4.7 \times (9.2325 + j8.3383)$

$= 128.93$

나) 1선 지락 고장전류 : I_g

$$I_g(30\,\Omega) = \frac{3 \times 252,100}{2 \times 128.93 + 249.64 + 3 \times 573} = 340[\mathrm{A}]$$

☞ 북내간 77 R/C 최소고장전류

☞ Z_0=③ 지점의 영상 %임피던스 + 이하 배전선로 영상 %임피던스

$= 108.11 + 4.7 \times (16.7140 + j25.0478) = 249.64$

5) ⑤ 지점

가) 3상 단락전류 : I_{s3}

$$I_{s3} = \frac{252,100}{Z_1} = \frac{252,100}{153.85} = 1,684[\mathrm{A}]$$

☞ Z_1=④ 지점의 정상 %임피던스 + 이하 배전선로 정상 %임피던스

$= 128.93 + 2.0 \times (9.2325 + j8.3683) = 153.85$

나) 1선 지락 고장전류 : I_g

$$I_g(30\,\Omega) = \frac{3 \times 252,100}{2 \times 153.85 + 309.86 + 3 \times 573} = 324[\mathrm{A}]$$

☞ Z_0=④ 지점의 영상 %임피던스 + 이하 배전선로 영상 %임피던스

$= 249.64 + 2.0 \times (16.7140 + j25.0478) = 309.86$

6) ⑥ 지점

가) 3상 단락전류 : I_{s3}

$$I_{s3} = \frac{252,100}{Z_1} = \frac{252,100}{336.30} = 749[\mathrm{A}]$$

☞ Z_1=⑤ 지점의 정상 %임피던스+이하 배전선로 정상 %임피던스

$= 153.85 + 8.5 \times (9.2325 + j8.3683) + 9.0 \times (3.4999 + j7.7498)$

$= 336.30$

나) 1선 지락 고장전류 : I_g

$$I_g(30\,\Omega) = \frac{3 \times 252{,}100}{2 \times 336.30 + 787.1 + 3 \times 573} = 238[\text{A}]$$

☞ 도전지 12H1 R/C 최소고장전류

☞ Z_0=⑤ 지점의 영상 %임피던스+이하 배전선로 영상 %임피던스

$= 309.86 + 8.5 \times (16.7140 + j25.0478) + 9.0 \times (9.1004 + j22.8411)$

$= 787.1$

7) ⑦ 지점

가) 3상 단락전류 : I_{s3}

$$I_{s3} = \frac{252{,}100}{Z_1} = \frac{252{,}100}{181.26} = 1{,}391[\text{A}]$$

☞ Z_1=⑤ 지점의 정상 %임피던스+이하 배전선로 정상 %임피던스

$= 153.85 + 2.2 \times (9.2325 + j8.3683)$

$= 181.26$

나) 1선 지락 고장전류 : I_g

$$I_g(30\,\Omega) = \frac{3 \times 252{,}100}{2 \times 181.26 + 376.11 + 3 \times 573} = 308[\text{A}]$$

☞ Z_0=⑤ 지점의 영상 %임피던스+이하 배전선로 영상 %임피던스

$= 309.86 + 2.2 \times (16.7140 + j25.0478) = 376.11$

8) ⑧ 지점 : 가야지 67호 RA

가) 3상 단락전류 : I_{s3}

$$I_{s3} = \frac{252{,}100}{Z_1} = \frac{252{,}100}{85.53} = 2{,}948[\text{A}]$$

☞ 가야지 67호 R/C 최대고장전류

☞ Z_1=② 지점의 정상 %임피던스+이하 배전선로 정상 %임피던스

$$= 57.46 + 3.3 \times (3.4999 + j7.7498) = 85.53$$

나) 1선 지락 고장전류 : I_g

$$I_g(0\,\Omega) = \frac{3 \times 252{,}100}{2 \times 85.53 + 156.69 + 3 \times 0} = 2{,}307[A]$$

$$I_g(30\,\Omega) = \frac{3 \times 252{,}100}{2 \times 85.53 + 156.69 + 3 \times 573} = 370[A]$$

☞ S/S 계전기 최소고장전류

☞ Z_0=② 지점의 영상 %임피던스+이하 배전선로 영상 %임피던스

$$= 74.55 + 3.3 \times (9.1004 + j22.3411)$$

$$= 156.69$$

9) ⑨ 지점

가) 3상 단락전류 : I_{s3}

$$I_{s3} = \frac{252{,}100}{Z_1} = \frac{252{,}100}{319.30} = 790[A]$$

☞ Z_1=⑧ 지점의 정상 %임피던스+이하 배전선로 정상 %임피던스

$$= 85.53 + 12.5 \times (5.7642 + j8.0850) + 8.8 \times (9.2325 + j8.3683)$$

$$= 319.30$$

나) 1선 지락 고장전류 : I_g

$$I_g(30\,\Omega) = \frac{3 \times 252{,}100}{2 \times 319.3 + 744.34 + 3 \times 573} = 244[A]$$

☞ 가야지 67 R/C 최소고장전류

☞ Z_0=⑧ 지점의 영상 %임피던스+이하 배전선로 영상 %임피던스

$$= 156.69 + 12.5 \times (11.3647 + j23.1763) + 8.8$$

$$\times (16.7140 + j25.0478) = 744.34$$

3 | 보호협조 검토

변전소 계전기 자료

1) 변전소 계전기 정정지침

구분		정 정 지 침
한시 Tap[1)]	OCR	• 최대부하전류 × 1.5 이상 / CT비 352A × 1.5 × 5/600 = 4.41A • 보호구간 최소 2상 단락전류 / 1.5 이하 / CT비
	OCGR	• 최대부하전류 × 0.3 이상 352A × 0.3 × 5/600 = 0.88A • 보호구간 최소 1선 지락전류 / 1.5 이하[2)]
순시 Tap	OCR	• 전위 R/C 설치점의 3상 단락전류 × 1.5 이상 – 전위 R/C : 북내간 77 – 3,582A × 1.5 × 5/600 = 44.7A – R/C가 없는 경우에는 최소값
	OCGR	• 전위 R/C 설치점의 최대 1선 지락전류 × 1.4 이상 – 전위 R/C : 북내간 77 – 3,039A × 1.4 × 5/600 = 35.5A – R/C가 없는 경우에는 최소값
한시 Lever	OCR	• 변전소 인출점 3상 단락전류에서 0.5초(30Cycle) 이하로 동작 $\left[\frac{3.985}{\left(\frac{7500}{4.5\times120}\right)^{1.95}-1}+0.1084\right]\times Lever \leq 0.5$ – 배전선로 보호협조가 곤란할 경우 0.6초 이하로 정정 가능
	OCGR	• 변전소 인출점 최대 1선 지락고장에서 0.5초 이하로 동작 $\left[\frac{3.985}{\left(\frac{6500}{1\times120}\right)^{1.95}-1}+0.1084\right]\times Lever \leq 0.5$

1) 실제 Tap 값 정정시에는 CT비로 나눈 값을 적용

2) 돌입전류에 동작하지 않도록 정정하여야 한다. (최대 부하전류의 6배[≒ 20A] 이상)

2) 변전소 계전기 자료

D/L	비상시 용량 최대 부하전류	구분	Ry Type	Tap		한시 Lever	Tap 선정계수	CT비	비고
				한시	순시				
북내	352A	OCR	ESB-VI	4.5	45	3.78	1.5	600/5	
		OCGR	ESB-VI	1	35	4.5	0.3		

S/S 계전기와 RA(⑧지점 가야지 67호)간 보호협조 검토

1) S/S 계전기와 R/C의 보호협조 원칙

가) 계전기 동작시간 - 전위 R/C 동작시간 ≥ 10Cycle

아날로그 계전기(유도원판형) 계전기의 보호협조 원칙으로 디지털 계전기에서는 3Cycles의 협조시간이 필요함

나) 계전기 복귀시간 : $0.0405L^2 + 4.50462L - 0.9901$(L : Lever 값)

2) S/S 계전기와 R/C의 보호협조 검토

가) OCR 정정 및 동작시간

① OCR 정정내용

S/S명	D/L명	Type	CT비	Tap	Lever	비고
여주	북내	ESB-VI	600/5	4.5	3.78	

② OCR 동작시간 및 복귀시간

- 전위보호기기의 보호구간 내에서 고장시 협조 검토
  - PU 전류 = 4.5 × 600/5 = 540A
  - PU 배수 = 2,948A/540A = 5.46 ⇒ 546%(%PU)
  - 동작시간 : 58.8Cycle
- Lever 3.78인 T-C 특성곡선을 선택하고 PU 배수(5.46)를 구한다. PU 배수(가로축 값)와 특성곡선의 교차점에서의 세로축 값(58.8 Cycle)이 동작시간이 된다.

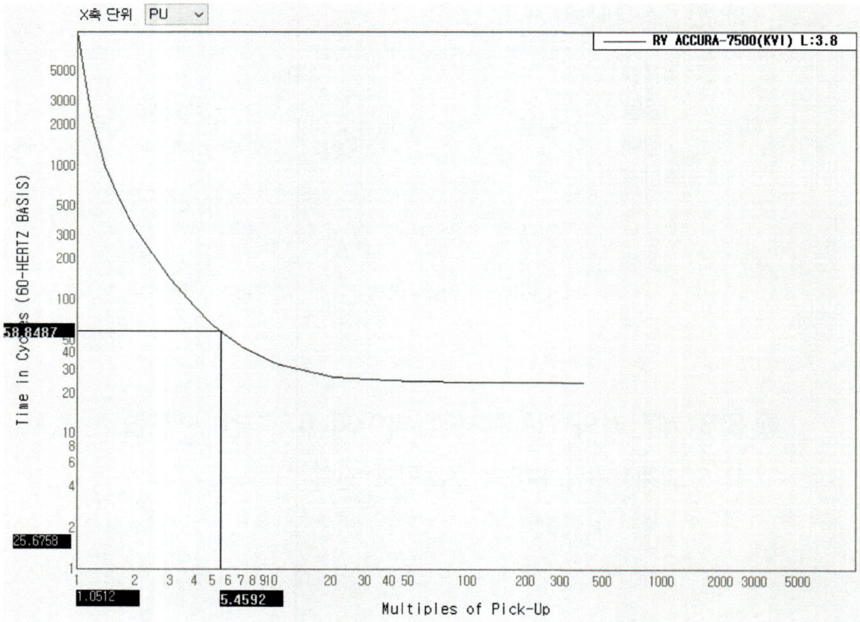

그림 5.1.3 OCR 동작시간 산출

나) R/C의 Phase 정정 및 동작시간

① R/C 정정지침

구분		정 정 지 침
최소 동작 전류	상	• 최대 부하전류의 2.8배 이상, 4.0배 이하 • 후비보호기기의 상 최소동작전류 정정치 이하
	지락	• 최대 부하전류 × 0.3 이상 • R/C 부하측 최대 단상분기의 최대 부하전류 이상 • 보호구간 최소 1선 지락전류 / 2 이하 • 후비보호기기 지락 최소동작전류 정정치 이하
총 동작 횟수		• 후비에 R/C가 있을 경우 : 후비 R/C의 총 동작횟수 −1 이하
순시동작 횟수		• 총 동작횟수 이하 • 상과 지락의 순시동작 횟수 일치

구분		정 정 지 침
재폐로 시간		• 변전소 계전기가 아날로그일 경우 : Relay 원판 복귀시간 이상 • R/C 본체가 투입 준비를 할 수 있는 시간 이상 • 상과 지락의 재폐로 시간 일시
복귀시간		• 30초
X 배수	상	• (설치점 최대 부하전류 × 10) / 상 최소동작전류 이상
	지락	• (설치점 최대 부하전류 × 10) / 지락 최소동작전류 이상

② R/C Phase 정정내용

R/C 설치점 최대 고장전류	최대 부하전류 (A)	최소 동작전류 (A)	PU 배수	순시		지연		시퀀스
				T–C 곡선	동작시간 (Cycle)	T–C 곡선	동작시간 (Cycle)	
2,948	97	380	7.76	IEC-VI L0.1	11.98	IEC-VI L0.16	19.17	2F2D

③ R/C Phase 정정 산출

- 최소동작전류 = 설치점의 최대 부하전류 × (2.8 ~ 4배)
  = 97 × (2.8 ~ 4) = 271 ~ 388A ⇒ 380A
- PU 배수 = 고장전류/최소동작전류 = 2,948/380 = 7.76
- 순시(F) 동작시간(Cycle) : T-C 특성곡선을 IEC Very Inverse Lever 0.1로 선정
  ☞ PU 배수를 가로축(7.76)으로 하여 해당 특성곡선(IEC VI)과 만나는 점의 세로축 값(11.98Cycle)이 동작시간이 된다.
- 지연(D) 동작시간(Cycle) : T-C 특성곡선을 IEC Very Inverse Lever 0.16으로 선정
  ☞ PU 배수를 가로축(7.76)으로 하여 해당 특성곡선(IEC VI)과 만나는 점의 세로축 값(19.17Cycle)이 동작시간이 된다.

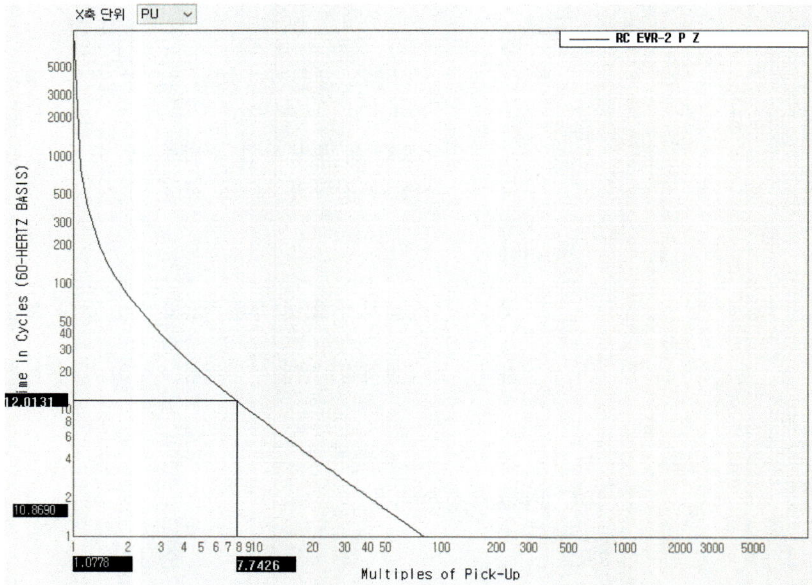

그림 5.1.4 R/C Phase 순시 동작시간 산출

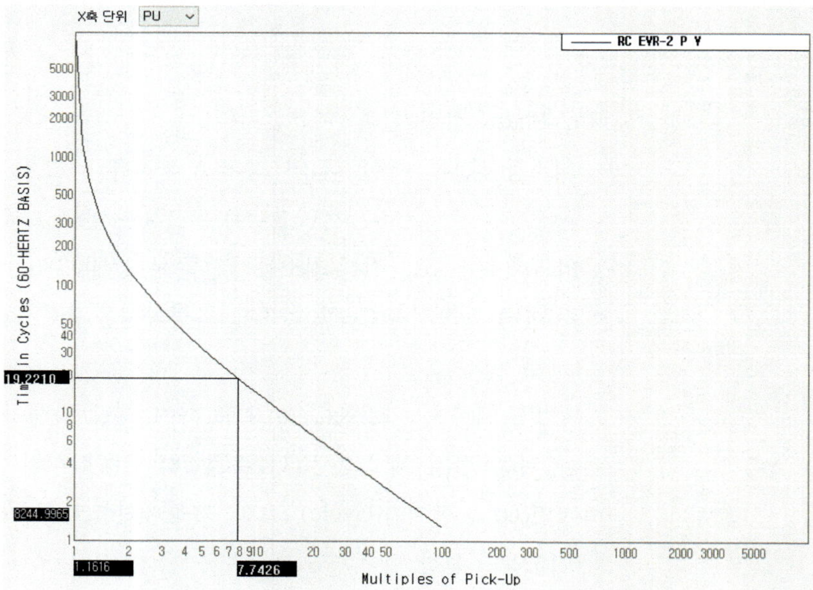

그림 5.1.5 R/C Phase 지연 동작시간 산출

다) OCGR 정정 및 동작시간

① OCGR 정정내용

S/S명	D/L명	Type	CT비	Tap	Lever	비고
여주	북내	ESB-VI	600/5	1	4.5	

② OCGR 동작시간 및 복귀시간

R/C설치점 최대 1선지락전류	PU전류 (A)	PU배수	동작시간 (Cycle)	협조시간 (Cycle)
2,307A	120	19.25	32.64	22.64

- PU 전류 = 1 × 600/5 = 120A
- PU 배수 = 2,307/120 = 19.25 ⇒ 1925%(%PU)
- 협조시간 = 동작시간 − 10 = 32.64 − 10 = 29.64
- OCR과 같은 방법으로 동작시간 산출

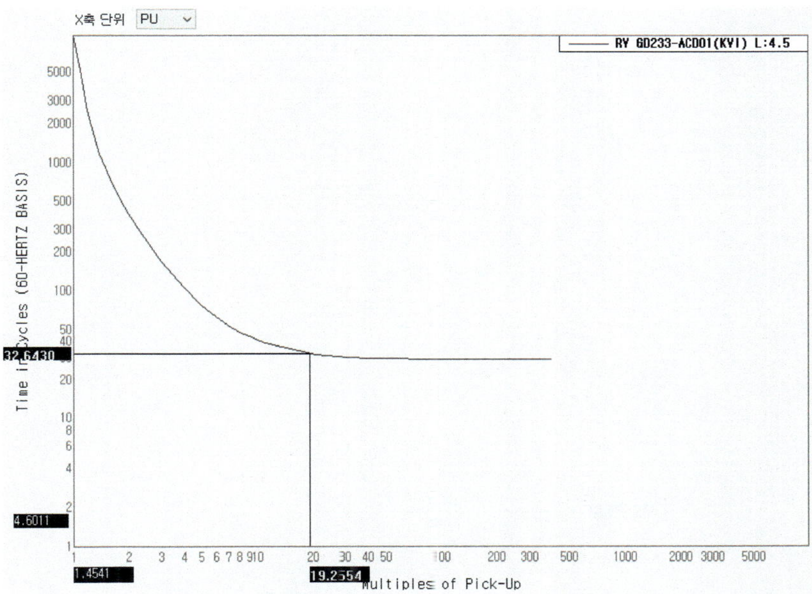

그림 5.1.6 OCGR 동작시간 산출

라) R/C의 Ground 정정 및 동작시간

① R/C Ground 정정내용

R/C 설치점 최대 1선 지락전류	최대 부하전류 (A)	최소 동작전류 (A)	PU 배수	순시		지연		시퀀스
				T-C 곡선	동작시간 (Cycle)	T-C 곡선	동작시간 (Cycle)	
2,307	97	80	28.83	IEC-VI L0.1	2.91	IEC-VI L0.16	4.65	2F2D

② R/C Ground 정정 산출

- 최소동작전류 = 최대부하전류×0.3 이상 = 97×0.3 이상 = 29 ⇒ 80A
- PU 배수 = 최소고장전류/최소동작전류 = 2,307/80 = 28.83
- 순시(F) 동작시간(Cycle) : T-C 특성곡선을 IEC Very Inverse Lever 0.1로 선정
- 지연(D) 동작시간(Cycle) : T-C 특성곡선을 IEC Very Inverse Lever 0.16으로 선정

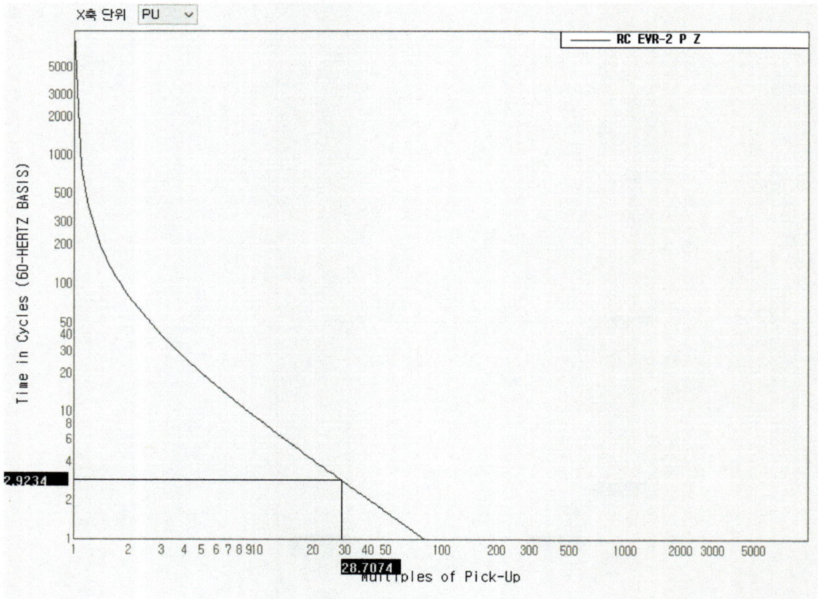

그림 5.1.7 R/C Ground 순시 동작시간 산출

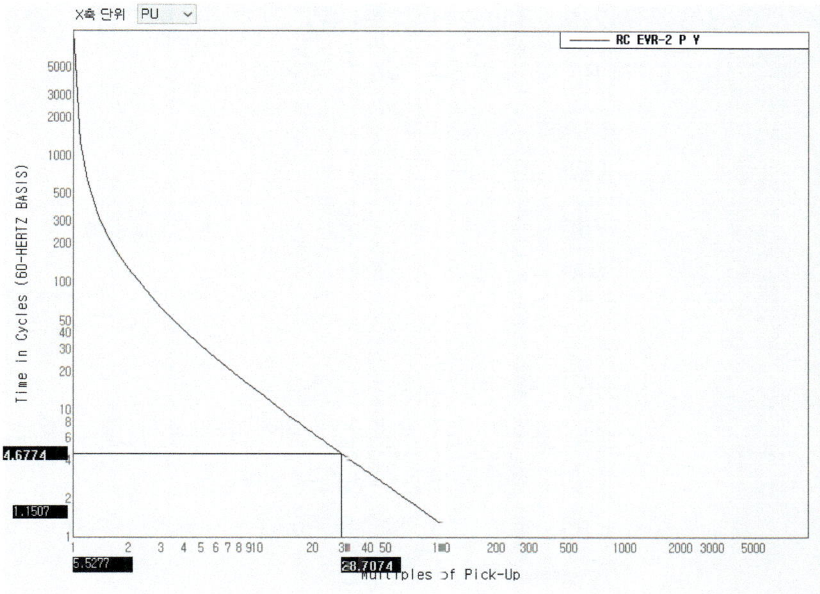

그림 5.1.8 R/C Ground 지연 동작시간 산출

③ R/C Ground 정정방법

- 최소동작전류 : 「보호구간 최소고장전류×0.5」 이하에 해당되는 R/C의 정격 최소동작전류값을 모두 적는다.
- 동작시퀀스 : 부하조건을 감안하여 임의로 정한다.
  ☞ 진행검토 과정에서 선정된 최소동작전류 모두가 협조 곤란시 시퀀스의 지연동작(D) 횟수를 순시동작(F)로 바꾸거나 줄여서 선정된 최소동작전류의 진행상태를 검토한다.
  ☞ 진행검토는 선정된 값 중 제일 큰 값부터 검토하되 진행 판정이 양호하면 그 값이 정정 확정값이 된다.
- PU 배수 값, 순시 동작시간, 지연 동작시간 : Phase 검토시와 산출방법 동일
- 진행과정 : Phase 검토시와 동일
  ☞ 검토결과 R/C의 최소동작전류의 정격은 80A로 확정

S/S 계전기와 RA(③ 지점 북내간 77호)간 보호협조 검토

1) OCR와 R/C의 보호협조 검토(Phase)

가) OCR 정정 및 동작시간

① OCR 정정내용

S/S명	D/L명	Type	CT비	Tap	Lever	비고
여주	북내	ESB-VI	600/5	4.5	3.78	

② OCR 동작시간 및 복귀시간

전위보호기기의 보호구간 내에서 고장시 협조 검토

- PU 전류 = 4.5 × 600/5 = 540A
- PU 배수 = 3,582/540 = 6.63 ⇒ 663%(%PU)
- 동작시간 : 47.7Cycle
- 협조시간 = 동작시간 − 3 = 47.7 − 3 = 44.7Cycle

※ 아날로그 기기인 경우에는 10Cycles의 협조시간차

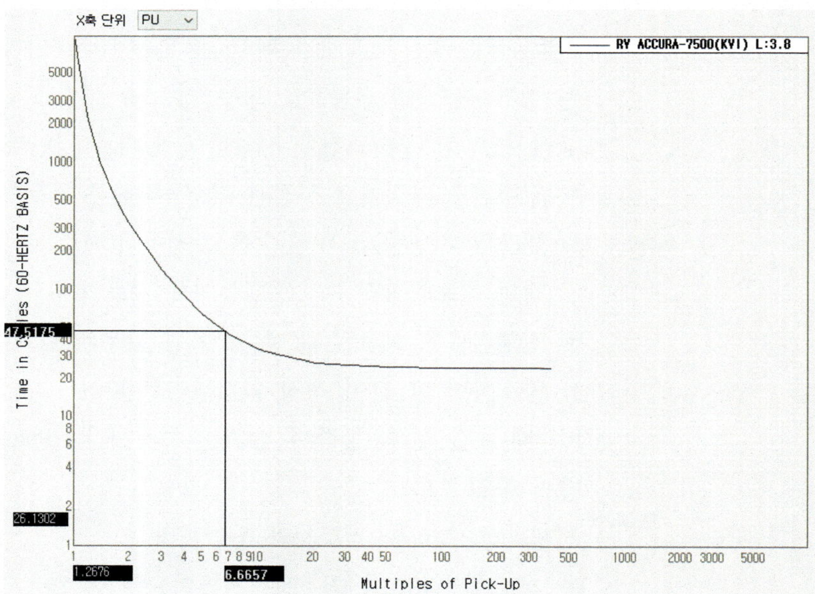

그림 5.1.9 OCR 동작시간 산출

R/C 설치점 최대 고장전류	PU 전류 (A)	PU 배수	동작시간 (Cycle)	협조시간 (Cycle)
3,582	540	6.63	47.7	44.7

나) R/C의 Phase 정정 및 동작시간

① R/C Phase 정정내용

R/C 설치점 최대 고장전류	최대 부하전류 (A)	최소 동작전류 (A)	PU 배수	순시		지연		시퀀스
				T-C 곡선	동작시간 (Cycle)	T-C 곡선	동작시간 (Cycle)	
3,582	139	380	9.43	IEC-VI L0.18	17.3	IEC-VI L0.24	23.06	2F2D

② R/C Phase 정정 산출

- 최소동작전류 = 설치점의 최대부하전류 × (2.8 ~ 4배)
  = 139 × (2.8 ~ 4) = 380 ~ 556A ⇒ 380A
- PU배수 = 고장전류/최소동작전류 = 3,582/380 = 9.43

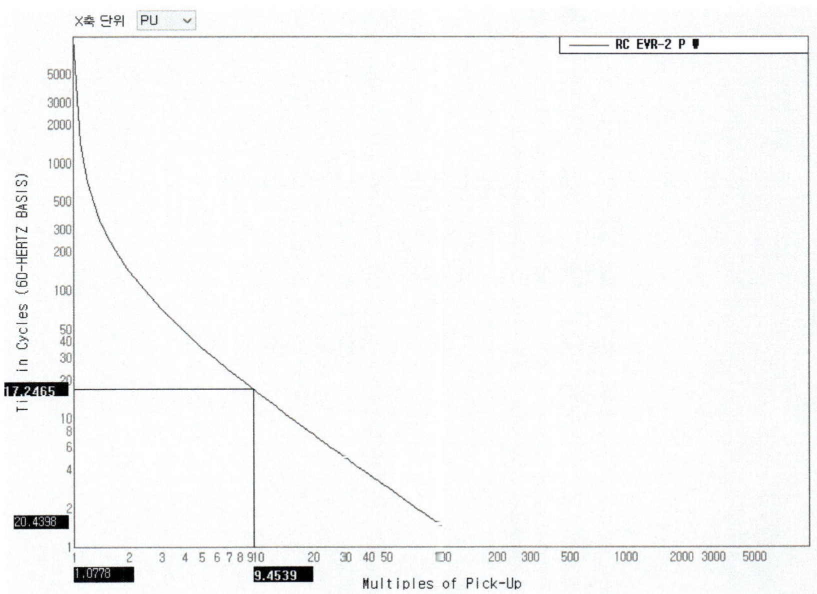

그림 5.1.10 R/C Phase 순시 동작시간 산출

- 순시(F) 동작시간(Cycle) : 17.3
- 후비 R/C : 전위와 동일한 IEC Very Inverse 커브 사용
- 전위 R/C : N전위와 동일한 IEC Very Inverse 커브 사용
- 지연(D) 동작시간(Cycle) : 23.06

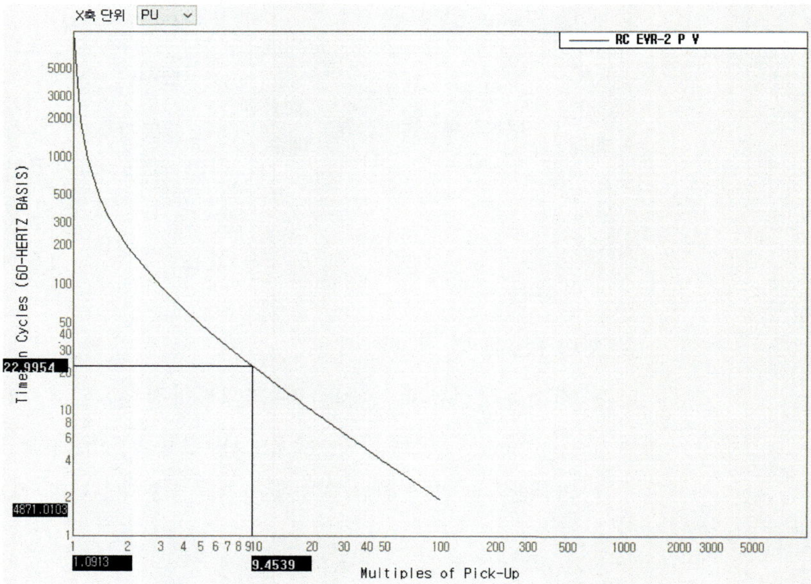

그림 5.1.11 R/C Phase 지연 동작시간 산출

2) OCGR과 R/C의 보호협조 검토(Ground)

가) OCGR 정정 및 동작시간

① OCGR 정정내용

S/S명	D/L명	Type	CT비	Tap	Lever	비고
여주	북내	ESB-VI	600/5	1	4.5	

② OCGR 동작시간 및 복귀시간

R/C 설치점 최대 1선 지락전류	PU 전류 (A)	PU 배수	동작시간 (Cycle)	협조시간 (Cycle)
3,039	120	25.33	31.24	28.24

- PU 전류 = 1 × 600/5 = 120A
- PU 배수 = 3,039/120 = 25.33 ⇒ 2533%(%PU)
- 협조시간 = 동작시간 − 3 = 31.24 − 3 = 28.24
- OCR과 같은 방법으로 동작시간 산출

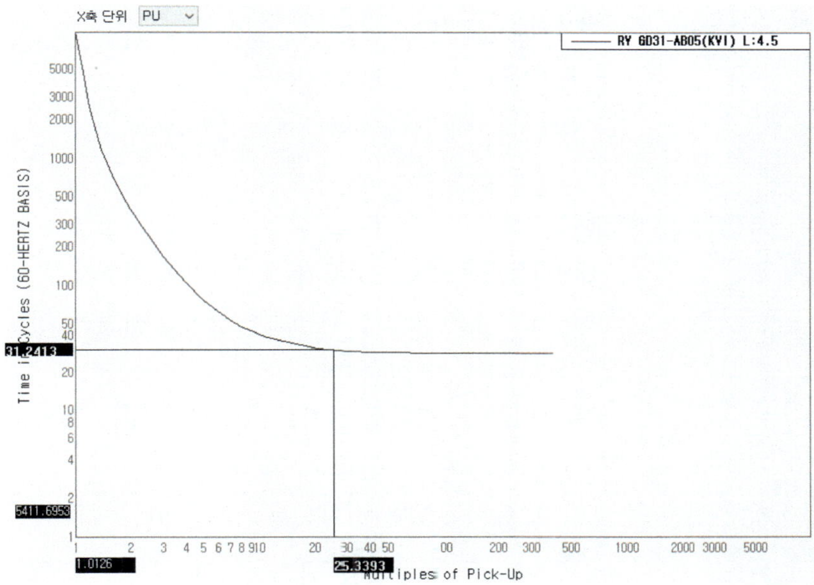

그림 5.1.12 OCGR 동작시간 산출

나) R/C의 Ground 정정 및 동작시간

① R/C Ground 정정내용

R/C 설치점 최대 1선 지락전류	최대 부하전류 (A)	최소 동작전류 (A)	PU 배수	순시		지연		시퀀스
				T−C 곡선	동작시간 (Cycle)	T−C 곡선	동작시간 (Cycle)	
3,039	139	80	37.98	IEC-VI L0.18	3.94	IEC-VI L0.24	5.26	2F2D

② 진행과정 : 가야지 67호 R/C Ground 협조 검토시와 동일

③ 지점(북내간 77호)과 ④ 지점(도전지 12H 1호) RA간 보호협조 검토

1) R/C와 R/C의 보호협조 검토

가) R/C와 R/C간 협조시간차

① 후비 R/C가 전위 R/C보다 먼저 동작하지 않도록 동작시간차를 크게 함

② 협조기준 시간차

- KH-ESV R/C : 3.5 Cycle
- IJB-VE, 배전자동화용 R/C : 2.7 Cycle

나) 구간협조 장치

① 배전자동화용 R/C는 R/C간 동작시간이 협조기준 시간차 이상으로 확보되어도 후비 R/C에 구간협조 장치 사용을 설정해야 함

⇒ Sequence coordination

② R1(후비)에 구간협조 장치를 장착하지 않은 경우의 동작시퀀스

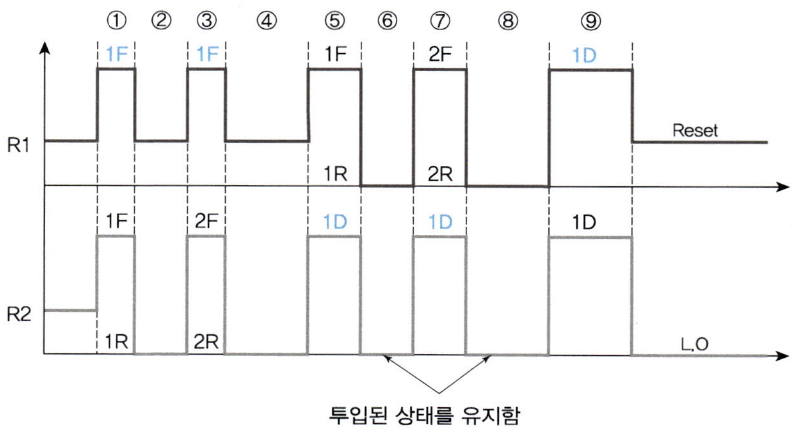

※ 푸른색은 개방동작을 하지 않은 것을 나타냄

㉠ 고장이 발생하면 R2(전위 R/C)의 순시 동작시간이 R1(후비 R/C)의 순시 동작시간보다 짧으므로 먼저 동작(1F)하고 R1은 고장을 감지하지만 동작하지 않아 투입된 상태를 유지함

㉡ R2는 첫 번째 재폐로 시간 후 투입됨

㉢ 고장이 제거되지 않았으므로 R2가 순시동작(2F)하고 R1은 고장을 감지하지만 동작하지 않아 투입된 상태를 계속 유지함

㉣ R2는 두 번째 재폐로 시간 후 다시 투입됨

㉤ R1은 한번도 동작을 하지 않았으므로 첫 번째 순시(1F)가 동작할 차례이고 R2는 순시동작을 2번 하였으므로 첫 번째 지연동작(1D)을 할 차례임. 여기서, R1의 순시 동작시간이 R2의 지연 동작시간보다 짧으므로 R1이 동작하고 R2는 투입된 상태를 그대로 유지함

㉥ R1은 첫 번째 재폐로 시간 후 투입됨

㉦ R1은 두 번째 순시동작(2F)을 하고 R2는 계속 투입된 상태를 유지함

㉧ R1은 두 번째 재폐로 시간 후 투입됨

㉨ R1은 순시동작을 2번 하여 첫 번째 지연 동작(1D)을 할 차례이며, R2도 지연동작(1D)을 할 차례임. 여기서, R2의 지연 동작시간이 R1의 지연 동작시간보다 짧으므로 R2가 동작하고 R1은 투입된 상태를 계속 유지함. R2는 자기 시퀀스(2F1D)를 완료하였으므로 Lock Out되면서 고장구간을 완전히 분리하며 R1은 투입된 상태로 복귀시간을 진행한 후 복귀됨

☞ 결과적으로 R2는 고장구간을 분리하였지만 그 과정에서 R1과 R2 사이 구간은 건전구간임에도 불구하고 두 번(㉥ 및 ㉧)의 순간고장을 경험하게 됨. 따라서 R1에 구간협조 장치를 부착하면 순시동작에 한해 R1은 고장을 경험한 경우 실제 동작은 되지 않았더라고 동작을 한 것으로 간주하여 다음 시퀀스를 진행하므로 R2의 지연동작시 R1도 지연동작을 하게 되어 협조가 가능해짐

다) 보호협조 방법

① 동작시간의 차이를 이용한 방법
후비보호기기의 동작시간 > 전위보호기기의 동작시간 + 협조시간차

R/C 직렬대수	R/C 위치	R/C 종류	T-C 특성곡선			
			단락		지락	
			순시	지연	순시	지연
2대	후비	디지털 R/C	IEC-VI L : 0.18	IEC-VI L : 0.24	IEC-VI L : 0.18	IEC-VI L : 0.24
	전위	디지털 R/C	IEC-VI L : 0.1	IEC-VI L : 0.16	IEC-VI L : 0.1	IEC-VI L : 0.16

② 최소동작전류의 크기 차이를 이용한 방법

전위 R/C 설치점의 부하전류가 후비 R/C 보다 충분히(30% 이상) 작아야 함

③ 동작횟수의 차이를 이용한 방법

R/C 대수 / 구분	R/C가 두 대일 때		R/C가 세 대일 때		
	후비 R/C	전위 R/C	후비 R/C	중간 R/C	전위 R/C
협조 가능한 시퀀스	1F3D	1F2D	1F3D	1F2D	1F1D
	1F2D	1F1D	2F2D	2F1D	2F
	2F2D	2F1D	4D	3D	2D
	4D	3D			
	3D	2D			

2) R/C와 R/C간의 보호협조 검토(Phase)

가) 후비 R/C ③ 지점(북내간 77) 정정내용

S/S명	D/L명	Type	최소 동작전류	T-C 곡선		재폐로 시간	시퀀스	구간 협조장치
				순시	지연			
여주	북내	IJB-VE (개조)	380	IEC-VI L0.18	IEC-VI L0.24	2-2-15	2F2D	유

나) 후비 R/C ③ 지점(북내간 77호)의 동작시간

전위 R/C 설치점 최대 고장전류	최대 부하전류	최소 동작전류	PU 배수	순시동작 (Cycles)	지연동작 (Cycles)
1,955	139	380	5.14	35.21	46.96

다) 전위 R/C ④ 지점(도전지 12H1호)의 정정 및 동작시간

① 전위 R/C ④ 지점(도전지 12H1호)의 정정

R/C 설치점 최대고장 전류	최대 부하전류 (A)	최소 동작전류 (A)	PU 배수	순시		지연		시퀀스
				T-C 극선	동작시간 (Cycle)	T-C 곡선	동작시간 (Cycle)	
1,955	111	320	6.11	IEC-VI L0.1	15.85	IEC-VI L0.16	25.36	2F1D

- 최소동작전류 = 설치점의 부하전류 × (2.8 ~ 4배)

  = 111 × (2.8 ~ 4) = 310 ~ 444A ⇒ 320A

- PU 배수 = 1,955/320 = 6.11

② T-C 특성곡선에 따른 협조시간차 검토

구분	Type	최소 동작전류	순시		지연		비고
			T-C 곡선	동작 (Cycle)	T-C 곡선	동작 (Cycle)	
후비 R/C	IJB-VE	400	IEC-VI L0.18	35.21	IEC-VI L0.24	46.96	
전위 R/C	IJB-VE	320	IEC-VI L0.1	15.85	IEC-VI L0.16	25.36	
협조시간차			19.36		21.6		협조가능

- 기준 협조시간차 : 2.7 Cycle

3) R/C와 R/C간의 보호협조 검토(Ground)

가) 후비 R/C ③ 지점(북내간 77호) 정정내용

S/S명	D/L명	Type	최소 동작전류	T-C 곡선		재폐로 시간	시퀀스	구간 협조장치
				순시	지연			
여주	북내	IJB-VE (개조)	80	IEC-VI L0.18	IEC-VI L0.24	2-2-15	2F2D	유

나) 후비 R/C ③ 지점(북내간 77호)의 동작시간

전위 R/C 설치점 최대 1선 지락전류	최대 부하전류	최소 동작전류	PU 배수	순시동작 (Cycles)	지연동작 (Cycles)
1,490	111	80	18.63	8.27	11.02

다) 전위 R/C ④ 지점(도전지 12H1호)의 정정 및 동작시간

① 전위 R/C ④ 지점(도전지 12H1호)의 정정

R/C 설치점 최대 1선 지락전류	최대 부하전류 (A)	최소 동작전류 (A)	PU 배수	순시		지연		시퀀스
				T-C 곡선	동작시간 (Cycle)	T-C 곡선	동작시간 (Cycle)	
1,490	111	65	22.92	IEC-VI L0.1	3.7	IEC-VI L0.16	5.91	2F1D

- 최소동작전류 = 설치점의 부하전류 × 0.3 이상

  = 111 × 0.3 = 33A ⇒ 65A
- PU 배수 = 1,490/65 = 22.92

② 후비 R/C와 전위 R/C간 협조검토

- Ground 동작시간차

구분	Type	최소 동작전류	순시		지연		비고
			T-C 곡선	동작 (Cycle)	T-C 곡선	동작 (Cycle)	
후비 R/C	IJB-VE	80	IEC-VI L0.18	8.27	IEC-VI L0.24	11.02	
전위 R/C	IJB-VE	65	IEC-VI L0.1	3.7	IEC-VI L0.16	5.91	
협조시간차			4.57		5.11		협조가능

- 기준 협조시간차 : 2.7 Cycle

④ 지점(도전지 12H 1호) RA와 ⑦ 지점 고객측 계전기간 보호협조 검토

1) 고객 계전기 정정지침

구분		정 정 지 침
순시 Tap	OCR	• 수전변압기 2차 측 3상 단락전류 × 1.5배 이상[1] 1) 실제 Tap값 정정시에는 CT비로 나눈 값을 적용하며 한시 Tap도 마찬가지이다.
	OCGR	• 최소 탭
한시 Tap	OCR	• 최대부하전류 × 1.5배 이상 – 변동부하인 경우 : 최대부하전류 × 2배 이상 • 수전설비 최소 단락전류 / 1.5 이하
	OCGR	• 최대부하전류 × 0.3 이하 • 부하 불평형 전류 × 1.5배 이상
한시 Lever	OCR	• 수전 변압기 2차측 3상 단락전류에서 0.6초 이내에 동작 • 수전 변압기 1차측 3상 단락전류에서 후비보호기기와 협조
	OCGR	• 수전 변압기 1차측 최대 1선 지락전류에서 0.2초 이내에 동작 • 수전 변압기 1차측 최소 1선 지락전류에서 후비보호기기와 협조

2) 고객현황

수전점	고객명	계약전력 (kW)	계전기 Type		CT비	최대 Tr(kVA)	%Z
			OCR	OCGR			
⑦	태성 관광개발	2,200	IEC-VI	IEC-VI	75	1,200	5.36

3) 고객측 보호계전기 정정

가) 고장전류 계산 : 5.2.2 각 구간별 고장전류 계산 사목 ⑦ 지점 참조

① 수전단 3상 단락전류 : I_{s3}

$$I_{s3}=\frac{252,100}{Z_1}=\frac{252,100}{181.26}=1,391[\text{A}]$$

☞ Z_1=⑤ 지점의 정상 %임피던스+이하 배전선로 정상 %임피던스

$$=153.85+2.2\times(9.2325+j8.3683)$$

$$=181.26$$

② 수전단 최소 단락전류 : I_{s2}

$$I_{s2} = I_{s3} \times \frac{\sqrt{3}}{2} = I_{s3} \times 0.866 = 1,391 \times 0.866 = 1,204[A]$$

③ 수전단 1선 지락 고장전류 : I_g

$$I_g(30\,\Omega) = \frac{3 \times 252,100}{2 \times 181.26 \times 376.11 + 3 \times 573} = 308[A]$$

☞ Z_0 = ⑤ 지점의 영상 %임피던스 + 이하 배전선로 영상 %임피던스

$= 309.86 + 2.2 \times (16.7140 + j25.0478)$

$= 376.11$

④ 수전 변압기(1,200 kVA) 2차 3상 단락 고장전류

$$I_{s3} = \frac{252,100}{Z_1 + T_r} = \frac{252,100}{628} = 401[A]$$

☞ $Z_1 = 181.26$

$$T_r = 5.36 \times \frac{100}{1.20} = j447 = 447$$

$$Z_1 + T_r = 181.26 + 447 = 628$$

⑤ 수전 변압기(1,200 kVA) 2차 선간 단락 고장전류

$$I_{s2} = I_{s3} \times \frac{\sqrt{3}}{2} = I_{s3} \times 0.866 = 401 \times 0.866 = 347[A]$$

⑥ 수전 변압기(1,200 kVA) 2차 1선 지락 고장전류

$$I_g(30\,\Omega) = \frac{3 \times 252,100}{2 \times (181.26 + 447) + 376.11 + 3 \times 573} = 226[A]$$

나) 최대 부하전류

2,200 / ($\sqrt{3}$ × 22.9) = 55.47A

다) Tap 정정

① OCR Tap 정정

- 한시 Tap = 최대 부하전류 × 1.5 × 1/CT비(75/5)

  = 55.47 × 1.5 × 5/75 = 5.5A

  ⇒ Tap 6(계약전력의 150%)

- 순시 Tap = 고객측 최대 변압기(1,200 kVA) 2차 3상 단락전류의 150%
  = 고객측 계전기 최소 순시 Tap이나 계산치 또는 정정치
  = 40A
- Tap 범위 : 한시 4.0~12.0A, 순시 20~80A

② OCGR Tap 정정

- 한시 Tap = 최대 부하전류 × 0.3 × 1/CT비(75/5)
  = 55.47×0.3×5/75=1.1A ⇒ TAP1.5(계약전력의 30% 이상)
- 순시 Tap = 최소치에 정정 = 10A
- Tap 범위 : 한시 0.5~2.0A, 순시 10~40A

③ 계전기 탭 설정시 주의사항

㉮ 계전기 탭 설정에 대하여

한전 변전소 CB 동작계전기 동작전류값은 탭값 × CT비이다. 예를 들면 CT비가 600:5이고 탭값이 4이면 480A에 동작하는 식이다. 그리고 고객 보호계전기 검토후 NDIS나 off-DAS에서 보호협조검토서를 출력하게 되면 CT비를 표시하고 탭값을 표시하게 된다. 이는 아날로그 계전기 타입에서 사용하던 것으로 CT비에 탭값을 곱하여 나온 전류값으로 동작전류를 맞추라는 것이다. 그런데 요즘은 신규로 설치하는 경우 거의 전부 디지털 계전기를 설치하는데 디지털 계전기는 제조사에 따라 탭값을 입력하는 방식이 다르다. 고객측 계전기는 정격전류(여기서 정격전류는 거의 대부분 5A이다)의 배수로 입력하거나 전류값(탭값)을 직접 입력하도록 되어 있다. 예를 들면 정격으로 입력하는 CT비가 100:5이고, 탭값을 4로 입력하여 400A에 동작하도록 하는 방식이 있고, 탭값을 직접 입력하는 방식이 있다. 그런데 고객 중에는 이런 것을 고려하지 않고 한전에서 보내온 보호협조검토서 값대로 무조건 입력하는 경우가 발생할 수도 있다. 그래서 부하전류에 동작하기도 하고, 반대로 동작 전류값이 매우 커지기도 하는 것이다.

㉯ 메이커별 탭값 정정방법 예시

우리는 고객 계전기와 보호협조검토시 NDIS나 off-DAS로 검토를 한다. 이때 출력양식에는 탭값만 적혀 나온다. 단위가 없다는 말이

다. 이는 한전에서 하는 방식 그대로 고객측에 전달하는 것이다. 하지만 LS산전의 GIPAM 시리즈나 비츠로테크의 VIPAM 시리즈 계전기의 경우 탭값 설정시 정격전류에 대한 탭값으로 설정하게 되어 있다.

■ GIPAM-2000FI

보호요소	동작구분		동작치 정정	동작시간 특성		비 고
				정정범위	특 성	
OCR (50/51)	순시요소	Low set	∞, 0.5~32In/0.1In	30~250ms/5ms	정한시	
		High set				
	* 한시요소	Low set	∞, 0.10~5.00In/0.01In	0.05~1.20/0.01	반한시	SI, VI, EI, LI, DT,
		High set	∞, 0.10~10.00In/0.01In	0.05~300.00s/0.01s	정한시	Kepco SI, Kepco VI
OCGR (50/51N)	순시요소	Low set	∞, 0.1~8.0In/0.02In	30~250ms/5ms	정한시	
		High set				
	* 한시요소	Low set	∞, 0.02~2.00In/0.01In	0.05~1.20/0.01	반한시	SI, VI, EI, LI, DT,
		High set	∞, 0.1~2.00In/0.01In	0.05~300.00s/0.01s	정한시	Kepco SI, Kepco VI

그림 5.1.13 GIPAM-2000FI 탭 설정 범위

VIPAM 3000

성능

■ 보호계전요소

보호요소	동작구분	동작치 정정	동작시간 특성		비고
			정정범위	특성	
OCR (50/51)	순시요소	disable, 1.0In~24.0In / 0.1In	0.05~100s/0.01s 50ms 이하	정한시	In=5A
	한시요소	disable, 0.2In~10.0In / 0.01In	0.05~10/0.01 0.1~100s/0.01s	반한시 정한시	
OCGR (50/51G)	순시요소	disable, 1.0In~10.0In / 0.1In	0.05~100s/0.01s 50ms 이하	정한시	In=5A
	한시요소	disable, 0.02In~2.0In / 0.01In	0.05~10/0.01 0.1~100s/0.01s	반한시 정한시	

그림 5.1.14 VIPAM-3000 탭 설정 범위

[그림 5.1.13]은 GIPAM-2000의 탭값 동작치 정정표이다. 여기에서 OCR 정정값의 범위를 순시요소의 경우는 0.5~32.0 In으로 설정하도록 되어 있고, step은 0.1 In이다. 한시요소의 경우는 0.10 In ~5.00 In으로 설정할 수 있고, step값은 0.01 In이다. [그림 5.1.14]는 VIPAM-3000의 탭값 동작치 정정표이다. 여기에서 정정값의

범위를 순시요소의 경우는 1.0 In~24.0 In으로 설정하도록 되어 있고, step은 0.1 In이다. 한시요소의 경우는 0.2 In~10.0 In으로 설정하도록 되어 있고, step은 0.01 In이다. 여기에서 VIPAM의 비고란에 보면 In = 5A로 되어 있다. 이는 In 즉, 정격전류가 5A인 것을 나타낸다. 따라서 0.2In은 0.2=5A해서 1A에 동작하도록 설정한다는 것이다. 따라서 이런 방식에서는 CT비가 100:5이고 탭값이 4가 나왔다면 한전에서 의도한 바대로 80A에 동작하도록 설정하려면 동작전류값 80을 CT 2차 정격인 5로 나누면 14가 되므로 14를 입력해야 한다.

● 보호요소 특성

PAC-F100

보호요소	구분	항목	정정 범위	비고
단락 과전류보호 (50/51)	순시	동작치 전류	0.50 ~ 100.00A, 0.01A Step	2단계 정정가능
		동작시간	0.00 ~ 60.00sec, 0.01sec Step	
	한시	동작치 전류	0.50 ~ 100.00A, 0.01A Step	14개 특성곡선 내장
		반한시 배율(TM)	0.01 ~ 10.00, 0.01 Step	
		특성곡선	[IEC Curve] IEC_NI, IEC_VI, IEC_EI, IEC_LI [ANSI Curve] ANSI_I, ANSI_SI, ANSI_LI, ANSI_MI, ANSI_VI, ANSI_EI, ANSI_DI [KEPCO Curve] KNI, KVI, KDNI	
지락 과전류보호 (50N/51N)	순시	동작치 전류	0.10 ~ 100.00A, 0.01A Step	2단계 정정가능
		동작시간	0.00 ~ 60.00sec, 0.01sec Step	
	한시	동작치 전류	0.10 ~ 100.00A, 0.01A Step	14개 특성곡선 내장
		반한시 배율(TM)	0.01 ~ 10.00, 0.01 Step	
		특성곡선	단락 과전류보호 특성과 동일	

그림 5.1.15 PAC-F100 탭 설정 범위

[그림 5.1.15]는 PNC 테크의 PAC-F100의 동작전류 설정에 대한 것으로 이 계전기는 전류값으로 설정한다. OCR 동작값을 단락의 경우 0.50~100.00A까지 0.01 step으로 설정하는 방식이다. CT비가 100:5이며, 탭값이 4가 나왔다면 이 계전기에서는 4A로 입력한다. 그러면 CT비 20에 탭 값 4를 곱하면 동작전류값은 80A가 된다. 대부분의 계전기가 이와 같은 방법을 사용하지만 항상 매뉴얼

의 설정방법을 확인해야 한다.

㉰ 고객측에 보호협조검토서 송부시 참고사항

이상과 같이 제작사별로 설정방식이 다르므로 고객 계전기 보호협조검토후 설정값 통보시 고객 계전기를 감안하여 설정값을 알려주거나 설정탭값을 알려주어야 하며, 탭값과 함께 동작전류치를 함께 병기하는 방법도 고려해야 한다.

라) Lever 정정

① 도전지 12H1호 R/C 정정 및 동작시간

- Phase 정정 및 동작시간

고객 수전측 최대 고장전류	최대 부하전류 (A)	최소 동작전류 (A)	PU 배수	순시		지연		시퀀스
				T–C 곡선	동작시간 (Cycle)	T–C 곡선	동작시간 (Cycle)	
1,391	111	320	4.35	IEC-VI L0.1	24.18	IEC-VI L0.16	38.72	2F1D

- Ground 정정 및 동작시간

수전측의 최대 1선 지락전류	최대 부하전류 (A)	최소 동작전류 (A)	PU 배수	순시		지연		시퀀스
				T–C 곡선	동작시간 (Cycle)	T–C 곡선	동작시간 (Cycle)	
1,023	111	65	15.74	IEC-VI L0.1	5.5	IEC-VI L0.16	8.8	2F1D

- 협조시간

구분	순시		지연		협조 시간차	비 고
	동작시간	협조시간	동작시간	협조시간		
Phase	5.5	-0.5	32.2	26.2	6	
Ground	8.8	2.8	29.7	23.7	6	

☞ 후비보호기기가 계전기인 경우 협조시간차 : 17 Cycle

☞ 후비 R/C의 순시와 전우 계전기의 한 시간의 완전한 협조는 어려우므로 일반적으로 후비 R/C의 지연 곡선과의 협조시간을 구한다.

☞ 고객 계전기 후비에 EFI설치 시 EFI와 R/C간 보호협조시간차는 3cycles로 충분히 협조가 가능하다.

② 고객측 OCR 정정 및 동작시간

고객명	Type	CT비	Tap	Lever	비 고
태성관광개발	GCO-C I III D4	75/5	6	1.4	

- PU 전류 = 6 × 75/5 = 90A
- PU 배수 = 1,391/90 = 15.5 ⇒ 1,550%
  - %PU가 2,000%를 넘을 때에는 2,000%로 본다.
- Lever 값 정정
  - OCR 협조가능 시간 26Cycle 이하 ⇒ 20Cycle
  - 세로좌표(20Cycle)와 가로좌표(1,550%)의 교차점의 근사곡선 값 = 1.4

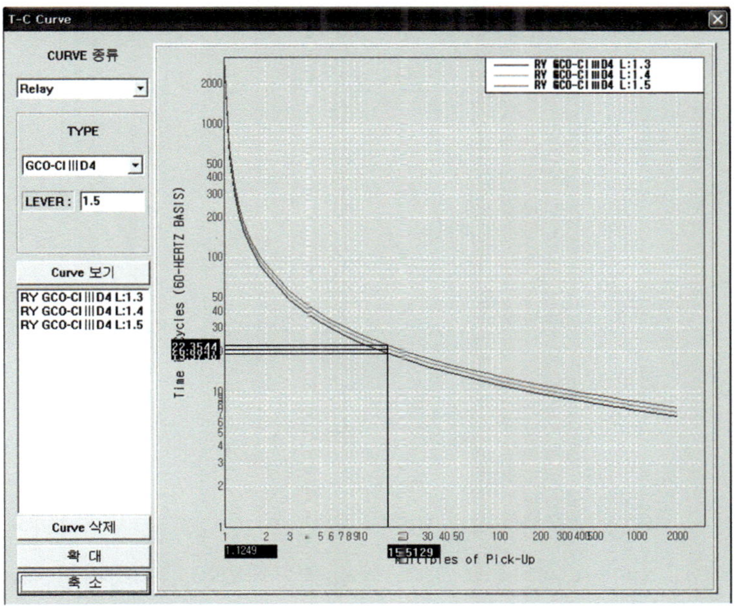

그림 5.1.16 고객측 OCR Lever 정정

③ 고객측 OCGR 정정 및 동작시간

고객명	Type	CT비	Tap	Lever	비 고
태성관광개발	GCO-C I III D5	75/5	1.1	1.3	

- PU 전류 = 1.1 × 75/5 = 16.5A
- PU 배수 = 226/16.5 = 13.7 ⇒ 1,370%
- Lever 값 정정
  - OCGR 협조가능 시간 23 Cycle 이하 ⇒ 20 Cycle
  - 세로좌표(20 Cycle)와 가로좌표(1,370%)의 교차점의 근사곡선 값 = 1.3

4) 계전기와 T/C 특성곡선을 새로 입력하는 경우 주의사항

요즘은 계전기(R/y)를 새로 설치하는 경우 디지털 타입의 계전기가 설치되고 있으며, 디지털 타입의 R/y는 T-C 특성을 함수로 표현할 수 있어 아날로그 타입에 비해 오차를 줄일 수 있다. 이때 보호협조 프로그램(off-DAS나 NDIS, KEDPRO 등)에 등록되어 있지 않은 R/y는 등록을 해 주어야 한다. 이때 계전기 특성함수를 입력해 주어야 하는데, 계전기 특성함수는 Pick-up 배수와 Lever 값을 독립변수로 동작시간을 종속변수로 나타내는데 위의 곡선을 특성함수로 표현하면 아래와 같다. PU는 Pick-up 배수이고, L은 Lever 값이다.

$$T_{ST}(Sec) = \frac{0.14}{PU^{0.02} - 1} \times L$$

$$T_{VI}(Sec) = \frac{13.5}{PU^{1} - 1} \times L$$

$$T_{EI}(Sec) = \frac{13.5}{PU^{2} - 1} \times L$$

위의 특성함수식은 IEC* 규격을 따른 것으로 우리나라에 제작되는 대부분의 Ry에서 채택하고 있다. 계전기의 타입을 등록하려면 각 계전기 메이커의 계전기 사용설명서를 찾아 다음과 같은 형식의 공식을 찾아야 한다.

IEC : 국제전기기술위원회(International Electrotechnical Commission)의 약칭이며 전기 기술에 관한 모든 분야의 국제 표준 규격을 작성하기 위한 국제기관이다.

KEPCO Curve Very Inverse

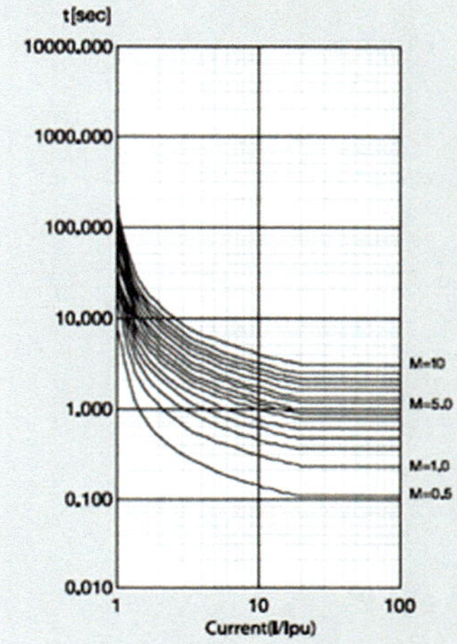

$$t = \left[\frac{K}{\left(\frac{I}{I_{pu}}\right)^{\alpha} - 1} + C \right] \times \frac{M}{10}$$

여기서, T : Operation time in seconds(동작시간 : sec)
M : Multiplier Setting (Lever)
I : 입력전류
Ipu : Setting 전류 (Pickup 전류)
K, α, C = 규격에 의해 정의된 상수

Curve	K	α	C
KEPCO VI	39.85	1.950	1.084

그림 5.1.17 KEPCO VI T-C 곡선

[그림 5.1.17]은 KEPCO VI의 T/C 특성극선을 표현하는 식과 곡선이다. 사용설명서에는 각 곡선별 공식이 위와 같이 제시된다.

그러면 위와 같은 식을 찾아 [그림 5.1.18]과 같은 계전기 Curve 등록식에 입력해야 그 T/C 특성곡선을 확인하고 사용할 수가 있는 것이다. 공식에 맞는 값을 입력후, 반드시 Curve 보기를 해서 사용설명서에서 제시한 곡선과 동일한 곡선이 표현되는지 확인해야 한다.

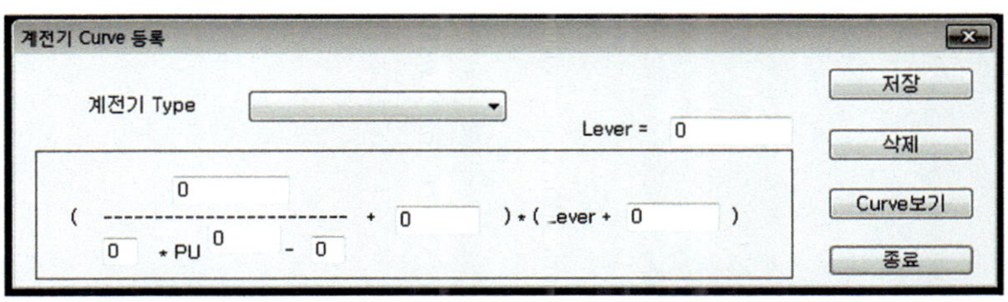

그림 5.1.18 off-DAS 계전기 Curve 등록

5) 고객측 보호계전기 최종 정정값

구분	Type	CT비	Tap	Lever	비 고
OCR	GCO-C I III D4	75/5	6	1.4	
OCGR	GCO-C I III D5	75/5	1.1	1.3	

제2절

분산형 전원이 연계된 배전계통 고장전류 해석

본 절에서는 회전기 및 정지기 기반 분산형 전원이 연계된 배전계통에서 고장 발생 시의 해석 기법을 소개한다. 회전기 및 정지기 기반 신재생에너지원이 연계된 배전계통을 상정한 후, 각각의 신재생에너지원을 Yg-D 변압기를 통해 연계시켜 고장해석의 수행과정을 서술한다. 이러한 해석 기법은 분산형 전원이 연계된 어떠한 배전계통에서도 해석이 가능하여 적절한 보호협조 구비 상정에 대한 필요성을 보여준다.

1 | 회전기 기반 신재생에너지원 연계 배전계통 고장해석

회전기 기반 신재생에너지원이 배전계통에 Yg-D 변압기를 통해 연계시, 고장전류를 해석하기 위해서 [그림 5.2.1]과 같은 배전계통을 상정한다.

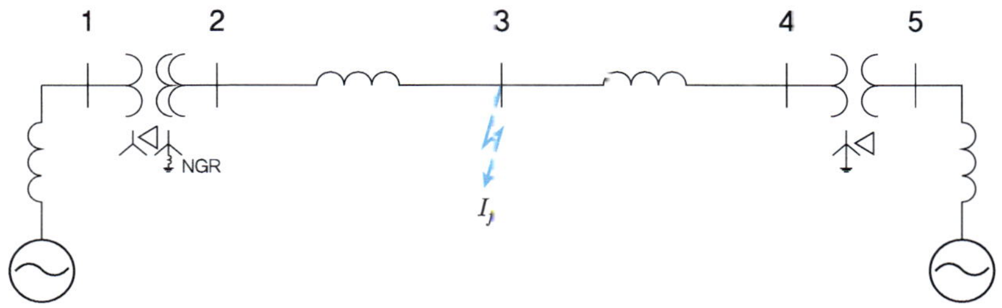

G1	T1	Line	T2	G2
Rated Power	Rated Power	Rated Power	Rated Power	Rated Power
100 MVA	45/15/15 MVA	100 MVA	10 MVA	10 MVA
Rated Voltage	Rated Voltage	Rated Voltage	Rated Voltage	Rated Voltage
154 kV	154/22.9/6.6 kV	22.9 kV	22.9/0.38 kV	0.38 kV
Impedances	Impedances	Impedances	Impedances	Impedances
X_1=j1.088%	X_{HM}=j14.81%@45MVA	X_1=0.184+j0.407Ω/km	X=j6%	X_1=j20%
X_2=j1.088%	X_{ML}=j2.20%@15MVA	X_2=0.184+j0.407Ω/km		X_2=j20%
X_0=j0.976%	X_{LH}=j7.79%@15MVA	X_0=0.472+j1.196Ω/km		X_0=j6%

그림 5.2.1 고장해석을 위한 회전기 기반 신재생에너지원 연계 배전계통 모델

[그림 5.2.1]의 154[kV] 모선인 G1의 영상분, 역상분, 정상분 임피던스를 기준용량 100 [MVA] 기준으로 계산하면 식 (5.2.1)-(5.2.3)와 같다.

$$X_{G1}^{(0)} = j0.00976 \times \frac{100}{100} \cong j0.01 \quad (5.2.1)$$

$$X_{G1}^{(1)} = j0.01088 \times \frac{100}{100} \cong j0.01 \quad (5.2.2)$$

$$X_{G1}^{(2)} = j0.01088 \times \frac{100}{100} \cong j0.01 \quad (5.2.3)$$

[그림 5.2.1]의 변전소 주변압기 T1의 X_{HM}, X_{HL}, X_{ML}을 각각 100[MVA] 기준으로 변환하면 식 (5.2.4)-(5.2.6)와 같다.

$$X_{T1}^{HM} = j0.148104 \times \frac{100}{45} = j0.32912 \quad (5.2.4)$$

$$X_{T1}^{ML} = j0.022104 \times \frac{100}{15} = j0.14676 \quad (5.2.5)$$

$$X_{T1}^{LH} = j0.077859 \times \frac{100}{15} = j0.51906 \quad (5.2.6)$$

그러나 식 (5.2.4)-(5.2.6)은 대칭성분 회로에 적용이 어려워, 식 (5.2.7)과 같은 행렬을 이용하여 식 (5.2.8)-(5.2.10)과 같이 X_H, X_M, X_L으로 변환한다.

$$\begin{bmatrix} X_H \\ X_M \\ X_L \end{bmatrix} = \frac{1}{2}\begin{bmatrix} 1 & 1 & -1 \\ 1 & -1 & 1 \\ -1 & 1 & 1 \end{bmatrix}\begin{bmatrix} X_{HM} \\ X_{ML} \\ X_{LH} \end{bmatrix} \quad (5.2.7)$$

$$X_{T1}^{H} = \frac{1}{2}(j0.32912 + j0.51906 - j0.14676) \quad (5.2.8)$$

$$= j0.35071$$

$$X_{T1}^{M} = \frac{1}{2}(j0.32912 + j0.14676 - j0.51906) \quad (5.2.9)$$

$$= -j0.02159$$

$$X_{T1}^{L} = \frac{1}{2}(j0.51906 + j0.14676 - j0.32912) \quad (5.2.10)$$

$$= j0.16835$$

[그림 5.2.1]의 중성점 접지 저항기(NGR, Neutral Grounding Resistor)의 실제값인 j0.6[Ω]을 p.u 단위로 변환하면 식 (5.2.11)과 같다.

$$X_{NGR} = j0.6 \times 3 \times \frac{100\text{MVA}}{(22.9\text{kV})^2} \quad (5.2.11)$$

$$= j0.34324$$

[그림 5.2.1]의 배전선로 Line의 값을 식 (5.2.12)-(5.2.14)와 같이 p.u 단위로 변환한다.

$$X_{L}^{(0)} = \frac{100 \times (2.36 + j5.978)}{22.9^2} \quad (5.2.12)$$

$$= 0.45 + j1.14$$

$$X_{L}^{(1)} = \frac{100 \times (0.918 + j2.034)}{22.9^2} \quad (5.2.13)$$

$$= 0.175 + j0.3875$$

$$X_{L}^{(2)} = \frac{100 \times (0.918 + j2.034)}{22.9^2} \quad (5.2.14)$$

$$= 0.175 + j0.3875$$

상기 배전계통 모델의 연계용 변압기 T2의 영상분, 정상분, 역상분 임피던스를 100 [MVA] 기준으로 계산하면 식 (5.2.15)-(5.2.17)과 같다.

$$\begin{aligned} X_{T2}^{(0)} &= j0.06 \times \frac{100}{10} \\ &= j0.6 \end{aligned} \tag{5.2.15}$$

$$\begin{aligned} X_{T2}^{(1)} &= j0.06 \times \frac{100}{10} \\ &= j0.6 \end{aligned} \tag{5.2.16}$$

$$\begin{aligned} X_{T2}^{(2)} &= j0.06 \times \frac{100}{10} \\ &= j0.6 \end{aligned} \tag{5.2.17}$$

상기 배전계통 모델에서 회전기 기반 신재생에너지원 G2의 영상분, 정상분, 역상분 임피던스를 p.u 단위로 변환하면 식 (5.2.18)-(5.2.20)과 같다.

$$\begin{aligned} X_{G2}^{(0)} &= j0.06 \times \frac{100}{10} \\ &= j0.6 \end{aligned} \tag{5.2.18}$$

$$\begin{aligned} X_{G2}^{(1)} &= j0.2 \times \frac{100}{10} \\ &= j2 \end{aligned} \tag{5.2.19}$$

$$\begin{aligned} X_{G2}^{(2)} &= j0.2 \times \frac{100}{10} \\ &= j2 \end{aligned} \tag{5.2.20}$$

[그림 5.2.1]의 배전계통 모델을 용이하게 해석하기 위해서 식 (5.2.1)-(5.2.20)을 통해 계산된 영상분, 정상분, 역상분 임피던스를 대칭성분 회로로 나타내면 [그림 5.2.2]와 같다.

고장해석을 하기 위해서는 고장모선에 대한 영상분, 정상분, 역상분 등가 임피던스 계산이 필요하다. 상기 대칭성분 회로에서 고장모선 3번을 기준으로 영상분, 정상분, 역상분 등가 임피던스를 식 (5.2.21)-(5.2.23)과 같이 계산한다.

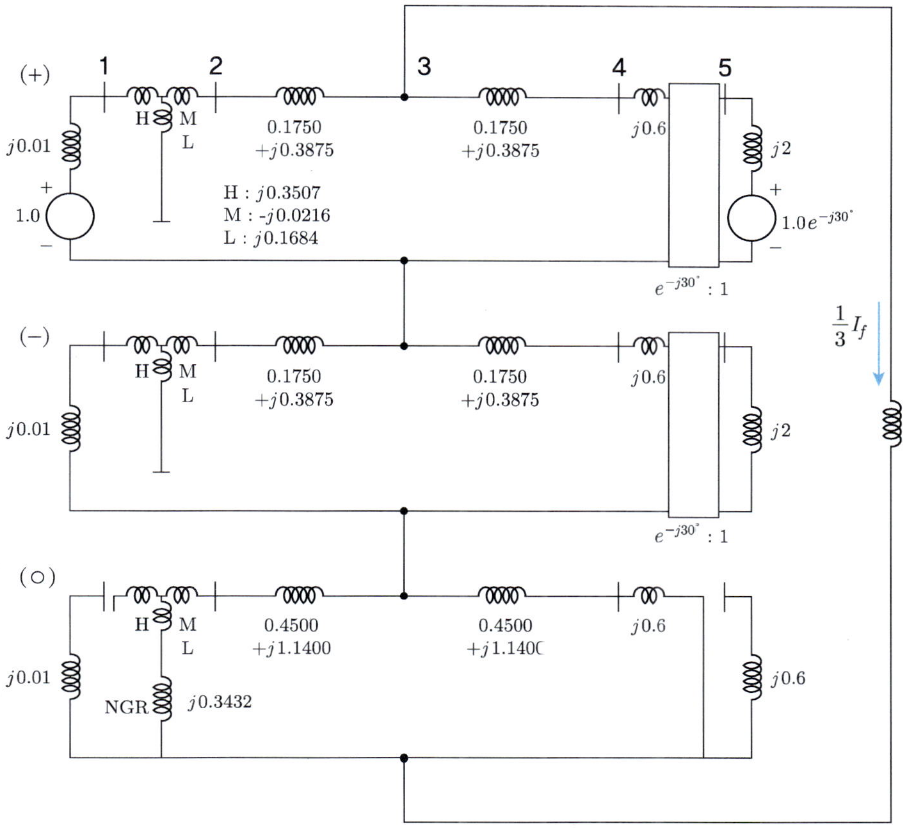

그림 5.2.2 회전기 기반 배전계통 모델 대칭성분 회로

$$Z_{33}^{(0)} = \frac{(0.4500+j1.6300)\times(0.4500+j1.7400)}{(0.4500+j1.6300)+(0.4500+j1.7400)} \tag{5.2.21}$$

$$= 0.8713\angle 75.02^{\circ}$$

$$Z_{33}^{(1)} = \frac{(0.1750+j0.7266)\times(0.1750+j2.9875)}{(0.1750+j0.7266)+(0.1750+j2.9875)} \tag{5.2.22}$$

$$= 0.5996\angle 78.49^{\circ}$$

$$Z_{33}^{(2)} = \frac{(0.1750+j0.7266)\times(0.1750+j2.9875)}{(0.1750+j0.7266)+(0.1750+j2.9875)} \tag{5.2.23}$$

$$= 0.5996\angle 78.49^{\circ}$$

[그림 5.2.2]의 대칭성분 회로에서 1선 지락고장전류 $1/3I_f$는 식 (5.2.24)와 같이 계산된다. 여기서, 고장점에서 고장 전 전압(Pre-fault voltage)는 $1\angle 0^\circ$ 이다.

$$\frac{1}{3}I_f = \frac{1\angle 0^\circ}{0.8713\angle 75.02^\circ + 0.5996\angle 78.49^\circ + 0.5996\angle 78.49^\circ} \quad (5.2.24)$$

$$= 0.4830\angle -77.04^\circ \text{ p.u}$$

식 (5.2.24)의 1선 지락고장전류는 [그림 5.2.2]의 대칭성분 회로에서 각각 임피던스 비에 따라 식 (5.2.25)-(5.2.27)와 같이 분류된다. $I_{23}^{(0)}$, $I_{23}^{(1)}$, $I_{23}^{(2)}$는 영상분, 정상분, 역상분 회로에서 모선 2번에서 모선 3번으로 흐르는 정방향 고장전류를 나타낸다.

$$I_{23}^{(0)} = \frac{(0.4500 + j1.7400)}{(0.4500 + j1.6300) + (0.4500 + j1.7400)} \times \frac{1}{3}I_f \quad (5.2.25)$$

$$= 0.2488\angle -76.59^\circ \text{ p.u}$$

$$I_{23}^{(1)} = \frac{(0.1750 + j2.9875)}{(0.1750 + j0.7266) + (0.1750 + j2.9875)} \times \frac{1}{3}I_f \quad (5.2.26)$$

$$= 0.3873\angle -75.01^\circ \text{ p.u}$$

$$I_{23}^{(2)} = \frac{(0.1750 + j2.9875)}{(0.1750 + j0.7266) + (0.1750 + j2.9875)} \times \frac{1}{3}I_f \quad (5.2.27)$$

$$= 0.3873\angle -75.01^\circ \text{ p.u}$$

마찬가지로 식 (5.2.24)의 1선 지락고장전류는 [그림 5.2.2]의 대칭성분 회로에서 각각 임피던스 비에 따라 식 (5.2.28)-(5.2.30)와 같이 계산되어 역방향으로 분류된다. 이 고장전류는 영상분, 정상분, 역상분 회로에서 모선 4번에서 모선 3번으로 흐른다.

$$I_{43}^{(0)} = \frac{(0.4500 + j1.6300)}{(0.4500 + j1.6300) + (0.4500 + j1.7400)} \times \frac{1}{3}I_f \quad (5.2.28)$$

$$= 0.2341\angle -77.52^\circ \text{ p.u}$$

$$I_{43}^{(1)} = \frac{(0.1750 + j0.7266)}{(0.1750 + j0.7266) + (0.1750 + j2.9875)} \times \frac{1}{3} I_f \tag{5.2.29}$$

$$= 0.0968 \angle -85.18^\circ \text{ p.u}$$

$$I_{43}^{(2)} = \frac{(0.1750 + j0.7266)}{(0.1750 + j0.7266) + (0.1750 + j2.9875)} \times \frac{1}{3} I_f \tag{5.2.30}$$

$$= 0.0968 \angle -85.18^\circ \text{ p.u}$$

[그림 5.2.3]은 식 (5.2.24)-(5.2.30)을 통해 산출된 결과를 대칭성분 회로에 나타낸 것이다.

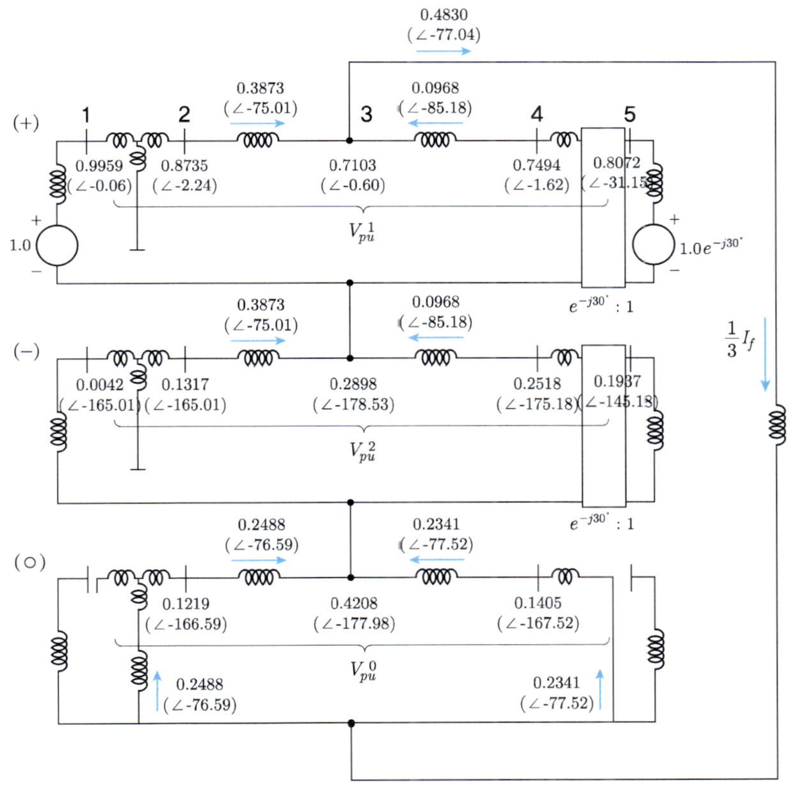

그림 5.2.3 회전기 기반 대칭성분 고장전류 해석결과

대칭성분 변환행렬을 이용하여 식 (5.2.25)-(5.2.27)의 고장전류를 상 성분으로 변환하면 식 (5.2.31)-(5.2.33)과 같다.

$$I_{23,A} = 1.0235\angle -75.39^\circ \text{ p.u} \tag{5.2.31}$$

$$I_{23,B} = 0.1388\angle 107.82^\circ \text{ p.u} \tag{5.2.32}$$

$$I_{23,C} = 0.1388\angle 107.82^\circ \text{ p.u} \tag{5.2.33}$$

마찬가지로 대칭성분 변환행렬을 이용하여 식 (5.2.28)-(5.2.30)의 고장전류를 상 성분으로 변환하면 식 (5.2.34)-(5.2.36)과 같다.

$$I_{43,A} = 0.4269\angle -80.99^\circ \text{ p.u} \tag{5.2.34}$$

$$I_{43,B} = 0.1388\angle -72.18^\circ \text{ p.u} \tag{5.2.35}$$

$$I_{43,C} = 0.1388\angle -72.18^\circ \text{ p.u} \tag{5.2.36}$$

식 (5.2.31)-(5.2.36)을 이용하여 회전기 기반 신재생에너지원 연계에 따른 전체 고장전류를 계산하면 식 (5.2.37)과 같다.

$$\begin{aligned} I_f &= 3I_f^{(0)} \\ &= I_{23,A} + I_{23,B} + I_{23,C} \\ &= I_{43,A} + I_{43,B} + I_{43,C} \\ &= 1.4489\angle -77.04^\circ \text{ p.u} \end{aligned} \tag{5.2.37}$$

식 (5.2.31)-(5.2.37)에서 계산된 A상 고장전류를 [그림 5.2.1]의 배전계통에 모델에 나타내면 [그림 5.2.4]와 같다.

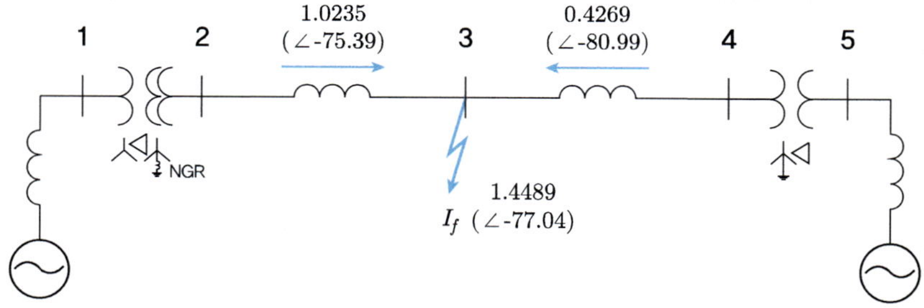

그림 5.2.4 회전기 기반 상 성분 고장전류 해석결과

식 (5.2.31)-(5.2.37)에서 계산된 상 성분 고장전류를 3상 4선식 다중접지계통에 p.u 단위로 나타내면 [그림 5.2.5]와 같다.

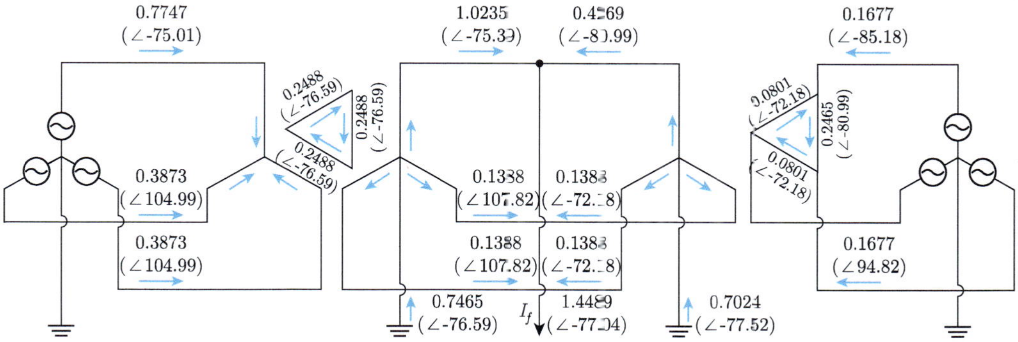

그림 5.2.5 회전기 기반 상 성분 고장전류 해석결과(p.u)

식 (5.2.38)과 같은 기준전류를 통해 [그림 5.2.5]의 상 성분 고장전류를 3상 4선식 다중접지계통에 실제값으로 변환하면 [그림 5.2.6]과 같다.

$$I_{base} = \frac{100\text{MVA}}{22.9\text{kV} \times \sqrt{3}} \tag{5.2.38}$$

$$= 2521.18\,[\text{A}]$$

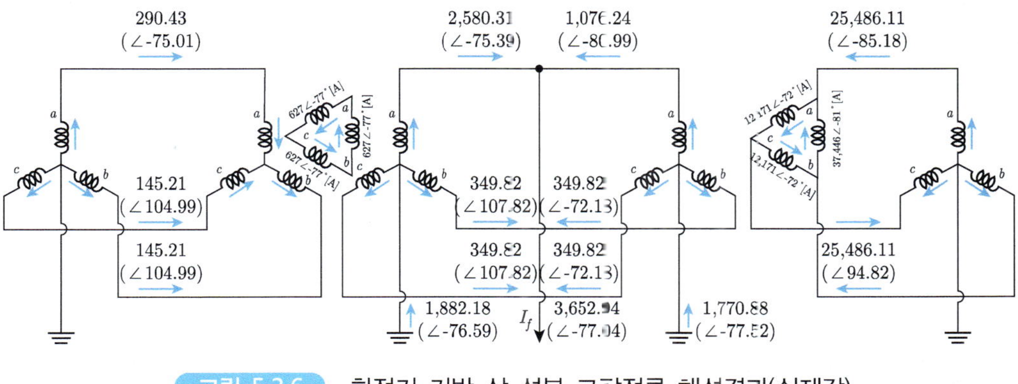

그림 5.2.6 회전기 기반 상 성분 고장전류 해석결과(실제값)

2 | 정지기 기반 신재생에너지원 연계 배전계통 고장해석

정지기 기반 신재생에너지원이 배전계통에 Yg-D 변압기를 통해 연계되었을 때, 고장전류를 해석하기 위해서 [그림 5.2.7]과 같은 배전계통을 상정한다.

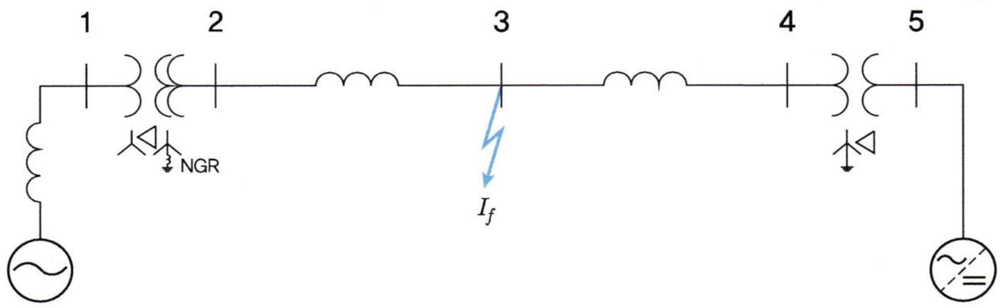

G1	T1	Line	T2	G2
Rated Power 100 MVA	Rated Power 45/15/15 MVA	Rated Power 100 MVA	Rated Power 10 MVA	Rated Power 10 MVA
Rated Voltage 154 kV	Rated Voltage 154/22.9/6.6 kV	Rated Voltage 22.9 kV	Rated Voltage 22.9/0.38 kV	Rated Voltage 0.38 kV
Impedances X_1=j1.088% X_2=j1.088% X_0=j0.976%	Impedances X_{HM}=j14.81%@45MVA X_{ML}=j2.20%@15MVA X_{LH}=j7.79%@15MVA	Impedances X_1=0.184+j0.407Ω/km X_2=0.184+j0.407Ω/km X_0=0.472+j1.196Ω/km	Impedances X=j6%	Impedances $Z_{NORT}=10^4$

그림 5.2.7 고장해석을 위한 정지기 기반 신재생에너지원 연계 배전계통 모델

[그림 5.2.7]에서 154[kV] 모선 임피던스(G1), 변전소 주변압기(T1), 중성점 접지저항기(NGR), 배전선로(T2), 연계용 변압기(G2)의 영상분, 정상분, 역상분 임피던스는 식 (5.2.1)-(5.2.17)과 동일하게 계산된다. 또한 이 배전계통 모델에서 정지기 기반 신재생에너지원의 영상분, 정상분, 역상분 임피던스는 식 (5.2.39)-(5.2.41)과 같이 산출된다. 이는 1선 지락고장시, 인버터의 제어특성으로 인해 인버터 전압이 매우 크게 상승하기 때문이다.

$$X_{G2}^{(0)} = 10^4 \, \text{p.u} \tag{5.2.39}$$

$$X_{G2}^{(1)} = 10^4 \, \text{p.u} \tag{5.2.40}$$

$$X_{G2}^{(2)} = 10^4 \, \text{p.u} \tag{5.2.41}$$

식 (5.2.1)-(5.2.17)과 식 (5.2.39)-(5.2.41)을 통해 계산된 상기 배전계통 모델의 영상분, 정상분, 역상분 임피던스를 대칭성분 회로에 나타내면 [그림 5.2.8]과 같다.

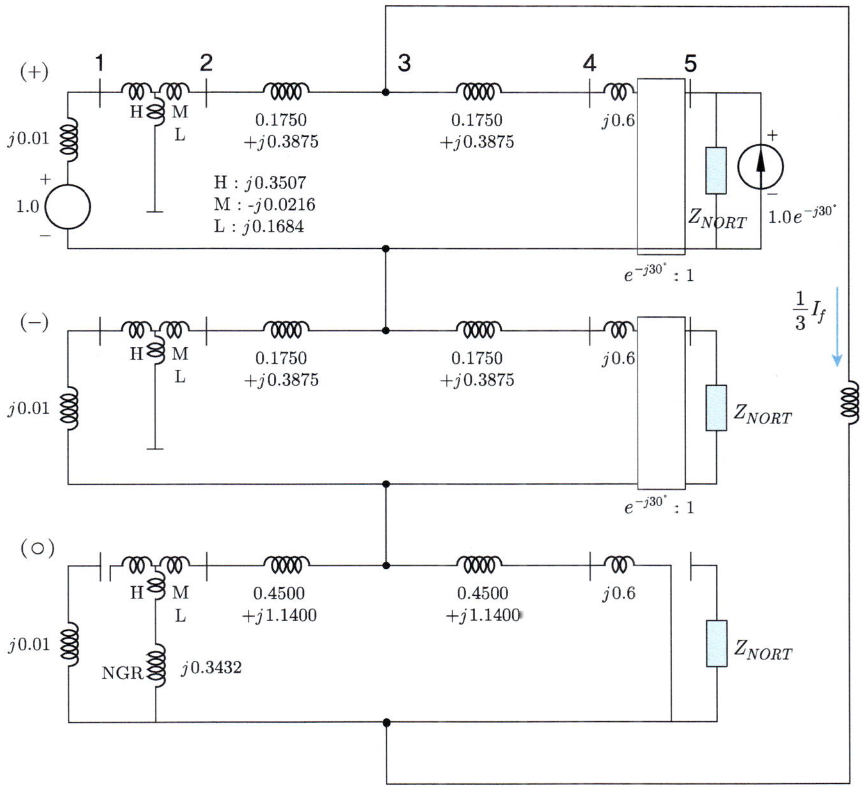

그림 5.2.8 정지기 기반 배전계통 모델 대칭성분 회로

그러나 5장 3절의 2항에서 제시되었듯이 정지기 기반 신재생에너지원을 해석하기 위해서는 먼저 전압원 기반 대칭성분이 구성되어야 한다. 전압원 기반 대칭성분 회로를 [그림 5.2.9]와 같이 구성한다. 고장해석을 위해 이 대칭성분 회로에서 고장점 3번 모선을 기준으로 영상분, 정상분, 역상분 등가 임피던스를 계산하면 식 (5.2.42)-(5.2.44)와 같다.

$$Z_{33}^{(0)} = \frac{(0.4500 + j1.6300) \times (0.4500 + j1.7400)}{(0.4500 + j1.6300) + (0.4500 + j1.7400)} \tag{5.2.42}$$

$$= 0.8713 \angle 75.02^\circ$$

$$Z_{33}^{(1)} = \frac{(0.1750 + j0.7266) \times (10^4 + j0.9875)}{(0.1750 + j0.7266) + (10^4 + j0.9875)} \tag{5.2.43}$$

$$= 0.7474 \angle 76.46^\circ$$

$$Z_{33}^{(2)} = \frac{(0.1750 + j0.7266) \times (10^4 + j0.9875)}{(0.1750 + j0.7266) + (10^4 + j0.9875)} \tag{5.2.44}$$

$$= 0.7474 \angle 76.46^\circ$$

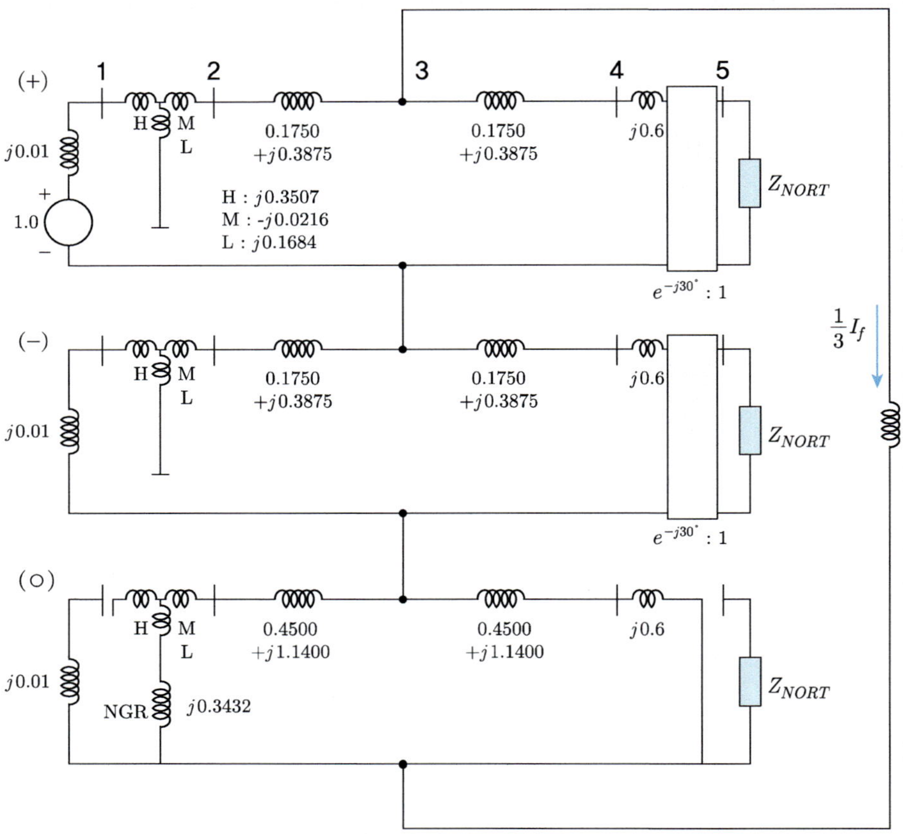

그림 5.2.9 전압원 기반 대칭성분 회로

식 (5.2.42)-(5.2.44)를 기준으로 [그림 5.2.9]의 대칭성분 회로에서 1선 지락고장전류는 식 (5.2.45)와 같이 계산된다.

$$\frac{1}{3}I_{f,vs} = \frac{1\angle 0^\circ}{0.8713\angle 75.02^\circ + 0.7474\angle 76.46^\circ + 0.7474\angle 76.46^\circ} \quad (5.2.45)$$

$$= 0.4224\angle -75.94^\circ \text{ p.u}$$

식 (5.2.45)의 고장전류를 바탕으로 [그림 5.2.9]에서 고장점에 정방향으로 기여되는 고장전류는 식 (5.2.46)-(5.2.48)과 같이 계산된다.

$$I_{23,vs}^{(0)} = \frac{(0.4500 + j1.7400)}{(0.4500 + j1.6300) + (0.4500 + j1.7400)} \times \frac{1}{3}I_{f,vs} \quad (5.2.46)$$

$$= 0.2176\angle -75.48^\circ \text{ p.u}$$

$$I_{23,vs}^{(1)} = \frac{(10^4 + j0.9875)}{(0.1750 + j0.7266) + (10^4 + j0.9875)} \times \frac{1}{3}I_{f,vs} \quad (5.2.47)$$

$$= 0.4224\angle -75.94^\circ \text{ p.u}$$

$$I_{23,vs}^{(2)} = \frac{(10^4 + j0.9875)}{(0.1750 + j0.7266) + (10^4 + j0.9875)} \times \frac{1}{3}I_{f,vs} \quad (5.2.48)$$

$$= 0.4224\angle -75.94^\circ \text{ p.u}$$

마찬가지로 식 (5.2.45)의 고장전류를 바탕으르 [그림 5.2.9]에서 고장점에 역방향으로 기여되는 고장전류는 식 (5.2.49)-(5.2.51)과 같이 계산된다.

$$I_{43,vs}^{(0)} = \frac{(0.4500 + j1.6300)}{(0.4500 + j1.6300) + (0.4500 + j1.7400)} \times \frac{1}{3}I_{f,vs} \quad (5.2.49)$$

$$= 0.2048\angle -76.42^\circ \text{ p.u}$$

$$I_{43,vs}^{(1)} = \frac{(0.1750 + j0.7266)}{(0.1750 + j0.7266) + (10^4 + j0.9875)} \times \frac{1}{3}I_{f,vs} \quad (5.2.50)$$

$$= 0.00\angle 0.53^\circ \text{ p.u}$$

$$I_{43,vs}^{(2)} = \frac{(0.1750 + j0.7266)}{(0.1750 + j0.7266) + (10^4 + j0.9875)} \times \frac{1}{3}I_{f,vs} \quad (5.2.51)$$

$$= 0.00\angle 0.53^\circ \text{ p.u}$$

대칭성분 변환행렬을 이용하여 식 (5.2.46)-(5.2.48)의 고장전류를 상 성분으로 변환하면 식 (5.2.52)-(5.2.54)와 같다.

$$I_{23,A,vs} = 1.0624\angle -75.85^{\circ}\ \text{p.u} \tag{5.2.52}$$

$$I_{23,B,vs} = 0.2048\angle 103.57^{\circ}\ \text{p.u} \tag{5.2.53}$$

$$I_{23,C,vs} = 0.2048\angle 103.57^{\circ}\ \text{p.u} \tag{5.2.54}$$

식 (5.2.49)-(5.2.51)의 고장전류를 대칭성분 변환행렬을 통해 상 성분으로 변환하면 식 (5.2.55)-(5.2.57)과 같다.

$$I_{43,A,vs} = 0.2048\angle -76.40^{\circ}\ \text{p.u} \tag{5.2.55}$$

$$I_{43,B,vs} = 0.2048\angle -76.43^{\circ}\ \text{p.u} \tag{5.2.56}$$

$$I_{43,C,vs} = 0.2048\angle -76.43^{\circ}\ \text{p.u} \tag{5.2.57}$$

식 (5.2.52)-(5.2.57)을 이용하여 [그림 5.2.9]의 전체 고장전류를 계산하면 식 (5.2.58)과 같다.

$$\begin{aligned} I_{f,vs} &= 3I_{f,vs}^{(0)} \\ &= I_{23,A,vs} + I_{23,B,vs} + I_{23,C,vs} \\ &= I_{43,A,vs} + I_{43,B,vs} + I_{43,C,vs} \\ &= 1.2671\angle -75.94^{\circ}\ \text{p.u} \end{aligned} \tag{5.2.58}$$

식 (5.2.45)-(5.2.51)에서 계산된 고장전류를 대칭성분 회로에 나타내면 [그림 5.2.10]과 같다.

5장 4절의 2항에서 제시된 방법을 기반으로 정지기 기반 신재생에너지원을 해석하기 위해서는 전압원 이외에도 전류원에 대한 해석이 수행되어야 한다. 전류원 기반 대칭성분 회로를 [그림 5.2.11]과 같이 구성한다. 여기서 전류원은 정상분 회로에 위치해있어 정상분 회로의 변전소 측 임피던스와 영상분, 역상분 등가 임피던스에 따라 분류된다. 이로 인해 정상분 회로의 변전소 측 임피던스, 영상분, 역상분

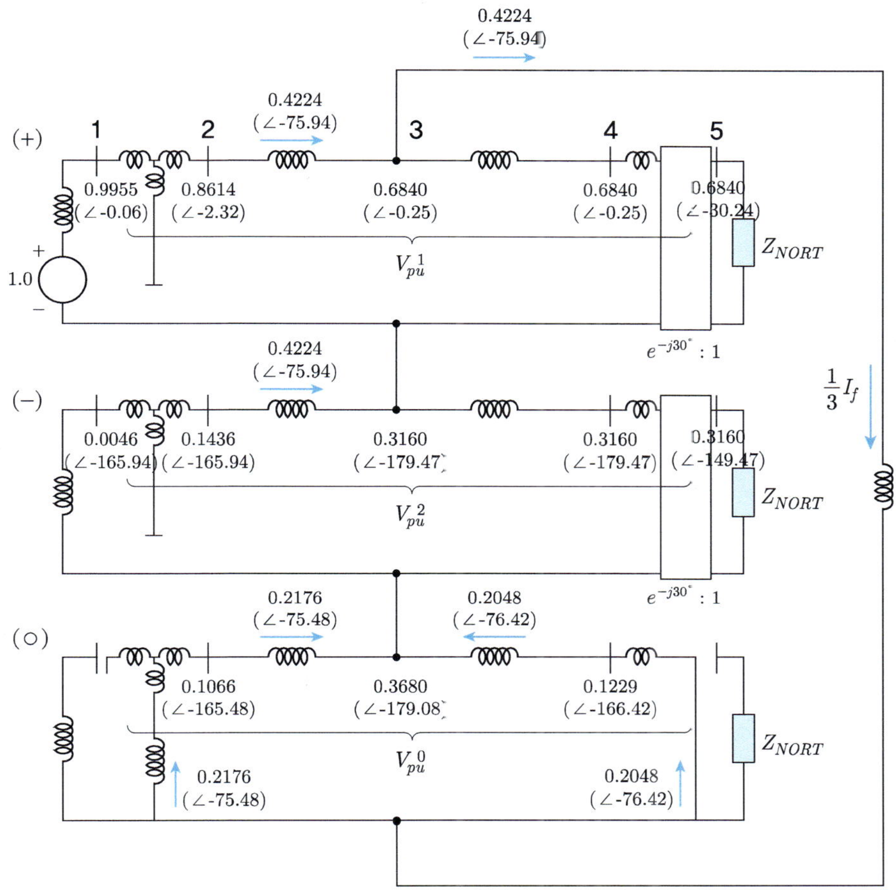

그림 5.2.10 전압원 기반 대칭성분 고장전류 해석결과

등가 임피던스의 도출이 요구된다. 여기서 영상분, 역상분 등가 임피던스는 식 (5.2.42), (5.2.44)와 같이 계산된다. 정상분 회로의 변전소 측 임피던스는 식 (5.2.59)와 같이 계산된다.

$$Z_s^{(1)} = j0.01 + j0.3507 - j0.0216 + (0.175 + j0.3875) \tag{5.2.59}$$
$$= 0.175 + j0.7266$$

식 (5.2.42), (5.2.44), (5.2.59)를 기반으로 상기 대칭성분 회로의 1선 지락고장전류를 계산하면 식 (5.2.60)과 같다. 여기서 $I_{43}^{(1)}$은 정상분 회로의 신재생에너지원 측

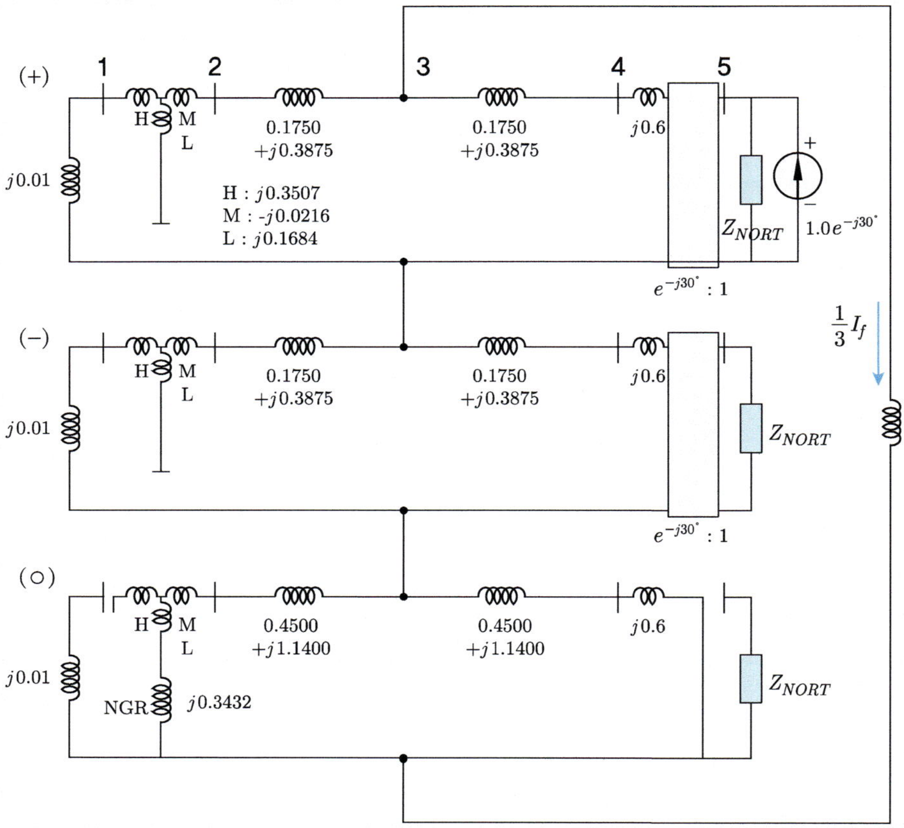

그림 5.2.11 전류원 기반 대칭성분 회로

에서 0.1 p.u로 등가화된 전류원을 나타낸다. 0.1 p.u는 기준용량 100[MVA]을 이용하여 [그림 5.2.7]의 정지기 기반 신재생에너지원 용량 10[MVA]를 p.u 단위로 변환한 값이다.

$$\frac{1}{3}I_{f,cs} = \frac{(0.1750 + j0.7266)}{(0.1750 + j0.7266) + (0.4002 + j1.5683)} \times (I_{43}^{(1)}) \tag{5.2.60}$$

$$= 0.0048 \angle 0.53^\circ \text{ p.u}$$

식 (5.2.60)를 이용하여 [그림 5.2.11]의 각 대칭성분 회로의 고장점에 정방향으로 기여되는 고장전류를 계산하면 식 (5.2.61)-(5.2.63)과 같다.

$$I_{23,cs}^{(1)} = \frac{(0.4002 + j1.5683)}{(0.1750 + j0.7266) + (0.4002 + j1.5683)} \times (-I_{43}^{(1)}) \tag{5.2.61}$$

$$= 0.0684 \angle 179.74^\circ \text{ p.u}$$

$$I_{23,cs}^{(2)} = \frac{(10^4 + j0.9875)}{(0.1750 + j0.7266) + (10^4 + j0.9875)} \times \frac{1}{3} I_{f,cs} \tag{5.2.62}$$

$$= 0.0316 \angle 0.52^\circ \text{ p.u}$$

$$I_{23,cs}^{(0)} = \frac{(0.4500 + j1.7400)}{(0.4500 + j1.6300) + (0.4500 + j1.7400)} \times \frac{1}{3} I_{f,cs} \tag{5.2.63}$$

$$= 0.0163 \angle 0.98^\circ \text{ p.u}$$

마찬가지로 식 (5.2.60)을 이용하여 [그림 5.2.11]의 각 대칭성분 회로의 고장점에서 역방향으로 기여되는 고장전류를 계산하면 식 (5.2.64)-(5.2.66)과 같다.

$$I_{43}^{(1)} = 0.1 \angle 0.00^\circ \text{ p.u} \tag{5.2.64}$$

$$I_{43}^{(2)} = \frac{(0.1750 + j0.7266)}{(0.1750 + j0.7266) + (10^4 + j0.9875)} \times \frac{1}{3} I_{f,cs} \tag{5.2.65}$$

$$= 0.00 \angle 76.99^\circ \text{ p.u}$$

$$I_{43}^{(0)} = \frac{(0.4500 + j1.6300)}{(0.4500 + j1.6300) + (0.4500 + j1.7400)} \times \frac{1}{3} I_{f,cs} \tag{5.2.66}$$

$$= 0.0153 \angle 0.05^\circ \text{ p.u}$$

대칭성분 변환행렬을 이용하여 식 (5.2.61)-(5.2.63)에서 계산된 고장전류를 상 성분으로 변환하면 식 (5.2.67)-(5.2.69)와 같다.

$$I_{23,A,cs} = 0.0205 \angle 177.56^\circ \text{ p.u} \tag{5.2.67}$$

$$I_{23,B,cs} = 0.0933 \angle 68.16^\circ \text{ p.u} \tag{5.2.68}$$

$$I_{23,C,cs} = 0.0933 \angle -68.19^\circ \text{ p.u} \tag{5.2.69}$$

마찬가지로 대칭성분 변환행렬을 바탕으로 하여 식 (5.2.64)-(5.2.66)의 고장전류를 상 성분으로 변환하면 식 (5.2.70)-(5.2.72)와 같다.

$$I_{43,A,cs} = 0.1153\angle 0.00^\circ \text{ p.u} \tag{5.2.70}$$

$$I_{43,B,cs} = 0.0933\angle -111.84^\circ \text{ p.u} \tag{5.2.71}$$

$$I_{43,C,cs} = 0.0933\angle 111.81^\circ \text{ p.u} \tag{5.2.72}$$

식 (5.2.60)-(5.2.66)의 고장전류를 [그림 5.2.11]의 대칭성분 회로에 나타내면 [그림 5.2.12]와 같다.

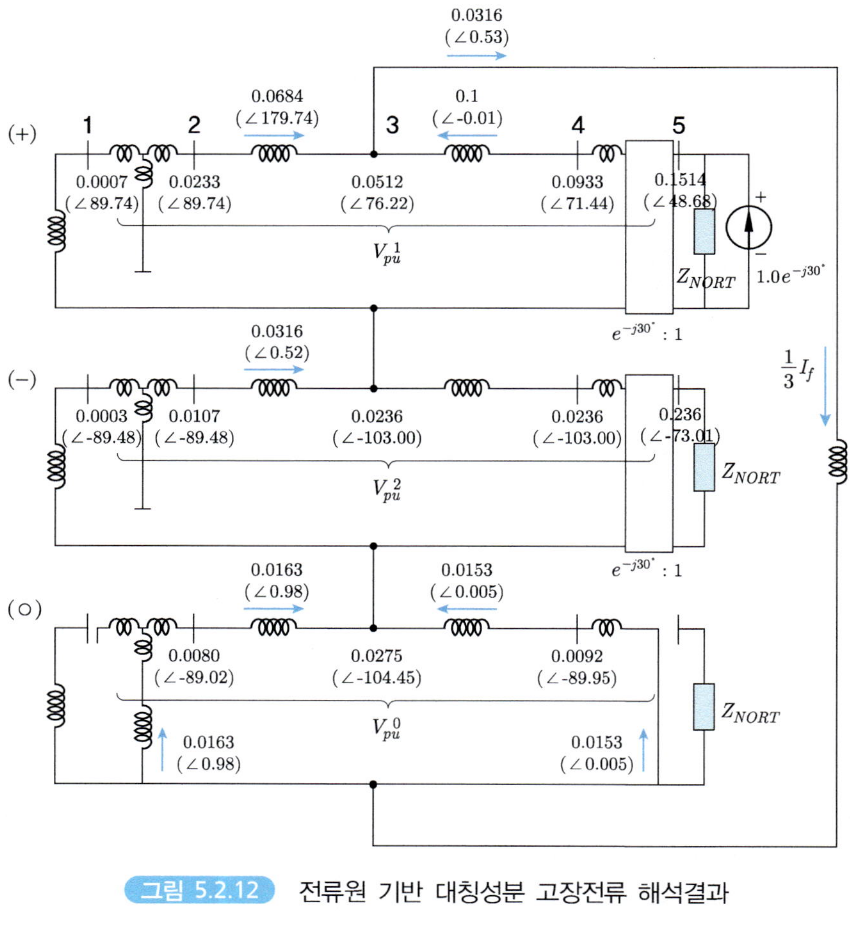

그림 5.2.12 전류원 기반 대칭성분 고장전류 해석결과

5장 3절의 2항에서 제시되었듯이 전류원 기반으로 정지기 기반 신재생에너지원을 해석하기 위해서는 전압원, 전류원 기반에서 각각 도출된 결과값은 중첩되어야 한다. [그림 5.2.10]와 [그림 5.2.12]의 해석결과를 중첩한 후, 이를 대칭성분 회로에 나타내면 [그림 5.2.13]와 같다.

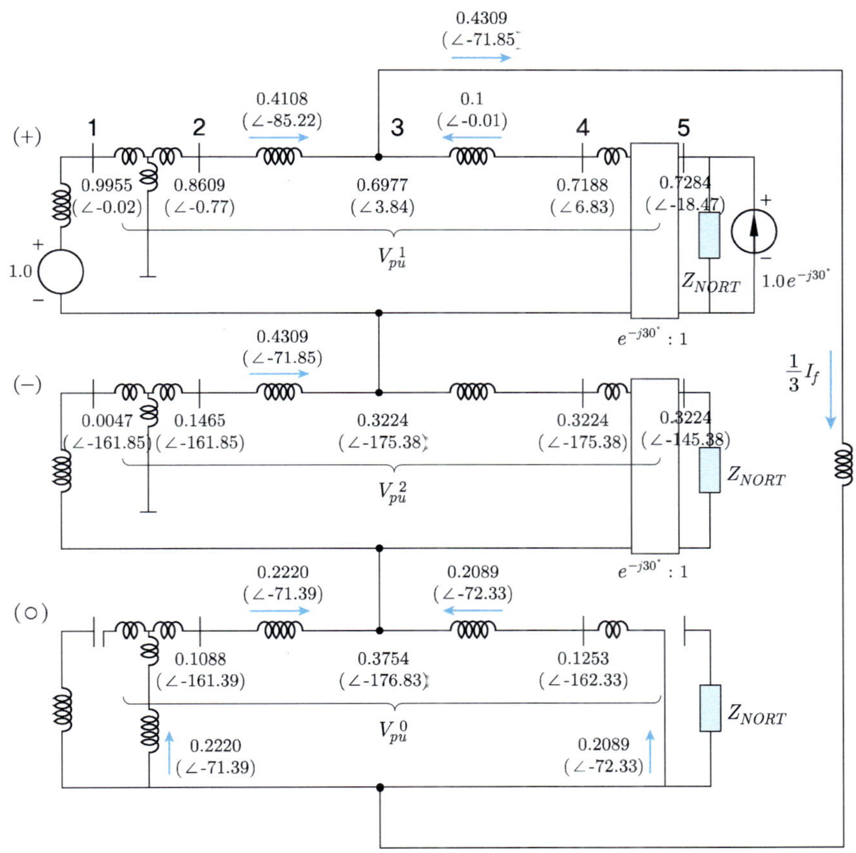

그림 5.2.13 전류원 기반 대칭성분 고장전류 해석결과

식 (5.2.52)-(5.2.54) 및 식 (5.2.67)-(5.2.69)를 이용하여 [그림 5.2.6]에서 고장점에 정방향으로 기여되는 상 성분 고장전류를 계산하면 식 (5.2.73)-(5.2.75)와 같다.

$$I_{23,A} = I_{23,A,vs} + I_{23,A,cs} \tag{5.2.73}$$

$$= 1.0567\angle -76.91^\circ \text{ p.u}$$

$$I_{23,B} = I_{23,B,vs} + I_{23,B,cs} \tag{5.2.74}$$
$$= 0.2859 \angle 92.68^\circ \text{ p.u}$$

$$I_{23,C} = I_{23,C,vs} + I_{23,C,cs} \tag{5.2.75}$$
$$= 0.1132 \angle 96.79^\circ \text{ p.u}$$

식 (5.2.55)-(5.2.57) 및 식 (5.2.70)-(5.2.72)를 이용하여 [그림 5.2.7]에서 고장점에 역방향 기여되는 상 성분 고장전류를 계산하면 식 (5.2.76)-(5.2.78)과 같다.

$$I_{43,A} = I_{43,A,vs} + I_{43,A,cs} \tag{5.2.76}$$
$$= 0.2576 \angle -50.60^\circ \text{ p.u}$$

$$I_{43,B} = I_{43,B,vs} + I_{43,B,cs} \tag{5.2.77}$$
$$= 0.2859 \angle -87.32^\circ \text{ p.u}$$

$$I_{43,C} = I_{43,C,vs} + I_{43,C,cs} \tag{5.2.78}$$
$$= 0.1132 \angle -83.21^\circ \text{ p.u}$$

식 (5.2.73)-(5.2.78)을 바탕으로 [그림 5.2.7]의 A상에 1선 지락고장시, 고장점에 기여되는 고장전류를 나타내면 [그림 5.2.14]과 같다.

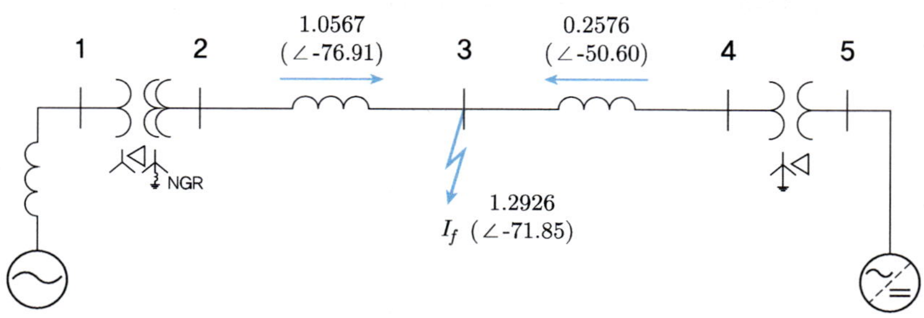

그림 5.2.14 정지기 기반 상 성분 고장전류 해석결과

또한 식 (5.2.73)-(5.2.78)의 고장전류를 3상 4선식 다중접지계통에 p.u 단위로 표현하면 [그림 5.2.15]와 같다.

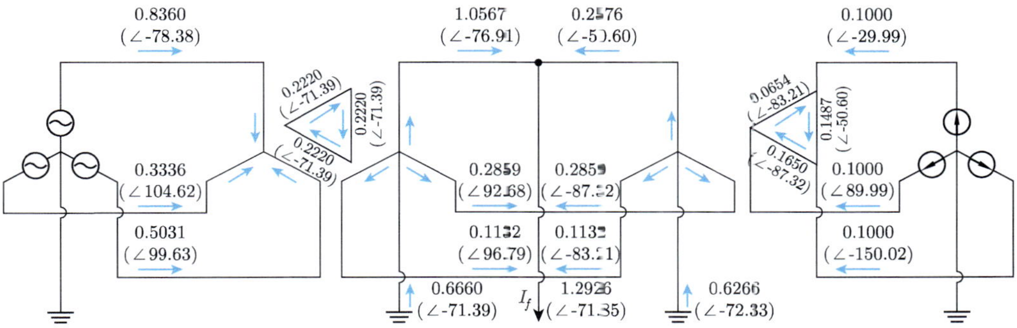

그림 5.2.15 정지기 기반 상 성분 고장전류 해석결과(p.u)

식 (5.2.38)의 기준전류를 이용하여 식 (5.2.73)-(5.2.78)의 상 성분 고장전류를 3상 4선식 다중접지계통에 실제값으로 표현하면 [그림 5.2.16]과 같다.

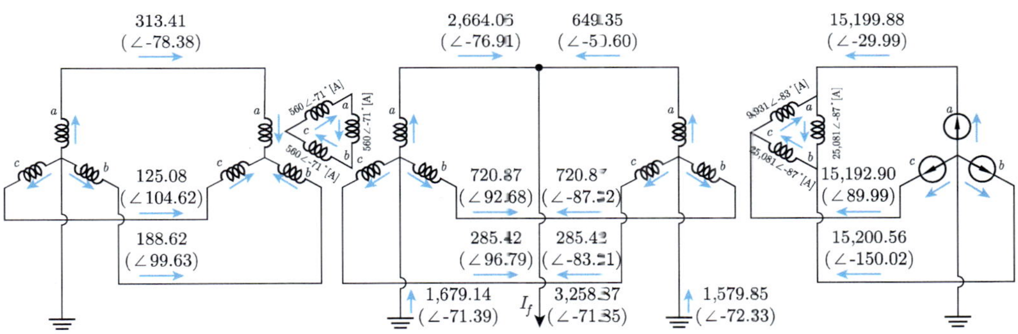

그림 5.2.16 정지기 기반 상 성분 고장전류 해석결과(실제값)

제3절

고장시 분산형 전원의 기여도 해석

본 절에서는 변압기 결선방식과 신재생에너지원이 배전계통에 함께 연계되었을 경우 고장전류 기여도 해석을 수행하였다. 이를 위해 변압기 결선방식으로는 배전계통 부하 연계용 변압기 결선방식으로 채택하고 있는 Yg-Yg, 신재생에너지원의 연계용 변압기 결선방식으로 채택되고 있는 Yg-D를 적용하였다. 해석 결과, 기존 부하 연계용 변압기 결선방식인 Yg-Yg와 D-Yg의 고장전류에는 큰 차이가 없어 본 절에서는 Yg-Yg 변압기 결선방식만을 고려하였다. 신재생에너지원은 회전기, 정지기 기반 신재생에너지원이 적용되었다. 이를 바탕으로 본 절에서는 신재생에너지원 및 변압기 결선에 따른 고장전류 기여도를 분석하였다.

1 | 고장해석을 위한 신재생에너지원 및 변압기 결선을 고려한 배전계통 모델

1선 지락고장 시, 정지기 기반 신재생에너지원과 변압기 결선방식이 고장점에 기여되는 고장전류 특성을 분석하기 위해 배전계통을 [그림 5.3.1]과 같이 구성하였다.

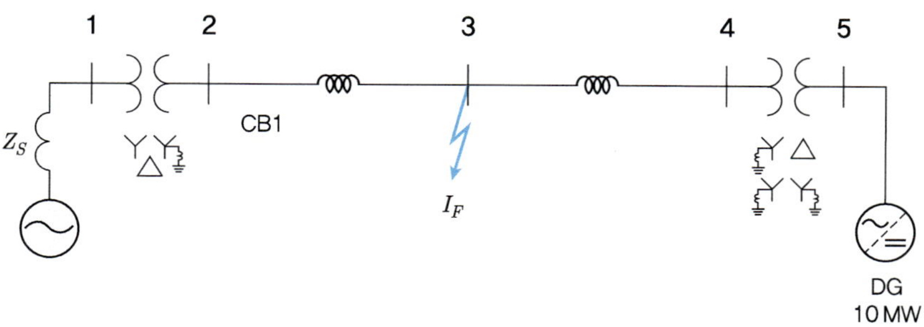

그림 5.3.1 변압기 결선을 고려한 정지기 기반 신재생에너지연계 배전계통 모델

이를 위해 정지기 기반 신재생에너지 연계 배전계통 모델에 변압기 결선방식 Yg-Yg, Yg-D를 추가적으로 고려하였다.

앞서 구성된 배전계통을 3상 4선식 배전계통에 등가적으로 나타내면 [그림 5.3.2]와 같다.

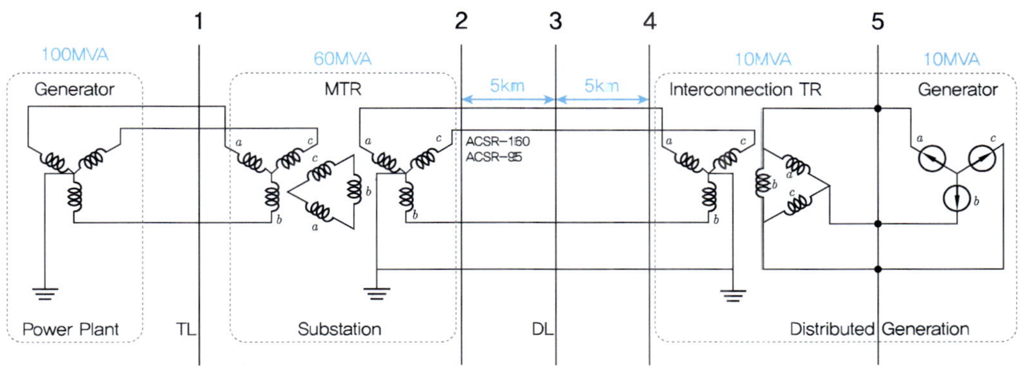

(a) Yg–D 모델

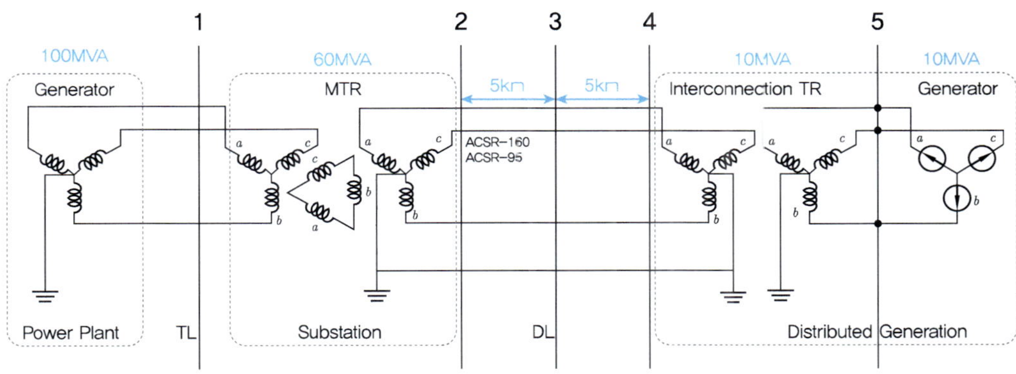

(b) Yg–Yg 모델

그림 5.3.2 변압기 결선을 고려한 정지기 기반 신재생에너지원 연계 삼상 등가모델

[그림 5.3.3]은 배전선로 상에 1선 지락고장 시, 변압기 결선방식과 회전기 기반 신재생에너지원이 배전계통에 미치는 영향을 분석하기 위한 일반 배전계통을 나타낸 것이다. 이를 위해 [그림 5.3.1]의 배전계통 모델에 정지기 기반 신재생에너지원 대신 회전기 기반 신재생에너지원을 고려하였다.

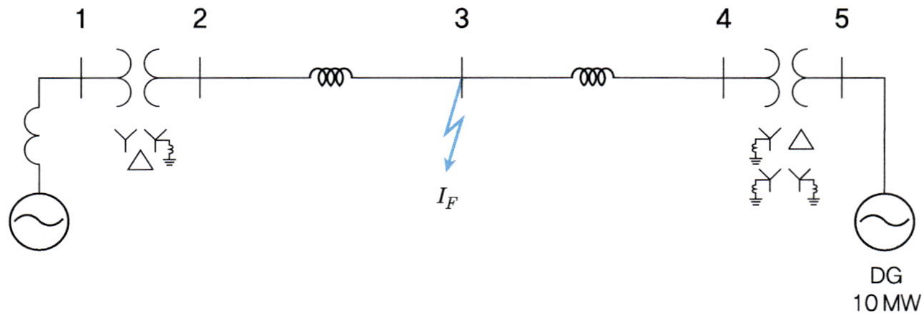

그림 5.3.3 변압기 결선을 고려한 회전기 기반 신재생에너지원 연계 배전계통 모델

상기의 그림에서 변압기 결선을 고려한 회전기 기반 신재생에너지원 연계 배전계통을 3상 4선식 배전계통에 나타내면 [그림 5.3.4]와 같다.

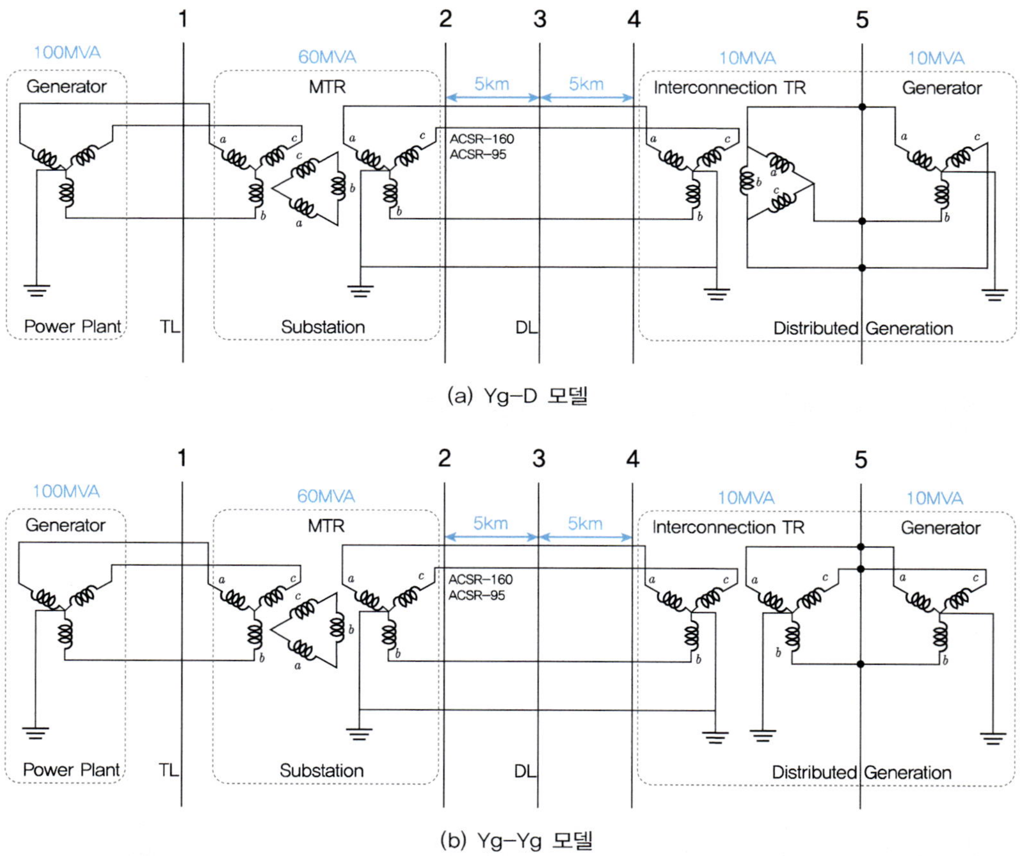

그림 5.3.4 변압기 결선을 고려한 회전기 기반 신재생에너지원 연계 삼상 등가모델

2 정지기 기반 신재생에너지원 및 변압기 결선을 고려한 배전계통 고장기여도 해석

정지기 기반 신재생에너지원의 변압기 결선방식에 따른 배전계통 고장 기여도 해석을 수행하였다. 신재생에너지원과 변압기 결선방식 Yg-D이 연계된 배전계통의 고장전류를 해석하기 위해 전압원 기반 Yg-D 결선 대칭성분 회로를 [그림 5.3.5]와 구성하였다. Yg-D 변압기 결선방식의 특성에 의해 영상분 대칭성분 회로의 특고압 측은 접지와 연결되어 신재생에너지원 측 영상전류가 대칭성분 고장전류에 기여함을 알 수 있다.

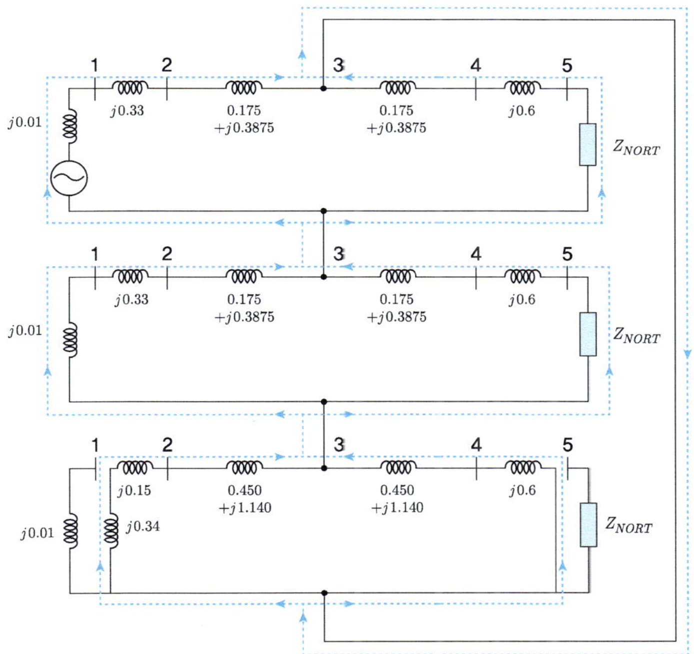

그림 5.3.5 전압원 기반 Yg–D 결선 대칭성분 회로

다음으로 [그림 5.3.6]에서는 전류원 기반 Yg-D 결선 대칭성분 회로를 구성하였다. 신재생에너지원 측에 전류원이 위치하여 정상분 고장전류가 전압원 기반 대칭성분 회로와 달리 신재생에너지원 측에서 변전소 측으로 흐름을 알 수 있다. 또한 Yg-D 변압기 결선방식 특성에 의해 신재생에너지원 측 영상전류는 전압원 기반 대칭성분 회로와 같이 유입됨을 알 수 있다.

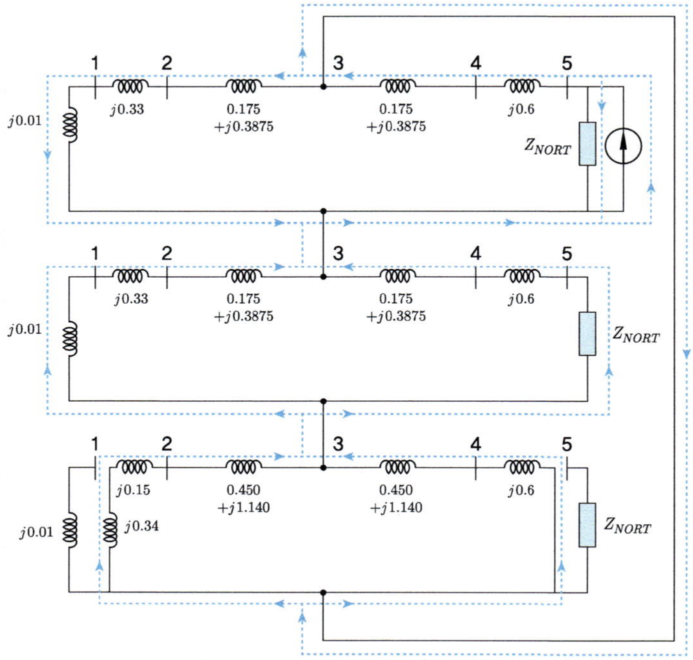

그림 5.3.6 전류원 기반 Yg–D 결선 대칭성분 회로

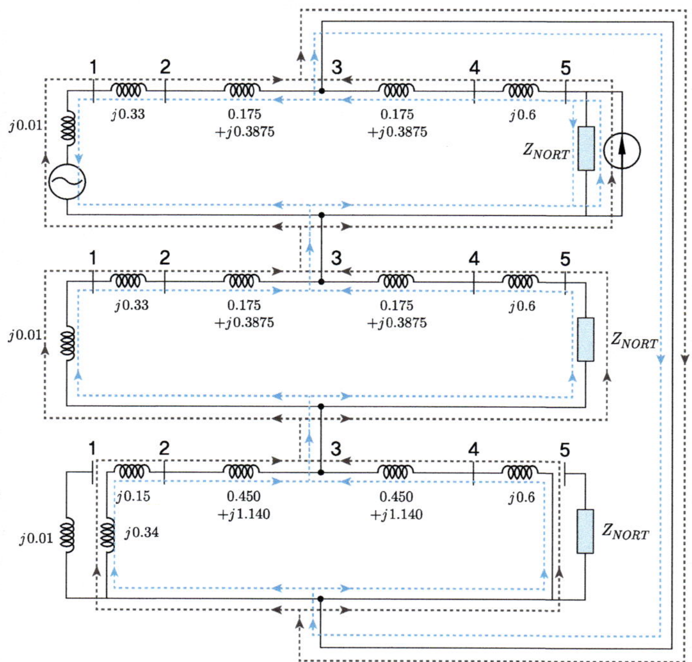

그림 5.3.7 전압/전류원 기반 Yg–D 결선 대칭성분 회로

[그림 5.3.7]은 구성된 전압원과 전류원 기반 Yg-D 결선 대칭성분 회로를 중첩의 원리를 이용하여 나타낸 것이다. 고장지점에 기여되는 대칭성분 고장전류는 전압원과 전류원 기반 Yg-D 결선 대칭성분 회로에서의 대칭성분 고장전류의 합으로 계산됨을 알 수 있다.

앞에서 구성한 전압원 기반, 전류원 기반, 전압/전류원 기반 대칭성분 회로를 바탕으로 1선 지락고장 시, 고장지점에 기여되는 대칭성분 고장전류와 각 모선에 가압되는 대칭성분 고장전압을 고장해석 알고리즘이 탑재된 컴퓨터로 해석한 결과는 [그림 5.3.8]과 같다.

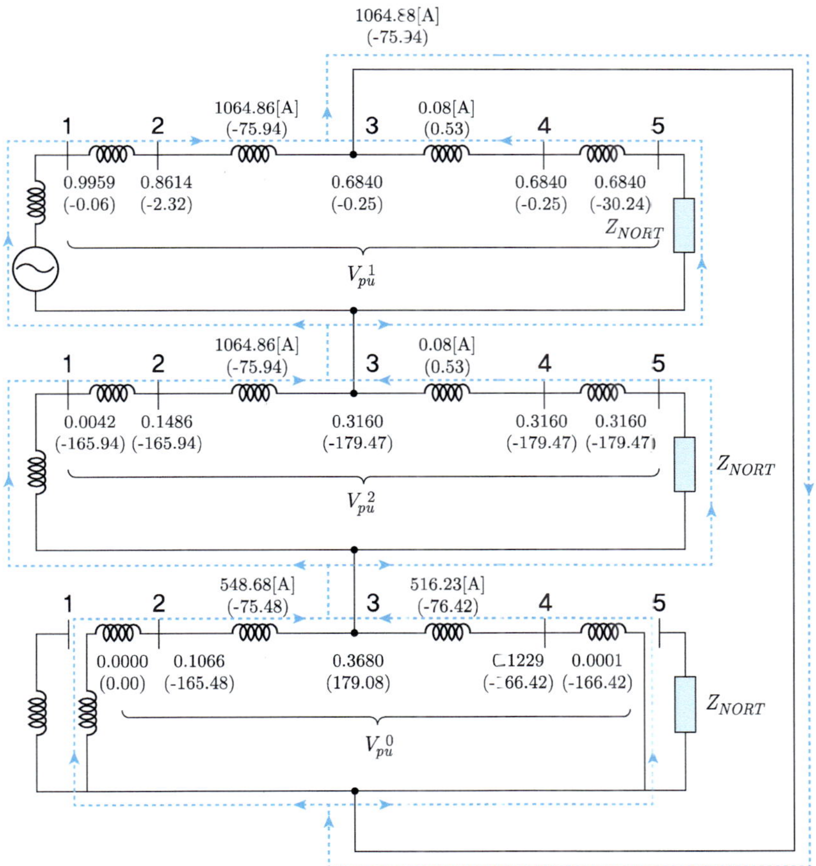

(a) 전압원 기반

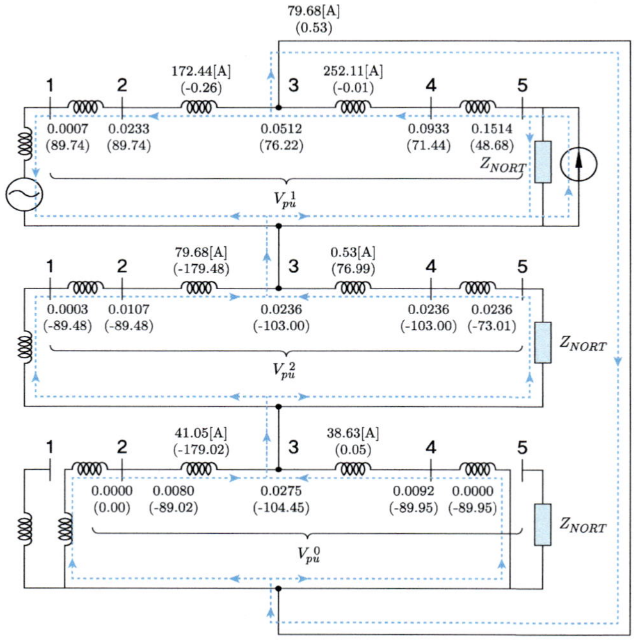

(b) 전류원 기반

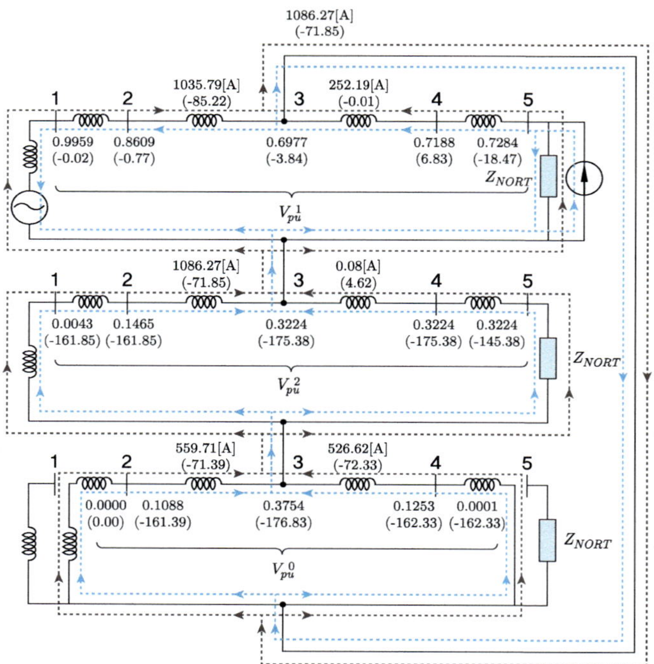

(c) 전압/전류원 기반

그림 5.3.8 전압/전류원 기반 Yg-D 결선 고장 기여도 해석 결과

다음으로 정지기 기반 신재생에너지원과 변압기 결선방식 Yg-Yg가 연계된 배전계통의 고장전류 해석을 위해 먼저 전압원 기반 Yg-Yg 결선 대칭성분 회로를 [그림 5.3.9]와 같이 구성하였다. Yg-Yg 변압기 결선방식의 특성에 의해 영상분 대칭성분 회로의 특고압측과 저압측이 연결되어 큰 노턴 임피던스를 통해 영상전류가 대칭성분 고장전류에 기여됨을 알 수 있다.

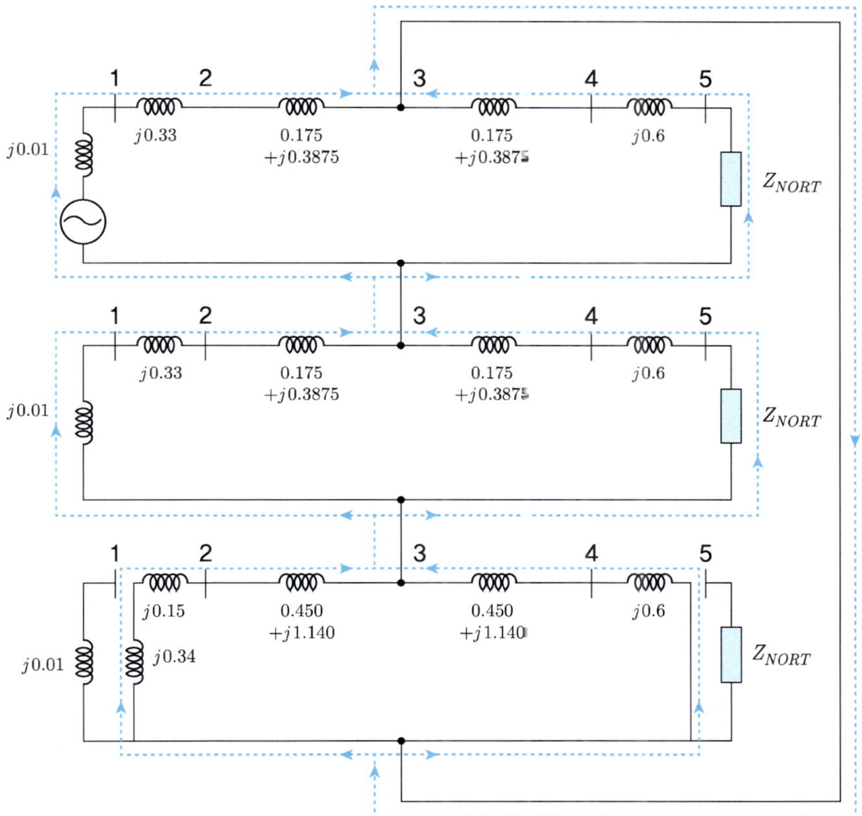

그림 5.3.9 전압원 기반 Yg–Yg 결선 대칭성분 회로

[그림 5.3.10]에서는 전류원 기반 Yg-Yg 결선 대칭성분 회로를 구성하였다. Yg-D 결선 대칭성분 회로와 같이 신재생에너지원 측에 전류원이 위치하여 정상분 고장전류가 신재생에너지원 측에서 변전소 측으로 흐름을 알 수 있다.

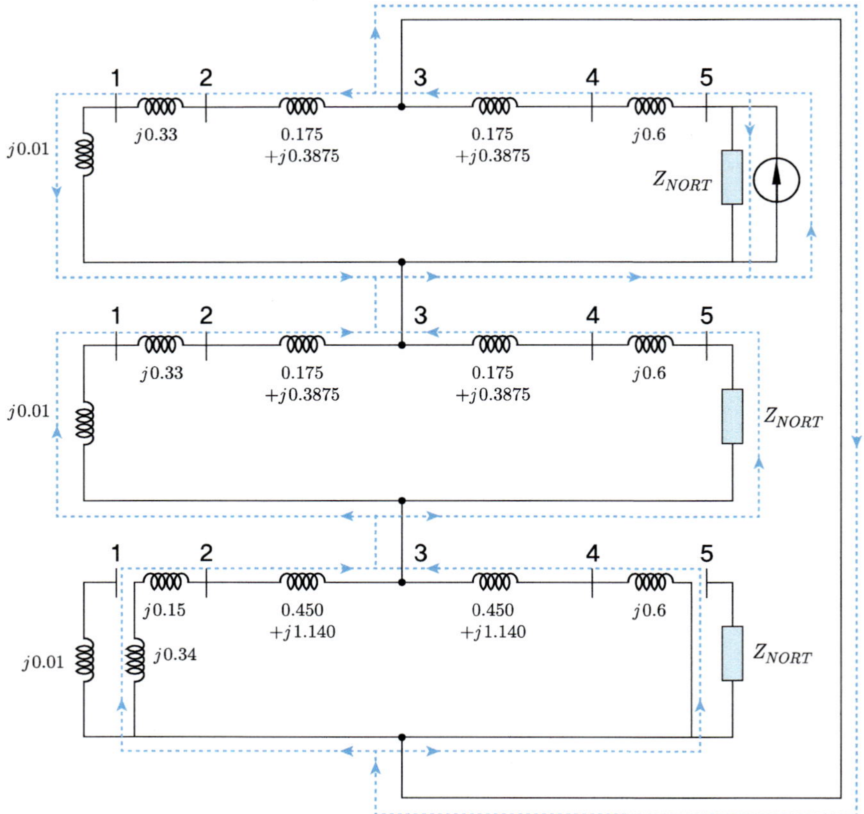

그림 5.3.10 전류원 기반 Yg-Yg 결선 대칭성분 회로

[그림 5.3.11]은 구성된 전압원과 전류원 기반 Yg-Yg 결선 대칭성분 회로를 중첩의 원리를 이용하여 나타낸 것이다.

앞에서 구성한 전압원 기반, 전류원 기반, 전압/전류원 기반 Yg-Yg 결선 대칭성분 회로를 바탕으로 1선 지락고장 시, 고장지점에 기여되는 대칭성분 고장전류와 각 모선에 가압되는 대칭성분 고장전압을 컴퓨터로 해석한 결과는 [그림 5.3.12]와 같다.

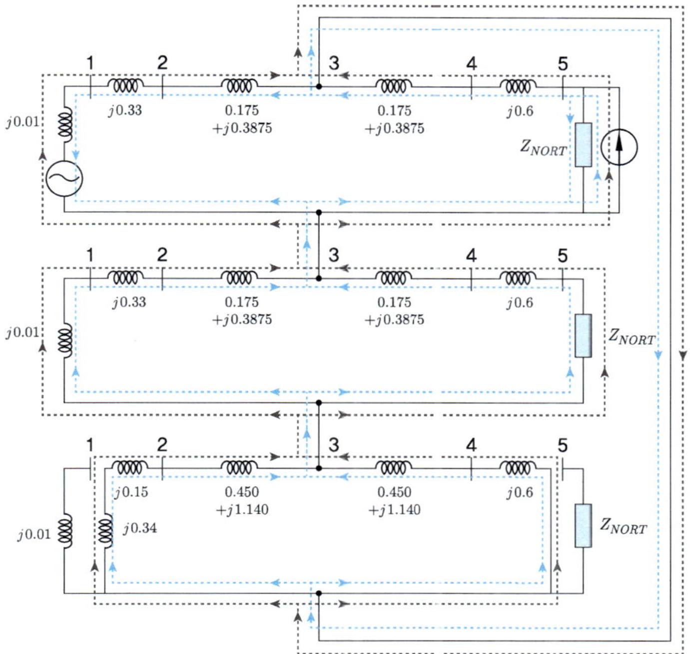

그림 5.3.11 전압/전류원 기반 Yg-Yg 결선 대칭성분 회로

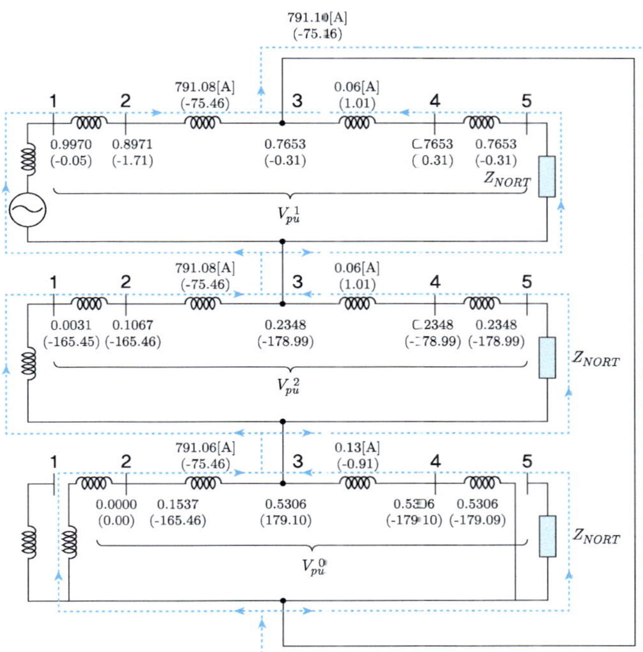

(a) 전압원 기반

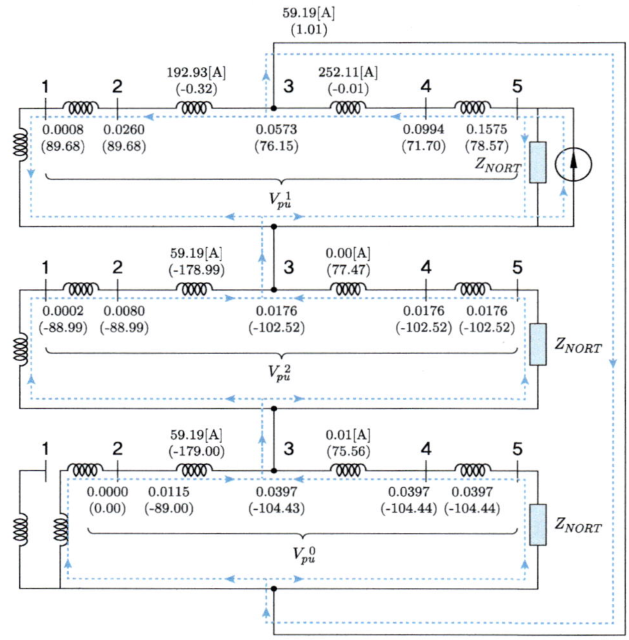

(b) 전류원 기반

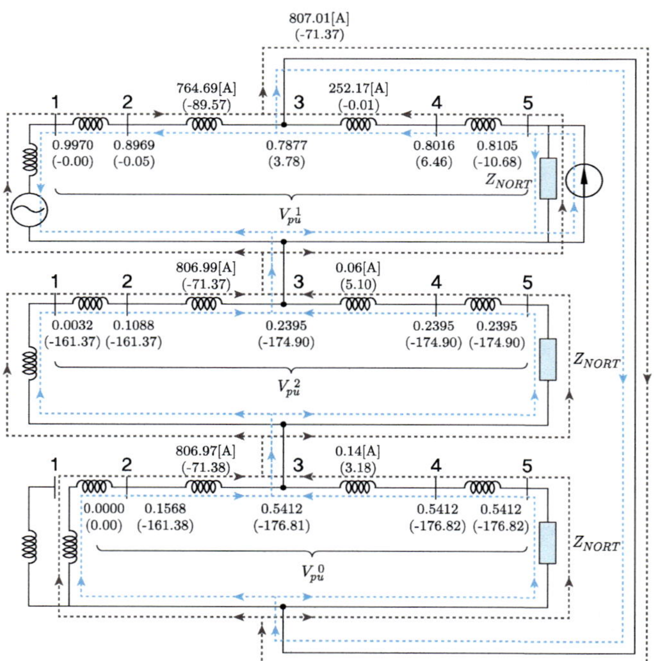

(c) 전압/전류원 기반

그림 5.3.12 전압/전류원 기반 Yg-Yg 결선 고장 기여도 해석 결과

[표 5.3.1]은 계산된 대칭성분 고장전류를 이용하여 고장지점으로 흐르는 정방향, 역방향, 전체 상 고장전류를 계산하여 나타낸 것이다. 정지기 기반 신재생에너지원이 Yg-Yg 변압기 결선과 연계된 경우 전체 상 고장전류는 2421.02[A]로, Yg-D 변압기 결선과 연계된 경우 전체 상 고장전류 3258.87[A]에 비해 상대적으로 작음을 알 수 있다. 이는 Yg-D의 변압기 결선방식의 특성으로 인해 정지기 기반 신재생에너지원 측에서의 상대적으로 큰 역방향 상 고장전류가 유입됨으로 인한 것임을 알 수 있다. 또한 계산된 전체 상 고장전류는 Yg-D 변압기 결선방식과 정지기 기반 신재생에너지원이 각각 단독으로 고려되었을 대보다 큰 값이 관측됨을 알 수 있다. 이는 정지기 기반 신재생에너지원과 변압기 결선방식의 고장전류 기여도가 합산되어 나타나기 때문이다.

| 표 5.3.1 | 정지기 및 변압기 결선에 따른 고장전류 기여도

	Yg-D	Yg-Yg
정방향(2 → 3)	2664.06[A]	2352.55[A]
역방향(4 → 3)	649.35[A]	252.37[A]
전체 고장전류	3258.87[A]	2421.02[A]

3 | 회전기 기반 신재생에너지원 및 변압기 결선을 고려한 배전계통 고장기여도 해석

본 항에서는 회전기 기반 신재생에너지원의 변압기 결선방식에 따른 배전계통 고장 기여도 해석을 수행하였다. 이를 위해 먼저 회전기 기반 Yg-D 결선 대칭성분 회로를 [그림 5.3.13]과 같이 구성하였다. 정지기 기반 신재생에너지원과 달리 회전기 기반 신재생에너지원 연계 시, 정상분 회로에 전압원으로 모델링됨을 알 수 있다.

회전기 기반 신재생에너지원을 배전계통에 Yg-D 변압기 결선방식으로 연계 시, 고장점에 기여되는 고장전류의 값과 각 모선이 가압되는 고장전압의 값을 계산하면 [그림 5.3.14]와 같다.

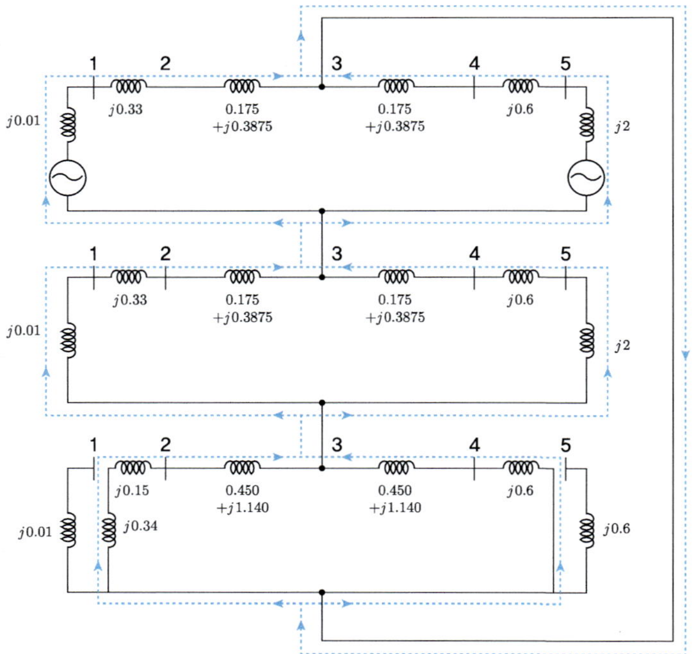

그림 5.3.13 회전기 기반 Yg-D 결선 대칭성분 회로

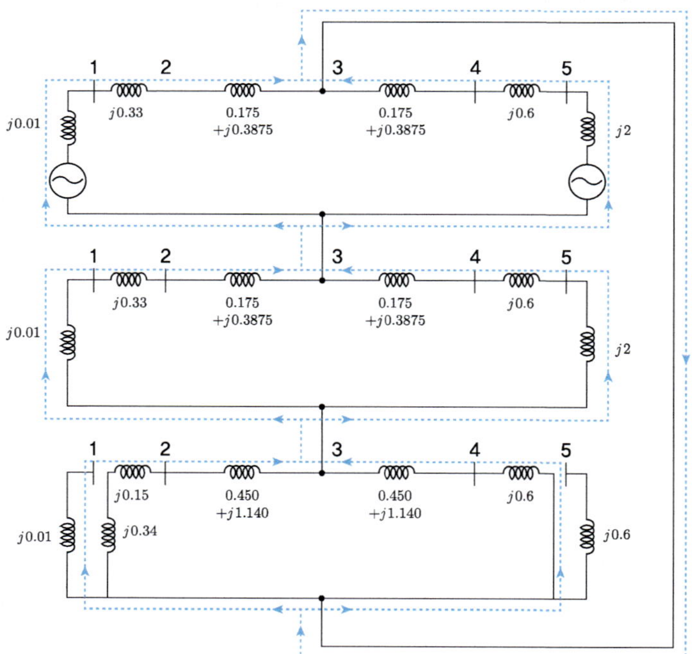

그림 5.3.14 회전기 기반 Yg-D 결선 대칭성분 회로

다음으로 회전기 기반 신재생에너지원이 Yg-Yg 변압기 결선으로 연계된 배전계통 고장해석을 위해 [그림 5.3.15]와 같이 대칭성분 회로를 구성하였다.

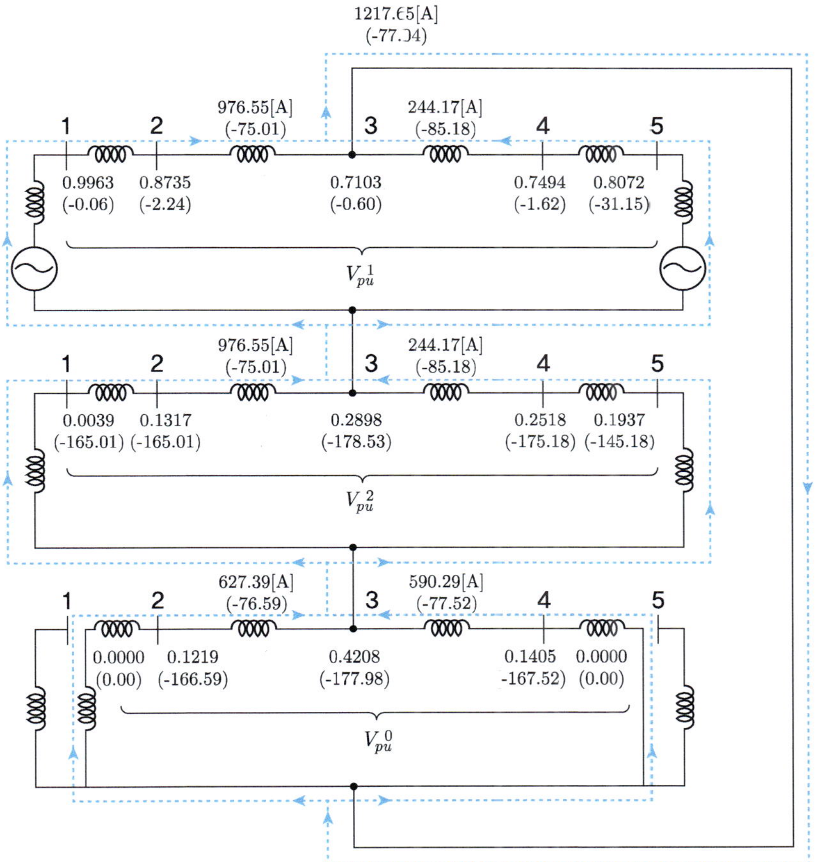

그림 5.3.15 회전기 기반 Yg–D 결선 고장 기여도 해석 결과

다음으로 회전기 기반 신재생에너지원이 Yg-Yg 변압기 결선으로 연계된 배전계통 고장해석을 위해 [그림 5.3.16]과 같이 대칭성분 회로를 구성하였다.

구성된 대칭성분 회로를 이용하여 고장점에 기여되는 고장전류의 값과 각 모선에 가압되는 고장전압의 값을 계산하면 [그림 5.3.17]과 같다.

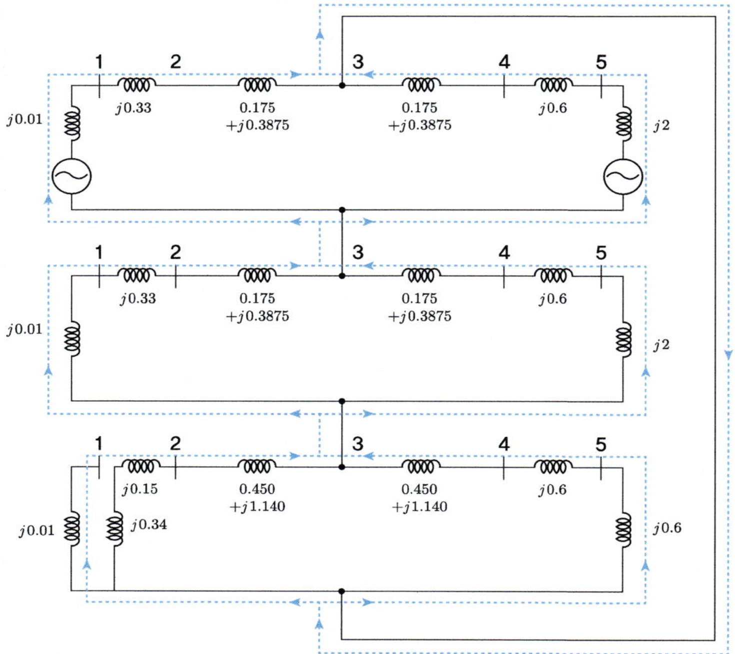

그림 5.3.16 회전기 기반 Yg-Yg 결선 대칭성분 회로

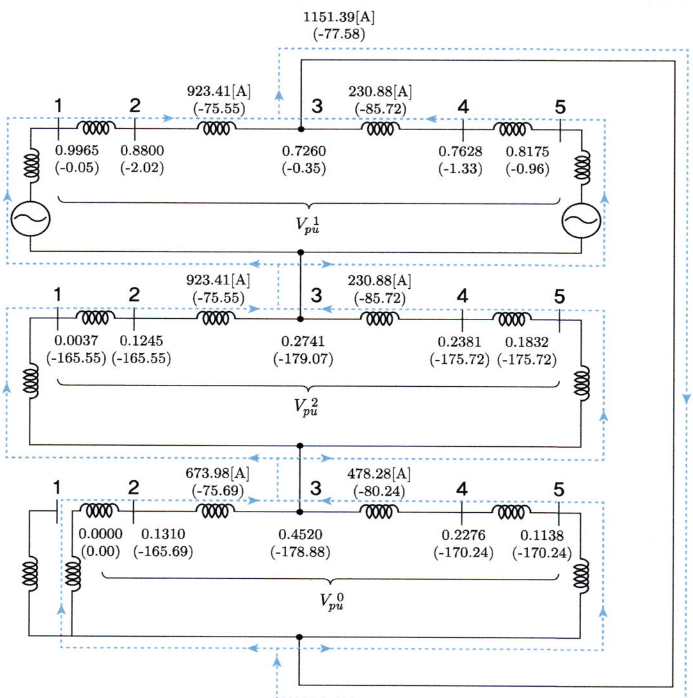

그림 5.3.17 회전기 기반 Yg-Yg 결선 고장 기여도 해석 결과

[표 5.3.2]는 계산된 대칭성분 고장전류를 이용하여 고장지점으로 흐르는 정방향, 역방향, 전체 상 고장전류를 계산하여 나타낸 것이다. 회전기 기반 신재생에너지원이 Yg-Yg 변압기 결선과 연계된 경우 전체 상 고장전류는 3454.16[A]로, Yg- D 변압기 결선과 연계된 경우 전체 상 고장전류 3652.94[A]와 크게 차이나지 않음을 알 수 있다. 이는 변압기 결선방식에 따라 고장점으로 흐르는 역방향 고장전류의 차이가 크지 않기 때문이다. 또한 같은 변압기 결선방식으로 연계된 경우, 회전기 기반 신재생에너지원의 전체 상 고장전류 기여도는 정지기 기반 신재생에너지원의 기여도보다 큼을 알 수 있다. 반면 같은 신재생에너지원이 연계된 경우, Yg-D 변압기 결선방식이 Yg-Yg 결선방식보다 기여도가 큼을 알 수 있다. 그러므로 회전기 기반 신재생에너지원과 Yg-D 변압기 결선방식이 연계된 경우, 가장 큰 고장전류를 기여함을 알 수 있다.

❙ 표 5.3.2 ❙ 정지기 및 변압기 결선에 따른 고장전류 기여도

	Yg-D	Yg-Yg
정방향(2 → 3)	2580.31[A]	2520.81[A]
역방향(4 → 3)	1076.24[A]	938.97[A]
전체 고장전류	3652.94[A]	3454.16[A]

제 4 절

회전기형 분산형 전원이 연계된 배전선로 검토 사례

본 절에서는 회전기 기반 분산형 전원이 연계된 배전계통에서의 해석 기법을 소개한다. 한정된 계통 모델에서만 해석이 가능함에도 불구하고, 계산기를 사용한 해석이 가능하고 해석이 비교적 용이하다. 따라서 고장해석을 효율적으로 활용 및 적용할 수 있어 본 검토 사례의 필요성을 보여준다.

1 | 고장해석을 위한 선로 모델링

연계선로의 고장전류 증가효과를 검토하기 위하여 다음의 [그림 5.4.1]과 같은 선로를 상정한다. 여기서, 분산형 전원은 10[MVA] 동기 발전기로 상정하였다.

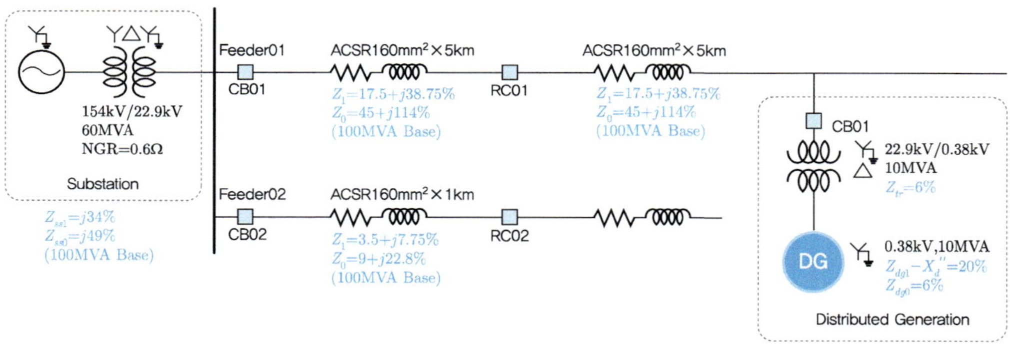

그림 5.4.1 고장해석을 위한 선로 모델링

여기서 사용된 약어 및 기호의 정의는 다음과 같다.

① CB : 변전소측 선로 인출 차단기(Circuit Breaker)

② RC : 자동 재폐로 차단기(R/C)

③ NGR : 중성점 접지 리액터(Neutral Grounding Reactor)

④ Feeder : 배전선로

⑤ Interconnection TR : 분산형 전원 발전용 연계 변압기

⑥ DG : 분산형 전원 발전설비(Distributed Generation)

⑦ I_{fss} : 변전소 측에서 공급되는 고장전류

⑧ I_{fdg} : 분산형 전원 측에서 공급되는 고장전류

⑨ I_f, I_{af} : 각각 고장전류, A상 고장전류

⑩ I_1, I_2, I_0 : 각각 정상분, 역상분, 영상분 전류

⑪ I_{ss1}, I_{ss2}, I_{ss0} : 각각 변전소 측 정상분, 역상분, 영상분 전류

⑫ I_{dg1}, I_{dg2}, I_{dg0} : 각각 분산형 전원 측 정상분, 역상분, 영상분 전류

⑬ R_f, Z_f : 각각 고장점 저항, 임피던스

⑭ Z_1, Z_2, Z_0 : 각각 정상분, 역상분, 영상분 임피던스

⑮ Z_{ss1}, Z_{sl1} : 각각 정상분 변전소 측 모선, 선로 임피던스

⑯ Z_{ss2}, Z_{sl2} : 각각 역상분 변전소 측 모선, 선로 임피던스

⑰ Z_{ss0}, Z_{sl0} : 각각 영상분 변전소 측 모선, 선로 임피던스

⑱ Z_{dl1}, Z_{tr1}, Z_{dg1} : 각각 정상분 분산형 전원 측 선로, 변압기, 발전기 임피던스

⑲ Z_{dl2}, Z_{tr2}, Z_{dg2} : 각각 역상분 분산형 전원 측 선로, 변압기, 발전기 임피던스

⑳ Z_{dl0}, Z_{tr0}, Z_{dg0} : 각각 영상분 분산형 전원 측 선로, 변압기, 발전기 임피던스

2 | 1선 지락고장전류의 계산

1선 지락고장전류는 대칭좌표법과 % 임피던스법을 이용하여 식 (5.4.1)과 같이 계산한다.

$$I_f = 3 \times \frac{100}{Z_1 + Z_2 + Z_0 + 3 \times Z_f} \times I_{base} [A] \tag{5.4.1}$$

여기서,

$$I_{base} = \frac{100,000[kVA]}{\sqrt{3} \times 22.9[kV]} = 2521.18[A] \tag{5.4.2}$$

정상분, 역상분, 영상분 임피던스는 등가회로도를 작성하여 계산한다. 고장전류 I_f

가 구해지면 $I_f = 3 \times I_0$이고, 1선 지락 고장회로에서는 $I_0 = I_1 = I_2$이므로 각 시퀀스 전류로부터 식 (5.4.3)에 의해 각 상전류를 구한다.

$$\begin{bmatrix} I_a \\ I_b \\ I_c \end{bmatrix} = \begin{bmatrix} 1 & 1 & 1 \\ a^2 & a & 1 \\ a & a^2 & 1 \end{bmatrix} \begin{bmatrix} I_1 \\ I_2 \\ I_0 \end{bmatrix} \tag{5.4.3}$$

여기서,

$$a = \frac{1}{2} + j\frac{\sqrt{3}}{2}, \quad a^2 = \frac{1}{2} - j\frac{\sqrt{3}}{2} \tag{5.4.4}$$

분산형 전원 연계선로에서의 고장해석은 전원이 2개이므로 고장전류를 한전계통 전원(변전소) 측과 분산형 전원 측에서 각각 공급하게 된다. 이때, 총 고장전류의 분류는 고장점에서 양쪽 전원을 바라보았을 때의 영상분 등가회로도에서 임피던스 비로 분배된다. 따라서, [그림 5.4.2]와 같이 전류분배 법칙을 이용하여 계산하면 된다.

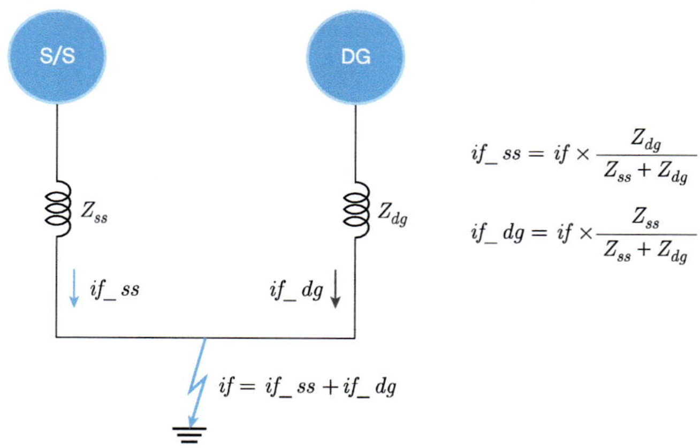

그림 5.4.2 전원별 고장전류 기여분 계산

3 | 분산형 전원 미연계 선로의 지락고장 해석

분산형 전원이 연계되어 있지 않은 선로에서 1선 지락고장 발생 시에는 [그림 5.4.3]과 같이 변전소 측에서만 고장전류를 공급한다. 고장저항은 완전지락을 가정하여 0[Ω]으로 상정하였다. 등가회로도는 [그림 5.4.4]와 같다.

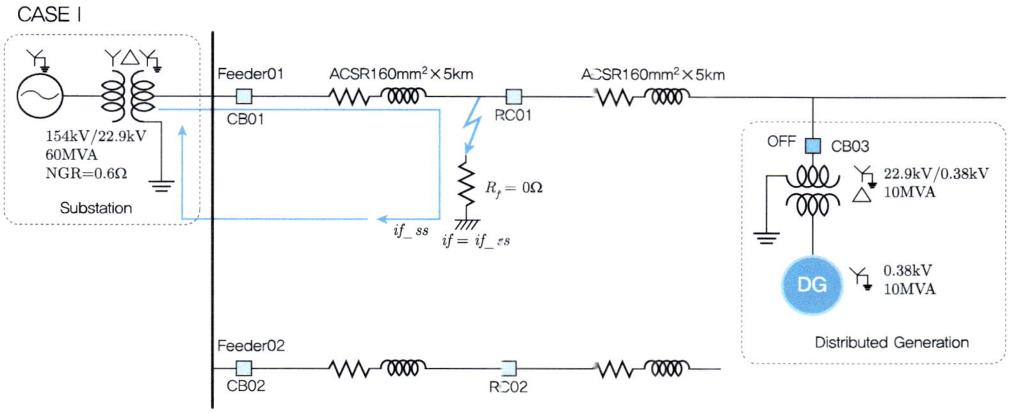

그림 5.4.3 분산형 전원 미연계 선로데서의 1선 지락고장 사례

고장전류 I_f는 식 1를 이용하여 식 (5.4.5)와 같이 계산한다.

$$I_f = 3\times\frac{100}{2\times(17.5+j72.75)+45+j163}\times 2521.18[\mathrm{A}] \tag{5.4.5}$$

$$= 2373.22\angle -75.46^\circ\ [\mathrm{A}]$$

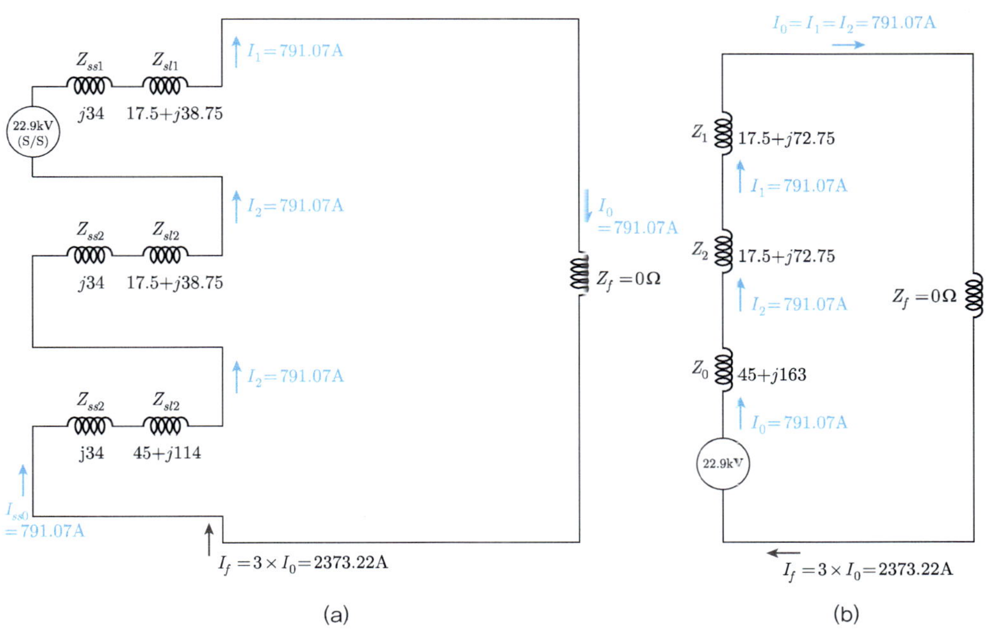

그림 5.4.4 분산형 전원 미연계 선로에서의 1선 지락고장 등가회로도

또한, $I_0 = \frac{I_f}{3}$ 이므로 $I_0 = I_1 = I_2 = 791.07\angle -75.46^\circ$ [A] 이 된다. 따라서, 식 (5.4.3)을 이용하여 각 상전류를 구하면 식 (5.4.6)과 같다.

$$\begin{bmatrix} I_a \\ I_b \\ I_c \end{bmatrix} = \begin{bmatrix} 1 & 1 & 1 \\ a^2 & a & 1 \\ a & a^2 & 1 \end{bmatrix} \begin{bmatrix} 791.07\angle -75.46^\circ \\ 791.07\angle -75.46^\circ \\ 791.07\angle -75.46^\circ \end{bmatrix} = \begin{bmatrix} 2373.22\angle -75.46^\circ \\ 0 \\ 0 \end{bmatrix} \tag{5.4.6}$$

계산된 고장전류와 각 상전류의 분포를 그림으로 나타내면 [그림 5.4.5]와 같다.

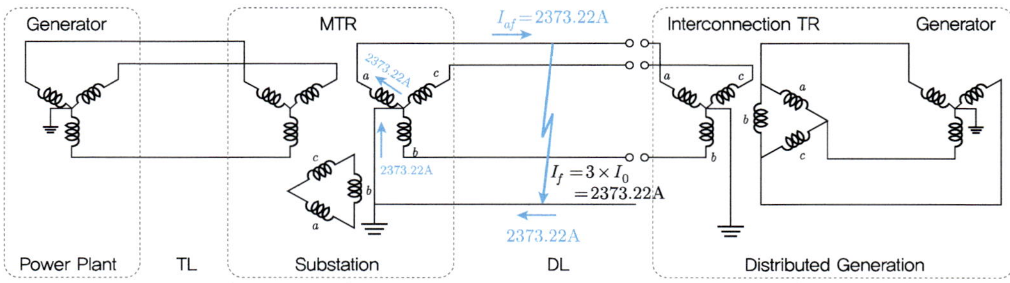

그림 5.4.5 분산형 전원 미연계 선로에서의 1선 지락고장전류 분포 개략도

4 | 분산형 전원 연계선로의 지락고장 해석

분산형 전원이 연계된 선로에서의 1선 지락고장은 [그림 5.4.6]과 같이 변전소에서 공급되는 고장전류와 분산형 전원에서 공급되는 고장전류가 고장점으로 합쳐져서 흐르게 된다.

CASE II

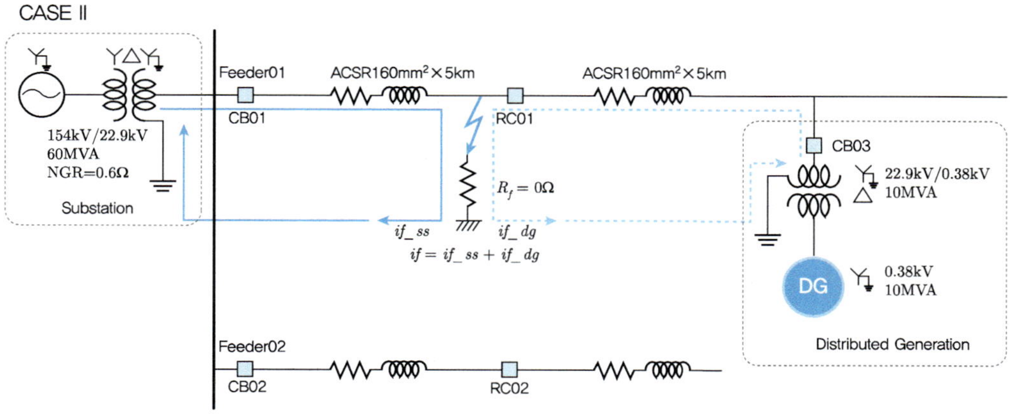

그림 5.4.6 분산형 전원 연계선로의 1선 지락고장 사례

정상분, 역상분, 영상분 등가회로는 고장점을 중심으로 각 임피던스들이 병렬로 배치되는 형태가 된다. 특히, 영상분 등가회로에서 분류되는 영상전류가 고장시 변전소와 분산형 전원으로 흐르는 중성선 전류를 결정한다. 이때, 영상분 등가회로에서 분산형 전원의 영상분 임피던스는 합성 임피던스 계산에서 제외된다는 점에 유의하여야 한다. 이는 분산형 전원 발전용 연계 변압기가 Yg-△ 방식으로 연계되어 있기 때문이다. [그림 5.4.7]의 (a)와 같이 등가회로가 완성되면 (b)와 같이 임피던스 합성을 통해 이를 간략화 할 수 있다.

[그림 5.4.7]의 (b)의 등가회로와 식 (5.4.7)을 이용하여 고장전류 I_f를 다음과 같이 계산한다.

$$
\begin{aligned}
I_f &= 3 \times \frac{100}{2 \times (11.96 + j58.8) + (22.52 + j84.17)} \times 2521.18[\mathrm{A}] \quad (5.4.7) \\
&= 3652.94 \angle -77.04^\circ [\mathrm{A}]
\end{aligned}
$$

또한, 고장점을 기준으로 변전소와 분산형 전원 측의 정상분, 역상분, 영상분 전류는 전류분배 법칙을 이용하여 다음과 같이 계산한다.

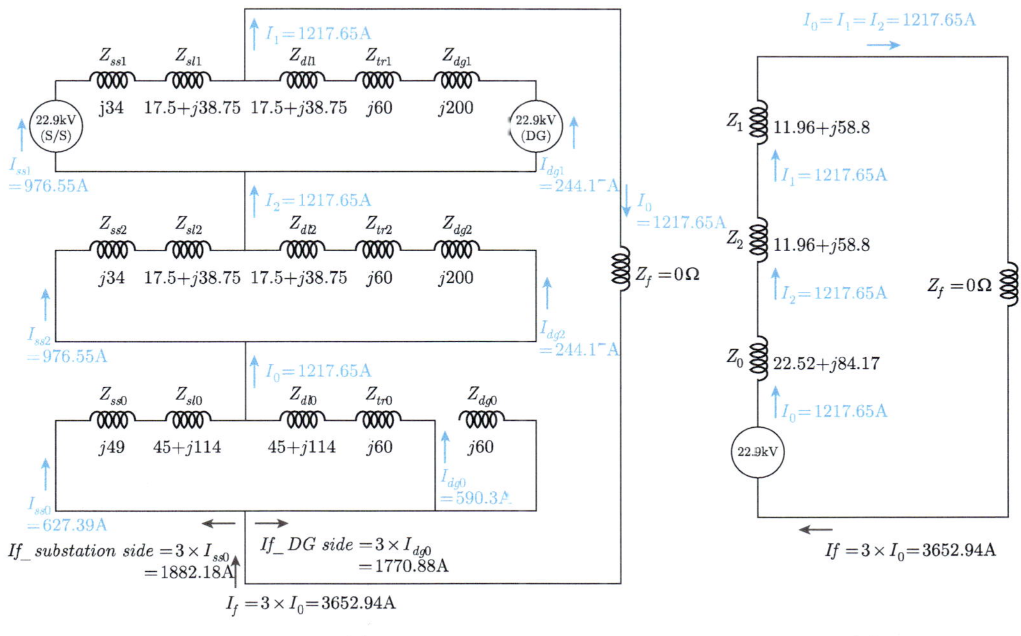

그림 5.4.7 분산형 전원 연계선로에서의 1선 지락고장 등가회로도

$$I_{ss1}=\frac{Z_{dl1}+Z_{tr1}+Z_{dg1}}{(Z_{ss1}+Z_{sl1})+(Z_{dl1}+Z_{tr1}+Z_{dg1})}\times I_1[\mathrm{A}] \tag{5.4.8}$$

$$=\frac{17.5+j298.75}{(17.5+j72.75)+(17.5+j298.75)}\times 1217.65[\mathrm{A}]$$

$$=976.55\angle 75.01^\circ\,[\mathrm{A}]$$

$$I_{dg1}=\frac{Z_{ss1}+Z_{sl1}}{(Z_{ss1}+Z_{sl1})+(Z+Z_{dl1}+Z_{tr1}+Z_{dg1})}\times I_1[\mathrm{A}] \tag{5.4.9}$$

$$=\frac{17.5+j72.75}{(17.5+j72.75)+(17.5+j298.75)}\times 1217.65[\mathrm{A}]$$

$$=244.17\angle -85.18^\circ\,[\mathrm{A}]$$

$$I_{ss2}=\frac{Z_{dl2}+Z_{tr2}+Z_{dg2}}{(Z_{ss2}+Z_{sl2}2)+(Z_{dl2}+Z_{tr2}+Z_{dg2})}\times I_2[\mathrm{A}] \tag{5.4.10}$$

$$=\frac{17.5+j298.75}{(17.5+j72.75)+(17.5+j298.75)}\times 1217.65[\mathrm{A}]$$

$$=976.55\angle -75.01^\circ\,[\mathrm{A}]$$

$$I_{dg2}=\frac{Z_{ss2}+Z_{sl2}}{(Z_{ss2}+Z_{s12}2)+(Z_{dl2}+Z_{tr2}+Z_{dg2})}\times I_2[\mathrm{A}] \tag{5.4.11}$$

$$=\frac{17.5+j72.75}{(17.5+j72.75)+(17.5+j298.75)}\times 1217.65[\mathrm{A}]$$

$$=244.17\angle -85.18^\circ\,[\mathrm{A}]$$

$$I_{ss0}=\frac{Z_{dl0}+Z_{tr0}}{(Z_{ss0}+Z_{sl0})+(Z_{dl0}+Z_{tr0})}\times I_0[\mathrm{A}] \tag{5.4.12}$$

$$=\frac{45+j174}{(45+j163)+(45+j174)}\times 1217.65[\mathrm{A}]$$

$$=627.39\angle -76.59^\circ\,[\mathrm{A}]$$

$$I_{dg0} = \frac{Z_{ss0}+Z_{sl0}}{(Z_{ss0}+Z_{sl0})+(Z_{dl0}+Z_{tr0})} \times I_0[\mathrm{A}] \tag{5.4.13}$$

$$= \frac{45+j163}{(45+j163)+(45+j174)} \times 1217.65[\mathrm{A}]$$

$$= 590.29\angle -77.52^\circ [\mathrm{A}]$$

변전소와 분산형 전원 측으로 귀로하는 지락고장 전류는 위의 영상전류 계산결과를 이용하여 구할 수 있다. 변전소 측으로 귀로하는 지락고장 전류 I_{fss}는 $I_{sso} \times 3 = 1882.18\angle -76.59^\circ$ [A]이고, 분산형 전원 측으로 귀로하는 지락고장 전류 I_{fdg}는 $I_{dg0} \times 3 = 1770.88\angle -77.52^\circ$ [A]이다.

변전소와 분산형 전원 측의 각 상전류는 위에서 계산한 정상분, 역상분, 영상분 전류를 이용하여 식 (5.4.14), (5.4.15)와 같이 계산한다.

$$\begin{bmatrix} I_{ass} \\ I_{bss} \\ I_{css} \end{bmatrix} = \begin{bmatrix} 1 & 1 & 1 \\ a^2 & a & 1 \\ a & a^2 & 1 \end{bmatrix} \begin{bmatrix} I_{ss1} \\ I_{ss2} \\ I_{ss0} \end{bmatrix} = \begin{bmatrix} 1 & 1 & 1 \\ a^2 & a & 1 \\ a & a^2 & 1 \end{bmatrix} \begin{bmatrix} 976.55\angle -75.01^\circ \\ 976.55\angle -75.01^\circ \\ 627.39\angle -76.59^\circ \end{bmatrix} \tag{5.4.14}$$

$$= \begin{bmatrix} 2580.31\angle -75.39^\circ \\ 349.82\angle 107.82^\circ \\ 349.82\angle 107.82^\circ \end{bmatrix}$$

$$\begin{bmatrix} I_{adg} \\ I_{bdg} \\ I_{cdg} \end{bmatrix} = \begin{bmatrix} 1 & 1 & 1 \\ a^2 & a & 1 \\ a & a^2 & 1 \end{bmatrix} \begin{bmatrix} I_{dg1} \\ I_{dg2} \\ I_{dg0} \end{bmatrix} = \begin{bmatrix} 1 & 1 & 1 \\ a^2 & a & 1 \\ a & a^2 & 1 \end{bmatrix} \begin{bmatrix} 244.17\angle -85.18^\circ \\ 244.17\angle -85.18^\circ \\ 590.29\angle -77.52^\circ \end{bmatrix} \tag{5.4.15}$$

$$= \begin{bmatrix} 1076.24\angle -80.99^\circ \\ 349.82\angle -72.18^\circ \\ 349.82\angle -72.18^\circ \end{bmatrix}$$

계산된 고장전류와 각 상전류의 분포를 그림으로 나타내면 [그림 5.4.8]과 같다.

분산형 전원이 연계되기 전후를 비교하면, 고장전류는 연계 전 식 (5.4.5)의 2373.22[A]에서 연계 후 식 (5.4.8)의 3652.94[A]로 1279.72[A] 만큼(약 54[%]) 증가했으며, 그에 따른 상전류(A상)도 연계 전 식 (5.4.6)의 2373.22[A]에서 연계 후 식 (5.4.14)의 2580.31[A]로 206.78[A] 만큼(약 8.7[%]) 증가했음을 알 수 있다.

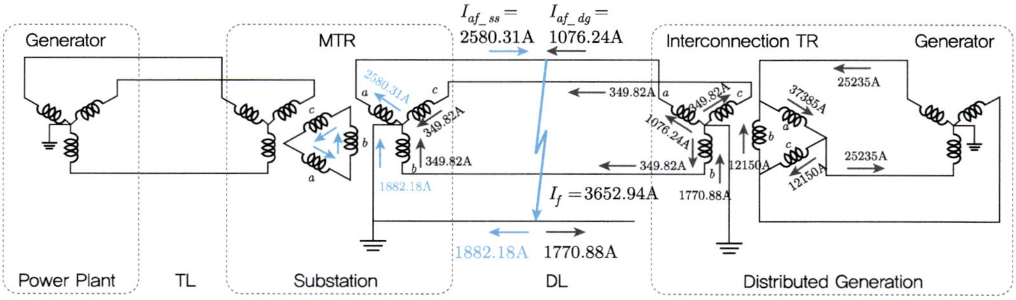

그림 5.4.8 분산형 전원 연계선로에서의 1선 지락고장전류 분포 개략도

5 | 분산형 전원 발전용 변압기만 연계된 선로의 지락고장 해석

분산형 전원이 발전을 하지 않고 계통에서 분리되어 있어도 Yg-△ 결선방식의 연계 변압기가 한전계통에 연계되어 있으면 [그림 5.4.9]와 같이 그 연계 변압기가 전원 역할을 하여 고장전류를 공급할 수 있다. 따라서 이러한 결선방식의 연계 변압기는 유의해서 관리하도록 하여야 한다.

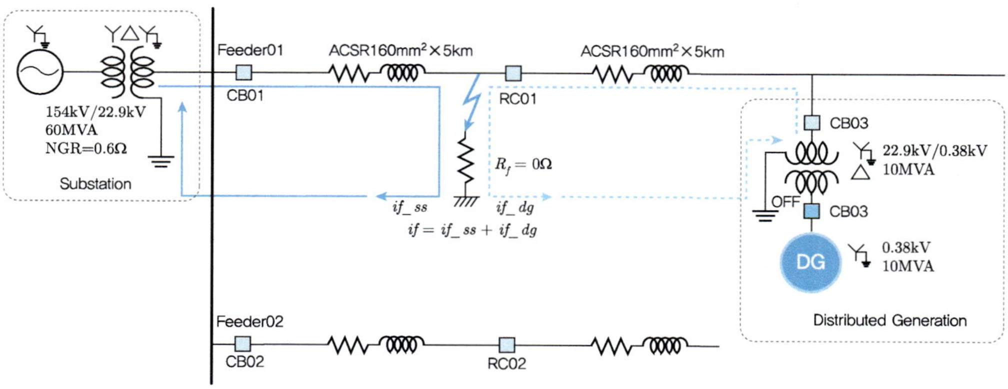

그림 5.4.9 분산형 전원 발전용 변압기만 연계된 선로에서의 1선 지락고장 사례

고장전류와 각 상전류의 계산은 "라목"의 분산형 전원이 연계된 경우와 동일한 방법으로 계산하면 된다. 계산을 위한 정상분, 역상분, 영상분 등가회로도는 [그림

5.4.10]과 같으며, 계산된 고장전류와 각 상전류의 분포를 그림으로 나타내면 [그림 5.4.11]과 같다. 이때, 정상분과 역상분 등가회로에서 분산형 전원 발전기 측은 개방회로임에 유의해야 한다.

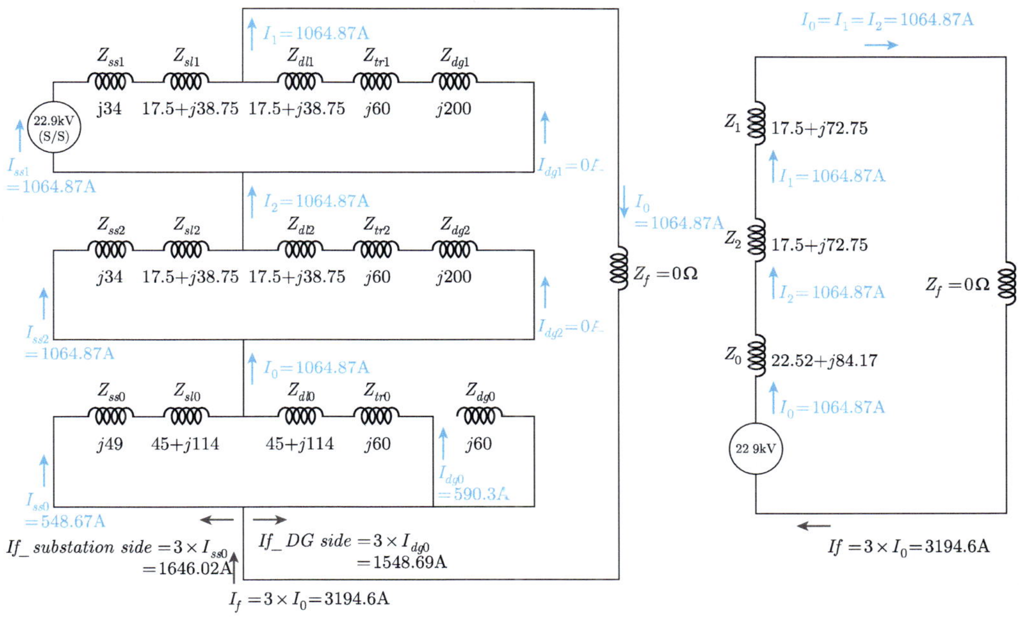

(a) (b)

그림 5.4.10 변압기만 연계된 경우(분산형 전원 OFF) 1선 지락고장 등가회로도

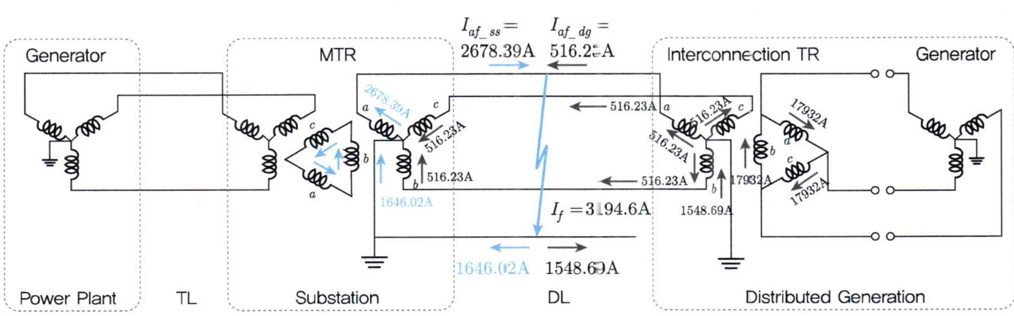

그림 5.4.11 변압기만 연계된 경우의 1선 지락 고장전류 분포 개략도

6 | 보호기기 부동작 여부 검토

제7조(보호기기의 부동작 여부 검토)

① 연계선로에서 고장이 발생할 경우, 고장점에서 바라본 등가 임피던스는 한전계통과 분산형 전원 임피던스의 병렬합으로 나타난다. 이로 인해, [그림 5.4.12]와 같이 고저항 지락고장시 고장전류가 분류 · 감소됨으로써 후비보호기기에서 고장전류를 인식하지 못하여 부동작하는 사례가 발생할 수 있으므로 그 여부를 최악조건에서 검토한다.

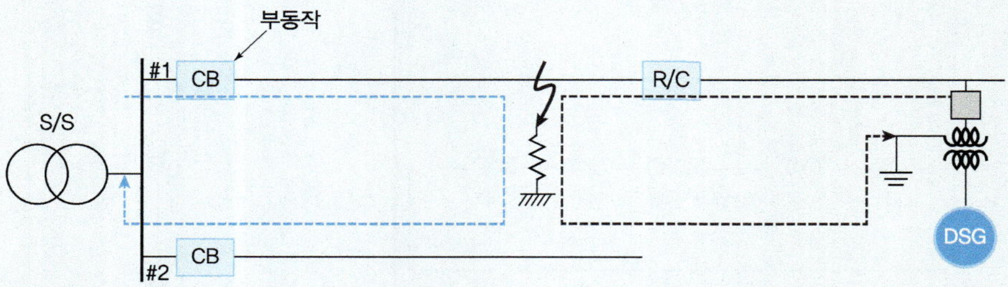

그림 5.4.12 고저항 지락고장시 보호기기 부동작 사례

② 제1항에 의한 검토를 위해 검토대상 보호기기에 대하여 다음 각 호와 같이 검토조건을 상정하고 지락 고장전류를 산출한다.

1. 선로구성
   가. 검토대상 보호기기의 전원측 모든 분산형 전원 투입 및 정격출력 발전
   나. 검토대상 보호기기의 부하측 모든 분산형 전원 투입 및 정격출력 발전
   다. 동일 주변압기에서 인출된 타 선로의 모든 분산형 전원 및 연계 변압기 개방
2. 고장 : 해당 연계선로 말단에 1선 지락고장(지락저항 30[Ω]) 상정

③ 제2항에 의해 산출된 지락 고장전류가 해당 보호기기의 지락 최소동작전류 미만일 경우, 분산형 전원 측에 NGR을 시설하여 고장전류 분류에 따른 감소 효과를 저감하도록 한다.

④ 제3항에 의한 NGR은 분산형 전원 연계 변압기 1차측 접지에 시설하며, 그 용량은 제10조에 의한 유효접지 기준에 따라 산출한다.

배경

보호기기 부동작 여부 검토 필요성은 다음과 같다.

1) 기준에서는 보호기기의 부동작에 관하여 특별히 기술되어 있지 않으나, 보호

협조의 관점에서는 중요하게 다루어야 할 사항이다.

2) 연계선로는 한전계통 전원과 분산형 전원이 병렬운전 되므로 고장점에서 바라본 등가 임피던스는 한전계통 전원 측 임피던스와 분산형 전원 측 임피던스의 병렬합으로 나타난다.

3) 따라서, 분산형 전원 연계점의 전위측(부하측) 보호기기의 고장전류는 크기가 증가하나 후비측(전원측) 보호기기의 고장전류는 분류효과에 따라 고장전류가 감소할 수 있기 때문에 고장전류의 감소에 따른 보호기기의 부동작 여부를 검토할 필요가 있다.

분산형 전원의 영향

분산형 전원 연계선로에서 한전계통 전원(변전소) 측 CB에 흐르는 고장전류가 감소할 가능성에 대해서는 다음과 같이 요약할 수 있다.

1) 고장위치가 선로 말단으로 이동할수록 전체 고장전류는 감소하므로, CB 측 고장전류도 감소한다.

2) 고장위치가 고정되면(예를 들어, 변전소 CB 직하 1선 지락고장 상정시) 분산형 전원의 용량이 커질수록 분산형 전원 측 임피던스(Z_{dg})가 감소하기 때문에 분류효과가 커지며, 따라서 식 (5.4.16)과 같이 변전소 측 고장전류(I_{fss})는 감소한다.

$$I_{fss} = \frac{Z_{dg}}{Z_{ss} + Z_{dg}} \times I_f \tag{5.4.16}$$

여기서 $Z_{ss} < Z_{dg}$

3) 분산형 전원 연계점 직하 1선 지락고장을 상정하면, 분산형 전원이 말단으로 이동할수록 선로 임피던스(Z_{dl})가 추가되어 분류효과가 커지며, 따라서 식 (5.4.17)과 같이 변전소 측 고장전류(I_{f-ss})는 감소한다.

$$I_{fss} = \frac{Z_{dg}}{(Z_{ss} + Z_{dl}) + Z_{dg}} \times I_f \tag{5.4.17}$$

여기서 $Z_{ss} < Z_{dg}$

따라서, 분산형 전원 연계시 분류효과에 의한 보호기기의 부동작 가능성은 선로 말단에 연계 가능한 최대용량의 분산형 전원이 연계되고 해당 연계선로 말단에서 지락고장이 발생할 경우 가장 커지게 된다.

❹ 검토사례

분산형 전원 연계에 따른 고장전류의 감소효과 검토사례를 들면 다음과 같다.

[그림 5.4.6]에서 분산형 전원 연계선로의 지락고장 발생시에는 고장점에서 2개의 전원측 간 임피던스에 의해 고장전류의 분류비율이 정해짐을 알 수 있다. 특히, 분산형 전원이 연계선로 말단에 위치하고 분산형 전원과 가까운 위치에서 지락고장이 발생하면 변전소 측 CB의 지락과전류 계전기(OCGR)가 부동작할 우려가 있다.

이러한 상황을 검토하기 위해 [그림 5.4.3]과 같은 배전선로 모델에서 [그림 5.4.13]과 같이 1선 지락고장을 상정하여 고장전류를 계산해 보자. 여기서, 고장점의 지락저항은 30[Ω], 고장점에서 변전소까지의 거리는 10[km], 분산형 전원까지의 거리는 상대적으로 짧은 1[km]로 각각 가정하였다.

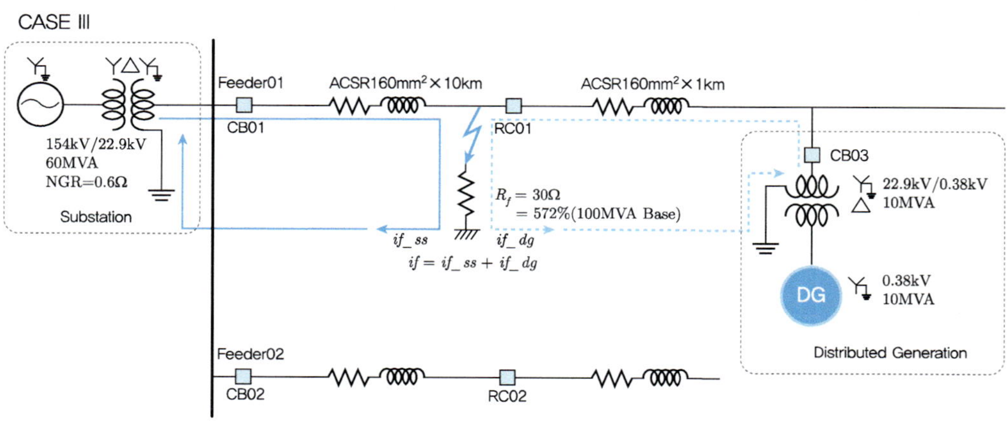

그림 5.4.13 분산형 전원 연계선로의 1선 지락고장(지락저항 30[Ω]) 사례

정상분, 역상분, 영상분 등가회로도는 완전지락의 경우와 같되, [그림 5.4.14]와 같이 고장점 임피던스(Z_f의 % 임피던스)만 추가적으로 고려해 주면 된다.

[그림 5.4.14]의 (b)의 등가회로와 식 (5.4.1)을 이용하여 고장전류 I_f를 식 (5.4.18)과 같이 계산한다.

$$I_f = 3 \times \frac{100}{(17.6+j80.2)+(17.6-j80.2)+(9.96+j64.24)+3\times(572+j0)}$$

$$\times 2521.18[\mathrm{A}] = 426.01\angle -7.27[\mathrm{A}] \tag{5.4.18}$$

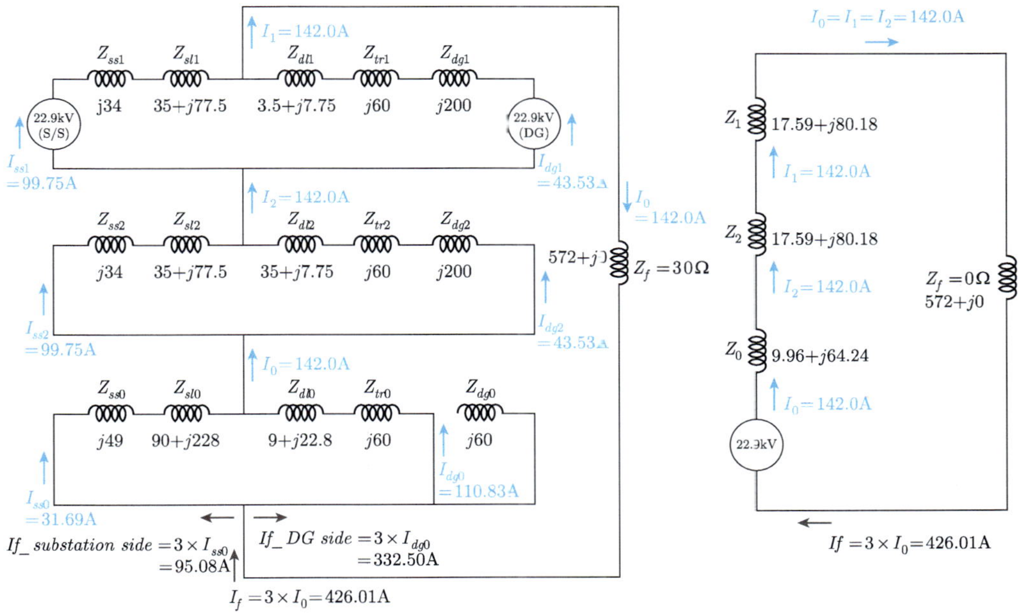

(a) (b)

그림 5.4.14 분산형 전원 연계선로에서의 1선 지락고장 등가회로도(지락저항 30[Ω])

고장점의 지락저항이 크기 때문에 고장점에서의 총 고장전류는 426.01[A]로 완전지락의 경우(식 (5.4.8)에서 3652.94[A])에 비해 상당히 낮은 값임을 알 수 있다. 고장점을 기준으로 한 변전소와 분산형 전원 측의 정상분, 역상분, 영상분 전류 역시 완전지락의 경우와 마찬가지로 다음 식 (5.4.19)와 같이 계산한다. 여기서, 고장점으로부터 변전소 및 분산형 전원까지의 거리가 10[배]만큼 차이 나는 것이 고장전류의 분배에 얼마나 큰 역할을 하고 있는지 주목할 필요가 있다.

$$I_{ss1} = \frac{Z_{dl1} + Z_{tr1} + Z_{dg1}}{(Z_{ss1} + Z_{sl1}) + (Z_{dl1} + Z_{tr1} + Z_{dg1})} \times I_1[\mathrm{A}] \tag{5.4.19}$$

$$= \frac{3.5 + j267.75}{(35 + j111.5) + (3.5 + j267.75)} \times 142.0[\mathrm{A}]$$

$$= 99.75\angle -2.22^\circ [\mathrm{A}]$$

$$I_{dg1} = \frac{Z_{ss1} + Z_{sl1}}{(Z_{ss1} + Z_{sl1}) + (Z_{dl1} + Z_{tr1} + Z_{dg1})} \times I_1[\mathrm{A}] \tag{5.4.20}$$

$$= \frac{35 + j111.5}{(35 + j111.5) + (3.5 + j267.75)} \times 142.0[\mathrm{A}]$$

$$= 43.53\angle -18.90^\circ [\mathrm{A}]$$

$$I_{ss2} = \frac{Z_{dl2} + Z_{tr2} + Z_{dg2}}{(Z_{ss2} + Z_{sl2}) + (Z_{dl2} + Z_{tr2} + Z_{dg2})} \times I_2[\mathrm{A}] \tag{5.4.21}$$

$$= \frac{3.5 + j267.75}{(35 + j111.5) + (3.5 + j267.75)} \times 142.0[\mathrm{A}]$$

$$= 99.75\angle -2.22^\circ [\mathrm{A}]$$

$$I_{dg2} = \frac{Z_{ss2} + Z_{sl2}}{(Z_{ss2} + Z_{sl2}) + (Z_{dl2} + Z_{tr2} + Z_{dg2})} \times I_2[\mathrm{A}] \tag{5.4.22}$$

$$= \frac{35 + j111.5}{(35 + j111.5) + (3.5 + j267.75)} \times 142.0[\mathrm{A}]$$

$$= 43.53\angle -18.90^\circ [\mathrm{A}]$$

$$I_{ss0} = \frac{Z_{dl0} + Z_{tr0}}{(Z_{ss0} + Z_{sl0}) + (Z_{dl0} + Z_{tr0})} \times I_0[\mathrm{A}] \tag{5.4.23}$$

$$= \frac{9 + j82.8}{(90 + j277) + (9 + j82.8)} \times 142.0[\mathrm{A}]$$

$$= 31.69\angle 1.91^\circ [\mathrm{A}]$$

$$I_{dg0} = \frac{Z_{ss0}+Z_{sl0}}{(Z_{ss0}+Z_{sl0})+(Z_{dl0}+Z_{tr0})} \times I_0[\mathrm{A}] \tag{5.4.24}$$

$$= \frac{90+j277}{(90+j277)+(9+j82.8)} \times 142.0[\mathrm{A}]$$

$$= 110.83\angle -9.88^\circ [\mathrm{A}]$$

변전소와 분산형 전원 측으로 귀로하는 지락고장 전류는 위의 영상전류 계산결과를 이용하여 구할 수 있다. 변전소 측으로 귀로하는 지락고장 전류 I_{fss}는 $I_{ss0} \times 3 = 95.08\angle 1.91^\circ$ [A]이고, 분산형 전원 측으로 귀로하는 지락고장 전류 I_{fdg}는 $I_{dg0} \times 3 = 332.5\angle -9.88^\circ$ [A]이 된다. 변전소 측 고장전류 I_{fss}가 변전소 CB 지락 과전류 계전기의 최소동작전류보다 작을 경우, 해당 CB가 부동작할 우려가 있으며 이러한 문제는 배전선로의 임피던스가 더 크거나 고장점으로부터 변전소까지의 거리가 더 멀거나 고장점 지락저항이 더 클수록 더욱 심각해 질 수 있다.

변전소와 분산형 전원 측의 각 상전류는 위에서 계산한 정상분, 역상분, 영상분 전류를 이용하여 다음과 같이 계산한다.

$$\begin{bmatrix} I_{ass} \\ I_{bss} \\ I_{css} \end{bmatrix} = \begin{bmatrix} 1 & 1 & 1 \\ a^2 & a & 1 \\ a & a^2 & 1 \end{bmatrix} \begin{bmatrix} I_{ss1} \\ I_{ss2} \\ I_{ss0} \end{bmatrix} = \begin{bmatrix} 1 & 1 & 1 \\ a^2 & a & 1 \\ a & a^2 & 1 \end{bmatrix} \begin{bmatrix} 99.75\angle -2.22^\circ \\ 99.75\angle -2.22^\circ \\ 31.69\angle 1.91^\circ \end{bmatrix} \tag{5.4.25}$$

$$= \begin{bmatrix} 231.12\angle -1.65^\circ \\ 68.18\angle 175.86^\circ \\ 68.18\angle 175.86^\circ \end{bmatrix}$$

$$\begin{bmatrix} I_{adg} \\ I_{bdg} \\ I_{cdg} \end{bmatrix} = \begin{bmatrix} 1 & 1 & 1 \\ a^2 & a & 1 \\ a & a^2 & 1 \end{bmatrix} \begin{bmatrix} I_{dg1} \\ I_{dg2} \\ I_{dg0} \end{bmatrix} = \begin{bmatrix} 1 & 1 & 1 \\ a^2 & a & 1 \\ a & a^2 & 1 \end{bmatrix} \begin{bmatrix} 43.53\angle -18.90^\circ \\ 43.53\angle -18.90^\circ \\ 110.83\angle -9.88^\circ \end{bmatrix} \tag{5.4.26}$$

$$= \begin{bmatrix} 197.30\angle -13.85^\circ \\ 68.18\angle -4.14^\circ \\ 68.18\angle -4.14^\circ \end{bmatrix}$$

계산된 고장전류와 각 상전류의 분포를 도식적으로 나타내면 [그림 5.4.15]와 같다.

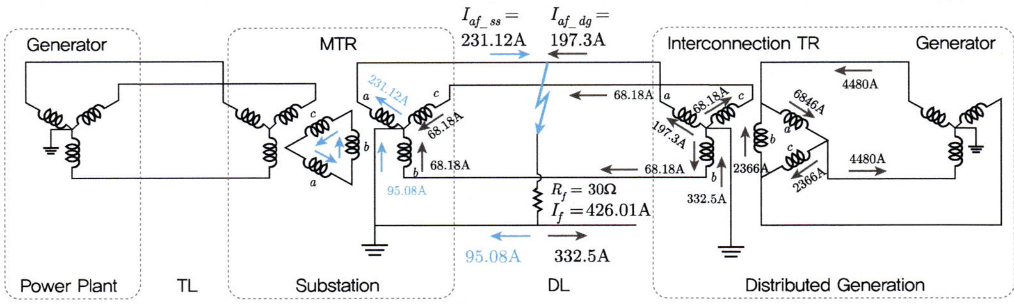

그림 5.4.15 분산형 전원 연계선로의 1선 지락고장전류 분포 개략도(지락저항 30[Ω])

7 | 보호기기 오동작 여부 검토

제8조(보호기기의 오동작 여부 검토)

① [그림 5.4.16]과 같이 동일 주변압기에서 인출된 인근 타 선로 측 또는 해당 연계선로 보호기기의 전원측에서 지락고장 발생시 분산형 전원 연계 변압기의 접지를 통해 건전선로 또는 보호기기의 부하측으로 역방향 고장전류가 유입되어 보호기기가 오동작 하는 사례가 발생할 수 있으므로 다음 각 호의 경우에 대하여 그 여부를 최악조건에서 검토한다.

1. 분산형 전원 연계 변압기의 결선방식이 GY–Δ(한전계통–분산형 전원)인 경우
2. 분산형 전원 연계 변압기의 결선방식이 GY–GY(한전계통–분산형 전원)인 경우

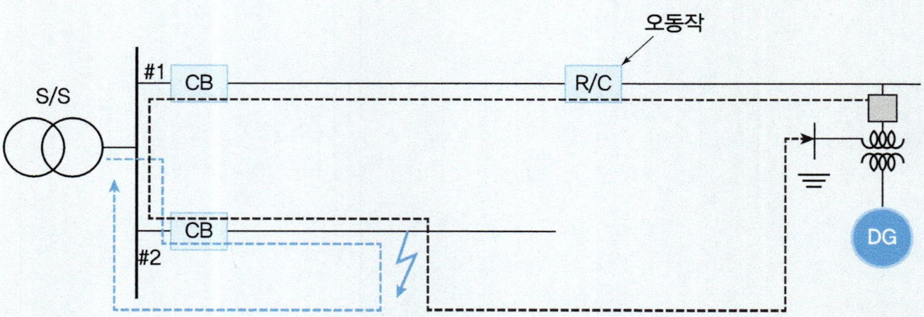

그림 5.4.16 인근선로 지락고장시 보호기기 오동작 사례

② 제1항에 의한 검토를 위해 검토대상 보호기기에 대하여 다음 각 호와 같이 검토조건을 상정하고 해당 보호기기에 흐르는 역방향 고장전류를 산출한다.

1. 선로구성

가. 검토대상 보호기기의 전원측 모든 분산형 전원 투입 및 정격출력 발전

나. 검토대상 보호기기의 부하측 모든 분산형 전원 투입 및 정격출력 발전

다. 동일 주변압기에서 인출된 타 선로의 모든 분산형 전원 투입 및 정격출력 발전

2. 고장 : 타 선로 CB의 직하 또는 해당 연계선로 검토대상 보호기기의 전원측에 1선 지락고장(지락저항 0[Ω]) 상정

③ 제2항에 의해 산출된 역방향 지락 고장전류가 검토대상 보호기기의 지락 최소동작전류 이상일 경우, 분산형 전원 측에 NGR을 시설하여 역방향 지락 고장전류를 제한하도록 한다.

④ 제3항에 의한 NGR은 분산형 전원 연계 변압기 1차측 접지에 시설하며, 그 용량은 제10조에 의한 유효접지 기준에 따라 산출한다.

$$\begin{aligned} I_{ss1} &= \frac{Z_{dl1}+Z_{tr1}+Z_{dg1}}{(Z_{ss1}+Z_{sl1})+(Z_{dl1}+Z_{tr1}+Z_{dg1})}\times I_1[\mathrm{A}] \qquad (5.4.27) \\ &= \frac{3.5+j267.75}{(35+j111.5)+(3.5+j267.75)}\times 142.0[\mathrm{A}] \\ &= 99.75\angle-2.22^\circ[\mathrm{A}] \end{aligned}$$

배경

보호기기 오동작 여부 검토 필요성은 다음과 같다.

1) 분산형 전원 연계선로에서 고장이 발생하면 한전계통 전원(변전소) 측으로부터와 동일 주변압기에서 인출된 타 선로에 연계된 분산형 전원들로부터 기여되는 정방향 고장전류뿐 아니라, 고장점의 부하측에 위치하는 분산형 전원으로부터 기여되는 역방향 고장전류가 함께 형성된다. 다라서, 이 역방향 고장전류가 보호기기의 최소동작전류 정정치 이상일 경우 해당 보호기기가 오동작할 가능성이 있으며 이에 대한 대책이 필요하다.

2) 「계통보호업무처리지침」 및 「계통보호업무편람」의 “발전기 병렬운전 연계선로 보호업무기준”에서는 한전계통 측 도선 또는 병행선로 고장시 과전류계

전기(51, 51G)의 오동작이 우려될 경우 방향성 과전류계전기(67, 67G)를 사용하도록 하고 있다.

3) 분산형 전원 연계 변압기의 결선이 Yg-△로 구성된 경우, 분산형 전원의 운전 없이 단순히 변압기만 연계하더라도 지락고장 발생시 보호기기의 최소동작전류 설정값을 상회하는 역방향 고장전류를 공급하는 “Ground Source” 효과가 나타날 수 있어 방향성 계전요소의 적용이 필요하다.

4) 연계되는 분산형 전원이 점차 대용량화되고 있기 때문에 단락고장 시에도 상 최소동작전류 설정값을 상회하는 역방향 고장전류에 의한 보호기기 오동작 발생이 우려된다.

5) 방향성 과전류 계전방식의 도입을 위하여 경제적인 방향성 보호기기 부설원칙이 필요하며, 따라서 우선 분산형 전원 측의 설비를 보강하도록 하여 역방향 기여 고장전류를 최대한 저감함으로써 기존 과전류계전기로 보호가 가능하도록 하고, 불가피한 경우에 대해서만 방향성 과전류계전기를 설치하는 것이 바람직하다.

분산형 전원의 영향

분산형 전원의 영향에 의한 실제 보호기기 오동작 사례를 들면 다음과 같다.

1) 타 선로 고장시 연계선로 R/C 오동작 사례

가) 오동작 기기 : 북평 S/S 북평 D/L 북평간 38호 R/C(RA)

- 지락 최소동작전류 정정치 : 70[A]

나) 분산형 전원 연계현황

- 발전용량 : 태양광 발전 1,000[kW] (250[kW] × 4[대])
- 연계 변압기 용량 : 1,250[kVA](22,900/400[V], Yg-△ 결선)

다) 오동작 원인

- 동일 주변압기에서 인출된 인근 타 선로(삼화, 동삼, 어달 D/L)에서 지락고장 발생시 북평 D/L의 북평간 38호 RA 부하측 분산형 전원으로부터 지락 최소동작전류 정정치보다 큰 역방향 고장전류 유입

라) 계통도

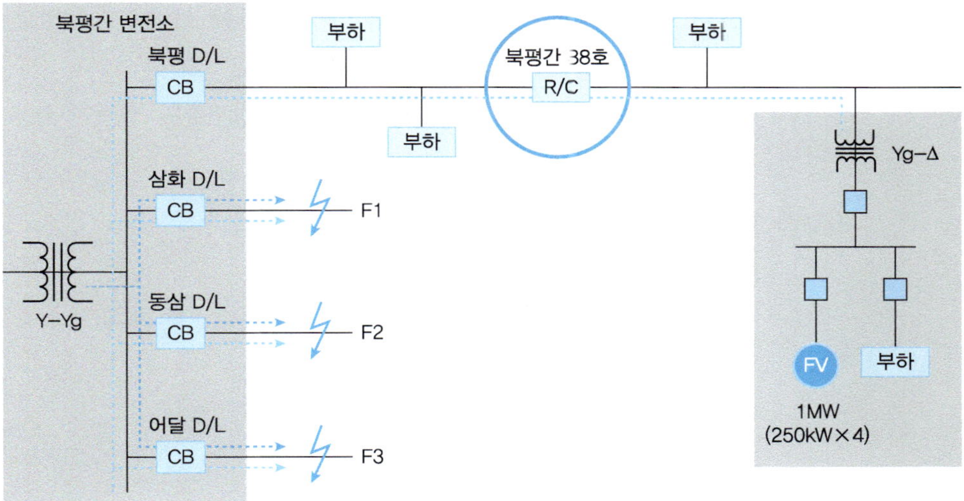

그림 5.4.17 북평 S/S 북평 D/L 계통도

마) 발생일시 : '06. 7. 20 ~ '07. 5. 10 기간 중 총 10회

순번	고장일시	고장선로	고장원인	고장선로 고장전류	북평간 38호 RA 고장전류
1	2006.07.20 10:12	동삼 D/L	LA 파손	A : 2,795[A] N : 2,749[A]	A76, B105, C72 N237
2	2006.08.06 14:37	삼화 D/L	외물접촉	A : 1,077 N : 1,006	A120, B71, C62 N193
3	2006.08.06 15:04	동삼 D/L	외물접촉	B : 1,308, C : 2,093 N : 1,096	A218, B297, C184, N477
4	2006.11.05 13.:07	삼화 D/L	변압기 소손	B : 3,580 N : 3,573	A115, B81, C102, N272
5	2007.03.09 11:51	어달 D/L	외물접촉	B : 231 N : 134	A145, B114, C80, N181
6	2007.03.15 19:15	어달 D/L	LP애자 파손	C : 1,209 N : 1,225	A48, B81, C40, N137
7	2007.04.01 09:50	삼화 D/L	조류	B : 3,700 N : 3,695	A94, B51, C65, N180
8	2007.04.04 17:07	어달 D/L	LA 파손	C : 1,207 N : 1,224	A145, B114, C80, N181
9	2007.04.25 17:07	삼화 D/L	원인불명	A : 220 N : 190	A91, B86, C62, N215
10	2007.05.10 13:15	동삼 D/L	차량충돌	CB 51(N) 순시 : 2,797	A188, B118, C166, N473

바) 해소방안 : 편람 제8조 제3항 및 제4항, 제11조 참조

- 분산형 전원 연계 변압기 1차측 접지에 NGR을 시설하여 역방향 지락 고장전류 제한
- 북평간 38호에 방향성 R/C 설치(정방향 고장전류만 선택차단)

2) 연계선로 전원측 고장시 R/C 및 자동화 개폐기 FI 오동작 사례

가) 오동작 기기

- 상주 S/S 모동 D/L 모동간 18호 RA : 트립 후 1회 재폐로 성공
  지락 최소동작전류 정정치 : 70[A]
- 모동간 147호 및 167L38R45L3호 GA : FI 오동작
  지락 최소동작전류 정정치 : 60[A]

나) 분산형 전원 연계현황 : 태양광 발전 1,000[kW]

다) 오동작 원인

- 모동 D/L 모동간 18호 R/C의 전원측에서 피뢰기 파손에 의한 지락고장 발생시 부하측 분산형 전원으로부터 지락 최소동작전류 정정치보다 큰 역방향 고장전류 유입

라) 계통도

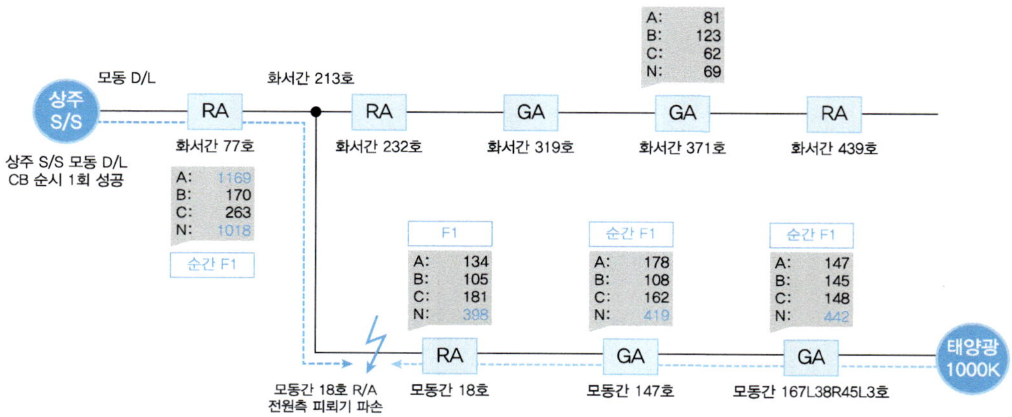

그림 5.4.18 상주 S/S 모동 D/L 계통도

마) 해소방안 : 편람 제8조 제3항 및 제4항, 제11조, 제12조 참조

- 분산형 전원 연계 변압기 1차측 접지에 중성선 접지 리액터(NGR) 시설
- 모동간 18호에 방향성 R/C 설치(정방향 고장전류만 선택차단)
- 분산형 전원 전원측 자동화 개폐기(모동간 147호, 167L38R45L3, 화서간 77호 GA)에 다기능 단말장치 설치(FI 방향 판별)

검토사례

분산형 전원 연계에 따른 역방향 고장전류 발생에 대한 검토사례를 들면 다음과 같다. 인근 타 선로에서 발생한 지락고장이 원인이 되어 건전선로의 보호기기가 오동작할 가능성을 [그림 5.4.19]와 같이 상정하여 검토한다. [그림 5.4.19]와 같이 분산형 전원이 없는 Feeder02에서 1선 지락고장 발생시 변전소의 동일한 주변압기 뱅크에 접속된 분산형 전원 연계선로인 Feeder01의 CB01, RC01, CB03이 방향성을 판별하지 못할 경우 오동작할 가능성이 높다.

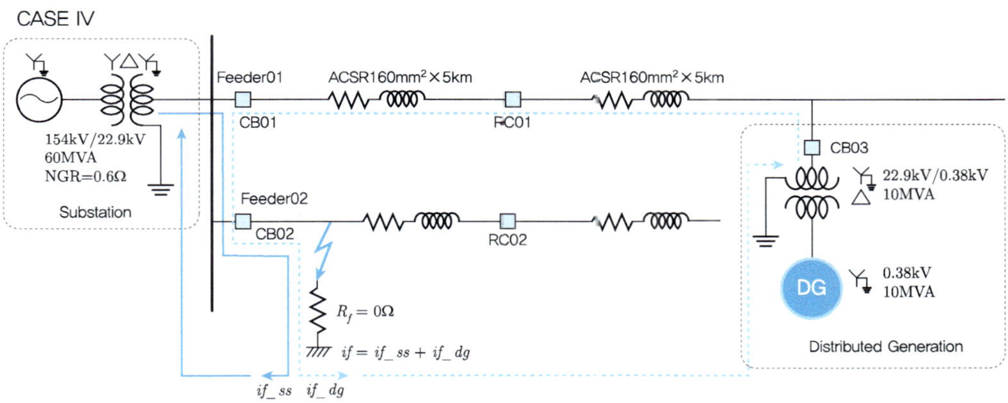

그림 5.4.19 인근선로 지락고장으로 인한 연계선로의 보호기기 오동작 사례

[그림 5.4.20]의 (b)의 등가회로와 식 (5.4.1)을 이용하여 고장전류 I_f를 다음의 식 (5.4.28)과 같이 계산한다.

$$I_f = 3 \times \frac{100}{(0.29 + j30.92) + (0.29 + j30.92) + (1.78 + j42.35)} \times 2521.18[\mathrm{A}]$$

$$= 7258.14\angle -88.7^\circ [\mathrm{A}] \tag{5.4.28}$$

Feeder02에서의 지락고장이 변전소 인출부에서 발생했기 때문에 고장전류의 크기가 크며 Feeder01의 중성선을 통해 귀로한 고장전류가 GY-△ 결선방식의 분산형 전원 연계 변압기를 통해 상당히 큰 역방향 지락 고장전류를 공급하고 있음을 알 수 있다.

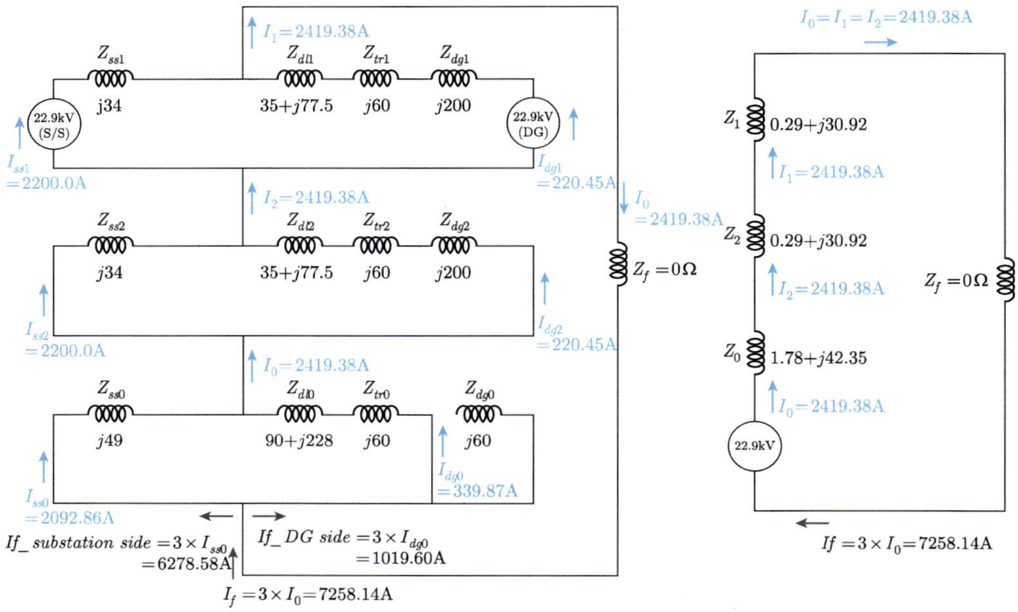

(a) (b)

그림 5.4.20 인근선로 지락고장시 연계선로의 고장해석을 위한 등가회로도

고장전류가 분배되는 지점에서의 정상분, 역상분, 영상분 전류는 다음과 같다.

$$I_{ss1} = \frac{Z_{dl1} + Z_{tr1} + Z_{dg1}}{(Z_{ss1}) + (Z_{dl1} + Z_{tr1} + Z_{dg1})} \times I_1 [\mathrm{A}] \tag{5.4.29}$$

$$= \frac{35 + j337.5}{(j34) + (35 + j337.5)} \times 2419.38 [\mathrm{A}]$$

$$= 2200.0 \angle -89.24^{\circ} [\mathrm{A}]$$

$$I_{dg1} = \frac{Z_{ss1}}{(Z_{ss1}) + (Z_{dl1} + Z_{tr1} + Z_{dg1})} \times I_1 [\mathrm{A}] \tag{5.4.30}$$

$$= \frac{j34}{(j34) + (35 + j337.5)} \times 2419.38 [\mathrm{A}]$$

$$= 220.45 \angle -83.32^\circ [\mathrm{A}]$$

$$I_{ss2} = \frac{Z_{dl2} + Z_{tr2} + Z_{dg2}}{(Z_{ss2}) + (Z_{dl2} + Z_{tr2} + Z_{dg2})} \times I_2 [\mathrm{A}] \tag{5.4.31}$$

$$= \frac{35 + j337.5}{(j34) + (35 + j337.5)} \times 2419.38 [\mathrm{A}]$$

$$= 2200.0 \angle -89.24^\circ [\mathrm{A}]$$

$$I_{dg2} = \frac{Z_{ss2}}{(Z_{ss2}) + (Z_{dl2} + Z_{tr2} + Z_{dg2})} \times I_2 [\mathrm{A}] \tag{5.4.32}$$

$$= \frac{j34}{(j34) + (35 + j337.5)} \times 2419.38 [\mathrm{A}]$$

$$= 220.45 \angle -83.32^\circ [\mathrm{A}]$$

$$I_{ss0} = \frac{Z_{dl0} + Z_{tr0}}{(Z_{ss0}) + (Z_{dl0} + Z_{tr0})} \times I_0 [\mathrm{A}] \tag{5.4.33}$$

$$= \frac{90 + j288}{(j49) + (90 + j288)} \times 2419.38 [\mathrm{A}]$$

$$= 2092.86 \angle -91.11^\circ [\mathrm{A}]$$

$$I_{dg0} = \frac{Z_{ss0}}{(Z_{ss0}) + (Z_{dl0} + Z_{tr0})} \times I_0 [\mathrm{A}] \tag{5.4.34}$$

$$= \frac{j49}{(j49) + (90 + j288)} \times 2419.38 [\mathrm{A}]$$

$$= 1019.6 \angle -73.75^\circ [\mathrm{A}]$$

여기에서 주목해야 하는 것은 Feeder02에서 발생한 영상분 전류가 모두 변전소 측으로만 귀로하지 않고 분산형 전원 측으로 분류된다는 점이다. 이것은 분산형 전원 연계 변압기의 결선방식과 직접적으로 관계되어 있다. 만일, 연계 변압기의 분산형 전원측 결선방식이 △ 결선이 아니라 비접지 Y 결선방식이라면 분산형 전원 측에서 기여하는 고장전류는 없다.

변전소와 분산형 전원 측으로 귀로하는 지락고장 전류는 위의 영상전류 계산 결과를 이용하여 구할 수 있다. 변전소 측으로 귀로하는 지락고장 전류 I_{fss}는 $I_{ss0} \times 3 = 6278.58\angle -91.11^\circ$ [A]이고, 분산형 전원 측으로 귀로하는 지락고장 전류 I_{fdg}는 $I_{dg0} \times 3 = 1019.60\angle -73.75^\circ$ [A]이다.

변전소와 분산형 전원 측의 각 상전류는 위에서 계산한 정상분, 역상분, 영상분 전류를 이용하여 다음과 같이 계산한다.

$$\begin{bmatrix} I_{ass} \\ I_{bss} \\ I_{css} \end{bmatrix} = \begin{bmatrix} 1 & 1 & 1 \\ a^2 & a & 1 \\ a & a^2 & 1 \end{bmatrix} \begin{bmatrix} I_{ss1} \\ I_{ss2} \\ I_{ss0} \end{bmatrix} = \begin{bmatrix} 1 & 1 & 1 \\ a^2 & a & 1 \\ a & a^2 & 1 \end{bmatrix} \begin{bmatrix} 2200.00\angle -89.24^\circ \\ 2200.00\angle -89.24^\circ \\ 2092.86\angle -91.11^\circ \end{bmatrix} \tag{5.4.35}$$

$$= \begin{bmatrix} 6492.11\angle -89.84^\circ \\ 127.85\angle 122.91^\circ \\ 127.85\angle 122.91^\circ \end{bmatrix}$$

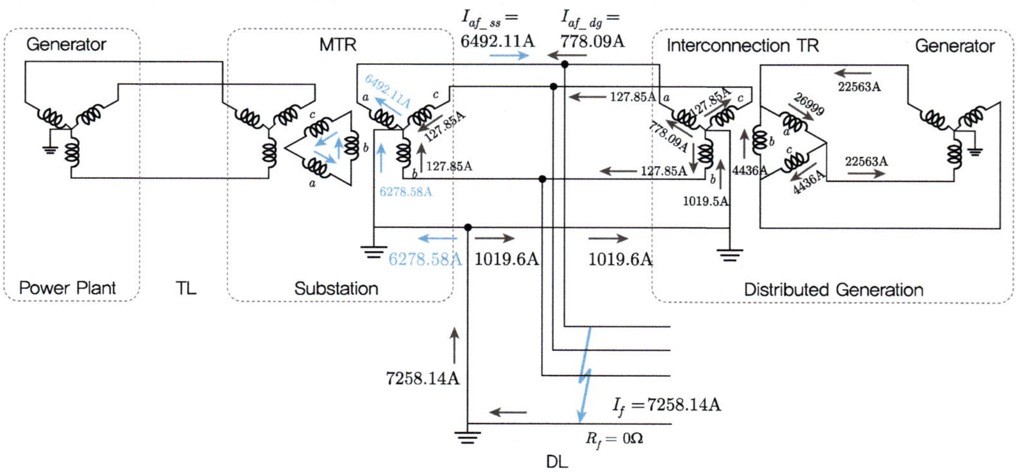

그림 5.4.21 인근선로 지락고장시 연계선로의 고장전류 분포 개략도

$$\begin{bmatrix} I_{adg} \\ I_{bdg} \\ I_{cdg} \end{bmatrix} = \begin{bmatrix} 1 & 1 & 1 \\ a^2 & a & 1 \\ a & a^2 & 1 \end{bmatrix} \begin{bmatrix} I_{dg1} \\ I_{dg2} \\ I_{dg0} \end{bmatrix} = \begin{bmatrix} 1 & 1 & 1 \\ a^2 & a & 1 \\ a & a^2 & 1 \end{bmatrix} \begin{bmatrix} 220.45\angle -83.32° \\ 220.45\angle -83.32° \\ 339.87\angle -73.75° \end{bmatrix} \tag{5.4.36}$$

$$= \begin{bmatrix} 778.09\angle -79.16° \\ 127.85\angle -57.09° \\ 127.85\angle -57.09° \end{bmatrix}$$

계산된 고장전류와 각 상전류의 분포를 그림으로 나타내면 [그림 5.4.21]과 같다.

8 | 보호협조 시간차 검토

제9조(보호협조 시간차 검토)

① 분산형 전원에 의한 고장전류의 증가 또는 감소로 보호기기들의 동작 시간에도 변화가 있을 수 있으므로 보호기기간 협조 시간차를 검토한다.

② 제1항에 의한 검토를 위해 동일 주변압기에서 인출된 모든 선로의 분산형 전원 투입 및 정격출력 조건을 상정하고 분산형 전원 연계 후 고장전류를 산출한다. 단, 보호기기는 분산형 전원이 연계되기 전 상태를 기준으로 적절히 정정되어 있어야 하며, 제6조 내지 제8조에 의한 단락용량, 부동작, 오동작 관련 검토 및 조치가 선행되어 있어야 한다.

③ 보호기기의 T–C(Time–Current) 특성곡선을 활용하여 분산형 전원 연계 전의 동작점(상, 지락)과 연계 후의 동작점을 비교하여 시간차를 검토한다. 이때, 상 요소의 경우에는 보호구간 최대 고장전류를 기준으로 연계 전후의 동작시간을 검토하며, 지락요소의 경우에는 최소 고장전류에 대해 동작시간차를 비교한다.

④ 동작시간차는 기술서에서 정한 바에 따르며, 적정 시간차 확보가 곤란할 경우에는 특성곡선의 종류, 배수 및 레벨을 조정한다.

보호기기 간 협조 시간차 변화 검토 필요성은 다음과 같다.

1) 분산형 전원이 연계되더라도 원활한 보호협조를 위하여 보호기기 간 협조 시간차의 확보가 필요하다.
2) 분산형 전원 연계에 따른 고장전류의 증감에 따라 각 보호기기의 T-C 특성곡선 상의 동작점이 변동될 수 있으므로 분산형 전원 연계 전 동작점 대비 연계 후의

동작점을 살펴보고 연계 전에 기 확보되었던 협조 시간차가 연계 후에도 확보되는지 검토할 필요가 있다.

9 | NGR의 적정용량 산정

제10조(NGR의 적정용량 산정)

제6조 제5항, 제7조 제4항 및 제8조 제4항에 따라 분산형 전원 연계 변압기의 1차측 접지에 시설되는 NGR의 적정용량은 유효접지를 만족하는 범위 이내로서 다음 식 1에 따라 산정한다.

$$X_N \leqq X_{T1} + X_{G1} - X_{T0}/3 \qquad \text{식 1}$$

여기서, X_N은 NGR의 용량, X_{T0}, X_{T1}, X_{G1}은 각각 연계 변압기의 영상분, 정상분 및 분산형 전원의 정상분 리액턴스를 나타낸다.

분산형 전원 연계 변압기에 시설되는 NGR의 용량 선정은 다음과 같이 상반되는 목표를 적정 수준에서 균형 있게 달성할 수 있어야 한다.

1) 분산형 전원 연계로 인한 지락 과전류 계전방식에 지장을 주지 않을 만큼, Yg-△ 결선방식의 연계 변압기 자체에 의한 Ground Source 효과를 방지할 수 있을 만큼 또는 상시 불평형에 따른 과도한 역송전류를 제한할 수 있을 만큼 충분히 커야 한다.
2) 한전계통 측 선로 고장시 건전상에 전압상승이 발생하지 않도록 유효접지 기준을 만족할 만큼 충분히 작아야 한다.

유효접지 기준($X_N \leq \dfrac{X_{T1} + X_{G1} - X_{T0}}{3}$) 이내의 적정 NGR 설치를 통하여 지락 고장시 과도한 영상분 고장전류를 억제할 수 있다. 참고로, 캐나다 BC-Hydro 전력회사의 경우, 분산형 전원 연계 변압기 영상 임피던스의 1.0~1.5[배] 이내의 NGR을 시설할 것을 권고하고 있으며, 지락고장시 약 5[%] 정도의 고장전류 감소 효과와 약 22[%] 정도의 건전상 전압상승을 예상하고 있다.

제 6 장

off-DAS를 이용한 분산형 전원 연계 배전선로의 보호협조 검토

제1절

변전소 계전기의 정정

1 | 변전소 계전기의 정정지침

앞에서 이미 언급한 바와 같이 변전소 계전기 정정지침은 [표 6.1.1]과 같다.

| 표 6.1.1 | 변전소 계전기 정정지침

구분		정 정 지 침
순시 Tap	OCR	• 전위 R/C(또는 OCR) 설치점의 3상 단락전류 × 1.5 이상 − 단 R/C(또는 OCR)가 없는 경우에는 회선당 운전전류 × 6 이상
	OCGR	• 전위 R/C(또는 OCGR) 설치점의 최대 1선 지락전류 × 1.4 이상 − 단 R/C(또는 OCGR)가 없는 경우에는 회선당 운전전류 × 3 이상
한시 Tap	OCR	• 회선당 운전전류 × 1.5 (일반 배전선로 : 10[MW]) • 보호구간 최소고장전류치가 한시요소동작치의 1.5[배] 이상
	OCGR	• 회선당 운전전류 × 0.3 • 보호구간 최소 1선 지락전류 / 1.5 이하
한시 Lever	OCR	• 변전소 인출점 3상 단락전류에서 0.5[초](30[Cycle]) 이하로 동작 − 배전선로 보호협조가 곤란할 경우 0.6[초] 이하로 정정 가능
	OCGR	• 변전소 인출점 최대 1선 지락고장에서 0.5[초] 이하로 동작

2 | 변전소 계전기의 정정사례

❶ 모델 배전계통

배전용변전소 계전기의 정정치 계산 사례를 보여주기 위하여 [그림 6.1.1]과 같은 모델 배전계통과 [표 6.1.2]와 같은 % 임피던스 구성도를 상정하였다. 또한, 배전용변전소 계전기의 타입은 다음과 같다.

- 변전소 계전기 타입 : K2CG-C

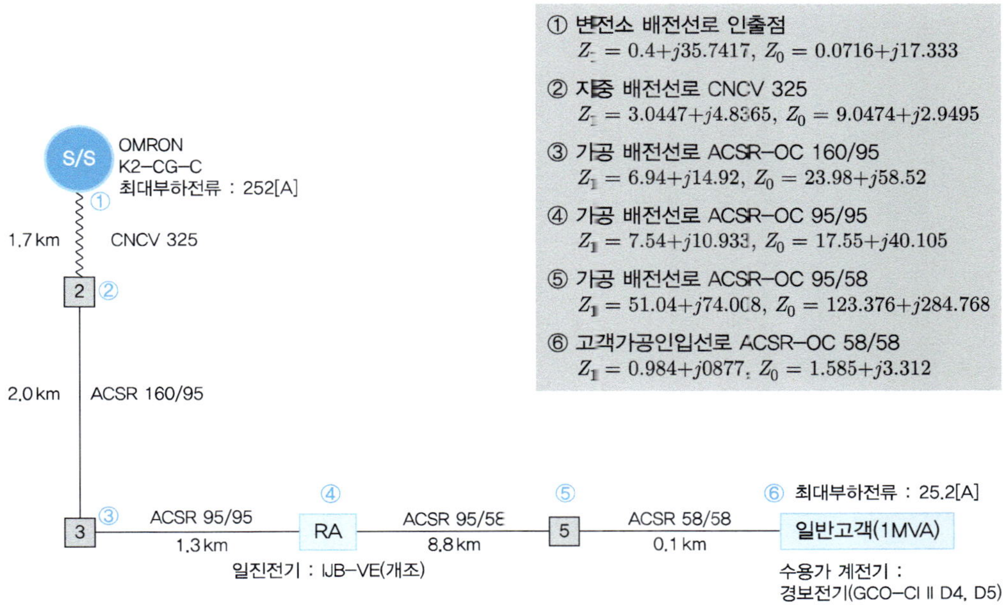

그림 6.1.1 모델 배전계통

표 6.1.2 모델 배전계통의 % 임피던스 구성도

구간	Z_1		누계		Z_0		누계		km
	%R	%X	%R	%X	%R	%X	%R	%X	
①	0.4	35.7417	0.4	35.7417	0.0716	17.333	0.0716	17.333	직하
②	3.0447	4.8365	3.4447	40.5782	9.0474	2.9495	9.119	20.2825	1.7
③	6.94	14.92	10.3847	55.4982	23.98	58.52	33.099	78.8025	2.0
④	7.54	10.933	17.9247	66.4312	17.55	40.105	50.649	118.9075	1.3
⑤	51.04	74.008	68.9647	140.4392	123.376	284.768	174.025	403.6755	8.8
⑥	0.948	0.877	69.9127	141.3162	1.585	3.312	175.61	406.9875	0.1

고장전류 계산

상기의 모델계통에 대하여 먼저 off-DAS를 이용하여 고장전류를 계산하면 [그림 6.1.2]와 같다. 고장전류의 값은 3상 단락전류, 선간 단락전류 그리고 1선 지락전류(0[Ω], 30[Ω])순으로 표시되어 있다.

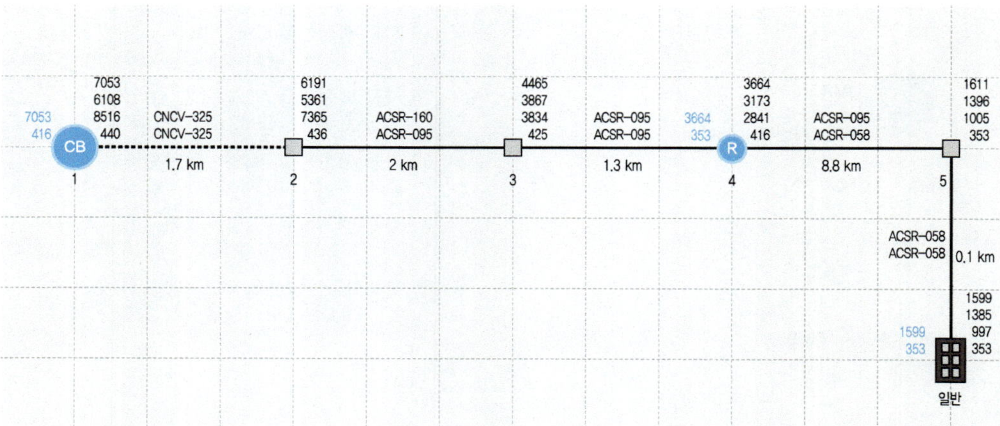

그림 6.1.2 제시된 모델 계통에 대한 고장전류 계산 단선도

변전소 OCR의 정정치 선정

배전용변전소 OCR의 정정치는 다음과 같은 절차에 의하여 계산한다.

1) CT비 선정

회선당 운전전류는 10[MW]를 기준으로 정격전류를 구하면 식 (6.1.1)과 같다.

$$I = \frac{10{,}000}{\sqrt{3} \times 22.9} = 252[\mathrm{A}] \tag{6.1.1}$$

CT 비의 결정은 회선 당 운전전류에 1.5[배]를 하면 식 (6.1.2)와 같다.

$$252[\mathrm{A}] \times 1.5[\text{배}] = 378[\mathrm{A}] \tag{6.1.2}$$

약 400[A] 정도이므로 400/5를 사용하면 되지만, 여유를 두어 600/5를 사용한다.

2) OCR 한시 Tap 선정

한시 Tap은 계전기의 최소동작전류를 의미한다. 정정지침에 의하면 "회선당 운전전류의 150[%]"이므로 그 결과는 식 (6.1.3)과 같다.

$$\text{계전기의 동작전류} = \frac{10,000}{\sqrt{3} \times 22.9} \times 1.5 \times \frac{5}{600}(\text{CT비})$$
$$= 3.15 \rightarrow 4[\text{A}]\text{탭} \qquad (6.1.3)$$

실제로 Tap은 [그림 6.1.3]과 같이 4 Tap에 설정한다.

그림 6.1.3 한시 Tap

4[A] Tap의 의미 (Tip)

$\frac{600}{5} = 120$배(CT비)$\times 4$(TAP)$= 480$[A] 이상의 고장전류(단락고장)가 OCR에 유입되면, 한시특성에 의해 적정시간을 지연하면서 동작하게 된다.

3) OCR 순시 Tap 선정

OCR의 순시 Tap은 정정지침에서 "전우 보호장치(R/C) 설치 점의 3상 단락전류의 1.5[배] 이상"에 설정하도록 되어 있으므로 식 (6.1.4)와 같다.

$$\text{계전기의 순시 TAP 동작 전류} = 3,664[A] \times 1.5[\text{배}] \times \frac{5}{600}(\text{CT비})$$
$$= 45.8 \rightarrow 40[\text{A}]\text{탭} \qquad (6.1.4)$$

실제로 순시 Tap(s-Tap)은 [그림 6.1.4]와 같이 40 Tap에 설정한다.

그림 6.1.4 순시 Tap(s-Tap)

> **Tip**
>
> **40[A] Tap의 의미**
>
> $\frac{600}{5}$ = 120배(CT비)×40(TAP) = 4,800[A] 이상의 고장전류(단락고장)가 OCR에 유입되면, 순시동작을 하게 된다. 이 이하의 전류가 입력되면 한시 Tap에 의해 동작하게 된다.

4) OCR Lever(레버) 선정

Tap 설정이 모두 끝나면 Lever 값을 정정한다. 정정지침에서 계전기가 "배전용변전소 인출점 3상 단락전류에서 30[Cycle] 이하로 동작"하게 되어 있으므로, 앞에서 변전소 인출점 3상 단락전류(D/L 최대고장전류) = 7,053[A]이고, 이 값을 계전기의 특성곡선 X 좌표 값에 대입하여, 정정지침에서 정한 Y 좌표 값이 30[Cycle] 이하인 부분에서 만나는 가장 상위의 곡선이 계전기의 Lever 값이 된다. [그림 6.1.6]에서 Lever 1은 38.9[Cycle]로 부적합하고 0.7은 27.3[Cycle]로 조건을 만족한다. 따라서 OCR의 한시 Lever는 [그림 6.1.5]와 같이 0.7로 선정한다.

그림 6.1.5 OCR 한시 Lever 정정

변전소 인출점 3상 단락 전류에서
0.5초(30Cycle) 이하로 동작
TC 커브를 이용하여 7,053A에서
30Cycle 이하 Lever → 0.7

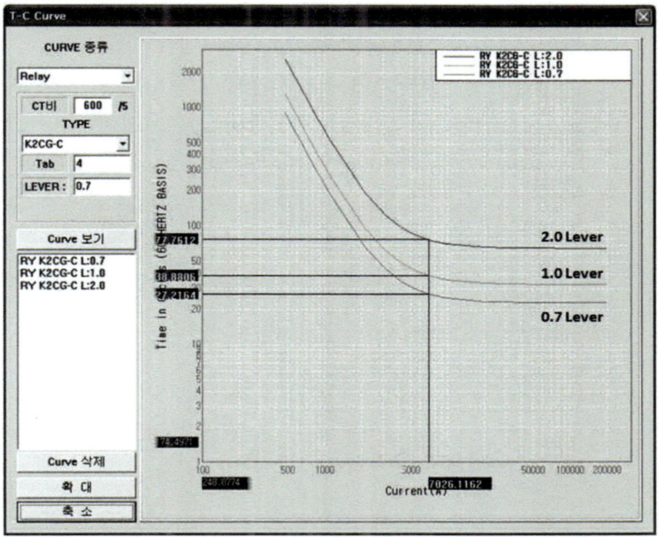

그림 6.1.6 T–C 곡선

따라서 off-DAS에서 배전용변전소 OCR의 정정치는 [그림 6.1.7]과 같다.

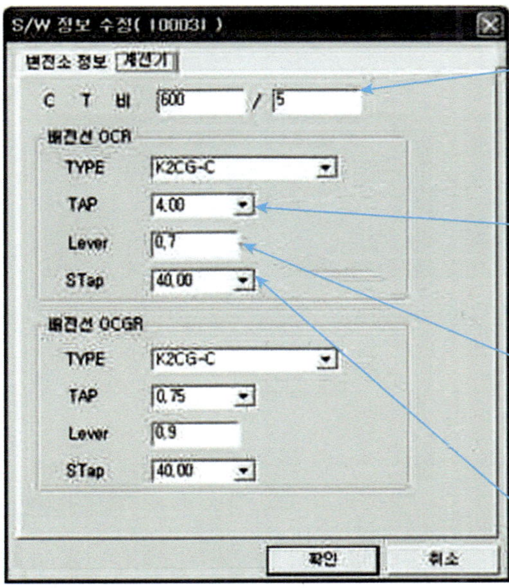

CT비–600/5를 사용

$$\frac{10000}{22.9\times\sqrt{3}}\times 1.5 = 378 \rightarrow 400$$

(400/5 또한 사용가능)

$$\text{TAP} \rightarrow \frac{10000}{22.9\times\sqrt{3}}\times 1.5\times\frac{5}{600} = 3.15 = 4[\text{A}]$$

변전소 인출점 3상 단락전류에서
0.5초(30Cycle) 이하로 동작
TC 커브를 이용하여 7,053A에서
30Cycle 이하 Lever → 0.7

STAP(순시탭) → 전위 R/C
설치점의 3상 단락전류 × 1.5 이상

$$3664\times 1.5\times\frac{5}{600} = 45.8 \rightarrow 40[\text{A}]$$

그림 6.1.7 off–DAS의 배전용변전소 OCR의 정정

> **Tip**
>
> Lever 정정의 의미
>
> Lever는 **계전기의 동작시간을 결정하는 요소**로 강반한시 곡선의 한 형태이며, 대략 1~10까지의 값으로 나타낸다. 계전기의 Lever 값별 곡선들 중, 정정지침의 조건에 맞는 곡선을 찾아 정정하는 것이 Lever 정정이다.

❹ 변전소 OCGR의 정정치 선정

배전용변전소 OCGR의 정정치 절차는 OCR 정정 방법과 같다.

1) OCGR 한시 Tap 선정

한시 Tap은 정정지침에 "회선 당 운전전류의 30[%]"이므로 결과는 식 (6.1.5)와 같다.

$$\text{계전기의 최소동작전류} = \frac{10,000}{\sqrt{3}\times 22.9}\times 0.3\times\frac{5}{600}(\text{CT비})$$
$$= 0.63 \rightarrow 0.75[\text{A}]\text{탭} \qquad (6.1.5)$$

Tap은 [그림 6.1.8]과 같이 0.75 Tap에 설정된다.

그림 6.1.8 OCGR 정정 Tap

> **Tip**
>
> 0.75[A] Tap의 의미
>
> $\frac{600}{5}$ = 120배(CT비) × 0.75(TAP) = 90[A] 이상의 고장전류(단락고장)가 OCGR에 유입되면, 한시특성에 의해 적정시간을 지연하면서 동작하게 된다.

2) OCGR 순시 Tap 선정

OCGR의 순시 Tap은 정정 지침에서 "전위 보호장치(R/C) 설치점의 최대 1선 지락전류(지락저항 0[Ω])의 1.4[배] 이상"이므로 식 (6.1.6)과 같다.

$$\text{계전기의 순시 TAP 동작 전류} = 2{,}841 \times 1.4 \times \frac{5}{600}(\text{CT비})$$
$$= 33.15 \rightarrow 40[\text{A}]\text{탭} \qquad (6.1.6)$$

순시 Tap(s-Tap)은 [그림 6.1.9]와 같이 40 Tap에 설정된다.

그림 6.1.9 OCGR의 순시 Tap 정정

Tip

40[A] Tap의 의미

$\frac{600}{5}$ = 120배(CT비) × 40(TAP) = 4,800[A] 이상의 고장전류(단락고장)가 OCGR에 유입되면, 순시동작을 하게 된다. 이 이하의 전류가 입력되면 한시 Tap에 의해 동작하게 된다.

3) OCGR Lever(레버) 선정

계전기가 "배전용변전소 인출점 최대 1선 지락전류에서 30[Cycle] 이하로 동작"하게 되어 있으므로, 앞에서 변전소 인출점 최대 1선 지락전류는 8,516 [A]이고, 이 값을 계전기의 특성곡선 X 좌표 값에 대입하여, 정정지침에서 정한 Y 좌표 값이 30[Cycle] 이하의 곡선 중 가장 상위의 곡선이 계전기의 Lever 값이 된다. [그림 6.1.10]에서 Lever가 1.1은 36.5[Cycle]이므로 부적합하고 0.9은 29.82[Cycle]이므로 만족한다. 따라서 OCGR의 한시 Lever는 [그림 6.1.11]과 같이 0.9로 선정된다.

배전용 변전소 최대 1선지락전류에서 0.5초(30Cycle) 이하로 동작 TC 커브를 이용하여 8,516A에서 30Cycle 이하 Lever → 0.9

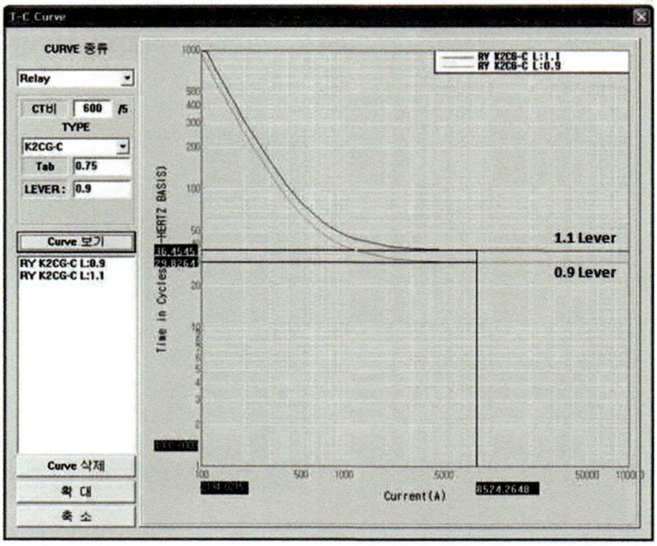

그림 6.1.10 변전소 계전기 T–C 곡선(Lever 0.9)

그림 6.1.11 OCGR의 한시 Lever 정정

따라서 off-DAS에서 배전용변전소 OCGR의 정정치는 [그림 6.1.12]와 같다.

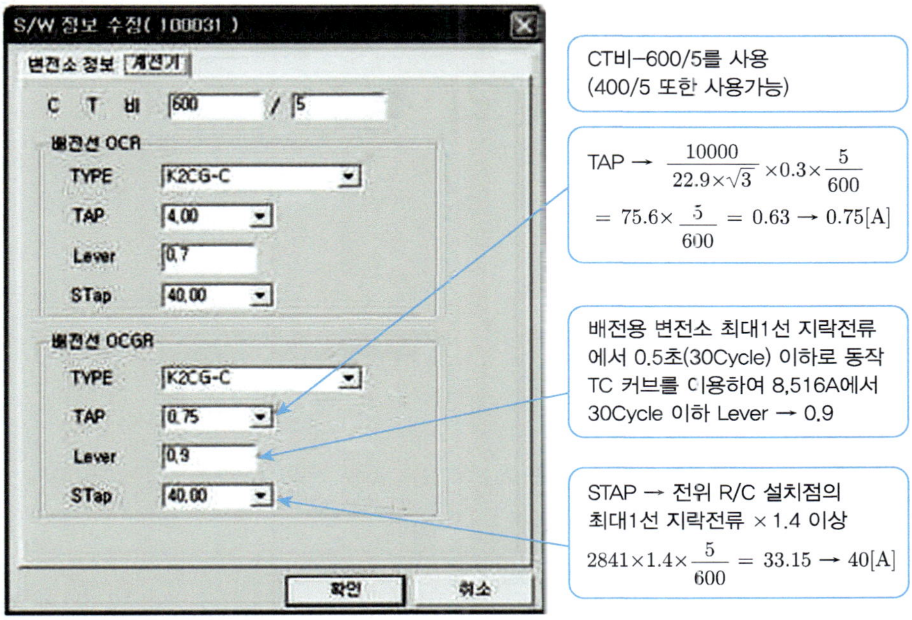

그림 6.1.12 off-DAS의 배전용변전소 계전기의 OCGR 정정

제 2 절

R/C의 정정

1 | R/C의 정정지침

R/C를 정정할 경우 [표 6.2.1]의 조건을 모두 만족하도록 정정한다. 만약 그럴 수 없다면 R/C의 정정이 불가능한 경우다.

표 6.2.1 R/C 정정기준

구 분		정 정 지 침
최소동작 전류	상	• 최대부하전류의 2.8[배] 이상, 4.0[배] 이하 • 후비보호기기의 상 최소동작전류 정정치 이하
	지락	• 최대부하전류 × 0.3 이상 • R/C 부하 측 최대 단상분기의 최대부하전류 이상 • 보호구간 최소 1선 지락전류 / 2 이하 • 후비보호기기 지락 최소동작전류 정정치 이하
총 동작횟수		• 후비에 R/C가 있을 경우 : 후비 R/C의 총 동작횟수 −1 이하
순시동작횟수		• 총 동작횟수 이하 • 상과 지락의 순시동작횟수 일치
재폐로 시간		• 변전소 계전기가 아날로그일 경우 : 계전기 원판 복귀시간 이상 • R/C 몸체가 투입준비를 할 수 있는 시간 이상 • 상과 지락의 재폐로 시간 일시
복귀시간		복귀시간
X 배수	상	• (설치점 최대부하전류 × 10) / 상 최소동작전류 이상
	지락	• (설치점 최대부하전류 × 10) / 상 최소동작전류 이상

[표 6.2.2] R/C와 R/C간 협조기준시간

후비보호기기	전위보호기기	협조시간차[Cycle]	비 고
KH-ESV, ESV	R/C	3.5	
IJB-VE, VWVE, EVR-2	R/C	2.7	
유압식 R/C	R/C	8	

R/C의 상 정정치 선정

R/C의 상 정정치는 다음과 같은 절차에 의하여 계산한다. 여기서 R/C 타입은 IJB-VE(개조)를 사용한 것으로 했다.

1) 상 최소동작전류 선정

R/C의 최소동작전류는 정정지침에 따라 "최대부하전류의 2.8[배] 이상, 4.0[배] 이하"이다. 최대부하전류의 값이 126[A]이므로 식 (6.2.1)과 같다.

$$2.8\times \text{최대부하전류}(126[A]) \le \text{R/C의 최소동작전류} \le 4.0\times \text{최대부하전류}(126[A]) \quad (6.2.1)$$

따라서 식 (6.2.1)을 계산하면 식 (6.2.2)와 같다.

$$352.8[A] \le \text{R/C의 최소동작전류} \le 504[A] \rightarrow 400[A] \quad (6.2.2)$$

여기서 R/C 설치점의 부하전류는 회선 최대부하의 50[%]로 126[A]로 상정한다. 따라서 R/C의 상 최소동작전류는 [그림 6.2.1]과 같이 400[A]에 설정된다.

2) 상 순시, 지연곡선 선정

R/C의 순시와 지연곡선은 [그림 6.2.1]과 같이 N2 곡선과 N4 곡선을 사용하는 것으로 상정한다.

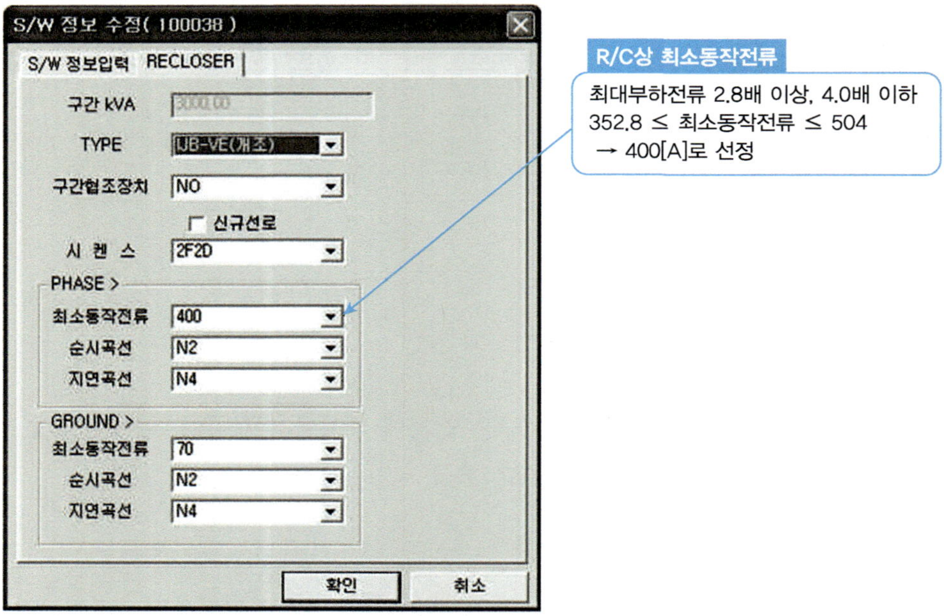

그림 6.2.1 R/C 상 최소동작전류 설정

R/C의 지락 정정치 선정

R/C의 지락 정정치는 다음과 같은 절차에 의하여 계산된다.

1) 지락 최소동작전류 선정

R/C의 지락 최소동작전류는 정정지침에 따라 "최대부하전류의 0.3[배] 이상" 이다. 최대부하전류의 값이 126[A]이므로 식 (6.2.3)과 같다.

$$\text{R/C의 지락 최소동작전류} = \text{최대부하전류}(126[A]) \times 0.3 = 37.8[A] \text{ 이상} \qquad (6.2.3)$$

또한, R/C의 보호구간 최소고장전류가 353[A]이므로 이를 계산하면 식 (6.2.4) 과 같다.

$$\frac{\text{R/C의 보호구간 최소 1선 지락 전류}(353[A])}{2} = 176.5[A] \text{ 이하} \qquad (6.2.4)$$

한시 Tap을 0.75[A]로 설정한 것은 CT 비가 600/5이기 때문에 변전소의 최소동작전류가 90[A]임을 의미한다. 따라서 식 (6.2.5)와 같다.

$$\text{변전소 OCGR 최소동작전류} = 90[A] \text{ 이하} \tag{6.2.5}$$

위 조건을 모두 만족시키는 지락 최소동작전류는 70[A]로 [그림 6.2.2]와 같이 설정한다.

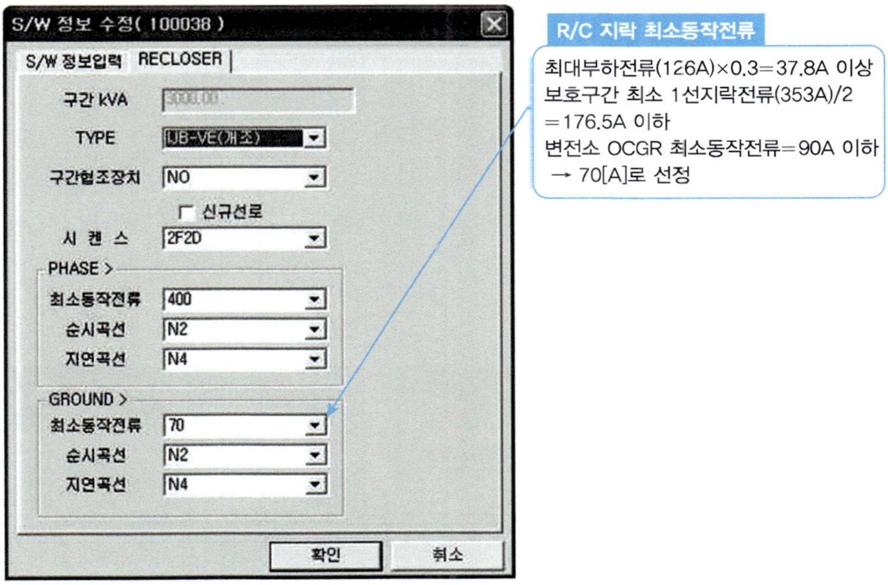

그림 6.2.2 R/C 지락 최소동작전류 정정

2) 지락 순시, 지연곡선 선정

R/C의 순시와 지연곡선은 N2 곡선과 N4 곡선을 사용하는 것으로 상정한다.

2 | 변전소 계전기와 R/C와의 협조

R/C의 설치조건

부하전류가 충분히 감소한 지점을 R/C 설치점으로 선정해야 후비보호와 협조가 잘 이루어진다는 것은 이미 언급하였다. 이점을 감안하여 [표 6.2.3]과 같이 최대부하전류의 50[%]가 되는 지점에 R/C를 설치한 것으로 상정하였다.

|표 6.2.3| R/C 설치 위치

구간 지점	보호장치		최대부하전류	비고
	종류	Type		
변전소	S/S 계전기	K2CG-C	252[A]	100[%]
R/C	RA(자동)	IJB-VE(개조)	126[A]	50[%]

변전소 OCR과 R/C간의 협조

1) off-DAS를 이용하여 각종 데이터 확인

[그림 6.2.3]과 같이 R/C 설치점에서의 최대고장전류(3상 단락전류)와 최소고장전류(전위보호기기의 선간단락전류), 최대부하전류, 최대/최소 Rating 등을 확인한다.

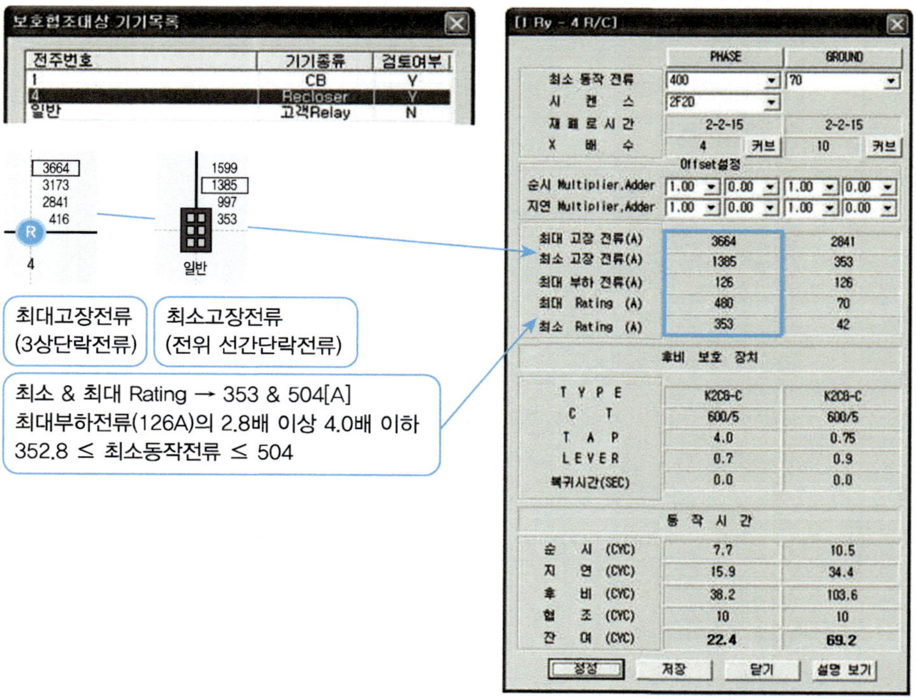

그림 6.2.3 R/C 설치점에서의 각종 데이터 확인 화면

2) R/C 설치점 최대고장전류(3,664[A])에 대한 보호협조 확인

[그림 6.2.4]에서 3,664[A] 값을 X 좌표 값에 대입하여, R/C의 곡선(N2, N4)과 변전소 OCR의 한시 특성곡선에 대응하는 Y 좌표 값을 읽으면, R/C의 곡선(N2, N4)에 대한 동작시간이 각각 7.7[Cycle], 15.9[Cycle]로 구해진다. 또한, 변전소 OCR의 한시동작시간은 38.2[Cycle]임을 알 수 있다. 이 값을 R/C의 지연동작시간과 비교하면 (38.2 − 15.9) = 22.4[Cycle]의 차이가 난다. 따라서 R/C의 상 지연동작과 변전소 OCR의 한시동작이 10[Cycle] 이상의 협조 시간차가 나므로 협조에 문제가 없음을 알 수 있다.

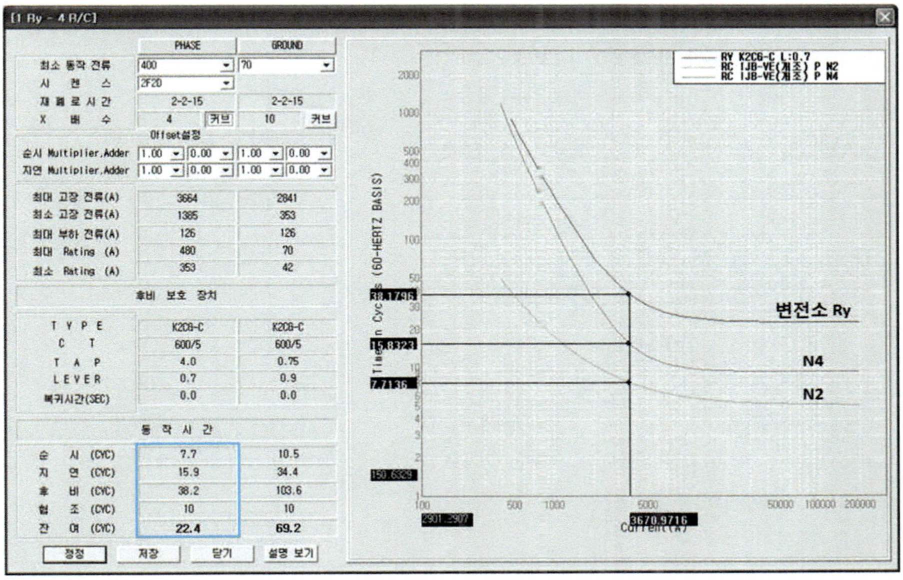

그림 6.2.4 최대고장전류에 대한 동작시간 확인

3) 아날로그 계전기인 경우

아날로그 계전기의 경우에는 고장을 제거하여도 복귀되는데 일정 시간이 필요하다. 이러한 이유로 계전기가 완전히 복귀되기 전에 다시 고장이 발생하면 동작시간이 짧아지게 된다. 따라서 아날로그 계전기와 R/C 간의 협조를 검토할 경우에는 반드시 이를 감안하여야 한다. R/C의 동작시퀀스는 2F2D로 재폐로 시간은 2[초] - 2[초] - 15[초]르 가정하고, 어떤 고장이 발생하면

[그림 6.2.5]와 같이 R/C의 순시동작시간이 7.6[Cycle], 지연동작시간이 15.9[Cycle]이고, 계전기의 동작시간은 38.2[Cycle]이 된다.

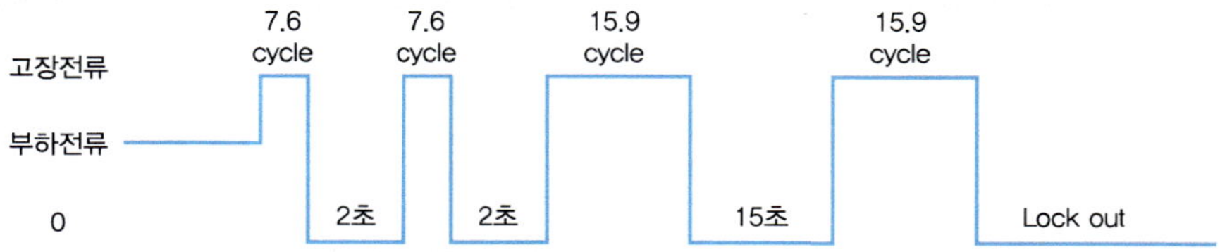

그림 6.2.5 R/C의 동작 시퀀스

따라서 [표 6.2.4]와 같이, 변전소 OCR의 최종 잔여동작시간에 따라 협조판정하면 식 (6.2.6)과 같다. 따라서 협조가 가능함을 알 수 있다.

$$38.2\,[\mathrm{Cycle}] \times \left(1 - \frac{41.62}{100}\right) = 22.3\,[\mathrm{Cycle}] \geq 10\,[\mathrm{Cycle}] \qquad (6.2.6)$$

표 6.2.4 복귀시간

구분	1F	2F	1D	2D
a) R/C 동작시간[Cycle]	7.7	7.7	15.9	15.9
b) 계전기 동작시간[Cycle]	38.2	38.2	38.2	38.2
c) 진행률[%]	20.16	20.16	41.62	41.62
d) 복귀 전 현재위치[%]	20.16	20.16	41.62	41.62
e) R/C 재폐로 시간[초]	2	2	15	
f) 계전기 복귀시간 [초]	2.18	2.18	2.18	
g) 복귀율[%]	91.62	91.62	91.62	
h) 복귀 후 현재위치[%]	0	0	0	

c) 진행률[%]$= \dfrac{\text{a) R/C 동작시간}}{\text{b) 계전기 동작시간}} \times 100$

d) 복귀 전 현재위치[%] = 이전 시퀀스의 h)복귀 후 현재위치 - c)진행률

※ 이 값이 100 이상이면 변전소 계전기가 동작하게 된다.

f) 복귀시간[초]$= 0.0405L^2 + 4.50462L - 0.9901$, 여기서 L은 변전소 OCR의 Lever임

$L = 0.7$이므로 복귀시간$= 0.0405 \times 0.7^2 + 4.50462 \times 0.7 - 0.9901 = 2.18$

g) 진행률[%]$= \dfrac{\text{e) R/C 재폐로시간}}{\text{b) 계전기 복귀시간}} \times 100$

h) 복귀 후 현재 위치[%]= d) 복귀 전 현재 위치$-$g) 복귀율

※ 이 값이 0 미만이면 0으로 한다.

변전소 OCGR과 R/C 간의 협조

1) off-DAS를 이용하여 각종 데이터 확인

[그림 6.2.6]과 같이 R/C 설치점에서의 최대고장전류(1선 지락전류, 0[Ω])와 최소고장전류(1선 지단락전류, 30[Ω]), 최대부하전류, 최대/최소 Rating 등을 확인한다.

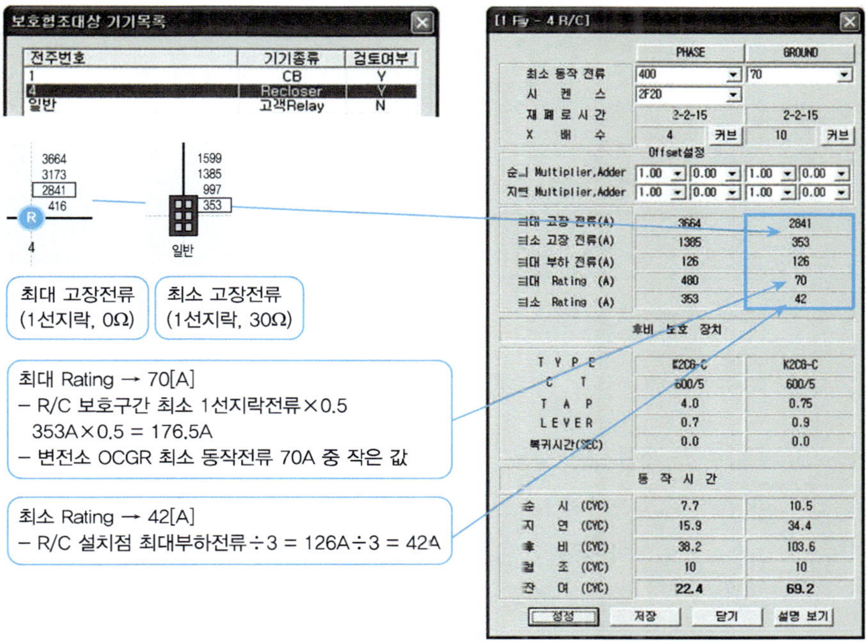

그림 6.2.6 R/C 설치점에서의 각종 데이터 확인 화면

2) R/C 설치점 최소고장전류(353[A])에 대한 보호협조 확인

[그림 6.2.7]에서 353[A]값을 X 좌표 값에 대입하여, R/C의 곡선(N_2, N_4)과 변전소 OCGR의 한시 특성곡선에 대응하는 Y 좌표 값을 읽으면, R/C의 곡선(N_2, N_4)에 대한 동작시간이 각각 10.5[Cycle], 34.4[Cycle]로 구해진다. 또한, 변전소 OCGR의 한시동작시간은 103.6[Cycle]임을 알 수 있다. 이 값을 R/C의 지연동작시간과 비교하면 (103.6−34.4)=) 69.2[Cycle]의 차이가 난다. 따라서 R/C의 지락 지연동작과 변전소 OCGR의 한시동작이 10[Cycle] 이상의 협조시간차가 나므로 협조에 문제가 없음을 알 수 있다.

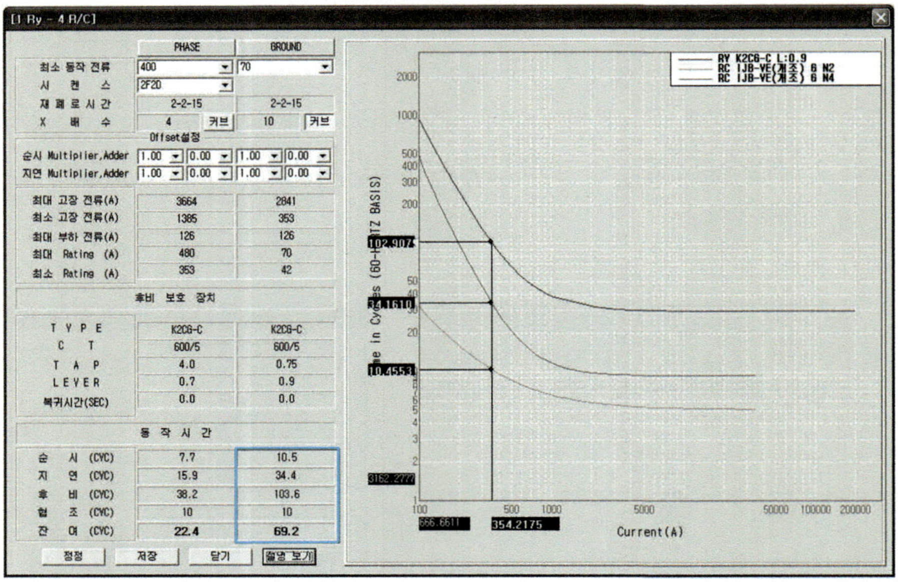

그림 6.2.7 최소고장전류에 대한 동작시간 확인

3) 아날로그 계전기인 경우

아날로그 계전기와 R/C간의 협조를 검토할 경우에 잔여동작시간을 감안하기 위하여, R/C의 동작시퀀스를 2F2D로 재폐로 시간은 2[초] - 2[초] - 15[초]로 가정한다. 만약 어떤 고장이 발생하면, R/C의 순시동작 시간이 [그림 6.2.8]과 같이, 10.5[Cycle], 지연동작 시간이 34.4[Cycle]이고, 계전기의 동작시간은 103.6[Cycle]이 된다.

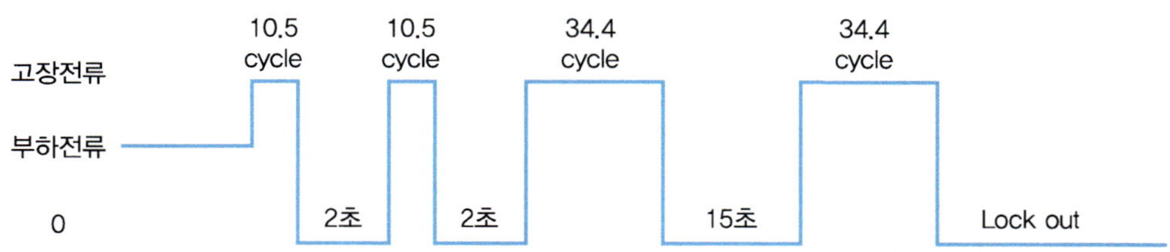

그림 6.2.8 R/C의 동작 시퀀스

따라서 [표 6.2.5]와 같이, 변전소 OCR의 최종 잔여동작시간에 따라 협조판정을 하면 식 (6.2.7)과 같다. 따라서 흩조가 가능함을 알 수 있다.

$$103.6 \times \left(1 - \frac{33.2}{100}\right) = 69.2\,[\text{Cycle}] > 10\,[\text{Cycle}] \tag{6.2.7}$$

| 표 6.2.5 | 복귀시간

구분	1F	2F	1D	2D
a) R/C 동작시간[Cycle]	10.5	10.5	34.4	34.4
b) 계전기 동작시간[Cycle]	103.6	103.6	103.6	103.6
c) 진행률[%]	10.14	10.14	10.14	10.14
d) 복귀 전 현재위치[%]	10.14	10.14	33.20	33.20
e) R/C 재폐로 시간[초]	2	2	15	
f) 계전기 복귀시간 [초]	3.1	3.1	3.1	
g) 복귀율[%]	64.58	64.58	64.58	
h) 복귀 후 현재위치[%]	0	0	0	

f) 복귀시간[초] $= 0.0405L^2 + 4.50462L - 0.9901$ 로 변전소 OCGR의 Lever를 의미하는 L 값이 0.9이므로

복귀시간 $= 0.0405 \times 0.9^2 + 4.50462 \times 0.9 - 0.9901 = 3.1$

제3절

고객 계전기의 정정

1 | 고객 계전기의 정정지침

보호기기 담당자들이 가장 어려워하는 부분이 바로 고객 계전기 정정이다. 배전선로의 보호기기와는 달리 협조에 문제가 있더라도 부설 위치를 옮기거나 다른 기기로 바꿀 수가 없다. 특히 후비보호기기가 변전소 계전기인 경우에는 협조시간차가 17[Cycle]이나 되기 때문에 Pick Up 배수가 많이 차이나지 않으면 협조가 쉽지 않다. 고객 계전기의 정정지침은 [표 6.3.1]과 같다.

| 표 6.3.1 | 고객 계전기 정정지침

구분		정 정 지 침
순시 Tap	OCR	• 수전변압기 2차 측 3상 단락전류×1.5[배] 이상
	OCGR	• 최소 Tap
한시 Tap	OCR	• 최대부하전류×1.5[배] 이상 −변동부하인 경우 : 최대부하전류×2[배] 이상 • 수전설비 최소단락전류 / 1.5 이하
	OCGR	• 최대부하전류×0.3 이하 • 부하 불평형 전류×1.5[배] 이상
한시 Lever	OCR	• 수전변압기 2차 측 3상 단락전류에서 0.6[초] 이내에 동작 • 수전변압기 1차 측 3상 단락전류에서 후비보호기기와 협조
	OCGR	• 수전변압기 1차 측 최대 1선 지락전류에서 0.2[초] 이내에 동작 • 수전변압기 1차 측 최소 1선 지락전류에서 후비보호기기와 협조

2 | 고객 계전기의 정정사례

❹ 고객 OCR의 정정치 선정

고객 OCR의 정정치는 다음과 같은 절차에 의하여 계산된다. 여기서 고객 OCR의 타입은 GCO-C I III D4를 사용한다.

1) CT비 선정

수용가의 계약전력을 1[MW]를 기준으로 정격전류를 구하면 식 (6.3.1)과 같다.

$$\text{정격전류} = \frac{1,000}{\sqrt{3} \times 22.9} = 25.21[\text{A}] \tag{6.3.1}$$

CT 비의 결정은 상기 정격전류에 1.5[배]를 하면 식 (6.3.2)와 같다.

$$25.21[\text{A}] \times 1.5[\text{배}] = 37.8[\text{A}] \tag{6.3.2}$$

약 40[A] 정도이므로 40/5를 사용하면 된다. 그리고 [그림 6.3.1]과 같이 off-DAS에 입력한다.

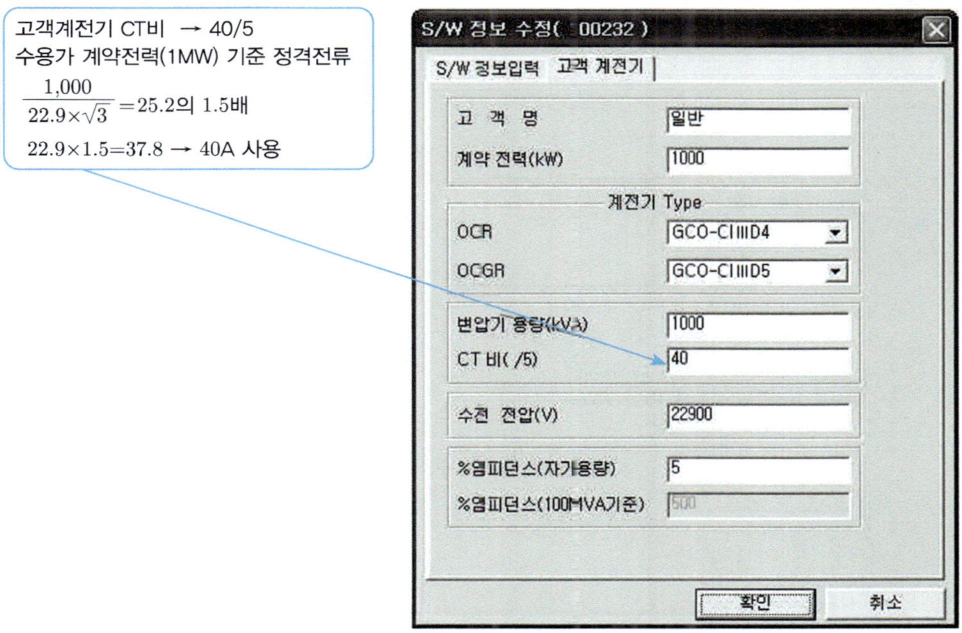

그림 6.3.1 고객 계전기 관련 화면

2) 고객 OCR 한시 Tap 선정

OCR의 한시 Tap 정정지침
OCR의 순시 Tap은 "최대부하전류의 1.5[배] 이상"으로 설정한다.

한시 Tap은 계전기의 최소동작전류를 의미한다. 정정지침에 의하면 "최대부하전류의 1.5[배] 이상"이므로 그 결과는 식 (6.3.3)과 같다.

$$\text{OCR 최소동작전류} = \frac{1,000}{\sqrt{3}\times 22.9}\times 1.5\times\frac{5}{40} = 4.725 \rightarrow 4[\text{A}]\text{탭} \quad (6.3.3)$$

따라서 Tap은 4[A]에 설정된다. 그리고 [그림 6.3.2]와 같이 고객 계전기 화면에 입력한다.

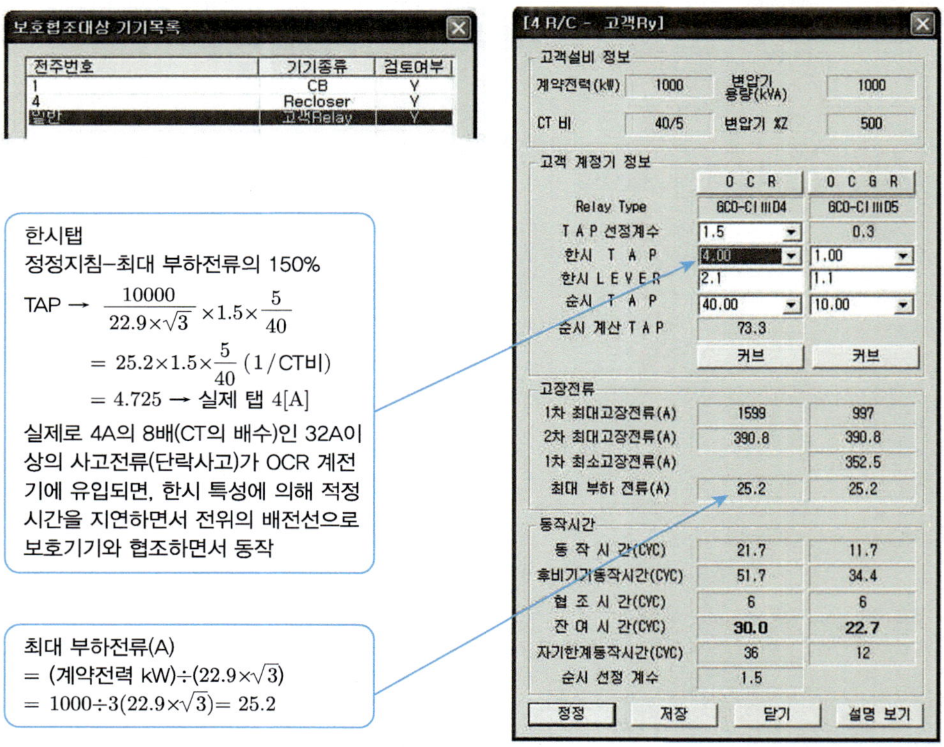

그림 6.3.2 고객 계전기 정정 화면

3) 고객 OCR 순시 Tap 선정

OCR의 순시 Tap 정정지침

OCR의 순시 Tap은 "수전변압기 2차 측 3상 단락전류의 1.5배 이상"으로 설정한다.

OCR의 순시 Tap은 정정 지침에서 "수전변압기 2차 측 3상 단락전류의 1.5배 이상"에 설정하도록 되어 있으므로 식 (6.3.4)와 같다.

$$\text{OCR 순시 TAP 동작전류} = 390.78 \times 1.5 \times \frac{5}{40} = 73.27 \rightarrow 40[\text{A}]\text{탭} \tag{6.3.4}$$

실제로 순시 Tap(s-Tap)은 관례적으로 40[A]에 설정한다. 그리고 [그림 6.3.3]과 같이 고객 계전기 화면에 입력한다.

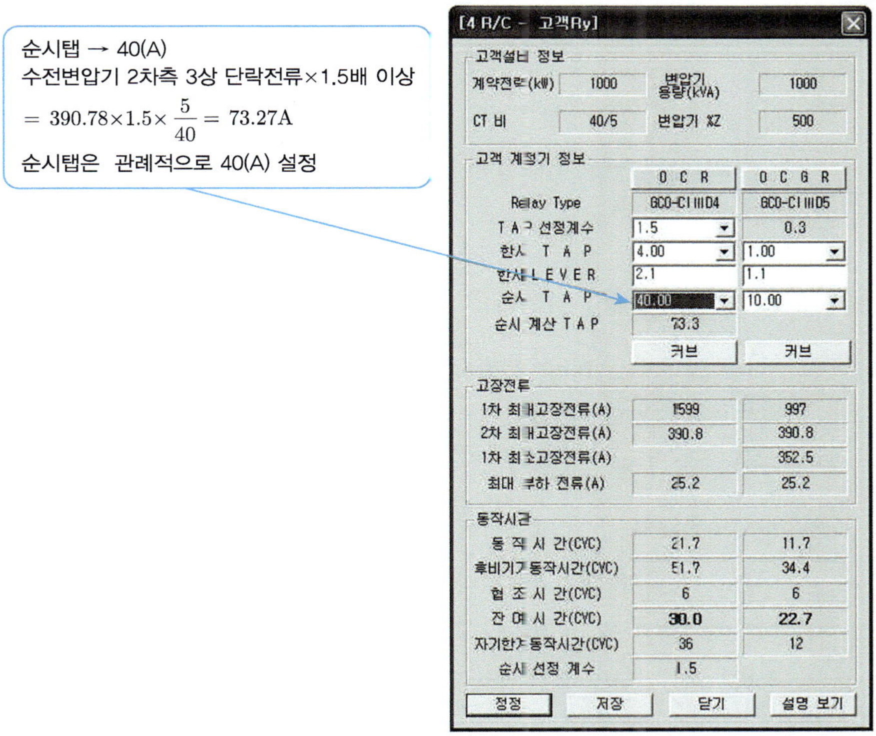

그림 6.3.3 고객 계전기 정정 화면

수전변압기 2차 측 3상 단락전류는 [그림 6.3.4]와 같이 배전계통 선로의 총 임피던스 값과 수전변압기의 임피던스를 통해 구할 수 있다.

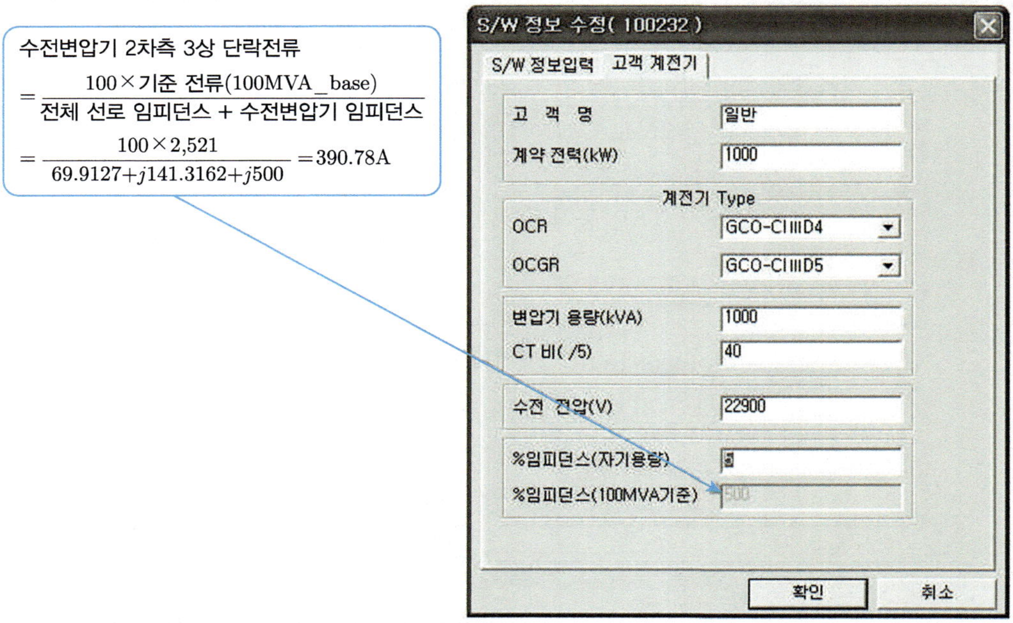

그림 6.3.4 고객 설비의 % 임피던스 확인(100[MVA] 기준)

4) OCR Lever(레버) 선정

OCR의 Lever(레버) 정정지침
OCR의 Lever(레버)는 "수전변압기 2차 측 3상 단락전류에서 36[Cycle] 이하로 동작"하도록 설정한다.

정정지침에서, 고객 계전기가 "수전변압기 2차 측 3상 단락전류에서 36[Cycle] 이하로 동작"하게 되어 있다. 수전변압기 2차 측 3상 단락전류가 390.78[A]이므로 이 값을 계전기의 특성곡선 X 좌표 값에 대입하여, Y 좌표 값이 36[Cycle] 이하인 부분에서 만나는 가장 상위의 곡선이 계전기의 Lever 값이다. [그림 6.3.5]에서 보면 Lever가 2.1인 경우에 36[Cycle] 이하인 34.4[Cycle]이라 만족한다. 따라서 OCR의 한시 Lever는 2.1로 선정된다.

OCR Lever → 2.1
TC 커브를 이용하여 수전변압기 2차측 3상 단락전류(390.78A)에서 0.6초(36Cycle) 이하로 동작하는 Lever 2.1 선정

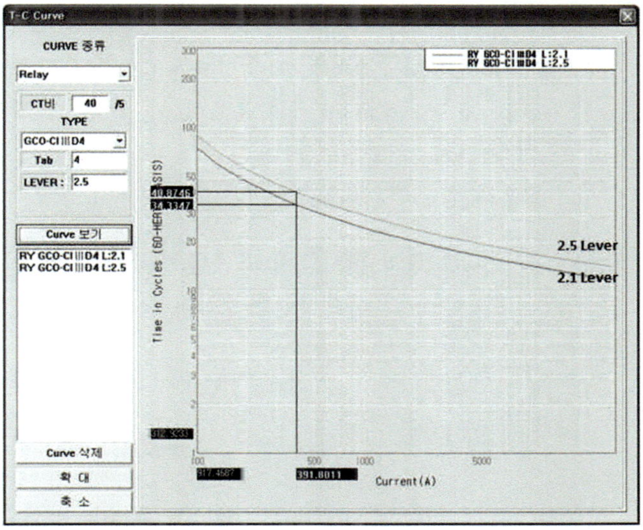

그림 6.3.5 고객 OCR T-C 곡선(Lever 2.1)

따라서 off-DAS에서 고객 계전기의 OCR 정정치는 [그림 6.3.6]과 같이 선정된다.

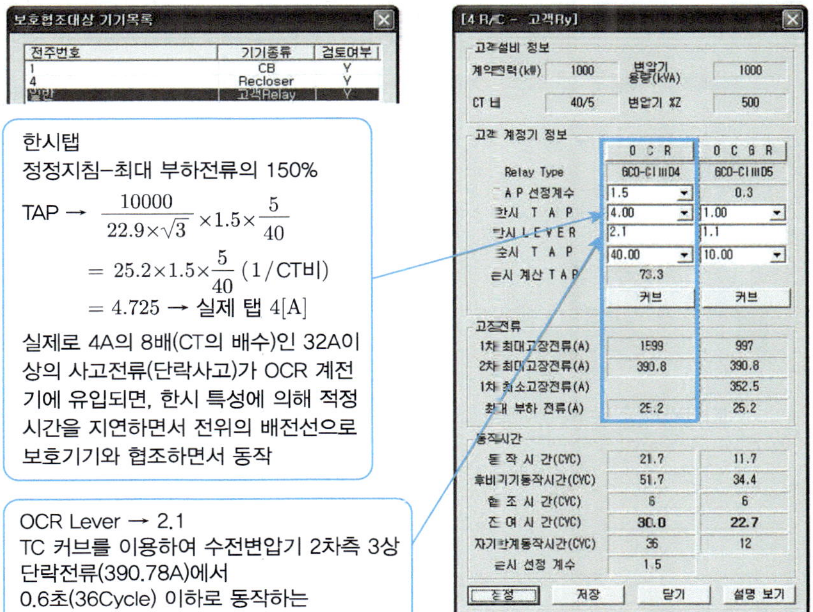

한시탭
정정지침–최대 부하전류의 150%

$$\text{TAP} \rightarrow \frac{10000}{22.9\times\sqrt{3}}\times 1.5\times\frac{5}{40}$$
$$= 25.2\times 1.5\times\frac{5}{40}\ (1/\text{CT비})$$
$$= 4.725 \rightarrow \text{실제 탭 } 4[\text{A}]$$

실제로 4A의 8배(CT의 배수)인 32A이상의 사고전류(단락사고)가 OCR 계전기에 유입되면, 한시 특성에 의해 적정 시간을 지연하면서 전위의 배전선으로 보호기기와 협조하면서 동작

OCR Lever → 2.1
TC 커브를 이용하여 수전변압기 2차측 3상 단락전류(390.78A)에서
0.6초(36Cycle) 이하로 동작하는
Lever 2.1 선정

그림 6.3.6 고객 계전기 입력 화면(OCR 데이터 입력)

고객 OCGR의 정정치 선정

고객 OCGR의 정정치는 절차는 OCR 정정 방법과 같다. 여기서 고객 OCGR의 타입은 GCO-C I III D5를 사용한다.

1) OCGR 한시 Tap 선정

OCRG의 한시 Tap의 정정지침

OCRG의 한시 Tap은 "최대부하전류의 30[%]이하"로 한다.

한시 Tap은 정정지침에 따라 "최대부하전류의 30[%]"이므로 결과는 식 (6.3.5)와 같다.

$$\text{OCGR의 최소동작전류} = 25.2 \times 0.3 \times \frac{5}{40}(1/\text{CT비}) = 0.945 \rightarrow 1.0\text{탭} \tag{6.3.5}$$

실제로 Tap은 1.0[A]에 설정된다. 그리고 [그림 6.3.7]의 화면에 입력한다.

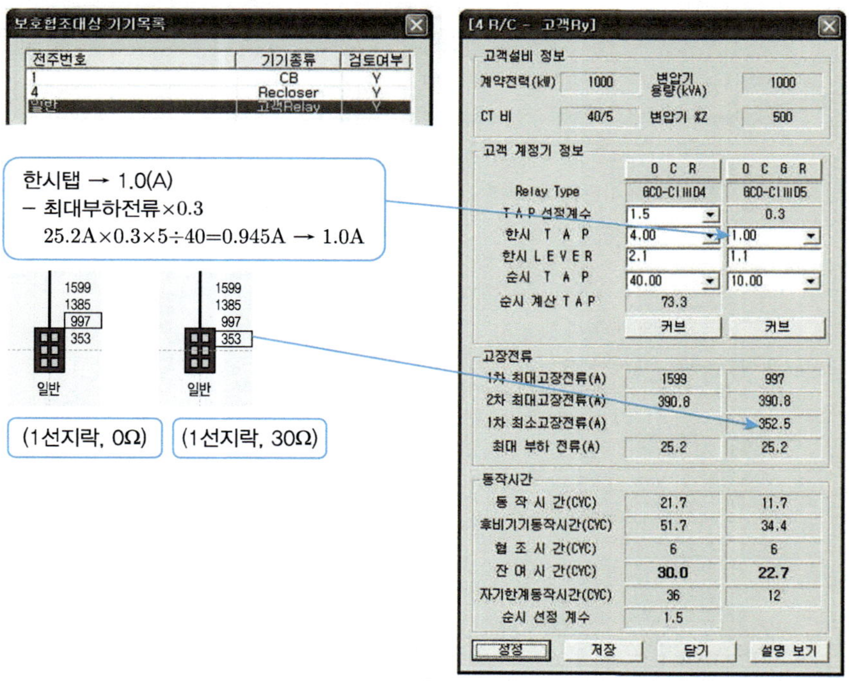

그림 6.3.7 고객 계전기 입력 화면(OCGR 한시 Tap 입력)

2) OCGR 순시 Tap 선정

OCRG의 순시 Tap의 정정지침

OCRG의 순시 Tap은 "최소 Tap"으로 설정한다.

OCGR의 순시 Tap은 정정 지침에서 "최소 Tap"에 설정하도록 되어 있으므로 식 (6.3.6)과 같이 10[A]가 된다.

계전기의 순시 TAP 동작전류 = 최소 TAP인 10[A] (6.3.6)

실제로 순시 Tap은 10[A]에 설정된다.

3) OCGR 한시 Lever(레버) 선정

OCRG의 한시 Lever의 정정지침

OCRG의 한시 Lever는 "수전변압기 1차측 최대 1선 지락전류에서 12[Cycle] 이내에 동작"하게 되어 있어야 한다.

계전기가 "수전변압기 1차측 최대 1선 지락전류에서 12[Cycle] 이내에 동작" 하게 되어 있으므로, 앞에서 수전변압기 1차측 최대 고장지락전류는 997[A]이고, 이 값을 계전기의 특성곡선 X 좌표 값에 대입하여, 정정지침에서 정한

OCGR Lever → 1.4
TC 커브를 이용하여 수전변압기 1차측 최대 1선 지락전류(997A)에서 0.2초(12Cycle) 이하로 동작하는 Lever 1.4 선정

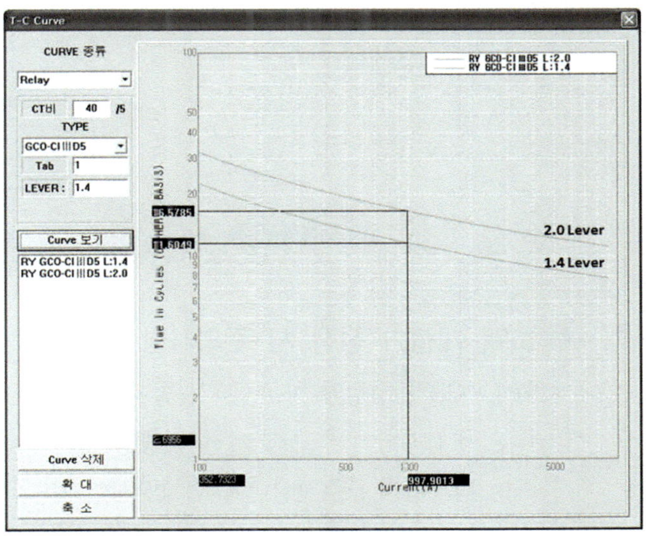

그림 6.3.8 T-C 곡선

Y 좌표 값이 12[Cycle] 이하인 부분에서 만나는 가장 상위의 곡선이 계전기의 Lever 값이 된다. [그림 6.3.8]에서 Lever 2는 16.57[Cycle]이므로 부적합하고 1.4는 11.60[Cycle]이라 만족한다. 따라서 OCGR의 한시 Lever는 1.4로 선정한다.

off-DAS에서 고객 OCGR의 정정치는 [그림 6.3.9]와 같다.

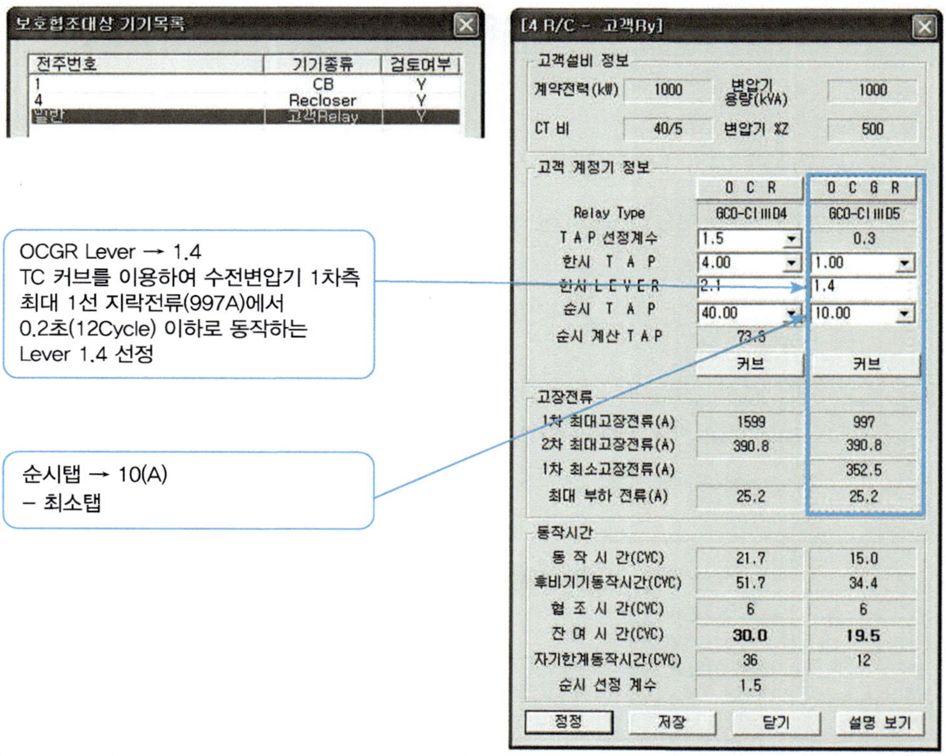

그림 6.3.9 off-DAS의 고객 OCGR의 정정

❹ 고객 계전기 정정 시 주의사항

1) OCGR의 정정의 경우 주의사항

- 비접지방식 : 고객 계전기 정정지침을 적용한다.
- 접지방식 : 수전설비가 접지방식이라면 OCR처럼 순시 Tap 값을 주변압기 2차 측 최대 지락고장전류보다 크게 정정해야 한다. 이때 안전계수(1.4[배])도 적용하여야 한다.

2) OCR 및 OCGR 모두 최소값으로 정정할 경우 주의 사항

디지털 계전기의 경우 정정 가능한 최소 순시 Tap이 너무 낮은 경우가 있는데 그냥 최소값으로 정정하면 돌입전류에 계전기가 동작할 수 있다. 가급적 OCR은 20[A], OCGR은 10[A] 이상으로 정정하는 것이 좋다.

3) 고객 계전기의 한시 Lever를 정정할 경우 주의 사항

한시 Lever 값이 너무 작게 나오는 경우 다음과 같은 문제점이 있다.

- 아날로그 계전기에만 해당되는 문제지만 외부충격(진동)에 의한 오동작의 가능성이다. 얼마 이하로 정정해야 진동에 오동작 하는지는 현장여건과 계전기의 종류에 따라 다르므로 획일적으로 말할 수는 없지만 Lever 값이 1 이하로 나온다면 일단 이에 대한 검토가 필요하다고 보면 된다. 물론 오동작의 우려가 있다면 Lever 값을 높여야 한다.
- 돌입전류에 의한 오동작을 생각할 수 있다. 이것은 아날로그 계전기와 디지털 계전기모두 해당된다. 최대부하전류 × 10[배]의 전류에서 동작시간이 10[Cycle] 이하로 나온다면 돌입전류로 인한 오동작의 가능성이 있으므로 Lever 값을 높여주는 것이 좋다.
- 고객 계전기의 한시 Lever 값을 높이게 되면 배전선로 보호기기와의 협조에 문제가 생기므로 꼭 필요한 만큼만 높인다.

+ 지식 더하기

- 일반적으로 R/C의 순시동작시간은 고객 계전기의 한시동작시간보다 짧기 때문에 R/C의 순시가 먼저 동작하거나 동시에 동작한다. 즉 R/C의 순시동작에서는 고객 계전기와 불완전협조를 하게 된다. 그러나 R/C에 구간협조 장치가 사용되고 R/C와 고객 계전기간의 최소동작전류가 많이 차이난다면 R/C와 고객 계전기간에 완전협조가 될 수도 있다.
- 일반적으로 R/C와 고객 계전기와의 협조는 R/C의 지연동작과 고객 계전기의 한시동작과의 협조를 말한다. 협조방법은 변전소 계전기와 고객 계전기 간의 한시협조 방법과 동일하다.

3 | 고객 계전기와 R/C와의 보호협조

❹ 고객 OCR과 R/C 간의 협조

1) off-DAS의 고객 계전기 설치점에서의 각종 데이터 확인

[그림 6.3.10]의 고객 정보화면에서 고객 계전기의 설치점에서의 최대 고장전류(3상 단락전류)와 최소고장전류, 최대부하전류 등을 확인한다.

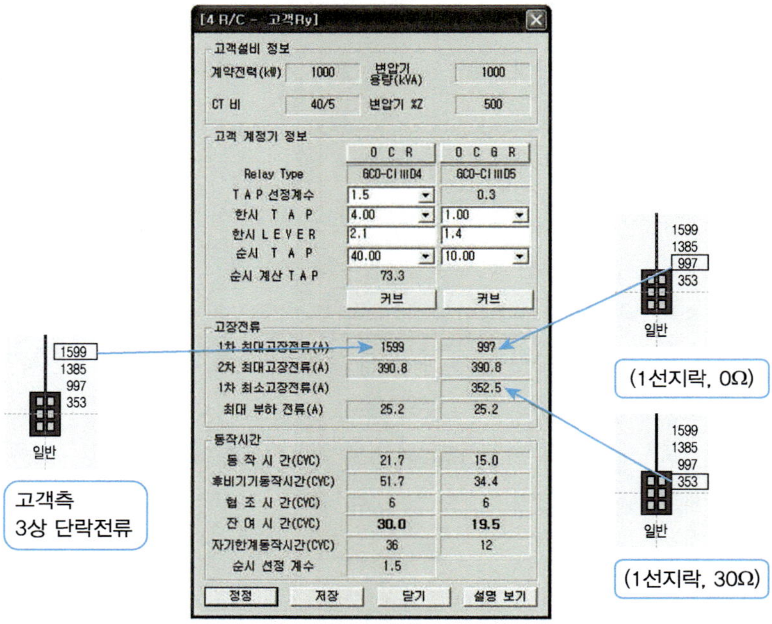

그림 6.3.10 off-DAS의 고객 정보화면(OCR)

그리고 고객 계전기와 R/C의 보호협조를 위해 보호기기간의 협조시간차를 [표 6.3.2]와 같이 확인한다.

표 6.3.2 보호기기 간의 협조시간차

후비보호기기	전위보호기기	협조시간차[Cycle]		비 고
		현행	개선(안)	
R/C	OC(G)R	6	10	R/C = T-C OCR = Tr

2) 고객 계전기 설치점 최대고장전류[1,599[A]에 대한 Lever 결정

고객 계전기 설치점의 최대고장전류 1,599[A]에 대하여 고객 계전기의 한시곡선의 Lever를 변경하며, R/C 지연동작시간과 협조 가능 여부를 검토하여 고객 계전기의 Lever를 결정한다.

방법은 고객 계전기의 Lever를 2.1로 선정하고, [그림 6.3.11]과 같이 X 좌표에 1,599[A]를 대입하여, 고객 계전기의 한시특성곡선과 R/C의 특성곡선(N2, N4)에 대응하는 Y 좌표값을 읽으면, R/C의 순시동작시간과 고객 계전기의 한시동작시간과의 협조시간차는 (12.2－21.7=)－9.5[Cycle]로 협조가 불가능함을 알 수 있다. 또한, R/C의 지연동작시간과 고객 계전기의 한시동작시간과의 협조시간차는 (51.7－21.7=) 30[Cycle]로 협조가 가능함을 알 수 있다. 즉, Lever 2.1에서는 R/C의 순시동작요소가 고객 OCR의 한시동작요소보다 먼저 동작하거나 동시에 동작하는 불완전협조가 된다.

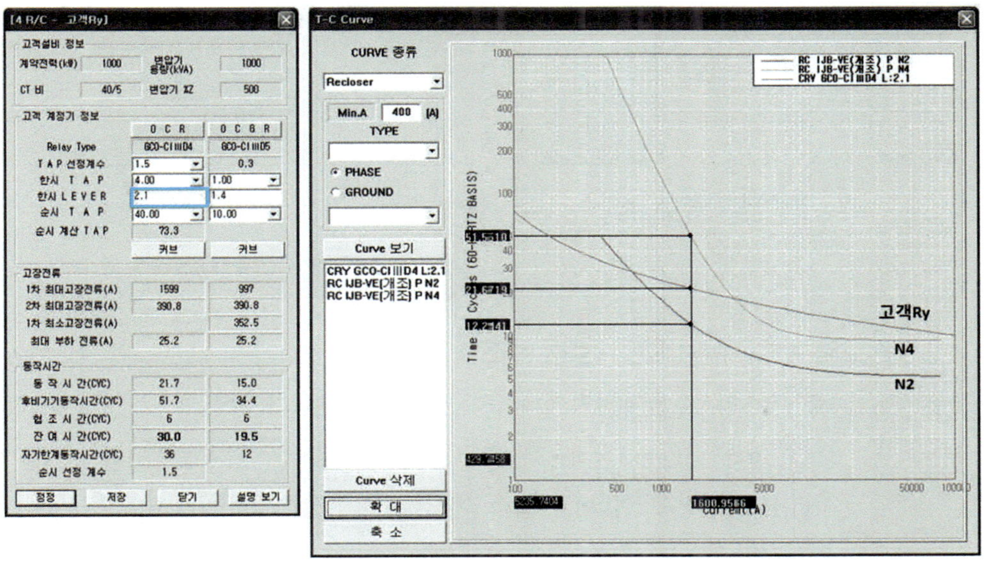

그림 6.3.11 R/C와 고객 계전기의 T–C 곡선(OCR Lever 2.1)

불완전협조를 개선하기 위해 Lever를 0.3으로 감소하고, 상기와 같은 방법으로 검토를 하면, 고객 계전기의 한시곡선은 [그림 6.3.12]와 같이 3.1[Cycle], R/C의 곡선(N2, (N4)은 각각 12.2[Cycle], 51.7[Cycle]이 된다. 따라서 R/C의

순시/지연동작과 고객 OCR 계전기의 한시동작이 6[Cycle] 이상의 협조시간차 확보됨으로 완전협조가 가능함을 알 수 있다.

그러나 고객 계전기의 한시 Lever를 너무 작게 정정하면 외부충격(진동)에 의한 오동작의 가능성이 있으므로 주의해야 한다.

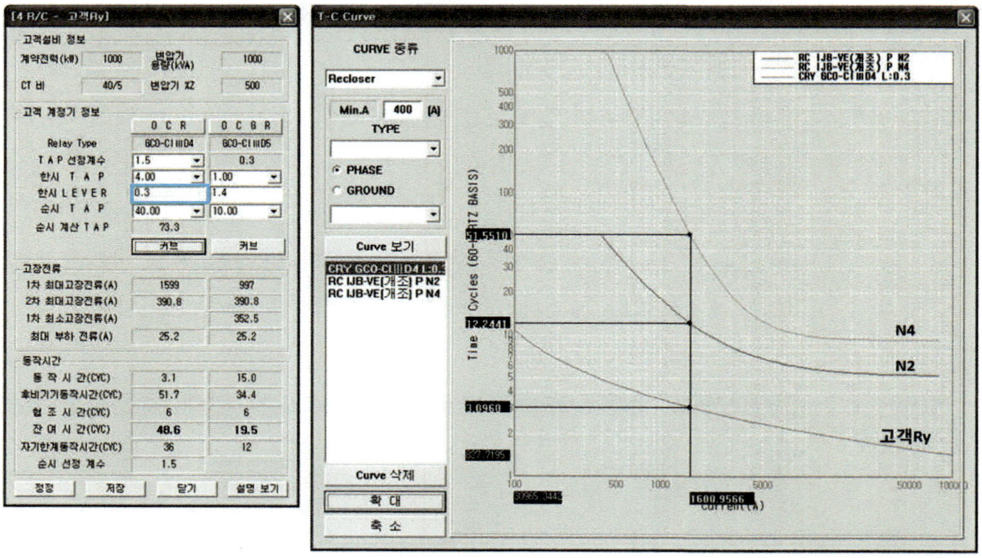

그림 6.3.12 R/C와 고객 계전기의 T-C 곡선(OCR Lever 0.3)

4 고객 OCGR과 R/C 간의 협조

1) off-DAS의 고객 계전기 설치점에서의 각종 데이터 확인

[그림 6.3.13]의 고객정보화면에서 고객 계전기의 설치점에서의 최대고장전류(1선 지락전류, 0[Ω])와 최소고장전류(지락전류, 30[Ω]), 최대부하전류 등을 확인한다.

2) 고객 계전기 설치점 최소고장전류(353[A])에 대한 Lever 결정

고객 계전기 설치점의 수전변압기 1차측 최소 1선 지락전류 353[A]에 대하여 고객 계전기의 한시곡선의 Lever를 변경하며, R/C의 순시/지연 동작시간과 협조가 되는지 검토하여 고객 계전기의 Lever를 결정한다.

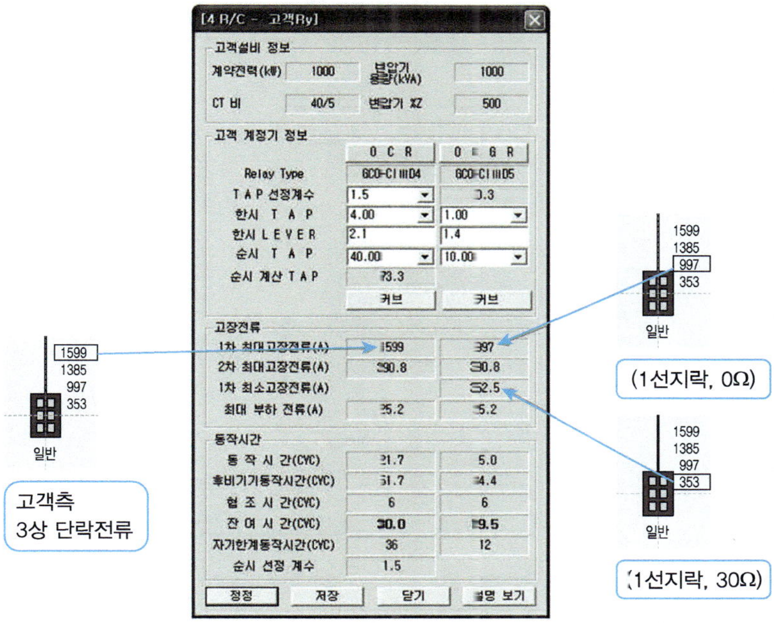

그림 6.3.13 off-DAS의 고객 정보화면(OCGR)

방법은 고객 계전기의 Lever를 1.4로 선정하고, [그림 6.3.14]와 같이 X 좌표에 353[A]를 대입하여, 고객 계전기의 한시특성곡선과 R/C의 특성곡선(N2, N4)에 대응하는 Y 좌표 값을 읽으면, R/C의 순시동작시간과 고객 계전기의 한시동작시간과의 협조시간차는 (10.5−14.9=)−4.5[Cycle]로 협조가 불가능함을 알 수 있다. 또한, R/C의 지연동작시간과 고객 계전기의 한시동작시간과의 협조시간차는 (34.4−15.0=) 19.4[Cycle]로 협조가 가능함을 알 수 있다. 즉, Lever 1.4은 R/C의 순시동작요소가 고객 OCGR의 한시동작요소보다 먼저 동작하거나 동시에 동작하는 불완전협조가 된다.

불완전협조를 개선하기 위해 Lever를 0.3으로 감소하고, 상기와 같은 방법으로 검토를 하면, 고객 계전기의 한시곡선은 [그림 6.3.15]와 같이 3.2[Cycle], R/C의 특성곡선(N2, N4)은 각각 10.5[Cycle], 34.4[Cycle]가 된다. 따라서 R/C의 순시/지연동작과 고객 OCGR의 한시동작이 6[Cycle] 이상의 협조시간차가 확보되어 완전협조가 가능함을 알 수 있다.

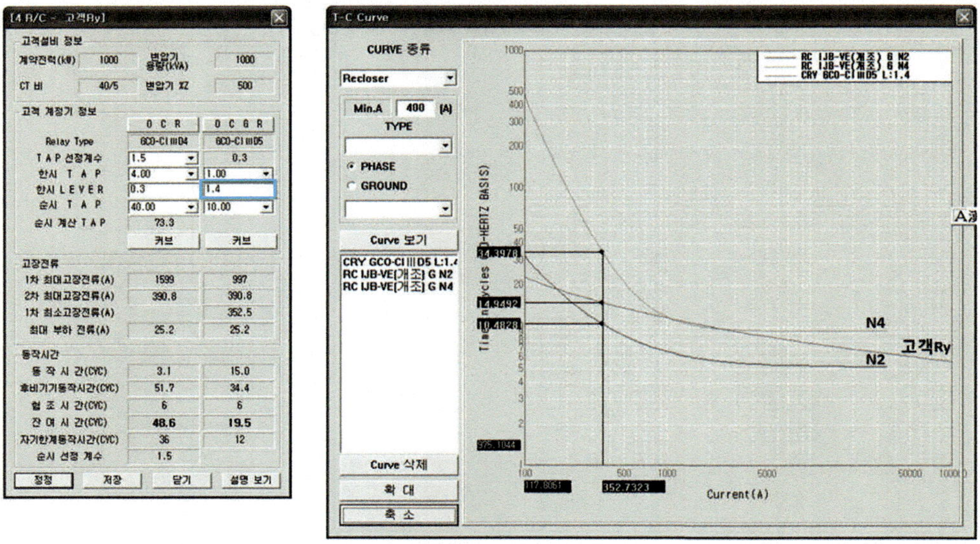

그림 6.3.14 R/C와 고객 계전기의 T-C 곡선(OCGR Lever 1.4)

그러나 고객 계전기의 한시 Lever를 너무 작게 정정하면 외부충격(진동)에 의한 오동작의 가능성이 있으므로 주의해야 한다.

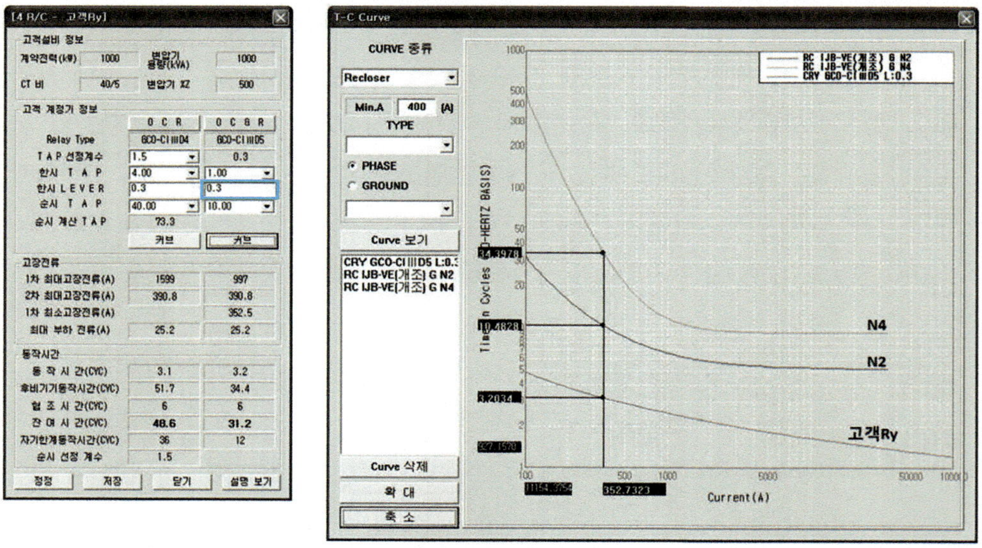

그림 6.3.15 R/C와 고객 계전기의 T-C 곡선(OCGR Lever 0.3)

4 | 변전소 계전기와 고객 계전기와의 보호협조

순시계전기 간의 협조

[표 6.3.1]의 "고객 계전기 정정지침"에 따라 순시계전기의 최소동작전류를 정정하고 식 (6.3.7)의 조건을 만족하는지 확인한다.

$$\text{변전소 순시계전기 최소동작전류} > \text{고객 순시계전기 최소동작전류} \quad (6.3.7)$$

1) 변전소 OCR 및 고객 OCR의 최소동작전류에 대한 협조 여부 검토

가) 변전소 OCR의 순시동작요소 최소동작전류

변전소 OCR의 순시동작요소 최소동작전류는 식 (6.3.8)과 같다.

$$40\,TAP \times 120[\text{배}](\text{CT비 } 600/5) = 4{,}800[\text{A}] \quad (6.3.8)$$

따라서 4,800[A] 이상의 고장전류(단락고장)가 변전소 OCR에 유입 시에만 순시로 동작한다.

나) 고객 OCR의 순시동작요소 최소동작전류

고객 OCR의 순시동작요소 최소동작전류는 식 (6.3.9)와 같다.

$$40\,TAP \times 8[\text{배}](\text{CT비 } 400/5) = 320[\text{A}] \quad (6.3.9)$$

따라서 320[A] 이상의 고장전류(단락고장)가 고객 OCR에 유입 시에만 순시로 동작한다. 식 (6.3.8)의 결과와 식 (6.3.9)의 결과를 보면, 변전소 OCR의 순시동작요소 최소동작전류가 고객 OCR의 순시동작요소 최소동작전류보다 크게 정정되어 보호협조가 가능함을 알 수 있다.

2) 변전소 OCGR 및 고객 OCGR의 최소동작전류에 대한 협조 여부 검토

가) 변전소 OCGR의 순시동작요소 최소동작전류

변전소 OCGR의 순시동작요소 최소동작전류는 식 (6.3.10)과 같다.

$$40\,TAP \times 120[\text{배}](\text{CT비 } 600/5) = 4{,}800[\text{A}] \quad (6.3.10)$$

따라서 4,800[A] 이상의 고장전류(단락고장)가 변전소 OCGR에 유입 시

에만 순시로 동작한다.

나) 고객 OCGR의 순시동작요소 최소동작전류

고객 OCGR의 순시동작요소 최소동작전류는 식 (6.3.11)과 같다.

$$10\,TAP \times 8[\text{배}](\text{CT비}\ 400/5) = 80[\text{A}] \tag{6.3.11}$$

따라서 80[A] 이상의 고장전류(단락고장)가 고객 OCGR에 유입 시에만 순시로 동작한다. 식 (6.3.10)의 결과와 식 (6.3.11)의 결과를 보면, 변전소 OCGR의 순시동작요소 최소동작전류가 고객 OCGR의 순시동작요소 최소동작전류보다 크게 정정되어 보호협조가 가능함을 알 수 있다.

❹ 한시 계전기 간의 협조

1) 변전소 계전기의 한시동작요소와 고객 계전기의 한시동작요소 간의 동작시간차가 충분하지 않으면 고객 계전기의 Lever 값이 너무 작게 정정되거나 최악의 경우에는 정정할 수도 없게 된다. 물론 변전소 계전기의 한시 Lever 값을 크게 할 수 있다면 다행이지만 이것이 여의치 않다면 고객 계전기의 Lever 값을 가능한 최소값으로 정정하는 수밖에 없다. 물론 이렇게 되면 일부 고장에 대해서는 변전소 계전기와의 협조가 이루어지지 않을 수 있다.
2) 고객 계전기의 한시 Lever 값을 낮출 때에는 두 가지 사항을 먼저 검토하여야 한다.

- 진동(외부 충격)에 의한 오동작을 방지하는 것이고
- 돌입전류에 의한 오동작을 방지하는 것이다.

변전소 계전기와 고객 계전기의 보호기기간 협조시간차를 확인하여, 보호협조가 되고 있는지 [표 6.3.3]에서 확인한다.

[표 6.3.3] 아날로그형 계전기와 보호기기간의 협조시간차

후비보호기기	전위보호기기	협조시간차[Cycle]	비 고
아날로그 OC(G)R	R/C	10	
아날로그 OC(G)R	OC(G)R	17	

3) 고객 OCR 설치점의 수전점 1차측 3상 단락전류[1,599[A]에 대한 Lever 결정

고객 OCR 설치점의 수전변압기 1차측 3상 단락전류 1,599[A]에 대하여 고객 OCR의 한시동작시간과 변전소 OCR의 한시동작시간과 협조가 되는지 검토한다. 방법은 고객 계전기의 Lever를 0.3으로 선정하고, [그림 6.3.16]와 같이 X좌표에 1,599[A]를 대입하여, Y좌표 값을 읽으면, 고객 OCR의 한시동작시간은 3.1[Cycle], 변전소 OCR의 한시동작시간은 102.4[Cycle]이 구해진다. 따라서 고객 계전기와 변전소 계전기의 동작이 17[Cycle] 이상(102.4−3.1=) 99.3[Cycle])의 협조시간차가 확보되어 협조에 문제가 없음을 알 수 있다.

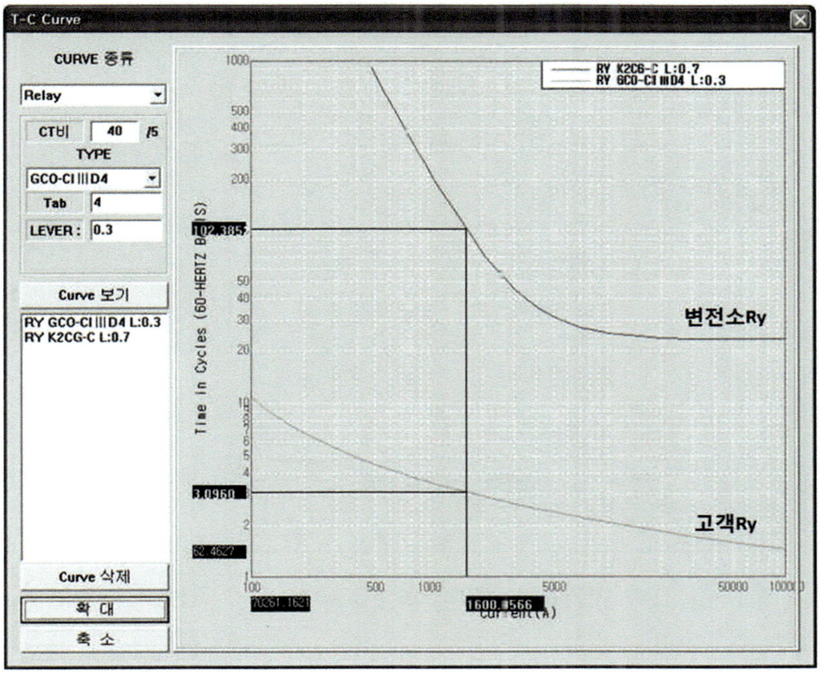

그림 6.3.16 변전소 OCR과 고각 OCR의 T−C 곡선(고객 Lever 0.3)

4) 고객 OCGR 설치점의 수전점 1차측 3상 단락전류[353[A]에 대한 Lever 결정

고객 OCGR 설치점의 수전 변압기 1차측 최소 1선 지락전류 353[A]에 대하여 고객 OCGR의 한시동작시간과 후비보호기기인 변전소 OCGR의 한시동

작시간과 협조가 되는지 검토한다.

방법은 고객 계전기의 Lever를 0.3으로 선정하고, [그림 6.3.17]과 같이 X 좌표에 353[A]를 대입하여, 고객 OCGR의 한시동작시간은 11.5[Cycle], 후비 보호기기인 변전소 OCGR의 한시동작시간은 103.5[Cycle]이 구해진다. 따라서 고객 계전기와 변전소 계전기의 동작이 17[Cycle] 이상(103.5－11.5=) 92 [Cycle])의 협조시간차가 확보되어 협조에 문제가 없음을 알 수 있다.

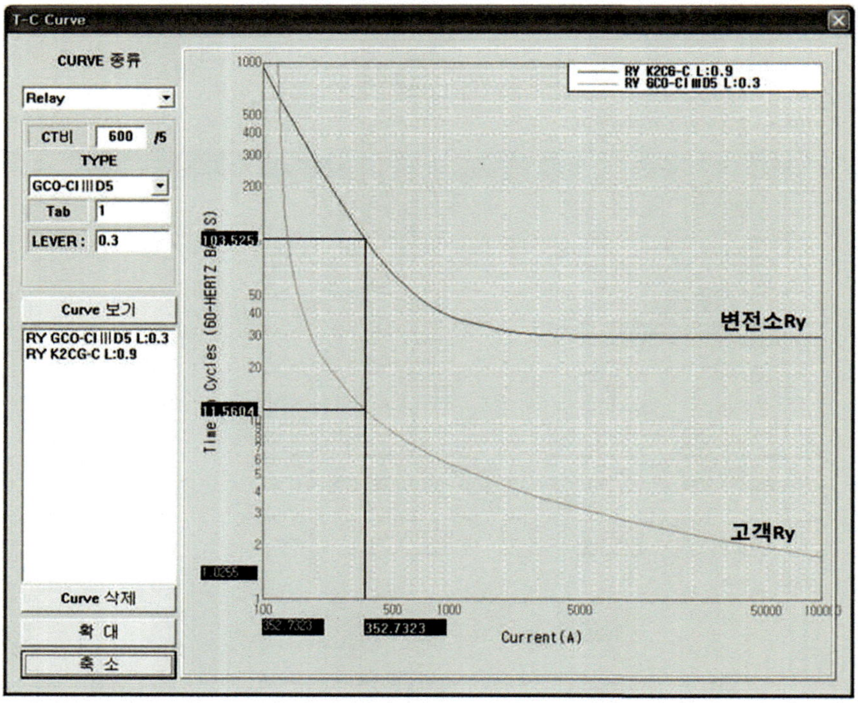

그림 6.3.17 변전소 OCGR과 고객 OCGR의 T-C 곡선(고객 Lever 0.3)

제4절

분산형 전원 수용가 계전기의 정정

1 | 분산형 전원 수용가 계전기의 정정지침

본 분산형 전원 수용가 계전기의 정정치는 분산형 전원을 고려한 값을 구하였지만, 그 값이 분산형 전원을 고려하기 전과 거의 같다. 따라서 본 정정 사례는 분산형 전원 수용가 계전기의 보호협조는 기존의 방식으로 진행한 것이며 분산형 전원 연계로 인한 역 조류의 흐름 및 고장전류의 변화에 따른 보호협조 방식이 필요할 것으로 예상된다. 분산형 전원 수용가 계전기의 정정지침 중 그객 계전기의 정정지침은 [표 6.3.1]과 같다.

2 | 분산형 전원 수용가 계전기의 정정사례

모델 배전계통

분산형 전원 수용가 계전기의 정정치 계산 사례는 [그림 6.4.1]과 같은 모델 배전계통과 [표 6.4.1]과 같은 % 임피던스 구성도를 상정하였다. 또한, 분산형 전원 및 계전기는 다음과 같다.

- 분산형 전원 : 풍력발전 3[MVA] 연계
- 분산형 전원 수용가 계전기 타입 : GCO-CI III D4, D5 사용(경보전기 제품)

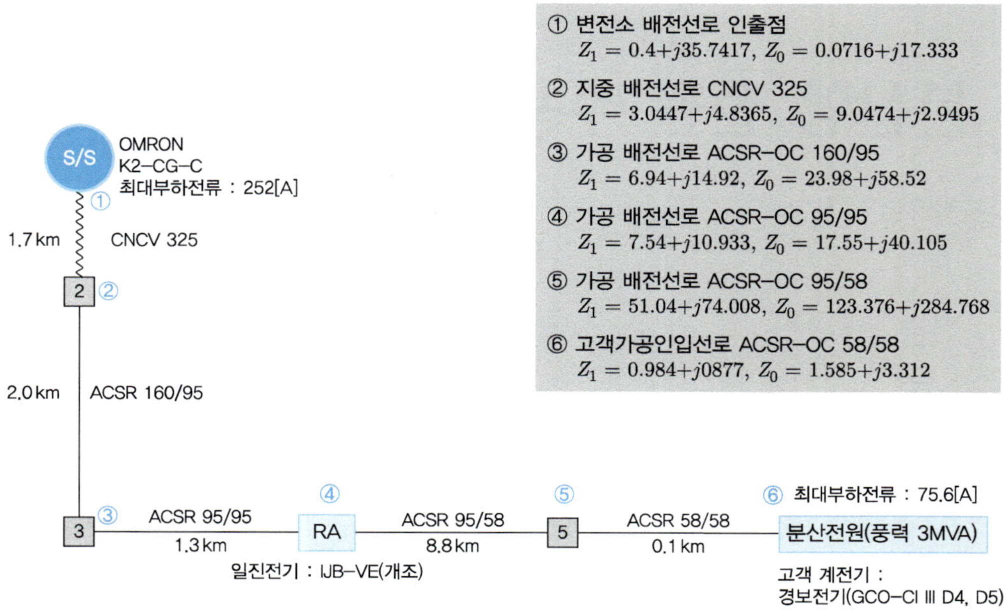

그림 6.4.1 모델 배전계통

표 6.4.1 모델 배전계통의 % 임피던스 구성도

구간	Z_1		누계		Z_0		누계		km
	%R	%X	%R	%X	%R	%X	%R	%X	
①	0.4	35.7417	0.4	35.7417	0.0716	17.333	0.0716	17.333	직하
②	3.0447	4.8365	3.4447	40.5782	9.0474	2.9495	9.119	20.2825	1.7
③	6.94	14.92	10.3847	55.4982	23.98	58.52	33.099	78.8025	2.0
④	7.54	10.933	17.9247	66.4312	17.55	40.105	50.649	118.9075	1.3
⑤	51.04	74.008	68.9647	140.4392	123.376	284.768	174.025	403.6755	8.8
⑥	0.948	0.877	69.9127	141.3162	1.585	3.312	175.61	406.9875	0.1

❹ 고장전류 계산

off-DAS를 이용하여 [그림 6.4.2]와 같이 상기 계통에 대한 고장전류를 3상 단락전류, 선간 단락전류 그리고 1선 지락전류(0[Ω], 30[Ω]) 순으로 구하였다.

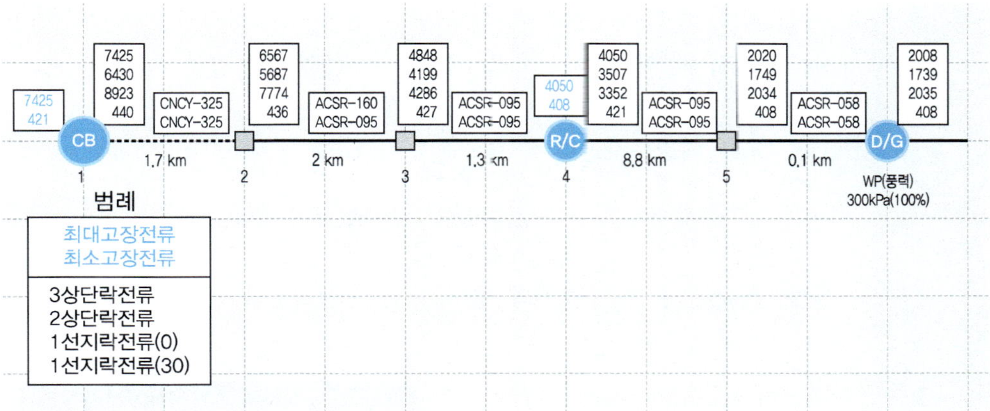

그림 6.4.2 %임피던스 및 고장전류(풍력 발전 시스템 연계)

4 분산형 전원 수용가 OCR 계전기의 정정치 선정

분산형 전원 수용가 OCR의 정정치는 다음과 같은 절차에 의하여 계산된다.

1) CT비 선정

분산형 전원 수용가의 계약전력을 3[MW]를 기준으로 정격전류를 구하면 식 (6.4.1)과 같다.

$$\text{정격전류} = \frac{3{,}000}{\sqrt{3}\times 22.9} = 75.63[\text{A}] \tag{6.4.1}$$

CT비의 결정은 식 (6.4.1)의 1.5[배]를 하면 식 (6.4.2)와 같다.

$$75.63[\text{A}]\times 1.5[\text{배}] = 113.5[\text{A}] \tag{6.4.2}$$

약 113.5[A] 정도이므로 120/5를 사용하면 된다.

2) 분산형 전원 수용가 OCR 한시 Tap 선정

OCR의 한시 Tap 정정지침

OCR의 한시 Tap은 "최대부하전류의 1.5[배] 이상"으로 설정한다.

한시 Tap은 계전기의 최소동작전류를 의미하며, 정정지침에 따라 “최대부하전류의 1.5[배] 이상”이므로 극 결과는 식 (6.4.3)과 같다.

$$\begin{aligned} \text{OCR 최소동작전류} &= \frac{3{,}000}{\sqrt{3}\times 22.9}\times 1.5\times \frac{5}{120} \\ &= 4.727 \rightarrow 4[\text{A}]\text{탭} \end{aligned} \tag{6.4.3}$$

실제로 Tap은 [그림 6.4.3]과 같이 4[A]로 설정된다.

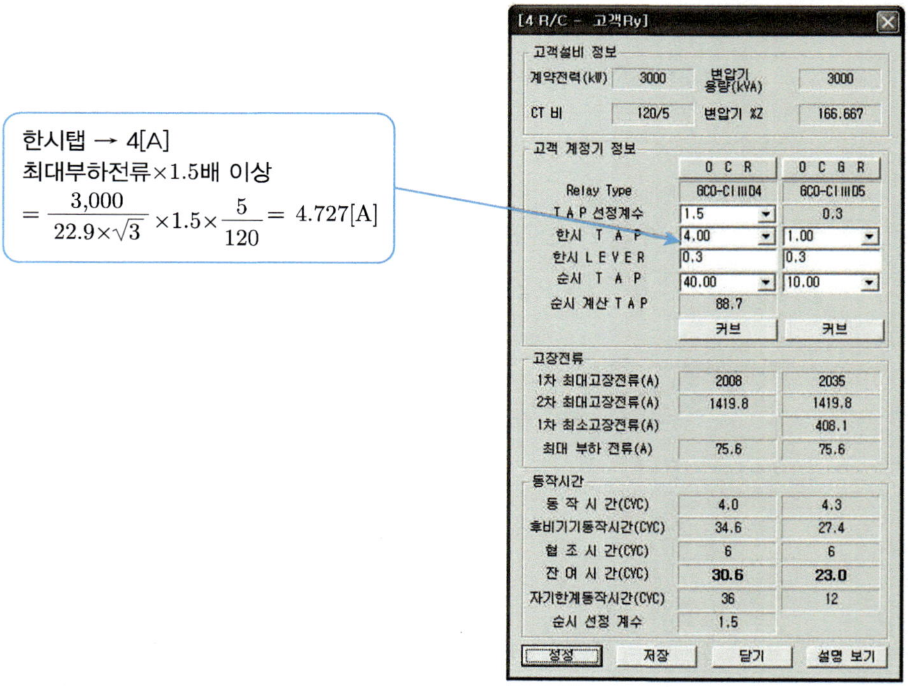

그림 6.4.3 off-DAS의 분산형 전원 수용가설비 정보(한시 Tap 4.0 정정)

3) 분산형 전원 수용가 OCR 순시 Tap 선정

OCR의 순시 Tap 정정지침

OCR의 순시 Tap은 “수전변압기 2차 측 3상 단락전류의 1.5[배] 이상”으로 설정한다.

OCR의 순시 Tap은 정정 지침에서 "수전변압기 2차 측 3상 단락전류의 1.5[배] 이상"에 설정토록 되어 있으므로 식 (6.4.4)와 같다.

$$\text{OCR 순시 TAP 동작전류} = 1419.8 \times 1.5 \times \frac{5}{120} = 88.74 \rightarrow 40[\text{A}]\text{탭} \quad (6.4.4)$$

실제로 순시 Tap은 [그림 6.4.4]와 같이 관례적으로 40[A]에 설정된다.

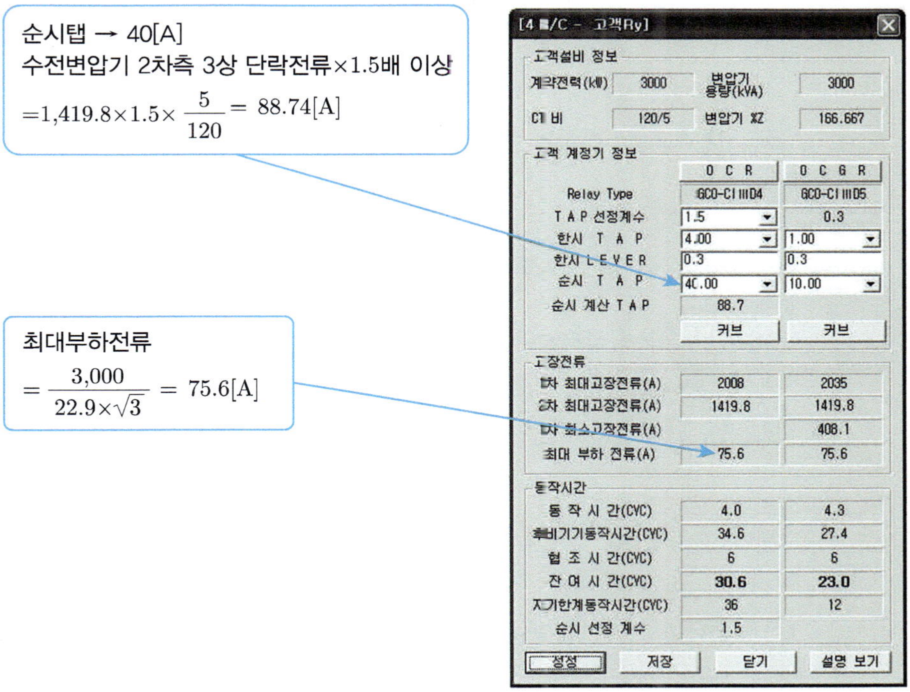

그림 6.4.4 off-DAS의 분산형 전원 수용가설비 정보(순시 Tap 40 정정)

수전변압기 2차 측 3상 단락전류는 [그림 6.4.5]와 같이 선로의 총 임피던스 값과 수전변압기의 임피던스를 통해 구할 수 있다.

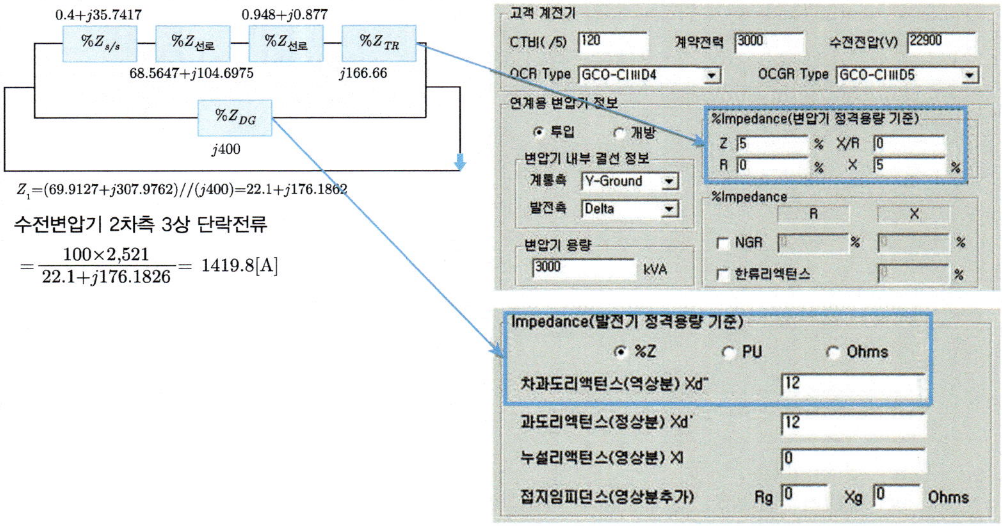

그림 6.4.5 연계용 변압기 및 발전기의 % 임피던스 정보 확인

4) 분산형 전원 수용가 OCR Lever (레버) 선정

OCR Lever 정정지침

OCR Lever는 "수전변압기 2차 측3상 단락전류에서 36[Cycle]) 이하로 동작" 하도록 설정한다.

분산형 전원 수용가 계전기는 "수전변압기 2차 측3상 단락전류에서 36[Cycle] 이하로 동작"하게 되어 있으므로, 앞에서 수전변압기 2차 측 3상 단락전류가 1419.8[A]이고, 이 값을 계전기의 특성곡선 X 좌표 값에 대입하여, 정정지침에서 정한 Y 좌표 값이 36[Cycle] 이하인 부분에서 만나는 가장 상위의 곡선이 계전기의 Lever 값을 구하면 된다. [그림 6.4.6]에서 보면 Lever가 2.3인 경우에 36[Cycle] 이하인 34.9[Cycle]이라 만족한다. 따라서 OCR의 한시 Lever는 2.3으로 선정된다.

따라서 off-DAS에서 분산형 전원 수용가 OCR의 정정치는 [그림 6.4.7]과 같이 선정한다.

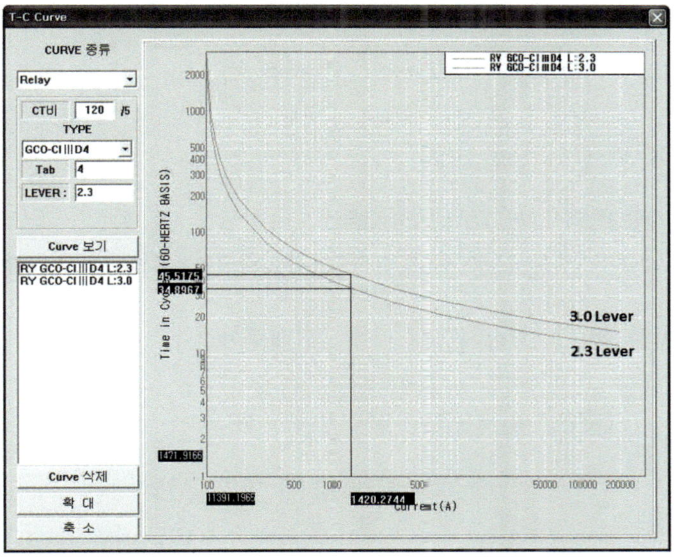

그림 6.4.6 분산형 전원 수용가 OCR의 T-C 곡선(Lever 2.3 및 3.0)

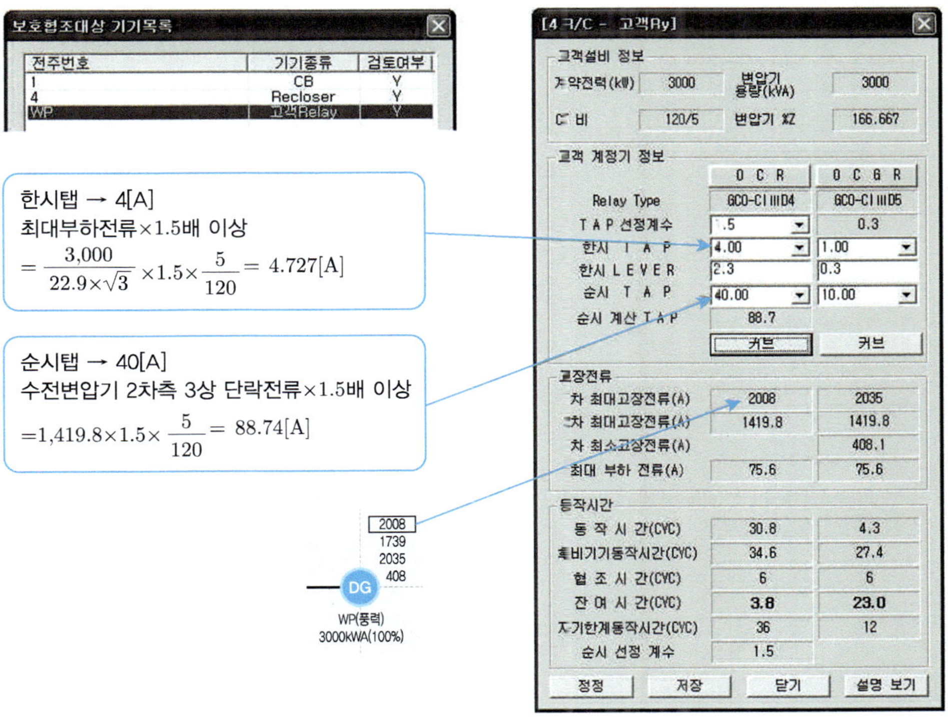

그림 6.4.7 분산형 전원 수용가 OCR Lever의 정정(2.3)

분산형 전원 수용가 OCGR의 정정치 선정

분산형 전원 수용가 OCGR의 정정치는 다음과 같은 절차에 의하여 계산된다.

1) OCGR 한시 Tap 선정

> **OCGR의 한시 Tap 정정지침**
> OCGR의 한시 Tap은 "최대부하전류의 30[%] 이하"로 설정한다.

한시 Tap은 정정지침에 따라 "최대부하전류의 30[%] 이하"이므로

$$\text{OCGR 최소동작전류} = 75.6 \times 0.3 \times \frac{5}{120}(1/\text{CT비})$$
$$= 0.945 \rightarrow 1.0[\text{A}]\text{탭} \tag{6.4.5}$$

실제로 Tap은 [그림 6.4.8]과 같이 1.0[A]에 설정한다.

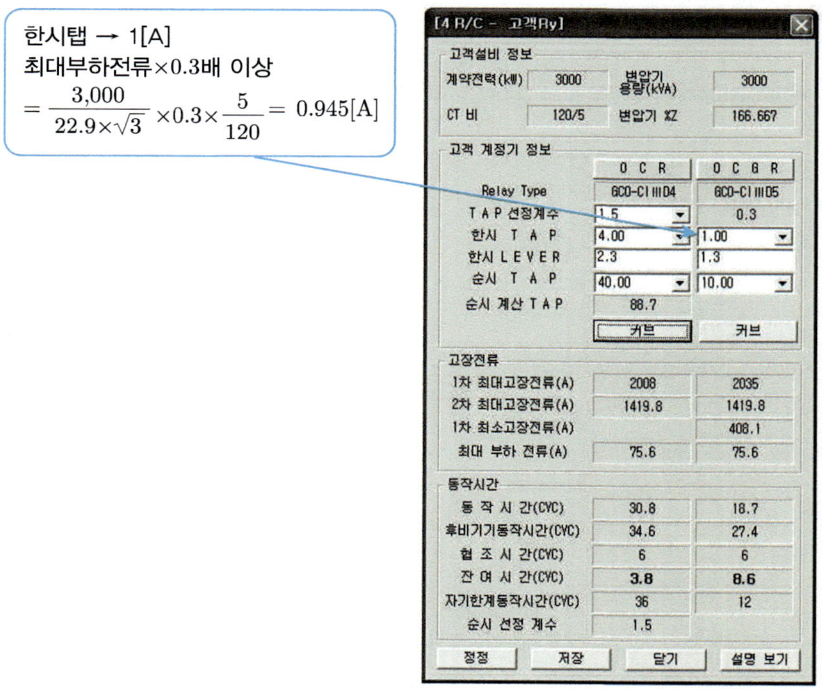

그림 6.4.8 OCGR 한시 Tap 선정(1.0[A])

2) 분산형 전원 수용가 OCGR 순시 Tap 선정

OCGR의 순시 Tap 정정지침
OCGR의 순시 Tap은 "최소 Tap"으로 설정한다.

OCGR의 순시 Tap은 정정 지침에서 "최소 Tap"에 설정하므로 계전기의 순시Tap 동작전류 = 최소 Tap인 10[A]이므로, 실제로 순시 Tap은 10[A]에 설정된다.

3) 분산형 전원 수용가 OCGR 한시 레버(Lever) 선정

OCGR Lever 정정지침
OCGR Lever는 "수전변압기 1차 측 최대 1선 지락전류에서 12[Cycle] 이내에 동작"하도록 설정한다.

OCGR은 "수전변압기 1차 측 최대 1선 지락전류에서 12[Cycle] 이내에 동작"하게 되어 있으므로, 계전기의 특성극선 X 좌표에 수전변압기 1차측 최대 1선 지락전류 2,035[A]를 대입하고, Y 좌표 값이 정정지침에서 정한 12 [Cycle] 이하인 부분에서 만나는 가장 상위의 곡선이 계전기의 Lever 값을

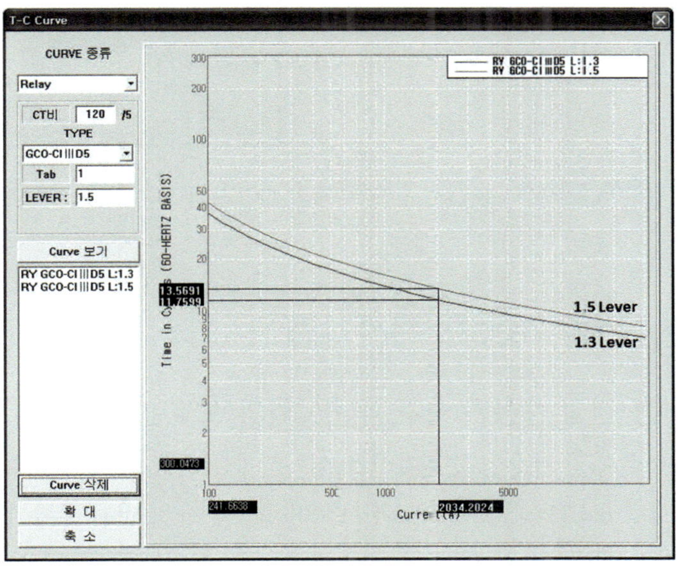

그림 6.4.9 OCGR T-C 곡선(Lever 1.3 및 1.5)

구한다. [그림 6.4.9]에서 보면 Lever가 2인 경우에는 18.06[Cycle]이므로 부적합하고 1.3인 경우에는 11.75[Cycle]이라 만족한다. 따라서 OCGR의 한시 Lever는 1.3으로 선정된다.

따라서 off-DAS에서 분산형 전원 수용가 OCGR의 정정치는 [그림 6.4.10]과 같이 선정된다.

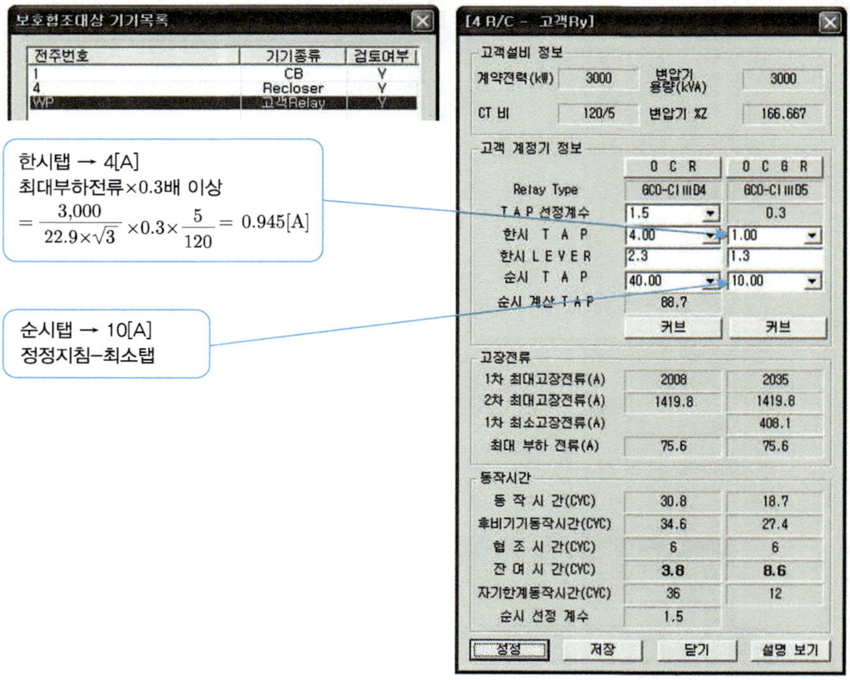

그림 6.4.10 분산형 전원 수용가 OCGR의 한시 Lever 정정(1.3)

3 | 분산형 전원 수용가 계전기와 R/C와의 보호협조

❹ 분산형 전원 수용가 OCR과 R/C와의 보호협조

1) off-DAS의 분산형 전원계전기 설치점에서의 각종 데이터 확인

[그림 6.4.11]과 같이 고객정보화면에서 분산형 전원 수용가 계전기 설치점에서의 최대고장전류(3상 단락전류)와 최소고장전류, 최대 부하전류 등을 확인한다.

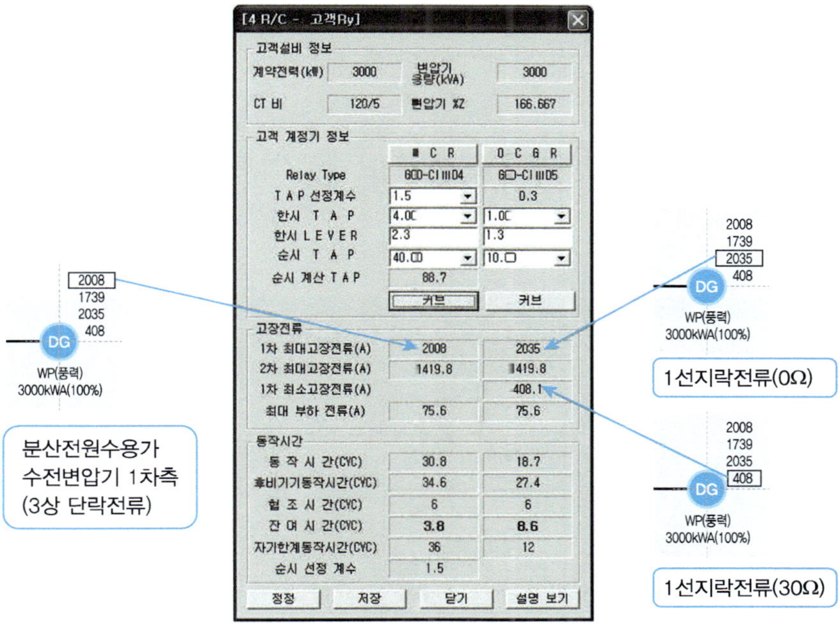

그림 6.4.11 off-DAS의 고객정보화면(OCR)

그리고 분산형 전원 수용가 계전기와 R/C의 보호협조를 위해 보호기기간의 협조시간차를 [표 6.4.3]과 같이 확인한다.

| 표 6.4.3 | 보호기기간의 협조시간차

후비보호기기	전위보호기기	협조시간차[Cycle]		비 고
		현행	개선(안)	
R/C	OC(G)R	6	10	R/C = T-C OCR = Tr

2) 분산형 전원 설치점 최대고장전류 2,008[A]에 대한 Lever 결정

분산형 전원 수용가 계전기 설치점의 최대고장전류인 2,008[A]에 대하여 분산형 전원 수용가 계전기의 한시곡선의 Lever를 변경하며, R/C의 순시/지연 동작시간과 협조가 되는지 검토하여 계전기의 Lever를 결정한다.

방법은 분산형 전원 수용가 OCR의 한시 Lever를 2.3으로 선정하고, [그림 6.4.12]와 같이 X 좌표에 2,008[A]를 대입하여, 분산형 전원 수용가 계전기의

한시곡선과 R/C의 특성곡선(N2, N4)에 대응하는 Y 좌표 값을 읽으면, R/C의 순시동작시간과 분산형 전원 수용가 OCR 한시동작시간과의 협조시간차는(10.5－30.8) －20.3[Cycle]로 협조가 불가능함을 알 수 있다. 마찬가지로 R/C의 지연동작시간과 분산형 전원 수용가 계전기의 한시동작시간과의 협조시간 차는(34.6－30.8) 3.8[Cycle]로 협조가 불가능함을 알 수 있다.

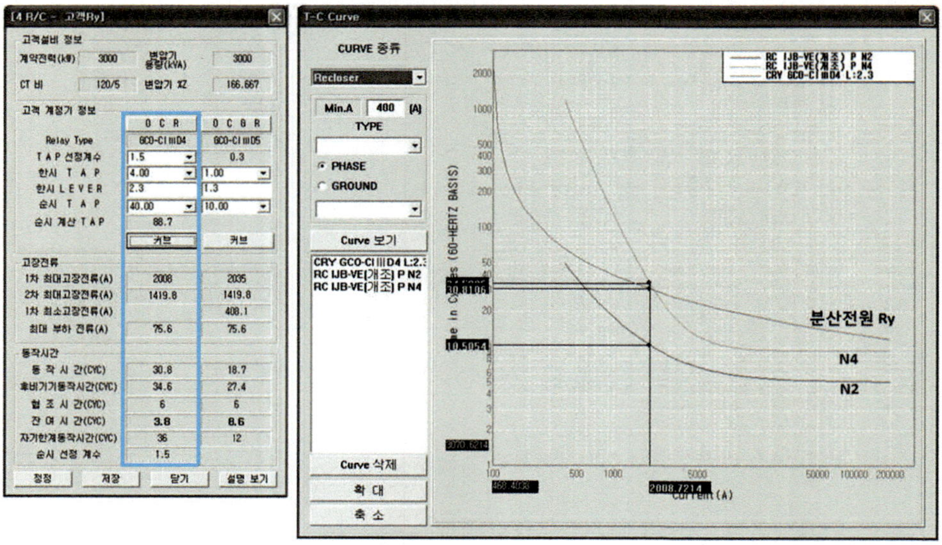

그림 6.4.12 R/C와 분산형 전원 계전기의 T-C 곡선(OCR)

불가능한 보호협조를 맞추기 위하여 Lever를 0.3으로 감소하고, 상기와 같은 방법으로 검토하면, 분산형 전원 수용가 계전기의 한시곡선은 [그림 6.4.13]과 같이 계전기의 한시동작시간은 4.0[Cycle], R/C의 상 순시동작시간과 지연동작시간은 각각 10.5[Cycle], 34.6[Cycle]이 된다. 따라서 R/C의 순시/지연동작시간과 분산형 전원 수용가 OCR의 한시동작시간이 6[Cycle] 이상의 협조시간차가 확보되어 완전협조가 가능함을 알 수 있다.

❹ 분산형 전원 수용가 OCGR과 R/C 간의 협조

1) off-DAS의 분산형 전원 계전기 설치점에서의 각종 데이터 확인

[그림 6.4.14]의 고객정보화면에서 분산형 전원 계전기의 OCGR 설치점에서

의 최대고장전류(1선 지락전류, 0[Ω])와 최소고장전류(지락전류, 30[Ω]), 최대 부하전류 등을 확인한다.

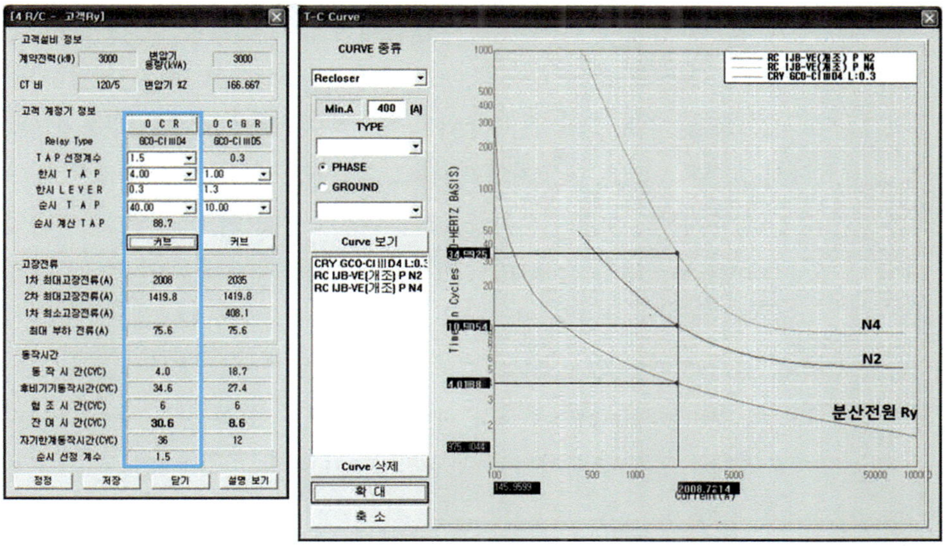

그림 6.4.13 R/C와 분산형 전원 계전기의 T-C 곡선(OCR Lever 0.3)

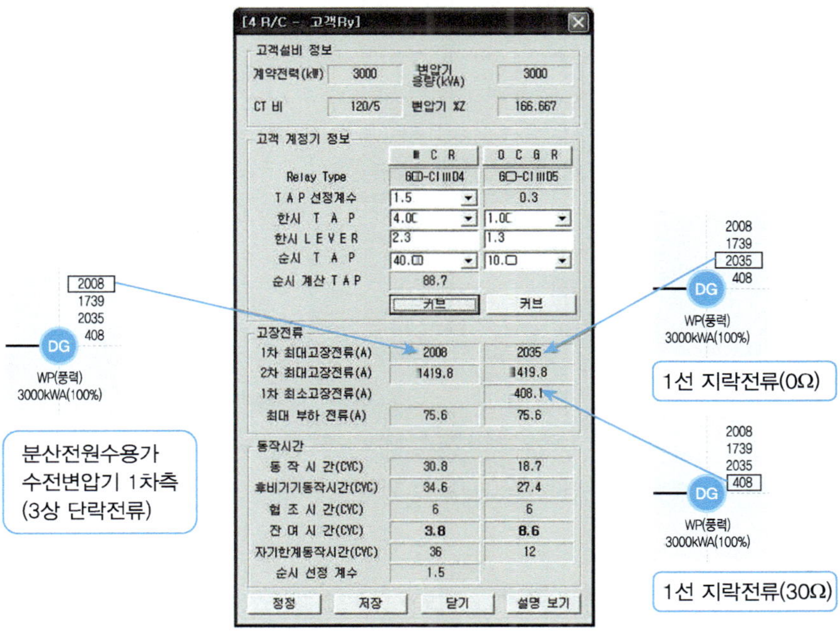

그림 6.4.14 off-DAS의 고객정보화면(OCGR)

2) 분산형 전원 설치점 최소고장전류 408[A]에 대한 Lever 결정

분산형 전원 수용가 계전기 설치점의 최소 1선 지락전류인 408[A]에 대하여 분산형 전원 수용가 OCGR의 한시곡선 Lever를 변경하며, R/C의 순시/지연 동작시간과 협조가 되는지 검토하여 계전기의 Lever를 결정한다.

방법은 분산형 전원 수용가 OCGR 한시 Lever를 1.3으로 선정하고, [그림 6.4.15]와 같이 X 좌표에 408[A]를 대입하여, 분산형 전원 수용가 OCGR의 한시곡선과 R/C의 순시/지연곡선(N2, N4)에 대응하는 Y 좌표 값을 읽으면, R/C의 순시동작시간과 분산형 전원 수용가 OCR의 한시동작시간과의 협조 시간차는(9.6－19.7) －9.1[Cycle]로 협조가 불가능함을 알 수 있다. R/C의 지연동작시간과 분산형 전원 수용가 계전기의 한시동작시간과의 협조시간차는(27.4－18.7) 8.7[Cycle]로 협조가 가능함을 알 수 있다. 즉, Lever 1.3은 R/C의 순시동작요소가 분산형 전원 수용가 OCGR의 한시동작요소보다 먼저 동작하거나 동시에 동작하는 불완전협조가 된다.

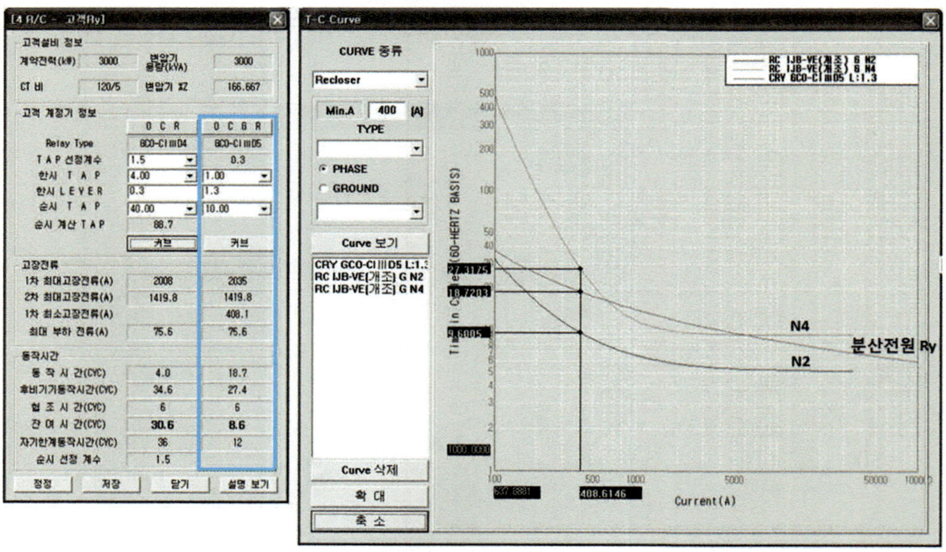

그림 6.4.15 R/C와 분산형 전원계전기의 T-C 곡선(OCGR Lever 1.3)

불완전협조를 개선하기 위해 분산형 전원 수용가 OCGR의 Lever를 0.2로 감소하고, 상기와 같은 방법으로 검토를 하면, 분산형 전원 수용가 계전기의 한

시곡선은 [그림 6.4.16]과 같이 한시동작시간은 2.9[Cycle], R/C의 특성곡선(N2, N4)은 각각 9.6[Cycle], 27.4[Cycle]가 된다. 따라서 R/C의 순시/지연동작시간과 분산형 전원 수용가 OCGR의 한시동작시간의 협조시간차가 6[Cycle] 이상으로 확보되어 완전협조가 가능함을 알 수 있다.

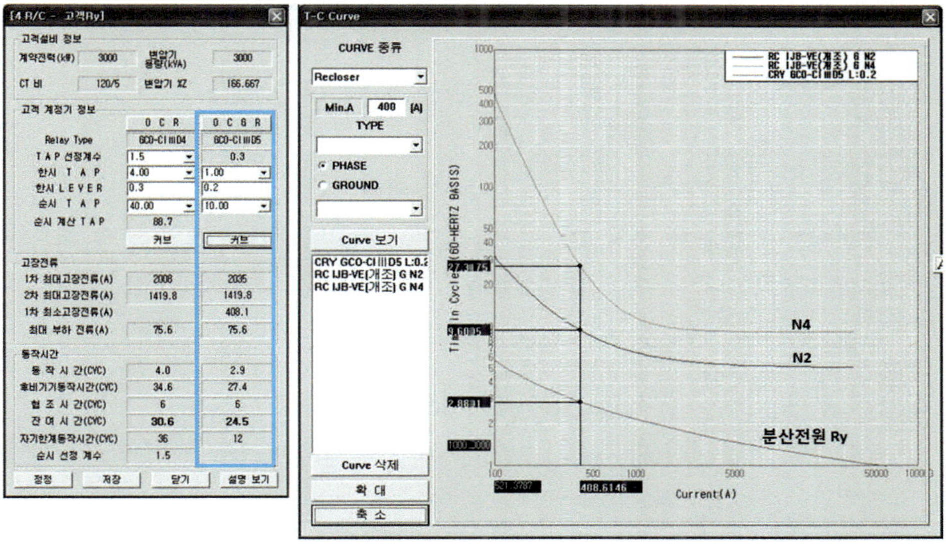

그림 6.4.16 R/C와 분산형 전원계전기의 T-C 곡선(OCGR Lever 0.3)

제5절

분산형 전원 수용가 및 일반고객이 동시에 연계된 정정 사례

1 | 모델 배전계통

배전계통에 분산형 전원 수용가 및 일반고객이 동시에 연계된 정정 계산 사례는 [그림 6.5.1]과 같은 모델 배전계통과 [표 6.5.1]과 같은 % 임피던스 구성도와 같다. 또한, 분산형 전원 및 일반고객의 용량과 계전기는 다음과 같다.

- 분산형 전원 : 풍력발전 3[MVA] 연계
- 분산형 전원 수용가 계전기 타입 : GCO-CI III D4, D5 사용(경보전기 제품)
- 일반고객 : 1[MW] 연계
- 일반고객 계전기 타입 : GCO-CI III D4, D5 사용(경보전기 제품)

표 6.5.1 모델 배전계통의 % 임피던스 구성도

구간	Z1		누계		Z0		누계		km
	%R	%X	%R	%X	%R	%X	%R	%X	
①	0.4	35.7417	0.4	35.7417	0.0716	17.333	0.0716	17.333	직하
②	3.0447	4.8365	3.4447	40.5782	9.0474	2.9495	9.119	20.2825	1.7
③	6.94	14.92	10.3847	55.4982	23.98	58.52	33.099	78.8025	2.0
④	7.54	10.933	17.9247	66.4312	17.55	40.105	50.649	118.9075	1.3
⑤	51.04	74.008	68.9647	140.4392	123.376	284.768	174.025	403.6755	8.8
⑥	0.948	0.877	69.9127	141.3162	1.585	3.312	175.61	406.9875	0.1

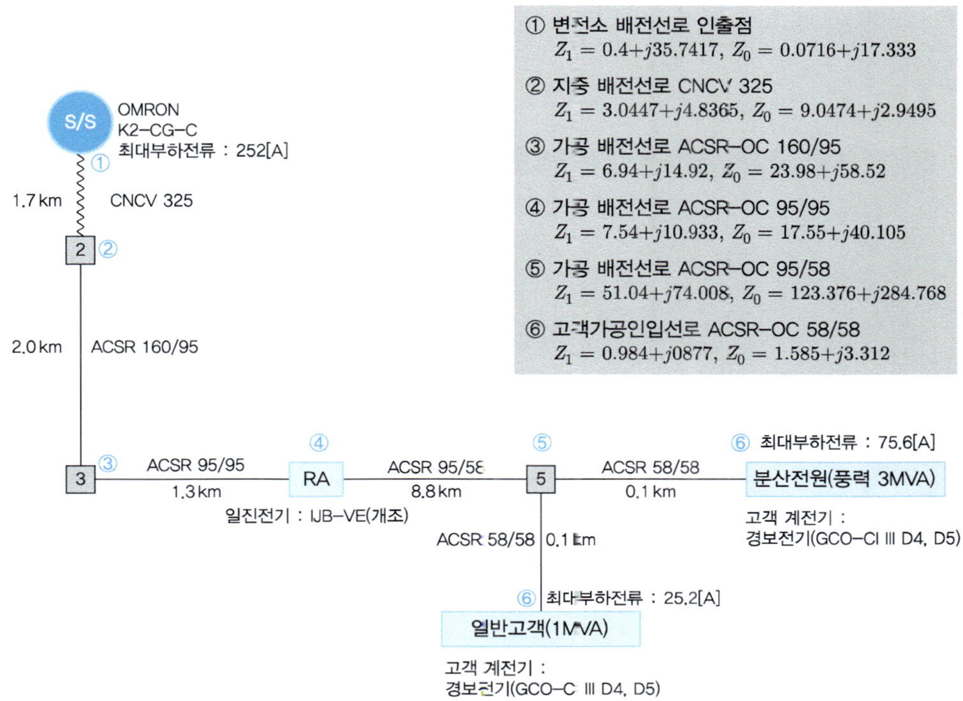

그림 6.5.1 모델 배전계통

2 | 고장전류 계산

상기의 모델계통에 대하여 먼저 off-DAS를 이용하여 고장전류를 계산하면 [그림 6.5.2]와 고장전류의 값은 3상 단락전류, 선간단락전류 그리고 1선 지락전류(0[Ω],

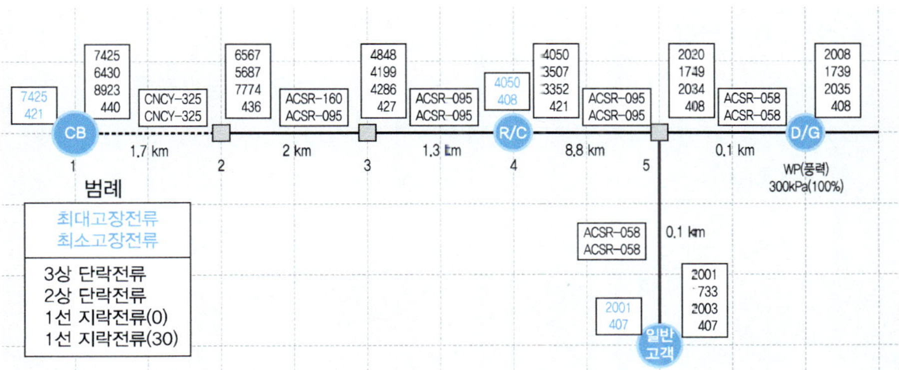

그림 6.5.2 제시된 모델 계통에 대한 고장전류 계산 단선도

30[Ω]) 순으로 표시된다. 또한, 분산형 전원 시스템에 대한 정보는 [그림 6.5.3]과 같다.

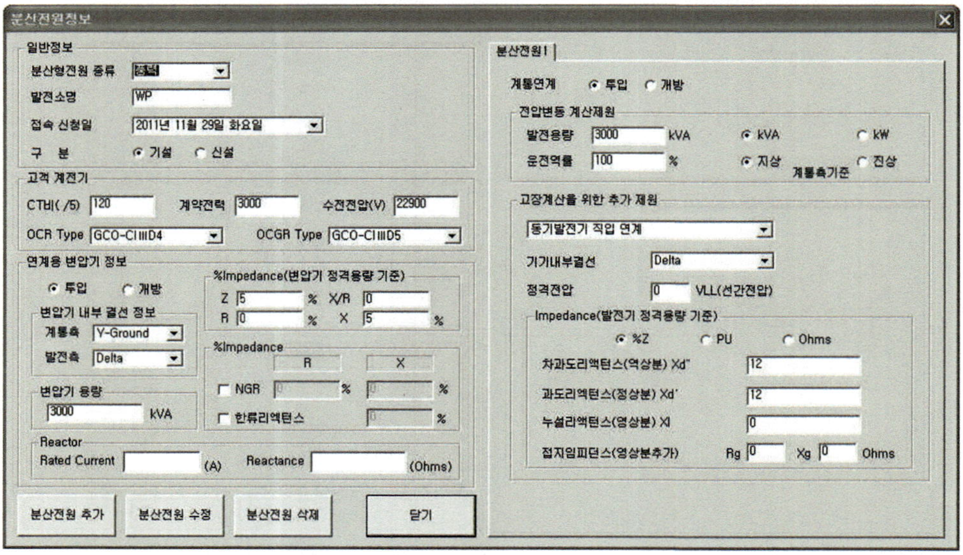

그림 6.5.3 분산형 전원 시스템에 대한 정보 화면

3 | 변전소 계전기와 R/C 간의 협조

❹ 변전소 OCR의 정정치 선정(분산형 전원, 3[MVA] 고려)

1) CT비 선정

변전소의 CT비는 회선당 운전전류를 기준으로 정격전류를 구한다. 분산형 전원이 연계되기 전에 10[MW] 기준이었으나 분산형 전원 3[MW] 연계 후 7[MW]로 운전전류가 감소하여 정격전류는 식 (6.5.1)과 같이 구한다.

$$I = \frac{7,000}{\sqrt{3} \times 22.9} = 176.48[\text{A}] \tag{6.5.1}$$

CT 비의 결정은 상기 정격전류에 1.5[배]를 하면 식 (6.5.2)와 같다.

$$176.5 \times 1.5[\text{배}] = 265[\text{A}] \tag{6.5.2}$$

약 300[A] 정도이므로 400/5를 사용하면 되지만, 여기에서는 여유를 두어 600/5를 사용한 것으로 한다(분산형 전원 연계 전과 같은 값이다).

2) 변전소 OCR 한시 Tap 선정

OCR의 한시 Tap 정정지침

OCR의 한시 Tap은 "회선당 운전전류의 150[%] 이상"으로 설정한다.

변전소 OCR의 한시 Tap은 "회선당 운전전류의 150[%]"이므로 식 (6.5.3)과 같다.

$$\text{계전기의 최소동작전류} = \frac{7,000}{\sqrt{3}\times 22.9}\times 1.5\times\frac{5}{600}(1/\text{CT비}) = 2.2 \rightarrow 3[\text{A}] \tag{6.5.3}$$

따라서 TAP은 3[A]에 설정된다.

3) 변전소 OCR의 순시 Tap 선정

OCR의 순시 Tap 정정지침

OCR의 순시 Tap은 "전위보호장치(R/C) 설치 점의 3상 단락전류의 1.5[배] 이상"으로 설정한다.

OCR의 순시 Tap은 정정 지침에서 "전위보호장치(R/C) 설치 점의 3상 단락전류의 1.5[배] 이상"에 설정토록 되어 있으므로 식 (6.5.4)와 같다.

$$\text{계전기의 순시 TAP 동작전류} = 4,050\times 1.5\times\frac{5}{600}(1/\text{CT비}) = 50.63 \rightarrow 40[\text{A}]\text{탭} \tag{6.5.4}$$

실제로 순시 Tap은 40[A]에 설정된다(분산형 전원 연계 전과 같은 값이다).

4) 변전소 OCR Lever 선정

OCR Lever 정정지침

OCR Lever는 "배전용변전소 인출점 3상 단락전류에서 30[Cycle] 이하로 동작"하도록 설정한다.

변전소 OCR의 Lever는 계전기가 "배전용변전소 인출점 3상 단락전류에서 30[Cycle] 이하로 동작"하게 되어 있다. 변전소 인출점 3상 단락전류(D/L 최대고장전류)가 7,425[A]이므로 이 값을 계전기의 특성곡선 X 좌표 값에 대입하여, Y 좌표값이 30[Cycle] 이하인 부분에서 만나는 곡선의 Lever 값을 구하면 된다. [그림 6.5.4]에서 보면 Lever 1인 경우에 35.9[Cycle]이므로 부적합하고, 0.8인 경우에는 28.7[Cycle]이라 만족한다. 따라서 OCR의 한시 Lever는 0.8로 선정된다.

변전소 인출점 3상 단락전류에서
0.5초(30Cycle) 이하로 동작
TC 커브를 이용하여 7,425A에서
30Cycle 이하 Lever → 0.8

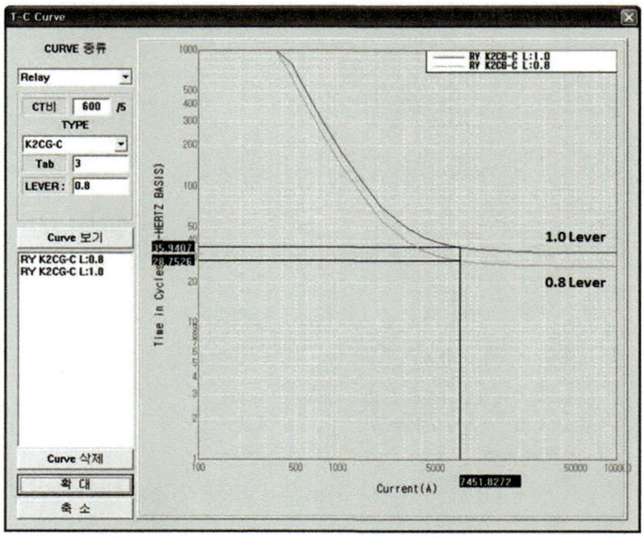

그림 6.5.4 변전소 OCR T-C 곡선(Lever 0.8 및 1.0)

4 변전소 OCGR의 정정치 선정(분산형 전원 3[MW] 고려)

1) OCGR의 한시 Tap 선정

> **OCGR의 한시 Tap 정정지침**
> OCGR의 한시 Tap은 "회선 당 운전전류의 30[%] 이하"로 설정한다.

한시 Tap은 정정지침에 따라 "회선 당 운전전류의 30[%]"이므로 결과는 식 (6.5.5)와 같다.

$$\text{계전기의 최소동작전류} = \frac{7,000}{\sqrt{3} \times 22.9} \times 0.3 \times \frac{5}{600}(1/\text{CT비})$$
$$= 0.44 \rightarrow 0.5[\text{A}]\text{탭} \tag{6.5.5}$$

실제로 Tap은 0.5[A]에 설정된다.

2) OCGR의 순시 Tap 선정

OCGR의 순시 Tap 정정지침

OCGR의 순시 Tap은 "전위보호장치(R/C) 설치 점의 최대 1선 지락전류(지락저항 0[Ω])의 1.4[배] 이상"로 설정한다.

OCGR의 순시 Tap은 정정 지침에서 "전위보호장치(R/C) 설치 점의 최대 1선 지락전류(지락저항 0[Ω])의 1.4[배] 이상"에 설정토록 되어 있으므로 식 (6.5.6)과 같다.

$$\text{계전기의 순시 TAP 동작전류} = 3,352 \times 1.4 \times \frac{5}{600}(1/\text{CT비})$$
$$= 39.11 \rightarrow 40[\text{A}]\text{탭} \tag{6.5.6}$$

실제로 순시 Tap은 40[A]에 설정된다(분산형 전원 연계 전과 같은 값이다).

3) OCGR Lever 선정

OCGR Lever 정정지침

OCGR Lever는 "배전용변전소 인출점 최대 1선 지락전류에서 30[Cycle] 이하로 동작"하도록 설정한다.

계전기가 "배전용변전소 인출점 최대 1선 지락전류에서 30[Cycle] 이하로 동작"하게 되어 있으므로, 앞에서 변전소 인출점 최대 1선 지락전류는 8,923[A]이고, 이 값을 계전기의 특성곡선 X 좌표에 대입하여, Y 좌표 값이 30[Cycle] 이하인 부분에서 만나는 곡선의 Lever 값을 구하면 된다. [그림 6.5.5]에서 보면 Lever가 1.1인 경우에는 36.3[Cycle]이므로 부적합하고 0.9인 경우에는 29.7[Cycle]이라 만족한다. 따라서 OCGR의 한시 Lever는 0.9로 선정된다(분산형 전원 연계 전과 같은 값이다)

배전용 변전소 최대1선 지락전류에서 0.5초(30Cycle) 이하로 동작 TC 커브를 이용하여 8,923A에서 30Cycle 이하 Lever → 0.9

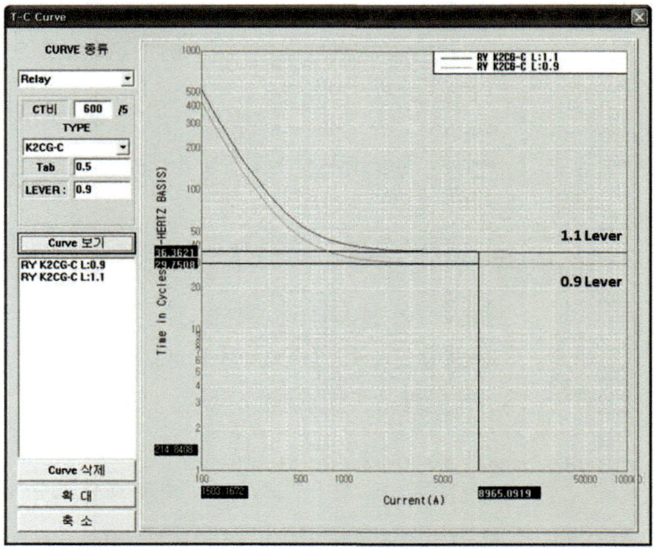

그림 6.5.5 변전소 OCGR T-C 곡선(Lever 0.9 및 1.1)

따라서 분산형 전원 3[MW] 연계 시 off-DAS에서 배전용변전소 계전기의 정정치는 [그림 6.5.6]과 같이 선정된다.

OCR 정정치	OCGR 정정치
한시탭 : OCR 최소 동작전류 회선당 운전전류의 150% 176.48A×1.5배÷120배(CT비) = 2.2 → 3 TAP	한시탭 : OCGR 최소 동작전류 회선당 운전전류의 150% 176.48A×0.3배÷120배(CT비) = 0.44 → 0.5 TAP
순시탭 : 전위보호기기(R/C) 설치점의 3상 단락전류의 1.5배 이상 3,664A×1.5배÷120배(CT비) = 50.63 → 40 TAP	순시탭 : 전위보호기기(R/C) 설치점의 최대 1선 지락전류(0Ω)의 1.4배 이상 3,552A×1.4배÷120배(CT비) = 39.11 → 40 TAP
한시 LEVER : 변전소 인출점 3상 단락전류에서 0.5초(30Cycle) 이하로 동작 TC 커브를 이용하여 7,425A에서 30Cycle 이하 Lever → 0.8	한시 LEVER : 변전소 최대 1선 지락전류에서 0.5초(30Cycle) 이하로 동작 TC 커브를 이용하여 8,923A에서 30Cycle 이하 Lever → 0.9

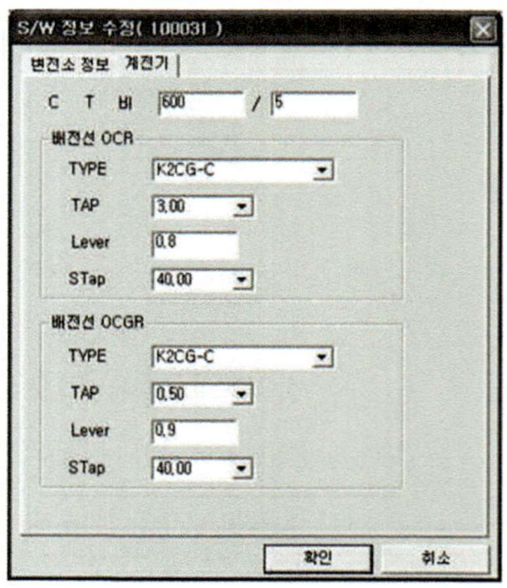

그림 6.5.6 변전소 OCR 및 OCGR 정정 화면

R/C의 상 정정치 선정(분산형 전원 고려)

분산형 전원이 연계되기 전, R/C 설치위치는 회선 최대부하의 50[%]인 126[A] 지점으로 상정하였다. R/C의 최소동작전류는 정정지침에 따라 "최대부하전류의 2.8[배] 이상, 4.0[배] 이하"이므로 분산형 전원 연계 전의 최소동작전류는 식 (6.5.7)의 조건이 되어야 함으로 식 (6.5.8)과 같다.

$$2.8\times \text{최대부하전류}(126[A]) \le \text{R/C의 최소동작전류} \le 4.0\times \text{최대부하전류}(126[A]) \qquad (6.5.7)$$

$$352.8[A] \le \text{R/C의 최소동작전류} \le 504[A] \rightarrow 400[A] \qquad (6.5.8)$$

따라서 400[A]로 정정하였다. 하지만 분산형 전원 3[MW]가 연계된 경우 R/C의 구간 부하전류는 [그림 6.5.7]과 같이 126[A]에서 분산형 전원 연계용량 만큼이 감소한 (126－75.6) 약 50[A]이다.

최대 고장 전류(A)	3664	2841
최소 고장 전류(A)	1385	353
최대 부하 전류(A)	126	126
최대 Rating (A)	480	70
최소 Rating (A)	353	42

→

최대 고장 전류(A)	4050	3352
최소 고장 전류(A)	1733	407
최대 부하 전류(A)	50	50
최대 Rating (A)	480	70
최소 Rating (A)	141	17

그림 6.5.7 R/C의 구간 전류(분산형 전원 연계된 경우)

따라서 분산형 전원이 3[MW] 연계된 경우 R/C의 최소동작전류는 정정지침에 의해 "최대부하전류의 2.8[배] 이상, 4.0[배] 이하"이므로 식 (6.5.9)의 조건을 만족해야 하므로 식 (6.5.11)과 같다.

$$2.8\times \text{최대부하전류}(50[A]) \le \text{R/C의 최소동작전류} \le 4.0\times \text{최대부하전류}(50[A]) \qquad (6.5.9)$$

$$140[A] \le \text{R/C의 최소동작전류} \le 200[A] \qquad (6.5.10)$$

$$\text{후비보호기기의 상 최소동작전류}(3TAP\times 120\text{배}=360 \text{ 이하}) \rightarrow 200[A] \qquad (6.5.11)$$

따라서 200[A]로 정정한다. 이 값은 연계 전과 2[배] 이상의 차이가 나는 값으로 연계 전과 후의 변화를 알 수 있다.

❹ R/C의 지락 정정치 선정(분산형 전원 고려)

R/C의 지락 최소동작전류는 정정지침에 따라 "최대부하전류의 0.3[배] 이상"이므로 식 (6.5.12)와 같다.

R/C의 최소동작전류 ≤ 최대부하전류(50[A]) × 0.3 = 15[A] 이상 (6.5.12)

후비보호기기의 지락 최소동작전류(0.5TAP × 120배 = 60[A] 이하)
→ 60[A] (6.5.13)

R/C 상과 지락의 순시/지연곡선으로 [그림 6.5.9]와 같이 N2와 N4를 사용하는 것으로 상정한다.

Recloser 상 최소 동작전류 :
- 최대 부하전류(50A) 2.8배 이상, 4.0배 이하
  140A ≤ 최소 동작전류 ≤ 200A
- 변전소 OCR 최소 동작전류(360A) 이하
  → 200[A]로 선정

Recloser 지락 최소 동작전류 :
- 최대 부하전류(50A)×0.3 = 15A 이상
- 변전소 OCGR 최소 동작전류(60A) 이하
  → 60[A]로 선정

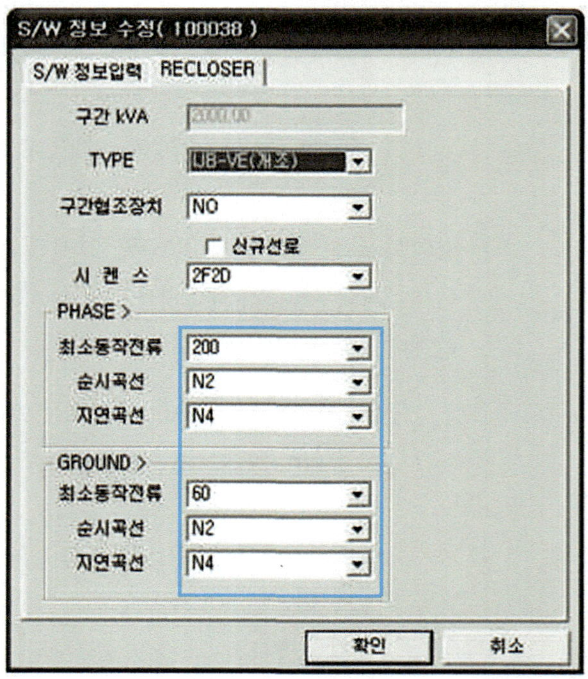

그림 6.5.8 R/C의 상 및 지락의 최소동작전류 및 T-C 곡선(N2, N4)

변전소 OCR과 R/C 상의 보호협조

1) off-DAS를 이용한 각종 데이터 확인

먼저 R/C 설치점에서의 최대고장전류(3상 단락전류)와 최소고장전류(전위보호기기의 선간단락전류), 최대부하전류, 최대/최소 Rating 등을 [그림 6.5.9]와 같이 확인한다. 분산형 전원 연계로 인하여 고장전류 및 부하전류의 변화를 알 수 있다.

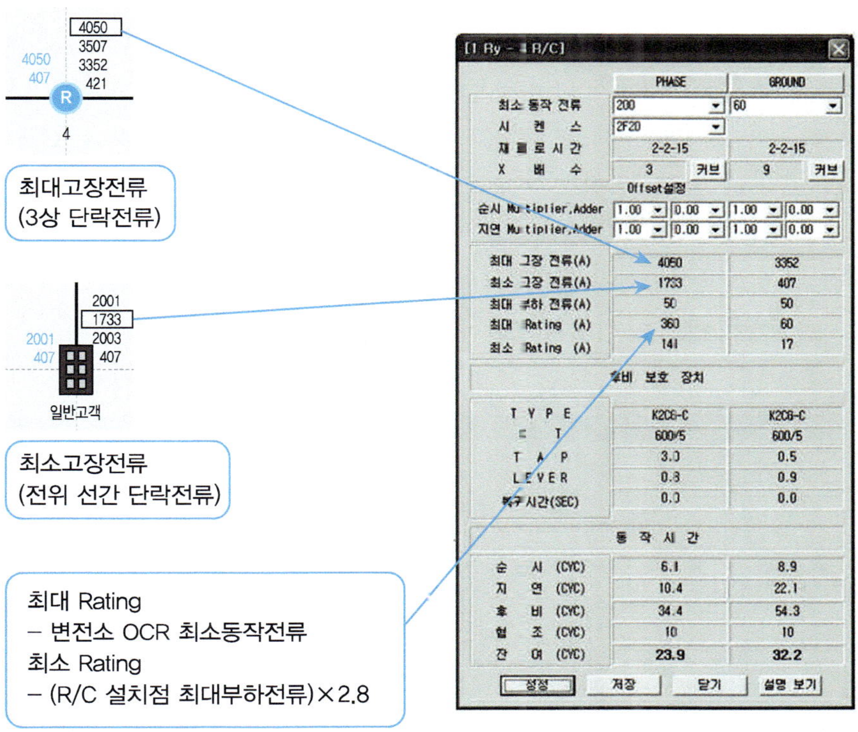

그림 6.5.9 R/C 설치점에서의 각종 데이터 확인 화면

그리고 변전소 계전기와 R/C의 보호협조를 위해 보호기기간의 협조시간차를 [표 6.5.2]와 같이 확인한다.

표 6.5.2 보호기기간의 협조시간차

후비보호기기	전위보호기기	협조시간차[Cycle]		비 고
		현행	개선(안)	
아날로그 OC(G)R	R/C	10	10	OCR = Tr R/C = T-C
디지털 OC(G)R	R/C	10	3	OCR = Tr R/C = T-C

2) R/C 설치점 최대고장전류(4,050[A])에 대한 보호협조 확인

[그림 6.5.10]에서 4,050[A]를 X 좌표 값에 대입하여, R/C의 곡선(N2, N4)과 변전소 OCR의 계전기의 한시특성곡선에 대응하는 Y 좌표 값을 읽으면, R/C의 곡선(N2, N4)에 대한 동작시간이 각각 6.13[Cycle], 10.43[Cycle]로 구해진다. 또한, 변전소 OCR의 한시동작시간은 34.4[Cycle]임을 알 수 있다. 이 값을 R/C의 지연동작시간과 비교하면 (34.4−10.4) 24[Cycle]의 차이가 난다. 따라서 R/C의 지연동작과 변전소 OCR의 동작이 10[Cycle] 이상의 협조시간차가 나므로 협조에 문제가 없음을 알 수 있다.

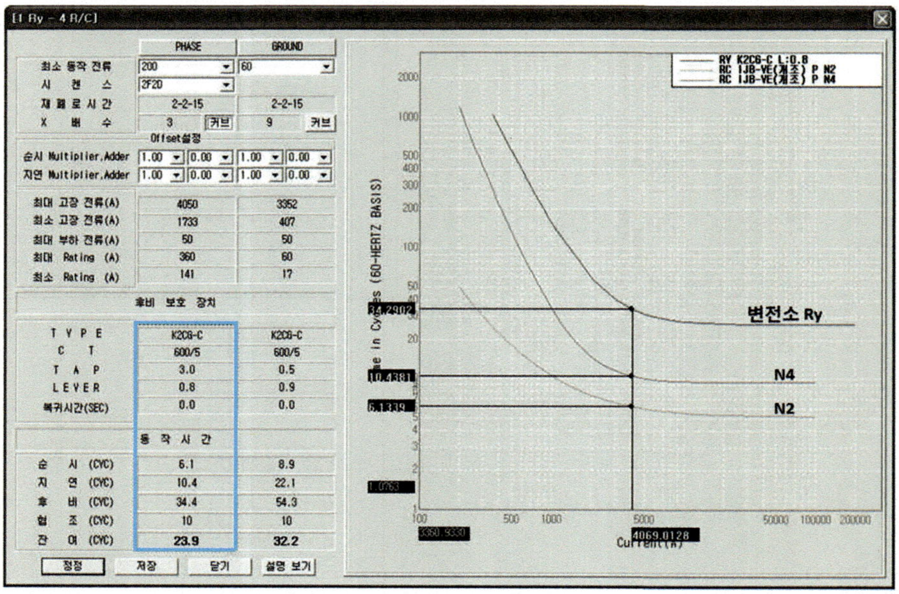

그림 6.5.10 최대고장전류에 대한 동작시간 확인

변전소 OCGR과 R/C 지락의 보호협조

1) off-DAS를 이용한 각종 데이터 확인

[그림 6.5.11]과 같이 R/C 설치점에서의 고장전류(1선 지락전류, 0[Ω])와 최소고장전류(1선 지락전류, 30[Ω]), 최대 부하전류, 최대/최소 Rating 등을 확인한다. 분산형 전원 연계로 인하여 고장전류 및 부하전류의 변화를 알 수 있다.

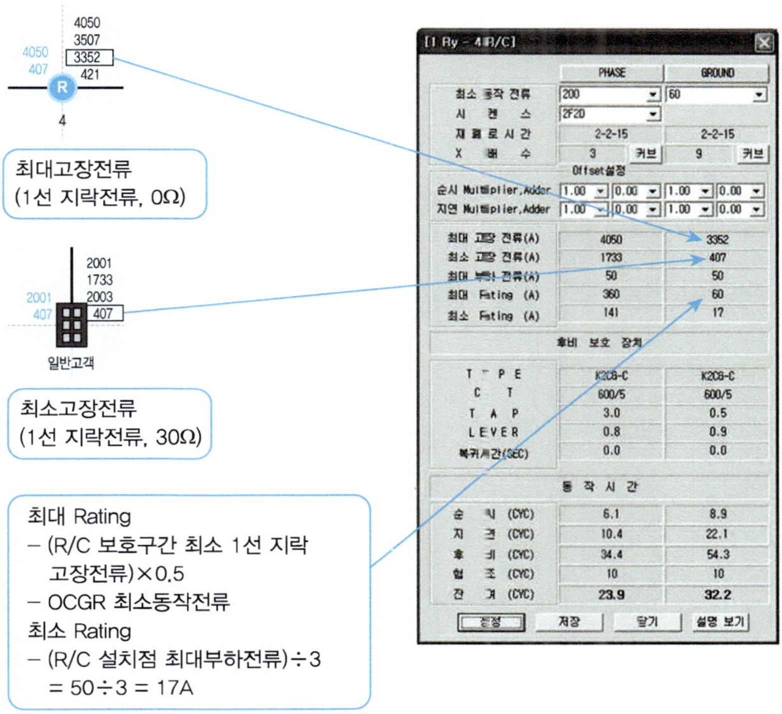

그림 6.5.11 R/C 설치점에서의 각종 데이터 확인

2) R/C 설치점 최소고장전류(407[A])에 대한 보호협조 확인

같은 방법으로 407[A]를 X 좌표에 대입하여, R/C의 곡선(N2, N4)과 변전소 OCGR의 한시특성곡선에 대응하는 Y 좌표 값을 읽으면, R/C의 곡선(N2, N4)에 대한 동작시간이 각각 8.9[Cycle], 22.1[Cycle]이 구해진다. 또한, 변전소 OCGR의 한시동작시간은 54.3[Cycle]임을 알 수 있다. 이 값을 R/C의 지

연동작시간과 비교하면 (54.3－22.1) 32.2[Cycle]의 차이가 난다. 따라서 R/C의 지락 지연동작과 변전소 OCGR의 한시동작이 10[Cycle] 이상의 협조시간 차로 유지되어 협조에 문제가 없음을 알 수 있다.

4 | R/C와 일반고객 계전기와의 협조

❹ R/C와 일반고객 OCR의 정정치 산정(분산형 전원 고려)

분산형 전원이 연계된 경우 R/C의 정정치는 앞서 구하였으며 [그림 6.5.12]와 같다.

Recloser 상 최소동작전류 :
- 최대부하전류(50A) 2.8배 이상, 4.0배 이하
  140A ≤ 최소동작전류 ≤ 200A
- 변전소 OCR 최소동작전류(360A) 이하
  → 200[A]로 선정

Recloser 지락 최소동작전류 :
- 최대부하전류(50A)×0.3 = 15A 이상
- 변전소 OCGR 최소동작전류(60A) 이하
  → 60[A]로 선정

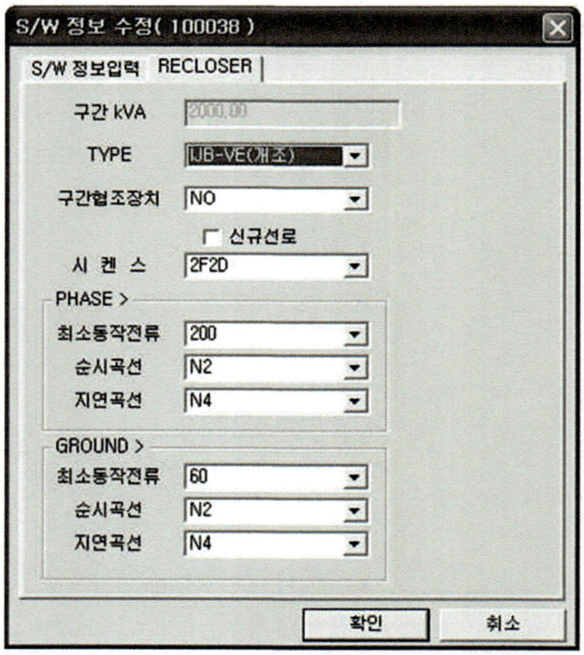

그림 6.5.12 R/C의 상 및 지락의 최소동작전류 및 T-C 곡선(N2, N4)

일반고객 계전기의 Type은 경보전기 GCO-CI III D4로 강반시 특성을 갖는다. 먼저, 일반고객 계전기에 대하여 앞의 경우와 비교하기 위하여 CT비를 산정한다.

1) CT비 선정

고객의 계약전력 1[MW]를 기준으로 정격전류를 구하면 식 (6.5.14)와 같다.

$$\text{정격전류} = \frac{1,000}{\sqrt{3}\times 22.9} = 25.21[\text{A}] \qquad (6.5.14)$$

CT비의 결정은 상기 정격전류에 1.5[배]를 하면 식 (6.5.15)와 같다.

$$25.21\times 1.5[\text{배}] = 37.8[\text{A}] \qquad (6.5.15)$$

약 40[A] 정도이므로 40/5를 사용하면 된다.

2) 일반고객 OCR 한시 Tap 선정

한시 Tap은 계전기의 최소동작전류를 의미하며, 정정지침에 따라 "최대부하전류의 1.5[배]"이므로 식 (6.5.16)과 같다.

$$\begin{aligned}\text{일반고객 OCR 최소 동작전류} &= \frac{1,000}{\sqrt{3}\times 22.9}\times 1.5\times \frac{5}{40}\\ &= 4\ 725[\text{A}]\rightarrow 4\,[\text{A}]\text{탭}\end{aligned} \qquad (6.5.16)$$

실제로 Tap은 4[A]에 설정된다.

3) 일반고객 OCR 순시 Tap 선정

OCR의 순시 Tap은 정정 지침에서 "수전변압기 2차 측 3상 단락전류의 1.5[배] 이상"에 설정토록 되어 있으므로 식 (6.5.17)과 같다.

$$\begin{aligned}\text{일반고객 OCR 순시 TAP 동작전류} &= 407.1\times 1.5\times \frac{5}{40}\\ &= 76.33[\text{A}]\rightarrow 40[\text{A}]\text{탭}\end{aligned} \qquad (6.5.17)$$

이며, 실제로 순시 Tap은 관례적으로 40[A]에 설정된다.

수전변압기 2차 측 3상 단락전류는 [그림 6.5.13]에서 풍력발전의 임피던스 및 용량, 선로의 총 임피던스 값, 수전변압기의 임피던스를 통해 구할 수 있다.

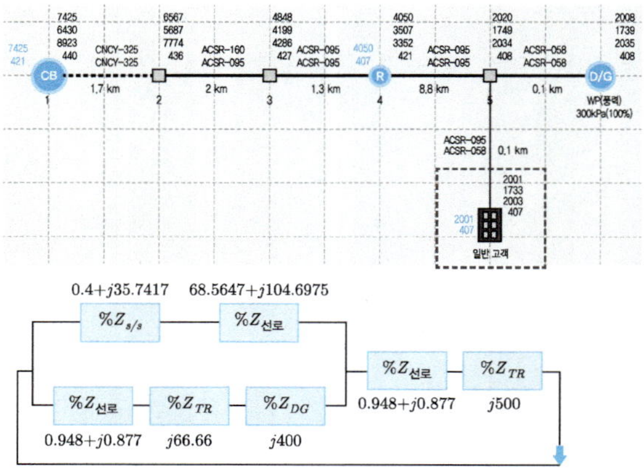

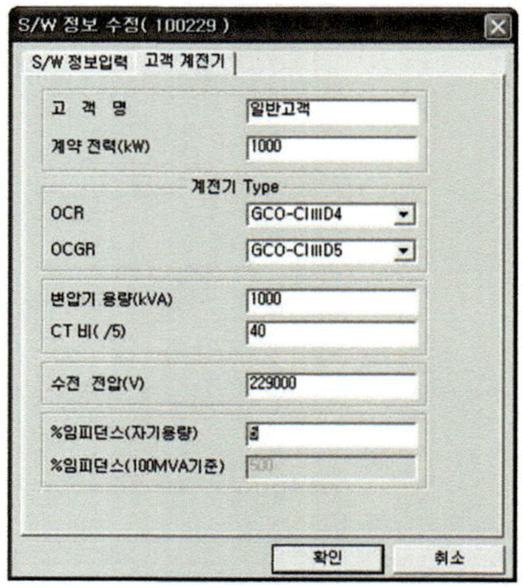

$Z_1=(43.94+j116.84)+0.948+j0.877)=44.88+j117.72$

수전변압기 2차측 3상 단락전류

$$=\frac{100\times 2{,}521}{44.881+j117.72+j500}=1419.8[\mathrm{A}]$$

그림 6.5.13 풍력발전, 선로 및 수전변압기의 임피던스 확인

4) 일반고객 OCR Lever(레버) 선정

정정지침에서, 고객 계전기가 “수전변압기 2차 측 3상 단락전류에서 36[Cycle] 이하로 동작”하게 되어 있다. 수전변압기 2차 측 3상 단락전류가 407.1[A]이고, 이 값을 일반고객 OCR의 특성곡선 X 좌표에 대입하여, 정정지침에서 정

수전변압기 2차측 3상 단락전류에서 0.5초(30Cycle) 이하로 동작 TC 커브를 이용하여 407A에서 30Cycle 이하 Lever → 2.2

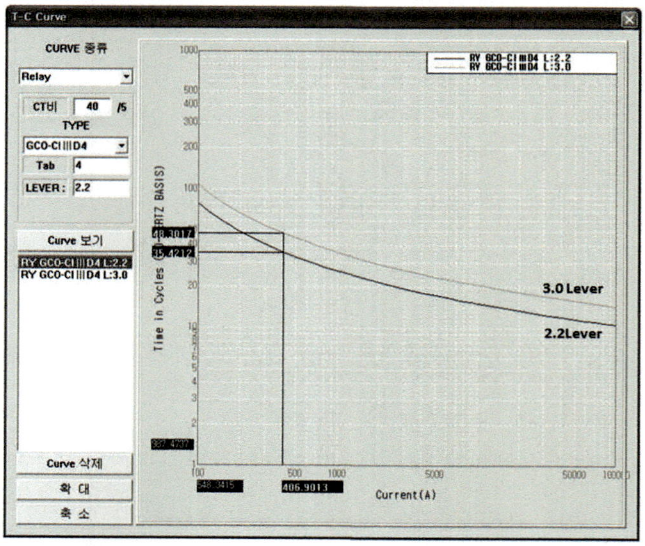

그림 6.5.14 일반고객 OCR T-C 곡선

한 Y 좌표 값이 36[Cycle] 이하인 부분에서 만나는 가장 상위의 곡선이 계전기의 Lever 값이 된다. [그림 6.5.14]에서 보면 Lever가 2.2인 경우에 36[Cycle] 이하를 만족한다. 따라서 OCR의 한시 Lever는 2.2로 선정된다.

일반고객 OCGR의 정정치 산정(분산형 전원 고려)

1) 일반고객 OCGR 한시 Tap 선정

한시 Tap은 정정지침에 따라 "최대부하전류의 30[%]"이므로 그 결과는 식 (6.5.18)과 같다.

$$\text{일반고객 OCGR 최소동작전류} = \frac{1{,}000}{\sqrt{3} \times 22.9} \times 0.3 \times \frac{5}{40}\,(1/\mathrm{CT}\text{비}) = 0.945 \rightarrow 1.0[\mathrm{A}]\text{탭} \quad (6.5.18)$$

실제로 Tap은 1.0[A]에 설정된다.

2) 일반고객 OCGR 순시 Tap 선정

OCGR의 순시 Tap은 정정지침에서 "최소 Tap"에 설정토록 되어 있으므로 식 (6.5.19)와 같다.

$$\text{일반고객 계전기의 순시 TAP 동작전류} = \text{최소 TAP인 } 10[\mathrm{A}]\ \mathrm{TAP} \quad (6.5.19)$$

실제로 순시 Tap은 10[A]에 설정된다.

3) 일반고객 OCGR 한시 Lever 선정

계전기가 "수전변압기 1차측 최대 1선 지락전류에서 0.2[초](12[Cycle]) 이내에 동작"하게 되어 있으므로, 앞에서 수전변압기 1차측 최대 1선 지락전류는 2,003[A]이고, 이 값을 OCGR의 특성곡선 X 좌표에 대입하여, 정정지침에서 정한 Y 좌표 값이 12[Cycle] 이하인 부분에서 만나는 가장 상위의 곡선이 계전기의 Lever 값이 된다. [그림 6.5.15]에서 보면 Lever가 1.6인 경우에 11.5[Cycle]로 만족한다. 따라서 CCGR의 한시 Lever는 1.6으로 선정된다.

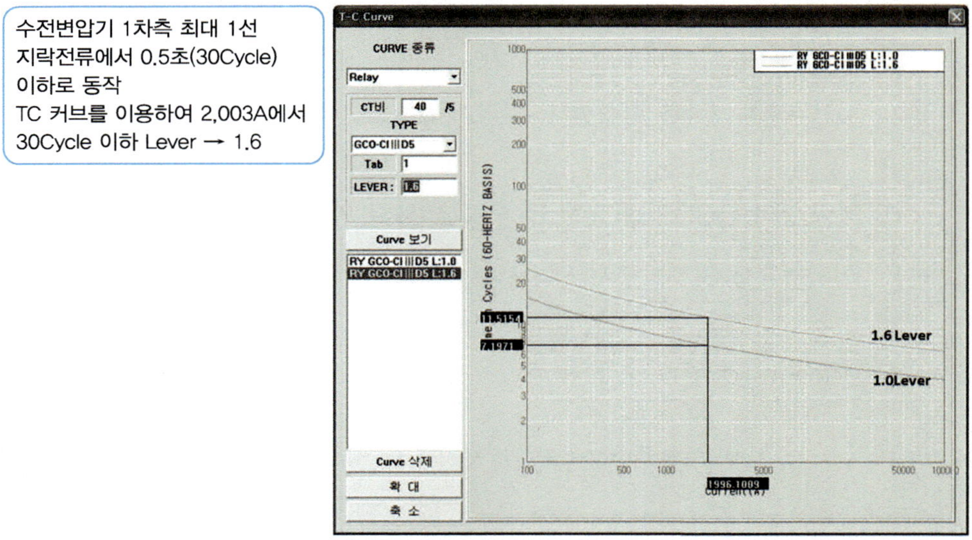

그림 6.5.15 일반고객 OCGR T-C 곡선

따라서 분산형 전원 3[MVA] 연계 시 off-DAS에서 고객 계전기의 정정치는 [그림 6.5.16]과 같이 선정된다.

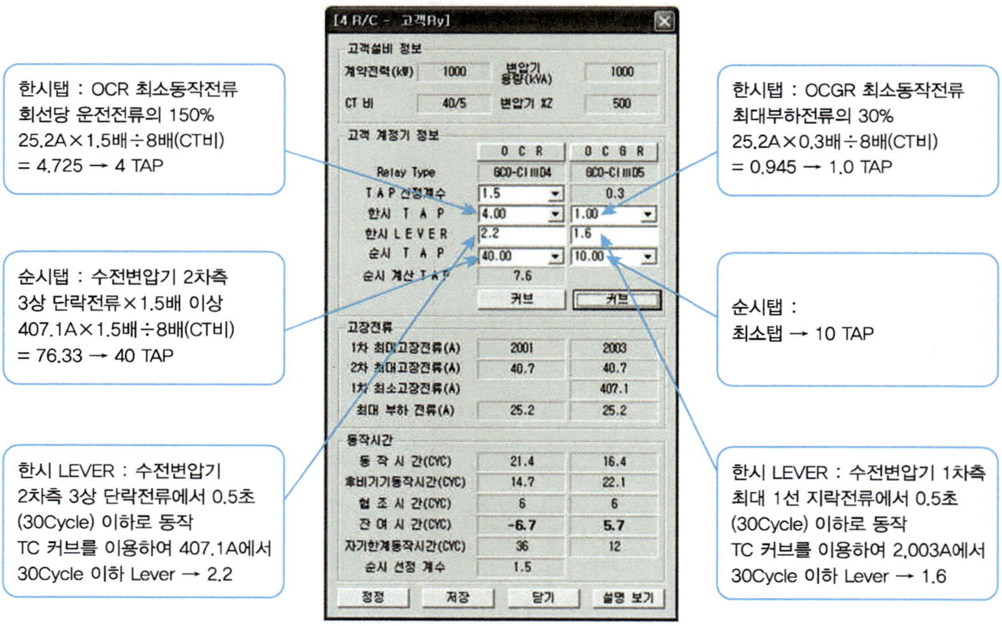

그림 6.5.16 off-DAS의 고객 OCGR 정정

R/C 상과 일반고객 OCR의 보호협조

1) off-DAS의 고객 계전기 설치점에서의 각종 데이터 확인

[그림 6.5.17]과 같이 고객정보화면에서 고객 계전기의 설치점에서의 최대고장전류(3상 단락전류)와 최소고장전류, 최대부하전류 등을 확인한다. 분산형 전원 연계로 인하여 고장전류 및 부하전류의 변화를 알 수 있다.

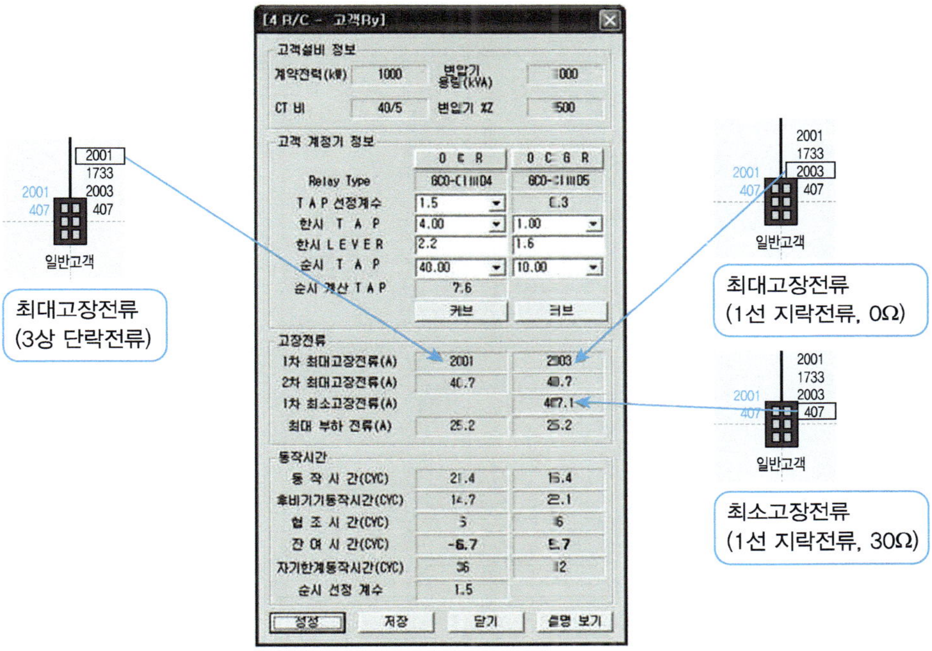

그림 6.5.17 off-DAS의 고객 정보화면(OCR)

그리고 고객 계전기와 R/C의 보호협조를 위해 보호기기간의 협조시간차를 [표 6.5.3]과 같이 확인한다.

표 6.5.3 보호기기간의 협조시간차

후비보호기기	전위보호기기	협조시간차[Cycle]		비 고
		현행	개선(안)	
R/C	OC(G)R	6	10	R/C = T-C OCR = Tr

2) 일반고객 계전기 설치점 최대고장전류(2,001[A])에 대한 한시 Lever 결정

일반고객 계전기 설치점의 최대고장전류 2,001[A]에 대하여 일반고객 계전기의 한시곡선의 Lever를 변경하면서 R/C의 지연동작시간과 협조가 되는지 검토하여 고객 계전기의 Lever를 결정한다. 고객 계전기의 Lever를 2.2로 선정하였으나 협조가 불가능하여 [그림 6.5.18]과 같이 0.8Lever로 변경하여 협조를 판정하였다.

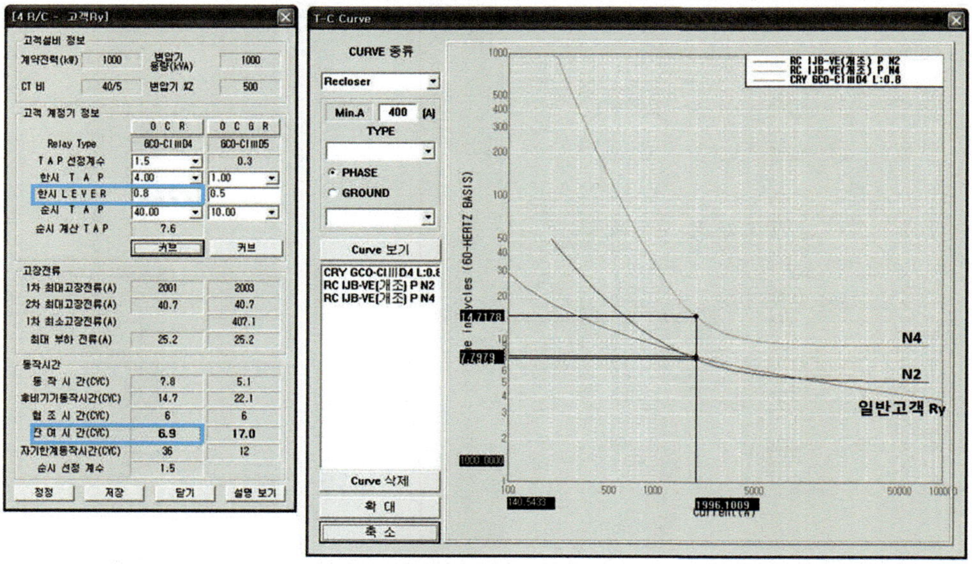

그림 6.5.18 R/C와 고객 계전기의 T-C 곡선(OCR Lever 0.8)

하지만 고객 계전기의 한시 Lever를 너무 작게 정정하는 경우 외부충격(진동)에 의한 오동작의 가능성이 있으므로 보호협조에 문제점이 야기될 가능성이 있음을 인지하고 있어야 한다.

R/C 지락과 일반고객 OCGR의 보호협조

1) off-DAS의 고객 계전기 설치점에서의 각종 데이터 확인

[그림 6.5.19]의 고객정보화면에서 고객 계전기 설치점에서의 고장전류(1선 지락전류, 30[Ω]), 최대부하전류 등을 확인한다. 분산형 전원 연계로 인하여 고장전류가 연계 전보다 증가함을 알 수 있다.

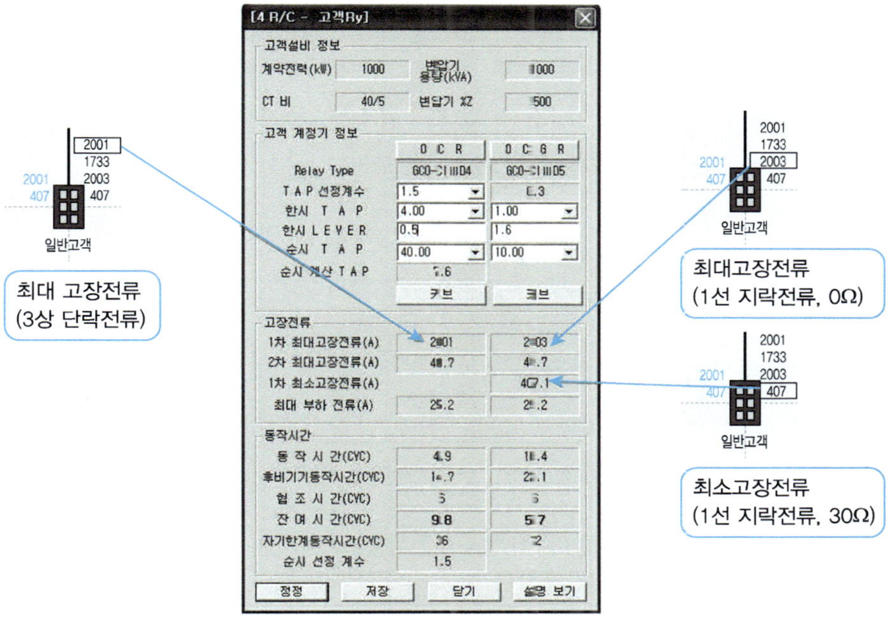

그림 6.5.19 off-DAS의 고객 정보화면(OCGR)

2) 고객 계전기 설치점 최소고장전류(407[A])에 대한 Lever 결정

일반고객 OCGR 설치점의 최소고장전류 407[A]에 대하여 고객 계전기의 한

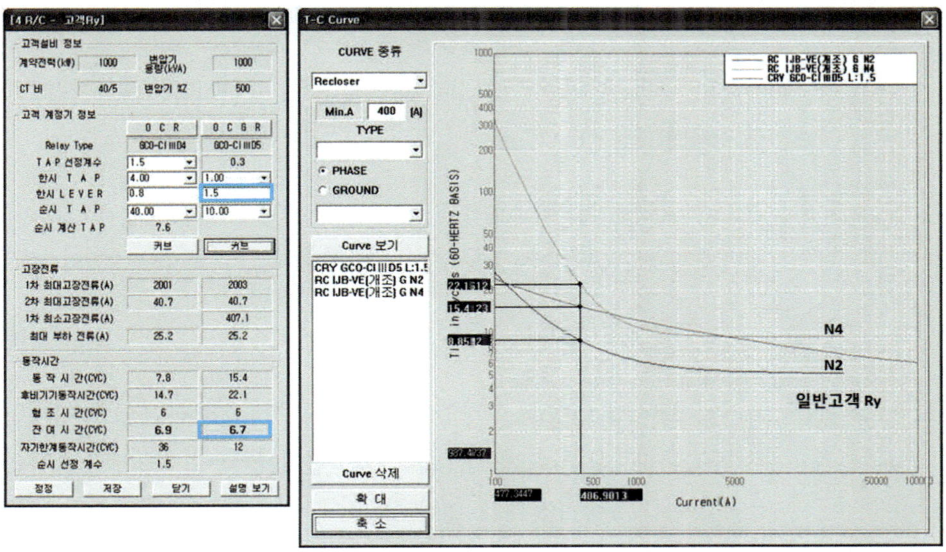

그림 6.5.20 R/C와 고객 계전기의 T-C 곡선(OCGR Lever 1.5)

시곡선의 Lever를 변경하면서 후비보호기기인 R/C의 지연 동작시간과 협조가 되는지 검토하여 고객 계전기의 Lever를 결정한다. 먼저 고객 계전기의 Lever를 1.6으로 선정하였으나 협조가 불가능하여 [그림 6.5.20]과 같이 1.5Lever로 변경하여 협조를 판정하였다.

5 | 변전소 계전기와 일반고객 계전기와의 협조

순시계전기 간의 정정

[표 6.3.1]의 고객 계전기 정정지침에 따라 일반고객 순시계전기의 최소동작전류를 정정하고 식 (6.5.20)의 조건을 만족하는지 확인한다.

$$\text{변전소 순시계전기 최소동작전류} > \text{고객 순시계전기 최소동작곡선전류} \tag{6.5.20}$$

1) 변전소 OCR 및 고객 OCR의 최소동작전류에 대한 협조 여부 검토

가) 변전소 OCR의 순시동작요소의 최소동작전류

변전소 OCR의 순시동작요소의 최소동작전류는 식 (6.5.21)과 같다.

$$40\text{TAP} \times 120[\text{배}](\text{CT비 } 600/5) = 4{,}800[\text{A}] \tag{6.5.21}$$

따라서 4800[A]이상의 고장전류(단락고장)가 OCR에 유입 시에만 순시로 동작한다.

나) 고객 OCR의 순시동작요소의 최소동작전류

일반고객 OCR의 순시동작요소 최소동작전류는 식 (6.5.22)와 같다.

$$40\text{TAP} \times 8[\text{배}](\text{CT비 } 40/5) = 320[\text{A}] \tag{6.5.22}$$

따라서 320[A] 이상의 고장전류(단락고장)가 OCR에 유입될 때에만 순시로 동작한다. 식 (6.5.20)과 (6.5.21)의 결과를 보면, 변전소 OCR의 순시동작요소 최소동작전류가 일반 OCR의 순시동작요소 최소동작전류보다 크게 정정되어 보호협조가 가능함을 알 수 있다.

2) 변전소 OCGR 및 고객 OCGR의 최소동작전류에 대한 협조 여부 검토

가) 변전소 OCGR의 순시동작요소의 최소동작전류

변전소 OCGR의 순시동작요소 최소동작전류는 식 (6.5.23)과 같다.

$$40\text{TAP} \times 120[\text{배}](\text{CT비 } 500/5) = 4{,}800[\text{A}] \quad (6.5.23)$$

따라서 4800[A]이상의 고장전류(지락고장)가 OCGR에 유입 시에만 순시로 동작한다.

나) 고객 OCGR의 순시동작요소의 최소동작전류

일반고객 OCGR의 순시동작요소 최소동작전류는 식 (6.5.24)와 같다.

$$10\text{TAP} \times 8[\text{배}](\text{CT비 } 40/5) = 80[\text{A}] \quad (6.5.24)$$

따라서 80[A] 이상의 사고전류(지락사고)가 OCGR에 유입 시에만 순시로 동작한다. 식 (6.5.23)과 (6.5.24)의 결과를 보면, 변전소 OCGR의 순시동작요소 최소동작전류가 일반고객 OCGR의 순시동작요소 최소동작전류보다 크게 정정되어 보호협조가 가능함을 알 수 있다.

한시 계전기 간의 정정

1) 변전소 한시 계전기와 고객 한시 계전기 간의 동작시간차가 충분하지 않으면 고객 계전기의 Lever 값이 너무 적게 정정되거나 최악의 경우에는 정정할 수도 없게 된다.
2) 고객 한시 계전기의 Lever 값을 낮출 때에는 두 가지 사항을 먼저 검토하여야 한다.

- 진동에 의한 오동작을 방지하는 것이고
- 돌입전류에 의한 오동작을 방지하는 것이다.

변전소 계전기와 일반고객 계전기의 보호기기간 협조시간차를 확인하여, 보호협조가 되고 있는지 [표 6.5.4]에서 확인한다.

▌표 6.5.4▐ 보호기기 간의 협조시간차

후비보호기기	전위보호기기	협조시간차[Cycle]	비 고
아날로그 OC(G)R	OC(G)R	17	R/C = T-C OCR = Tr

다) 일반고객 OCR 설치점의 최대고장전류 2,001[A]에 대한 한시 Lever 결정

일반고객 계전기의 Lever를 0.7로 선정하고, OCR 설치점의 최대고장전류 2,001[A]에 대하여 일반고객 OCR의 한시동작요소와 변전소 OCR의 한시동작요소와의 협조시간차를 검토하면, [그림 6.5.21]에서와 같이 일반고객 OCR의 한시동작시간은 7.8[Cycle], 변전소 OCR의 한시동작시간은 74.1[Cycle]로 두 계전기의 동작시간차(74.1−7.8) 66.3[Cycle]이 기준 협조시간차 17[Cycle] 이상이므로 보호협조가 가능함을 알 수 있다.

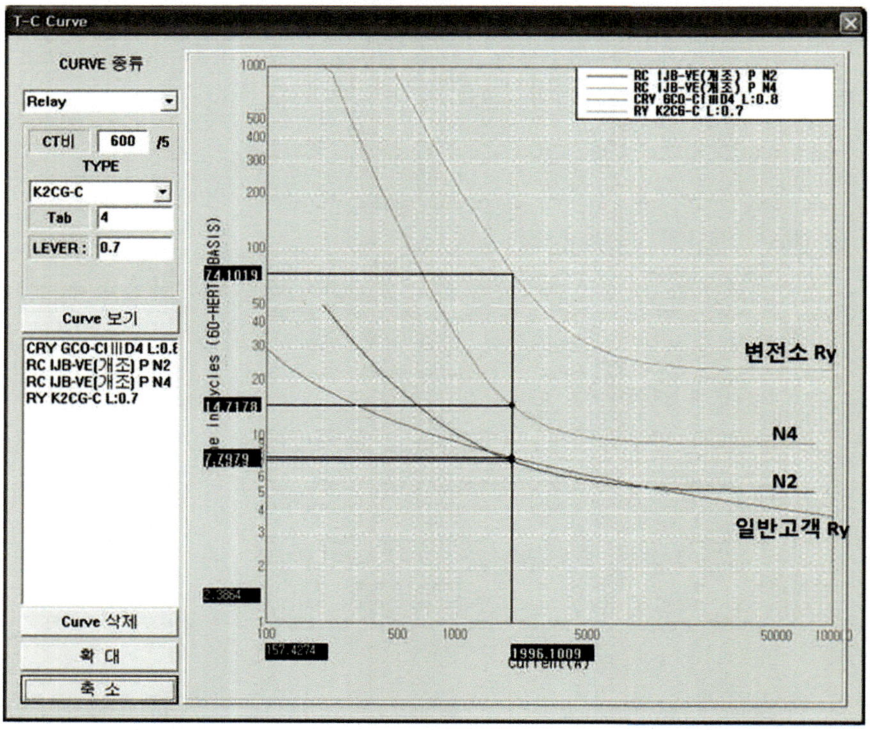

그림 6.5.21 변전소 OCR과 고객 OCR의 T-C 곡선(고객 Lever 0.7)

라) 일반고객 OCGR 설치점의 최대고장전류 407[A]에 대한 한시 Lever 결정

일반고객 OCGR 설치점의 최소고장전류 407[A]에 대하여 일반고객 OCGR의 한시동작요소와 후비보호기기인 변전소 OCGR의 한시동작요소와의 협조시간차를 검토하면, [그림 6.5.22]와 같이 Lever를 0.9로 선정하면, 일반고객 OCGR의 한시동작시간은 15.4[Cycle], 변전소 OCGR의 한시동작시간은 85.1[Cycle]로 두 계전기의 동작시간차(85.1－15.4) 69.7[Cycle]이 기준 협조시간차 17[Cycle] 이상이므로 보호협조가 가능함을 알 수 있다.

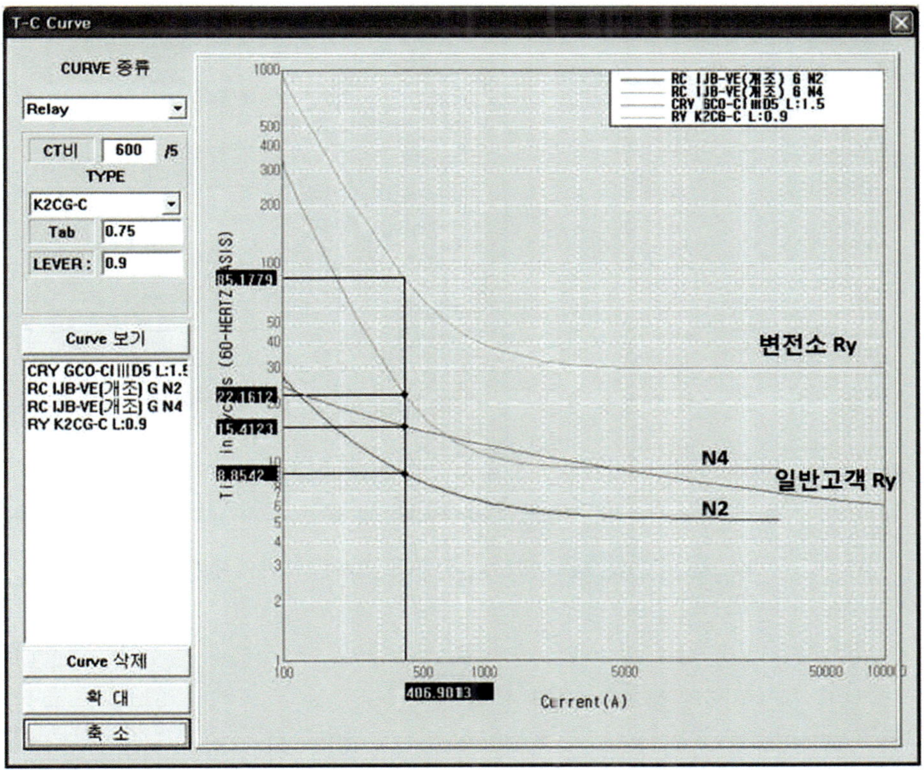

그림 6.5.22 변전소 OCGR과 고객 OCGR의 T-C 곡선(고객 Lever 0.9)

6 | R/C와 분산형 전원 수용가 계전기와의 협조

R/C와 분산형 전원 수용가 OCR의 정정치 선정(풍력발전, 3[MVA] 고려)

분산형 전원(풍력발전, 3[MVA])이 연계된 경우 R/C의 정정치는 앞서 구하였으며 [그림 6.5.23]과 같다.

Recloser 상 최소동작전류 :
- 최대부하전류(50A) 2.8배 이상, 4.0배 이하
  140A ≤ 최소동작전류 ≤ 200A
- 변전소 OCR 최소동작전류(360A) 이하
  → 200[A]로 선정

Recloser 지락 최소동작전류 :
- 최대부하전류(50A)×0.3 = 15A 이상
- 변전소 OCGR 최소동작전류(60A) 이하
  → 60[A]로 선정

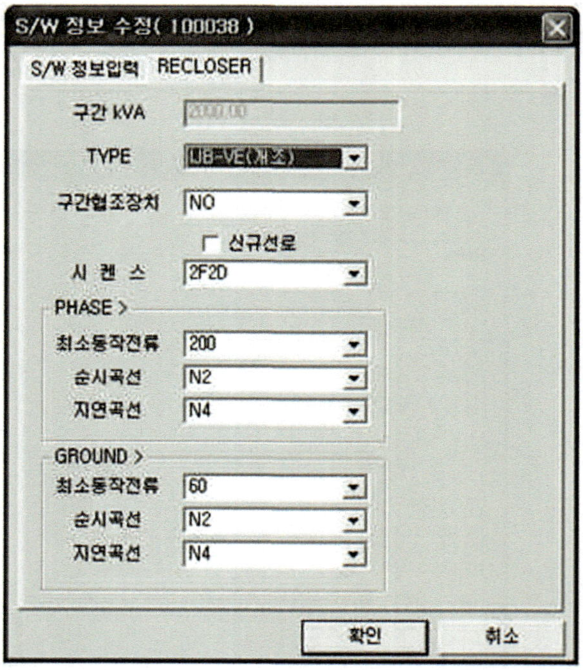

그림 6.5.23 분산형 전원에 연계된 R/C의 정정치

1) 분산형 전원계기용 CT비 선정

분산형 전원 수용가의 계약전력을 3[MW]로 하며 이를 기준으로 정격전류를 구하면 식 (6.5.25)와 같다.

$$\text{정격전류} = \frac{3,000}{\sqrt{3} \times 22.9} = 75.63[\text{A}] \tag{6.5.25}$$

CT비의 결정은 상기의 정격전류에 1.5[배]를 하면 식 (6.5.26)과 같다.

$$75.63[A] \times 1.5[배] = 113.5[A] \tag{6.5.26}$$

약 113.5[A] 정도이므로 여유를 두어 CT비에 120/5를 사용하면 된다.

2) 분산형 전원 OCR 한시 Tap 선정

분산형 전원 수용가 OCR의 한시 Tap은 정정지침에 따라 "최대부하전류의 1.5[배]"이므로 연계된 분산형 전원 3[MW]를 기준으로 Tap을 선정하면 식 (6.5.27)과 같다.

분산전원 수용가 OCR 계전기 최소동작전류

$$= \frac{3,000}{\sqrt{3} \times 22.9} \times 1.5 \times \frac{5}{120} = 4.727 \rightarrow 4\,[\mathrm{A}] \tag{6.5.27}$$

실제로 Tap은 4[A]에 설정된다.

3) 분산형 전원 OCR 순시 Tap 선정

분산형 전원 수용가 OCR 계전기의 순시 Tap은 "수전변압기 2차 측 3상 단락전류의 1.5[배] 이상"에 설정토록 되어 있으므로 풍력이 연계된 경우의 단락전류를 이용하여 구하면 식 (6.5.28)과 같다.

$$\text{OCR 순시 TAP 동작전류} = 1419.8 \times 1.5 \times \frac{5}{120}$$
$$= 88.74 \rightarrow 40\,[\mathrm{A}]\text{탭} \tag{6.5.28}$$

실제로 순시 Tap은 관례적으로 40[A]에 설정된다.

수전변압기(분산형 전원 수용가) 2차 측 3상 단락전류는 [그림 6.5.24]와 같이 풍력발전의 임피던스 및 용량, 선로의 총 임피던스 값, 수전변압기의 임피던스를 통해 구할 수 있다.

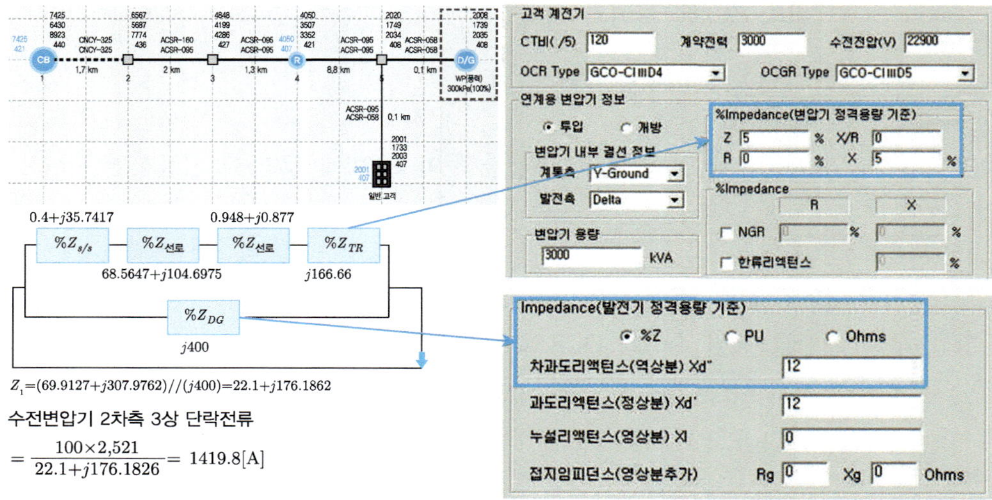

그림 6.5.24 풍력발전, 선로 및 수전변압기의 임피던스 확인

4) 분산형 전원 OCR Lever 선정

정정지침에서, 계전기가 "수전변압기 2차 측 3상 단락전류에서 36[Cycle] 이하로 동작"하게 되어 있다. 앞에서 수전변압기 2차 측 3상 단락전류가 1419.8[A]이고, 이 값을 계전기의 특성곡선 X 좌표 값에 대입하여, 정정지침에서

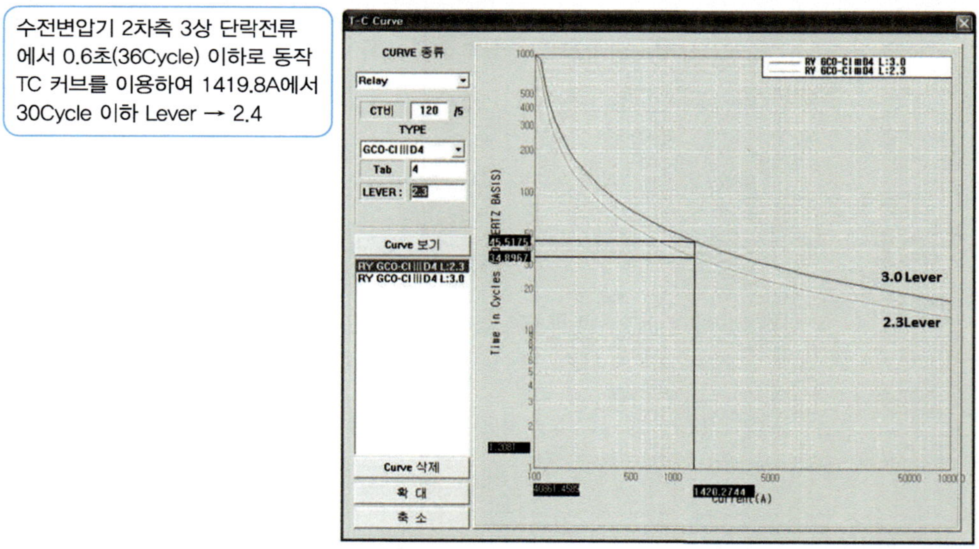

그림 6.5.25 분산형 전원 OCR T-C 곡선

정한 Y 좌표 값이 36[Cycle] 이하인 부분에서 만나는 가장 상위의 곡선이 계전기의 Lever 값이 된다. [그림 6.5.25]에서 보면 Lever가 2.3인 경우에 36[Cycle] 이하인 35[Cycle]이라 만족한다. 따라서 OCR의 한시 Lever는 2.3으로 선정한다.

분산형 전원 수용가 OCGR 계전기의 정정치 산정(풍력발전, 3[MVA] 고려)

1) 분산형 전원 OCGR 한시 Tap 선정

한시 Tap은 정정지침에 따라 "최대부하전류의 30[%]"이므로 분산형 전원출력용량 3[MW] 기준으로 정격전류를 구하면 식 (6.5.29)와 같다.

분산전원 수용가 OCGR 계전기 최소 동작전류

$$= \frac{3{,}000}{\sqrt{3} \times 22.9} \times 0.3 \times \frac{5}{120} = 0.945 \rightarrow 1\,[\mathrm{A}] \tag{6.5.29}$$

실제로 Tap은 1.0[A]에 설정된다.

2) 분산형 전원 OCGR 순시 Tap 선정

OCGR의 순시 Tap은 "최소 Tap"에 설정토록 되어 있으므로 식 (6.5.30)과 같다.

분산전원 수용가 OCGR 계전기의 순시 TAP 동작전류

= 최소 TAP인 10[A] TAP (6.5.30)

실제로 순시 Tap은 10[A]에 설정된다.

3) 분산형 전원 OCGR Lever 선정

계전기가 "수전변압기 1차측 최대 1선 지락전류에서 12[Cycle] 이내에 동작"하게 되어 있으므로, 앞에서 수전변압기 1차측 최대 1선 지락전류는 2,035[A]이고, 이 값을 계전기의 특성곡선 X 좌표 값에 대입하여, 정정지침에서 정한 Y 좌표 값이 12[Cycle] 이하인 부분에서 만나는 가장 상위의 곡선이 계전기의 Lever 값이 된다. [그림 6.5.26]에서 보면 Lever가 1.3인 경우에는 11.7[Cycle]로 만족한다. 따라서 OCGR의 한시 Lever는 1.3으로 선정한다.

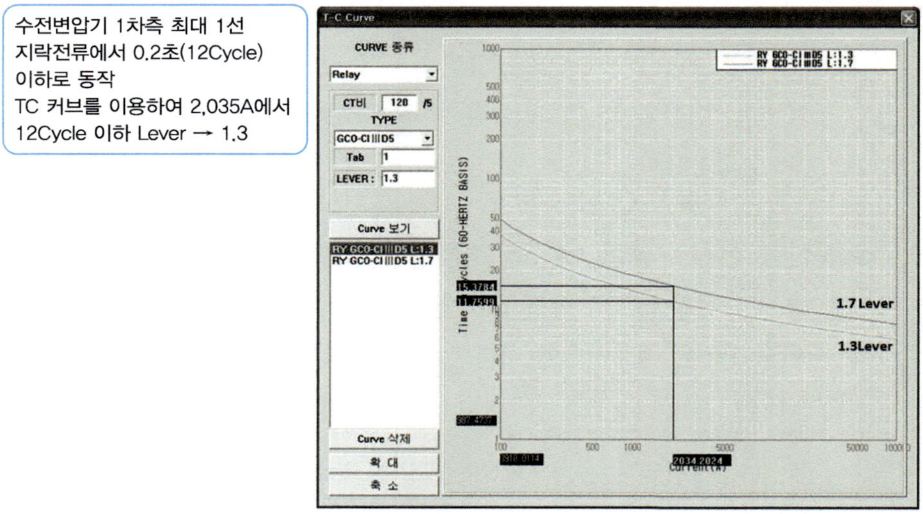

그림 6.5.26 분산형 전원 OCGR T-C 곡선(Lever 1.3)

❹ R/C 상과 분산형 전원 수용가 OCR의 보호협조

1) off-DAS의 고객 계전기 설치점에서의 각종 데이터 확인

[그림 6.5.27]의 고객정보화면에서 분산형 전원 수용가 계전기의 설치점에서

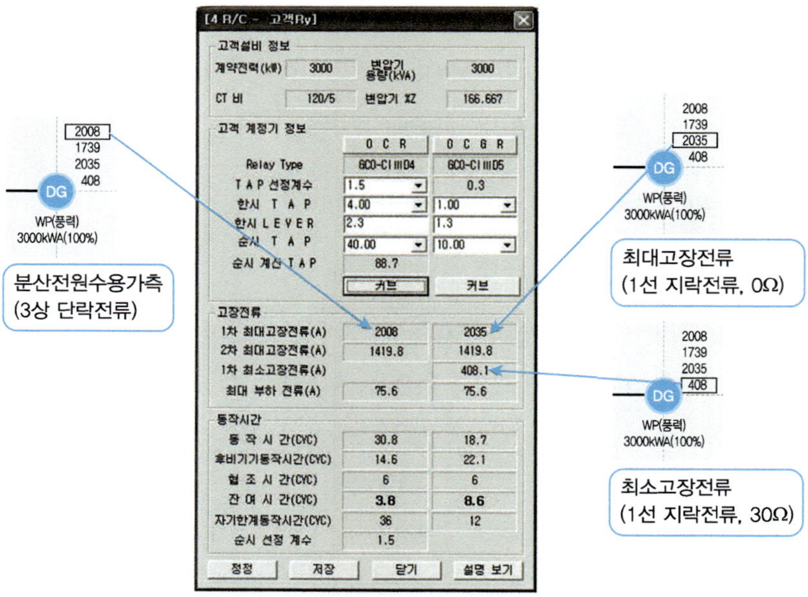

그림 6.5.27 off-DAS의 고객정보화면(OCR)

의 최대 고장전류(3상 단락전류)와 최소고장전류, 최대 부하전류 등을 확인한다. 그리고 분산형 전원 수용가 계전기와 R/C의 보호협조를 위해 보호기기 간의 협조시간차를 [표 6.5.5]와 같이 확인한다.

| 표 6.5.5 | 보호기기 간의 협조시간차

후비보호기기	전위보호기기	협조시간차[Cycle]		비 고
		현행	개정(안)	
R/C	OC(G)R	6	10	R/C = T-C OCR = Tr

2) 분산형 전원계전기 설치점 최대고장전류(2,008[A])에 대한 Lever 결정

분산형 전원 수용가 계전기 설치점의 최대고장전류 2,008[A]에 대하여 분산형 전원 수용가 계전기의 한시곡선의 Lever를 변경하면서 R/C의 지연동작시간과 협조가 되는지 검토하여 그객 계전기의 Lever를 결정한다.

일반적으로 R/C와 수용가 계전기와의 협조는 R/C의 지연동작과 수용가 계전기의 한시동작 간의 협조를 의미하므로, 앞서 구한 분산형 전원 수용가

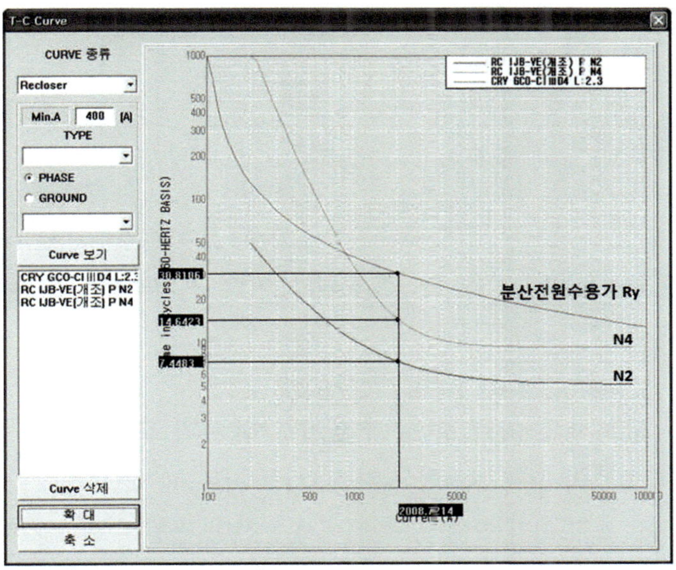

그림 6.5.28 R/C와 분산형 전원계전기의 T–C 곡선(OCR Lever 2.3)

OCR의 Lever로 2.3을 선정하고, [그림 6.5.28]과 같이 분산형 전원 수용가 계전기의 한시곡선과 R/C의 순시/지연 곡선(N2, N4)의 특성곡선의 X 좌표에 2,008[A]를 대입하여 Y 좌표 값을 구하여 검토해본 결과, 협조가 불가능함을 알 수 있다.

분산형 전원 수용가 OCR의 Lever를 0.6으로 변경하여 [그림 6.5.29]과 같이 검토한 결과, 후비보호기기인 R/C의 지연동작시간은 14.6[Cycle]이고, 전위보호기기인 분산형 전원 수용가 OCR의 한시동작시간은 8.0[Cycle]로 확인되어 두 보호기기간의 동작시간차(14.6−8.0) 6.6[Cycle]로 기준 협조시간차를 만족하여 보호협조가 가능함을 알 수 있다.

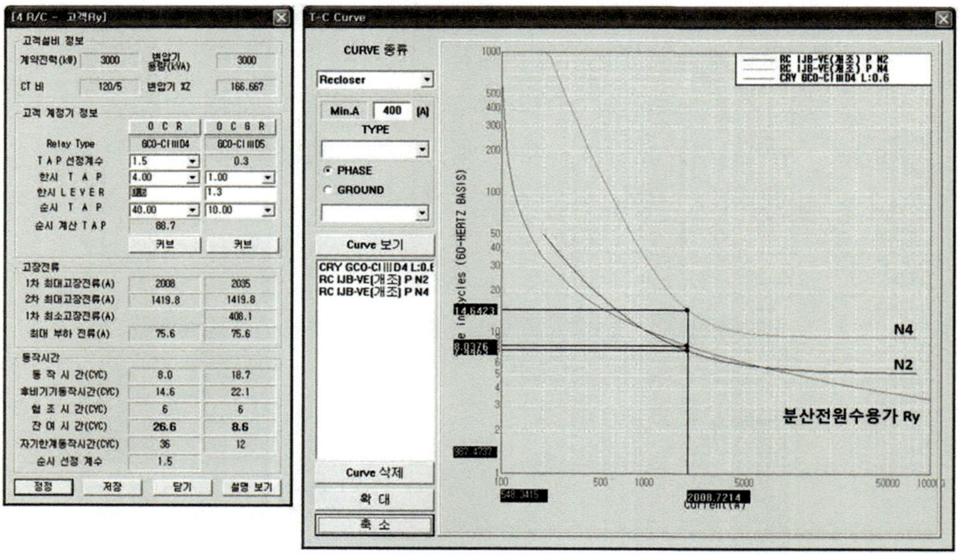

그림 6.5.29 R/C와 분산형 전원계전기의 T-C 곡선(OCR Lever 0.6)

R/C 지락과 분산형 전원 수용가 OCGR의 보호협조

1) off-DAS의 고객 계전기 설치점에서의 각종 데이터 확인

[그림 6.5.30]의 고객정보화면에서 분산형 전원 수용가 계전기의 설치점에서의 고장전류(1선 지락전류, 30[Ω]), 최대부하전류 등을 확인한다.

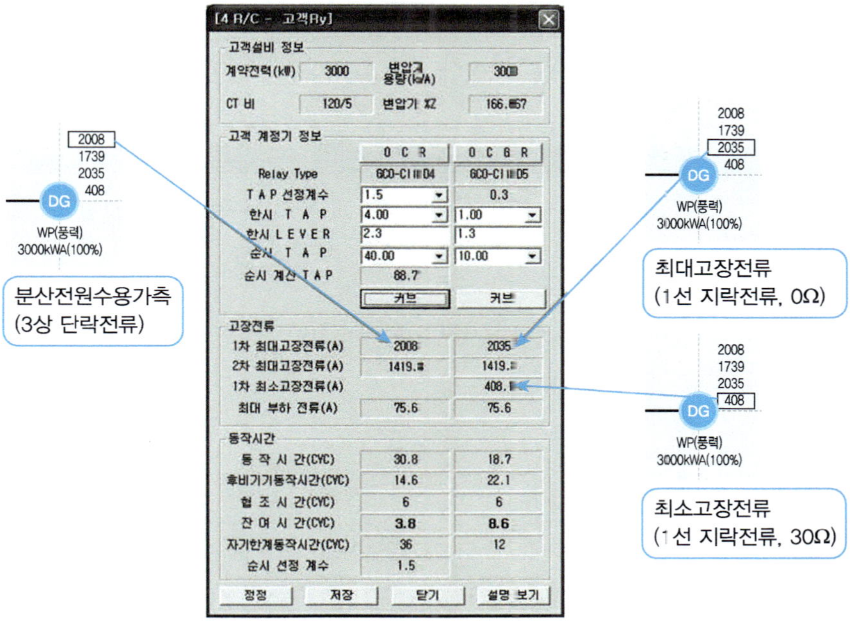

그림 6.5.30 off-DAS의 고객정보화면(OCGR)

2) 분산형 전원계전기 설치점 최소고장전류(408[A])에 대한 Lever 결정

분산형 전원 계전기 설치점의 최대고장전류 408[A]에 대하여 분산형 전원 수용가 계전기의 한시곡선의 Lever를 변경하면서 후비보호기기인 R/C의 지연동작시간과 협조가 되는지 검토하여 고객 계전기의 Lever를 결정한다.

일반적으로 R/C와 수용가 계전기와의 협조는 R/C의 지연동작과 수용가 계전기의 한시동작 간의 협조를 의미하므로, 앞서 구한 분산형 전원 수용가 OCGR의 Lever로 1.3을 선정하고, [그림 6.5.31]과 같이 분산형 전원 수용가 계전기의 한시곡선과 R/C의 순시/지연곡선(N2, N4)의 특성곡선의 X 좌표에 408[A]를 대입하여 Y 좌표 값을 구하여 검토해본 결과, 협조가 불가능함을 알 수 있다.

분산형 전원 수용가 OCGR의 Lever를 1.1로 변경하여 [그림 6.5.32]와 같이 검토한 결과, 후비보호기기인 R/C의 지연동작시간은 22.1[Cycle]이고, 전위보호기기인 분산형 전원 수용가 OCGR의 한시동작시간은 15.8[Cycle]로 확인되어 두 보호기기간의 동작시간차(22－15.8＝) 6.3[Cycle]로 기준협조시간차를 만족하여 보호협조가 가능함을 알 수 있다.

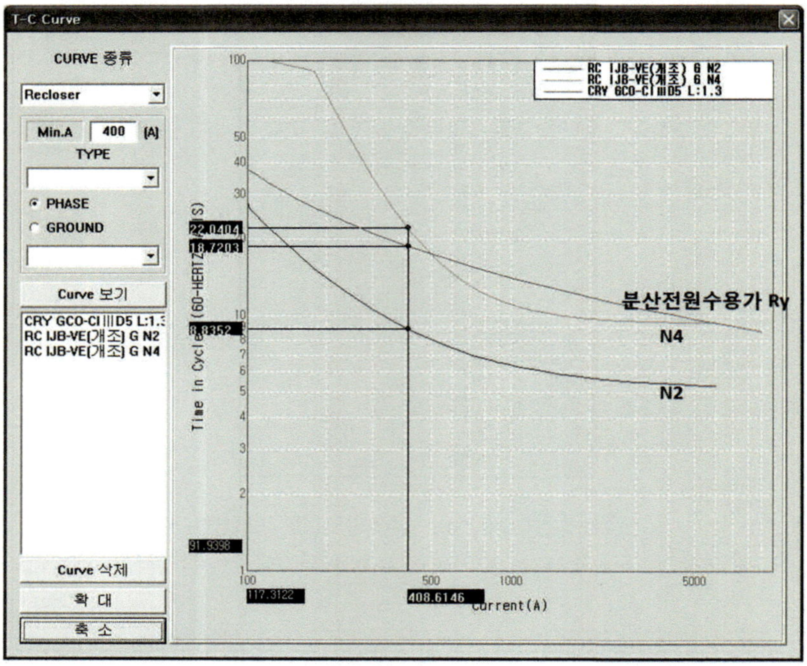

그림 6.5.31 R/C와 분산형 전원계전기의 T-C 곡선(OCGR Lever 1.3)

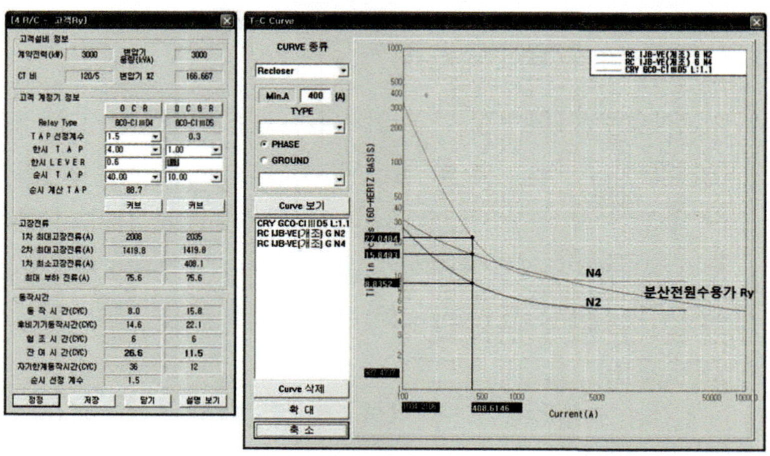

그림 6.5.32 R/C와 분산형 전원계전기의 T-C 곡선(OCGR Lever 1.1)

부록 A

IEC 커브기반 배전계통 보호협조 표준 운영기술

1. 배전선로 보호기기 정정절차
2. 배전선로 보호기기 표준 은영기술
3. OFFDAS 및 IEC 곡선을 이용한 배전계통 보호협조 정정절차

기존 국내 전력계통에 보호기기들은 아날로그 장치로써 미국 쿠퍼 제작사에서 개발한 보호기기들을 사용하였다. 이러한 아날로그 기기들은 함수로써 특성곡선에 대한 식을 갖지 못하고 전기회로적 요소인 리액턴스와 커패시턴스를 이용한 시정수를 통하여 특성곡선이 선정되었다. 쿠퍼 제작사는 이러한 아날로그 보호기기들의 특성곡선을 A, B, C, D로 명명하고 이를 이용하여 보호협조를 진행하였으며 국내에서도 이를 이용하였다. 하지만 아날로그 기기들은 원판을 이용한 장치로 복귀율 등 다양하게 고려해야 하는 사항들이 많았으므로 이러한 불편함을 제거하고자 디지털 보호기기들이 개발되었다. 하지만 디지털 보호기기와 아날로그 보호기기가 전력계통에서 혼용되어 사용되는 과도적 시기에 디지털 보호기기는 아날로그 보호기기와의 보호협조를 위하여 기존 아날로그 보호기기들이 갖고 있던 A, B, C, D 특성곡선을 강제로 수식화하여 갖고 있었어야 했으며 이러한 이유로 기존의 A, B, C, D 특성곡선이 갖고 있던 비표준화 된 보호협조의 문제점은 계속 지속되게 되었다. 따라서 국내에서는 2000년 경 국내 배전계통에 맞추어 기존의 A, B, C, D 특성곡선을 대체하며 기존 곡선과 유사하게 보호협조를 용이하도록 N1, N2, N3, N4 특성곡선을 개발하여 리클로저에 기능을 추가하였지만 곡선의 종류가 4개밖에 없어 리클로저가 3대까지 연계된 경우에는 사용할 수 없고 향후 분산전원이 연계된 미래의 배전계통에 대한 적응형 보호에서 적합한 곡선이 아니라는 단점이 존재한다.

이러한 단점과 함께 현재 송·변전계통 및 배전계통은 과도적 시기를 지나서 대다수 디지털 보호기기로 변환되었으며 그 중 디지털 변전소 계전기는 ANSI에서 제안한 강반한시특성곡선을 수정한 특성곡선을 사용하고 있다. 그에 따라서 배전계통 또한 보호협조의 원활함을 향상시키기 위하여 송변전계통에서 사용하고 있는 동일한 특성곡선을 사용해야 하나 배전계통에 존재하는 리클로저는 ANSI에서 제시한 강반한시특성곡선이 포함되어 있지 않고 있으며, 기존 N 곡선을 계속 사용하고 있음에도 불구하고 큰 문제가 발생하지 않고 있기 때문에 그대로 사용하고 있다. 하지만 다양한 수용가들이 배전계통에 포함됨에 따라 보호기기 특성곡선 간 불완전 협조 구간이 증가하고 있으며 특히 고객 계전기 특성곡선은 IEC 특성곡선을 사용하고 있기 때문에 그 기울기가 변전소 계전기, 리클로저, 고객 계전기가 모두 달라 보호협조가 점차적으로 어려워지고 있다. 현재 보호기기 종류별 특성곡선 보유현황은 [표 A.1]과 같으며 따라서 변전소 특성곡선인 ANSI 표준곡선은 최근 개발된 다회로차단기, 방향성 리클로저 및 Epoxy Fault Interrupter(EFI)에서만 포함하고 있기 때문에, 배전선로에 설치되어 있는 대다수의 자동화용 리클로저와는 보호협조가 원활하지 않다.

표 A.1 보호기기 종류별 특성곡선 보유현황

종류	제작사	보유 TC 커브
전자식 리클로저	자동화용으로 개조 (일진, 건화)	총 39종 (IEC 표준 곡선(3), 비표준 곡선(32), 전력연구원 곡선(4))
자동화용 리클로저	인텍, 신성, 진광, 일진	총 39종 (IEC 표준 곡선(3), 비표준 곡선(32), 전력연구원 곡선(4))
다회로 차단기	인텍, 신성	총 50종 (IEC 표준 곡선(3), 비표준 곡선(32), ANSI 표준 곡선(3), KEPCO(ES) 곡선(2), 전력연구원 곡선(4), 사용자 정의 곡선(4), 정한시 곡선(2))
방향성 리클로저	인텍, 광명, 신성, 비츠로EM, 중원	총 50종 (IEC 표준 곡선(3), 비표준 곡선(32), ANSI 표준 곡선(3), KEPCO(ES) 곡선(2), 전력연구원 곡선(4), 사용자 정의 곡선(4), 정한시 곡선(2))
EFI	인텍, 비츠로EM, 일진, 스위코, 중원, 광명	총 50종 (IEC 표준 곡선(3), 비표준 곡선(32), ANSI 표준 곡선(3), KEPCO(ES) 곡선(2), 전력연구원 곡선(4), IEEE 표준 곡선(4), 정한시 곡선(2))

그렇기 때문에 배전계통도 국제화 추세에 맞추고, 분산전원이 연계된 배전계통 내에서도 다양한 특성곡선을 조합할 수 있고, 모든 보호기기간의 완전 협조를 수행하기 위하여 송·변전계통에서 사용하고 있는 ANSI 강반한시특성곡선과 유사하면서 배전계통의 리클로저가 이미 갖고 있는 IEC 강반한시특성곡선을 이용하여 보호협조를 진행해야 된다는 중요성이 부각되고 있다. 따라서 1절에서는 IEC 특성곡선을 사용할 때, 기존의 정정지침을 이용하여 배전선로에 존재하는 각각의 보호기기 간에 보호협조를 어떻게 수행해야 하는지에 대하여 서술한다. 하지만 IEC 강반한시특성곡선을 사용하면 상기 설명한 N 극선의 다양한 문제점을 해결할 수 있으나 운

전원들의 계산과정에서 오류가 발생하여 정확한 설정치를 산출하지 못한다면 IEC 강반한시특성곡선을 이용한다 하더라도 보호협조가 원활히 수행되지 않을 수 있다. 따라서 IEC 강반한시특성을 사용한 보호기기들의 보호 정정치 설정에서 표준화 과정이 필요하다. 이러한 과정은 기존의 정정방법을 준수하면서 다양한 계측오차들을 고려하기 때문에 직관적으로 이해할 수 있으며, 운전원의 부담을 감소시키고 시간 절약의 효과 측면에서 긍정적인 효과를 창출할 수 있다. 따라서 2절에서는 보호기기들의 표준 정정치를 제안하며 마지막으로 3절에서 실제 한전 운전원들이 사용하고 있는 OFFDAS 프로그램에 입력하는 방법을 기술하였다.

보호협조의 목표

우선적으로 보호기기들의 IEC 특성곡선 정정과정 및 표준 정정치를 제안함에 앞서 보호협조에 대한 기본적인 개념을 간단하게 서술한다. 배전계통에서의 보호협조의 기본 원리는 Open-Loop Radial 방식이며 이러한 방식은 미국에서도 사용하고 있다. 즉, 국내에 존재하는 배전계통은 폐루프가 아닌 방사형 구조이기 때문에 주보호기기와 후비보호기기의 개념으로 쉽게 보호협조를 진행할 수 있으며, 이러한 보호의 가장 큰 목표는 고장구역의 최소화이다. 또한 최소화 과정에서 고장은 신속하게 감지되고 차단되어야 한다. 고장이 발생한 지점과 가장 가까운 보호기기인 주보호기기가 오부동작을 하게 되면 고장의 파급효과는 전체 계통에 영향을 미치게 되므로 후비보호기기를 설정하여 주보호기기의 오부동작에 대하여 대처해야 한다. 하지만 후비보호기기를 설정함에 있어 주보호기기보다 빠른 차단동작시간을 선정한다면 주보호기기가 동작하기 전에 후비보호기기가 동작하여 고장구역은 확대된다. 그렇기 때문에 적절한 차단동작시간을 선정해야 하며 이러한 상황은 보호협조 개념도를 설명하기 위한 [그림 A.1]을 보면 쉽게 이해할 수 있다. 만약 고장이 다음과 같이 선로 말단에서 발생하게 된다면 고장이 발생한 위치와 가장 가까운 차단기 3(CB3)이 주보호기기로 동작을 한다. 하지만 차단기 3이 오부동작하는 경우에는 그 다음 가까운 차단기 2(CB2)가 후비보호기기로 동작을 함으로써 고장구역을 최소화해야 한다. 따라서 이러한 과정에서 차단기 2와 3사이에는 다양한 오차 및 차단시간을 고려한 동작시간 차가 존재해야 하며 자세한 차단동작시간을 선정하는 방법은 다음 장의 반한시특성을 통해 자세히 설명하였다.

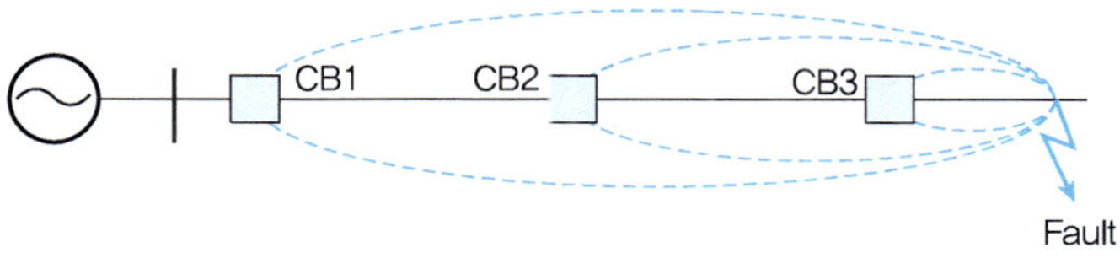

그림 A.1 보호협조의 개념도

반한시특성

보호기기의 동작시간을 선정하기 위한 방법 중, 가장 대표적인 방법은 고장전류에 대한 동작시간을 선정하는 방법이다. 모든 고장전류에 대하여 동일한 동작시간을 갖는 정한시특성은 보호협조를 수행하기 위한 협조시간 차를 계산하기에는 쉬우나, 낮은 고장전류에서도 높은 고장전류와 동일한 시간으로 고장을 차단한다는 단점이 존재한다. 배전계통에서 발생하는 80%의 고장은 일시고장이며, 일시고장은 수 ms안에 고장이 제거된다. 그렇기 때문에 모든 고장에 대하여 동일한 시간에 차단을 하는 것은, 배전계통 전체 전력공급 및 경제적 문제를 야기한다. 그로 인하여 반한시특성(Inverse Time Characteristics)이 도입되었다. 반한시특성은 고장전류의 크기가 정해진 값을 초과한 경우, 그 크기에 따라 동작시간이 결정되어 차단기를 개방하며 고장전류가 클수록 동작시간이 짧아지는 특성이다. 반한시특성을 갖는 IEC 특성곡선은 그 기울기에 따라 장반한시(Long time inverse), 극초반한시(Ultra inverse), 초반한시(Extremely inverse), 강반한시(Very inverse), 표준반한시(Standard inverse)로 구분할 수 있다.

- 특성곡선 식
  - 동작시간에 대한 IEC 표준곡선은 다음 식 (A.1)을 이용하여 선정된다.

$$t = \frac{A}{\left(\frac{I_f}{I_p}\right)^B - 1} \times Lever \tag{A.1}$$

I_f : 고장전류

I_p : 최소동작전류

A, B : 특성곡선의 기울기를 결정하는 상수

Lever : 보호기기에서 조정 가능한 시간 지연의 값

■ 상수 A, B값

– 각 특성곡선에 대하여 상수 A와 B값은 [표 A.2]에 설명하였다.

| 표 A.2 | IEC 특성곡선에 대한 상수 A, B값

	A	B
표준반한시	0.14	0.02
강반한시	13.5	1
초반한시	80	2
극초반한시	315.2	2.5
장반한시	120	1

■ 특성곡선

– [그림 A.2]는 식 (A.1)에 대한 최소동작전류 50A, Lever 0.5에 해당하는 각각의 IEC 특성곡선을 보여준다.

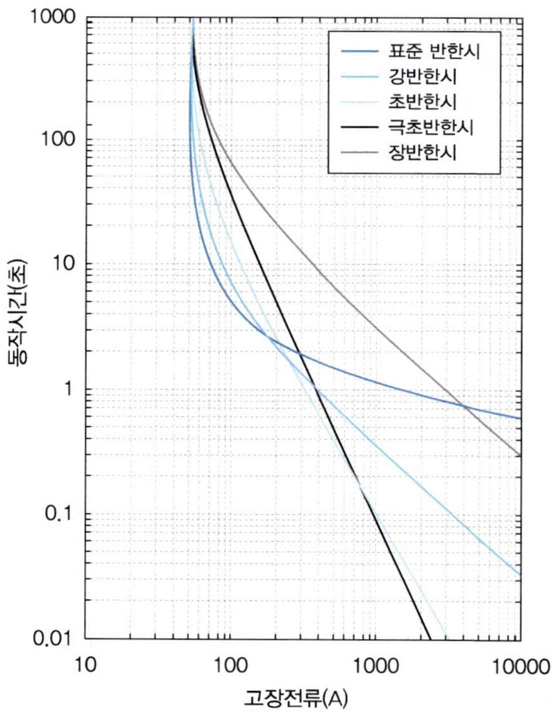

그림 A.2 IEC 특성곡선

이러한 특성곡선은 최소동작전류와 Lever 수치에 의존을 하게 되며 최소동작전류는 특성곡선을 좌우로 움직일 때 사용하며, Lever의 수치는 특성곡선을 상하로 움직일 때 사용한다. 이러한 원리는 [그림 A.3]과 [그림 A.4]에서 쉽게 볼 수 있으며 각각 IEC 강반한시를 대상으로 확인하였다.

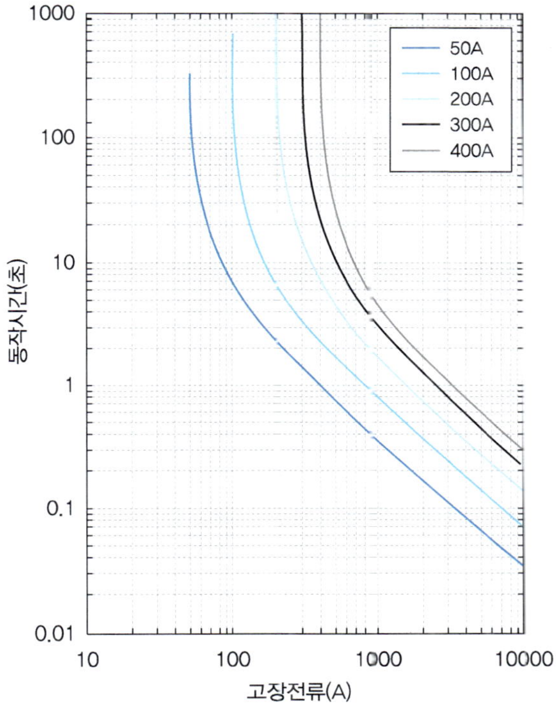

그림 A.3 I_p에 따른 IEC 특성곡선

한 배전계통에 대하여 보호협조를 진행하는 경우, 각각의 IEC 특성곡선은 기울기가 달라 운전원의 편의성을 위하여 일반적으로 직렬 연결된 보호기기들의 특성곡선은 단일 특성곡선으로 선택하여 보호협조를 진행한다. 예를 들어 동일한 IEC 강반한시 특성곡선만을 사용한다면 주보호기기 설치점에서의 고장전류(주보호기기가 측정할 수 있는 최대고장전류)에 대한 주보호기기 동작시간과 후비보호기기 동작시간의 차이단 규정되어 있는 최소협조시간차로 설정하면 된다. 이와 같이 설정을 하게 되면 시간에 따라 반비례한 반한시특성으로 인하여 주보호기기가 보호하는 구간에서 발생할 수 있는 나머지 고장

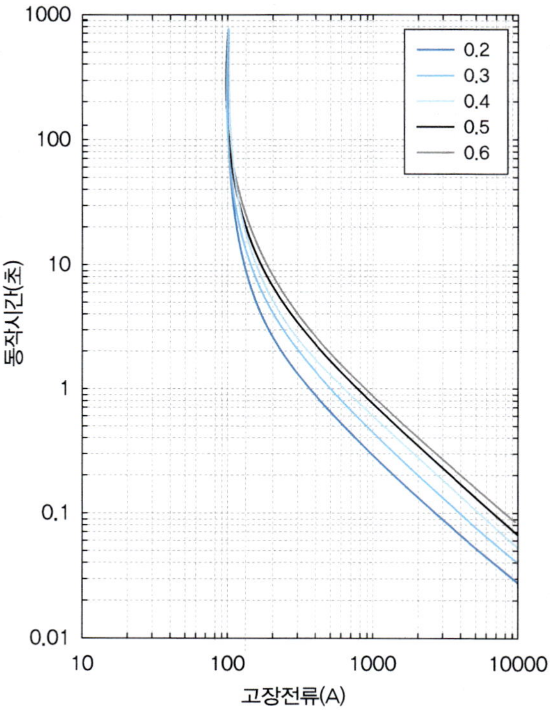

그림 A.4 Lever에 따른 IEC 특성곡선

전류에 대해서는 설정된 동작시간보다는 무조건 더 큰 동작시간 차가 발생하게 된다. 따라서 주보호기기가 보호하는 구역에서의 모든 고장전류 수치에 대하여 협조시간이 유지가 된다. 각각의 보호기기들 간에는 이와 같이 최소 협조시간이 규정되어 있으며, 이러한 협조시간은 차단동작시간 및 CT 오차 등을 고려한 협조시간이며 [표 A.3]에 설명되어있다. 향후 소프트웨어 개발을 통하여 보호협조의 정정치를 설정하는 경우에는 다양한 커브들을 상정하여 진행할 수 있지만 본 보고서에서는 표준화된 보호협조 정정치를 설정하기 위해 변전소 계전기는 기존 사용하고 있는 특성곡선을 사용하였으며, 리클로저 및 EFI는 IEC 특성곡선을 기반으로 진행하였으며, 특히 강반한시를 사용하였다.

| 표 A.3 | 보호기기간 최소 협조시간차

후비보호기기	전위보호기기	현행 협조시간차 [Cycle]	개선 협조시간차 [Cycle]	비 고
OC(G)R	R/C	10	3	
OC(G)R	OC(G)R	17	8	
KH-ESV, ESV	R/C	3.5	3.5	
IJB-VE, VWVE, EVR-2	R/C	2.7	2.7	
자동화용 R/C	R/C	2.7	2.7	인텍, 신성, 진광, 동남
R/C	OC(G)R	5	10	

※ 개선 협조시간차는 보호기기들이 각각 디지털 기기인 경우를 의미함

제1절

배전선로 보호기기 정정절차

본 절에서는 IEC 특성곡선을 이용한 배전선로 보호기기 정정절차에 대하여 소개한다. 기존의 정정지침을 토대로 IEC 특성곡선을 보호협조에 이용하였을 때의 정정절차를 서술하며, 변전소 계전기, 리클로저, 퓨즈간의 협조를 검토하였다. 본 절에서의 결과는 비표준화된 IEC 특성곡선을 사용한 보호기기 정정절차의 복잡함을 보여주며, 표준 정정치의 필요성을 보여준다.

1 | IEC 특성곡선 기반 배전선로 보호협조 정정방법

본 장에서 제안하는 배전선로 보호기기 설정의 표준화 작업을 진행하기 위해서는 배전선로 내 존재하는 보호기기의 종류와 정정지침을 숙지해야 한다. 일반적으로 배전선로는 가공선로와 지중선로로 구성되며 각 선로에 해당하는 보호기기는 유사하나 가공선로에서는 리클로저를, 지중선로에서는 다회로차단기를 사용한다. 각각의 위치에 따른 보호기기의 구성은 [표 A.1.1]과 같다. 현재 보호협조 비 고려대상은 ASS와 Fuse이다. ASS는 현재 민수용으로 사용하고 있으며 섹션 기능을 포함하여 고객 측 고장 시, 리클로저 또는 Fuse 동작 후 계통을 분리하게 된다. 또한 Fuse 중, 변압기 보호용으로 사용되고 있는 Fuse는 보호협조 비 고려 대상이다.

[표 A.1.1] 배전계통 보호기기

	가공선로	지중선로
변전소	CB (OCR, OCGR)	CB (OCR, OCGR)
배전선로	Recloser	다회로차단기(MCA)
책임분기점	Fuse, EFI	다회로차단기(MCA)
고객보호기기	ASS, Fuse, CB (OCR, OCGR)	ASS, Fuse, CB (OCR, OCGR)

기존의 배전선로 보호협조 정정방법에 대한 예시를 서술하기 위하여 [그림 A.1.1]과 같은 실제 국내배전계통(G변전소, D D/L)에 대한 보호협조 정정 절차를 소개한다.

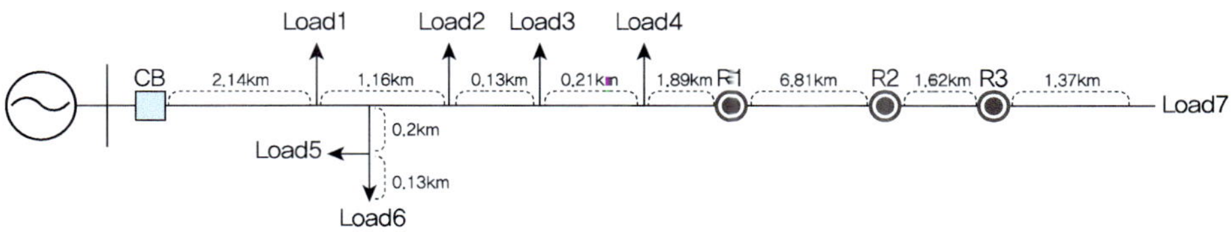

그림 A.1.1 G변전소, D/L의 단선도

보호협조를 하기 위해서는 모든 보호기기가 설치된 위치의 부하전류와 고장전류를 먼저 알고 있어야 한다. 최대부하전류보다 동작전류가 커야하며 고장전류보다는 작아야하기 때문이다. 따라서 조류 및 고장해석을 제공하며 한전에서 사용하고 있는 프로그램(OFFDAS) 및 ETAP 등과 같은 프로그램을 이용하면 [표 A.1.2]와 같은 보호기기 및 부하에서 흐르는 부하전류 및 고장전류를 산출할 수 있으며 이를 통하여 각각의 보호기기 정정지침에 다라 순차적으로 정정이 가능하다. 본 절에서는 지락고장에 대하여 우선적으로 보호협조 과정을 소개하며 이렇게 프로그램을 이용하여 고장전류를 산출하는 과정은 3절에서 소개한다.

표 A.1.2 보호기기 및 고객에 흐르는 부하전류 및 고장전류

	CB	Load1	Load2	Load3	Load4	Load5	Load6	R1	R2	R3	Load7
3상 단락전류	7,790	5,704	4,963	4,927	4,648	4,641	4,506	3,542	1,835	1,661	1,521
2상 단락전류	6,746	4,940	4,298	4,266	4,025	4,019	3,902	3,067	1,589	1,438	1,317
1선 지락전류 (0Ω)	6,499	4,184	3,436	3,405	3,149	3,138	3,016	2,219	1,079	967	884
1선 지락전류 (30Ω)	440	431	426	425	422	422	422	411	363	354	345
부하전류	237	7.3	6.3	22.7	37.8	5	7.56	126.6	28.2	27.9	22.7

변전소 계전기 정정절차

변전소 계전기는 변전소 계전기 정정지침 [표 A.1.3]에 따라 다음과 같이 한시 Tap, 한시 Lever, 순시 Tap을 산출할 수 있다. 국내 변전소 계전기의 특성곡선은 ANSI 표준곡선을 수정한 식 (A.1.1)을 사용하며 변전소 계전기의 CT비는 600:5이다. [표 A.1.3]을 보면 알 수 있듯이, 정정지침에 따라 순시 Tap은 26A가 선정이 되고 한시 Tap은 0.59A~2.28A로 선정할 수 있다. 이때, 변전소 계전기에서 배전계통 말단까지의 다수의 보호기기들을 고려하여 보호협조를 유리하게 한시 Tap을 2.2A로 선정함으로써 최소동작전류는 264A가 되고 식 (A.1.1)을 이용하여 Lever 값을 산출하면 4.3이라는 수치를 얻게 된다. 따라서 변전소 계전기 정정치를 정리하면 [표 A.1.4]와 같다.

| 표 A.1.3 | 지락고장 시 변전소 계전기 정정치

<table>
<tr><th colspan="2">구분</th><th>정 정 지 침</th></tr>
<tr><td rowspan="3">OCGR</td><td>한시
Tap</td><td>• 최대부하전류 × 0.3 / CT비
→ 237 × 0.3 / 120 = 0.59A
• 보호구역 최소 1선 지락전류 / 1.5 / CT비
→ 411 / 1.5 / 120 = 2.28A
→ 한시 Tap = 2.2A</td></tr>
<tr><td>한시
Lever</td><td>• 변전소 인출점 최대 1선 지락전류에서 0.5초 이하로 동작
→ $\left[\frac{3.985}{\left(\frac{6499}{2.2\times 120}\right)^{1.95}-1}+0.1084\right]\times Lever \leq 0.5\text{s}$
→ Lever = 4.3</td></tr>
<tr><td>순시
Tap</td><td>• 전위 재폐로기 설치점의 최대 1선지락전류 × 1.4 / CT비
→ 2,219 × 1.4 / 120 = 25.8A
→ 순시 Tap = 26A</td></tr>
</table>

| 표 A.1.4 | 변전소 계전기 정정치

<table>
<tr><th rowspan="2">최대
부하전류</th><th rowspan="2">구분</th><th rowspan="2">특성곡선</th><th colspan="2">Tap</th><th rowspan="2">한시
Lever</th><th rowspan="2">CT비</th></tr>
<tr><th>한시</th><th>순시</th></tr>
<tr><td>237A</td><td>OCGR</td><td>ESB-VI</td><td>2.2A</td><td>26A</td><td>4.3</td><td>600/5</td></tr>
</table>

$$t = \left[\frac{3.985}{\left(\frac{I_f}{I_p}\right)^{1.95} - 1} + 1.084 \right] \times Lever \qquad \text{(A.1.1)}$$

I_f : 고장전류

I_p : 최소동작전류

Lever : 보호기기에서 조정 가능한 시간 지연의 값

고객 계전기 정정절차

고객 계전기는 부하에 설치가 되며, 특히 고객 계전기가 주보호기기로 동작할 때, 후비보호기기는 일반적으로 리클로저 또는 변전소 계전기가 되는데, 이때 최소 협조시간차는 각각 현행 기준으로 6cycles, 17cycles이므로 협조가 쉽지 않다. 따라서 상위 보호기기들의 설정이 원활히 수행되어야만 고객 계전기의 보호를 문제없이 진행할 수 있다. 이러한 고객 계전기 정정지침은 [표 A.1.5]에 소개된다.

고객 계전기 정정지침인 [표 A.1.5]에 따라 다음과 같이 Load1 고객 계전기의 한시 Tap, 한시 Lever, 순시 Tap을 산출할 수 있다. 고객 계전기의 CT비는 150:5로 가정한다면 정정지침에 따라 Load1 고객 계전기의 순시 Tap은 최소탭으로 10A가 선정이 되고 한시 Tap은 0.1A를 선정할 수 있다. 또한 수전 변압기 1차 측의 최대 1선 지락전류가 4,184A이기 때문에 후비보호기기인 변전소 계전기는 선정된 정정치에 따라 0.54초에 동작을 하게 된다. 이때 보호협조 간 보호기기들의 동작오차를 고려한 여유마진을 10 ms으로 선정하면 0.53초에 동작할 수 있으며 변전소 계전기와 고객 계전기간의 최소협조시간을 17 cycles (0.283초)로 선정하였을 때, 고객 계전기는 0.247초 안에 동작을 해야 한다. 따라서 Lever 값은 25로 산출할 수 있으나 한시 Lever 규정에 따라 수전 변압기 1차측 최대 1선 지락전류에서 0.2초 내로 동작을 해야 하므로 Lever의 최대치는 20으로 선정할 수 있다.

[표 A.1.6]은 나머지 고객 계전기에 대한 변전소 계전기와의 보호협조 결과이다.

｜표 A.1.5｜ 지락고장 시 고객 계전기(Load1) 정정치

구분		정 정 지 침
OCGR	한시 Tap	• 최대부하전류 × 0.3 / CT비 → 7.3 × 0.3 / 30 = 0.073 A → 한시 Tap = 0.1A
	한시 Lever	• 수전 변압기 1차측 최대 1선 지락전류에서 0.2초 내로 동작 $\rightarrow \frac{13.5}{\left(\frac{4184}{0.1\times 30}\right)-1}\times Lever \leq 0.2s$ $\rightarrow Lever = 20$ • 후비보호기기(변전소 계전기)의 동작시간 $\rightarrow \left[\frac{0.3985}{\left(\frac{4184}{2.2\times 120}\right)^{1.95}-1}+0.1084\right]\times 4.3 = 0.54s \pm 0.01s$ • 주보호기기(고객 계전기)의 최대 가능한 동작시간 $\rightarrow 0.53-(17/60)=0.247s$ • 0.247s에 대한 고객 계전기의 Lever 값 $\rightarrow 0.247 = \frac{13.5}{\left(\frac{4184}{0.1\times 30}\right)-1}\times Lever$ $\rightarrow Lever = 25$ → Lever가 25이하이면 협조가능
	순시 Tap	• 최소탭 → 10A

｜표 A.1.6｜ 고객 계전기 정정치

고객명	구분	특성곡선	Tap		한시 Lever	CT비
			한시	순시		
Load1	OCGR	IEC-VI	0.1A	10A	20	150/5
Load2	OCGR	IEC-VI	0.1A	10A	16.9	150/5
Load3	OCGR	IEC-VI	0.3A	10A	5.5	150/5
Load4	OCGR	IEC-VI	0.4A	10A	3.8	150/5
Load5	OCGR	IEC-VI	0.1A	10A	15.4	150/5
Load6	OCGR	IEC-VI	0.1A	10A	14.8	150/5

리클로저(R1)의 Delay 곡선 정정절차

우선적으로 리클로저에 관련된 보호협조 개념을 알아보면 리클로저는 배전계통 주 간선에 설치가 되며 선로길이 및 부하조건에 따라 현재 국내에서는 1대에서 3대까지 설치가 가능하다. 배전계통 주 간선에 다수가 설치가 되기 때문에 리클로저는 다양한 보호기기들과 협조가 요구되며 보호협조 정정과정에서 가장 중요하다. 이러한 리클로저의 정정지침은 [표 A.1.7]에 설명된다.

[표 A.1.7] 리클로저 정정지침

구분		정 정 지 침
최소 동작 전류	상	• 최대 부하전류의 2.8배 이상, 4.0배 이하 • 후비보호기기의 상 최소동작전류 정정치 이하
	지락	• 최대 부하전류 × 0.3 이상 • 리클로저 부하측 최대 단상분기의 최대 부하전류 이상 • 보호구간 최소 1선 지락전류 / 2 이하 • 후비보호기기 지락 최소 동작전류 정정치 이하
총 동작 횟수		• 후비에 리클로저가 있을 경우 → 후비 리클로저의 총 동작횟수 −1 이하
순시동작 횟수		• 총 동작횟수 이하 • 상과 지락의 순시동작횟수 일치
재폐로 시간		• 리클로저 본체가 투입 준비를 할 수 있는 시간 이상 • 상과 지락의 재폐로 시간 일치

또한 리클로저가 주보호기기이며, 후비보호기기가 변전소 계전기인 경우의 협조시간은 고장차단시간과 CT 오차, 설정 오차 등을 고려하였을 때, 최소 3cycles (0.05초)의 협조시간이 필요하다. 또한 리클로저 간의 협조를 고려할 때는 제작사에서 만든 후비보호기기 리클로저의 종류에 따라 최소협조시간은 약간의 차이가 존재하며 [표 A.1.8]에 소개된다.

이러한 정정지침을 통하여 [그림 A.1.1]의 리클로저(R1)의 보호정정을 수행할 수 있다. 리클로저(R1)의 정정을 위하여 후비보호기기인 변전소 계전기의 정정

| 표 A.1.8 | 리클로저가 주보호기기일 때 최소협조시간차

후비보호기기	주보호기기	최소협조시간차[cycles]
변전소 계전기	리클로저	3
리클로저 KH-ESV, ESV	리클로저	3.5
리클로저 IJB-VE, VWVE, EVR-2	리클로저	2.7

을 완료하였기 때문에 리클로저가 주보호기기인 경우에 보호협조를 수행할 수 있다. 리클로저 정정지침을 참고하여 리클로저(R1)의 정정치를 계산하면 표 [A.1.9]와 같다. 변전소 계전기와 유사한 이유로 리클로저 또한 하위 보호기기들의 원활한 보호협조를 수행하기 위하여 동작전류를 높게 선정해야 한다. 따라서

| 표 A.1.9 | 리클로저(R1) 정정치

구분	정 정 지 침
지락 최소 동작전류	• 최대부하전류(126.6A) × 0.3 이상 → 37.9A 이상 • 후비보호기기 지락 최소동작전류 정정치 이하 → 264A 이하 ∴ 260A
Lever	• 후비보호기기(변전소 계전기)의 특성곡선 식 $\rightarrow \left[\dfrac{3.985}{\left(\dfrac{I_f}{264}\right)^{1.95}-1}+1.084\right]\times 0.43$ • 주보호기기(R1)의 특성곡선 식 $\rightarrow \dfrac{13.5}{\left(\dfrac{I_f}{260}\right)-1}\times Lever$ • 여유마진을 고려한 특성곡선 식의 차이가 최소협조시간보다 커야 함 $\rightarrow \left[\dfrac{3.985}{\left(\dfrac{I_f}{264}\right)^{1.95}-1}+1.084\right]\times 0.43-0.01-\dfrac{13.5}{\left(\dfrac{I_f}{260}\right)-1}\times Lever \geqq 0.05$ $\rightarrow Lever \leqq \dfrac{I_f-260}{210.6}\left(\dfrac{90370}{I_f^{1.95}-52738}+0.47\right)$ → Lever = 0.36 (411 ≦ I_f ≦ 2,219)

37.9~264A간에서 260A로 선정을 하였다. 하지만 Lever의 경우 국내 배전계통의 변전소 계전기는 식 (A.1.1)과 같은 특성곡선을 갖고, 리클로저는 식 (A.1)과 같은 IEC 표준 강반한시를 사용하기 때문에 둘 간의 보호협조를 수식으로 진행하는 과정은 매우 복잡하다. [표 A.1.9]를 보면 Lever의 수치를 계산하는 과정이 서술되며 리클로저에서 발생할 수 있는 모든 고장전류에 대하여 수식이 성립되는 Lever의 수치를 선정해야 한다.

이렇게 Lever를 찾는 과정은 EXCEL 또는 계산기로 계산하면 된다. 이렇게 산출된 Lever의 수치를 검증하기 위하여 ETAP을 이용하여 리클로저의 Lever를 0.16~0.51까지 0.05씩 변경하였으며, [그림 A.1.2]는 그 때의 결과를 보여주는 그래프이다. ETAP에서 제공하는 특성곡선 간 협조시간의 차이를 보여주는 기능을 사용하면 Lever의 값이 계산된 최대 0.36 수치까지 모든 고장전류에서 최소협조시간을 만족하는 것을 확인할 수 있다.

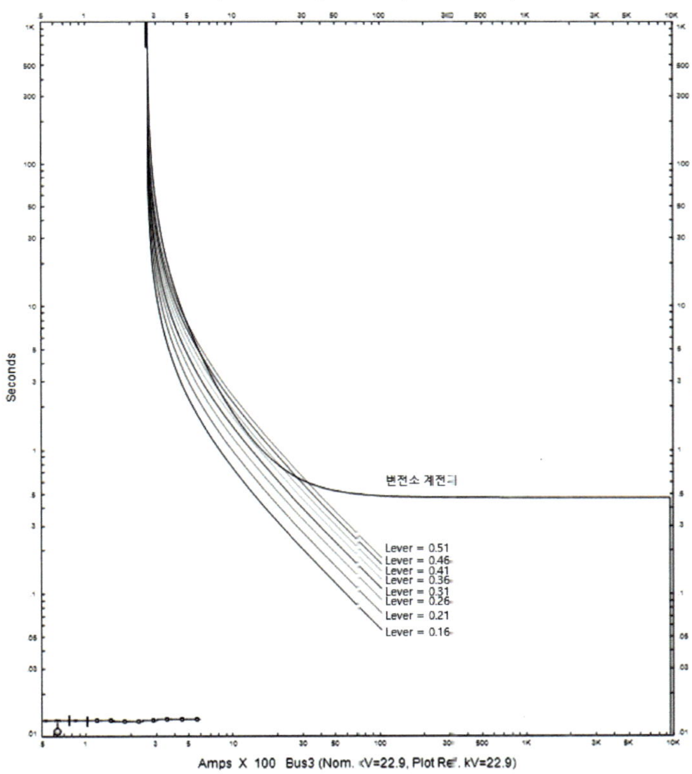

그림 A.1.2 ETAP 프로그램에서 리클로저의 Lever를 산정하는 방법

리클로저(R2)의 Delay 곡선 정정절차

리클로저(R1)의 지락 Delay 곡선의 정정을 완료하였기 때문에 유사한 과정으로 전위보호기기인 리클로저(R2)의 지락 Delay 곡선 또한 정정을 통하여 보호협조를 수행할 수 있다. 리클로저(R2)의 정정치를 계산하면 [표 A.1.10]과 같다. 변전소 계전기와 마찬가지로 리클로저(R2) 또한 하위보호기기로는 리클로저(R3)와 고객 계전기가 존재하며 고객 계전기는 보호기기중 가장 큰 최소협조시간이 요구되기 때문에 동작전류를 높게 선정해야 한다. 따라서 240A로 선정을 하였다. 또한 리클로저(R2) 설치점의 최대 1선 지락전류 1,079A이기 때문에 후비보호기기인 리클로저(R1)는 선정된 정정치에 따라 1.54초에 동작을 하게 된다. 두 대의 리클로저간 최소협조시간을 2.7cycles로 선정 및 여유마진을 0.01초로 고려하였을 때, 리클로저(R2)는 1.485초 안에 동작을 해야 하므로 식 (1.1)에 대입을 하면 Lever 값은 0.38로 계산된다. 변전소 계전기와 리클로저(R1)간의 보호협조를 진행할 때와 과정이 다른 이유는 리클로저 두 대의 특성곡선이 동일하기 때문이며, 반한시 특성으로 인하여 주전원 보호기기의 설치점 최대 고장전류에서만 최소협조시간을 만족하면 모든 고장전류에서 최소협조시간을 만족하기 때문에 계산과정이 간단하다.

[표 A.1.10] 리클로저(R2) 정정치

구분	정 정 지 침
지락 최소 동작전류	• 최대부하전류(28.2A) × 0.3 이상 → 8.46A 이상 • 후비보호기기 지락 최소동작전류 정정치 이하 → 260A 이하 → 240A
Lever	• 후비보호기기(R1)의 지락 Delay 동작시간 $\rightarrow \dfrac{13.5}{\left(\dfrac{1079}{260}\right)-1} \times 0.29 = 1.54 \pm 0.01\text{s}$ • 주보호기기(R2)의 최대 가능한 지락동작시간 $\rightarrow 1.53 - 0.045 = 1.485\text{s}$ • 1.485s에 대한 지락 Delay 곡선의 Lever 값 $\rightarrow 1.485 = \dfrac{13.5}{\left(\dfrac{1,079}{240}\right)-1} \times Lever \ \rightarrow \ Lever = 0.38$

리클로저(R3)의 Delay 곡선 정정절차

리클로저(R2)의 Delay 곡선 정정절차와 동일하게 리클르저(R3)의 정정치를 계산하면 [표 A.1.11]과 같다. 지락 최소 동작전류를 200A으로 선정할 수 있으며, 또한 리클로저(R3) 설치점의 최대 1선 지탁전류 967A이기 때문에 후비보호기기인 리클로저(R2)는 선정된 정정치에 따라 1.69초에 동작을 하게 된다. 두 대의 리클로저간 최소협조시간을 2.7cycles로 선정 및 여유마진을 0.01초로 고려하였을 때, 리클로저(R2)는 1.635초 안에 동작을 해야 하므로 식 (A.1)에 대입을 하면 Lever 값은 0.46으로 계산된다.

표 A.1.11 리클로저(R3) 정정치

구분	정 정 지 침
지락 최소 동작전류	• 최대부하전류(27.9A) × 0.3 이상 → 8.37A 이상 • 후비보호기기 지락 최소동작전류 정정치 이하 → 240A 이하 → 200A
Lever	• 후비보호기기(R2)의 지락 Delay 동작시간 → $\frac{13.5}{\left(\frac{967}{240}\right)-1}\times 0.38 = 1.69 \pm 0.01\,s$ • 주보호기기(R3)의 최대 가능한 지락동작시간 → $1.68 - 0.045 = 1.635\,s$ • 1.635s에 대한 지락 Delay 곡선의 Lever 값 → $1.635 = \frac{13.5}{\left(\frac{967}{200}\right)-1}\times Lever$ → $Lever = 0.46$

리클로저(R3)의 Fast 곡선 및 고객 계전기(Load7) 정정절차

리클로저와 고객 계전기의 보호협조간에는 리클로저의 Fast 곡선과 고객 계전기의 특성곡선에서 보호협조가 진행되어야 한다. 하지만 리클로저의 Fast 곡선은 퓨즈가 존재하는 경우에 퓨즈와 협조가 용이하도록 설정하는 방법이 [표 A.1.12]와 같이 규정에 존재하나 한전 정책 상 퓨즈는 고려하지 않고 있기 때문에 본 정정절차 과정에서는 퓨즈가 고려되지 않았다. 하지만 만약에 계통에 퓨즈를 포함된 경우 또한 고려하기 위하여 최대한 퓨즈와의 협조를 용이하도록 Delay 곡선과 Fast 곡선 사이에 동작시간차를 크게 유지하였다. 그렇기 때문에, 고객 계전기의 특성곡선을 우선적으로 선택하고 그 위로 리클로저의 Fast 곡선을 위치시키는 것이 보호협조를 진행함에 있어 용이하다. 고객 계전기는 [표 A.1.13], 고객 계전기 정정지침에 따라 다음과 같이 순시 Tap, 한시 Tap, 한시 Lever를 산출할 수 있다. [표 A.1.13]을 보면 알 수 있듯이, 정정지침에 따라 순시 Tap은 최소탭으로 10A가 선정이 되고 한시 Tap은 0.3A를 선정할 수 있다. 또한 수전 변압기 1차측의 최대 1선 지락전류가 884A이기 때문에 한시 Lever 규정으로

| 표 A.1.12 | 리클로저 Fast 곡선 선정기준

	Fast 곡선 정정지침
단상선로용 퓨즈	• 리클로저 Fast 동작시간 × 승률 < 퓨즈 최소용융시간 – 리클로저 Fast 동작회수(1회) : 승률 1.2 – 리클로저 Fast 동작회수(2회) : 승률 1.8(재폐로시간 약 0.5초) – 리클로저 Fast 동작회수(2회) : 승률 1.35(재폐로시간 1초 이상) • 리클로저 Delay 동작시간 > 퓨즈 최대고장제거시간

| 표 A.1.13 | 지락고장 시 고객 계전기 및 리클로저(R3)의 Fast 곡선 정정치

구분		정 정 지 침
OCGR	순시 Tap	• 최소탭 → 10A
	한시 Tap	• 최대부하전류 × 0.3 / CT비 → 22.7 × 0.3 / 30 = 0.227 A → 한시 Tap = 0.3A
	한시 Lever	• 수전 변압기 1차측 최대 1선 지락전류에서 0.2초 내로 동작 → $\frac{13.5}{\left(\frac{884}{0.3\times 30}\right)-1}\times Lever \leq 0.2\text{s}$ → $Lever = 1.44$ • 후비보호기기(R3)의 지락 Fast 동작시간 → $0.2+0.01+0.167=0.377\text{s}$ • 0.3777s에 대한 리클로저(R3)의 Lever 값 → $0.377=\frac{13.5}{\left(\frac{884}{200}\right)-1}\times Lever$ → $Lever=0.1$

인하여 Lever의 값은 1.44가 된다. 리클로저와 고객 계전기간의 최소협조시간을 10cycles로 선정하였을 때, 따라서 후비보호기기인 리클로저(R3)의 Fast 동작은 0.377초에 동작을 하게 된다. 따라서 이때, 리클로저의 동작시간을 식 (A.1)에 대입을 하면 Lever 값은 0.1로 산출할 수 있다.

리클로저간 지락 Fast 곡선 정정절차

가장 말단에 가까운 리클로저(R3)의 Fast 곡선의 정정치가 선정되었기 때문에 상단에 위치한 리클로저 2대(R1, R2)의 Fast곡선 또한 선정할 수 있다. 리클로저간의 최소보호협조 시간은 0.045초이기 때문에 기존의 방법으로 [표 A.1.14]와 [표 A.1.15]를 통하여 쉽게 정정할 수 있다.

[표 A.1.14] 리클로저(R2)의 Fast 곡선 정정치

구분	정 정 지 침
R2	• 전위보호기기(R3)의 지락 Fast 동작시간 $\rightarrow \dfrac{13.5}{\left(\dfrac{967}{200}\right)-1} \times 0.1 = 0.35 \pm 0.01\,s$ • 주보호기기(R2)의 최소 가능한 지락 Fast 동작시간 $\rightarrow 0.36 + 0.045 = 0.405\,s$ • 0.405s에 대한 지락 Fast 곡선의 Lever 값 $\rightarrow 0.405 = \dfrac{13.5}{\left(\dfrac{967}{240}\right)-1} \times Lever \quad \rightarrow Lever = 0.09$

[표 A.1.15] 리클로저(R1)의 Fast 곡선 정정치

구분	정 정 지 침
R1	• 전위보호기기(R2)의 지락 Fast 동작시간 $\rightarrow \dfrac{13.5}{\left(\dfrac{1079}{240}\right)-1} \times 0.1 = 0.347 \pm 0.01\,s$ • 주보호기기(R1)의 최소 가능한 지락 Fast 동작시간 $\rightarrow 0.357 + 0.045 = 0.402\,s$ • 0.402s에 대한 지락 Fast 곡선의 Lever 값 $\rightarrow 0.402 = \dfrac{13.5}{\left(\dfrac{1079}{260}\right)-1} \times Lever \quad \rightarrow Lever = 0.09$

단락고장인 경우에도 지락고장과 동일한 과정으로 정정지침을 준수하여 최소동작전류와 Lever 값을 선정하면 된다.

2 | IEC 특성곡선 사용 시, 퓨즈와의 협조 검토

선로용 퓨즈는 국내 배전계통에서는 단상에만 설치가 되며 정정요소는 퓨즈 정격 한 가지뿐이다. [표 A.1.16]은 선로용 퓨즈의 정정지침이며 선로용 퓨즈가 직렬로 연결된 경우에도 소개되어있다.

| 표 A.1.16 | 퓨즈 정정지침

	정 정 지 침
퓨즈 용량	• 설치점 최대부하전류 이상 • 보호구간 최소 1선 지락전류 이하 • 주보호기기(퓨즈)의 최대 고장제거시간 < 후비보호기기(퓨즈)의 최소 용융시간 × 0.75

일반적으로 퓨즈와 리클로저의 보호협조는 리클로저의 Fast 동작, 퓨즈, 리클로저의 Delay 동작 순으로 진행된다. 이러한 과정은 1회용으로 사용되는 퓨즈의 사용을 최소로 하기 위함이며 이러한 과정을 퓨즈세이버라고 칭한다. 하지만 퓨즈는 일반적으로 단상부하에 설치되기 때문에 퓨즈세이버를 이용하면 주간선의 리클로저가 먼저 동작을 하게 된다. 따라서 한전은 주간선에서의 리클로저가 동작함으로써 발생하는 경제적 손실을 최소화하기 위해 퓨즈세이버를 사용하지 않고 먼저 퓨즈가 동작하도록 유도하고 있다. 하지만 퓨즈와 리클로저의 보호협조는 복잡한 배전계통 운영사항에서 필요할 수 있으며, 그에 따라 어떠한 방식으로 IEC 특성곡선과 퓨즈간에 협조를 진행하는지에 대하여 숙지할 필요가 있다. 국내에서는 대부분 선로용 퓨즈를 단상에만 설치하기 때문에 퓨즈가 설치된 위치에서 발생할 수 있는 고장의 종류는 1선 지락고장이 유일하다. 따라서 1선 지락고장이 발생한 경우 현재 IEC 특성곡선으로 설정된 리클로저와 퓨즈간의 보호협조 검토를 서술한다.

IEC 특성곡선 기반 리클로저와 퓨즈간 보호협조 개념

[그림 A.1.3]은 IEC 곡선을 이용하여 리클로저와 퓨즈 간의 보호협조 절차를 소

개하기 위하여 선정한 국내 배전계통의 표준 모의계통이다. 14 MW의 대용량 배전계통이며 4대의 단상선로용 퓨즈가 설치되었다. 또한 변전소 계전기 1대, 리클로저 2대, 마지막으로 2,000 kVA 부하에 대한 고객 계전기가 1대 설치되었다. 총 부하전류는 370A이며 단상부하로 각각의 부하전류가 흐르고 있다. 실제 배전계통에서는 단상부하의 용량이 작기 때문에 현재 산출된 부하전류의 약 10% 정도가 흐르게 되지만 본 보고서에서는 퓨즈와 리클로저 간 보호협조 과정을 소개하기 위하여 임의로 크기를 증가시켰다. 또한 [표 A.1.17]은 본 모의계통에서 각 보호기기 위치에서 발생하는 고장전류 및 부하전류의 크기를 MATLAB 고장해석을 통하여 계산한 수치이다. 보호협조에 관련된 시뮬레이션은 Electrical Transient Analyzer Program(ETAP)을 사용하여 진행하였다.

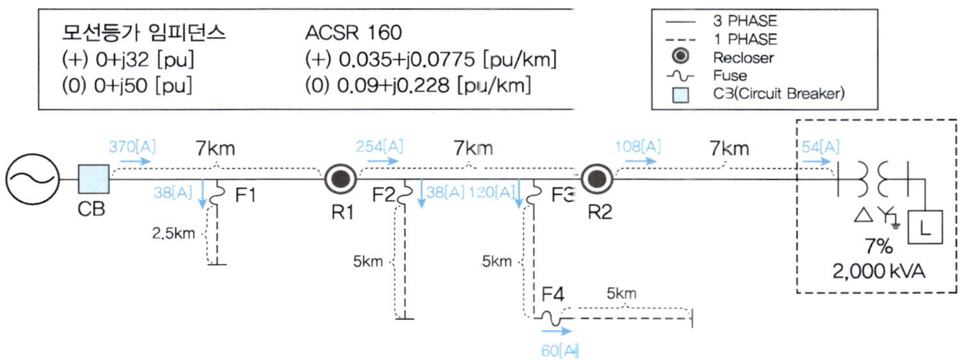

그림 A.1.3 모의계통

표 A.1.17 각 보호기기 위치에서의 고장전류 및 부하전류

전류[A]		CB	F1	F1 말단	R1	F2	F2 말단	F3	F4	F4 말단	R2	고객
단락 전류	3ϕ	7,914	4,266	3,146	2,908	2,667	1,845	1,880	1,823	1,769	1,773	1,267
	2ϕ	6,854	3,694	2,724	2,518	2,309	1,598	1,628	1,579	1,532	1,535	1,097
지락 전류	1ϕ	6,680	3,088	2,173	2,014	1,834	1,227	1,261	1,220	1,181	1,184	824
	1ϕ (30Ω)	438	418	405	397	392	367	365	363	360	360	329
부하전류[A]		370	38	38	254	79	79	120	60	60	108	54

우선 리클로저(R1)과 병렬연계된 퓨즈 F2, F3간의 보호협조에 대하여 소개하겠다. 퓨즈와 리클로저의 협조는 리클로저의 Fast 곡선이 먼저 동작하고 그 후 퓨즈가 동작하며 마지막으로 리클로저의 Delay 곡선이 동작해야 한다. 따라서 먼저, 퓨즈의 특성곡선을 리클로저의 Delay 곡선 아래에 위치해야 한다. 따라서 리클로저(R1)의 정정치를 최소동작전류(270A), Lever(0.85)로 변전소 계전기를 고려하여 정정하였을 때, 퓨즈 F3의 부하전류를 고려하여 [그림 A.1.4]와 같이 ETAP에서 제공하는 Southern States 제조사의 HPA-PF 모델 150A 용량의 퓨즈를 설치하였다. 이때, 선로용 퓨즈 F3에 흐르는 부하전류는 120A이지만 F2에 흐르는 부하전류가 38A이기 때문에 이에 따라 F2 위치에 낮은 정격의 퓨즈를 설치한다면 퓨즈 특성곡선이 그래프 상에서 더 아래로 내려와 리클로저(R1)의 Fast 곡선을 더 아래로 설정할 수밖에 없다. 이런 상황에서는 하위 보호기기의 보호협조가 원활히 수행되지 않을 수 있기 때문에 퓨즈가 병렬로 연결되는 경우에는 큰 부하전류를 갖는 퓨즈에 따라 정격용량을 선정하는 것이 보호협조를 원활하게 수행하기 위한 방법임을 알 수 있다.

또한, Fast 곡선 같은 경우에는 아날로그 기기인 퓨즈를 고려하여 승률을 계산해야 한다. 국내 배전계통에서는 일반적으로 리클로저의 시퀀스를 2F2D를 사

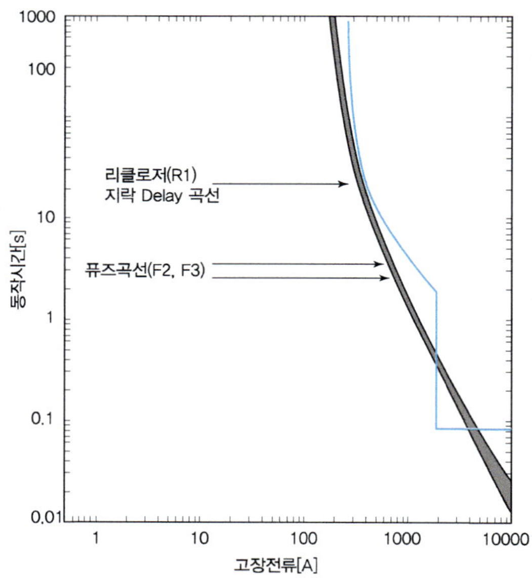

그림 A.1.4 리클로저 곡선 및 퓨즈곡선

용하며 이에 따라 국내 퓨즈 정정지침을 참고하면 승률은 1.8배가 된다. 따라서 리클로저의 Fast 곡선은 퓨즈에서 발생할 수 있는 최대고장전류에 대하여 퓨즈가 동작하는 최소용융시간에 1.8로 나눈 수치에 해당하는 동작시간에 동작을 해야 한다. F2 및 F3에서 발생하는 최대 1선 지락전류가 1,834A이기 때문에 퓨즈는 0.405초에 동작을 하게 된다. 그렇기 때문에 리클로저(R1)의 Fast 동작은 0.225초에 동작을 해야만 한다. 이를 이용하면 Lever 값은 0.1로 계산할 수 있으며 [그림 A.1.5]는 리클로저(R1)와 F2, F3간의 특성곡선을 보여준다.

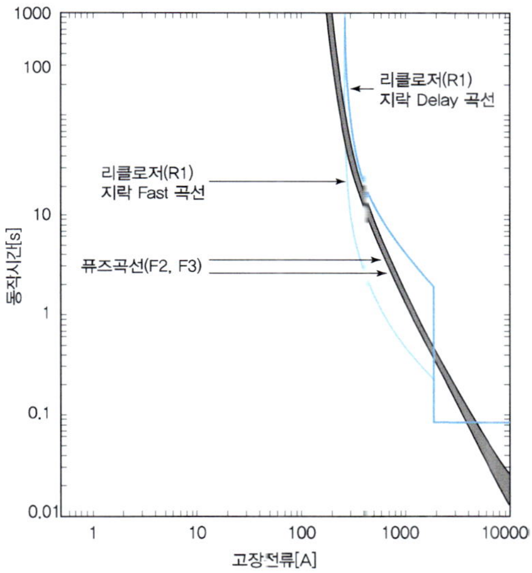

그림 A.1.5 리클로저 곡선 및 퓨즈곡선

또한 퓨즈 정정지침을 참고하여 선로용 퓨즈가 직렬로 연계되었을 때 주보호기기 퓨즈의 최대 고장제거시간은 후비보호기기 퓨즈의 최소 용융시간의 75%보다 작아야 한다. 따라서 리클로저(R1)와 직렬로 연계된 퓨즈 F3, F4의 보호협조에서 따라서 동일한 제조사 모델의 125A 용량의 퓨즈를 선택하였다. 이때, F3보다 아래에 125A 퓨즈의 특성곡선이 위치하기 때문에 리클로저(R1)의 Fast 곡선 또한 재 정정이 필요하다. F4에서 발생하는 최대 1선 지락전류가 1,220A이므로 [그림 A.1.6]에서 확인할 수 있듯이, F4가 동작하는 0.49초에 대하여 1.8을 나누어야 한다. 따라서 리클로저(R1)의 Fast 동작은 0.27초 내로 수행되어야 하며 이를 계산하면 Lever 값은 0.1에서 0.07로 변환되어야 한다.

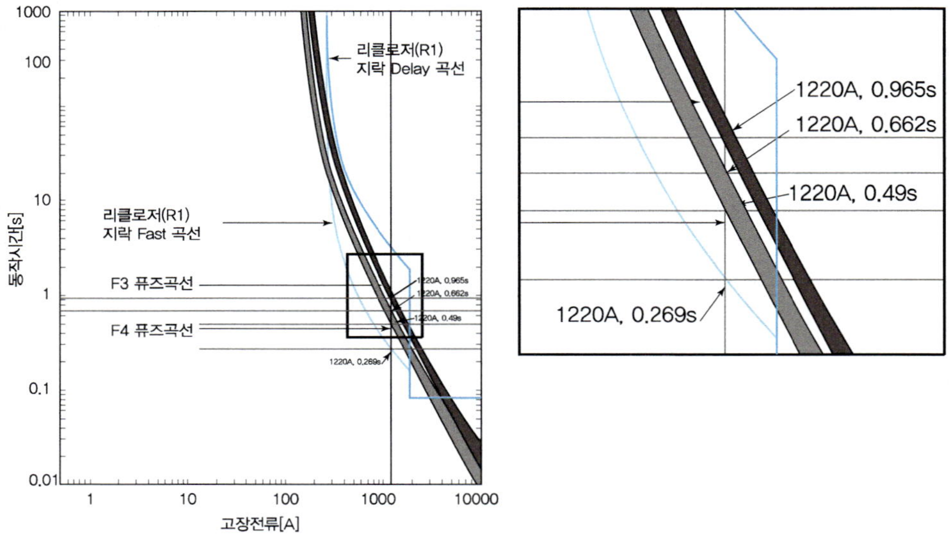

그림 A.1.6 리클로저(R1) 및 F3, F4 퓨즈의 특성곡선

IEC 강반한시 특성곡선과 퓨즈간의 보호협조 검토 결과

[표 A.1.18]은 선로용 퓨즈의 용량에 따른 고장전류별 최대 고장제거시간과 리클로저의 순시커브(IEC-VI Lever : 0.1)에 1.35[배](승률)한 동작시간 및 지연커브(IEC-VI Lever : 0.24)의 지연시간을 비교하여, 순시동작시간에 퓨즈가 용단되지 않고, 지연커브 완료 전에 퓨즈가 완전히 용단되는 범위를 음영을 주어 표시한 것이다. 결과적으로 IEC 강반한시 특성곡선과 퓨즈간 협조가 발생하는 지점은 많지 않다. 즉, IEC-VI를 사용하는 경우에는 일반적으로 리클로저가 동작하기 전 퓨즈가 먼저 동작하는 것을 알 수 있다. 이러한 경우 순간고장이든 영구고장이든 고장이 발생하면 무조건 퓨즈가 먼저 용단되어 고장을 제거할 수 있기 때문에 크게 문제가 되지 않는다. 또한 리클로저의 순시동작으로 인하여 발생하는 주 간선에서의 순간적인 정전효과를 경제적 관점으로 보았을 때, 퓨즈가 먼저 용단 되는 것이 더 좋다고 판단할 수 있다. 하지만 퓨즈세이버의 기능을 사용하고 싶은 경우에는 예를 들어 표준반한시와 장반한시의 혼용을 통해 리클로저를 변경하면 여유분이 증가하여 퓨즈와의 협조를 용이하게 진행할 수 있다.

▌표 A.1.18▌ 리클로저 IEC 특성곡선에 의한 퓨즈의 협조 계산표

(단위 : cycle, 최소동작전류 Tap값 70A)

고장전류	최소동작전류 70A puH(%)	10K	12K	15K	20K	25K	30K	40K	50K	순시*1.35 IEC-VI L0.1	지연 IEC-VI L0.24
140	200	8.0	13	21	42	70	180	540	4800	109.4	194.4
210	300	4.2	6.5	10	16	27	48	120	300	54.7	97.2
280	400	2.6	4.5	6.0	9.5	15	24	42	90	36.5	64.8
350	500	2.0	2.7	4.2	6.0	10	15	24	48	27.3	48.6
420	600	1.5	2.0	3.0	4.2	7.0	11	16	30	21.9	38.9
560	800	1.0	1.5	2.1	3.0	4.5	6.5	10	16	15.6	27.8
700	1000	0.8	1.2	1.5	2.1	3.0	4.5	6.4	10	12.1	21.6
1400	2000	0.8	0.8	0.8	0.9	1.3	1.7	2.5	3.2	5.8	10.2

3 결론

본 절에서는 IEC 특성곡선을 사용하는 경우 기존 배전선로에서의 보호협조 정정방법에 대하여 검토하였다. 기존 N 곡선의 경우에는 4개의 곡선을 갖고 있어 리클로저가 3대 연계된 경우 즉, 총 6개의 Fast, Delay 곡선이 필요한 경우에는 사용할 수 없다는 단점이 존재하나 상기 서술한 방법으로 IEC 특성곡선을 사용하면 리클로저가 3대까지 연계된 배전계통에서 적절한 정정치를 갖고 보호협조를 수행하는 것을 확인할 수 있다. 하지만 이러한 IEC 특성곡선을 사용하여 진행하는 보호협조 정정절차는 기존 최소동작전류만을 선정하여 진행하는 N 곡선을 통한 보호협조 정정절차보다 직관적이지 못하여 불편하다는 단점이 존재한다. 따라서 다음 2절에서는 배전선로 보호기기들의 IEC 특성곡선 표준화 과정을 통하여 기존 N 곡선과 같이 최소동작전류의 선정만으로 보호협조를 진행하는 과정을 서술한다.

제 2 절

배전선로 보호기기 표준 운영기술

보호기기들의 설정치는 한번 설정되면 변경이 용이하지 않기 때문에 초기 정정치 설정 시, 명확한 근거를 토대로 보호정정을 진행해야 한다. 하지만 현재 변전소를 포함한 배전계통은 현재 배전계통에 존재하는 부하의 용량에 따라 모든 보호기기의 설정치가 선정되어 있다. 따라서 부하의 절폐 및 신설에 따라 그 상황마다 보호기기의 설정치를 재정정해야 한다. 이러한 과정은 운전원에게 부담이 되며, 잘못된 정정치 및 기존의 정정치 재사용 등 다양한 문제점이 발생할 수 있다. 따라서 최종적으로 배전계통에 존재할 수 있는 최대 부하에 대하여 설정치를 정정하는 것이 타당하다.

따라서 변전소 계전기 및 배전선로의 보호기기들의 설정치 표준화 과정에 대한 필요성이 증가하게 되며, 이는 한전이 추구하는 변전소 표준화 작업과도 상통한다. 현재 국내 전력계통 내 존재하는 변전소 모선 등가임피던스, 주변압기의 접지 시스템 등은 표준화되어 대다수의 변전소가 일치하며, 그에 따라 모선에서 발생하는 고장에 대한 고장전류의 크기는 동일하다. 따라서 최대 부하에 대한 부하전류 및 동일한 고장전류를 통하여 1절에서 기술한 국내 변전소 계전기 정정절차에 따라 일정한 설정치를 선정할 수 있다. 마찬가지로 리클로저 같은 기기들도 다양한 계측오차를 고려하여 표준화 과정을 선정할 수 있다. 본 절에서 서술하는 이와 같은 표준화 과정은 배전보호협조 운영인력의 최소화 및 교육, 프로그램의 효율성 증가 등 다양한 측면에서 이득을 창출할 수 있을 것이라 판단되며, 향후 분산전원이 배전계통에 연계되는 경우에도 적절한 보호협조 시간에 대한 여유분을 공급할 수 있을 것이라 고려된다.

1 | 변전소 계전기 표준 정정 기술

국내 배전계통 내 존재하는 보호기기들을 정정하기 위해서는 상위 변전소 계전기의 표준화 과정이 중요하다. 현재 변전소 계전기를 정정하는 과정은 동일하나 그 정정값이 배전선로에 설치된 부하량으로 결정되기 때문에 각 변전소 마다 상이하다. 본 절에서는 변전소 계전기를 표준화하기 위하여 우선적으로 이해해야 하는 배전계통의 상시 및 비상시 운전용량에 대하여 설명한다. 현재 변전소 계전기의 설정은 변전소 인출점에서의 최대 부하전루를 기준으로 설정되어 있기 때문에 다양한 상황에서 최대 부하전류는 변동할 수 있다. 따라서 그 때마다 변전소 계전기의 설정치를 변경해야 한다. 하지만 이러한 설정치 변경과정은 용이하지 않기 때문에 배전계통 내 최대로 부하가 운용될 수 있는 상시 운전용량 또는 비상시 운전용량에 대하여 보호기기 정정치를 설정해야 하는 것이 타당하며 최종적으로 비상시 운전용량을 기준으로 해야 되는 이유를 본 절에서 기술한다. 또한 변전소 계전기의 설정을 정정함에 있어 최대 부하전류 뿐간 아니라 변전소 인출점에서의 고장전류 수치도 필요하다. 따라서 배전계통 고장용량을 트대로 변전소 인출점에서 발생할 수 있는 고장전류 수치를 분석하고 이를 통하여 변전소 계전기 정정치의 표준화 과정에 대한 타당성을 검증한다.

배전계통 표준 운전용량

배전계통의 운전용량은 상시 운전용량과 비상시 운전용량으로 구분되어 있다. 상시 운전용량이란 평상 시, 운전 가능한 최대용량을 의미하며, 22.9 kV 일반배전계통(전선 ACSR-OC 160 mm^2 및 CNCV 325 mm^2, 3분할 3연계)의 상시운전용량은 10,000 kVA이며, 특수 배전선로의 상시운전용량은 15,000 kVA이다. [그림 A.2.1]은 일반적인 배전계통의 3분할 3연계에 해당하는 예시이다. 계산의 편의성을 위하여 상시운전용량을 9,000 kVA라 가정한다면 3분할 3연계의 존재로 인하여 각 분할된 구간은 3,000 kVA의 전력을 공급받고 있다. 만약 F1과 CB1 사이에서 고장이 발생한다면 CB1은 차단되며 그에 따라 기존의 9,000 kVA의 전력공급을 충족시키기 위하여 S3, S4, S5 스위치가 닫히게 된다. 따라서 즉 비상시 운전용량으로 고장이 발생한 Feeder에 전력을 공급하기 위하여 각각의 Feeder들이 3,000 kVA의 전력을 추가적으로 공급하게 된다. 즉, 기존 9,000 kVA의 전력을 공급하던 Feeder은 3,000 kVA가 추가된 12,000 kVA까지 공급을 할 수 있어야 한다. 이와 같은 방식으로 한전에서는 상시운전용량 10,000 kVA에 대하여 비상시 운전용량을 14,000 kVA까지 규정하고 있다.

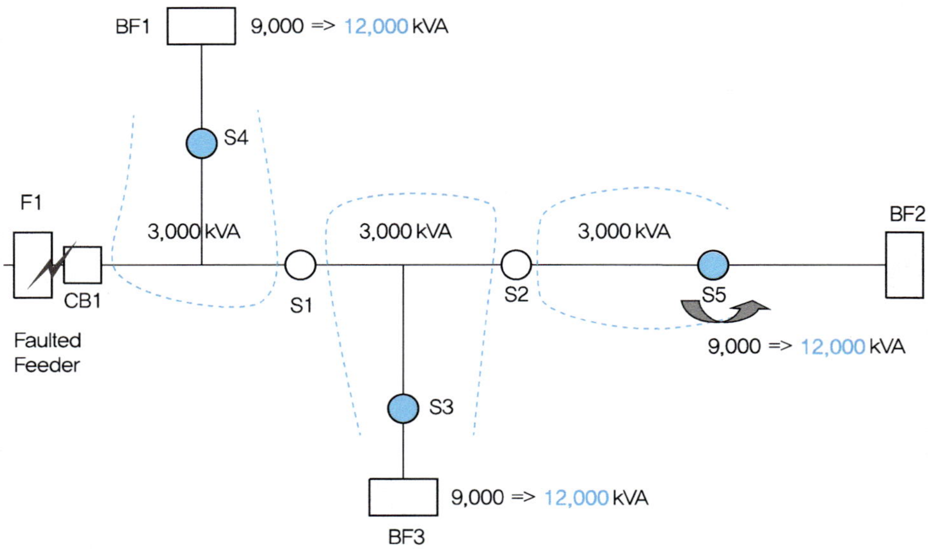

그림 A.2.1 3분할 3연계 모의계통

이러한 규정은 비상 시에 운전용량을 14,000 kVA까지 운전할 수 있음에도 불구하고 평상 시 10,000 kVA까지만 운전을 할 수 있게 함으로 배전선로의 낭비를 유발한다. 고장은 어디서 발생할지, 예측을 할 수 없기 때문에 각각의 선로들은 항상 고장상황을 대비해야 되기 때문이다. 하지만 일반적으로 기간이 지나갈수록 배전계통은 기본 분할연계보다 훨씬 더 증가하게 된다. 현재 보통 배전선로는 선로 당 5에서 7분할 정도이다. 이러한 상황은 고장 시, 고장이 발생한 선로에 대한 전력공급을 위하여 여러 선로들을 통해 전력공급을 받을 수 있다는 것을 의미한다. 따라서 3분할 3연계에서의 4,000 kVA에 대한 여유분이 다양한 분할 및 연계 상황에서는 감소할 수 있으며 결과적으로는 상시 운전용량이 비상시 운전용량과 유사하게 유지될 수 있다.

또한 기존의 변전소 계전기의 한시 Tap(변전소 계전기 최소동작전류/CT비)을 선정하기 위해서는 [표 A.2.1]과 같은 변전소 계전기 한시 Tap 정정지침에 의거하여 최대부하전류 수치를 계산해야 하는데 10,000 kVA인 상시 운전용량으로 최대부하전류 수치를 계산하면 252 A로 14,000 kVA인 경우 354A보다 약 100 A

가 작다. 252 A에 1.5배를 곱한 수치는 378 A이므로 14,000 kVA인 경우의 최대 부하전류와 크게 수치가 차이나지 않는다. 일반적인 오차범위를 10%라고 가정하였을 때, 354 A의 오차범위(319 A~389 A) 안에 378 A가 포함되기 때문에 상시운전용량을 기준으로 최대부하전류를 산정하면 비상시 운전상황에서의 일반적인 부하전류가 변전소 계전기에서는 고장상황이라 판단하여 계전기가 동작할 수도 있다. 결과적으로 현재 상황이나 미래의 상황을 판단하였을 때, 비상시 운전용량을 변전소 계전기에서 발생할 수 있는 최대부하전류인 경우로 상정하고 그에 따른 최소동작전류를 산출하는 것이 합리적이다.

일반선로와 마찬가지로 대용량 선로에서는 상시운전용량은 15,000 kVA, 비상시 운전용량은 20,000 kVA이므로 대용량 선로와 일반선로를 각각 구분하여 계전기를 설정해야 한다. [표 A.2.2]는 각각의 선로에 대하여 한시 Tap 정정지침에 따른 한시 Tap의 계산과정을 보여주며, [표 A.2.3]은 계산을 통하여 최종적으로 산출된 한시 Tap의 정정치를 보여준다.

표 A.2.1 국내 변전소 계전기 한시 Tap 정정지침

구분		정 정 지 침
한시 Tap	OCR	• 최대 부하전류 × 1.5 이상 / CT비 • 보호구간 최소 2상 단락전류 / 1.5 이하 / CT비
	OCGR	• 최대 부하전류 × 0.3 이상 / CT비 • 보호구간 최소 1선 지락전류 / 1.5 이하 / CT비

표 A.2.2 국내 변전소 계전기 한시 Tap 정정(안)

구분		정 정 지 침
OCR	일반 [14MW]	• 최대부하전류 × 1.5 / CT비 (600/5) → 352 × 1.5 / 120 = 4.41A ∴한시 Tap : 4.5
	대용량 [20MW]	• 최대부하전류 × 1.5 / CT비 (600/5) → 504 × 1.5 / 120 = 6.3A ∴한시 Tap : 6.3
OCGR	일반 [14MW]	• 최대부하전류 × 0.3 / CT비 (600/5) • 보호구역 최소 1선 지락전류 / 1.5 이하 → Tap 가능 범위 : 0.88 ~ 2.2 ∴ 한시 Tap : 1
	대용량 [20MW]	• 최대부하전류 × 0.3 / CT비 (600/5) • 보호구역 최소 1선 지락전류 / 1.5 이하 → Tap 가능 범위 : 1.26 ~ 2.2 ∴ 한시 Tap : 1.4

| 표 A.2.3 | 배전계통 변전소 계전기 한시 Tap 표준 정정(안)

구분	선로	Ry Type	한시 Tap	CT비
OCR	일반	ESB-VI	4.5	600/5
	대용량	ESB-VI	6.3	600/5
OCGR	일반	ESB-VI	1	600/5
	대용량	ESB-VI	1.4	600/5

대부분 한전에서 사용하고 있는 배전선로 CT비는 일반적으로 600:5를 사용하므로 본 표준 정정(안)에서는 600:5를 사용하였으나, 시골같은 다른 CT비를 이용하는 변전소는 그 변전소에서 사용하고 있는 CT비를 사용하여 계산해야 한다. 최대부하전류는 동일하게 상정하며, 한시 Tap을 결정할 비율에서만 차이가 발생한다.

배전계통 표준 고장용량

본 절에서는 배전계통 표준 고장용량에 대하여 설명한다. 배전계통의 고장용량이란 고장이 발생한 경우 변전소에서 최대로 출력 가능한 고장전류의 크기를 의미한다. 배전계통에서의 고장전류는 고장이 발생한 지점이 말단으로 갈수록 선로임피던스의 영향으로 크기가 작아지기 때문에 가장 큰 고장전류가 발생하는 지점은 변전소 모선에서 고장이 발생한 경우를 의미하며 이때의 고장전류를 고장용량이라고 할 수 있다. 이러한 최대 고장전류는 변전소 계전기 특성곡선의 Lever를 계산하기 위하여 중요하며, 변전소 계전기의 특성곡선을 적절히 설정해야만 변전소 계전기와 직렬로 연계된 배전선로의 리클로저 및 고객 계전기의 최소협조시간을 고려한 특성곡선을 설정할 수 있다. 따라서 기존의 보호협조 방식에서는 변전소 모선에서 발생하는 고장전류의 크기를 명확히 판단하여 정정치의 근거로 사용한다. 하지만 변전소 계전기 설정치의 표준화를 위하여 본 보고서에서는 실제 표준화된 변전소 모선 임피던스에서 측정되는 고장전류의 크기를 판단하고 이를 통하여 실제 국내에 존재하는 표준화된 변전소에서 발생 가능한 고장전류에 대하여 특성곡선의 Lever를 산정한 결과 크게 차이가 있지 않음을 보였다. [그림 A.2.2]는 변전소 모선 등가임피던스부터 가공선로 또는 지중선으로 구성된 배전선로를 보여준다. 현재 국내 변전소는 [그림 A.2.2]와 같은 모선 등가임피던스로 표준화 되어 있기 때문에 모선에서 발생하는 고장에 대하여 일반적으로 유사한 고장전류 크기를 보여준다.

[그림 A.2.3]은 국내 100개 변전소 인출점에 대한 3상 단락 및 1선 지락 고장

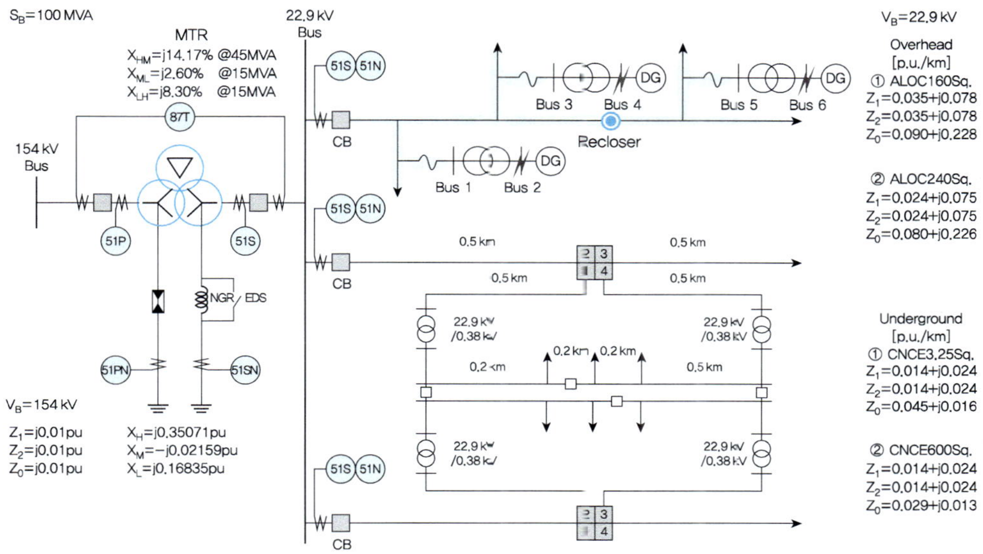

그림 A.2.2 표준 배전시스템

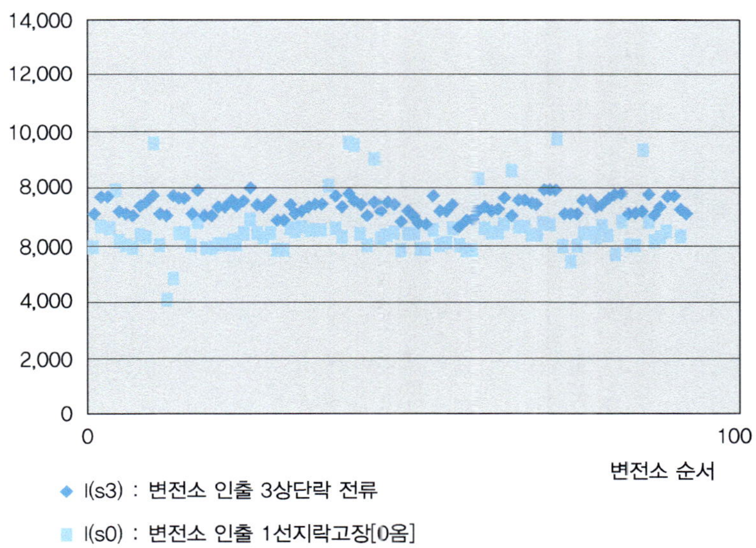

그림 A.2.3 국내 100개 변전소 인출점 3상 단락 및 1선 지락 고장전류

전류의 크기를 측정한 데이터다. 단락고장은 일반적으로 7000~8000A의 크기 안에서 발생하였으며 지락고장은 몇 개소의 예외를 제외하고는 6000~7000A의 크기 안에서 발생하였다.

이와 같이 변전소 인출점에서 측정된 고장전류에 대한 변전소 계전기 Lever의 수치를 정정하기 위하여 변전소 인출점에서 발생한 3상 단락전류를 6,500A~8,500A까지 변경하면서 확인하였다. 또한 1선 지락전류은 5,500A~8,000A까지 변경해가며 확인하였다. 고장전류에 대한 변전소 계전기 Lever의 수치는 [표 A.2.4]와 식 (A.2.1)을 토대로 수식을 통하여 계산할 수 있다.

| 표 A.2.4 | 변전소 계전기 Lever 정정지침

구분		정 정 지 침
Lever	OCR	• 변전소 인출점 3상 단락전류에서 0.5초(30 cycles) 이하로 동작 – 배전선로 보호협조가 곤란할 경우 0.6초 이하로 정정 가능
	OCGR	• 변전소 인출점 최대 1선 지락고장에서 0.5초 이하로 동작

$$t = \left[\frac{3.985}{\left(\dfrac{I_f}{I_p}\right)^{1.95} - 1} + 0.1084 \right] \times Lever \tag{A.2.1}$$

I_f : 고장전류

I_p : 최소동작전류

단락고장의 경우, 2.1절에서 산출한 고정된 Tap(일반선로 : 4.5, 대용량선로 : 6.5)을 이용할 때, 상정한 3상 단락고장전류에 대하여, Lever는 [그림 A.2.4]와 같이 일반선로에서 3.57~3.93이며, 대용량선로에서는 2.95~3.46의 수치를 갖는다. 이러한 크게 변하지 않는 Lever의 수치는 동작시간에 큰 영향을 미치지 못한다. 지락고장의 경우에도 [그림 A.2.5]를 통하여 단락고장보다 더욱 더 Lever의 크기에 영향을 미치지 못하는 것을 알 수 있다. 이러한 Lever 수치는 변전소에서 발생할 수 있는 한 고장전류에 대하여 선택된 한시 Lever의 수치로도 충분히 정정치가 유효하게 선정되었음을 확인할 수 있다.

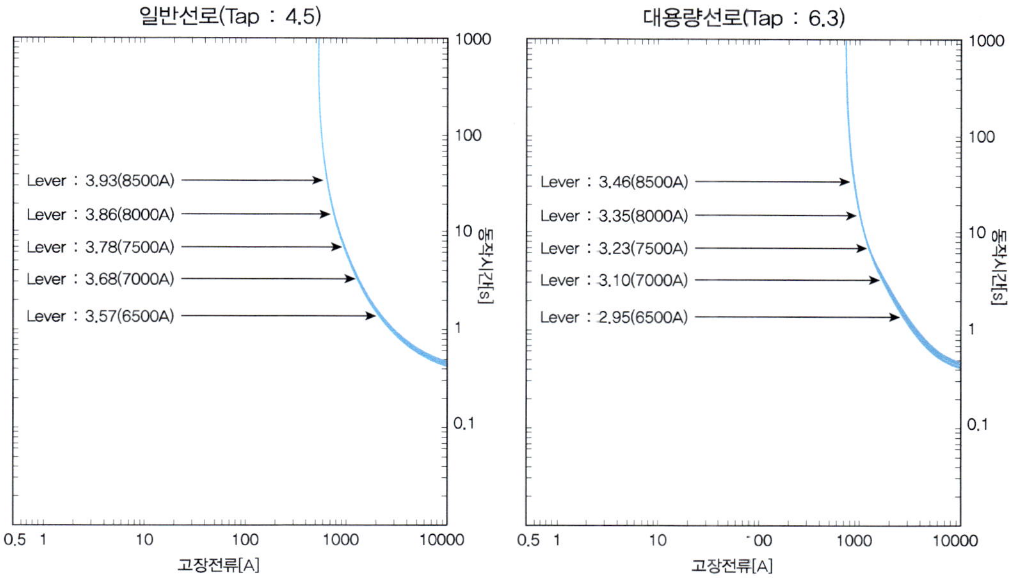

그림 A.2.4 OCR의 한시 Lever 비교 분석 그래프

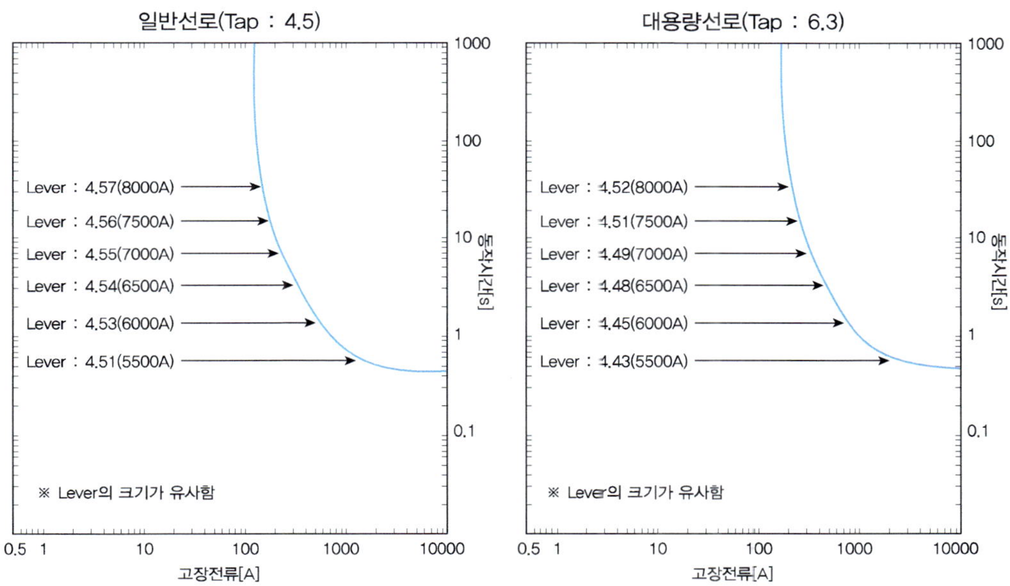

그림 A.2.5 OCGR의 한시 Lever 비교 분석 그래프

변전소 계전기 표준 정정기준(안)

변전소 계전기는 변전소 계전기 정정지침에 따라 다음 [표 A.2.5]와 같이 순시 Tap, 한시 Tap, 한시 Lever를 산출할 수 있다. 본 정정절차에서 사용한 변전소 계전기의 CT비는 1.2절에서 설명하였듯, 600:5로 사용하였으며, 변전소 인출점 3상 단락전류를 변전소 인출점에서 발생할 수 있는 고장전류의 평균치인 7,500 A로 선정하였다. 따라서 최종적인 변전소 계전기 OCR의 정정치는 [표 A.2.6]과 같다.

표 A.2.5 단락고장 시 변전소 계전기 정정치

구분			정 정 지 침
OCR	일반 [14MW]	한시 Tap	• 최대부하전류 × 1.5 / CT비 (600/5) → 352 × 1.5 / 120 = 4.41A ∴한시 Tap : 4.5
		한시 Lever	• 변전소 인출점 3상 단락전류에서 0.5초 이하로 동작 $\rightarrow \left[\frac{3.985}{\left(\frac{7500}{4.5\times120}\right)^{1.95}-1}+0.1084\right]\times Lever \leqq 0.5$ ∴한시 Lever : 3.78
		순시 Tap	• 전위 리클로저 설치점의 3상 단락전류 × 1.5 / CT비
	대용량 [20MW]	한시 Tap	• 최대부하전류 × 1.5 / CT비 (600/5) → 504 × 1.5 / 120 = 6.3A ∴한시 Tap : 6.3
		한시 Lever	• 변전소 인출점 3상 단락전류에서 0.5초 이하로 동작 $\rightarrow \left[\frac{3.985}{\left(\frac{7500}{6.3\times120}\right)^{1.95}-1}+0.1084\right]\times Lever \leqq 0.5$ ∴한시 Lever : 3.23
		순시 Tap	• 전위 리클로저 설치점의 3상 단락전류 × 1.5 / CT비

| 표 A.2.6 | 배전계통 변전소 OCR 계전기 표준 정정(안)

구분	선로	Ry Type	Tap		한시 Lever	CT비
			한시	순시		
OCR	일반	ESB-VI	4.5	-	3.78	600/5
	대용량	ESB-VI	6.3	-	3.23	600/5

따라서 변전소 계전기의 특성곡선을 일반선로와 대용량선로에 따라 구분하여 린 그래프는 [그림 A.2.6]과 같다. 변전소 인출점에서 발생한 3상 단락전류인 7,500A에서 0.5초로 동작하는 것을 알 수 있다.

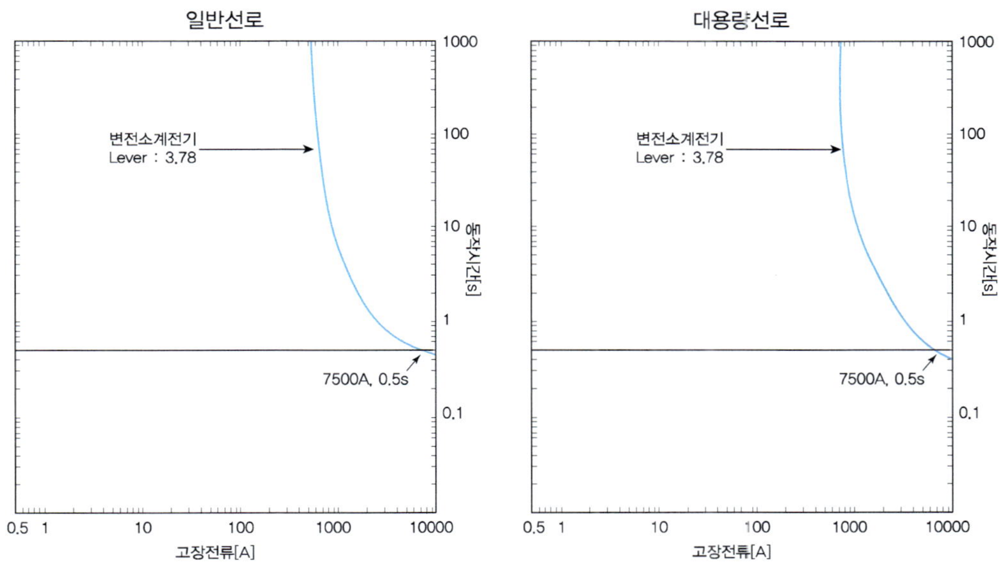

그림 A.2.6 변전소 계전기 (OCR) 표준 정정 그래프

OCGR 또한 OCR과 마찬가지로 변전소 계전기 정정지침에 따라 다음 [표 A.2.7]과 같이 순시 Tap, 한시 Tap, 한시 Lever를 산출할 수 있다. 변전소 계전기의 CT비는 동일하게 600:5로 사용하였으며, 변전소 인출점 1선 지락전류를 변전소 인출점에서 발생할 수 있는 고장전류의 평균치인 6,500A로 선정하였다. 따라서 최종적인 변전소 계전기 OCGR의 정정치는 [표 A.2.8]과 같다.

| 표 A.2.7 | 지락고장 시 변전소 계전기 정정치

구분			정 정 지 침
OCGR	일반 [14MW]	한시 Tap	• 최대부하전류 × 0.3 / CT비 (600/5) • 보호구역 최소 1선 지락전류 / 1.5 이하 → Tap 가능 범위 : 0.88 ~ 2.2 ∴ 한시 Tap : 1
		한시 Lever	• 변전소 인출점 1선 지락전류에서 0.5초 이하로 동작 → $\left[\dfrac{3.985}{\left(\dfrac{6500}{1.0\times120}\right)^{1.95}-1}+0.1084\right]\times Lever \leqq 0.5$ ∴한시 Lever : 4.5
		순시 Tap	• 전위 리클로저 설치점의 1선 지락전류 × 1.4 / CT비
	대용량 [20MW]	한시 Tap	• 최대부하전류 × 0.3 / CT비 (600/5) • 보호구역 최소 1선 지락전류 / 1.5 이하 → Tap 가능 범위 : 1.26 ~ 2.2 ∴ 한시 Tap : 1.4
		한시 Lever	• 변전소 인출점 1선 지락전류에서 0.5초 이하로 동작 → $\left[\dfrac{3.985}{\left(\dfrac{6500}{1.4\times120}\right)^{1.95}-1}+0.1084\right]\times Lever \leqq 0.5$ ∴한시 Lever : 4.4
		순시 Tap	• 전위 리클로저 설치점의 1선지락전류 × 1.4 / CT비

| 표 A.2.8 | 배전계통 변전소 OCGR 계전기 표준 정정(안)

구분	선로	Ry Type	Tap		한시 Lever	CT비
			한시	순시		
OCGR	일반	ESB-VI	1.0	-	4.5	600/5
	대용량	ESB-VI	1.4	-	4.4	600/5

따라서 변전소 계전기의 특성곡선을 일반선로와 대용량선로에 따라 구분하여 그린 그래프는 [그림 A.2.7]과 같다. 변전소 인출점에서 발생한 1선 지락전류인 6,500A에서 0.5초로 동작하는 것을 알 수 있으며, 이를 통하여 보호기기의 정정치 설정을 검증할 수 있다.

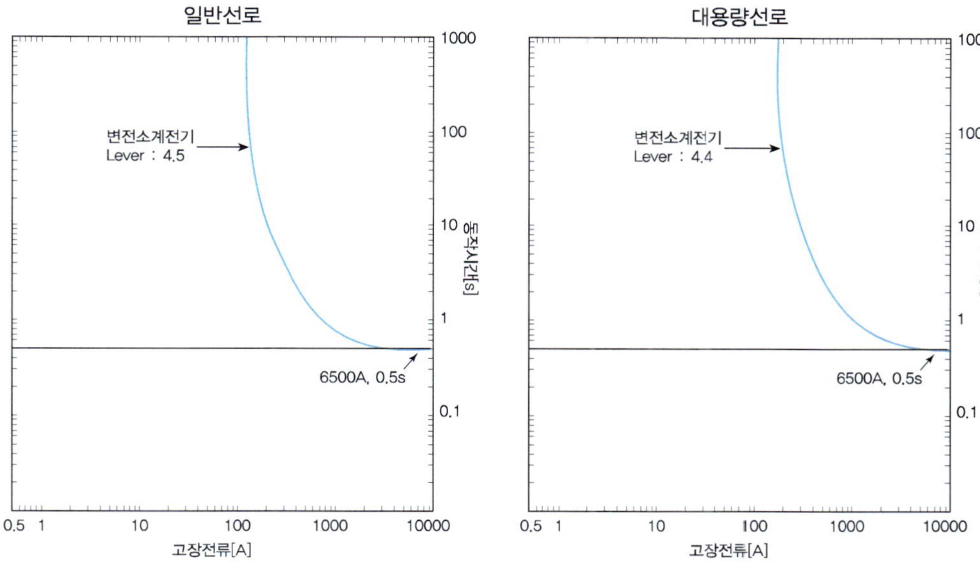

그림 A.2.7 변전소 계전기 (OCGR) 표준 정정 그래프

2 | 배전선로 보호기기간 표준 정정절차

1.1절에서 설명한 보호기기들의 정정지침을 기반으로 배전선로 내 존재하는 보호기기들의 설정치를 표준화하기 위해서는 일반적으로 발생할 수 있는 보호협조 과정을 판단해야하며, 이러한 보호 스킴은 총 4가지로 구분할 수 있다. 가공선로와 지중선로의 경우와 원거리 고객 또는 근거리 고객을 보호하는 총 4가지의 경우가 존재하며 [그림 A.2.8]을 통하여 쉽게 보호 스킴을 확인할 수 있다. 변전소 인출점에 차단기가 설치되며 주 간선에 리클로저, 그리고 고객 계전기를 통한 차단기가 설치된다. 또한 파급정전 방지를 위하여 보호협조가 취약한 고객 책임분계점에는 고장구간 차단기 Epoxy Fault Interrupter(EFI) 또는 다회로차단기 Multi Circuit Breaker Automated(MCA)가 설치될 수 있다. EFI 및 MCA는 리클로저와 고객 계전기의 최소 협조시간차 보다 신속하게 고장을 차단할 수 있어, 고객에 의한 고장을 차단하여 신속하게 파급정전효과를 방지할 수 있다는 장점이 있다. 즉, 책임분계점에 있는 EFI 및 MCA와 고객 CB간 보호협조는 리클로저와 고객 계전기의 기존 협조시간 차보다 더 짧은 리클로저와 EFI 및 MCA의 협조시간 차는 전체 배전

계통의 보호협조를 검토할 때, 도움이 될 수 있다. 하지만 이러한 EFI 및 MCA를 변전소 인출점 근단에서 사용하는 경우 고객 근방에서 고장이 발생할 시, 변전소 계전기의 순시동작으로 인하여 전체 계통에 정전효과를 발생시킬 수 있다는 단점이 존재한다. 따라서 현재 지중선로에서는 MCA와 변전소의 보호협조를 위하여, 변전소 계전기 순시동작을 기존 50 ms에서 80 ms로 증가시켰으며, 가공선로에서는 인출점 근방의 EFI 및 보호기기와 협조하기 위하여 보호기기의 차단동작시간을 1cycle로 감소시키는 개발을 완료하였다. 지중선로에 대한 위와 같은 순시협조는 지중선로 보호협조 절에서 상세하게 기술한다.

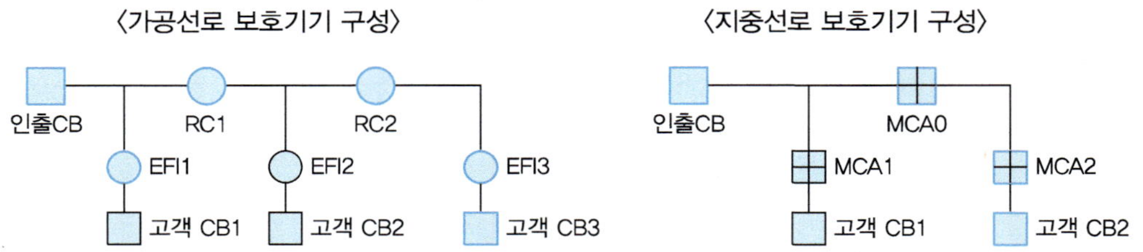

그림 A.2.8 각 선로별 보호기기 구성

상기 설명한 일련의 보호기기 정정치 산출과정은 변전소 특성곡선 식과, IEC 강반한시특성곡선의 식을 통하여, 정정지침을 준수하여 산출된다. 이 과정에서 보호기기 설치점에서의 부하전류와 고장전류 수치가 필요하며 부하전류와 고장전류 수치는 배전계통 마다 각각 다르기 때문에, 보호기기의 최종적인 Lever의 수치는 동일하지 않다. 이러한 문제점은 운전원들이 정정치를 계산하는 과정에서의 계산 실수가 보호협조에 심각한 악영향을 야기할 수 있다는 점을 의미한다. 그렇기 때문에 이러한 문제점을 해결하기 위하여 배전계통이 다르더라도 최소동작전류만 설정하면 표준화된 Lever의 수치를 통하여 간단하고 간략하게 보호협조를 진행하는 과정이 필요하다. 1.2절에서 설명하였듯이, 기존의 국내에서 개발한 N 곡선은 운전원의 편의를 고려하여 Lever의 값을 고정하고 최소동작전류만을 변경해가며 보호협조 정정절차를 진행하기 때문에, 비록 곡선이 4종류밖에 없다는 단점이 존재하지만 그 과정이 직관적이다. 하지만 IEC 강반한시 특성곡선을 사용하는 경우에는 Lever 값이 정해져있지 않아 1.2절과 같이 보호기기 정정지침에 따라 최소동작전류와 Lever 모두를 산출해야 한다는 계산상의 불편함이 존재한다. 그렇기 때문에 본 절에서는 기존의 N 곡선과 동일하게 IEC 강반한시의 Lever 값을 표준화하여 최소동작전류만을 선정하도록 보호기기 정정기준을 변경하고자 한다. 이를 위해서는 Minimum Response Time(MRT)의 개념이 도입되며, MRT란 [그림 A.2.9]와 같이 기본 특성곡선에서 최소 동작시간을 제한함으로써, 특성곡선간의 협조를 용이하도록 사용되는 기법이며 이를 이용한 방법은 다음 절에 설명한다.

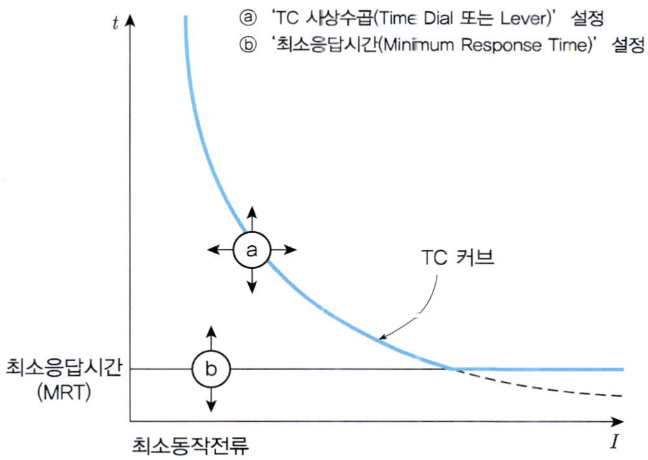

그림 A.2.9 MRT의 기본 개념도

검토기준 세부검토

IEC 강반한시특성곡선을 이용한 표준화 과정은 일반적인 상황에서 최소동작전류만 선택하면 보호협조가 원활히 수행되도록 진행해야 한다. 따라서 보호기기 정정치를 선정하는 과정에서 계측오차를 고려하여 신뢰성을 높여야 한다. 기기간 필요한 동작전류간의 차를 도출해야 하며, 현재 운영되고 있는 리클로저 3대 및 EFI 1대를 고려하였다. 4대 이상의 리클로저의 경우에도 충분히 검토가 가능하나 본 보고서에서는 배전계통 내 일반적으로 3대까지의 리클로저가 설치되었다고 가정하여 진행하였다. 이러한 과정은 운전원이 일반적인 최소동작전류를 산출함에 있어 협조 가능한 Lever를 통하여 각 보호기기 별 보호협조가 원활히 수행되기 위한 과정이다. 현재 국내에서 규정한 각 보호기기 간 최소 협조시간차는 [표 A.3]과 같다. 본 보고서에서는 변전소 및 리클로저 간의 보호협조를 아날로그 계전기에서도 보호협조가 수행이 될 수 있게 10Cycles로 적용하였으며, 이러한 수치는 3Cycles의 최소 보호협조를 수행할 수 있도록 모든 변전소 및 리클로저가 디지털화되는 경우, 이미 10Cycles의 협조시간을 포함하였기 때문에, 수정이 필요하지 않다. 또한 리클로저의 경우 개조 전 리클로저가 아직 존재한다는 가정하에 3.5Cycles의 기준을 적용하였다. 마지막으로 EFI의 차단시간 특성은 리클로저(3.5Cycles)와 동일하다고 가정하였다. 이와 같이 본 보고서에서 제안하고자 하는 보호협조 정정절차를 진행함에 있어, 제안하는 정정치에 대한 신뢰성을 향상시키고자 검토 시에 계측오차를 검토하는 과정이 필요하다. 계측오차는 CT 오차 특성을 고려하여 기준 협조시간 차에 여유분을 두어 계측오차 발생에 대한 대비를 하는 개념이다. 리클로저 한전규격(GS-5925-0139)에 따르면 전류계측 정밀도 시험 시, 정격 전류의 5~120% 범위의 오차는 KS C IEC 60044-1의 1.0등급, 정격전류의 20배수까지는 KS C IEC 60044-1의 5P20등급에 적합해야 한다. 이때, 5P20 등급이란 다음을 의미한다.

a) 정격이내는 ±1% 계측오차 적용
b) 정격의 20배까지는 ±5% 계측오차 적용
c) b항에서 설계마진 ±5%를 추가하여 대전류 영역에서 확실히 안전하게 사용할 수 있도록 ±10% 기준 적용

일반적으로 리클로저 또는 다회로차단기는 변전소 인출점 2 km 이후부터 설치가 되며, 리클로저 설치점에서의 고장전류는 지중선로가 가공선로보다 더 크다. [그림 A.2.10]와 [A.2.11]은 가공선로와 지중선로에 대한 거리에 따른 표준 고장전류 수치이다. 선로의 길이만을 변수로 하였을 때, 고장전류는 길이에 따라 반비례한 크기를 갖으며 국내에서는 동일한 선로구성을 갖고 있기 때문에 이 수치는 실제 상황에서도 크게 변하지 않는다.

그렇기 때문에 지중선로에서의 리클로저 설치점에서의 최대고장전류를 선택해야 지중선로와 가공선로에서 동일한 표준 정정치를 적용하는 경우에 어떠한 가공선로에서 발생한 고장전류에서도 모든 조건을 만족할 수 있다. [그림 A.2.11]을 보면 알 수 있듯이, 지중선로 내, 변전소 인출점 2 km에 설치된 리클로저에서 발생할 수 있는 고장전류는 최대 단락전류(6,500 A), 지락전류(5,800 A)이며, 따라서 모든 선로에 적용할 수 있도록 발생할 수 있는 모든 고장전류에

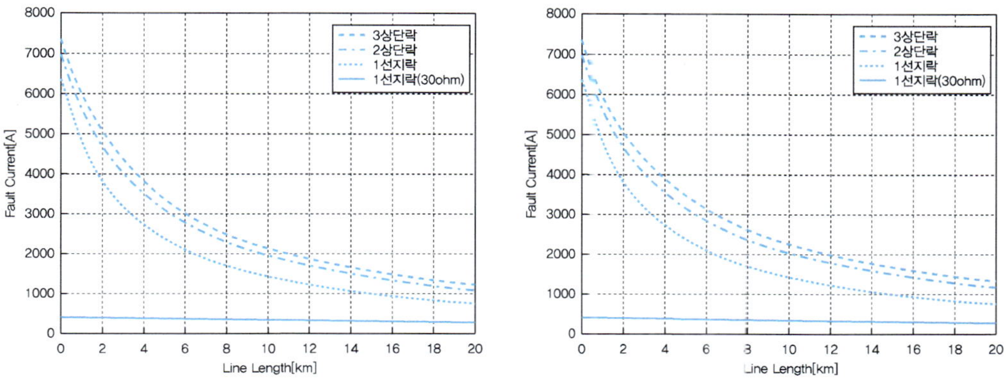

ALOC 160 mm²(일반) ALOC 240 mm²(대용량)

그림 A.2.10 거리에 따른 가공선로 내 고장전류의 크기

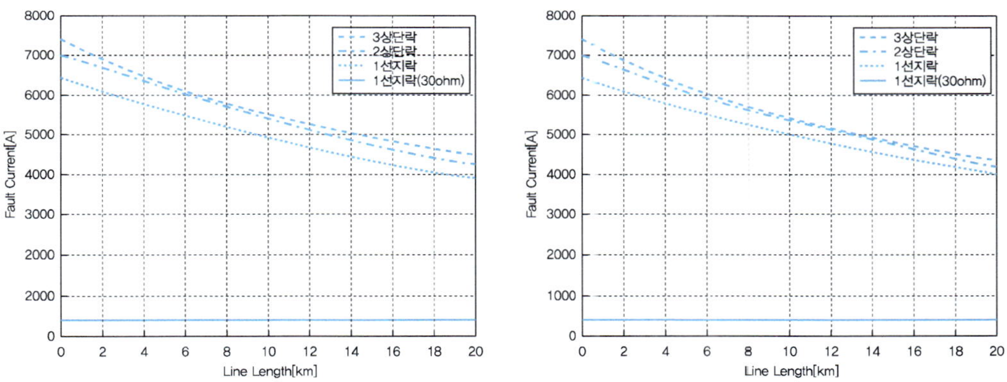

ALOC 160 mm²(일반) ALOC 240 mm²(대용량)

그림 A.2.11 거리에 따른 지중선로 내 고장전류의 크기

대하여 특성곡선을 협조해야 하는 필요성이 존재한다.

배전선로에서 발생할 수 있는 고장전류의 범위를 산출하였기 때문에 기기 간 최소동작전류 차를 설정해야 한다. 하지만 적절한 최소동작전류 차는 별도의 규정이 존재하지 않으며 보호기기별 정정기준에 따라 최소동작전류를 선정해야 한다. 하지만 계측오차와 관련하여 기기 간 최소동작전류가 크게 차이가 나지 않는다면, 최소협조시간이 유지된다하더라도 오부동작하는 경우가 발생할 수 있다. 따라서 본 보고서에서는 기기 간 최소동작전류의 차를 20% 이내로 설정하였다.

또한 배전계통에 리클로저를 3대, EFI를 1대까지 협조 검토하기 위하여 고려한 Lever 값에 대한 검토기준으로, 현재 새로 개발된 방향성 리클로저 같은 경우에는 최소 0.05의 Lever 값을 선정할 수 있으나, 배전계통에 일반적으로 설치된 일반 자동화용 리클로저 기준으로 리클로저의 Lever의 선택가능범위는 0.10~2.00(0.01Step)으로 선정하였다. 또한 최근 개발된 EFI는 최소 0.05까지의 Lever를 선택할 수 있으며, 가장 말단에 설치되기 때문에 0.05의 Lever 값을 선정하였다. 고객은 한전설정에 따라 협조를 수행해야 되기 때문에, 검토 대상에서 배제하였으며 이는 즉, EFI와 고객의 동시동작을 의미한다.

마지막으로, 대전류 영역의 협조를 검토하기 위하여 MRT를 사용하였으며 각 보호기기 간 MRT의 협조차는 60 ms로 일괄 적용하였다. 따라서 변전소에서부터 가장 가까운 거리에 존재하는 리클로저1(R/C1)부터 말단에 존재하는 리클로저3(R/C3)까지의 각 MRT는 다음 [표 A.2.9]와 같다.

표 A.2.9 리클로저 별 Fast, Delay 특성곡선의 MRT

	Fast	Delay
R/C1	240ms	260ms
R/C2	180ms	200ms
R/C3	120ms	140ms

따라서 최종적인 검토기준은 다음과 같다. 이러한 검토기준은 운전원들이 선택하는 임의의 최소동작전류에 대하여 다양한 최악의 조건에서 모두 보호협조가 원활히 수행될 수 있도록 고려한 수치가 된다.

1) 협조차 기준

- 변전소 계전기 및 R/C1 간 협조차 : 10Cycles(0.167s)
- R/C 간 협조차 : 3.5Cycles(58 ms) - R/C 및 EFI 간 협조차 : 3.5Cycles(58 ms)

2) 계측오차 기준

- CT 규격 5P20 및 설계마진을 적용하여 정격에서 ±1%, 20배까지 ±10% 적용
- 협조검토영역에서 상은 6,500A, 지락은 5,800A까지의 특성곡선 협조검토

3) 기기간 동작전류차 기준

- 20% 이내에서 검토

4) 변전소 계전기 기준

- 한전 배전계통 운영 특성을 고려한 IEC 커브 기반 변전소 CB Ry 표준 정정 및 운영기술 참고
- 상 : Lever(3.78), 동작전류(384A, 540A), 지락 : Lever(4.5), 동작전류(84A, 120A)

5) R/C 3대 및 EFI 협조 기준

- Lever : 0.1~2.0 내에서 검토, EFI의 경우 0.05로 선정
- 특성곡선 별, MRT 차등 적용

IEC 강반한시 특성곡선 정정(안)

[표 A.2.10]은 상기 설명한 검토조건을 통하여 정정된 각 보호기기별 IEC 강반한시의 Lever와 MRT 수치이다. 본 보고서에서 제시한 특성곡선을 사용하기 위해서는 검토조건을 준수해야하며, 상기 사용조건을 벗어난 경우, 반드시 협조차를 확인하여 재정정해야 한다.

표 A.2.10 IEC 강반한시 특성곡선 정정(안)

보호기기	Fast(TD, MRT)	Delay(TD, MRT)
R/C1	0.21 (0.24s)	0.23 (0.26s)
R/C2	0.16 (0.18s)	0.18 (0.20s)
R/C3	0.10 (0.12s)	0.12 (0.14s)
EFI	0.05	

[표 A.2.11]은 리클로저 사용 수량에 따른 적용을 보여주며, 각 보호기기간의 협조시간 차에 대한 여유를 증가시키기 위하여 고려된다.

[표 A.2.11] 리클로저 사용 수량에 따른 특성곡선 적용 방안

사용수량	적용 리클로저	Fast(TD, MRT)	Delay(TD, MRT)
1대	R/C3	0.10 (0.12s)	0.12 (0.14s)
2대	R/C1	0.21 (0.24s)	0.23 (0.26s)
	R/C3	0.10 (0.12s)	0.12 (0.14s)
3대	[표 1.2.12] 참고		

[표 A.2.12] 및 [표 A.2.13]은 [표 A.2.11]을 이용하여 일반선로와 대용량선로에서 변전소 계전기, 리클로저 3대, EFI의 정정치를 보여주는 예시이다. 리클로저 및 EFI의 동작전류는 운전자가 부하전류를 토대로 수정할 수 있으며 본 예시에서는 각 보호협조 차가 적절히 수행되고 있음을 알 수 있다.

[표 A.2.12] 단락고장 시, 보호기기의 정정치

	구분	CB	R1	R2	R3	EFI
일반선로	동작전류	384	345	276	220	184
	FAST	3.78	0.21(0.24s)	0.16(0.18s)	0.10(0.12s)	0.05
	DELAY		0.23(0.26s)	0.18(0.20s)	0.12(0.14s)	
	협조차(F)			60ms	60ms	59ms
	협조차(D)		179ms	60ms	60ms	
대용량선로	동작전류	540	486	388	310	260
	FAST	3.78	0.21(0.24s)	0.16(0.18s)	0.10(0.12s)	0.05
	DELAY		0.23(0.26s)	0.18(0.20s)	0.12(0.14s)	
	협조차(F)			60ms	60ms	58ms
	협조차(D)		177ms	60ms	60ms	

▌표 A.2.13▐ 지락고장 시, 보호기기의 정정치

	구분	CB	R1	R2	R3	EFI
일반선로	동작전류	84	75	60	48	40
	FAST	4.00	0.21(0.24s)	0.16(0.18s)	0.10(0.12s)	0.05
	DELAY		0.23(0.26s)	0.18(0.20s)	0.12(0.14s)	
	협조차(F)			60ms	60ms	66ms
	협조차(D)		176ms	60ms	60ms	
대용량선로	동작전류	120	108	86	68	57
	FAST	4.00	0.21(0.24s)	0.16(0.18s)	0.10(0.12s)	0.05
	DELAY		0.23(0.26s)	0.18(0.20s)	0.12(0.14s)	
	협조차(F)			60ms	60ms	59ms
	협조차(D)		178ms	60ms	60ms	

[표 A.2.12]의 일반선로의 경우 특성곡선을 [그림 A.2.12]와 같이 표시하면 각각의 10% 오차범위 내에서 적절한 보호협조 차를 포함한 특성곡선을 산출할 수 있다. KVI는 변전소 특성곡선을 의미하며 E1, E2, E3는 각각 R3, R2, R1의 fast 곡선, E4, E5, E6은 delay 곡선을 의미한다.

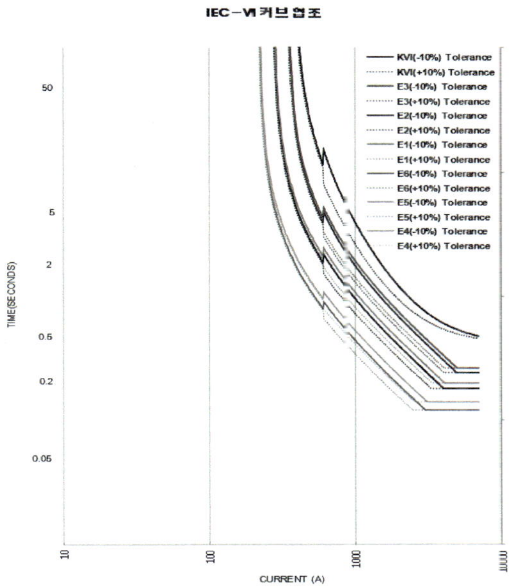

그림 A.2.12 일반선로에서의 특성곡선

이러한 표준화된 설정치를 설정하기 위하여 최근 개발된 방향성계전기, 다회로 차단기 및 자동형 EFI는 주장치 원격 설정을 통하여 특성곡선과 Lever 값을 전부 설정할 수 있다. 하지만 기존 배전선로에 존재하는 대다수의 자동화용 리클로저는 Lever 설정이 불가능하며, 수동형 EFI는 원격 설정을 지원하지 않는다. 따라서 본 보고서에서 제안하는 IEC 강반한시 특성곡선과 Lever를 설정하기 위해서는 대다수의 보호기기들은 현장에서 정정해야하며, 그에 따라 본 절에서는 현장 정정방법에 대하여 서술하며 원격 설정의 경우 또한 서술한다. 현장 설정의 경우, LCD 메뉴에서 해당하는 메뉴를 선택한 후 정정치를 변경한다. 각각의 해당하는 방법은 [표 A.2.14] 및 [표 A.2.15]와 같다.

| 표 A.2.14 | 보호기기 현장 설정 절차

	IEC-VI 특성곡선 설정	Lever 설정
자동화용 리클로저	메뉴 : TCC Type → 16[VI]	메뉴 : Multiplier
방향성 리클로저	메뉴 : TC Curve → IEC-VI	메뉴 : Multi
다회로차단기	메뉴 : Curve → IEC-VI	메뉴 : Time Dial
수동형 EFI	메뉴 : Curve → IEC-VI	메뉴 : Time Dial
자동형 EFI	메뉴 : Curve → IEC-VI	메뉴 : Time Dial

| 표 A.2.15 | 보호기기 원격 설정 절차

	IEC-VI 특성곡선 설정	Lever 설정
자동화용 리클로저	DNP 인덱스 TC 커브 AO 포인트 : 16 단락순시(2), 단락지연(3) 지락순시(4), 지락지연(5)	원격설정 불가
방향성 리클로저	DNP 인덱스 TC 커브 AO 포인트 : 16 단락순시(15), 단락지연(19) 지락순시(23), 지락지연(27)	DNP 인덱스 TC 커브 시상수곱 AO 포인트 값 설정 단락순시(16), 단락지연(20) 지락순시(24), 지락지연(28)
다회로 차단기	DNP 인덱스 TC 커브 AO 포인트 : 16 단락순시(14), 단락지연(19) 지락순시(39), 지락지연(44)	DNP 인덱스 TC 커브 시상수곱 AO 포인트 값 설정 단락순시(15), 단락지연(20) 지락순시(40), 지락지연(45)
수동형 EFI	원격 설정 불가	
자동형 EFI	DNP 인덱스 TC 커브 AO 포인트 : 16 단락(10), 지락(15)	DNP 인덱스 TC 커브 시상수곱 AO 포인트 값 설정 단락(11), 지락(16)

3 결론

본 절에서는 변전소 계전기 및 배전선로 내 보호기기 설정치를 표준화하기 위한 과정을 진행하였다. 변전소 계전기는 향후 미래의 배전자동화를 고려하였을 때, 비상시 운전용량을 기준으로 표준화가 가능하며, 리클로저 및 EFI는 다양한 오차들을 고려하여 Lever를 고정한 후, 최소동작전류를 선택함으로써 표준화가 가능하다. 최종 정정치는 [표 A.2.12], [A.2.13]과 같다. 이렇게 정정된 설정치를 이용하면 국내 변전소에서는 일반적으로 사용이 가능하다고 판단되며 선로 운전용량 또는 모선등가 임피던스가 현저히 차이나는 시골 같은 경우에는 변전소 정정지침을 통하여 변경해야 한다.

제3절

OFFDAS 및 IEC 곡선을 이용한 배전계통 보호협조 정정 절차

OFFDAS 프로그램은 보호협조, 고장처리 등을 계산하는 오프라인용 배전기술계산 프로그램이다. 사용자에게 친숙한 유저인터페이스를 제공하며 보호기기들간의 협조시간 등 실제 사용되고 있는 계전기 및 리클로저의 특성곡선을 제공함으로써 쉽게 보호협조를 진행할 수 있다. 한전에서는 현재 OFFDAS 프로그램을 통하여 보호협조를 진행하고 있으며 본 절에서는 1.1절에서 산출한 현재 배전계통 정정절차를 따른 실제 국내배전계통([그림 A.1.1])에 대한 보호협조 정정치를 OFFDAS에 입력하는 절차를 소개하고자 한다.

1 | OFFDAS 및 특성곡선 설정방법

OFFDAS 프로그램을 실행하면 다음 [그림 A.3.1]과 같다. 실행 후 메뉴에 [읽기]를 클릭하고 원하는 계통의 파일을 선택하면 선택한 사업소에 대한 배전선로가 왼쪽 메뉴창에 보이게 된다. 그리고 원하는 사업소를 클릭 후, 원하는 배전선로를 클릭하면 [그림 A.3.2]와 같이 선택된 단선도가 OFFDAS 프로그램 내에서 활성화가 된다.

이후, 우선적으로 수행되어야 하는 일은 변전소의 모선 등가임피던스를 입력하는 일이다. 보호협조는 배전계통에서 고장이 발생하는 경우 수행되기 때문에 각 구간에서의 고장전류 크기를 정확하게 계산해야 한다. 따라서 변전소 모선 등가임피던스를 정확히 입력해야 하며, OFFDAS 프로그램의 맨 위에 존재하는 메뉴의 [홈] → [변전소 모선 등가임피던스 관리]를 선택하면 입력을 할 수 있는 창이 [그림 A.3.3]과 같이 나타난다. 각각의 수치를 입력 후, [확인]을 누르면 변전소 모선 등가임피던스가 등록된다.

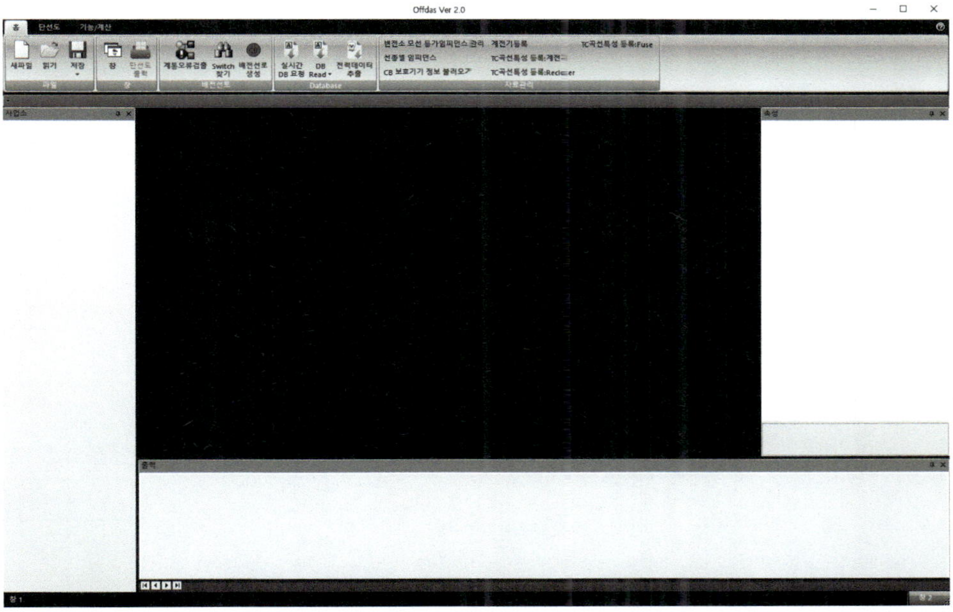

그림 A.3.1 OFFDAS 실행화면

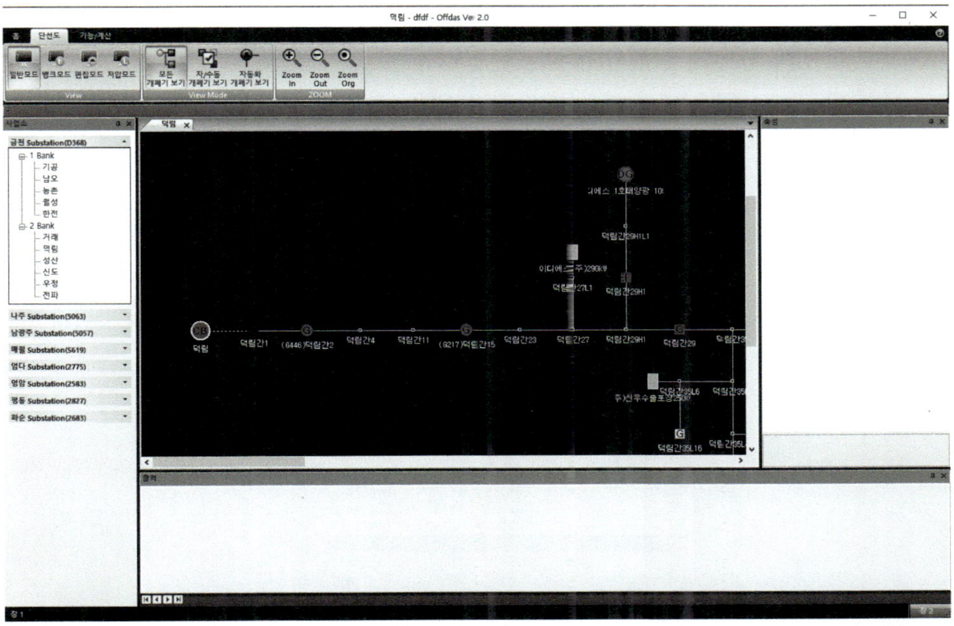

그림 A.3.2 OFFDAS 내 실행된 국내 배전계통의 단선도

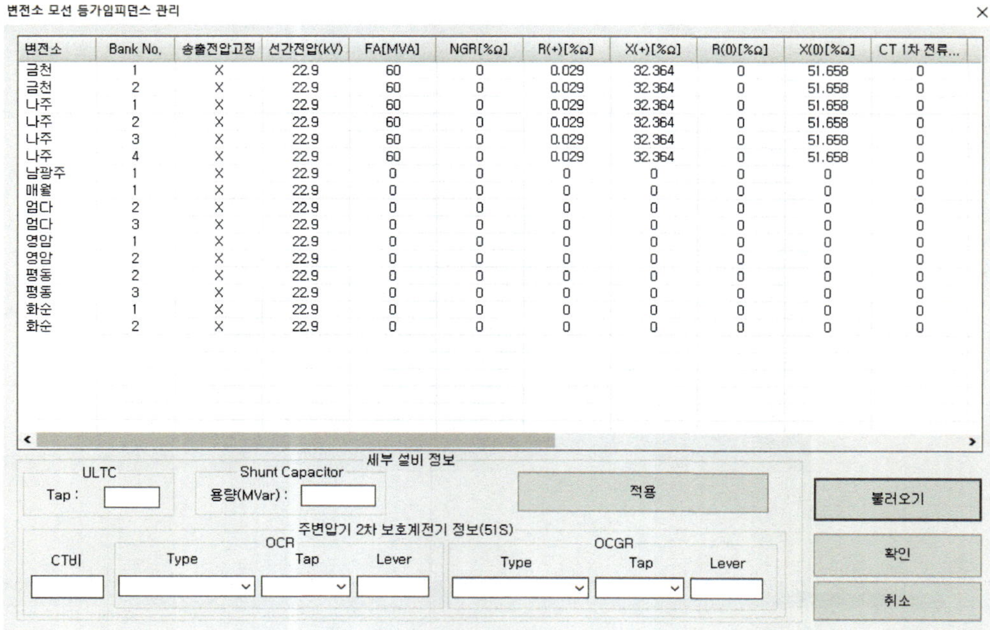

그림 A.3.3 변전소 모선 등가임피던스 관리창

변전소 모선 등가임피던스의 입력을 완료하였으면 그 후, 사용하고자 하는 계전기의 등록이 필요하다. OFFDAS 프로그램은 기존의 사용되고 있는 다양한 계전기들을 제공하고 있으나 원하는 계전기가 없는 경우에는 다음과 같이 계전기를 등록할

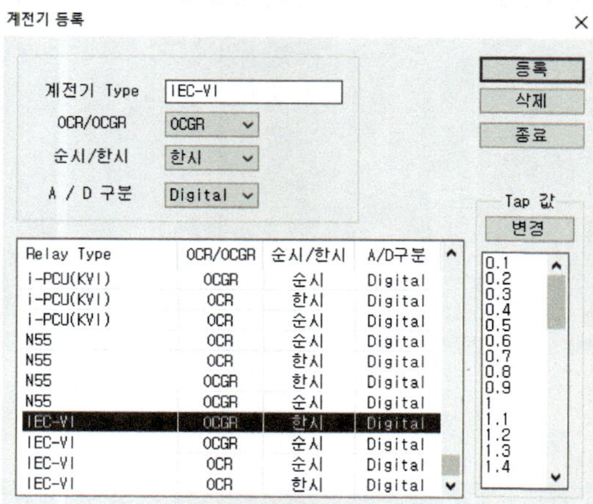

그림 A.3.4 계전기 등록창

수 있다. [홈] → [계전기등록]을 클릭하게 되면 [그림 A.3.4]와 같은 등록창이 나오고 OCR/OCGR 및 순시, 한시 등을 선택할 수 있다. 그리고 원하는 한시 및 순시 Tap의 값들을 우측에 입력을 하고 [등록]을 선택하면 계전기가 등록된다. [그림 A.3.5]에서는 IEC의 강반한시 곡선만을 사용하기 위한 계전기를 등록한 모습이다.

계전기의 등록 이후 계전기의 특성곡선을 설정해야하며 또는 사용하고 있는 계전기의 특성곡선을 변경하기 위해서 계전기의 특성곡선을 입력 및 수정해야 한다. [홈] → [TC 곡선특성 등록 : 계전기]를 클릭하면 [그림 A.3.5]와 같은 계전기 곡선 등록창이 나오게 되며 원하는 특성곡선을 입력하면 된다. [그림 A.3.5]에서는 IEC의 강반한시 곡선의 수식을 입력하였다. 또한 본 계전기 특성곡선 등록창에서의 Lever 값은 올바른 곡선의 입력이 되어있는지 Curve 보기를 할 수 있는 용도이므로 추후, [편집모드]에서 계전기를 클릭 후 입력을 다시 해야 한다.

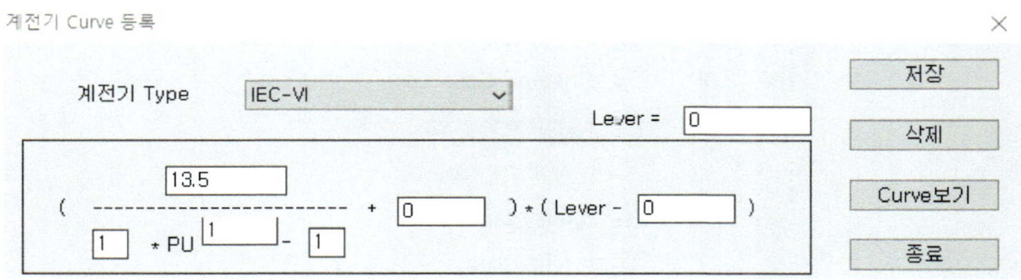

그림 A.3.5 계전기 특성곡선 등록창

OFFDAS 프로그램은 상기 내용과 같이 계전기의 등록과 특성곡선을 수정할 수 있는 기능을 제공한다. 하지만 리클로저의 등록은 지원하지 않으므로 기존의 갖고 있는 커브를 IEC 강반한시로 변환하여 사용해야 한다. 또한 계전기와 다르게 [편집모드]에서 Lever의 값을 쉽게 바꿀 수 없기 때문에 배전계통 전체에 대한 보호협조를 면밀히 검토 후, 리클로저 특성곡선의 Lever 값을 선정해야 한다. [그림 A.3.6]과 같이 기존에 존재하는 리클로저와 특성곡선을 선택하여 원하는 특성곡선 값을 입력해야 한다. 그리고 [수정] → [저장]순으로 클릭을 하여 특성곡선을 저장하게 된다. [그림 A.3.6]을 보면 알 수 있듯이, 계전기와는 다르게 Lever 값을 미리 입력해야 한다.

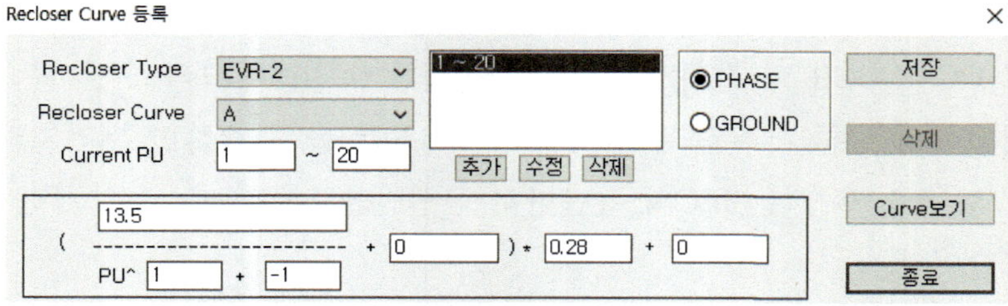

그림 A.3.6 리클로저 특성곡선 입력창

기존의 리클로저 수식을 변경하는 방법 외에 리클로저의 타입을 새로 등록하기 위해서는 데이터베이스를 수정해야 한다. off-DAS가 설치되어 있는 폴더 내 [DB] 폴더의 [OffDAS.mdb] 파일을 확인하면 다음 [그림 A.3.7]과 같은 다양한 테이블을 확인할 수 있다.

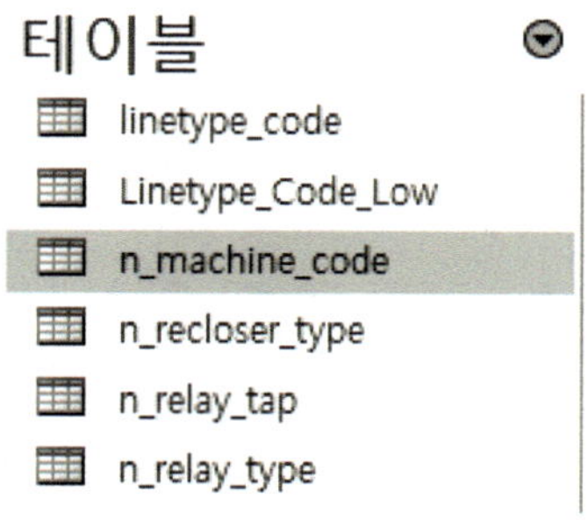

그림 A.3.7 OffDAS.mdb 파일 내 테이블

리클로저 타입을 등록하기 위하여 첫 번째로 수정해야 될 테이블은 n_machine_code 테이블로 다음 [그림 A.3.8]과 같다.

n_machine_code

machine_id	machine_type	machine_name	machine_descr
1204	3	15K	
1205	3	20K	
1206	3	25K	
1207	3	30K	
1008	1	IEC	

그림 A.3.8 n_machine_code 테이블

machine_id는 고유 식별번호를 입력하고 또한 machine_type또한 리클로저에 해당하는 '1'로 입력하면 된다. 그리고 machine_name에는 리클로저 타입에 대한 명칭을 입력하면 된다. [그림 A.3.9]은 n_recloser_type에 해당하는 테이블로 리클로저의 커브 타입을 관리하는 테이블이다. machine_id에는 n_machine_code 테이블에서 생성했었던 고유 식별번호에 해당하는 숫자(1008)를 입력하면 되며 상과 지락을 의미하는 P와 G를 각각 생성하면 된다. 마지막으로 type에는 특성곡선의 명칭을 입력하면 된다.

n_recloser_type

machine_id	pg	type
1007	P	W
1007	P	Y
1007	P	Z
1008	P	IEC(VI)
1008	G	IEC(VI)
*		

그림 A.3.9 n_recloser_type 테이블

마지막으로 [그림 A.3.10]에 해당하는 n_TCcurve_RC에는 생성했던 고유식별번호에 해당하는 특성곡선 값을 설정하면 된다. 각각에 해당하는 수식의 값은 아래 식(A.3.1)과 매칭하여 설정하면 된다.

$$\left(\frac{a}{pu^b + c} + d\right) \times e + n \tag{A.3.1}$$

n_TCcurve_RC

machine_id	pg	curve	s_cur	e_cur	a	b	c	d	e	n
1007	1	Z	3	4.99	12	2.5	-0.25	0.37	1	0
1007	1	Z	5	9.19	10	2.5	-0.25	0.41	1	0
1007	1	Z	9.2	20	0	0	0	0.45	1	0
1008	1	IEC(VI)	1	20	13.5	1	-1	0	1	0
1008	2	IEC(VI)	1	20	13.5	1	-1	0	1	0
*										

그림 A.3.10 n_TCcurve_RC 테이블

2 | 부하전류 및 고장전류 계산

보호협조를 진행할 시, 부하전류와 고장전류 계산은 선행되어야 한다. 최대 부하전류보다 동작전류가 커야 하며 고장전류보다는 작아야하기 때문이다. OFFDAS 프로그램은 이러한 부하전류와 고장전류 계산을 제공한다. 먼저 부하전류는 [단선도] → [일반모드]를 선택 후, [기능/계산]메뉴에서 [조류계산]을 클릭하면 [그림 A.3.11]과 같은 설정창이 보이게 된다. 그리고 구간부하를 선택 후, 조류계산을 클릭하면 각각의 보호기기에서 흐르는 부하전류들이 OFFDAS 프로그램 내에서 결정된다. 계산이 완료되면 단선도에 존재하는 보호기기들에 마우스를 두면 부하전류가 보이게 된다. 또한 고객들에게 흐르는 조류를 계산하기 위해서 각각의 계약전력을 취득해야 한다. 일반적으로 OFFDAS 프로그램 단선도 내에 고객의 계약전력이 표시되어 있다. 이를 이용하여 22.9 kV 배전계통 내에 고객에게 흐르는 최대부하전류를 계산할 수 있다. 이는 OFFDAS 프로그램 내에 조류계산 시, 고객에 대한 부하량을 제공하지 않기 때문에 발생하는 계산과정이다. 따라서 식 (A.3.2)를 사용하면 고객에 흐르는 최대부하전류를 산출할 수 있다.

$$I_L = \frac{P}{22900 \times \sqrt{3}} \tag{A.3.2}$$

I_L : 부하전류

P : 고객 계약전력

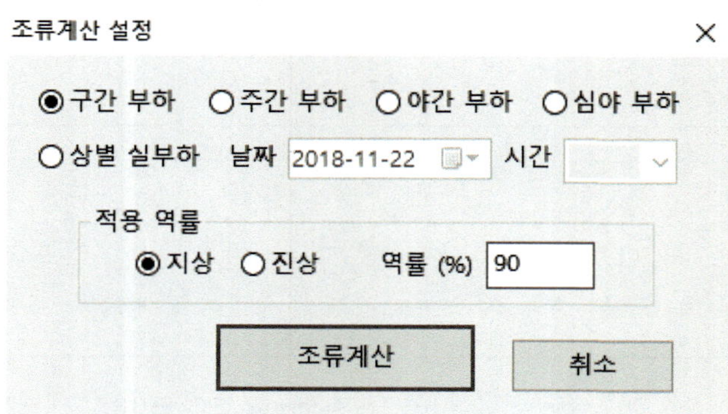

그림 A.3.11 조류계산 설정창

따라서 OFFDAS 프로그램 및 수식을 이용하여 계산된 최대부하전류의 크기는 다음 [표 A.3.1]과 같다.

[표 A.3.1] 보호기기 및 고객에 흐르는 최대부하전류

	CB	Load1	Load2	Load3	Load4	Load5	Load6	R1	R2	R3	Load7
부하전류 [A]	237	7.3	6.3	22.7	37.8	5	7.56	126.6	28.2	27.9	22.7

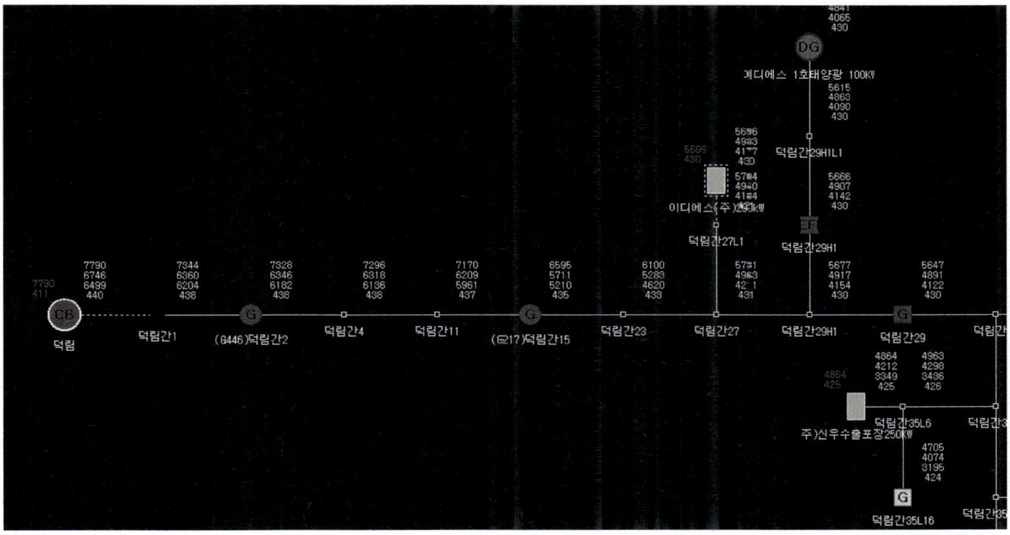

그림 A.3.12 고장전류의 크기

고장전류는 부하전류와 유사하게 [기능/계산]에서 [고장전류계산]을 클릭하면 된다. [고장전류계산]을 클릭하면 [그림 A.3.12]와 같이 각 위치에서 고장전류의 크기가 3상단락전류, 2상단락전류, 1선지락전류(0Ω), 1선지락전류(30Ω)가 표시된다.

[표 A.3.2]은 각 보호기기의 위치에서 발생하는 고장전류의 크기를 정리한 표이다.

| 표 A.3.2 | 보호기기 및 고객에 흐르는 고장전류

	CB	Load1	Load2	Load3	Load4	Load5	Load6	R1	R2	R3	Load7
3상 단락전류	7,790	5,704	4,963	4,927	4,648	4,641	4,506	3,542	1,835	1,661	1,521
2상 단락전류	6,746	4,940	4,298	4,266	4,025	4,019	3,902	3,067	1,589	1,438	1,317
1선 지락 전류(0Ω)	6,499	4,184	3,436	3,405	3,149	3,138	3,016	2,219	1,079	967	884
1선 지락 전류(30Ω)	440	431	426	425	422	422	422	411	363	354	345

3 | 변전소 계전기 설정

수식으로 계산된 변전소 계전기의 Tap과 Lever의 수치는 OFFDAS 프로그램 [단선도] → [편집모드]를 선택함으로 수정할 수 있다. [편집모드]를 선택 후, CB를 선택하면 우측에 [그림 A.3.13]와 같은 창이 나타난다. False로 설정되어 있는 [보호기기 설정]을 True로 변경하고 식 (A.3.1)과 같은 OCGR Type을 선택한다. 그 후, 한시 Tap과 Lever인 OCGR Tap과 Lever를 각각 선정하고, 순시 Tap인 STap을 입력하면 변전소 계전기의 설정이 완료된다.

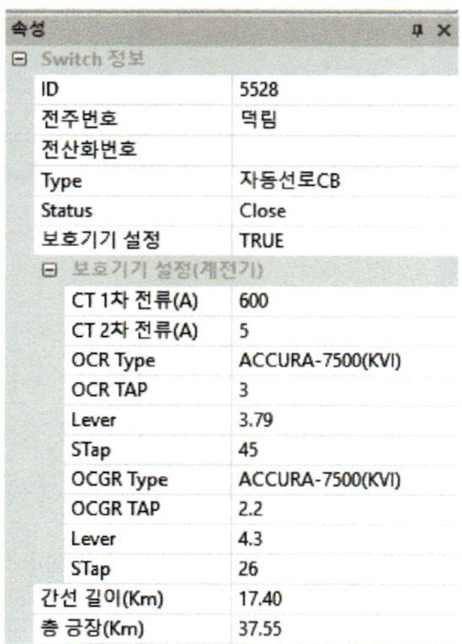

그림 A.3.13 변전소 계전기 설정창

4 | 고객 계전기 설정

고객 계전기는 변전소 계전기와는 다르게 [편집모드]에서 Tap과 Lever를 정정하는 기능을 OFFDAS 프로그램이 제공하지 않는다. 고객 계전기는 [일반모드]를 클릭한 후, [기능/계산] → [보호협조]를 클릭한 후, 해당되는 고객 계전기를 더블클릭하면 [그림 A.3.14]와 같은 고객 계전기 설정창이 보인다. 여기서 한시 Tap, Lever 및 순시 Tap을 설정할 수 있다. 설정창의 정정치를 입력하고 [저장]을 클릭하고 OCGR의 커브를 클릭하면 [그림 A.3.15]와 같이 변전소 계전기와 고객 계전기의 특성곡선을 볼 수 있다.

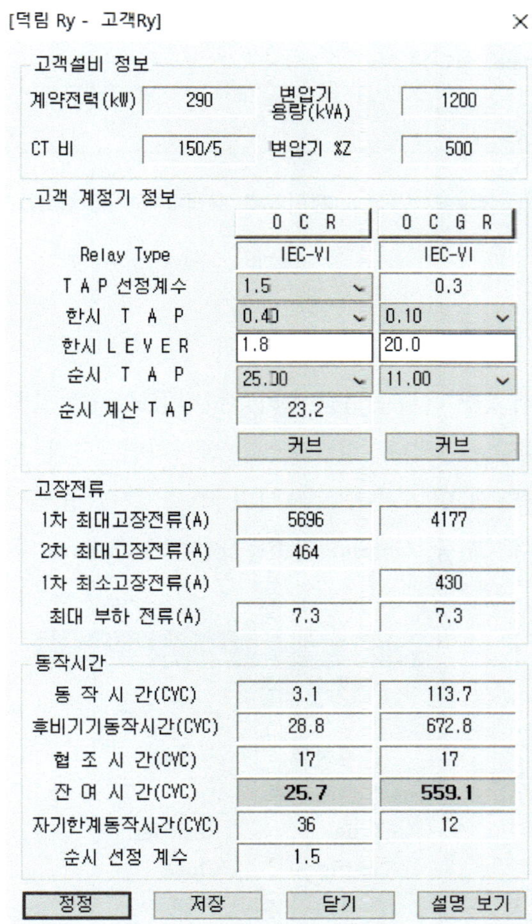

그림 A.3.14 고객 계전기 설정창

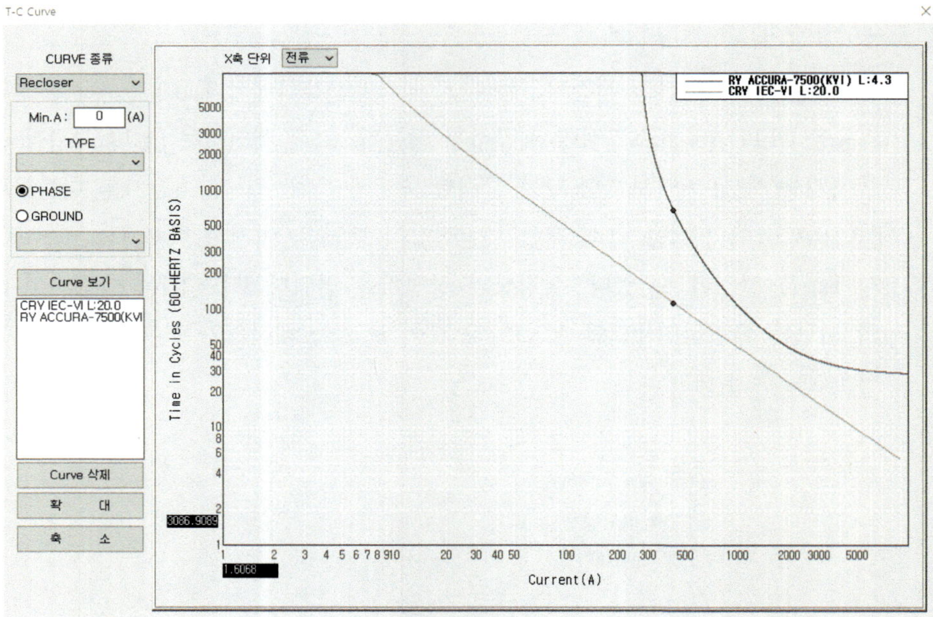

그림 A.3.15 변전소 계전기와 고객 계전기(Load1)의 특성곡선

5 | 리클로저 설정

계산된 지락 최소동작전류는 [단선도] → [편집모드]를 클릭 후, 정정할 리클로저를 클릭하여 수정할 수 있다. 리클로저를 클릭하면 [그림 A.3.16]과 같은 설정창이 OFFDAS 프로그램 내 오른쪽에 보이며 [보호기기설정]을 True로 변경하면 항목을 입력할 수 있다. 그 중, Ground 최소동작전류와 Ground 지연곡선을 바꾸어 설정할

속성	
⊟ Switch 정보	
ID	5
전주번호	천곡42
전산화번호	
Type	Recloser
Status	Close
보호기기 설...	TRUE

그림 A.3.16 리클로저 속성창

수 있다. 상기 설명하였듯이, OFFDAS 프로그램내에서는 리클로저의 Lever를 변경하기 위해서는 3.1절을 참고하면 된다.

이와 같은 방법으로 리클로저를 OFFDAS 프로그램 내에서 수정을 하면 리클로저(R1)와 리클로저(R2) 간 지락 Delay 곡선은 [그림 A.3.17]과 같다.

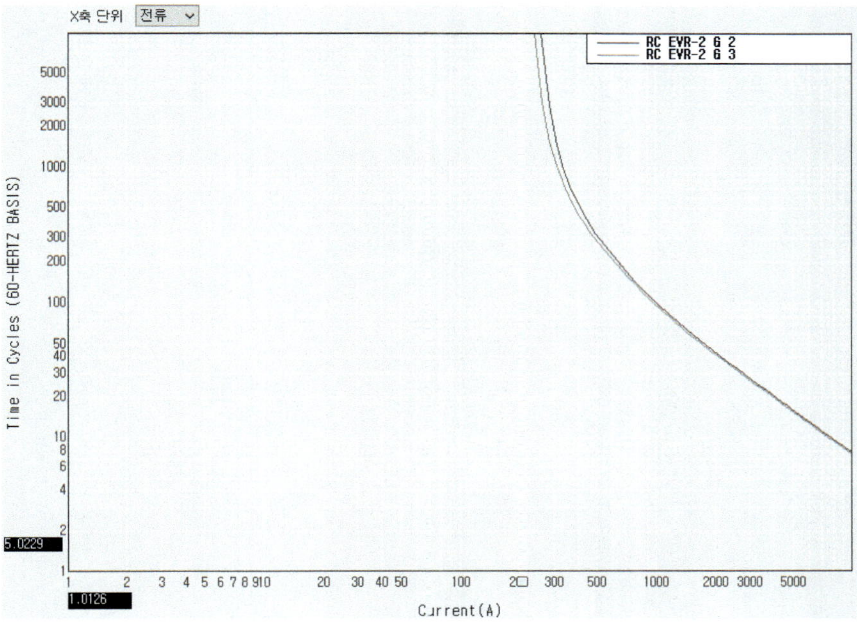

그림 A.3.17 리클로저(R1)와 리클로저(R2)의 지락 Delay 특성곡선

부록 B

고장해석(이해)

1. 배전계통의 특성
2. 고장전류의 종류
3. 전력계통의 고장 계산
4. 배전선로의 고장 계산
5. 분산형 전원 연계 Radial 및 Loop 배전계통 조류 해석의 이해

제1절

배전계통의 특성

배전계통은 구조물의 외부노출, 선로부하의 다양성, 계통 구성의 신축성 및 계통의 방대함과 복잡성 등 여러 가지 특성을 가지고 있다. 이러한 특성 때문에 배전선로는 각종 고장에 쉽게 노출될 수 있다. 고장 인자를 살펴보면, 수목접촉, 까지 등 조류에 의한 접촉, 차량충돌 등과 같은 일반인의 과실에 의한 고장, 시공불량 및 제작불량 등과 같은 관리 부족, 자연열화, 비, 바람, 낙뢰, 태풍 등에 의한 자연현상, 고객설비에 의한 타사고 파급 등 매우 다양함을 알 수 있다.

이런 다양한 원인에 의해 발생하는 고장에 대해 대처하기 위해서는 고장현상을 분석하는 능력이 필요하다. 본 장에서는 고장전류의 종류와 원인, 고장전류, 고장전류의 계산, PU법, 대칭좌표법 그리고 고장유형별 고장계산, 분산형 전원 연계에 따른 고장해석에 대하여 다루고자 한다.

제 2 절

고장전류의 종류

배전선로에서 발생한 고장은 고장지속 시간에 따라 순간고장과 일시고장으로 분류하고, 고장형태에 따라 지락고장과 단락고장으로 분류할 수 있다. 순간고장은 고장지속시간 5[분] 미만의 고장을 말하며, 배전선로 고장의 98[%]를 점유하는 순간고장은 고장 지속시간이 5[분] 미만인 고장, 일시 고장은 5[분] 이상 지속되는 고장을 의미한다. 또한, 배전선로 고장의 대부분은 지락고장이나, 이외 2상 및 3상 단락과 같은 단락고장도 발생할 수 있다.

최근, 1[Φ] 지락 고장이 발생하였을 때 아스팔트, 콘크리트 등과 같은 고장저항(접촉저항)이 높은 HIF(High Impedance Fault)가 문제가 되고 있다.

고장발생 원인으로는 [표 B.2.1]과 같이 크게 4가지로 분류하고 있다.

표 B.2.1 고장발생원인별 분류

구분	원인
절연불량	설계결함, 제작불량, 시공불량, 자연열화 등
전기적 요인	뇌 : 직격뢰, 유도뢰 개폐서지 : 단락, 여자 및 충전전류 차단, 재폐로 지속 과전압 : 1선 지락이 발생한 때 전위 상승, 철공진 등
외적 요인	풍우, 설빙, 오손(분진, 염분) 등
열적 요인	과전류, 과전압 등

제 3 절

전력계통의 고장 계산

선로고장의 유형은 고장해석의 관점에 따라 [그림 B.3.1]과 같이 분류할 수 있다. 즉, 고장형태가 부하(임피던스)가 동일한 값을 갖는 3상 단락과 같은 부하평형 고장과 고장형태가 불평형으로 형성되는 1선 지락고장이 있다. 평형고장은 옴의 법칙으로 쉽게 해를 구할 수 있지만, 불평형 고장은 옴법으로는 해를 구하기가 어렵다. 일반적으로 불평형 고장을 해석하기 위해서 대칭좌표법을 사용한다.

고장 해석

고장 유형	고장 예	고장 해법
평형 고장	3상단락 고장	옴법
불평형 고장	1선지락 고장	대칭좌표법

그림 B.3.1 고장유형과 해석법

1 | 고장 계산의 기초

교류회로에서의 벡터 표현

교류회로에서 위상은 매우 다양하게 표현된다. 두 개의 동일한 주파수의 정현파를 서로 다른 위상으로 표현하는 수식은 식 (B.3.1) 및 (B.3.2)와 같다.

$$a_1 = A_1 \sin(wt + \theta_1) \tag{B.3.1}$$

$$a_2 = A_2 \sin(wt + \theta_2) \tag{B.3.2}$$

여기서, θ_1, θ_2는 기준교류량에 대한 위상각 차라 하면 a_1과 a_2는 [그림 B.3.2]와 같이 표현할 수 있다.

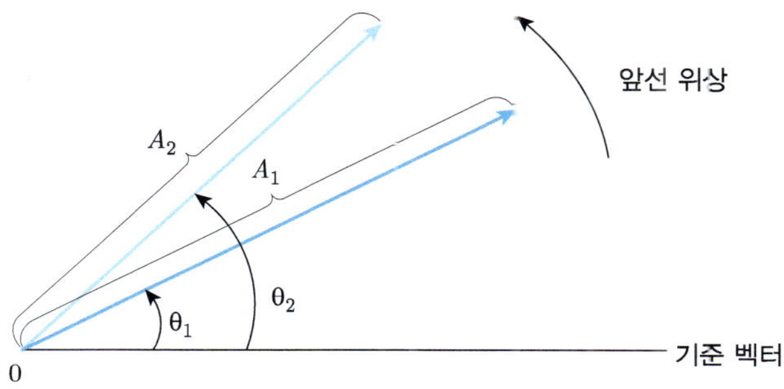

그림 B.3.2 a_1, a_2의 벡터 표시

a_1과 a_2는 절대값 A_1과 A_2의 값을 가지고 회전하는 벡터이다. A_1의 벡터를 복소수 평면에 직각좌표 형식으로 표현하면 [그림 B.3.3]과 같다.

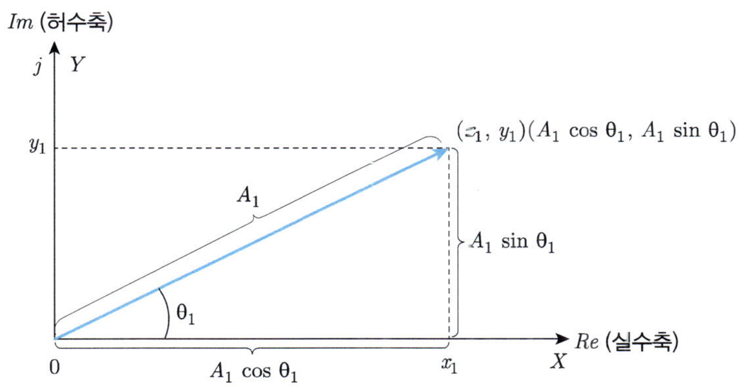

그림 B.3.3 복소수 평면상의 벡터표시

[그림 B.3.3]을 식 (B.3.3)과 같이 여러 형태로 표현할 수 있다.

$$
\begin{aligned}
A &= x + jy \\
&= A(\cos\theta + j\sin\theta) \\
&= A\,\epsilon^{j\theta} = A\angle\theta
\end{aligned}
\tag{B.3.3}
$$

벡터 연산자

대칭좌표법을 사용하기 위해 3상 전력계통에서는 정상분, 역상분, 영상분의 상 회전 방향을 각각 시계방향, 반 시계방향, 무방향으로 정의한 후, 벡터 연산을 수행한다.

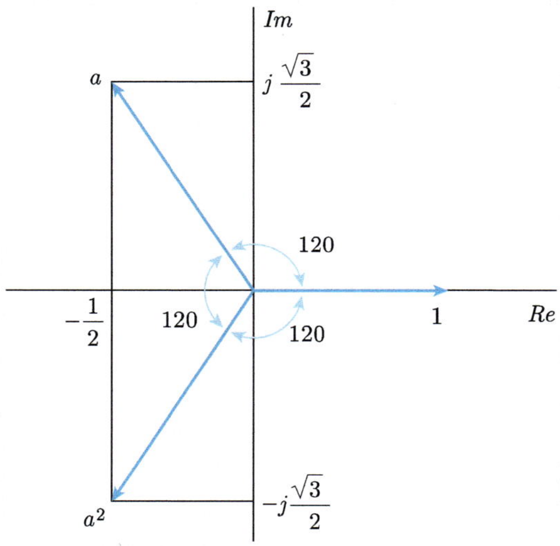

그림 B.3.4 벡터 연산자

[그림 B.3.4]에 표현된 벡터 연산자는 다음 식 (B.3.4)와 같은 관계를 갖는다.

$$
\begin{aligned}
1 &= 1\angle 0 = 1 + j\,0 \\
a &= 1\angle 120 = -\frac{1}{2} + j\frac{\sqrt{3}}{2} = e^{j\frac{2}{3}\pi} \\
a^2 &= 1\angle 240 = -\frac{1}{2} - j\frac{\sqrt{3}}{2} = e^{j\frac{4}{3}\pi}
\end{aligned}
\tag{B.3.4}
$$

$$1+a+a^2=0$$

$$a+a^2=-1$$

$$a^3=1$$

$$a^4=a$$

$$a^2-a=\sqrt{3}$$

테브난의 정리(Thevenin's Theorem)

고장 발생 전 계통에는 계통조류가 흘러, 계통 각 지점의 전압이 다르게 되기 때문에 고장 발생 후 계통 각 지점의 전압, 전류를 구하는 방법으로 테브난의 정리를 적용하고 있다. 테브난의 정리는 회로망 중 임의의 2점간에 임피던스 $\dot{Z}$를 접속할 때 임피던스 $\dot{Z}$에 흐르는 전류 $\dot{I}$는 임피던스를 접속하기 전 2점간에 나타나는 전압 $\dot{V}$를 접속점에서 회로망을 본 임피던스 $\dot{Z}'$와 $\dot{Z}$의 합으로 나눈 것으로 표현된다. 이를 수식으로 표현하면 식 (B.3.5)와 같다.

$$\dot{I}=\frac{\dot{V}}{\dot{Z}'+\dot{Z}} \tag{B.3.5}$$

따라서 임피던스를 접속하기 전의 전류(계통전류)를 $\dot{I}_{PL}$, 임피던스를 접속할 때 흐르는 전류(고장전류)를 $\dot{I}_{PF}$이라 하고, 중첩의 원리를 적용하면 계통 각 지점의 고장이 발생하였을 때 전류 $\dot{I}_P$는 식 (B.3.6)과 같다.

$$\dot{I}_P=\dot{I}_{PL}+\dot{I}_{PF} \tag{B.3.6}$$

[그림 B.3.5]의 (a)의 계통에서 고장이 발생하여 흐르는 전류 $\dot{I}_{PF}$ 및 $\dot{V}_{PF}$를 구하는 방법은 (b)에서 $\dot{Z}'$를 고장점에서 본 계통측 임피던스라 하고 $\dot{V}$를 고장점의 고장 전 전압이라 하면 (c)와 같이 계통임피던스 $\dot{Z}'$와 $\dot{V}$를 직렬로 표현할 수 있어 기전력이 전압 $\dot{V}$인 무부하 발전기의 경우와 같이 고장 계산을 할 수 있다.

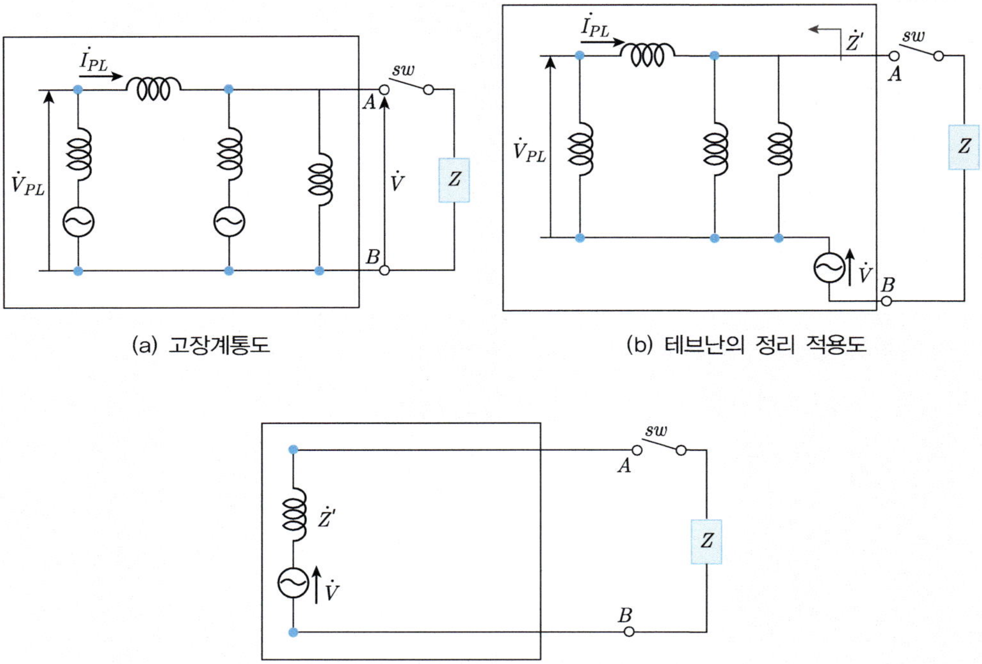

(a) 고장계통도

(b) 테브난의 정리 적용도

(c) 무부하 발전기 등가

그림 B.3.5 고장 계통도의 동기화 및 테브난의 정리

❹ 3권선 변압기의 $(\Delta \rightarrow Y)$변환

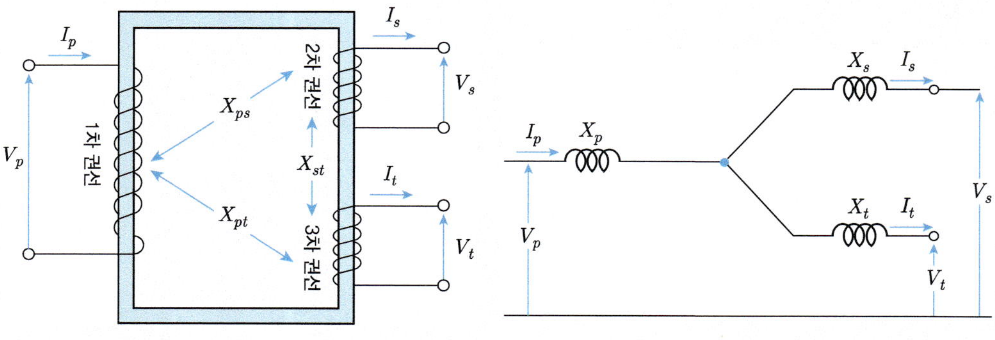

(a) 변압기 결선도

(b) 등가회로도

그림 B.3.6 3권선 변압기

[그림 B.3.6]의 (a)와 같이 결선된 3상 변압기를 (b)와 같이 변환하는 수식은 식 (B.3.7)과 같다.

$$X_p = \frac{X_{ps} + X_{pt} - X_{st}}{2} \tag{B.3.7}$$

$$X_s = \frac{X_{ps} + X_{st} - X_{pt}}{2}$$

$$X_t = \frac{X_{pt} + X_{st} - X_{ps}}{2}$$

$\Delta \leftrightarrow Y$ 변환

[그림 B.3.7]과 같이 $\Delta \leftrightarrow Y$ 변환을 변환하는 공식은 식 (B.3.8), (B.3.9)와 같다.

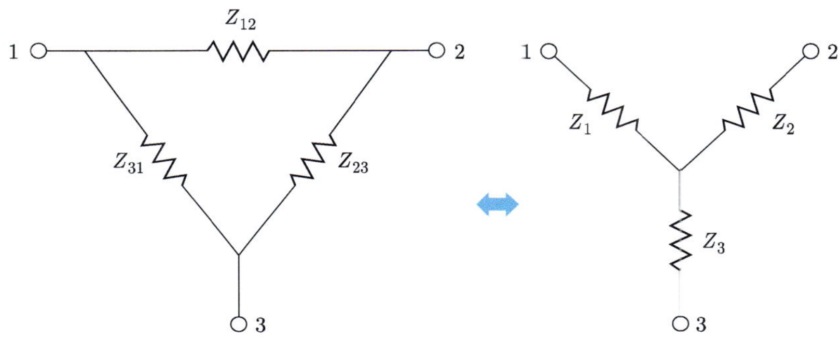

그림 B.3.7 Δ – Y 변환

$Y \rightarrow \Delta$ 회로로 변환하는 공식은 식 (B.3.8)과 같다.

$$Z_{12} = \frac{Z_1 Z_2 + Z_2 Z_3 + Z_3 Z_1}{Z_3} \tag{B.3.8}$$

$$Z_{23} = \frac{Z_1 Z_2 + Z_2 Z_3 + Z_3 Z_1}{Z_1}$$

$$Z_{31} = \frac{Z_1 Z_2 + Z_2 Z_3 + Z_3 Z_1}{Z_2}$$

또한, $\Delta \rightarrow Y$ 회로로 변환하는 공식은 식 (B.3.9)와 같다.

$$Z_1 = \frac{Z_{12} \times Z_{31}}{Z_{12} + Z_{23} + Z_{31}} \tag{B.3.9}$$

$$Z_2 = \frac{Z_{23} \times Z_{12}}{Z_{12} + Z_{23} + Z_{31}}$$

$$Z_3 = \frac{Z_{31} \times Z_{12}}{Z_{12} + Z_{23} + Z_{31}}$$

보충설명

$\Delta - Y$ 적용 예

아래 그림과 같이 변전소(S/S)와 분산형 전원(DG)이 연결되어 2회선으로 구성된 선로에서 고장이 발생하여 임피던스 Z를 계산한 예를 들면 다음과 같다.

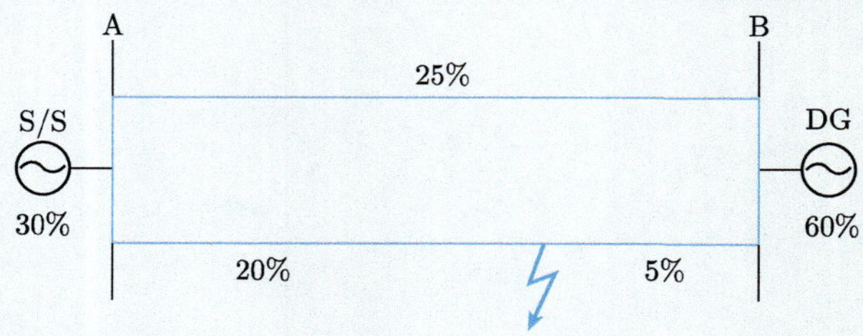

(a) 고장 모의 계통

상기 계통의 임피던스를 계산하기 위해 Δ–Y 변환을 하면 다음과 같다.

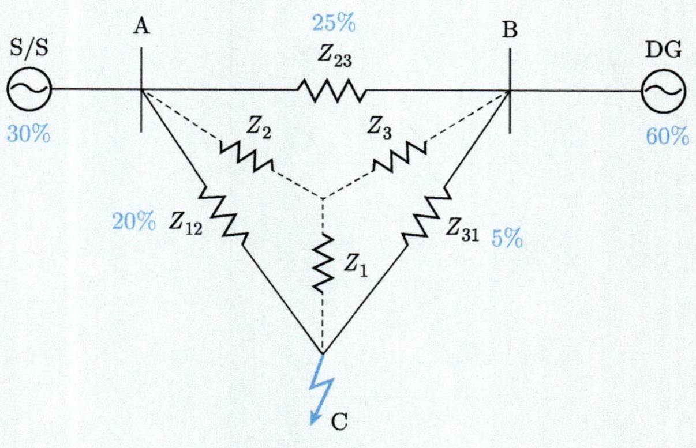

(b) $\Delta - Y$ 변환

Z_1, Z_2, Z_3를 구하면 다음과 같다.

$$Z_1 = \frac{Z_{12} \times Z_{31}}{Z_{12} + Z_{23} + Z_{31}} = \frac{20\% \times 5\%}{25\% + 20\% + 5\%} = 2.0\%$$

$$Z_2 = \frac{Z_{23} \times Z_{12}}{Z_{12} + Z_{23} + Z_{31}} = \frac{25\% \times 20\%}{25\% + 20\% + 5\%} = 10.0\%$$

$$Z_3 = \frac{Z_{31} \times Z_{12}}{Z_{12} + Z_{23} + Z_{31}} = \frac{25\% \times 5\%}{25\% + 20\% + 5\%} = 2.5\%$$

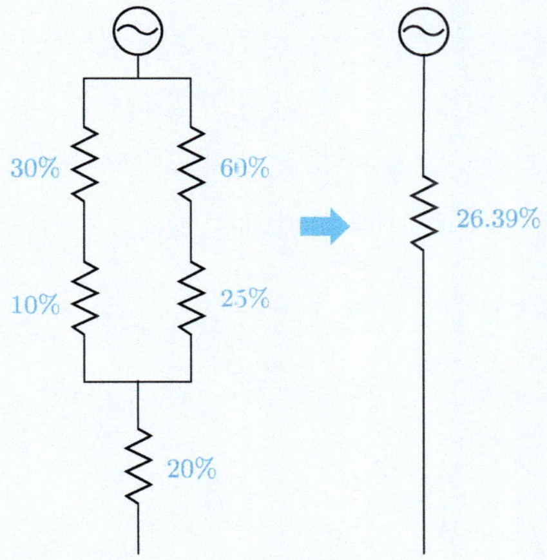

(c) 등가 % Z map

따라서 고장점에서 바라 본 합성임피던스 $\%Z$는 그림 (c)와 같다. 계산하면

$$\%Z = \frac{(30\% + 10\%) \times (60\% + 2.5\%)}{(30\% + 10\%) + (60\% + 2.5\%)} + 2\% = 26.39\%$$

2 | 평형고장

저항법(Ohm 법)

전압[V], 전류[I], 저항[Ω]에 대해 옴의 법칙으로 계산하는 것이다. 이 계산법은 보통 단일 전압의 회로에 사용한다. 이때 계산된 경과는 실제 값으로 산출된다.

평형고장인 단락고장의 경우 고장점의 대지전압 E[V]를 고장점에서 본 전계통의 임피던스 $Z[\Omega]$로 나누어서 3상 단락전류 I_s[A]를 구하는 방법이다. 수식으로 표현하면 식 (B.3.10)과 같다.

$$I_s = \frac{E}{Z} = \frac{E}{\sqrt{R^2 + X^2}} \tag{B.3.10}$$

④ %임피던스법(%Z)

1) %임피던스와 Base kVA

보통 전기적 계산에는 Ohm법을 이용하여 전압을 V, 전류를 A, 전력을 kVA 그리고 임피던스를 Ω의 단위로 표시하여 본래의 양 대로 계산하였다. 그러나 전력계통의 고장전류 계산에는 일반적으로 %임피던스법이 사용된다.

% 임피던스란 어떤 임피던스 $Z[\Omega]$가 있을 때 선간전압을 V[kV], 3상용량을 P[kV]이고 전류 $I\left(=\dfrac{P}{\sqrt{3}\,V}\right)$가 Z에 흐를 때 전압강하 $Z \circ I$[V]를 상전압의 백분율로 표시하면 식 (B.3.11)과 같다.

$$\% Z = \frac{Z \circ I}{\dfrac{V}{\sqrt{3}} \times 10^3} \times 100 \tag{B.3.11}$$

또, 전압과 전류에 어떤 기준량을 취하면 전력과 임피던스의 기준량은 자동적으로 정해진다. 따라서 기준전압 kV, 기준전류 A를 어떤 값으로 정하면 기준전력과 기준임피던스는 식 (B.3.12) 및 (B.3.13)과 같이 표현할 수 있다.

$$\text{기준전력} = \text{기준전압} \times \text{기준전류} \tag{B.3.12}$$

$$\text{기준임피던스} \frac{\text{기준전압 [kV]} \times 10^3}{\text{기준전류 [A]}} \tag{B.3.13}$$

여기서 $Z\,[\Omega]$를 기준임피던스에 대한 %로 표시하면 식 (B.3.14)와 같다.

$$\% Z = \frac{Z\,[\Omega]}{\text{기준 임피던스}} \times 100 \tag{B.3.14}$$

3상 기준전력을 kVA로, 기준선간전압을 kV로 표시한 후, 이를 기반으로 기준전력, 기준임피던스를 %Z로 표현하면 다음과 같다.

$$기준전류\ A = \frac{기준\ [kVA]}{\sqrt{3}\ 기준\ [kV]} \tag{B.3.15}$$

$$기준임피던스\ \Omega = \frac{기준\ [kV]^2 \times 10^3}{기준\ [kVA]} \tag{B.3.16}$$

$$\therefore \%Z = \frac{Z[\Omega]}{기준임피던스[\Omega]} \times 100$$

$$= \frac{Z[\Omega] \times [기준\ kVA]}{[기준\ kV]^2 \times 10} \tag{B.3.17}$$

일반적으로 송배전계통의 고장계산에서는 기준전력을 100[MVA]로 하고 있다. %Z계산을 위해 22.9[kV]-y 계통을 100[MVA] 기준으로 환산한다.

보충설명

% 임피던스(= %Z)

1) % 임피던스의 개념

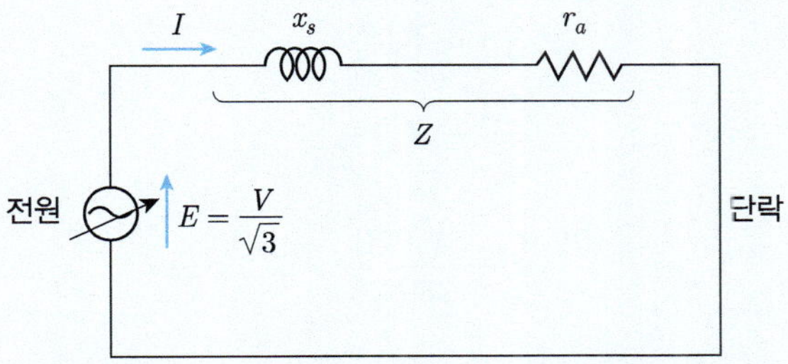

E : 상전압[V], V : 선간전압[V], I : 정격전류[A], Z : 임피던스[Ω]

% 임피던스 개념도

상기 그림과 같은 회로에서 부하 측을 단락시키고 전원 전압을 0[V]로부터 서서히 높여 임피던스 $Z[\Omega]$에 정격전류 I_n[A]가 흐르도록 조정한다.(만일, 부하측이 단락된 상태에서 전원전압을 정격전압으로 인가하면 상기 회로는 단락전류에 의해 소손될 것이다.) 그리고 임피던스 $Z[\Omega]$에 나타난 전압강하 $Z \circ I_n$[V]를 측정한다. 측정된 전압강하 $Z \circ I_n$[V]를 회로의 정격전압 E[V]로 나누고 100를 곱하여 [%]로 나타낸 것을 % 임피던스라 한다. 이를 수식으로 표현하면 다음과 같다.

$$\% Z = \frac{Z[\Omega] I_n [\mathrm{A}]}{E[\mathrm{V}]} \times 100 = \frac{Z[\Omega] I_n [\mathrm{A}]}{\frac{V[\mathrm{V}]}{\sqrt{3}}} \times 100$$

2) % 임피던스를 사용하는 이유

단일 전압회로에서는 저항법으로 전압, 전류 및 임피던스를 계산할 수 있으나, 전력계통과 같이 전압 체계(765–345–154–22.9[kV])가 다양한 경우에는 저항법으로 계산하는 것은 매우 번거롭다. 이러한 번거로움을 없애기 위해 % 임피던스법을 사용한다.

2) 22.9 kV-y의 기준전류

$$\text{기준 } I = \frac{P}{\sqrt{3}\,V} = \frac{100,000}{\sqrt{3} \times 22.9} = 2,521.1 \qquad \text{(B.3.18)}$$

3) 22.9 kV-y의 기준임피던스

$$\text{기준 } Z = \frac{[\text{기준 kV}] \times 10^3}{[\text{기준전류 A}]} \qquad \text{(B.3.19)}$$

$$= \frac{\frac{V \times 10^3}{\sqrt{3}}}{} \times \frac{1}{2521.1}$$

$$= \frac{22.9}{\sqrt{3}} \times \frac{1,000}{2521.1} = 5.25[\Omega]$$

따라서,

$$\text{기준 \% 임피던스} = \frac{1}{[\text{기준임피던스}]} \times 100 \qquad \text{(B.3.20)}$$

$$= \frac{1}{5.25} \times 100 = 19.1[\%]$$

즉, 22.9[kV]-y에서 1[Ω]은 100MVA 기준으로 환산하면 19.1[%]이다.

상기 내용을 환산하여 종합하면 [표 B.3.1]과 같다.

표 B.3.1 전압별 100MVA 기준 변환 계수 표

기준전압[kV]	기준전류[A]	기준임피던스 1[Ω] 당 [%]
3.3	17,496	918.3
6.6	8,748	229.6
11.4	5,064	76.94
22	2,624	20.7
22.9	2,521	19.1

3 | 불평형 고장

정상 운전할 때 3상 교류시스템은 평형상태로, 중성점을 귀로로 하는 단상회로처럼 해석할 수 있다. 3상 단락고장처럼 각 상이 평형인 고장은 고장점을 중심으로 임피던스를 구해서 쉽게 해석할 수 있다. 그러나 불평형 고장에서는 각 상에 걸리는 전압을 따로 구해야 하는데, 이 과정이 복잡하기 때문에 대칭좌표법을 이용하여 3상 회로의 불평형 문제를 해석하고 있다.

대칭좌표법

전력계통은 평상시 3상 대칭회로로 취급하지만, 3상 단락고장을 제외한 모든 고장은 비대칭(불평형)고장이기 때문에 각상에 나타나는 전압 및 전류는 비대칭이 된다.

대칭좌표법이란 불평형인 전류나 전압을 그대로 취급하지 않고, 그것을 대칭적인 3개의 성분으로 나누어서 각각의 성분이 단독으로 존재하는 경우의 계산을 3번 실시한 다음, 각 성분의 계산 결과를 중첩시켜서 실제의 불평형 값을 구하는 방법을 말한다. [그림 B.3.8]은 1918년 C.L. Fortescue가 개발한 대칭좌표법에 의한 불평형 문제 해석과정의 개념을 보인 것이다.

전력계통에 고장이 발생하면 각 상의 고장전류 I_a, I_b, I_c 각각에 대하여 대칭성분인 I_0, I_1, I_2로 분해하여 계산하고 계산된 결과를 다시 중첩하여 실제의 전류값인 I_a, I_b, I_c를 구하는 방식이다.

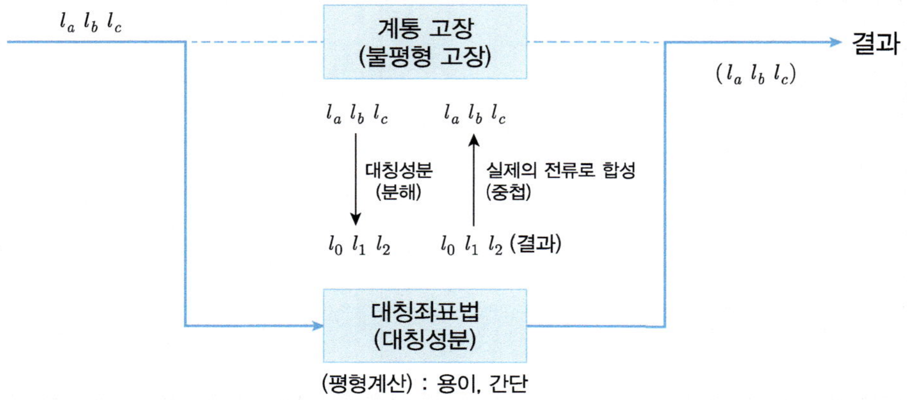

그림 B.3.8 대칭좌표법에 의한 불평형 해석의 개념도

1) 3상 시스템의 대칭성분

평형 3상 시스템에서 각 상전압은 [그림 B.3.9]와 같이 그 크기는 같고 위상이 120° 차이가 난다.

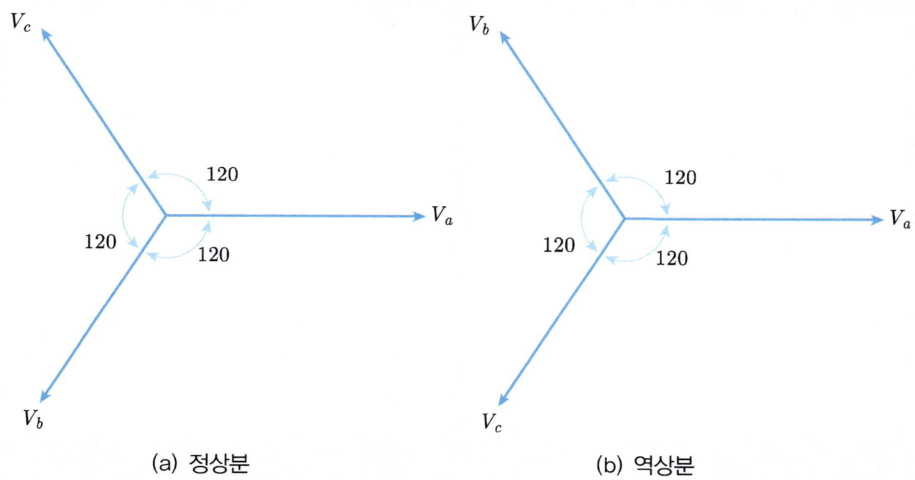

그림 B.3.9 평형 3상 시스템의 전압벡터

[그림 B.3.9]와 같이 표현된 평형 3상 시스템의 각 상의 정상분 전압과 역상분 전압 사이에는 식 (B.3.21), (B.3.22)와 같은 관계가 성립된다.

$$V_{b1} = a^2 V_{a1} = a^2 V_1 \qquad \text{(B.3.21)}$$
$$V_{c1} = a V_{a1} = a V_1$$

$$V_{b2} = a V_{a2} = a V_2 \qquad \text{(B.3.22)}$$
$$V_{c2} = a^2 V_{a2} = a^2 V_2$$

상기 식에서 첨자 1, 2는 정상분과 역상분을 나타낸다. 영상분은 0으로 표기한다. 또한, 전압 V 앞에 붙어 있는 연산자 a는 이미 앞에서 언급하였기 때문에 앞에 내용을 참고하기 바란다.

[그림 B.3.10]과 같이 3상 배전선로에서 불평형 고장이 발생하면 [그림 B.3.11]의 (a)와 같은 불평형 전압이 형성된다.

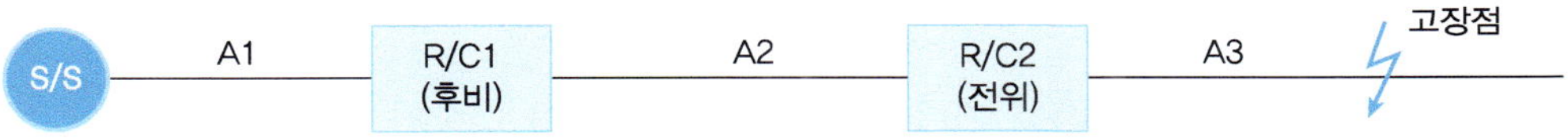

그림 B.3.10 고장 계통도

[그림 B.3.11]의 (a)는 영상분 정상분 및 역상분이 합성된 벡터도이고 (b), (c) 및 (d)는 각각의 성분을 분해한 벡터도이다. 즉, 각 성분의 크기는 같고, 영상분은 0°, 역상분 및 정상분은 각각 120°를 유지하고 있다. 따라서 각각의 성분은 서로 대칭을 이루고 있다. 그러나 이들의 합성분인 V_a, V_b 및 V_c는 크기뿐만 아니라 위상 역시 비대칭임을 알 수 있다.

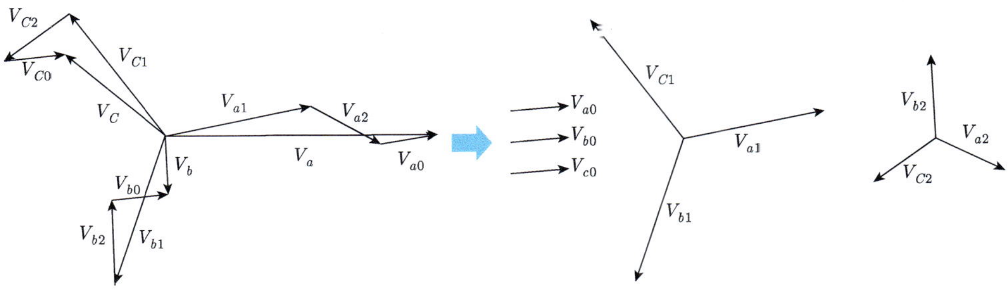

(a) 합성분 (b) 영상분 (c) 정상분 (d) 역상분

그림 B.3.11 불평형 3상 전압벡터 및 블평형 3상 전압의 대칭분

2) 불평형 3상의 대칭성분

가) 대칭성분 전압

[그림 B.3.11]의 (a)를 (b), (c), (d)의 3개 성분으로 나누면 식 (B.3.23)과 같다.

$$V_a = V_0 + V_1 + V_2 \tag{B.3.23}$$

$$V_b = V_{b0} + V_{b1} + V_{b2} = V_0 + a^2 V_1 + a V_2$$

$$V_c = V_{c0} + V_{c1} + V_{c2} = V_0 + a V_1 + a^2 V_2$$

식 (B.3.23)을 행렬로 표현하면 식 (B.3.24)와 같다.

$$\begin{bmatrix} V_a \\ V_b \\ V_c \end{bmatrix} = \begin{bmatrix} 1 & 1 & 1 \\ 1 & a^2 & a \\ 1 & a & a^2 \end{bmatrix} \begin{bmatrix} V_0 \\ V_1 \\ V_2 \end{bmatrix} \tag{B.3.24}$$

식 (B.3.24)를 간략하게 표현하면 식 (B.3.25)와 같다.

$$V_p = MV \tag{B.3.25}$$

여기서, V_p는 상성분 전압벡터, M은 변환행렬 그리고 V는 대칭성분 전압벡터로 식 (B.3.26)과 같이 표현된다.

$$V_p = \begin{bmatrix} V_a \\ V_b \\ V_c \end{bmatrix}, \quad M = \begin{bmatrix} 1 & 1 & 1 \\ 1 & a^2 & a \\ 1 & a & a^2 \end{bmatrix}, \quad V = \begin{bmatrix} V_0 \\ V_1 \\ V_2 \end{bmatrix} \tag{B.3.26}$$

식 (B.3.26)로부터 대칭성분 전압벡터는 식 (B.3.27)과 같다.

$$V = M^{-1} V_p \tag{B.3.27}$$

여기서 M^{-1}은 식 (B.3.28)과 같다.

$$M^{-1} = \frac{1}{3} M^* = \frac{1}{3} \begin{bmatrix} 1 & 1 & 1 \\ 1 & a & a^2 \\ 1 & a^2 & a \end{bmatrix} \tag{B.3.28}$$

따라서 대칭성분전압은 식 (B.3.29)와 같다.

$$\begin{bmatrix} V_0 \\ V_1 \\ V_2 \end{bmatrix} = \frac{1}{3} \begin{bmatrix} 1 & 1 & 1 \\ 1 & a & a^2 \\ 1 & a^2 & a \end{bmatrix} \begin{bmatrix} V_a \\ V_b \\ V_c \end{bmatrix} \tag{B.3.29}$$

식 (B.3.29)을 연립방정식으로 표현하면 식 (B.3.30)과 같다.

$$V_0 = \frac{1}{3}(V_a + V_b + V_c) \tag{B.3.30}$$

$$V_1 = \frac{1}{3}(V_a + a V_b + a^2 V_c)$$

$$V_2 = \frac{1}{3}(V_a + a^2 V_b + a V_c)$$

나) 대칭성분 전류

전류에 대해서도 마찬가지로 전압 V 대신 전류 I로 바꾸어 주면 식 (B.3.31)과 같이 대칭성분을 얻을 수 있다.

$$I_a = I_0 + I_1 + I_2 \tag{B.3.31}$$

$$I_b = I_{b0} + I_{b1} + I_{b2} = I_0 + a^2 I_1 - a I_2$$

$$I_c = I_{c0} + I_{c1} + I_{c2} = I_0 + a I_1 + a^2 I_2$$

식 (B.3.31)을 행렬로 표현하면 식 (B.3.32)와 같다.

$$\begin{bmatrix} I_a \\ I_b \\ I_c \end{bmatrix} = \begin{bmatrix} 1 & 1 & 1 \\ 1 & a^2 & a \\ 1 & a & a^2 \end{bmatrix} \begin{bmatrix} I_0 \\ I_1 \\ I_2 \end{bmatrix} \tag{B.3.32}$$

식 (B.3.32)을 간략하게 표현하면 식 (B.3.33)과 같다.

$$I_p = MI \tag{B.3.33}$$

여기서, I_p는 상성분 전류벡터, M은 변환행렬 그리고 I는 대칭성분 전류벡터로 식 (B.3.34)와 같이 표현된다.

$$I_p = \begin{bmatrix} I_a \\ I_b \\ I_c \end{bmatrix},\ M = \begin{bmatrix} 1 & 1 & 1 \\ 1 & a^2 & a \\ 1 & a & a^2 \end{bmatrix},\ I = \begin{bmatrix} I_0 \\ I_1 \\ I_2 \end{bmatrix} \tag{B.3.34}$$

식 (B.3.34)로부터 대칭성분 전류벡터는 식 (B.3.35)와 같다.

$$I = M^{-1} I_p \tag{B.3.35}$$

여기서 행렬변환 M를 M^{-1}으로 표현하면 식 (B.3.36)과 같다.

$$M^{-1} = \frac{1}{3} M^* = \frac{1}{3} \begin{bmatrix} 1 & 1 & 1 \\ 1 & a & a^2 \\ 1 & a^2 & a \end{bmatrix} \tag{B.3.36}$$

따라서 대칭성분전류는 식 (B.3.37)과 같다.

$$\begin{bmatrix} I_0 \\ I_1 \\ I_2 \end{bmatrix} = \frac{1}{3} \begin{bmatrix} 1 & 1 & 1 \\ 1 & a & a^2 \\ 1 & a^2 & a \end{bmatrix} \begin{bmatrix} I_a \\ I_b \\ I_c \end{bmatrix} \tag{B.3.37}$$

식 (B.3.37)을 연립방정식으로 표현하면 식 (B.3.38)과 같다.

$$I_0 = \frac{1}{3}(I_a + I_b + I_c) \tag{B.3.38}$$

$$I_1 = \frac{1}{3}(I_a + aI_b + a^2 I_c)$$

$$I_2 = \frac{1}{3}(I_a + a^2 I_b + aI_c)$$

4 | 대칭성분 회로모델

동기발전기

[그림 B.3.12]와 같은 동기발전기의 회로를 모델로 동기발전기의 전기적 상황을 살펴보면 중성점 임피던스 Z_n이 있고, 각 상에 불평형 전류가 흐르고 있다고 가정한다. 이때 무부하 유기전압을 각 상의 상전압을 E_a, E_b 그리고 E_c라 한다.

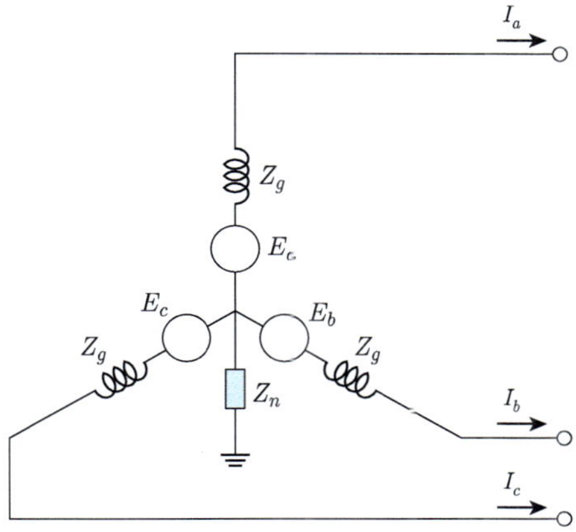

그림 B.3.12 동기발전기의 3상 결선도

또한, 단자전압을 V_a, V_b 그리고 V_c이라 하고 각 상의 전압 강하를 v_a, v_b 그리고 v_c라 하면 발전기에 유기되는 전압은 식 (B.3.39)와 같다.

$$V_a = E_a - v_a \rightarrow (V_0 + V_1 + V_2) = E_a - v_a \tag{B.3.39}$$

$$V_b = E_b - v_b \rightarrow (V_0 + a^2 V_1 + a V_2) = a^2 E_a - v_b$$

$$V_c = E_c - v_c \rightarrow (V_0 + a V_1 + a^2 V_2) = a E_a - v_c$$

식 (B.3.39)의 식에 $a^2 + a + 1 = 0$ 및 $a^3 = 1$의 관계를 적용하면 a상의 대칭성분은 식 (B.3.40)과 같다.

$$V_0 = -\frac{1}{3}(v_a + v_b + v_c) \tag{B.3.40}$$

$$V_1 = E_a - \frac{1}{3}(v_a + a v_b + a^2 v_c)$$

$$V_2 = -\frac{1}{3}(v_a + a^2 v_b + a v_c)$$

전기자에서 발생하는 전압강하를 구하기 위하여 전기자에 영상전류 I_0만을 흘려보내면 각 상의 전압강하는 식 (B.3.41)과 같다.

$$v_a = v_b = v_c = Z_0 I_0 \tag{B.3.41}$$

여기서 Z_0는 발전기의 각 상에 I_0인 동상의 전류를 흘려보냈을 때의 임피던스로 이것을 발전기의 "영상임피던스"라 한다.

같은 방법으로, 전기자에 정상의 3상 평형전류인 I_1, aI_1, a^2I_1을 각 상에 흘려보내면 각 상의 전압강하는 식 (B.3.42)와 같다.

$$v_a = Z_1 I_1 \tag{B.3.42}$$
$$v_b = aZ_1 I_1$$
$$v_c = a^2 Z_1 I_1$$

여기서 Z_1은 발전기의 정상의 평형전류를 흘려보냈을 때의 임피던스로 이것을 발전기의 "정상임피던스"라 한다.

역시, 같은 방법으로, 전기자에 역상의 3상 평형전류인 I_1, a^2I_1, aI_1을 각 상에 흘려보내면 각 상의 전압강하는 식 (B.3.43)과 같다.

$$v_a = Z_2 I_2 \tag{B.3.43}$$
$$v_b = a^2 Z_2 I_2$$
$$v_c = aZ_2 I_2$$

여기서 Z_2는 발전기의 역상의 평형전류를 흘려보냈을 때의 임피던스로 이것을 발전기의 "역상임피던스"라 한다. 따라서 상기 내용을 동기 발전기의 대칭성분 모델을 회로로 표시하면 [그림 B.3.13]과 같이 3개의 성분으로 표시할 수 있다.

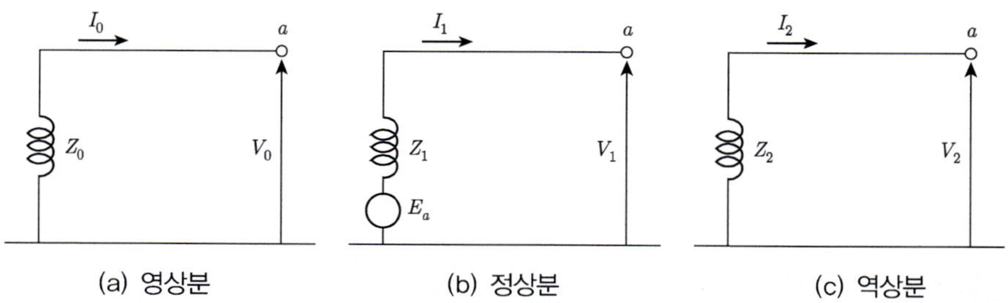

그림 B.3.13 동기발전기의 대칭분 모델

각 상별 전압강하 v_a, v_b 및 v_c는 대칭성분전류가 흐르면 각 성분의 전압강하를 중첩하면 식 (B.3.44)와 같다.

$$v_a = Z_0 I_0 + Z_1 I_1 + Z_2 I_2 \tag{B.3.44}$$

$$v_b = Z_0 I_0 + a^2 Z_1 I_1 + aZ_2 I_2$$

$$v_c = Z_0 I_0 + aZ_1 I_1 + a^2 Z_2 I_2$$

식 (B.3.44)에서 식 (B.3.45)을 얻을 수 있다.

$$Z_0 I_0 = \frac{1}{3}(v_a + v_b + v_c) \tag{B.3.45}$$

$$Z_1 I_1 = \frac{1}{3}(v_a + av_b + a^2 v_c)$$

$$Z_2 I_2 = \frac{1}{3}(v_a + a^2 v_b + av_c)$$

식 (B.3.45)을 식 (B.3.40)에 대입하면 식 (B.3.46)을 얻을 수 있다.

$$V_0 = - Z_0 I_0 \tag{B.3.46}$$

$$V_1 = E_a - Z_1 I_1$$

$$V_2 = - Z_2 I_2$$

식 (B.3.46)을 행렬로 표현하면 식 (B.3.47)과 같다.

$$\begin{bmatrix} V_0 \\ V_1 \\ V_2 \end{bmatrix} = \begin{bmatrix} 0 \\ E_a \\ 0 \end{bmatrix} - \begin{bmatrix} Z_0 & 0 & 0 \\ 0 & Z_1 & 0 \\ 0 & 0 & Z_2 \end{bmatrix} \begin{bmatrix} I_0 \\ I_1 \\ I_2 \end{bmatrix} \tag{B.3.47}$$

식 (B.3.46) 또는 (B.3.47)을 "발전기의 기본식"이라 한다.

선로, 변압기 및 부하

선로, 변압기 및 부하와 같은 정지기의 정상 및 역상분 임피던스와 회로 모델은 모두 동일하다. 선로나 변압기의 분로를 무시하면 [그림 B.3.14]와 같이 직렬 임피던스 Z_1과 Z_2 임피던스를 갖고 있고, 부하의 경우에는 [그림 B.3.15]와 같이 분로 임피던스를 갖고 있다.

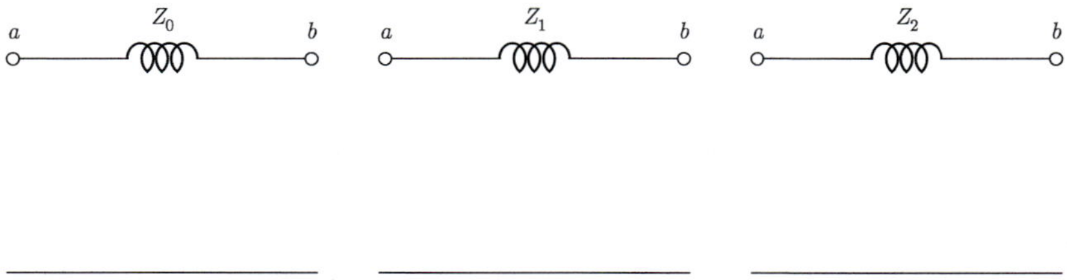

(a) 영상분 (b) 정상분 (c) 역상분

그림 B.3.14 선로, 변압기의 1상 대칭분 모델

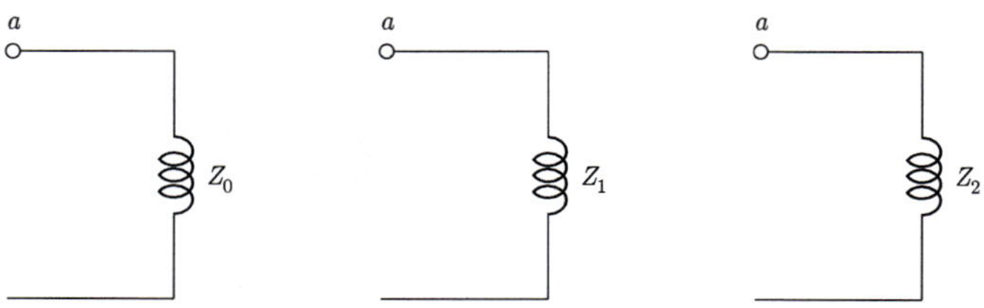

(a) 영상분 (b) 정상분 (c) 역상분

그림 B.3.15 부하의 1상 대칭분 모델

대칭성분 회로망

1) 영상회로망

[그림 B.3.16]의 (a)와 같이 고장점 1)에서 a, b, c상의 리드선을 인출한 다음, 각 상의 리드선을 일괄(common)하고, 2)와 같이 이 회로망에 대지와 리드선 사이에 단상 교류 전원을 인가하고 영상분 전류($3I_0$)를 주입한다. 주입된 전류는 3)과 같이 화살표 방향으로 흐르게 된다. 그림의 4)와 같이 전원측 변압기의 저압측이 $\varDelta$결선이기 때문에 변압기의 1차측에는 전류가 흐르지 않는다. 뿐만 아니라 그림 5)와 같이 부하인 전동기의 2차측에도 역시 전류가 흐르지 않는다. 그러나 그림 6)과 같이 중성점의 접지저항에는 1상 영상전류의 3배($3I_0$)가 흐르므로, 1상분의 영상전류를 다루는 영상회로망에서는 이 저항값을 3배로 해야 한다. 즉, 전류가 흐르고 있는 범위를 "영상회로망"이라고 한다.

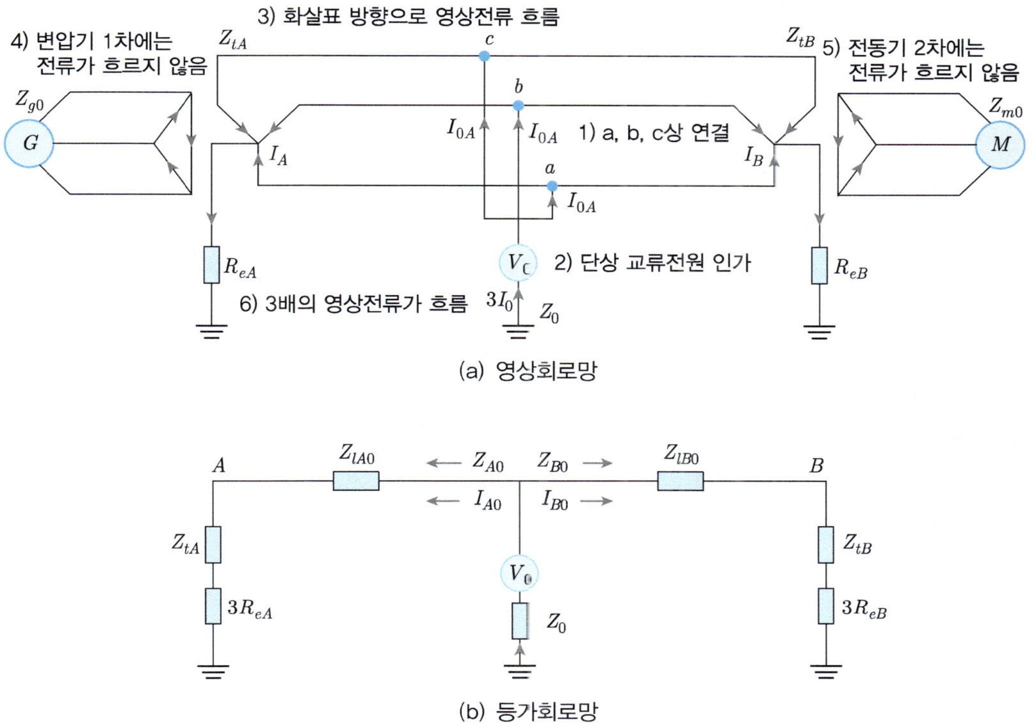

그림 B.3.16 영상회로망 개념도

[그림 B.3.16]의 (a)를 그림 (b)와 같이 등가회로망으로 표현하면 식 (B.3.48)과 같다.

$$Z_0 = \frac{Z_{A0} Z_{B0}}{Z_{A0} + Z_{B0}} \tag{B.3.48}$$

여기서, $Z_{A0} = Z_{lA0} + Z_{tA} + 3R_{\epsilon A}$

$Z_{B0} = Z_{lB0} + Z_{tB} + 3R_{eB}$

이때 각 부분의 전류는 식 (B.3.49)와 같다.

$$I_{A0} = \frac{V_0}{Z_{A0}} \tag{B.3.49}$$

$$I_{B0} = \frac{V_0}{Z_{B0}}$$

2) 정상회로망

[그림 B.3.17]의 (a)와 같이 고장점 1)의 a, b, c상에서 리드선을 인출한 다음, 그림 2)와 같이 3상 교류전원을 인가하고 정상분 전류(I_1, $a^2 I_1$, $a I_1$)를 주입한다. 그림 3)과 같이 이 전류들이 흐르는 곳을 파악하면 이 전류는 대칭 3상 전류이기 때문에 그림 6)과 같이 중성점에는 전류가 흐르지 않는 것을 볼 수 있다. 따라서 정상회로망 모델에는 중성점 접지저항이 포함되지 않는다. 그러나 그림 4)와 같이 발전기의 2차가 Δ 회로이기 때문에 발전기에 전류가 흐르는 것을 볼 수 있다. 뿐만 아니라 그림 5)와 같이 부하인 전동기에도 전류가 흐르는 것을 볼 수 있다. 이렇게 3상 교류가 흐르는 범위를 "정상회로망"이라 한다.

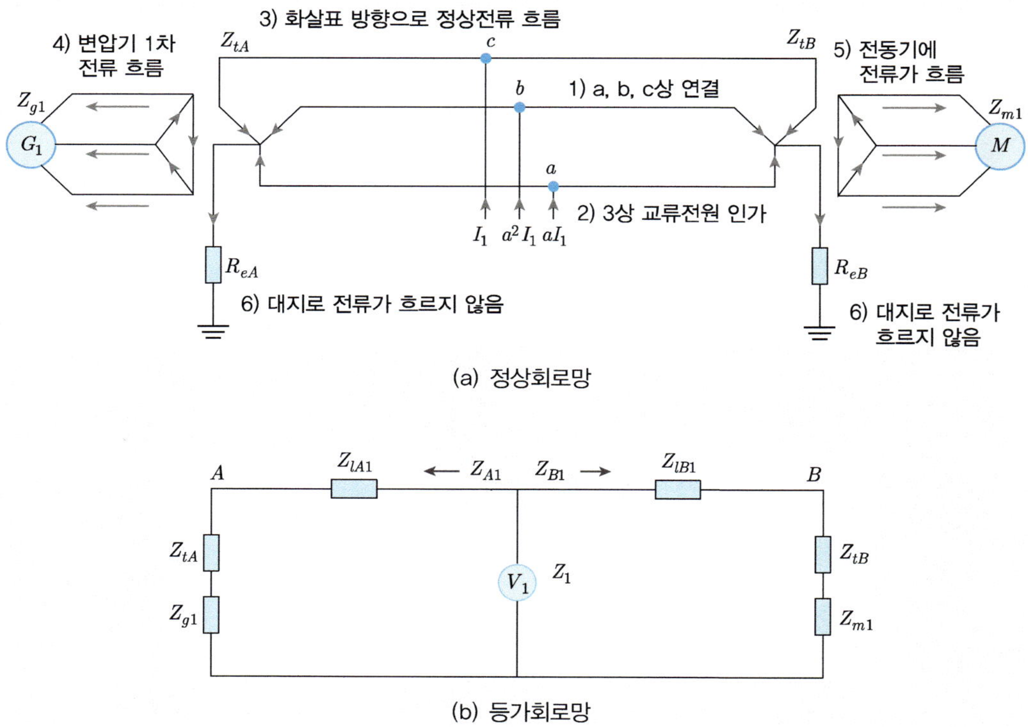

그림 B.3.17 정상분 회로 개념도

[그림 B.3.17]의 (a)를 그림 (b)와 같은 등가회로망으로 표현하면 식 (B.3.50)과 같다.

$$Z_1 = \frac{Z_{A1} Z_{B1}}{Z_{A1} + Z_{B1}} \tag{B.3.50}$$

여기서, $Z_{A1} = Z_{lA1} + Z_{tA} + Z_{g1}$

$Z_{B1} = Z_{lB1} + Z_{tB} + Z_{m1}$ 이다.

3) 역상회로망

[그림 B.3.17]의 (a)와 같은 방법으로 고장점 1)의 a, b, c상에서 리드선을 인출한 다음, 그림 2)와 같이 3상 교류전원을 인가하고 역상분 전류(I_1, $a^2 I_1$, $a I_1$)를 주입한다. 이 3상전류가 흐르는 범위를 "역상회로망"이라 한다. [그림 B.3.18]에서 알 수 있듯이 이때 흐르는 전류의 범위가 정상회로와 같은 것임을 알 수 있다. 뿐만 아니라 회로 중의 개개의 임피던스도 정상회로와 같음을 알 수 있다. 다만, 다른 점은 발전기 및 전동기의 회전기의 정수만 다를 뿐이다. 따라서 [그림 B.3.18]의 역상회로를 식으로 표현하면 식 (B.3.51)과 같다.

$$Z_2 = \frac{Z_{A2} Z_{B2}}{Z_{A2} + Z_{B2}} \tag{B.3.51}$$

여기서, $Z_{A2} = Z_{lA2} + Z_{tA} + Z_{g2}$

$Z_{B2} = Z_{lB2} + Z_{tB} + Z_{m2}$ 이다.

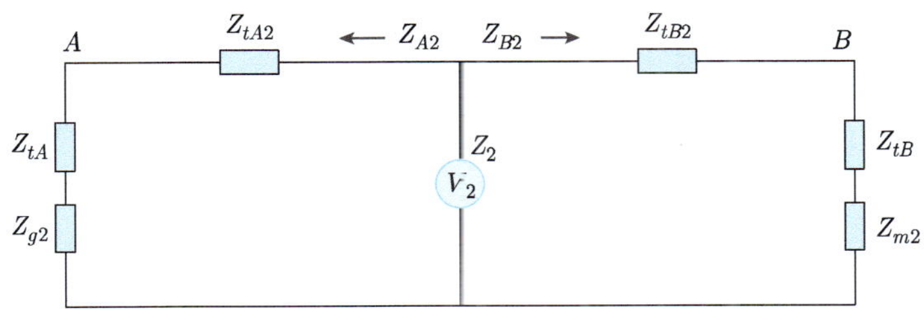

그림 B.3.18 역상분 회로 개념도

3상 단락고장 해석

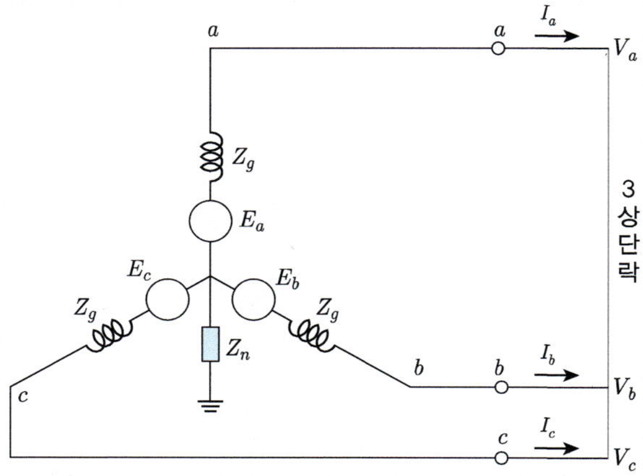

그림 B.3.19 무부하 발전기의 3상 단락고장

[그림 B.3.19]와 같이 3상 단락고장은 평형고장으로 아주 큰 고장전류가 흐르게 된다. 따라서 정상회로망 모델만을 이용하여 해석하면 된다. 3상 단락에 대한 고장해석의 이해를 돕기 위해 옴(Ω)법에 의한 계산, %법에 의한 계산 및 대칭좌표법에 의한 계산을 학습하도록 한다.

1) 옴(Ω)법에 의한 계산

3상 단락고장은 평형고장이므로 단락 전류는 1상에 대하여 고장점의 대지전압, 즉 상전압을 고장점에서 바라 본 전 계통의 임피던스 Z[Ω]으로 나누어 구할 수 있다. [그림 B.3.20]과 같이 3상 단락 회로의 고장점에서 고장 직전의 상전압을 E[V], 각 기기라든가 계통 각 부분의 임피던스를 상전압 E[V]를 기준으로 환산해서 합성한 임피던스를 Z[Ω]라 하면 3상 단락전류 I_s는 식 (B.3.52)와 같다.

$$I_s = \frac{E}{Z}[\mathrm{A}] \tag{B.3.52}$$

이 방법은 변압기 회로와 같이 전압 레벨이 다양한 시스템에서는 임피던스의 환산이 불편한 단점이 있다.

2) %법에 의한 계산

송배전계통에서는 임피던스의 크기를 Ω 값 대신에 %값으로 표현하는 경우가 많다. 그러므로 시스템의 정격전류, 즉 기준전류를 I_b[A], 정격전압, 즉 기준전압을 E_b[V]라 하면 실제 임피던스 Z[Ω]와 $\%Z$와의 관계는 식 (B.3.53)과 같다.

$$\%Z = \frac{Z}{Z_b} \times 100 = \frac{ZI_b}{E_b} \times 100[\%] \tag{B.3.53}$$

따라서 Z[Ω]은 식 (B.3.53)을 Z 기준으로 정리하면 식 (B.3.54)와 같다.

$$Z[\Omega] = \frac{\%Z \circ E_b}{100I_b} \tag{B.3.54}$$

식 (B.3.52)를 식 (B.3.54)에 대입하여 단락전류 I_s을 구하면 식 (B.3.55)와 같다.

$$I_s = \frac{E}{Z} = \frac{E_b}{\dfrac{\%Z \circ E_b}{100I_b}} \tag{B.3.55}$$

$$= \frac{100}{\%Z} I_b[\text{A}]$$

3) 대칭좌표법에 의한 계산

[그림 B.3.19]와 같이 3상 단락인 경우에는 각 상이 평형이기 때문에 대칭성분 중 정상분만 계산한다.

3상 단락에서 회로 조건을 분석하면 식 (B.3.56)과 같다.

$$I_a + I_b + I_c = 0 \tag{B.3.56}$$

$$V_a = V_b = V_c = 0$$

전압의 대칭성분을 구하면 식 (B.3.57)과 같다.

$$V_0 = -Z_0 I_0 = -\frac{Z_0}{3}(I_a + I_b + I_c) = 0 \tag{B.3.57}$$

$$V_1 = \frac{1}{3}(V_a + aV_b + a^2 V_c) = \frac{1}{3}(1 + a + a^2) V_a = 0$$

$$V_2 = \frac{1}{3}(V_a + a^2 V_b + aV_c) = \frac{1}{3}(1 + a^2 + a) V_a = 0$$

따라서 고장점의 각 상 전압은 식 (B.3.58)과 같다.

$$V_a = (V_0 + V_1 + V_2) = 0 \tag{B.3.58}$$

$$V_b = (V_0 + a^2 V_1 + aV_2) = 0$$

$$V_c = (V_0 + aV_1 + a^2 V_2) = 0$$

식 (B.3.57)을 식 (B.3.46)(발전기의 기본공식)에 대입하면 식 (B.3.58)과 같다.

$$V_0 = -Z_0 I_0 = 0 \qquad \therefore\ I_0 = 0 \tag{B.3.58}$$

$$V_1 = E_a - Z_1 I_1 = 0 \quad \therefore\ I_1 = \frac{E_a}{Z_1}$$

$$V_2 = -Z_2 I_2 = 0 \qquad \therefore\ I_2 = 0$$

그러므로 각 상의 단락전류는 식 (B.3.59)와 같다.

$$I_a = I_0 + I_1 + I_2 = I_1 = \frac{E_a}{Z_1} \tag{B.3.59}$$

$$I_b = I_0 + a^2 I_1 + aI_2 = \frac{a^2 E_a}{Z_1}$$

$$I_c = I_0 + aI_1 + a^2 I_2 = \frac{aE_a}{Z_1}$$

정리하면

3상 단락고장의 특징

1) 평형고장이다.
2) 3상 단락전류의 크기는 각 상의 고장 전 전압을 정상분 임피던스로 나눈 것과 같다.
3) 영상, 역상의 전압 및 전류는 0이다.

선간단락(2상 단락) 고장 해석

[그림 B.3.20]과 같이 3상 교류발전기의 2상(b상, c상)이 단락되었을 때를 가정하여 계산하면 다음과 같다.

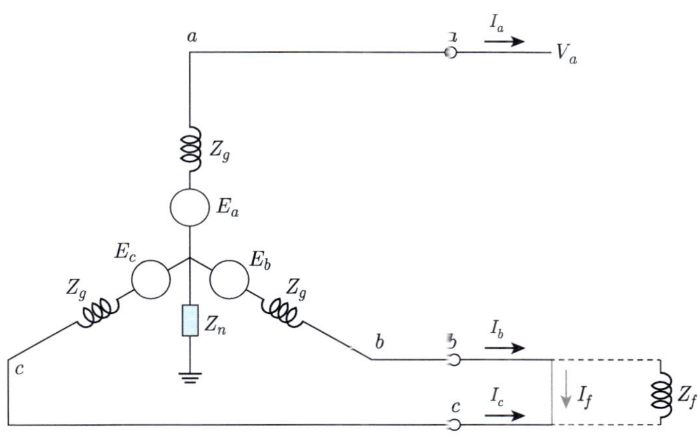

그림 B.3.20 무부하 발전기의 선간단락(2상 단락) 고장

1) 1 단계 : 상영역 고장조건 설정

$$I_a = 0$$

$$I_b = -I_c = I_f$$

$$V_b - V_c = Z_f I_b$$

2) 2 단계 대칭영역 고장조건 유도와 등가회로 작성

전류에 대한 조건과 식 (B.3.60)을 이용하면 식 (B.3.61)을 얻을 수 있다.

$$\begin{bmatrix} I_0 \\ I_1 \\ I_2 \end{bmatrix} = \frac{1}{3}\begin{bmatrix} 1 & 1 & 1 \\ 1 & a & a^2 \\ 1 & a^2 & a \end{bmatrix}\begin{bmatrix} 0 \\ I_b \\ -I_b \end{bmatrix} \tag{B.3.60}$$

식 (B.3.60)으로부터 식 (B.3.61)을 얻을 수 있다.

$$I_0 = 0 \tag{B.3.61}$$

$$I_1 = \frac{1}{3}(a - a^2)I_b = j\frac{1}{\sqrt{3}}I_b$$

$$I_2 = \frac{1}{3}(a^2 - a)I_b = -j\frac{1}{\sqrt{3}}I_b$$

따라서 전류 I_1과 I_2는 식 (B.3.62)와 같다.

$$I_1 = -I_2 \tag{B.3.62}$$

전압에 대한 조건을 이용하여 표현하면 식 (B.3.63)과 같다.

$$(V_0 + a^2 V_1 + a V_2) - (V_0 + a V_1 + a^2 V_2) = Z_f(I_0 + a^2 I_1 + a I_2) \tag{B.3.63}$$

또한, $I_0 = 0$, $I_1 = -I_2$이므로 식 (B.3.63)을 식 (B.3.64)와 같이 고쳐 쓸 수 있다.

$$(a^2 - a)V_1 - (a^2 - a)V_2 = Z_f(a^2 - a)I_1 \tag{B.3.64}$$

식 (B.3.64)에서 $(a^2 - a)$를 소거하면 식 (B.3.65)와 같다.

$$V_1 - V_2 = Z_f I_1 \tag{B.3.65}$$

식 (B.3.61), (B.3.62) 및 (B.3.65)의 조건으로부터 대칭성분의 고장 조건은 아래와 같다.

$$I_0 = 0$$

$$I_1 = -I_2$$

$$V_1 - V_2 = Z_f I_1$$

상기 조건을 해석하면 영상전류가 없다는 뜻은 회로가 없다는 뜻이고, 정상과 역상의 전류가 존재한다는 것은 역상과 정상이 병렬로 연결되어 있다는 뜻으로 해석할 수 있다.

따라서 대칭성분 등가회로를 구성하면 [그림 B.3.21]과 같다.

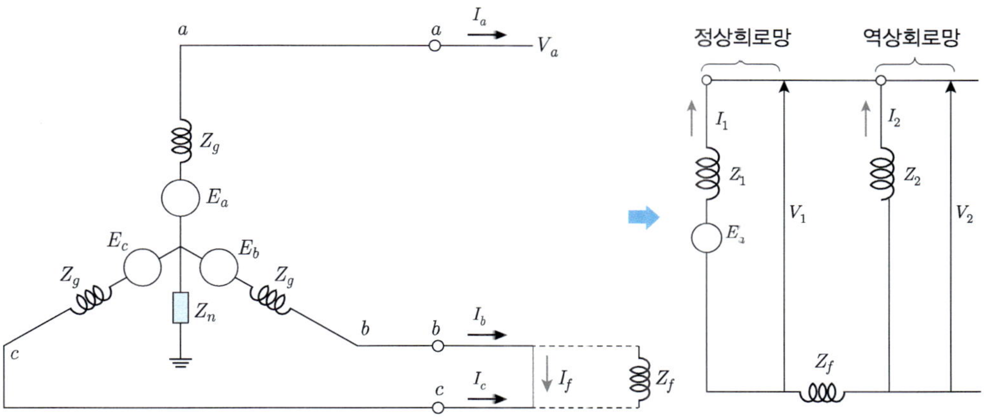

(a) 무부하 발전기의 2상 고장회르 (b) 대칭성분 등가회로

그림 B.3.21 무부하 발전기의 선간 단락(2상 단락) 고장의 대칭성분 등가회로

3) 3단계 : 등가회로에서 대칭성분 전류계산

[그림 B.3.21]의 (b)로 부터 식 (B.3.66)을 얻을 수 있다.

$$I_1 = -I_2 = \frac{E_a}{Z_1 + Z_2 + Z_f},\ I_0 = 0 \tag{B.3.66}$$

4) 4단계 : 발전기의 기본식을 이용하여 대칭성분 전압 계산

발전기의 기본식을 이용하면 식 (B.3.67)과 같다.

$$V_0 = -Z_0 I_0 = 0 \tag{B.3.67}$$

$$V_1 = E_a - Z_1 I_1 = \frac{Z_2 + Z_f}{Z_1 + Z_2 + Z_f} \times E_a$$

$$V_2 = -Z_2 I_2 = \frac{Z_2}{Z_1 + Z_2 + Z_f} \times E_a$$

5) 3, 4단계의 결과를 이용하여 상성분 고장전류 및 전압 계산

식 (B.3.67)과 같이 구해진 전류를 이용하여 식 (B.3.37)에 대입하면 각 상성분 전류는 식 (B.3.68) 및 (B.3.69)와 같이 계산된다.

$$I_b = I_0 + a^2 I_1 + a I_2 = (a^2 - a) I_1 \tag{B.3.68}$$

$$= -j\sqrt{3}\,\frac{E_a}{Z_1 + Z_2 + Z_f}$$

$$I_c = -I_b = \frac{(a - a^2)E_a}{Z_1 + Z_2 + Z_f} \tag{B.3.69}$$

최종적으로 고장전류는 식 (B.3.70)과 같다.

$$I_f = I_b = -j\sqrt{3}\,I_1 \tag{B.3.70}$$

각 상의 전압은 식 (B.3.71)과 같다.

$$V_a = V_1 + V_2 = \frac{2Z_2 + Z_f}{Z_1 + Z_2 + Z_f} \times E_a \tag{B.3.71}$$

$$V_b = a^2 V_1 + a V_2 = \frac{(a^2 + a)Z_2 + a^2 Z_f}{Z_1 + Z_2 + Z_f} \times E_a$$

$$V_c = a V_1 + a^2 V_2 = \frac{(a^2 + a)Z_2 + a Z_f}{Z_1 + Z_2 + Z_f} \times E_a$$

정리하면

선간단락(2선단락) 고장의 특징

1) 선로단락(2선단락)고장은 3상 단락전류의 $\frac{\sqrt{3}}{2}$ 배가 된다. 단, 식 116에서 $Z_f = 0$, $Z_1 = Z_2$인 경우
2) 건전상의 전압은 고장 전의 a상 전압과 크기가 거의 같고, b, c상의 전압은 고장 전 a상 전압의 $\frac{1}{2}$ 정도이다.
3) b, c상 전류의 크기는 같고 방향은 반대이다.

2선지락 고장 해석

[그림 B.3.22]와 같이 상과 상이 고장점 에서 단락되어 접지된 2선지락 고장 시, 고장해석 과정은 다음과 같다.

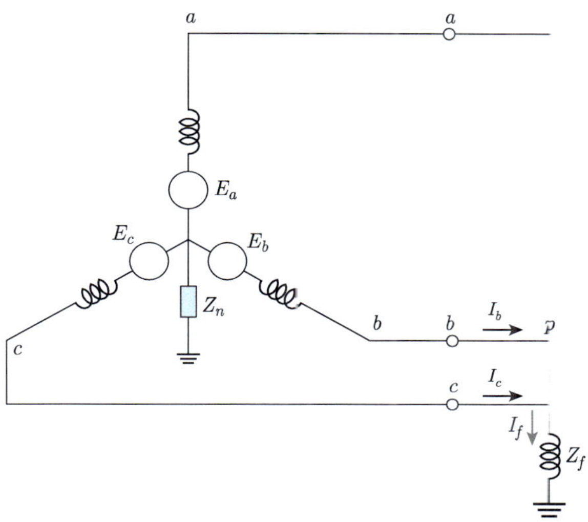

그림 B.3.22 무부하 발전기의 2선 지락 고장

1) 1 단계 : 고장조건 분석

$$I_a = 0$$

$$V_b = V_c$$

$$V_b = Z_f(I_b + I_c)$$

2) 2 단계 : 대칭영역 고장조건 유도와 등가회로 작성

전류에 대한 고장 조건으로부터 식 (B.3.72)을 유도할 수 있다.

$$I_a = I_0 + I_1 + I_2 = 0 \tag{B.3.72}$$

전압에 대한 조건 $V_b = V_c$로부터 식 (B.3.73)을 얻을 수 있다.

$$(V_0 + a^2 V_1 + a V_2) = (V_0 + a V_1 + a^2 V_2) \tag{B.3.73}$$

식 (B.3.73)을 정리하면 (B.3.74)와 같다.

$$(a^2 - a) V_1 = (a^2 - a) V_2 \tag{B.3.74}$$

식 (B.3.74)을 정리하면 식 (B.3.75)와 같다.

$$V_1 = V_2 \tag{B.3.75}$$

또한, 고장조건 $V_b = Z_f(I_b + I_c)$는 식 (B.3.76)과 같이 대칭성분으로 분해할 수 있다.

$$(V_0 + a^2 V_1 + a V_2) = Z_f(I_0 + a^2 I_1 + a I_2 + I_0 + a I_1 + a^2 I_2) \tag{B.3.76}$$

식 (B.3.73)와 $a^2 + a = -1$의 관계를 이용하여 식 (B.3.76)을 정리하면 식 (B.3.77)과 같다.

$$(V_0 - V_1) = Z_f (2 I_0 - I_1 - I_2) \tag{B.3.77}$$

식 (B.3.73)로부터 $I_0 = -(I_1 + I_2)$이므로 식 (B.3.77)은 식 (B.3.78)과 같이 표현할 수 있다.

$$V_0 - V_1 = 3 Z_f I_0 \tag{B.3.78}$$

식 (B.3.72), 식 (B.3.75) 그리고 식 (B.3.78)로부터 대칭영역 고장조건을 종합하면 아래와 같다.

$$I_a = I_0 + I_1 + I_2 = 0$$

$$V_1 = V_2$$

$$V_0 - V_1 = 3 Z_f I_0$$

상기 수식을 이용하여 대칭성분 등가회로를 구성하면 [그림 B.3.23]과 같다.

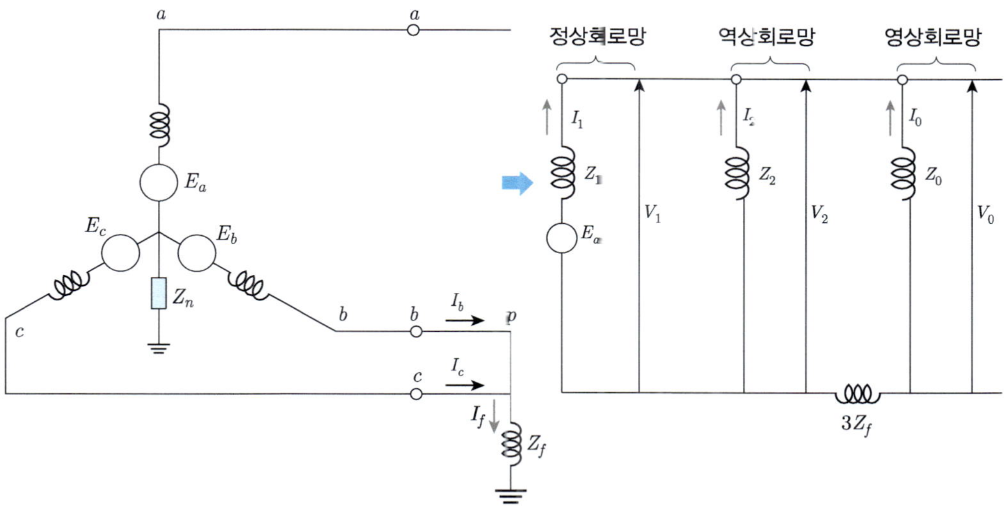

(a) 무부하 발전기의 2선 지락 고장회로 (b) 대칭성분 등가회로

그림 B.3.23 무부하 발전기의 2선 지락 고장의 대칭등가회로

3) 3 단계 : 등가회로에서 대칭분 전류계산

[그림 B.3.23]의(b)로부터 식 (B.3.79)를 유도할 수 있다.

$$I_1 = \frac{E_a}{Z_1 + \dfrac{Z_2(Z_0 + 3Z_f)}{Z_0 + Z_2 + 3Z_f}} \tag{B.3.79}$$

$$= \frac{Z_0 + Z_2 + 3Z_f}{Z_0Z_1 + Z_1Z_2 + Z_2Z_0 + 3Z_f(Z_1 + Z_2)} \times E_a$$

$$I_2 = (-I_1)\frac{Z_0 + 3Z_f}{Z_0 + Z_2 + 3Z_f}$$

$$= -\frac{Z_0 + 3Z_f}{Z_0Z_1 + Z_1Z_2 + Z_2Z_0 + 3Z_f(Z_1 + Z_2)} \times E_c$$

$$I_0 = (-I_1)\frac{Z_2}{Z_0 + Z_2 + 3Z_f}$$

$$= -\frac{Z_2}{Z_0Z_1 + Z_1Z_2 + Z_2Z_0 + 3Z_f(Z_1 + Z_2)} \times E_a$$

4) 4단계 : 발전기의 기본식을 이용해서 대칭성분 전압

발전기의 기본식을 이용해서 대칭성분 전압을 구하면 식 (B.3.80)과 같다.

$$\begin{aligned} V_1 &= E_a - Z_1 I_1 \\ &= E_a - \frac{Z_1 \times (Z_0 + Z_2 + 3Z_f)}{Z_0 Z_1 + Z_1 Z_2 + Z_2 Z_0 + 3Z_f(Z_1 + Z_2)} \times E_a \\ &= \frac{Z_2 Z_0 + 3Z_f Z_2}{Z_0 Z_1 + Z_1 Z_2 + Z_2 Z_0 + 3Z_f(Z_1 + Z_2)} \times E_a \end{aligned} \tag{B.3.80}$$

$$V_2 = -Z_2 I_2 = V_1$$

$$V_0 = -Z_0 I_0 = \frac{Z_2 Z_0}{Z_0 Z_1 + Z_1 Z_2 + Z_2 Z_0 + 3Z_f(Z_1 + Z_2)} \times E_a$$

5) 5단계 : 3, 4단계의 결과를 이용하여 상성분 고장전류 및 전압 계산

식 (B.3.79)에서 구한 대칭성분 전류를 식 (B.3.37)에 대입하여 각 상성분 전류를 계산하면 최종적으로 고장전류는 식 (B.3.81)과 같다.

$$I_f = I_b + I_c = 3I_0 \tag{B.3.81}$$

만일, $Z_f = 0$인 경우의 각 상전류 I_b, I_c와 a상 전압 V_a는 각각 식 (B.3.82)와 같다.

$$I_b = I_0 + a^2 I_1 + a I_2 = \frac{(a^2 - a)Z_0 + (a^2 - 1)Z_2}{Z_0 Z_1 + Z_1 Z_2 + Z_2 Z_0} \times E_a \tag{B.3.82}$$

$$I_c = I_0 + a I_1 + a^2 I_2 = \frac{(a - a^2)Z_0 + (a - 1)Z_2}{Z_0 Z_1 + Z_1 Z_2 + Z_2 Z_0} \times E_a$$

$$V_a = V_0 + V_1 + V_2 = \frac{3Z_0 Z_2}{Z_0 Z_1 + Z_1 Z_2 + Z_2 Z_0} \times E_a$$

2선 지락 고장의 특징

1) 직접접지 방식의 경우 ($Z_0 \fallingdotseq Z_1 \fallingdotseq Z_2$)

① 건전상 전압은 고장 전과 거의 동일하다.

② 영상전압, 전류의 크기는 1선지락 고장시와 거의 같고 위상은 반대이다.

③ b, c상 전류는 3상 단락 전류와 거의 같다.

2) 고저항접지 방식의 경우 ($Z_0 \gg Z_1 \fallingdotseq Z_2$)

① a상 전압은 고장 전의 1.5배 정도 상승한다.

② 영상전압, 전류의 크기는 1선지락 고장시의 $\frac{1}{2}$ 정도이다.

③ b, c상 전류는 선간 단락전류와 거의 같다.

1선 지락고장 해석

[그림 B.3.24]와 같이 무부하 상태에서 발전기의 1상(a상)이 고장점 임피던스 Z_f을 통해 접지된 경우 고장해석은 다음과 같다.

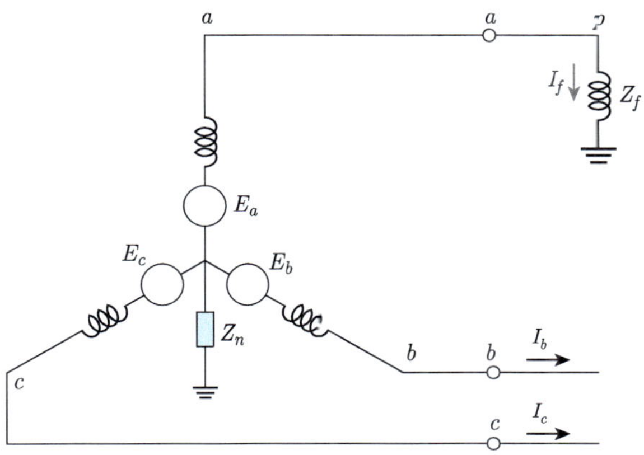

그림 B.3.24 무부하 발전기의 1선 단락고장

1) 1단계 : 상영역 고장조건 분석

[그림 B.3.24]에서 고장조건을 분석하면 식 (B.3.83)과 같다.

$$V_a = Z_f I_f = Z_f I_a \tag{B.3.83}$$

$$I_b = I_c = 0$$

2) 2단계 : 대칭영역 고장조건 유도와 등가회로 작성

식 (B.3.37)을 이용하여 전류의 대칭성분을 구하면 식 (B.3.84)와 같다.

$$\begin{bmatrix} I_0 \\ I_1 \\ I_2 \end{bmatrix} = \frac{1}{3} \begin{bmatrix} 1 & 1 & 1 \\ 1 & a & a^2 \\ 1 & a^2 & a \end{bmatrix} \begin{bmatrix} I_a \\ 0 \\ 0 \end{bmatrix} \tag{B.3.84}$$

식 (B.3.84)로부터 식 (B.3.85)을 얻을 수 있다.

$$I_0 = I_1 = I_2 = \frac{1}{3} I_a \tag{B.3.85}$$

또한 전압 조건과 식 (B.3.85)로부터 식 (B.3.86)을 얻을 수 있다.

$$V_a = V_0 + V_1 + V_2 = 3 Z_f I_1 \tag{B.3.86}$$

식 (B.3.85)와 식 (B.3.86)을 이용하여 대칭영역 고장조건을 구하면 식 (B.3.87)과 같다.

$$I_0 = I_1 = I_2 \tag{B.3.87}$$

$$V_0 + V_1 + V_2 = 3 Z_f I_1$$

식 (B.3.87)의 조건으로 등가회로를 구성하면 [그림 B.3.25]와 같다.

3) 3단계

[그림 B.3.25]의 (b) 대칭성분 등가회로에서 식 (B.3.88)을 얻을 수 있다.

$$I_0 = I_1 + I_2 = \frac{E_a}{Z_0 + Z_1 + Z_2 + 3Z_f} \tag{B.3.88}$$

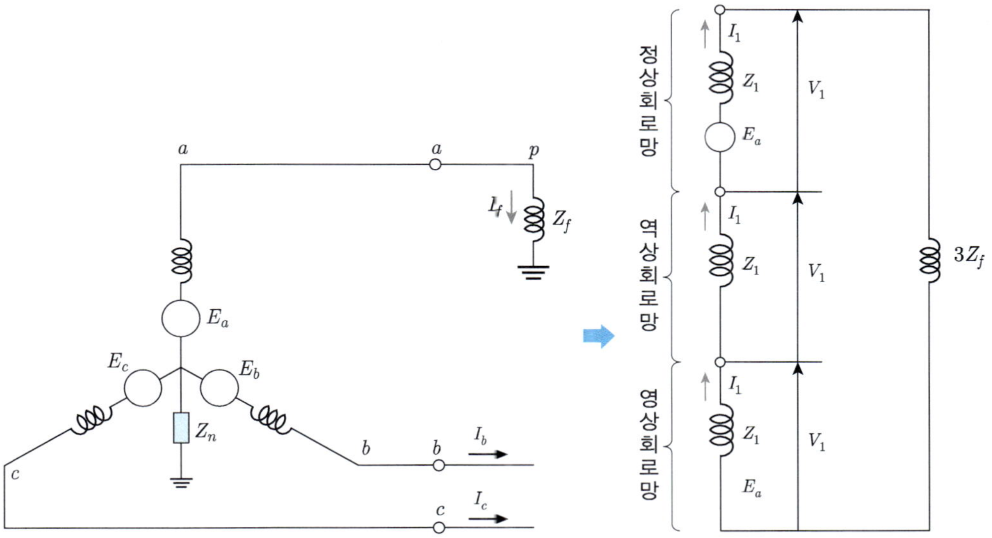

(a) 무부하 발전기의 1선 지락 고장회로　　　　(b) 대칭성분 등가회로

그림 B.3.25 무부하 발전기의 1선 지락 고장

4) 4단계 : 발전기의 기본식을 이용하여 대칭성분 전압 계산

발전기의 기본식을 이용하여 대칭성분 전압을 계산하면 식 (B.3.89)를 얻을 수 있다.

$$V_0 = -Z_0 I_0 = -\frac{Z_0}{Z_0 + Z_1 + Z_2 + 3Z_f} \times E_a \tag{B.3.89}$$

$$V_1 = E_a - Z_1 I_1 = E_a - \frac{Z_1}{Z_0 + Z_1 + Z_2 - 3Z_f} \times E_a$$

$$= \frac{Z_0 + Z_2 + 3Z_f}{Z_0 + Z_1 + Z_2 + 3Z_f} \times E_a$$

$$V_2 = -Z_2 I_2 = -\frac{Z_2}{Z_0 + Z_1 + Z_2 + 3Z_f} \times E_a$$

5) 5단계 : 3, 4단계의 결과를 이용하여 상성분 고장전류 및 전압 계산

$$I_f = I_0 + I_1 + I_2 = \frac{3E_a}{Z_0 + Z_1 + Z_2 + 3Z_f} \tag{B.3.90}$$

고장전류 I_f는 식 (B.3.90)과 같이 계산된다.

$Z_f = 0$인 경우에 V_b와 V_c는 식 (B.3.85)의 결과를 식 (B.3.29)에 대입하여 구하면 식 (B.3.91)과 같다.

$$V_b = V_0 + a^2 V_1 + a V_2 = \frac{(a^2-1)Z_0 + (a^2-a)Z_2}{Z_0+Z_1+Z_2} \times E_a \qquad \text{(B.3.91)}$$

$$V_c = V_0 + a V_1 + a^2 V_2 = \frac{(a-1)Z_0 + (a-a^2)Z_2}{Z_0+Z_1+Z_2} \times E_a$$

1선 지락고장에 대하여 종합하면

1선 지락 고장의 특징

1) 직접접지 방식의 경우 ($Z_0 \fallingdotseq Z_1 \fallingdotseq Z_2$)

① a상 지락전류는 3상 단락전류와 거의 동일하다.

② b, c상 대지전압은 고장 전의 전압과 거의 동일하다.

③ 영상전압은 고장 전 a상 전압의 $\frac{1}{3}$ 정도로 작다.

④ $a-b$, $c-a$ 선간 전압(V_{ba}, V_{ca})은 고장 전 $\frac{1}{\sqrt{3}}$ 정도로 감소한다.

2) 직접접지 방식의 경우 ($Z_0 \gg Z_1 \fallingdotseq Z_2$)

① a상 지락전류는 고장 전의 a상 전압을 영상성분 임피던스로 나눈 것의 3배와 같다.

② b, c상 대지전압은 고장 전의 전압의 $\sqrt{3}$ 배까지 상승한다.

③ 영상전압은 고장 전 a상 전압과 크기가 같고 방향은 반대이다.

④ $a-b$, $c-a$ 선간 전압(V_{ba}, V_{ca})은 고장 전의 값과 동일하다.

제 4 절

배전선로의 고장 계산

전력계통에서 고장계산은 보호기기의 계전기 정정, 차단장치의 정격 등을 결정하는데 매우 중요한 요소이로, 한국전력공사에서는 고장계산을 %임피던스법 기반으로 수행한다.

1 | 배전선로의 고장전류 계산 기초

계산에 필요한 % 임피던스 데이터

[그림 B.4.1]과 같이 고장점에서 발생한 고장전류를 구하기 위해서는 고장점에서 바라본 전체 임피던스를 고려하여야 한다. 고장점에서 바라본 전체 임피던스를 계산하기 위해서는 전원측 임피던스와 배전선로 임피던스가 필요하여 아래와 같이 설명한다.

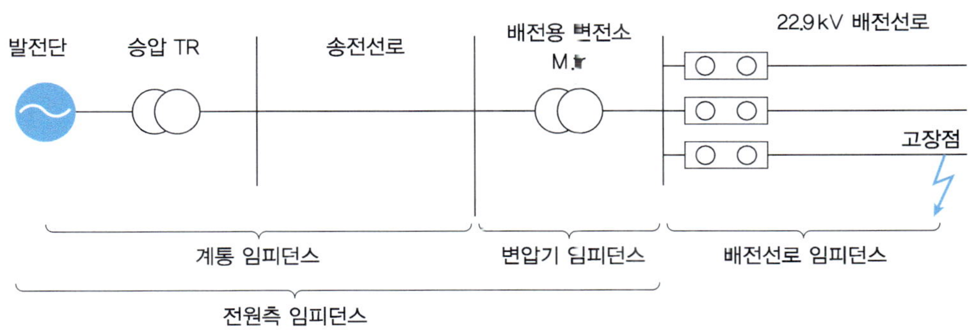

그림 B.4.1 배전계통의 고장점에서 바라 본 % 임피던스 개념도

1) 전원측 임피던스

배전계통 측에서 전원 측으로 바라 본 임피던스를 전원측임피던스라 한다. 이는 배전용변압기임피던스와 그 앞단에 있는 계통임피던스를 포함한 임피던스로, 전력관리처에서 해당 값을 제공받고 있다. 이 값이 고장계산을 위해 어떻게 적용되는지를 [표 B.4.1] 기반으로 알아보자. 본 표는 100[MVA]를 적용하고 있다.

| 표 B.4.1 | 전력계통 구성과 Impedance Map(전원측 임피던스 예시)

변전소	154kV Bus %Impedance				결선	OA 기준용량 (MVA)			FA 기준용량 (MVA)			권선차별 %Imp			100MVA기준 %Imp			23kV Bus 등가 Impedance				1차 접지	NGR설치		
	정상(Z1)		영상(Z0)															정상(Z1)		영상(Z0)					
	R	X	R	X		1-2	2-3	1-3	1-2	2-3	1-3	1-2	2-3	1-3	1-2	2-3	1-3	R	X	R	X		유/무	Ω	% Imp
가수원	0.36	2.48	1.50	7.13	Y-Y-Δ	45	15	15	60	20	20	14.3	2.1	7.8	31.87	14.07	52.13	0.36	34.35	0	14.07	무	유	0.60	34.32
가수원	0.36	2.48	1.50	7.13	Y-Y-Δ	45	15	15	60	20	20	14.4	2.1	7.9	31.93	14.07	52.33	0.36	34.42	0	14.07	무	유	0.60	34.32
가수원																			34.42	0					

계통 임피던스　　　　변압기 임피던스

가) 계통임피던스 : Z_s

[표 B.4.1]의 좌측 상단의 칼럼을 보면 "154[kV] BUS % Impedance"라 표기되어 있다. 이는 154[kV]측 모선에서 발전단측을 바라 본 임피던스를 나타낸 것으로, 단위는 %임피던스이다. 또한 일반적으로 계통임피던스는 "Z_s"로 표현하는데 첨자 1, 2, 0를 각각 정상, 역상 및 영상으로 나타낼 수 있다.

① 정상분 % 임피던스 : Z_{s1}

주어진 데이터를 표현하면 발전기 ~ 송전선로의 $Z_{s1} = R_{s1} + jX_{s1}$ → $0.36 + j2.48[\%]$라 할 수 있다.

② 영상분 % 임피던스 : Z_{s0}

발전기 ~ 송전선로의 $Z_{s0} = R_{s0} + jX_{s0}$ → $1.50 + j7.13[\%]$라 할 수 있다. 그러나 변압기 임피던스난의 1차 접지를 보면 "무"라고 표기되어 있는데, 이는 영상회로를 구성할 수 없다는 의미(Floating, 접지용 D/S(단로기) 개방)로 무시하면 된다.

2) 변압기 % 임피던스 : Z_t

[표 B.4.1]의 변압기임피던스 란을 보면 "OA 용량기준", "FA 용량기준"이란 용어가 있는데, 이는 모두 주변압기의 냉각방식을 의미하는 것으로 OA는 유입자냉식을, FA는 유입풍냉식을 의미한다. 또한 냉각방식에 따라 변압기의 용량에 변화가 발생하는데, OA는 순수한 자기용량을 의미하기 때문에 변압기 % 임피던스는 OA 용량을 기준으로 한다.

또한, [표 B.4.1]에서 "1-2", "2-3", "1-3"과 결선 란의 "Y-Y-D"로 표기되어 있는 것을 통해 변압기는 3권선으로 구성되어 있음을 알 수 있다. 따라서 "1-2", "2-3", "1-3"는 각 권선간 형성되는 변압기 % 임피던스를 나타낸 것으로, 변압기 % 임피던스를 Z_t라 한다.

가) 정상분 % 임피던스 : Z_{t1}

주변압기의 "1-2" 간에 형성되는 % 임피던스는 정상분로 주변압기 1-2의 $Z_{t1} = R_{t1} + jX_{t1} \rightarrow 0 + j31.87\ \%]$

나) 영상분 % 임피던스 : Z_{t0}

주변압기의 "2-3" 간에 형성된 임피던스와 "NGR"이 설치되어 접지가 "유"로 되어 있으므로 NGR을 통한 회로는 영상회로를 형성하게 된다.

주변압기 "2-3"간 형성된 % 임피던스 및 NRG의 % 임피던스 : $Z_{t0} = R_{t0} + jX_{t0} \rightarrow 0 + j14.07 + j34.32 = j48.39$

따라서 전원측 임피던스는

① 정상분 임피던스

$$Z_{s1} + Z_{t1} = (0.36 + j2.48) + (0 - j31.87) = 0.36 + j31.87$$

② 영상분 임피던스

$$Z_{s0} + Z_{t0} + Z_{NGR} = (0 + j0) + (0 + j14.07) + (0 + j34.32) = j48.39$$

보충설명

NGR의 저항치 0.6[Ω]의 % 임피던스(= % Z) 구하기

$$\%Z = \frac{Z[\Omega]}{\text{기준 임피던스}} \times 100 = \frac{Z[\Omega] \times \text{기준}[\text{kVA}]}{(\text{기준}[\text{kV}])^2 \times 10}$$

$$= \frac{0.6[\Omega] \times 100{,}000[\text{kVA}]}{(22.9[\text{kV}])^2 \times 10} \times 3 = 34.32[\%]$$

여기서 3을 곱하는 이유는 NGR로 인한 영상회로 구성으로 고장이 발생하면 3[배]의 고장전류가 흐르기 때문이다.

3) 배전선로 % 임피던스

배전선로에서 전압별, 선종별로 단위 km당 100[MVA] 기준의 정상, 역상, 영상의 % 임피던스로 표기하여 [표 B.4.2] 및 [표 B.4.3]과 같이 데이터를 제공하고 있다. 여기서 정상 임피던스와 역상 임피던스의 값은 동일하며, 22.9[kV]-y 다중접지 계통방식 선로의 정상(역상) 임피던스와 영상 임피던스 데이터를 나타낸 것이다.

| 표 B.4.2 | 22.9[kV]-y 다중접지 계통방식 선로의 정상(역상) %임피던스

% 임피던스[%] / 완철길이[mm] / 선종 [mm^2]	$r + jx_1(x_2)$ [% / km]	
	1800 완철(1회선용) D=1008	2400 완철(1회선용) D=1008
ACSR 160	3.86 + j6.98	3.86 + j7.42
ACSR 95	7.71 + j8.80	7.71 + j9.24
ACSR 58	13.27 + j9.46	13.27 + j9.81
ACSR 32	23.46 + j9.59	23.46 + j9.94
HDCC 100	3.59 + j7.62	3.59 + j7.97
HDCC 60	6.49 + j8.14	6.49 + j8.49
HDCC 38	10.25 + j8.47	10.25 + j8.81
HDCC 22	17.43 + j8.83	17.43 + j9.18

표 B.4.3 22.9[kV]-y 다중접지 계통방식 선로의 영상 %임피던스

전력선 / 중성선	HDCC 100[mm²]	HDCC 60[mm²]	HDCC 38[mm²]	HDCC 22[mm²]	ACSR 160[mm²]	ACSR 95[mm²]	ACSR 58[mm²]	ACSR 32[mm²]
HDCC 38[mm²]	10.88 +j24.11	13.79 +j24.62	17.54 +j24.95	24.72 −j25.31	11.16 +j23.56	15.01 +j25.37	28.57 +j25.95	30.76 +j26.07
HDCC 22[mm²]	12.25 +j27.23	15.15 +j27.74	18.91 +j28.07	26.09 −j28.43	12.52 +j26.68	16.47 +j28.49	21.93 +j29.07	32.12 +j29.19
ACSR 160[mm²]	7.73 +j20.69	10.63 +j21.21	14.39 +j21.54	21.57 −j21.90	8.00 +j20.15	11.85 +j21.96	17.41 +j22.54	27.60 +j22.66
ACSR 95[mm²]	9.60 +j23.23	12.51 +j23.75	16.26 +j24.07	23.44 +j24.44	9.87 +j22.68	13.73 +j24.50	19.28 +j25.07	29.47 +j25.20
ACSR 58[mm²]	11.35 +j25.69	14.25 +j26.20	18.01 +j26.53	25.19 +j26.89	11.62 +j25.14	15.47 +j26.96	21.03 +j27.53	31.22 +j27.66
ACSR 32[mm²]	12.24 +j29.20	15.14 +j29.72	18.89 +j30.04	26.08 +j30.41	12.51 +j28.65	16.36 +j30.47	21.92 +j31.04	L32.11 +j31.17

2 | 3상 단락 고장전류 계산

계통의 동일한 지점에서 배전선로의 3상이 단락된 고장은 [그림 B.4.2]와 같다.

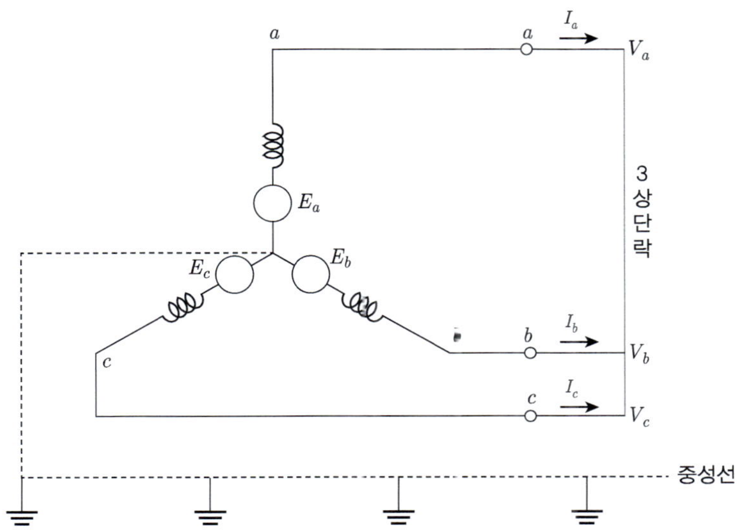

그림 B.4.2 Y 다중접지 계통방식의 3상 단락고장

이때 고장전류는 회로 전체의 임피던스에 반비례하며 그 계산식은 식 (B.4.1)과 같다.

$$I_{3s} = \frac{100}{Z_1} \times 기준전류[A] = \frac{100}{Z_1} \times \frac{100,000}{\sqrt{3}\ V}[A] \tag{B.4.1}$$

단, 여기서

$I_{3s} =$ 3상 단락 고장전류 [A]

$Z_1 =$ 고장회로의 정상 % 임피던스(100[MVA] 기준)

$Z_1 = Z_s + Z_t + Z_{l1}$

Z_s : 계통의 % 임피던스(100[MVA] 기준)

Z_t : 변압기의 % 임피던스(100[MVA] 기준)

Z_{l1} : 배전선로의 정상 % 임피던스(100[MVA] 기준)

V : 선간전압(=22.9[kV])

보충설명

예제) 3상 단락고장 전류 계산

아래 선로에서 3상 단락고장이 발생하였을 때의 고장전류를 구해보자.

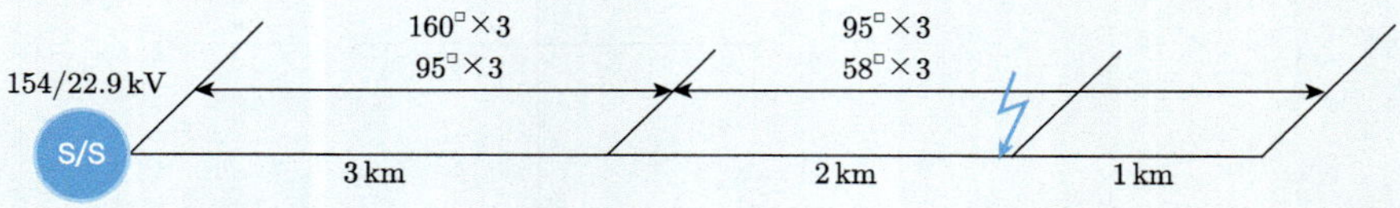

$$Z_s \begin{cases} Z_{s0} = 0 + j0 \\ Z_{s1} = 0.36 + j2.48 \end{cases}$$

변전소	154kV Bus %Impedance 정상(Z1) R	X	영상(Z0) R	X	결선	OA 기준용량 (MVA) 1-2	2-3	1-3	FA 기준용량 (MVA) 1-2	2-3	1-3	권선차별 %Imp 1-2	2-3	1-3	100MVA기준 %Imp 1-2	2-3	1-3	23kV Bus 등가 Impedance 정상(Z1) R	X	영상(Z0) R	X	1차 접지	NGR설치 유/무	Ω	% Imp
가수원	0.36	2.48	1.50	7.13	Y-Y-Δ	45	15	15	60	20	20	14.3	2.1	7.8	31.87	14.07	52.13	0.36	34.35	0	14.07	무	유	0.60	34.32
가수원	0.36	2.48	1.50	7.13	Y-Y-Δ	45	15	15	60	20	20	14.4	2.1	7.9	31.93	14.07	52.33	0.36	34.42	0	14.07	무	유	0.60	34.32
가수원																			34.42	0					

계통 임피던스 　　　　 변압기 임피던스

전원측 임피던스는 상기 표에 의하여 식 1과 같다.

$$Z_s \begin{cases} Z_{s0} = 0 + j0 \\ Z_{s1} = 0.36 + j2.48 \end{cases} \qquad 식\ 1$$

$$Z_t \begin{cases} Z_{t0} = 0 + j48.39 \\ Z_{t1} = 0 + j31.87 \end{cases}$$

본문 "[표 B.4.2]와 [표 B.4.3]"에 의거하여 변전소에서 고장점까지의 배전선로측 임피던스를 구하면 식 2와 같다.

$$Z_l \begin{cases} Z_{l0} = (9.97 + j\,22.68) \times 3 + (15.47 + j26.96) \times 2 = 60.55 + j121.96 \\ Z_{l1} = (3.86 + j7.42) \times 3 + (7.71 + j9.24) \times 2 = 27 + j40.74 \end{cases} \quad \text{식 2}$$

따라서 전체 임피던스 Z_T 는 식 3과 같다.

$$Z_T \begin{cases} Z_{T0} = (0 + j0) + (0 + j48.39) + (60.55 + j121.96) = 60.55 + j170.35 = 180.79[\Omega] \\ Z_{T1} = (0.36 + j2.48) + (0 + j31.87) + (27 + j40.74) = 27.36 + j75.09 = 79.92[\Omega] \end{cases} \quad \text{식 3}$$

3상 단락고장전류를 "본문 식 (B.4.1)"에 의거하여 구하면 식 4와 같다.

$$\begin{aligned} I_{3s} &= \frac{100}{Z_1} \times \text{기준 전류}[A] = \frac{100}{Z_1} \times \frac{100{,}000}{\sqrt{3}\,V} \\ &= \frac{100}{79.92} \times \frac{100{,}000}{\sqrt{3} \times 22.9} = 3{,}154[A] \end{aligned} \quad \text{식 4}$$

따라서 3상단락고장전류는 3,154[A]가 된다.

3 | 선간단락(2상 단락) 고장전류 계산

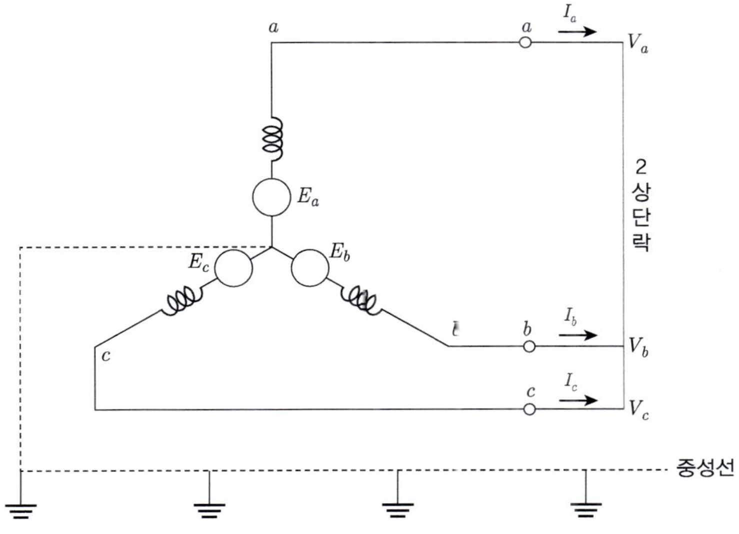

그림 B.4.3 Y 다중접지 계통방식의 선간(2상) 단락고장

[그림 B.4.3]과 같이 3상 배전계통에서 선간(2상) 단락고장이 발생하였을 때, 고장전류는 3상단락과 같이 정상분 전류만 흐르고 식 (B.4.2)와 같이 계산한다(단, $Z_1 = Z_2$).

$$I_{2s} = \frac{\sqrt{3}}{2} \circ \frac{100}{Z_1} \times \text{ 기준전류[A]} \tag{B.4.2}$$

$$= \frac{\sqrt{3}}{2} \circ \frac{100}{Z_1} \times \frac{100{,}000}{\sqrt{3}\,V} \text{[A]}$$

$$= \frac{\sqrt{3}}{2} \circ I_{3s} = 0.866\, I_{3s} \text{[A]}$$

여기서

I_{2s} : 선간단락전류[A]

Z_1 : 고장회로의 정상 % 임피던스(100 MVA 기준)

$Z_1 = Z_s + Z_t + Z_{l1}$

Z_s : 계통의 % 임피던스(100 MVA 기준)

Z_t : 변압기의 % 임피던스(100 MVA 기준)

Z_{l1} : 배전선로의 정상 % 임피던스(100 MVA 기준)

V : 선간전압(=22.9[kV])

보충설명

선간(2상) 단락고장 전류 계산

아래 선로에서 선간(2상) 단락고장이 발생하였을 때의 고장전류를 구하보자.

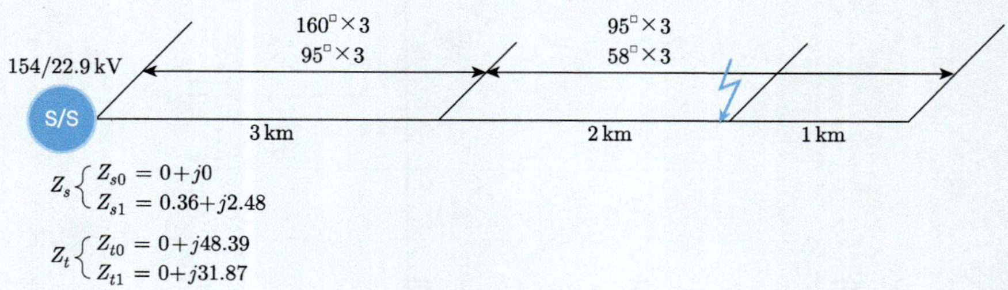

변전소	154kV Bus %Impedance				결선	OA 기준용량 (MVA)			FA 기준용량 (MVA)			권선차별 %Imp			100MVA기준 %Imp			23kV Bus 등가 Impedance				1차 접지	NGR설치		
	정상(Z1)		영상(Z0)															정상(Z1)		영상(Z0)					
	R	X	R	X		1-2	2-3	1-3	1-2	2-3	1-3	1-2	2-3	1-3	1-2	2-3	1-3	R	X	R	X		유/무	Ω	% Imp
가수원	0.36	2.48	1.50	7.13	Y-Y-Δ	45	15	15	60	20	20	14.3	2.1	7.8	31.87	14.07	52.13	0.36	34.35	0	14.07	무	유	0.60	34.32
가수원	0.36	2.48	1.50	7.13	Y-Y-Δ	45	15	15	60	20	20	14.4	2.1	7.9	31.93	14.07	52.33	0.36	34.42	0	14.07	무	유	0.60	34.32
가수원																			34.42	0					

계통 임피던스　　　　변압기 임피던스

전원측 임피던스는 상기 표에 의하여 식 1과 같다.

$$Z_s\begin{cases} Z_{s0} = 0 + j0 \\ Z_{s1} = 0.36 + j2.48 \end{cases} \qquad \text{식 1}$$

$$Z_t\begin{cases} Z_{t0} = 0 + j48.39 \\ Z_{t1} = 0 + j31.87 \end{cases}$$

본문 "[표 B.4.2]와 [표 B.4.3]"에 의거하여 변전소에서 고장점까지의 배전선로측 임피던스를 구하면 식 2와 같다.

$$Z_l\begin{cases} Z_{l0} = (9.97 + j\,22.68) \times 3 + (15.47 + j26.96) \times 2 = 60.55 + j\,121.96 \\ Z_{l1} = (3.86 + j\,7.42) \times 3 + (7.71 + j\,9.24) \times 2 = 27 + j\,40.74 \end{cases} \qquad \text{식 2}$$

따라서 전체 임피던스 Z_T 는 식 3과 같다.

$$Z_T\begin{cases} Z_{T0} = (0 + j\,0) + (0 + j\,48.39) + (60.55 + j121.96) = 60.55 + j\,170.35 = 180.79[\Omega] \\ Z_{T1} = (0.36 + j\,2.48) + (0 + j\,31.87) + (27 + j40.74) = 27.36 + j\,75.09 = 79.92[\Omega] \end{cases} \qquad \text{식 3}$$

선간(2상) 단락고장전류를 "본문 식 (B.4.2)"에 의거하여 구하면 식 4와 같다.

$$I_{2s} = \frac{\sqrt{3}}{2} \circ \frac{100}{Z_1} \times \text{기준 전류}[A] = \frac{\sqrt{3}}{2} \circ \frac{100}{Z_1} \times \frac{100{,}000}{\sqrt{3}\,V} \qquad \text{식 4}$$

$$= \frac{\sqrt{3}}{2} \circ I_{3s} = \frac{\sqrt{3}}{2} \circ 3154[A] = 2{,}731[A]$$

따라서 선간(2상)단락고장전류는 $2{,}731[\mathrm{A}]$가 된다.

4 | 1선 지락 고장전류 계산

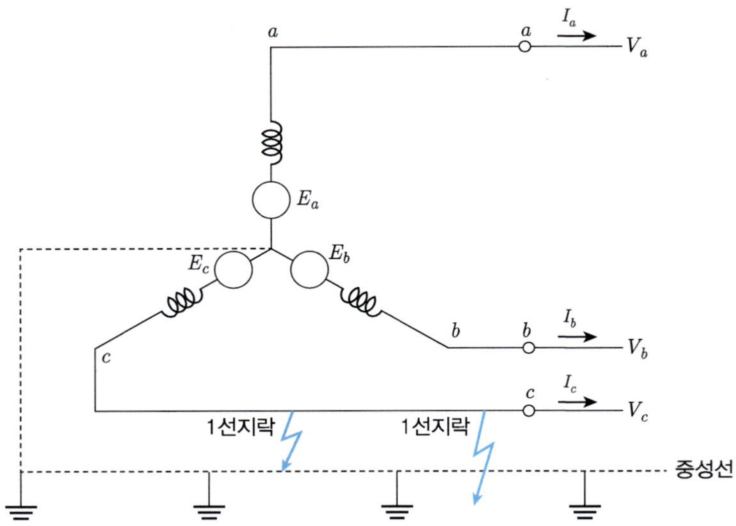

그림 B.4.4 Y 다중접지 계통방식의 1선 지락 고장

[그림 B.4.4]와 같이 3상4선식 다중접지계통에서 1선 지락 고장은 다중접지된 중성선과 혼촉되는 경우와 대지와 지락되는 경우로 생각할 수 있다. 이때 고장전류 계산식은 식 (B.4.3)과 같다.

$$I_g = \frac{3 \times 100}{Z_0 + Z_1 + Z_2 + 3Z_f} \times \text{기준 전류[A]} \tag{B.4.3}$$

$$= \frac{100}{Z_0 + Z_1 + Z_2 + 3Z_f} \times \frac{100,000}{\sqrt{3}\,V}\text{[A]}$$

단, 여기서

I_g : 1선 지락고장전류 [A]

V : 선간전압(=22.9[kV])

Z_0, Z_1, Z_2 : 고장회로의 정상, 역상, 영상 % 임피던스(100 MVA 기준)

$Z_1 =$ 고장회로의 정상 % 임피던스(100 MVA 기준)

$Z_1 = Z_s + Z_t + Z_{l1}$

$Z_2 = Z_1$

$$Z_0 = Z_t + Z_{l0}$$

Z_s : 계통의 % 임피던스(100 MVA 기준)

Z_t : 변압기의 % 임피던스(100 MVA 기준)

Z_{l1} : 배전선로의 정상 % 임피던스(100 MVA 기준)

Z_{l0} : 배전선로의 영상 % 임피던스(100 MVA 기준)

Z_f : 고장점의 고장저항값으로 100 MVA 기준으로 환산한 % 임피던스

보충설명

예제) 1선지락고장전류 계산

아래 선로에서 1선 지락고장이 발생하였을 때의 고장전류를 구하보자. 단, Z_f는 30[Ω]으로 한다.

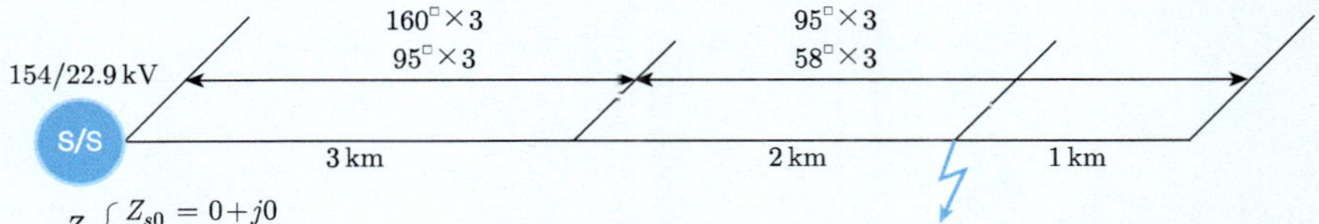

$$Z_s \begin{cases} Z_{s0} = 0 + j0 \\ Z_{s1} = 0.36 + j2.48 \end{cases}$$

$$Z_t \begin{cases} Z_{t0} = 0 + j48.39 \\ Z_{t1} = 0 + j31.87 \end{cases}$$

변전소	154kV Bus %Impedance 정상(Z1)		영상(Z0)		결선	OA 기준용량 (MVA)			FA 기준용량 (MVA)			권선 차별 %Imp			100MVA기준 %Imp			23kV Bus 등가 Impedance 정상(Z1)		영상(Z0)		1차 접지	NGR설치		
	R	X	R	X		1-2	2-3	1-3	1-2	2-3	1-3	1-2	2-3	1-3	1-2	2-3	1-3	R	X	R	X		유/무	Ω	% Imp
가수원	0.36	2.48	1.50	7.13	Y-Y-Δ	45	15	15	60	20	20	14.3	2.1	7.8	31.87	14.07	52.13	0.36	34.35	0	14.07	무	유	0.60	34.32
가수원	0.36	2.48	1.50	7.13	Y-Y-Δ	45	15	15	60	20	20	14.4	2.1	7.9	31.93	14.07	52.33	0.36	34.42	0	14.07	무	유	0.60	34.32
가수원																			34.42	0					

계통 임피던스 / 변압기 임피던스

전원측 임피던스는 상기 표에 의하여 식 1과 같다.

$$Z_s \begin{cases} Z_{s0} = 0 + j0 \\ Z_{s1} = 0.36 + j2.48 \end{cases} \qquad \text{식 1}$$

$$Z_t \begin{cases} Z_{t0} = 0 + j48.39 \\ Z_{t1} = 0 + j31.87 \end{cases}$$

본문 “[표 B.4.2]와 [표 B.4.3]”에 의거하여 변전소에서 고장점까지의 배전선로측 임피던스를 구하면 식 2와 같다.

$$Z_l \begin{cases} Z_{l0} = (9.97 + j\,22.68) \times 3 + (15.47 + j26.96) \times 2 = 60.55 + j\,121.96 \\ Z_{l1} = (3.86 + j7.42) \times 3 + (7.71 + j9.24) \times 2 = 27 + j\,40.74 \end{cases} \qquad \text{식 2}$$

따라서 전체 임피던스 Z_T는 식 3과 같다.

$$Z_T \begin{cases} Z_{T0} = (0 + j0) + (0 + j\,48.39) + (60.55 + j121.96) = 60.55 + j\,170.35 = 180.79[\Omega] \\ Z_{T1} = (0.36 + j2.48) + (0 + j\,31.87) + (27 + j40.74) = 27.36 + j\,75.09 = 79.92[\Omega] \end{cases} \qquad \text{식 3}$$

$$Z_f = 30 \times 19.1 = 573[\Omega]\text{(100MVA로 환산한 값)} \qquad \text{식 4}$$

$Z_{T1} = Z_{T2}$이므로 1선지락고장전류를 "본문 식 (B.4.3)"에 의거하여 구하면 식 5와 같다.

$$I_g = \frac{3 \times 100}{Z_0 + 2Z_1 + 3Z_f} \times \text{기준 전류}[\mathrm{A}] = \frac{100}{Z_0 + 2Z_1 + 3Z_f} \times \frac{100{,}000}{\sqrt{3}\,V}[\mathrm{A}] \qquad \text{식 5}$$

$$= \frac{100}{180.79 + 2 \times 79.92 + 3 \times 573} \times \frac{100{,}000}{\sqrt{3} \times 22.9}[\mathrm{A}] = 122.41[\mathrm{A}]$$

따라서 1선지락고장전류는 $122.41[A]$가 된다.

제5절

분산형 전원 연계 Radial 및 Loop 배전계통 조류 해석의 이해

현재 배전계통은 세계의 에너지 트랜드와 정부의 2030 정책으로 분산형 전원이 배전계통에 연계되는 수가 증가하고 있다. 이로 인해 분산형 전원 연계 배전계통의 조류해석이 필요한 시점이다. 조류해석의 간소화를 통해 현장 사업소에서 근무하는 송배전원 및 대학교 1, 2학년들도 보편적으로 계산할 수 있는 토대를 만들고자 한다. 아래 반복계산법 기반의 조류해석을 통허 배전계통의 직관적 이해를 극대화 시키고자 한다.

1 | DC 계통에서의 Z-bus 행렬을 이용한 조류해석

Z-bus 행렬을 이용한 모선 전압 계산방법

본 절에서는 조류해석을 하기 위한 Z_{bus} 행렬을 구하고 이를 활용하여 전압을 구하고자 한다. 전압을 구하기 위하여 옴의 법칙($V = RI$)을 이용해야 하는데, 모선이 여러 개인 경우 분석을 위해 $V = Z_{bus}I$ 로 나타낼 수 있다. 모선 전압

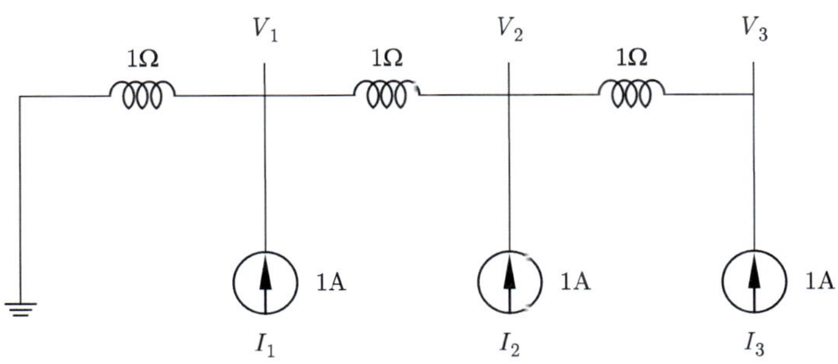

그림 B.5.1 Simple DC Model

을 구하기 위해선 $\boldsymbol{Z}_{bus}$ 행렬을 구해야 한다. 우선 [그림 B.5.1]과 같이 간단한 DC 모델의 예제계통을 통해 $\boldsymbol{Z}_{bus}$ 행렬을 구해본다.

그림의 3개의 모선별은 기준전압이 되는 접지와 연결되어 있다. 모선이 3개이므로 $\boldsymbol{Z}_{bus}$ 행렬은 3×3 행렬로 나타낼 수 있다. 따라서 $\boldsymbol{Z}_{bus}$ 행렬은 아래 식 (B.5.1)과 같이 나타난다.

$$\boldsymbol{Z}_{bus} = \begin{bmatrix} Z_{11} & Z_{12} & Z_{13} \\ Z_{21} & Z_{22} & Z_{23} \\ Z_{31} & Z_{32} & Z_{33} \end{bmatrix} = \begin{bmatrix} 1 & 1 & 1 \\ 1 & 2 & 2 \\ 1 & 2 & 3 \end{bmatrix} \tag{B.5.1}$$

위의 $\boldsymbol{Z}_{bus}$ 행렬을 활용하여 전압을 구하는 식은 아래와 같다. 이 식은 $\boldsymbol{V} = \boldsymbol{Z}_{bus}\boldsymbol{I}$ 라는 옴의 법칙을 활용하여 구한 식이다.

$$\begin{bmatrix} V_1 \\ V_2 \\ V_3 \end{bmatrix} = \begin{bmatrix} Z_{11} & Z_{12} & Z_{13} \\ Z_{21} & Z_{22} & Z_{23} \\ Z_{31} & Z_{32} & Z_{33} \end{bmatrix} \begin{bmatrix} I_1 \\ I_2 \\ I_3 \end{bmatrix} \tag{B.5.2}$$

위 식 (B.5.2)를 활용하여 전압을 구하면 아래와 같다.

$$\begin{aligned} \begin{bmatrix} V_1 \\ V_2 \\ V_3 \end{bmatrix} &= \begin{bmatrix} Z_{11} & Z_{12} & Z_{13} \\ Z_{21} & Z_{22} & Z_{23} \\ Z_{31} & Z_{32} & Z_{33} \end{bmatrix} \begin{bmatrix} I_1 \\ I_2 \\ I_3 \end{bmatrix} \\ &= \begin{bmatrix} 1 & 1 & 1 \\ 1 & 2 & 2 \\ 1 & 2 & 3 \end{bmatrix} \begin{bmatrix} 1 \\ 1 \\ 1 \end{bmatrix} \\ &= \begin{bmatrix} 3 \\ 5 \\ 6 \end{bmatrix} \end{aligned}$$

4 Z-bus 행렬을 이용한 Building 알고리즘

본 절에서는 $\boldsymbol{Z}_{bus}$ 행렬을 구하는 전반적인 알고리즘을 설명한다. Building Method라는 방법을 사용하며 이 Building Method은 아래 식 (B.5.3)과 같다.

$$Z_{ij} = \left. \frac{V_i}{I_j} \right|_{I_{(exept\ j)} = 0} \tag{B.5.3}$$

구체적으로 아래 [그림 B.5.2]를 활용한 예시로 설명하면 다음과 같다. 아래 그림은 simple DC Model를 나타내며, 각 전류원에 스위치가 있다.

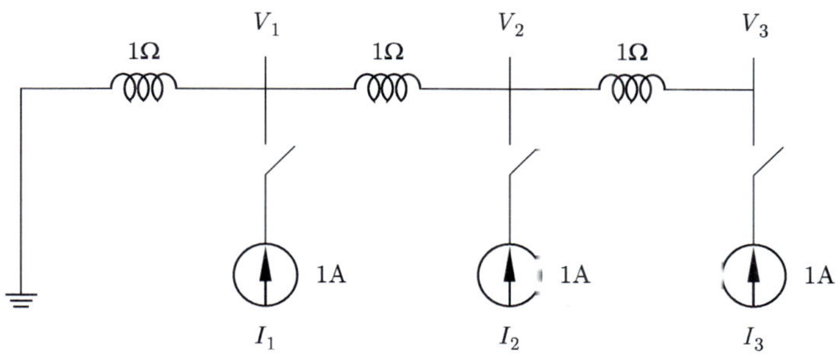

그림 B.5.2 Simple DC Switching Model

Building Method 식 (B.5.3)을 활용하여 가령 Z_{11}를 구하면 다음과 같다.

$$Z_{11} = \left.\frac{V_1}{I_1}\right|_{I_2 = I_3 = 0} = \frac{1\,[\mathrm{V}]}{1\,[\mathrm{A}]} = 1\,[\mathrm{ohm}] \tag{B.5.4}$$

이는 1번 모선을 제외한 나머지 모선의 전류원 스위치는 open 시켜 흐르지 않게 하고, 1번 모선의 전류원만 short 시켜 전류원을 흐르게 한다. 그러면 아래 [그림 B.5.3[과 같이 나타낼 수 있다. 전류값은 어떤 값을 상정하여도 상관없기 때문에, 1[A]로 상정하고 이때의 전압 V_1을 구한다. 1번 모선과 접지와의 전압은 1[V]이다. 따라서 1번 모선의 전류 1[A]와 1번 모선의 전압 1[V]를 이용한 옴의 법칙을 이용하여 임피던스를 구하면 1[ohm]이 나온다.

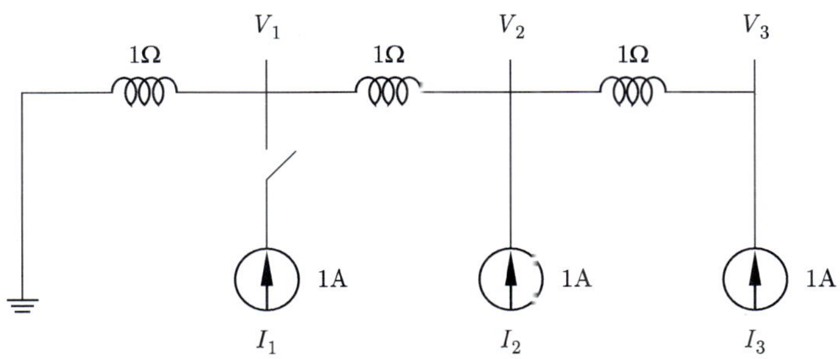

그림 B.5.3 Simple DC Model for Z_{11}

이를 활용하여 나머지 $\boldsymbol{Z}_{bus}$를 구하면 다음과 같다.

$$Z_{12} = \left.\frac{V_1}{I_2}\right|_{I_1 = I_3 = 0} = \frac{1[\mathrm{V}]}{1[\mathrm{A}]} = 1[\mathrm{ohm}]$$

$$Z_{13} = \left.\frac{V_1}{I_3}\right|_{I_1 = I_2 = 0} = \frac{1[\mathrm{V}]}{1[\mathrm{A}]} = 1[\mathrm{ohm}]$$

$$Z_{22} = \left.\frac{V_2}{I_2}\right|_{I_1 = I_3 = 0} = \frac{2[\mathrm{V}]}{1[\mathrm{A}]} = 2[\mathrm{ohm}]$$

$$Z_{23} = \left.\frac{V_2}{I_3}\right|_{I_1 = I_2 = 0} = \frac{2[\mathrm{V}]}{1[\mathrm{A}]} = 2[\mathrm{ohm}]$$

$$Z_{33} = \left.\frac{V_3}{I_3}\right|_{I_1 = I_2 = 0} = \frac{3[\mathrm{V}]}{1[\mathrm{A}]} = 3[\mathrm{ohm}]$$

이를 이용하여 $\boldsymbol{Z}_{bus}$ 행렬식에 대입하면 다음과 같이 구할 수 있다.

$$\boldsymbol{Z}_{bus} = \begin{bmatrix} Z_{11} & Z_{12} & Z_{13} \\ Z_{21} & Z_{22} & Z_{23} \\ Z_{31} & Z_{32} & Z_{33} \end{bmatrix} = \begin{bmatrix} 1 & 1 & 1 \\ 1 & 2 & 2 \\ 1 & 2 & 3 \end{bmatrix} \tag{B.5.5}$$

④ 반복계산법(Iterative Method)을 통한 조류해석

모선의 정확한 조류해석을 위해서는 위 $\boldsymbol{Z}_{bus}$ 행렬식을 이용하여 전압을 구하는 것이 중요하다. 앞서, [그림 B.5.3]의 전류원을 부하로 나타내고 100W로 상정하면 아래의 [그림 B.5.4]와 같다.

전압을 구하기 위해서 본 절에선 Iterative Method를 사용한다. Iterative Method는 반복법으로 초기값을 상정하고 반복계산을 통하여 실제 값과의 오차를 최소화 하여 결과를 구하는 방법이다. 이 반복법에 대한 식 (B.5.6)은 아래와 같다.

$$\boldsymbol{V} = \boldsymbol{V}(0) - \boldsymbol{Z}_{bus}\boldsymbol{I} \tag{B.5.6}$$

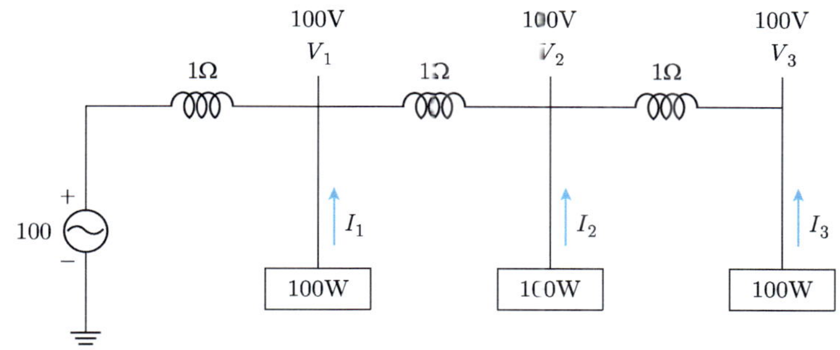

그림 B.5.4 부하로 나타낸 Sinple DC Model

이를 구체적으로 나타내면 아래의 식 (B.5.7)과 같다.

$$\begin{bmatrix} V_1^{(1)} \\ V_2^{(1)} \\ V_3^{(1)} \end{bmatrix} = \begin{bmatrix} V_1(0) \\ V_2(0) \\ V_3(0) \end{bmatrix} - \begin{bmatrix} Z_{11} & Z_{12} & Z_{13} \\ Z_{21} & Z_{22} & Z_{23} \\ Z_{31} & Z_{32} & Z_{33} \end{bmatrix} \begin{bmatrix} I_1 \\ I_2 \\ I_3 \end{bmatrix} \tag{B.5.7}$$

위 식 (B.5.7)를 활용해서 Iterative Method를 1회 구하면 아래 식 (B.5.8)과 같다.

$$\begin{bmatrix} V_1^{(1)} \\ V_2^{(1)} \\ V_3^{(1)} \end{bmatrix} = \begin{bmatrix} 100 \\ 100 \\ 100 \end{bmatrix} - \begin{bmatrix} 1 & 1 & 1 \\ 1 & 2 & 2 \\ 1 & 2 & 3 \end{bmatrix} \begin{bmatrix} 1.00 \\ 1.00 \\ 1.00 \end{bmatrix} = \begin{bmatrix} 97.0000 \\ 95.0000 \\ 94.0000 \end{bmatrix} \tag{B.5.8}$$

이를 이용하여 그림으로 나타내면 아래 [그림 B.5.5]와 같다. 각 모선의 전압 V_1, V_2, V_3의 값은 각각 97[V], 95[V], 94[V]이다. 이를 100 W에 나눠 전류값을 구하면 각 모선의 전류값 I_1, I_2, I_3은 각각 1.0309[A], 1.0526[A], 1.0638[A]이다.

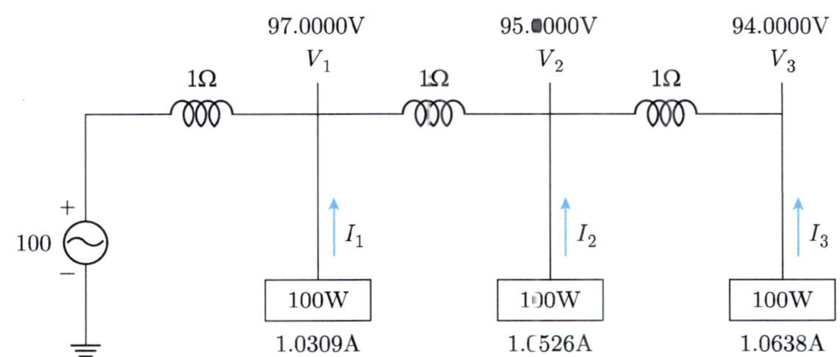

그림 B.5.5 Iterative Method 1회

이를 Iterative Mehtod 식 (B.5.6)에 대입하면 아래의 식 (B.5.9)와 같다.

$$\begin{bmatrix} V_1^{(2)} \\ V_2^{(2)} \\ V_3^{(2)} \end{bmatrix} = \begin{bmatrix} 100 \\ 100 \\ 100 \end{bmatrix} - \begin{bmatrix} 1 & 1 & 1 \\ 1 & 2 & 2 \\ 1 & 2 & 3 \end{bmatrix} \begin{bmatrix} 1.0309 \\ 1.0526 \\ 1.0638 \end{bmatrix} = \begin{bmatrix} 96.8527 \\ 94.7363 \\ 93.6725 \end{bmatrix} \tag{B.5.9}$$

이러한 과정으로 Iterative Method를 3회, 4회 반복하면 아래와 같다.

$$\begin{bmatrix} V_1^{(3)} \\ V_2^{(3)} \\ V_3^{(3)} \end{bmatrix} = \begin{bmatrix} 100 \\ 100 \\ 100 \end{bmatrix} - \begin{bmatrix} 1 & 1 & 1 \\ 1 & 2 & 2 \\ 1 & 2 & 3 \end{bmatrix} \begin{bmatrix} 1.0325 \\ 1.0556 \\ 1.0675 \end{bmatrix} = \begin{bmatrix} 96.8444 \\ 94.7213 \\ 93.6538 \end{bmatrix} \tag{B.5.10}$$

$$\begin{bmatrix} V_1^{(4)} \\ V_2^{(4)} \\ V_3^{(4)} \end{bmatrix} = \begin{bmatrix} 100 \\ 100 \\ 100 \end{bmatrix} - \begin{bmatrix} 1 & 1 & 1 \\ 1 & 2 & 2 \\ 1 & 2 & 3 \end{bmatrix} \begin{bmatrix} 1.0326 \\ 1.0557 \\ 1.0678 \end{bmatrix} = \begin{bmatrix} 96.8439 \\ 94.7204 \\ 93.6526 \end{bmatrix} \tag{B.5.11}$$

이를 보면 전압과 전류 값이 일정 값으로 수렴함을 알 수 있다. 이러한 방법을 통하여 전압과 전류를 구하여 조류해석을 할 수 있다. 이를 최종적으로 계통모델로 나타내면 아래 [그림 B.5.6]과 같다.

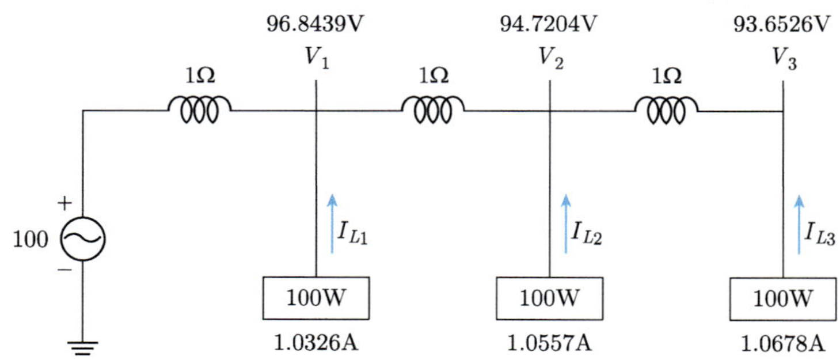

그림 B.5.6 Solution of Simple AC Model

2 | AC 계통에서의 Z-bus 행렬을 이용한 조류해석

Z-bus 행렬을 이용한 모선 전압 계산방법

2절에서는 이해를 돕기 위해 DC 모델에서 조류해석을 진행 했다. 이를 활용하여 본 절에서는 실제 AC 계통 조류해석을 하기 위한 $\boldsymbol{Z}_{bus}$ 행렬을 구하고 이를 활용하여 전압을 구하고자 한다. 우선 아래 [그림 B.5.7]과 같이 AC 모델의 예제계통을 통해 $\boldsymbol{Z}_{bus}$ 행렬을 구해보자. AC 모델은 DC 모델과 동일하나 주어진 부하값으로부터 전류값을 구할 때 complex conjugate 값으로 정하는 것에 유의하여야 한다. [그림 B.5.7]의 임피던스 $Z = 0.105 + j0.234$ p.u.는 실제 한전 표준 공통 모델 ACSR 160/95□의 3 km 긍장의 임피던스를 나타낸다. 그리고 그림에서 slack은 기준 전압을 의미한다.

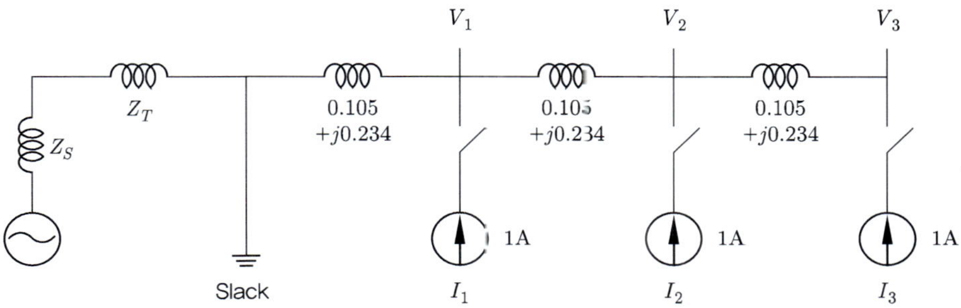

그림 B.5.7 Simple AC Model

위 그림에는 모선이 3개이므로 $\boldsymbol{Z}_{bus}$ 행렬은 3×3 행렬로 나타낼 수 있다. 따라서 $\boldsymbol{Z}_{bus}$ 행렬은 아래 식 (B.5.12)과 같이 나타난다.

$$\boldsymbol{Z}_{bus} = \begin{bmatrix} Z_{11} & Z_{12} & Z_{13} \\ Z_{21} & Z_{22} & Z_{23} \\ Z_{31} & Z_{32} & Z_{33} \end{bmatrix} \tag{B.5.12}$$

$$= \begin{bmatrix} 0.11 + j0.23 & 0.11 + j0.23 & 0.11 + j0.23 \\ 0.11 + j0.23 & 0.21 + j0.47 & 0.21 + j0.47 \\ 0.11 + j0.23 & 0.21 + j0.47 & 0.32 + j0.70 \end{bmatrix}$$

이 $\boldsymbol{Z}_{bus}$ 행렬을 활용하여 전압을 구하는 식은 다음과 같다. 이 식은 $\boldsymbol{V} = \boldsymbol{Z}_{bus}\boldsymbol{I}$라는 옴의 법칙을 활용하여 구한 식이다. 이 식 (B.5.13)를 활용하여 전압과 전류를 구하여 조류해석을 한다.

$$\begin{bmatrix} V_1 \\ V_2 \\ V_3 \end{bmatrix} = \begin{bmatrix} Z_{11} & Z_{12} & Z_{13} \\ Z_{21} & Z_{22} & Z_{23} \\ Z_{31} & Z_{32} & Z_{33} \end{bmatrix} \begin{bmatrix} I_1 \\ I_2 \\ I_3 \end{bmatrix} \tag{B.5.13}$$

Z-bus 행렬을 이용한 Building 알고리즘

본 절에서는 Z_{bus} 행렬을 구하는 전반적인 알고리즘을 설명한다. 2절에서 사용한 Building Method를 사용하며, 복습하자면 이 Building Method은 아래의 식 (B.5.14)과 같다.

$$Z_{ij} = \left.\frac{V_i}{I_j}\right|_{I_{(exept\ j)}=0} \tag{B.5.14}$$

구체적 활용예시로 아래 [그림 B.5.8]은 simple AC Model를 나타내며, 각 전류원에 스위치가 있다.

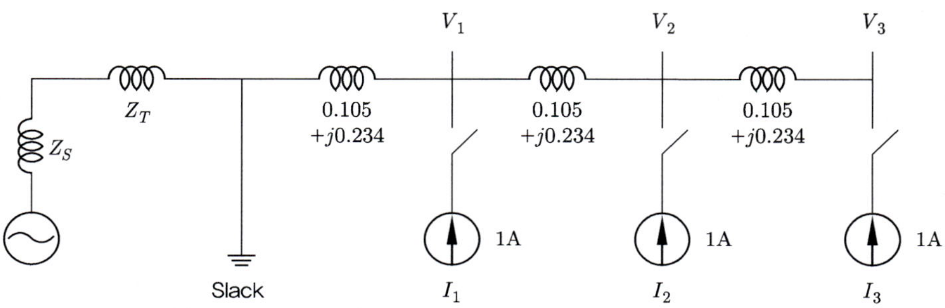

그림 B.5.8 Simple AC Model

Building Method 식 (B.5.14)를 활용하여 Z_{bus}를 구하면 아래와 같다.

$$Z_{11} = \left.\frac{V_1}{I_1}\right|_{I_2=I_3=0} = \frac{0.105+j0.234[\mathrm{V}]}{1[\mathrm{A}]} = 0.105+j0.234[\mathrm{ohm}]$$

$$Z_{12} = \left.\frac{V_1}{I_2}\right|_{I_1=I_3=0} = \frac{0.105+j0.234[\mathrm{V}]}{1[\mathrm{A}]} = 0.105+j0.234[\mathrm{ohm}]$$

$$Z_{13} = \left.\frac{V_1}{I_3}\right|_{I_1=I_2=0} = \frac{0.105+j0.234[\mathrm{V}]}{1[\mathrm{A}]} = 0.105+j0.234[\mathrm{ohm}]$$

$$Z_{22} = \frac{V_2}{I_2}\bigg|_{I_1 = I_3 = 0} = \frac{0.210 + j0.468[\mathrm{V}]}{1[\mathrm{A}]} = 0.210 + j0.468[\mathrm{ohm}]$$

$$Z_{23} = \frac{V_2}{I_3}\bigg|_{I_1 = I_2 = 0} = \frac{0.210 + j0.468[\mathrm{V}]}{1[\mathrm{A}]} = 0.210 + j0.468[\mathrm{ohm}]$$

$$Z_{33} = \frac{V_3}{I_3}\bigg|_{I_1 = I_2 = 0} = \frac{0.315 + j0.702[\mathrm{V}]}{1[\mathrm{A}]} = 0.315 + j0.702[\mathrm{ohm}]$$

이를 이용하여 $\boldsymbol{Z}_{bus}$ 행렬식에 대입하면 아래와 같이 구할 수 있다.

$$\boldsymbol{Z}_{bus} = \begin{bmatrix} Z_{11} & Z_{12} & Z_{13} \\ Z_{21} & Z_{22} & Z_{23} \\ Z_{31} & Z_{32} & Z_{33} \end{bmatrix} \tag{B.5.15}$$

$$= \begin{bmatrix} 0.105 + j0.234 & 0.105 + j0.234 & 0.105 + j0.234 \\ 0.105 + j0.234 & 0.210 + j0.468 & 0.210 + j0.468 \\ 0.105 + j0.234 & 0.210 + j0.468 & 0.315 + j0.702 \end{bmatrix}$$

반복계산법(Iterative Method)을 통한 조류해석

위 $\boldsymbol{Z}_{bus}$ 행렬식을 이용하여 전압을 구하고 조류해석을 한다. 아래의 [그림 B.5.9]에서 전류원을 부하로 나타내고 한전 표준 공통 모델의 부하 용량 3,000[kVA], PF: 0.9로 상정하면 아래의 [그림 B.5.9]와 같다.

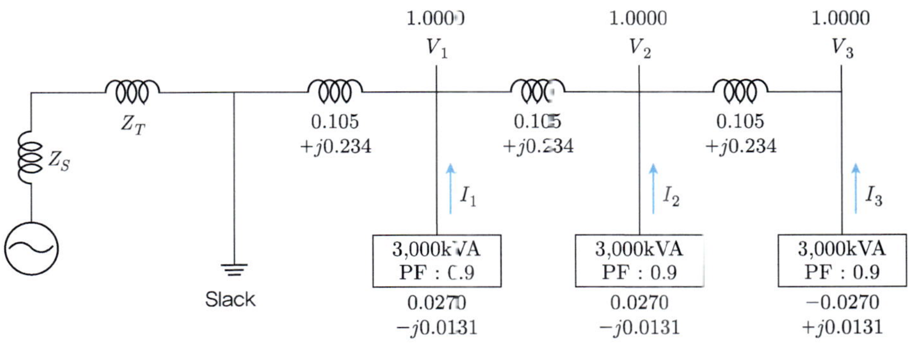

그림 B.5.9 부하로 나타낸 Simple AC Model

전압을 구하기 위해서 Iterative Method를 사용한다. 초기값을 상정하고 반복계산을 통하여 결과를 구하는 방법이다. 이 반복법에 대한 식은 1절과 동일하게 아래 식 (B.5.16)와 같다.

$$\boldsymbol{V} = \boldsymbol{V}(0) - \boldsymbol{Z}_{bus}\boldsymbol{I} \tag{B.5.16}$$

이를 구체적으로 나타내면 아래의 식 (B.5.17)과 같다.

$$\begin{bmatrix} V_1^{(1)} \\ V_2^{(1)} \\ V_3^{(1)} \end{bmatrix} = \begin{bmatrix} V_1(0) \\ V_2(0) \\ V_3(0) \end{bmatrix} - \begin{bmatrix} Z_{11} & Z_{12} & Z_{13} \\ Z_{21} & Z_{22} & Z_{23} \\ Z_{31} & Z_{32} & Z_{33} \end{bmatrix} \begin{bmatrix} I_1 \\ I_2 \\ I_3 \end{bmatrix} \tag{B.5.17}$$

위 식 (B.5.17)을 활용해서 Iterative Method를 구하면 아래의 식 (B.5.18)과 같다.

$$\begin{bmatrix} V_1^{(1)} \\ V_2^{(1)} \\ V_3^{(1)} \end{bmatrix} = \begin{bmatrix} 1.0000 \\ 1.0000 \\ 1.0000 \end{bmatrix} - \begin{bmatrix} & & \\ & Z_{bus} & \\ & & \end{bmatrix} \begin{bmatrix} 0.0270 - j0.0131 \\ 0.0270 - j0.0131 \\ -0.0270 + j0.0131 \end{bmatrix} \tag{B.5.18}$$

$$= \begin{bmatrix} 0.9941 - j0.0049 \\ 0.9941 - j0.0049 \\ 1.0000 \end{bmatrix} = \begin{bmatrix} 0.9941 \\ 0.9941 \\ 1.0000 \end{bmatrix}$$

계산 결과를 나타내면 아래의 그림 B.5.10과 같다. 각 모선의 전압를 부하 용량에 나눠 전류값을 구하면 각 모선의 전류값 I_1, I_2, I_3은 각각 $0.0271 - j0.0133$ [p.u.], $0.0271 - j0.0133$[p.u.], $-0.0271 + j0.0133$[p.u.]이다.

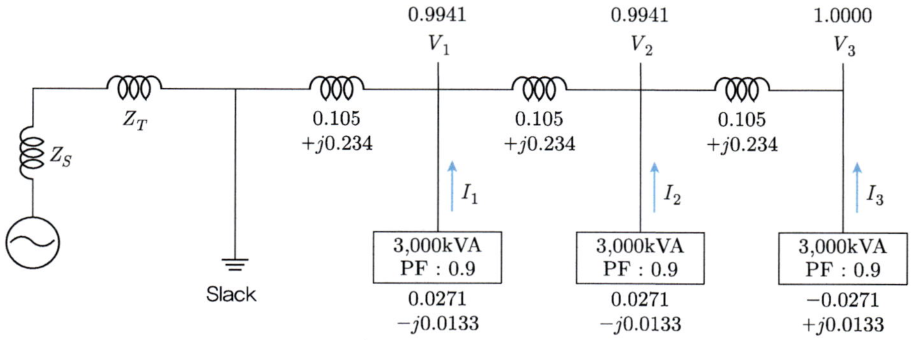

그림 B.5.10 Iterative Method 1회

이를 Iterative Mehtod 식에 대입하면 아래 식 (B.5.19)와 같다.

$$\begin{bmatrix} V_1^{(2)} \\ V_2^{(2)} \\ V_3^{(2)} \end{bmatrix} = \begin{bmatrix} 1.0000 \\ 1.0000 \\ 1.0000 \end{bmatrix} - \begin{bmatrix} & & \\ & Z_{bus} & \\ & & \end{bmatrix} \begin{bmatrix} 0.0271 - j0.0133 \\ 0.0271 - j0.0133 \\ -0.0270 + j0.0131 \end{bmatrix} \tag{B.5.19}$$

$$= \begin{bmatrix} 0.9940 - j0.0049 \\ 0.9939 - j0.0049 \\ 0.9998 \end{bmatrix}$$

$$= \begin{bmatrix} 0.9940 \\ 0.9939 \\ 0.9998 \end{bmatrix}$$

이러한 과정으로 Iterative Method를 3회하면 아래와 같다.

$$\begin{bmatrix} V_1^{(3)} \\ V_2^{(3)} \\ V_3^{(3)} \end{bmatrix} = \begin{bmatrix} 1.0000 \\ 1.0000 \\ 1.0000 \end{bmatrix} - \begin{bmatrix} & & \\ & Z_{bus} & \\ & & \end{bmatrix} \begin{bmatrix} 0.0271 - j0.0133 \\ 0.0271 - j0.0133 \\ -0.0270 + j0.0131 \end{bmatrix} \tag{B.5.20}$$

$$= \begin{bmatrix} 0.9940 - j0.0049 \\ 0.9939 - j0.0049 \\ 0.9998 \end{bmatrix}$$

$$= \begin{bmatrix} 0.9940 \\ 0.9939 \\ 0.9998 \end{bmatrix}$$

반복계산법을 통해 전압과 전류 값이 일정 값으로 수렴함을 알 수 있다. 따라서 식 (B.5.20)의 값이 모선 전압값이 된다.

3 | 한국전력 배전계통의 조류해석 방법

Z-bus 행렬을 이용한 모선 전압 계산방법

2, 3절에서는 이해를 돕기 위해 DC와 AC 모델에서 조류해석을 진행 했다. 이를 활용하여 본 절에서는 실제 한전(KEPCO) 배전 계통 조류해석을 위한 Z_{bus} 행렬을 구하고 이를 활용하여 전압을 구하고자 한다. 우선 KEPCO 모델은 [그림 B.5.11]과 같다. Radial과 Loop가 혼재되어있는 배전계통 모델이고, 선로는 한전 표준 공통 모델 ACSR 160/95□의 모선간의 3 km 긍장으로 상정하였다.

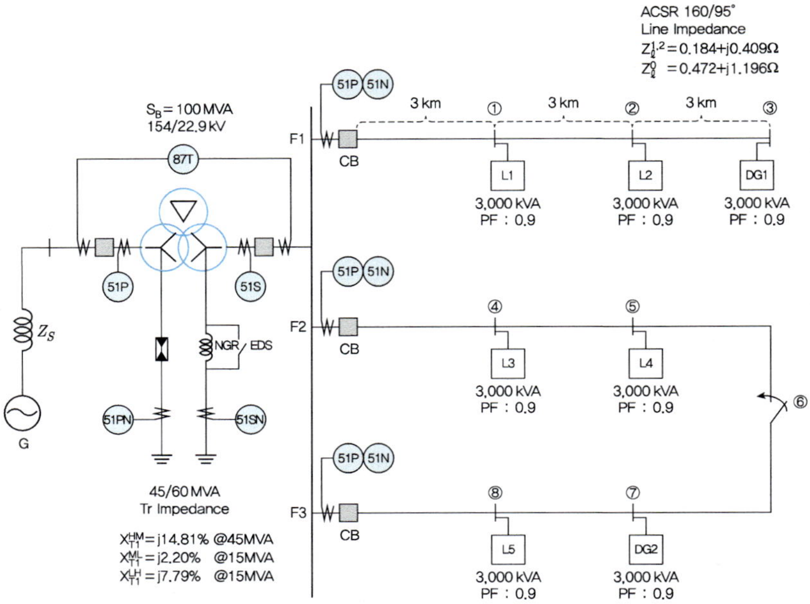

그림 B.5.11 Radial과 Loop가 혼재되어 있는 KEPCO 배전계통 모델[옴법]

이를 pu법으로 나타낸 모델은 아래의 [그림 B.5.12]와 같다.

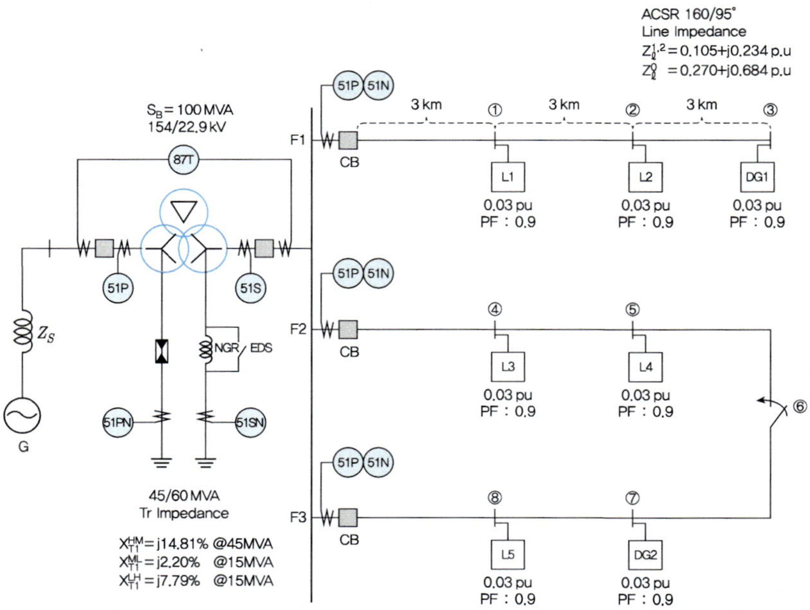

그림 B.5.12 Radial과 Loop가 혼재되어 있는 KEPCO 배전계통 모델[pu법]

그림의 3개의 모선별로 각 전류원 I_1, I_2, I_3과 각 전압 V_1, V_2, V_3이 접지와 연결되어 있다. 모선이 3개이므로 $\boldsymbol{Z}_{bus}$ 행렬은 3×3 행렬로 나타낼 수 있다. 그래서 $\boldsymbol{Z}_{bus}$ 행렬은 아래 식 (B.5.21)과 같이 나타난다.

$$\boldsymbol{Z}_{bus} = \begin{bmatrix} Z_{11} & Z_{12} & Z_{13} \\ Z_{21} & Z_{22} & Z_{23} \\ Z_{31} & Z_{32} & Z_{33} \end{bmatrix} \tag{B.5.21}$$

$$= \begin{bmatrix} 0.105 + j0.234 & 0.105 + j0.234 & 0.105 + j0.234 \\ 0.105 + j0.234 & 0.210 + j0.468 & 0.210 + j0.468 \\ 0.105 + j0.234 & 0.210 + j0.468 & 0.315 + j0.702 \end{bmatrix}$$

Z-bus 행렬을 이용한 Building 알고리즘

본 절에서는 $\boldsymbol{Z}_{bus}$ 행렬을 구하는 전반적인 알고리즘을 설명한다. 2, 3절에서 사용한 Building Method를 사용하며, 위 그림을 조류해석의 편의를 위해 등가 전류원 모델로 그리면 아래의 [그림 B.5.13]과 같다.

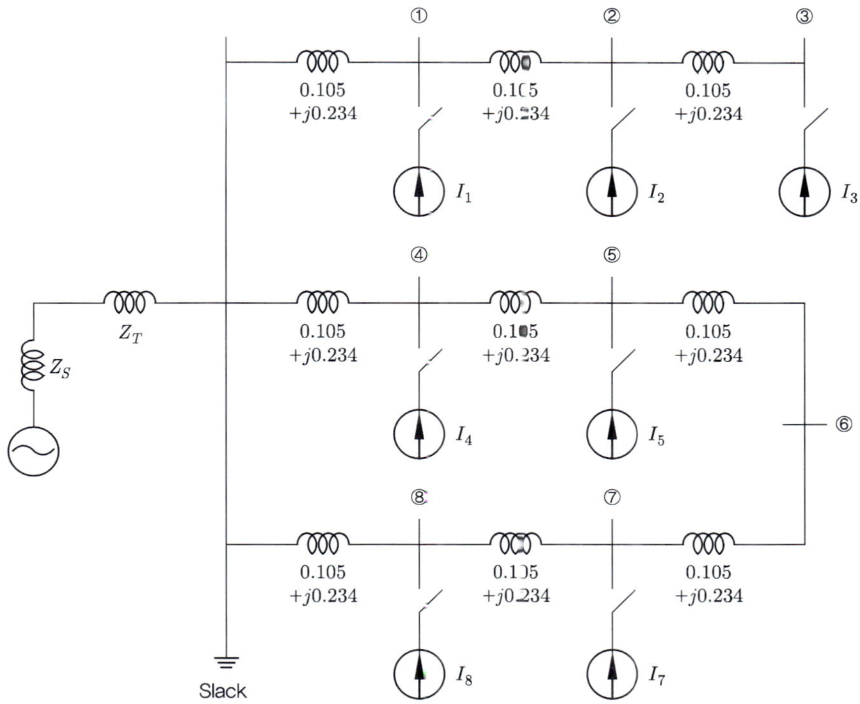

그림 B.5.13 KEPCO 등가 전류원 모델

Building Method를 활용하여 $\boldsymbol{Z}_{bus}$를 구하면 아래와 같다.

$$Z_{11} = \frac{V_1}{I_1} = \frac{0.105 + j0.234[\mathrm{V}]}{1[\mathrm{A}]} = 0.11 + j.23[\mathrm{ohm}]$$

$$Z_{23} = \frac{V_2}{I_3} = \frac{0.105 + j0.234[\mathrm{V}]}{1[\mathrm{A}]} = 0.11 + j.23[\mathrm{ohm}]$$

$$Z_{33} = \frac{V_3}{I_3} = \frac{0.210 + j0.468[\mathrm{V}]}{1[\mathrm{A}]} = 0.21 + j.47[\mathrm{ohm}]$$

$$Z_{45} = \frac{V_4}{I_5} = \frac{0.070 + j0.156[\mathrm{V}]}{1[\mathrm{A}]} = 0.07 + j0.16[\mathrm{ohm}]$$

$$Z_{66} = \frac{V_6}{I_6} = \frac{0.158 + j0.351[\mathrm{V}]}{1[\mathrm{A}]} = 0.16 + j.35[\mathrm{ohm}]$$

$$Z_{88} = \frac{V_8}{I_8} = \frac{0.088 + j0.195[\mathrm{V}]}{1[\mathrm{A}]} = 0.09 + j.20[\mathrm{ohm}]$$

이를 이용하여 $\boldsymbol{Z}_{bus}$ 행렬식에 대입하면 아래와 같이 식 (B.5.21)로 구할 수 있다.

$$\mathbf{Z}_{bus} = \begin{array}{c} \\ ① \\ ② \\ ③ \\ ④ \\ ⑤ \\ ⑥ \\ ⑦ \\ ⑧ \end{array} \begin{array}{c} \begin{array}{cccccccc} ① & ② & ③ & ④ & ⑤ & ⑥ & ⑦ & ⑧ \end{array} \\ \begin{bmatrix} 0.11+j0.23 & 0.11+j0.23 & 0.11+j0.23 & 0 & 0 & 0 & 0 & 0 \\ 0.11+j0.23 & 0.21+j0.47 & 0.21+j0.47 & 0 & 0 & 0 & 0 & 0 \\ 0.11+j0.23 & 0.21+j0.47 & 0.32+j0.70 & 0 & 0 & 0 & 0 & 0 \\ 0 & 0 & 0 & 0.09+j0.20 & 0.07+j0.16 & 0.05+j0.12 & 0.04+j0.08 & 0.02+j0.04 \\ 0 & 0 & 0 & 0.07+j0.16 & 0.14+j0.31 & 0.11+j0.23 & 0.07+j0.16 & 0.04+j0.08 \\ 0 & 0 & 0 & 0.05+j0.12 & 0.11+j0.23 & 0.16+j0.35 & 0.11+j0.23 & 0.05+j0.12 \\ 0 & 0 & 0 & 0.04+j0.08 & 0.07+j0.16 & 0.11+j0.23 & 0.14+j0.31 & 0.07+j0.16 \\ 0 & 0 & 0 & 0.02+j0.04 & 0.04+j0.08 & 0.05+j0.12 & 0.07+j0.16 & 0.09+j0.20 \end{bmatrix} \end{array} \tag{B.5.22}$$

반복계산법(Iterative Method)을 통한 조류해석

위 식 (B.5.21)을 이용하여 전압을 구하고 조류해석을 수행한다. 위의 [그림 B.5.13]의 전류원을 부하로 나타내고 한전 표준 공통 모델의 부하 용량 3000 [kVA], PF: 0.9로 상정하였다. 또한 전압은 pu법으로 나타내었고, 초기 전압을 1[p.u.]로 상정하였다. 전압을 구하기 위해서 본 절에선 Iterative Method를 사용하였으며, 이 반복법으로 1회, 2회, 3회 구하면 각각 다음 식 (5.B.23), (B.5.24), (B.5.25)와 같다.

$$\begin{bmatrix} V_1^{(1)} \\ V_2^{(1)} \\ V_3^{(1)} \\ V_4^{(1)} \\ V_5^{(1)} \\ V_6^{(1)} \\ V_7^{(1)} \\ V_8^{(1)} \end{bmatrix} = \begin{bmatrix} 1.0000 \\ 1.0000 \\ 1.0000 \\ 1.0000 \\ 1.0000 \\ 1.0000 \\ 1.0000 \\ 1.0000 \end{bmatrix} - \begin{bmatrix} & & \\ & Z_{bus} & \\ & & \end{bmatrix} \begin{bmatrix} 0.0270 - j0.0131 \\ 0.0270 - j0.0131 \\ -0.0270 + j0.0131 \\ 0.0401 + j0.0000 \\ 0.0401 + j0.0000 \\ 0.0000 + j0.0000 \\ -0.0401 + j0.0000 \\ 0.0401 + j0.0000 \end{bmatrix} = \begin{bmatrix} 0.9941 - j0.0049 \\ 0.9941 - j0.0049 \\ 1.0000 + j0.0000 \\ 0.9944 - j0.0125 \\ 0.9930 - j0.0156 \\ 0.9958 - j0.0094 \\ 0.9989 - j0.0031 \\ 0.9972 - j0.0063 \end{bmatrix} \tag{5.B.23}$$

$$\begin{bmatrix} V_1^{(2)} \\ V_2^{(2)} \\ V_3^{(2)} \\ V_4^{(2)} \\ V_5^{(2)} \\ V_6^{(2)} \\ V_7^{(2)} \\ V_8^{(2)} \end{bmatrix} = \begin{bmatrix} 1.0000 \\ 1.0000 \\ 1.0000 \\ 1.0000 \\ 1.0000 \\ 1.0000 \\ 1.0000 \\ 1.0000 \end{bmatrix} - \begin{bmatrix} & & \\ & Z_{bus} & \\ & & \end{bmatrix} \begin{bmatrix} 0.0271 - j0.0133 \\ 0.0271 - j0.0133 \\ -0.0270 + j0.0131 \\ 0.0403 + j0.0005 \\ 0.0404 + j0.0006 \\ 0.0000 + j0.0000 \\ -0.0401 + j0.0001 \\ 0.0402 + j0.0003 \end{bmatrix} = \begin{bmatrix} 0.9940 - j0.0049 \\ 0.9939 - j0.0049 \\ 0.9998 + j0.0000 \\ 0.9942 - j0.0125 \\ 0.9927 - j0.0156 \\ 0.9955 - j0.0094 \\ 0.9984 - j0.0031 \\ 0.9971 - j0.0063 \end{bmatrix} \tag{5.B.24}$$

$$\begin{bmatrix} V_1^{(3)} \\ V_2^{(3)} \\ V_3^{(3)} \\ V_4^{(3)} \\ V_5^{(3)} \\ V_6^{(3)} \\ V_7^{(3)} \\ V_8^{(3)} \end{bmatrix} = \begin{bmatrix} 1.0000 \\ 1.0000 \\ 1.0000 \\ 1.0000 \\ 1.0000 \\ 1.0000 \\ 1.0000 \\ 1.0000 \end{bmatrix} - \begin{bmatrix} & & \\ & Z_{bus} & \\ & & \end{bmatrix} \begin{bmatrix} 0.0271 - j0.0133 \\ 0.0271 - j0.0133 \\ -0.0270 + j0.0131 \\ 0.0403 + j0.0005 \\ 0.0404 + j0.0006 \\ 0.0000 + j0.0000 \\ -0.0401 + j0.0001 \\ 0.0402 + j0.0003 \end{bmatrix} = \begin{bmatrix} 0.9940 - j0.0049 \\ 0.9939 - j0.0049 \\ 0.9998 + j0.0000 \\ 0.9942 - j0.0125 \\ 0.9927 - j0.0156 \\ 0.9955 - j0.0094 \\ 0.9984 - j0.0031 \\ 0.9971 - j0.0063 \end{bmatrix}$$

$$= \begin{bmatrix} 0.9940 \\ 0.9939 \\ 0.9998 \\ 0.9942 \\ 0.9928 \\ 0.9956 \\ 0.9984 \\ 0.9971 \end{bmatrix} \tag{5.B.25}$$

이를 보면 전압과 전류 값이 일정 값으로 수렴함을 알 수 있다. 이러한 방법을 통하여 전압과 전류를 구하여 조류해석을 할 수 있다.

해석결과 도출

본 절에서의 계산을 통해 모선별 각 전압 V_1, V_2, V_3, V_4, V_5, V_6, V_7, V_8은 각각 0.9940[p.u.], 0.9939[p.u.], 0.9998[p.u.], 0.9942[p.u.], 0.9928[p.u.], 0.9956[p.u.], 0.9984[p.u.], 0.9971[p.u.]이다. 이 전압으로 각 모선의 전류를 구하고, MATLAB을 이용하여 각 선로의 전류를 구하여 결과 모델을 나타내면 아래의 [그림 B.5.14]와 같다.

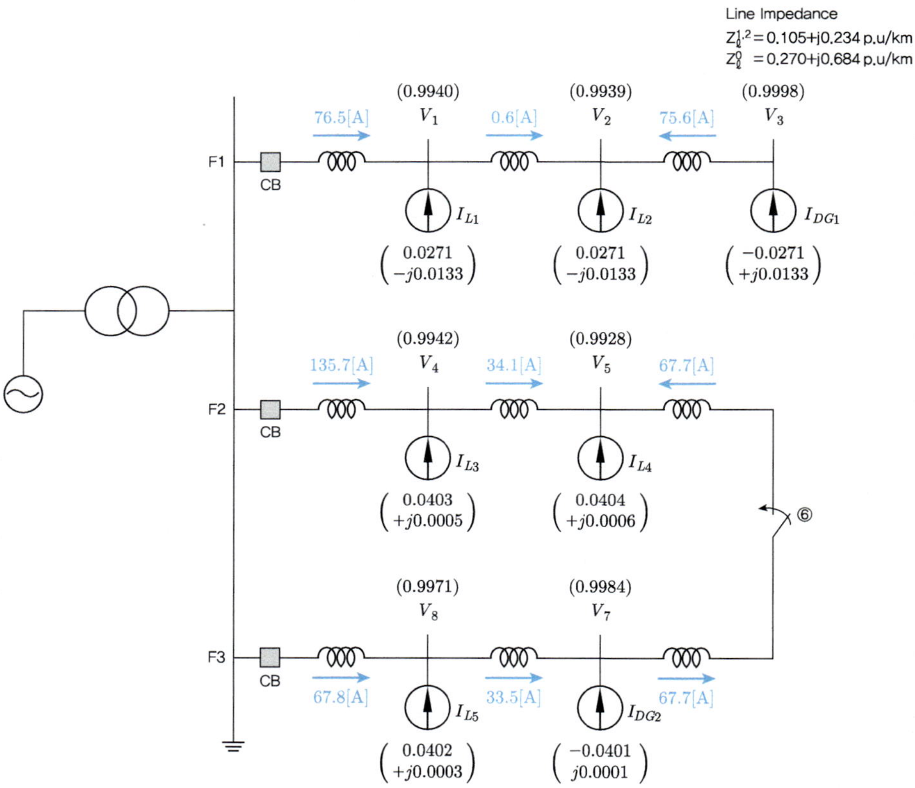

그림 B.5.14 Analysis Results

4 결론

본 보고서에서는 반복법 기반의 배전계통 조류계산을 짧은 시간에 직관적으로 이해시키기 위해 배전계통의 임피던스 매트릭스를 활용하여 분산형 전원 연계 Radial 배전계통 조류 해석 방법론에 대해 서술하였다. 복잡성을 피하기 위해 간단하게 임피던스 매트릭스를 구현방법을 소개하였으며, 기준 전압이 서로 상이한 멀티 슬랙 구현, 무효전력제어 방법 등의 설명은 생략하였다.

부록 C

분산전원 연계 계통의 고장 계산 및 조류해석(응용)

1. 대칭성분의 이해
2. 다양한 고장 종류에 대한 대칭성분 표현
3. 고장해석을 위한 대칭성분 모델
4. 벡터를 이용한 고장해석
5. 임피던스 행렬을 이용한 고장해석
6. 인버터 기반 분산전원의 고장계산

제1절

대칭성분의 이해

1 | 서론

본 장에서는 전력계통의 대칭성분(sequence component) 개념을 소개한다. 대칭성분은 불평형(또는 비대칭) 3상 계통을 해석하기 위해 도입된 개념으로 상 성분(phase component)을 대칭성분이라고 하는 새로운 성분들의 집합으로 나타내는 선형 변환을 이용하며, 이러한 변환은 3상 계통을 3개의 결합되지 않은 대칭성분 회로망으로 분리시킨다. 불평형 3상 계통에 대해 3개의 대칭성분 회로망은 불평형 지점에서만 연결되며, 이는 불평형 3상 계통의 해석을 용이하게 한다.

이상적으로 전력계통은 평형 상태를 유지한 채 운영되지만, 계통의 1선 지락고장과 같은 외란의 발생은 전력계통을 불평형 상태로 만든다. 하지만, 불평형 상태의 계통 해석은 매우 복잡하므로 3상 회로망을 3개의 더 간단한 대칭성분 회로망으로 분리함으로써 복잡한 현상을 더 단순한 항들로 나타내어 계통을 해석하는 것이므로 효율적이다. 따라서 불평형 3상 계통 해석의 기본이 되는 대칭성분을 이해하는 것은 매우 중요하다.

본 장에서는 대칭성분의 정의 및 원리를 살펴보며, 평형 및 불평형 전원의 대칭성분에 대해 알아볼 것이다.

2 | 대칭성분의 정의 및 원리

평형 3상 계통의 상전압은 [그림 C.1.1(a)]과 같이 상별 120도의 위상차를 가지며, 회전 연산자 a에 의해 표현될 수 있다. 회전 연산자 a는 식 (C.1.1)과 같이 단위 크기와 120도의 위상을 가지며, 회전 연산자의 곱은 식 (C.1.2) 및 식 (C.1.3)으로 표현된다.

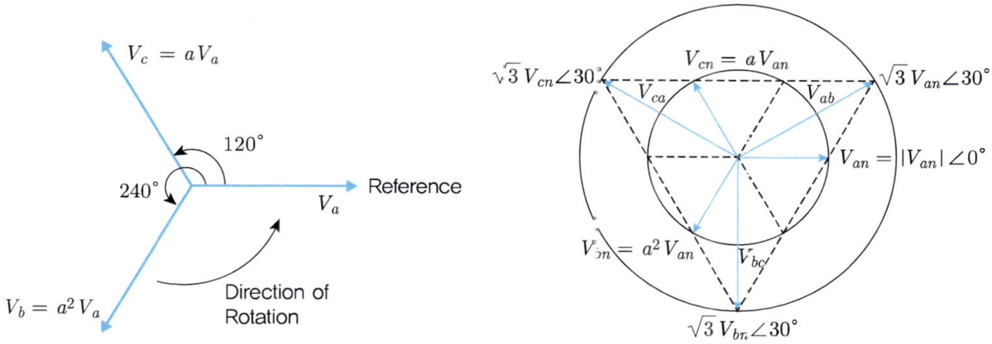

(a) 상전압 페이저 (b) 전압 벡터도

그림 C.1.1 평형 3상 계통의 상전압 페이저 및 전압 벡터도

$$a = 1\angle 120° = -\frac{1}{2} + j\frac{\sqrt{3}}{2} \quad \text{(C.1.1)}$$

$$a^2 = 1\angle 240° \quad \text{(C.1.2)}$$

$$a^3 = 1\angle 360° = 1\angle 0° \quad \text{(C.1.3)}$$

회전 연산자의 곱은 동일한 크기의 120도의 위상차를 의미하므로, 회전 연산자 a의 세제곱은 360도, 즉 기준 위상으로의 복귀로 나타난다. 이러한 사실을 이용하여 식 (C.1.4)~식 (C.1.7)과 같이 a와 관련된 다양한 식들을 도출할 수 있으며, 계통 해석에 다양하게 활용될 것이다. 식 (C.1.4)는 120도의 위상차를 갖는 회전 연산자들의 합을 나타낸 식이며, 식 (C.1.5)~식 (C.1.7)의 결과는 [그림 C.1.1(b)]에 표시된 것과 같이, 상전압 간의 차이, 즉 선간전압을 의미한다.

$$a^2 + a + 1 = 0 \quad \text{(C.1.4)}$$

$$a^2 - a = -j\sqrt{3} \quad \text{(C.1.5)}$$

$$1 - a = \sqrt{3}\angle -30° \quad \text{(C.1.6)}$$

$$1 - a^2 = \sqrt{3}\angle 30° \quad \text{(C.1.7)}$$

식 (C.1.8)과 같이, 불평형 3상 전력계통의 상 성분은 3개의 회로망으로 표현되는 대칭성분들로 쉽게 변환될 수 있다.

$$I_a = I_{a0} + I_{a1} + I_{a2} \tag{C.1.8}$$
$$I_b = I_{b0} + I_{b1} + I_{b2}$$
$$I_c = I_{c0} + I_{c1} + I_{c2}$$

상 성분은 [그림 C.1.2]에 나타난 영상분(Zero Sequence), 정상분(Positive Sequence), 역상분(Negative Sequence)의 합으로 표현될 수 있으며, [그림 C.1.3]은 불평형 전류 I_a, I_b, I_c에 대한 각각의 대칭성분들을 보여준다. 상 영역에서의 전류는 대칭성분 전류의 벡터합으로 표현됨을 알 수 있으며, 불평형 전류에 대한 대칭성분 표현을 확인할 수 있다. 대칭성분에서 영상분은 상순이 없고 3개의 상에 동일하게 포함

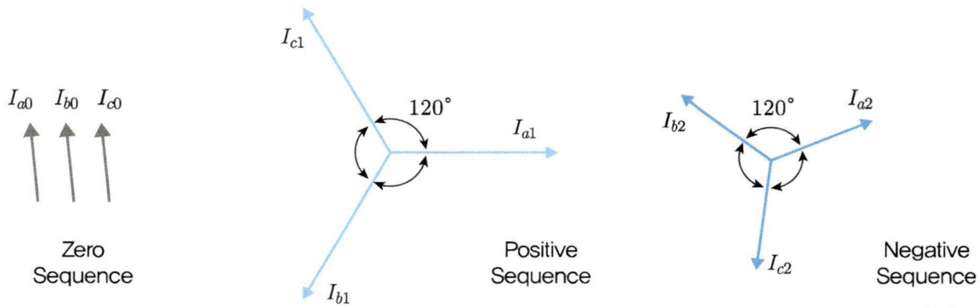

그림 C.1.2 불평형 3상 계통의 대칭성분

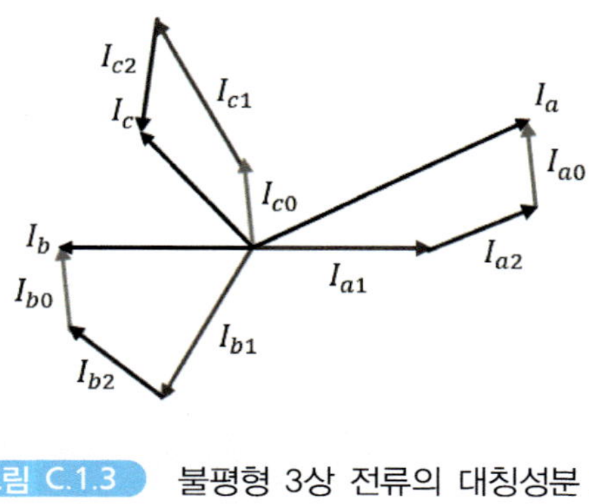

그림 C.1.3 불평형 3상 전류의 대칭성분 표현

된 성분이며, 정상분과 역상분은 각각 상순이 a-b-c, a-c-b가 되는 성분을 의미한다. 따라서 이상적인 평형 3상 전력계통에서는 영상분 및 역상분이 존재하지 않으며, 오직 정상분만 존재한다.

식 (C.1.8)은 회전 연산자 a를 이용함으로써 식 (C.1.9)로 표현될 수 있다. 영상분은 3상 모두에 동일하게 포함된 성분이므로 $I_{a0} = I_{b0} = I_{c0}$가 성립하며, 정상분 및 역상분에 회전 연산자 a를 도입할 수 있다.

$$I_a = I_{a0} + I_{a1} + I_{a2} \qquad \text{(C.1.9)}$$
$$I_b = I_{a0} + a^2 I_{a1} + a I_{a2}$$
$$I_c = I_{a0} + a I_{a1} + a^2 I_{a2}$$

식 (C.1.9)에서 각 상의 대칭성분이 모두 a상을 기준으로 표현되었기 때문에 이는 식 (C.1.10)으로 표현될 수 있으며, 식 (C.1.10)에 대한 행렬 표현은 식 (C.1.11)과 같다.

$$I_a = I_0 + I_1 + I_2 \qquad \text{(C.1.10)}$$
$$I_b = I_0 + a^2 I_1 + a I_2$$
$$I_c = I_0 + a I_1 + a^2 I_2$$

따라서 상 영역의 전류를 대칭성분으로 변환하기 위해 사용되는 대칭성분 변환 행렬 A를 이용한 식 (C.1.10)의 벡터 표현은 식 (C.1.12)와 같다.

$$\begin{bmatrix} I_a \\ I_b \\ I_c \end{bmatrix} = \begin{bmatrix} 1 & 1 & 1 \\ 1 & a^2 & a \\ 1 & a & a^2 \end{bmatrix} \begin{bmatrix} I_0 \\ I_1 \\ I_2 \end{bmatrix}, \ \boldsymbol{A} = \begin{bmatrix} 1 & 1 & 1 \\ 1 & a^2 & a \\ 1 & a & a^2 \end{bmatrix} \qquad \text{(C.1.11)}$$

$$\boldsymbol{I}_{abc} = \boldsymbol{A}\boldsymbol{I}_{012} \qquad \text{(C.1.12)}$$
$$\boldsymbol{V}_{abc} = \boldsymbol{A}\boldsymbol{V}_{012}$$

상 성분을 이용한 대칭성분의 표현은 대칭성분 변환 행렬 $\boldsymbol{A}$의 역행렬인 $\boldsymbol{A}^{-1}$을 이용할 수 있으며, 식 (C.1.11)에 나타난 변환 과정의 역은 식 (C.1.13)으로 정의된다.

$$\begin{bmatrix} I_0 \\ I_1 \\ I_2 \end{bmatrix} = \frac{1}{3}\begin{bmatrix} 1 & 1 & 1 \\ 1 & a & a^2 \\ 1 & a^2 & a \end{bmatrix}\begin{bmatrix} I_a \\ I_b \\ I_c \end{bmatrix}, \boldsymbol{A}^{-1} = \frac{1}{3}\begin{bmatrix} 1 & 1 & 1 \\ 1 & a & a^2 \\ 1 & a^2 & a \end{bmatrix} \tag{C.1.13}$$

3 | 예제 - 평형 및 불평형 전원의 대칭성분

[그림 C.1.4(a)]와 같이 크기가 같으며, 위상이 정확히 120도(반시계 방향) 차이인 평형 전원을 고려할 때, 대칭성분은 식 (C.1.14)와 같이 계산된다. 영상분 전압은 평형 3상 전압의 합이므로 0이 되며, 역상분 전압 또한 벡터의 회전을 통해 평형 3상 전압과 같아지므로 0이 된다. 하지만 정상분 전압의 경우 a를 통한 벡터 회전 결과, 기준 a상 전압과 같은 성분이 3개가 겹쳐지며 이를 3으로 나누면 a상 전압과 동일하다. 따라서 고려된 평형 전원의 대칭성분은 오직 a상 전압과 동일한 정상분만이 존재하며 이는 [그림 C.1.4(b)]와 같다.

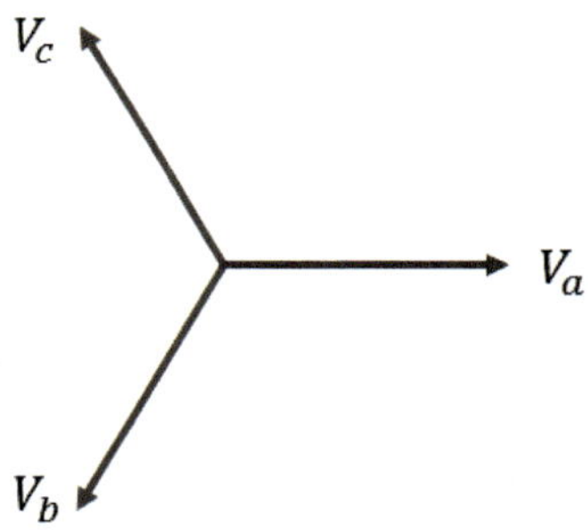

(a) 상 성분 영역

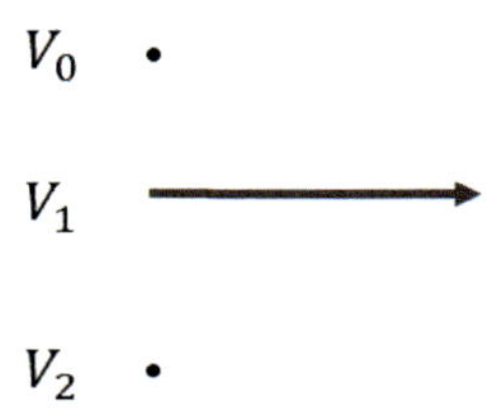

(b) 대칭성분 영역

그림 C.1.4 평형 3상 계통의 전압

$$V_0 = \frac{1}{3}(V_a + V_b + V_c) = 0 \tag{C.1.14}$$

$$V_1 = \frac{1}{3}(V_a + aV_b + a^2V_c) = V_a$$

$$V_2 = \frac{1}{3}(V_a + a^2V_b + aV_c) = 0$$

평형 전원에 대한 영역 별 등가회로가 [그림 C.1.5]에 나타나 있다. 식 (C.1.14)에 나타난 결과와 같이, 영상분 및 역상분 전압이 존재하지 않기 때문에 대칭성분 영역에서는 정상분 회로에만 전원이 연결되어 있는 것을 확인할 수 있다.

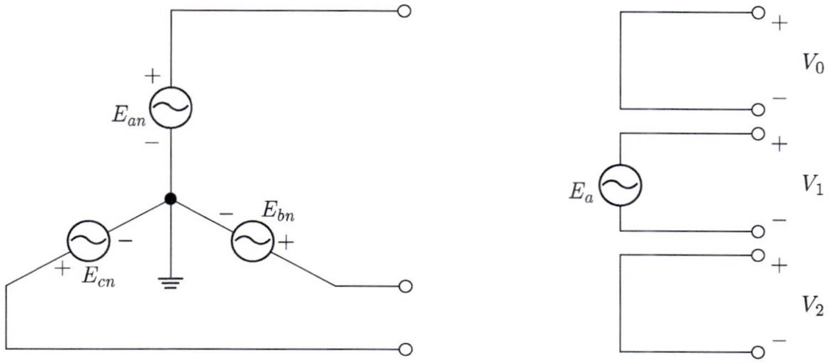

(a) 상 성분 영역 (b) 대칭성분 영역

그림 C.1.5 평형 3상 계통의 등가회로

[그림 C.1.6(a)]와 같이, 평형 전원과 크기는 동일하지만 회전 방향이 반대(시계 방향)인 불평형 전원의 경우에는 대칭성분이 식 (C.1.15)와 같이 계산된다. 영상분 전압은 평형 3상 전압의 합이므로 0이 되며, 정상분 전압 또한 벡터의 회전을 통해 평형 3상 전압과 같아지므로 0이 된다. 하지만 역상분 전압의 경우 a를 통한 벡터 회전 결과, 기준 a상 전압과 같은 성분이 3개가 겹쳐지며 이를 3으로 나누면 a상 전압과 동일하다. 따라서 불평형 전원의 대칭성분은 오직 역상분만이 존재하며 이는 [그림 C.1.6(b)]와 같다.

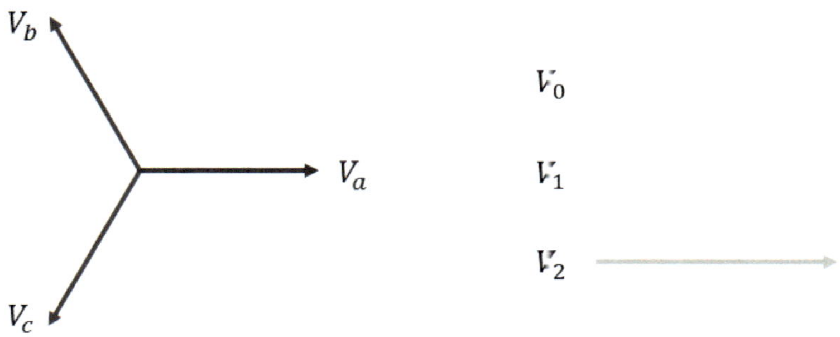

(a) 상 성분 영역 (b) 대칭성분 영역

그림 C.1.6 불평형 3상 계통의 전압

$$V_0 = \frac{1}{3}(V_a + V_b + V_c) = 0 \tag{C.1.15}$$

$$V_1 = \frac{1}{3}(V_a + aV_b + a^2 V_c) = 0$$

$$V_2 = \frac{1}{3}(V_a + a^2 V_b + aV_c) = V_a$$

[그림 C.1.7]는 불평형 전원에 대한 영역 별 등가회로를 보여준다. 식 (C.1.15)에 나타난 결과와 같이, 영상분 및 정상분 전압이 존재하지 않기 때문에 대칭성분 영역에서는 역상분 회로에만 전원이 연결되어 있는 것을 확인할 수 있다.

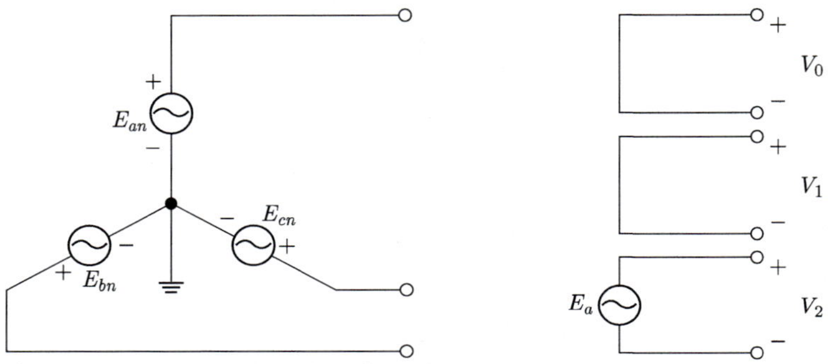

그림 C.1.7 불평형 3상 계통의 등가회로

불평형 정도가 심한 전원에 대한 대칭성분 계산을 위해 [그림 C.1.8]의 불평형 전류 페이저를 고려할 수 있다. [그림 C.1.8]의 3상 전류는 크기가 동일하지 않으며, 위상차 또한 일정하지 않다. 하지만 앞서 기술된 식을 이용하여 전류의 대칭성분을 계산할 수 있으며, 결과는 식 (C.1.16) 및 [그림 C.1.9]과 같다.

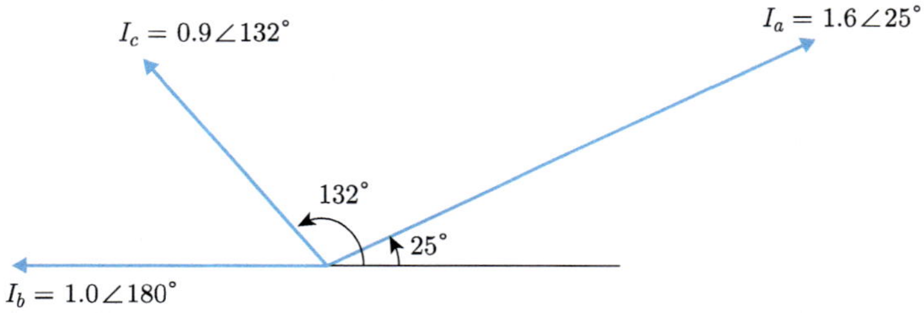

그림 C.1.8 불평형 3상 전류 페이저

$$\begin{bmatrix} I_0 \\ I_1 \\ I_2 \end{bmatrix} = \frac{1}{3}\begin{bmatrix} 1 & 1 & 1 \\ 1 & a & a^2 \\ 1 & a^2 & a \end{bmatrix}\begin{bmatrix} I_a \\ I_b \\ I_c \end{bmatrix} = \frac{1}{3}\begin{bmatrix} 1 & 1 & 1 \\ 1 & a & a^2 \\ 1 & a^2 & a \end{bmatrix}\begin{bmatrix} 1.6\angle 25^\circ \\ 1.0\angle 180^\circ \\ 0.9\angle 132^\circ \end{bmatrix} = \begin{bmatrix} 0.4\angle 96^\circ \\ 0.9\angle 0^\circ \\ 0.6\angle 22^\circ \end{bmatrix} \quad \text{(C.1.16)}$$

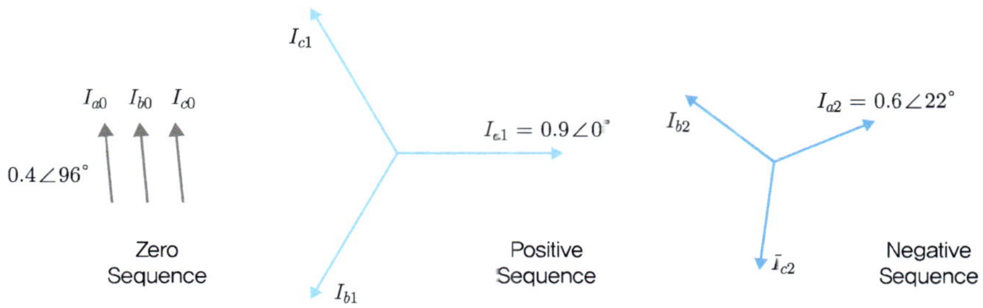

그림 C.1.9 3상 전류 페이저의 대칭성분

[그림 C.1.10]은 도출된 a상 전류의 대칭성분 벡터를 나타내며, a상 전류는 분리된 각각의 대칭성분의 합으로 표현됨을 알 수 있다.

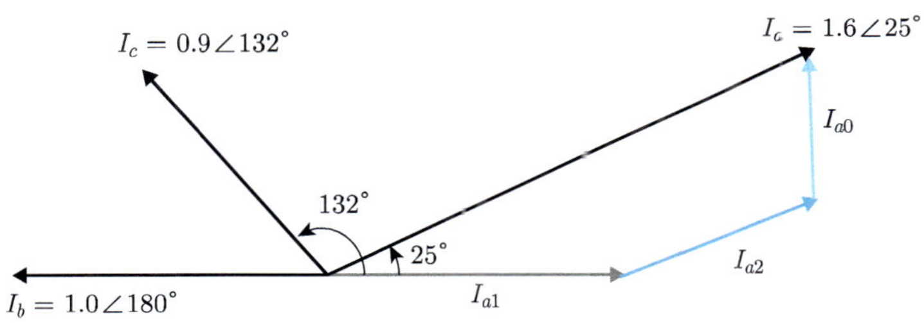

그림 C.1.10 3상 전류의 상 성분 및 대칭성분

본 장에서 소개된 대칭성분은 뒤에 계속 설명되는 장들의 기초가 되는 이론이다.

제 2 절

다양한 고장 종류에 대한 대칭성분 표현

1 | 서론

본 절에서는 1장에서 설명된 대칭성분의 적용으로써, 다양한 고장 상황에 대한 전압과 전류의 대칭성분 표현을 알아본다. 특히 전력계통 내 발생할 수 있는 고장의 대부분인 1선 지락고장 발생 시 각 상의 전류와 전압이 어떻게 대칭성분 요소로 나타나는지 간단히 알아보기로 하며, 대칭성분의 벡터 표현을 통해 더욱 더 직관적인 결과를 확인할 수 있다. 본 장에서 소개되는 고장 시 전류 및 전압의 대칭성분 표현은 추후 다루어 질 분산전원 연계 배전계통의 고장해석에 대한 기본이 되며, 제공되는 고장의 벡터 해석은 고장전류 및 전압에 관한 직관적인 사고를 돕는다.

2 | 1선 지락고장(전류의 대칭성분 표현)

a상 1선 지락고장

a상에서 대지에 연결된 1선 지락고장을 고려하면, 각 선로에 흐르는 전류 및 각 상의 상전압을 대칭성분으로 나타낼 수 있다. 일반적인 3상 전원이 연결된 모선에서 a상 1선 지락고장이 발생한 상황을 고려해 보자. 이때, 대칭성분을 구하기 위한 가정은 다음과 같다.

(1) 고장 저항: 0Ω(완전 지락고장)

(2) a상에 흐르는 전류: $1 \angle 0°$

(3) b상에 흐르는 전류: 0

(4) c상에 흐르는 전류: 0

(5) a상 전압: 0

위의 가정을 적용하였을 때, a상 1선 지락고장 발생 시 3상 전류의 상 영역 및 대칭성분으로 나타낸 페이저도는 다음 [그림 C.2.1]과 같다. 기준 상이 a상이므로 a상 전류의 위상각은 가정 (2)와 같이 0으로 가정하였다. 앞서 언급된 가정에 의하여 모든 고장 전류는 a상으로만 흐르게 되며 이 전류가 대칭성분 계산 시 기준 전류가 된다. 따라서 b, c 상에는 고장 전류가 흐르지 않게 된다.

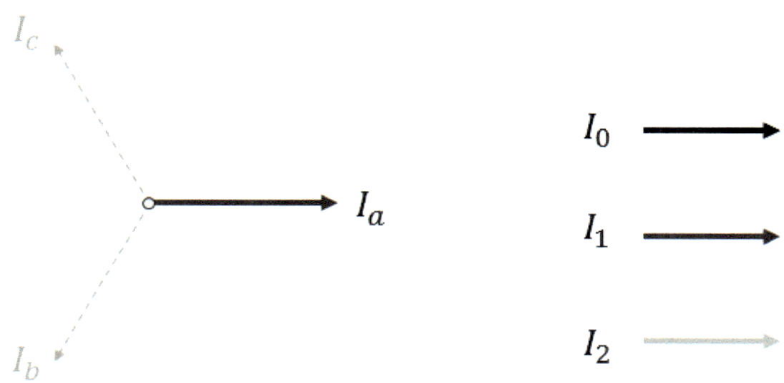

(a) 상 성분 영역　　(b) 대칭성분 영역

그림 C.2.1 a상 1선 지락고장 시 3상 전류의 페이저도

1장의 수식을 적용하여 3상 상 영역의 전류를 3상 대칭성분 전류로 표현할 수 있으며, 다음 식 (C.2.1)과 같다. 수식에서 알 수 있듯이 1선 지락고장의 경우 대칭성분 전류의 크기 및 위상각이 모두 동일하다.

$$I_0 = I_1 = I_2 = \frac{1}{3} \angle 0^\circ \tag{C.2.1}$$

각 상 전류에 대한 상 영역 표현은 다음 [그림 C.2.2]와 같이 각 상에 대한 대칭성분 요소의 조합으로도 표현할 수도 있다. a상과는 다르게 건전상인 b, c상의 전류 벡터를 더해보면 0이 되는 것을 확인할 수 있다.

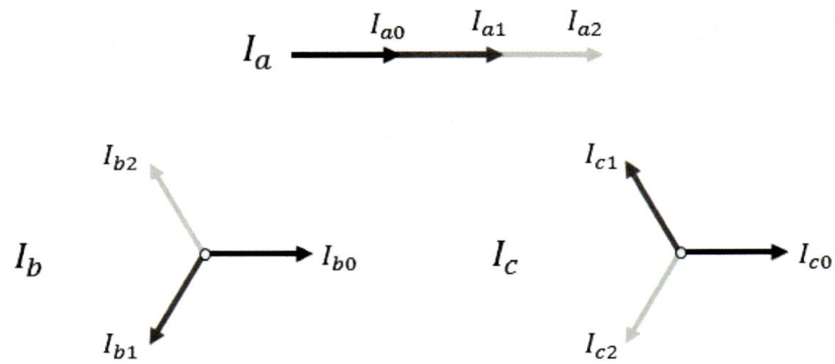

그림 C.2.2 a상 1선 지락고장 시 각 상전류의 페이저도

식 (C.2.1)을 1장에 소개된 식들을 이용하여 상 영역의 상전류로 변환할 수 있으며, 다음 식 (C.2.2)~식 (C.2.4)와 같다. 결과는 상기 [그림 C.2.2]와 동일하다. [그림 C.2.1]의 (b)의 대칭성분 페이저도를 참조하여 아래 수식과 비교하면 영상분, 정상분, 역상분 전류 요소들이 회전 연산자 a에 따라 회전하여 상전류를 구성하는 것을 상기 [그림 C.2.2]에서도 확인할 수 있다.

$$I_a = I_0 + I_1 + I_2 = 3I_1 \tag{C.2.2}$$

$$I_b = (I_0 + a^2 I_1 + aI_2) = (1 + a^2 + a)I_1 = 0 \tag{C.2.3}$$

$$I_c = (I_0 + aI_1 + a^2 I_2) = (1 + a + a^2)I_1 = 0 \tag{C.2.4}$$

b상 1선 지락고장

b상에서 대지에 연결된 1선 지락고장을 고려하면, 각 선로에 흐르는 전류 및 각 상의 상전압을 대칭성분 요소로 나타낼 수 있다. 일반적인 3상 전원에 연결된 모선에서 b상 1선 지락고장이 발생한 상황을 고려해 보자. 이때, 대칭성분 요소를 구하기 위한 가정은 다음과 같다.

(1) 고장 저항: 0Ω(완전 지락고장)
(2) a상에 흐르는 전류: 0
(3) b상에 흐르는 전류: $1\angle -120°$

(4) c상에 흐르는 전류: 0

(5) b상 전압: 0

위의 가정을 적용하였을 때, 상 영역 및 대칭성분 영역으로 표현한 3상 전류의 페이저도는 다음 [그림 C.2.3]과 같다. 가정에 의하여 모든 고장 전류는 b상으로만 흐르게 되며 $1\angle -120°$인 이 전류가 대칭성분 요소 계산 시 기준 전류가 된다. 따라서 a, c 상에는 고장 전류가 흐르지 않는다.

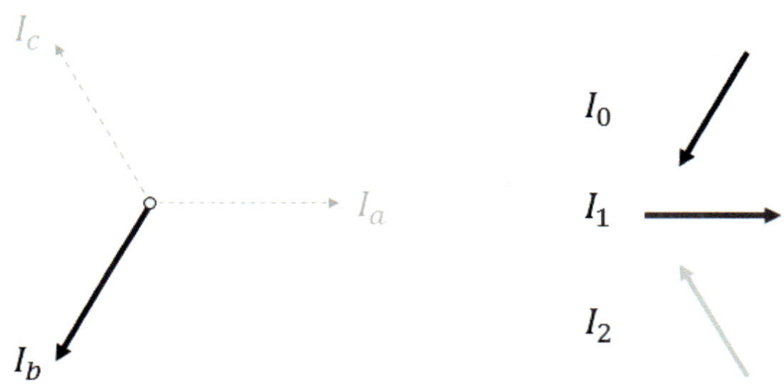

(a) 상 성분 영역 (b) 대칭성분 영역

그림 C.2.3 b상 1선 지락고장 시 3상 전류의 페이저도

1장의 수식 및 상기 가정의 (2)~(4)를 적용하여 3상 상 영역의 전류를 3상 대칭성분 전류로 표현할 수 있으며, 다음 식 (C.2.5)~식 (C.2.7)과 같다. a상 전류의 위상을 기준으로 계산하였기 때문에 b상 1선 지락고장의 경우 대칭성분 전류의 크기만 동일하며 벡터의 방향은 다른 것을 확인할 수 있다.

$$I_0 = \frac{1}{3}(I_a + I_b + I_c) = \frac{1}{3}\angle -120° \tag{C.2.5}$$

$$I_1 = \frac{1}{3}(I_a + aI_b + a^2 I_c) = \frac{1}{3}\angle 0° \tag{C.2.6}$$

$$I_2 = \frac{1}{3}(I_a + a^2 I_b + aI_c) = \frac{1}{3}\angle -240° \tag{C.2.7}$$

각 상 전류에 대한 상 영역 표현은 다음 [그림 C.2.4]와 같이 각 상에 대한 대칭성분 요소의 조합으로도 표현할 수도 있다. 건전상인 a, c상의 전류 벡터를 더해보면 0이 되는 것을 확인할 수 있다.

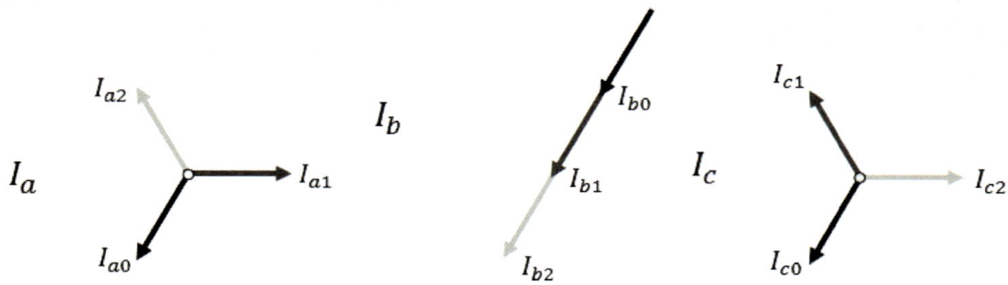

그림 C.2.4 b상 1선 지락고장 시 각 상전류의 페이저도

식 (C.2.5)~식 (C.2.7)을 1장에서 소개된 수식들을 이용하여 상 영역의 상전류로 변환할 수 있으며, 다음 식 (C.2.8)~식 (C.2.10)과 같다. 결과는 [그림 C.2.4]와 동일하다. [그림 C.2.3]의 (b)의 대칭성분 페이저도를 참조하여 아래 수식과 비교하면 영상분, 정상분, 역상분 전류 요소들이 회전 연산자 a에 따라 회전하여 상전류를 구성하는 것을 상기 [그림 C.2.4]에서도 확인할 수 있다.

$$I_a = I_0 + I_1 + I_2 = 0 \tag{C.2.8}$$

$$I_b = (I_0 + a^2 I_1 + aI_2) = 3I_1 \tag{C.2.9}$$

$$I_c = (I_0 + aI_1 + a^2 I_2) = 0 \tag{C.2.10}$$

c상 1선 지락고장

앞의 경우들과 마찬가지로, 일반적인 3상 전원이 연결된 모선에서 c상 1선 지락고장이 발생한 상황을 고려한다. 이때, 대칭성분 요소를 구하기 위한 가정은 다음과 같다.

(1) 고장 저항: 0Ω(완전 지락고장)

(2) a상에 흐르는 전류: 0

(3) b상에 흐르는 전류: 0

(4) c상에 흐르는 전류: $1\angle -240°$

(5) c상 전압: 0

위의 가정을 적용하였을 때, 상 영역 및 대칭성분 영역으로 표현한 3상 전류의 페이저도는 다음 [그림 C.2.5]와 같다. 가정에 의하여 모든 고장 전류는 c상으로만 흐르게 되며 $1\angle -240°$인 이 전류가 대칭성분 요소 계산 시 기준 전류가 된다. 따라서 건전상인 a, b상에는 고장 전류가 흐르지 않는다.

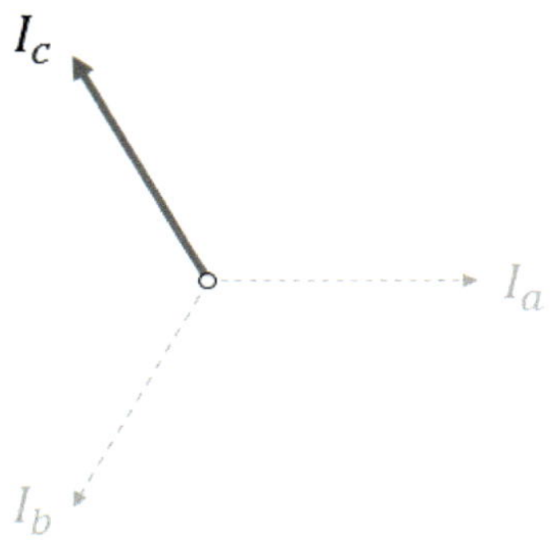

(a) 상 성분 영역

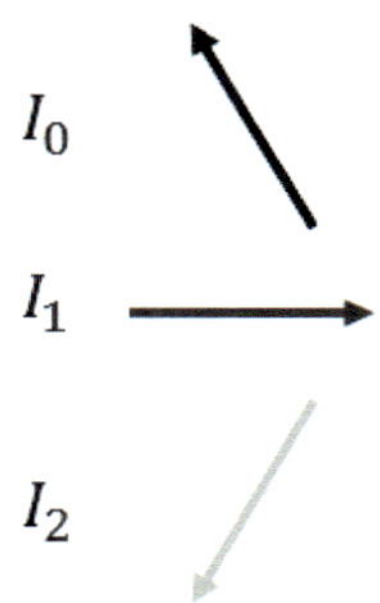

(b) 대칭성분 영역

그림 C.2.5 c상 1선 지락고장 시 3상 전류의 페이저도

1장의 수식 및 상기 가정의 (2)~(4)를 적용하여 3상 상 영역의 전류를 3상 대칭성분 전류로 표현할 수 있으며, 다음 식 (C.2.11)~식 (C.2.13)과 같다. a상 전류의 위상을 기준으로 계산하였기 때문에 c상 1선 지락고장의 경우 대칭성분 전류의 크기만 동일하며 벡터의 방향은 다른 것을 확인할 수 있다.

$$I_0 = \frac{1}{3}(I_a + I_b + I_c) = \frac{1}{3}\angle -240° \tag{C.2.11}$$

$$I_1 = \frac{1}{3}(I_a + aI_b + a^2 I_c) = \frac{1}{3}\angle 0° \tag{C.2.12}$$

$$I_2 = \frac{1}{3}(I_a + a^2 I_b + aI_c) = \frac{1}{3}\angle -120° \tag{C.2.13}$$

각 상 전류에 대한 상 영역 표현은 다음 [그림 C.2.6]과 같이 각 상에 대한 대칭성분 요소의 조합으로도 표현할 수도 있다. 건전상인 a, b상의 전류 벡터를 더해보면 0이 되는 것을 확인할 수 있다.

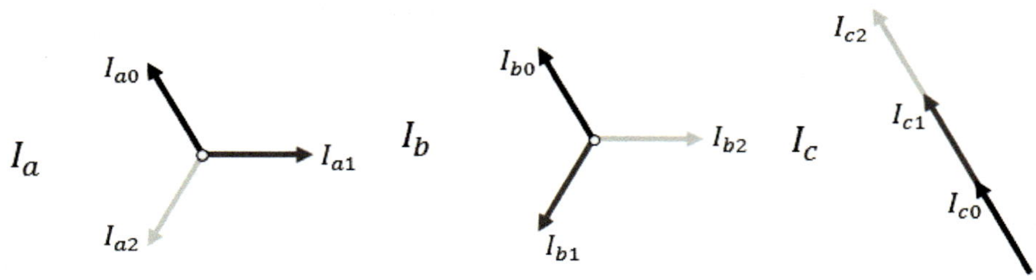

그림 C.2.6 c상 1선 지락고장 시 각 상전류의 페이저도

식 (C.2.11)~식 (C.2.13)을 1장에서 소개된 수식들을 이용하여 상 영역의 상전류로 변환할 수 있으며, 다음 식 (C.2.14)~식 (C.2.16)과 같다. 결과는 [그림 C.2.6]과 동일하다. [그림 C.2.3]의 (b)의 대칭성분 페이저도를 참조하여 아래 수식과 비교하면 영상분, 정상분, 역상분 전류 요소들이 회전 연산자 a에 따라 회전하여 상전류를 구성하는 것을 상기 [그림 C.2.6]에서도 확인할 수 있다.

$$I_a = I_0 + I_1 + I_2 = 0 \tag{C.2.14}$$

$$I_b = (I_0 + a^2 I_1 + aI_2) = 0 \tag{C.2.15}$$

$$I_c = (I_0 + aI_1 + a^2 I_2) = 3I_1 \tag{C.2.16}$$

3 | 1선 지락고장(전압의 대칭성분 요소 표현)

a상 1선 지락고장

전류의 대칭성분 요소와 마찬가지로, 일반적인 평형 3상 전원이 연결된 모선에서 a상 1선 지락고장이 발생한 상황을 고려한다. 이때, 고장 상황에서 상전압의 대칭성분 요소를 구하기 위한 가정은 다음과 같다.

(1) 고장 저항: 0Ω (완전 지락고장)

(2) a상 전압: 0

(3) b상 전압: $1\angle -120°$

(4) c상 전압: $1\angle -240°$

위의 가정을 적용하였을 때, 상 영역 및 대칭성분 영역으로 표현한 3상 전압의 페이저도는 다음 [그림 C.2.7]과 같다.

고장 저항이 0이고 모든 고장 전류는 a상으로만 흐르게 되므로 a상 전압은 상기 가정 (2)와 같이 0으로 간주될 수 있으며, 건전상인 b, c상의 전압은 3상 평형 계통을 가정하였으므로 기준 상인 a상과 비교하여 120°씩 위상각 차이가 나는 것을 확인할 수 있다. 상기 가정 (3), (4)와 같이 가정했을 때, 대칭성분 영역에서 계산된 전압의 페이저도는 [그림 C.2.7(b)]와 같다.

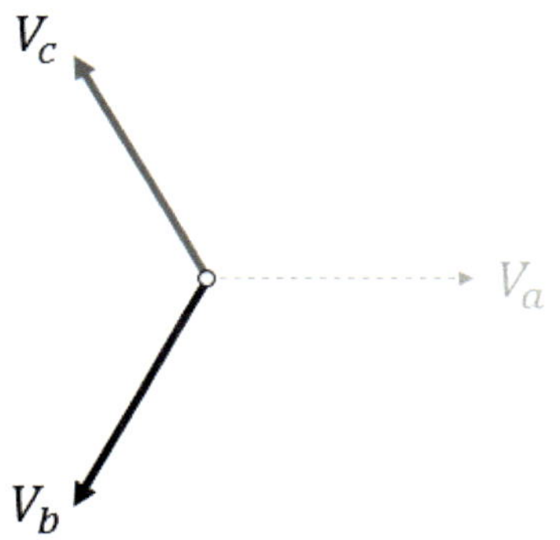

(a) 상 성분 영역

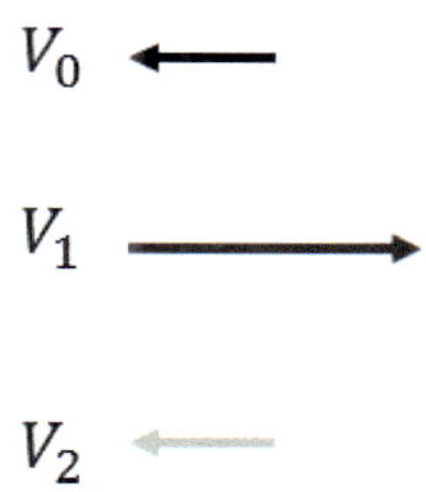

(b) 대칭성분 영역

그림 C.2.7 a상 1선 지락고장 시 3상 전압의 페이저도

1장의 수식을 적용하여 3상 상 영역의 전압을 3상 대칭성분 전압으로 표현할 수 있으며, 결과는 다음 식 (C.2.17)~식 (C.2.19)과 같다.

$$V_0 = \frac{1}{3}(V_a + V_b + V_c) = \frac{1}{3}\angle 180° \tag{C.2.17}$$

$$V_1 = \frac{1}{3}(V_a + aV_b + a^2 V_c) = \frac{2}{3}\angle 0° \tag{C.2.18}$$

$$V_2 = \frac{1}{3}\left(V_a + a^2 V_b + a V_c\right) = \frac{1}{3} \angle 180° \tag{C.2.19}$$

상기 수식을 1장에서 다루는 변환 공식을 통하여 상 성분 형태로 변환할 수 있으며, 다음 식 (C.2.20)~식 (C.2.22)과 같다.

$$V_a = V_0 + V_1 + V_2 = 0 \tag{C.2.20}$$

$$V_b = (V_0 + a^2 V_1 + a V_2) \tag{C.2.21}$$

$$= \frac{1}{3}\angle 180° + \frac{2}{3}\angle -120° + \frac{1}{3}\angle 300° = 1\angle -120°$$

$$V_c = (V_0 + a V_1 + a^2 V_2) \tag{C.2.22}$$

$$= \frac{1}{3}\angle 180° + \frac{2}{3}\angle 120° + \frac{1}{3}\angle 60° = 1\angle 120°$$

각 상에 대한 전압의 페이저도는 다음 [그림 C.2.8]와 같다. [그림 C.2.7]의 (b)를 참조하여 아래 수식과 비교하면 영상분, 정상분, 역상분 전압 요소들이 회전 연산자 a에 따라 회전하여 전압을 구성하는 것을 확인할 수 있다.

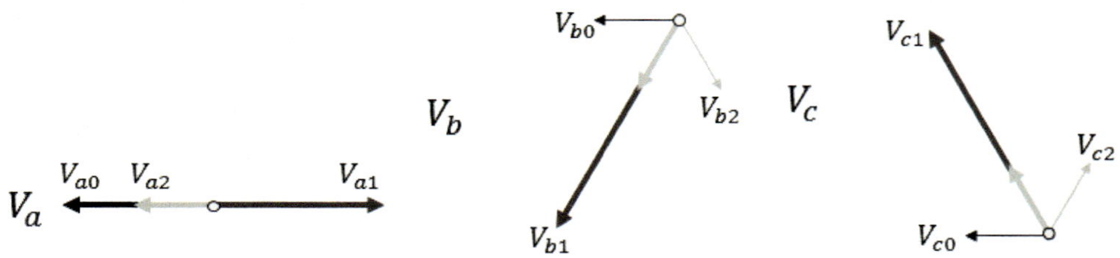

그림 C.2.8 a상 1선 지락고장 시 각 상전압의 페이저도

❹ b상 1선 지락고장

a상 1선 지락고장과 마찬가지로, 일반적인 3상 전원에 연결된 모선에서 b상 1선 지락고장이 발생한 상황을 고려한다. 이때, 상전압의 대칭성분 요소를 구하기

위한 가정은 다음과 같다.

(1) 고장 저항: 0Ω (완전 지락고장)
(2) a상 전압: $1\angle 0°$
(3) b상 전압: 0
(4) c상 전압: $1\angle -240°$

위의 가정을 적용하였을 때, 상 영역 및 대칭성분 영역으로 표현한 3상 전압의 페이저도는 다음 [그림 C.2.9]과 같다.

고장 저항이 0이고 모든 고장 전류는 b상으로만 흐르게 되므로 b상 전압은 상기 가정 (2)와 같이 0으로 간주될 수 있으며, 건전상인 a, c상의 전압은 3상 평형 계통을 가정하였으므로 기준 상인 b상과 비교하여 120°씩 위상각 차이가 나는 것을 확인할 수 있다. 이때, 상 영역 전압의 페이저는 a상 전압을 기준으로 계산된 것임을 인지해야 한다. 상기 가정 (3), (4)와 같이 가정했을 때, 대칭성분 영역에서 계산된 전압의 페이저도는 [그림 C.2.9(b)]와 같다.

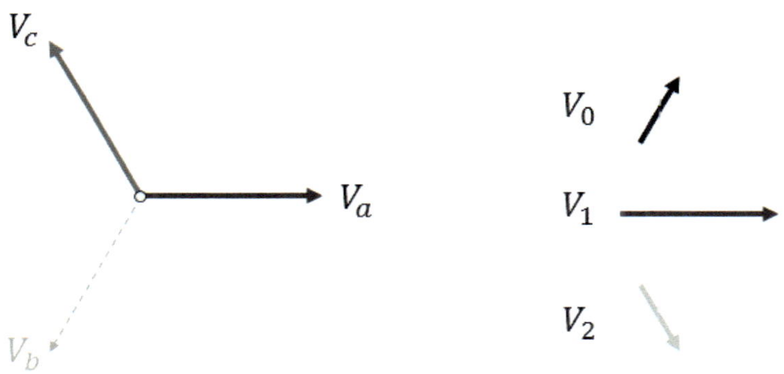

(a) 상 성분 영역 (b) 대칭성분 영역

그림 C.2.9 b상 1선 지락고장 시 3상 전압의 페이저도

1장의 수식을 적용하여 3상 상 영역의 전압을 3상 대칭성분 전압으로 표현할 수 있으며, 결과는 다음 식 (C.2.23)~식 (C.2.25)와 같다.

$$V_0 = \frac{1}{3}(V_a + V_b + V_c) = \frac{1}{3}\angle 60° \tag{C.2.23}$$

$$V_1 = \frac{1}{3}\left(V_a + aV_b + a^2 V_c\right) = \frac{2}{3}\angle 0^\circ \qquad \text{(C.2.24)}$$

$$V_2 = \frac{1}{3}\left(V_a + a^2 V_b + aV_c\right) = \frac{1}{3}\angle -60^\circ \qquad \text{(C.2.25)}$$

상기 수식을 1장에서 다루는 변환 공식을 통하여 상 성분 형태로 변환할 수 있으며, 다음 식 (C.2.26)~식 (C.2.28)와 같다.

$$\begin{aligned} V_a &= V_0 + V_1 + V_2 \\ &= \frac{1}{3}\angle 60^\circ + \frac{2}{3}\angle 0^\circ + \frac{1}{3}\angle -60^\circ = 1\angle 0^\circ \end{aligned} \qquad \text{(C.2.26)}$$

$$\begin{aligned} V_b &= (V_0 + a^2 V_1 + aV_2) \\ &= \frac{1}{3}\angle 60^\circ + \frac{2}{3}\angle -120^\circ + \frac{1}{3}\angle 60^\circ = 0 \end{aligned} \qquad \text{(C.2.27)}$$

$$\begin{aligned} V_c &= (V_0 + aV_1 + a^2 V_2) \\ &= \frac{1}{3}\angle 60^\circ + \frac{2}{3}\angle 120^\circ + \frac{1}{3}\angle -180^\circ = 1\angle 120^\circ \end{aligned} \qquad \text{(C.2.28)}$$

각 상에 대한 전압의 페이저도는 다음 [그림 C.2.10]와 같다. [그림 C.2.9]의 (b)를 참조하여 아래 수식과 비교하면 영상분, 정상분, 역상분 전압 요소들이 회전 연산자 a에 따라 회전하여 전압을 구성하는 것을 확인할 수 있다.

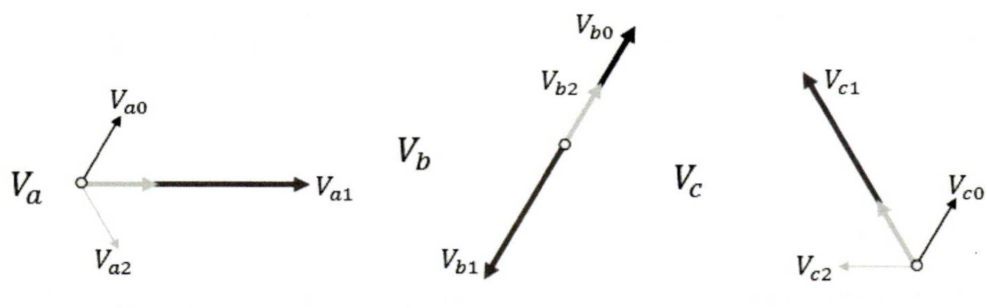

그림 C.2.10 b상 1선 지락고장 시 각 상전압의 페이저도

c상 1선 지락고장

앞의 두 절의 1선 지락고장들과 마찬가지로, 일반적인 3상 전원이 연결된 모선에서 c상 1선 지락고장이 발생한 상황을 고려한다. 이때, 상전압의 대칭성분 요소를 구하기 위한 가정은 다음과 같다.

(1) 고장 저항: 0Ω (완전 지락고장)
(2) a상 전압: $1\angle 0°$
(3) b상 전압: $1\angle -120°$
(4) c상 전압: 0

위의 가정을 적용하였을 때, 상 영역 및 대칭성분 영역으로 표현한 3상 전압의 페이저도는 다음 [그림 C.2.11]와 같다.

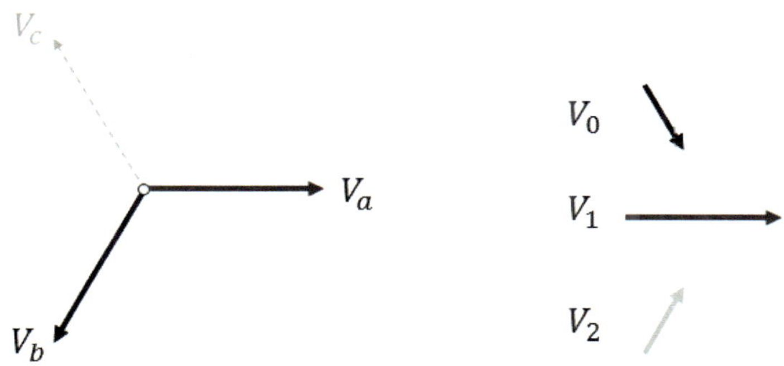

(a) 상 성분 영역 (b) 대칭성분 영역

그림 C.2.11 c상 1선 지락고장 시 3상 전압의 페이저도

고장 저항이 0이고 모든 고장 전류는 c상으로만 흐르게 되므로 c상 전압은 상기 가정 (2)와 같이 0으로 간주될 수 있으며, 건전상인 a, b상의 전압은 3상 평형 계통을 가정하였으므로 기준 상인 c상과 비교하여 120°씩 위상각 차이가 나는 것을 확인할 수 있다. 이때, 상 영역 전압의 페이저는 a상 전압을 기준으로 계산된 것임을 인지해야 한다. 상기 가정 (3), (4)와 같이 가정했을 때, 대칭성분 영역에서 계산된 전압의 페이저도는 [그림 C.3.5(b)]와 같다.

1장의 수식을 적용하여 3상 상 영역의 전압을 3상 대칭성분 전압으로 표현할 수 있으며, 결과는 다음 식 (C.2.29)~식 (C.2.31)와 같다.

$$V_0 = \frac{1}{3}(V_a + V_b + V_c) = \frac{1}{3}\angle -60^\circ \qquad \text{(C.2.29)}$$

$$V_1 = \frac{1}{3}(V_a + aV_b + a^2V_c) = \frac{2}{3}\angle 0^\circ \qquad \text{(C.2.30)}$$

$$V_2 = \frac{1}{3}(V_a + a^2V_b + aV_c) = \frac{1}{3}\angle 60^\circ \qquad \text{(C.2.31)}$$

상기 수식을 1장에서 다루는 변환 공식을 통하여 상 성분 형태로 변환할 수 있으며, 다음 식 (C.2.32)~(C.2.34)와 같다.

$$V_a = V_0 + V_1 + V_2 \qquad \text{(C.2.32)}$$

$$= \frac{1}{3}\angle -60^\circ + \frac{2}{3}\angle 0^\circ + \frac{1}{3}\angle 60^\circ = 1\angle 0^\circ$$

$$V_b = (V_0 + a^2V_1 + aV_2) \qquad \text{(C.2.33)}$$

$$= \frac{1}{3}\angle -60^\circ + \frac{2}{3}\angle -120^\circ + \frac{1}{3}\angle 180^\circ = 1\angle -120^\circ$$

$$V_c = (V_0 + aV_1 + a^2V_2) \qquad \text{(C.2.34)}$$

$$= \frac{1}{3}\angle -60^\circ + \frac{2}{3}\angle 120^\circ + \frac{1}{3}\angle -60^\circ = 0$$

각 상에 대한 전압의 페이저도는 다음 [그림 C.2.12]과 같다. [그림 C.2.11]의 (b)를 참조하여 아래 수식과 비교하면 영상분, 정상분, 역상분 전압 요소들이 회전 연산자 a에 따라 회전하여 전압을 구성하는 것을 확인할 수 있다.

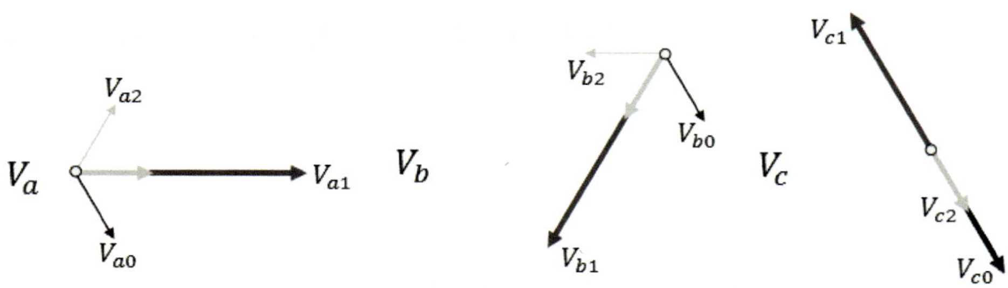

그림 C.2.12 c상 1선 지락고장 시 각 상전압의 페이저도

4 | 요약

1, 2절에서 살펴본 1선 지락고장 이외에도 다양한 형태의 고장이 계통에서 발생할 수 있으며, 해당 고장들에 대한 전압, 전류의 대칭성분 표현은 다음 [그림 C.2.13]에서 살펴볼 수 있다.

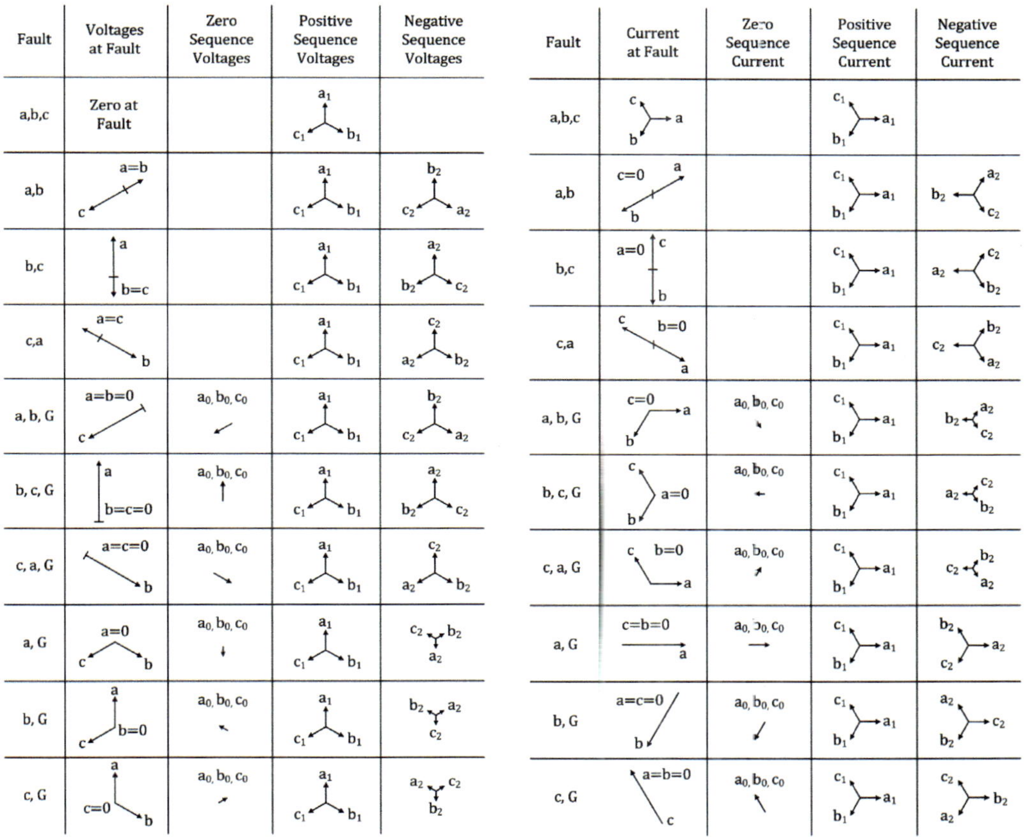

그림 C.2.13 다양한 고장 형태에 따른 전압, 전류의 대칭성분 벡터도

제3절

고장해석을 위한 대칭성분 모델

1 | 서론

본 장에서는 고장해석을 위한 대칭성분 모델을 소개한다. 보통의 3상 회로는 평형 상태를 유지하므로 모든 전압 및 전류 또한 평형 상태를 유지한다. 이러한 계통에 대한 회로의 특성을 해석하는 것은 그리 어렵지 않지만, 고장 및 부하의 특성 등에 의해 불평형 상태가 발생하게 되면 일반적인 회로해석 기법을 적용하여 특성을 파악하기가 매우 어렵다. 왜냐하면 불평형의 3상 회로는 전압과 전류가 시간적으로 일정한 위상차를 갖는 평형 회로와는 달리 전압과 전류들이 불규칙한 위상차를 갖기 때문에 각 상의 전압과 전류 분포를 일일이 계산하여 이를 중첩해 나가야 하는 매우 번거로운 절차가 있기 때문이다. 따라서 앞선 장에서 소개된 대칭성분법 및 전력계통 구성요소의 대칭성분 모델을 활용하여 계통에서 발생할 수 있는 고장을 더욱 더 쉽게 해석하는 것이 필요하다.

본 절에서는 2장 및 3장에서 소개된 다양한 고장에 대한 대칭성분 및 전력계통의 구성요소에 대한 대칭성분 모델을 활용한 고장해석이 다루어 질 것이다. 해석의 편리성을 위한 per-unit법이 소개되며, 대칭성분을 이용한 다양한 고장의 해석법이 논의된다. 평형 고장인 3상 고장을 제외한 각 고장에 대한 해석은 4개의 단계로 구성되며, 이를 통해 대칭성분을 이용한 고장해석의 절차를 제공하고자 한다.

2 | 3상 고장

본 절에서는 [그림 C.3.1]에 대한 3상 고장을 단위법 및 대칭성분으로 분석하고자 한다. 3상 고장은 비대칭 고장이 아닌 대칭 고장으로 대칭성분 해석은 중요하지 않지만 비대칭 고장해석을 위한 기초 작업으로 대칭성분 해석을 하고자 한다. [그림 C.3.1]은 단위법을 이해하기 위하여 단위법으로 표현된 간략한 전력계통 단선도이다. 2개의 변압기와 하나의 송전선로를 통해 동기전동기에 공급하는 동기발전기로 구성되어 있는 단선도이며 본 절에서는 모선 4에서의 3상 단락회로를 고려할 것이다. 이 계통은 대칭성분으로 분해할 수 있으며, [표 C.3.1]에 표현된 것과 같이 각각의 등가회로로 표현할 수 있다.

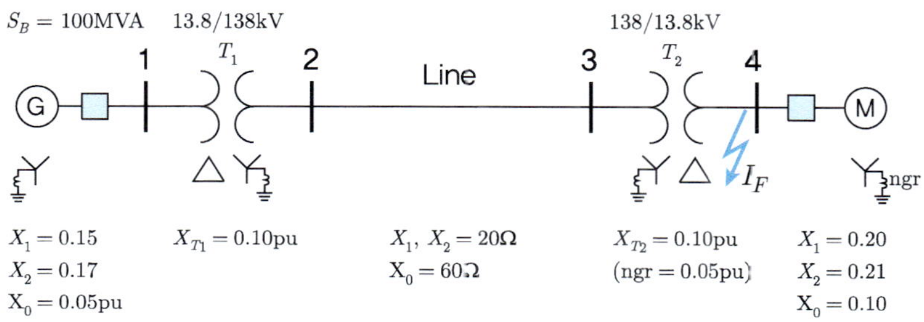

그림 C.3.1 단위법으로 표현된 전력계통 단선도

| 표 C.3.1 | 단위법으로 표현된 대칭성분 등가회로

영상성분	정상성분	역상성분
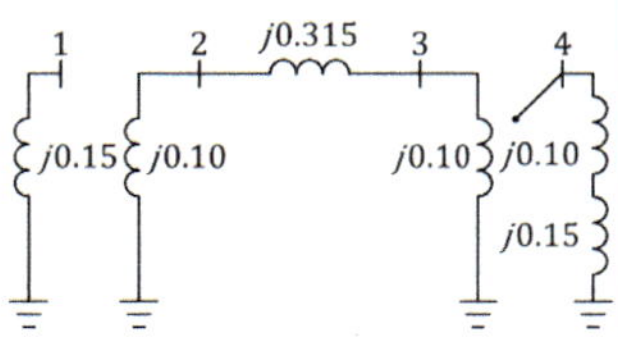	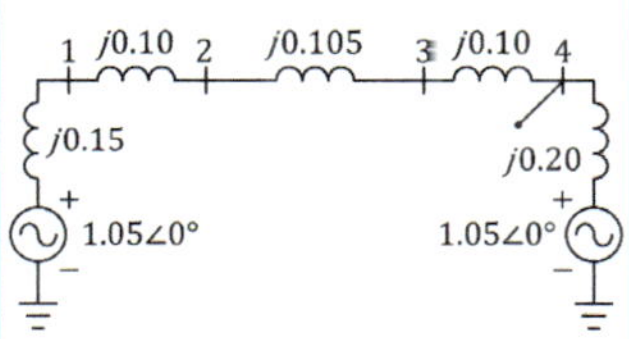	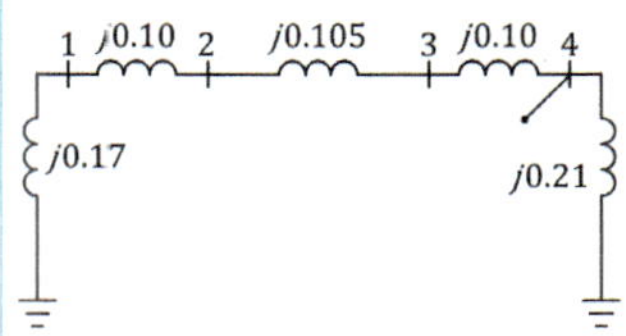
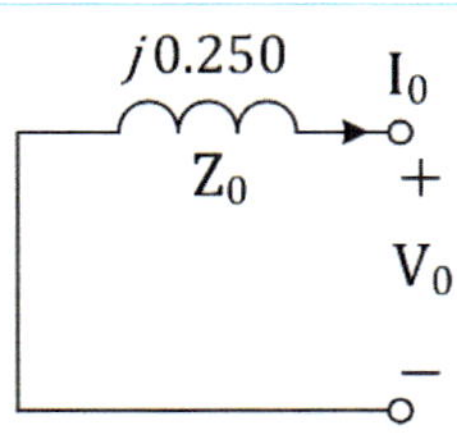	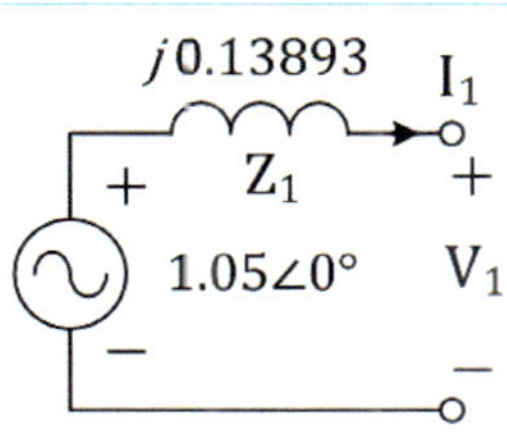	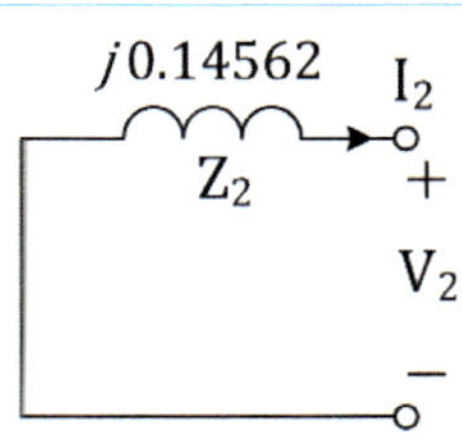

[그림 C.3.2]와 같은 3상 고장이 발생하면 식 (C.3.1)과 식 (C.3.2)으로 회로도를 해석할 수 있으며, 고장전류 및 전압의 대칭성분을 각각 식 (C.3.3) 및 식 (C.3.4)로 표현할 수 있다.

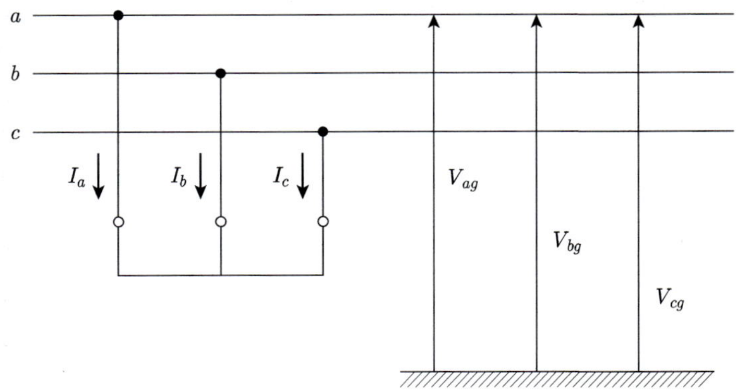

그림 C.3.2 3상 고장에 대한 회로도

$$I_a = I_F,\ I_b = a^2 I_F,\ I_c = aI_F \tag{C.3.1}$$

$$V_{ag} = 0,\ V_{bg} = 0,\ V_{cg} = 0 \tag{C.3.2}$$

$$I_0 = \frac{1}{3}(I_a + I_b + I_c) = \frac{1}{3}(I_F + a^2 I_F + aI_F) = 0 \tag{C.3.3}$$

$$I_1 = \frac{1}{3}(I_a + aI_b + a^2 I_c) = \frac{1}{3}(I_F + a \cdot a^2 I_F + a^2 \cdot aI_F) = I_F$$

$$I_2 = \frac{1}{3}(I_a + a^2 I_b + aI_c) = \frac{1}{3}(I_F + a^2 \cdot a^2 I_F + a \cdot aI_F) = 0$$

$$V_0 = \frac{1}{3}(V_a + V_b + V_c) = 0 \tag{C.3.4}$$

$$V_1 = \frac{1}{3}(V_a + aV_b + a^2 V_c) = 0$$

$$V_2 = \frac{1}{3}(V_a + a^2 V_b + aV_c) = 0$$

그 결과, [그림 C.3.1]의 회로에서 4번 모선에 3상 고장이 발생한 경우 [표 C.3.2]와 같이 표현할 수 있으며, 그에 따라 식 (C.3.5) 및 식 (C.3.6)으로 대칭성분 전류와 선전류를 각각 계산할 수 있다.

| 표 C.3.2 | [그림 C.1.1]에서 3상 고장 발생 후 대칭성분 등가회로

영상성분	정상성분	역상성분
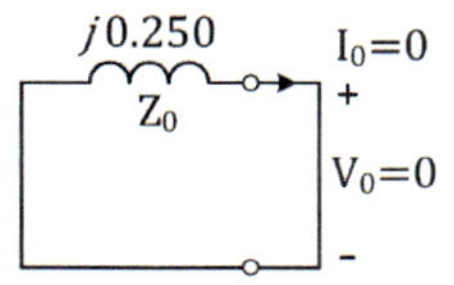	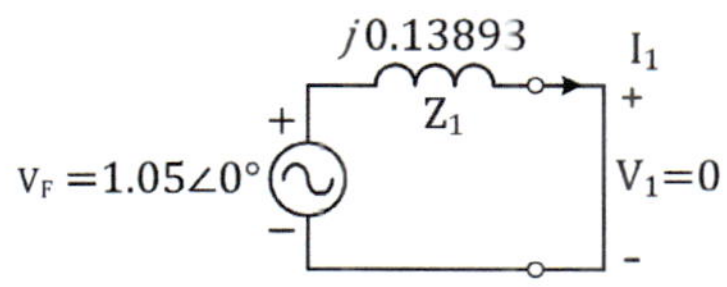	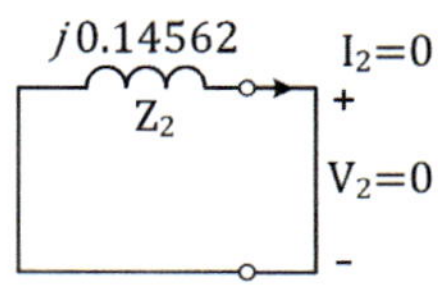

$$I_1 = \frac{V_F}{Z_1} = \frac{1.05\angle 0^\circ}{j0.13893} = -j7.558pu \tag{C.3.5}$$

$$\begin{bmatrix} I_a \\ I_b \\ I_c \end{bmatrix} = \begin{bmatrix} 1 & 1 & 1 \\ 1 & a^2 & a \\ 1 & a & a^2 \end{bmatrix} \begin{bmatrix} 0 \\ -j7.558 \\ 0 \end{bmatrix} = \begin{bmatrix} 7.558\angle -90^\circ \\ 7.558\angle 150^\circ \\ 7.558\angle 30^\circ \end{bmatrix} pu \tag{C.3.6}$$

3 | 1선 지락고장

Step 1 - 고장의 상 영역 표현

1선 지락고장의 상 영역 표현은 [그림 C.3.3]로 표현될 수 있다. 본 절에서는 a상 지락고장을 가정함에 따라 a상은 고장 임피던스 Z_F를 통해 대지와 연결된다.

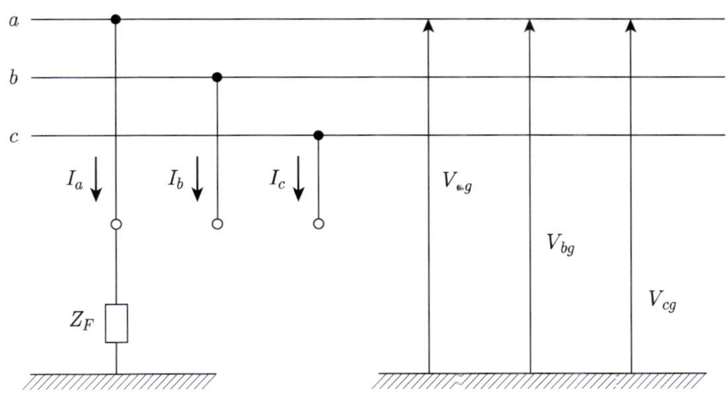

그림 C.3.3 1선 지락고장에 대한 회로도

Step 2 - 상 영역 조건을 이용한 대칭성분 영역 조건 도출

a상 지락고장을 가정함에 따라, 다음과 같은 상 영역 조건을 알 수 있다.

1) b, c상의 전류는 0($I_b = I_c = 0$)

2) a상 전압 : $V_{ag} = Z_F I_a$

위의 조건들을 대칭성분 영역에서의 조건으로 변환하면 식 (C.3.7) 및 식 (C.3.8)과 같다. 따라서 전류의 영상분, 정상분 및 역상분의 크기는 같으며, 대칭성분 전압들의 합은 고장 임피던스와 정상분 전류의 곱의 형태로 도출됨을 알 수 있다. 도출된 대칭성분 영역 조건들은 이어지는 단계에 활용된다.

$$\begin{bmatrix} I_0 \\ I_1 \\ I_2 \end{bmatrix} = \frac{1}{3}\begin{bmatrix} 1 & 1 & 1 \\ 1 & a & a^2 \\ 1 & a^2 & a \end{bmatrix}\begin{bmatrix} I_a \\ 0 \\ 0 \end{bmatrix} = \frac{1}{3}\begin{bmatrix} I_a \\ I_a \\ I_a \end{bmatrix}, \ \therefore I_0 = I_1 = I_2 \tag{C.3.7}$$

$$V_{ag} = V_0 + V_1 + V_2 = Z_F(I_0 + I_1 + I_2) = 3Z_F I_1 \tag{C.3.8}$$

$$\therefore V_0 + V_1 + V_2 = 3Z_F I_1$$

Step 3 - 대칭성분 회로망 표현

[그림 C.3.3]의 상 성분은 [그림 C.3.4]의 대칭성분 회로망으로 변환될 수 있다.

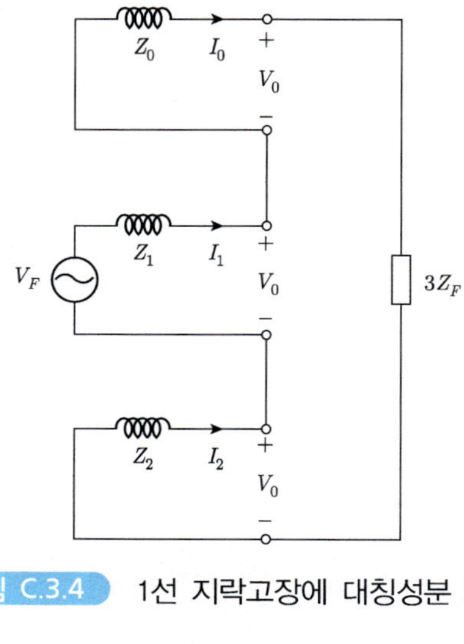

그림 C.3.4 1선 지락고장에 대칭성분 회로망

1선 지락고장에 대한 대칭성분 회로망은 영상분, 정상분, 역상분을 모두 포함하며, Step 2에서 도출된 조건들과 같이 대칭성분 전류들은 모두 동일하므로 각각의 회로망은 서로 연결됨을 알 수 있다.

Step 4 - 대칭성분 네트워크를 통한 고장전류 및 전압 계산

Step 3에서 도출된 대칭성분 회로망은 상 영역에서의 회로망에 비해 해석이 훨씬 용이하다. Step 2 및 Step 3의 결과를 이용한다면, 영상분 전류 및 상별 고장전류를 각각 식 (C.3.9) 및 식 (C.3.10)로 계산할 수 있다.

$$I_0 = I_1 = I_2 = \frac{V_F}{Z_0 + Z_1 + Z_2 + 3Z_F} \tag{C.3.9}$$

$$I_a = I_0 + I_1 + I_2 = 3I_0 = \frac{3V_F}{Z_0 + Z_1 + Z_2 + 3Z_F} \tag{C.3.10}$$

$$I_b = I_0 + a^2 I_1 + aI_2 = 0$$

$$I_c = I_0 + aI_1 + a^2 I_2 = 0$$

대칭성분 회로망에서 고장 임피던스를 0으로 가정한다면, 전압의 대칭성분은 식 (C.3.11)와 같이 표현될 수 있으며, 식 (C.3.12)와 같이 대칭성분 변환의 역과정을 통해 건전상인 b상의 전압 또한 계산이 가능하다.

$$\begin{bmatrix} V_0 \\ V_1 \\ V_2 \end{bmatrix} = \begin{bmatrix} 0 \\ V_F \\ 0 \end{bmatrix} - \begin{bmatrix} Z_0 & 0 & 0 \\ 0 & Z_1 & 0 \\ 0 & 0 & Z_2 \end{bmatrix} \begin{bmatrix} I_0 \\ I_0 \\ I_0 \end{bmatrix} = \begin{bmatrix} -I_0 Z_0 \\ V_F - I_1 Z_1 \\ -I_2 Z_2 \end{bmatrix} = \begin{bmatrix} \dfrac{-Z_0}{Z_0 + Z_1 + Z_2} V_F \\ \dfrac{Z_0 + Z_2}{Z_0 + Z_1 + Z_2} V_F \\ \dfrac{-Z_2}{Z_0 + Z_1 + Z_2} V_F \end{bmatrix} \tag{C.3.11}$$

$$\begin{aligned} V_b &= V_0 + a^2 V_1 + a V_2 \\ &= \left[-Z_0 + a^2(Z_0 + Z_2) - aZ_2 \right] \left[\frac{V_F}{Z_0 + Z_1 + Z_2} \right] \\ &= \frac{(a^2 - 1)Z_0 + (a^2 - a)Z_2}{Z_0 + Z_1 + Z_2} V_F \end{aligned} \tag{C.3.12}$$

식 (C.3.12)는 영상분 임피던스의 크기에 따라 식 (C.3.13)로 간략화 될 수 있다. 이를 통해 [그림 C.3.5]에 나타난 임피던스와 고장전압 간의 관계를 도출할 수 있다.

$$V_b = \frac{(a^2 - a)Z_1}{2Z_1} V_F = \frac{\sqrt{3}}{2} V_F = 0.866\, V_F, \ \text{if } Z_0 = 0, Z_1 \approx Z_2 \quad \text{(C.3.13)}$$

$$V_b = \frac{(a^2 - 1)}{1} V_F = \sqrt{3}\, V_F, \ \text{if } Z_0 = \infty, Z_1 \approx Z_2$$

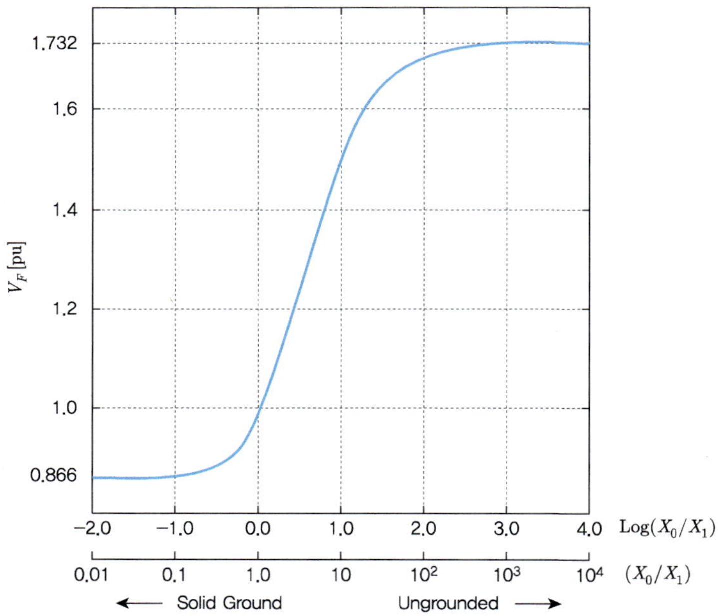

그림 C.3.5 정상분과 역상분 임피던스의 비율에 따른 고장전압

1선 지락고장에서는 건전상의 전압 분석이 매우 중요하다. [그림 C.3.5]와 같이 고장전압은 영상분 임피던스에 큰 영향을 받는다. 만일 영상분 임피던스가 0에 가깝다면(직접접지), 고장전압의 크기가 줄어들지만 이로 인해 고장전류가 증가하여 인근 변압기에 큰 피해를 입힐 수 있다. 반면, 영상분 임피던스를 ∞에 가깝게 정한다면(비접지), 고장전류는 줄어들지만, 건전상의 전압 크기가 매우 커질 수 있다. 따라서 한전에서는 지락고장 시 건전상의 대지전위 상승을 억제하

고, 동시에 변압기로 유입되는 고장전류를 제한하기 위해 배전용변전소의 변압기의 중성점에 리액터(통상 0.6Ω)를 연결하여 접지하는 중성점 접지리액터(Neutral Grounding Reactor, NGR) 방식을 채택하고 있다.

예제

아래와 같은 1선 지락고장에 대한 대칭성분 회로망을 고려해보자.

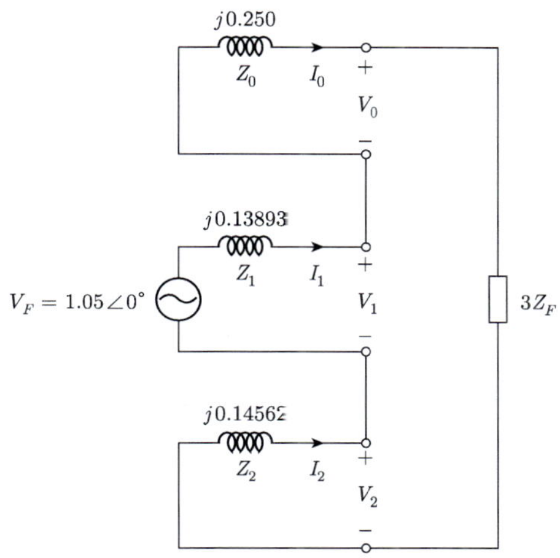

그림 C.3.6 예제 – 1선 지락고장에 대한 대칭성분 회로망

앞서 도출된 것과 같이 1선 지락고장에 대한 대칭성분 회로망에서는 영상분, 정상분 및 역상분 전류가 동일하며, 대칭성분 전류 및 a상 전류는 각각 식 (C.3.14) 및 식 (C.3.15)에 의해 계산된다.

$$I_0 = I_1 = I_2 = \frac{1.05 \angle 0^\circ}{j(0.25 + 0.13893 + 0.14562)} \tag{C.3.14}$$

$$= \frac{1.05}{j0.53455} = -j1.96427pu$$

$$I_a = 3(-j1.96427) = -j5.8928pu \tag{C.3.15}$$

본 예제의 기준 전류 I_B는 식 (C.3.16)과 같으므로, pu 단위의 a상 전류는 식

(C.3.17)로 변환될 수 있다.

$$I_B = \frac{100}{13.8 \times \sqrt{3}} = 4.1837\,\text{kA} \tag{C.3.16}$$

$$I_a = (-j5.8928)(4.1837) = 24.65\angle -90^\circ\ \text{kA} \tag{C.3.17}$$

식 (C.3.11)에 따라 대칭성분 전압은 식 (C.3.18)로 계산되며, 이를 상전압으로 변환한 결과는 식 (C.3.19)와 같다.

$$\begin{bmatrix} V_0 \\ V_1 \\ V_2 \end{bmatrix} = \begin{bmatrix} 0 \\ 1.05\angle 0^\circ \\ 0 \end{bmatrix} - \begin{bmatrix} j0.25 & 0 & 0 \\ 0 & j0.13893 & 0 \\ 0 & 0 & j0.14562 \end{bmatrix} \begin{bmatrix} -j1.96427 \\ -j1.96427 \\ -j1.96427 \end{bmatrix} \tag{C.3.18}$$

$$= \begin{bmatrix} -0.49107 \\ 0.77710 \\ -0.28604 \end{bmatrix} pu$$

$$\begin{bmatrix} V_{ag} \\ V_{bg} \\ V_{cg} \end{bmatrix} = \begin{bmatrix} 1 & 1 & 1 \\ 1 & a^2 & a \\ 1 & a & a^2 \end{bmatrix} \begin{bmatrix} -0.49107 \\ 0.77710 \\ -0.28604 \end{bmatrix} = \begin{bmatrix} 0 \\ 1.179\angle 231.3^\circ \\ 1.179\angle 128.7^\circ \end{bmatrix} pu \tag{C.3.19}$$

4 | 선간 단락고장

Step 1 - 고장의 상 영역 표현

선간 단락고장의 상 영역 표현은 [그림 C.3.7]로 표현될 수 있다. 본 절에서는 b, c상의 단락고장을 가정한다.

Step 2 - 상 영역 조건을 이용한 대칭성분 영역 조건 도출

b, c상의 단락고장을 가정함에 따라, 다음과 같은 상 영역 조건을 알 수 있다.

1) a상 전류는 0이며, b상과 c상 전류의 크기는 같지만 방향은 반대
   ($I_c = -I_b$, $I_a = 0$)
2) b상과 c상의 전압차 : $V_{bg} - V_{cg} = Z_F I_b$

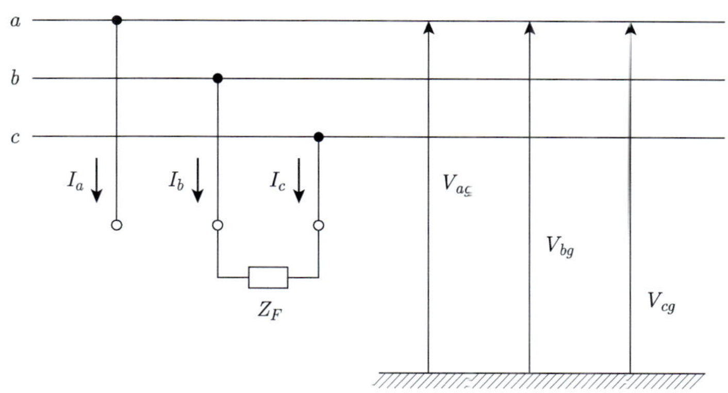

그림 C.3.7 선간 단락고장에 대한 회로도

위의 조건들을 대칭성분 영역에서의 조건으로 변환하면 식 (C.3.20) 및 식 (C.3.21)와 같다. 따라서 영상분 전류는 존재하지 않으며, 정상분과 역상분 전류의 방향은 반대이다. 또한, 정상분 전압과 역상분 전압의 차는 고장 임피던스와 정상분 전류의 곱으로 표현된다. 도출된 대칭성분 영역 조건들은 이어지는 단계에 활용된다.

$$\begin{bmatrix} I_0 \\ I_1 \\ I_2 \end{bmatrix} = \frac{1}{3}\begin{bmatrix} 1 & 1 & 1 \\ 1 & a & a^2 \\ 1 & a^2 & a \end{bmatrix}\begin{bmatrix} 0 \\ I_b \\ -I_b \end{bmatrix} = \frac{1}{3}\begin{bmatrix} 0 \\ (a-a^2)I_b \\ (a^2-a)I_b \end{bmatrix}, \ \therefore I_0 = 0,\ I_2 = -I_1 \tag{C.3.20}$$

$$\left(V_0 + a^2 V_1 + a V_2\right) - \left(V_0 + a V_1 + a^2 V_2\right) = Z_F\left(I_0 + a^2 I_1 + a I_2\right) \tag{C.3.21}$$

$$\therefore V_1 - V_2 = Z_F I_1$$

Step 3 - 대칭성분 회로망 표현

[그림 C.3.7]의 상 성분은 [그림 C.3.8]의 대칭성분 회로망으로 변환될 수 있다. 영상분 전류가 0임에 따라 선간 단락고장에 대한 대칭성분 회로망은 정상분 및 역상분만을 포함하며, Step 2에서 도출된 조건들과 같이 고장 임피던스를 중심으로 정상분과 역상분 회로망이 양쪽에 연결된다.

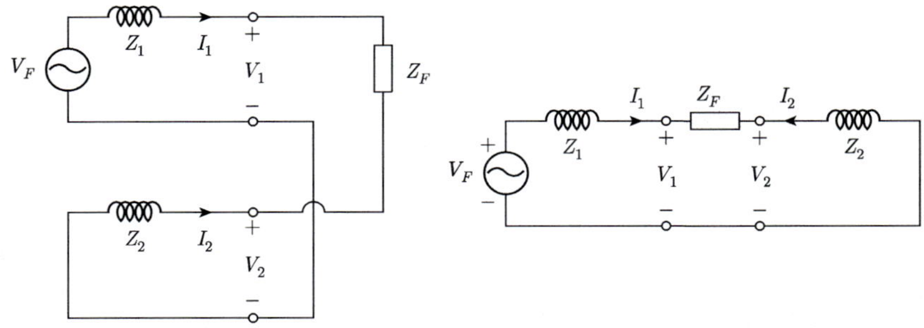

그림 C.3.8 선간 단락고장에 대칭성분 회로망

Step 4 - 대칭성분 회로망을 통한 고장전류 및 전압 계산

Step 3에서 도출된 대칭성분 회로망은 상 영역에서의 회로망에 비해 해석이 훨씬 용이하다. Step 2 및 Step 3의 결과를 이용한다면, 영상분 전류 및 상별 고장전류를 각각 식 (C.3.22) 및 식 (C.3.23)로 계산할 수 있다.

$$I_0 = 0,\ I_1 = -I_2 = \frac{V_F}{(Z_1 + Z_2 + Z_F)} \tag{C.3.22}$$

$$I_a = I_0 + I_1 + I_2 = 0 \tag{C.3.23}$$

$$I_b = I_0 + a^2 I_1 + a I_2 = \frac{-j\sqrt{3}\,V_F}{(Z_1 + Z_2 + Z_F)}$$

$$I_c = I_0 + a I_1 + a^2 I_2 = -I_b$$

전압의 대칭성분은 식 (C.3.24)를 통해 계산할 수 있으며, 대칭성분 변환의 역과정을 통해 상 영역의 전압을 식 (C.3.25)과 같이 구할 수 있다.

$$\begin{bmatrix} V_0 \\ V_1 \\ V_2 \end{bmatrix} = \begin{bmatrix} 0 \\ V_F \\ 0 \end{bmatrix} - \begin{bmatrix} Z_0 & 0 & 0 \\ 0 & Z_1 & 0 \\ 0 & 0 & Z_2 \end{bmatrix} \begin{bmatrix} I_0 \\ I_0 \\ I_0 \end{bmatrix} = \begin{bmatrix} -I_0 Z_0 \\ V_F - I_1 Z_1 \\ -I_2 Z_2 \end{bmatrix} = \begin{bmatrix} 0 \\ \left(1 - \frac{Z_1}{Z_1 + Z_2}\right) V_F \\ \frac{Z_2}{Z_1 + Z_2} V_F \end{bmatrix} \tag{C.3.24}$$

$$V_a = V_0 + V_1 + V_2 = 0 + V_F\left(1 - \frac{Z_1}{Z_1 + Z_2} + \frac{Z_2}{Z_1 + Z_2}\right) = V_F\frac{2Z_2}{Z_1 + Z_2} \quad \text{(C.3.25)}$$

$$V_b = V_0 + a^2 V_1 + a V_2 = 0 + V_F\left(a^2 - \frac{a^2 Z_1}{Z_1 + Z_2} + \frac{aZ_2}{Z_1 + Z_2}\right)$$

$$= V_F(a^2 + a)\frac{Z_2}{Z_1 + Z_2} = V_F\frac{-Z_2}{Z_1 + Z_2}$$

만일 고장 임피던스가 0이고, 정상분과 역상분 임피던스가 거의 같다면, 상전압 및 선전류는 각각 식 (C.3.26) 및 식 (C.3.27)로 근사화 될 수 있다.

$$V_a \approx V_F\frac{2Z_1}{Z_1 + Z_1} = V_F \quad \text{(C.3.26)}$$

$$V_b = V_c \approx V_F\frac{-Z_1}{Z_1 + Z_1} = -\frac{1}{2}V_F$$

$$I_a = 0 \quad \text{(C.3.27)}$$

$$I_b \approx \frac{-j\sqrt{3}\,V_F}{Z_1 + Z_1} = -j\frac{\sqrt{3}}{2}\frac{V_F}{Z_1}$$

$$I_c = -I_b \approx \frac{j\sqrt{3}\,V_F}{Z_1 + Z_1} = j\frac{\sqrt{3}}{2}\frac{V_F}{Z_1}$$

예제

아래와 같은 선간 단락고장에 대한 대칭성분 회로망을 고려해보자.

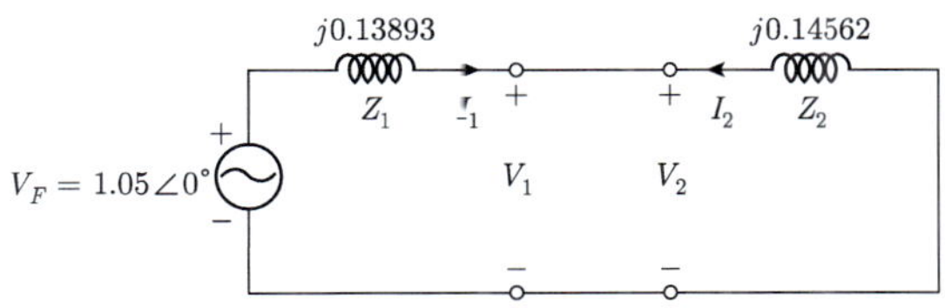

그림 C.3.9 예제 – 선간 단락고장에 대한 대칭성분 회로망

앞서 도출된 선간 단락고장에 대한 수식들을 이용함으로써 대칭성분 전류 및 상 영역 전류가 각각 식 (C.3.28) 및 식 (C.3.29)으로 계산된다.

$$I_0 = 0 \tag{C.3.28}$$

$$I_1 = -I_2 = \frac{1.05\angle 0^\circ}{j(0.13893+0.14562)} = 3.690\angle -90^\circ$$

$$I_2 = -I_1$$

$$I_a = 0 \tag{C.3.29}$$

$$I_b = (-j\sqrt{3}(3.690\angle -90^\circ)) = 6.391\angle 180^\circ\ pu = 26.74\angle 180^\circ\ kA$$

$$I_c = 26.74\angle 0^\circ\ kA$$

5 | 2선 지락고장

Step 1 - 고장의 상 영역 표현

2선 지락고장의 상 영역 표현은 [그림 C.3.10]로 표현될 수 있다. 본 절에서는 b, c상의 지락고장을 가정함에 따라 b, c상은 고장 임피던스 Z_F를 통해 대지와 연결되는 반면, a상은 건전 상태를 유지한다.

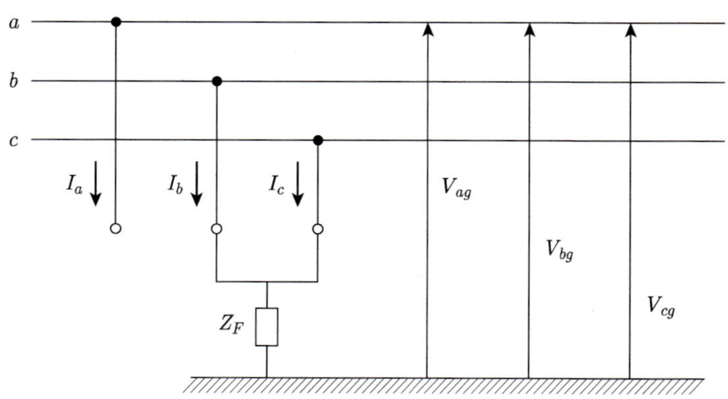

그림 C.3.10 2선 지락고장에 대한 회로도

Step 2 - 상 영역 조건을 이용한 대칭성분 영역 조건 도출

b, c상의 지락고장을 가정함에 따라, 다음과 같은 상 영역 조건을 알 수 있다.

1) a상 전류는 0 ($I_a = 0$)

2) b, c상 전압 : $V_{bg} = V_{cg} = Z_F(I_b + I_c)$

위의 조건들을 대칭성분 영역에서의 조건으로 변환하면 식 (C.3.30)~식 (C.3.32)과 같다. 따라서 정상분 전류는 영상분과 역상분 전류의 합과 같은 크기이지만 반대 방향을 가진다. 또한, 정상분 및 역상분 전압은 동일하며, 영상분 전압과 정상분 전압의 차는 고장 임피던스와 영상분 전류의 곱의 형태로 표현된다. 도출된 대칭성분 영역 조건들은 이어지는 단계에 활용된다.

$$I_a = (I_0 + I_1 + I_2) = 0, \ \therefore I_1 = -(I_0 + I_2) \quad \text{(C.3.30)}$$

$$V_0 + aV_1 + a^2V_2 = V_0 + a^2V_1 + aV_2 \quad \text{(C.3.31)}$$

$$(a^2 - a)V_1 = (a^2 - a)V_2 \quad \therefore V_1 = V_2$$

$$V_0 + aV_1 + a^2V_2 = Z_F(I_0 + a^2I_1 + aI_2 + I_0 + aI_1 + a^2I_2) \quad \text{(C.3.32)}$$

$$V_0 - V_1 = Z_F(2I_0 - I_1 - I_2) = 3Z_FI_0 \quad \therefore V_0 - V_1 = 3Z_FI_0$$

Step 3 - 대칭성분 회로망 표현

[그림 C.3.10]의 상 성분은 [그림 C.3.11]의 대칭성분 회로망으로 변환될 수 있다. Step 2에서 도출된 조건들과 같이 정상분 회로망은 병렬로 연결된 영상분 및 역상분 회로망과 직렬로 연결된다.

Step 4 - 대칭성분 회로망을 통한 고장전류 및 전압 계산

Step 3에서 도출된 대칭성분 회로망은 상 영역에서의 회로망에 비해 해석이 훨씬 용이하다. Step 2 및 Step 3의 결과를 이용한다면, 영상분 전류를 식 (C.3.33)로 계산할 수 있다.

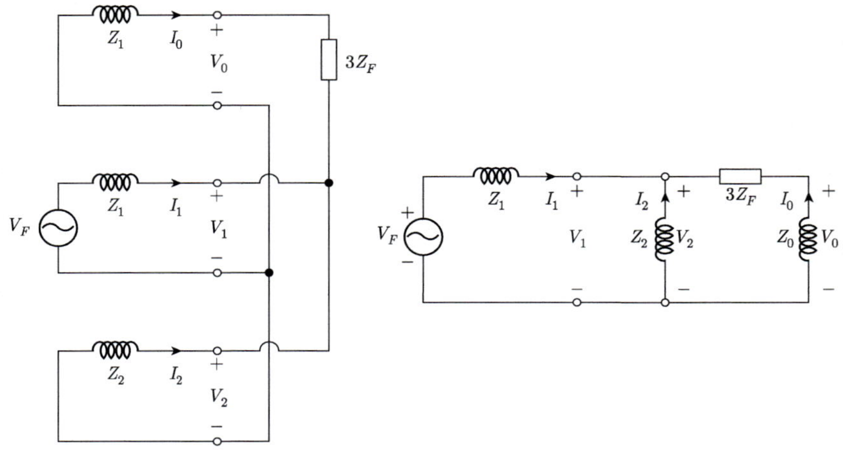

그림 C.3.11 2선 지락고장에 대채칭성분 회로망

$$I_1 = \frac{V_F}{Z_1 + [Z_2 // (Z_0 + 3Z_F)]} = \frac{V_F}{Z_1 + \left[\dfrac{Z_2(Z_0 + 3Z_F)}{Z_0 + Z_2 + 3Z_F}\right]} \tag{C.3.33}$$

$$I_0 = (-I_1)\left(\frac{Z_2}{Z_0 + Z_2 + 3Z_F}\right)$$

$$I_2 = (-I_1)\left(\frac{Z_0 + 3Z_F}{Z_0 + Z_2 + 3Z_F}\right)$$

예제

아래와 같은 2선 지락고장에 대한 대칭성분 회로망을 고려해보자. 앞서 도출된 선간 단락고장에 대한 수식들을 이용함으로써 대칭성분 전류 및 상 영역 전류가 각각 식 (C.3.34) 및 식 (C.3.35)으로 계산된다. 중성선에 흐르는 전류는 b상과 c상 전류의 합이며, 이는 영상분 전류의 3배에 해당하므로 식 (C.3.36)로 계산된다.

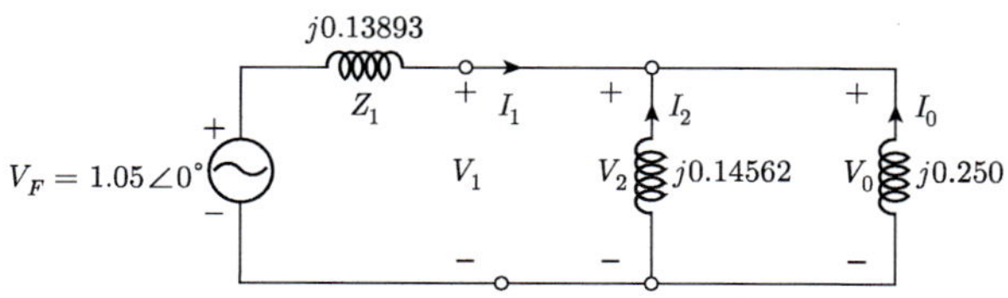

그림 C.3.12 예제 – 선간 단락고장에 대한 대칭성분 회로망

$$I_1 = \frac{1.05\angle 0^\circ}{j\left[0.13893 + \dfrac{(0.14562)(0.25)}{0.14562 + 0.25}\right]} = \frac{1.05\angle 0^\circ}{j0.23095} = -j4.5464\text{pu} \quad \text{(C.3.34)}$$

$$I_0 = (j4.5464)\left(\frac{0.14562}{0.25 + 0.14562}\right) = j1.6734\text{pu}$$

$$I_2 = (j4.5464)\left(\frac{0.25}{0.25 + 0.14562}\right) = j2.8730\text{pu}$$

$$\begin{bmatrix} I_a \\ I_b \\ I_c \end{bmatrix} = \begin{bmatrix} 1 & 1 & 1 \\ 1 & a^2 & a \\ 1 & a & a^2 \end{bmatrix} \begin{bmatrix} j1.6734 \\ -j4.5464 \\ j2.8730 \end{bmatrix} \quad \text{(C.3.35)}$$

$$= \begin{bmatrix} 0 \\ 6.8983\angle 158.66^\circ \\ 6.8983\angle 21.34^\circ \end{bmatrix} pu = \begin{bmatrix} 0 \\ 28.86\angle 158.66^\circ \\ 28.86\angle 21.34^\circ \end{bmatrix} \text{kA}$$

$$I_n = (I_b + I_c) = 3I_0 = j5.0202pu = 21.00\angle 90^\circ \text{ kA} \quad \text{(C.3.36)}$$

제 4 절

벡터를 이용한 고장해석

1 | 서론

본 절에서는 3절의 고장해석 결과에 대한 벡터 표현에 대해 설명한다. 전력 계통 내 흐르는 전압과 전류는 모두 크기와 위상을 이용하여 표현할 수 있으며 이는 즉 스칼라 값이 아닌 벡터를 의미한다. 따라서 각각의 전압과 전류는 벡터도로 표현할 수 있으며 고장 전 벡터도 [그림 C.4.1]과 같이 상전압은 120°의 위상을 갖는 평형 상태이며 상전류는 상전압과 30°의 위상차를 갖는 것을 알 수 있다.

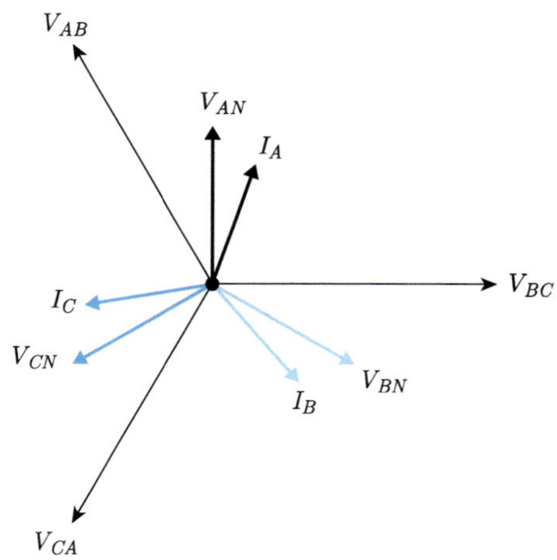

그림 C.4.1 고장 전 전압, 전류 벡터도

[그림 C.4.2]는 각각의 고장 종류에 대한 상전압, 선간전압, 상전류의 벡터도를 보여준다. 고장 전 벡터도와 고장 후 벡터도를 비교하면 각각의 성분들이 어떠한 크

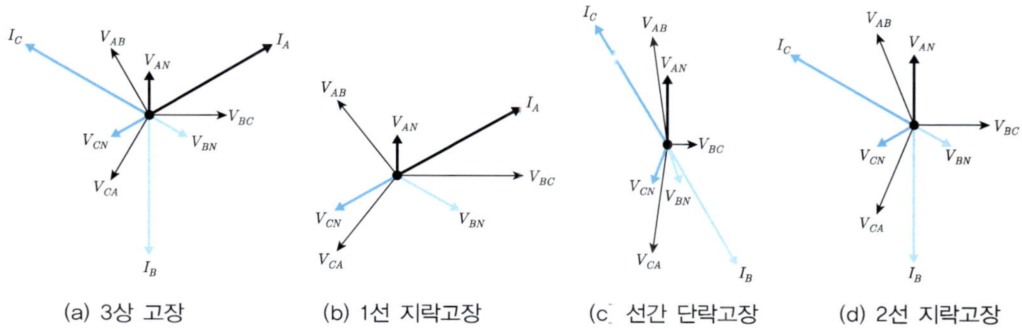

그림 C.4.2 고장 후 전압, 전류 벡터도

기 변화를 갖는지 알 수 있다.

3상 고장의 경우에는 모든 상 사이에 단락고장이 발생하였으므로 모든 상전류의 크기가 증가하며 그에 따라 상전압의 크기는 감소한다. 1선 지락고장의 경우에는 고장이 발생하는 상만 전류가 증가하며 따라서 고장이 발생하는 상의 전압이 감소한다. 마찬가지로 선간 단락고장과 2선 지락고장의 경우에도 고장이 발생하는 2개의 상의 전류가 증가하며 그에 해당하는 2개의 상전압이 감소한다. 또한 고장이 발생 후, 고장이 발생하지 않은 상의 전류는 고장이 발생한 상으로 전부 흘러가게 되어 0의 값을 갖는다.

이러한 벡터를 이용한 해석 방법은 고장을 해석하는데 있어 시각화를 이용하여 쉽게 이해할 수 있다는 장점이 있으며 각각의 대칭성분들의 벡터를 더하여 간단하게 상 영역의 벡터도를 구할 수 있다. 본 장에서는 이러한 벡터들의 특징을 이용하여 고장을 해석하는 방법을 소개하고자 한다.

2 | 1선 지락고장

본 절에서 1선 지락고장을 쉽게 해석하기 위하여 고장 전 3상 전압과 전류를 [그림 C.4.3]과 같이 가정하였다. 아래의 그림에서 확인할 수 있듯이, 상전압 및 상전류는 120°의 위상 차이를 가지며, 평형상태를 이루고 있다. 이는 식 (C.4.1) 및 식 (C.4.2)로 표현된다.

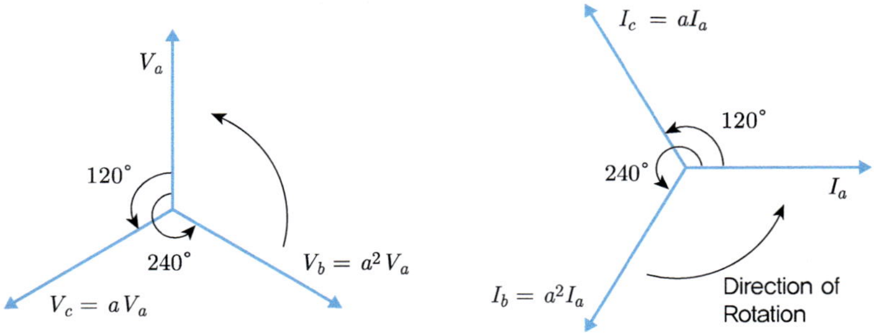

그림 C.4.3 고장 전 3상의 전압, 전류 벡터도

$$V_a^* = |V_a| \angle 90^\circ \tag{C.4.1}$$
$$V_b^* = a^2 V_a = |V_a| \angle 330^\circ$$
$$V_c^* = a V_a = |V_a| \angle 210^\circ$$

$$I_a^* = |I_a| \angle 0^\circ \tag{C.4.2}$$
$$I_b^* = a^2 I_a = |I_a| \angle 240^\circ$$
$$I_c^* = a I_a = |I_a| \angle 120^\circ$$

[그림 C.4.4]과 같이 F 지점에서의 a상 1선 지락고장을 가정할 경우, [그림 C.4.1]의 고장 전 전압 및 전류의 변화를 해석해보자.

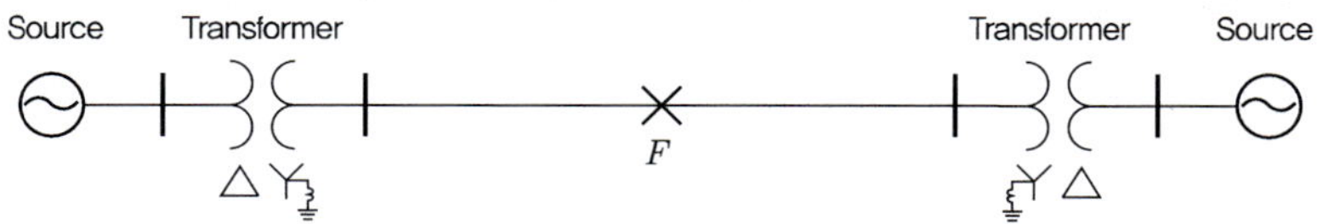

그림 C.4.4 고장 계통

1선 지락고장이 발생하였을 때 고장지점의 전압과 전류는 식 (C.4.3)과 식 (C.4.4)로 표현할 수 있다. a상의 전압은 지락고장이 발생하였기 때문에 0으로 변하며, b상과 c상의 전류는 모두 a상의 고장지점으로 흐르기 때문에 0의 값을 갖게 된다.

$$V_a = 0 \tag{C.4.3}$$

$$I_b = I_c = 0 \tag{C.4.4}$$

식 (C.4.3) 및 식 (C.4.4)를 이용하여 식 (C.4.5)~식 (C.4.7)과 같은 과정을 통해 상전압을 대칭성분으로 변환할 수 있으며, 이는 [그림 C.4.5]과 같이 벡터도로 표현할 수 있다.

$$V_{a0} = \frac{1}{3}(V_a + V_b + V_c) = \frac{1}{3}(V_b + V_c \tag{C.4.5}$$

$$= \frac{1}{3}(|V_a^*| \angle 330^\circ + |V_a^*| \angle 210^\circ)$$

$$= \frac{1}{3}|V_a^*| \angle -90^\circ$$

$$V_{a1} = \frac{1}{3}(V_a + aV_b + a^2 V_c) = \frac{1}{3}(aV_b - a^2 V_c) \tag{C.4.6}$$

$$= \frac{1}{3}(|V_a^*| \angle 90^\circ + |V_a^*| \angle 90^\circ)$$

$$= \frac{2}{3}|V_a^*| \angle 90^\circ$$

$$V_{a2} = \frac{1}{3}(V_a + aV_b + a^2 V_c) = \frac{1}{3}(aV_b + a^2 V_c) \tag{C.4.7}$$

$$= \frac{1}{3}(|V_a^*| \angle 210^\circ + |V_a^*| \angle 330^\circ)$$

$$= \frac{1}{3}|V_a^*| \angle -90^\circ$$

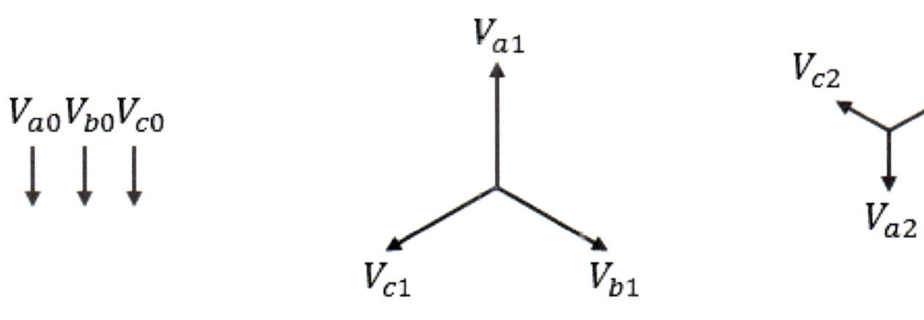

그림 C.4.5 1선 지락고장에서의 전압 대칭성분 벡터도

또한, [그림 C.4.5]의 대칭성분들을 각각 더하면, [그림 C.4.6]와 같은 상 영역에서의 전압 벡터도를 얻을 수 있다.

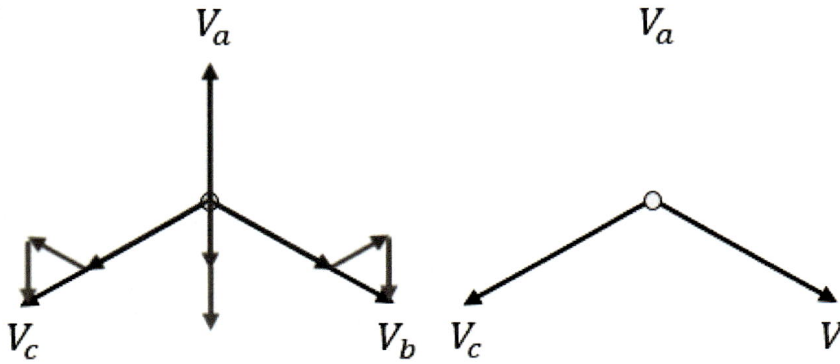

그림 C.4.6 1선 지락고장에서의 상 영역 전압 벡터도

최종적으로 벡터도를 통하여 [그림 C.4.3]과 같은 계통의 F 지점에서 1선 지락고장이 발생한 경우에는 [그림 C.4.7]와 같은 전압이 형성될 것이란 것을 알 수 있다.

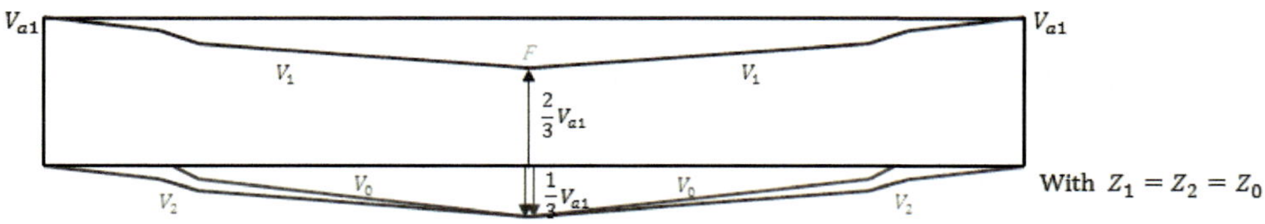

그림 C.4.7 벡터도를 통한 1선 지락고장 시 전압 분석

전류의 경우 또한 전압과 마찬가지로 식 (C.4.8)~식 (C.4.10)과 같은 과정을 통하여 대칭성분들의 값을 쉽게 구할 수 있다. [그림 C.4.8]은 상기 과정을 통해 도출된 전류에 대한 대칭성분 벡터도이다.

$$I_{a0} = \frac{1}{3}(I_a + I_b + I_c) = \frac{1}{3}|I_a^*|\angle 0^\circ \tag{C.4.8}$$

$$I_{a1} = \frac{1}{3}(I_a + I_b + I_c) = \frac{1}{3}|I_a^*|\angle 0^\circ \tag{C.4.9}$$

$$I_{a2} = \frac{1}{3}(I_a + I_b + I_c) = \frac{1}{3}|I_a^*| \angle 0^\circ \tag{C.4.10}$$

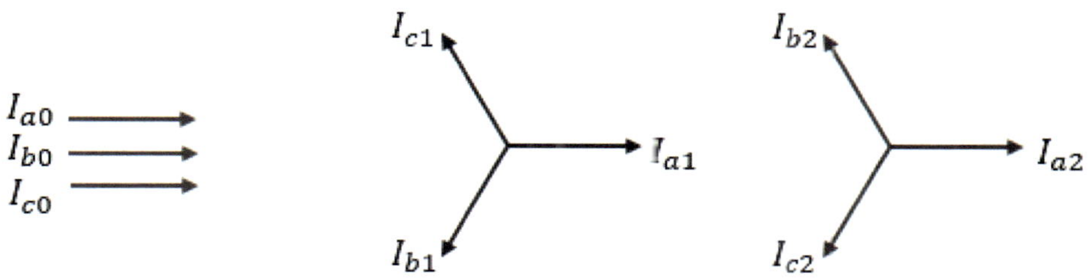

그림 C.4.8 1선 지락고장에서의 전류 대칭성분 벡터도

[그림 C.4.8]에 도식된 각각의 대칭성분을 합하면 [그림 C.4.9]과 같이 고장전류에 대한 벡터도를 얻을 수 있다.

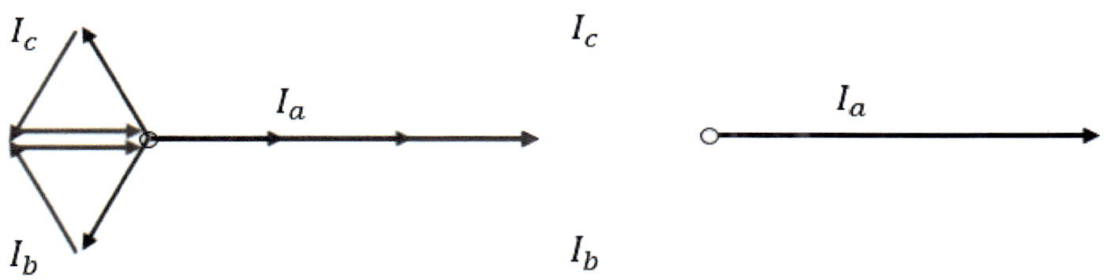

그림 C.4.9 1선 지락고장에서의 상 영역 전류 벡터도

3 | 선간 단락고장

이 장에서는 3절의 [그림 C.3.10]과 같은 b, c상의 선간 단락고장을 고려한다. 선간 단락고장이 발생하였을 때의 고장지점의 전압과 전류는 식 (C.4.11)~식 (C.4.13)으로 표현할 수 있다. b상과 c상의 단락으로 인하여 b, c상의 전압은 일치하게 되며 c상의 전류는 b상의 전류와 크기는 같으면서 방향은 반대의 위상을 갖는 값을 갖게 된다. 또한 b상과 c상의 단락으로 인하여 a상의 전류는 b, c상으로 흐르게 되어 0의 값을 갖는다.

$$V_b = V_c \tag{C.4.11}$$

$$I_a = 0 \tag{C.4.12}$$

$$I_b = -I_c \tag{C.4.13}$$

식 (C.4.11)을 이용하여 전압의 대칭성분을 식 (C.4.14)와 같이 구할 수 있으며, [그림 C.4.10] 및 [그림 C.4.11]는 식 (C.4.14)에 대한 전압의 대칭성분 및 상전압에 대한 벡터도를 나타낸다.

$$V_b = V_c \tag{C.4.14}$$
$$\Leftrightarrow \ V_{a0} + a^2 V_{a1} + a V_{a2} = V_{a0} + a V_{a1} + a^2 V_{a2}$$
$$\Leftrightarrow \ (a^2 - a) V_{a1} = (a^2 - a) V_{a2}$$
$$\Leftrightarrow \ V_{a1} = V_{a2}$$

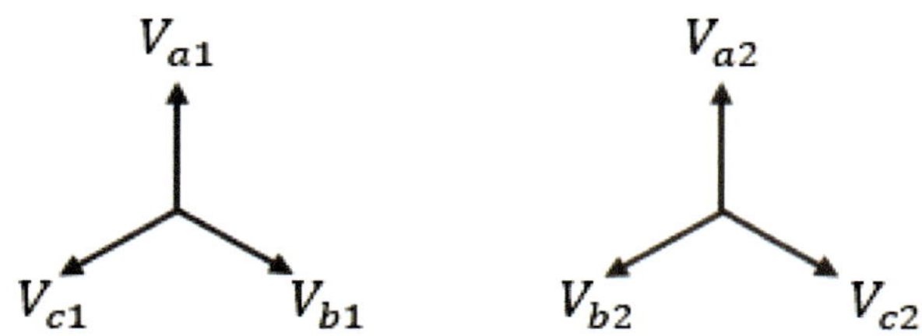

그림 C.4.10 선간 단락고장에서의 전압 대칭성분 벡터도

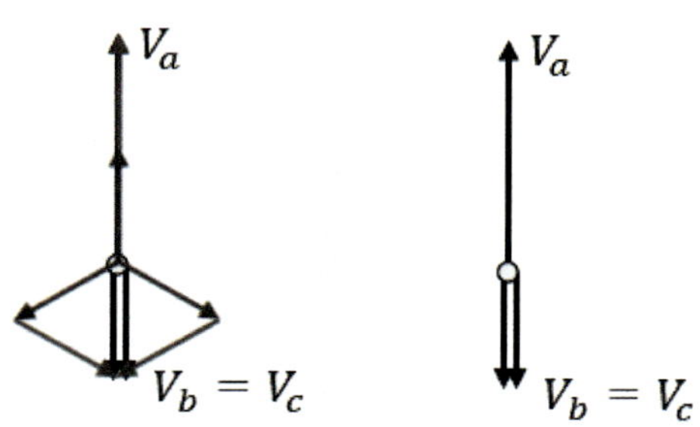

그림 C.4.11 선간 단락고장에서의 상 영역 전압 벡터도

결과적으로 벡터도를 통하여 [그림 C.4.11]과 같은 계통의 F 지점에서 선간 단락고장이 발생한 경우에는 [그림 C.4.12]과 같은 전압이 형성될 것이란 것을 알 수 있다.

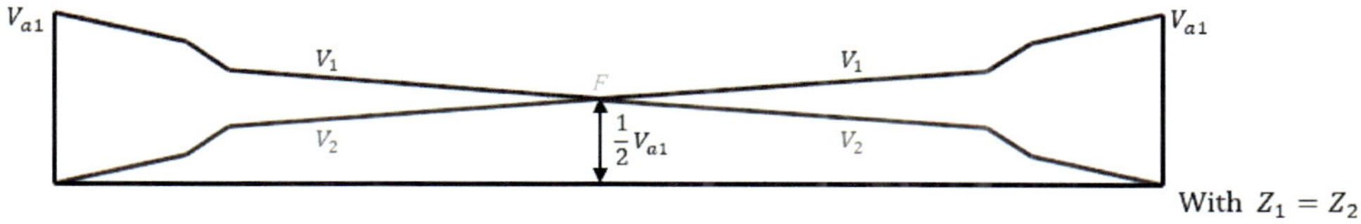

그림 C.4.12 벡터를 통한 선간 단락고장 분석

또한 식 (C.4.12) 및 식 (C.4.13)을 이용하여 아래와 같은 과정으로 전류의 대칭성분을 구할 수 있으며, 이는 [그림 C.4.13]와 같은 벡터도로 표현될 수 있다. 상전류의 벡터 또한 [그림 C.4.13]의 대칭성분들을 각각 더하여 [그림 C.4.14]와 같이 표현할 수 있다.

$$I_{a0} = \frac{1}{3}(I_a + I_b + I_c) \tag{C.4.15}$$

$$= \frac{1}{3}(0 + I_b - I_b) = 0$$

$$I_{a1} = \frac{1}{3}(I_a + aI_b + a^2 I_c) = \frac{1}{3}(0 + aI_b - a^2 I_b) \tag{C.4.16}$$

$$= \frac{\sqrt{3}}{3}|I_a^*|\angle -30^\circ$$

$$I_{a2} = \frac{1}{3}(I_a + a^2 I_b + aI_c) = \frac{1}{3}(0 + a^2 I_b - aI_b) \tag{C.4.17}$$

$$= \frac{\sqrt{3}}{3}|I_a^*|\angle 150^\circ$$

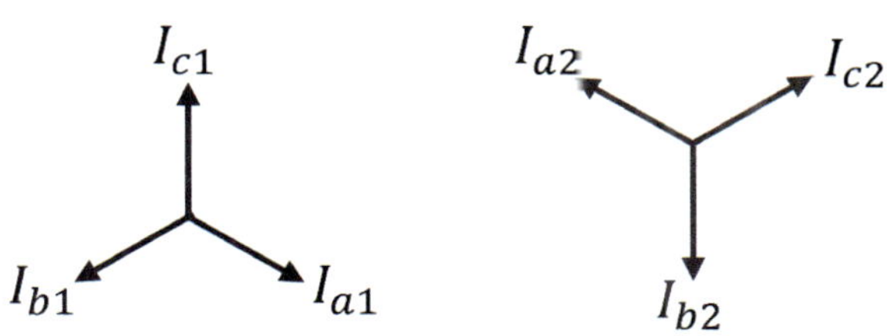

그림 C.4.13 선간 단락고장에서의 전류 대칭성분 벡터도

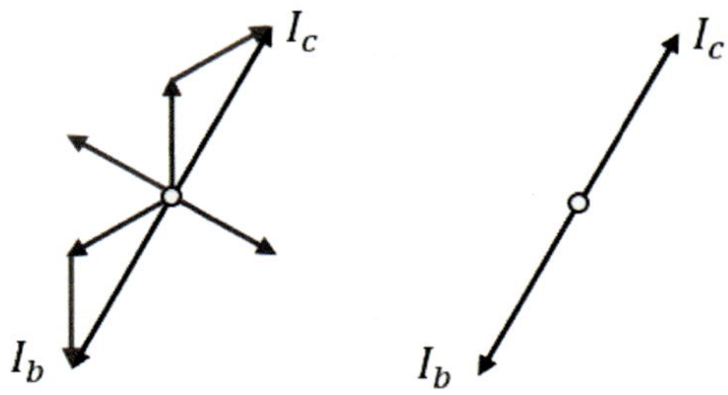

그림 C.4.14 선간 단락고장에서의 상 영역 전류 벡터도

4 | 2선 지락고장

이 장에서는 3절의 [그림 C.3.10]과 같은 b, c상의 2선 지락고장을 고려한다. 2선 지락고장이 발생하였을 때의 고장지점의 전압과 전류는 식 (C.4.18) 및 식 (C.4.19)로 표현된다. b, c상의 전압은 지락고장이 발생하였으므로 0의 값을 가지며, 고장이 발생하지 않은 a상의 전류는 모두 b, c상으로 흐르게 되어 0의 값을 갖는다.

$$V_b = V_c = 0 \tag{C.4.18}$$

$$I_a = 0 \tag{C.4.19}$$

$$V_{a0} = \frac{1}{3}(V_a + V_b + V_c) = \frac{1}{3}V_a \tag{C.4.20}$$
$$= \frac{1}{3}(|V_a{}^*| \angle 90^\circ)$$

$$V_{a1} = \frac{1}{3}(V_a + aV_b + a^2V_c) = \frac{1}{3}V_a \tag{C.4.21}$$
$$= \frac{1}{3}(|V_a{}^*| \angle 90^\circ)$$

$$V_{a2} = \frac{1}{3}(V_a + a^2V_b + aV_c) = \frac{1}{3}V_a \tag{C.4.22}$$
$$= \frac{1}{3}(|V_a{}^*| \angle 90^\circ)$$

식 (C.4.20)~식 (C.4.22)와 같은 과정을 통하여 전압의 대칭성분들의 값을 얻을 수 있으며, 대칭성분 전압 및 상전압은 각각 [그림 C.4.15]와 [그림 C.4.16]의 벡터도로 표현될 수 있다.

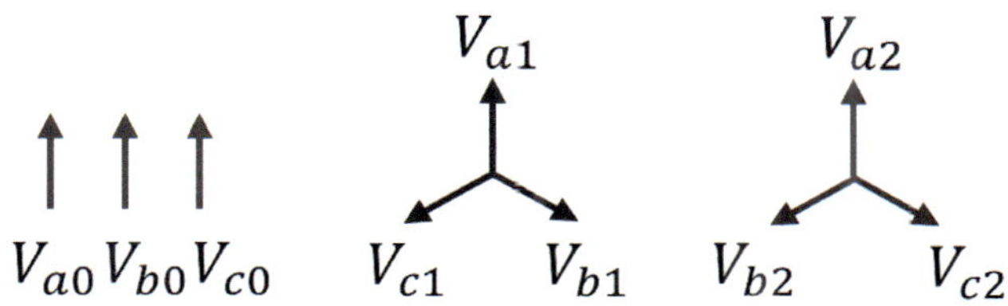

그림 C.4.15 2선 지락고장에서의 전압 대칭성분 벡터도

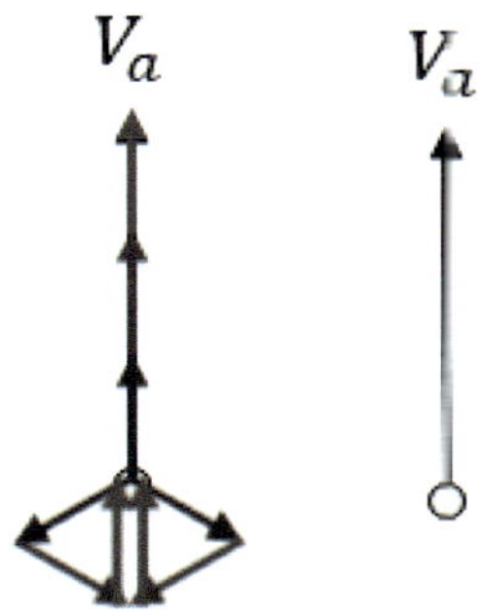

그림 C.4.16 2선 지락고장에서의 상 영역 전압 벡터도

결과적으로 벡터도를 통하여 [그림 C.4.16]과 같은 계통에 2선 지락고장이 발생한 경우에는 [그림 C.4.17]과 같은 전압이 형성될 것이란 것을 알 수 있다.

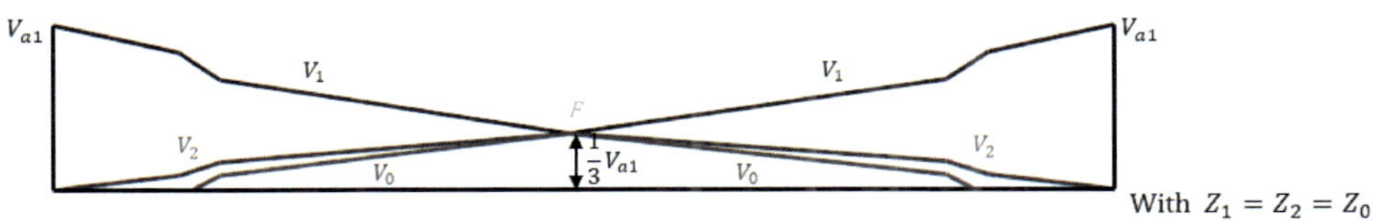

그림 C.4.17 벡터를 통한 2선 지락고장 분석

또한 식 (C.4.19)를 이용하여 전류의 대칭성분을 아래와 같은 과정으로 구할 수 있으며 [그림 C.4.18]과 같은 벡터도로 도식화 할 수 있다.

$$\begin{aligned} I_{a0} &= \frac{1}{3}(0 + a^2 I_b + aI_c) \\ &= \frac{1}{3}(0 + |I_a^*| \angle 120^\circ + |I_a^*| \angle 240^\circ) \\ &= \frac{1}{3}|I_a^*| \angle 180^\circ \end{aligned} \tag{C.4.23}$$

$$\begin{aligned} I_{a1} &= \frac{1}{3}(0 + aI_b + a^2 I_c) \\ &= \frac{1}{3}(0 + |I_a^*| \angle 0^\circ + |I_a^*| \angle 0^\circ) \\ &= \frac{2}{3}|I_a^*| \angle 0^\circ \end{aligned} \tag{C.4.24}$$

$$\begin{aligned} I_{a2} &= \frac{1}{3}(I_a + a^2 I_b + aI_c) \\ &= \frac{1}{3}(0 + |I_a^*| \angle 120^\circ + |I_a^*| \angle 240^\circ) \\ &= \frac{1}{3}|I_{a1}^*| \angle -180^\circ \end{aligned} \tag{C.4.25}$$

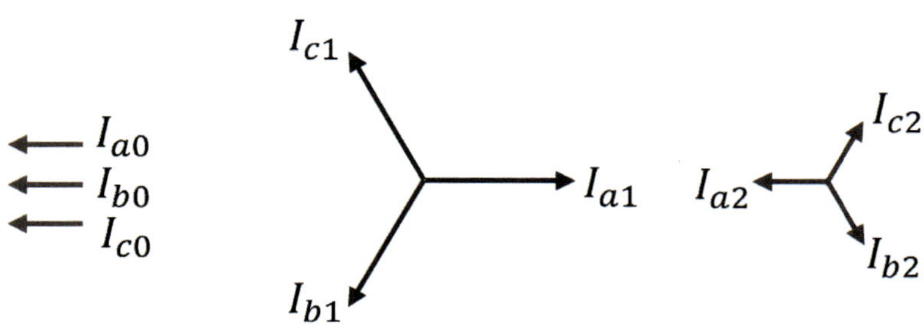

그림 C.4.18 2선 지락고장에서의 전류 대칭성분 벡터도

또한 이를 이용하여 상전류의 벡터 또한 구할 수 있으며 이는 [그림 C.4.19]와 같이 표현된다.

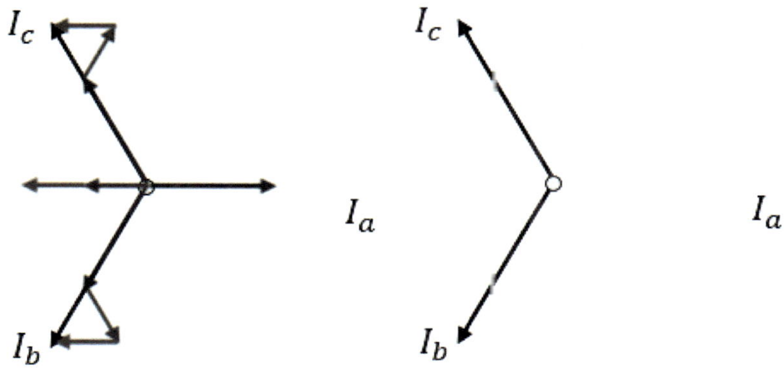

그림 C.4.19 2선 지락고장에서의 상 영역 전류 벡터도

제5절

임피던스 행렬을 이용한 고장해석

1 | 서론

일반적으로 배전계통의 고장해석은 어드미턴스 행렬의 역행렬로 계산되는 임피던스 행렬을 이용한다. 하지만 많은 수의 노드(node, 마디)가 포함된 대규모 계통의 경우, 어드미턴스 행렬 및 이것의 역행렬 계산으로 인해 상당히 많은 계산 시간이 소요된다. [그림 C.5.1]과 같이 3번 모선의 고장을 가정한 계통의 일반적인 모선 임피던스 행렬 생성 과정을 고려해보자. 정상분 임피던스와 역상분 임피던스의 값은 동일하다는 것을 이용한다면, [그림 C.5.1]의 계통은 [그림 C.5.2]의 모선 임피던스 등가회로로 나타낼 수 있다. 참고로, 영상분 임피던스를 계산할 때는 변압기의 △ 결선을 개방하여 변환한다.

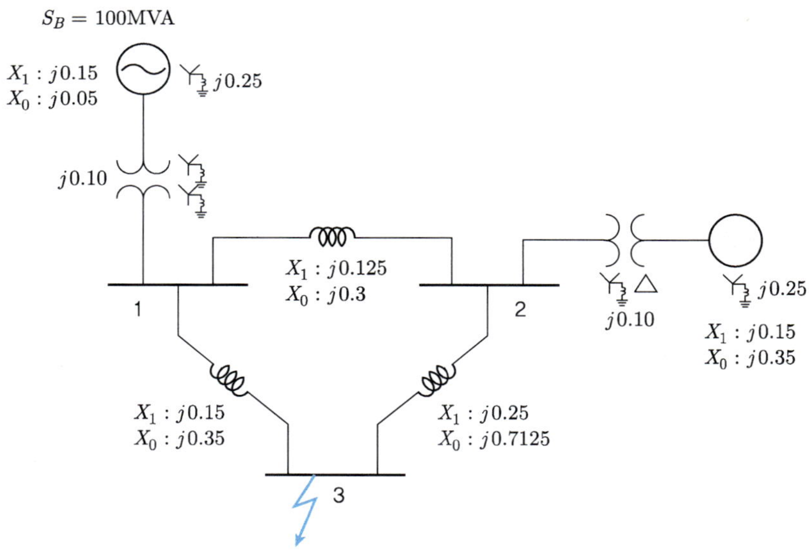

그림 C.5.1 계통 회로도

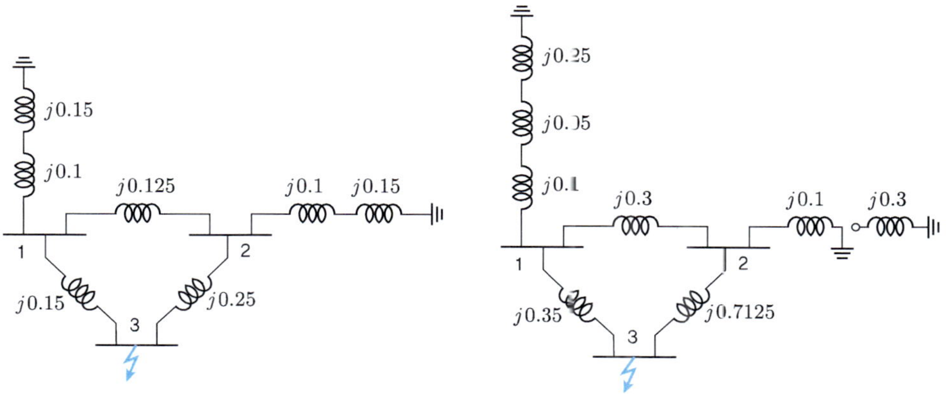

(a) 정상(역상)분 (b) 영상분

그림 C.5.2 대칭성분 임피던스 등가회로

일반적으로 위의 임피던스 회로는 등가 어드미턴스 회로로 변환되며, 여기서 얻은 어드미턴스 행렬의 역행렬이 임피던스 행렬이 된다. [그림 C.5.2]의 모선 임피던스 등가회로는 아래의 원리를 통해 [그림 C.5.3]의 등가 어드미턴스 회로로 변환된다.

모선 어드미턴스 행렬 Y는 다음과 같은 요소들로 구성된다.

- 대각요소(diagonal elements) : $Y_{kk} = k$ 도선에 연결되어 있는 모든 어드미턴스의 합($k = 1,\ 2,\ \dots,\ N$)
- 비대각요소(off-diagonal elements) : $Y_{kn} = -$(k모선과 n모선 사이에 연결되어 있는 모든 어드미턴스의 합)($k \neq n$)

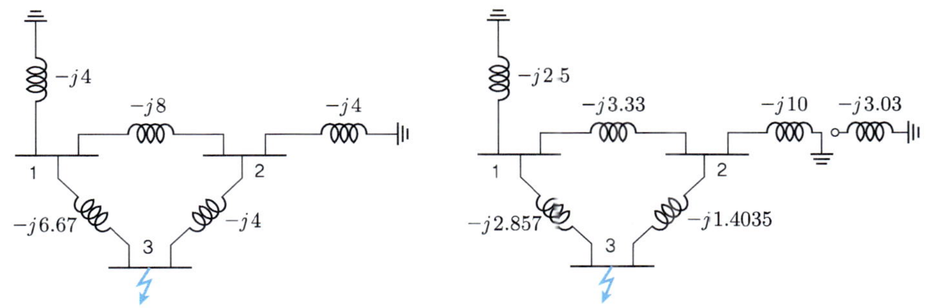

(a) 정상(역상)분 (b) 영상분

그림 C.5.3 대칭성분 어드미턴스 등가회로

[그림 C.5.3]의 어드미턴스 회로를 이용하여 모선 어드미턴스 행렬 Y를 식 (C.5.1)과 식 (C.5.2)와 같이 계산할 수 있으며, Y의 역행렬인 모선 임피던스 행렬 Z를 식 (C.5.3)과 식 (C.5.4)와 같이 계산할 수 있다.

$$Y_1 = Y_2 = \begin{bmatrix} -j18.667 & j8 & j6.667 \\ j8 & -j16 & j4 \\ j6.667 & j4 & -j10.667 \end{bmatrix} \tag{C.5.1}$$

$$Y_0 = \begin{bmatrix} -j8.687 & j3.33 & j2.857 \\ j3.33 & -j14.734 & j1.4035 \\ j2.857 & j1.4035 & -j4.2605 \end{bmatrix} \tag{C.5.2}$$

$$Z_1 = Z_2 = \begin{bmatrix} j0.1450 & j0.1050 & j0.1300 \\ j0.1050 & j0.1450 & j0.1200 \\ j0.1300 & j0.1200 & j0.2200 \end{bmatrix} \tag{C.5.3}$$

$$Z_0 = \begin{bmatrix} j0.1820 & j0.0545 & j0.1400 \\ j0.0545 & j0.0864 & j0.0650 \\ j0.1400 & j0.0650 & j0.3500 \end{bmatrix} \tag{C.5.4}$$

위의 과정과 같이 일반적인 임피던스 행렬의 계산은 많은 노드가 존재하는 대규모 계통의 경우, 역행렬 계산 및 연산 수행과정에서 프로그램의 연산 시간을 증가시키며, Δ 회로를 Y 회로로 변환해야 하는 과정이 추가될 수 있다. 따라서 연산 시간을 감소시키기 위하여 역행렬 계산을 하지 않고 임피던스 행렬을 계산하는 방법이 활용도가 더욱 높으며 이러한 방법에 대한 이해가 필요하다. 다양한 분산전원이 배전계통에 연계되는 상황에서 서론에서 소개한 기존의 연산방법을 수행하지 않고 간단한 임피던스 계산을 할 수 있다면, 고장해석을 위한 모선 임피던스 행렬 계산 시간이 크게 단축될 것이다. 따라서 본 장에서는 직접적인 임피던스 행렬 계산 방법 및 이를 이용한 고장해석을 소개한다.

2 | 3상 고장

총 N개의 모선 중 n번째 모선에서 3상 고장이 발생할 경우, 이는 [그림 C.5.4]와 같은 갈퀴 등가회로로 표현될 수 있다. 3상 고장에 대한 갈퀴 등가회로는 앞선 장에서 소개된 고장해석 결과와 같이 정상분만이 존재하며, 영상분 및 역상분 회로가

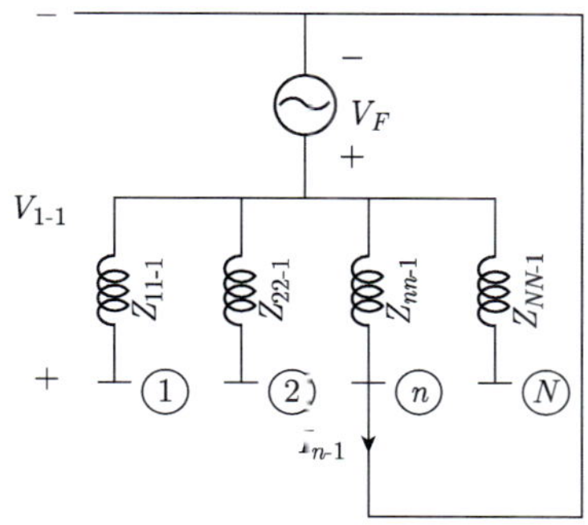

그림 C.5.4 3상 고장 갈퀴 등가회로

존재하지 않는다.

따라서, 위의 3상 고장에 대한 갈퀴 등가회로는 식 (C.5.5) 및 식 (C.5.6)를 만족한다.

$$I_n^1 = \frac{V_F}{Z_{nn}^1} \tag{C.5.5}$$

$$I_n^0 = I_n^2 = 0 \tag{C.5.6}$$

고장 임피던스 $Z_f = j0.1$로 가정한다면, 회로의 3번 모선에서 발생한 3상 고장은 식 (C.5.7)과 같은 전류 대칭성분으로 표현되며, 대칭성분의 역변환 과정에 의해 상전류 또한 식 (C.5.8)과 같이 계산할 수 있다.

$$I_3^{012}(F) = \begin{bmatrix} 0 \\ \left(\dfrac{1}{Z_{33}^1 + Z_f}\right) \\ 0 \end{bmatrix} = \begin{bmatrix} 0 \\ \left(\dfrac{1}{j0.22 + j0.1}\right) \\ 0 \end{bmatrix} = \begin{bmatrix} 0 \\ -j3.125 \\ 0 \end{bmatrix} \tag{C.5.7}$$

$$I_3^{abc}(F) = \begin{bmatrix} 1 & 1 & 1 \\ 1 & a^2 & a \\ 1 & a & a^2 \end{bmatrix} \begin{bmatrix} 0 \\ -j3.125 \\ 0 \end{bmatrix} = \begin{bmatrix} 3.125\angle -90^\circ \\ 3.125\angle 150^\circ \\ 3.125\angle 30^\circ \end{bmatrix} \tag{C.5.8}$$

따라서 고장 지점에 대한 각각의 모선의 전압은 전류와 임피던스 행렬을 통하여 식 (C.5.9)와 같이 계산된다.

$$V_1(F) = 1 - Z_{13}^1 I_3(F) = 0.59375 \tag{C.5.9}$$

$$V_2(F) = 1 - Z_{23}^1 I_3(F) = 0.62500$$

$$V_3(F) = 1 - Z_{33}^1 I_3(F) = 0.31250$$

또한, 모선 간 흐르는 전류는 아래의 식 (C.5.10)과 같이 계산된다.

$$I_{21}(F) = \frac{V_2(F) - V_1(F)}{Z_{12}^1} = 0.2500\angle -90^\circ \tag{C.5.10}$$

$$I_{13}(F) = \frac{V_1(F) - V_3(F)}{Z_{13}^1} = 0.1875\angle -90^\circ$$

$$I_{23}(F) = \frac{V_2(F) - V_3(F)}{Z_{23}^1} = 0.1250\angle -90^\circ$$

3 | 1선 지락고장

총 N개의 모선 중 n번째 모선에서 발생한 1선 지락고장을 가정한다면, 이는 [그림 C.5.5]와 같은 갈퀴 등가회로로 표현될 수 있다. 앞서 소개된 1선 지락고장의 해석 결과와 같이, 갈퀴 등가회로에는 영상분, 정상분 및 역상분 회로가 모두 포함되며 고장 임피던스를 통해 각각의 회로망이 연결되는 것을 알 수 있다. 따라서, 1선 지락고장에 대한 갈퀴 등가회로는 아래의 식 (C.5.11) 및 식 (C.5.12)를 만족한다.

$$I_n^0 = I_n^1 = I_n^2 = \frac{V_F}{Z_{nn}^0 + Z_{nn}^1 + Z_{nn}^2 + 3Z_f} \tag{C.5.11}$$

$$\begin{bmatrix} V_k^0 \\ V_k^1 \\ V_k^2 \end{bmatrix} = \begin{bmatrix} 0 \\ V_F \\ 0 \end{bmatrix} - \begin{bmatrix} Z_{kn}^0 & 0 & 0 \\ 0 & Z_{kn}^1 & 0 \\ 0 & 0 & Z_{kn}^2 \end{bmatrix} \begin{bmatrix} I_n^0 \\ I_n^1 \\ I_n^2 \end{bmatrix} \tag{C.5.12}$$

고장 임피던스 $Z_f = j0.1$이라 가정한다면, 회로의 3번 모선에서 발생한 1선 지락고장은 [그림 C.5.5]를 통하여 식 (C.5.13)과 같은 전류 대칭성분으로 표현되며, 대칭성분의 역변환 과정에 의해 상전류 또한 식 (C.5.14)와 같이 계산할 수 있다.

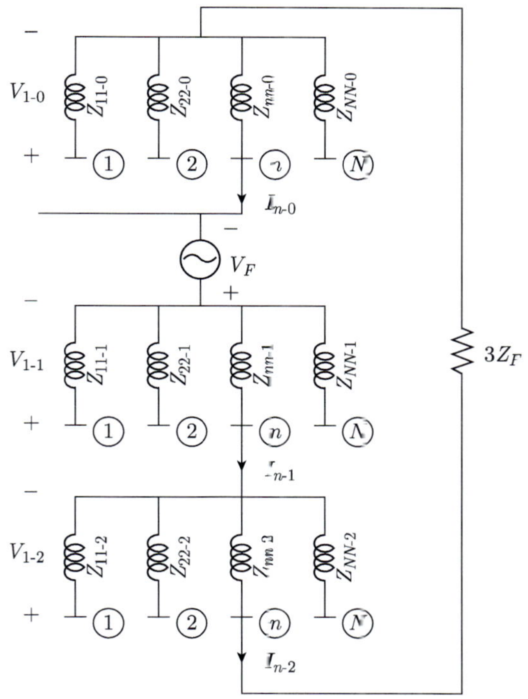

그림 C.5.5 1선 지락고장 갈퀴 등가회로

$$I_3^0(F) = I_3^1(F) = I_3^2(F) = \frac{1}{Z_{33}^1 - Z_{33}^2 + Z_{33}^0 + 3Z_f} \tag{C.5.13}$$

$$= \frac{1}{j0.22 + j0.22 + j0.35 + 3(j0.1)} = -j0.9174$$

$$I_3^{abc}(F) = \begin{bmatrix} 1 & 1 & 1 \\ 1 & a^2 & a \\ 1 & a & a^2 \end{bmatrix} \begin{bmatrix} -j0.9174 \\ -j0.9174 \\ -j0.9174 \end{bmatrix} = \begin{bmatrix} 2.7523\angle -90^\circ \\ 0 \\ 0 \end{bmatrix} \tag{C.5.14}$$

또한, 계산된 상전류는 식 (C.5.12)를 이용하여 아래의 식 (C.5.15)~식 (C.5.17)과 같은 과정으로 대칭성분 전압을 계산할 수 있다.

$$V_1^{012}(F) = \begin{bmatrix} 0 - Z_{13}^0 I_3^0 \\ V_1^1(0) - Z_{13}^1 I_3^1 \\ 0 - Z_{13}^2 I_3^2 \end{bmatrix} = \begin{bmatrix} 0 - j0.140(-j0.9174) \\ 1 - j0.130(-j0.9174) \\ 0 - j0.130(-j0.9174) \end{bmatrix} = \begin{bmatrix} -0.1284 \\ 0.8807 \\ -0.1193 \end{bmatrix} \tag{C.5.15}$$

$$V_2^{012}(F)=\begin{bmatrix}0-Z_{23}^0 I_3^0\\ V_2^1(0)-Z_{23}^1 I_3^1\\ 0-Z_{23}^2 I_3^2\end{bmatrix}=\begin{bmatrix}0-j0.065(-j0.9174)\\ 1-j0.120(-j0.9174)\\ 0-j0.120(-j0.9174)\end{bmatrix}=\begin{bmatrix}-0.0596\\ 0.8899\\ -0.1101\end{bmatrix} \quad (C.5.16)$$

$$V_3^{012}(F)=\begin{bmatrix}0-Z_{33}^0 I_3^0\\ V_3^1(0)-Z_{33}^1 I_3^1\\ 0-Z_{33}^2 I_3^2\end{bmatrix}=\begin{bmatrix}0-j0.350(-j0.9174)\\ 1-j0.220(-j0.9174)\\ 0-j0.120(-j0.9174)\end{bmatrix}=\begin{bmatrix}-0.3211\\ 0.7982\\ -0.2018\end{bmatrix} \quad (C.5.17)$$

따라서, 식 (C.5.15)~식 (C.5.17)에 해당하는 모선들의 대칭성분 전압을 이용하여, 상 영역에서의 전압을 아래와 같이 계산할 수 있다.

$$V_1^{abc}(F)=\begin{bmatrix}1&1&1\\1&a^2&a\\1&a&a^2\end{bmatrix}\begin{bmatrix}-0.1284\\ 0.8807\\ -0.1193\end{bmatrix}=\begin{bmatrix}0.6330\angle 0^\circ\\ 1.0046\angle -120.45^\circ\\ 1.0046\angle 120.45^\circ\end{bmatrix} \quad (C.5.18)$$

$$V_2^{abc}(F)=\begin{bmatrix}1&1&1\\1&a^2&a\\1&a&a^2\end{bmatrix}\begin{bmatrix}-0.0596\\ 0.8899\\ -0.1101\end{bmatrix}=\begin{bmatrix}0.7207\angle 0^\circ\\ 0.9757\angle -117.43^\circ\\ 0.9757\angle 117.43^\circ\end{bmatrix} \quad (C.5.19)$$

$$V_3^{abc}(F)=\begin{bmatrix}1&1&1\\1&a^2&a\\1&a&a^2\end{bmatrix}\begin{bmatrix}-0.3211\\ 0.7982\\ -0.2018\end{bmatrix}=\begin{bmatrix}0.2752\angle 0^\circ\\ 1.0647\angle -125.56^\circ\\ 1.0647\angle 125.56^\circ\end{bmatrix} \quad (C.5.20)$$

상기 계산된 각 모선들의 상전압과 임피던스를 이용한다면, 식 (C.5.21)~식 (C.5.23)의 과정을 통해 각 모선 간에 흐르는 대칭성분 전류도 구할 수 있다.

$$I_{21}^{012}(F)=\begin{bmatrix}\left(\dfrac{V_2^0(F)-V_1^0(F)}{Z_{12}^0}\right)\\ \left(\dfrac{V_2^1(F)-V_1^1(F)}{Z_{12}^1}\right)\\ \left(\dfrac{V_2^2(F)-V_1^2(F)}{Z_{12}^2}\right)\end{bmatrix}=\begin{bmatrix}\left(\dfrac{-0.0596-(-0.1284)}{j0.3}\right)\\ \left(\dfrac{0.8899-0.8807}{j0.125}\right)\\ \left(\dfrac{-0.1101-(-0.1193)}{j0.125}\right)\end{bmatrix} \quad (C.5.21)$$

$$=\begin{bmatrix}0.2294\angle -90^\circ\\ 0.0734\angle -90^\circ\\ 0.0734\angle -90^\circ\end{bmatrix}$$

$$I_{13}^{012}(F) = \begin{bmatrix} \left(\dfrac{V_1^0(F) - V_3^0(F)}{Z_{13}^0}\right) \\ \left(\dfrac{V_1^1(F) - V_3^1(F)}{Z_{13}^1}\right) \\ \left(\dfrac{V_1^2(F) - V_3^2(F)}{Z_{13}^2}\right) \end{bmatrix} = \begin{bmatrix} \left(\dfrac{-0.1284 - (-0.3211)}{j0.35}\right) \\ \left(\dfrac{0.8807 - 0.7982}{j0.150}\right) \\ \left(\dfrac{-0.1193 - (-0.2018)}{j0.150}\right) \end{bmatrix} \quad \text{(C.5.22)}$$

$$= \begin{bmatrix} 0.5505\angle -90^\circ \\ 0.5505\angle -90^\circ \\ 0.5505\angle -90^\circ \end{bmatrix}$$

$$I_{23}^{012}(F) = \begin{bmatrix} \left(\dfrac{V_2^0(F) - V_3^0(F)}{Z_{23}^0}\right) \\ \left(\dfrac{V_2^1(F) - V_3^1(F)}{Z_{23}^1}\right) \\ \left(\dfrac{V_2^2(F) - V_3^2(F)}{Z_{23}^2}\right) \end{bmatrix} = \begin{bmatrix} \left(\dfrac{-0.0596 - (-0.3211)}{j0.7125}\right) \\ \left(\dfrac{0.8899 - 0.7982}{j0.250}\right) \\ \left(\dfrac{-0.1101 - (-0.2018)}{j0.250}\right) \end{bmatrix} \quad \text{(C.5.23)}$$

$$= \begin{bmatrix} 0.3670\angle -90^\circ \\ 0.3670\angle -90^\circ \\ 0.3670\angle -90^\circ \end{bmatrix}$$

마지막으로 각 모선 간에 흐르는 대칭성분 전류를 이용하여 상영역에서의 고장전류를 아래와 같이 계산할 수 있다.

$$I_{21}^{abc}(F) = \begin{bmatrix} 1 & 1 & 1 \\ 1 & a^2 & a \\ 1 & a & a^2 \end{bmatrix} \begin{bmatrix} 0.2294\angle -90^\circ \\ 0.0734\angle -90^\circ \\ 0.0734\angle -90^\circ \end{bmatrix} = \begin{bmatrix} 0.3761\angle -90^\circ \\ 0.1560\angle -90^\circ \\ 0.1560\angle -90^\circ \end{bmatrix} \quad \text{(C.5.24)}$$

$$I_{13}^{abc}(F) = \begin{bmatrix} 1 & 1 & 1 \\ 1 & a^2 & a \\ 1 & a & a^2 \end{bmatrix} \begin{bmatrix} 0.5505\angle -90^\circ \\ 0.5505\angle -90^\circ \\ 0.5505\angle -90^\circ \end{bmatrix} = \begin{bmatrix} 1.6514\angle -90^\circ \\ 0 \\ 0 \end{bmatrix} \quad \text{(C.5.25)}$$

$$I_{23}^{abc}(F) = \begin{bmatrix} 1 & 1 & 1 \\ 1 & a^2 & a \\ 1 & a & a^2 \end{bmatrix} \begin{bmatrix} 0.3670\angle -90^\circ \\ 0.3670\angle -90^\circ \\ 0.3670\angle -90^\circ \end{bmatrix} = \begin{bmatrix} 1.1009\angle -90^\circ \\ 0 \\ 0 \end{bmatrix} \quad \text{(C.5.26)}$$

4 | 선간 단락고장

총 N개의 모선 중 n번째 모선에서 발생한 선간 단락고장을 가정한다면, 이는 [그림 C.5.6]과 같은 갈퀴 등가회로로 표현될 수 있다. 앞서 소개된 선간 단락고장의 해석 결과와 같이, 갈퀴 등가회로에는 영상분 회로가 존재하지 않는 것을 알 수 있으며, 정상분 및 역상분 회로가 고장 임피던스를 통해 연결되는 것을 알 수 있다.

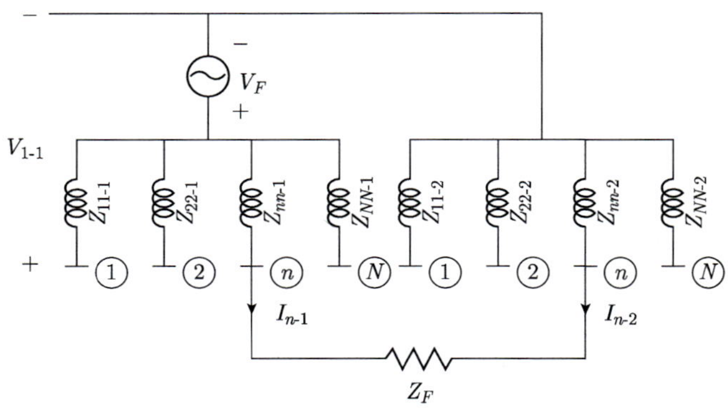

그림 C.5.6 선간 단락고장 갈퀴 등가회로

따라서, 선간 단락고장은 식 (C.5.27) 및 식 (C.5.28)를 만족한다.

$$I_n^1 = -I_n^2 = \frac{V_F}{Z_{nn}^1 + Z_{nn}^2 + Z_f}, \quad I_n^0 = 0 \tag{C.5.27}$$

$$\begin{bmatrix} V_k^0 \\ V_k^1 \\ V_k^2 \end{bmatrix} = \begin{bmatrix} 0 \\ V_F \\ 0 \end{bmatrix} - \begin{bmatrix} Z_{kn}^0 & 0 & 0 \\ 0 & Z_{kn}^1 & 0 \\ 0 & 0 & Z_{kn}^2 \end{bmatrix} \begin{bmatrix} I_n^0 \\ I_n^1 \\ I_n^2 \end{bmatrix} \tag{C.5.28}$$

고장 임피던스 $Z_f = j0.1$이라 가정한다면, 회로의 3번 모선에서 발생한 선간 단락고장은 [그림 C.5.6]을 통하여 식 (C.5.29)과 같은 전류 대칭성분으로 표현되며, 그에 따라 상전류 또한 식 (C.5.30)과 같이 계산할 수 있다.

$$I_3^0(F) = 0, \quad I_3^1(F) = -I_3^2(F) = \frac{1}{Z_{33}^1 + Z_{33}^2 + Z_f} = -j1.8519 \tag{C.5.29}$$

$$I_3^{abc}(F) = \begin{bmatrix} 1 & 1 & 1 \\ 1 & a^2 & a \\ 1 & a & a^2 \end{bmatrix} \begin{bmatrix} 0 \\ -j1.8519 \\ j1.8519 \end{bmatrix} = \begin{bmatrix} 0 \\ -3.2075 \\ 3.2075 \end{bmatrix} \qquad \text{(C.5.30)}$$

또한, 계산된 상전류는 식 (C.5.29)의 전압을 이용하여 아래의 식 (C.5.31)~식 (C.5.33)과 같은 과정으로 대칭성분 전압을 계산할 수 있다.

$$V_1^{012}(F) = \begin{bmatrix} 0 \\ V_1^1(0) - Z_{13}^1 I_3^1 \\ 0 - Z_{13}^2 I_3^2 \end{bmatrix} = \begin{bmatrix} 0 \\ 1 - j0.130(-j1.8519) \\ 0 - j0.130(j1.8519) \end{bmatrix} = \begin{bmatrix} 0 \\ 0.7593 \\ 0.2407 \end{bmatrix} \qquad \text{(C.5.31)}$$

$$V_2^{012}(F) = \begin{bmatrix} 0 \\ V_2^1(0) - Z_{23}^1 I_3^1 \\ 0 - Z_{23}^2 I_3^2 \end{bmatrix} = \begin{bmatrix} 0 \\ 1 - j0.120(-j1.8519) \\ 0 - j0.120(j1.8519) \end{bmatrix} = \begin{bmatrix} 0 \\ 0.7778 \\ 0.2222 \end{bmatrix} \qquad \text{(C.5.32)}$$

$$V_3^{012}(F) = \begin{bmatrix} 0 \\ V_3^1(0) - Z_{33}^1 I_3^1 \\ 0 - Z_{33}^2 I_3^2 \end{bmatrix} = \begin{bmatrix} 0 \\ 1 - j0.220(-j1.8519) \\ 0 - j0.120(j1.8519) \end{bmatrix} = \begin{bmatrix} 0 \\ 0.5926 \\ 0.4074 \end{bmatrix} \qquad \text{(C.5.33)}$$

위의 식 (C.5.31)~식 (C.5.33)의 대칭성분을 이용하여 각 모선의 상전압을 계산한다면, 아래의 식 (C.5.34)~식 (C.5.36)과 같다.

$$V_1^{abc}(F) = \begin{bmatrix} 1 & 1 & 1 \\ 1 & a^2 & a \\ 1 & a & a^2 \end{bmatrix} \begin{bmatrix} 0 \\ 0.7593 \\ 0.2407 \end{bmatrix} = \begin{bmatrix} 1\angle 0^\circ \\ 0.6720\angle -138.07^\circ \\ 0.6720\angle 138.07^\circ \end{bmatrix} \qquad \text{(C.5.34)}$$

$$V_2^{abc}(F) = \begin{bmatrix} 1 & 1 & 1 \\ 1 & a^2 & a \\ 1 & a & a^2 \end{bmatrix} \begin{bmatrix} 0 \\ 0.7778 \\ 0.2222 \end{bmatrix} = \begin{bmatrix} 1\angle 0^\circ \\ 0.6939\angle -136.10^\circ \\ 0.6939\angle 136.10^\circ \end{bmatrix} \qquad \text{(C.5.35)}$$

$$V_3^{abc}(F) = \begin{bmatrix} 1 & 1 & 1 \\ 1 & a^2 & a \\ 1 & a & a^2 \end{bmatrix} \begin{bmatrix} 0 \\ 0.5926 \\ 0.4074 \end{bmatrix} = \begin{bmatrix} 1\angle 0^\circ \\ 0.5251\angle -162.10^\circ \\ 0.5251\angle 162.10^\circ \end{bmatrix} \qquad \text{(C.5.36)}$$

또한, 아래의 식과 같이 각 모선 간에 흐르는 고장전류를 계산할 수 있다.

$$I_{21}^{012}(F)=\begin{bmatrix} 0 \\ \left(\dfrac{V_2^1(F)-V_1^1(F)}{Z_{12}^1}\right) \\ \left(\dfrac{V_2^2(F)-V_1^2(F)}{Z_{12}^2}\right) \end{bmatrix}=\begin{bmatrix} 0 \\ \left(\dfrac{0.7778-0.7593}{j0.125}\right) \\ \left(\dfrac{0.2222-0.2407}{j0.125}\right) \end{bmatrix} \tag{C.5.37}$$

$$=\begin{bmatrix} 0 \\ 0.1480\angle-90^\circ \\ 0.1480\angle 90^\circ \end{bmatrix}$$

$$I_{13}^{012}(F)=\begin{bmatrix} 0 \\ \left(\dfrac{V_1^1(F)-V_3^1(F)}{Z_{13}^1}\right) \\ \left(\dfrac{V_1^2(F)-V_3^2(F)}{Z_{13}^2}\right) \end{bmatrix}=\begin{bmatrix} 0 \\ \left(\dfrac{0.7593-0.5926}{j0.150}\right) \\ \left(\dfrac{0.2407-0.4074}{j0.150}\right) \end{bmatrix} \tag{C.5.38}$$

$$=\begin{bmatrix} 0 \\ 1.1111\angle-90^\circ \\ 1.1111\angle 90^\circ \end{bmatrix}$$

$$I_{23}^{012}(F)=\begin{bmatrix} 0 \\ \left(\dfrac{V_2^1(F)-V_3^1(F)}{Z_{23}^1}\right) \\ \left(\dfrac{V_2^2(F)-V_3^2(F)}{Z_{23}^2}\right) \end{bmatrix}=\begin{bmatrix} 0 \\ \left(\dfrac{0.7778-0.5926}{j0.250}\right) \\ \left(\dfrac{0.2222-0.4074}{j0.250}\right) \end{bmatrix} \tag{C.5.39}$$

$$=\begin{bmatrix} 0^\circ \\ 0.7407\angle-90^\circ \\ 0.7407\angle 90^\circ \end{bmatrix}$$

$$I_{21}^{abc}(F)=\begin{bmatrix} 1 & 1 & 1 \\ 1 & a^2 & a \\ 1 & a & a^2 \end{bmatrix}\begin{bmatrix} 0 \\ 0.1480\angle-90^\circ \\ 0.1480\angle 90^\circ \end{bmatrix}=\begin{bmatrix} 0 \\ -0.2566 \\ 0.2566 \end{bmatrix} \tag{C.5.40}$$

$$I_{13}^{abc}(F)=\begin{bmatrix} 1 & 1 & 1 \\ 1 & a^2 & a \\ 1 & a & a^2 \end{bmatrix}\begin{bmatrix} 0 \\ 1.1111\angle-90^\circ \\ 1.1111\angle 90^\circ \end{bmatrix}=\begin{bmatrix} 0 \\ -1.9245 \\ 1.9245 \end{bmatrix} \tag{C.5.41}$$

$$I_{23}^{abc}(F)=\begin{bmatrix} 1 & 1 & 1 \\ 1 & a^2 & a \\ 1 & a & a^2 \end{bmatrix}\begin{bmatrix} 0 \\ 0.7407\angle-90^\circ \\ 0.7407\angle 90^\circ \end{bmatrix}=\begin{bmatrix} 0 \\ -1.2830 \\ 1.2830 \end{bmatrix} \tag{C.5.42}$$

5 | 2선 지락고장

총 N개의 모선 중 n번째 모선에서 발생한 2선 지락고장을 가정한다면, 이는 [그림 C.5.7]과 같은 갈퀴 등가회로로 표현될 수 있다. 앞서 소개된 선간 단락고장의 해석 결과와 같이, 갈퀴 등가회로에는 불평형 고장으로 인해 영상분, 정상분 및 역상분 회로가 모두 연결되어 있는 것을 알 수 있다.

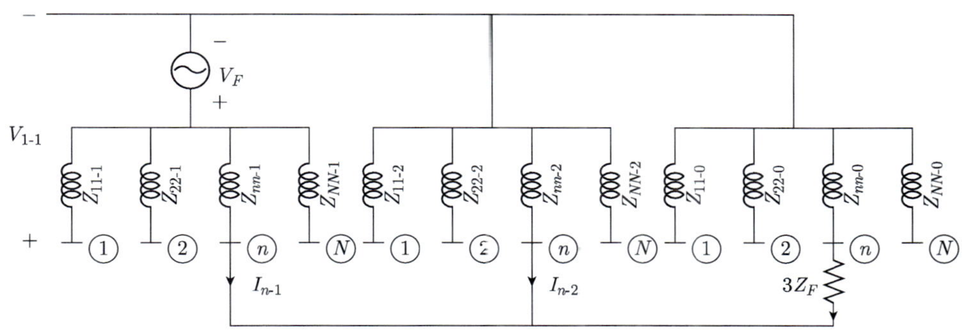

그림 C.5.7 2선 지락고장 갈퀴 등가회로

따라서 2선 지락고장은 아래의 식 (C.5.43) 및 식 (C.5.44)를 만족한다.

$$I_n^1 = \frac{V_F}{Z_{nn}^1 + \left[\dfrac{Z_{nn}^2(Z_{nn}^0 - 3Z_f)}{Z_{nn}^2 + Z_{nn}^0 + 3Z_f}\right]} \tag{C.5.43}$$

$$I_n^2 = (-I_n^1)\left(\frac{Z_{nn}^0 + 3Z_f}{Z_{nn}^0 + 3Z_F + Z_{nn}^2}\right)$$

$$I_n^0 = (-I_n^1)\left(\frac{Z_{nn}^2}{Z_{nn}^0 + 3Z_F + Z_{nn}^2}\right)$$

$$\begin{bmatrix} V_k^0 \\ V_k^1 \\ V_k^2 \end{bmatrix} = \begin{bmatrix} 0 \\ V_F \\ 0 \end{bmatrix} - \begin{bmatrix} Z_{kn}^0 & 0 & 0 \\ 0 & Z_{kn}^1 & 0 \\ 0 & 0 & Z_{kn}^2 \end{bmatrix} \begin{bmatrix} I_n^0 \\ I_n^1 \\ I_n^2 \end{bmatrix} \tag{C.5.44}$$

고장 임피던스 $Z_f = j0.1$을 가정한다면, 회로의 3번 모선에서 발생한 2선 지락고장은 [그림 C.5.7]을 통하여 식 (C.5.45)와 같은 전류 대칭성분으로 표현되며, 그에 따라 상전류 또한 식 (C.5.46)과 같이 계산할 수 있다.

$$I_3^1(F) = \frac{V_3(0)}{Z_{33}^1 + \dfrac{Z_{33}^2(Z_{33}^0 + 3Z_f)}{Z_{33}^2 + Z_{33}^0 + 3Z_f}} = -j2.6017 \tag{C.5.45}$$

$$I_3^2 = \frac{-V_3(0) - Z_{33}^1 I_3^1}{Z_{33}^2} = j1.9438$$

$$I_3^0 = -\frac{V_3(0) - Z_{33}^1 I_3^1}{Z_{33}^0 + 3Z_f} = j0.6579$$

$$I_3^{abc}(F) = \begin{bmatrix} 1 & 1 & 1 \\ 1 & a^2 & a \\ 1 & a & a^2 \end{bmatrix} \begin{bmatrix} j0.6579 \\ -j2.6017 \\ j1.9438 \end{bmatrix} = \begin{bmatrix} 0 \\ 4.0583\angle 165.93^\circ \\ 4.0583\angle 14.07^\circ \end{bmatrix} \tag{C.5.46}$$

또한, 계산된 상전류는 식 (C.5.44)의 전압을 이용하여 아래의 식 (C.5.47)~식 (C.5.49)와 같은 과정으로 대칭성분 전압을 계산할 수 있다.

$$V_1^{012}(F) = \begin{bmatrix} 0 - Z_{13}^0 I_3^0 \\ V_1^1(0) - Z_{13}^1 I_3^1 \\ 0 - Z_{13}^2 I_3^2 \end{bmatrix} = \begin{bmatrix} 0 - j0.140(j0.6579) \\ 1 - j0.130(-j2.6017) \\ 0 - j0.130(j1.9438) \end{bmatrix} = \begin{bmatrix} 0.0921 \\ 0.6618 \\ 0.2527 \end{bmatrix} \tag{C.5.47}$$

$$V_2^{012}(F) = \begin{bmatrix} 0 - Z_{23}^0 I_3^0 \\ V_2^1(0) - Z_{23}^1 I_3^1 \\ 0 - Z_{23}^2 I_3^2 \end{bmatrix} = \begin{bmatrix} 0 - j0.065(j0.6579) \\ 1 - j0.120(-j2.6017) \\ 0 - j0.120(j1.9438) \end{bmatrix} = \begin{bmatrix} 0.0428 \\ 0.6878 \\ 0.2333 \end{bmatrix} \tag{C.5.48}$$

$$V_3^{012}(F) = \begin{bmatrix} 0 - Z_{33}^0 I_3^0 \\ V_3^1(0) - Z_{33}^1 I_3^1 \\ 0 - Z_{33}^2 I_3^2 \end{bmatrix} = \begin{bmatrix} 0 - j0.350(j0.6579) \\ 1 - j0.220(-j2.6017) \\ 0 - j0.220(j1.9438) \end{bmatrix} = \begin{bmatrix} 0.2303 \\ 0.4276 \\ 0.4276 \end{bmatrix} \tag{C.5.49}$$

식 (C.5.47)~식 (C.5.49)의 대칭성분 전압을 이용한다면, 각 모선의 상전압을 아래의 식과 같이 계산할 수 있으며, 식 (C.5.53)~식 (C.5.55)을 이용하여 각 모선 간에 흐르는 선전류도 구할 수 있다.

$$V_1^{abc}(F) = \begin{bmatrix} 1 & 1 & 1 \\ 1 & a^2 & a \\ 1 & a & a^2 \end{bmatrix} \begin{bmatrix} 0.0921 \\ 0.6618 \\ 0.2527 \end{bmatrix} = \begin{bmatrix} 1.0066 \angle 0^\circ \\ 0.5088 \angle -135.86^\circ \\ 0.5088 \angle 135.86^\circ \end{bmatrix} \tag{C.5.50}$$

$$V_2^{abc}(F) = \begin{bmatrix} 1 & 1 & 1 \\ 1 & a^2 & a \\ 1 & a & a^2 \end{bmatrix} \begin{bmatrix} 0.0428 \\ 0.6878 \\ 0.2333 \end{bmatrix} = \begin{bmatrix} 0.9638 \angle 0^\circ \\ 0.5740 \angle -136.70^\circ \\ 0.5740 \angle 136.70^\circ \end{bmatrix} \tag{C.5.51}$$

$$V_3^{abc}(F) = \begin{bmatrix} 1 & 1 & 1 \\ 1 & a^2 & a \\ 1 & a & a^2 \end{bmatrix} \begin{bmatrix} 0.2303 \\ 0.4276 \\ 0.4276 \end{bmatrix} = \begin{bmatrix} 1.0855 \angle 0^\circ \\ 0.1974 \angle -180.00^\circ \\ 0.1974 \angle 180^\circ \end{bmatrix} \tag{C.5.52}$$

$$I_{21}^{012}(F) = \begin{bmatrix} \left(\dfrac{V_1^0(F) - V_2^0(F)}{Z_{12}^0} \right) \\ \left(\dfrac{V_1^1(F) - V_2^1(F)}{Z_{12}^1} \right) \\ \left(\dfrac{V_1^2(F) - V_2^2(F)}{Z_{12}^2} \right) \end{bmatrix} = \begin{bmatrix} \left(\dfrac{0.0921 - 0.0428}{j0.3} \right) \\ \left(\dfrac{0.6618 - 0.6870}{j0.125} \right) \\ \left(\dfrac{0.2527 - 0.2333}{j0.125} \right) \end{bmatrix} \tag{C.5.53}$$

$$= \begin{bmatrix} 0.1645 \angle -90^\circ \\ 0.2081 \angle 90^\circ \\ 0.1555 \angle -90^\circ \end{bmatrix}$$

$$I_{13}^{012}(F) = \begin{bmatrix} \left(\dfrac{V_1^0(F) - V_3^0(F)}{Z_{13}^0} \right) \\ \left(\dfrac{V_1^1(F) - V_3^1(F)}{Z_{13}^1} \right) \\ \left(\dfrac{V_1^2(F) - V_3^2(F)}{Z_{13}^2} \right) \end{bmatrix} = \begin{bmatrix} \left(\dfrac{0.0921 - 0.2303}{j0.35} \right) \\ \left(\dfrac{0.6618 - 0.4276}{j0.150} \right) \\ \left(\dfrac{0.2527 - 0.4376}{j0.150} \right) \end{bmatrix} \tag{C.5.54}$$

$$= \begin{bmatrix} 0.3947 \angle 90^\circ \\ 1.5610 \angle -90^\circ \\ 1.1663 \angle 90^\circ \end{bmatrix}$$

$$I_{23}^{012}(F) = \begin{bmatrix} \left(\dfrac{V_2^0(F) - V_3^0(F)}{Z_{23}^0}\right) \\ \left(\dfrac{V_2^1(F) - V_3^1(F)}{Z_{23}^1}\right) \\ \left(\dfrac{V_2^2(F) - V_3^2(F)}{Z_{23}^2}\right) \end{bmatrix} = \begin{bmatrix} \left(\dfrac{0.0428 - 0.2303}{j0.7125}\right) \\ \left(\dfrac{0.6878 - 0.4276}{j0.250}\right) \\ \left(\dfrac{0.2333 - 0.4276}{j0.250}\right) \end{bmatrix} \tag{C.5.55}$$

$$= \begin{bmatrix} 0.2632\angle 90^\circ \\ 1.0407\angle -90^\circ \\ 0.775\angle 90^\circ \end{bmatrix}$$

$$I_{21}^{abc}(F) = \begin{bmatrix} 1 & 1 & 1 \\ 1 & a^2 & a \\ 1 & a & a^2 \end{bmatrix} \begin{bmatrix} 0.1645\angle -90^\circ \\ 0.2081\angle 90^\circ \\ 0.1555\angle 90^\circ \end{bmatrix} = \begin{bmatrix} 0.1118\angle -90^\circ \\ 0.3682\angle -31.21^\circ \\ 0.3682\angle -148.79^\circ \end{bmatrix} \tag{C.5.56}$$

$$I_{13}^{abc}(F) = \begin{bmatrix} 1 & 1 & 1 \\ 1 & a^2 & a \\ 1 & a & a^2 \end{bmatrix} \begin{bmatrix} 0.3947\angle 90^\circ \\ 1.5610\angle -90^\circ \\ 1.1663\angle 90^\circ \end{bmatrix} = \begin{bmatrix} 0 \\ 2.435\angle 165.93^\circ \\ 2.435\angle 14.07^\circ \end{bmatrix} \tag{C.5.57}$$

$$I_{23}^{abc}(F) = \begin{bmatrix} 1 & 1 & 1 \\ 1 & a^2 & a \\ 1 & a & a^2 \end{bmatrix} \begin{bmatrix} 0.2632\angle 90^\circ \\ 1.0407\angle -90^\circ \\ 0.7775\angle 90^\circ \end{bmatrix} = \begin{bmatrix} 0 \\ 1.6233\angle 165.93^\circ \\ 1.6233\angle 14.07^\circ \end{bmatrix} \tag{C.5.58}$$

6 | 요약

앞선 절에서 소개된 각각의 고장에 대한 모선 임피던스 행렬 기반의 고장해석은 [표 C.5.1]로 요약될 수 있다. 기존의 방법은 1개의 모선만을 고려한 고장전류 해석을 제공하는 반면, 모선 임피던스 행렬 방법은 다수의 모선이 존재할 경우에 대한 고장전류 해석을 제공한다.

7 | 모선 임피던스 행렬 생성법

이 장에서는 다양한 경우를 고려한 임피던스 행렬 계산 방법을 소개한다. 배전계통의 어떠한 토폴로지라도 본 절에서 소개되는 4가지 경우를 통하여 표현될 수 있기

표 C.5.1 고장종류에 따른 모선 임피던스 행렬 방법

	기존의 방법	모선 임피던스 행렬 방법
3상 고장	$I_1 = I_F = \dfrac{V_f}{Z_1 + Z_f}$	$I_k^a(F) = \dfrac{V_k^a(0)}{Z_{kk}^1 + Z_f}$
1선 지락고장	$I_0 = I_1 = I_2 = \dfrac{V_f}{Z_0 + Z_1 + Z_2 + 3Z_f}$	$I_k^0 = I_k^1 = I_k^2 = \dfrac{V_k(0)}{Z_{kk}^1 + Z_{kk}^2 + Z_{kk}^0 + 3Z_f}$
선간 단락고장	$I_0 = 0,\ I_1 = -I_2 = \dfrac{V_f}{Z_1 + Z_2 + Z_f}$	$I_k^0 = 0,\ I_k^1 = -I_k^2 = \dfrac{V_k(0)}{Z_{kk}^1 + Z_{kk}^2 + Z_f}$
2선 지락고장	$I_0 = (-I_1)\left(\dfrac{Z_2}{Z_0 + Z_2 + Z_f}\right)$ $I_1 = \dfrac{V_F}{Z_1 + \dfrac{Z_2(Z_0 + 3Z_F)}{Z_0 + Z_2 + 3Z_f}}$ $I_2 = (-I_1)\left(\dfrac{Z_0 + 3Z_f}{Z_0 + Z_2 + 3Z_f}\right)$	$I_k^0 = (-I_k^1)\left(\dfrac{Z_{kk}^2}{Z_{kk}^0 + 3Z_f + Z_{kk}^2}\right)$ $I_k^1 = \dfrac{V_k(0)}{Z_{kk}^1 + \dfrac{Z_{kk}^2(Z_{kk}^0 + 3Z_f)}{Z_{kk}^2 + Z_{kk}^0 + 3Z_f}}$ $I_k^2 = (-I_k^1)\left(\dfrac{Z_{kk}^0 + 3Z_f}{Z_{kk}^0 + 3Z_f + Z_{kk}^2}\right)$

때문에, 임피던스 행렬을 계산하는데 있어 이를 이해하는 것은 매우 중요하며 기존과 같이 어드미턴스 행렬을 구하지 않고 바로 임피던스 행렬을 계산함으로써 고장해석 시 계산량을 크게 단축시킬 수 있다.

새로운 모선 ⓠ에서 기준 노드로 임피던스 Z_b가 추가되는 경우

[그림 C.5.8]은 새로운 모선 ⓠ에서 기준 노드로 임피던스가 추가되는 경우(case 1)를 나타낸다.

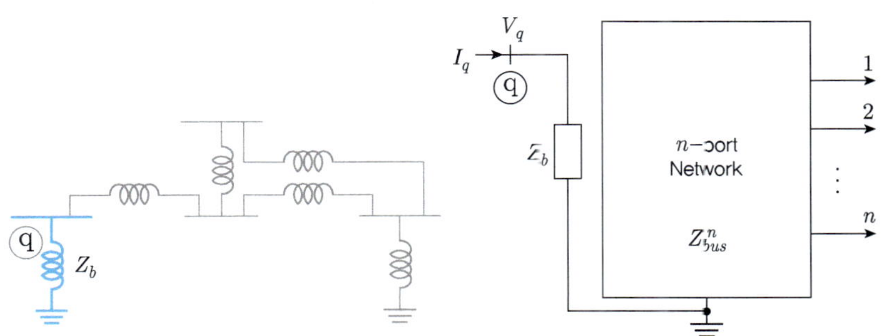

그림 C.5.8 새로운 모선 ⓠ에서 기준 노드로의 임피던스 Z_b가 추가되는 경우

기존 계통의 전력방정식을 식 (C.5.59)이라 표현한다면, 식 (C.5.60)를 식 (C.5.59)에 추가함으로써 새로운 임피던스 행렬을 식 (C.5.61)과 같이 표현할 수 있다. 이는 기존의 전력방정식에는 영향을 주지 않으며 Z_{bus}의 rank만을 증가시킨다.

$$\begin{bmatrix} V_1 \\ V_2 \\ \vdots \\ V_n \end{bmatrix} = \begin{bmatrix} & & \\ & Z_{bus} & \\ & & \end{bmatrix} \begin{bmatrix} I_1 \\ I_2 \\ \vdots \\ I_n \end{bmatrix} \tag{C.5.59}$$

$$V_q = Z_b \cdot I_q \tag{C.5.60}$$

$$\begin{bmatrix} V_1 \\ V_2 \\ \vdots \\ V_n \\ V_q \end{bmatrix} = \left[\begin{array}{c:c} & 0 \\ Z_{old} & 0 \\ & \vdots \\ & 0 \\ \hdashline 0\ 0 \cdots 0 & 0 \end{array}\right] \begin{bmatrix} I_1 \\ I_2 \\ \vdots \\ I_n \\ I_q \end{bmatrix} \tag{C.5.61}$$

4 새로운 모선 ⓠ에서 기존의 ⓚ 모선으로 임피던스 Z_b가 추가되는 경우

[그림 C.5.9]는 새로운 모선 ⓠ에서 기존의 모선 ⓚ로 임피던스가 추가되는 경우(case 2)이며, 이는 아래의 식 (C.5.62)로 표현된다.

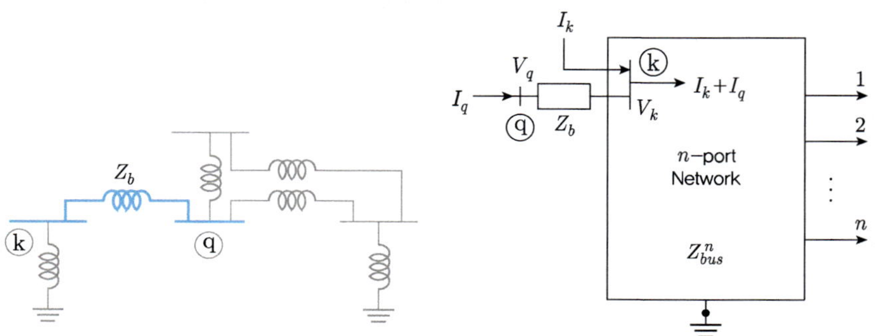

그림 C.5.9 새로운 모선 ⓠ에서 기존의 ⓚ 모선으로 임피던스 Z_b가 추가되는 경우

$$V_q - V_k = Z_b \cdot I_q \tag{C.5.62}$$

기존의 전력방정식을 식 (C.5.59)이라 정의한다면, 새로운 임피던스 행렬은 아래의 식 (C.5.63) 및 식 (C.5.64)을 이용하여 식 (C.5.65)로 도출된다.

$$\begin{bmatrix} V_1 \\ \vdots \\ V_k \\ \vdots \\ V_n \end{bmatrix} = \begin{bmatrix} & Z_{bus} & \end{bmatrix} \begin{bmatrix} I_1 \\ \vdots \\ I_k + I_q \\ \vdots \\ I_n \end{bmatrix} = \begin{bmatrix} & Z_{bus} & \end{bmatrix} \begin{bmatrix} I_1 \\ \vdots \\ I_k \\ \vdots \\ I_n \end{bmatrix} + Z_k^{col} \cdot I_q$$

$$= [Z_{bus} \mid Z_k^{col}] \begin{bmatrix} I_1 \\ \vdots \\ I_n \\ I_q \end{bmatrix} \tag{C.5.63}$$

$$V_k = Z_k^{row} \begin{bmatrix} I_1 \\ \vdots \\ I_n \end{bmatrix} + [Z_{kk}] \cdot I_q,$$

$$V_q = V_k + Z_b \cdot I_q = [Z_k^{row} \mid Z_{kk} + Z_b] \begin{bmatrix} I_1 \\ \vdots \\ I_n \\ I_q \end{bmatrix} \tag{C.5.64}$$

$$\begin{bmatrix} V_1 \\ V_2 \\ \vdots \\ V_n \\ V_q \end{bmatrix} = \left[\begin{array}{c:c} Z_{old} & Z_k^{col} \\ \hdashline Z_k^{row} & Z_{kk} + Z_b \end{array} \right] \begin{bmatrix} I_1 \\ I_2 \\ \vdots \\ I_n \\ I_q \end{bmatrix} \tag{C.5.65}$$

이는 앞선 5.1절의 경우와 마찬가지로 Z_{bus}의 rank를 증가시킨다.

기준 노드와 기존의 ⓚ 모선 사이에 임피던스 Z_b가 추가되는 경우

[그림 C.5.10]은 기준 노드와 기존의 모선 ⓚ 사이에 임피던스가 추가되는 경우 (case 3)로, 기준 노드에 연결되므로 식 (C.5.66)로 표현할 수 있다.

$$V_q = 0 \tag{C.5.66}$$

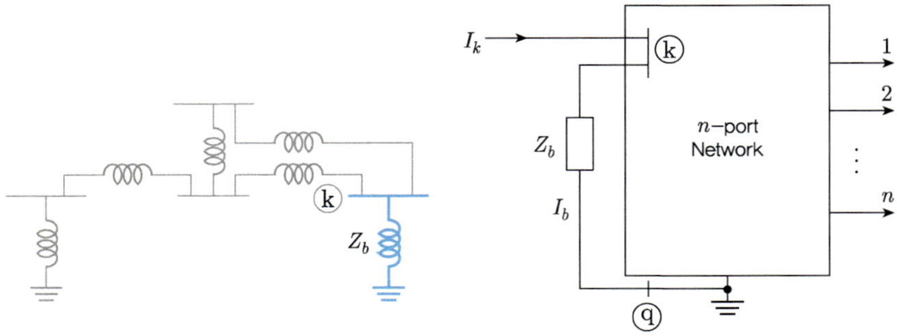

그림 C.5.10 기준 노드와 기존 존재하는 ⓚ 모선 사이에 임피던스 Z_b가 추가되는 경우

기존의 전력방정식을 식 (C.5.59)이라 정의한다면, 새로운 임피던스 행렬은 식 (C.5.67)로 도출된다.

$$\begin{bmatrix} V_1 \\ \vdots \\ V_k \\ \vdots \\ V_n \\ V_q \end{bmatrix} = \left[\begin{array}{c:c} Z_{old} & Z_k^{col} \\ \hdashline Z_k^{row} & Z_{kk} + Z_b \end{array}\right] \begin{bmatrix} I_1 \\ \vdots \\ I_k \\ \vdots \\ I_n \\ I_q \end{bmatrix} \tag{C.5.67}$$

위의 식 (C.5.67)에서 기준 노드 ⓠ의 전압은 0이므로, Kron reduction을 사용하여 행렬을 간략화 시킬 수 있다. 따라서 식 (C.5.67)의 임피던스 행렬은 식 (C.5.68)으로 간략화 될 수 있으며, 이를 통해 새로운 모선 임피던스 행렬의 rank는 증가되지 않는다.

$$Z_{new} = Z_{old} - \frac{1}{Z_{kk} - Z_b} Z^{col} Z^{row} \tag{C.5.68}$$

❹ 기존의 ⓙ 모선과 ⓚ 모선 사이에 임피던스 Z_b가 추가되는 경우

[그림 C.5.11]은 기존의 ⓙ 모선과 ⓚ 모선 사이에 임피던스가 추가되는 경우 (case 4)에 해당하는 회로도로 식 (C.5.69)으로 표현할 수 있다.

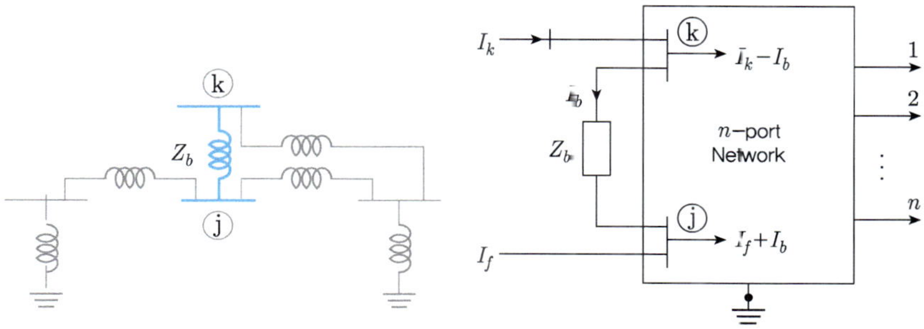

그림 C.5.11 기존 존재하는 ⓙ와 ⓚ 모선 사이에 임피던스 Z_b가 추가되는 경우

$$0 = -V_k + V_j + Z_b \cdot I_b \tag{C.5.69}$$

위의 식 (C.5.69)을 이용하여 아래의 식들을 유도할 수 있다.

$$\begin{bmatrix} V_1 \\ \vdots \\ V_k \\ V_j \\ \vdots \\ V_n \end{bmatrix} = \begin{bmatrix} & Z_{old} & \end{bmatrix} \begin{bmatrix} I_1 \\ \vdots \\ I_k - I_b \\ I_k + I_b \\ \vdots \\ I_n \end{bmatrix} = Z_{old} \begin{bmatrix} I_1 \\ \vdots \\ I_n \end{bmatrix} + [Z_j^{col} - Z_k^{col}] \cdot I_b$$

$$= [Z_{old} \mid Z_{j-k}^{col}] \begin{bmatrix} I_1 \\ I_2 \\ \vdots \\ I_n \\ I_b \end{bmatrix} \tag{C.5.70}$$

$$V_k = Z_k^{row} \begin{bmatrix} I_1 \\ \vdots \\ I_n \end{bmatrix} + (Z_{kj} - Z_{kk}) I_b \tag{C.5.71}$$

$$V_j = Z_j^{row} \begin{bmatrix} I_1 \\ \vdots \\ I_n \end{bmatrix} + (Z_{jj} - Z_{jk}) I_b \tag{C.5.72}$$

$$\begin{bmatrix} V_1 \\ V_2 \\ \vdots \\ V_n \\ 0 \end{bmatrix} = \left[\begin{array}{c:c} Z_{old} & Z_{j-k}^{col} \\ \hdashline Z_{j-k}^{row} & \begin{matrix} Z_{jj}+Z_{kk} \\ +Z_b-2Z_{jk} \end{matrix} \end{array}\right] \begin{bmatrix} I_1 \\ I_2 \\ \vdots \\ I_n \\ 0 \end{bmatrix} \tag{C.5.73}$$

식 (C.5.73) 또한 Kron Reduction을 적용할 수 있으므로, 식 (C.5.74)으로 표현할 수 있다. 5.3절의 경우와 마찬가지로 새로운 모선 임피던스 행렬의 rank는 증가되지 않는다.

$$Z_{\neq w} = Z_{old} - \frac{1}{Z_{jj}+Z_{kk}+Z_b-2Z_{jk}} Z^{j-k} \tag{C.5.74}$$

8 | 예제

앞선 6장에서 소개된 모선 임피던스 행렬 생성법의 적용을 위해 아래의 [그림 C.5.12]와 같이 한전의 전형적인 배전계통을 선정하였다. 이 계통은 6개의 모선으로 구성되며, 한전의 변전소 주변압기 표준 결선이 적용되었다. 분산전원의 계통 연계용 변압기는 Yg-D 결선을 사용하며, 배전선로의 일반적인 용량에 해당하는 10 MVA가 적용되었다. 고장해석을 위해 [그림 C.5.12]의 계통은 [그림 C.5.13]의 대칭성분 네트워크로 변환된다.

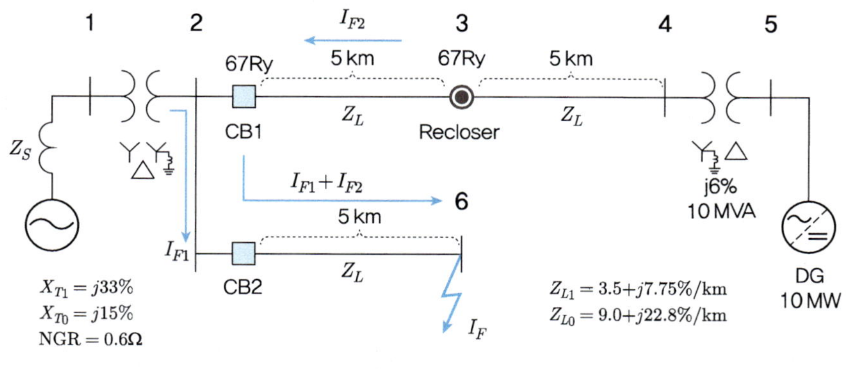

그림 C.5.12 임피던스 행렬 계산을 위한 대상 계통

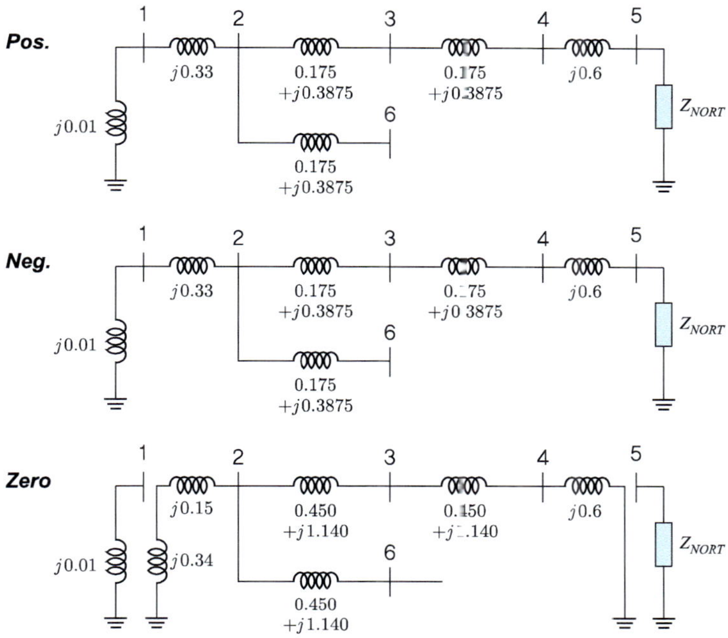

그림 C.5.13 대상 계통의 대칭성분 회로도

역상분 회로를 이용한 대상계통의 임피던스 행렬 생성 과정은 [표 C.5.2]에 자세히 기술된다.

| 표 C.5.2 | 임피던스 행렬 계산 과정

<table>
<tr><td>Step 1
(Case1)</td><td>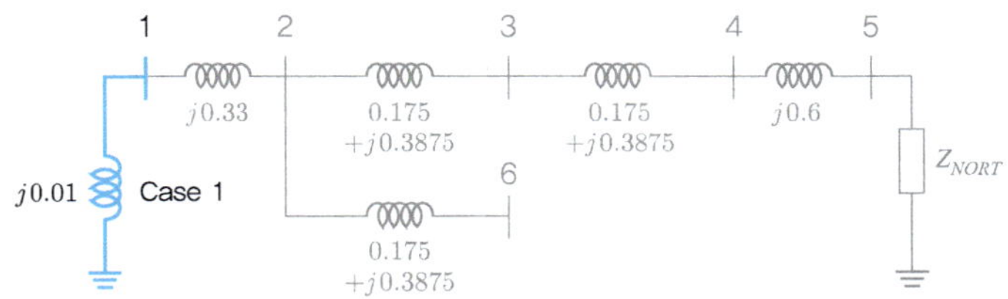

새로운 모선 1에서 기준 노드로 임피던스 $Z_b = j0.01$가 추가되는 Case 1의 경우이므로 식 (C.5.61)에 의하여 식 (C.5.74)를 계산할 수 있다.

$$Z_{bus}^{(1)} = Z_{11} = Z_{10} = [j0.01] \tag{C.5.75}$$</td></tr>
</table>

Step 2 (Case2)

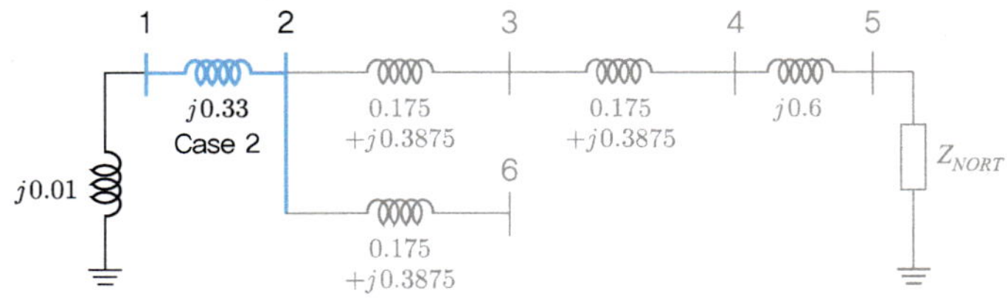

새로운 모선 2에서 기존에 존재하는 모선 1로 임피던스 $Z_b = j0.33$이 추가되는 Case 2의 경우이므로 식 (C.5.65)에 의하여 식 (C.5.76)를 계산할 수 있다.

$$Z_{bus}^{(2)} = \begin{bmatrix} j0.01 & j0.01 \\ j0.01 & j0.34 \end{bmatrix} \tag{C.5.76}$$

$Where,\ j0.34 = j0.01 + j0.33$

Step 3 (Case2)

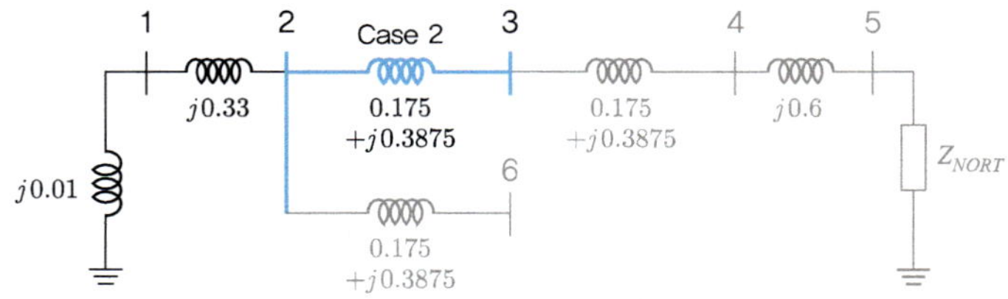

Step 2와 마찬가지로 새로운 모선 3에서 기존에 존재하는 모선 2로 임피던스 $Z_b = 0.175 + j0.3875$가 추가되는 경우이므로 식 (C.5.65)에 의하여 식 (C.5.77)을 계산할 수 있다.

$$Z_{bus}^{(3)} = \begin{bmatrix} j0.01 & j0.01 & j0.01 \\ j0.01 & j0.34 & j0.34 \\ j0.01 & j0.34 & 0.175 + j0.7275 \end{bmatrix} \tag{C.5.77}$$

$Where,\ 0.175 + j0.7275 = j0.34 + 0.175 + j0.3875$

Step 4 (Case2)

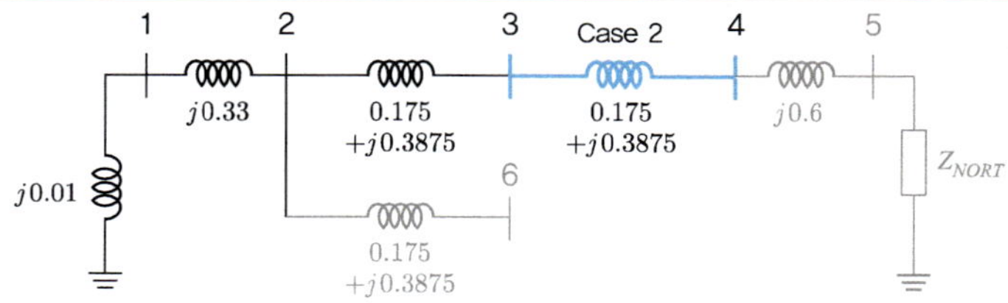

Step 2와 마찬가지로 새로운 모선 4에서 기존에 존재하는 모선 3으로 임피던스 $Z_b = 0.175 + j0.3875$가 추가되는 경우이므로 식 (C.5.65)에 의하여 식 (C.5.78)를 계산할 수 있다.

$$Z_{bus}^{(4)} = \begin{bmatrix} j0.01 & j0.01 & j0.01 & j0.01 \\ j0.01 & j0.34 & j0.34 & j0.34 \\ j0.01 & j0.34 & 0.175 + j0.7275 & 0.175 + j0.7275 \\ j0.01 & j0.34 & 0.175 + j0.7275 & 0.350 + j1.1150 \end{bmatrix} \tag{C.5.78}$$

$Where,\ 0.350 + j1.1150 = 0.175 + j0.7275 + 0.175 + j0.3875$

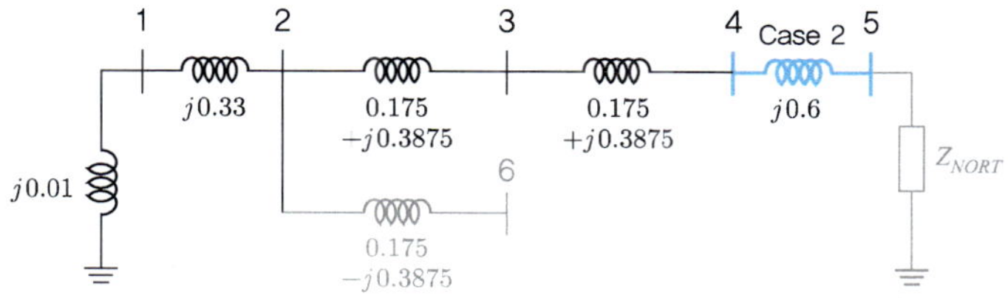

Step 5 (Case2)

Step 2와 마찬가지로 새로운 모선 5에서 기존에 존재하는 모선 4로 임피던스 $Z_b = 0.6$가 추가되는 경우이므로 식 (C.5.65)에 의하여 식 (C.5.79)를 계산할 수 있다.

$$Z_{bus}^{(5)} = \begin{bmatrix} j0.01 & j0.01 & j0.01 & j0.01 & j0.01 \\ j0.01 & j0.34 & j0.34 & j0.34 & j0.34 \\ j0.01 & j0.34 & 0.175+j0.7275 & 0.175+j0.7275 & 0.175+j0.7275 \\ j0.01 & j0.34 & 0.175+j0.7275 & 0.350+j1.1150 & 0.350+j1.1150 \\ j0.01 & j0.34 & 0.175+j0.7275 & 0.350+j1.1150 & 0.350+j1.7150 \end{bmatrix} \quad \text{(C.5.79)}$$

$$Where,\ 0.350+j1.7150 = 0.350+j1.1150+j0.6$$

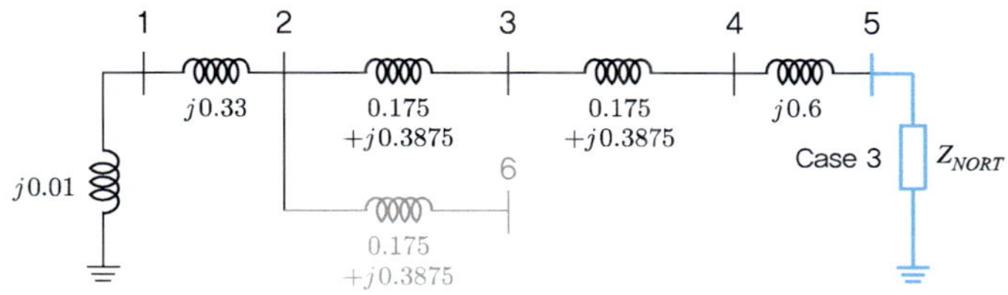

Step 6 (Case3)

기준 노드와 기존 존재하는 모선 5사이에 임피던스 Z_b가 추가되는 Case 3의 경우이므로 식 (C.5.67)에 의하여 식 (C.5.80)을 계산할 수 있다.

$$Z_{bus}^{(6)} = \begin{bmatrix} j0.01 & j0.01 & j0.01 & j0.01 & j0.01 & j0.01 \\ j0.01 & j0.34 & j0.34 & j0.34 & j0.34 & j0.34 \\ j0.01 & j0.34 & 0.175+j0.7275 & 0.175+j0.7275 & 0.175+j0.7275 & 0.175+j0.7275 \\ j0.01 & j0.34 & 0.175+j0.7275 & 0.350+j1.1150 & 0.350+j1.1150 & 0.350+j1.1150 \\ j0.01 & j0.34 & 0.175+j0.7275 & 0.350+j1.1150 & 0.350+j1.7150 & 0.350+j1.7150 \\ j0.01 & j0.34 & 0.175+j0.7275 & 0.350+j1.1150 & 0.350+j1.7150 & 100.350+j1.7150 \end{bmatrix} \quad \text{(C.5.80)}$$

$$Where,\ 100.350+j1.7150 = 0.350+j1.7150+100$$

이때, 식 (C.5.68)에 의하여 임피던스 행렬 Z_{new}는 식 (C.5.81)과 같이 계산할 수 있다.

$$Z_{new} = \begin{bmatrix} j0.01 & j0.01 & j0.01 & j0.01 & j0.01 \\ j0.01 & j0.34 & j0.34 & j0.34 & j0.34 \\ j0.01 & j0.34 & 0.175+j0.7275 & 0.175+j0.7275 & 0.175+j0.7275 \\ j0.01 & j0.34 & 0.175+j0.7275 & 0.350+j1.1150 & 0.350+j1.1150 \\ j0.01 & j0.34 & 0.175+j0.7275 & 0.350+j1.1150 & 0.350+j1.7150 \end{bmatrix} \quad \text{(C.5.81)}$$

Step 6 (Case3)

$$
-\frac{1}{100.35+j1.715}\begin{bmatrix} j0.01 \\ j0.34 \\ 0.175+j0.7275 \\ 0.350+j1.1150 \\ 0.350+j1.7150 \end{bmatrix}[j0.01\ j0.34\ 0.175+j0.7275\ 0.35+j1.115\ 0.35+j1.715]
$$

$$
=\begin{bmatrix} j0.0100 & j0.0100 & 0.0001+j0.0100 & 0.0001+j0.0100 & 0.0002+j0.0100 \\ j0.0100 & 0.0012+j0.3400 & 0.0025+j0.3394 & 0.0038+j0.3387 & 0.0058+j0.3387 \\ 0.0001+j0.0100 & 0.0025+j0.3394 & 0.1799+j0.7249 & 0.1824+j0.7229 & 0.1867+j0.7218 \\ 0.0001+j0.0100 & 0.0038+j0.3387 & 0.1824+j0.7229 & 0.3610+j1.1070 & 0.3677+j1.1048 \\ 0.0002+j0.0100 & 0.0058+j0.3387 & 0.1867+j0.7218 & 0.3677+j1.1048 & 0.3779+j1.7026 \end{bmatrix}
$$

식 (C.5.80)과 식 (C.5.81)의 임피던스 행렬 간 rank에는 변화가 없다.

Step 7 (Case2)

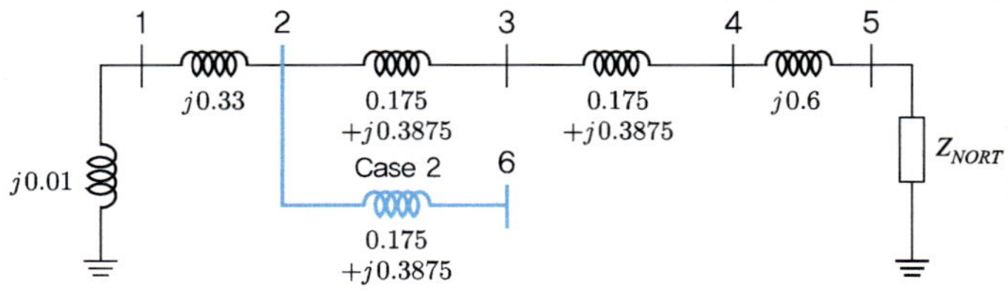

Step 2와 마찬가지로 새로운 모선 6에서 기존에 존재하는 모선 2로 임피던스 $Z_b = 0.175 + j0.3875$가 추가되는 경우이므로 식 (C.5.65)에 의하여 식 (C.5.82)을 계산할 수 있다.

$$
Z_{bus}=\begin{bmatrix} j0.0100 & j0.0100 & 0.0001+j0.0100 & 0.0001+j0.0100 & 0.0002+j0.0100 & j0.0100 \\ j0.0100 & 0.0012+j0.3400 & 0.0025+j0.3394 & 0.0038+j0.3387 & 0.0058+j0.3387 & 0.0012+j0.3400 \\ 0.0001+j0.0100 & 0.0025+j0.3394 & 0.1799+j0.7249 & 0.1824+j0.7229 & 0.1867+j0.7218 & 0.0025+j0.3394 \\ 0.0001+j0.0100 & 0.0038+j0.3387 & 0.1824+j0.7229 & 0.3610+j1.1070 & 0.3677+j1.1048 & 0.0038+j0.3387 \\ 0.0002+j0.0100 & 0.0058+j0.3387 & 0.1867+j0.7218 & 0.3677+j1.1048 & 0.3779+j1.7026 & 0.0058+j0.3387 \\ j0.0100 & 0.0012+j0.3400 & 0.0025+j0.3394 & 0.0038+j0.3387 & 0.0058+j0.3387 & 0.1762+j0.7275 \end{bmatrix} \tag{C.5.82}
$$

위의 예제에서는 case 4에 해당하는 예시가 없으므로, case 4에 대한 예시로 3번 모선과 6번 모선에 $Z_b = j0$을 추가하는 경우를 아래의 그림과 같이 고려해 보자.

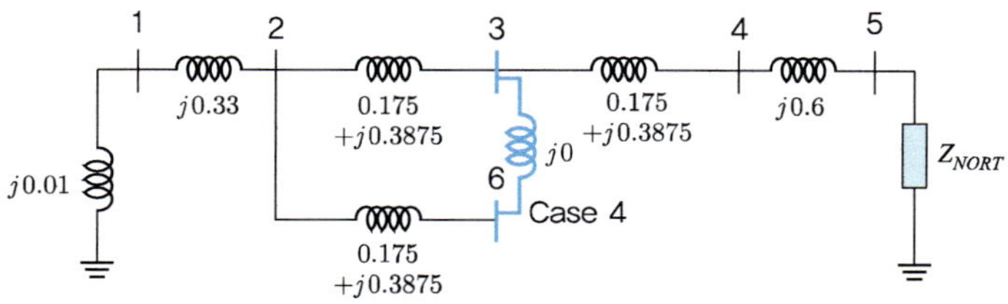

그림 C.5.14 6.4에 해당하는 회로도

기존의 모선 사이에 임피던스 Z_b가 추가되는 경우 식 (C.5.73)를 통하여 계산을 할 수 있기 때문에, 식 (C.5.83)는 식 (C.5.84)으로 계산할 수 있다.

$$Z_{bus}=\begin{bmatrix} j0.0100 & j0.0100 & 0.0001+j0.0100 & 0.0001+j0.0100 & 0.0002+j0.0100 & j0.0100 & 0.0001 \\ j0.0100 & 0.0012+j0.3400 & 0.0025+j0.3394 & 0.0038+j0.3387 & 0.0058+j0.3387 & 0.0012+j0.3400 & 0.0013-j0.0006 \\ 0.0001+j0.0100 & 0.0025+j0.3394 & 0.1799+j0.7249 & 0.1824+j0.7229 & 0.1867+j0.7218 & 0.0025+j0.3394 & 0.1774+j0.3855 \\ 0.0001+j0.0100 & 0.0038+j0.3387 & 0.1824+j0.7229 & 0.3610+j1.1070 & 0.3677+j1.1048 & 0.0038+j0.3387 & 0.1786+j0.3842 \\ 0.0002+j0.0100 & 0.0058+j0.3387 & 0.1867+j0.7218 & 0.3677+j1.1048 & 0.3779+j1.7026 & 0.0058+j0.3387 & 0.1809+j0.3881 \\ j0.0100 & 0.0012+j0.3400 & 0.0025+j0.3394 & 0.0038+j0.3387 & 0.0058+j0.3387 & 0.1762+j0.7275 & -0.1731-j0.3881 \\ 0.0001 & 0.0013-j0.0006 & 0.1774+j0.3855 & 0.1786+j0.3842 & 0.1809+j0.3831 & -0.1737-j0.3881 & 0.3511+j0.7736 \end{bmatrix} \tag{C.5.83}$$

$$Z_{new}=\begin{bmatrix} j0.0100 & j0.0100 & 0.0001+j0.0100 & 0.0001+j0.0100 & 0.0002+j0.0100 & j0.0100 \\ j0.0100 & 0.0012+j0.3400 & 0.0025+j0.3394 & 0.0038+j0.3387 & 0.0058+j0.3387 & 0.0012+j0.3400 \\ 0.0001+j0.0100 & 0.0025+j0.3394 & 0.1799+j0.7249 & 0.1824+j0.7229 & 0.1867+j0.7218 & 0.0025+j0.3394 \\ 0.0001+j0.0100 & 0.0038+j0.3387 & 0.1824+j0.7229 & 0.3510+j1.1070 & 0.3677+j1.1048 & 0.0038+j0.3387 \\ 0.0002+j0.0100 & 0.0058+j0.3387 & 0.1867+j0.7218 & 0.3577+j1.1048 & 0.3779+j1.7026 & 0.0058+j0.3387 \\ j0.0100 & 0.0012+j0.3400 & 0.0025+j0.3394 & 0.0038+j0.3387 & 0.0058+j0.3387 & 0.1762+j0.7275 \end{bmatrix}$$

$$-\frac{1}{0.3511+j0.7736}\begin{bmatrix} 0.0001 \\ 0.0013-j0.0006 \\ 0.1774+j0.3855 \\ 0.1786+j0.3842 \\ 0.1809+j0.3881 \\ -0.1731-j0.3881 \end{bmatrix}\begin{bmatrix} 0.0001 & 0.0013-j0.0006 & 0.1774+j0.3855 & 0.1786+j0.3842 & 0.1809+j0.3881 & -0.1731-j0.3881 \end{bmatrix} \tag{C.5.84}$$

$$Z_{new}=\begin{bmatrix} j0.0100 & j0.0100 & 0.0001+j0.0100 & 0.0001+j0.0100 & 0.0001+j0.0100 & 0.0001+j0.0100 \\ j0.0100 & 0.0012+j0.34 & 0.0020+j0.3390 & 0.0033+j0.3383 & 0.0053+j0.3383 & 0.0017+j0.3404 \\ 0.0001+j0.0100 & 0.0020+j0.3390 & 0.2970+j0.5881 & 0.2988+j0.5859 & 0.3042+j0.5832 & -0.1164+j0.4750 \\ 0.0001+j0.0100 & 0.0020+j0.3383 & 0.2988+j0.5859 & 0.4767+j0.9658 & 0.4845+j0.9660 & -0.1144+j0.4745 \\ 0.0001+j0.0100 & 0.0053+j0.3383 & 0.3042+j0.5832 & 0.4845+j0.9660 & 0.4958+j1.5622 & -0.1135+j0.4761 \\ 0.0001+j0.0100 & 0.0017+j0.3404 & -0.1164+j0.4750 & -0.1144+j0.4745 & -0.1135+j0.4761 & 0.2969+j0.5931 \end{bmatrix}$$

제 6 절

인버터 기반 분산전원의 고장계산

1 | 서론

최근 들어 급증하고 있는 분산전원의 계통 연계로 인해 이러한 분산전원들을 고려할 수 있는 새로운 고장해석 기법의 필요성이 대두되고 있으며, 정확한 고장해석을 통한 보호 계전기 정정 및 보호 협조 시스템 구축이 필요하다. 하지만 현재 인버터 기반의 분산전원의 고장해석을 위한 명확한 기준 및 결과가 없는 실정이다. 따라서 본 장에서는 인버터 기반의 분산전원이 연계된 배전계통의 중첩의 원리 기반 고장해석 기법을 제안 및 소개한다.

전통적으로 동적 시뮬레이션이 인버터 기반의 분산전원이 연계된 배전계통의 고장해석에 사용되었으며, 스마트 그리드 기술의 발전과 함께 현대의 배전관리시스템(DMS, Distribution Management System)이 개발되고 있다. 일반적으로 DMS를 보유한 전력회사들은 고장해석 시의 간편함 및 짧은 계산 시간을 이유로 동적 방식들보다 정상상태 방식들을 선호한다. 따라서 본 장에서 소개되는 중첩의 원리 기반의 고장해석법은 기존의 전력계통 해석 프로그램에서 사용하던 시간 영역의 해석이 아닌 주파수 영역의 연산을 이용한다. 이러한 주파수 영역의 연산은 다수의 모선이 포함된 대규모 계통에 대한 적용일지라도 시간 영역 해석에 비해 상대적으로 빠른 연산이 가능하다는 장점이 있다.

일반적으로 분산전원의 적용을 위해 [그림 C.6.1] 및 [그림 C.6.2]와 같이 인버터 기반 및 동기 발전기 기반의 기술이 흔히 사용되고 있다.

계통에 연계되는 동기 발전기 기반의 분산전원은 Thevenin 등가회로에 의한 전압원으로 모델링 될 수 있는 반면, 인버터 기반의 분산전원은 관련된 컨버터들이 보통 전류 제어형 전압원이기 때문에 IEEE Std. 1547의 권고사항에 따라 전류원으

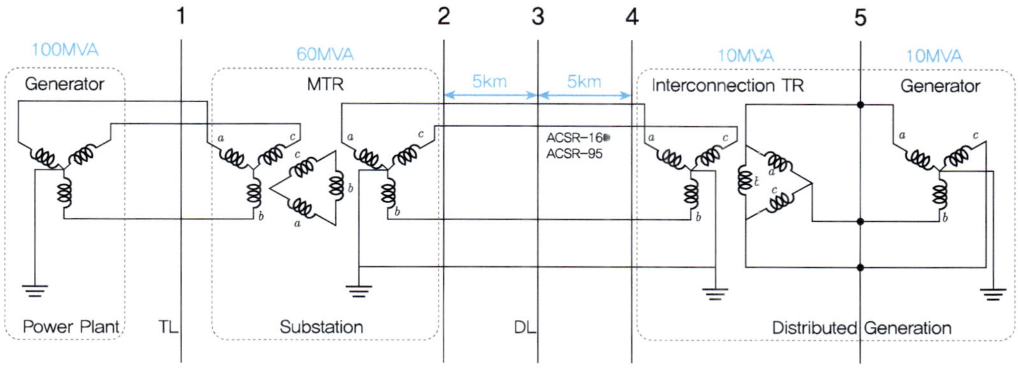

(a) 동기 발전기 기반

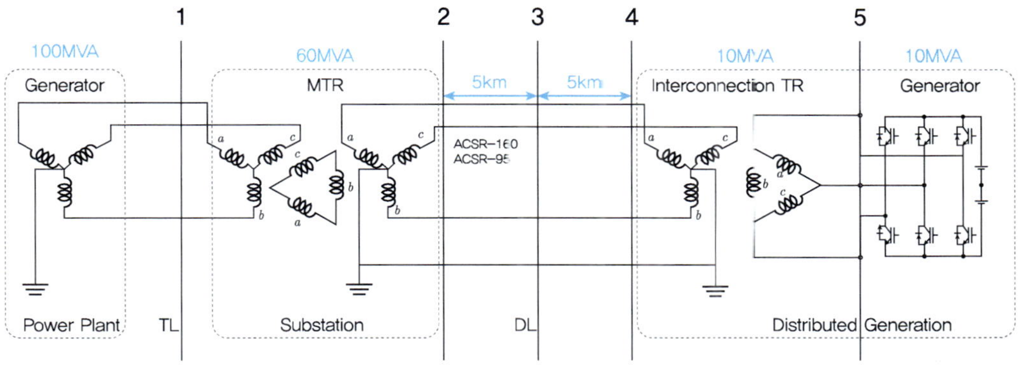

(b) 인버터 기반

그림 C.6.1 적용 기술에 따른 분산전원 모델

로 모델링 될 수 있다. 하지만, 인버터 기반의 분산전원은 동기기와 같은 기존의 분산전원과는 구조 및 제어 전략에 있어 차이를 보이므로, 전력계통에 대한 인버터 기반의 분산전원의 영향은 다른 해석 방법을 필요로 한다.

[그림 C.6.2]는 분산전원 모델에 따른 고장전류 해석 결과 비교를 위해 선정된 테스트 계통이다. 이 계통은 한국전력공사의 전형적인 배전계통으로 발전기, 3상 3권선 변압기를 포함하는 배전용 변전소, 3상 4선식 배전선로로 구성된다. 배전용 변전소의 3권선 변압기는 한전의 변전소 주변압기 표준 결선인 Y-Yg-D 방식을 사용하고 있으며, 총 10 km의 배전선로는 가공선로에서 가장 흔하게 사용되고 있는 ACSR을 채택하였다. 계통에는 5번 모선에 인버터 기반의 분산전원이 연계되며,

연계용 변압기는 일반적인 방식인 Yg-Yg 및 Yg-D 결선이 사용된다. [표 C.6.1]은 테스트 계통의 파라미터를 나타내며, 배전용 변전소의 3권선 변압기는 한전에서 사용되고 있는 NGR을 이용한 유효접지가 적용된다. 인버터 기반 분산전원의 용량은 10 MVA로 가정한다.

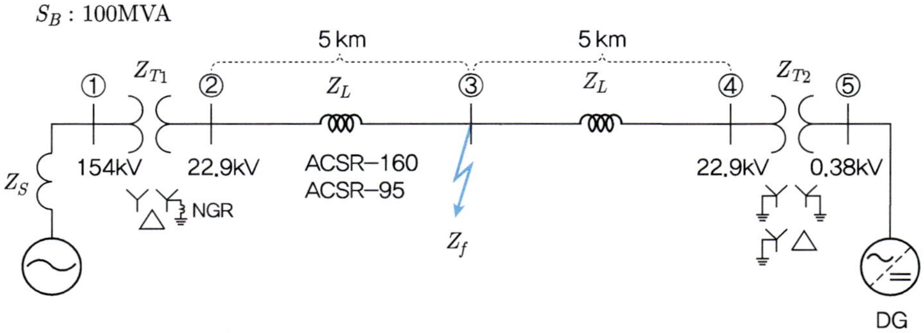

그림 C.6.2 테스트 계통

| 표 C.6.1 | 시뮬레이션을 위한 모델 파라미터(pu)

Model	Z_S	Z_{T1}	Z_L	Z_{T2}	Z_{Nort}
Pos./Neg.	j0.01	j0.33	0.175+j0.3875	j0.60	10^4
Zero	j0.01	j0.49(NGR : 0.6Ω)	0.450+j1.140	j0.60	10^4

[그림 C.6.3]은 테스트 계통에 대한 분산전원 모델에 따른 고장전류 해석 결과(연계용 변압기 결선 : Yg-D)를 나타내며, 고장전류 및 전압의 정확한 수치는 제5절의 부록에 제시된다. [그림 C.6.3]에 제시된 고장해석 결과와 같이, 동일한 고장일지라도 분산전원의 종류에 따라 서로 다른 전압 및 전류가 도출될 수 있다. 분산전원 모델에 따른 해석 결과의 차이는 관련된 보호 계전기의 정정치 및 보호 계전기들 간의 보호협조에 큰 영향을 미칠 수 있으므로, 대상 계통에 연계된 분산전원의 종류를 정확히 파악하여 이를 고장해석에 반영하는 것이 필수적이다.

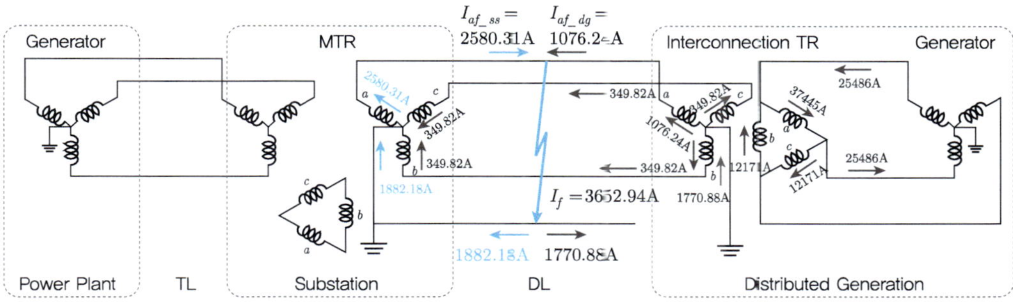

(a) 동기 발전기 모델

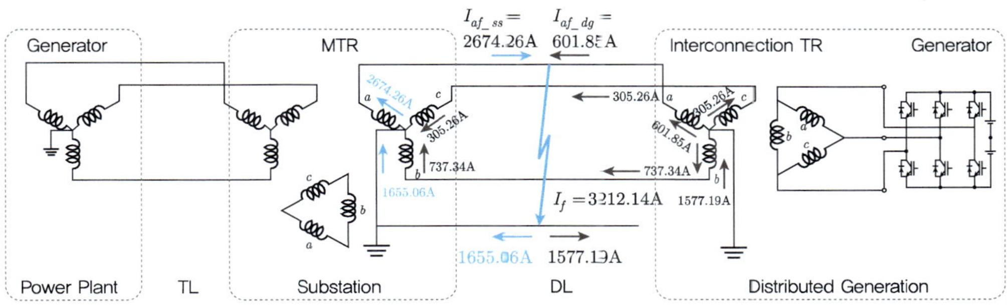

(b) 인버터 기반 모델

그림 C.6.3 분산전원 모델에 따른 고장전류 해석 결과 – YgD

2 | 고장해석을 위한 기초 개념

본 절에서는 본 장에서 소개될 고장해석 기법에 사용되는 모선 임피던스 행렬의 유도 및 고장해석법에 대한 기초적인 개념들을 소개한다. 모든 임피던스들은 100 MVA 베이스의 pu으로 표현되며, 간략화를 위해 저항은 무시된다. 전압과 전류는 pu과 A로 각각 표현되며, 이는 한전 현장에서 주로 사용되는 전압과 전류의 단위이다.

모선 임피던스 행렬

모선 임피던스 행렬은 고장해석을 위한 필수적인 도구이다. Norton 이론에 기초한 인버터 기반 분산전원에 대한 모선 전압 및 선로 전류의 시스템적인 계산을 위해, [그림 C.6.4]에 제시된 간단한 3-모선 계통에 Norton 등가 임피던스를 결합하여 전체 모선 임피던스 행렬을 만드는 알고리즘이 이어서 설명된다.

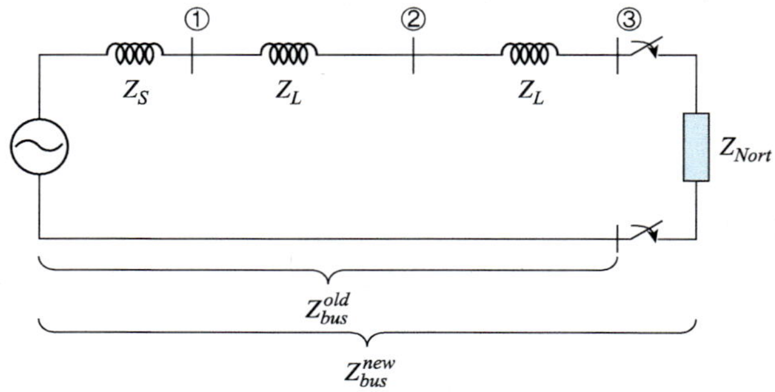

그림 C.6.4 간략화 된 3–모선 배전계통

[그림 C.6.4]에서 병렬로 연결되는 Norton 등가 임피던스(Z_{Nort})가 없는 계통의 모선 임피던스 행렬($\boldsymbol{Z}_{bus}^{old}$)은 직관적으로 식 (C.6.1)로 정의될 수 있다.

$$\boldsymbol{Z}_{vs}^{old} = \begin{bmatrix} Z_S & Z_S & Z_S \\ Z_S & Z_S + Z_L & Z_S + Z_L \\ Z_S & Z_S + Z_L & Z_S + 2Z_L \end{bmatrix} \tag{C.6.1}$$

만일 3번 모선과 기준 모선 사이에 Z_{Nort}이 연결된다면, 이는 설명된 것과 같이 기존에 존재하는 2개의 모선 연결하는 경우에 해당한다. 따라서 새로운 모선 임피던스 행렬은 Kron reduction에 의해 다음과 같이 표현되며, Kron reduction을 사용함에 따라 기존행렬의 rank를 유지한다는 것을 주목할 필요가 있다.

$$Z_{vs}^{new} = Z_{vs}^{old} - \frac{1}{(Z_{33} + Z_{Nort})} Z_3^{col} Z_3^{row} \tag{C.6.2}$$

$$= \begin{bmatrix} Z_S & Z_S & Z_S \\ Z_S & Z_S + Z_L & Z_S + Z_L \\ Z_S & Z_S + Z_L & Z_S + 2Z_L \end{bmatrix}$$

$$- \frac{1}{(Z_S + 2Z_L + Z_{Nort})} \begin{bmatrix} Z_S \\ Z_S + Z_L \\ Z_S + 2Z_L \end{bmatrix} \begin{bmatrix} Z_S \\ Z_S + Z_L \\ Z_S + 2Z_L \end{bmatrix}^T$$

고장해석

모선 k에서의 고장에 대해, 모선 임피던스 행렬의 k번째 대각 요소는 모선 k로부터 보이는 Thevenin 임피던스이다. 불평형 고장에 대한 고장해석을 수행하기 위해, 각각의 대칭성분 네트워크에 대한 모선 임피던스 행렬이 개별적으로 얻어지며, 그 다음 대칭성분 네트워크의 임피던스들인 Z_{kk}^0, Z_{kk}^1, Z_{kk}^2가 직렬로 연결된다. 본 절에서는 모선 k에 대해 고장 임피던스 Z_f를 통한 1선 지락고장이 고려된다. 고장 전류의 대칭성분은 다음과 같이 계산된다.

$$\frac{1}{3}I_f = I_k^0 = I_k^1 = I_k^2 = \frac{V_k(0)}{Z_{kk}^1 + Z_{kk}^2 + Z_{kk}^0 + 3Z_f} \tag{C.6.3}$$

여기서, Z_{kk}^0, Z_{kk}^1, Z_{kk}^2는 모선 임피던스 행렬의 k번째 대각 요소에 해당하며, $V_k(0)$은 고장 이전의 k번째 모선 전압이다. 고장전류는 식 (C.6.4)와 같이 표현되며, $\boldsymbol{A}$는 대칭성분 변환 행렬이다.

$$\boldsymbol{I}_f^{abc} = \boldsymbol{A}\boldsymbol{I}_f^{012} \tag{C.6.4}$$

고장전류의 대칭성분을 이용하여 고장 도중의 모선 전압에 대한 대칭성분을 다음과 같이 얻을 수 있다.

$$\begin{bmatrix} \boldsymbol{V}_f^0 \\ \boldsymbol{V}_f^1 \\ \boldsymbol{V}_f^2 \end{bmatrix} = \begin{bmatrix} -\boldsymbol{Z}^0\boldsymbol{I}_f^0 \\ \boldsymbol{V}_f^1(0) - \boldsymbol{Z}^0\boldsymbol{I}_f^0 \\ -\boldsymbol{Z}^2\boldsymbol{I}_f^2 \end{bmatrix} \tag{C.6.5}$$

여기서, $\boldsymbol{V}^1(0)$는 Thevenin 전압 혹은 고장 이전의 모선 전압이며, 조류 해석의 결과로부터 얻을 수 있다. 위의 대칭성분 전압으로부터 상 영역에서의 전압을 다음과 같이 얻을 수 있으며, 모선 i에서 모선 j까지의 선로에 흐르는 고장전류의 대칭성분은 식 (C.6.7)과 같이 계산된다.

$$\boldsymbol{V}_f^{abc} = \boldsymbol{A}\boldsymbol{V}_f^{012} \tag{C.6.6}$$

$$I_{ij}^{012} = \frac{V_{f,i}^{012} - V_{f,j}^{012}}{Z_{ij}^{012}} \tag{C.6.7}$$

여기서, Z_{ij}^0, Z_{ij}^1, Z_{ij}^2는 각각 i번째 모선과 j번째 모선간의 실제 선로 임피던스의 대칭성분들을 나타낸다. 따라서 두 모선을 연결하는 선로에 흐르는 상 영역의 고장전류는 다음과 같다.

$$I_{ij}^{abc} = AI_{ij}^{012} \tag{C.6.8}$$

3 | 인버터 기반 분산전원의 고장해석

본 절에서는 인버터 기반 분산전원의 고장해석을 위해 아래의 간략화 된 3-모선 배전계통에 대한 고장해석을 수행한다. 이러한 간략화 된 배전계통에 대한 회로 해석은 소개되는 고장해석 기법의 일반화를 돕는다. 간략화를 위해, 인버터 기반 분산전원에 의해 배전계통으로 주입되는 전류는 일반적인 배전선로의 정격(10 MVA)과 동일하다고 가정된다.

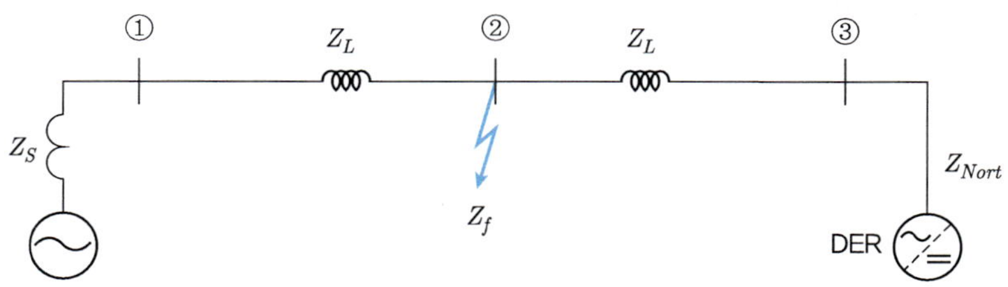

그림 C.6.5 간략화 된 3모선 계통

1선 지락고장 해석

배전계통에서 가장 흔히 발생하는 고장 형태는 1선 지락고장이기 때문에, 본 절에서는 1선 지락고장에 대한 고장해석을 수행한다. 인버터 기반의 분산전원이 연계된 배전계통의 고장전류는 다음과 같이 전원 측을 표현하는 전압원 및 분산전원을 표현하는 전류원에 의해 야기된다. [그림 C.6.5]에서의 1선 지락

고장(2번 모선)에 대한 고장전류를 계산하기 위해 아래의 대칭성분 회로망이 요구된다.

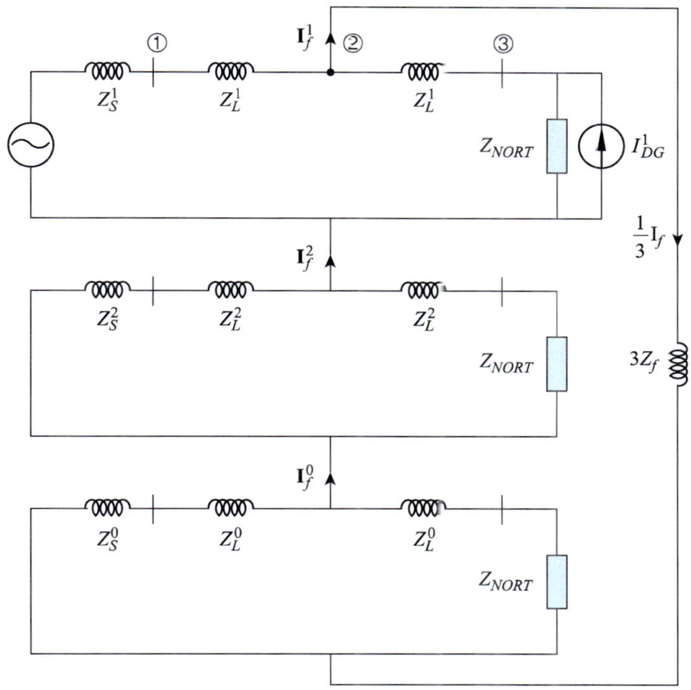

그림 C.6.6 간략화 된 3모선 계통의 대칭성분 회로망

[그림 C.6.6]의 고장해석은 주어진 회로를 해석함으로써 직접적으로 해석될 수 있다. 하지만 기존의 고장해석 프로그램들을 이용하여 전압원에 의해 발생되는 고장전류를 해석할 수 있지만, 인버터 기반 분산전원의 전류원으로부터 기인하는 고장전류의 기여를 평가하는 방법은 여전히 문제로 남아있다.

[그림 C.6.7]은 중첩의 원리 기반의 기법을 이용한 인버터 기반 분산전원의 고장해석 순서도를 나타낸다. 제시된 기법은 아래와 같이 4가지 단계들로 구성되어 있으며, Thevenin 및 Norton 등가회로에 기반하여 기존의 고장회로 해석 프로그램들의 변경없이 인버터 기반 분산전원을 갖는 대형 전력계통의 고장해석에 사용될 수 있다.

- Step 1 : 전원 별 대칭성분 회로망의 분해

- Step 2 : 고장회로 해석
- Step 3 : 모선 전압 및 선로 전류의 계산
- Step 4 : 중첩의 원리 적용

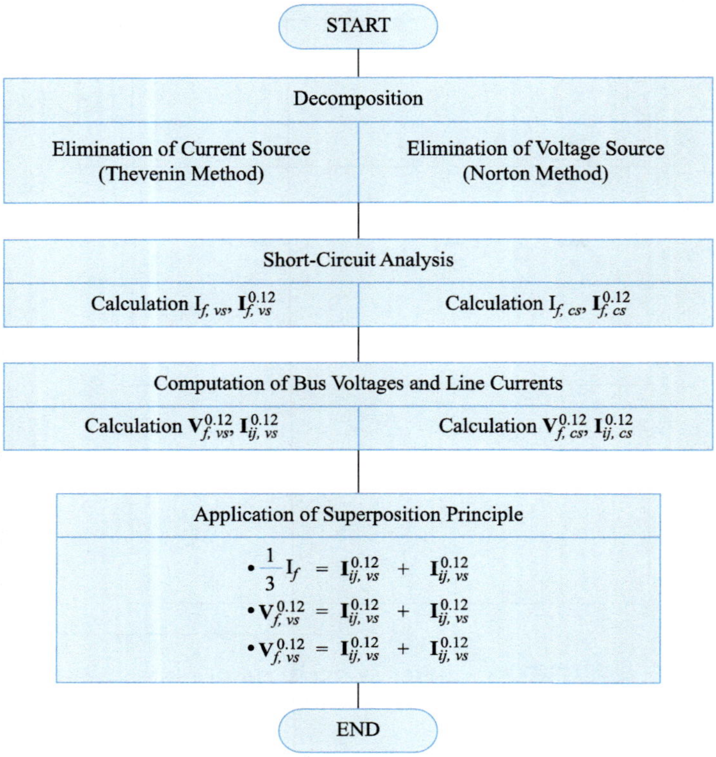

그림 C.6.7 중첩의 원리 기반의 고장해석 기법을 이용한 고장해석 순서도

1) Step 1 - 전원 별 대칭성분 회로망의 분해

중첩의 원리 기반 해석 기법은 우선적으로 대칭성분 회로망을 [그림 C.6.8]와 같이 각각 전압원 및 전류원을 갖는 회로망으로 분해한다. [그림 C.6.8(a)]의 전압원은 전원 측의 기존 발전기를 등가화 시킨 것이며, [그림 C.6.8(b)]의 전류원은 인버터 기반 분산전원을 표현한다. Thevenin 등가회로는 오직 발전기에 의한 고장전류 기여를 계산하기 위해, 발전기를 전압원으로 간주하며 분산전원을 개방회로로 처리한다. 반면, Norton 등가회로는 오직 분산전원에

의한 고장전류 기여 계산에 해당하므로, 분산전원과 발전기를 각각 전류원 및 단락회로로 등가화시킨다. Ncrton 등가회로에서 Norton 등가 임피던스는 매우 큰 값을 가지며, 이는 인버터의 큰 임피던스를 반영하는 결과이다. 전압원으로부터 기인하는 고장 전류는 기존의 고장해석 방식을 사용하여 구할 수 있지만, 전류원에 의해 유기되는 고장 전류는 몇몇 특별한 처리가 필요하다.

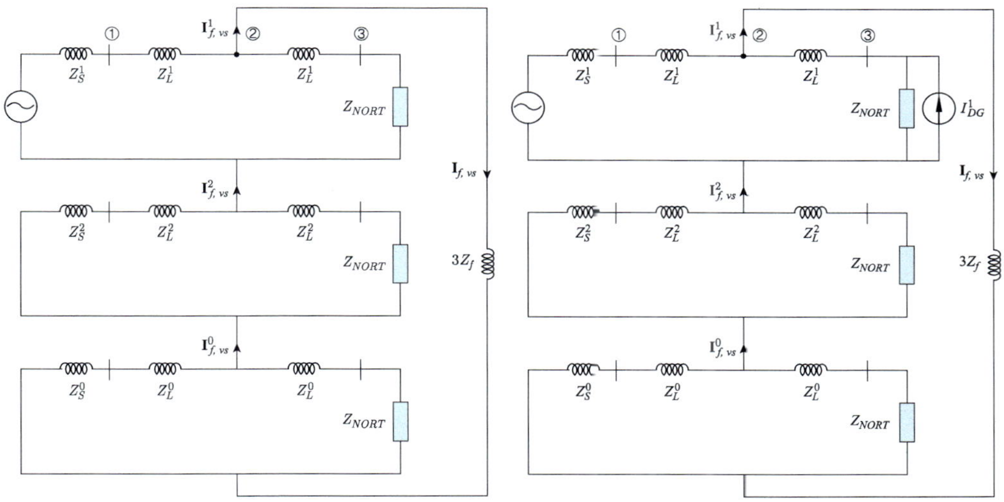

(a) Thevenin 등가회로 – 전압원 (b) Norton 등가회로 – 전류원

그림 C.6.8 중첩의 원리를 이용한 대칭성분 회로망의 분해

2) Step 2 - 고장회로 해석

대칭성분 회로망의 분해 이후, 5장에서 소개된 것과 같이 각각의 회로에 대한 고장회로 해석을 수행한다. 해석 결과를 이용하여, 전압원에 의한 대칭성분 고장전류($I_{f,vs}^{012}$)는 다음과 같이 계산된다.

$$I_{f,vs}^{012} = \begin{bmatrix} 0 \\ \dfrac{V_2(0)}{Z_{22}^1 + Z_{22}^2 + Z_{22}^0 + 3Z_f} \\ 0 \end{bmatrix}, \; I_{f,vs}^0 = I_{f,vs}^1 = I_{f,vs}^2 \tag{C.6.9}$$

전류원에 의한 고장전류($I_{f,cs}$)를 찾기 위해, [그림 C.6.9]에 나타나 있는 대칭성분 회로망의 등가회로가 정상분에 대한 시각으로 제시된다. 그림에서 Z_b^1는 모선 2에서의 역상분 및 영상분의 구동점 임피던스와 고장 임피던스($3Z_f$)의 합이다.

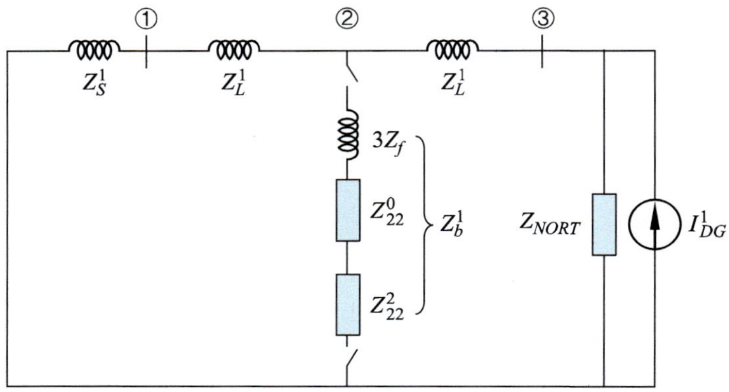

그림 C.6.9 대칭성분 네트워크의 등가회로(정상분 시각)

위의 그림에서 전류원에 의한 고장전류($I_{f,cs}^1$)를 평가하기 위해, 전류원에 의해 가압되는 모선 전압들이 계산되어야 한다. 그러므로 정상분 시각으로 다시 그려진 등가회로의 모선 임피던스 행렬이 먼저 구해져야 한다. Z_b^1을 무시했을 때의 모선 임피던스 행렬은 [그림 C.6.4]에 관해 아래의 식 (C.6.10)로 표현될 수 있다.

$$\boldsymbol{Z}_{cs}^{old} = \begin{bmatrix} Z_{11} & Z_{12} & Z_{13} \\ Z_{21} & Z_{22} & Z_{23} \\ Z_{31} & Z_{32} & Z_{33} \end{bmatrix} \tag{C.6.10}$$

앞서 계산된 전압원에 대한 새로운 모선 임피던스 행렬과 마찬가지로, Z_b^1을 포함하는 새로운 전류원에 대한 모선 임피던스 행렬은 다음과 같이 계산될 수 있다. 식 (C.6.11)은 정상분 회로에 대한 임피던스 행렬로 영상분 및 역상분 회로에 대한 임피던스 행렬은 $\boldsymbol{Z}_{cs}^{old}$와 동일하다.

$$Z_{cs}^{new} = Z_{cs}^{old} - \frac{1}{(Z_{22} + Z_{Nort})} Z_2^{col} Z_2^{row} \tag{C.6.11}$$

$$= \begin{bmatrix} Z_{11} & Z_{12} & Z_{13} \\ Z_{21} & Z_{22} & Z_{23} \\ Z_{31} & Z_{32} & Z_{33} \end{bmatrix} - \frac{1}{(Z_{22} + Z_b)} \begin{bmatrix} Z_{12} \\ Z_{22} \\ Z_{32} \end{bmatrix} \begin{bmatrix} Z_{21} \\ Z_{22} \\ Z_{23} \end{bmatrix}^T$$

Norton 등가회로에 대한 해석은 위의 식 (C.6.11)에서 새롭게 계산된 임피던스 행렬을 이용하며, [그림 C.6.9]의 정상분 회로망에서 전압들은 식 (C.6.12)로 계산된다.

$$\boldsymbol{V}_{cs}^1 = \boldsymbol{Z}_{cs}^{new} \boldsymbol{I}_{DG}^1 \tag{C.6.12}$$

$$\boldsymbol{I}_{DG}^1 = \left[0 \quad 0 \quad conj\left(\frac{P + jQ}{V_3(0)} \right) \right]^T$$

이에 따라 고장전류 $\boldsymbol{I}_{f,cs}^{012}$는 식 (C.6.13) 및 식 (C.6.14)으로 계산된다. 상 영역에서의 고장전류는 대칭성분 전류의 상 영역 변환을 통해 도출할 수 있다.

$$\boldsymbol{I}_{f,cs}^1 = I_{f,cs} = \frac{V_{cs,2}^1}{Z_b^1} \tag{C.6.13}$$

$$\boldsymbol{I}_{f,cs}^{012} = \begin{bmatrix} \begin{bmatrix} 0 & -I_{f,cs}^0 & 0 \end{bmatrix}^T \\ \begin{bmatrix} 0 & I_{f,cs}^1 & 0 \end{bmatrix}^T \\ \begin{bmatrix} 0 & -I_{f,cs}^2 & 0 \end{bmatrix}^T \end{bmatrix} \tag{C.6.14}$$

3) Step 3 - 모선 전압 및 선로 전류의 계산

앞서 계산된 전압원 및 전류원에 의한 대칭성분 고장전류에 의해 모선 전압의 대칭성분은 다음과 같이 표현될 수 있다. 계산된 모선 전압을 이용하여 회로망의 대칭성분 전류를 계산할 수 있으며, 대칭성분 역변환을 통해 상 영역에서의 전류 또한 구할 수 있다.

$$\begin{bmatrix} V_{f,vs}^0 \\ V_{f,vs}^1 \\ V_{f,vs}^2 \end{bmatrix} = \begin{bmatrix} -Z_{vs}^0 I_{f,vs}^0 \\ V_{f,vs}^1(0) - Z_{vs}^0 I_{f,vs}^0 \\ -Z_{vs}^2 I_{f,vs}^2 \end{bmatrix} \tag{C.6.15}$$

$$V_{f,cs}^{012} = Z_{cs}^{012} I_{f,cs}^{012} \tag{C.6.16}$$

4) Step 4 - 중첩의 원리 적용

최종적으로 기존의 발전기 및 분산전원을 모두 고려한 고장전류는 앞서 계산된 개별 전원에 대한 결과를 중첩시킴으로써 계산된다. 따라서 중첩의 원리를 이용한 고장전류 및 모선 전압은 식 (C.6.17)와 같이 나타낼 수 있다. 상 영역에서의 전류 및 전압은 대칭성분 역변환을 통해 계산될 수 있다.

$$\frac{1}{3} I_f = I_{f,vs} + I_{f,cs} \tag{C.6.17}$$

$$V_f^{012} = V_{f,vs}^{012} + V_{f,cs}^{012}$$

$$I_f^{012} = I_{f,vs}^{012} + I_{f,cs}^{012}$$

2선 지락고장, 선간 단락고장 및 3상 고장 해석

만일 b상과 c상에 대한 2선 지락고장이 발생한다면, 제안된 기법은 영상분과 역상분의 병렬 임피던스 $(Z_{kk}^2 + Z_f)|||(Z_{kk}^0 + Z_f)$를 정상분 회로망에 추가한다. b상과 c상에 발생한 선간 단락고장의 경우, 영상분 임피던스 $Z_{kk}^2 + Z_f$를 정상분 회로망에 추가한다. 3상 평형고장이 발생할 때, 제안된 기법은 고장 임피던스 Z_f를 정상분 회로망에 추가한다. 앞서 소개된 1선 지락고장과 마찬가지로 정상분 회로망에 대한 모선 임피던스 행렬을 생성한 후 동일한 고장해석을 수행할 수 있다.

불평형 전류원을 갖는 1선 지락고장 해석

단일의 소형 분산전원으로부터의 고장 기여는 크지 않지만, 많은 소형 분산전원들 혹은 몇 개의 대형 기기들의 총 기여는 방향성 과전류 계전기의 보호 문제를 야기시킬 수 있다. 만일 3상 평형 분산전원 뿐만 아니라 단상 및 2상 분산전원들이 배전계통에 연계된다면, 불평형 전류원의 정상분, 역상분 및 영상분이 평가되어야 하며, 아래의 그림과 같은 대칭성분 회로망에 연결되어야 한다.

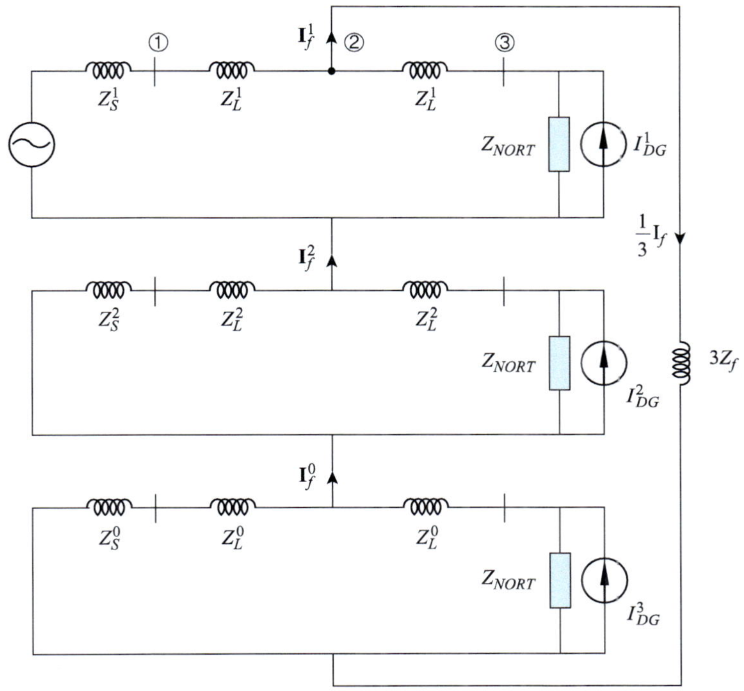

그림 C.6.10 불평형 분산전원에 대한 1선 지락고장의 대칭성분 회로망

4 | 중첩의 원리 기반 고장해석 기법의 테스트 결과

테스트 계통을 통한 고장해석 기법의 정확성 검토

본 절에서는 소개된 고장해석 기법의 테스트 결과를 제시한다. 테스트 계통에 대해 Matlab Simulink의 동적 시뮬레이션을 통해 얻어진 전압 및 전류 프로파일과의 비교를 통해 소개된 기법의 정확도가 평가되었다. 테스트 계통은 6.1절에 소개된 계통(분산전원의 연계용 변압기 결선은 Yg-Yg)과 동일하며, 3번 모선의 1선 지락고장을 가정한다. 테스트 계통은 아래의 [그림 C.6.11]과 같이 전

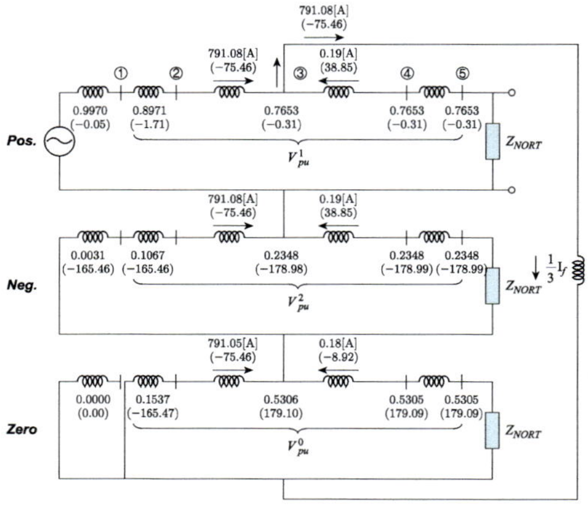

(a) Thevenin 등가회로

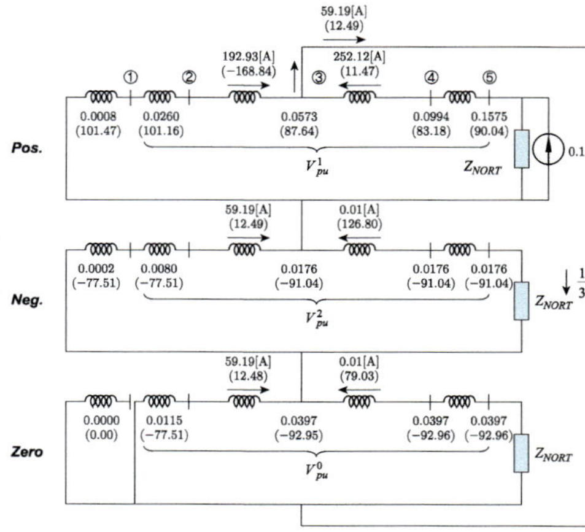

(b) Norton 등가회로

그림 C.6.11 대칭성분 회로망의 분해

압원 및 전류원에 대한 대칭성분 회로망으로 분해된다.

각각의 회로망에 대한 고장해석 결과는 [그림 C.6.11]에 나타나 있다. 고장 시 계통에 발생하는 고장전류는 전압원에 의한 영향과 전류원에 의한 영향을 중첩시킴으로써 계산될 수 있다. 개별 전원 및 이들의 중첩을 통해 계산된 모선 전압 및 고장전류 계산 결과는 부록에서 확인할 수 있다.

제안된 기법과 동적 시뮬레이션 간의 정확도 비교 분석 결과를 통해 알 수 있듯이, 중첩의 원리 기반 고장해석 기법을 이용한 테스트 계통의 고장해석 결과는 Matlab Simulink를 이용한 동적 시뮬레이션 결과와 매우 유사하다. 이는 주파수 영역(domain)에서의 빠른 계산을 보장함과 동시에 계산의 정확성을 검증하는 결과로 중첩의 원리에 기반한 고장해석 기법의 타당성을 입증할 수 있다.

4 일반적인 망형 회로망에 대한 적용

[그림 C.6.12]는 고장해석을 위한 순서도를 보여준다. 고장해석을 위해, 먼저 조류 계산을 수행하여 계통에 존재하는 모선들의 전압을 계산하며, 앞서 설명된 이론들을 이용하여 모선 임피던스 행렬을 생성한다. 그 다음으로 부하의 영향을 고려하기 위해 생성된 임피던스 행렬에 계통의 부하를 추가한다. 만일 분산전원이 존재하지 않는다면 추가적인 절차없이 바로 일반적인 방식을 이용하여 고장

전류 및 모선 전압을 계산하지만, 분산전원이 존재한다면 추가적인 절차가 필요하다. 만일 계통에 존재하는 분산전원이 인버터 기반이라면 본 교재에 소개된 중첩의 원리에 기반한 해석 방법을 통해 분산전원을 Norton 등가 임피던스를 갖는 전류원으로 등가화시킴으로써 고장전류 등을 계산할 수 있다. 하지만 분산전원이 인버터 기반이 아니라면, 그 분산전원은 일반적인 동기 발전기로 취급되며 기존의 Thevenin 등가회로를 이용한 해석 방식으로 고장전류 등을 계산한다.

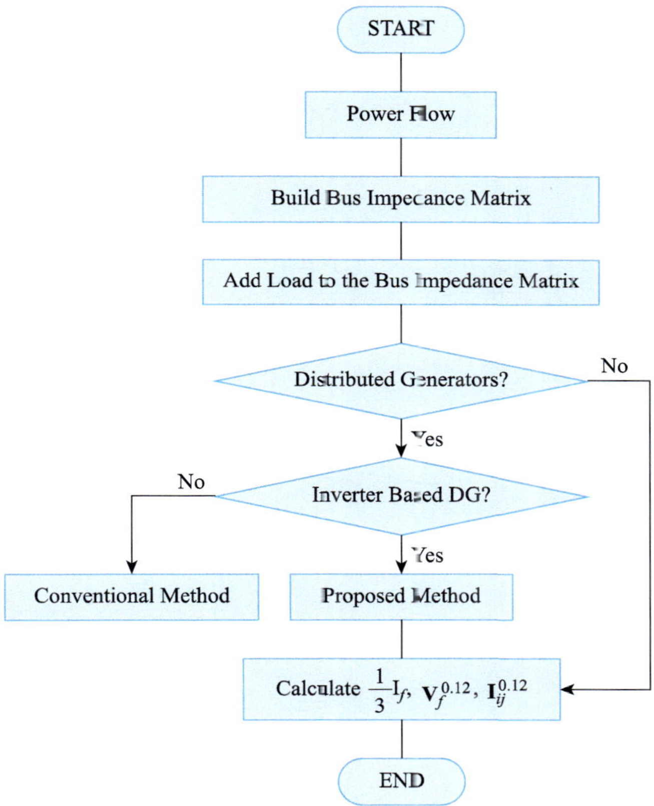

그림 C.6.12 고장해석 순서도

인버터 기반의 분산전원이 연계된 계통의 고장해석 방식의 적용을 위해 선택된 계통은 [그림 C.6.13]에 있는 IEEE 30 Bus System이다. 이 검증 계통에는 총 4개의 인버터 기반 분산전원들이 각각 25, 26, 29, 30번 모선에 연계되어 있으며, 분산전원의 용량은 10MVA로 선정하였다.

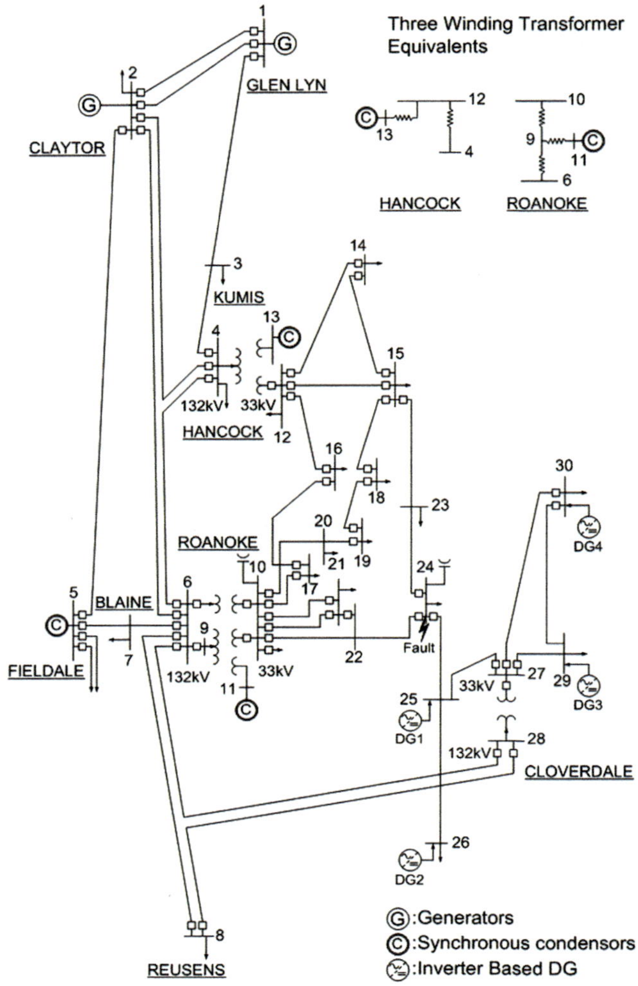

그림 C.6.13 IEEE 30 Bus System

[표 C.6.2]은 [그림 C.6.12]에 제시된 고장해석 절차를 이용하여 분석된 고장 전 및 고장 도중의 모선 전압을 나타낸다. [표 C.6.2]을 통해 4개의 분산전원이 연계됨에 따라 연계점 및 인근 모선의 전압이 상승함을 알 수 있으며, 24번 모선의 고장으로 인해 해당 모선의 전압이 0으로 감소함을 알 수 있다. [표 C.6.3]는 제안된 중첩의 원리 기반 고장해석 방식을 이용한 전원 별 고장전류 분석 결과를 나타낸다. 고장 지점인 24번 모선으로 큰 고장전류가 흐름을 알 수 있으며, 전류원 분석을 통해 분산전원의 고장 기여 또한 확인할 수 있다.

| 표 C.6.2 | 고장 전 및 고장 도중의 모선 전압 - IEEE 30 Bus System

Bus	Before Fault				During Fault with 4 DERs			
	Without DERs		With 4 DERs		Voltage Source		Current Source	
	[V] (pu)	Ang. (deg.)	[V] (pu)	Ang. (deg.)	[V] (pu)	Ang. (deg.)	[V] (pu)	Ang. (deg.)
1	1.0600	0.00	1.0600	-0.00	1.0600	0.00	0.0000	0.00
2	1.0430	-5.50	1.0430	-4.35	0.9338	0.86	0.0064	51.86
3	1.0215	-8.00	1.0254	-6.20	0.8081	0.99	0.0100	54.32
4	1.0129	-9.66	1.0172	-7.46	0.8283	1.42	0.0121	53.41
5	1.0100	-14.38	1.0100	-12.45	0.8364	2.09	0.0108	49.67
6	1.0121	-11.40	1.0160	-8.71	0.7358	1.97	0.0165	54.19
7	1.0034	-13.15	1.0058	-10.77	0.7750	2.27	0.0140	51.90
8	1.0100	-12.12	1.0100	-9.22	0.7433	2.08	0.0182	54.43
9	1.0510	-14.43	1.0524	-11.01	0.5550	-2.48	0.0120	46.73
10	1.0444	-16.02	1.0447	-12.21	0.4647	-6.23	0.0096	39.76
11	1.0820	-14.43	1.0820	-11.01	0.6369	-2.16	0.0120	46.73
12	1.0574	-15.30	1.0576	-11.99	0.5425	-4.23	0.0096	42.21
13	1.0710	-15.30	1.0710	-11.99	0.6133	-3.74	0.0096	42.21
14	1.0424	-16.19	1.0428	-12.67	0.5008	-4.32	0.0087	40.52
15	1.0378	-16.28	1.0398	-12.55	0.4525	-3.07	0.0079	41.51
16	1.0447	-15.88	1.0450	-12.36	0.5124	-4.52	0.0095	40.87
17	1.0391	-16.19	1.0395	-12.47	0.4814	-5.33	0.0095	39.87
18	1.0279	-16.88	1.0294	-13.12	0.4323	-3.24	0.0084	40.03
19	1.0253	-17.05	1.0263	-13.27	0.4666	-3.61	0.0087	39.43
20	1.0293	-16.85	1.0301	-13.07	0.4663	-4.18	0.0089	39.42
21	1.0321	-16.47	1.0334	-12.33	0.3865	-6.87	0.0078	38.19
22	1.0327	-16.45	1.0344	-12.21	0.3590	-7.41	0.0073	37.81
23	1.0272	-16.66	1.0324	-12.12	0.2611	-2.45	0.0045	41.47
24	1.0216	-16.83	1.0310	-11.20	0.0000	0.00	0.0000	0.00
25	1.0189	-16.42	1.0497	-7.03	0.2751	-6.53	0.0981	67.26
26	1.0012	-16.84	1.0555	-5.55	0.2869	-5.10	0.1385	63.45
27	1.0257	-15.91	1.0496	-6.33	0.4402	-6.25	0.1146	70.66
28	1.0107	-12.06	1.0197	-8.60	0.7010	2.12	0.0279	56.16
29	1.0059	-17.14	1.0649	-3.93	0.4489	-4.51	0.1881	65.93
30	0.9945	-18.01	1.0591	-4.24	0.4541	-3.36	0.1963	64.84

| 표 C.6.3 | 고장 중 선로 전류 - IEEE 30 Bus System

Bus		Voltage Source		Current Source		Total	
From	To	[A] (A)	Ang. (deg.)	[A] (A)	Ang. (deg.)	[A] (A)	Ang. (deg.)
1	2	917.21	-77.86	46.31	160.32	893.66	-80.38
1	3	579.11	-79.46	23.03	158.03	567.06	-81.42
2	4	253.16	-75.39	13.71	163.33	246.32	-78.12
2	5	212.95	-86.22	9.35	149.83	207.87	-88.35
2	6	468.01	-75.03	23.74	163.91	456.22	-77.59
4	3	230.09	-52.62	23.00	-21.68	250.11	-49.91
4	6	942.41	-76.91	44.14	162.39	920.66	-79.27
4	12	537.81	-78.09	6.10	-2.66	539.38	-77.46
5	7	215.31	-68.51	11.60	170.79	209.63	-71.24
6	9	403.09	-74.74	10.45	-17.13	408.78	-73.50
6	10	230.29	-74.51	6.18	-17.60	233.72	-73.24
6	28	244.54	-75.31	80.17	164.75	216.01	-94.07
7	6	199.79	-64.11	12.80	175.08	193.55	-67.37
8	6	76.76	-61.73	17.35	-17.38	89.99	-53.98
8	28	88.14	-71.02	20.17	167.05	79.34	-83.48
10	21	1661.33	-68.16	37.87	-18.47	1686.07	-67.18
10	22	1113.60	-66.36	24.34	-18.23	1129.99	-65.44
12	14	256.46	-67.35	5.48	-5.29	259.08	-66.28
12	15	1083.49	-73.11	19.53	-17.48	1094.63	-72.27
12	16	239.60	-63.81	1.88	47.05	238.94	-63.39
14	15	290.80	-58.00	4.67	-11.53	294.04	-57.34
15	23	1485.34	-67.57	26.52	-22.11	1504.06	-66.85
16	17	265.92	-59.00	1.38	62.10	265.21	-58.74
17	10	353.37	-50.77	1.50	137.95	351.89	-50.81
18	15	71.43	-75.19	3.63	-47.68	74.67	-73.90
18	19	63.25	78.79	3.81	139.32	65.21	81.70
19	20	108.69	18.86	4.76	155.61	105.27	20.64
20	10	127.42	13.57	5.01	158.58	123.34	14.91
21	22	1839.51	-63.67	35.30	-20.34	1865.34	-62.93
22	24	2952.34	-64.69	59.63	-19.48	2994.65	-63.88
23	24	1520.11	-66.40	26.29	-22.48	1539.16	-65.72
24	F	8866.14	-64.72	795.15	2.77	9199.91	-60.14
25	24	1268.75	-66.73	452.39	7.06	1461.12	-49.44
26	25	52.37	-31.27	157.51	-1.85	204.75	-9.07
27	25	1226.47	-68.15	131.42	27.50	1220.57	-62.00
28	27	311.65	-74.30	100.33	165.22	274.70	-92.64
29	27	59.91	-10.24	277.14	-3.48	336.71	-4.68
30	27	67.78	-8.32	213.06	-5.22	280.77	-5.96
30	29	35.38	-5.57	30.83	-20.54	65.64	-12.53

▌용어 찾기 ▌

A~Z

기타

ㄱ

ㄴ

ㄷ

ㄹ

ㅁ

ㅂ

ㅅ

ㅇ

ㅈ

ㅍ

ㅎ

인용·참고문헌

[1] 한국전력공사 배전계획처, "분산형 전원 배전계통 연계 기술기준", 2015. 3. 31

[2] 한국전력공사 배전계획처, "분산형 전원 배전계통 연계 기술 Guideline", 2015. 3. 31

[3] 한국전력공사 배전처, 전설계기준(DS-4905) 부록 "22.9kV-y 선로보호장치의 협조방법", 2010. 8. 27 개정

[4] 한국전력 배전계획처 발행, "배전 보호 기술서", 2008. 10

[5] 한국전력공사 배전처 발행, "배전 보호 기술서", 1995

[6] 한국전력공사 전력연구원, "22.9kV-y 배전계통 보호협조 기준 재정립 및 최적화 연구[중간보록서]", 2016. 9

[7] 한국전력공사 전력연구원, "off-DAS를 이용한 분산형 전원 연계 배전선로 보호협조 검토", 2012. 2

[8] 한국전력공사 전력연구원, 'off-DAS 사용안내서[분산형 전원 연계 기술검토 프로그램", 2012. 7

[9] 한국전력공사 배전건설처, "분산형 전원 연계 배전선로 보호협조업무편람", 2010. 5. 11

[10] 한국전력 기술개발 사업본부 발행, '송배전 기술용어 해설집", 2013년 2월

[11] 한국전력공사 제천전력관리처, 최종황 외 5, "변전설비 현장 GUIDE BOOK", 1999. 12

[12] 대한전기학회 편, 북스힐, "개정판 최신 배전시스템공학", 2011. 7. 5

[13] 도서출판 다기원, 신대승, "보호계전시스템기술", 2007. 12. 24

[14] 도서출판 다기원, 유상봉 외 8 공저, 보호계전 시스템의 실무활용기술, 2007. 12. 26

[15] 청문각, 김덕성 외 4 공저, "알기 쉬운 전력전송공학", 2001. 2. 15 발행

[16] 청문각, 이종범 외 3 공저, "최신 전력전송공학"

[17] 문운당, 김정훈 외, "송변전공학", 2010. 3. 30

[18] 동일출판사, 송길영, "최신 송배전공학", 2001. 1. 20

[19] 성안당, 가이 다가기와 1, 송승호 번역, "태양광·풍력발전과 계통연계기술", 2013. 4. 5

[20] 도서출판 다기원, 김정철 저, "현장실무를 위한 전기기술", 2002. 2. 20

[21] IEEE Guide for the Application of Neutral Grounding in Electrical Utility System - Part I : Introduction, IEEE Standard C62.92.1-2000, and Part IV : Distribution, IEEE Standard C62.92.4-2000, 2000. 9

[22] EPRI 100419, Engineering Guide for Integration of Distributed Generation

and Storage into Power Distribution, Electric Power Research Institute, Palo Alto, CA 2002

[23] Nagpal, Plumptre, Fulton, and Martinich, "Dispersed Generation-Utility Perspective," IEEE Transactions on Industry Applications, 2006. 5/6, Volume 42 No.3, p. 864~872

[24] R.F. Arritt and R.C. Dugan, "Distributed Generation Interconnection Transformer and Grounding Selection", IEEE, 2008

저자소개

조남훈 (Namhun Cho)

- 1965년생
- 1992년 중앙대 공과대 전기공학과 졸업
- 1992년 한국전력공사 경기지사 송배전원 근무
- 1995년 한국전력공사 전력연구원 연구원 근무
- 2003년 충남대 공과대 전기공학과 졸업(석사)
- 2013년 조지아텍 컴퓨터 및 전기공학과 졸업(박사)
- 현 재 : 한국전력공사 전력연구원 책임연구원

분산전원 배전계통 보호협조

인 쇄: 2019년 11월 20일 초판 인쇄
발 행: 2019년 11월 30일 초판 발행
저 자: 조남훈
발행인: 송 준
발행처: 홍릉과학출판사
주 소: 01093 서울시 강북구 인수봉로 50길 10
등 록: 1976년 10월 21일 제5-66호

전 화: 02-999-2274~5, 903-7037
팩 스: 02-905-6729
e-mail: hongpub@hongpub.co.kr
http://www.hongpub.co.kr
ISBN: 979-11-5600-706-7 (93560)

정 가: 56,000원

저자와의 협의하에 인지생략